AF830474

Erster Theil.

Chorographie.

Erster Abschnitt.

Topographie von Sumatra überhaupt, oder Oberfläche, Form und Zusammensetzung des Landes.

Ehe wir die geographischen Verhältnisse der Battaländer betrachten, wird es nützlich sein, uns erst eine Ansicht von Sumatra überhaupt zu bilden, um die Stellung, welche jene Länder als Theil dieses Ganzen einnehmen, desto besser übersehen zu können. *)

Sunda-Strafse.

Werfen wir, durch die Strafse Sunda segelnd, unsern Blick auf das nordwestliche schmale Ende Java's, dessen Küste

---

*) Das Maafs, welches in dieser Beschreibung gebraucht wird, ist überall, wo von Fufsen die Rede ist, alt-französisches Maafs (Pariser[4]), und aufserdem geographische Minuten, jede 5710 Par. Fufs lang, oder $\frac{1}{60}$ Grad des Aequators, diesen letztern nach den besten Bestimmungen zu 57106,442 Toisen angenommen. Vier sind also gleich einer geographischen, und 13 gleich 15 englischen Meilen, von welchen letztern $69\frac{1}{4}$ auf einen Grad gehn, so dafs also jede 4946 Fufs lang ist. — Von unsern Minuten also ist $\frac{1}{4}$ gleich $1427\frac{1}{2}$ Fufs und $\frac{1}{60}$ oder eine Secunde gleich $95\frac{1}{6}$ Fufs.

Ich habe das natürliche und bestimmte Maafs von geogr. Meilen und $\frac{1}{4}$ Meilen oder Minuten den englischen Meilen oder Paalen vorgezogen, weil diese keine Einheit sind und mit jedem Lande wechseln.

Da wo von Höhenangaben die Rede ist, bedeutet bar. Barometermessungen und trig. trigonometrische; diejenigen, denen kein weiteres Zeichen beigefügt ist, sind von mir veranstaltet und berechnet; die mit dem Zeichen H. versehenen aber von Ludwig Horner (nach brieflichen Mittheilungen und hinterlassenen Papieren).

sich (die tiefern Einbuchtungen übersehend) von S.W. nach N.O., also senkrecht gegen die Longitudinalaxe Sumatra's, 70 bis 75 Minuten weit (von Tanjong, d. h. Vorgebirge, Jungkulang, der Prinzeninsel gegenüber, bis zum Point St. Nicolas) hinzieht, so bereitet uns die plastische Gestaltung dieser Küste gleichsam vor auf den Anblick der mehr als 12 mal längern Südwestküste Sumatra's. Denn wir erblicken in ihr weder eine breite Strandfläche, noch eine mauerartige Begrenzung des Landes, sondern eine Gebirgskette, die sich, nur durch einen schmalen Küstensaum vom Meere getrennt, schon in geringer Entfernung von demselben zu beträchtlicher Höhe erhebt, bis zu ihrem sanft ausgezackten Profil mit Waldung bekleidet, und eben so wie die Küste des gegenüberliegenden Sumatra's von 2 tiefen Buchten ausgeschnitten ist.

Der Meereskanal, welcher beide Inseln trennt, dieser berühmte Eingang in das Innere des grofsen Archipels, das Wasserthor „Strafse Sunda" genannt, bietet zwei sehr bemerkenswerthe Eigenthümlichkeiten dar, die besonders bei der geologischen Betrachtung des Landes von Wichtigkeit sind; nehmlich: 1) das Einandergegenüberstehn der Landspitzen beider Küsten, von denen sowohl Sumatra, als auch Java drei, wenn auch weniger regelmäfsige, von dazwischen gelegenen grofsen Buchten getrennte wahrnehmen läfst, dort auf Sumatra die Kaisers- und Lampongbai, hier, auf Java die Welkome- und Peperbai; — 2) das schmale innere Ende der Strafse zwischen der innersten Lampongspitze und der von Anjer, die kaum 12 Minuten Breite hat, während ihr äufserer, oceanischer Eingang zwischen der Westspitze der Lampongs und Kap Jungkulang 60 Minuten hält. Betrachtet man dabei die Richtung des javan'schen Strafsenrandes von S.W. nach N.O., des Sumatran'schen dagegen fast von W. nach O., und berücksichtigt die allgemeine Längenrichtung beider Inseln, so erscheint Java als Fortsetzung der Sumatran'schen Inselkette gleichsam wie abgeknickt, weil man Java blofs um die Axe des Punktes St. Nicolas nach S.W. zu drehen braucht, um die drei grofsen Landspitzen beider Inseln nahe genug mit einander in Berührung zu bringen. — Wir werden später auf diese Erscheinung von Erdspalten, die sich in bestimmten Winkeln durchkreuzen, und aus denen die Inseln emporstiegen, zurückkommen.

Von den zahlreichen kleinen Inselchen, welche man besonders in dem mehr östlichen, engern Theile der Sunda-Strafse findet, sind einige, die aus Korallenboden bestehn, völlig flach und niedrig, und bilden einen einzigen, nur von einigen Kokoswipfeln überragten Wald, der auf dem Wasser zu schwimmen scheint; — andere sind zwar auch flach, aber etwas höher und erheben sich steil aus dem Meere mit kuppenförmigen Trachytfelsen, an denen die Brandung hinanspritzt; während nur vier zu höhern kegelförmigen Bergen emporsteigen, und fast bis in die Region der Wolken ragen, hiernach also etwa 3000′ hoch sein mögen. Zu letzteren gehören: 1) an der Küste von Sumatra der Kaiserspik auf der Insel (Pulo) Tuboan, welche mitten im Eingange der Samangkabai liegt; 2) gegenüber auf der Küste von Java der Pik auf der Insel Panahitam (oder Prinzeninsel), und die folgenden zwei 3) 4) Pulo bessi und Krakatau, mitten in der Strafse. Sie sind alle vier sanftgeneigte, isolirte Trachytkegel, die sich ganz wie alte Vulkane darstellen. Nur der Kaiserspik verlängert sich nach dem Hintergrunde der Bai zu in eine flache Landzunge (Pulo Tuboan), und auch die Prinzeninsel hat einen flachen Landsaum, — aber der Abhang von Bessi und Krakatau erhebt sich ohne irgend einen Strand unmittelbar aus dem Meere, das schon dicht neben den Inseln sehr tief und ohne Ankergrund ist. Sie sind unbewohnt. Düstre Waldung zieht sich ununterbrochen von ihren Gipfeln bis in die Wellen des Meeres herab. Ihr Vorkommen als steile, schroff aus dem Meere emporstrebende vulkanische Kegelspitzen ohne Strand, und ohne Residuum eines flachen Vorlandes ist wichtig, weil es der Meinung eines ehemaligen Zusammenhanges beider gegenüberliegenden Küsten, trotz ihrer ähnlichen Bildung, entgegensteht.

Südwestliche Gebirgsflanke Sumatra's.

Von der süd-westlichsten Ecke Sumatra's (oder der westlichen Ecke der Sundastrafse auf Sumatran'scher Seite) zieht sich bis an die nordwestlichste Spitze der Insel bei Atjin eine scheinbar ununterbrochene Gebirgskette hin, welche vom Fufs bis zum Scheitel dermafsen mit Waldung bedeckt ist, dafs ein Affe von der Lamponpspitze bis nach Atjin, geradlinigt 900 Minuten weit würde gelangen können, blos von Zweig zu Zweig springend, ohne den Boden zu berühren. Schon bei der Lampongspitze steigt diese Gebirgskette allmälig zu 1500′ empor, um von dort an, bald höher werdend, im mittleren Niveau zwischen 3 und 4000′, und auf kleine Strecken 5 ja 6000′ erreichend, durch ganz Sumatra parallel mit der Küste fortzulaufen, und eine steile Flanke zu bilden, welche sich in der Regel unmittelbar aus dem Meere erhebt, oder doch nur durch einen schmalen Küstensaum vom Meere getrennt, — düster und imposant auf die Schiffe herabblickt, welche in der Entfernung von 2 bis 4 Seemeilen an ihr vorübersegeln. Da wo ein Küstensaum vorhanden ist, hat er in der Regel nur 1 bis 2 Minuten Breite, ist zunächst am Meere sumpfig und mit Casuarinawäldern bedeckt, die wie Tannen- oder Lerchenbäume emporstreben; fängt aber schon in geringer Entfernung vom Meere an sich zu heben und in den Gebirgsfuſs überzugehn. — Nur ausnahmsweise ist er buchtig erweitert und etwa 3 Minuten breit, wie bei Padang, Benkulen u. a. a. O. Zwischen Kap Tabujong und der Tapanuliebai, und nordwärts von dieser bis Singkel und Turumon, kommen zwischen dem Meere und dem Gebirge wirkliche Alluvialebnen vor, die bei Singkel ihre gröſste Breite von 25 Min. erreichen. — Da wo die Bergflanke, wie dies in der Regel der Fall ist, steil aus dem Meere emporstrebt, z. B. nordwärts vom Gunong Panjong, gewährt sie mit ihren amphitheatralischen Absätzen einen imposanten Anblick, besonders wenn man sich derselben bis auf eine Seemeile nähert. Man bemerkt dann nur einzelne lichtgrüne Fleckchen (Grasfluren, Allang) zwischen der dunklen Waldung, und erkennt an einzelnen Rauchsäulen, die auf einigen vorspringenden Platten emporwirbeln, die Nähe von Menschen. Alle Abhänge, die höher als 1500—2000′ liegen, zerflieſsen in einen undeutlichen, zweifelhaften Dunst, und der noch höhere Saum der Kette verbirgt sich, auch bei sonst heiterm Wetter, in Wolken, so daſs man nur die untersten Gehänge deutlich erkennen kann. Die wenigen pikförmigen Gipfel ausgenommen, behauptet der Saum eine gewisse mittlere Höhe und ist ziemlich gleichmäſsig hingezogen in einer Linie, die sich nur in weiten Entfernungen auf eine sanfte Art hebt und wieder senkt, ohne solche schroffe Einkerbungen, wie manche Kalkgebirge Java's, zu zeigen. — Man irrt sich jedoch, wenn man glaubt, nur einen zusammenhängenden Bergzug vor sich zu sehen; es sind mehre, drei bis vier Bergzüge hinter einander, welche parallele Hochthäler zwischen sich tragen und welche auch keinesweges eine continuelle Reihe bilden, sondern durch häufige Querthäler unterbrochen, dadurch viele einzelne Stücke oder Glieder bilden, welche uns wegen ihres gleichmäfsigen Streichens nach einer Richtung als Theile eines Ganzen erscheinen. Selbst vom Meere aus kann man diese Vervielfältigung der Bergzüge hinter einander erkennen, doch nur dann, wenn Wolkenschichten und Nebelschwaden in den Zwischenthälern hängen. Diesen Querthälern entrauschen die zahlreichen Ströme, welche zur Südwestküste herabfliefsen, und fast alle den Charakter der Gebirgsströme haben, — theils wegen des Mangels einer breiten Strandfläche, — theils wegen der grofsen Schmalheit der westlichen Hälfte vom Gebirgslande selbst, — theils und hauptsächlich wegen der geschlossenen Beschaffenheit der südwestlichen Gebirgsketten, die weit seltner durchbrochen sind, als die in weite Thoröffnungen zerspalt'ne nordöstliche Reihe der Gebirge, deren ostwärts herabfallenden Querthälern der Zug der Gewässer gefolgt ist. — Diese nordöstliche Hälfte des Berglandes senkt sich allmälig und geht, ehe sie zur Fläche wird, erst in weitläufige Vorterrassen und Vorgebirge über, welche in der Regel als weite Ausläufer und Neben-Gebirgsketten sich in der Richtung nach O. 5 bis 6° gen N. hinziehn, und also nicht eigentlich in querer Richtung auf der Hauptgebirgskette oder der Längenaxe Sumatra's (welche nach N. 40½° gen W. gerichtet ist) stehn, sondern diese in einem Winkel von 55½° schneiden. So theilen sie die grofsen Wassersysteme in Osten und sind eben so charakteristisch für diese nordöstliche, continentale, in weiten Flächen entwickelte Hälfte Sumatra's, als es die Seltenheit solcher Querketten und die auffallend schnell zum Fufse herabgesenkte Kürze der Quer- oder Nebengebirgsrücken der südwestlichen Hälfte ist. Doch wo sie vorkommen, stehn sie, eben so wie die Querdurchbrüche, nicht in einem rechten Winkel auf der Längenaxe, sondern sind nach W. 5 bis 6° gen S. gerichtet; ganz wie die der nordöstlichen Hälfte nach O. 5 bis 6° gen N. gerichtet waren. Diese Richtung gilt von dem mittlern Laufe der Flüsse, so lange sie zwischen Gebirgsboden eingeschlossen sind; sobald sie in die Alluvialebne treten, biegen sich die der einen Hälfte nach N.O., ja oft ganz nach N. um, und die der andern nach S.W. — Der obere Lauf aber aller Ströme ist parallel der

Längenaxe der Gebirgsketten, also entweder nach N. $40\frac{11}{22}^{\circ}$ gen W., oder nach S. $40\frac{1}{2}^{\circ}$ gen O. gerichtet. Die Unterbrechung der Gebirgskette besteht daher entweder in wirklichen Durchbrüchen zwischen einander steil gegenüberstehenden Abstürzen, die man Pforten (portae) nennen kann, oder es gehen von diesen Durchbrüchen zugleich Nebenbergzüge aus, und bilden, was in der südwestlichen Hälfte selten, in der nordöstlichen aber häufig ist, ein Querthal; — oder die Unterbrechung der Hauptkette findet gar nicht Statt, und ist von der Küste aus gesehn (in schiefer, nordöstlicher Richtung) nur scheinbar, indem sie durch einen queren Nebenzug hervorgebracht wird, der westwärts nur wenige Grade südlich von der Hauptkette auslaufend, sich oft bis dicht an die Küste erstreckt und dann endigt. Solche quere Nebenzüge kommen an der Südwestküste nur sparsam vor, und zwar ohne Unterbrechung der Hauptkette 1) südlich der Bucht von Kawur, 2) bei Indrapura, 3) bei Padang (G. Batu surat), 4) die Ophiskette, 5) die Kette von Ayerbangis, 6) die Kette von Natal (Sidoadoa) (weiter nordwärts von da ist die Kette von Lumut mehr als ein isolirter Küstenzug zu betrachten). — Durchbrüche aber (portae), ohne auslaufende Nebenketten finden sich in der südwestlichen Gebirgshälfte, z. B. gegenüber der Babiinsel im Süden von Padang, — zwischen Ophir und Dano, wo der Massangflufs herausströmt, — zwischen Maudaheling und Ankola der Gadisdurchbruch, — und sehr ausgezeichnet die Porta Hurabae (auf meiner Karte), durch welche der Batang torru hervorschäumt. —

Im Allgemeinen sind die queren Ausläufer (Nebenketten) an der südwestlichen Seite des Gebirges viel seltner, — und der Abhang auf dieser Seite überhaupt viel steiler, als an der nordöstlichen, — und nur in kurze, quere, sich schnell zum Fufse des Ganzen herabsenkende, und nicht über die allgemeine Ebne der Flanke hervorragende Bergrücken, oder in Bergrippen getheilt.

Die beiden innersten Ketten des Sumatran'schen Gebirges sind da, wo mehr als 2 vorhanden sind, stets die höchsten, eben so wie die Sohle des Centralthales, das sie einschliessen, höher als die der Seitenlängethäler liegt. Die Querthäler und Stromdurchbrüche sind die tiefsten. Die Höhe dieser in der Regel horizontalen, und von tiefen Bachfurchen wie mit Kanälen durchschnittenen Centralthäler wechselt von nur 500′ (Tiefthäler, wie Bonjol, Ankola), bis nahe an 2000′ (Hochthäler, wie Passumah lehbar, Sinkarasee, Kotta nopan), — ja bis 3000′ (wie Sigopulang, Silindong), während die erweiterten Thäler, oder die Plateaus zwischen den Bergketten, von 3000′ (Agam, Siepierok) bis zu 4000′ (Tobah), ja 4500′ (Eik Daho) emporsteigen. — Die Breite der Thäler wächst von einer bis zu 4 geogr. Minuten, selten mehr, die der Hochebenen bis zu 12, 15 und darüber; und sie, mit ihrem kühlern Klima, mit ihrem Reichthum an Reis, aber Mangel an Baumfrüchten, sind es, auf denen die eigenthümliche Entfaltung sumatra'scher Population hauptsächlich vor sich gegangen ist.

Die vulkanischen Kegel auf der Prinzeninsel und auch die auf Bessi und Krakatau, weil sie den Vulkanen in Bantam am nächsten liegen, sind am schicklichsten zur Insel Java zu rechnen; so dafs

1) die erste sumatran'sche Bergkuppe, jener bereits oben erwähnte Kaiserspik auf der Insel Tuboan ist.

2) Die zweite Kuppe, die sich über die mittlere Höhe der Kette erhebt, ist der ebenfalls s. g. Kaiserspik in den Lampongs, unter etwa 5° 10′ südl. Br., welcher hinter der vordern, daselbst etwa 2000′ hohen Bergkette als ein völlig spitzer Kegel (von 5500—6000′ Höhe?) (Taf. VII. Fig. 1.) hervorblickt. Als wir ihn in 6 Seemeilen Entfernung in N.O. gen N. sahen, erschien er uns in dem unter Fig. 1. beigegebenen Profile. — Von hier, und überhaupt von der Lampongspitze an, bis zum folgenden Pik, hat die Bergkette, ohne merklich ihre Höhe zu ändern, einen sehr gleichförmigen, ebnen Saum.

3) Der Gunong Panjong (oder Pujong), unter etwa 5° südl. Br., ein stumpfer Kegel (Fig. 2.), dessen auf 6000—6500′ geschätzter Gipfel über die Wolken hinausragt. Er erschien uns in O. 5° gen N., wie in Fig. 2. angegeben ist.

Hinter der Kette, welcher er angehört, soll, wahrscheinlich einen Theil des Centrallängethales ausfüllend, ein See Rano*) liegen, der übrigens wenig bekannt ist, und dessen

*) Rano, — bei den Maleien in den Bovenlanden von Padang Dano, — bei den Il-lano-ern auf Magindanao Lano, — bei den Batta-ern Daho (abgekürzt Dau), — scheint ein Gattungsname für Seen überhaupt zu sein; denn in Ostjava, z. B.

Kessel sich ostwärts in eine Querspalte öffnet, durch welche der Bach Kamoring, als der südlichste Hauptzuflufs des Palembang, hinabströmt. — Nördlich vom Panjong verliert der Saum der Bergkette seine Gleichförmigkeit und zackt sich in eine Menge jäh aufsteigender und sich wieder senkender Kerben aus, zwischen denen die tiefsten Punkte 3500 und die höchsten 5000—5500′ hoch zu sein scheinen.

Etwa 5 geogr. Meilen nördlich von diesem Berge zieht sich ein Nebenzweig der Bergkette in querer (schiefer) Richtung bis zur Küste hin und endet sich im Süden der Kawurbai, so dafs das Gebirge in dieser Gegend, wenn man es aus S.W. sieht, verdoppelt, und die vorderste Kette abgebrochen erscheint.

4) Der Gunong Dempo. Nördlich von dem ausgezackten Theile der Bergkette, die vom G. Panjong herstreicht, senkt sich die Kette, die hier nur noch sparsame und kleine Auskerbungen hat, wieder viel tiefer herab. Aus dem Lande jenseits dieser tiefen Senkung blickt (aus etwa 4° südl. Br.) der G. Dempo ins Meer (Fig. 3.).

Wie es in Fig. 3. gezeichnet ist, erblickten wir ihn in N. 15° gen O., und sahen über den Küstenort Manna zum Berge hin, also in einer Richtung, wo zwischen der vordern Gebirgskette und dem Dempo die Centralthäler Passumah ulu manna und lehbar liegen müssen, welche Raffles von Manna aus in derselben Richtung 1818 besuchte. — Da gerade dieser Theil der Gebirgskette sehr niedrig und schwerlich mehr als 2000′ hoch ist, so können auch die Thalflächen Passumah so ausgezeichnet hoch nicht sein, obgleich ihre Sohle immerhin 2000′ hoch liegen mag, weil jene tief gesenkte Gebirgskette, die hier gezeichnet ist, nur die vorderste war, und weil wir uns dem Lande bis auf eine Seemeile genähert hatten, also vielleicht eine noch höhere, aber weiter entfernte Kette nicht sehen konnten. Um so erhabner stellt sich der G. Dempo dar, der trotzig, tief aus dem Innern des Landes ins Meer hinabschaut, und den man auf 10000′ hoch schätzen kann.

---

bei den acht Seen am Lamongang, findet man Eigennamen darangehängt (deren Mangel in andern Ländern die Seltenheit von Seen beweist), — wie Rano lamongang, Rano wurung, Rano bedali. — In Mittel- und Westjava heifsen sie Tölaga. —

Sein vukanischer Gipfel, der jetzt noch häufig dampft, wurde 1818 von Presgrave erstiegen. (Raffles, memoires).

5) Nordwärts von da, bis in die Breite von Benkulen, nimmt die mittlere Höhe der Bergkette wieder etwas zu und zieht sich mit einem sehr gleichmäfsigen, etwa 3000′ hohen Saume hin. — Südlich von Benkulen hat eine lange Strecke der Küste ene sonderbare, steil abgestürzte Beschaffenheit und erhebt sich aus dem Meere gleich einer 100′ hohen, senkrechten Felsenwand oder Mauer von Bolusrother Farbe. In der Gegend von Benkulen aber verschwindet diese steile Küste wieder völlig, und der flache meeresgleiche Küstensaum erweitert sich zu einer 3 bis 4 Minuten breiten Ebne. Der nächste Pik, der sich seit dem Dempo wieder erhebt, etwa in der Breite von Benkulen, oder doch nur wenige Minuten nördlicher (3° 38′ südl. Br.) ist ein sehr stumpfer, äufserst sanft geneigter, oben abgestutzter Kegel, der tief im Innern zu liegen scheint und dessen Namen ich nicht erfahren konnte. Besser, als er, ist den Seefahrern unter dem Namen „Zuckerbrodt" als Markzeichen für Benkulen, der wirklich zuckerhutförmige, oben in eine spitze Nadel ausgehende Felsen bekannt, der, wahrscheinlich aus Trachyt oder Basalt gebildet, sich zackig-schroff als ein kleiner Pik auf dem untersten Bergfufse etwa 1000—1500′ hoch erhebt. Beide sind in Fig. 4. so dargestellt, wie wir sie in N.O. ¾ N. sahen.

6) Von diesem anonymen Kegel an bleibt sich die mittlere Höhe der Bergkette gleich bis zu dem sechsten Pik Sumatra's, dem s. g. Berg von Benkulen, der etwa unter 3° 20′ südl. Br. liegt und in der Richtung nach N.N.O. gesehen das in Fig. 5. mitgetheilte Profil darbietet.

Dunkelblau über eine Wolkenschicht von weifslicher Färbung, deren untere Grenzlinie sich scharf in gleichmäfsiger Höhe an der ganzen Südwestflanke Sumatra's, so weit man sehen konnte, hinzog, blickte der ebenfalls mit Wolken von anderer, mehr gekräuselter Beschaffenheit gekrönte vielfache Scheitel dieses Berges zu uns herab. Er nimmt die Gegend des Landes ein, in welche man gewöhnlich die Hauptquellen des grofsen Palembangschen Stromes Musi versetzt. Wir schätzten seine Höhe an 9500′. Vorn auf der Rhede von Benkulen erblickt man Pulo tikus (die Mäuse- oder Ratteninsel), zu deren Seiten eine so hohe Brandung entsteht, wie man sie wahrscheinlich längs der ganzen Südwestküste nicht wieder antrifft. Ueber den Theil der Gebirgskette, welcher südlich von diesem sechsten Berge liegt, führt von der Südwestküste bei Benkulen bis nach der Nordostfläche von Palembang ein Communicationsweg, den die Eingebornen zwischen den beiden befahrbaren Flüssen Benkulen und Palembang in 8 Stunden zurücklegen sollen, und der schon 1770 von einem Europäer (Miller, welcher die Cassiawälder an dem Ostgehänge der dortigen Berge besuchte), betreten wurde (Raffles, l. c.).

7) Weiter nördlich (oder eigentlicher nordwestlich) vom sechsten Berge nimmt der Saum der sichtbaren Gebirgskette wieder eine ausgezackte Beschaffenheit an, indem er sich in zahlreiche kleine Kuppen hebt und senkt. Eine der ausgezeichnetsten von diesen Kuppen ist der abgestumpfte Kegel Fig. 6., den wir aus der Küstenentfernung von 4 Seemeilen erblickten und der sich durch eine aufsteigende Dampfsäule als noch thätigen Vulkan beurkundete.

Die Binnenländer in der Gegend, wo wir diesen Berg sahen, bestehen aus wenigstens zwei (vielleicht drei) parallelen Thälern, und also auch aus wenigstens drei (vielleicht vier) Bergketten; — denn in dieser Gegend war es, wo der englische Lieutenant Dare 1804 von Ipu und Moco-moco aus, in der Landschaft an der Südwestküste, welche Serampei genannt wird, die Bergketten überstieg. Heifse Quellen an der Küste bei Ipu und eine Solfatara im Innern, welche Dare antraf, sprechen nebst der Rauchsäule des vorstehenden 7ten Berges für die vulkanische Natur des Landes.

8) Noch weiter nordwestlich steigt die äufsere sichtbare Bergkette wieder mehr an und läuft in einer Höhe fort, welche sie auf der ganzen Insel Sumatra nicht weiter erreicht, und die hier (namentlich zwischen 1° 30′ bis 2° südl. Br.) wenigstens 6000′ zu betragen scheint. Jenseits von diesem Theile der Bergkette ist es, wo das goldreiche Land der Korin-Tjier, wahrscheinlich das höchste der Insel mit einem wenig bekannten See gelegen ist, aus dem der grofse Jambiflufs seinen Hauptarm erhält; — hier ist es ferner, wo sich der unzweifelhaft höchste Berg Sumatra's und des ganzen Archipels erhebt, den vorbeisegelnden Schiffern als „Pik von Indrapura" bekannt. Sein Gipfel ist ein fast ganz regelmäfsiger, scharf zulaufender Kegel, dessen Spitze stets über alle Wol-

ken herabschaut. Wir berechneten ihn nach einer Winkelmessung, die freilich nur annähernd richtig sein kann, weil die Entfernung des Schiffes vom Berge nicht genau bestimmt werden konnte, auf 11,500′.

Im Profil *a.* wurde er vom Schiffe Boreas aus in N. 37° gen O. gesehen, und im Profil *b.* vom Schiffe Boabab beinahe im wahren Osten, im erstern Falle in 6 Seemeilen, in letztern aber aus mehr als 6 Seemeilen Entfernung von der Küste. Zwei Mal beobachtete ich, wahrscheinlich aus einer Spalte auf der Ostseite seines Abhanges 1000′ unter dem Gipfel eine Eruption dieses hehren Vulkans; das erste Mal den 15. und 16. März 1842, als ich auf einer Reise von Tapanulie nach Padang mit dem Schiffe Boabab bis hierher verschlagen ward, — ein ander Mal, den 12. Juni 1842 auf dem Dampfschiffe Hecla. Jedes Mal stieg, in Zwischenpausen von 25 bis 45 Minuten, also in einzelnen Bouffées, eine schwarze Rauchsäule empor, die viel dicker an Umfang, aber minder vehement war und sich viel langsamer entfaltete, als die des Smiru auf Java. Zuweilen dauerten die Zwischenzeiten stundenlang. Einige Seeleute wollen 1838 an ihm glühende Lava herabfliefsen gesehn haben.

Im Süden von diesem Pik wurde von Moco-moco aus 1800 die Bergkette von Campbell überstiegen, der, obgleich die Kette daselbst noch nicht so hoch als weiter nördlich ist, sechs Tage dazu brauchte, und seinen Zug als äufserst mühsam schildert. (Nach Raffles). Das Centralthal, wo der See Korintji liegt, scheint nur einfach zu sein, also das Gebirge aus 2 parallelen Reihen zu bestehn.

Etwas nördlicher als das Breitenparallel dieses Kegels, nämlich in der Gegend der Chinco- und Babbibai, im Süden von Trossan, erscheinen die der Küste zunächst laufenden Ketten sehr hoch; — sie sind nur durch einen sehr schmalen Strand vom Meere getrennt, und wo nicht absolut höher, doch viel steiler, als die Berge im Norden von Padang. Diese Küstengegend hat einen eigenthümlichen, wild-erhabnen Naturcharakter. Wir segelten den 16. März 1842 *) quer auf die Küste zu, liefsen die flache Insel Pannen, die nur einen Kokoshain bildet, im Süden, trieben die beiden, nur durch einen

*) Geschrieben am Bord vom Schiffe Boabab.

schmalen Kanal getrennten Inseln Pulo ayer besaar und kitzil vorbei, sahen die kleine, aber felsig-hohe Insel P. babbi kitzil, und hinter ihr den gebirgigen Vorsprung von P. trossan im Norden, und warfen unter dem Südoststrande von Pulo babbi besaar in 18 Toisen Tiefe Anker. Von hier nordwärts bis Trossan heifst die Einbuchtung Babbibai, und südwärts Chincobai. Vier schroff aus dem Meere sich erhebende Inseln und Felsenpfeiler blickten uns hier entgegen. Zuerst jene P. babbi kitzil im Norden. Die zweite, P. Samanku, lag in S.O., im südlichsten Theile der Chincobai, und erhob sich als eine kleine, aber sehr hohe Felseninsel. Der dritte Felsen ragte mit senkrechten Wänden und waldgekröntem Scheitel als Pulo Neelong dicht neben uns, zwischen unserm Schiffe und der Küste empor, auf deren schmalem, sandigem Strande, unter dem Schatten von dichten Kokoswäldern, die Hütten von Appi-appi hevorschimmern. Auf diesem schmalen Saume, zum Theil noch halb im Meere stehend, taucht der vierte Felsen empor, welcher der merkwürdigste von allen ist, und sich auf dem flachen Strande ganz isolirt, wie ein schwarzer, in der Mitte nur wenig gebogener Thurm erhebt. Er ist eine einzige Basaltsäule, die einem gigantischen, oben abgestutzten, viereckigen Baumstamme gleicht. Neben ihr steht noch ein ähnlicher zweiter, aber etwas kürzerer Felsenstumpf, der mit dem erstern den fremdartigen Anblick von zwei Nadeln gewährt, welche von innen heraus die flache Erdkruste durchbohrten.

Hinter diesen sonderbar gestalteten Felsenpfeilern steigen amphitheatralisch die Gebirgsketten in die Höhe. — Ihr Anblick ist malerischer und grofsartiger, als in irgend einer andern Gegend der Sumatran'schen Küsten; ihr Saum ist in viele kleine Kuppen ausgezackt, von denen sich einige sehr steil, fast senkrecht hinabsenken. Mehre tief ausgefurchte Querthäler durchschneiden die vordere Kette und erscheinen gleich Eingangsthoren in ein fremdes, geheimnifsvolles Land, da sie dem Blicke erlauben, bis zu dem düstern Hintergrunde der innersten, höchsten Kette zu dringen. Ein düstrer Schatten bedeckt diese schaurig-öden Thalspalten, aus deren tiefstem Grunde eine ununterbrochene Waldung bis auf die höchsten Wände hinansteigt.

Wir besuchten die Insel Babbi besaar und trafen unter Kokoswäldern auf ihrem schmalen nordöstlichen Strande eine

Gruppe von 6 Hütten mit maleieschen Bewohnern und einer Heerde von 50 Schaafen, die sonderbar genug in allen übrigen Gegenden der Südwestküste Sumatra's selten sind. Die Insel bildet ein convexes, in der Mitte etwa 300 Fufs hohes Land mit sanft gerundeten Formen, das nur mit Allang-allang bewachsen, den lieblichen Anblick einer hellgrünen Grasflur darbietet, auf deren langhingezogenem Rücken sich zahlreiche Kokospalmen bald einzeln, bald in ganzen Gruppen malerisch erheben. Waldung und andre Fruchtbäume als Palmen fehlen der Insel, und das Auge kann sich nur an dem Grün des Allang erquicken, das aber, wahrscheinlich wegen des Contrastes mit dem blauen Ocean viel lebhafter und schöner, als im Innern der Länder erscheint. Besonders auf dem nördlichen und nordöstlichen flach-sandigen Ufer und in einigen tiefen und flachen Zwischenräumen zwischen den Rücken stehn die Kokospalmen waldähnlich gedrängt. Nur an einzelnen Stellen senkt sich die Masse der Insel steil ins Meer und bildet schwarzgefärbte Klippen, deren Anblick es eigentlich war, welcher mich vom Bord gelockt hatte. Sie bestanden aus Basalt, gleich jenem, den einige ausgesandte Matrosen von dem thurmartigen Felsen auf dem Strande von Appi appi abgeschlagen hatten *). — Mit einbrechender Nacht kehrten wir an Bord zurück, in Gedanken mit plutonischen Kräften und den feurig-flüssigen Gebilden der Vorzeit beschäftigt. In schwarzes Dunkel waren bereits die Gebirgsmassen der Küste gehüllt, und gleichsam unsre Gedanken parodirend — — zogen sich einzelne Feuer von brennendem Allang-allang an den Berggehängen herab, den röthlich-glühenden Lavaströmen ähnlich, die einem Vulkane entquellen. — Alles war still und feierlich umher. Hell funkelten die Sterne am Firmament, und unverhüllt sandte die Mondessichel ihr Licht herab, in welchem nur leise die Wellen zitterten. —

Nordwestwärts vom Korintjilande nimmt die Erhebung der Kette bis in das Parallel von Padang nur wenig ab und erhebt sich in diesem Parallel (unter 0° 57′ südl. Br. wieder in:

---

*) Leider schrieb damals Krankheit meinen Bewegungen sehr enge Grenzen vor, und hielt mich von ihrer nähern Untersuchung und Zeichnung ab.

9) den stumpfen Berg Talang, der ohne Zweifel auch ein vulkanischer Pik ist, jedoch nicht höher als 7000′ zu sein scheint. — Der Küstenanblick in Süden zunächst von Padang, auf dessen Rhede bis in 12 Minuten Küstenabstand acht kleine, flache, mit Kokospalmen bewachsene Koralleninseln zerstreut liegen, ist noch eben so düster-malerisch, wie weiter in Süden. Die Küste und die Küstengebirge haben noch denselben Charakter wie an der Babbi- und Chincobai und alle Inseln, die sich hier zunächst der Küste aus dem Meere erheben (Pulo Marra, Raggeno, Bintango, Trossan, Sabaddu u. a.) streben felsig-steil, oft senkrecht aus dem Wasser empor. Hier befindet sich zwischen den Inseln Trossan und Sabaddu ein schmaler Eingang in eine Bai, in welchem Eingange zwei kegelförmige, jedoch waldbedeckte Inseln (Pulo Seronjong besaar und Kitjil) steil und schroff, die erstere südöstlicher gelegne etwa 300′ hoch emporragen. — Die Felseninseln der Chincobai stellten sich, wie wir gesehen haben, als ein basaltischer Durchbruch durch die Trachytformation dar. — Von einem solchen Durchbruche ist mir nur noch ein zweites Beispiel in den Battaländern bekannt; beide zeichnen sich durch die wild zerrissenen, malerischen Formen der Umgebung aus, und durch die steile Beschaffenheit ihrer Wände. Dasselbe Ansehen haben die Ufer der Sabaddu oder Trossanbai, ihr Gestein ist jedoch nicht untersucht. *)

Der Küstenort Padang.

Die Fläche von Padang ist eins von jenen buchtartig geöffneten *schiefen* Thälern, welche durch das Auslaufen einer sich bis zum Meere erstreckenden westlich streichenden Nebenkette, und durch die gröfsere Entfernung der zwischen nordwestwärts streichenden innern Hauptkette des Gebirgszuges am Meeresufer entsteht. Fast von O. nach W. (genauer in einem Winkel von 55½° auf der Längenaxe der Hauptkette und der gan-

*) Ich lag hier zwei Mal vor Anker. Ein Mal mit dem Schiffe Boreas (Jul. 1840), als ich mit „geschwellter Hoffnung" auf Sumatra zusteuerte, und das zweite Mal, als ich 20 Monate später mit „zerrissenen Segeln und zerbrochner Hoffnung" — Sumatra wieder verliefs. Als ich jene zwei Pfeiler im Eingange der Bai wieder erblickte, da kam mir meine Hoffnung und mein Leben wie diese Landschaft vor, die durch feindliche, vulkanische Kräfte zerrüttet und zertrümmert wurde.

zen Insel stehend, strömt vom Berge Talang der Flufs von Padang in dieser Thalbucht herab, indem er sich dem nördlichen Fufse der queren Nebenkette entlang schlängelt und nur in der letzten geogr. Minute seines Laufes die Beschaffenheit eines für Prauen befahrbaren Stromes annimmt. Er ist daher ein blofser Gebirgsbach, der in der Richtung der Querdurchbrüche und Nebenketten (nach W.) fliefst, und dem die ganze untere, südwestliche Hälfte seines Laufes fehlt. Eine solche kommt, wegen der Schmalheit des Küstensaumes, überhaupt nur wenigen Flüssen der Südwestküste zu, — ist aber bei den Flüssen der nordöstlichen Seite Sumatra's gerade der längste Theil ihres Laufes; indem diese, wenn sie das Gebirge nordwärts durchbrochen haben, fast stets in einem rechten Winkel gegen die Längenaxe der Insel fortlaufen, und sich endlich ganz nach Norden wenden, wie wir dies früher schon (S. 7.) angaben.

Der Fufs der innern Bergkette ist bei Padang zwischen 4 und 6 Minuten vom Seestrande entfernt, und läfst eine theils sandige, theils sumpfige und nur hie und da bebaute, mit Sawa's bedeckte, Ebne übrig, welche ziemlich schnell nach innen ansteigt und schon in der Entfernung Einer Minute vom Meere 75′ hoch ist. Ihre oberste Lage ist ein diluvianischer Schutt, mit vielen kleinen Trachytgeröllen, die auch im Bette des Flusses bis nahe zu dessen Mündung herab zerstreut liegen. Die äufsere Bergkette wird bei Padang durch einen Küstenzweig der Hauptkette gebildet, der im Ganzen in westlicher Richtung bis zum Meere streicht und dann mit seinem letzten, hemisphärischen, 320′ hohen (Bar.) Felsen, dem Gunong Monjet (Affenberg), jäh in die Fluthen hinabstürzt. Dieser Felsen hängt nur durch einen sehr schmalen und kaum 45′ hohen Isthmus mit der übrigen Bergmasse zusammen, deren höchster Küstenpunkt bei Padang (vom Scheitel des G. Monjet O. g. S. blofs 1¼ Minute entfernt) 930′ hoch ist (Bar.). Er führt den Namen Gunong Batu ba surat (beschriebener Steinberg), von einem Trachytblocke auf seiner Spitze, in den verschiedene Besucher ihre Namen eingegraben haben. Die äussere Flanke dieses Küstenzweiges und dessen Verlängerung ist es, die man zuerst erblickt, wenn man in O. oder S.O. von der unbewohnten, ziemlich flachen Insel Pisang besaar in thonartigem grauem Schlammboden 48′ tief Anker geworfen hat. Die südliche Hälfte dieses äufsern Gebirgsfufses

2

ist durch einen Sandstreifen, auf dem Kokospalmen stehn, vom Meere getrennt, — die nördliche aber steigt als eine klüftige, mit höhlenartigen Spalten (in denen Hirundo esculenta nistet) versehene Mauer empor, und wird erst in 50 bis 100 Fufs Höhe von den Seiten her ersteigbar. Das Kerngestein ist Trachyt, keinesweges Granit, wie man oftmals irrig angiebt. Eben daraus besteht auch der G. Monjet, dessen weit in das Meer vorgeschobene Masse den mehr südwärts ankernden Schiffen den Anblick Padangs verbirgt, — dessen Gestein jedoch nur, soweit es vom Meere bespült wird, kahl, dann aber, ungeachtet seiner Schroffheit, bis hinauf auf seinen stumpfen Gipfel von der üppigsten, mit Rotangsträngen durchwebten Waldung bewuchert ist, aus welcher nur einzelne Kokospalmen ihre Wipfel hervorstrecken. Schaaren von Affen beleben dies Dickigt und verzehren, unten auf dem Felsen sitzend, ruhig die gefangenen Muscheln, ohne sich durch die vorüber rudernden Schaluppen schrecken zu lassen. — Man würde bei diesem Anblicke schwerlich die Nähe der Hauptstadt Sumatra's vermuthen, weh'te nicht oben auf dem Gipfel des Felsen die tricolore Flagge Niederlands, als ein der blauen Spiegelfläche des Meeres wohlbekanntes Zeichen. — (Man vergleiche die Karte Taf. VI.) *)

Die Nordflanke dieses Küstenzweiges ist von den weitläufig zerstreuten und mit Baumgruppen, besonders mit Kokos-

*) Bei allen nun folgenden topographischen Beschreibungen des Landes von Padang bis Singkel, wird auf die hierzu gehörigen Karten verwiesen. — Taf. VI. bezeichnet die Generalkarte von der Südwestküste und dem Innern Sumatra's, zwischen Padang und Singkel; — Taf. II. u. III. die erforschten Battaländer insbesondre; Taf. IV. u. V., das südlich darangrenzende Land bis zu 1° Br.; — Taf. I. eine Specialkarte der Tapanuliebai und der zwischen dieser Bai und Ankola gelegenen Landschaften.

Ueberall auf diese Karten verweisend, enthalte ich mich einer weitläufigen speciellen Beschreibung des Terrains, seiner Formen und seiner Positionsverhältnisse, weil eine solche Beschreibung sehr ermüdend und trocken ausfallen und dann doch noch mangelhaft bleiben würde, während ein Blick auf die Karten dasjenige leicht sagt, was viele Worte nur schwierig auszudrücken vermögen.

Die speciellen Situationsverhältnisse der Padang'schen Küstenkette sehe man in der topographisch-geodätischen Skizze, welche sich der Karte Taf. VI. beigefügt findet. Die Aufnahme dieser Küstengegend geschah in Folge eines Auftrags, den ich von

palmen abwechselnden Häusern und Hütten Padangs nur durch den Fluſs getrennt, welcher sich hart an ihrem Fuſse vorbei drängt. Seine Breite von seiner Mündung bis etwa 3000′ aufwärts, beträgt ziemlich unverändert 300 Fuſs, von dort an aber wird er zusehends schmäler. Er kann durchwadet werden und hat 500—1000′ oberhalb seiner Mündung 3½ Fuſs durchschnittliche Tiefe, während die mittlere Schnelligkeit seines Stromes daselbst bei mäſsigem Wasserstande 2 Fuſs in einer Sekunde beträgt. Hiernach ergieſst er etwa in jeder Stunde 7½ Millionen (genauer 7,560000) Kubikfuſs Wasser ins Meer. Er ist also noch nicht halb so groſs, als die Seine, welche in jeder Stunde 16 Millionen Kubikfuſs liefert.

Jenseits dieses Flusses, zwischen dessen rechtem Ufer und der Häuserreihe ein breiter Spazierweg hinführt, entfaltet sich das eigentliche Panorama der Bewohner Padangs. Man erblickt zuerst, tief unter dem Gebirge liegend, die Masten von vielen kleinen Schiffen und buntfarbigen Prauen, welche den verschiedensten Nationen, besonders Chinesen, Malei-ern und Atjin-ern angehören ; — dann jenseits dieser Prauen eine Anzahl auf hohen Pfählen ruhender Bambushütten der Inländer, die dem Gebirgsfuſse wie angeklebt erscheinen und um die sich Kokospalmen, Pisang's und andere Fruchtbäume malerisch herumgruppiren, — endlich über diese Häusergruppen steil hinanstrebend die grüne Gebirgsflanke selbst, mit einigen Cascaden, die das Malerische des Anblicks erhöhn,

---

dem damaligen Gouvernements-Commissario von Sumatra erhielt. Da nämlich die ankernden Schiffe nur hinter Pulo Pisang besaar vor Nordoststürmen hinlänglich sicher sind, — die Entfernung dieses Ankerplatzes von der Mündung des Flusses aber geradlienigt fast 2 Minuten (eine Stunde rudern) beträgt, und da die Umschiffung des Monjetfelsen, welcher sich fast direct im Norden vom Ankerplatze erhebt, um in den Fluſs zu gelangen, bei stürmischer See oft gefährlich und zuweilen Tage lang unmöglich ist, — so schien eine Entschiffung der Güter und Passagiere unmittelbar in Osten gegenüber vom Ankerplatze selbst und ein Landtransport von da bis Padang (über den Isthmus) zweckmäſsig, und es handelte sich darum, zu wissen, ob das Terrain die Anlegung eines Weges für Wagen, oder bloſs für Pferde erlaube, — und ob der Weg am Seestrande hingeführt werden könne oder nicht. — Die angegebnen Höhen bis auf den Batu surat wurden nach correspondirenden Beobachtungen zweier genau verglichener Barometer (eines Fortin'schen auf den obern Stationen und eines Horner'schen zu Padang) gemessen.

und überall besäet mit grofsen Felsentrümmern, zwischen denen sich kühn einige schmale Pfade hinanziehn. Mit dem gelblichen Grün der Bergseite, die nur mit Allanggras und einzelnem Gesträuch bewachsen ist, und mit der schwärzlichen Farbe jener Trachytblöcke, steht das blendende Weifs chinesischer Gräber im lebhaftesten Contraste, deren Halbkreise sich hier und da der Bergwand anlehnen, und sich unten im Strome spiegeln.

Von dem höchsten (930′ hohen) Punkte des Berges (G. Batu surat) geniefst man eine belehrende Aussicht über Land und Meer. Von da erkennt man, wie ein verlängertes Joch erst nach N.O. noch einige Minuten weit fortläuft, ehe es sich in der Fläche verliert. Diese Fläche von Padang stellt sich dar wie eine alte Meeresbucht und zieht sich rund um dieses Joch herum bis nach der Richtung S. 50° gen O. vom höchsten Gipfel, in welcher Richtung das Küstengebirge durch ein einziges schmales und niedriges Joch mit der Hauptgebirgskette zusammenhängt. Könnte man dieses Joch, das vielleicht nur 100′ hoch ist (etwas südlicher als im Parallel von P. Pisang kitjil), durchstechen, so könnte man eine unmittelbare Communication von dem Ankerplatze aus mit der Fläche von Padang eröffnen, welche sich buchtartig bis an den innern Fufs dieses Joches herumzieht, und dadurch die mühsame Umschiffung des Affenberges vermeiden. (V. Karte III.)

Man erblickt die weite Fläche von Padang, lichtgrün mit glänzenden Reisfeldern und dunkeln Dorfwäldchen melirt, — in Norden, wo sie sich der Küste entlang unabsehbar weit hinzieht, während sie der Quere nach nur etwa 4 Minuten breit ist, bis an die waldige Hauptgebirgskette, aus deren einförmigem, düstern Grün in N. 83° gen O. von hier der Kali von Padang aus einem Thale hervorbricht, und sich nachher dem nördlichen Fufse des Küstengebirges, auf dem wir stehn, entlang dem Meere zuwendet. Links breitet sich das Meer aus, mit seinen acht kleinen, weit von einander abgelegenen Inseln, die von der Brandung weifs umstreift, sich nur wie ein Wald darstellen, wie blofse Flecken in einem Spiegel. — Und tief zu unsern Füfsen liegt Padang mit seinen Kokoswäldern, seinen Häusergruppen, die aus dem Grün vereinzelt hier und da hervorschimmern, seinen Kanälen und seinen lieblichen Flufswindungen. Besonders malerisch stellt sich das chinesische Kampong dar, dessen weifse Kalkmauern uud rothe Ziegeldächer angenehm mit dem Grün der Bäume contrastiren und sich auf der ruhigen Oberfläche des Flusses spiegeln. Nachdem der Wandrer diese schöne, weite Aussicht genossen, führt ihn sein Rückweg bald durch herrliche, rosenblüthige Psidiumgebüsche hindurch, bald an einer Quelle vorbei, die unter dem Grün von Pontederia hastata hervorbricht; bald durch ein Dörfchen, das von Kokos-, Pinang-, Arengpalmen, Bombax pentandrum, Aleurites moluccana und andern Fruchtbäumen beschattet ist. —

Die auf dem Abhange des Batu surat zerstreuten Trachytblöcke sind an ihrer Oberfläche fast alle verwittert und in eine gelbliche Kruste verwandelt, welche nach innen härter werdend, eine Linie tief ins Gestein dringt und mit einem Messer abgeschabt werden kann. Durch eine solche Verwitterung der Felsen hat sich in Tausenden von Jahren wahrscheinlich derselbe, thonartig-schlüpfrige Lehmboden gebildet, welcher jetzt das Gebirge einige Fufs hoch bedeckt und nur an sehr vegetationsreichen Stellen von eigentlichem Humus vertreten wird. Ja, die umher zerstreuten Felsenblöcke entstanden vielleicht selbst auf ähnliche Art durch Verwitterung und lösten sich von hervorragenden Kuppen und überhängenden Wänden los, wobei freilich auch gewaltsame Erderschütterungen das Ihrige beigetragen haben mögen. Wie diese losen Blöcke, deren einige wirklich häuserhohe Klumpen bilden, auf andere Art hierher gelangt sein sollten, ist bei der Gröfse derselben und der bedeutenden Entfernung der Vulkane schwer zu begreifen.

Die Fläche von Padang ist in ihren strandnahen Gegenden da, wo die Häuser Padang's stehn, nur wenige (3 bis 6) Fufs über dem Meere erhaben. Daselbst ist sie gröfstentheils sandig, ja in der Nähe des Meeres dünenartig aufgeworfen und nur mit Cyperusarten, Scirpen, Pandanen, Urena lobata, Cassia stophora, Melastoma malabaricum, Asclepias gigantea u. a. dürftig bewachsen. Erst weiter Landeinwärts, wo man Reisfelder antrifft, wird der Sand von Humusreichen Boden verfangen, und nur in wenigen Gegenden ist er von kleinen Sümpfen durchzogen, die mit Nipa fruticans, Acrostichum diversifolium Bl., und mit Sagopalmen bewachsen sind. Solche Sümpfe, an den Rändern öfters mit Cerbera Manghasbäumchen eingefafst, ziehen sich selbst zwischen einigen Hütten des Ortes Padang hin, können jedoch, da sie nur von geringer Ausdehnung sind, nicht viel zur Ungesundheit Padang's beitragen. — Alles andere, aufser dem kalten Sandstrande, den Sagopalm-Sümpfen und den Reisfeldern, ist üppig mit Fruchtbäumen, besonders mit Kokospalmen bewachsen.

Offene Plätze zwischen den Baum- und Häusergruppen hat Padang nur einen von sehr geringer Ausdehnung, der s. g. Paradeplatz; er ist aber von zahlreichen, zwar schmalen, aber ziemlich ebnen Fuhrwegen durchkreuzt.

Padang, eigenthümlich und in vieler Hinsicht schön seiner Natur nach, bietet als Wohnplatz von Menschen minder erfreuliche Scenen dar. Denn nicht blofs die Palmen an den Ufern seines Flusses, sondern auch die Gebäude, welche man erblickt, stehen schief und machen einen nicht sehr befriedigenden Eindruck auf den Fremdling, der hier das Zierliche in der Bauart javan'scher Strandplätze, wo sich mit luxuriöser Natur die Kunst zu den lieblichsten Scenerien vereinigt, gröfstentheils vermifst. Hier sieht man nur erbärmliche, schmutzige, unregelmäfsig aus Brettern und Bambus erbaute Häuser, die sich einzeln zwischen dem Gebüsch zerstreuen. Sie sind alle auf hohen Pfählen 7—10 Fufs über dem Boden erbaut, was das Fremdartige ihres Anblicks vermehrt. Man steigt auf Treppen zu ihnen hinan und empfindet in ihnen gleichsam ein continuirliches Erdbeben, das bei jedem starken Auftreten und jedem heftigen Windzuge eintritt. Die mehrsten Häuser der Europäer sind nur der Gröfse nach von denen der Ingebornen verschieden, und beiderlei liegen in der Fläche am rechten Ufer des Flusses weitläufig zerstreut. Der Raum unter den Häusern, zwischen deren 4 Eckpfählen, wird in der Regel als Viehstall benutzt. In dieser untern Etage wohnen die Schweine, in der obern die Nias-er und Malei-er. Nur ein Paar Waarenlager und die Häuser des chinesischen Kampongs, die sich höher oben am Flufs entlang ziehn, sind von Stein erbaut und gewähren einen mehr städtischen Anblick. Einem Liebhaber der Zoologie, welcher auf Padang ankommen sollte, würde ich anrathen, zu seiner Wohnung ein Bambushaus zu wählen, welches einige Zeit leer gestanden hat, denn sicher wird er es nun mit allen Arten von Thierchen bevölkert finden. Besonders diejenigen Häuschen, deren Wände von Bambusgeflecht ausgefüllt und wie echte Nürnberger Waare mit chinesischem Papier beklebt sind, wimmeln von Tausenden Kakerlaken verschiedener Art (Blatta, sp.), die dem Reiskleber, womit das Papier angeleimt ist, nachstellen, und für hinlängliche Löcher gesorgt haben, damit der kühlende Seewind gehörig hindurchfauchen könne. Dabei sind Decke und Wände wie marmorirt von ganzen Schaaren kleiner grauer Eidechsen (Geckonen), die auf gewisse Käferchen Jagd machen, von deren Schwärmen des Abends das ganze Haus ersummt; und gar bei Nacht gönnen die Ratten, vor derem Heifshunger man die ledernen Futterale von Barometern und Telescopen verschliefsen mufs, dem Schlafenden keine Ruh, sie drohen ihm selbst die Nägel abzunagen. Lästiger aber als Ratten und Kakerlaken sind auf Padang die menschlichen Nagethiere, die daselbst vorzugsweise aus Javanen bestehen, und sich des Nachts durch die Fensterladen hereinbeifsen; weshalb ein Jeder, der seine Instrumente lieb hat, wohlthun wird, sein baares Geld vorn in die Hausthüre zu stellen, damit, anstatt dieser entbehrlichen Münze, ihm nicht, so wie mir, seine Microscope, Kompasse und alles was glänzt, hinweggetragen werden.

Der Mangel oder wenigstens die Seltenheit von Mosquiten in den Strand nahen Gegenden von Padang, scheint mit dem Sandgrunde, der Reinheit des Trinkwassers, das man in 3 Fufs tiefen Brunnen von vorzüglicher Beschaffenheit findet, und mit dem häufigen N.W.-Seewinde, der dort heftig bläst, im Zusammenhange zu stehen.

Der klimatologischen Verhältnisse Padangs und des Charakters seiner Flor soll im 2ten und 3ten Buche gedacht werden, so dafs wir nun, nach diesem kurzen Aufenthalte in Padang, unsre Betrachtung über Sumatra weiter fortsetzen können.

Von Padang bis Priaman ist die Küste flach und bis zum Gebirgsfufse überall im Mittel 4 Minuten breit. Sie ist sandig und mit niedrigen Laubholzwaldungen bedeckt, zwischen denen man nur selten eine einzelne Hütte wahrnimmt. Nur in der Gegend von Duku, 8 bis 12 Minuten von Padang, ist sie eine Strecke weit mit Casuarinen bewachsen. Nördlich von Priaman aber nimmt sie etwa in der Ausdehnung von 8 Minuten bis fast nach Tiku hin eine andere Gestaltung an, und erhebt sich eben so, wie wir dies schon einmal im Süden von Benkulen, wo sie Bolusroth war, gesehen haben auch hier wieder mauerartig steil aus dem Meere. Diese Gegend liegt etwas südlicher als das Parallel vom Berge Singallang. Das Land daselbst ist ein geneigtes Hochland, welches vom Rande, der etwa 200′ tief ins Meer hinab gestürzten Felsen, die in einem gelblichen Lichte schimmern, unmittelbar sanft in die Höhe steigt, bis es etwa am Fuſse der Gebirgskette eine Höhe von 7—800′ erreicht haben mag. Es erscheint vom Meere aus gesehen, ununterbrochen mit Wald bedeckt. Ob die Felsenlage dieses steil ins Meer gesenkten Landes aus Trachyt, oder wahrscheinlicher aus Granit bestehe, der weiter einwärts von der Trachytformation der Vulkane Singallang, Dano durchbrochen wurde, muſs ich dahin gestellt sein lassen; da es mir nicht vergönnt war, weder diese Felsenwand, noch jene bei Benkulen, ungeachtet ihrer geologischen Wichtigkeit und topographischen Seltenheit in diesem überall mit Vegetation bedeckten Lande, zu untersuchen. Bereits im Süden von Tiku wird die Küste wieder flach, bis nach den Küstenbergen von Ayerbangis hin, welcher Ort bereits 15′ in Norden vom Aequator liegt. Hier findet man wieder eine, mehre geogr. Meilen lange Strecke des Strandes, der scheinbar sandig ist, mit Casuarinenwäldern bedeckt. Diese Gegend liegt unmittelbar im Norden von dem groſsen Dorfe Tiku (Tikoo auf engl., Tikoe auf holländ. Karten), und wird leicht erkannt an drei kleinen Inseln, die sich in einer fast geraden Linie hintereinander von Tiku ins Meer hinausstrecken, und eben so flach und eben so üppig mit Kokospalmen bewaldet sind, wie die andern Inselchen zwischen Padang und hier.

Die Binnenländer von Padang oder von der zuletzt unter No. 9. genannten kegelförmigen Kuppe Talang an, sind, seitdem durch Niederländische Waffen die angemaſste Hierarchie der Padrisecte zerbrochen und über das Ganze eine gewisse Einheit der Verwaltung ausgedehnt worden ist, so sehr im Einzelnen untersucht und mit topographischen Arbeiten bereichert worden *), daſs es mich zu weit führen würde, in eine ausführliche Terrainbeschreibung einzugehen, zumal da nur die Battaländer der spezielle Gegenstand meiner Betrachtung sind.

*) Wobei nur zu bedauern ist, daſs so wenig davon zur Kenntniſs des Publikums gebracht wurde. —

Ich beschränke mich daher hier auf die Hervorhebung der allgemeinsten topographisch-geognostischen Verhältnisse, indem ich zur Uebersicht der Positionen die Karte III. entworfen habe, auf welche ich daher glaube verweisen zu dürfen.

Der nächste Kegelberg seit dem Talang, der sich nun wieder erhebt, und der die Höhe von 6000′ übersteigt, denn nur die vulkanischen Piks übersteigen auf Sumatra diese Höhe, ist nicht ein einzelner, sondern es sind ihrer zwei, in einer geraden Linie neben einander stehende Kegel, nämlich;

10) und 11) Der Singallang und Merapi, welche mit ihrer gemeinschaftlichen Axe in fast querer Richtung zur Gebirgskette wie zur Längenaxe der ganzen Insel überhaupt stehen durch einen hohen, sattelförmigen Zwischenrücken mit einander zusammenhängen, und eben so, wie mehre Berge auf Java, als ein Doppelvulkan zu betrachten sind. Diese Querrichtung ist dieselbe wie die der Querdurchbrüche und der queren Nebenketten des Gebirges, welche sämmtlich entweder nach W. 5° gen S. oder nach O. 5° gen N. auslaufen.

Der südöstlichere, muldenförmige Theil des Centralthales zwischen der Talangkuppe und unserm Doppelvulkan, ist unter dem Namen der 13 Kotta's bekannt, in seiner Mitte etwa 1200′ hoch und steigt unmittelbar in die sanften Abhänge des Talang hinan. Unter den Europäern war es wahrscheinlich Raffles, der ihn zuerst 1818 besuchte und der ihn bereits als ganz mit Sawa's und Fruchtbäumen bedeckt schildert. Im nordwestlichen Theile desselben Thales liegt, den Fuſs des Merapi berührend, der schöne See Sinkara, dessen Spiegel (nach Raffles) 1035′ hoch ist. — Der Saum der Bergkette, welche dieses Sinkarathal in S.W. begrenzt, dieselbe, welche man schon von Padang aus erblickt, scheint nicht höher als 4000′ (vielleicht nur 3500′) hoch zu sein; im Osten (N.O.) vom See scheinen sich die Bergketten mit weiten Längenthälern zwischen denselben zu verdoppeln, doch so, daſs sie von einem weiten Querthale durchbrochen werden, in welchem der Hauptzufluſs des groſsen Stromes von Indrogiri, nachdem er auch aus dem Sinkarasee einen Bach in sich aufgenommen, nach N.O. hinabrauscht. Das Innerste dieser Längenthäler ist vom

Ostufer des See's an zu einem Plateau von 1800′ Höhe mit aufgesetzten goldführenden Granitbergen erweitert (Raffles).).

Majestätisch steigt vom nordwestlichen Ufer des Sees, noch 7000′ höher, der Abhang des Merapi empor, um sich selbst und das Feuerwerk, welches zuweilen noch aus seinem Krater in die Höhe wirbelt, im Widerschein des Sees zu erblicken. Dieser Merapi und sein westsüdwestlicher Nachbar, der Singallang, sind es, welche auf dem eigentlichen Centrum des klassischen, althistorischen Bodens von Menangkabau ruhn, dem Ursitz der Maleien, und welche noch jetzt die Ruinen der alten Hauptstadt Preangan auf ihren vulkanischen Rippen tragen.

Der Merapi unter 16 Min., der Singallang unter 18 Min. südl. Br. erschienen uns von der Küste unter dem Fig. 9. mitgetheilten Profil. Wir sahen den höchsten Punkt des Singallang (*a*) im N. 56° gen O. unter einem Winkel von 2° 49′ und den Punkt *b*. des Merapi im N. 64° gen O. unter einem Winkel von 2° 9′, während die annähernd bestimmte Entfernung vom erstern 7½, vom letztern 9¼ geogr. Meilen betrug. Das Resultat ihrer hiernach trigonometrisch berechneten Höhe fällt bei beiden etwa 300′ kleiner aus, als Horner's Barometermessung, wonach der Singallang, in dessen Krater ein See liegt, am höchsten Punkt 9040′, und der höchste Kraterrand des Merapi 8980′ Par. Maaſs hoch ist. Die Ursache dieses Unterschiedes liegt auſser der Unsicherheit der Refraction bei so tief im Horizonte stehenden Bergen, wahrscheinlich in der zu gering angenommenen Distanz.

Ihnen reiht sich, noch mehr ostnordostwärts ein dritter, minder hoher Kegel, der Sago an, dessen Gipfel nicht durchbohrt zu sein scheint und der zu 5000′ hoch angegeben wird. *)

Dieses verdoppelte Vorkommen vulkanischer Kegel in schiefer Richtung zur Hauptaxe der Bergketten, hat eine ganz andere Gestaltung des sie umgebenden Landes, eine Höhererhebung und Erweiterung des Bodens der Centralthäler, aus denen sie emporstiegen, zur Folge gehabt. Wir sehen daher auch jenes regelmäſsige Verhältniſs der Centralthäler

---

*) Wahrscheinlich derselbe, der auf Raffles Karte unter dem Namen Kassumba, 15000′ angezeichnet steht. Auf derselben Karte hat auch der Merapi 13000′ Höhe.

Sumatra's gestört, den fortgesetzten Parallelismus der Gebirgsketten und ihrer Zwischenfurchen, der auf der ganzen Insel bis jetzt harmonisch Stand hielt, zerbrochen, und erblicken ein weites, 3000′ hohes, von mehren 200—350′ tiefen kanalartigen Flufsfurchen durchzogenes, übrigens aber flaches, vulkanisches Hochland, welches jenen drei queren vulkanischen Kegeln in N.W. und N. vorgelagert ist, dessen Breite von Matua bis Tandjong allam (gleich 18 Minuten) seine Länge übertrifft und sich eben so wie diese Doppelvulkane in schiefer Richtung zur Längenaxe der Insel hinzieht. Es ist das Plateau von Agam, der Centraltheil des alten Menangkabo, mit den Ruinen von dessen Hauptstadt Preangan, und der schönste Theil der jetzigen Niederländischen Bovenlande von Padang. Auch in W.S.W. und S.W. vom Merapi kündigt sich das Bestreben zur Plateaubildung an durch den südwärts erweiterten, sattelförmig-flachen Zwischenrücken zwischen beiden Bergen, in dessen südlichster Gegend das Fort Gugur Sigandang 3430′ hoch (Bar. H.) liegt; und durch die 2360′ hohe (Bar. H.) Platte, zu welcher sich der Fufs des Berges bei Padang panjang erweitert, während sich auch im Osten von Merapi, zwischen diesem und dem kleinern Sago, in der Umgegend von Tanjong allam (3210′ Bar. H.) noch viele Hochebnen finden.

Im Westen von diesem Plateau liegt zwischen kreisförmigen Randgebirgen ein nicht weniger als zwei tausend Fufs tiefer Kessel (Bar. H.), dessen unter dem Namen Dano (See) bekannter Grund mit Wasser erfüllt ist, und der durch eine Zusammenstürzung oder Einsinkung des Bodens, vielleicht nach vehementen Erderschütterungen, gleich den 8 Rano's am Fufse des Lamongang auf Java, gebildet zu sein scheint. Aus der Küstenentfernung von 2 Seemeilen vom Bord gesehen, stellt sich sein Randgebirge, dessen Höhe von 3500′ der westlichen Kette des Sinkarathales ziemlich gleich ist, in dem Profile Fig. 10. dar.

Es gleicht einem lang hingezogenen Rücken, dessen äufserer Abhang auf den verschiedenen Seiten überall eine gleiche sanfte Neigung hat, während sein oberer Saum sehr zerstükkelt und ausgezackt, und sein innerer Abhang sehr steil ist. — Eine grofse Schlucht, durch welche wir die gegenseitige Wand des Ringgebirges erblicken, unterbricht den Zusammenhang der Kette und sendet einen Bach zum Meere herab. So stellt er sich in der That dar, wie ein in sich selbst zusammengestürzter und versunkener Vulkan. Der Spiegel des Dano liegt 1500′ über dem Meere, also 2000′ unter der gemessenen Stelle des Randgebirges in Osten bei Meninjor.

Nördlich vom Dano nach dem Ophir zu senkt sich die Centralgebirgskette sehr bedeutend herab und scheint kaum noch 800′ hoch zu sein, und die Küstenfläche erweitert sich. Diese tiefe Stelle ist die quere Oeffnung des Thales von Bondjol, durch welche der Massangfluſs herausströmt. Nördlich von der Mündung (Muara) dieses Flusses erheben sich (südsüdwestwärts von Ophir), vier isolirte kegelförmige Hügel in der Ebne, die sich ganz wie solche Auswurfshügel darstellen, von denen manche javan'sche Vulkane umgeben sind.

Unmittelbar in N.W, vom vulkanischen Plateau Agam fängt die Längenform der Centralthäler Sumatra's an sich wieder herzustellen, und spricht sich bereits aus in der nordwestlichen Strömung des Batang Agam (obern Massang); welcher dem Centralthale des Sinkara also parallel ist und dem Alahan panjang, der südlich durch das berühmte Längenthal von Bondjol herabflieſst, entgegentritt, um sich gemeinschaftlich mit ihm in querer Richtung der Küste zuzuwenden, und eines jener interessanten Stromthäler zu bilden, die wie die Quergebirgsketten die Hauptaxe in einem Winkel von 55½° schneiden. Von den Festungen Matua (3220′) und Fort de Kock (3000′ Bar. H.) bleibt die Hochflächennatur noch vorherrschend bis in dem untern nordwestlichen Theil des Flusses Batang Agam, wo die Erhebung auf dessen linker Seite beim Fort Bambang noch 1900′ und auf dessen rechter Seite beim Fort Pisang noch 1520′ (Bar. H.) beträgt. Der von fast senkrechten Wänden eingefaſste Kanal, in welchem dieser Strom durch die Hochebene flieſst, ist nicht weniger als 350′ tief (Bar. H.). Mehr die eigentliche Natur der T i e f t h ä l e r aber hat das Becken des von N, herabflieſsenden Alahan panjang, dessen Sohle bei Kumpulang nur 628′ und bei Bondjol (in seiner obern Mitte) 689′ Höhe hat, während das Bett der vereinigten Ströme schon bei Bindju bis 160′ (Bar. H.) herabgesunken ist, obgleich es von da noch 27 Minuten geradlinigt von der Küste entfernt ist. — Es geht daselbst in eine weite Niederung über, welche den Süd- und Westfuſs des Ophir umgiebt und bei Kanalie in S..W. vom Ophir und 5 Minuten vom Strande entfernt, nur 48 Fufs Höhe hat. Daraus ist erklärlich, wie der Ophir, weil er sich isolirt aus einem Tieflande erhebt, fünf tausend Fufs höher von den Engländern geschätzt wurde, als er wirklich ist. Die Höhe der Bergkette in Westen von Kumpulang (genannt Bukit gedang) beträgt 2150′ (Bar. H.), wonach das Bondjolthal in dieser seiner untern Gegend eine relative Tiefe von 1520″ hat.

Diese grofse Ausweitung und geringe Höhe des Centralthales zwischen Massang und Kumpulang macht es ferner erklärlich, wie von der Küste oder vom Meere aus gesehen, die Ketten zwischen dem Danogebirge und dem Ophir wie unterbrochen scheinen, und eben so erklärlich, wie das Thal von Bondjol wegen seiner Hitze und wegen der aus seinem Sawaboden aufdampfenden Feuchtigkeiten und den endemischen biliös-gastrischen Fiebern und Typhen bei den Niederländischen Truppen so übel berüchtigt ist.

Ehe wir jedoch vom Alahan panjang Thale aus die Fortsetzung des eigentlichen nordwestwärts gerichteten **Centralthales von Sumatra**, welches am nordwestlichen Ende des Sinkarasees abgebrochen und den dazwischen gelagerten Doppelvulkan ($\frac{10}{11}$) in seiner Regelmäfsigkeit gestört erschien, obgleich es nordwärts von Bondjol (bei Kotta tenga) in derselben nordwestlichen Streichung wieder anfängt weiter verfolgen, müssen wir zuerst einen Vulkan betrachten, der auf der äufsern südwestlichen Seite der Centralgebirgskette hervorgestiegen ist und dadurch eine Verdoppelung der Bergketten und Zwischenthäler zur Folge gehabt hat. Es ist unser zwölfte Sumatran'sche Vulkan,

12) der mit Unrecht berühmte Gunong **Ophir**, der blofs 9010 Par. Fufs hoch ist (Bar. H.) und auf seinem in mehren Terrassen übereinander ansteigenden Gipfel von einem fast erloschenen Krater durchbohrt wird. Seine Südseite erscheint von der Küste aus in dem Profil (die höchste Spitze im N. 6° gen O. aus 11¼ geogr. Meilen Entfernung in einem Winkel von 1° 39′ —). Er hängt mit der Centralkette durch einen von dieser in einem spitzen Winkel ausgehenden, übrigens wenig bekannten Zweig zusammen und bildet dadurch ein zweites Thal, in welchem ein Bach, anfangs parallel mit der Hauptkette hinläuft, nachher aber sich umbiegt und eines

von den wenigen wirklichen Querthälern bildet, die in einem rechten Winkel von 90° auf der Hauptaxe stehn. So strömt er am nordwestlichen Fufse des Ophirs vorbei, um sich bei Passaman *) mit dem Sassak ins Meer zu ergiefsen.

Fast parallel mit der untern südwestlichen Hälfte dieses Thales liegt durch eine quere Nebenkette von ihm geschieden, ein zweites Thal, dessen Höhe in seiner oberen kesselförmigen Gegend, dicht an dem Fufse der Hauptbergkette bei der Redoute Tjibada (oder Tjubada), da wo der Flufs noch nordwestlich strömt, 2076′ (Bar. H.) beträgt. Es ist der Flufs von Passaman, der durch dasselbe herabströmt; es wird in N.W. durch einen von der Hauptcentralkette schief auslaufenden Zweig begrenzt, der sich ähnlich wie der Verbindungszweig des Ophir verhält und den wir die Quer- oder Nebenkette von Ayerbangis nennen wollen. An seinem südlichen Fufse führt vom Küstenorte Ayerbangis hin bis nach Tjibada ein Communicationsweg, der von Tjibada an die Hauptkette übersteigt, um in das Innere nach Rau zu leiten.

Ehe wir jedoch zur Betrachtung dieses Innern zurückkehren, müssen wir noch einen solchen schiefen Ausläufer kennen lernen, welcher seit Padang der dritte ist, und eben so wie die beiden vorigen (der Ophirverbindungszweig und die Nebenkette von Ayerbangis), westwärts von der Hauptkette ausgeht, also weder quer, noch parallel, sondern, wenn man blofs das Hauptstreichen der Ketten ins Auge fafst und von ihren blofsen Lokalkrümmungen absieht, ziemlich genau nach W. 5° gen S., mithin die Hauptkette und deren Längenaxe in einem Winkel von 55½° schneidet, während diese Längenaxe nach N. 40½° gen W. gerichtet ist **). — Es ist die Nebenkette von Natal, oder (nach ihrem höchsten Gipfel so genannt) die Nebenkette Sidoadoa, deren Südflanke von der Küste aus (in ein Paar Seemeilen Entfernung) in schiefer Richtung, nämlich die höchste Kuppe in N. 60° gen O. erblickt, wie das Profil Fig. 12. angiebt. Eben so wie diese Nebenkette dasselbe mehr oder weniger westliche Streichen (gleich der des Ophir und Ayerbangis) wahrnehmen

*) Nach welchem Orte der Ophir auch Gunong Passaman heifst.

**) Also nicht genau nach N.W., welchen Ausdruck wir jedoch, wenn blos im Allgemeinen gesprochen wird, beibehalten.

läfst, so hat auch der Flufs, welcher ihren nördlichen Fufs bespült, dieselbe Richtung wie jener im Norden des Ophir, nämlich im obern Laufe nordwestlich oder parallel mit der Hauptkette, und im untern Laufe bis zu seiner Mündung bei Tabujong, sich mehr nach S.W. umbiegend. Und, wie von Ayerbangis nach Rau, so führt auch an dem südlichen Fufse der Nebenkette von Natal ein Communicationsweg ins Innere nach Payabunga. Da wo dieser Weg nahe an der Centralhauptkette die Nebenkette (Sidoadoa) überschreitet, welche daselbst Bukit Sitampa heifst, beträgt die Pafshöhe 4900′ (Bar. H.). – Die Sohle des Thales im N.O. von diesem Passe beim Orte Tanna batu liegt 1620′, und die Sohle des Thales im S.W. desselben beim Orte Ayer Natale 1160′ hoch (Bar. H.), durch welches letztere Thal der Flufs von Natal südwestwärts herabströmt. Die Betrachtung jenes schroffen, zackigen Mittelpunktes der Sidoadoa-Nebenkette (* im Profil) leitet uns auf die Entstehungsart dieser Nebenzweige der Hauptketten: dafs diese höchste Kuppe (*) nämlich nichts anders ist, als ein unvollkommner, nicht durchbohrter Gunong Ophir, der aus einer Nebenspalte emporstieg. Die Bergzüge von Lumut, welche man als einen vierten schiefen Nebenzweig ansehen könnte und die sich bis ins Meer hineinstrecken (welches die andern drei nicht erreichen), wollen wir jedoch lieber als isolirte Küstenzüge betrachten. Aus dem angegebenen merkwürdigen Winkelverhältnifs dieser Bergketten können erst dann wichtige Folgerungen abgeleitet werden, wenn die Position und Richtung aller Gebirgsketten Sumatra's und ihrer einzelnen Zweige genau bekannt geworden sind. Ich habe mich begnügt, hier vorläufig nur darauf aufmerksam zu machen. —

Die Küsten in diesen Gegenden, vom Ophir an bis zu den Battaländern, sind am häufigsten flach und sandig, oftmals sumpfig und mit Casuarinen bewachsen, und nur in einigen Gegenden erheben sich niedrige Strandgebirge, als 3—600′ hohe Hügel, wie bei Ayerbangis, Natal und Tabujong (siehe Taf. IV.), die mit den innern Bergen in keinem Zusammenhange stehn. Das Eigenthümliche, wodurch sich diese Gegenden vor der südlichen Hälfte Sumatra's auszeichnen, ist die gröfsere Breite der tiefgelegenen Küstenflächen, die, mit dichter Waldung bedeckt, namentlich zwischen den vorgeschobenen Nebengebirgsketten (Ophir, Ayerbangis, Natal, Lumut), bis tief ins Innere zu dem Fuſse der hier mehr entfernten Centralketten dringen, und zuweilen 15—20 Minuten breit sind, während sie im Süden von Padang gewöhnlich nur 2—3, höchstens 6 Minuten Breite haben.

Auſser den Hügeln bei Ayerbangis und Natal und dem Vorgebirge Caracara bei Tello im Norden von Natal, das zum Theil von der Waldung gelichtet und nur noch mit einzelnen säulenförmigen Bäumen (Laurus Camphora?) besetzt ist, erblickt man in N.W. von dort nur noch wenige kleine Hügelzüge, die sich isolirt auf dem übrigens flachen Küstenlande erheben. Die Sidoadoakette, von deren sonderbaren Zacken sich parallele Felsengräten herabziehn, erreicht die Küste nicht.

Die Centralbergketten, welche man im Norden vom Sidoadoa an erblickt, erscheinen als bloſse Hügelzüge, die in der scheinbaren Niedrigkeit von 500 bis höchstens 1000 Fuſs parallel mit einander und mit der Küste zu 2, 3 und mehren hintereinander die Insel durchziehen; es sind die westlichen Ketten von Ankola, die bloſs so niedrig erscheinen, weil ihr Fuſs 20—25 Minuten von der Küste entfernt ist. Der Meeresstrand selbst ist flach und waldig; aber das innere Land ist wellenförmig gehoben und gesenkt, so daſs die entferntern Wellen nach den Gebirgen zu allmählig höher ansteigen. Man erkennt die Zahl und die Verdoppelung dieser Wellenzüge deutlich durch die Nebel- und Wolkenschwaden, die ungeachtet ihrer geringen Höhe zwischen ihnen schweben. Aus solchem wellenförmigen Terrain besteht die Provinz Sikunar, die nur aus weiter Entfernung gesehen, wie sohliger Alluvialgrund erscheint. Die Küstenhügel zwischen Natal und Tapanulie sind häufig durch kleine Strecken flachen Strandes unterbrochen, und nur zunächst im Süden der Tapanuliebai senkt sich die ganze zusammenhängende Flanke eines Hügelzuges steil ins Meer hinab und bildet eine von zahlreichen Spalten und Klüften quer durchschnittene Wand. Ihr nordöstliches Ende ist das Kap (Udjong) Batu manna, die südlichste Grenzecke der Bai von Tapanulie. Es bildet dieser Hügelzug mit einigen noch mehr östlich gelegenen Zweigen einen von dem Hauptgebirge fast ganz getrennten, aber auch nordwestwärts streichenden Zweig, den wir die Küstenkette von Lumut nennen wollen. Nordwärts von demselben buchtet sich der schöne Kessel der Tapanuliebai ins Land, auf mehreren Seiten hoch von Gebirgen eingeschlossen, und nordwestwärts von der Bai bis Singkel erweitert sich die Küstenfläche immer mehr, indem die Centralketten immer weiter von dem flachen, söhligen Strande zurücktreten. Nur zwei etwas höhere Kuppen innerhalb dieser ganzen Erstreckung von Natal bis Singkel, blicken aus dem Innern der Insel ins Meer herab: zunächst der Seret Berapi (Nr. 13.), und etwas südlicher als die Tapanuliebai, der breite und unregelmäfsig konische Lubu Radja, unser 14ter Sumatran'scher Vulkan.

Wir wollen nun das Innere betrachten, welches der von uns verfolgten Küstenstrecke parallel läuft, nämlich:

Das grofse Parallelthal von Mittelsumatra,

das merkwürdigste und grofsartigste Beispiel einer gleichförmigen Bodenplastik auf der ganzen Insel.

Es fängt auf dem wasserscheidenden Rücken an, welcher sich am rechten Ufer des Alahan panjang von der nordöstlichen Hauptkette quer bis zur südwestlichen herüberzieht und das mehr südlich gelegne Thal von Bondjol begrenzt, unter 0° 5′ nördl. Br. und 100° 20′ östl. L. (in der Mitte), — und endigt sich bei Tobing in Nord-Ankola am Fufse des Lubu Radja unter 1° 20′ nördl. Br. und 99° 15′ östl. L.

Es zieht sich also in einer schnurgeraden Linie, genau in der Richtung von N. 40½° gen W., nicht weniger als hundert geogr. Minuten lang ununterbrochen hin, hat überall eine mittlere (südwest — nordöstliche) Breite seiner flachen Thalsohle von 4, und seiner einfassenden Bergfirsten von 12 Minuten, und endigt sich eigentlich erst 5′ nordwestlicher als der angegebne Punkt bei Tobing, in der Spitze des Lubu Radja, dessen Gipfel man von der Wasserscheide zwischen Bondjol und Kotta tenga, als die Grenzmarke der Battaländer (105 Minuten entfernt), ohne Zweifel eben so gut wird erblicken können, als ich vom Gipfel dieses Berges fast in derselben Richtung durch das Längenthal herab den noch weiter, nämlich 123 Minuten entfernten Gipfel des Merapi sah und visirte.

Merkwürdig ist es, dafs diese Richtung, nach den besten seitherigen Bestimmungen und kartographischen Angaben, genau mit einer Linie zusammenfällt, die man von dem äufsersten Südostende der Insel an der Sundastrafse, und zwar von der mittelsten der 3 Landspitzen daselbst, dem Tanjong Kamantara, bis zum Tanjong Batu im Osten von Atjin zieht, und welche (900 Minuten lang) wahrscheinlich die wahre Längenaxe der ganzen Insel ist. Etwas länger ist die von der äufsersten Spitze der Insel, vom Atjinkap bis zu der östlichsten der drei Lampongspitzen, Raja bassa, gezogene Diagonal-Linie; sie mifst 925 Min. Länge und ist nach N. 42° gen W. gerichtet. Jene Richtung von N. 40½° gen W. ist in der That die Streichungslinie der Mehrzahl der Gebirgsketten Sumatra's *). Merkwürdig ist es ferner, dafs diese Linie auch die Richtung angiebt, in welcher die Ströme des Centralthales fliefsen, und dafs sie fast alle in der Thalsohle liegenden Hauptörter entweder genau schneidet, oder doch dicht bei ihnen vorbei läuft, eben weil diese Oerter in der Mitte des Thales nahe an den Centralbächen gegründet wurden; namentlich Kotta tenga, Batu bedindi, Lunder, Rau, Kotta nopan, Fort Elout (Payabunga), Siabu und Pitja koling. Sie umfafst daher die politisch unterschiedenen Landschaften Rau, Mandaheling und Ankola.

Auf jeder Seite ist das Thal von einer einfachen Bergkette eingefafst, welche beide Bergketten unter einander und mit der Längenaxe des Thales parallel, zwar viele Krümmungen und Einbuchtungen wahrnehmen lassen, und sich an einigen Stellen bis auf 8 Minuten nähern, an andern bis zu 15 Minuten von einander entfernen, dadurch jedoch weder die Totalrichtung des Ganzen stören, noch die mittlere angegebne Breite der Thalsohle von 4, und der obern Thalöffnung oder der Entfernung der 2 Bergfirsten von einander von 12 Minuten, merklich verändern.

Es gleicht also dieses Thal einem riesenmäfsigen, geradlinigen Kanale, einem Troge, fast so lang wie vom Berge Gedé bis zum Berge von Tagal auf Java, und zeichnet sich durch folgende Erhebungs- und Positionsverhältnisse aus. (Man sehe die Karte Taf. VI.)

---

*) Namentlich in den Battaländern, wo ich auf diese Verhältnisse viel Aufmerksamkeit richtete.

Aufser seinen zwei Endbegrenzungen, nämlich dem Querrücken zwischen dem Bondjolthale und Kotta tenga an seinem südöstlichen Ende, und dem fast 6000′ hohen Lubu Radja an seinem nordwestlichen hat dasselbe noch eine ganze und zwei halbe quere Wasserscheiden. Die erste, welche ganz durch das Thal setzt, liegt beim Dorfe Penjonggo, zwischen Rau und Kotta nopan, und zwingt das Wasser nach entgegengesetzten nordwest- und südöstlichen Richtungen, wodurch die Flüsse Gadis und Sabinayer entstehn. Die beiden andern setzen nur zur Hälfte oder drei Viertheile durch die Sohle und lassen so für eine Vereinigung eines jeden der genannten 2 Flüsse mit noch zwei andern, die ihnen in entgegengesetzter Richtung zufliefsen, den nöthigen Spielraum. Alle vier durchbrechen nun, je 2 und 2 vereinigt in einer durch die Wasserscheide angewiesenen queren Richtung die Bergketten zu beiden Seiten. Das Thal ist daher hydrographisch in zwei Thäler getheilt, in ein südöstliches von Rau, und in ein nordwestliches von Mandaheling, von denen jedes zwei, das ganze Thal also vier Ströme, aber nur zwei Wassersysteme umfafst. Das Thal von Rau sendet merkwürdig genug seinen Wasserreichthum nach der Nordostküste, und das andere von Mandaheling nach der Südwestküste, und beide Flüsse befolgen die gleiche Richtung, jener läuft nach Osten (genauer O. 5° gen N.), dieser nach Westen (genauer W. 5° gen S.), so dafs die Stromthäler der Queremissarien beiden Bergketten in gleichem nur umgekehrt gestelltem Winkel von 55½° der Hauptaxe des Thales inserirt erscheinen. Das Alles läfst sich aus der beigegebenen Karte Taf. I. leicht ersehen.

Da es als ausgemacht betrachtet werden kann, dafs die meisten Thäler nicht, wie die frühere Lehre der Neptunisten. angab, durch Auswaschung entstanden sind, sondern durch Aufrichtung ihrer Wände beim Empordrängen des damals feurig-flüssigen Trachyts *), so ist es keinem Zweifel unterworfen, dafs die auf den vorigen Seiten angedeuteten Winkel-

*) Denn aus Trachyt bestehen alle diese Berge. Granit kommt nur in untergeordneten Verhältnissen vor, — und wo man eine Unregelmäfsigkeit in den angegebnen Verhältnissen der Configuration (des parallelen Streichens der Hauptketten nach N. 40½° westlich, — der Insertion von Nebenketten in einem Win-

verhältnisse der trachytischen Bergketten und Bergrippen kein Ergebnifs des Zufalls sind, sondern durch ein tiefes, bis jetzt noch nicht bekanntes Naturgesetz auf Sumatra hervorgerufen sind, dessen weitere Ergründung (wenn ich mich nicht irre) die wichtigsten Resultate für die Geologie und Erdkunde dieser Insel herbeizuführen im Stande ist. Die Erhebung über dem Meere ist natürlich gegen die Mitte eines jeden der Thäler hin am geringsten, und hat daselbst das Zuzammenstofsen der entgegengesetzten Wasserströme desselben Thales zur Folge; in der Mitte aber zwischen beiden Thälern, wo die quere Wasserscheide der beiden Stromsysteme liegt, ist sie am bedeutendsten, ob sie gleich die Höhe des Südost- und Nordwestendes vom Ganzen noch nicht erreicht. Die Höhe der Mittelwasserscheide ist nicht genau bekannt, beträgt jedoch wahrscheinlich nahe an 2000'. Die südöstliche Grenze des ganzen Thales scheint etwas mehr zu betragen, denn Kotta tenga liegt bereits am innern Abhange des wasserscheidenden Rückens (nördlich von Bondjol), und ist noch 1592' hoch (Bar. H.). Dieser südöstlichste Theil des Thales, vom Sumpurbache nordwestwärts durchströmt, hat in seiner obern Gegend bei Lubu jikeppeng 1418' Höhe (Bar. H.) und hat sich 21 Minuten weiter unten bei Lunder schon bis auf 686' (Bar. H.) herabgesenkt, ist also 35 Fufs auf eine Minute gefallen. — Rau in der andern Hälfte des Sumpursystemes, liegt wieder etwas höher, nämlich 918' hoch, und von dort steigt das Terrain bis zur Mittelwasserscheide bedeutend an und fällt dann wieder bei Kotta nopan, dessen Höhe (genau in der Mitte der Thalsohle) 1350' beträgt. Weiter nordwestlich hat die Thalsohle (etwas oberhalb des Flufsbettes) bei Tambangang 1380' Höhe; von dort an aber fällt sie schneller. Der Gadisstrom wendet sich westnordwestlich seinem engen Durchbruch zu, und Payabunga (Fort Elout), etwa in der Mitte der Sohle, hat nur 660' und noch weiter Siabu nur 540' Höhe. Wenig höher ist die nordwestliche Hälfte des Sinkuangsystems und der nordwestliche Theil des ganzen Parallelthales, (durch

kel von 55½° — und der in einem rechten Winkel auf der Hauptkette stehenden Seitenrippen —), also eine Störung im Parallelgezimmer der Gebirge wahrnimmt, da kann man auf das Vorhandensein von Granit schliefsen. —

welchen der Bach Batang Ankola in entgegengesetzter Richtung, als der Gadis herabströmt) — und mifst bei Serumatinggi 550′ (Bar. wie die vorigen nach H.) bei Pitja koling 640′ *), bei Tobing aber bereits 1870′, — und von hier an steigt das Gehänge schnell in den 5850′ hohen Lubu-Radja empor, der als das Haupt von Ankola das ganze Thal überschaut. —

Die mittlere Erhebung der Bergkette, welche rechts und links das Thal einfafst, beträgt in Ankola kaum 2000′ (Bar.) und darf nirgends höher als 3000′ angenommen werden. Nur die vulkanische Zacke der Natal'schen Nebenkette: Sidoa doa ragt bis 4500′ (Trig.) Höhe empor und aufser dieser noch eine wirklich durchbohrte, also mit einem Krater versehene Spitze, der Seret Berapi, der sich (als der 13te Sum. Vulkan) in der südwestlichen Hauptkette gerade im Süden von Payabunga und fast in demselben Parallel als der Sidoadoa (0° 44′ Br. nördlich, 99° 39′ östl. L.) 5500′ (Trig. **)) hoch erhebt.

Der Gunong Maleh (malée) in der nordöstlichen Kette, weiter im Norden vom vorigen, wird als ein Kegelberg angegeben, — eben so wie weiter südwärts von den vorigen (in Süden von Rau) zwei in den beiden Hauptketten einander gegenüberliegenden kegelförmigen Kuppen, nämlich der G. Kalabbu in der südwestlichen und der G. Seliggi in der nordöstlichen Kette. Sie liegen (der erstere unter 0° 25′ nördl. Br.) zu einander fast westlich 5° gen S. zu: östlich 5° gen N., und lassen daher, fast eben so wie der Sidoadoa und Seret Berapi (W.—O.), dasselbe merkwürdige Winkelverhältnifs wieder erkennen, welches wir beim Doppelvulkan Singallang Merapi zuerst hervorhoben; nämlich dafs solche einander gegenüberstehende vulkanische Berge die Hauptgebirgsaxe in einem Winkel von 55½ Grad schneiden und nie völlig quer (in einem Winkel von 90°) auf derselben stehn.

---

*) Die Höhe von Pitja koling giebt Horner zu 770′ an. — Ich habe jedoch mit seinem eignen Instrumente daselbst beobachtet und glaube, dafs diese Zahl einen Schreib- oder Rechnungsfehler enthält und 670′ heifsen mufs.

**) Nach einer Angabe von Osthoff, der auf die Aussage der Eingebornen, welche Schwefel von dort holen, gestützt, ihm einen Krater zuschreibt.

In den Battaländern, die wir bald zu einem besondern Gegenstande unserer Batrachtung machen wollen, hört der Parallelismus der Centralthäler auf, es tritt eine gröfsere Mannigfaltigkeit der Terrainbildung ein; bald stören Quervulkane, die aus der Mittelspalte emporsteigen und sich in den Weg lagern, die regelmäfsige Fortsetzung des flachen Bodens; bald dehnen sich weite Hochebnen aus und dicht daneben senken sich tiefe Längenthäler hinab: bald sehn wir die Bergketten nicht allein verdoppelt, sondern zu 4, 5 und mehren neben einander hingezogen und hier finden wir dicht neben dem Granit dampfende Solfataren.

Die Gegend nördlich von den Battaländern bis zu den Grenzen von Atjin (Atjeh) und das Innere von Atjeh als die nordwestlichste Ecke von Sumatra, ist so gut wie ganz unbekannt. Von der ganzen Südwestküste von Singkel bis Atjeh, sind blofs einige Küstenplätze von Europäern besucht, deren Beschreibungen *) weniges Topographisches darbieten; allgemein wird gesagt, dafs die Centralgebirge nordwestlich von den Battaländern niedriger werden, vielleicht blofs scheinen, weil sie sich mehr von den Küsten entfernen **). Eben so unbekannt ist die nordöstliche Küste; doch kann man es als ausgemacht annehmen, dafs sich daselbst noch einige vulkanische Kegel erheben; also Berge, die nicht leicht niedriger als 6000′, sondern in der Regel höher zu sein pflegen. Namentlich im Innern von Delhi, an den Quellen des Bulu tjina liegt ein Berg (Batu gapit?), von dem die Eingebornen Schwefel holen ***). Dies wäre dann, da der Lubu Radja der 14te, und der Dolok Dsaut der 15te ist, der 16te Vulkan der Insel Sumatra. Einen 17ten bildet vielleicht der s. g. Elephantenberg bei Samalanga, und einen 18ten der (bei Dampier) s. g.

---

*) z. B. W. L. Ritter, korte aanteekeningen over het ryk van Atjin, — in tydschr. Neerl. Indie. Jaargang II. Nr. 1.

**) Ob gleich diefs der schmälste Theil von Sumatra ist, so ist er doch immer noch breiter als Java in einer seiner breitesten Gegenden, den Preanger Regentschaften, in deren Mitte ein 9300′ hoher Berg (der Gedeh) von der Küste aus gesehn kaum ½° hoch erscheint. Defshalb können im Innern von Atjin sehr wohl 10000′ hohe Berge liegen, und sich den Küstenbewohnern oder Seefahrern wie kleine Hügel darstellen.

***) V. Rademacher, in Verhandl. van het Batav. Genootsch. Vol. III. p. 30.

Goldberg? — Da aber diese beiden letzten problematisch sind, so erhalten wir sechszehn Vulkane für das 900 Minuten lange Sumatra, die, wenn wir sie gleichmäfsig vertheilen, sich in Zwischenräumen von 56¼ Minuten von einander erheben. Auf dem blofs 525 Minuten langen Java dampfen funfzig Schlünde, also gleichmäfsig der Längenrichtung nach vertheilt, einer in 10½ Minuten Abstand.

Zweiter Abschnitt.

Die Battaländer ins Besondere.

A.

Begrenzung des Landes überhaupt. Eintheilung in Provinzen. Kartenaufnahme.

Bei der Abwesenheit von bestimmten Naturgrenzen in einem Lande, welches nur ein Segment von einem gleichförmig gebildeten Ganzen ausmacht und aufserdem noch aus der Mitte dieses Ganzen herausgenommen ist; und bei dem Mangel einer politischen Markirung der Völker, die es bewohnen und die in dem Umfange ihres Heimathsitzes mit den benachbarten Nationen (hier in S.O. mit den Malaiern, dort in N.W. mit den Atjinern) zusammenschmelzen, mag es in Beziehung auf Regierung und Verwaltung, in so fern diese eine politische Einheit in alle Theile des Ganzen bringt, weniger nöthig scheinen, scharfe Grenzen zu ziehn; — um so nothwendiger aber wird es in Beziehung auf Arealbestimmung werden, solche Grenzen festzusetzen und anzunehmen.

Auf beiden Seiten, in N.O. und in S.W., bildet die Meeresküste die natürliche Grenze, und es handelt sich daher nur darum, die Verbreitung des Battavolkes, und also die Ausdehnung der Battaländer, nach N.W. und S.O. in der Insel zu erkennen und festzusetzen. Die Linien, die ich zu diesem Behufe nach Vergleichung aller Beobachtungen und eingezogenen Nachrichten angenommen habe, bezeichnen die mittlere ethnographische Grenze des Battavolkes, da wo es bereits anfängt, sich mit der maleieschen und atjin'schen Nachbarnation zu mischen, jedoch über diese noch vorherrschend ist; außerhalb dieser Linien in N.W. und S.O. finden sich zwar noch Batta-er, allein dann herrschen die Atjiner oder die Malcier vor. Mandaheling habe ich ausgeschlossen; zwar scheint dies ursprünglich allerdings von Batta-ern bevölkert gewesen zu sein, allein seit dem Verfalle der Batta-er sind die Menangkabo'schen Malcier, und zwar zunächst die Bewohner von Rau, eingedrungen und haben nebst ihrem Religionssystem (dem Mohamedanismus) die Überhand gewonnen.

Folgendes sind demnach die Grenzen, welche den Raum auf der Insel Sumatra umschliefsen, der unter dem Namen „Battaländer" begriffen ist:

1) Die Nordwestgrenze (zwischen den Batta-ern und Atjinern) fängt von der Mündung des Assahan an der Nordostküste unter 3° 2′ nördl. Br., 99° 52½′ östl. L. an, schlängelt sich dem rechten Ufer dieses Flusses entlang westwärts bis zu 2° 57′ nördl. Br. und 99° 10′ östl. L., da wo am linken Ufer des Flusses die Dessa Assahan liegt, und wird von diesem Punkte an, bei dem Unbekanntsein dieser innern Gegenden daselbst, vorläufig durch eine gerade Linie dargestellt, die sich bis zum Kap von Turumon an der Südwestküste unter 2° 46′ nördl. Br. und 97° 46′ östl. L. fortsetzt.

2) Die Südostgrenze streckt sich von der Mündung des E. Sinkuang an der Südwestküste unter 1° 2½′ nördl. Br. und 89° 55′ östl. L. aus bis zur Mündung des Eik Biela an der Nordostküste, nämlich bis zum Tanjong Bangsie daselbst unter 2° 43′ nördl. Br. und 100° 15′ östl. L., und wird durch folgende Marken dargestellt; — zunächst von der Muara Singkuang an, im Allgemeinen ostwärts durch diesen Fluſs selbst bis zu dem Punkte, wo er durch den Zusammenfluſs des Ankola und Gadis gebildet wird, — und von hier an durch die Wasserscheide, welche die Stromgebiete Ankola und Gadis (und die Provinzen Mandaheling und Ankola) von einander trennt und als ein flach-wulstiger Bergrücken nordostwärts bis zu der Firste der Ost-Ankola'schen Hauptkette hinansteigt. Von dieser Firste geht die Grenzlinie ostwärts hinab in das Thal eines Zweiges vom Flusse Burumon, verfolgt

diesen bis Pertiebie und schliefst daher die Bergkette von Batang unang (welche südwärts von Siunjam ausläuft) nebst dem Kampong Burumon mit in das Gebiet der Battaländer ein. Von Pertiebie bis zur Mündung des E. Burumon ins Meer (namentlich bis zur Ecke Tanjong Bangsie) ist die Südost- und Ostgrenze der Battaländer dieser Burumonflufs selbst, welcher anfangs in seiner obern Hälfte bis Kotta Pinang einen nordöstlichen und von Kotta Pinang an bis ins Meer einen fast völlig nördlichen Lauf beobachtet.

3) Die Südwestgrenze ist die Südwestküste Sumatra's von der Muara Sinkuang bis zum Kap von Turumon, — deren Richtung, Gestaltung, deren Baien und hervortretende Spitzen (Kap, Udjong, Tanjong) man auf der Karte II. und III. nachsehen mag.

4) Die Nordostgrenze ist die Nordostküste Sumatra's von Tanjong Bangsie (an der rechten Mündungsecke des E. Biela) bis zur Mündung des Assahan.

Das Areal zwischen diesen Grenzen für die sämmtlichen Battaländer, so genau diefs nach den bisherigen Bestimmungen der Küstenformen und der geographischen Länge zu ermitteln möglich war, beträgt 12,013 Quadr. Minuten. Diesen ganzen Landstrich theile ich jedoch in zwei, — in eine nördlichere, noch unbekannte, und in eine südlichere gröfsere, von mir bereis'te Hälfte, — welche durch folgende Linie von einander geschieden werden. Von der Mündung des Biela an der Nordostküste (2° 43′ nördl. Br. — 100° 13′ östl. L.) läuft die Linie anfangs parallel mit diesem Flusse, nachher sich von ihm entfernend nach innen, und stöfst an die nordöstliche Bergkette des Binnenthales von Biela in der Gegend an, wo an dem innern Fufse dieser Kette der Ort Sulampu (2° 20′ nördl. Br. — 99° 47′ östl. L.) liegt; — von da wird sie durch die Firste dieser Bergkette gebildet, welche westnordwestlich streicht, bis zu 2° 30′ nördl. Br. und 99° 20′ östl. L., von wo an sie in querer Richtung westwärts die höchste wasserscheidende Gegend des Plateau's von Tobah zwischen Eik Daho und Sipahuter durchschneidet und auf die südwestliche Kette von Silindong unter 2° 25′ nördl. Br. und 98° 40′ östl. L. anstöfst; von dieser Kette setzt sie sich in einer bis zur Mündung des Kali Singkel gezogenen (W. 10° gen S. verlaufenden) geraden Linie fort.

Alles was südlich von dieser Linie liegt, mit einem Areal von 7813 Quadr. Minuten, habe ich mit dem Namen der bekannten Battaländer bezeichnet, deren 20 Provinzen im Folgenden beschrieben werden, während ich das andere Segment von 4200 Quadr. Minuten nördlich von dieser Linie zu den noch unbekannten Batta-ländern gezählt habe.

Die Eintheilung der bekannten Battaländer in 20 Provinzen entstand 1) aus der Nothwendigkeit einer Unterabtheilung überhaupt, weil ohne eine solche die Uebersicht schwierig und kaum Verwirrung in der Beschreibung zu vermeiden gewesen wäre; 2) weil die plastische Gestaltung des Landes sich in mehren verschiedenen Grundformen ausgesprochen hat, die, so oft sie sich wiederholen, in Ausdehnung, Form und Erhebung einander analog sind, und die daher auch gleiche (von den übrigen geschiedene) klimatologische Verhältnisse und in Folge dieser wieder einen andern Charakter der Flor und eine veränderte Naturphysiognomie zur Folge haben. Dergleichen Abschnitte sind die Wälder des Meeresgleichen Alluvialbodens — die parallel-gegliederten Hochländer, — die ebnen Hochflächen mit ihren kahlen Weiden, — u. a. m. Aus der Wiederholung solcher typischen Terrainformen unter andern Positionsverhältnissen, mit verschiedener Oeffnung durch Flufsthäler, und veränderter Begrenzung durch Berge, gingen jene 20 Provinzen hervor, welche also auf keiner ganz willkürlichen Annahme beruhen, sondern von der Natur gegeben und natürlich begrenzt sind. — 3) Die Zusammengruppirung der Population in einzelne kleine Staaten (Land- und Dorfgenossen-schaften, oder Stämme, suku) fällt fast ganz mit dieser natürlichen Begrenzung der einzelnen Glieder des Landes zusammen, ja ist durch jene Naturgrenzen wahrscheinlich erst hervorgebracht; so dafs diese natürliche Eintheilung in 20 Provinzen gröfstentheils zugleich eine politische ist, und eben so viele Vereinigungen von Dorfschaften bezeichnet, die, — zwar jedes Dorf für sich frei und unabhängig, — doch als zusammengehörig sich betrachten und namentlich in Kriegszeiten in der Regel gemeinschaftlich agiren; während sie bereits ihre nächsten Nachbarn als Fremde oder Ausländer ansehen. Man erkennt darin die Abhängigkeit der noch im Kindesalter der Kultur stehenden Völker, deren politische Macht gering ist, von ihrer Heimath; ein Bergzug, ein Strom giebt für sie schon ein hinlängliches Mittel der Isolirung ab, während die politischen Bande civilisirter Staaten sich an keine Eisberge des Nordens, noch an die glühende Hitze der Tropen kehren. Diese Uebereinstimmung der Naturgrenzen mit den Volksverbindungen zu kleinen Staaten, spricht sich sehr deutlich aus z. B. in Silindong, Hurung, Sigopulang, Hoch-Ankola, Nieder-Ankola, Siepierok u. s. w. Auch in Beziehung auf Verwaltung ist daher die befolgte Eintheilung in zwanzig Provinzen beachtenswerth. Ich habe den Namen Provinzen gewählt, weil manche derselben sich nach der Verästelung der Stämme (suku's, ihrer patriarchalischen Vorsteher) wieder in kleinere Nebenstaaten oder Unterdorfschaften theilen, die man Landschaften oder Gaue nennen könnte.

Befolgte Methode der Land-aufnahme.

Es darf hier keine detaillirte Mittheilung aller der von mir Behufs der Aufnahme des Landes veranstalteten Beobachtungen erwartet werden; — ich müſste zu diesem Zwecke ein weitläufiges topographisches Journal von Kompasrichtungen, von mit dem Sextanten gemessenen Winkeln, von Sonnenhöhen zu Breitebestimmungen, und von Situationsbeschreibungen hier folgen lassen; was aber für den Leser sicher eben so ermüdend sein würde, als es meiner Meinung nach unnöthig ist, weil die Resultate aller dieser geometrischen Observationen in den entworfenen Karten niedergelegt sind. So würde ich allein, was die einzige Bai von Tapanulie mit ihren kleinen Inseln, hervorragenden Landspitzen, Muara's von Flüssen und Signalpunkten angrenzender Berge betrifft, nicht weniger als 105 solcher Beobachtungen abschreiben müssen, eine Mühe, die man mir wohl gern erlassen wird.

Um so nöthiger aber halte ich es, die Hauptsignalpunkte des Landes, nach denen ich mich überall orientirte, anzugeben, und die Methode, welche ich bei meiner Aufnahme befolgte, zu offenbaren; damit der Leser meine Karten beurtheilen könne und sie weder für genauer, noch für fehlerhafter halte, als sie wirklich sind.

Mein anfänglicher Vorsatz war, zuerst eine Grundlinie an der Südwestküste des Landes von wenigstens einer oder zwei Stunden Länge abzumessen, Signale zu errichten, und von dieser Basis aus nach den Binnenländern zu operiren. — Als ich jedoch vom Bord aus den schmalen Strand der Bai von Tapanulie zu Gesicht bekam und die steilen Berge sah, die sich unmittelbar 2000′ hoch über die Küste erheben und alle Aussicht nach innen sperren, und als ich die ununterbrochenen Waldungen und den Sumpfboden der flachen Küstengegend in N.W. von der Bai kennen lernte, der kaum stellenweis, 100′ lang offen ist, so müfste ich dieses Vorhaben, wenigstens für die Küste des Landes aufgeben.

Ich schlug daher zunächst die Methode der Breitendifferenz mit den beobachteten Azimuthen ein, und wählte hierzu zuförderst die zwei entferntesten, sichtbaren Punkte der Tapanuliebai — *a.* die Felsenspitze Udjong batu borroo A., welche nach Culminationsbeobachtungen der Sonne unter 1° 42′ 20″ nördl. Br. liegt, und — b. den vortrefflich zu einem Signal geeigneten Trachytkegel Dungus Nassi (Zuckerbrodt), der sich als ein wirklicher 750′ hoher Thurm steil aus dem Meere erhebt, und dessen Gipfel gefunden wurde unter 1° 35′ nördl. Br. zu liegen. Da nun der erste Punkt (nach Azimuth-Beobachtungen) mit dem zweiten einen Meridianwinkel von 18° 30′ (ostwärts) bildet, so erhielt ich die beträchtliche Gröfse dieser Basis von 44242 Par. Fufs 7⅓ geogr. Minuten). Die Basis von Dungus Nassi hat vom Punkte a. gesehen einen Winkel von 1° 56′, also nach der erhaltenen Entfernung einen basilaren Durchmesser (von O.S.O. nach W.N.W.) von 1523 Fufs.

Nach dieser Grundlinie, deren Endpunkte als natürliche Signale weit ins Land hinein sichtbar sind, bestimmte ich zuerst, was die Bai von Tapanulie betrifft, unmittelbar die sechs Haupt- und drei Nebenudjongs (kaps) dieser Bai, und die sechs südlichen, zwischen den Udjongs liegenden Muara's, aus deren Lage die Richtung und Einbuchtung der Küste hervorging, ferner die Lage und Gröfse der Inseln Ongey, Baccar, Pontjang gedang, und Pontjang kitjil, — mittelbar aber nach diesen Punkten, die Insel Pontjang panjang und die Udjongs und Muara's in der nördlichen Hälfte der Bai; ferner den Signalpunkt c. auf dem Gebirgszuge von Lumut, durch dessen Winkel von 28° mit a.b. der unbekannte Theil des Triangels oder die Länge der Linien c.a. und c.b. namentlich c.b. gleich 75,372 Par. Fufs (13 Min. 12 Sec.) gefunden und demgemäfs auf die Karte gebracht wurde. Mittelbar hieraus wurde der Benting Lumüt d., weil der Signalpunkt b. von dort nicht sichtbar ist, wohl aber a. mit dem Fernrohr, durch das Dreieck a.c.d. bestimmt. Aus der so bekannt gewordenen zweiten Basis b.c. (oder weil das Signal c. nicht überall sichtbar war: b.d.) wurden eine Menge untergeordneter Punkte bestimmt, z. B. der Pafspunkt auf der Bergkette zwischen Bio-bio und Simanossor, der Gipfel Dolok Nagala Gunong, vor allem aber der sehr wichtige Signalpunkt c. auf der zweiten Bergkette von Tapanulie, den ich mit dem Namen der Gebirgsfenster bezeichnen will, weil man dessen Mittelpunkt bei * an der Zahl der Fenster nicht nur von a. b. c. d., so wie von allen südlichen Gegenden der Bai deutlich unterscheiden, sondern auch tief im Innern des Landes, z. B. vom Mertinpangberge herab, wieder erblicken konnte. Das Profil Fig. 13. zeigt diese Fenster vom Jago-jago aus gesehen.

Unmittelbar aus der ersten Basis a.b. wurden durch Winkelmessung ferner bestimmt der Signalpunkt auf der Bergkette zwischen Bio-bio und Saidnahuta, der Gipfel des Pinang soreh (der noch durch eine Kreuzvisirung von der bekannten Basis b.d. aus berichtigt wurde), und der am weitesten entfernte Gipfel des Lubu Radja.

Die Breite des Gunong Ophir hatte ich Gelegenheit ziemlich genau kennen zu lernen, als ich mich auf einer Küstenfahrt *) dem Berge gerade gegenüber befand, während es Mittag war und die Sonnenhöhe (nach Beobachtungen von mir und dem Schiffskapitain) eine Breite von genau 5′ nördlich angab. Zur Zeit der Beobachtung lag der höchste Gipfel des Berges nach berichtigter Declination, genau im wahren Osten. Aus dieser Breite und dem beobachteten Azimuth vom Gunong Munjet bei Padang, dessen mittlere Länge und Breite (nach vielen mir bekannt gewordenen Chronometer- und Sonnenhöhen-Beobachtungen) von 0° 57′. südl. und 100° 20′ östl. **) — als hinlänglich genau betrachtet werden kann, ging die wahre Lage des Ophir hervor. Nachdem die Lage des Ophir auf diese Art festgesetzt war, wurde auch die der

*) den 29. Septbr. 1840 mit dem engl. Schiffe Justina.

**) Unter Länge in dieser Beschreibung ist überall die von Greenwich zu verstehen.

Gipfel vom Singallang und Merapi, bestimmt, nämlich durch meine Winkelbeobachtungen vom G. Munjet und Batu surat bei Padang aus, und durch die, welche L. Horner *) vom Gipfel des Ophir selbst, also in fast querer Richtung zu diesen Punkten, nahm. Weil ich über die Sorgfältigkeit, mit der diese (Horner's und meine) Beobachtungen angestellt wurden, urtheilen kann, so halte ich die daraus hervorgehende Lage des Ophir, Singallang und Merapi für die richtige, obgleich sie bedeutend von der anderer Karten abweicht.

Diese drei festen Punkte, deren 9000′ hohe Gipfel ganz spitz zulaufen und scharf begrenzt sind, sich also ganz vorzüglich zu Signalen eignen, mit Ausnahme des Merapi, bei dem die Basis der Dampfsäule als Markzeichen diente), gaben mir das Mittel an die Hand, auch die Lage des Lubu Radja genau festzustellen. Dieser für die Battaländer, weil er der höchste, und weit hin sichtbar ist, topographisch wichtige Berg, wurde bestimmt 1) durch seinen Winkel (= 11° 45′) mit den Punkten a. und b. zwischen der gemessenen Basis in der Tapanuliebai; 2) durch Breitebeobachtungen auf dem Gipfel selbst, deren Resultat (1° 22′ 30″) jedoch nicht genau mit den Azimuthbeobachtungen übereinstimmte, weil er hiernach zwei volle Minuten südlicher liegen müſste **); — 3) durch den von seiner Spitze aus beobachteten Winkel des Ophir und Singallang, deren Resultat äuſserst befriedigend ausfiel und

---

*) Nach brieflichen Mittheilungen. Auſser dieser verdanke ich ihm noch viele andre geographische und meteorologische Beobachtungen, die er mir theils noch während seines Lebens mittheilte, theils dem Hydrographen Osthoff hinterlieſs, von dem ich einiges erbte.

**) Auf meinem ersten Kartenentwurfe, den ich bereits 1840 dem Gouvernement einreichte, ist er auch wirklich so angegeben; — da ich jedoch diese erste Karte in den Battaländern selbst projicirte und weder Zeit noch Ruhe hatte, die Beobachtungen genau zu vergleichen und zu berechnen (ja weder Arbeitstisch noch genauen Transporteur hatte —), so dürfen die Verschiedenheiten, welche diese erste Skizze mit der jetzigen (hier beigefügten) Karte II. enthält, nicht zum Nachtheile meiner Arbeit ausgelegt werden, weil überall nur die diesen Blättern beigefügten Karten als gültig zu betrachten sind. — Die Breite wurde nach Beobachtungen zweier Sonnenhöhen auſser Mittag und der dazwischen verlaufenen Zeit berechnet nach der indirekten und kürzern Auflösung von Littrow, Astr. I. p. 181 (mit Zuziehung von the nautical Almanak and astronomical Ephemeris. London).

den Punkt der Beobachtung auf dem Gipfel nur etwas über ½ Minute östlicher versetzte, als nach den Beobachtungen der Tapanuliebasis. Auch der Merapi war sichtbar; seine Dampfsäule jedoch flofs mit den umliegenden Wolken zusammen und gewährte keinen scharf begrenzten Punkt, während die Spitze des Singallang und die höchste kleine Platte des Ophir deutlich zu erkennen waren, obgleich die geradlinigte Entfernung des erstern 30¾ geogr. Meilen (123 Minuten) betrug. Und auch dieser geringe Fehler war nur scheinbar, weil der Kopf des Lubu Radja kein scharfbegrenzter Gipfel von geringem Umfange ist, sondern einen länglichen Bergkamm (alte Kratermauer) bildet, nach dessen westlichster Ecke ich mich begeben mufste, um nach der Tapanuliebai sehn zu können, während ich die andern Beobachtungen von der Mitte der Gräte aus vornahm, wo sich neben meiner Hütte ein vorzüglich hoher Baum (ein Leptospermum) erhob, auf dessen höchsten Aesten ich mir einen mit Rotangleitern ersteigbaren Sitzplatz hatte einrichten lassen. Denn die hohe Urwaldung verbarg aufserdem alle Aussicht. Auf diesem luftigen Observatorium zwischen Usneen und Wolkennebeln wartete ich 3 Tage lang auf heitres Wetter; — als dieses endlich eintrat, waren drei Stunden hinreichend, die Mühe zu belohnen, denn sie zeigten mir die Landkarte der Battaländer mit ihren räthselhaften Gipfeln schon projicirt zu meinen Füfsen und

— Da wegen Verdoppelung des Winkels beim Gebrauche eines künstlichen Horizontes mir die Eintheilung meines Sextanten, die nur bis 145° ging, die Mittagshöhe der Sonne nur in den wenigen Monaten zu beobachten erlaubte, wenn die Declination sehr grofs war, so sind meine mehrsten Breitebeobachtungen nach Sonnenhöhen vor der Culmination (zwischen 9 und 10½) veranstaltet. Da aber die Refraction um diese vormittägige Zeit bei sehr ungleich erwärmten Luftschichten und bei den wechselnden Feuchtigkeitsgraden der Atmosphäre in den so verschiedenen Höhen der Battaländer (von 0 bis 4000 und 5500 Fufs) gewifs Veränderungen erleidet, die von den angenommenen Formeln abweichen, so habe ich diese Breitebeobachtungen auch nur dann benutzt, wenn wegen Terrainhindernissen trigonometrische Messungen entweder gar nicht, oder nur unvollkommen fortgesetzt werden konnten, z. B, in Mananti, Huring, wo ich von allen meinen Signalbergen keinen einzigen mehr sehen konnte. Aus derselben Ursache (der Veränderlichkeit der Refraction) habe ich die Barometermessung von Höhen den trigonometrischen überall vorgezogen.

ein Sonnenblick entschleierte mir eine noch unbekannte kleine Welt.

Die ausgezeichnete hohe Felsenzacke Sidoa-doa, welche man von allen Seiten wieder erkennen kann, wurde durch die Beobachtung von Osthoff, nach welcher sie von der Mündung des Flusses bei Natal (dessen geographische Lage genau bekannt ist) 35° nordöstlich vom Meridiane liegt, nebst meiner Azimuthbeobachtung vom Lubu Radja (südlich $2\frac{1}{2}$° gen O.) bestimmt.

Aufser den von mir selbst veranstalteten Beobachtungen einiger hohen Gipfel überhaupt und in der Gegend von Padang ins Besondere, verdanke ich die meisten Beobachtungen, nach welchen ich den südlichen Theil des dargestellten Gebietes, die Karten IV. und V. entworfen habe, dem verstorbenen Horner und dem ebenfalls verstorbenen Osthoff, die beide (ersterer zur Naturforschung, letzterer zur Küstenaufnahme) von der Niederl. Regierung ausgeschickt waren. Die ganze Küste von Padang bis zum KapTabujong ist auf Osthoffs Seekarte getreu nachgebildet und viele Theile des Innern, besonders von Bondjol an bis zum Thale Ankola, sind, was die Gebirgsconfiguration, das Streichen der Bergketten überhaupt, ihre Verbindungsjoche, die Stellung der Nebenketten und ihre Thalöffnungen (also die topographisch-geognostische Ansicht überhaupt) betrifft, hauptsächlich nach Horner's Angaben entworfen; der auf seinen Reisen überall die Richtung mit der Boussole wahrnahm und nach jeder Veränderung der Richtung (seiner Route) die verflossene Zeit in Stunden und Minuten anmerkte, und dabei nach sichtbaren Bergspitzen stellte. Aufserdem habe ich, besonders was die Bodenlande von Padang betrifft, die kartographischen Arbeiten von Perres und einigen Padang'schen Ingenieuroffizieren benutzt. Ich habe mich in dieser und den übrigen Karten besonders bemüht, die Configuration der Gebirge der Natur getreu nachzubilden, und sowohl die Nebenketten ihrer wahren Lage nach zur Hauptkette, als auch die Seitenspaltung der letztern in parallele Querrippen, nebst den Stromdurchbrüchen darzustellen, und zwar hauptsächlich, weil die Gebirgsabhänge von einigen Topographen ganz naturwidrig als ebne, ungetheilte Wände terrassirt dargestellt werden, während sie andere (die nicht weniger weit entfernt sind, als die ersten, die Natur zu kennen, nur als formlose Klumpen auf die Karte bringen. Ich fand mich daher um so mehr veranlafst, Diesem zu widersprechen, weil ich, der Geognosie wegen, der Gebirgsplastik stets eine besondere Aufmerksamkeit widmete und defshalb jene bereits oben erwähnten Winkelverhältnisse, so wie die regelmäfsige Zerklüftung der Gebirgsflanken in Seitenrippen, schon frühzeitig entdeckte, und weil ich fand, dafs bei plutonischen Gebirgen sich das s. g. Gebirgsgezimmer überall nach denselben Gesetzen wiederholt, so dafs man die allgemeine Gestaltung und Richtung der Berge in einem Lande, z. B. in den Passumah's oder in den Lampong's, vorhersagen kann, ohne etwas mehr vom Lande zu wissen, als dafs sein Kerngestein aus Trachyt besteht. — Die zweite Veranlassung zum Entwurfe dieser Karten war, die geographische Lage des Ophir, Singallang und Merapi wesentlich zu verbessern, und dann, hauptsächlich, das Bedürfnifs, die Art des Zusammenhangs der Battaländer mit dem übrigen Sumatra zu erkennen, weil ohne eine solche Erkenntnifs die blofse Darstellung der Battaländer, als eines herausgerissenen Stückes vom Ganzen, unnütz und unfruchtbar gewesen wäre, und weil man sich ohne dieselbe weder eine deutliche geognostische Ansicht verschaffen, noch eine klare Vorstellung von dem geometrischen Bilde des Ganzen und dessen Erhebungen zu machen im Stande ist. Diese Karten umfafsen daher die Binnenländer mit der Westküste bis zur Ostfläche, von der Breite von Padang bis in die von Singkel. Ihr Maafsstab *) ist $\frac{1}{355500}$ oder etwa 25 geogr. Sekunden auf eine Linie der Zeichnung. —

Die Karte Taf. VI. giebt eine Uebersicht des ganzen besprochenen Terrains, und wurde nach den vorigen und folgenden im verkleinerten Maafsstabe, mit Weglassung aller Nebenbäche und Nebenketten, zusammengesetzt.

Die Karten Taf. II. und III. stellen die Battaländer dar, so weit sie von mir bereist und aufgenommen wurden; ihr Maafsstab ist $\frac{1}{177750}$ oder 12½ geogr. Sekunden auf eine Linie, also der doppelte der zwei folgenden, so eben besprochenen Karten. — In Beziehung auf sie bemerke ich blofs, hinsichtlich der Fortsetzung des bereits oben erwähnten trigonome-

*) Ich konnte für die Scalen keine runde Zahlen wählen, weil ich mich nach der Gröfse meines Papiers richten mufste.

trischen Netzes, dafs, bei der Unmöglichkeit, in einem Lande, welches gröfstentheils mit Wäldern bedeckt und sparsam bevölkert ist, bleibende Signale zu errichten, alle von mir gewählten Erkennungspunkte aus Bergspitzen oder Felsenecken bestanden, die ich, sowohl eine Spitze von der andern, als auch von den tiefern Gegenden, z. B. den Dörfern aus, sehen konnte, während es mir nur selten möglich war, die Dörfer von den Bergspitzen aus zu entdecken. Zu dem letztern Behufe versuchte ich es zuweilen, Signale aus Leinwand zwischen Bambusrahmen ausgespannt zu errichten, allein, wenn diese auch 6 Fufs breit und hoch waren, konnte ich sie doch mit dem Fernrohre nur selten weiter als 10 oder 12 Minuten weit erkennen, weil die dunkle Waldung hinter der Leinwand die Lichtstärke verminderte. Aufserdem war es sehr schwierig, einen solchen über die übrige Waldung hervorragenden Baum zu finden, der ersteigbar gewesen wäre, weil die meisten hohen Bäume säulenförmige Stämme von 4 bis 5 Fufs Durchmesser haben; und endlich auch wurde die Leinwand zuweilen von der Bevölkerung gestohlen! — In solchen Fällen versuchte ich es auch, Rauch in den Wäldern aufsteigen zu lassen, um nach diesem zu peilen und dadurch z. B. die Lage eines Gebirgspasses in Beziehung zu einem Thale oder einem Dorfe zu bestimmen, — oder, wenn der Pafs bereits bestimmt war, das Dorf; aber auch dies war schwierig. Zuerst mufs man ein sehr grofses Feuer machen, damit die Rauchwolke durch die 100′ hohe Walddecke hindurchdringe und in 2 bis 3 Minuten Entfernung sichtbar werde; aber ein grofses Feuer zu machen ist in den feuchten Wäldern, wo Nichts brennen will, beinahe unmöglich; — zweitens dringt der Rauch oftmals schief durch die Walddecke, — und drittens hatte ich keine andere als inländische Assistenten, die sich häufig von dem angewiesenen Platze entfernten und das Feuer an einer andern Stelle, die ihrer Bequemlichkeit mehr zusagte, anzündeten. — In Tobah, wo es weite, völlig flache Räume giebt, wurde mir das Abmessen von Standlinien unter Drohungen verweigert, weil man dies für eine Landesaufnahme für anzulegende Festungen hielt! — Aus ähnlichen Gründen konnte ich in Hurung meine Beobachtungen nur aus dem Gebüsch, versteckt und heimlich machen, — in Silindong wurde mir das Messen von Sonnenhöhen in einem künstlichen Horizont bestimmt untersagt, weil dies pure Zauberei sei; ich wurde dringend gebeten, meinen Sextanten ein- und mich selbst aus dem Lande zu packen. — Dazu kommt die gebirgige Unwegsamkeit des Landes; man kann keinen Schritt weit anders, als zu Fufs kommen; — in einem Tage mufs man zuweilen 30 bis 40 Bäche, wovon einige (in der Thalsohle ausgetretene) sehr warm, und andere gleich darauf (dicht am Bergfufse fliefsend) eiskalt sind, durchwaten und, wenn man bis an die Achseln im Wasser steht, seine Instrumente über dem Kopf emporhalten. — In den Wäldern ist man über Tag von kleinen Springblutegeln geplagt, die sich zu 20—30 an alle Theile des Körpers zugleich ansaugen und durch die Fufskleider hindurchstechend schmerzhafte Geschwüre erregen, und des Nachts von Mosquiten. Endlich mufs man bei allem diesen noch stete Sorge auf persönliche Sicherheit verwenden, und selbst des Nachts in den Hütten, wo man ein hartes Lager mit etwas Mais und Bataten findet, wenigstens 6 Gewehre geladen und mit seinen Bedienten abwechselnd Wache halten, um die Eingebornen durch Furcht zu verscheuchen; — berücksichtigt man alle diese Schwierigkeiten, so wird man mit den Mängeln dieser Karten wohl einige Nachsicht haben können.

Meine Hauptsignalberge aufser den bereits oben genannten und dem Lubu Radja (f.) waren g) Gunong Gonggongan, eine schroffe kegelförmige Kuppe in der südwestlichen Hauptkette von Ankola, — das kuppenförmige Ende der nordöstlichen Hauptkette von Ankola, — zwei kegelförmige Piks in der Persarirankette, — zwei Kegelspitzen in der Ostgebirgskette von Siepierok, — die Kuppe Atjang gutang, — der grofse Gebirgspfeiler Suwanon, — der Dolok Dsaut, — der Dolok Kadjorang, — ein Felsenpfeiler in Tanna Hualu, — der Dolok Sikottam, — der Dolok Nakutang, — ein isolirter kleiner, aber weit sichtbarer Kegel in der nördlichen Plaine von Tobah und der Dolok Mertimpang. Alle diese ausgezeichneten Gipfel habe ich nach Winkelmessungen mit dem Sextanten durch Triangellinien mit einander verbunden, und ihre Lage zum Meridian mit der Boussole bestimmt. Das gröfste Dreieck, das beinahe die ganze Mitte der Battaländer einschliefst, und dessen längste Seite 44 geogr. Minuten (= 41873½ Toisen) beträgt, ist das zwischen dem Lubu Radja, Mertimpang und Kadjorang, die man alle drei von den andern Bergen sehen kann, und wovon die Gröfse genau bestimmt werden konnte, nachdem die Basis zwischen dem Lubu Radja und dem Signale e (welches vom Mertimpang sichtbar ist) bekannt geworden. Für die zwischen den Hauptsignalen liegenden Punkte, namentlich die Dörfer, habe ich mich mit blossen Kompassrichtungen nach den sichtbaren Erkennbergen begnügt, und zuweilen für ein Dorf, z. B. Siepierok, Bander Nahor, 10—15 und mehr solcher Richtungen genommen, — oftmals aber auch mit dem Sextanten nachgemessen. — Die Richtungen von Thälern, der Lauf von Strömen und von Wegen mit ihren Biegungen und Krümmungen wurden mit einer Boussole bestimmt, die auf einem in den Grund gesteckten Stabe schnell aufgesteckt werden konnte. Besonders in Wäldern, wo wegen engversperrter Aussicht andre Bestimmungspunkte unzulässig waren, wurde die Richtung des Weges und die nach jeder Veränderung der Richtung verlaufene Zeit (und die Dauer des Haltens) nach Stunden und Minuten aufgezeichnet, um nach beiden die Gröfse des zurückgelegten Raumes zu bestimmen und dadurch Resultate zu erhalten, die wegen der Gleichmäfsigkeit der Bewegung eines Reisenden zu Fufs sehr oft überraschend mit den Resultaten der Azimuthbeobachtungen übereintrafen. Zu gleichen Zwecken wurde die mittlere Geschwindigkeit der Fahrt auf Flüssen, deren Krümmungen zu ermitteln waren, bestimmt.

In einigen Gegenden, namentlich in engen Thälern z. B. in Pitja koling, von wo man nur einen der festen Signalpunkte sehen konnte, wodurch also wohl die relative Lage, nicht aber die Entfernung gegeben war, nahm ich meine Zuflucht theils zu Breitenbestimmungen durch Sonnenhöhen (nach der bereits angegebnen Methode), theils zu Abmessungen von Grundlinien, deren ich jedoch, wegen der oben angegebenen Hindernisse, nur zwei veranstalten konnte, nämlich 1) eine auf dem Hochlande von Marantjar, um die aus der berechneten Grundlinie zwischen dem Lubu Radja und dem Signale e. erhaltene Entfernung des Mertimpang zu controliren, woraus ich ein sehr übereinstimmendes Resultat erhielt; und 2) eine Quervermessung des Thales von Ankola, um die wahre Breite der Sohle dieses Thales *) und die Entfernung

*) Hierbei verlieh mir der Controleur Happé, der sich damals

vom Lubu Radja genau kennen zu lernen. Dadurch wurde zwischen den ausgesteckten Signalpunkten auf jeder Seite die Breite der Thalsohle zwischen den hervorgestreckten Rippen gleich 10600 Fuſs, also noch keine 2 Minuten, und zwischen den Einbuchtungen daneben gleich 14300 Fuſs (also etwa $2\frac{1}{2}$ Minuten) gefunden; — die Entfernung von der Ostecke des Lubu Radja betrug 12 Minuten, woraus (nach dem beobachteten Azimuth) die Breite von Pitja koling zu 1° 14′ 16″ nördl. abgeleitet wurde. Dieses Resultat wurde der aus beobachteten Sonnenhöhen berechneten Breite, die etwas nördlicher ausfiel, vorgezogen.

Die geographische Länge (zu deren Bestimmungen mir Chronometer fehlten, und deren Berechnung aus Monddistanzen mit meinen Hülfsmitteln ohne andere als inländische Gehülfen **) zu unzuverlässig war), ist aus der Länge von Pontjang kitjil, und besonders aus der des Flaggenstocks auf dem Affenberge zu Padang abgeleitet, welche die aus zahlreichen Chronometerbeobachtungen englischer und niederländischer Marineofficiere am genauesten bestimmte ist (= 100° 20′ östl. v. Gr.). Hiernach, nebst der beobachteten Breite und den gemessenen Winkeln (wie bereits oben angegeben), wurde die Lage des Ophir, Singallang, Merapi und auch des Lubu Radja bestimmt, und darauf die Länge aller übrigen Punkte der Battaländer basirt. Die trigonometrisch gefundene Distanz des Lubu Radja von Batu borroo A. (= 38 geogr. Minuten) stimmt mit chronometrischen Längenbeobachtungen niederländischer Marineofficiere zu Pontjang kitjil (welches 1′ 24″ nordöstl. von Batu borroo liegt), im Mittel zu 98° 41′ östl. Gr. — wünschenswerth überein. Die Länge von Singkel ist ebenfalls nach Chronometerbeobachtungen zu 97° 53′ östl. angenommen; die Breite ist das Mittel aus zahlreichen Mittagshöhen der Sonne.

---

zu Pitja koling aufhielt, die zuvorkommendste Assistenz, wofür ihm, eben so wie dem Hrn. Lieutenant v. Berg mein verbindlichster Dank gebührt, welcher Letztere mich auf vielen meiner Züge in Nord-Ankola aus freiem Antriebe begleitete.

**) Es hatte mir schon viele Mühe gekostet, einen Nias-ser (übrigens gelehrigen) Bedienten so weit anzulernen, daſs er in dem Augenblicke, in welchem ich „top" rief, eine Nadel unverrückt auf den Punkt der Uhr hielt, wo in demselben Augenblicke der Secundenweiser stand (damit ich die Zeit der Beobachtung sogleich nachsehen konnte).

Bei Vergleichung meiner Beobachtungen in den Battaländern fand ich, dafs sie ungeachtet aller darauf verwandten Sorgfalt, nicht immer genau mit einander übereinstimmten; — ich schrieb dies, aufser der Fehlergrenze der Instrumente (die übrigens gut waren), theils den verschiedenen Strahlenbrechungen durch die verschiedenartigen Luftschichten zwischen dem Seestrande und 6000′ hohen Gebirgen zu, besonders dann, wenn Azimuth-Winkel zwischen einem tiefer und einem höher liegenden Punkte gemessen wurden, theils und hauptsächlich partiellen Abweichungen der Magnetnadel. —

In flachen Gegenden, wo der Horizont frei war, oder wo die Erhebung der Randgebirge doch nicht mehr als 1 bis 2 Grade betrug, so dafs, nachdem die Erhebung über die Horizontalfläche mit einem Chronometer gemessen war, die Declination und Refraction hiernach leicht berichtigt werden konnte, bestimmte ich den magnetischen Meridian nach den Morgen- und Abendweiten der Sonne, wobei ich jedoch, weil ich mit keinem eigentlichen Azimuthkompass versehen war, keine gröfsere Genauigkeit als bis auf ¼ Grad erreichen konnte, z. B. in Bander Nahor *). — In tiefen Thälern je-

*) Im Plateau Tobah, bei Bander Nahor (2° 7′ 30″ nördl. Breite und 99° 15′ östl. Länge) wurde die Morgenweite der Sonne (Unterrand über dem Horizont der Ebene) den 6. Decbr. 1840 beobachtet: 24° 25′ v. Ost. nach Norden.

Die wahre Morgenweite wurde berechnet:

Geogr. Länge = 99° 15′
In Zeit gebracht = 6ᵘ 37′
Beob. Zeit. = 18ᵘ 00′
In Greenwich = 24ᵘ 37′

Den 5ten Mittags:
Nord. Declin. ⊙ = 22° 26′ 29″
Unterschied der Declin. in 24½ Uhr Zeit —° 7′ 8.″
Corrig. Declination ⊙ = 22° 33′ 37″

Horizontralrefraction bei 0° Erhebung der ⊙ = 33′ 46″,3
⊙ Semidiameter und Parallaxe — 16′ 24″,6
17′ 21″,7
(= 1041,7 Secunden.)

⊙ Nördl. Declination.
22° 33½′ — Log. Sin. = 9.58395
Nördl. Breite
2° 7½′ — arithm. Compl. v. Log. Cos. = 0.00030
Logar. Sin. Amplitudo = 9.58452
Nord von Osten = 22° 34′ 40″
—° 24′ 12″ (= 1452″)

Logar. tang. d. Br. = 8.56943
Compl. Log. Cos. = 0.03463
Logar. v. 1041″,7 = 3.01828
11.62234
(= 1452″ —)

Berechnete: = 22° 58′ 52″ (scheinbare) Morgenweite.
Beobachtete = 24° 25′ 00″
Declination = 1° 26′ 8″ nordöstlich.

doch, die von Gebirgen umlagert sind, wird die Sonne nicht eher sichtbar, als bis sie bereits 4, 5, 10 und mehr Grade hoch gestiegen ist, und dann stand mir (so wie auch in den Fällen, wo man wegen bewölkten Horizonts die Sonne oft Tage hintereinander des Morgens nicht sehen konnte), kein anderes als folgendes praktisches Hülfsmittel zu Gebote. Eine mit Bristolpapier beklebte Zinkplatte (die zwischen 2 Holzplatten bequem transportabel war und zugleich als Zeichenbrett diente), war mit vielen concentrischen Kreisen und mit einer feinen Oeffnung in dem Centrum dieser versehen. Sie wurde mit einer Libelle horizontal gestellt, nachdem eine den Mittelpunkt schneidende Linie (durch Visirung nach möglichst entfernten Gegenständen) genau in den magnetischen Meridian gebracht war. Zur Seite konnte ein Hebelarm von dickem Draht in eine Oeffnung gesteckt werden, um einen Stift aus feinem Messingdraht vertical über die Centralöffnung zu halten, so daſs die Spitze der kleinen Kugel, womit unten der Stift beschwert war, nur eben über dem Centrum schwebte. Oben war der Draht zu einem kleinen Blättchen ausgeschlagen und dieses in der Mitte von einer feinen Oeffnung durchbohrt. Indem nun der Sonnenstrahl durch diese Oeffnung des übrigens Schatten werfenden Blättchens vor und nach der Culmination der Sonne auf einen der verzeichneten Kreise fiel, so erhielt ich durch Anmerkung dieser (zwei gleichen Sonnenhöhen entsprechender) Punkte desselben Kreises mit Leichtigkeit den astronomischen Meridian, und lernte auf diese Art die Abweichung kennen, und zwar, wie ich mich durch wiederholte Versuche und durch Vergleichung dieser Resultate mit den aus der Berechnung der Morgenweiten erhaltnen, besonders zu Lumut, Tobing, Liboga, Pitja koling etc. überzeugte, fast bis auf $\frac{1}{4}$ Grad genau (was für meine bloſs topographischen und kartographischen Zwecke hinlänglich befriedigend war).

An der Südwestküste betrug die Declination überall $1\frac{1}{2}^{o}$ Nordost, und auch in den mehrsten Gegenden des Innern, selbst auf dem Gipfel hoher Berge, z. B. dem Lubu Radja, blieb sie dieselbe. Nur am Fuſse steiler Gebirgsflanken und an Abhängen von Kegelbergen waren locale Abweichungen bemerkbar, namentlich in Tobing und Pitja koling $\frac{1}{2}$ Grad Nordwest, und in einem noch höhern Grade an dem Ost- und

Ostsüdostgehänge des Mertimpangkegels, dessen Trachyt viel Magneteisen enthält, wo die Declination etwas über 2 Grad Nordwest betrug. — An vielen Orten, wo meine Azimuthbeobachtungen nicht scharf zusammenstimmen wollten, vermuthete ich solche örtlichen Störungen, und bemühte mich diese, bald durch die beobachtete Amplitudo der Sonne, bald mit den erwähnten concentrischen Kreisen und ihrem Gnomon zu ermitteln, was jedoch nicht überall möglich war. — Bei Auftragung der gemessenen und berechneten Winkel auf die Karte benutzte ich bei den grofsen Haupttriangeln den s. g. geradlinigten Maafsstab, bei den übrigen Winkeln aber blofs einen gewöhnlichen Transporteur.

Wegen der grofsen Anomalien der terrestrischen Refraction, wonach sich der Winkel eines Berges zuweilen zu den verschiedenen Zeiten, des Morgens oder Mittags, an einem und demselben Tage um $\frac{1}{2}$, ja ganzen Grad veränderte, — habe ich die mehrsten Berggipfel erstiegen und Barometermessungen den trigonometrischen vorgezogen.

Die Instrumente, deren ich mich bediente, waren aufser einem achromatischen Fernrohr (das ich mit einer Libelle auch zu Horizontalpeilungen nach Art der Wasserwagen eingerichtet hatte), — eine Aufnahmeboussole nach der Construction von Schmalkalder, durch Breithaupt in Kassel verfertigt (deren eines Diopter mit einem Prisma versehen war), ein Visiercompas mit Fernrohr und Stativ *), — ein kleiner Taschensextant von 3 Zoll Durchmesser (von Spencer, Browning und Rust in London), der zur Aufnahme von terrestrischen Winkeln genau genug war, — ein Taschencompass von Breithaupt, — einige Libellen, — eine Flasche mit Kokosöl, dem Kienrufs beigemengt war, und den ich, um einen künstlichen Horizont zu bereiten, in Ermangelung von Gefäfsen, blofs in eine Vertiefung der Erde zu giefsen brauchte, die ich mit dem Fufse gestofsen hatte **), — und Mefsketten von Rotang, de-

*) dessen Gebrauch, so wie auch später den eines in Amsterdam verfertigten Sextanten ich der Gefälligkeit des Generalmajors van der Wyk (Directeurs vom Ingenieurcorps) verdankte.

**) Solches Oel fand ich viel vorzüglicher, als einen (theuern!) Glashorizont, der mir schon auf meiner ersten Reise zerbrach. — Zwar führte ich Quecksilber der Barometer wegen stets bei mir, allein dies war in freier Luft zu beweglich, und gewöhnlicher Theer (den ich anfangs gebrauchte) war allzu dickflüssig.

ren ich mir, weil Rotang überall zu haben war, eine mit 3 Fufs (Par.) und eine mit 6 Fufs langen Gliedern hatte verfertigen lassen. — (Reflexionszirkel und Theodolithen standen leider nicht zu meinem Gebrauche).

Folgendes sind einige der Hauptpunkte, deren Lage möglichst genau bestimmt wurde:

	Breite.				Länge.			
Gunong Munjet . .	0°	57′	0″	S.	100°	20′	—	Ost.
— Singallang .	0	18	0	S.	100	27	50″	—
— Ophir . . .	0	5	0	N.	99	58	—	—
Priaman	0	38	0	S.	100	6	—	—
Natal	0	32	0	N.	99	5	—	—
Ayer bangies . . .	0	12	0	N.	99	22	—	—
Gunong Sidoadoa .	0	46	30	N.	99	15	—	—
Dungus Nassi . . .	1	35	00	N.	98	37	40	—
Baros	2	00		N.				
Singkel	2	17	0	N.	97	53	—	—
Batu borroo A. . .	1	42	20	N.	98	39	52	—
Insel Pontj. kitjil . .	2	43	00	N.	98	41	—	—
Lumut	1	29	30	N.	98	50	—	—
Tapollong	1	27	00	N.	98	59	45	—
Tobing (Gunong) .	1	21	45	N,	99	12	42	—
Lubu Radja, Mitte .	1	24	50	N.	99	13	50	—
Pitja koling *) . .	1	14	16	N.	99	20	10	—
Biela, Tanjong bangsie	2	43	—	Nord.	100	15	—	—
Biela, benting . . .	2	40	—	—	100	15	—	—
Siepierok	1	35	25	—	99	20	30	—
Bander Nahor . .	2	7	30	—	99	15	—	—
G. Kadjorang . . .	2	1	25	—	99	29	—	—
G. Mertimpang . .	2	5	—	—	98	56	—	—
Porta Tobal . . .	2	6	—	—	99	57	30	—
Sossor, in Sigopulang	1	40	20	—	99	11	40	—
G. Dsaut, Mitte . .	1	55	—	—	99	15	.	—

*) Die Lage von Pitja koling ist auf allen frühern Karten, die ich gesehen habe, volle 12 Minuten (!) zu weit nördlich angegeben (nämlich im Osten vom südlichen Theile von Tapanuliebai — was ganz irrig ist).

B.

Beschreibung der einzelnen Provinzen.

§. 1.

Erste Provinz.

S i k u n a r.

Areal 612 Quadr. Minuten. Davon:

Flach 480	Kultur 12		Gebirgig 132	Kultur 0
	Allang 0			Allang 0
	Wald 468			Wald 132

Die Waldfläche zwischen der Südwestküste und den Gebirgen nordwärts bis zu den Bergzügen von Tapollong und Lumut. —

Die Südgrenze dieser Provinz, welche ein Theil der Südgrenze der Battaländer überhaupt ist, bildet der Fluſs Sinkuang von seiner Mündung an (1° 2′ 30″ nördl. und 98° 55′ östl.) bis zu dem Punkte, wo er durch die Vereinigung des Eik batang Ankola mit dem Eik *) Gadis gebildet wird, innerhalb welcher Strecke sein Lauf fast ganz westlich ist.

Die Westgrenze ist die Südwestküste von dieser Muara Sinkuang bis zu 1° 27′ nördlich.

Die Nordgrenze läuft von diesem Punkte zu den Bergen von Lumut hinüber und setzt sich in der Firste dieser Berge bis Tapollong fort; von da folgt sie eine Strecke weit südlich dem E. Tapollong, bis wo dieser sich mit dem 5ten Bache von Tapollong vereinigt, und geht von da in fast östlicher Richtung hinüber, bis zu der Hängebrücke über den Batang torru, von wo sie zur Firste des Persarirangebirges hinansteigt.

Die Nordost- und Ostgrenze setzt sich in der Firste dieses Gebirges (welches nur durch die Porta Hurabae von der 2ten Kette von Tapanulie getrennt und eine Fortsetzung dieser ist) 30 Minuten weit fort, bis sie in das schmale Thal der Gadis- und Ankola-Vereinigung herab- und dadurch mit der Südgrenze zusammenfällt. — Diese Nordost-Grenzbergkette scheidet die Provinz von Ober- und Nieder-Ankola und ist

*) E. Eik, Fluſs, Bach, der Batta-er, — wie K. Kali der Malaier, — T. Tji der Sunda-er, — und B. Banju der Java-er.

fast gerade eben so lang, als ihre nordwestliche Hälfte, welche sich jenseits der Porta Hurabac erhebt und bis Tapanulie fortläuft.

Das Verhältnifs des Waldes zur Kultur, wie 50 zu 1, und die Abwesenheit des Allang-allang bezeichnen bereits hinlänglich den Naturcharakter dieser Provinz. — Sie ist ein einziger, undurchdringbarer Urwald, der sich vom Strande des Meeres 15—20 Minuten weit bis zum Fufse der Gebirge hinzieht und in dem man, so weit man ihn z. B. von dem Lumutgebirge oder der Sisundungkette oder vom Gipfel des Lubu Radja übersehen kann, kein einziges kahles Fleckchen entdeckt. Dieselbe Beschaffenheit hat bereits das Land vom Tabujongflusse an (der den Nordfufs der Nebenkette von Natal bespült) und es behält sie bis zum Gebirgszuge von Lumut. — Es ist jedoch keine, oder höchstens nur zunächst am Seestrande eine söhlige Ebene, sondern ein wellenförmig in weiten Zwischenräumen sich hebender und senkender Grund, der dicht am Fufse der Centralbergketten in den Zwischenthälern der geringen Convexitäten noch keine 100′ Erhebung (Bar.) hat, und daher streckenweis sehr sumpfig ist. — Er bildet eine natürlich begrenzte Provinz und „physisch-geographisch betrachtet" ein Ganzes für sich, zu dem ich jedoch einigen Berggrund habe rechnen müssen, weil zur Berechnung des Areals eine scharf-gezogene Grenze nöthig war, und weil zu solchen Grenzen die Bergfirsten vorzüglich geeignet sind. Denn diese Firsten fallen mit den Längenaxen der Bergketten zusammen und scheiden sowohl die Thäler, — die Wassersysteme, — als auch die Gesellschaften der Menschen, die Staaten.

Drei Ströme, der Sinkuang, Sikunar und Batang torru *) krümmen sich in einer Hauptrichtung, die bei allen dreien ziemlich westlich ist (also in keinem rechten Winkel, sondern in einem schiefen auf der Längenaxe der Insel steht), durch diese von Mosquiten wimmelnden Wälder, die sie häufig überschwemmen. Der südlichste (Sinkuang) entführt allen Wasserreichthum aus Mandaheling und Ankola, — der mittelste, dessen Mündung das flache Inselchen Pulo Illeh vorliegt, ist der kleinste, — und der Batang torru speist das Meer mit

*) Batang heifst ein Zweig oder Ast, — torru ist Eigenname.

den atmosphärischen Niederschlägen von ganz Siepierok, Südtobah und Silindong. Die Brandung steht hoch an dem offenen, geradlinigen, sandigen Strande, dem alle guten Ankerplätze fehlen. Aufser einigen Fischerhütten an der Mündung des B. torru (genannt Batu mundam), habe ich blofs von drei Dörfern in dieser Provinz Kunde erhalten, nämlich von Sikunar, Ayer turutong und Sibombong, die in der Nähe vom rechten Ufer des Sikunar liegen und zu denen man auf einem Fufspfade südwestwärts über den Bergzug von Sisundung herab, auf und ab, in einem halben Tage gelangen kann. Die Häuptlinge dieser Dörfer leben mit ihren Gemeinden in glücklicher Vergessenheit und Unabhängigkeit; die Bewohner flechten sehr dauerhafte Matten, — zur Ausbreitung auf den Grund und zum Behängen von Wänden, — abwechselnd aus Baumrinde- und Rotang-Streifen, wovon sie das Stück zu 6′ breit und 12′ lang für 80 bis 100 Deute verkaufen.

Der Flufs Sikunar erhält in seinem obern Laufe Zuflufs aus einem kleinen See, der in N.W. von den Dörfern liegt und dessen unbewohnte sumpfige Ufer eng von Waldung umsäumt sind. *)

§. 2.

Zweite Provinz.

Nieder-Tapanulie.

Areal 331 Quadrat-Minuten.

Flach 114	Kultur	14	Gebirgig 217	Kultur	14
	Allang	14		Allang	16
	Wald	86		Wald	187

Grenzen.

Sie umfafst die Inseln und die Küsten der Bai von Tapanulie mit Inbegriff der benachbarten Landschaften, welche zum Stromgebiet der kleinen Flüsse gehören, die sich in die Bai ergiefsen. — Die sechs kleinen Inseln haben kaum 3 Quadr. Minuten Areal, und von dem flachen Grunde kommen der

*) Sie waren so voll Spring-Blutegel, Hirudo javanica Temm.? dafs ich schon halbwegs wieder zurückkehrte, und dafs auch kein Versprechen im Stande war, meine java'schen Jäger hinzubringen, obgleich der See von Wasservögeln, namentlich von einer Art von Löffelgänsen, belebt sein soll.

Waldung von Lumut allein 72 Quadr. Min. zu, so dafs für die übrigen 259 Quadr.F. blofs 43 ebnes Land übrig bleiben.

Ihre Südgrenze ist die nördliche der vorigen Provinz bis zum E. batang torru und sodann dieser Flufs weiter bis zur Einmündung des Persariran (wodurch dieser Theil der Provinz von Hoch-Ankola geschieden wird).

Die Ost- und Nordostgrenze bildet die Firste der 2ten Bergkette von Tapanulie, welche sich auf der rechten Seite der Einmündung des Persariran in den B. torru (1° 25′ nördl., 99° 5′ östl.) erhebt, dann zwischen den Dörfern Rangsang batu und Sihitang nach N.W. streicht und mit wenigen Krümmungen und ohne von Querklüften unterbrochen zu sein, mehr als 35 M. weit in derselben Richtung fortläuft, bis sie nordwärts von der Mündung des E. Tapanulie endigt (1° 50′ nördl., 98° 40′ östl.); sie scheidet die Provinz Nieder- und Obertapanulie von einander.

Die Nordgrenze sind die kleinen Bergzüge, die sich am rechten Ufer des Tapanulie erbeben, oder genauer eine Linie vom Ende jener Bergkette in südwestlicher Rictung bis zur Küste gezogen (auf welche sie unter 1° 45′ nördlich, und 98° 35′ östl. anstöfst). — Diese Bergzüge umschliefsen das sumpfige, flache Gestadeland im N.W. der Bai.

Die West- und Südwestgrenzen sind dann die Ufer der Bai selbst und von Batu manna an die Küste südostwärts bis zur Grenze der vorigen Provinz.

Bai von Tapanulie.

Wir betrachten zunächst die Bai von Tapanulie, enthalten uns jedoch einer Beschreibung ihrer blofsen Formen und Küstenumrisse, in welcher Beziehung wir, so wie auch was die Gröfsenverhältnisse betrifft, auf die beigefügte Karte verweisen. — Auch übergehn wir die grofse, gebirgige (trachytische?) Insel Mensular, welche dem nördlichen Theile der Bai in einem westlichen Abstande von etwa 10 Minuten vorliegt, — und besuchen zuerst die südliche Hälfte der Bai. — Hier ragen fünf gebirgige Landspitzen weit ins Meer hinaus, — Udjong Sibuluan (eine Halbinsel), — U. gunong tua, U. tanna pandan, U. sawa, und U. batu manna, und lassen vier, mehr oder weniger halbkreisförmige Einbuchtungen von sehr ungleicher Gröfse zwischen sich übrig, die alle vier, dem Meere zunächst, aus sumpfigem, mit Rhizophoravegetation bedeckten Alluvialboden bestehn, und von denen nur die eine, gröfste, die von Jago-jago (zwischen U. gunong tua und tanna pandan) sich als flacher Waldgrund tiefer landeinwärts, fast 10 M. weit fortsetzt. — Die kleinste ist die Bucht zwischen U. tanna pandan und sawa, von deren Strande sich die Gebirgsufer fast unmittelbar steil erheben. — Die südlichste Ecke der ganzen Bai ist Udjong batu manna, welches durch den vorgeschobnen Fufs einer gabelförmig getheilten Bergmasse gebildet wird, und eigentlich aus drei Felsenecken besteht, von denen die östlichste oder innerste auch Udjong bedong heifst. Der mittelsten Ecke ist ein fast würfelförmiger, steiler Inselfelsen vorgelagert, und noch etwas weiter, fast ½ M. gerade im Norden vom Kap, liegt die mehr flache, kleine Insel Pulo Baccar. Das ganze Mannakap ist das Ende eines fast isolirten nordwestlich streichenden Küstenbergzuges, der sich bereits 5 M. südlich vom Kap wieder verliert, und durch nur wenig erhobnes Land mit dem Küstenzuge von Lumut zusammenhängt, jedoch als der letzte Nebenzweig von diesem zu betrachten ist. Eine Erhöhung des Bodens zwischen beiden ist wirklich vorhanden und hat das Herabfliefsen eines Baches in die Ongeybucht nach Norden zur Folge. Seine Höhe ist zwar nicht gemessen, kann jedoch nicht mehr als die des Gebirges von Lumut betragen (= 450'). Es ist gleichsam eine der Länge nach halbirte, kleine Bergkette, denn die seewärts gerichtete Hälfte fehlt, indem sich die Firste nach dem Meere zu senkrecht hinabstürzt, während sie nach innen, nach der Ongeybucht, nur sehr sanft fällt. Die Seitenflanke, welche man vom Meere aus erblickt, bildet daher eine Felsenwand, die von vielen, bis in den obersten Kamm einschneidenden, queren Spalten und Klüften durchschnitten ist. Ihr innerer Abhang trägt einen bolusrothen, thonartigen Grund, der von nicht sehr hoher, mehr strauchartiger Waldung bedeckt ist *).

---

*) Wo nicht das Gegentheil ausdrücklich bemerkt, und nicht auf Allang, oder Kultur, oder nackten Grund (welcher letztere sehr selten vorkommt), aufmerksam gemacht wird, — ist in dieser ganzen Beschreibung der Battaländer das Terrain überall als mit dichter Urwaldung bedeckt zu verstehn!

Als die letzte, durch einen Meeresarm von ihm getrennte, aber in der verlängerten Richtung seiner Axe liegende Kuppe dieses Mannagebirges stellt sich die Felseninsel Dungus Nassi (Fig. 14.) dar, deren Basis da, wo sie aus dem Meere hervorragt, von O.S.O. nach W.N.W. nicht breiter als 1520′ ist, während ihre Höhe 750′ beträgt. Das Fahrwasser zwischen ihr und dem gegenüberliegenden Kap (der gewöhnliche Eingang in die Bai für alle von Süden kommende Schiffe), ist nur etwas über 1¼ Minuten breit; — desto gröfser aber ist die Oeffnung der Bai nördlich vom Dungus, wo sich 7¾ Minuten weit bis zum Kap Batu borroc weder Inseln, noch Riffe, noch Bänke finden. Er steigt schroff mit senkrechten Wänden, die gewöhnlich an 30—50, an einer Stelle der Südseite aber mehre 100 Fufs hoch sind, aus dem Meere empor, und geht dann schnell in eine schmale, fast ganz kegelförmige Spitze über, die ihn zu einem Signalpunkte eignet, so wie er auch in der That der Erkennberg der Schiffer für die Tapanuliebai ist. Nur seiner Ostsüdostseite klebt ein schmales, aus zertrümmerten Muscheln und Korallen gebildetes Ufer an, das links und rechts von hervorspringenden Felsengrenzen eingefafst ist, und auf dem man nur mit ganz kleinen Kähnen landen kann; — aber ungeachtet seiner Schroffheit ist er über und über mit Wald bedeckt, ja mit Kokospalmen, die den steilen Wänden wie angeklebt erscheinen und ein malerisches Beispiel von der Kraft tropischer Vegetation liefern. Und diese Vegetation ist, ungeachtet der grofsen Schmalheit des Kegels hinreichend, eine reichliche Quelle zu speisen, die ich im Hintergrunde des genannten Strandes in einer Felsenvertiefung antraf. Auch schienen einige (jetzt verlassene) Hütten und verwilderte Fruchtbäume zu beweisen, dafs diese Quelle perennirend war. Das Gestein, das an vielen Stellen zu Tage steht, ist der gewöhnliche, schwärzlich-graue, feinkörnige Trachyt. Merkwürdig ist die trianguläre Gestalt des Kegels, der einem Troikar gleicht und blofs aus drei, nach oben immer schmaler zulaufenden Felsengräten besteht, auf deren nördlichster man bis zum Gipfel klimmen kann, so dafs der Horizontalschnitt seiner Basis wie a., und seiner mittleren Höhe wie b. (in beigegebener Figur) erscheint. — In geringer Entfernung von seinem ostsüdöstlichen Strande überragt noch ein gröfserer und ein kleinerer, aber auch mit Vegetation gekrönter Felsen, der erstere etwa 60′ hoch, die Spiegelfläche des Meeres.

Pulo Baccar.

Auf dem gegenüber liegenden, noch keine Minute von Dungus Nassi entfernten Inselchen (Pulo) Baccar findet man die ersten Spuren einer Formation, die man von nun an in den Battaländern häufig wieder antrifft bis zum Ostgehänge der Bergketten hin, selbst bis auf 4500′ hohe Gebirge hinauf, und die wahrsheinlich das ganze nördliche Sumatra bis nach Atjin auszeichnet, nämlich Sandstein. — Die nackten, etwa 30 bis 40′ hohen Felsenwände, die er am westlichen Ufer von Pulo Baccar bildet, sind den ankommenden Schiffen ihrer gelblich-hellgrauen Trübung wegen schon aus der Entfernung sichtbar. Es sind gebrochene Schichten, die von Ost nach West in einem Winkel von etwa 20° ansteigen und sich dann auf einmal senken, eben so wie jenes Mannagebirge und wie die Felsen von Pontjang kitjil.

Es ist ein feiner, aber weicher, thonartiger Sandstein, von weifslich grauer Farbe, dessen Hauptbestandtheil Quarzkörner sind. Die östliche Hälfte der Insel ist flach und mit grobem Korallsand bedeckt. Gruppen von Kokospalmen zieren ihren sandigen Strand. —

Pulo Ongey.

Ebenfalls rundlich von Form und nicht viel gröfser (doch wenigstens noch ein Mal so grofs als Pontjang kitjil) ist die 2 Min. östlicher gelegene Insel Ongey, deren fast überall flacher Korallen- und Muscheltrümmergrund ebenfalls auf gebrochenen Flötzschichten zu liegen scheint, die jedoch nur an einer Stelle (im nord-nord-östlichen Theile der Insel) wirklich hervoragen und zu Tage stehn. Es ist derselbe Sandstein wie auf Baccar. Das Vorkommen so verschiedenartiger Formationen dicht neben einander, dort die hohe plutonische Insel Dungus Nassi, hier die Flötzgebilde flacher Sandsteininseln, — bereitet uns gleichsam vor auf noch interessantere Erscheinungen; denn, sobald wir das Innere der Battaländer betreten, werden wir sehen, wie sich Trachyt, Granit und Basalt auf das Brüderlichste umarmen! —

Auf dem südöstlichen Strande von Ongey fand ich 5 einsame Hütten, deren friedliche Bewohner offen erklärten, sich hierher zurückgezogen zu haben, um frei und ungeplagt zu leben. Da aufser Kokospalmen auf der Insel nichts Geniefsbares wächst, so beschäftigen sie sich blofs mit Fisch- und Tripangfang, wofür sie ihre andern Bedürfnisse einhandeln.

Auch auf der innern Seite von Udjong Sawa (dem nächsten, etwa $\frac{3}{4}$ Min. entfernten, ziemlich breiten Vorgebirge) bemerkte ich einige Hütten, da wo sich ein kleiner Bach in die Bucht ergiefst. Der halbkreisförmig ausgeschnittene Strand dieser Bucht (zwischen dem Manna oder Bedong und dem Sawa Kap), die in 5 bis 6 Toisen Tiefe guten Ankergrund hat, setzt sich einwärts in eine mit Rhizophoren bewachsene Ebene fort; die jedoch in der Mitte nicht breiter als $1\frac{1}{2}$ Min. ist, und dann anfängt von Hügeln begrenzt zu werden. Diese Hügel sowohl, als die beiden Vorgebirge Sawa und Tanna pandan gehören dem Küstenzuge von Lumut an, der überhaupt nordwestlich streicht und dessen letzte Gabelzweige, nur scheinbar durch flache Räume von ihm abgesondert, aus diesen beiden Kaps bestehn.

In der ununterbrochenen Waldung der flachen Küste von U. Tanna pandan bis U. Gunong tua bemerkt man nur zwei Lücken, die wie künstliche Kanäle — in den Wald gehauen — erscheinen und die nichts Anderes sind als, die kleinere: die Mündung des E. bedirie, die gröfsere: die Mündung des E. Lumut. Auf der linken Ufercke des letztern stehn auf Pfählen 4 bis 5 Hütten, welche das schmale trockne Fleckchen einnehmen, das zwischen dem Meere und den Sumpfwäldern übrig bleibt, — und welche Jago-jago (Dorf) heifsen.

Eben so unbewohnt ist der nächste Strand jener tief ausgeschnittenen Bucht zwischen U. Gunong tua und dem Vorgebirge von Sibuluan, den Casuarinenwälder bedecken, und eben so das weite Vorgebirge selbst, das früher eine Halbinsel gebildet zu haben scheint, rundlich von Umfang und weit ins Meer vorgeschoben ist. Zwischen dem Fufse seiner Bergrippen, die sich nach allen Seiten fast divergirend herabsenken, findet man nur sandige, halbmondförmig ausgerundete Uferstreifen, die zur Ansiedlung von Menschen überall zu schmal sind. Auch vermeiden alle gröfsern Prauen gern diese Gegend, wegen der Felsenriffe und Sandbänke, die das Meer zwischen diesem Gebirge und der Insel Pontjang gedang, so wie auch noch weiter im Süden von dieser Insel unsicher machen.

P. Pontjang gedang.

Die Insel Pontjang gedang, die gröfste der Bai, besteht zum Theil aus einem gegen 250' hohen, steilen Bergrükken, der an manchen Stellen, vorspringend, sich steil ins Wasser senkt, zum Theil aus flachen Uferstreifen, die bald mit Rhizophoren, bald mit Kokospalmen bedeckt sind, und im letztern Falle auch Menschenwohnungen in ihrem Schatten verbergen. Namentlich findet man auf dem nordöstlichen Ufer eine Anzahl von 6 Hütten, und eben so viel auf dem südöstlichen. Die Küsten der Insel sind nicht nur von Korallenriffen, die das Landen selbst für kleine Kähne an vielen Stellen unmöglich machen, sondern auch von hohen Felsen umlagert, deren einige, besonders auf der Nordwestseite sich sehr malerisch, würfelförmig, oben mit Gebüsch bedeckt, aus dem Meere erheben.

Die drei Inseln, Pontjang gedang, kitjil und panjang liegen fast in einer geraden Linie zu einander in der nördlichen Hälfte der Bai, welche ungleich schmäler als die südliche ist, und bieten in ihren Formationen dieselben Verschiedenheiten dar, die wir schon bei den 3 südlichsten Inseln bemerkten, nämlich Bergrücken von Trachyt, aus denen gedang und panjang bestehn, die, obgleich nicht höher als etwa 2 bis 300 Fufs, doch ziemlich steil erscheinen, weil sie sich unmittelbar aus dem Meere erheben, — und niedrige Sandsteinschichten mit Korallenboden, aus denen die mittelste kleinste Insel (P. kitjil) besteht.

Nordöstliches Ufer der Bai.

Vom Vorgebirge Sibuluan bis zum Kap Siboga ist die Strandfläche bis zum Gebirgsfufse anfangs 1, nachher nur ½ Min. breit, und, wie alle flachen Gegenden im Hintergrunde der kleinen Buchten mit Rhizophoren bedeckt, die nur in der nächsten Umgebung der 2 Dörfer Siboga für die Reiskultur Platz machen. Weil die Ostküste der Bai im Allgemeinen mehr nordwärts gerichtet ist, die nächste Gebirgskette aber nordwestlich streicht, so nähern sich nun Gebirgsfufs und Meeresstrand immer mehr, so dafs im Norden von Siboga sich die Gebirge unmittelbar aus dem Meere zu erheben scheinen, in der That aber doch zwischen den hervortretenden Ecken schmale, flache Streifen übrig bleiben, die bald sandig, bald sumpfig sind, und im letztern Falle, so schmal sie auch sein mögen, doch Rhizophoragebüsche tragen. Nur im Norden von der Bai, wo sich die erste, nächste Bergkette endet, weitet sich das Ufer wieder aus und wird zur wirklichen Fläche, durch die sich anfangs noch einige scheinbar isolirte Hügelzüge hinziehn, und die sich dann ununterbrochen als Alluvialebne bis Baros und Singkel fortsetzt.

Udjong Batu borroo.

Dieses Stück der Küste, das den Inseln Pontjang kitjil und panjang gegenüber im Westen liegt, ist auf seiner innern, der Bai zugekehrten Seite auf eine sonderbare Art ausgebuchtet und fast ganz mit Rhizophoren bedeckt, die sich immer mehr in die Domäne des Oceans hineindrängen und neues Land gewinnen; einzelne Gebüsche erheben sich selbst inselförmig im Wasser, und die ganze Landzunge, welche sich gegen die Mündung des Tapanulieflusses nordwärts ausstreckt, ist ein einziger Rhizophorawald, der, wenn er fortfährt sich auszudehnen und wenn ihm der angespülte Grund des Tapanulieflusses entgegentritt, die grofse nordwestlichste Bucht der Bai (welche schon jetzt sehr untief ist), bald als ein Binnenwasser abschliefsen wird.

Ganz anders ist die Aufsenseite dieses Stückes der Küste, der eigentliche Meeresstrand, beschaffen, der geradlinig nach N.W. fortläuft und, nicht wie die innere Seite fettmorastig, sondern sandig, aber auch mit vielen Lachen und feuchten Stellen versehen ist. — Und auf diesem sandig-sumpfigen Boden erheben sich, wie in der Bucht von Sibuluan, Casuarinen, die jedoch hier nicht, wie dort, gedrängt stehen, sondern mehr vereinzelt, und durch viele grasige, mit Cyperusarten bewachsene Zwischenräume von einander getrennt sind. — Dieselbe Beschaffenheit hat auch die äufserste Batu borroospitze (B.) so wie der Strand einer kleinen Bucht, durch welche sie von der innern felsigen Spitze (Batu borroo A. auf der Karte) geschieden ist. Die Casuarinen erheben sich daselbst in vereinzelten Gruppen, schlank wie Fichten, und die Grasplätze zwischen ihnen gewähren fast den Anblick eines künstlich angelegten Parks.

In der Mitte der Bucht zwischen beiden Borrookaps mündet sich ein kleiner Bach, dessen Wasser jedoch nur zur Regenzeit einigermafsen fliefsend ist. Von seiner Mündung bis zu Borroo A. ist der Strand 1600′ lang und steigt als ein steiles, weifsliches Sandufer empor. Das Kap A. selbst ist das Südende eines isolirten Sandsteinrückens, der sich hier nicht mehr als ½ Min. weit an der innern Küste (Pontjang kitjil gegenüber) hinzieht, und sich dann nordwärts in dem schon erwähnten Rhizophoragrunde verliert. Sein höchster Wulst in der Mitte mag 150′ hoch sein. Die Sandsteinschichten, aus denen er, wie die Inseln Ongey, Baccar und Pontjang kitjil besteht, haben einzeln eine Mächtigkeit von 3 bis 5 Fufs und sind durch zwischenliegende einige Zoll dicke Streifen von grauem Thon von einander getrennt. Sie liegen parallel übereinander bis zur Mächtigkeit des ganzen Gebirges von 100 bis 150′, und steigen, sonderbar genug, in einer ganz entgegengesetzten Richtung als die auf den genannten Inseln von Westen nach Osten (genauer von W.N.W. nach O.S.O.) in einem Winkel von 25° an und bilden dann, plötzlich abgebrochen, nach Osten einen steilen Abhang, der an vielen Stellen mauerförmig und kahl ist, während ihr westliches sanftes Gehänge sich mit Waldgestrüpp geschmückt findet. — Auf diese Sandsteinschichten, die auf den verschiedenen Inseln unter ganz verschiedenen Richtungen und Winkeln gebrochen sind, — in so unmittelbarer Nähe von Trachytfelsen und Trachytkegeln, welche wie Dungus Nassi steil aus dem Becken der Bai hervortauchen, — werden wir in der geognostischen Uebersicht noch einmal zurückkommen.

Am äufsersten westsüdwestlichen Ende des Kaps A., welches mauerartig und etwa 50′ hoch ist, öffnet sich mit einem weiten Portal eine Höhle, die durch Einsturz oder Zerbröckelung einiger Schichten des Sandsteins gebildet zu sein scheint, deren Boden jedoch unter dem Niveau des Meeres liegt, welches sich in so hoher Brandung hineinwälzt, dafs es fast unmöglich ist, mit einem Kahne das Innere zu befahren.

Auch verdanken die Schwalben, welche darin wohnen, ohne Zweifel diesem Umstande den ungestörten Besitz ihrer efsbaren Nester.

P. Pontjang kitjil.

Diese kleine Insel stellt, der P. Baccar sehr ähnlich, eine

nur wenige Fuſs über das Meer erhabene Landfläche dar, theils aus wirklich zerbrochenem Sandstein, theils aus zertrümmerten Muscheln und Korallen, und ist nur an ihrem westlichen Ufer von einigen Partien 20 bis 30 Fuſs hoher Sandsteinfelsen umgürtet; sie liegt fast in gerader Linie in der Mitte zwischen Kap Siboga und Batu borroo, dem letztern jedoch etwas näher, und ist, — obgleich nur 600′ lang von W. nach O., und 450′ breit in entgegengesetzter Richtung, — der Hauptsitz der Regierung in diesem Theile der sumatran'schen Küste. Sie enthält daher eine Anzahl von 50 Battahütten mit ½ Dutzend Wohnungen von Europäern (worunter ein Paar lange Schuppen, als Hospital), auf das engste zusammengedrängt, — die von Kokospalmen, ein Paar Brodtfruchtbäumen, Mangiferen, Terminalis Catappa, Kuda-kuda nur dürftig beschattet sind. Die Häuser sind gröſstentheils aus Bambus und nur zum Theil aus Brettern erbaut, und werden, weil sich ihre Flur zwischen den vier Eckpfählen 5 bis 7 Fuſs über dem Boden erhebt, auf Leitern erstiegen; übrigens zeichnen sich nur ein Paar von den Häusern, in denen europäische Beamten wohnen, durch ihren etwas gröſsern Umfang vor den Hütten der Inländer aus.

In einiger Entfernung vom Meere aus, besonders von der felsigen Süd- und Südwestseite her erblickt, gewährt die kleine Insel ein sehr malerisches Bild. (Man sehe die pittoreske Ansicht auf der Karte Nr. I.) Das lichte Grün ihrer Gebüsche, besonders der gedrängten, glänzenden Wipfel ihrer Palmen, unter denen einzelne bräunlich gelbe Hütten von Bambus mit Atap gedeckt hervorschimmern, zeichnet sich grell auf dem dunkeln Hintergrunde der Waldgebirge Sumatra's ab; — und das Kolorit erscheint durch die Wirkung der Gegensätze um so lebhafter, frischer, je länger die einförmige, tiefe Bläue des Meeres auf das Auge des Reisenden wirkte. — Ein kleiner, grüner Lusthain scheint sie auf dem Meere zu schwimmen! —

Kommt man aber näher, so bieten sich weniger erfreuliche Gegenstände dem Auge dar; und nur die Noth kann der guten Insel zur Entschuldigung dienen, daſs sie den ankommenden Schiffen gegen alle Regeln des Anstandes ihre häſsliche Seite, ihre posteriores zuerst präsentirt. Es fallen dem Reisenden nämlich zuerst eine Anzahl kleiner Brücken ins Auge, die vom Sandufer ins Meer hinausragend, mit kleinen Häuschen in Verbindung stehn, welche sich im seichten Meeresufer auf Pfählen erheben und deren Bestimmung man leicht erräth.

Leider gesellt sich zu dem Mangel an trinkbarem Wasser auch die gänzliche Abwesenheit aller Bergungsplätze für Unreinigkeiten, so dafs man genöthigt ist, sämmtliche thierischen Abgänge ins Meer zu werfen. Mit den Passanten und kranken Militären, die hier verpflegt werden, kann man die Bewohnerzahl zu 450 annehmen, — und die Menge der Unreinigkeiten für diese kleine Sandbank (nicht viel gröfser als ein Tanzsaal) danach schätzen. — Das Meer aber ist zunächst rund um die Insel sehr untief und besteht aus Sand- und Korallbänken, die in manchen Gegenden einen 3 bis 500′ breiten Saum bilden, welcher kaum 1 bis 2′ hoch mit Wasser bedeckt ist; kommt nun noch eine mehre Tage anhaltende Windstille hinzu, so steigen unter der glühenden Aequatorsonne Ausdünstungen aus diesem untiefen, mit Unreinigkeiten aller Art erfüllten Meeressaume auf, die nicht minder nachtheilig auf die Gesundheit der Einwohner wirken, als sie unangenehm die Geruchsnerven afficiren.

An zwei Stellen des west- und südwestlichen Ufers tritt der Sandstein von Pulo Baccar und Batu borroo wieder auf und bildet 20—30′ hohe Felsenplatten, wovon die nördlichste, gröfste, gerade so viel Raum darbietet, um 2 Häuser, eins für ein Paar Dutzend Soldaten, eins für den Officier, und einige Geschütze auf 2 Eckbastionen zu beherbergen; eine gemauerte Brustwehr auf der steilern Seeseite und zwei Reihen Pallisaden auf der weniger steilen Landseite umgeben diese Gebäude, welche den Namen: Fort (Benting) von Tapanulie führen. — Für inländische Feinde, die selten anfallender Weise operiren, mag es durch die Natur als hinlänglich befestigt gelten. — Die Sandsteinschichten steigen nämlich hier nicht (wie auf Baccar u. a. O.) von der einen Seite prallig an, sondern liegen wirklich horizontal übereinander, und bilden daher fast auf allen Seiten wirklich senkrechte oder sehr steile Wände, welche ohne Leitern schwer zu ersteigen sind. Das Gestein (von weifslich-grauer Färbung) ist sehr weich und leicht zu zertrümmern; auch fährt die Brandung fort den Fufs des Felsen zu zerreiben, und eine Höhle, die sich von der

Nordseite her spaltenartig unter den Felsen der Benting hineinzieht, scheint durch Zerbröckelung an Umfang zu gewinnen. — Manche Schichten des Gesteins, besonders der zweiten, südlichen Felsenparthie liegen daher gebrochen, umgestürzt, und tauchen schief ins Meer. Uebrigens sieht man dieselben, einige Linien bei zwei Zoll dicken grauen Thonschichten, welche die Strata des Sandsteins (parallel mit denselben) von einander trennen, wie auf Batu borroo. — Organische Ueberreste keine. —

Da für die eng zusammengedrängten Bewohner von Pontjang (so nennt man gewöhnlich diese Insel, oder auch Tapanulie, —) alle Lebensbedürfnisse, selbst Trinkwassar und Brennholz von der nächsten, aber doch ¾ Stunden Ruderns entfernten Küste Sumatra's bei Siboga herbeigeschafft werden müssen, — da die Lebenden kaum hinlänglichen Raum finden um spazieren zu gehn, und die Todten keinen Platz, um begraben zu werden, so dafs man alle Leichen auf den gegenüberliegenden Strand von Batu borroo schaffen mufs, — während sich gegenüber bei Siboga die geräumigsten schönsten Flächen hinziehen, so scheint es allein die gröfsere Sicherheit und die gröfsere Leichtigkeit der Vertheidigung zu sein, welche diesem Orte einige militärische Bedeutung gegeben hat. Allerdings kann der Kanal zwischen Pontjang kitjil und Batu borroo bestrichen werden, zwischen der Insel und Pontjang gedang jedoch ist das Fahrwasser zu breit, um Schiffen den Eingang ins Innere der nördlichen Hälfte der Bai zu verwehren.

In dieser nördlichsten Gegend der Bai, wo am gleichnamigen Flusse vormals der Posten lag und jetzt noch das Dorf Tapanulie liegt, scheint es die grofse Ungesundheit des Bodens, der weit und breit mit Rhizophoren bedeckt ist, gewesen zu sein, welche die Europäer vertrieb.

Uebersicht der Bergketten dieser Provinz.

Wir haben nun die Inseln und den nächsten Küstensaum der Tapanuliebai betrachtet. —

Ehe wir die innern Landschaften der Provinz durchmustern, wollen wir uns zuerst einen Ueberblick ihrer Gebirge verschaffen.

Wir haben hier in den Battalanden (so wie auf Sumatra

überhaupt) mit keinen isolirten Kegelbergen zu thun, die, wie auf der Insel Java, sich aus flachen Niederungen bis in 9 und 10000′ hohe Regionen erheben, — sondern mit Bergketten, welche eine mittlere Höhe von 3 bis 4000′ beibehaltend, sich viele Meilen in die Länge ziehn.

Hügelzug von Lumut.

Die südlichsten Berge der Bai, die Bergkette von Batu manna und den Bergzug von Lumut, welcher sich in die beiden Kaps U. sawa und tanna pandan endigt, haben wir bereits kennen gelernt; letzterer hangt ostwärts von Lumut mit den Bergzügen von Tapollong zusammen, und bildet so die Scheide zwischen der grofsen Waldfläche von Sikunar in S. und S.W. und der schmäleren von Lumut in N.O. — Da die höchsten Punkte der Kette nur 450′ erreichen, so ist sie besser ein Hügelzug zu nennen.

Höher sind die Gebirge, welche die Fläche von Lumut in N.O. begrenzen, und welche sich bis jenseits des Nordendes der Bai fortsetzen. Ungeachtet ihrer mannigfachen Zersplitzung und Verästelung kann man doch drei Hauptketten unterscheiden, die ich, weil ein allgemeiner inländischer Name fehlt, auf meinen Karten mit dem allgemeinen Namen: Bergkette von Tapanulie Nr. I., II. und III. bezeichnet habe *). Sie streichen ziemlich parallel mit einander und mit der Längenaxe Sumatra's überhaupt von N.W. nach S.O.

Bergkette von Tapanulie Nr. I.

Die nächste Kette (Nr. I.) erhebt sich im Norden von der Bai am linken Ufer des Tapanulieflusses und läuft dann ge-

---

*) Diejenigen Züge nämlich, welche ohne bedeutende Abweichung in der Normalrichtung von S.O. nach N.W. streichen, — gerade ausgestreckt sind, — und dabei überall eine bestimmte mittlere Höhe behaupten, welche die der andern Bergzüge übertrifft, — kann man als die Haupt- und Centralketten betrachten, von welchen übrigens bald quer, bald schief, zahlreiche Nebenzweige (Arme) ausgehn können, die nicht selten sehr gekrümmt und gebogen sind, und sich von den eigentlichen Bergrippen durch die Gleichheit der Höhe ihrer Firsten in den verschiedenen Punkten (wagerechte Fortsetzung derselben) unterscheiden, während die Bergrippen von der Höhe der Firsten bis zu dem Fufse der Ketten herab, eine Senkung erleiden, welche der allgemeinen Neigung der Flanke gleich ist. —

rade ausgestreckt etwa 10 Min. weit fort, ehe sie durch einen flachen Zwischenraum, nämlich durch die Fläche von Tuka unterbrochen wird; sie schickt in diesem nördlichen Theile ihres Laufes fast in einem rechten Winkel mehre Querrippen herab, welche wieder in Seitenrippen gesplitzt sind und welche gleiehgerichtete tiefe Querklüfte zwischen sich lassen. Eines dieser Thäler ist Siboga, dessen schmaler mit Granitgeschieben bedeckter Grund sich in seiner untern Gegend zu einer kleinen Uferfläche erweitert. — Kurz vor der Senkung der Kette in die Fläche von Tuka, ist ihre Firste oben von einer Querkluft, oder besser von einer Spalte durchbrochen, die geologisch merkwürdig ist und ihre Entstehung gewaltsamen Erderschütterungen, wobei der Bergkamm auseinander rifs, zu verdanken scheint. Die Erscheinung solcher Querspalten wiederholt sich noch mehrmals in den benachbarten Ketten. — Jenseits des flachen Zwischenraumes von Tuka, durch welchen der K. Sibuluan aus dem Thale hinter dieser 1sten und der 2ten Kette hervor bricht, erhebt sich das Gebirge von neuem und setzt sich südostwärts bis nach Tapollong hin 15 bis 20 Min. weit (die Krümmungen ungerechnet) fort, ist jedoch hier in so viele, — west-, südwest-, ja südwärts auslaufende, lange und fast gleich hohe — Nebenarme getheilt, dafs es auf den ersten Blick schwierig ist, in diesen Zweigen die eigentliche Centralkette zu erkennen. Dies ist blofs möglich, wenn man die höchsten Punkte des Gebirges selbst ersteigt, oder es von gleich hohen Bergen aus einiger Ferne überschaut; dann kann man allerdings eine Hauptfirste unterscheiden, die im Allgemeinen höher ist, und von der nordwestlichen Richtung weniger abweicht; alle andern Ketten erscheinen dann als Nebenarme derselben, die in einer schiefen oder queren Richtung auslaufen und sich allmählich herabsenken. Solche Gebirgsarme sind es, an deren Süd- und Südwestfufse sich die Waldung von Lumut hinzieht. Man kann hauptsächlich drei unterscheiden.

1) Der erste und nördlichste läuft beinahe in einer ganz verschiedenen Richtung von der Hauptkette aus und schiebt sich, immer tiefer fallend, zwischen Tuka und dem nördlichen Theile der Fläche von Lumut (worin Bedirie liegt) bis zum Meere vor, wo er sich als Udjong Gunong tua endigt. — Wo zwischen Tuka und Bedirie ein Fufspfad über ihn führt,

ist er blofs etwa 500′ hoch; oben aber besteht er aus 2 neben einander liegenden Kämmen, die 17 und 1800′ hoch sind.

2) Der zweite schiebt sich südwestwärts von der Hauptkette vor und wird ebenfalls von mehren Jöchen gebildet, deren eines, in seinen oberen Gegenden 2150′ hoch, sich zuletzt ganz nach S. herumbiegt.

3) Der dritte läuft zuerst südwestwärts, und ist hier 2—2500′ hoch, biegt sich dann aber ganz nach S. um und endigt sich, weit in die Fläche von Lumut vorspringend, in einen fast isolirten stumpfen Kegel, den Berg von Pinang soreh, mit welchem östlich noch ein kleinerer Kegel, der Dolok Manubong zusammenhängt.

Zwischen dem 1sten und 2ten Arme liegt oben die Landschaft Saidnahuta; — zwischen dem 2ten und 3ten, in einem Thalgrunde, der fast kesselförmig geschlossen ist, die Landschaft Bio-bio; — und zwischen dem 3ten Arme und der Fortsetzung der Hauptkette liegt das Thal, in welchem oben das Dorf Massundung und unten Tarrik di bata steht.

Die nördliche (Siboga'sche) Hälfte der Hauptkette erreicht im N.O von Siboga wo ein Pafs über dieselbe führt, die Höhe von 1500, — ihre gröfste Höhe aber in S.O. von diesem Passe mit 2300 Fufs.

Die südliche Hälfte derselben erlangt ihre gröfste Höhe oberhalb der Landschaft Bio-bio, wo sich der Dolok Nagala Gunong etwa 3500′(?) hoch erhebt; — südostwärts von dieser Kuppe erblickt man wieder eine von jenen merkwürdigen Querspalten, in welchen mehre hundert Fufs tief die Firste auseinander klafft; — dann setzt sie sich in einer Richtung fort, die zuletzt ganz südlich wird. Zugleich senkt sie sich immer tiefer und bildet da, wo sie die Ebene von Tapollong von dem östlichsten Theile der Fläche von Lumut trennt, einen Hügelzug, der blofs noch 350′ Höhe hat. Dieser Hügelzug geht nachher noch mehr südwarts in quere Zweige nordwest- und südostwärts über, die mit dem Lumut'schen Hügelzuge unmittelbar zusammenhängen und so die nördliche Grenze der Waldebene von Sikunar bilden helfen.

Bergkette von Tapanulie Nr. II.

Die zweite, mehr binnenwärts gelegene Kette streicht mit der ersten parallel, und läfst sich an einem Punkte, der nördlich von der Mündung des Tapanulieflusses liegt, bis zur Porta Hurabae in gerader Richtung, ohne die Biegungen zu rechnen, über 35 Min. weit verfolgen. — Da aber die Thäler zwischen ihr und Nr. I. gröfstentheils unbewohnt sind und Alles umher, Berg und Thal, mit undurchdringlicher Waldung bedeckt ist, so ist sie mir nur in einzelnen Punkten bekannt geworden. Sie hängt (so viel ich habe erforschen können) mit Nr. I. durch zwei wasserscheidende Querjöche zusammen, deren eines in der Nähe des D. Nagala Gunong, das andere über dem Dorfe Bonnong Dolok liegt, wodurch vier parallele, aber nach verschiedenen Richtungen strömende Bäche entstehn.

Die Firste dieser II. Kette ist die (von uns angenommene) Grenze zwischen der 2ten Provinz und dem Hochlande von Tapanulie.

Im nordwestlichsten Thale zwischen ihr und Nr. I. liegt das Dorf Bonnong Dolok, und ostwärts von diesem Orte beträgt ihre Höhe 3500′.

Das mittlere Thal, in welchem zwei Bäche, der eine südost-, der andere nordwestwärts einander entgegen fliefsen, wird von dem höchsten Theile der Kette überragt, die hier an vielen Stellen, namentlich in der Richtung ostwärts von Sibuluan, wirkliche unerklimmbar steile Felsenwände bildet, von denen sich einige 500′ tief und mehr, senkrecht hinabstürzen. — Daselbst ist, N.O. gen O. von Tuka, in der Gegend, wo wegen Unterbrechung der ersten Kette die Flanke der zweiten in ihrer ganzen Erstreckung sichtbar ist, wieder eine von jenen Querspalten sichtbar, die den Kamm 5 bis 700′ tief durchschneiden und geologisch wichtig sind *). Mehre Minuten nordwestwärts von dieser Spalte, zeigen die Wälder, welche die Firste bedecken, eine sonderbar ausgekerbte Beschaffenheit, als seien durch Menschenhände Kanäle in den Wald gehauen, um eine Aussicht zu erhalten. Eins von diesen Fenstern, das man sowohl von der Bai als binnenwärts aus grofser Ferne sehen kann, habe ich zu einem Signalpunkte gebraucht (Signal e. oder Gebirgsfenster auf Figur 13. II. Ab-

---

*) Sie sind künftigen Geologen zur zur Untersuchung zu empfehlen. — Ich mufste wegen Unwegsamkeit der Umgebungen und unwilliger Gesinnung der angrenzenden Bewohner, davon abstehn.

bschnitt A. der Chorographie). — Noch etwas weiter nordwestlich von diesem Punkte geht eine kahle Felsenwand von weifslicher Farbe (Sandstein) in horizontalen Schichten zu Tage.

Das dritte oder südöstliche Thal, zwischen der I. und II. Kette ist vom E. Djandi Maria (dem Kali von Tapollong) durchströmt, und eben so wie das zweite unbewohnt. — Das Südostende der Kette splitzt sich hier fast divergirend in mehre Arme; von diesen Armen streicht der erste (der Kette I. zunächst gegenüber liegende) südwestwärts und endigt sich in einen stumpfen Kegel, welcher der Erkennberg *) der Fläche von Tapollong ist und sich nordnordwestlich von der Station daselbst erhebt. Der zweite Arm begrenzt diese Fläche (deren westliche und südwestliche Grenzhügelzüge zur ersten Kette gehören) im Osten, und trägt auf seiner Firste die zwei Dörfer Rimba golep und Randjang batu, von denen das erstere von Tapollong sichtbar, das zweite aber, auf einer Nebenspaltung liegend, unsichtbar ist. Der dritte oder mittelste Arm ist die Fortsetzung der Hauptkette, die südsüdostwärts zwischen Randjang batu und Sihitang weiter streicht, und sich mit einem steilen kuppenförmigen Absturz am rechten Ufer des E. batang torru endigt, da wo dieser Flufs quer das Gebirge durchbricht (Porta Hurabae). — Noch einige Arme gehn weiter östlich von da von der Hauptkette aus, und sind besonders reich an Benzoëwäldern, z. B. in einer Gegend, wo früher das Dorf Sihitang stand.

Vom jenseitigen Ufer des Batang torru unmittelbar erhebt sich die Bergkette von neuem, um sich nach dieser kurzen Unterbrechung durch die Thalpforte, nun südwestwärts von den Landschaften Sisundung, Napa und Nieder-Ankola weiter zu ziehen und als Grenzscheide zwischen Sikunar und Nieder-Ankola nach einem im Ganzen südostlichen Laufe von 63 Min. Länge in gerader Richtung **) sich neben dem Querdurchbruche des Gadisstromes zu endigen, jenseits dieses Stro-

---

*) um diesen seemännischen Ausdruck auch für die Binnenlande zu gebrauchen.

**) nämlich in gerader Richtung zwischen den beiden Enden. Die Biegungen mitgerechnet, beträgt die Länge der Kette 70—80 Minuten.

mes aber in der südwestlichen Bergkette von Mandaheling sich zum dritten Male fortzusetzen. Dafs diese durch zwei Querdurchbrüche (B. torru und Gadis) getrennte Kette mit der Bergkette von Tapanulie Nr. II. identisch ist, geht aus der zusammenfallenden Richtung ihrer Längenaxeher vor, welche, obgleich in viele Krümmungen gebogen, doch stets zur Hauptrichtung zurückkehrt, und vom Gadisdurchbruche an (unter 1° 5′ Lat. bor. und 99° 25′ long. or.) bis zu dem nordwestlichen Ende der IIten Tapanuliekette (unter 1° 50′ lat. und 98° 40′ long.) genau die Direction von N.W. (N. 45° zum W.) befolgt, so genau dies nämlich nach den bisherigen Aufnahmen bestimmt werden konnte. (Ihre Verzweigungen etc. sehe man auf der Karte nach.)

Bergkette von Tapanulie Nr. III.

Parallel mit den vorigen und durch gleich gerichtete Längenthäler getrennt, streicht eine III., IV., Vte (und vielleicht VIte) Bergkette, Diese Ketten liegen binnenwärts bis ans grofse Flufsthal des Batang torru neben einander und setzen das wilde, sehr wenig bekannte und mit undurchdringlichen Wäldern bedeckte Hochland von Tapanulie zusammen. (Siehe 10te Provinz.)

Landschaft Siboga.

Den Namen Siboga (Sibogha, Sibocha) führen zwei kleine Dörfer, die auf dem flachen Strande der Tapanuliebai ostnordostwärts gegenüber der Insel Pontjang kitjil liegen und von dieser Insel an ihren Kokospalmen erkennbar sind, die sich im ganzen Umfange der Bai hier allein erheben. — Der Fufs der Bergkette nämlich, nachdem sich eine ihrer Querrippen (nordwestwärts vom vordern Dorfe Siboga) weit hervorgestreckt und in ein kleines schmales Felsenkap, Udjong Siboga, geendigt hatte, fängt nun nach S.O. zu an, sich immer weiter vom Ufer zurückzuziehen und Raum für immer breitere Strandflächen zu bilden. — Obgleich diese Fläche bei Siboga selbst einwärts in nordöstlicher Richtung nur $\frac{1}{2}$ Minute breit ist und mehr nach S. zu, wo sie an Breite zunimmt, sumpfig wird, so gewinnt sie doch an Raum dadurch, dafs sie bei Siboga in den Thalgrund des gleichnamigen Baches übergeht.

Dieser Bach schlängelt sich in zahlreichen Krümmungen zwischen den wechselsweise ins Thal vorspringenden Nebenleisten der beiden Querrücken herab, und läfst zu beiden Seiten seines Ufers hinlänglich flache Räume zur Anbauung im Thalgrunde übrig, welcher überhaupt nur sanft und allmählich ansteigt und erst weiter oben zu einer schmalen Bergkluft wird. — In diesem Thale nordostwärts, den Bach nicht weniger als neun Mal übersetzend, führt vom hintern Dorfe ein Pfad hinauf, — über die Firste der Isten Bergkette hinweg, und wieder hinab ins jenseitige Thal, wo das Dorf Bonnong Dolok liegt. — Es murmelt der Bach zwischen Granit-Blöcken herab, die sein Bette erfüllen, und fängt erst ¼ Minute *) hinter dem innersten Dorfe, wo der Thalboden söhliger wird, an, zwischen kleineren Geschieben und nachher zwischen 4 bis 5′ hohen Sandufern hinzufliefsen, um die Dörfer mit krystall'nem, stets kühlem Wasser zu versehn. Das vordere kleinere Dorf **) liegt südsüdwestwärts vom vorigen dicht am Meere, da wo sich der Bach in zwei Mündungen durch das Sandufer hindurchzwängt. — Die ganze meeresnahe Umgebung dieses Dorfes ist sandig und bis etwa 1 Minute südwärts (wo Rhizophorawaldungen anfangen) trocken und nur spärlich bewachsen; im Osten dicht neben dem vordern Dorfe liegt ein kleiner, länglicher Sumpf, der von Blutegeln bewohnt und von Schnepfen umschwirrt ist; er ist blofs von Gräsern und Cyperaceen bewachsen und kann, weil das Bett des Baches tiefer und auch der höchste Stand des Meeres zur Zeit der Fluth noch etwa 4—5′ tiefer als der Boden des Sumpfes liegt, gänzlich trocken gemacht werden.

Auf der Ostseite des Sumpfes aber bis zum Fufse der Berge ziehen sich auf fruchtbarem, dunkeln, mit Sand gemengten Boden Reisfelder (Sawa's) hin, die mit Jagonanpflanzungen auch noch weit in dem kleinen Flufsthale hinansteigen. — Urwälder mit Kampfer- und Dammarbäumen und vortrefflichem Nutzholz bedecken alle Berggehänge umher, und stem-

*) wie überall in dieser Beschreibung, Minuten à 5710 Par. Fufs, also 764 Fufs gröfser als englische Meilen (à 4946′) und 1071 Fufs gröfser als s. g. Paalen (à 4639 pariser oder 4800 rheinl. Fufs).

**) Dorf wird gewöhnlich mit dem malei'schen Namen Kampong, und nur im Innern der Battalande mit Huta bezeichnet.

peln mit dem Ueberflufs an gutem Wasser und reiner Luft, und bei vorhandner directer Communication mit reich bevölkerten Landschaften (Sibuluan) diesen auslaufenden, wahrhaft romantischen Thalgrund von Siboga zu dem lieblichsten und gesundesten Plätzchen in dem ganzen Umfange der Bai. *)

Thal und Dorf Bonnong Dolok.

In dem immer schmäler werdenden Thale Siboga's führt, wie bereits bemerkt, ein kleiner Fufspfad aufwärts. Da die Batta-er Brücken für überflüssig halten, so ist man genöthigt, an den 9 Punkten, wo der Weg über den Bach setzt, auf den Granitgeschieben zwischen dem schäumenden Wasser von Block zu Block zu springen. — Zuletzt, wo sich ein kleiner Mittelrücken ins Thal herabschiebt, steigt der Weg steil auf Allanggrund hinan und führt dann, wieder in den Wald eintretend, in Krümmungen N.O. — O. auf die I. Kette hinauf. — Die Firste ist ziemlich breit und bildet streckenweis ein ganz ebnes Waldterrain, durch welches der Weg erst westwärts hinschreitet, ehe er wieder nordostwärts ins jenseitige Thal hinabsteigt. Daselbst folgt er dem Laufe eines Baches, und ist (wie so oft in den Batta-Landen —) streckenweis das Flufsbett dieses Baches selbst. — Ladang's **), welche nun an den beiderseitigen Abhängen auftreten, verkündigen die Nähe eines Dorfes an, und bald erreicht man in der Mitte des Thales Bonnong Dolok.

Zwei Bäche fassen das Dorf ein, ein diesseitiger, welcher nordwärts, und ein jenseitiger, mit dem Dorfe gleichnamiger, gröfserer, welcher westwärts strömt; auf dem Delta, welches

---

*) Defshalb hat man auch 1842 angefangen, die Niederlassung auf dem Inselchen Pontjang kitjil hierher zu verlegen. — Selbst ein Fort könnte in der Nähe des Meeres, südlich oder südsüdöstlich neben dem vordern Dorfe erbaut werden; — dann würde die Entfernung der nächsten Anhöhen (der Kaps und des nächsten Bergfufses in O.N.O.) = 2800 — 2900 Fufs, noch zu grofs sein, um mit leichtem Geschütz beherrscht zu werden. (Kanonen von schwerem Kaliber werden den festen Grund der Battalande wohl so bald noch nicht drücken. —)

**) trockne, sowohl Reis-, als andre Felder, die zwischen Waldbäumen und frischgekappter Waldung angelegt werden, und die die Javanen Gaga nennen. — Ladang bei den Javanen ist ein trocknes, regelmäfsig angelegtes Feld, das alljährlich von neuem bepflanzt wird.

dadurch gebildet wird, steht das Dorf, beiderseits von ziemlich steilen Klüften begrenzt. Fast überall sieht man in den Battalanden, dafs die kriegerischen Bewohner solche von der Natur befestigte Stellen zur Anlage ihrer Dörfer gewählt haben. Unter dem Dorfe fliefst der vereinigte Bach nordwestwärts weiter in der Richtung des Thales, also diagonal mit der Richtung der frühern beiden getrennten Bäche, — und, wie fast überall in den Battalanden, wo zwei Bäche oder Flüsse unter einem rechten Winkel zusammenstofsen, an das Gesetz des Parallelogramms der Kräfte erinnernd.

Das Dorf ist von einer einfachen Reihe Pallisaden aus ganzen Baumstämmen, 8′ hoch und oben zugespitzt umrammelt; nur an der von der Natur am wenigsten vertheidigten Stelle, im Osten, wo der Eingang ist, sind sie doppelt; es bildet die Pforte daselbst einen schmalen Gang und macht zwischen den Pallisaden erst eine rechtwinklige Biegung, ehe sie in das Innere führt. Sie wird durch Querbalken geschlossen, die wegschiebbar sind. Eine Anzahl von 40 Häusern sind im Innern der Pallisaden in 2 lange Reihen geordnet, die sich auf einem geneigten Terrain nordwestwärts hinabziehn. Kokospalmen, eine erfreuliche Erscheinung in diesem einsamen, waldumdüsterten Thale, beschatten sie. *)

Von Bonnong Dolok geht ein Fufspfad fast durch lauter Wildnisse bis ins Innere der Battalande nach Silindong; und dieser Weg ist, aufser einem Nebenpfade vom nördlichen Theile der Bai aus (welcher bei Godding wieder mit ihm zusammenfällt), die einzige vorhandne Communication des Innern mit diesem Theile der Küste. — Vom Dorfe sich erst neben dem Bache eine Strecke lang hinziehend, steigt er dann

*) Als ich einst des Nachts bei heftigem Unwetter vor diesem Dorfe ankam, und das Bedürfnifs nach Obdach meinen Widerwillen, mich den Batta-ern innerhalb eines befestigten Dorfs anzuvertrauen, überwand, — mufste ich erst eine lange Musterung aushalten bei Fackelschein von den Pallisaden herab, ehe ich eingelassen wurde. — Der Radja (König!) war total in Tuak betrunken, offenbarte aber in diesem Zustande den am meisten hervorstechenden Zug im Grundcharakter der Batta-er, nämlich eine gutherzige Fröhlichkeit und Offenheit. — „Befehle wolle er von Niemandem anerkennen, er erkenne Niemanden über sich; — wolle ich es aber als eine Privatgefälligkeit von ihm betrachten, so könne ich gegen Bezahlung alle nöthige Hülfe von ihm erhalten." —

ostwärts längs der steilen Wand der Bergkette Nr. II. empor; — mehre grofse Bergstürze, die sich 1839 hier ereignet hatten, zeugen von der Steilheit des Gebirges; — auch würde es ohne die Treppen, die das Regenwasser zwischen den quer hingezogenen Baumwurzeln gebildet hat, und die zuweilen 4 bis 6 Fufs Höhe haben, kaum möglich sein, diese Flanke zu ersteigen. — Dammarbäume, überfliefsend an ihrer Basis von einem zähen, schmierigen Harze, herrschen hier vor. — Sobald der Weg die Firste erreicht hat, wendet er sich westwärts bis zu einer Hütte, wo ein Ladangfeld an die Stelle von gekappten Wäldern getreten ist. Von diesem Punkte, 2270′ über dem Meere, peilt man den Flaggenstock von Pontjang kitjil in S. 55° zum W., sieht also über die erste Kette, die nicht höher als 1500′ ist, hinweg auf die schöne Bai mit allen ihren Inseln. — Die höchsten Punkte der Kette in S.O. von diesem Passe liegen jedoch noch höher, der nächste etwa 800 Fufs, von da führt der Weg ostwärts durch ein kleines Thal hinüber zu einem zweiten Arm derselben Kette, welcher nach Barometerbeobachtungen 2470′ hoch *), und mit mehrerlei Eichen (worunter neue Arten, z. B. Quercus turbinata mihi) und Podocarpen bewachsen ist.

Da hier aber die Grenze der ersten Provinz liegt, so verschieben wir die weitere Betrachtung dieser Gegenden bis Ober-Tapanulie. (Prov. 10.) — Reisezeit von Siboga bis Bonnong dolok zu Fufs drei Stunden. **)

Landschaft Sibuluan und Tuka.

Von den Reisfeldern Siboga's erweitert sich die Strandfläche südostwärts und fängt schon in der Entfernung von ½ Min. an sich mit Wald zu überziehn. Anfangs findet man in diesen Wäldern noch trockne Grasplätze, die als fruchtbarer Weidegrund kaum die Nähe des Meeres würden errathen las-

*) Fast alle in dieser Beschreibung angegebne Höhen gründen sich auf Barometermessungen, wovon die Details in meinen „Beiträgen zur Meteorologie und Klimatographie der Sunda-Inseln" mitgetheilt werden.

**) Um Weitläufigkeit zu vermeiden, gebe ich in der Beschreibung die absolute Entfernung der Oerter von einander und ihre Richtung zu einander nicht an, eben so wenig wie alle einzelnen Krümmungen und Biegungen der Wege, — und verweise in allen diesen Hinsichten auf die Karten.

sen, wenn das erlenartige Gebüsch, das sie umgiebt, nicht aus Sonneratien und Rhizophoren bestände. — Weiter südostwärts nach Sibuluan zu wird die Waldung höher, der flache Boden aber immer sumpfreicher, und der Verbindungsweg zwischen beiden Landschaften dadurch genöthigt, sich dem Gebirgsfuſse anzulehnen; — er führt zwischen den Bächen Gabil und Serudut über einen steilen Hügel hinweg, den man durch eingehauene Treppen ersteigbar gemacht hat, — denn der Sumpfboden mit seinen Rhizophoren zieht sich hier tief ins Land hinein. Erst ½ Min. südostwärts von K. Serudut berührt er wieder trocknen Grund, steigt nämlich daselbst auf den äuſsersten innern Abhang eines Vorgebirges hinan, und führt auf diesem Abhange 6 bis 10 Fuſs höher als die angrenzende sumpfige Ebene fort, weiter südostwärts in die trocknere Fläche von Sibuluan eintretend, bis ans Ufer des gleichnamigen Flusses.

Es zieht sich nämlich hier zwischen Siboga und Sibuluan eine gebirgige, mit Wald bedeckte Halbinsel, die wir unter dem allgemeinen Namen Vorgebirge von Sibuluan begreifen wollen, weit in die Bai hinaus, und endigt sich, der Insel Pontjang gedang gegenüber, in steilen Gehängen, die sich an den meisten Stellen ohne alle Uferstreifen ins Meer senken. — Sie ist im Süden und Norden von tief einwärts gezogenen Buchten begrenzt, in N. von der Bucht, worein sich der Bach Serudut mündet, in S. von der gröſseren, welche die beiden Flüsse Sibuluan und Tuka aufnimmt, — und ist landeinwärts in N.O. und O. durch die genannten Ebenen von allen andern Bergen abgesondert: Ebenen, welche so flach sind und so tief liegen, daſs das Meer vielleicht noch keine 10 Fuſs höher zu steigen brauchte, um das Vorgebirge in eine wahre Insel zu verwandeln und einen Theil der Ebenen von Tuka und Sibuluan wieder in eine Seebucht, was sie früher ohne Zweifel waren, umzuschaffen.

Das binnenwärts gelegene Nordostende dieses Vorgebirges ist es, auf dessen Fuſse, wie wir sahen, der Pfad hingeleitet war. Die Ebenen, die von hier an nun ost- und ostsüdostwärts folgen bis zum Kali Sibuluan, und von dessen jenseitigem Ufer weiter sich ausbreiten, sind nur noch stellenweis morastig und bilden übrigens trockne, triftartige Grasflächen, die nur mit kleinem Gebüsch, besonders mit Melastoma malabatricum bewachsen sind, und auch wirklich zahlreichen Karibauen und Kühen zur Weide dienen. — Der Kali Sibuluan fliefst hier in einem 100' breiten Bett, dessen Ufer 7—10' hoch aus Erdschichten bestehen, das jedoch in der Regel nur 3' hoch mit Wasser gefüllt ist. Im Längethale zwischen der I. und IIten Bergkette entsprungen, mündet er sich, nachdem er den nördlichen Theil der Fläche durchschlängelt hat, dicht am südlichen Fufse des Vorgebirges ins Meer, in der nördlichsten Ecke der Bucht daselbst, welche mit ihm gleichen Namen führt, oder auch Bucht von Tuka genannt wird. — Da, wo der Weg über den Flufs setzt, liegen in geringen Abständen von einander die 6 Dörfer zu beiden Ecken seines Ufers zerstreut, welche die Landschaft, oder die Corporation (Suku*)) Sibuluan bilden, und deren Namen Pertja jangang, Gudim baru, Pinanga (oder Paggera Pinanga, mit vielen Kokospalmen **)), Sibuluan, Sibarello und Gadang sind; der Grund, auf dem die beiden letztern liegen, ist bereits der östliche (ostnordöstliche) Fufs des erwähnten Vorgebirges.

Die Bewohner Sibuluan's sowohl, als des angrenzenden Tuka's zeichnen sich durch einen gewissen Grad von Industrie und Arbeitsamkeit sehr vortheilhaft aus; — sobald sie inne wurden, dafs sie bei den Europäern auf Pontjang, namentlich im dortigen Hospitale, einen regelmäfsigen Absatz von Milch finden konnten, legten sie sich auch die Viehzucht und Milchwirthschaft in höherm Mafse zu, und bereiteten selbst im J. 1842 sehr schmackhafte Butter. ***)

---

*) Die Bedeutung dieses Wortes ist bereits in der Völkerkunde erklärt.

**) Diese in stark bevölkerten Gegenden Ostindiens, z. B. auf Java so gemeine Nutzpalme, auf die dort kein Reisender achtet, ist in den Battalanden eine seltne Erscheinung.

***) Die gröfsere Energie und die Leichtigkeit, womit er sich europäischen Gebräuchen anschmiegt, unterscheidet überhaupt den Battaer sehr vortheilhaft vom indolenten Javaer, — der (die Anpflanzung seiner unentbehrlichsten Nahrungsmittel ausgenommen) nichts thut, aufser gezwungen. Es ist zu befürchten, dafs diese guten Eigenschaften im Charakter der Battaer verloren gehen, sobald sie die intolerante Lehre des Islamismus werden angenommen haben. Defshalb halte ich mich überzeugt, dafs es eine politische Mafsregel von Wichtigkeit ist, diesem vorzubeugen, sei es auch nur durch eine Bekehrung der Battaer zum Christenthum vorläufig blofs dem Namen nach.

In geringer Entfernung vom linken Flufsufer hatten die Eingebornen im J. 1842 am neu angelegten Wege ein Rasthaus erbaut; das man von Siboga zu Fufs in $1\frac{1}{2}$ Stunden erreichen kann. Von da durchschneidet der Weg die Grasfläche südostwärts, und schmiegt sich bald darauf, um sumpfigen Strecken der Ebene zu entgehn, wieder einem Bergrücken an, auf dessen nördlichem, sich abdachenden Fufse er 5—10′ hoch oberhalb der Ebene herumläuft. Unten liegt das Dorf Pinanga in der Ebene, die diesseits gleichförmig und waldähnlich mit kurzem Gebüsch bewachsen ist.

Da, wo der Weg den Fufs des Berges wieder verläfst, trifft er auf eine sehr morastige Gegend der Ebene, welche sich hier buchtartig zwischen dem vorigen und einem zweiten, mehr östlichen Bergrücken hineinzieht und nur mit Hülfe von quer nebeneinander gelegten Baumstämmen überschritten werden kann. Anfangs sind es mit hohem, schilfartigen Gras und kleinem Gebüsch bewachsene Sümpfe, nachher ist es wirkliche hohe Rhizophorawaldung, durch welche der Weg aus Baumstämmen und Baumzweigen erbaut fast $\frac{1}{2}$ Min. weit brückenartig hinführt. Erst vom Kali Pittubossi an, den man auf einer Brücke überschreitet, dem nördlichen Fufse des weiten Bergrückens entlang, wird er immer trockner. Indem man dem Laufe des K. Pittubossi ostsüdostwärts folgt und sein sandiges Bett oftmals durchwatet, gelangt man in den weiter östlichen und trocknern, höher gelegenen Theil der Ebene, der, obgleich mit Sibuluan nur ein ununterbrochenes offenes Terrain bildend, vorzugsweise den Namen Tuka führt, nach dem Stamme (suku) gleiches Namens.

Tuka.

Während der nordöst- und östliche Theil der Sibuluan-Tukaschen Ebne, sich weit zwischen die 1ste und 2te Bergkette hineinziehend, gröfstentheils mit Wildnissen bedeckt erscheint ist dieser südliche (oder südöstliche) Theil derselben „Tuka" vorzugsweise genannt, mehr bebaut und bietet dem Reisenden den erfreulichen Anblick von Sawa's und Ladang's dar, welche mit Weideland von kurzem Gras, oder mit Allangstrecken, oder mit kleinen, von Cyperusarten bewachsenen Sümpfen und hier und da mit einzelnen Gruppen von Gebüsch und kleinen Stückchen Wald abwechseln.

Diese fruchtbare und stark bevölkerte Tukaebne ist rings von Bergen umgeben; — nordostwärts von der Mitte erblickt man einen kurzen Bergrücken, der sich ganz isolirt in der Ebne erhebt, aber offenbar die Fortsetzung der hier abgebrochenen Iten Hauptbergkette ist; — südlich ist es ein langer, mehrfach verästelter Arm, der von der Hauptkette sich in westlicher Richtung bis zum Kap Gunong tua ausstreckt, Bergarm von Bedirie zu nennen. Ueber ihn führen die Wege nach Saidnahuta und Bedirie, ersterer in den höhern Gegenden desselben 1700, letzterer mehr seewärts nur etwa 500′ hoch, — westwärts sind es drei ziemlich parallele Hügelzüge, ein kurzer, dem Meer naher, ein zweiter mittlerer, wie der erste ganz isolirte und von tiefen sumpfigen Flächen umgeben, und ein dritter, innerster, die Fläche von Tuka zunächst begrenzend und mit dem Bergarme von Bedirie zusammenhängend, — welche die innere bebaute, trockne Ebne von Tuka von der äufsern sumpfigen, unbetretenen, mit Rhizophora- und Casuarinawaldung bedeckten Strandfläche trennen. — Wir wollen diesen bei den Battaern anonymen Hügel den 1sten, 2ten und 3ten Hügelzug von Tuka nennen. — Sie stellen sich eben so wie das Vorgebirge von Sibuluan und wie jener 4te Hügelzug im innersten, östlichsten Theile der Ebene als Berge dar, die einst, ehe die Alluvialfläche durch angespültes Erdreich so weit erhöht wurde, um den Spiegel des Meeres zu überragen, wahrscheinlich Inseln waren. — Das Vorkommen von Rhizophorawaldungen am innern Fufse des zweiten Hügelzuges uud die söhlige Beschaffenheit der Ebne sprechen für diese Ansicht.

In ihrer mittleren Gegend, da wo am rechten Ufer des Baches das Passantenhaus steht (1842), hat die Tukaebne bereits eine Meereshöhe von 115 Fufs. — Der E. Gala-gala durchschlängelt sie in einem breiten, flachen, nur mit Sand und sehr kleinen Geschieben erfüllten Bett in einer westnordwestlichen Direction, nachher biegt er sich um das Nordende des dritten Hügelzuges von Tuka herum und strömt als E. Pittubossi (oder auch E. Tuka) zwischen dem 3ten und 2ten Hügelzuge erst südwärts hin und dann westwärts durch die sumpfige Uferfläche hindurch, um sich in die Bucht von Sibuluan, eine Minute südlich von der Mündung des Sibuluanflusses zu ergiefsen. Er ist unbefahrbar; so wie überhaupt unter allen Bächen, die sich in die Tapanuliebai münden, nur der E. Tapanulie und Sibuluan 1½ Min. weit von ihrer Mündung aufwärts mit kleinen Kähnen, und nur der E. Lumut mit gröfsern Fahrzeugen etwas mehr landeinwärts befahrbar sind.

Süd- und südostwärts tritt die Tukaebne buchtig und immer schmäler werdend zwischen mehre Nebenrippen des Bergarmes von Bedirie hinein, wodurch Querthäler entstehn; — eins von diesen kleinen und schmalen Thälern ist das, durch welches der E. Gala-gala herabfliefst, und durch welches der Weg nach Saidnahuta in südöstlicher Richtung hinaufführt; die Bergkette, die er überschreitet, das Grenzgebirge zwischen Tuka und Saidnahuta, besteht aus zwei neben einander liegenden, aber höher hinauf verbundenen Jöchen; das nächste oder nordwestlichste heifst Gigger ringgiring und hat beim Wegpasse eine Höhe von 1700 Fufs. An seinem nordwestlichen Abhange entspringt der Gala-gala, welcher von dem Punkte an, wo ihn der Weg von Sibuluan zum ersten Male trifft, und wo seine einzige Brücke liegt, bis hierher (wegen seiner stets wiederholten schlangenförmigen Krümmungen) nicht weniger als 28 Mal vom Wege durchschnitten wird, durchwatet werden mufs. — Granitgeschiebe erfüllen sein Bett.

Das mehr südöstliche Joch heifst Adien warangang und ist am Wegpasse 1800′ hoch. Die Abhänge dieser Jöche (die Flanken) fallen nicht gleichmäfsig, sondern sind an vielen Stellen so stei, dafs man Treppen ins Erdreich hat hacken müssen, um sie bequem zu erklimmen, und zwischen diesen steilen Gehängen bilden sie viele terrassenförmige Vorsprünge, die eine desto sanftere Neigung haben und stellenweis ganz flach sind. — Sie sind beide mit Wald bedeckt, eben so wie das sanfte, in der Sohle flache Thal, das sie trennt, und das in der Mitte, da wo der Weg durch dasselbe führt, 1100 Fufs hoch ist.

Saidnahuta.

Die Landschaften, die wir nun betrachten und die in südöstlicher Richtung auf Tuka folgen, liegen am südwestlichen Abhange der I. Bergkette und sind durch Querzweige (Arme) dieser Kette von einander getrennt. — Die nächste ist Saidnahuta. Sie ist ein fast kesselförmiges Thal, das oben von der Hauptkette, auf der einen Seite (in N.W.) von dem uns bereits bekannten Adien warangang und auf der andern (in

S.O.) durch ähnliche, etwas höhere Bergzüge begrenzt wird, die es von Bio-bio trennen, und das also nur in S.W. offen steht, wo der Bach Bedirie zwischen Trachytblöcken zur Hyläa von Lumut hinaustritt. Die Paar Dörfer, die es enthält, liegen oberhalb des Baches auf dem Süd- (S.S.O. und S.S.W.) Abhange der Hauptkette, welche aus breiten Nebenrücken gebildet ist und terrassenförmig vorspringt. Diese Gehänge sind daher auch gröſstentheils von Waldung gelichtet und mit Ladangs bedeckt. — Tiefer unten, wo es der neue Weg durchschneidet und wo am linken Ufer des Baches ein Uebernachthaus errichtet ist (1842) hat die Thalsohle eine Höhe von bloſs 420 Fuſs, also eine relative Tiefe unter dem nordwestlichen Wegpasse von 1380 und unter dem südöstlichen von 1730 Fuſs. Zu diesem letztern steigt das Terrain sehr sanft und allmählich an und ist daselbst gröſstentheils von Waldung gelichtet; Allangstrecken wechseln mit kleinen Ladangfeldern ab. Höher oben aber wird der Reisende wieder vom Schatten der Urwaldung umfangen. Auſser den vielen kleinen Rücken und wellenförmigen Unebenheiten, über die der Weg ohne Unterlaſs steil auf und ab führt, ist dies Grenzgebirge (zwischen Saidnahuta und Bio-bio) in vier parallele Hauptjoche gespalten, in deren kleinen Zwischenthälern Bäche entspringen. Das südöstlichste Joch ist das höchste und am Wegpasse 2150′ hoch. Von da senkt es sich ost- und südostwärts in den Thalgrund von Bio-bio steil hinab und ist an manchen Stellen so schroff, daſs es bloſs auf Treppen ersteigbar ist, die man in dem Waldboden gehauen und mit quer übergelegten Baumästen befestigt hat. Eine von diesen Stellen hat 600 Treppen, jede 1 bis 1½ Fuſs hoch. Zwischen den steilen Abhängen bildet die Flanke wieder wellenförmige Unebenheiten auf und ab, und stellenweis ebne Vorsprünge, und fällt auf diese Art terrassenförmig 1500 Fuſs tief bis zum Fluſsbett des E. Pinang soreh.

Bio-bio.

Die Landschaft Bio-bio (nach dem frühern Hauptdorfe, welches jetzt verlassen ist so genannt, oder Bor-bor nach dem Namen des Suku) begreift einen rings umschlossenen Bergkessel, dessen Bäche alle in den Pinang soreh zusammenflies-sen, und der keine andere Oeffnung als die Thalkluft dieses

Baches hat, welcher südwärts aus dem Kessel in die Fläche von Lumut tritt. — Bio-bio ist seiner Form und Naturbeschaffenheit nach dem Saidnahutathale sehr ähnlich, nur noch mehr geschlossen. Seine noch bewohnten Dörfer Prabasiangang, Pinang soreh djulu, Hassang und Eik Nalimut liegen auf der mittlern Höhe der Berggehänge, besonders an der Südseite der Hauptkette, die dort viele flache Vorsprünge bildet, und sind in dem Waldgestrüpp, das sie verbirgt, aus der Ferne nicht sichtbar. Drei verlassene Dörfer, Bio-bio, Pagger batu und Siladong (erkennbar an den verwilderten Fruchtbäumen), so wie die Kahlheit und Baumentblöfsung der östlichen und südlichen Berggehänge zeugen von einer ehemaligen gröfseren Kultur. — Das Uebernachthaus, das neben dem neuen Wege erbaut wurde, liegt auf einer kahlen, nur mit Allang bewachsenen Anhöhe, einige 100 Fufs oberhalb des linken Flufsufers, zu welchem man längs einer sehr steilen, nur mit Hülfe von eingehauenen Treppen ersteigbaren Wand hinabklettert. Wild braust der ansehnliche Bergstrom über Felsenblöcke aller Gröfse. Der höchste Punkt der ersten Bergkette, Dolok Nagala gunong liegt in N.O. von dieser Station, und noch etwas östlicher von ihm wieder eine von jenen sonderbaren Querspalten, die mehre 100′ tief in die Bergfirste einschneidet. Diese zieht sich durch die Nebenarme, die sie ausschickt, in mehr als einem Halbkreise herum und bildet einen ununterbrochenen merkwürdigen Kranz von Bergen, der eine der schönsten Landschaften Sumatra's einschliefst, und nur nach der Gegend, wo Pinang soreh liegt, offen steht. — Die Naturschönheit dieses einsamen Thalkessels ist kaum mit Worten auszudrücken. Zwar wehen keine Wipfel stolzer Kokospalmen über den Dörfern Bor-bor's, nnd kaum erkennt man an dem düstern Grün einer Parkotpalme, das aus dem Laube andrer halbwilder Bäume hervorschimmert, die kleinen Kampong's; aber je mehr das düstre Waldgrün durch lichte Stellen von Ladangfeldern und Allangwuchs unterbrochen ist, besonders in den Thälern und an den sanften Abhängen der östlichen Berge, um so prächtiger stellen sich die einzelnen Baumgruppen und Fleckchen Waldes dar, die auf dem Grasgrunde stehen geblieben sind mit ihren glänzenden, prächtigen Blättern, mit dem fein gefiederten Laube ihrer Acacien, mit ihren Schlingpflanzen und singenden Vögeln. —

Die einzelnen Bäche, Bergrücken und innern Thäler, deren sich im östlichen Theile des Kessels zwei parallel neben einander zu beiden Seiten eines Mittelrückens herabziehn, — sehe man, wie alle speciellern Localitäten in dieser Beschreibung, auf der Karte nach. —

Sehr sanft steigt vom Uebernachthause Bio-bio der Weg empor und macht zwar zahlreiche Krümmungen, befolgt aber im Ganzen eine fast südliche Richtung. Das Terrain erhebt sich terrassenartig mit sanft gerundeten Vorsprüngen, fast wellenförmig, und ist gröfstentheils mit Allang und nur abwechselnd mit Wald bedeckt. — Vom ersten Bache an, zwischen dem Uebernachthause und dem leeren Kampong Pagger batu, bis zu dem von Siladong, geradlinig in südlicher Richtung $1\frac{1}{4}$ Minuten weit, findet man nicht nur die Betten aller Bäche, deren sechs in nordöstlicher Richtung zum Hauptbache E. Ankola herabrieseln, sondern auch aufser den Bächen, in der Waldung zerstreut, eine merkwürdige Erscheinung; — nämlich eine grofse Menge von eckigen, scharfkantigen Trachytblöcken, besonders im fünften, dem E. Sipultak zunächst liegenden, anonymen Bache bilden diese Trümmer wahrhaft kolossale, zuweilen plattenförmig abgesonderte Stücke, über welche der Bach in malerischen Cascaden herabbraust, — und sind überall sehr grofs. Sie sind nirgends abgerundet, sondern so spitzeckig, scharfkantig, mit so ganz ebenen Flächen versehen, als wären sie erst frisch auseinander gebrochen. — Ihr Vorkommen bleibt bei der Abwesenheit aller Vulkane und höhern Berge rundum räthselhaft. Doch zeugt auch das Terrain im Süden neben Pagger batu, wo eine Menge schroff eingestürzter Vertiefungen mit kleinen, aber steilen Wänden und Abhängen labyrinthisch wechseln, von gewaltsamen Umwälzungen, welche diese Gegend, vielleicht durch Erdbeben, erlitten haben mufs. —

Vom höchsten Punkte des Weges oberhalb Siladong — erkennbar an einem mitten im Allang ganz allein stehenden, merkwürdig mit Lianen netzartig umschlungenen Baume, — fällt der breite und abgerundete Bergrücken eben so sanft in das jenseitige Thal, das dritte seit Tuka hinab, indem er bald terrassenförmige Vorsprünge, bald wellenförmige Hebungen und Senkungen bildet.

Thal Tarrik di bata.

Dieses dritte Thal liegt S.O. und S.S.O. von Bio-bio, und wird fast in südlicher Richtung von zwei Bächen, dem Tarrik di bata und Lumut (hier E. Simawangon genannt) durchströmt. Ein Mittelrücken trennt beide. — Im Süden, wo es mit dem östlichen Theile der Hyläa von Lumu zusammenhängt, steht es weit offen; — in Westen ist es von dem Scheidegebirge von Bio-bio begrenzt, das wir eben kennen gelernt haben und das, zuletzt ganz südlich streichend, sich in den Kegelberg von Pinang soreh endigt, während seine östliche Grenze die Fortsetzung der Hauptbergkette Nr. I. selbst ist. In seinen obern Gegenden liegt das Dorf Massundung, in seinen untern Tarrik di bata, während gegenüber hoch oben am Abhange der Hauptkette das starke Dorf Simanossor erbaut ist, das aufser seiner natürlich starken Lage noch mit Pallisaden und einem Walle von Bambu turi umgeben und wohl bewaffnet ist *). — Das Bett des E. Tarrik di bata im untern Theile des Thales ist breit, mit Millionen kleinen, abgerundeten Trachytgeschieben erfüllt, die ganze Inseln und quere Dämme bilden; an seinem linken Ufer steht das Uebernachthaus, das mit ihm und dem Dorfe gleichen Namen führt. Vor diesem Ausgange des Thales zieht sich vom Berge Pinang soreh in Westen ein Hügelzug herüber, der sich in einen kleinen Kegel: Dolok Manubong endigt und den buchtartigen Theil der hintern Fläche, nämlich Tarrik di bata von der vordern, mehr südlich gelegenen trennt. Beide sind aber nur ein Thalboden, durch dessen Allangfelder, die nur mit einzelnen Stückchen Wald abwechseln, der Pfad von Tarrik di bata in südöstlicher Richtung mühsam, oft (wegen undurchdringlicher Klagawildnisse zu beiden Seiten) in dem mit Geschieben erfüllten Flufsbette selbst, sich durchwindet. Auf dem Grenzbergrücken zwischen Lumut und Tapollong, links vom K. Lumut vereinigt er sich mit dem alten Wege.

*) Es wurde auch von den Kriegsbanden des Tuanku Rau (die Bio-bio zerstörten) vergebens belagert.

Der Ausgang des Thales Tarrik di bata oder der östlichste Theil der Fläche von Lumut, die vorzugsweise mit Allang bewachsen ist, ist nur 1½ bis 2 Fuſs hoch mit fruchtbarer Erde bedeckt und besteht unter dieser aus kleinen abgerundeten Trachytgeschieben von ¼ bis ½ Fuſs Durchmesser (selten drüber) die ohne Bindemittel lose auf einander liegen und da wo sie zu Tage stehn, den Boden natürlich sehr unfruchtbar machen.

Durch die so eben beschriebenen Landschaften wurde im J. 1842 ein Communicationsweg zwischen der Küste bei Siboga und den Binnenlanden bei Tapollong angelegt, um den Kali Lumut und diese morastige Ebene von Lumut zu umgehn. Dieser Weg führt von Tuka 1585′ hoch aufwärts (auf den Gigger Ringiring) — von da 600 Fuſs hinab, — wieder 700 Fuſs hinauf, — und wieder 1380 Fuſs tief hinab nach Saidnahuta; — von dort über eine Menge parallel liegender Bergrücken 1730 Fuſs hoch hinauf, dann wieder 1550 Fuſs tief hinab nach Bio-bio, — dann von neuem unaufhörlich steigend und fallend, 1400 Fuſs hinan auf den Bergarm vom Siladong, und jenseits 1800 Fuſs tief hinab nach Tarrik di bata! — — Um seine Unzweckmäſsigkeit anzudeuten, entwarf ich davon ein genaues Höhen-Profil, das jedoch hier, als von keinem allgemeinen Interesse, nicht mitgetheilt wird. Zu Fuſs betrug die mittlere Reisezeit auf diesem Wege von Siboga bis zum Uebernachthause von Sibuluan 1½, von Sibuluan bis Tuka 2, von Tuka bis Saidnahuta 3, von Saidnahuta bis Bio-bio 4½, von Bio-bio bis Tarrik di bata 5¼, und von Tarrik di bata bis Tapollong 3 Stunden. — Seit der Zeit wurde der Weg verlegt und dem Südfuſse der Berge, zu denen die Fläche von Lumut ansteigt, entlang geführt, von Tuka über Bedirie und Pinang soreh. — Auf diese Art wurden eben sowohl alle bedeutendern Höhen vermieden, als auch die sumpfige Beschaffenheit des Bodens umgangen, der in der Mitte der genannten Fläche vorherrscht.

Landschaft Pinang soreh.

Eine Anzahl von 6 Dörfern bilden den Suku gleiches Namens, und sind am Südwest- und West-Fufse des Berges Pinang soreh (oder P. sorei) zerstreut, den wir als das südlichste Ende der Grenzbergkette zwischen Bio-bio und Tarrik di bata schon erwähnt haben, und der weit in die Fläche von Lumut vorspringt, im östlichsten Theile derselben. Er ist etwa 800′ hoch und bildet einen stumpfen, breiten Kegel, der nur an seiner Nordseite mit der Bergkette zusammenhängt, und der bis auf seinen obersten Scheitel von aller Waldung gelichtet ist. Nur Allangfelder und einige Ladangs der benachbarten Dörfer bedecken seine breiten divergirenden Rücken, die sich sanft in die Fläche herabsenken.

Hyläa von Lumut.

Am südlichen Fufse der Berge, in denen die so eben betrachteten Landschaften liegen, zieht sich eine waldige Ebne hin, die von 3 Hauptbächen, Bedirie, Pinang soreh und Lumut bewässert ist. — Sie dehnt sich südwärts bis an den Hügelzug von Lumut aus, der sich in das Kap Tanna pandan endigt und den wir als die Nordgrenze der Provinz Sikunar bereits haben kennen lernen. Vom Ufer der Bai zwischen dem eben genannten Kap und dem Udjong Gunong tua zieht sie sich südostwärts nach innen, zuletzt verschmälert, und hat in dieser Richtung bis zum Fufse der Grenzberge zwischen Lumut und Tapollong eine Länge von 14, und in der Mitte, wo sie am breitesten ist, eine Breite von 5 bis 6 Minuten, bei einem Arëal von etwa 72 Quadr. Minuten.

Eben so wie alle die andern kleinern Uferflächen, die den Zwischenraum zwischen den Kaps (Spitzen, Udjong's) der Tapanuliebai ausfüllen, besteht auch diese gröfsere Fläche, die wir Waldebne oder Hyläa von Lumut nennen wollen, aus Alluvialboden, der immer noch durch Anspülung gewinnt, — und stellt sich eben so wie jene kleinern, als eine vormalige Seebucht dar, die (wenigstens bis in ihre Mitte) mit Meerwasser bedeckt war.

Ihre strandnahen Gegenden kann man nur zu Wasser kennen lernen, nämlich auf den kleinen Flüssen, die sie durchschneiden.

Hat man sich in einem zerbrechlichen Kahne 4 Stunden

lang auf der Bai von Tapanulie schaukeln lassen, um von Pontjang kitjil zwischen dem Vorgebirge von Sibuluan und der Insel Pontjang gedang hindurch nach der Mündung des Flusses Lumut zu rudern, — und ist man den stürmischen Nordwestwinden glücklich entgangen, die sich sehr oft und plötzlich erheben und Regenschauer über die Bai hinjagen, — so erblickt man in der südöstlichsten Gegend dieser Bai eine kleine Lücke in den Wäldern, die hier ununterbrochen das flache Ufer bedecken und sieht auf der rechten Seite dieser Lücke ein Paar armselige Hütten auf hohen Pfählen vor sich, die man auf Leitern ersteigen mufs. Es ist das Kampong Jago-jago an der Mündung des Kali Lumut. — Der Strand zunächst am Meere ist daselbst sandig; in der Nahe des Kali aber ist er von einem Rande aufgehäufter verfaulter Blätter und Zweige bedeckt, welche durch das Flufswasser abgetrieben und durch die Brandung wieder zurück gespült wurden. — Der Flufs ist an seiner Mündung 250 bis 300 Par. Fufs breit und 12 bis 15 Fufs tief. — Sein Bett ist ziemlich rinnenförmig, an den Seiten steil, im Grunde flach. — Etwas oberhalb Jago, wo die Breite 250′ betrug, durchlief das Wasser, bei mäfsigem Wasserstande, wobei das ganze Bett ausgefüllt, der Strand bei Jago aber nicht überschwemmt war, in einer Sekunde 1¼ Fufs. Die durchschnittliche mittlere Tiefe betrug daselbst 10 Fufs (in der Mitte mehr), — also die ganze Durchschnittsfläche 2500 Qdr. Fufs und die Wassermenge, die (bei diesem Wasserstande) zum Meere flofs, in einer Sekunde 3125, und in einer Stunde 11 Millionen 250000 Kubikfufs. Bei hohem Wasser nach anhaltendem Regen (banjer) ist der Lauf viel schneller und also auch die Wassermasse, die sich in einer gegebnen Zeit ins Meer ergiefst, ungleich gröfser. (Vergleiche hiermit weiter unten den Batang torru.)

Sein Wasser ist bräunlich, aber nicht trübe, sondern hell, sobald es in ein Glas gefüllt wird. — Man kann ihn mit nichts besser vergleichen, als mit einem Kanal oder einer Kluft, die in den Wald gehauen ist. Man kann stundenlang rudern, ohne etwas anderes zu erblicken, als zu beiden Seiten eine grüne 40 bis 50′ hohe Mauer, und zwischen diesen Mauern den schmalen Streifen des Flusses, in dessen ruhigem Spiegel sich das Bild der laubgewebten grünen Wände verdoppelt. — Von Aesten, von Stämmen und Wurzeln ist nur selten eine Spur zu erkennen, und nur höchst selten ist die Laubwand unterbrochen , und gewährt wie durch ein kleines Fenster die Einsicht in das Innere des Waldes, der meilenweit unter Wasser steht und dessen Laubgewölbe sich zuweilen unter das Wasser herabsenken.

Strandwälder.

Die Höhe dieser Strandwälder ist gering und beträgt im Mittel nur 40—45 Fuſs. Die Bäume stehn aber sehr dicht, ihr Laub ist eng in einander verwebt, und ihr sumpfiger Boden macht sie für Menschen fast unzugänglich. Bei Jago-jago, von den Fluſsufern an, in einer Breite von ½ bis 1 Minute und mehr zu beiden Seiten steht der Wald gänzlich unter Wasser. Die Baumstämme erheben sich auf ihren stützenförmigen Wurzelgittern unmittelbar aus dem Wasser das an manchen Stellen 4 Fuſs tief und tiefer ist. Hier sind es ausschlieſslich Rhizophoren mit sehr dünnen und langen herabhängenden grünen Schoten, welche sehr schöne, rundliche Laubgewölbe bilden, die so dicht in einander gewebt sind, daſs die Sonne nicht durchdringen kann und ein ewiger Schatten auf den bräunlichen Wasserspiegeln liegt. Mit ihnen untermischt sich hier und da Cerbera Manghas und die zierliche Niponpalme, die eine Kokos in verkleinertem Maſsstabe darstellt. Die Blätter aber, die bei der Kokos horizontal stehen, hängen von der Mittelrippe schlaff herab, — ihre Fruchttrauben ähneln der Pinang und ihre Blattscheiden sind, eben so wie die jungen Stämme (caudices) und die alten, an der untern Hälfte mit Stacheln besetzt. — Am Meeresstrande selbst treten stellenweis Casuarinawäldchen auf, deren luftig und schlank emporstrebende Wipfel den Lerchenbäumen des Nordens nicht unähnlich sind, und hoch über das dichte, gelblichgrüne Laubgewölbe der Rhizophoren herausragend, der Physiognomie des Waldes einige Abwechselung verleihen.

Die Feuchtigkeit der Luft in diesen Wäldern ist so groſs, daſs man fast nach allen heitern Nächten dichte Nebelzüge in ihnen ausgebreitet sieht und des Morgens ein gewisses Trostgefühl empfindet, obgleich die Temperatur nicht weniger als 72,4 Fahr. beträgt (22,3 Cels.). — So reich daher auch diese Wälder an botanischen Schätzen sind, so ist es doch keinem

Reisenden, der nicht vom Fieber befallen zu werden wünscht, anzurathen, eine Nacht in denselben zu verweilen.

Kali Lumut.

Weil die unzugängliche Waldung in der ganzen Erstrekkung zwischen Jago und Lumut keine andere Communication gestattet, so ist man genöthigt, den Kali selbst aufwärts zu rudern, was in den obern Gegenden, wo der Bach sehr schmal und die Strömung immer stärker wird, sehr beschwerlich und bei hohem Wasser (banjer) eben so unmöglich ist, als bei ganz niedrigem Wasserstande. Entwurzelte Bäume liegen zahlreich im Flufsbette ausgestreckt und verdämmen sein Bett dermassen, dafs der Kahn zuweilen über sie hinweggeschleppt, bald, wenn sie aus dem Wasser herausragen, darunter hindurch gezogen werden mufs. — Wegen Mangels aller Aussicht habe ich den Lauf des Flusses und seine Krümmungen mit Hülfe des Kompasses und der Uhr (der verlaufenen Zeit zwischen zwei Beobachtungen) zu bestimmen gesucht. In dem untern Dritttheil des Flusses, wo der Kali sehr ruhig fliefst, legte unser Kahn in einer Minute anfangs 165 Fufs zurück; dieser Raum verminderte sich aber bald und hatte im mittlern Dritttheil schon um mehr als $\frac{1}{4}$ abgenommen, im obern Dritttheil sogar um $\frac{3}{8}$, während dicht bei Lumut die Strömung an einigen Stellen so stark war, dafs der Kahn in einer Minute kaum noch 30 bis 50 Fufs vorwärts kam. — Alle seine Krümmungen finden sich daher auf der Karte I. angegeben. Sein allgemeiner Lauf von Lumut bis Jago ist nordwestlich, geradlinig beinahe 9 Minuten weit; — diese Strecke legt man aufwärts (südöstlich) mit 4 Mann rudernd bei mäfsigem Wasserstande in 7 bis $7\frac{1}{2}$ Minuten zurück.

Kali Ginang soreh.

Fast 2 Minuten von der Mündung entfernt, nach einer Stunde Ruderns kommt man an die Stelle, wo sich der Kali Pinang soreh mit dem Lumut in einem Winkel vereinigt, der an der Einmündungsstelle selbst fast ein rechter ist. Der Pinang soreh kommt direkt aus Osten und ist hier viel breiter als der südlichere Lumut, der hier nur 100′ breit, aber noch 10′ tief ist. Man irrt sich jedoch, den ersten für wirklich gröfser zu halten; er durchströmt die mehr nördliche

Hälfte der Hyläa und wird durch Schmalheit der Flufsbetten und durch Baumstämme, die in demselben liegen, in geringer Entfernung von dieser Stelle eben so schwierig zu befahren als jener. — Die Wälder stehn auch hier noch unter Wasser. Erst eine Min. höher oben, also 3 M. von der Mündung verschwinden die Rhizophoren ganz, die Niponpalme ist noch häufig, Rotangarten und eine Pandanus mit sehr kleinen Früchten tritt auf, und eine schöne Eugenia läfst ihre purpurnen Blüthentrauben bis in das Wasser herabhängen. — Erst 4 Min. von der Mündung erkennt man ein lehmiges Ufer von gelblicher Farbe, das sich 1 bis 2′ über den Flufsspiegel erhebt, erst jenseits der Mitte seines Laufes, 5 Min. von der Mündung, wo der Flufs noch 50′ breit, aber verhältnifsmäfsig sehr, nämlich 7—10′ tief ist, wird dieses bräunliche Lehmufer 5′ hoch. In diesen mittlern Gegenden ist der Waldwuchs am üppigsten; an vielen Stellen biegen sich die Baumgewölbe von beiden Seiten über den Kali und bilden malerische Gallerien, die den Flufs gänzlich überschatten und deren Blüthenzweige man im Kahne sitzend mit der Hand ergreifen kann. — Hier tritt eine eigenthümliche Jambosa auf, die den mittlern Gegenden des Kali's aufwärts bis zum Dorfe Lumut eigenthümlich zu sein scheint *); mit Blüthen in Corymben und sehr schmackhaften feigenartigen Früchten von grünlich-lilablauer Farbe. — Hier scheint sich auch das thierische Leben am fröhlichsten entwickelt zu haben, Schaaren von grauen Affen schaukeln sich auf den Zweigen und lassen sich in ihren Vergnügungen durch keine vorüberfahrende Kähne stören; — Elephanten, die die Wildnifs durchstreifen, nähern sich oft dem Flusse **) — Leguanen lauern am Ufer; — Stenopsarten und vielerlei Sciuri leben in den Bäumen, — der Vogelschaar, deren Gefieder oft prachtvoll ist, nicht zu gedenken; — unter den Sciuren bemerkt man eine kleine, kohlschwarze Art, und eine gröfsere, sehr lang geschwänzte, gelblich-rothe mit weifsem Bauche.

---

*) Ich habe sie wenigstens sonst nirgends angetroffen.

**) Es ist gefährlich, unvermuthet, z. B. nach einer kurzen Biegung des Flusses auf einen Elephanten zu stofsen, der im Flusse badet; vor Kurzem noch wurde ein Controlleur das Opfer eines solchen erzürnten Thieres.

Oberhalb der Mitte erhebt sich das lehmige (öfters röthliche) Ufer allmählich zu 7—10 Fuſs und bedeckt sich nun öfters mit Klagastrecken, die bis Lumut mit der Waldung wechseln. — Nahe bei Lumut verschmälert sich der Fluſs immer mehr, macht viele, oft rückwärts gehende Krümmungen, — und wird durch das Gebüsch, das sich zu beiden Seiten herüberdrängt, zuletzt so schmal, dabei die Strömung so stark, daſs man sich buchstäblich mit dem Kahne einen Weg durch das Gebüsch bahnen und, sich am Gebüsche anhaltend, den Kahn hinaufziehn muſs.

Nach mehr als halbtägiger Fahrt erblickt man wieder die ersten Spuren menschlicher Thätigkeit, nämlich einige kleine Hütten zwischen gekappter Waldung und Ladangs, und steigt am Fuſse der Benting Lumut, wo der Bach aufhört befahrbar zu sein, auf das nunmehr trockne Ufer.

Es hat die Fläche an diesem Punkte (wo aus ein Paar Baumstämmen eine Brücke über den Bach geschlagen ist) bereits eine Meereshöhe von 50′. Angenommen nun (nach meinen Bestimmungen), daſs die geradlinigte Entfernung dieses Punktes von Jago-jago 8¾ Minuten beträgt, so kommt innerhalb dieser Erstreckung für 1314 Fuſs Lauf des Flusses ein Fuſs Fall, wovon aber für die oberste Hälfte wenigstens 2, und für die untere nur ½ Fuſs zu rechnen sind. — Der Bach ist daselbst noch 30′ breit, und bei hohem Wasser, wenn das Bett ganz ausgefüllt ist, bloſs 7 bis 10, gewöhnlich aber nur 3 Fuſs tief. Bei Ueberschwemmungen tritt er über das Ufer und verwandelt den ganzen Waldboden weit und breit in einen See.

Die Benting Lumut auf dem von Wald gekappten Scheitel eines Hügels, der sich daselbst 125′ über die Fläche, also 175′ über das Meer erhebt, und der nichts anderes ist, als ein vorspringender Nebenrücken jenes waldigen Hügelzuges, der sich am Udjong Pandan südwärts von Jago erhebt und sich südsüdostwärts bis hierher zieht. Seine Höhe in S.W. hinter der Benting (die er also bestreichen kann), beträgt 450 Fuſs. — Einige Bambushütten, bestimmt zur Wohnung von 24 inländischen Soldaten und einem Kommandanten (der ein Sergeant ist) und von einer doppelten Reihe Pallisaden umgeben, bilden die ganze Festung.

Wenn man auf dem Hügel steht, so erblickt man rund

umher fast nichts als Wald und empfindet den Eindruck einer einsamen, aber grofsartigen und wilden Natur. — Dicht hinter der Benting erheben sich hohe Wälder; gegenüber in N.O. ziehn sich waldige Bergketten hin, und zwischen diesen Bergen liegt unten die weite Ebne von Lumut ausgestreckt, die auch nur eine einzige Waldung ist. Düster und ernst streckt sie sich in der Tiefe aus; einige höhere Bäume erheben auf säulenförmigen Stämmen ihre Laubkronen über die Waldesdecke, in welcher das Auge nirgends ein kahles Fleckchen zu erkennen vermag, das auf Bewohntsein deutete. — Diese kolossalen einzelnen Bäume, die wie Riesen aus dem Walde der übrigen hervorragen, sind Kampferbäume.

Nur am Fufse des Hügels Lumut erblickt man ein Paar Hütten am Ufer des Flusses, dessen schmaler Streifen sich dann schnell wieder in den Wald verbirgt.

Jeden Morgen erblickt man lange, weifsliche Nebelstreifen, die auf der Waldung ausgestreckt liegen, allmählig sich aber heben, und nach Sonnenaufgang gänzlich verschwinden. Dann erschallt die Wildnifs vom Geheule der Affen, vom Gekreische der Fasane und dem Geflöte von hundert andern Vögeln. — Auch des Abends, wenn die Sonne gesunken ist, und wenn die röthliche Scheibe des Mondes über die Bergkette emporsteigt, um ihr zweifelhaftes Licht über die Waldesdecke auszugiefsen, — dann zieht sich der bereits wieder gefallene Nebel in weifslichen Schwaden durch die Wälder, die vom Gequake grofser Frösche erschallen. Schön ist jetzt der Anblick dieser einsamen Wildnifs, in der sich kaum ein Lüftchen bewegt. Ungeheure Schaaren von grofsen Fledermäusen (Kalong's) fliegen dann von S.S.O. nach N.N.W. in bedeutender Höhe über Lumut hin, um in der Morgendämmerung des folgenden Tages in entgegengesetzter Richtung zurück zu kehren. — (Wohin ist der Flug dieser Thiere gerichtet? Auf Java sah ich sie stets nach den Bergen fliegen, während sie hier vom Lande weg nach dem Meere ziehn!

Die Feuchtigkeit der Luft zu Lumut des Nachts uud des Morgens früh ist sehr grofs. Alle Kleider und andere Gegenstände, die des Nachts in freier Luft liegen bleiben, findet man am andern Morgen durchnäfst und der feuchte Thermometer zeigt mit dem trocknen fast gar keine Differenz.

Uvarien und Magnoliaceen, und besonders eine Micheliaart, herrschen in den Wäldern am Fuſse des Lumut Benting vor; in vielen Gegenden dem Fluſsufer entlang, besteht die Waldung ausschlieſslich aus einer 60—70′ hohen Michelia, mit mäſsig dickem, gerade emporgeschossenen, schlanken Stamme von grauer Farbe und oben mit einer Krone von horizontalen, fast wirtelförmig über einander ausgebreiteten Aesten.

Auf dem Bergrücken hinter der Benting wachsen vorzugsweise Eichen, Dipterocarpen, Kastanien- und Kampferbäume. Es ist schwierig, von ihren gigantischen säulenförmigen Stämmen Zweige zu erhalten. Die abgefallenen Kastanien werden auf dem Waron von Lumut 10 Stück für 2 Deute verkauft.

Dieser Rücken ist 450′ hoch. Auch auf dem Grenzbergrücken zwischen Lumu und Tapollong, der am höchsten Punkte nur 250′ boch ist, wachsen kaum 100′ über dem Meere Eichenarten, die auf Java nie unter 3000′ Höhe vorkommen, identisch dieselben Species, z. B. Quercus pruinosa Bl. mit Kampferbäumen, Cassien und Acacien in demselben Walde, durch den hier Calamusstränge hinziehn, während Amomum und Elettariaspecies mit Rubusarten das Unterholz bilden! — (Sollte man hier nicht zweifelhaft werden, ob die geogr. Vertheilung der Pflanzen an irgend ein Gesetz gebunden sei?)

Vom Fuſse der Benting Lumut durchreist man die östliche Hälfte der Hyläa auf einem Pfade, welcher sich in mannichfachen Krümmungen dem rechten Ufer des nun nicht mehr befahrbaren Baches entlang zieht. Er ist im Walde stets von besserer Beschaffenheit als da, wo er Allangflächen oder kleines Gebüsch durchschneidet. In Allangfeldern bildet er stets einen Kanal, der nur ½ Fuſs breit, aber eben so tief und aus der Entfernung gar nicht sichtbar ist, weil sich das dicht herangedrängte hohe Gras über ihn biegt. In den Wäldern ist er breiter, offener, aber öfters von morastigen Stellen unterbrochen, an welchen man bis über die Kniee einsinkt. — Ladangs und einzelne Hütten, die mit spitzen Bambusstäben schief umsteckt sind, um die Elephanten abzuhalten, treten auf, und nach 1½ Stunden Marsch erreicht man eine mehr bebaute Gegend in der Nähe des Dorfes Lumut. Besonders am linken Fluſsufer liegen hier ansehnliche Sawa's ausgestreckt. Das Dorf liegt am rechten Ufer, da wo ein kleiner, kurzer und ganz isolirter Hügelzug anfängt sich zu erheben. Auf diesem Hügel selbst liegt ½ Minute östlich vom erstern ein zweites kleineres Dorf: Parnongo. Oestlich vom letztern endigt sich der Hügelzug und verschwindet in der Fläche, an einer Stelle, wo der Weg (der nun die Sawa's am linken Ufer durchschnitten hat) zum zweiten Male über den hier bereits mit Trachytgeschieben erfüllten Bach setzt. In dieser Gegend ist es, wo sich der südliche Hügelzug der Hyläa von Lumut dem Kali sehr genähert hat und kaum noch 150′ hoch ist; weiter östlich aber steigt er, sich bis Tapollong fortsetzend, wieder höher an.

Der Weg tritt nun, den Lumutbach verlassend in den östlichsten, schmalen Theil der Fläche ein, die nun schon eine Höhe von fast 100′ erreicht hat und keine Waldebene mehr ist, sondern einen trocknen, gelblichgrauen, thonigen Lehmboden darstellt, der, nur mit Allang-allang bewachsen, sich in weiten Abständen wellenförmig hebt und senkt. An vielen Stellen ragen eine Menge kleiner Trachytgeschiebe aus dieser Ebene hervor, deren nördlichere Theile wir schon auf dem letzten Ende des Tarrik di bata'schen Weges kennen lernten. — Fast eine Stunde lang führt der Pfad durch dieses dürre Grasfeld nordostwärts hin, und tritt nachher südlich von dem kleinen Kegelberge Dolok Manubong, an dessen diesseitigem Abhange das Dörfchen gleiches Namens liegt, wieder in den Wald; — überschreitet darauf zum letzten Male den hier mit Trachytgeschieben von schieferblauer Farbe erfüllten Kali Lumut (oder Eik Simawangon, wie er hier heifst) und steigt auf einen Hügelzug hinan, der mit einem gelben Lehmboden bedeckt und vorzugsweise mit Eichenwäldern bewachsen ist. Auf diesem Hügelzuge (dem Grenzgebirge zwischen Lumut und Tapollong, siehe oben), tritt er bald darauf mit dem neuen Wege, der von Tarrik di bata kommt, zusammen.

So haben wir die Fläche von Lumut als einen Schauplatz üppigen Thier- und Pflanzenlebens kennen lernen, und nur in ihrem Umfange, an ihren Grenzen Spuren von Menschenkultur gefunden. Aufser den Dörfern von Pinang soreh und dem Dorfe Dolok Manubong, die am Abhange oder Fufse der umgebenden Berge liegen, sind es eigentlich blofs 4 Dörfer, welche der Fläche selbst angehören, Lumut und Parnongo an ihrer südöstlichen Grenze, Jago-jago an der Mündung des K. Lumut, und Bediric, nicht weit von der Mündung des gleichnamigen Baches im nordwestlichsten Theile der Fläche. — Ihr ganzes Innere liegt von Menschen unbetreten, waldumdüstert da, und wartet der Kultur künftiger Jahrhunderte.

Im kühlen Schatten der Wälder von Eichen und Kastanien auf wellenförmig unebnem Boden, der zwar aus einem gelben Lehm besteht, aber sehr locker und fruchtbar ist, und oft mit wirklichem, dunkelbraunen Humus wechselt, nähert man sich den Grenzen Tapollongs. Man trifft mitten in diesem Walde einige neue Ladangs an, die dem Dorfe Angolih, welches nordwärts von da liegt, angehören. Zuletzt, an den Grenzen des Thales Tapollong, verläfst der Weg den Wald, und steigt auf eine kahle, dürre Allang-allang-Höhe hinan, von wo man östlich das Thal des Baches E. Djandi maria und südöstlich die Fläche von Tapollong, die er durchströmt, überschaut, bis weit an den Fufs der Ankola'schen Gebirge.

Landschaft Tapollong.

Diese Gegend hat einen eigenthümlichen, doch eher traurigen als heitern Charakter. — Es ist ein tropischer Winter, und die Hitze hat den höchsten Grad erreicht. In den Allangfeldern steht (im Monat Juli) im Schatten der zerstreuten Bambusgebüsche das Thermometer 95 bis 104° F. (35—40° Cels.). — Zwar schlängelt sich der Bach von Tapollong sehr malerisch in dem Längenthale herab, welches sich nordostwärts zwischen den labyrinthisch zerklüfteten Gebirgen hineinzieht, — zwar tritt dieser Flufs sehr lieblich um den Fufs eines Hügels herum, um sich südostwärts von hier im Gebiete des Thalgrundes zu verlieren, — und jenseits dieses Thalgrundes breitet sich unabsehbar fern eine Waldebene aus; — aber es fehlt an Abwechselung in der Pflanzenbekleidung der zunächst liegenden Gegenden und das Auge erblickt rings umher fast nichts, als die weifslich-grünen Graswildnisse des Allang-allang, die Berge, Hügel und Thäler überziehn. — Wenn auf diese hellgrünen Grasmatten, die sich im Winde wellenförmig bewegen wie nordische Kornfelder, die Mittagssonne hoch aus dem Zenith herabscheint, so schimmern sie so weifslich hell, dafs sie das Auge blenden, durch gespiegeltes Licht und gewähren einen überaus ermüdenden und todten Anblick. An vielen Stellen ist der Allang durch die wenigen Menschen, die in dieser Wildnifs wohnen, in Brand gesteckt; die Hitze ist dann glühend, Feuer- und Rauchsäulen steigen überall auf und laut, wie ein Sturmwind, der im Walde braus't, erschallt das Rasseln der brennenden Rimbu. *)

Beim Hinabsteigen ins Thal, das sich südostwärts zur Höhe von Tapollong ausbreitet, begegnet man einzelnen Hütten und Ladang's, die sich an die Berggehänge anlehnen, und nähert sich dem flachen, aber sehr breiten Bette des Flusses, den man durchwaten mufs. Obgleich das Wasser an den tiefsten Stellen nicht tiefer als 3 Fufs ist, so ist wegen der Millionen von Geschieben die Furth doch sehr beschwerlich. Die meisten sind Trachytgeschiebe, aber unter diesen finden sich auch Gerölle von Granit, Feuerstein und Marmor **). Grofse Strecken des Bettes, mit solchen Steinmassen aller Gröfse bedeckt, liegen trocken. — Vom linken Ufer, das ganz aus solchen Geschieben 5 bis 6 Fufs hoch aufgebaut ist, führt der Weg südostwärts durch flache, öde Allangfelder weiter bis zur einsamen Station Tapollong, die man von Lumut zu Fufs in 5 bis 6 Stunden erreichen kann.

Die Fläche von Tapollong ist fast auf allen Seiten von Bergrücken und Hügelzügen umgeben, steht aber in Süden und S.S.O. weit offen, und hängt daselbst ununterbrochen mit der grofsen Waldebene von Sikunar zusammen. Nach dieser Gegend hin wird sie ein menschenleerer Wald, in dem nur Affen, Rhinozerosse und Elephanten hausen. Elephanten sind hier besonders häufig. Ueberall in der weichen Erde trifft man ihre Fufstapfen an, die scheibenförmig sind und einen Fufs und darüber im Durchmesser haben. Die einzelnen Hütten, die sich am Flufsufer hinziehn, sind daher entweder auf Baumstämmen oder hohen, eingerammten Pfählen erbaut, und werden dennoch zuweilen von laufenden Elephanten umgeworfen.

---

*) so nennen die Battaer alle Wildnisse, die nicht höher als 10 Fuss hoch sind: Gesträuch, Allang, Klaga und andre Gräser.

**) wirklicher Urmarmor von weifser Farbe, dessen Lagerstätte also zwischen der 1sten und 2ten Bergkette von Tapanulie sein mufs, aber von mir nicht nachgegangen werden konnte.

In der Mitte zwischen den Bergen ist sie eine Allangwildnifs und hat bei der Militärstation, obgleich daselbst 73 Minuten geradlinig vom nächsten Meeresufer entfernt, nicht mehr als 97 Fufs Meereshöhe. Die Niederlassung besteht aus einigen Bambushütten, in denen ein Sergeant mit 8 javanischen Soldaten und 12 Gouvernements-Kulie's (festen Miethlingen zum Fortschaffen der Bagagen) wohnt, und ist im Viereck von einer einfachen Reihe von Pallisaden umgeben (1842). — Sie liegt am linken Ufer des Flusses, da, wo dieser eine grofse Krümmung nach Norden macht, nachdem er sich dem Fufse der westlichen und südlichen Grenzbergrücken entlang geschlängelt hatte. Sein Ufer ist hier 10 Fufs tief, und besteht aus Lehmschichten. In N.N.W. von da endigt sich derjenige Zweig der IIten Hauptkette, welcher die Fläche von Tapollong von den höhern Gegenden des Baches von Tapollong oder des E. djandi maria scheidet und welcher weit in die Ebene vorspringend eine Kuppe, eine Art von Kegelberg bildet, auf dessen Scheitel noch ein Stückchen Waldung steht. Das nächste Kampong im Norden der Station:, Setinjak, liegt auf einem kleinen isolirten Hügel; im Westen liegt Goroga am rechten Ufer des Flusses; — die übrigen fünf Dörfer, welche die Landschaft Tapollong ausmachen, Sumurang, Rimba golep, Rangsang batu, Para logoang und Eik si batu utang, liegen theils auf, theils hinter den umgebenden Bergzügen, so dafs von ihnen nur Rimba golep im N.O. auf der östlichen Grenzbergfirste dieser Ebene sichtbar und an seinen Arengpalmen erkennbar ist.

Der Bach von Tapollong ergiefst sich etwa 5 Minuten südlicher in den Batang torru, und wird, obgleich sein Bett bei Tapollong bei niedrigem Wasserstande sehr untief und mit Geschieben erfüllt ist doch von den Battaern in kleinen Kähnen befahren.

Ostwärts von der Station zieht sich die Allangfläche noch $\frac{3}{4}$ Minuten weit hin, und ist in dieser Erstreckung von zwei Bächen durchschnitten, die in tiefen, gräbenartigen Betten zum Kali von Tapollong herabrieseln. Vom linken Ufer des zweiten Baches erhebt sich ein flacher Hügelzug, welcher derselbe Zweig von der IIten Hauptkette ist, auf dem oben Rimba golep liegt, und der sich hier in die Fläche herabsenkt. Der Weg führt quer über seine sonderbar gebogenen Rücken hin, die zwischen

Waldung kleine Allangfelder einschliefsen. Der Boden dieses kaum 300′ hohen, sanft geneigten Gebirges ist sehr fruchtbar und besteht aus einem lockern, gelben, mit Sand gemengten Lehm, der hier und da mit wahrem Humus wechselt. Hier findet man zuerst eine Erscheinung, die sich in allen Gegenden zwischen hier und der Porta Hurabae wiederholt, — nämlich groben und losen, glänzend weifsen Quarzsand, der auf dem Boden umher liegt, und dem Erdreich ein Ansehn giebt, als wenn es mit Salz bestreut wäre. Die Quarzkörner haben die mittlere Gröfse eines Hirsenkorns, sind aber zuweilen viel gröfser, und blinken in der Sonne wie Diamanten. — Wahrscheinlich sind sie durch Verwitterung von Granit, dessen Feldspath- und Glimmertheile bekanntlich schneller vergehn, als der Quarz, entstanden und durch Regenwasser umher gespült. Unter den Waldbäumen zeichnet sich Acacia biglobosa Willd. aus, die hier wild vorkommt. — Ein kleiner Bach trennt diesen ersten Hügelzug von einem zweiten mehr östlichen, der gröfstentheils kahl und nur mit Allang bewachsen ist; so unbedeutend der Zwischenbach zwischen beiden ist, so hemmend tritt er den Reisenden in den Weg nach anhaltendem Regen, wo man ihn bis über die Achseln im Wasser durchwaten mufs. Nicht nur geringer Fall dieser Gegend überhaupt, sondern auch gehemmter Abflufs wegen Ueberschwemmung der südlichen Waldfläche durch den Batang torru scheint die Ursache hiervon zu sein. —

Von der zweiten Hügelmasse an bis zum Batang torru ostwärts breiten sich wieder Ebenen aus, die zwischen Waldung und eng von derselben umzingelt mehre grofse Allangfelder enthalten.

Ostwärts vom 1sten Allangfelde fangen Kampferbäume an sehr zahlreich zu werden und bleiben so bis nahe zum Batang torru. Ein Bach, ostwärts vom 2ten Allangfelde. enthält Trachyt und Sandsteingeschiebe, dann folgt ein 3tes, sehr grofses, jedoch mit einzelnen Bäumen und Baumgruppen besetztes Allangfeld, dessen Boden ein innig mit Quarzsand vermengter, lockerer Lehm ist, und das ein geeigneter Tummelplatz für Elephanten zu sein scheint, denen man hier öfters begegnet.

Fluſs Batang torru.

Nach 2½ Stunden Marsch seit Tapollong, erreicht man das rechte Ufer des Flusses Batang torru, welches sich 40 Fuſs tief felsig steil hinabsenkt. Hier schwebt eine aus Rotangsträngen geflochtene Brücke in sanftem Bogen 20 Fuſs hoch über dem reiſsenden Strome. Sie ist auf der einen, hohen Seite an Baumstämmen befestigt, 40′ über dem Wasser, und ruht am jenseitigen linken Ufer, welches flach ist, auf einem 15′ hohen Gerüste von Baumstämmen und eingerammten Pfählen. Sie ist 120 Fuſs lang und besteht aus 5 Hauptrotangs, die so dick sind wie ein starker männlicher Arm, und aus den einfachen Strängen einer Calamusart bestehn, so wie sie der Wald geliefert hat. Die zwei obersten bilden die Lehne und sind 3 Fuſs weit quer von einander entfernt. Von ihnen laufen in kurzen Zwischenräumen kleinere Rotangstränge vertical herab, um die zwei obersten mit zwei andern, unteren Rotangs in Verbindung zu setzen, die nur 1½ Fuſs weit von einander entfernt sind, und durch quere Rotangs mit einander verbunden den Boden der Brücke bilden. Ein fünfter Hauptstrang leitet 2 Fuſs tief unter dem Boden der Brücke weg, gleichsam um sie in Balance zu halten; die verticalen Seitenstränge nämlich, welche die Lehne mit dem Fuſsboden verbinden, verlängern sich bis zu diesem untersten, 5ten Rotang und sind an ihm, sich kreuzend, befestigt. — Ueber diesem luftig-leichten, aber sichern Bau, der beim Betreten wie eine Schaukel auf und ab wogt und hin und her schwankt, sieht man doch zuweilen auf Einmal 15 Kulies hinter einander mit ihren Lasten einherschreiten.

Der Batang torru hat fast in seinem ganzen Laufe, im obern, mittlern und untern, nur die letzten zehn Minuten in der Sikunarfläche ausgenommen, den Charakter eines Gebirgsstromes, und ist auch hier an der Brücke noch mit zahlreichen Trachytgeschieben erfüllt. Ja in seinem obern Laufe, namentlich in dem Plateau Tobah und im Thalboden von Silindong, wo er sich zu kleinen Seen ausbreitet, flieſst er viel sanfter und ruhiger als in dem mittlern, wo er die Gebirge durchbricht und schäumend über Felsenblöcke braust. Er ist auch bei niedrigem Wasserstande 7 Fuſs tief und 120 Fuſs breit und daher äuſserst reiſsend, so daſs es eben so unmöglich ist ihn zu durchschwimmen, als eine Fähre darüber anzulegen, und dafs die Hängebrücke das einzige Mittel bleibt, ihn zu übersetzen. Bei Ueberschwemmungen (Banjer) ist sein Wasser lehmig-gelblich, rechts am felsigen Ufer 12, jenseits am flachen bis weit über die Brücke hinaus, 5 Fufs tief, und strömt reifsend schnell und mit hoch aufgeworfenen, schäumenden Wellen dahin.

Ich hatte Gelegenheit ihn zweimal bei sehr verschiedenem Wasserstande kennen zu lernen; — einmal bei hohem Wasser, Banjer, wovon das ganze Bett erfüllt und überfüllt war; die Tiefe betrug vom rechten Ufer 50 Fufs entfernt 12 Fufs, dann 70′ weiter bis zur Brücke 8 Fufs, und jenseits der Brücke 65 Fufs weit blofs 3 Fufs, die ganze Durchschnittsfläche der Wassermasse demnach also = 1355 Qdr.Fufs.

Ein ander Mal bei niedrigem Wasserstande betrug die Tiefe vom rechten Felsenufer an 50 Fufs weit sieben Fufs, und von da an 70′ weit drei Fufs, während die ganze östliche Fläche, die beim vorigen Male 65′ weit drei Fufs hoch überschwemmt war, jetzt trocken lag; — die Durchschnittsfläche also betrug 560 Qdr.Fufs; die Schnelligkeit des Laufes in diesem letztern Falle war, in der Mitte des Stromes, in einer Sekunde 4 Fufs, also immer sehr bedeutend, und die Wassermenge, die hindurchflofs, betrug hiernach in einer Sekunde 2240, und in einer Stunde 8,064000 Kubikfufs, also noch mehr als beim Kali von Padang; aber weniger als bei den vereinigten Kali's Lumut und Pinang soreh an ihren Mündungen.

Im ersten Falle, bei hohem Wasser, war die Geschwindigkeit aufserordentlich grofs und der Strom wahrhaft reifsend; sie betrug 7 Fufs in 1 Sekunde *), und in einer Sekunde wälzten sich hiernach 9485 und in einer Stunde 34,146000 Kubikfufs Wasser hindurch, was mehr als zweimal so viel ist, als die Seine an ihrer Mündung, und mehr als 4 Mal so viel als der Batang torru bei niedrigem Wasserstande entlastet.

Vom linken Ufer des Batang torru, welcher da, wo die Brücke über ihm hängt, südlich läuft, — durchschneidet der Weg den nordöstlichsten Theil der Fläche von Sikunar, die hier sanft und allmählig ansteigt. — Zuerst kommt man durch

*) Ich mafs dies zwischen einer am Ufer abgemessenen und abgesteckten Stelle von 210 Fufs Länge; dieselbe durchlief der Schwimmer in ½ Minute.

Rimbu-Dickicht, in dem sich nicht weit vom Flusse einige neue Ladangs und Hütten gebildet haben, steigt dann, den Kali nördlich und nordwestlich lassend, über ein Terrain, das sich sanfthüglich erhebt, und nur mit Allang bewachsen ist, hinan, und tritt darauf wieder in den Wald, in welchem nordostwärts weiter schreitend man sich der Grenze dieser Provinz nähert, und bald darauf die Stelle erreicht, wo sich der Batang torru mit dem Persariran vereinigt und aus der Gebirgskluft Porta Tobae hervorbricht.

Ehe wir diese Provinz verlassen, wollen wir einen Blick auf die vielen kleinen Allangfelder zurückwerfen, wodurch sich die Gegenden von Tapollong bis zur Grenze auszeichnen und die zerstreut mitten zwischen hoher Waldung liegen. Der Weg allein durchschneidet in der angegebenen Erstreckung nicht weniger als 9 solcher Felder, die in ihrer Gröfse von 500 Fufs bis ¾ Minuten Durchmesser wechseln. Auch noch in der folgenden Provinz bis Tobing durchläuft der Weg 10 solcher Felder, deren Erscheinung viel Eigenthümliches hat. — Die meisten derselben sind von der Waldung, die sie rings umgiebt, in scharfen Grenzen geschieden, ohne selbst mit Bäumen besetzt zu sein; sie sind fast ausschliefslich mit der Grasart Imperata Allang mihi bewachsen, zwischen der sich einige kleine Farrn, namentlich Pterisarten, zerstreun. — Sie stellen sich dar wie offene Seen zwischen hohen, düstern Ufern oder wie Gras-Oasen in einer Waldwüste. — Unter den Sträuchern, die hier und da zwischen dem gewöhnlich 3' hohen Allanggras wachsen, zeichnen sich besonders einige Melastomen und eine Verbenacee mit schönen lilablauen Blättern: Vitex trifoliata L., aus *). Unter den Waldbäumen aber umher zieht vor allen der Kampferbaum (Dryobalanops Camphora) die Aufmerksamkeit der Reisenden auf sich, durch seine säulenförmigen, schnurgeraden, kolossalen Stämme von grauer Farbe und durch seine gewaltige Laubkrone, die hoch aus der Walddecke hervorragt. Er übertrifft an Dimensionen die Rasamala, den höchsten Baum Java's, — und ist wahrscheinlich

---

*) Lagundi der Javanes. Der Gebrauch der Blätter im Theeaufgufs als diaphoretisches Reizmittel, ist den Battaern unbekannt.

der gröfste des Archipels, wo nicht der ganzen Welt. — Er erreicht eine Höhe von 200 Fufs. Ein mäfsig grofser, den ich einst kappen liefs, hatte an der Basis, wo der Kampfer als ein schmieriges Harz herausquillt, 7½ Par. Fufs Durchmesser; sein Stamm war, ehe er sich in Aeste vertheilte, 100 Fufs lang, oben noch fünf Fufs dick, und die Länge des ganzen Baumes bis zum Wipfel betrug 150 Fufs. — Der consolidirte theure Kampfer findet sich in geringen Quantitäten, ¼ bis 1 Pfundweise bei einem Individuum, in spaltenähnlichen Höhlungen der Stämme; doch viele werden vergebens gekappt oder seitwärts aufgeschlitzt ohne Kampfer zu enthalten. — Das Kampferöl bereiten die Eingebornen aus den zerquetschten und nachher ausgekochten jüngern Zweigen. —

Obgleich die mehrsten der waldumschlossenen Allangfelder ihre Entstehung Menschenhänden verdanken möchten, und es bei einigen auch erweisbar ist, dafs vormals auf solchen Stellen Dörfer standen, — so bleibt die scharfe Begrenzung derselben mit dem Walde doch immer eine nicht genug und erklärte Erscheinung.

§. 3.

Dritte Provinz.

Ober-Ankola.

Areal 225 Quadrat-Minuten.

Flachland 45¼	Kultur	10½	Gebirgsland 179¼	Kultur	14¾
	Allang	35¾		Allang	36
	Wald	0		Wald	128½

Diese Provinz umfafst das Stromgebiet aller der Bäche, welche zwischen den Firsten des Lubu Radja und den von ihm auslaufenden Bergjochen entspringen, bis dahin, wo sie sich in gröfsere Ströme münden.

Die West- und Nordwestgrenze ist das Stromthal des Batang torru.

Die Nordgrenze der gleichnamige Bach beim Dorfe Ayer Nabara und der Bergrücken Dolok Pohi, der sich nordwärts neben ihm hinzieht.

Die Nordostgrenze ist die Fortsetzung dieses Dolok Pohi; — er steigt zur höchsten Firste des Sibulaboalie hinan, und setzt sich jenseits in einem langen Bergrücken fort, welcher, anhaltend südostwärts streichend und das Thal Pagger utang begrenzend, mit der östlichen Bergkette von Ankola zusammenhängt. — Diese Bergkette selbst bildet dann noch etwas weiter die Grenze.

Die Südwestgrenze ist die lange Bergkette, die von der Porta Hurabae an (als südliche Hälfte der Bergkette von Tapanulie Nr. II.) südostwärts streicht, bis in die Nähe von Pitja koling. — Dem innern Fufse dieser Kette entlang strömen in entgegengesetzter Richtung zwei Bäche, der eine, Eik Persariran, fliefst nordwestwärts und nimmt alle Bäche von der West- nnd Südwestseite des Lubu Radja auf; der andere, E. Batang Ankola, strömt im Allgemeinen südostwärts und empfängt das Wasser von der Süd- und Südostseite dieses Berges.

Die Südostgrenze läuft von der beiderseitigen Bergkette von Ankola auf Querrippen herab und durchschneidet die Thalsohle in der Gegend, wo sich der Bach von Pagger utang in den Batang Ankola ergiefst, um die Provinz von Nieder-Tapanulie zu trennen.

Diese ausgezeichnet natürliche Begrenzung der Provinz harmonirt auf eine sehr erwünschte Art mit der politischen Eintheilung, nach welcher wirklich alle durch die genannten Grenzlinien eingeschlossenen Landschaften (Sukus) und Dörfer früher unter einem gemeinschaftlichen Oberhaupte (von Nord-Ankola) vereinigt waren. *) —

Berg Lubu Radja.

In der Mitte von Ober-Ankola erhebt sich ein Berg, dessen weit nach allen Richtungen herabgeschickte Längerippen es sind, die mit den Zwischenthälern, die sie einschliessen, das ganze Grundgebiet dieser Provinz ausmachen; — in NW., S.W. und S. stofsen diese Rippen ausgebreitet und verflacht auf den Fufs der Bergketten, welche wir so eben

*) Es ist daher unzweckmäfsig, wie man im J. 1842 beabsichtigte, Huraba von dieser Provinz zu trennen, und Nieder-Tapanulie einzuverleiben. —

als die Grenzen der Provinz auf diesen Seiten angegeben haben. — Obgleich nur 5850 Fufs hoch, ist dieser Berg, — Gunong Lubu Radja, — doch der höchste der ganzen Battalande und umfafst mit seinen Rippen, die sich divergirend ausbreiten, einen bedeutenden Raum. — Die sanftern Gehänge seines Umfangs in den untern Regionen sind es, welche, von Wald gelichtet, die bewohnten und bebauten Oerter dieser Provinz begreifen, während alles Andre rund um diese Plätze und über ihnen, bis hinauf auf die höchste Firste des Lubu Radja, in düstrer Waldung nachtet.

Er stellt sich im Allgemeinen wie ein isolirter Kegelberg dar von unregelmäfsiger Form, dem sich südwärts noch eine andere, aber weniger hohe hemisphärische Kuppe, Gunong Tobing, anreiht; — während er sich in N.W. mit dem ausgedehnten Waldgebirge Sibulaboalie vereinigt. Dieses besteht aus einer Menge neben einander liegender Bergarme, oder, wenn man will, Bergketten, die in der Mitte zu einem wasserscheidenden höchsten Joche verbunden sind, während sie sich zu beiden Seiten, sowohl südostwärts als nordwestwärts, weit ins Land hinein verlängern. — Einer dieser Arme, sich weit nach Norden verzweigend, umfafst die ganze westliche Grenze des Plateau's von Siepierok.

Die höchsten Joche des Sibulaboalie, die sich jedoch nicht über 3500 bis 3700′ erheben, liegen nordostwärts vom Lubu Radja. Auf dieser Seite gehn die Rippen des L. R. in den Sibulaboalie über, in einem Zwischenraume, dessen Meereshöhe 3000′ betragen mag.

Der Gipfel des Lubu Radja besteht aus einer sehr schmalen Firste, einem wahren Kamme, der, an vielen Stellen kaum so breit, um bequem darauf fufsen zu können, sich in einer etwas gebogenen, fast halbmondförmigen Linie von O.S.O. nach W.N.W. 1¼ Minuten weit hinzieht, so dafs die Concavität nach Süden (S.S.W.) gerichtet ist. Er ist nur an einer Stelle mit einem Einschnitt, einer Kluft von einigen hundert Fufs Tiefe versehen; er senkt sich zwar und hebt sich wieder abwechselnd zu kleinen Unebenheiten, Höckern, verändert aber innerhalb der angegebnen Ausdehnung im Ganzen nicht merklich die Höhe, bis an seine beiden Enden, von wo er sich auf einmal steil hinabsenkt. Sein äufseres Gehänge ist mäfsig steil und in divergirende Rippen gespalten, —

nach innen aber, nach der Seite seiner Concavität zu, senkt er sich unerklimmbar steil, ja an vielen Stellen senkrecht hinab. — Er besteht aus Lavaschichten. und stellt sich durch diese Form und Zusammensetzung dar als der Rest von der Kratermauer eines alten Vulkans, der vielleicht schon vor Jahrtausenden zusammenbrach. — Südwestwärts von seiner Mitte in der Entfernung von etwa ¾ Minuten und fast gleich hoch mit ihm steht noch eine einzelne Kuppe, die ebenfalls der Rest einer alten Kratermauer zu sein scheint. Ein schmales, weniger hohes Joch verbindet beide, und trennt die tiefen, unzugänglich steilen Schluchten, die sich von da, die eine südwestwärts in den Kali Surumerret, die andere südostwärts in den Kali Siponter hinabziehn. — Ungeachtet seiner Schmalheit und steilen Senkung zu beiden Seiten, ist der Felsenkamm des Lubu Radja mit dichter Waldung bedeckt, welche mit den Wolkennebeln, die ihn fast ewig umhüllen, der Geduld des Topographen spotten, der nach entfernten Kuppen zu visiren wünscht. Nur nach heitern, windstillen Nächten liegt er entschleiert vom Nebel, der sich dann zu Thau niedergesenkt hat.

Am zugänglichsten ist der Lubu Radja auf seiner Südostseite, von wo ich ihn, auf der Längenrippe, die sich dort jenseits des E. Siponter herabzieht, vom 3.—6. November 1840 erstieg, nachdem ich mir von Tobing bis dahin nordostwärts einen Weg gebahnt hatte.

In den Wäldern seiner mittlern Region, wo der Boden trocken ist, zwischen 3 bis 4000′, findet man aufser Dipterocarpen und Eichen, besonders einige Epicharis- und mehre schöne Myristicaarten, alle mit schlanken, säulenförmigen Stämmen.

Auch auf seinem höchsten Gipfel noch ist die Waldung dichtgedrängt; die höchsten Bäume (Leptospermen) erreichen daselbst noch eine Höhe von 50 bis 60′, ihre Aeste sind aber schon sehr geschlängelt und gekrümmt, und nebst ihren Stämmen über und über mit Moosschichten bedeckt. Thibaudien (besonders Thibaudia vulgaris mihi) herrschen unter den Bäumen vor, nebst Polyosma ilicifolium Bl., Vireya retusa und einer Leptospermumart, die ihre Aeste schirmartig nach allen Seiten hin ausbreitet und zwischen ihren schönen myrtenartigen Blättern mit Tausenden von weifsen Blümchen bedeckt und betüpfelt ist.

An einigen Stellen schlingt sich durch diese Wälder eine dünne Calamusart (Rotang tali), deren caudices wie Stricke zwischen den Gebüschen quer ausgespannt sind und das Vordringen hemmen, — an andern Stellen treten ganze Gruppen einer grofsen, dicken Pandanusart auf, deren candelaberartig getheilten Stämme ein Baum- und Astgewirre bilden, das man nur mit Mühe durchdringen kann, — während an noch andern Stellen das Untergebüsch zwischen den höhern Bäumen von einer Scitaminee, deren Blätter hier noch 10′ hoch emporragen, von dem schönen Polypodium Dipteris und hier und da von Gaultheria punctata gebildet wird, deren schwarze Beeren, eben so wie die der Thibaudia vulgaris efsbar sind. — So wie die Bäume, ist auch der Boden dieser Wälder von ungeheuren Moospolstern, besonders von Sphagnum- und Dicranumarten bedeckt, die man nicht betreten kann, ohne bis an die Knöchel ins Wasser einzusinken.

Aufser zahlreichen Farrn und Lycopodium, worunter eine Blechnumart vorherrscht, wachsen zwischen diesen Moosen zerstreut Solanum Rhinocerotis Bl. mit seinen schneeweifsen Blümchen, — eine Ranunculusart mit rosenröthlichen Blumen, einige wohlriechende Orchideen und eine neue Balsamine mit gelben Corollen. Eine Nepenthesart, deren räthselhafte Schläuche, so lange sie noch durch einen Deckel geschlossen sind, einen zähen, durchsichtigen Schleim enthalten, und sich nachher mit Regenwasser füllen, kriecht bald zwischen den Moospolstern hin, bald schlängelt sie sich in den Gebüschen empor.

Aufserordentlich ist die Feuchtigkeit auf dieser Bergfirste, welche so recht in der Region der ewigen Wolken liegt. Ueberall sickert das Wasser unter den Moospolstern hervor, und bildet in der Mitte der Firste, an einer Stelle, wo sie 50′ breit ist, und sich nordostwärts hinabsenkt, einen wirklichen Bach.

Spuren von Elephanten traf ich nur bei 3500 Fufs Höhe, aber eine kleine Tigerart und Rhinocerosse noch auf der höchsten Firste. Die letztern haben dort Wege gebahnt, welche an manchen Stellen zwischen den Baumstämmen 2 Fufs tiefe Moräste bilden. Von Vögeln traf ich nur zwei, eine kleine Fringillaart und einen bläulich-schwarzen, krammetsartigen Vogel (eine Drosselart, Turdus Sp.), der sich stets im dichtesten Gebüsch aufhält, und erst in der Entfernung von 4 Fufs vor den Menschen wegfliegt.

Aufserdem ist es in diesen Wäldern, Tage und Nächte lang, während unbewegt und unzertheilt die Wolkennebel auf dem Gebirge lasten, todtstill; nur jeden Abend, wenn die Finsternifs sich zu verbreiten beginnt, fangen im Walde einige Insektenchöre an zu schreien, die aber auch bald wieder verstummen.

Ich hatte mir auf einem der höchsten Bäume einen Sitzplatz machen lassen, den ich auf einer Rotangleiter erstieg. Die Wolkennebel aber, die alle Aussicht hemmten, zwangen mich länger hier zu verweilen, als ich es wünschte. Wenn wirklich einmal ein heitrer Morgen auf dem Berge eintrat, so sah ich mich in meiner Erwartung auch dann noch getäuscht; dann lagen die Wolken in der Tiefe, und alle Thäler, alle Thalflächen waren von ihnen um so dichter bedeckt, je heitrer es oben war; man erblickte dann nichts, als weifse Wolkenmeere, aus denen nur die höhern Punkte der Bergketten, und die Bergkuppen, wie dunkle Inseln hervorragten. Und wartete man, bis die Sonne diese Wolkenmeere aufgelöst und den Boden der Thäler entschleiert hatte, so konnte man wieder oben nichts sehen, und die aufgestiegenen Dämpfe condensirten sich schon gegen 9 Uhr und umschleierten wieder, in erneuter Wechselwirkung, als Wolkennebel das Gebirge.

Wir haben also hier in der nördlichen Hälfte Sumatra's in 5850′ Höhe dieselben Baumgestalten, ja auch dieselben Vögel, die in ihren Gebüschen und von ihren Beeren leben, angetroffen, die auf Java z. B. auf dem 8° 15′ südlicher gelegenen Manellaedangie, gewöhnlich erst in Höhen von 9000′ vorzukommen pflegen. — Dort sind in 5000′ Höhe die kleinen Springblutegel noch häufig; sie kommen dagegen auf Sumatra nicht über 4000′ vor, steigen aber hier, während sie auf Java nicht tiefer als 2500′ gehn, bis zum Strande hinab, und sind hier überall, blofs trockne Allangfelder ausgenommen, eine Plage der Reisenden. *)

*) auch wenn sie sich auf der Reise vom Halse, vom Arme, von den Füfsen beständig haben ablösen lassen, so findet man bei der Ankunft am Uebernachtplatze beim Entkleiden doch gewöhnlich noch einige von diesen, anfangs fadenartig dünnen Blutegeln, die sich an irgend einer Stelle des Körpers dick gesogen

Wir werden dieser Depression der Wolkengrenze in Nord-Sumatra und des Herabsteigens alpinischer Pflanzengestalten in gröfsere Tiefen, so wie mancher davon abhängigen Erscheinungen im Buche über die Klimatologie weiter gedenken.

Südwestabhang des Lubu Radja.

Wir betrachten von den Landschaften Ober-Ankola's, die den Fufs des Lubu Radja umzingeln, zuerst die Gegenden, in welche sich sein Abhang in S.W. und W. hinabsenkt. — Nicht weniger als 21 Bäche entfliefsen diesem Gehänge, wovon jedoch drei dem Stromgebiete des Batang Ankola angehören und sich nachher ostwärts wenden. Es zieht sich zwar südwärts von der Vorgebirgskuppe des Lubu Radja, dem G. Tobing, ein Bergrücken direkt nach Süden herab, und bildet den erhabensten Theil des Terrains zwischen Huraba und Tobing, über welches der Weg 2 Minuten südlich vom Gunong Tobing neben einer zweiten kleinern Kuppe, 2300′ hoch, hinwegsetzt; — die Wasserscheide aber zwischen den entgegengesetzten Stromgebieten des Batang Ankola und B. torru liegt etwas westlicher, nämlich in S.S.W. vom Gun. Tobing, und wird durch einen fast ganz flachen, oder doch nur sehr sanft geneigten Grund dargestellt, der sich zwischen den Bächen Batang Ankola und Setinjak ausbreitet. Er besteht eigentlich aus dem Fufse einer Längenrippe des G. Tobing, die sich mit einem ihr entgegenlaufenden seitlichen Rücken der südwestlichen Kette verbindet, und sich in der Mitte zu diesem flachen Raume erweitert. — Man nimmt zwar einige isolirte Hügel und wellenförmige Hebungen und Senkungen in diesem Raume wahr, im Allgemeinen aber ist er flach und hat einen gleichmäfsigen, sanften Fall, sowohl südwestwärts bis zum Fufse der Bergkette hin, wo also der tiefste Punkt dieses Zwischenraumes liegt, als auch vom rechten Ufer des B. Ankola allmählig abwärts bis zum Bache Setinjak. Er ist stellenweis ganz horizontal und nur mit Allanggrasmatten bedeckt, um die sich die Waldung sehr lieblich herumsäumt und in denen auch noch oasenförmig einzelne Baumgruppen und Waldfleckchen vorkommen.

---

haben. — Vernachlässigt entstehn aus den Stichen hartnäckige, schmerzhafte Geschwüre. —

Vom Setinjak an bis Huraba, welches im Westen vom Centralgebirge Lubu Radja liegt, sind es 17 Bäche, die ihm entströmen. Sie ergiefsen sich alle in einen gröfsern Bach, der sich dicht am Fufse der Südwestkette hinkrümmt, nordwestwärts strömt, und in seinem untern Laufe den Namen Persariran führt. — Bis auf diesen Fufs also stofsen die Längenrippen des Lubu Radja an, der so unregelmäfsig auch und sanft geneigt, doch ein Kegelberg ist. — Alles, sowohl das Gehänge dieses Kegels, als diese weniger hohe Südwestkette, ist mit Wald bedeckt, in dem wir blofs einige eingeschlossene Allangfelder antreffen werden. — Die Kette, in der sich 2 zu Signalpunkten geeignete (nämlich von allen Seiten leicht erkennbare) spitze Kegelkuppen erheben, wollen wir als Bergkette Persariran bezeichnen.

Der 1ste Bach, der Setinjak, fliefst träge in einem sandigen, von Geschieben entblöfsten Bette. Sein linkes Ufer ist hoch, fällt aber sanft und allmählig ab, das rechte läuft flach aus und setzt sich in eine Ebene fort, die abwechselnd mit Allang bewachsen, sich allmählig nordnordwestwärts höher hebt, bis zu einer Anhöhe am Rande des Waldes. — Es bieten diese vom Setinjak durchflossenen Gehänge so viele flache Gründe dar, und ihre Grasfelder zwischen der Waldung haben ein so einladendes Ansehn, dafs man sich über die Menschenleere derselben wundern mufs; noch haben sich aber die Namen von 3 Dörfern erhalten, die vormals hier, oberhalb des jetzigen Weges, am rechten Ufer des Baches lagen: Sisoppan, Siompop und Simatorkis, — und deren Bewohner beim Einfalle der Mordbanden aus Rau das Schicksal so vieler andern Batta-er theilten.

Weiter westwärts von der Anhöhe über der Setinjakebne ist das Terrain in kurzen Abständen von 3 mehre hundert Fufs tiefen Klüften durchschnitten, deren Seitenwände sehr steil und ohne eingehauene Treppen kaum ersteigbar sind. Da man sie in querer Richtung durchsetzen mufs, so bilden sie für den Weg zwischen Tobing und Huraba die schwierigste Stelle, wo auch der beste Reiter kein Pferd gebrauchen kann. — Die eine, Nr. 2., ist fast trocken; in der darauf folgenden fliefst der 3te Bach, E. Karongang *A.* über Geschiebe, und im dritten schmälern, aber noch steilern, der 4te weniger grofse Bach E. Karongang *B.* — Darauf folgt Nr. 5., wieder eine kleine, fast trockne Kluft, in welcher (wie in Nr. 2.) nur zur Regenzeit ein Bach strömt. — Nun aber erscheinen zwischen weniger tiefen Klüften flachere Räume von gröſserer Ausdehnung, die, als der untere, ausgebreitete Fuſs des Lubu Radja, sich doppelt senken, und sowohl nach dem Fluſsbette des Persariran hinab, als auch nordwestwärts nach Huraba hin einen sanften Fall haben. Es folgen nun auf dem Wege, der diese Gegenden durchschneidet, — 6) eine kleine, fast trockne Kluft; — 7) ein anonymer kleiner Bach mit flachem, doch Geschiebe enthaltenden Bette; — 8) eine kleine Kluft mit einem sehr unbedeutenden Bächlein; — 9) der gröſsere Bach Panibassan in mäſsig steiler Kluft mit Geschieben, die Battaer rechnen ihn als Halbweg zwischen Tobing und Huraba (und nehmen hier gewöhnlich ihr Frühstück); — 10) der kleine E. tenni babbi, in flachem, aber mit Geröllen versehenen Bett; — 11) und 12) zwei kleine anonyme Bäche in flachen Betten mit Geschieben; — 13) der kleine Sombusan in einem eben solchen Bette, andre Battaer nennen ihn Eik Batang kaju; — 14) der ansehnliche Surumerret (von andern Tjererak genannt), in einem flachen, sandigen Bette, welches von Farn, Sträuchern, Balsaminen und Procris-Arten umwuchert ist; — 15) der ansehnliche Sido-ong (von andern Tjilo-ung genannt); — 16) der groſse Sandiandi, beide in verflachten Klüften mit Geschieben. Vom letztern durch eine fast ganz flache Waldebne nordwestwärts, 2 Minuten weit zum 17ten Bache, Eik Huraba, am Fuſse des Hügels auf dem die Station gleiches Namens liegt.

Dolok Sigomurru.

Dieser Berg von Huraba ist jedoch kein isolirter Hügel, sondern ein lang hingezogner Bergrücken, der sich oben verflacht und ausbreitet. Ostwärts hängt er mit einer Längsrippe des Lubu Radja zusammen und ist, genau betrachtet, selbst nichts Anderes, als eine solche Rippe, die sich viel höher als die übrigen erhebt und sich wie eine besondere Bergkette darstellt. Dicht an ihrem südlichen Fuſse krümmt sich der Bach von Huraba hin, von dessen rechtem Ufer man auf 50 Treppen zu der einsamen Station am Ostabhange eines Theils vom erweiterten Bergrücken emporsteigt. Die höchsten Punkte des Rückens liegen von da in O.N.O. und O., wo ein Nebenzweig so weit nach Süden vorspringt, daſs er die untern Gegenden des Lubu Radja verbirgt und nur dem Gipfel desselben erlaubt, darüber hinwegzuschauen (Fig. 14.). Sein inländischer Name ist Dolok Sigomurru *). Westwärts von der Station setzt er sich noch weiter fort bis an die Vereinigung des Persariran und Batang torru, und ist hier mit seinen breiten Abhängen wie ein Delta zwischen beide Flüsse hineingeschoben. Ueber diesen Theil desselben führt der Tapollongsche Weg, und zwar vom Posten erst aufwärts, und dann, zwar in oft wiederholten Senkungen auf- und abgehend, doch im Ganzen immer tiefer fallend, weiter, bis er sich am E. Persariran endigt und sich in zwei kurz auf einander folgenden, sehr steilen Gehängen jäh zu dessen rechtem Ufer hinabstürzt. Hier hängt über ihm eine Rotangbrücke, welche die zweite Hängebrücke auf dem Tapanulie-Ankola'schen Wege, und von derselben Construction, nur kleiner, wie die erste über den Batang torru ist, die wir bereits kennen gelernt haben. — Etwas unterhalb dieser Brücke (nordwestwärts) mündet sich der Persariran in den gröfsern Batang torru-Strom, an einer Stelle, die wir bereits mehrmals mit dem Namen Porta Hurabae bezeichnet haben. — Es ist ein Querdurchbruch der Bergkette, die hier tief und weit auseinander klafft, um den Gewässern einen Ausgang zu gestatten. — Man kann sie schon als eine düstre Kluft von den östlichen Gegenden der vorigen Provinz sehen, und blickt durch sie hinein auf die innern jenseitigen Landschaften, namentlich auf die Abhänge des Lubu Radja, die von der Kluft an ununterbrochen und gleichmäfsig bis zum höchsten Gipfel dieses Berges emporsteigen. — Der von Tapollong kommende Weg, nachdem er die flacheren Gegenden nordöstlich von der B. torru-Brücke durchschnitten hat, führt durch sie hindurch, lehnt sich jedoch, die tiefste Kluft des B. torru vermeidend, etwas höher an den Abhang der südöstlichen Wand an, wo er drei kleine Bäche überschreitet, die nordwestwärts hinab in den

---

*) wie überall Dolok: Berg, Eik: Bach, Flufs; es würde sehr abgeschmackt sein, diese Namen in unsre europäischen Sprachen zu übersetzen, z. B. Bauchwindberg (von crepitus ventris) — wildes Katzendorf, — Hahnfederbach, — Fuchsschwanzberg, — Tabacksbach; oft sind sie sehr bezeichnend und drükken irgend eine Eigenschaft des benannten Gegenstandes, z. B. der Farbe des Wassers aus, oft sind es auch wirkliche Eigennamen und nicht übersetzbar.

B. torru strömen, bis er die Hängebrücke über den Persariran erreicht. — Auf diesem ganzen Wege vernimmt man das laute Brausen des Stromes, dessen Kluft von hier, wegen dichter Waldung, unsichtbar ist. Man kann sie nur erreichen, wenn man an den Seiten des Persariranbettes hinabklettert. Die Wände streben steil und hoch zu beiden Seiten an, und sind dennoch mit Wäldern bedeckt, die sich überbiegend, einen ewigen, düstern Schatten auf die tiefe Thalkluft werfen. — Trachytgeschiebe, oft wahrhaft colossal, verdämmen das schmale Bette.

Ueppigere Wälder, prächtigere Laubgewölbe, gigantischere Lianen, majestätischere Bäume, die bis 200 Fuſs hoch in die Lüfte streben, und deren Stämme sich schnurgerade wie Riesensäulen erheben (Kampfer, Dammar, Dipterocarpen), findet man wohl nirgends als in der Nähe dieses über Felsenkolosse im tiefen Thale hinschäumenden Eik Persariran! — Befindet man sich des Morgens in dieser Gegend, z. B. wenn man in der Ladang am B. torru-Flusse übernachtet, oder sich eine Hütte im Walde hat bauen lassen, so hört man noch eine Menge thierischer Laute, die sich zu dem Brausen der Bergströme gesellen und dieser groſsen Wildniſs einen schauerlich schönen Charakter verleihen. — So bald die ersten Strahlen der Sonne in den Baumwipfeln über der Kluft schimmern, so fangen Schaaren von O-äh-Affen an zu schreien, — Imbo-Affen bellen, — Bucerosarten schnauben durch die Luft, — und Tausende von andern Vögeln flöten. — Das Geschrei der Imbo-Affen ist ein wirkliches hundeartiges Blaffen, das zwar hohl klingt, aber so kräftig ist, daſs man es meilenweit hören kann, als ob der ganze Wald mit Affen bevölkert wäre. —

Noch sei mir über die geologische Bedeutung dieses Querdurchbruchs ein Wort vergönnt. — Die eine Hälfte der durchbrochenen Kette zieht sich (als Bergkette Persariran) ostsüdostwärts hin, und die andere (Bergkette II. von Tapanulie) in ihrer Hauptfirste nordwestwärts, während der Abhang der Verzweigungen, die sie ausschickt, so wie das Stromthal des B. torru (das sich ihrem Fuſse entlang krümmt) nordostwärts gerichtet ist. — An diesen Fuſs der Bergketten stöſst der vom Gipfel gleichmäſsig und ununterbrochen, aber sanft herabfallende Abhang des Lubu Radja an, und nur die Kluft der beiden Flüsse scheidet ihn von der Kette, die sich steil und schroff erhebt. Der Lubu Radja ist ein alter Vulkan und besteht aus Trachyt, aber auch die genannten Bergketten selbst sind Trachyt (kein Urgebirge). — Nennt man eine solche Pforte einen Querdurchbruch, weil die Ströme daraus hervortreten, so kann dies nur bildlich gemeint sein, ein wirkliches Durchbrechen von Wasser aber kann schwerlich Statt gefunden haben. Dann müfste die Gegend innerhalb des Durchbruches früher mit Wasser bedeckt gewesen und Spuren davon zurückgeblieben sein, was hier aber nicht der Fall ist. Ich nehme daher an, dafs diese Kluft gleichzeitig mit der Kette selbst gebildet wurde, dafs ihr Grund aber durch die Kraft des strömenden Wassers, das sich nach den tiefsten Stellen hinabzog, allerdings tiefer ausgefurcht sein könne, und dafs namentlich durch allmählige Ausspühlung die gewaltigen Felsenkolosse gebildet wurden, die als Geschiebe jetzt das Bette der Ströme verdämmen. Bei andern Durchbrüchen der Art aber, namentlich beim Gadisstrome, scheint wirklich eine partielle Wasserbedeckung der innern Thäler, namentlich dort des Ankolathales, dessen Boden sohlig ist, vorangegangen zu sein. *)

Station Huraba.

Die Militairstation Huraba, die wir am Ostabhange eines ausgebreiteten Bergrückens (oberhalb des gleichnamigen Baches) schon kennen lernten, liegt 585 Fufs über dem Meere, sehr einsam zwischen Wäldern. Man erreicht sie zu Fufs von Tapollong in $4\frac{1}{2}$ Stunden **). Wie alle Posten auf dem Communicationswege von der Westküste an der Tapanuliebai bis Pertiebie in der Ostfläche Sumatra's, — welchen Weg man als die südliche Grenze der eigentlichen, noch nicht unterworfenen ***) Battaländer betrachten kann, — dient auch dieser

---

*) Auf Java, wo die Bergketten sehr selten verdoppelt sind, findet man nur zwei Beispiele von ähnlichen Durchbrüchen; das erste im Westen vom Plateau Baudong, wo die Tjitarum durch Kalkgebirge bricht; das zweite im Süden von Sumadang, wo die Tjimanok aus dem Thale von Garut hervortritt. (Siehe meine Beiträge zur Geschichte der Vulkane etc., in Tydschr. Neerl. Indie).

**) bei allen diesen (vorhergehenden und folgenden) Angaben ist die Ruhezeit, der Halt, abgezogen.

***) besser: der noch nicht unter der unmittelbaren Verwaltung und Zusicht der Regierung stehenden.

blofs einem Sergeant mit einem Dutzend javanscher Soldaten und eben so vielen Trägern zum Aufenthalte, deren Geschäft hauptsächlich in der Sorge für die Fortschaffung und Sicherheit von Gouvernementsbagage, Lebensmitteln und Kriegsbedürfnissen nach den östlicher liegenden Posten besteht. — Ein einfacher Zaun von Baumstämmen trennt die bescheidenen Hütten dieses Postens von der Waldung; — so wie die Gegenden westwärts nach Tapollong zu eine von Menschen unbewohnte, aber von desto zahlreichern Elephanten durchkreuzte Widnifs sind, so liegt auch der ganze Südwestabhang des Lubu Radja südostwärts von hier bis Tobing hin unbenutzt und unbewohnt da. — Das einzige nahe Dorf ist Huraba, eine Minute nördlich vom Posten. Doch waren diese Gegenden nicht immer so menschenleer, und die Bewohner Huraba's wissen noch die Namen von 5 Dörfern zu nennen, die in den Umgebungen rund um den Posten lagen: — Pagger Anrie, auf diesem Platze selbst; als Ueberbleibsel davon ragen noch die Wipfel einiger Kokospalmen aus dem Rimbu; — Kampong Eik Uhom, unten am Ufer des Persariran, — Sisoppan, am Bache Huraba, — Kampong Tua Sauppang, — und K. Silohung, beide am Eik Saudiandi. Dasselbe Schicksal wie die oben genannten am Bache Setinjak traf auch sie.

Der Boden des Bergrückens von Huraba ist ein gelblicher, mit Humus gemengter Lehmboden, und (wie schon die Steinart des Gebirges, Trachyt vermuthen läfst) nebst der ganzen Südwestseite des Lubu Radja, wo überall dicke, bräunliche, humusreiche Erdlagen auf dem Grundgestein ruhn, sehr fruchtbar. Sie machen den ganzen, auch den süd- und südöstlichen Umfang des Lubu Radja vorzüglich zur Kaffee-Kultur geschickt.

Durio-Wälder.

In den Wäldern von Huraba bis Tobing treten in ungeheurer Menge wilde Duriobäume auf (Durio zibethinus L.), so zahlreich, dafs die Waldung wenigstens in der Nähe des Weges zu 3 Viertheilen allein aus ihnen zu bestehen scheint. Auf Java findet man sie nur angepflanzt in Dörfern und in der Umgebung derselben. Ob sie hier ursprünglich wild, oder verwildert sind, darüber wissen die Battaer keine Auskunft zu geben. — In der Nähe von Tobing trifft man viele, die in ihrer Höhe und der Dicke ihrer Stämme mit den gröfsten Waldbäumen wetteifern. Ihre gewaltigen Aeste sind über und über mit Usneen behangen und deuten ein hohes Alter an. Ihre Früchte, nämlich der süfse, aber stark riechende Brei, der die Samen umhüllt, werden eifrig gegessen, und selten trifft man einen Kulie an, der seine Fracht nicht durch eine Anzahl Duren's erschwert hätte. Der ganze Weg ist daher mit den dicken, stachligten Schaalen dieser kopfgrofsen Früchte bedeckt, deren Fäulnifs keinen der angenehmsten Gerüche verbreitet, in deren Miste aber die Samen sehr üppig keimen. Dieser Umstand ist es auch, welcher es wahrscheinlich macht, dafs alle Durenbäume dieser Gegend verwildert sind und sich aus einigen ursprünglich angepflanzten Individuen zu ganzen Wäldern vervielfältigt haben.

Der Bergrücken von Huraba (Dolok Sigomurru) scheidet den tiefer liegenden Südwestfufs des Lubu Radja von den Gegenden, die ihm in N.W. bis nach N. hin vorgelagert sind, und die aus einer Höhe von 1200′ beim Dorfe Huraba allmählig immer mehr ansteigen und zuletzt bei Marantjar in N.N.W. vom L. R. ein plateauartiges Hochland bilden, von 2340 Fufs Meereshöhe.

Kampong Huraba.

Vom Posten führt ein Fufspfad in einer meistens nordwestlichen Richtung über den Bergrücken zum Dorfe Huraba, das auf der andern, nördlichen Seite des Rückens liegt. An diesem Nordfufse des Dolok Sigomurru strömt der gleichnamige Bach in einem Bette herab, das von einer herrlichen Baumvegetation überwölbt ist, und unter allen gewöhnlichen Bächen des L. Radja, die gröfsten, kolossalsten Trachytgeschiebe enthält. — Das ziemlich grofse Dorf, von einem viereckigen Zaune aus Baumzweigen umgeben, übrigens unbefestigt, liegt zwischen seinen Ladangfeldern auf einem sehr fruchtbaren Boden, der sich sanft zum Flufsbette des B. torru hinabsenkt.

Kampong Ayer tarras.

Nordostwärts, 1¾ Min. entfernt von Huraba liegt das Dorf Ayer tarras. — Flache, gröfstentheils mit Allang bewachsene und nur abwechselnd mit einzelnen Stückchen Wald bedeckte Räume ziehn sich zwischen beiden Orten hin und steigen ostsüdostwärts sehr sanft und allmählig zum Lubu Radja empor. Nur ein kleiner Bach, Eik Napotpot, durchschneidet sie und zieht sich in walderfüllter, mäfsig steiler Kluft herab. In den Wäldern herrschen Benzoëbäume (Styrax Benzoin L.) vor, die nur mäfsig grofs, 50 Fufs hoch und unansehnlich sind. — Zwei Bachklüfte, der eine süd-, der andere nordwärts, fassen den Raum ein, auf dem das Dorf erbaut ist, und geben, indem sie sich westwärts unter dem Dorfe vereinigen, diesem eine befestigte Stellung. Um diese zu verstärken, hat auch die Kunst mitgewirkt und ostwärts vom Dorfe einen Graben gezogen, der die Klüfte beider Bäche (von denen der südliche Ayer tarras heifst) mit einander vereinigt. — Die Gracht ist jedoch verfallen, die Schweine, diese geliebten Hausthiere der Battaer, haben ihre Ränder geebnet uud zugänglich gemacht, und die vielen Lücken in der grünen Hecke von Stachelbambus (Bambu turi s. auer), die das Dorf umgiebt, beweisen hinlänglich, dafs seine Bewohner keine feindlichen Ueberfälle mehr befürchten. Innerhalb dieser Hecke zieht sich blofs ein trockner Bambuszaun um die Hütten herum.

Hochland Marantjar.

Jenseits Ayer tarras erreicht das Terrain bereits eine Höhe von 2000 Fufs und zieht sich nun ostnordostwärts 5 Minuten weit bis zum Dorfe Ayer Nabara hin, welches in der Richtung nördlich vom Lubu Radja liegt. Es ist ein plateauartig ausgebreitetes Hochland, das sich auf der einen Seite west- und nordwestlich nur sanft zum Flufsthale des B. torru hinabsenkt, und sich auf der andern eben so allmählig südwest- und südwärts hebend, bis dicht an den Lubu Radja hinzieht, welcher sich dann auf Einmal steil aus der umgebenden Hochfläche erhebt, und defshalb sehr niedrig zu sein scheint, obgleich seine relative Höhe zu dieser Gegend doch noch 3500 Fufs beträgt. Seine Rippen, auf seinen übrigen Seiten so hervorspringend, leistenartig, haben sich hier ganz verloren, oder sind zu ebnen Platten geworden. — Zehn Bäche durchschneiden, von Ayer Tarras an bis Ayer Nabara, dieses Hochland, das im Osten von einer Längenrippe des Lubu Radja, und im Norden jenseits Ayer Nabara von mannigfach gekrümmten Bergzügen begrenzt wird, die dem Sibulaboalie angehören. Zwei von ihnen fliefsen in merkwürdigen kanalartigen Klüften hin, die wir bald näher werden kennen lernen. Nur noch zerstückelte Waldung, die mit vielen Allangstrecken und manchmal mit Scitamineagebüsch, Klaga und kleinem Gesträuch (dem eigentlichen Rimbu der Battaer) wechselt, bildet die pflanzliche Bekleidung dieser Gegenden; ja an manchen Stellen herrschen die Allangfelder vor, die nur in den Klüften zusammenhängender, unberührter Waldung, und nur in der Nähe der Dörfer kleinen Ladangs Platz machen. Erst jenseits von Eik Sirabon werden die Wälder zusammenhängender und schliefsen bei Ayer Nabara viele Plätze ein, welche triftenähnlich, nur mit kurzem Grase bewachsen sind.

In der Mitte dieser Vorterrasse, dieses vorgelagerten Plateau's des Lubu Radja, liegt 3 Minuten ostnordöstlich von Ayer Tarras das Dorf Marantjar. Den von Ayer Tarras mitgezählt, mufs man 7 Bäche durchschneiden, um zu ihm zu gelangen. Die 2 ersten sind unbedeutend, ohne Geschiebe. — Der 3te, Eik Pinanga, fliefst in einer mäfsig tiefen, mit Geschieben erfüllten Kluft. — Der 4te, Eik Bodat, ist unbedeutend. — Der 5te ist der Eik Malakkut. — Der 6te, Eik Passir, in kleiner, aber mit Geschieben versehener Kluft. — Der 7te, Eik Tapus, in mäfsig tiefer Kluft. — Unter allen diesen verdient nur der Malakkut, etwa in der Mitte zwischen Tarras und Marantjar, eine nähere Betrachtung. — Er fliefst in einer Kluft, welche das Hochland in nordwestlicher Richtung durchschneidet. Die Flächen zu beiden Seiten sind völlig eben, bis an den Rand der Kluft; — dort aber ist der Zusammenhang des Terrains plötzlich unterbrochen, und von einem scharf begrenzten Rande senkt sich jäh die 350 Fufs tiefe Schlucht hinab, wie eine Rinne oder ein gigantischer Kanal, der wegen gleicher Höhe der beiderseitigen Ränder aus der Ferne gar nicht sichtbar ist. — Die üppigste Urwaldung erhebt sich sowohl an ihren steilen Wänden, als sie auch den untersten Grund überzieht, wo in der Mitte zwischen Geröllen der bedeutende Eik Malakkut hinabstürzt.

Die Breite der Kluft beträgt oben 800, und ihre senkrechte Tiefe nicht weniger als 350 Fufs, so dafs man einen 150′ hohen Kampferbaum 2 mal auf einander und noch einen Benzoëbaum oben darauf setzen mufs, um diese Tiefe auszufüllen; sie verdient also den Namen eines Längenthales oder

Flufsthales, und bietet vom obern Rande aus überschaut einen äufserst grofsartigen, wilden und romantischen Anblick dar. Der Communicationsweg zwischen beiden Dörfern führt im Zickzack an einer Stelle hindurch, wo sich noch eine zweite, weniger grofse, aber eben so steile Kluft mit ihr vereinigt.

Im Bette kleiner Giefsbäche, die rinnenartig ausgewaschen sind, und Spalten bilden, mit sich lösenden Steintrümmern, klettert man hinab, und mufs bald über Ast- und Zweiggewirre umgestürzter Bäume hinklettern, bald auf ausgestreckten Stämmen hinschreiten, bald unter solchen Stämmen hindurchkriechen, um den Grund dieser ungeheuren Kluft zu erreichen; trifft man es nun, dafs hohes Wasser (Banjer) ist, so mufs man den Bach bis an die Schultern durchwaten, die ohrbetäubende, donnernde Fluth macht es unmöglich, ein Wort vom andern zu verstehn, und die Strömung ist so stark, dafs manche Kulies mit fortgerissen werden, und nur durch Anklammern an Felsenstücke dem sichern Tode entgehn.

Wir werden auf die Erscheinung dieser grofsen kanalartigen Flufsklüfte bald wieder zurückkommen.

Dorf Marantjar.

Das (nicht befestigte) Dorf Marantjar hat eine Meereshöhe von 2340 Fufs und liegt im N.N.W. vom Lubu Radja. Im W. und N.W. von da sieht man auf die waldigen Abhänge der Bergketten von Hoch-Tapanulie, die sich auf der andern Seite vom Stromthale des Batang torru hinziehn, und die hier Dolok Sitangurru heifsen. — Die meisten Gegenden des Hochlandes von Marantjar selbst aber sind von Waldung gelichtet; schon aus diesem Umstande kann man auf eine vormalige gröfsere Kultur schliefsen, und findet diesen Schlufs völlig bestätigt durch die Geschichte und durch die Namen von 8 Dörfern, die auf diesem Hochlande oder in dessen Nähe einst blüheten und beim Ueberfall der Mordbanden der Padries ihre Vernichtung fanden *). Sie waren: 1) Kampong

*) Ich werde diese von der fanatischen Padriesekte unter Tuanku Iwan ausgerüsteten Krieger von Bondjol und Rau (um die Battaer zum Islamismus zu bekehren oder sie auszurotten), nie anders nennen, als Mord- und Raubbanden; denn sie waren echte Mordbrenner, und viel schlimmer, als die Piraten in den Gewässern dieses Archipels.

Tapus, westwärts von Marantjar am rechten Ufer des Eik Tapus; es hat ein Paar Kokospalmen zurückgelassen. — 2) K. Sipultak, in N.O. von Marantjar. — 3) K. Tolang in N.O. von Marantjar am linken Ufer des Eik Sirabon. — 4) K. Tambiski, eine Stunde westlich von Marantjar. — 5) K. Pagger Tjanker, ebenfalls westlich. — 6) K. Napa, am Ufer des Batang torru, 3 Stunden nordwestlich von hier. — 7) Pulo Batu muntam, 2 Stunden westnordwestlich von hier, ein Inselchen, welches nur 4 Fuſs über dem mittlern Wasserstand erhaben, aus Sand- und Felsengrund zusammengesetzt, malerisch im B. torru liegt. — Zu dieser Insel nahmen bei dem Padrie-Ueberfalle die Bewohner der angrenzenden Gegend ihre Zuflucht; sie bauten ein provisorisches Kampong und vertheidigten sich mit Glück. Bei hohem Wasser wird die Insel überschwemmt. Wer erinnert sich hier nicht an die Inseln und Klippen in den Katarakten des Orinoco, auf welche sich *), von menschenfressenden Karaiben bedrängt, die Aturer flüchteten?! Hier waren die Bedrängten zwar Cannibalen nach festen Gesetzen, aber friedliche Bewohner ihrer Heimath, — und die Anfallenden zwar keine Menschenfresser, aber viel schrecklicher und blutiger als solche, nämlich fanatische und zur Ehre ihres Afterpropheten in Wuth entflammte Anhänger des Koran! — 8) Gegenüber im Gebirge, an der rechten Seite des B. torru, wo viel Benzoëwälder vorkommen: Kampong Sihitang. Um dorthin zu gelangen, muſs man den B. torru übersetzen auf einer Brücke, die bloſs aus 3 einfachen Rotangsträngen besteht (zwei zum Anhalten mit den Händen, einer zum Fuſstritt bestimmt), und hoch über dem schäumenden Wasser schwebt. Wer unter den Europäern kein Seiltänzer ist, wird lieber schwimmen wollen, als sich einem einzelnen Rotangstrange anvertrauen; die Battaer aber klettern mit bewundernswürdiger Behendigkeit und Sicherheit hinüber.

Fast zwei Minuten ostnordostwärts von Marantjar liegt an den Grenzen dieses Hochlandes das Dorf Ayer Nabara. Man durchsetzt 5 Bäche, um zu ihm zu gelangen. — 1) Manintir, mäſsig groſs. — 2) Marantjar (Eik) braust in einer ziemlich tiefen Kluft über groſse Felsenblöcke hin. — 3) E. Lobu, ist unbedeutend, nur sein rechtes Ufer ist steil. —

**) nach v. Humboldt's Beschreibung.

4) E. Sirabon und 5) E. Pulo Mario, ein kleiner Bach in eine nicht tiefen, aber mit Geschieben bedeckten Kluft.

Unter diesen verdient nur der

Eik Sirabon

hervorgehoben zu werden; er fliefst in einem eben solchen tiefen, kanalartigen Thale, wie der Malakkut, den wir schon kennen lernten, und durchschneidet das Hochland abwärts vom Lubu Radja erst von S. nach N., und dann von der Gegend an, wo ihn der Weg übersetzt, westnordwestwärts. Die linke Wand seiner Kluft senkt sich nicht gleichmäfsig, ununterbrochen hinab, sondern bildet mehre sehr schroffe Abstürze, zwischen welchen eben so viele flache Terrassen weit vorspringen und sich stufenartig unter einander wiederholen bis in den tiefsten Grund hinab, wo der Bach Sirabon, der gröfser als der Malakkut, und unter allen Bächen, welche dem Abhange des Lubu Radja angehören, der gröfste ist, in malerischen Cascaden über wahrhaft gigantische, häuserhohe und wild und hoch über einander gethürmte Felsenkolosse hinabstürzt. — Die mehrsten dieser Trümmer sind Trachyt, doch finden sich auch eigentliche Dolerite, Phonolithe und mannigfaltige Laven unter ihnen, aber kein Granit; — ein weifses, ziemlich leichtes, zerbröckelndes, mergelartiges Gestein an der linken Thalwand ist zersetzter Trachyt; — auch am rechten Ufer scheint eine schöne, lebhaft gefärbte Okererde blofs aus Zersetzung von (eisenhaltigen) Trachytfelsen entstanden zu sein. Bei der Unmöglichkeit, den Flufs zu durchwaten, kommt den Reisenden ein mächtiger Waldbaum sehr zu Statten, der, entwurzelt und umgestürzt, quer über dem Flufsbette ausgestreckt liegt. Man mufs gut balanciren können und nicht schwindeln, um auf einer solchen runden und schlüpfrigen Brücke, 15 Fufs hoch über dem schäumenden Wasser hinzuschreiten. — Die rechte Thalwand ist weniger steil und hoch als die linke.

Ueber die geologische Bedeutung und die Entstehungsart solcher kanalartigen Flufsthäler, deren, wie wir gesehen haben, zwei (Malakkut und Sirabon) das Hochland von Marantjar durchschneiden, schweigen wir hier vorläufig; wir verschieben diese Betrachtungen bis zu den Hochflächen von Siepierok und Tobah, die von ganz ähnlichen Klüften durchfurcht sind, und werden uns dort auf diese in Marantjar berufen.

Dorf Ayer Nabara.

Das Dörfchen Ayer Nabara liegt 2300′ hoch auf einem sanft hügligen Terrain, welches sich allmählig nach Westen abdacht, und welches dem letzten, westwärts umgebognen Ende einer Rippe des Lubu Radja angehört. In geringen Entfernungen biegt sich dieser Rücken erst von S. nach N., und dann von O. nach W. in einem Halbkreis um die flache Gegend herum, auf welcher das Dorf steht, bildet nordwärts vom Dorfe, wo er diesem sehr nahe liegt, eine ziemlich steile, schroffe Wand, und endigt sich unterhalb des Dorfes. Sein Name ist Dolok Pohi. Zwischen seinem Fuſse und der nördlichen Seite des Dörfchens flieſst der kleine Eik Somma, um sich weiter unten mit dem gröſsern Bache Ayer Nabara zu vereinigen. Am rechten Ufer dieses letztern erhebt sich steil ein höherer, waldiger Bergrücken, welcher ebenfalls Dolok Pohi heiſst, und nur durch die Kluft des Ayer Nabara vom erstern (der sich dort, wo die 2 Bäche zusammenstoſsen, endigt), geschieden ist. Er gehört einem merkwürdig gebogenen Zweige des Sibulaboalie an, und zieht sich (als die Nordgrenze dieser Provinz) von der Gegend des Dorfes an westwärts zum Batang torru-Thale hinab.

Südwärts ist unser Dörfchen nur von flachem oder sanft-hügligen Terrain umgeben, doch auch auf dieser Seite ist es von der Kluft eines kleinen Baches begrenzt, welcher erst etwas höher oben neben dem Dorfe selbst seinen Anfang nimmt. — Indem diese südliche, und jene nördliche, tiefere Kluft des E. Somma weiter unten in Westen vom Dorfe zusammenmünden, wird der lange, schmale und spitz zulaufende Rücken, der in 2 langen Reihen die Hütten des Dörfchens trägt, umschlossen. Nur im O. ist dieses daher bequem zugänglich. Auſser seiner natürlich festen Lage findet man keine künstlichen Verstärkungen, keine Pallisaden etc. — Die sanften, Hügel, welche das Dorf umringen und besonders im Osten einige Ausdehnung haben, sind Grasmatten, die wiesenartig nur mit kurzen Gräsern (keinem Allang) bewachsen und mit zahlreichen Blumen, worunter Commellinen und schöne Leguminosen, geschmückt sind. Rund um diese Triften zieht sich von allen Seiten üppige Waldung herum, aus deren dunklem Saume die schönen Gestalten von Baumfarrn (Chroophoren und Cyatheen) hervorblicken; sie gewähren den kleinen Grasflächen mit den Hütten des Dörfchens in ihrer Mitte den Charakter einer tiefen, aber lieblichen und friedsamen Einsamkeit.

Wir schreiten nun in unsern Betrachtungen zum Süd- und Südostabhange des Lubu Radja fort. — Als eine Vorgebirgskuppe im Süden von diesem hohen Berge stellt sich der Gunong Tobing dar, der eine hemisphärisch-kegelförmige Form hat, und durchaus mit Urwaldung bewachsen ist. Noch 1½ Minuten südlicher von ihm erhebt sich eine zweite kleinere Kuppe, Hügel, Passir Tobing, und dieser setzt sich anhaltend südwärts in einen wulstigen Bergrücken fort, der (wie schon oben bemerkt) die Wasserscheide zwischen den Stromgebieten von Batang torru und B. Ankola nicht ist, weil er sich bald darauf endigt und 3 Bächen, die in Westen von ihm entspringen, den Ausgang gestattet. Wir wollen ihn Bergrücken von Tobing nennen. Die eigentliche Wasserscheide zwischen dem westlichsten dieser Bäche (B. Ankola) und dem Setinjak lernten wir schon kennen, oben, wo wir am rechten Ufer des Ankola stehen blieben. — Er fliefst in einer ziemlich tiefen Kluft mit Geschieben; auf ihn folgt ostwärts der kleinere E. Sigomurru, und dann der Ayer Nabara, der in einer tiefen Kluft mit steilen Wänden herabströmt. Sie haben anfangs alle drei einen südlichen oder südwestlichen Lauf, die letztern 2 münden in den erstgenannten, der, sobald er den Fufs der Südostkette (Bergkette Persariran) erreicht hat, sich südostwärts herumbiegt, und dicht am Fufse der Kette weiter fliefst. In querer Richtung aber setzt der Weg von Huraba über diese Bäche und über eine 4te fast trockne Kluft, und erreicht darauf seinen höchsten Punkt (2300 Fufs) im Süden von dem kleinern (oder zweiten) Tobing'schen Hügel. — Sanft vom Wege an bis zum Fufse der Südostkette senken sich diese, von jenen 3 Bächen durchströmten Südsüdwestgehänge des Berges hinab, und sind gröfstentheils mit Wald bedeckt. — Die Wälder sind nicht hoch, aber dicht und feucht; sie enthalten u. a. Eichen, und was auffallend ist, ihr humusreicher Boden producirt mehr als andre Wälder, einige riesenmäfsige Aroideen, worunter Amorphophallus giganteus und campanulatus. — Nur in der Nähe der Wege trifft man zwischen gekappten Waldbäumen hier und da kleine Hütten und Ladangfelder, welche den beiden Dörfern Sigumurru und Sisundung angehören. Zwei Nebenpfade führen in fast querer Richtung zum Hauptpfade südwestwärts zu ihnen herab, der eine zwischen dem Bache Sigumurru und Ayer Nabara zum erstgenannten, der andere zwischen dem Ayer Nabara und dem Bergrücken von Tobing zum letztgenannten Dorfe.

Kampong Sigumurru liegt zwischen den Bächen Batang Ankola und Sigumurru, die sich nahe unter dem Dorfe vereinigen, in der Mitte, nahe am Fufse der südöstl. Ankolakette. — Die flachen, oder nur sanft geneigten Gegenden umher sind von sehr schönen Wäldern bedeckt, die besonders reich an vielen schönen Vögeln sind. — Zu Sigumurru gehört noch das kleine Nebendörfchen Kotorar. *)

Kampong Sisundung.

Kampong Sisundung liegt schon jenseits der Bäche Ayer Nabara und Ankola, auf dem innern, untersten Abhange der Südostkette von Ankola selbst, über welche von hier ein Pfad hinüber in die grofse Waldebene von Sikunar führt, durch ununterbrochene Waldung südostwärts bis zu den drei Dör-

*) Geschichtliche Anmerkung zu Sigumurru. — Die Erbauung dieses und der benachbarten Dörfer mitten in ausgedehnten Waldungen, die sie eng umzingeln, und kaum in der nächsten Umgebung der Hütten an einzelnen Stellen gelichtet sind, fand ihre Ursache in dem Ueberfalle der Kriegsbanden des Tuanku Rau (eigentlich des Padrie-Häuptlings Tuanku Iman, der den von Rau zinsbar machte; die Truppen scheinen aber gröfstentheils aus Rauern bestanden zu haben, und die Battaer sprechen stets nur vom Tuanku Rau). — Es blühte damals (1830) noch am Südostabhange des Lubu Radja ein grofses Kampong, Sawung-ang mit Namen, worin der Häuptling Sutan Kumala Pontas wohnte, welcher über alle Radja's auf der einen Seite bis Pitja koling, auf der andern bis zum Batang torru-Strome eine tituläre Oberherrschaft führte. Kurz nach seinem Tode, als sein Sohn und Nachfolger Radja Ondak (auch Nabing genannt) noch sehr jung war, — geschah jener Einfall der Rauer, die mit Feuer und Schwerdt Alles verwüsteten, Kostbarkeiten raubten, Dörfer verbrannten, und nur Kinder und schöne Frauen zu Sklaven machten, alle Andern aber mordeten. — Nur wenige retteten sich durch die Flucht und drangen, um vor Nachstellungen sicher zu sein, in die unwegsamsten Wälder vor, wo sie sich von neuem ansiedelten. — Einer der Flüchtlinge war Radja Ondak (der Sohn von Kumala Pontas), welcher das jetzige Kampong Sigumurru stiftete.

fern am rechten Ufer des Sikunar (Sikùnar, Ayer Turulong, Sibonbong) *). — Zwei lange Reihen Häuser auf einem Vorsprunge des Abhangs ziehn sich der Neigung des Berges gemäfs, nordwärts herab, und bilden das nicht befestigte, kaum von einem Bambusstacket umgebene Dorf; das Trinkwasser für seine Bewohner liefert der Batang Ankola, der dicht unter dem Dorfe hinfliefst.

Er bricht in S.O. von da, eine malerische Cascade von 50′ Höhe bildend, zwischen der Südostkette und dem Bergrücken von Tobing, der sich südwärts bis hierher verlängert, hindurch, um, stets dem innern Fufse jener Kette angeschmiegt, in ein geräumiges Thal hinabzugelangen, nämlich in den kesselförmigen Thalgrund von Napa, — nachdem er zuvor einen Bach aufgenommen hat, welcher aus einem Nebenthale der hier verdoppelten südöstl. Ankola-Kette nordwestwärts hervorbricht. — Die innere Verdoppelung der Kette, welche Napa zunächst begrenzt, heifst Dolok Maleha. — Ehe wir bei Tobing selbst stehen bleiben, wollen wir zuerst einen Blick auf dieses Napa werfen. Aufser dem (von uns so genannten) Bergrücken von Tobing nämlich, der südwärts vom Passir Tobing ausläuft, ist die Gleichmäfsigkeit des Falles auf dieser Seite des Lubu Radja noch durch eine andere Bergmasse gestört, die sich von jenem Passir (kleinen Kuppe) südostwärts ins Ankola-Thal herabzieht. Von seinem höchsten Punkte im Süden von Passir Tobing krümmt sich der Weg fast in einem Halbkreise um den Hügel herum, meist durch schönen Urwald führend, zuweilen durch ein Stückchen Allanggrund, bis an den Ostabhang dieses Hügels, wo die Waldung verschwindet und Allanggründen nebst bebauten Feldern Platz macht. — Hier, wo Tobing liegt, ist die Bergneigung sehr sanft und gleichmäfsig, weiter unten aber südostwärts hört sie in einer Richtung auf noch tiefer zu fallen, und er-

*) Diese Dörfer scheinen vormals (ehe sie dorthin verlegt wurden) in einer gewissen Abhängigkeit zu dem Radja von Sisundung gestanden zu haben. Seitdem sich Radja Naga (von Sisundung) mit den übrigen Dörfern Ankola's der Regierung unterworfen hat, haben sich jene 3 von ihnen getrennt, und verweigern, sich wahrscheinlich auf ihre Entfernung und unzugängliche Lage stützend, den Gehorsam. Wenigstens leisten sie dem Aufrufe, zu Pitja koling zu erscheinen, niemals Folge.

hebt sich vielmehr zu einer breiten Bergmasse, welche sich nach S.O. verlängert, und welche wir den Bergrücken von Napa nennen wollen *). — Auf der Nordost- und Ostseite dieses Bergrückens liegt der nördlichste Theil vom eigentlichen Thale Ankola; im Westen aber, zwischen ihm und dem Bergrücken von Tobing zieht sich ein kleineres Thal hinab, durch welches die kleinen Bäche Binoan, unten zum Sibonbon vereinigt, in einer fast südlichen Richtung hinabrieseln, um sich in den Ankola zu münden. Schon zwischen dem Sibonbon und Ankola ist der Grund dieses Thales erweitert, und bildet flache Allanggründe, — noch mehr aber breitet er sich in seiner tiefsten, südöstlichen Gegend aus, und bildet hier den söhlig flachen 1¾ bis 2½ Minuten im Durchmesser haltenden Grund der Ebene von Napa, welche bei einem rundlichen Umfang auf allen Seiten kesselförmig von Bergen umringt ist: im Süden von einem fast quer ausgebreiteten Zweige (Dolok Melaha) der Südostkette von Ankola, und im Osten und Norden von dem Bergrücken von Napa, der sich mit seinen Nebenrücken fast ganz um das Thal herumzieht. — Am Fuſse des erstgenannten Gebirgszweiges (D. Maleha) krümmt sich, das Thal im Süden einfassend, der Ankolabach erst ostwärts hin und bricht dann nordostwärts zwischen diesem Zweige und dem Bergrücken von Napa hindurch, um sich jenseits im Ankolathale mit den übrigen Gewässern, die aus Hoch-Ankola nach Süden strömen, zu vereinigen.

Die Meereshöhe der Napaebene beträgt 950′. Ihre Mitte liegt in südsüdöstlicher Richtung geradlinig 4½ Min. von Tobing entfernt. — Der Gunong Lubu Radja, welcher wegen der Vorgebirge von dort sehr niedrig erscheint, — s. Fig. 14. pag. 114 — wird (die Ostecke) vom Radjahause gepeilt N. 7° W. — Napa ist ein einziges zusammenhängendes Ladangfeld, nur im O. von kleinen, oasenartigen Stückchen Waldung unterbrochen, in welchem mehr als 100 Hütten weitläufig ohne alle Ordnung zerstreut liegen. Gleich häufig trockne Reis- als Jagonfelder erfüllen den Zwischenraum zwischen den Hütten, die durch eine Menge labyrinthischer, sich rechtwinklig kreuzender Fuſspfade mit einander verbunden sind. Es ist unmöglich,

*) ähnlich wie überall bei Abwesenheit von allgemeinen inländischen Namen.

in diesem Labyrinthe ohne Führer zurechtzukommen, und die Wohnung des Radja, dem das Gänze gehört, aufzufinden, welche auch durch nichts von den übrigen Hütten verschieden ist. Manche Felder haben Reis und Jagon zugleich, dessen Stengel sich in Abständen von 7 bis 10 Fufs zwischen den Reishalmen erheben. Bäume sucht man vergebens in diesen schönen Feldern, nur Pisangstauden und Papaya's bilden die nächste Umgebung der Hütten und ihrer kleinen abgesteckten Gehöfte *). Der Kali Sibonbon trennt diese bebaute Napaebene von den westlichern Gegenden des Thales, welche aus Allangflächen bestehn, die mit manchen schönen Blumen und kleinen Sträuchern geziert, einsam aber lieblich zwischen der Waldung liegen, und zur Bebauung einladen. Sie allein sind von Tobing und dessen Hügel sichtbar, und zu ihnen führt abwechselnd durch Ladangfelder, Wald und Allangfluren von Tobing ein romantischer Fufspfad hinab.

Zu Napa gehört ein kleines Nebendorf oder Gehöfte: Tombang.

Umblick vom Passir Tobing.

Von jenem Hügel, zu welchem das Terrain westwärts vom Posten Tobing allmählig emporsteigt, geniefst man einen belehrenden Ueberblick über diese und die angrenzenden Thalgründe umher. — Hat man auf dessen Höhe ein Stückchen Waldung kappen lassen, oder einen Baum erklettert, so öffnet sich die ganz eigenthümliche Aussicht nach allen Seiten.

---

*) Im J. 1842 war der Häuptling von Napa der Radja Kalie Slama, welchem die Ortsbehörde zu Pitja koling (ein junger Controlleur), den Oberbefehl über die 8 nächsten Dörfer Ober-Ankola's (Sigumurru, Kotorar, Sisundung, Napa, Tombang, Tobing, Baru, Batana tua) anvertraut hatte. — Dieser Radja war beim Ueberfalle der Padries schnell zu diesen übergegangen, hatte den Koran angenommen und sich als Anführer gegen seine Landesgenossen brauchen lassen. An der Zerstörung mehrer Dörfer nahm er thätigen Antheil. — Die meisten echten Battaer betrachteten ihn als einen Abtrünnigen, der sich mit ihren Feinden verbunden hatte; und blofs diesem Umstande war es zuzuschreiben, dafs sich viele Dörfer, z. B. Sikunar, Bio-bio, Pinang soreh, der Regierung (von welcher jener Kalie Slamat mit einer gewissen Obergewalt bekleidet war) nicht unterwerfen wollten. (Er begleitete mich einst nach Bio-bio, wurde aber zu meiner eignen nicht geringen Gefahr erkannt und mufste flüchten.)

Nach Westen erblickt das Auge nichts als waldige Bergrücken, die einer hinter dem andern sich bis zum fernsten Horizonte erstrecken, wo man einige Stückchen von der Tapanuliebai zwischen den Bergmassen schimmern sieht.

Ebenso ist der Anblick in S.W. und S. — Im Norden erhebt sich jenseits eines weniger hohen Zwischenrückens der Gunong Tobing, den undurchdringliche Wälder umdüstern; nur im Osten öffnen sich die Wälder und machen lichtern Stellen Platz. — Man sieht an dem sanften Gehänge des Bergrückens hinab, und erblickt vorn in O.S.O. einen Theil des schönen Längenthales Ankola, das sich wie ein flacher Wiesengrund zwischen Bergketten hinzieht. Einsam liegt es in der Tiefe da; — keine Dörfer bekleiden es; — kein Rauch steigt aus einzelnen Hütten auf; — es ist eine Allangwildnifs, in der nur kleine Fleckchen Waldes vereinzelt liegen, und die, wie der hüglige Fufs der Bergketten, die sie beiderseits begrenzen, nur im bleichen Grün dieser Grasart schimmert; — düster contrastiren hiermit die Wälder, welche sich auf der Firste der Bergketten, und dort allein zusammenhängend, hinziehn.

Der Bergrücken von Napa verbirgt die südlicher liegenden Theile dieses Thales unsern Blicken.

Zu unsern Füfsen am sanften Ostgehänge des Hügels, auf dem wir stehn, liegen zwischen Gruppen dunkler Arengpalmen und von einzelnen hohen Durenbäumen überragt, die Bambushütten Tobing's. Aber auch auf dieser Seite vom Bergrücken Napa liegt noch ein zweiter Thalgrund, zu welchem sich die verflachten Gehänge von Tobing sanft hinabsenken. Er ist der westliche Theil des kesselförmigen Thals von Napa, aus dessen flachen Gründen, rings von Waldung umdüstert, hellgrüne Grasmatten emporschimmern, schön und einladend, aber ebenfalls menschenleer.

Obgleich diese sanften Thäler und Berggehänge durch ihre Naturschönheit das Auge entzücken, so wird doch zugleich das Gemüth durch den Gedanken wehmüthig erregt, dafs hier die schönsten Fluren so unbenutzt, so unbewohnt und ungenossen bleiben, während im eisigen Norden oft das dürrste Stückchen Felsen bebaut, durch Menschenkultur veredelt und zu dem angenehmsten Aufenthalte umgeschaffen ist! *)

---

*) Besonders interessant ist der Anblick dieses Thales in den Morgenstunden, wenn, wie gewöhnlich, dicke, scharfbegrenzte Ne-

Tobing.

Die Militärstation Tobing, wo, wie gewöhnlich auf solchen Stationen, in einigen von Pallisaden umgebenen Bambushütten ein Sergeant mit einem Dutzend javan'scher Soldaten und eben so vielen festen Kulies, die theils aus Miethlingen, theils aus Sträflingen (Kettenjungen) bestehn, wohnt, liegt 1870 Fuſs über dem Meere, am mehr erwähnten Berggehänge. — Der Gunong Tobing liegt von da in N.N.W.; hinter seinem Ostgehänge ist der Lubu Radja nicht sichtbar; der Passir Tobing in W. 10° N. — Man erreicht den Posten gewöhnlich in 4½ Stunden Marsches von Huraba. Er erfreut sich eines gemäſsigten, und so weit man dieſs in dem regnigen, feuchten und an Witterungswechseln reichen Waldgebirgen Sumatra's erwarten kann, angenehmen und gesunden Klima's. Doch werden Fremdlinge, namentlich Javaner, auch hier leicht von intermittirenden Fiebern befallen. *)

Am schönsten und zur Kultur am meisten einladend sind die Gegenden nordnordwest- und nordwestwärts von Tobing. Sie bestehn aus den verflachten Längsrippen des Gunong

belmassen in den Tiefen liegen, — mit der Sonne aber immer höher steigen. Wenn diese dann ihre ersten Strahlen schief unter dieser Nebeldecke herabschickt ins einsame Thal, so entstehen malerische Contraste zwischen Sonnenschein, Waldesschatten und nebligen Dünsten, die über dem tiefen Thalkessel schweben.

*) Klimatologischer Eigenthümlichkeiten kann in dieser Topographie nur im Vorbeigehn gedacht werden, eben so wie der pflanzlichen Bekleidung des Landes. Beiden ist ein besonderes Buch gewidmet.

Sowohl seines relativ gesunden Klima's, als auch seiner Lage wegen im Centrum des Landes an der Nordgrenze der Besitzungen, welche der Regierung unmittelbar unterworfen sind, wählte ich diesen Ort zu meinem Hauptstapelplatz, von wo ich meine Züge unternahm, und wohin ich nach jeder abgelegten Reise zurückkehrte. Ehe ich mir innerhalb eines buchtig ausgekappten Waldes eine Hütte hatte bauen lassen, bildete ein Theil vom Bambusschuppen der Soldaten meine Wohnung; mein erstes Geschäft darin war, aus einer der geflochtenen Wände ein viereckiges Stück auszuschneiden, um ein Fenster zu erhalten; — mein zweites, vier Baumzweige in den Grund zu rammen, um durch ein aufgelegtes Brett einen Tisch zu bilden, wobei 2 Riesse Packpapier aufeinander gelegt einen vortrefflichen Stuhl lieferten, — etc. — Schlafplatz und Kost harmonirten vortrefflich mit dem Ameublement dieses Pallastes, den ich vor allen am liebsten dem Philosophen Hegel zum Sommeraufenthalte hätte empfehlen mögen.

Tobing, die ostsüdostwärts nur äufserst sanft und gleichmäfsig fallen. Vier Bäche, die sie vom G. Tobing herab in kleinen Klüften durchschlängeln, und Gelegenheit zu weiteren künstlichen Bewässerungen darbieten, nebst einem lockern, humusreichen Boden, empfehlen sie vorzugsweise zur Kultur. Jetzt trifft man nur einzelne kleine Ladangs, die dem Kampong Tobing angehören, auf ihren Allangmatten an, in denen noch manche Stückchen Wald zerstreut sind. Zwischen dem 4ten und 5ten Bache hören die Ladangs ganz auf, und Wildnisse von gesellig-wachsenden, dichtgedrängten Scitamineen (Amomum, Elettaria, Hedychium Sp.) herrschen dort vor. Durch ihre 10 bis 15 Fufs hoch emporgeschossenen Blätter mufs man sich mit dem Hackmesser Bahn brechen. Einige dieser Pflanzen, z. B. Elettaria coccinea Bl., entfalten ihre schönen, farbigen Blüthen dicht am Boden, und brechen Balanophorengleich aus dem Erdreich hervor; — andre tragen sie auf langen, 5 Fufs hohen Stielen.

Der 5te Kali, der in der Richtung nordöstlich von Tobing folgt, K. Tjanter, hat sich ein schmales, aber tiefes, kanalartiges Bett ausgewaschen. Die kahlen Wände seiner Furche bestehen aus zusammengebackenen Trachytconglomeraten aller Gröfse, die auch die Sohle des Bettes erfüllen. — Erst vom jenseitigen Ufer des 6ten Kalies, Siponter, fangen in dieser Richtung, nordöstlich von Tobing, die zusammenhängenden Urwälder des Lubu Radja an sich zu erheben.

Allang-Grasmatten, von einzelnen (trocknen) Reis- und Jagonfeldern unterbrochen, bilden die nächste Umgebung von Tobing. In diesen Allangfeldern liegen sowohl einzelne Stückchen zerrissener Hochwaldung, als auch kleineres Rimbugebüsch zerstreut. — Der Rimbu besteht hier hauptsächlich aus Klagagras, aus 10 bis 15 Fufs hohen Scitamineen (Amonum, Elettariaarten), aus Melastomen, einer Celtisart, und andern Urticeen. So zieht er sich zwischen den Allangfluren zerstückelt hin, ein geeigneter Schauplatz für wilde Schweine und Hirsche. Aber auch mancherlei Vögel, wilde Hähne und viele Tauben bevölkern diese Gebüsche. Die letztern (worunter eine ganz grüne Art) scheinen die Nähe der Menschen, oder besser die bebauten Felder zu lieben; wenn in der Mittagshitze alle andern gefiederten Bewohner schweigen, und auch das bräunlich-rothe Rebhuhn (Perdrix Sp.) im Allang-

allang nicht mehr pickt, so tönt ihr friedliches Gurren fort. Nur bei stürmischem Wetter vernimmt man diese Laute nicht: dann trägt die Landschaft einen düstern Charakter; Nordwestwinde brausen oft Tage lang ununterbrochen über das Gebirge, und mancher dicke Ast von den alten Duriobäumen, von Usneen bedeckt, hängt dann zerknickt herab. —

Der Eindruck, den eine Gegend auf das Gemüth jedes gebildeten Menschen macht, ist oft leichter in seinen Eigenthümlichkeiten zu empfinden, als zu beschreiben. Jede Gegend hat aber ihren besondern Naturcharakter, also auch ihre besondere Einwirkung auf unser Gemüth; in solchen Eindrükken liegt ja der schönste Theil des Genusses, den wir auf Reisen oder bei Veränderung unseres Wohnplatzes empfinden.

Ein andrer ist dieser Eindruck im tiefen Thale von Ankola, ein andrer oben am mehr bewaldeten Berggehänge von Tobing. — Auch die Nacht an jedem Orte hat ihr Besonderes. — Wenn nach Untergang der Sonne die Umrisse der hohen Durio's um unsre Hütte dunkler werden und drohender erscheinen, so klingt das Brausen des Windes in ihren hohen Aesten schon ängstlicher. Die Natur ist dann still und lauscht nur noch auf einzelne Töne; — die Bucerosvögel sind schon längst in ihre hohen Wälder am Gunong Tobing zurückgekehrt, — die vielerlei Sciuri hören auf zu springen, — alle Affen (O-äh's, Imbo's und Lutung's) schweigen still; — aber Pelzflatterer, die hier sehr zahlreich sind, Galeopitheci, fliegen oder besser schweben an den Bäumen umher, — die grofsen Kalongs ziehen nach, — einige Eulen kreischen, — und einzelne Caprimulgi, die stets nur in bestimmten, engen Kreisen herumfliegen, lassen von Zeit zu Zeit ihr Geklappe hören. — Aber sonst ist es still; die Stenopse, die in den Bäumen klettern, die Pteromysarten, und die schwarzgrauen, fuchsartigen Hunde, die durch das Gebüsch hinschleichen, machen kein Geräusch; es ist still, und von den tausendstimmigen Insektenchören Java's, die dort des Nachts unser Ohr betäuben, findet man hier nur einige schwache Laute. — Um so greller erschallen daher gewisse Töne, die man nach regelmäfsigen Zeitintervallen vernimmt, und die an die gemessenen Schläge einer Sturmglocke erinnern. Es sind die Klänge eines O-gongs, die der einsame Ladangbewohner in seiner Hütte die ganze Nacht hindurch ertönen läfst, um die wilden Thiere von seinem kleinen Eigenthum abzuhalten. — Weit, meilenweit erklingen sie schauerlich hell in der Stille der Nacht.

Mit solchen Eindrücken wiegt uns Morpheus in Schlaf, und im Traume noch klingen die O-gong-Schläge fort.

Sie verdoppeln sich zuweilen des Nachts und vermengen sich dann mit andern Geräuschen, mancherlei Art, die den Schlafenden erwecken; — bald sind es pfeifende Laute von Hirschen, bald ist es das kurze Brüllen eines Tigers, der Schweine verfolgt; bald ein gemischtes Stampfen und Rauschen von Elephanten, die durch den Rimbu traben, und bald das Bellen von Imbo-Affen, das sich zuweilen aus Hunderten von Kehlen erhebt und dann wieder schweigt. *)

Oder ein ander Mal, nach einem stillen und heitern Abend, erhellt sich gegenüber der Saum der östlichen Bergkette von Ankola, die fast gleich hoch mit Tobing liegt, ein Feuer scheint aufzulodern, und der Vollmond steigt in seiner Pracht empor! — Wie dies Schauspiel überall majestätisch ist, so hat es in einer wilden, waldbedeckten Gegend einen ganz besondern Reiz. Unten im Ankolathale liegt die Nebeldecke schon wieder hingestreckt, in seinem Lichte weifslich schimmernd. — Wenn bei diesem Stande die Lichtstrahlen schief herüber dringen; so werfen sich die Schatten der dunkeln Arengpalmen lang auf die Bergwand, und das Laub der Bäume, so zweifelhaft beleuchtet, scheint doppelt zart gewebt. Auch mehr Insektenchöre erheben nun ihr schwirrendes Concert. — Wie verschieden ist nicht diese Landschaft von jener sturmbewegten, oder von derselben Gegend am Tage! Das gebrochene, aber schöne Licht, das sich über sie ergiefst, zaubert sie gleichsam um in die Flur eines entfernten, ganz fremden Planeten. — Wie dieses dämmernde Mondlicht, so ist die Bildungsstufe der Battaer, der armen, thörichten Bewohner dieses Landes. Wissen sie wohl was sie thun, wenn sie sich einander bekriegen und schlachten? — Ihre Fähigkeiten und Geisteskräfte dämmern. Wir wollen mit andern Menschenfreunden hoffen, dafs bald ein helleres Licht kommen und sie aufklären möge.

*) Alle diese Töne sind der Ausdruck der geheimnifsvollen Geschichte der Nacht und des Lebens so vieler Thiergestalten, von denen manche noch unbekannt sind, und die, auch die pflanzenfressenden, nur des Nachts umherstreifen.

Bis zu dem ersten Bergrücken von Batana tua hin entströmen dem Südostabhange des Lubu Radja 6 Bäche, die fast alle in kleinen mit Trachytgeschieben erfüllten Klüften laufen. Der 1ste, kleinste, entspringt erst dicht oberhalb des Postens und fliefst in einer schmalen, aber tiefen, steilen Kluft hinab. An dem jenseitigen, linken Ufer dieser Kluft, etwa $\frac{3}{4}$ Minuten weiter unten, liegt das Kampong Tobing. Es ist im Viereck erbaut, und aufser einem verfallenen Graben, innerhalb desselben, noch von einer Hecke Stachelbambus umgeben, die aber auch schon viele Lücken hat. Auf der Südseite ist es durch die Kaliekluft und auf der Westseite durch einen steilen Absturz des Terrains natürlich befestigt. — Einige hohe und alte Feigenbäume erheben sich neben dem Dorfe.

Kampong Baru.

Etwas weiter, $1\frac{1}{4}$ Min. entfernt, ostsüdostwärts liegt das kleine Kampong Baru, auf der rechten Seite des Baches von Tobing, dessen Kluft dort ziemlich steil ist.

Je mehr sich diese Südostgehänge des Lubu Radja ins Thal herabsenken und verflachen, um so mehr verschwindet ihre Waldung, und der Allangwuchs nimmt überhand. Der Weg nach Pitja koling führt schräg an ihnen südostwärts hinab, und überschreitet die untern Gegenden der 6 Bäche, die ihren anfänglichen südöstlichen Lauf, seitdem das Terrain flächer wurde, in einen mehr südlichen verwandelten. Zwischen dem 4ten und 5ten Bache führt ein kleiner Weg ostwärts nach Batana tua ab. — Der 6te, östlichste Bach, oben Siponter, nachher Sibogas genannt, zieht sich dicht am Fufse des 1sten Bergrückens von Batana tua herab, nimmt den 5ten Bach auf, und vereinigt sich nachher mit einem 7ten, der aus Osten von Batana tua herwärts fliefst, und dessen Namen: Batang djumie er nun annimmt. Auf einer Hängebrücke von Rotang durchschneidet der Weg sein mit Geschieben bestreutes, etwa 25 bis 30 Fufs tiefes Bett, in einer Gegend in der Mitte zwischen Tobing und Pitja koling, wo der Bergabhang schon ganz flach geworden ist. Von da fliefst er südlich, nimmt den vereinigten Bach der 4 ersten auf, verbindet sich mit dem aus Napa hervorbrechenden Batang Ankola, nimmt dessen Namen an und setzt dann erst O. gen S., nachher südostwärts seinen Lauf durch den Thalgrund Ankola fort. — Hier führt, an den von uns angegebenen Grenzen Ober-Ankola's, die 2te gröfsere Hängebrücke über den nun schon bedeutendern Strom.

Dieser nördlichste Theil des Thalbodens von Ankola ist es, den man von Tobing aus erblickt. Er stellt sich im lichten Grün von Grasmatten dar, in denen nur einzelne kleine Bambusgebüsche und Baumgruppen zerstreut vorkommen. Das ungleich dunklere, schattigere Grün dieser Gebüsche giebt der Wiese ein interessantes, getüpfeltes Ansehn, und erinnert an die ausgedehnten Reisfelder Java's, in denen gleich Oasen die dunklern Dorfwäldchen zerstreut sind. Wenn man den Weg von Tobing nach Pitja koling verfolgt, so ist man verwundert über die äufserst sanfte Neigung des Lubu-Radja-Abhangs, der ganz allmählig und unmerklich in die eigentliche Fläche übergeht. Doch erst vom linken Ufer des Batang djumie an nimmt die söhlige, horizontale Fläche ihren Anfang, während bis dahin immer noch eine geringe Bergneigung zu erkennen war. Bis zu seinem Ufer wird das zerstreute Gebüsch theils, und zwar gröfstentheils, von Bambusrohr gebildet, welches dicht in einander gewachsen und vom leisesten Windzuge bewegt, ein beständiges Knarren und Knacken hervorbringt, — theils auch von verschiedenen Baumarten, die kleine Wäldchen bildend, sich besonders den Flufsbetten entlang ziehn. Unter ihnen bemerkt man als Zeichen ehemaliger Kultur, an Stellen, wo vormals Dörfer standen, mehre Fruchtbäume, z. B. viele Aleurites moluccana, Bombax pentandrum, Durio zibethinus, Erythrinen, Areng- und einzelne Kokospalmen.

Vom jenseitigen Ufer des Batang djumie an aber kleidet sich die Fläche in eine ganz andere Physiognomie. Es zieht sich nämlich daselbst vom Fufse der östlichen Bergkette eine weite, kahle Hügelmasse quer durch das Thal herüber, und erreicht mit einem auslaufenden Vorsprung fast das Ufer des B. djumie, welcher näher am Fufse der westlichen Kette herabfliefst. Diese Hügelmasse ist es, welche die Ebene von Batana tua vom Ankolathale trennt. — Nördlich vom äufsersten südwestlichen Vorsprunge der Hügel, den der Weg überschreitet, ist, eben durch diese Hügelreihen verengt, der Thalgrund sehr schmal, — südlich von da aber nimmt er auf Einmal an Breite zu, indem der Südabfall der ganzen Hügelmasse sich in einer geraden, quer durchs Thal gezogenen Linie ostnordostwärts endigt. — Von hier an herrscht eine söhlige Beschaffenheit der Thalsohle vor, die wenigstens in Abständen von einigen Minuten ganz eben ist. ,— Es ist eine mit kurzem, aber dicht gedrängten Allanggras bekleidete Flur (Wiese), auf welcher sich in Zwischenräumen von 10, 15 bis 30 Fuſs Tausende von Malaccabäumchen (Emblica officinalis Gärtn.) zerstreun. Sie gleicht einem Obstgarten von lieblichem Ansehn. Viele Hirsche durchschwärmen sie. Die Bäumchen erreichen kaum die Höhe von 15 bis 20 Fuſs; ihre knorrigen, unebnen und gebogenen Stämme, und ihr feines, gefiedertes Laub geben aber der Grasflur einen sehr zierlichen Ausdruck. Nur schade, daſs die drückende Mittagswärme von 88 bis 90° Fahr. (im Schatten), welche sich über diesem wenig beschatteten Thalboden entwickelt, den Aufenthalt daselbst verbittert, und daſs die feuchten und kühlen Nebel des Morgens, die sich seit Mitternacht über die Fläche gelagert haben, eben so unangenehm auf die Constitution eines Europäers wirken, als die Hitze über Tag. — Eigenthümlich und deſshalb bemerkenswerth für diese Grasfluren, diese tropischen Wiesen, sind einige Pflanzen und Halbsträucher, welche einsam und halbversteckt zwischen dem Allanggrase ihre schönen farbigen Blüthen entfalten. Diese (bis jetzt noch nicht genauer bestimmt) sind 1) ein kleines krautartiges Melastoma, mit rosig-lilafarbnen Korollen, 2) eine kleine Büchnera, mit rosenrothen Blümchen, 3) ein ornithogalumartiges Pflänzchen mit gelben Blüthen, 4) eine gentiana- oder swertiaartige bis 2 Fuſs hohe Pflanze, 5) ein hedysarumartiger Halbstrauch mit röthlich-lilafarbnen Blumen, — lauter Pflanzen, die man anderwärts, z. B. auf ganz Java vergebens sucht, und die wahrscheinlich neu sind.

Dies ist, in flüchtigen Zügen entworfen, die Naturbeschaffenheit des Thalgrundes, über den man von Tobing hinweg auf die nordöstliche Hauptbergkette von Ankola sieht, die, nur in ihrem obersten Drittheil mit Wald bedeckt, sich in der Richtung O. 5° zu N. von Tobing stumpf und kuppenförmig endigt, — sich aber von da, nur niedriger und nicht mehr bewaldet, noch weiter fortsetzt bis zum Sibulaboalie hinauf.

Zwischen dieser nördlichen Hälfte der Kette und dem eigentlichen Ankolathale liegen aber noch mehre Thalgründe ausgestreckt, die wegen gleicher Höhe der mehrfachen Bergzüge, welche sich zwischen ihnen hinziehn, von Tobing aus nicht sichtbar sind.

Batana tua,

das erste dieser Thäler, ist eine ebene Fläche von unregelmäfsiger Form, die durch eine schmale Oeffnung mit dem Ankolathale zusammenhängt, und vom Ufer des Baches Bogas ostwärts sich nach innen verlängernd weit zwischen die Hügel hineintritt, und ringsum von überall kahlen, blofs mit Gras bewachsenen Hügeln umgeben ist. — Südwärts ist sie durch jene bereits erwähnte, quer vorgeschobene Hügelmasse vom nördlichen Theile des Ankolathales geschieden, — westwärts ist sie vom verflachten Gehänge des Lubu Radja und G. Tobing, durch die lange Bergrippe getrennt, die kettenartig erhoben, bereits oben von uns Erster Bergrücken von Batana tua genannt wurde, — und ostwärts ist es ein zweiter, noch längerer Bergrücken (Bergr. von Batana tua Nr. II.), der wie jener südostwärts streichend sich vor dieser „nördlichsten Bucht der Thalsohle Ankola's" herabzieht. Zwischen diesem 1sten und 2ten Rücken fliefsen, erst südostwärts, wie die Rücken selbst, zwei Bäche herab, vereinigen sich im östlichsten Theile der Bucht neben dem Dorfe, und schlängeln sich dann, als Batang djumie, am südlichen, halbmondförmig gebogenen Fufse des 1sten Rückens westsüdwestwärts hin, um durch den Eingang der Bucht ins Ankolathal zu treten und südwärts in diesem weiter zu strömen; sie folgen jedoch jener halbmondförmigen Krümmung des Hügels nicht, sondern schneiden das Segment durch einen geradlinigten Lauf ab.

Da wo der Weg nach Batana tua vom Pitja koling'schen Hauptwege abführt, vertauscht man einen reingehaltenen 5' breiten Pfad mit einem schmalen, ½ Fufs breiten Kanale von der Beschaffenheit, wie wir ihn bereits bei Lumut kennen lernten, und wie er überall in den Battalanden ist, wo Allangflächen durchschnitten werden. Indem die Battaer beim Gehen stets einen Fufs gerade vor den andern setzen, und das Regenwasser nachher die entstandene Rinne tiefer wäscht, entstehn diese sonderbaren, kanalartigen Wege, denen ein Europäer die wirkliche Wildnifs zu beiden Seiten vorzieht. Oft sind sie ganz mit Wasser gefüllt.

Schon vom E. Bogas an, wo die Ebene ganz flach wird,

und stellenweis unter Wasser steht, steigt sie nach Osten zu in weiten, terrassenförmigen Hebungen an; — auch das linke Ufer des Batang djumie erhebt sich prallig steil zu einer neuen horizontalen Terrasse. Ihr Pflanzenschmuck ist Allanggras mit denselben Blumen, wie im Ankolathale. — Der Weg, welcher, um einigen mit hohen Scirpus- und Cyperus-Arten bewachsenen Morästen zu entgehn, eine südöstliche Biegung machte, durchschneidet die Fläche von ihrer Mitte aus, nachher nordostwärts bis zum Dorfe, welches nahe am Fuſse des östlichern (2ten) Rückens liegt, der sich prallig-steil erhebt.

In der Nähe des Dorfes ist die Fläche von einigen sumpfigen Gräben mit fast stehendem Wasser durchschnitten. Vom Dorfe verlängert sich die Bucht noch weiter nordwestwärts und steigt zuletzt zwischen dem 1sten und 2ten Rücken in ein hüglig-zerklüftetes Thal empor, das (wie seine Umgebungen) ebenfalls von Baumwuchs entblöſst ist. Von der nordwestlichen Ecke des Dorfes, wo unter einigen alten Feigenbäumen der Kirchhof liegt mit seinen unzüchtigen Holzstatuen (ungeheuren Priapen, und rimis pudendarum), genieſst man eine schöne Aussicht auf dieses einsame, allmählig zum waldigen Lubu Radja emporsteigende Thal und die beiden Bäche, die es durchschlängeln. *)

Das wie gewöhnlich im Viereck erbaute Dorf, eines der gröſsten, ist von einer, schon längst verwüsteten und von Schweinen durchwühlten Bambu-turi-Hecke umgeben, — übrigens unbefestigt.

Das Erdreich der östlichen Hügel ist unfruchtbar, hart, thonig, und geht an vielen Stellen, seiner Grasdecke entblöſst, bolusroth oder bräunlich-gelb, weit in die Ferne schimmernd, zu Tage; — das Erdreich der Fläche ist dunkelbraun, schwärzlich, und nicht so schwer und thonreich, als das der Hügel.

Thal Pagger utang.

Das zweite jener Zwischenthäler, die noch zu Ober-Ankola gehören, ist Pagger utang. Um zu ihm zu gelangen, führt der Pfad erst auf dem 2ten Rücken von Batana tua

---

*) Eine prallig-steile Senkung, die sich (oben zu einer Terrasse erhoben) von dem einen Bache quer zum andern hinüberzieht, bezeichnet die Grenze zwischen diesem Thale und der eigentlichen flachen Bucht.

nordnordwestwärts hinan (und zwar in dieser Richtung, um einem tiefen Thale auszuweichen) bis zu einem 2050′ hoch gelegenen Punkte, von wo man Tobing etc. sehen kann, und zieht sich von da in einer fast östlichen Richtung, mehr und mehr zum jenseitigen Thale fallend, quer über die Bergmasse hin, welche in zahlreiche, neben einander liegende Zweige gesplitzt ist. Aufser den parallelen Längenthälern, welche sich südostwärts zwischen diesen Zweigen hinabziehn, finden sich auch Hunderte von kleinen gekrümmten Neben- und Querthälern, die der ganzen Bergmasse ein recht labyrinthisches, durchfurchtes und durchschlängeltes Ansehn geben. — In diesen Thalgründen erblickt man hier und da noch ein Stückchen Wald, auf den Höhen aber, die gerundet und verflacht sind, erheben sich nur einzelne Emblicabäumchen und Psidiumsträucher (Ps. n. sp.) *), hier und da mit Nepenthesarten durchrankt, aus dem Allang. Das Kerngestein unter dem oben beschriebenen Erdreich ist Trachyt. — Merkwürdig ist dabei, dafs der Weg an vielen Stellen mit Quarzsand bestreut ist, obgleich wie bekannt, der Quarz kein Bestandtheil des Trachytes ist. — **)

Es führt der Weg, noch ein kleines, sumpfiges Thal und den Bach Kottang überschreitend, auf dem verflachten oder doch sehr sanft geneigten Ostgehänge dieser Bergmasse hinab nach Pagger utang. Diesen Namen führt ein Dorf in der Mitte eines schmalen, aber länglichen Thalgrundes, der ringsum von sanften Anhöhen umgeben, und aufser dem Durchbruch seines Baches in S.O., kesselförmig geschlossen ist. Jenseits in N.O. ist es der lange Bergrücken, der vom Sibulaboalie südostwärts zur östlichen Kette von Ankola herabläuft, und den wir, als die Grenze dieser Provinz bereits oben beschrieben. Wie dieser Rücken, so ist auch das Thal von N.W. nach S.O. gerichtet, und in dieser Direction etwa 4¼ Min. lang, und querüber bis zum Ufer des Sitorbis fast 1½ Minuten breit. — Es ist ein flacher Wiesengrund, der nicht söhlig,

---

*) dieselbe Art, die auf den Bergen bei Padang wächst, auch auf Banca vorkommt, aber auf Java ganz fehlt. Wir werden sie noch oft antreffen, und wollen sie vorläufig Ps. sumatranum nennen.

**) Wir werden dieser Erscheinung im 6ten Abschnitt des 2ten Buches gedenken.

sondern mit vielen hügligen Erhabenheiten versehen ist, und der an manchen Stellen, in den Senkungen zwischen den wellenförmigen Hügeln, eine sumpfige Beschaffenheit annimmt, z. B. westwärts vom Dorfe bis an den Fuſs der westlichen Grenzberge, wo zwischen Klagawildniſs 4 kleine sumpfige Bäche entspringen, — noch mehr aber in S.O. vom Dorfe, wo er sich verschmälert, und wo sein Bach erst südwärts, nachher südwestwärts zwischen den mannigfaltigen Zweigen des so eben beschriebenen 2ten Bergrückens von Batana tua und der Ost-Ankolakette hinaustritt, um sich im Thalgrunde Ankola in den Batang Ankola zu ergieſsen. Es entsteht dieser Bach von Pagger utang aus der Vereinigung des E. Batang kumal, welcher fast die Mitte des Thales durchflieſst, und des E. Sitorbis, welcher ostwärts vom vorigen sich dicht am Fuſse des nordöstlichen begrenzenden Bergrückens herabzieht. Oben zwischen den Zweigen des Sibulaboalie-Gebirges entsprungen, flieſsen sie über Trachytgeschiebe hinab, und treten dicht unterhalb des Dorfes zusammen. — Nordwestwärts steigt die Thalsohle, die früher, als jener Durchbruch in Südosten noch nicht vorhanden, oder noch nicht so tief ausgefurcht war wie jetzt, ohne Zweifel wenigstens in ihren tiefern südöstlichen Gegenden einen See bildete, sanft und allmählig zum waldbedeckten Sibulaboalie-Gebirge an, dessen verlängerte Rücken es eigentlich sind, welche zur östlichen Hauptkette von Ankola hinabziehend, es beiderseits umschliessen. — Das Thal bleibt gleichsam in dieser Hauptbergkette liegen, die durch dasselbe gespalten ist. — In der Mitte zwischen beiden Bächen, nahe an ihrer Vereinigung, erhebt sich, zunächst von Sawa's umgeben, ein ganz isolirter, fast hemisphärischer Hügel, auf welchem, genugsam durch die Natur befestigt und nur durch einen doppelten Zaun (Pagger) von Bambusstäben umringt, die 35 Häuser des Dorfes Pagger utang stehn. Zwei Pforten in entgegengesetzter Richtung führen auf den rundlichen Scheitel des Hügels, der sich gut zur Anlegung einer kleinen Feste eignen würde, aber von dem gegenüberliegenden östlichen Bergrücken mit Geschütz bestrichen werden kann. (Geradlinigte Entfernung etwa 2500 bis 2700 Fuſs.)

Ueber das Unbewohntsein vieler Gegenden Ober-Ankola's, die ungeachtet ihres fruchtbaren Bodens, ihres gemäſsigten Klimas, ihrer sanften Neigung und reichen Bewässerung von vielen Bächen, wodurch sie bei der Leichtigkeit, das Wasser nach allen Richtungen hin zu leiten, sich besonders zur Reiskultur in Sawa's eignen, — dennoch unbebaut und menschenleer da liegen, und über die Ursachen dieser Mehschenleere ist bereits Einiges im 2ten und 11ten Kapitel der Völkerkunde verhandelt worden. Dort wurde bereits angegeben, daſs nach der Versicherung der Battaer diese Gegenden vormals stärker bevölkert waren, und daſs allein im Thalgrunde von Nord-Ankola 56 Dörfer lagen, wovon man sich auch wirklich noch die Namen von einigen 30 aufzählen lassen kann. In den Vertilgungskriegen der Padries unter Tuanku Iman (Malem bassa, früher Tuanku muda genannt), der den Tuanku von Rau nöthigte, sich mit ihm zum Ueberfalle zu vereinigen, wurden sie zerstört (1830. Siehe oben S. 129).

Wir machen hier noch einmal auf den höchst wichtigen Besuch Ankola's im J. 1772 von zwei englischen Reisenden, Halloway und Miller, aufmerksam (siehe Kap. 16.), welche Ankola noch in seiner höchsten Blüthe und Kultur antrafen.

§. 4.

Vierte Provinz.

Nieder-Ankola.

Areal 174 Quadrat-Minuten.

Flachland 83	Kultur	12	Gebirgsland 91	Kultur	4
	Allang	26		Allang	16
	Wald	45		Wald	71

Grenzen. Sie umfaſst das Stromgebiet und Thal des Bergstromes Eik Batang Ankola, von seinem Austritt aus Napa bis zu seiner Vereinigung mit dem Gadis.

Ihre Nordwestgrenze und Scheide mit Ober-Ankola wird theils durch zwei von den beiderseitigen Bergketten herablaüfende Querrippen gebildet, nämlich auf der Südwestseite von dem nördlichsten, an Napa grenzenden Querrücken Dolok Malcha, und auf der Nordossteite durch eine ähnliche von der

Hauptkette südwestwärts herabfallende Rippe (die nächste nordwärts neben der von Para kagahan), — theils im Thalboden selbst, auf der Westseite durch den Batang Ankola (da, wo die Hängebrücke über ihm schwebt), und auf der Ostseite durch den von Pagger utang kommenden Bach dargestellt.

Die Südwest- und Nordostgrenze sind die Firsten der beiden genannten Hauptbergketten.

Die Süd- (besser Südost-) grenze ist die Wasserscheide zwischen dem Ankola- und Gadisstrome, ein wenig hoher, wulstiger Rücken, der von der N.O.-Ankolakette ausgeht, und zwischen den Dörfern Serumatinggi und Simpang rampeh südwestwärts herüberläuft, um sich bei der Vereinigung beider Ströme zu endigen. — Diese Wasserscheide ist daher ein Theil der südlichen Grenze der Battaländer überhaupt, weil Alles, was südöstlicher liegt, jetzt nicht mehr zu dem Battalande, sondern zu Mandaheling gerechnet werden mufs.

Wir haben das Thal von Nieder-Ankola, so wie den Antheil der vorigen Provinz an diesem Thalgrunde, als den nördlichsten Theil des grofsen Parallel-Thals von Sumatra in allgemeinen Zügen schon im Ersten Abschnitt der Chorographie kennen lernen, und dort bereits auf die vollkommene Schliessung dieses Thales in N.W. durch den Lubu Radja und durch die Verbindungszüge dieses Berges sowohl mit der südwestlichen, als auch mit der südöstlichen Kette von Ankola aufmerksam gemacht.

Diese Bergzüge lernten wir in ihren speciellern Lokalitäten in der vorigen, IIIten Provinz kennen.

In südöstlicher Richtung, fast in der Mitte des Thales, strömt der Eik Batang Ankola herab, der alle andern seitlichen Bäche aufnimmt, und wendet sich unterhalb Serumatinggi südwestwärts, um das Centralthal zu verlassen und in einer Spalte (einem Querdurchbruch) der Südwestkette sich mit dem Gadisstrome zu vereinigen, und dann weiter durch waldige Ebenen nach der Südwestküste hin zu strömen.

Die Länge des Thalgrundes von der von uns vorgenommenen Nordwestgrenze (Vereinigung des Baches von Pagger utang mit dem B. Ankola) bis zur queren südöstlichen Wasserscheide beträgt 18$\frac{3}{4}$, aber vom südlichen Fufse jener Hügelreihe an gerechnet, die sich vor der Bucht von Batana tua quer ins Thal hineinschiebt, 20 Minuten. Wir haben dieses nördliche Stück wegen der Nothwendigkeit, zur Arëalberechnung feste Grenzen anzunehmen, noch zu Ober-Ankola gerechnet, obgleich es topographisch betrachtet mit der übrigen Thalsohle ein Ganzes ist. Nur pflanzenphysiognomisch ist es verschieden, und mit jener eigenthümlichen Allang- und Malaccabaum-Vegetation bedeckt, die weiter unten verschwindet, und gewöhnlicher, zwischen Allang zerstückelter Waldung Platz macht. Die Breite der Thalsohle dort oben beträgt $3\frac{1}{4}$ Minuten, also viel mehr als bei Pitja koling, wo ich sie mit der Kette mafs, und wo sie zwischen dem Fufse zweier gegenüberliegender, vorspringender Querrücken (Rippen) noch nicht ganz 2 Minuten, nämlich blofs 10400 Par. Fufs betrug. Wenig breiter ist das Thal in seiner mittlern Gegend, nur in den untern Gegenden nimmt die quere Breite bis zu $3\frac{1}{4}$ und 4 Minuten zu.

Südostwärts, $1\frac{1}{4}$ Min. von jenem vorspringenden, zungenförmigen Hügel am Batang djumie, führt der Tobing'sche Weg über den Hauptbach Batang Ankola, der hier O zum S. fliefst. — Ueber seinem breiten, nur mit kleinen (faustgrofsen) Geschieben erfüllten Bette, in einer Gegend, wo es von einem ansehnlichen Streifen Waldung beschattet ist, hängt in 2 Bogen, nämlich in der Mitte des Flusses auf einen Felsen gestützt, die Rotangbrücke, welche von Tobing an die 2te, und von Tapollong an die 4te Hängebrücke auf dieser Militair-Route ist.

Von hier aus besteht die rechte Thalhälfte in der Nähe des Fufses der südwestlichen Kette aus flachen, sehr weiten, plattenartigen Terrassen, die sich vom Fufse des Gebirges eine unter der andern treppenartig, aber sanft bis in die Mitte des Thales herabsenken. Nur die linke Thalkluft bis zum Fufse der Nordostkette ist söhlig-eben. Es sind diese flachen Terrassen mit der gewöhnlichen Allangvegetation bedeckt, und nur in der Nähe der kleinen Bäche, deren von der Hängebrücke bis Pitja koling in ziemlich steilen Klüften viere quer herablaufen, noch mit Streifen Waldes versehen. Diese südwestlichen Gegenden des Thales sind es, welche, nahe am Fufse der Bergkette und sich stets von der Mitte des Thales fern haltend, der jetzige Weg (südostwärts) durchschneidet. Zwischen dem 2ten und 3ten Bache (von der Hängebrücke an gerechnet) springt das Terrain nach Osten vor, und erhebt sich zu einem sanft gerundeten, fast isolirten Hügel, dessen Fufs ostwärts vom B. Ankola bespült und seitwärts von den 2 kleinen Bächen eingefafst, eine sehr feste Lage hat, und gleichsam zur Erbauung einer Benting einladet.

Selampueh.

Am rechten Ufer des 4ten Baches, E. Selampueh, liegt nahe dem Fufse der südwestlichen Kette, das Dorf Pitja koling, und etwas mehr thaleinwärts, doch der südwestlichen Kette nach innen näher, als der Mitte des Thales, die kleine Benting oder Redoute, die mit den sie umringenden Bambushütten, Kasernen etc., den Militairposten bildet gleiches Namens mit dem Dorfe.

Die ziemlich söhlige Ebene hat hier eine Meereshöhe von 640 Fufs. Man erreicht diese Station von Tobing in 4½ bis 5 Stunden Marsch, und kann von da auf ziemlich gut unterhaltenen Pfaden sowohl südostwärts nach Mandaheling, als auch ostwärts über die Bergkette zum östlichen Fufse der Bergkette weiter gelangen. (Siehe Fig. 17.). Diese Wege stofsen neben dem viereckigen Erdwalle, der von einem Graben umgeben die Benting bildet, und ein Paar Hütten zur Wohnung eines Sergeanten und eines Dutzend Soldaten einschliefst, zusammen, und vereinigen sich mit einem 4ten, der geradlinig 900 Fufs weit aus W.S.W. vom Dorfe hierher führt. Die Wohnung eines Controleurs, die eines diesem untergeordneten Beamten, ein Passantenhaus für reisende Offiziere, das Haus eines Sergeanten, der die festen Träger commandirt, eine provisorische Kaserne, und einige Krämerhütten (Bazaars) — alle von Bambus erbaut — reihen sich in mäfsigen Entfernungen der Benting an und bilden (auf diese Art nämlich im J. 1841 und noch im Anfang von 1842) die Niederlassung, die mit jenem Battadorfe zusammen in einer offenen, gröfstentheils grasbedeckten Ebene liegt, um welche sich rings die Urwaldung herumzieht. — Im Norden liegt der Rand dieser Wälder sehr nahe, im Osten aber entfernt er sich 700 und im Süden 1000 Fufs weit von der Benting; doch ist auch ein Theil der eingeschlossenen Fläche, sowohl im Süden mit Rimbu (Klagagras und Gesträuch), als auch in S.O. von der Station, östlich von dem Wege nach Mandaheling, abwechselnd mit Gebüsch und Gras bedeckt und daselbst sehr sumpfreich.

Zahlreiche Schnepfen bevölkern diese mit Scirpen und Cyperen bewachsenen, von Gebüsch umsäumten Sümpfe.

Auch in den Wäldern rund um diesen Ort trifft man viele kleine Sümpfe und Gräben an, die durch Regenwasser bei mangelndem Abfluſs entstanden sind und für die söhlige Beschaffenheit des Thalbodens sprechen. Das Wasser dieser Sümpfe (im Schatten der Wälder) hat eine kaffeebraune Farbe, die ihre Entstehung wahrscheinlich einer Auflösung von organischen Substanzen, die viel Extractivstoff enthalten (Wurzeln, Rinden umgestürzter modernder Bäume u. s. w.) verdankt.

So ist das Fleckchen Grund beschaffen und umsäumt, in welchem man hier die bräunlich-gelben, mit Allang gedeckten Hütten der europäischen Station, dort die schwarzen und düster sehenden spitzen Giebel des Batta-Dörfchens erblickt. — Es ist, wie die vielen Wälder und Sümpfe schon vermuthen lassen, keinesweges zu den gesundesten Gegenden zu rechnen; je drückender sich über Tag die Hitze entwickelt (88 bis 90° Fahr. als Maximum), um so dichter ist des Nachts das feuchte Nebeltuch, das auf dem Thalgrunde lastet, und um so zahlreicher sind dann die Mosquiten, welche alle Gebäude durchschwirren. Fremdlinge, die sich hier niederlassen, sowohl Europäer, als Javaner, werden daher leicht von Fiebern befallen, weſshalb es rathsam wäre, die Hauptniederlassung höher hinauf auf die trocknern, kühlern und gesundern Berggehänge von Tobing zu verlegen.

Ladang's.

Weit entfernen sich die Ladang- (trockne Reis- sowohl als Mais-) Felder vom Dorfe und vereinzeln sich in der Waldung umher. — Ein jedes Feld ist von einer kleinen Hütte bewacht. Entweder auf hohen Pfählen, oder auf der Gabeltheilung eines Baumes errichtet, sendet diese Hütte nach allen Richtungen Stränge von Rotang oder Baumrinde durch das Feld, mit daran befestigten Popanzen, um die Vögel zu verscheuchen. Nur Papaya's, Pisang's und hier und da Jambu pitjih's (Psidium pyriferum) zieren als Fruchtbäume das kleine Feld, dessen lichtes Grün angenehm mit den Waldbäumen contrastirt. — Die Entfernung dieser Ladangs vom Dorfe, — Sawa's findet man nur einige am Ufer des B. Ankola, — erklärt sich aus der Beschaffenheit des Bodens, welcher zunächst bei Pitja koling weniger fruchtbar, schwer, thonartig ist, und nach langer Trocknifs sehr hart wird, — auf andern Stellen des Thales aber eben so locker und humusreich ist, als auf den umgebenden Berggehängen; auf solchen Plätzen mit lockerem, dunkelbraunem Boden in der Waldung wird vorzugsweise der trockne Reis gepflanzt.

Eik Batang Ankola.

Eine Minute östlich von der Benting setzt der nach Pertiebie führende Weg auf einer Brücke von Bambusstämmen über den Batang Ankola, der hier 61 Fufs breit ist. Seine Ufer sind 10′ tief eingeschnitten und bestehen aus horizontalen, parallelen Schichten von Sand und kleinen Steintrümmern, die auch den Grund des Bettes erfüllen, nur mäfsig grofs sind, und am häufigsten ½ bis 1 Fufs im Durchmesser haben.

Die mehrsten sind Trachytgeschiebe, unter denen nur einzelne Geschiebe von Granit, von weichem, mergelartigem Sandstein, von Feuerstein und Quarz zerstreut vorkommen. Von Quarz findet man einzelne sehr grofse Stücke. — Bei niedrigem Wasserstande ist der B. Ankola nur an einzelnen Stellen, wo die Ufer steil sind, 7 Fufs tief; an andern, wo Geschiebe aufgehäuft liegen und die Ufer flach sind, bildet er Furthen mit kaum 3′ tiefem Wasser. Dennoch halten die Battaer, besonders um die Communication beim „Banjer" zu unterhalten, kleine Kähne von ausgehöhlten Baumstämmen auf diesem Flusse, der reich an Fischen, besonders der vortrefflichen Karpfenart Ikan gorami (Cyprinus sp.) ist, die zuweilen bei verhältnifsmäfsiger Dicke die Länge von 2 Fufs erreichen.

Vom linken Ufer führt der Weg erst südostwärts im Thale weiter, ehe er schief ostsüdostwärts auf das jenseitige Gebirge hinaufsteigt.

Verlassene Dörfer.

Vor den Kriegen mit Rau war auch in Nieder-Ankola, das unter allen Batta-Provinzen dem Anfalle zuerst ausgesetzt war, die Kultur viel blühender als jetzt, und die Zahl der Dörfer gröfser. Noch leben, blofs was die nächsten Umgebungen von Pitja koling betrifft, im Munde der jetzigen Bewohner die Namen von 6 Dörfern, die vor jenen Kriegen bestanden haben: Manung-ang, — Habessong, — Batang Pahal, — Halumpang, — Podun, — und Parakagahan; letzteres lag, etwa 100′ über dem Thale, auf dem Fuſse einer Querrippe der Nordostkette, und ist an seinem stehen gebliebenen kreisförmigen Bambuszaune, der fortgrünt, noch jetzt erkennbar.

Südostwärts von Pitja koling nimmt die Waldung im Thalgrunde, nur noch selten von Allang unterbrochen, immer mehr zu. Besonders seine Nordosthälfte, zwischen dem linken Fluſsufer und der jenseitigen Bergkette, ist wild und unbewohnt. — Der Weg nach Mandaheling läuft in der südwestlichen Hälfte hinab, und berührt die Dörfer Singalangang, Talang und Serumatinggi, unter welchen letztern die Höhe des Thalbodens noch 550′ beträgt. (H.)

Das Thal scheint in einer frühen Vorzeit, wenigstens theilweise, mit Wasser bedeckt gewesen zu sein. Sein söhliger Boden, — seine horizontalen Erdlagen, — der einzige Abzug seiner Gewässer durch die Gadiskluft nach W. machen dies wahrscheinlich. — Eine Mythe der Inländer deutet darauf auch hin. In der Kluft (dem Querdurchbruche) des Gadisstromes, sagen sie, lag viele Jahrhunderte lang eine groſse Schlange zusammengeringelt und hinderte den Ablauf der Gewässer, die in Ankola sowohl als in Mandaheling einen groſsen See bildeten, bis sie von einigen Riesen besiegt und in Stücke gehauen wurde. Diese Stücke verwandelten sich in groſse Felsentrümmer, zwischen denen das Wasser hindurchbrach und abfloſs, und die man noch in jener Kluft antrifft. —

§. 5.

Fünfte Provinz.

P a d a n g - l a w a's.

Areal 400 Quadrat-Minuten.

Flachland 283⅓	Kultur	20	Gebirge 116⅔	Kultur	0
	Allang	263⅓		Allang	41⅔
	Wald	0		Wald	75

Sie umfaſst einen Theil vom obern Stromgebiete des E. Burumon, oder die östlichen Gehänge der Bergketten Ankola's, und die obersten Gegenden der Ostfläche Sumatra's am Fuſse dieser Kette.

Grenzen.

Ihre Südgrenze (welche zugleich ein Theil der Südgrenze der Battaländer überhaupt ist), wird durch einen Theil der Ostbergkette von Ankola, von dem Punkte an, wo westwärts die Wasserscheide zwischen Ankola und Mandaheling herabläuft (siehe Provinz 4.), und durch die Nebenzweige gebildet, welche nach O. und N.O. von da auslaufen, und welche die Quellen des Kali Burumon enthalten; — durch einen der nördlichsten Zuflüsse des Burumon dem Südfuſse des Bergarms von Batang unang entlang wird dann diese Grenze ostwärts weiter fortgesetzt, bis da, wo sich der Burumon und Panneh bei Pertiebie zu einem schiffbaren Flusse vereinigen. Die Bergarme von Batang unang und Siunjam also, als Nebenzüge der Hauptkette, und das Dorf Burumon werden auf diese Art mit in das Gebiet der Battalande eingeschlossen.

Ihre südwestliche Grenze ist die Ostbergkette von Ankola und Pagger utang, bis zu einem Punkte oberhalb Pagger utang, wo sie der nach Siepierok führende Weg verläſst.

Die nördliche Grenze ist von diesem Punkte an der Siepierok'sche Weg bis zum Eik Kambirie, und dann dieser Bach selbst, welcher nachher seinen Namen in Sungi durian verändert, bis er das Gebirge verläſst. Von dort bildet der Fuſs der Gebirge von Tanna Dolok die Grenze der Provinz bis zum Breitenparallel von 1° 25′, in welchem sie quer nach Sikuristak hinüber geht.

Die östliche Grenze ist der Eik Burumon von Sikuristak bis Pertiebie. —

Gleichförmigkeit der Berggehänge, welche sehr sanft und allmählig in die Fläche übergehen, und Einförmigkeit ihrer Pflanzenbekleidung, welche vorherrschend aus Allang besteht, — charakterisiren diese Ostseite der Berge und die östlichen zunächst an sie grenzenden Ebenen in diesem Theile von Sumatra. — Wenn eine Provinz von nur 50 Quadr. Minuten bei groſser Verschiedenheit und Mannigfaltigkeit ihrer Terrainformen sehr weitläufige Beschreibungen nöthig macht, so kann dagegen ein 10 Mal gröſseres Land, das aber gleichförmig nur aus Einer Bildung besteht, mit wenigen Worten geschildert werden; — dieses Letztere gilt besonders von dieser und der folgenden Provinz.

Die nordöstliche Hauptbergkette von Ankola ist in ihren

höhern Theilen noch mit Wald bedeckt; der Weg überschreitet sie ostsüdöstlich von Pitja koling, da wo sie den Namen Bukit Simardona oder Gunong tua führt, in einer Höhe von 1600 Fufs; die Zweige, die sie weiter südostwärts von diesem Punkte ausschickt, nach O. nnd N.O., verlieren ihren Waldschmuck immer mehr und überziehen sich mit Allang. Zwischen einem Nebenarme dieser Zweige, der sich nordwärts herumbiegt, und dem Ostfufse der Hauptkette bleibt hier ein buchtartig eingeschlossener Theil der Fläche liegen, der in N. offen steht und das Dorf mit dem gleichnamigen Posten Batang unang oder Gunong tua enthält, in einer Meereshöhe von 610′ (H.). Ostwärts von da überschreitet der Weg nach Pertiebie jenen nördlichen Nebenzweig, welcher nicht viel niedriger als die Hauptkette, jedoch gröfstentheils kahl ist, und am Wegpasse 1560 Fufs über dem Meere liegt. (H.). Er heifst Bukit Sipapal. — Von dort in die Fläche abwärts steigend, übersetzt der Weg den Bach Tjirimamba und erreicht den einsamen Posten Siunjam, 350′ über dem Meere. (H.). — Südlich von da laufen die östlichsten Zweige der Kette in die Fläche aus. Von hier seine Richtung ostwärts verfolgend, übersetzt den Weg der Bäche Siunjam, Suat, Segamat und Kabaran, bis zum Kampong Pertiebie, in den obern Gegenden der Ostfläche, welche hier eine Meereshöhe von 220 Fufs hat. (H.).

Dieser durch seine geschichtlichen Erinnerungen sowohl, als durch die Haupt-Militärstation, welche später (nach der Eroberung im J. 1836) hier errichtet wurde, auf Sumatra berühmt gewordene Ort, grenzt ostwärts an einen 5ten Kali, E. Panneh, welcher höher oben von den Bächen Kambirie und Sungi durian gebildet wird. Der Panneh sowohl, als alle diese letztgenannten Ströme fliefsen südostwärts durch die Fläche, vereinigen sich aber zu einem Hauptbache, der südlich vom Wege, im Ganzen ostwärts läuft und jenseits Pertiebie mit dem, noch weiter in Süden aus der Ostkette herabfliefsenden Burumon zusammentrifft. Der vereinigte Kali, den die Battaer nun auch Burumon nennen, und der bei hohem Wasser schon von dieser Stelle an für kleine Kähne fahrbar ist, fliefsen nun in einer fast nördlichen Richtung durch die Fläche bis zur Station Sikuristak an seinem linken Ufer.

Die Schiffbarkeit für gröſsere Prauen nimmt aber erst in der Mitte seines Laufes bei Kotta Pinang ihren Anfang.

Auſser den bereits genannten Dörfern liegen in den einförmigen Allangwildnissen dieser Provinz noch folgende: Burumon in S.O. von Pertiebie, — Tambarandja in N.N.W. — Kadjaran in N.W. — und Sungi durian in dieser Richtung noch weiter entfernt, am Ufer der Gebirge der 7ten Provinz.

Kadjaran liegt am Fuſse einer kleinen isolirten Hügelkette von Kalkstein, der einzigen, die sich in der Fläche erhebt, und die sich mit einem ausgezackten Kamme etwa 2 Minuten weit von S. nach N., also in querer Richtung zum Bergabhange höher oben, hinzieht.

Allangwuchs, als ursprüngliche Bekleidung des Bodens. — Bodenart.

Während sich in andern Provinzen auf fruchtbarem, humusreichem Boden die Allangfelder fast jederzeit als vormaliger Kulturgrund darstellen, und also solche Stellen bekleiden, die vormals mit Wald bedeckt nnd durch Menschenhände dieses ihres ursprünglichen Schmuckes beraubt wurden, so scheint in dieser Provinz und in einem groſsen Theile der Ostgehänge von Sumatra's Bergen und der zunächst an diese stoſsenden obern Gegenden der Ostfläche Sumatra's überhaupt, der Allangwuchs wirklich ursprünglich und eine Folge des unfruchtbaren, harten, thonartigen Bodens zu sein. — Bei Pertiebie besteht dieser Boden aus einem weiſslichen, bald mehr kalk-, bald thonartigen Mergel, der nur an einigen Stellen von etwas fruchtbarerm, aber dünnen Erdlagen bedeckt ist; — und an den Berggehängen herrscht ein bolusrother, schwerer, fester Thongrund vor, der nach anhaltendem Regen breiartig durchweicht wird und sich innig mit dem Wasser, das er lange behält, verbindet, nach anhaltender Trockniſs aber sehr hart wird und zu undurchdringlich festen Krusten erstarrt, welche überäll aufklaffen und von Rissen durchzogen sind. Dieser so beschaffene Grund nun (der sich fast zu keinem Kulturzweige eignet), ist meilenweit, ja tagereisenweit einförmig und ohne Abwechselung mit den 3 bis 3½ Fuſs hohen Blättern und Halmen des Allanggrases (Imperata Allang mihi) bedeckt, welche heerdenweis, fast undurchdringbar dicht neben einander wachsen und nur stellenweis von dem höhern, 7 bis 10 Fuſs hoch emporschieſsenden Klagagrase (Saccharum Klaga mihi) verfangen sind. Auch untermischt sich ihnen hier und da Sorghum tropicum und Anthistiria Junghuhniana Nees ab E. — Es sind wirkliche Steppen, Graswildnisse, in denen sich nur selten ein Strauch oder ein Baum, oder eine einzelne Gruppe von Bäumen erhebt, und die nur in der feuchtern Nähe der Flüsse, welche die Steppe durchschneiden, schmalen Streifen von mehr zusammenhängender Waldung Platz machen. In der Regel beschränken sich diese Waldstreifen lediglich auf die Fluſsufer.

Wahrscheinlich ist diese Naturbeschaffenheit überall der obern, gebirgsnahen Hälfte der Ostfläche Sumatra's eigen; die untere, meeresnahe Hälfte dieser Fläche aber ist mit Wald bedeckt, namentlich mit Sumpfwaldung, wodurch sie dem Menschen eben so unbewohnbar wird, als sie es höher hinauf durch ihre Dürre und Trockenheit war. Den Ostfuſs der Berge und die angrenzenden obern Regionen der Fläche ausgenommen, ist sie daher nur an den Ufern der Flüsse, welche sie durchschneiden, bewohnt, und nur dort findet sich hie und da eine einzelne Hütte oder ein kleines Dorf. Diese mit Kähnen und in ihrem untern Laufe mit gröſsern Schiffen befahrbaren Flüsse bilden daher auch die einzige Communication für Menschen, — und nur Elephanten durchkreuzen die weiten Räume zwischen ihnen.

Zu dem öden und ermüdenden Anblick der weiten Allangebnen Pertiebie's, und zu dem dürren Boden und schlechten Trinkwasser daselbst, gesellt sich noch eine unmäſsige Hitze, um allen Europäern den Aufenthalt an diesem Orte zu verbittern. — Mit dieser Hitze vereinigen sich sehr häufig starke West- und Nordwestwinde, die manchmal wochenlang ohne Unterlaſs wehen, aber die Hitze keinesweges mildern. Sie finden ihre Erklärung in der groſsen Ausdehnung der Luft über der dürren, erhitzten Ostebene, und in dem dadurch veranlaſsten Hinzuströmen der weniger verdünnten Luft aus den west- und nordwestlichen Bergen. — Dann pflegt die Trokkenheit der Atmosphäre den höchsten Grad zu erreichen, und typhöse und biliöse Fieber stellen sich ein. Die Trockenheit ist so groſs, daſs man z. B. Schreibfedern nur durch das Eintauchen in Wasser brauchbar erhalten kann.

Eigenthümlich ist das Aussehn dieser Fläche, wenn man sie von einer Anhöhe, namentlich von der östlichen Bergkette oberhalb Pagger utang aus überschaut. — Unabsehbar weit zieht sie sich, scheinbar ansteigend, in die Ferne, wie ein küstenloser Ocean, und verliert sich zuletzt in nebligen Dunst. So gewährt sie eher einen traurigen, trostlosen, als erfreulichen Anblick. Nirgends entdeckt das Auge einen hervorragenden Punkt, oder eine verschieden gefärbte Stelle, um sich nach dieser zu orientiren. Einförmig und öde, halb in einen Dunstschleier zerfliefsend, breitet sie sich aus, ein kahles, dürres Allangmeer, eine Graswüste, von bräunlich-gelbem, grauem Colorit, auf welche die Sonne versengend herabscheint. Nur ein einsames Rauchwölkchen steigt an einer Stelle empor; es bezeichnet die Lage des Ortes Pertiebie. —

Wir können diese Provinz nicht verlassen, ohne der eigenthümlichen Vegetation ihrer oberen Gegenden, nämlich der östlichen Bergabhänge gedacht zu haben, — wollen uns aber erst einen Ueberblick der nordwestlichsten Ecke der Provinz verschaffen, da wo sich die Abhänge des Sibulaboaliegebirges ostsüdostwärts allmählig herabsenken.

Auf dem langhingezogenen Bergrücken, welcher das Thal Pagger utang in N.O. umfafst (s. die 3te Provinz), steigt der Siepierok'sche Weg von Pagger utang erst geradlinigt dem Rücken folgend, nordwestwärts hinan bis zu einer Höhe von 2950′, und wendet sich dann nordostwärts bis zu den Grenzen Siepierok's, auf welchem Wege er 5 Bäche übersetzt. — Der Rücken ostwärts von Pagger utang, welcher die Fortsetzung der östlichen Hauptkette von Ankola ist, stellt auf seiner Höhe keine schmale Firste dar, sondern ist flach und ausgebreitet. — Hier war im Jahre 1842 unmittelbar oberhalb Pagger utang ein neuer kleiner Kampong: Gunong Marita entstanden, was einen Beweis liefert für die zunehmende Bevölkerung seit dem wiederhergestellten Frieden. — Der Bergrücken, nachdem er oben grofse Strecken weit ganz flach auslief, senkt sich nachher äufserst sanft gen Osten hinab, und geht so allmählig in die Fläche über, dafs man unmöglich angeben kann, wo sein Fufs eigentlich liegt. Auch die Ostkette von Ankola selbst, die man weiter südwärts in der verlängerten Richtung ihrer Axe erblickt, ist sehr breit und sanft geneigt; weit ziehn sich die queren Zweige, die sie nach Osten ausschickt und zwischen denen die Bucht von Batang unang liegt, in die Fläche von Pertiebie hinein.

Der 1ste Bach in ziemlich tiefer Kluft mit Trachytgeschieben ist E. Batang Niha; jenseits erhebt sich sein Ufer zu einer kleinen Platte, die nach S.O. schroff gesenkt ist, einwärts aber nach dem Abhange des Sibulaboalie zu sich in ein kleines kesselförmiges Thal erweitert, wo man Sawa's erblickt mit hoch auf Baumstämmen erbauten einzelnen Hütten. Der 2te kleine Bach, der hierauf folgt, ist anonym; der 3te heifst Eik Situmba und fliefst ebenfalls in tiefer, mit grofsen Trachytblöcken erfüllter Kluft; höher oben ergiefst sich in ihn ein kleiner Bach, der aus einer Solfatara kommt und mit Schwefelsäure imprägnirt ist. — Der 4te ist klein, ohne Namen. — Der 5te, Kambirie, ist der gröfste und strömt über mächtige Trachytgeschiebe in einer tiefen Kluft hin, zwischen mit Gebüsch bewachsenen Wänden, aus welchen einige Baumfarrn ihre zierlichen Schirme hervorstecken. — Jenseits im Norden von diesem Bache erhebt sich der Grenzbergrücken von Siepierok, der mit dem Sibulaboalie zusammenhängt, und der südostwärts einen langen Gebirgszweig, den Dolok Simo pudjing in die Ebene hinabschickt. An seinem Fufse windet sich der Kambirie, nachher Sungi durian (auch Siappas) genannt, hinab, als Hauptzuflufs zum K. Panneh bei Pertiebie; an seinem linken Ufer im schönen, aber nun menschenleeren Thale stand einst das Kampong Tambusira *). Dieser Bergrücken ist höher, als die Abhänge. welche der Gegenstand unsrer Betrachtung sind; noch höher aber ist der waldige Sibulaboalie in Westen, aus dessen auslaufenden und verflachten Rücken (Rippen) dieses Terrain eigentlich besteht. — Alle Rücken haben gleiche Höhe mit einander, sind in mannigfaltige Nebenrücken gespalten, und oben ausgebreitet, aber durch ziemlich tiefe und steile Klüfte getrennt, die sich in sonderbaren Krümmungen am Abhange hinschlängeln und diesen zu einem rechten Thal- und Hügellabyrinthe machen. Die mehrsten dieser Klüfte sind noch mit Stückchen Waldes bekleidet, die Höhen zwischen ihnen aber weit und breit nur mit Allang überzogen.

---

*) dessen Radja (Djaju Malihang) dem Blutbade entging und sich noch 1841 als Gast bei dem Radja von Saligundi aufhielt.

Hier, auf dem harten, in der Regel bolusrothen, zuweilen röthlich-gelben oder röthlich-braunen Boden, der tief vom Regenwasser durchfurcht, überall von Spalten durchzogen und an den Seiten der kleinen Abhänge und Furchen eingestürzt ist, tritt zwischen dem Allanggrase vereinzelt eine baumartige Heide (Erica Sp.) auf, welche dieser Gegend eine sehr eigenthümliche Physiognomie verleiht. Es ist ein Bäumchen, an der Basis ½ Fuſs dick und drüber, mit rissiger sich abschälender Rinde und in geringer Höhe über dem Boden schon in schlanke Zweige gespalten, die selten höher als 20, gewöhnlich nur 15′ hoch werden. Ihre Endzweige hängen herab und schaukeln im Winde, der in dem feinen, nadelförmigen Laube des Bäumchens ein Säuseln, wie in Fichtenwäldern erzeugt. Aber welcher Contrast der unter dem glühenden Sonnenstrahl gleichsam dampfenden Allangwüste mit einem Fichtenwalde des Nordens! Diese Gegend hat fast einen süd-afrikanischen Charakter. — Auſser der Erica sind es noch Malaccabäumchen (Emblica officinalis), die nicht viel höher als jene, sich einzeln mit ihnen, seltner in ganzen Gruppen zwischen Allang zerstreuen. Ihre säuerlichen Früchte werden von den Battaern sowohl als von den Javanen genossen. — Die Blätter (oder summitates) der Erica sind als Emmenagogum bekannt und werden wie die Sabina des Nordens gebraucht. Sie sind aromatisch und liefern einen Aufguſs, dessen Geruch an Ol. Cajeputi erinnert. — Eine dritte Pflanze ist das strauchartige, schöne Psidium sumatranum (s. oben), mit kleinen, umgekehrt eiförmigen, auf der untern Fläche wollig-weiſsen Blättern, rosenrothen Blumen und birnförmigen, wenn sie reif sind, purpurröthlichen eſsbaren Früchten, deren Geschmack erdbeerenartig ist. Hier und da ist das kleine Gebüsch von Nepenthesarten durchrankt; ein mehr beständiger Begleiter des Allang aber auf solchen Berggehängen ist eine Pterisart, die häufig zwischen dem Grase wächst.

Von Pertiebie führte einst ein Weg über Siunjam und über die jetzt verlassenen Dörfer Batu ganna und Tambusira nach Siepierok, welcher seit der Entvölkerung dieser Gegend ganz verwildert ist. *)

---

*) Diesem Wege folgten 1826 die Krieger des Tuanku von Dalu-dalu (Tambosi), die unter der Anführung des Radja Kali Allam

Anhang zur fünften Provinz.

Zwischen dem Flusse Burumon, welcher von Pertiebie *) bis zu seiner Mündung ins Meer bei Tanjong Bangsie **), in der Richtung N. zu O. eine Strecke von 90 Minuten durchläuft, und dem Kubu, welcher von Dalu-dalu ***) (wo er Sossak heifst), sich in einer ebenfalls fast nördlichen Richtung der Nordostküste zuwendet ****), bleibt eine ungeheure Aluvialfläche liegen, die nur in dem obersten, bergnahen vierten Theile ihres Gebietes trocken zu sein, in den übrigen drei Viertheilen aber aus sumpfiger Waldung zu bestehen scheint. Eine Linie von Pertiebie bis Dalu-dalu gezogen, bezeichnet die ohngefähre Grenze des Ostfufses der Berge, da wo diese bereits flach in die Ebene ausgelaufen sind. — Von dieser Linie an bis zur Nordostküste innerhalb der beiden genannten Ströme umfafst jene Fläche ein Aréal von 2440 Quadr.Minuten, von denen der oberste vierte Theil ganz den Charakter

---

von Pertiebie, Alles was sich nicht schnell unterwarf und den Koran annahm, auf ihrem Wege verwüstend, bis nach Siepierok zogen, doch nicht weiter vordrangen. Nach der Aussage der Battaer bestand die Expedition aus 700 Mann, die aber nur zur Hälfte mit Gewehren, zur Hälfte mit Lanzen bewaffnet waren.

Vier Jahre später (1830) hatten die gröfseren Einfälle der Horden des Tuanku Iman und Rau statt, die nie aus weniger als 1000 Mann bestanden, aber auch nur zur Hälfte mit Gewehren bewaffnet waren. Sie drangen, mordbrennend, bis an die Grenzen von Eik Daho. Zwar suchten die von Natur muthigen Battaer fast überall sich zu vertheidigen, dadurch verschlimmerten sie aber ihr Loos, und mufsten ihrer schlechten Bewaffnung, namentlich ihres fast gänzlichen Mangels an Gewehren wegen, mit Ausnahme nur weniger, von der Natur befestigter Dörfer, fast immer unterliegen. — Vielleicht wäre ihre gänzliche Vertilgung in wiederholten Zügen von diesen fanatischen, blutgierigen Verehrern Mahomeds vollendet worden, hätten nicht im J. 1832 die niederländischen Truppen den Krieg mit den Padries in Bondjol angefangen, der nacheinander die Unterwerfung von Rau (1832), Dalu-dalu (1835), Pertiebie (1836), und Bondjol (1838) zur Folge hatte. — Man sehe über die Padriesekte: Oorsprong der Padaries, in: Tydschr. Neerl. Indie. jaarg. I. pag. 113 seqq. — Korte beschryving van het Nederl. grondgebied ter Westkust Sumatra. l. c. jaarg. II. pag. 138 seqq.

*) N. Br. 1° 15'. O. L. 99° 50'.

**) N. Br. 2° 43,. O. L. 100° 15'.

***) N. Br. 1° 00'. O. L. 100° 27'.

****) N. Br. 2° 4'. O. L. 100° 38'.

der Padang Lawa's an sich trägt, während die übrigen ⅘ aus sumpfigen, menschenleeren Urwaldungen bestehn. — Diese letztern sind nur an den Ufern des Flusses sparsam bewohnt, und nur in jenem obersten Theile finden sich Dorfschaften (siehe Taf. IV.). — Ich habe Anstand genommen, diese weite Fläche, in der sich das bebaute Land zur Wildniſs wie 1 zu 100 verhält, zu den Battalanden zu zählen, weil ihre Bewohner gröſstentheils aus Malaiern zu bestehen scheinen, und nur in der Gegend von Pertiebie mit echten Battaern gemischt sind. Kaum der vierte Theil ihrer 2000 Bewohner scheinen Battaer zu sein. — Vielleicht könnte man sie am zweckmäſsigsten als eine besondere Provinz unter den Namen Dalu-dalu oder Stromgebiet des Kubu zu Mandaheling und Rau zählen.

---

§. 6.

Sechste Provinz.

Burumon.

Areal 1135 Quadrat-Minuten.

Hochland 1135	Kultur	20
	Allang	0
	Wald	1115

Sie umfaſst das untere Stromgebiet des Kali Burumon von Sikuristak bis zu seiner Mündung an der Nordostküste, — oder die östliche zwischen dem Burumon und Bielaflusse eingeschlossene groſse Waldfläche, welche nur längs den Ufern der beiden genannten schiffbaren Ströme sparsam bewohnt, übrigens aber unzugänglich ist. —

Ihre Ost- und Südostgrenze bildet der K. Burumon.

Ihre West- oder Nordwestgrenze ist theils im Norden der Kali Biela, — theils, mehr im Süden, der östliche Fuſs der Gebirge von Tanna Rampeh, Siepierok und Tanna Dolok.

Ihre Südgrenze geht von Sikuristak unter 1° 25′ N. Br. quer zum Fuſse der Berge von Tanna Dolok hinüber und scheidet sie von den Padang Lawa's, deren dürre Allangflächen hier allmählig in Waldgrund übergehn. Dieser Wald, zuletzt sumpfig werdend, zieht sich nun ununterbrochen und unbewohnt bis zur Meeresküste hin.

Von Pertiebie bis Sikuristak lief der Burumon, wie wir sahen, fast in nördlicher Richtung; von hier ist seine Hauptdirection bis Kotta Pinang erst N.W., nachher N.N.W. Bis dahin führt dem linken Ufer entlang, nur die Krümmungen abschneidend, ein Weg, der von Pertiebie an in die 5 Stationen Sikuristak, Sioppo, Longa patjang, Sisopau und Kotta Pinang vertheilt, aber sehr schlecht und morastig ist. — Von Kotta Pinang (nach den bisherigen Kartenbestimmungen fast in der Mitte seines Laufes) ist bei mäfsigem Wasserstande der Flufs 18′ tief, und auch bei niedrigem Wasser fahrbar. Seine Länge vom Einflufs des Panneh bei Pertiebie bis hierher beträgt in gerader Linie, ohne die Krümmungen, 45 Min., und eben so viel von hier bis zu seinem Zusammenflufs mit dem Biela, bis wohin sein Lauf im Allgemeinen fast rein nördlich ist. Er macht aber unzählige, unaufhörliche, schnell auf einander folgende, grofse, buchtige, schlangenförmige, zuweilen ganz rückwärts gehende Krümmungen, und läuft fast nirgends 2 Minuten weit gerade aus, wodurch die Fahrt auf ihm sehr erschwert und um das Zehnfache verlängert wird. Sie erfordert fünf Tage abwärts, drei Wochen aufwärts. Die 17 Dörfer und einzelnen Ladangs, welche an seinen beiderseitigen Ufern von Sikuristak bis zu seiner Mündung zerstreut liegen, habe ich bereits in der Völkerkunde, Kap. 2. (Statistik) angegeben. — An seiner Vereinigung mit dem Biela, so wie an der von da noch 5 Minuten entfernten Nordostküste Sumatra's überhaupt, ist die Differenz zwischen Ebbe und Fluth sehr bedeutend, und beträgt zwischen 16 und 18 Fufs; während die Tiefe des vereinigten Stromes bis zu seiner Mündung ohne bedeutenden Wechsel zur Ebbezeit 12 und zur Fluthzeit 30 Fufs beträgt. — In der geradlinigen Entfernung von 5 Minuten von der Vereinigung beider Ströme aufwärts beträgt jene Differenz noch 9 bis 10, — in 10 Minuten Entfernung 3 bis 4 Fufs, und erst im Abstande von 13 Minuten verschwindet sie ganz. — Bis hieher beträgt die geradlinige Entfernung mit Abschneidung aller, auch der Hauptkrümmungen, vom Einflufs des Panneh bei Pertiebie annähernd 75 Minuten, die Höhe dort 220, der mittlere Fall also 1 Fufs auf 1947 Fufs Entfernung. Dieses Gefälle ist aber nicht gleichmäfsig vertheilt, sondern beträgt in den oberen Gegenden viel mehr, als in den unteren.

Da, wo beide Ströme nordwärts von der durch sie eingeschlossenen, keulenförmigen Landzunge, deren westlicher Rand Tanjong Pakanten, und deren nordöstlichste kleine Spitze Tanjong Kopias heiſst, zusammentreten, ist das vereinigte Wasser sehr breit, und besonders nach O. und N.O. buchtig erweitert, wo es die kleine Insel Pulo Kanten einschlieſst. Dann aber verengert sich wieder der Kali, welcher nun Biela heiſst, und läuft, anfangs 5000, zuletzt bei seiner Mündung ins Meer fast 8000 Fuſs breit, gerade nordwärts 5 Minuten weit bis zum Strande fort. Die linke Ecke an seiner Mündung führt den Namen Tanjong Ledong, die rechte, weiter seewärts vorspringende: Tanjong Bangsie; dieser letztern etwas näher liegt in der Mündung eine Bank, Kwala Tanjong Bangsie, zwischen welcher und dem linken Ufer aber noch ein mehre Tausend Fuſs breites Fahrwasser übrig bleibt. Eine kleinere, längliche Bank liegt auch am rechten Ufer, etwa in der Mitte zwischen der Benting und der Mündung; das linke Ufer ist überall frei, ohne Gefahren.

Am nördlichen Strande der eingeschlossenen Landzunge, westwärts von Tanjong Kopias, liegt die Benting Biela, vor welcher kleine Seeschiffe, die nicht tiefer als 10 Fuſs gehn, sicher ankern können.

Auch der eigentliche Kali Biela ist an seiner Vereinigungsstelle links von der Benting noch zu breit, um kleinen Schiffen *), die sich ans jenseitige Ufer halten, den Durchgang zu verwehren. Die Breite beträgt hier von der Benting bis gegenüber nordnordwestwärts zur Vereinigungsecke über 4000 Fuſs.

Einsam liegt diese Benting in menschenleerer Wildniſs da, und mehre Tagereisen weit von den nächsten Militärposten getrennt; auſser den beschuppten Bewohnern des Flusses, der wirklich sehr fischreich ist, findet sich nichts Eſsbares in den Umgebungen, und die Bebauer der kleinern Ladangs am Ufer des Burumon produciren nicht mehr, als ihr eigner Bedarf erheischt. — Rhizophoren- und mehr noch Nipagebüsche (Nipa fruticans) bedecken weit und breit das sumpfige Terrain, das zwischen den Fluſsufern und den Ge-

*) z. B. den Handelsprauen des Radja von Biela, welcher der Benting zum Trotz seinen Reis nach Malacca führt.

büschen kaum so viel trocknen Raum darbietet, um den Officieren der Garnison einen Spaziergang zu erlauben. — Nach dieser Beschaffenheit des Bodens sollte man den Ort für sehr ungesund halten; doch traten (bis 1842) keine erheblichen Krankheiten bei der Besatzung (75 ambon'sche, nur einige europäische Soldaten) ein. — Vielleicht ist dieser Umstand der ausnehmend hohen Fluth zuzuschreiben, die täglich 16 bis 18 Fuſs fällt, und dann alle Unreinigkeiten mit hinwegspült.

§. 7.

Siebente Provinz.

Ostgebirge von Siepierok und Silantom.

Areal 487½ Quadrat-Minuten.

Gebirge 487½	Kultur	40
	Allang	0
	Wald	447½

Die westlichen Grenzen dieser Provinz sind die steilgesenkten Firsten und Kuppen, welche die Plateaus von Siepierok und Silantom auf deren Ostseite überragen, — von dem höchsten Punkte des Rückens Dolok Simopudjing (im Süden von Siepierok) an bis zur nördlichsten Kuppe der Silantomberge.

Die Südgrenze, gegen die Provinz der Padang Lawa's, bildet zum gröſsten Theile der Kali Sungi durian.

Die nördlichen Grenzen der Provinz sind die Südgrenzen von Tanna Hurung und Rampeh, namentlich die Bergkette Dolok Goreng daselbst, nebst den wasserscheidenden Bergfirsten, durch welche sie ohne Unterbrechung mit der letzten Kuppe der Silantomberge verbunden ist, und der gekrümmten Bergkette, welche vom Dolok Goreng erst ost-, nachher nordwärts bis zur Porta Tobae streicht.

Ihre östliche Grenze aber, oder der Uebergang des Fuſses der Berge in die groſse Ostfläche der Inſel kann vorläufig nur ohngefähr bestimmt werden. —

Ich führe dieses so umschriebene, mir nur an seinen Grenzen *) bekannte, im Innern aber unbekannte Gebirgsland

*) mit Ausnahme der Ostgrenze. Die andern lernte ich auf Zügen von den Centralflächen der Battaländer kennen, und die Südbegrenzung auf einem Zuge von Tambusira aus in die Berge von Tanna Dolok.

hier als eine besondere Provinz auf, weil es seiner Naturbeschaffenheit nach wirklich ein Ganzes bildet, und wegen seines Reichthums an Kampfer und Benzoë und seiner Nähe an den schiffbaren Flüssen der Ostfläche, dereinst, wenn Bevölkerung und Kultur zunehmen, von hinlänglicher Bedeutung werden dürfte, um eine besondere Provinz zn bilden.

Es besteht aus keiner einzelnen Bergkette mit ihren Zweigen, sondern aus einer Menge neben einander gelagerter, kleiner Bergketten oder Rücken, die durch mannigfaltige Zwischenthäler getrennt, alle ziemlich parallel mit einander von W.N.W. nach O.S.O. streichen. Sie haben ihre gröfste Höhe da, wo sie sich binnenwärts nach den Centralflächen zu in kleine Kuppen endigen und sich dann jäh, oft wandartig steil in diese Flächen hinabsenken, deren Ostgrenze ihr Absturz bildet; nach S.O. zu aber senken sie sich allmählig immer mehr hinab. In sofern diese höchst eigenthümliche Bildung (auf die wir noch ein Mal zurück kommen werden), auf meiner Karte Nr. VI. dargestellt ist, sind auch diese Gebirge daselbst nicht figurativ, sondern dies nur in Beziehung auf die genaue (zur Zeit unbekannte) Zahl, und innere Verzweigungsart der vielen Ketten. Ihr Streichen und ihre Begrenzung ist die angegebne.

Diese Gebirge sind sehr unwegsam und ganz mit Urwaldung bedeckt. — In ihrem südlichsten Theile liegt die Landschaft Tanna Dolok, — da, wo sich diejenigen Bergrücken, welche auf den südlichsten der ganzen Provinz, den lang hingezogenen Dolok Simopudjing folgen, in die östliche Ebene hinabsenken.

Eine Anzahl von 6 Dörfern liegt theils auf den Firsten der Bergrücken, theils in ihren Zwischenthälern. Die ansehnlichsten unter ihnen sind Pagger Napa und Simanabon. Ersteres, nordwestwärts von Pertiebie, über Sungi durian in einem Tagemarsche erreichbar, liegt in einem schmalen. sanftgeneigten Thalgrunde; letzteres aber weiter nordwärts auf der steilen Firste eines Bergrückens, der schroff und felsig hinabstürzt. An vielen Stellen nur auf Leitern ersteigbar, bildet es eine natürliche Festung, und ist einer von den wenigen Orten in den Battalanden, welche die Truppen des Tuanku's von Rau und Tambosi vergebens zu überwältigen suchten. (Daher der Trotz des Radja Horlang von Simanabon!)

Höher oben im Gebirge nach Siepierok zu liegen noch zerstreut die Dörfer Simanti angin, Siallang, Tugadu und Tapus.

§. 8.

Achte Provinz.

S i e p i e r o k.

Areäl 431¼ Quadrat-Minuten.

Flachland 175	Kultur	37	Gebirgsland 256¼	Kultur	3
	Allang	113		Allang	22
	Wald	25		Wald	231¼

Diese, nächst Tobah unstreitig schönste Provinz der Battaländer umfaſst auſser dem eigentlichen Plateau von Siepierok noch das Gebirgsland im Westen desselben bis zum Batang torru-Strome, — also das Stromgebiet derjenigen Bäche, welche sich von Süden her in den Eik Siepierok, und von Osten und Südosten her in den Batang torru münden.

Die Hochfläche selbst ist ringsum deutlich begrenzt von dem fast von allen Seiten scharf abgeschnittenen Fuſse der Gebirge.

Die Westgrenze der Provinz ist der Fuſs der vom Sibulaboalie auslaufenden Bergketten, welcher Fuſs in den nördlichern Gegenden an den Thalgrund von Sigopulang anstöſst, und in den südlichern das rechte Ufer des Batang torru berührt, bis zur Mündung des Eik Somma in diesen Strom. — Der Batang torru also trennt diesen Theil der Provinz von Ober-Tapanulie; — die West- und Nordwestgrenze des Plateau's insbesondere aber bilden das Sibulaboaliegebirge und die langen Züge, welche von diesem in nördlicher Richtung aus- und den südlichen Zweigen des Dolok Dsaut entgegenlaufen.

Die Nordgrenze ist anfangs der Bach von Silantom, nachher der vereinigte Hauptbach von Silantom und Siepierok (Eik Guteh), den die Battaer ebenfalls Batang torru nennen, den wir aber zum Unterschied als Eik Siepierok bezeichnen wollen. — Westlich, nachher südwestlich strömend bis ins Thal von Sigopulang, wo er in den Batang torru fällt, trennt er das westliche Gebirgsland Siepierok's vom Dolok Dsaut.

Die Südgrenze, von der Mündung des Eik Somma in den Batang torru über den Dolok Pohi und das Sibulaboaliegebirge laufend, ist dieselbe, wie die Nordgrenze von Ober-Ankola. — Vom Bergrücken von Pagger utang an bis zum Kambiribache haben wir den Siepierok'schen Weg als die Grenze mit den Padang Lawa's angenommen; sie folgt dann eine Strecke weit diesem Bache und zieht sich zu dem höchsten Punkt des Dolok Simopudjing hinauf, wo sie mit der Ostgrenze zusammentrifft. — So wird der gröſste Theil des Hochgebirges Sibulaboalie in die Provinz mit eingeschlossen. Die Südgrenze des Plateau's allein besteht aus niedrigen, aber nach innen ziemlich steil gesenkten Bergzügen, die ebenfalls vom Sibulaboalie ausgehn, östlich streichen, und sich mit dem obern Ende des Dolok Simopudjing vereinigen, von wo an sich der innere Bergabfall nordwärts umbiegt.

Die Ostgrenze des Plateau's und der ganzen Provinz zugleich, ist von dieser obersten Kuppe des D. Simopudjing an jener lange, anfangs halbmondförmig gebogene, nachher fast nördlich verlaufende höchste Rand der weiter nach Osten liegenden Gebirge, deren Gesammtmasse sich hier überall ziemlich steil, und stellenweis mauerartig schroff ins Plateau hinabsenkt, bis an die Grenze Silantom's, wo ihre nördlichste Kuppe Atjang gutang heiſst.

Von hier streicht ein Rücken: Dolok Goleh, westnordwestwärts den Zweigen des Dolok Dsaut (Torsi gamba) entgegen, und bildet, indem er zu der Kluft des Silantombaches hinabfällt, so wie nachher dieser Bach bis zu seiner Vereinigung mit dem Eik Guteh selbst, die nördlichste Grenze. — Hier nähern sich also die westlichen und östlichen Grenzgebirge, und zwischen ihren und den Zweigen des Dolok Dsaut verschmälert sich das Plateau zuletzt zu einer schmalen Kluft.

So umgiebt ein ununterbrochener Kranz von Bergen diese schöne Fläche; — im Osten ist es der vereinigte Rand aller der Bergketten, welche die 7te Provinz bilden; — im Westen sind es die lang ausgestreckten Zweige des Sibulaboalie; beide vereinigen sich im Süden fast in einer Kreislinie mit einander, und umschlieſsen hier den breitesten, südlichen und mittlern Theil des Plateau's, der einen fast rundlichen Umfang hat. Seine gröſste Breite von West nach Ost ist hier, in der Gegend des Dorfes Siepierok, 13 Minuten. — Nördlich von da, indem die beiderseitigen Gebirge sich einander mehr nähern, von jenseit des Dorfes Punja ponter an, verschmälert sich die Fläche, und nimmt von 8 Min. Breite ab bis zu 3¼ Min., an ihrem nördlichsten Ende bei Tuladjat. — Die gröfste Länge des Plateau's, von Saligundi an im Süden bis zu seinem nördlichen Ende am Bache von Silantom, ist 19 Minuten, sein Umfang fast von birnförmiger Gestalt, und sein Areal ungefähr 175 Quadr.Min.

Wenn man nach Vergleichungen sucht, so kommt Siepierok dem Plateau von Bandong auf Java am nächsten, ist aber etwas höher, und senkt sich von seinen höchsten südwestlichen Gegenden am Fufse des Sibulaboalie aus 3000 Fufs Höhe sehr sanft bis zu 2700′ in seiner Mitte (in der Gegend unterhalb des Dorfes Punjaponter) herab. Von hier an aber verändert es nicht mehr seine Höhe, sondern läuft horizontal und söhlig bis an sein nördliches Ende fort; nur der Grund der Flufsthäler, die es durchschneiden, hat dort einen Fall.

Nach dieser verschiedenen Bildung der Oberfläche unterscheiden wir die südliche, gröfsere und breitere Hälfte (bis in die Gegend von Punjaponter) von der nördlichen, schmälern des Plateau's.

Die südliche Hälfte hat von allen Seiten her, sowohl von S. nach N., als auch von W. nach O., eine sehr bemerkbare Neigung nach einem Centralpunkte, welcher an der nördlichen Grenze dieser ersten Hälfte südwestwärts unter dem Dorfe Punjaponter liegt; dort münden von allen Seiten her alle Bäche dieser südlichen Hälfte in einen Hauptbach, Eik Guteh zusammen, welcher nun durch die zweite, nördliche Hälfte der Fläche einen nordwärts gerichteten Lauf nimmt.

Während in der südlichen, stark geneigten Hälfte, — dem eigentlichen, am reichsten bevölkerten Siepierok, — die Betten der Bäche nur sanft ausgewaschene Vertiefungen darstellen, mit allmählig gesenkten Rändern, — bilden sie in der andern, nördlichen, söhlig-ebnen Hälfte (die wir nach einem Dorfe in ihrer Mitte Warseh nennen können), grofse und tiefe, senkrecht eingeschnittene Kanäle, die den Zusammenhang der (gleichen) Oberfläche auf einmal unterbrechen. — Hier sind nur Thonschichten an den Wänden der Klüfte bemerkbar; dort aber im südlichen Theile besteht das Plateau, wenigstens in den bergnahen Gegenden, aus weitverbreiteten Lagen von Trachyt und Lavatrümmersteinen, welche fast alle gerundet und geschiebeartig sind, höchstens $\frac{1}{2}$ Fuſs im Durchmesser haben, und durch ein thonerdiges oder sandiges Cement zusammengebacken, horizontale oder nur wenig geneigte, 10 bis 25 Fuſs mächtige Schichten bilden, die auf Trachyt ruhn, oberflächlich aber fast überall noch von einer wenigstens 3 Fuſs dicken, fruchtbaren Erdschicht bedeckt sind.

Die nördliche, horizontale Hälfte ist mit Allanggras uud nur vereinzelten Stückchen Waldung bekleidet; die südliche aber ist in ihren tiefern, mittlern Gegenden, besonders den Fluſsbetten entlang, mit mehr zusammenhängender Waldung bedeckt, und in ihren höhern Regionen, die zum Fuſse der Berge ansteigen, wiesenartig mit kurzem Futtergras bewachsen und vorzugsweise bewohnt.

Nach diesem allgemeinen Ueberblick fassen wir die Einzelnheiten Siepieroks näher ins Auge, und heften unsern Blick zurück auf Saligundi, welches das südlichste seiner Dörfer ist. Es liegt an einem Bächlein, das ganz in der Nähe zwischen Grasmatten entspringt, 2860 Fuſs über dem Meere, nahe am innern Fuſse des südlichsten Grenzbergrückens von Siepierok. *)

Wenn man von Ankola kommend, und durch das unaufhörliche Auf- und Absteigen in dem von Klüften durchzogenen Gebirgslande ermüdet, auf der Höhe dieses Rückens anlangt, so wird das an Gebirgsformen gewöhnte Auge durch einen neuen und höchst angenehmen Anblick überrascht. — Die Höhe neben einem alten Feigenbaume, der sich einzeln auf dem Rücken erhebt, erreicht 3000 Fuſs über dem Meere.

Nur Bergrücken und schroffe Thalklüfte zwischen ihnen finden sich diesseits, im Süden von dieser Anhöhe; — jenseits aber, im Norden, senkt sich der Abhang kaum 140′ tiefer hinab und — erhebt sich dann keineswegs wieder zu neuen Bergen! — nein, er breitet sich zu einer Ebene aus, deren freundliche, lachende Grasfluren ganz nahe am Fuſse des Hügels liegen. — Dort erblickt man das Dörfchen Sali-

*) Daſs die Fuſse in dieser Beschreibung überall alt-pariser Fuſse sind, gröſser als rheinländische, und die Minuten (oder $\frac{1}{4}$ geogr. Meile) = 5710 solcher Fuſse, ist bereits früher bemerkt.

gundi, und etwas weiter Weringien, beide von ringförmigem Bambusgebüsch umgeben, über das ihre schwärzlichen Hütten düster hinwegblicken.

Weit zieht sich das Plateau nach Norden in die Ferne hin, und verliert sich dort in ein waldiges Dunkel; in der Nähe aber, am Fuſse des Hügels, sind es schöne Grasmatten, auf denen viele bebaute Felder, Sawa's sowohl als Ladang's, zerstreut liegen. Ihr lichtes Grün contrastirt mit den dunkeln Waldstreifen, die sich labyrinthisch in allen Richtungen durch die Fläche schlängeln, und aus deren Dickicht hier und da die noch dunklere Gestalt einer Arengpalme hervorblickt. Sie bezeichnen den Lauf der kleinen Fluſsbetten oder Bachthäler, welche jederzeit in dieser südlichern Gegend des Plateau's an ihrer dichtern Bewaldung erkennbar sind.

Sanft gerundet sind diese Grenzhügel im Süden. Auf der Ostseite des Plateau's aber sind diese Grenzberge höher, und bilden dort eine von S. nach N.W. herumgebogne Wand, die sich jäh in die Tiefe stürzt. — Man erblickt sie von hier in Nordosten. Eine schroffe abgerissene Felsenmauer, von weiſslich-glänzender Oberfläche, stürzt sie sich 700 Fuſs tief senkrecht ins Plateau hinab. Durch lange verticale und kürzere quere Spalten in groſse, vierkantige Stücke abgesondert, gleicht sie einer, aus ungeheuren prismatischen Säulen aufeinander gethürmten Mauer, und besteht auch wirklich aus vierkantigen Trachytsäulen von sehr groſsen Dimensionen.

Unvergeſslich bleibt mir der Eindruck, den ich empfand, als ich diese Gegenden zum ersten Male erblickte. — Es war ein heitrer Abend. Die Kühlung hatte schon fühlbar zugenommen, und der bläuliche Rauch aus den Dörfern stieg senkrecht auf in die reine Plateau-Luft. In einem neblig-düstern Dunste verloren sich die fernern Gegenden der Ebene, aber einladend blinkten die nahen Grasmatten von Saligundi mit ihrem gastfreundlichen Dörfchen zu mir herauf. Hell war jene Felsenwand im Osten beleuchtet, die den schiefen Strahl der Sonne reflectirte. Alles um mich her war neu, und trug ein ungewohntes, fremdes Kleid. So blinkte mir auch, ungeheuer und bizarr, gleich einem Mauerwerk von Riesenhänden erbaut, diese Felsenwand entgegen, und erglühte mit einem weiſsen, silberfarbnen Lichte im letzten Scheine der Abendsonne. — Sie erinnerte mich an manche Scenen in den Beschreibungen andrer Reisenden, und rief die Erzählung von jenem Gebirge Calitamini, das jeden Abend in einem röthlichen Feuer glüht *), lebhaft in mein Gedächtnifs zurück.

Es rührt dieser bei einfacher Beleuchtung blafs-weifsliche, bei schiefem Stande der Sonne aber glänzende Schimmer der Felsen, wie ich mich später überzeugte, von einem glatten Thallus einer Flechte her, welche die nackte, ebne Felswand überzieht. Glimmerhaltige Steine und Kalkfelsen finden sich nirgends in der Umgebung des Plateau's, dessen Bewohner ihren Bedarf an Kalk zum Betelkauen aus Süfswassermuscheln zu brennen pflegen.

Von diesem südlichsten Dorfe führt bis in die westlichen Gegenden des mittlern Theiles vom Plateau zum Dorfe Siepierok ein Weg, der bei der flachen Beschaffenheit der Grasfluren, die er durchschneidet, und bei der geringen Tiefe der Bachklüfte, die sich durch jene hinabziehn, mit geringer Mühe in den besten Zustand versetzt werden könnte.

Der erste Bach ist Eik Mandurana; er fliefst eben so wie der von Saligundi, indem er der allgemeinen Neigung des Terrains folgt, zuerst nach Osten. Beide erreichen jedoch den Fufs der östlichen Bergwand nicht, sondern wenden sich nach ihrer Vereinigung, — die tiefste Gegend des Plateaus durch ihren Lauf bezeichnend, und sich stets in einer gewissen Entfernung vom Fufse der östlichen Berge haltend, — zuerst nord-, nachher nordwestwärts. (Man vergleiche die Karte Nr. III..)

Berg von Saligundi.

Zwischen dem Dorfe Saligundi und dem Bache Mandurana führt der Weg dicht am Fufse einer Hügelmasse vorbei, deren Rippen prallig-steil in die Fläche vorspringen. Die langen Bergrücken nämlich, welche vom Sibulaboalie auslaufen und das Plateau im Süden umsäumen, erheben sich dort höher als zu beiden Seiten im Westen und Osten, und steigen zu einer kuppigen, ziemlich steilen Bergmasse an, von welcher aufser den zwei Verbindungszweigen links und rechts auch nach den andern Seiten hin kurze Nebenrippen fast divergirend herabziehn. Die innern von diesen Rippen, die sich

*) aus A. v. Humboldt's Reisebeschreibungen.

nach dem Plateau hin senken, sind abgerundet, breit, aber kurz, und fallen prallig-steil in die Fläche. Oben sind sie bewaldet und mit kleinen, kaum 25 Fufs hohen Bäumen bedeckt, die am Umfange der Wäldchen, einzeln stehend, einen so pyramidalen Wuchs haben, dafs man aus der Ferne Gebüsche von Juniperus zu erblicken glaubt. *)

Eik Mandurana.

Das Wasser des Baches Mandurana, dessen Bett 6 bis 10 Fufs tief in Conglomeratschichten ausgewaschen ist, hat eine sonderbare, dicke, lehmig-trübe, schweflige Beschaffenheit und eine gelbe Farbe, die auch nach anhaltend trocknem Wetter, wenn alle andern Bäche hell sind, unverändert bleibt. — Es schmeckt alaunartig-zusammenziehend, röthet das Lakmuspapier (enthält also wahrscheinlich viel freie Schwefelsäure), führt eine Menge von Thonerde mit sich, und verdankt alle diese Eigenschaften einer halberloschenen Solfatara, in welcher dieser Bach höher oben im Sibulaboaliegebirge entspringt. Von dort ist sein Lauf erst ostwärts im Walde hinab, und dann nordostwärts durch einen buchtartigen Theil der Fläche, die sich zwischen dem Fufse des Sibulaboalie- und Saligundiberges verschmälert hineinzieht.

Vom linken Ufer des Mandurana an macht der Weg, um eine sumpfige Stelle zu umgehn, eine grofse rechtwinklige Biegung nordwestwärts, — führt dann auf Matten von kurzen Grasarten, die vielen weidenden Kühen und Karibauen zum Futter dienen, — seltner über Felder von längerm, aber dürrem und unbrauchbarem Allanggras, — neben dem Kampong Weringien vorbei, über den 2ten, und anhaltend nordwestwärts über den 3ten Bach, Eik Godang, dessen flacher Thalgrund ganz in Sawa's verwandelt ist, — neben dem Kampong Pagger anpadang hin (Pagger andolok bleibt südwärts auf einem Hügel liegen) bis zum Hauptdorfe

Siepierok,

welches auf dem linken, hohen und hüglig-unebnen Ufer des Baches Eik Tau erbaut ist. Wie die übrigen, so hat auch

*) Sie gehören zur Familie der Laurineae. — Mein Herbarium ist bis dato noch nicht untersucht. — Ein botanischer Anhang soll später zu dieser Chorographie geliefert werden.

dieser Bach sein Bette ziemlich tief in Conglomeratschichten (von Trachyt) ausgefurcht. — Zwischen der Bambushecke des Dorfes, die verwahrlost und von vielen Lücken durchbrochen ist, und dem Bache, steht im Schatten einiger alten Weringienbäume, übrigens ganz im Freien, ein Versammlungshaus, Soppo, an dessen gewaltigen, schön bearbeiteten Eckpfählen der Reisende erkennt, dafs er sich nur in den eigentlichen Battaländern befindet. Ein zweites, noch gröfseres Gemeindehaus im Innern des Dorfes, mit äufserst massiven und reich verzierten Pilaren, die grofsen, schönen Radja-Wohnungen, und die Wände aller Häuser aus dicker Baumrinde, welche die Stellen von Brettern vertritt, bestätigen dies. — Das Fort ist grofs, aber unbefestigt; seine Häuser stehen in regelmäfsigen Reihen hinter einander, zwischen denen wirkliche kleine Strafsen übrig bleiben. — Ihm reiht sich, von einem ähnlichen ringförmigen Bambuswäldchen umgeben in N.W. ein kleineres Dörfchen Pangoraban an. Aber aufser diesen zu Dörfern vereinigten Häusern finden sich von Saligundi bis Siepierok, besonders westwärts vom letztern Dorfe bis zum sanft ansteigenden Fufse des Gebirges hin, Hunderte von einzelnen Hütten, die in den Sawa's und Ladang's umher zerstreut sind, und die diesen südwestlichen Gegenden des Plateau's ein rechtbebautes, belebtes und freundliches Ansehn geben.

In S.O. vom Dorfe Siepierok, fast in der Mitte zwischen diesem und dem Berge Saligundi, endigt sich, prallig-steil in die Fläche hinabfallend, ein langer Bergrücken, der sich vom Sibulaboalie nordostwärts herabzieht, und der auf diesem seinen nordöstlichen Ende das Dorf

Paggeran dolok

trägt. — West- und nordwestwärts von diesem Hügel haben die obern bergnahen Gegenden der Fläche (welche hier buchtig zwischen dem Hügelzuge von Paggeran dolok und dem mehr westwärts liegenden Bergrücken einspringt), eine sehr sumpfige, fast moorartige Beschaffenheit, und sind zwar nicht mit stehendem Wasser bedeckt, aber so schlammig weich, dafs man an vielen Stellen, die trügerisch mit Pflanzen bewuchert sind, Gefahr läuft, bis an die Kniee in den schwärzlich-braunen, zuweilen aber auch ockergelben Moorgrund einzusinken. Diese Moore sind mit einer reichen und seltnen Vegetation von Scirpen, Cyperen, besonders aber von Xyrideen und Restiaceen bedeckt, und machen erst näher am Fuſse von Paggeran dolok, so wie in der Richtung W.S.W. von Siepierok einem trocknern Boden Platz.

Dicht am westlichen Fuſse von Paggeran dolok sprudeln in geringer Entfernung von einander zwei warme Quellen hervor. Ihr Wasser ist geruch- und geschmacklos, und hat eine Temperatur, die gerade angenehm zum Baden ist.

Paggeran dolok-Hügel. Ansicht des Plateau's von da.

Von einem vorspringenden Theile des Hügels von Paggeran dolok, östlich neben dem kleinen Dorfe dieses Namens, genieſst man die freieste und belehrendste Aussicht über das ganze Plateau und seine Grenzgebirge. — Die Höhe beträgt 3300 Fuſs. Die höhern, südwestlichen Gegenden der Ebene sind offene Grasfluren, aber von vielen waldigen Klüften in schlängelnder Richtung durchzogen. Sie stellen sich, besonders die südlichern bei Weringien und Saligundi, zwischen ihren Bachklüften gleich verflachten und ausgebreiteten Bergrücken dar, die sich sanft nach der Mitte des Plateau's hin neigen. Doch sind sie deutlich vom Fuſse steilerer Berggehänge begrenzt.

Die nördlichen Gegenden des Plateau's aber, die sich bis an die untersten, mit Gras bewachsenen Gehänge der Dolok Dsautgebirge hin, ganz mit Wald zu überziehen scheinen*), sind auf ihrer Westseite völlig unbegrenzt, und gehen dort so allmählig in die nördlichsten, verflachten Bergzüge des Sibulaboalie über, das es ganz unmöglich ist, eine scharfe Grenze zwischen dem Plateau und den Gebirgen anzugeben.

Ehe dieser lange Zweig des Sibulaboalie sich im nördlichsten Theile des Plateau's gänzlich endigt, sendet er erst nordwärts vom Dorfe Siepierok einen schiefen Nebenzweig in die Fläche aus, der aber auch so niedrig ist, und sich so allmählig zur Ebene hinabsenkt, daſs keine bestimmte Grenze zwischen beiden zu ziehen ist.

---

*) scheinen, wegen der fast horizontal auf die Fläche gerichteten Gesichtslinie, wonach die viel gröſsern Allangfelder unsichtbar bleiben, die sich zwischen den nur schmalen und oasenförmigen Waldstreifen hinziehn.

Aufser diesem Hügel von Paggeran dolok (aus der Ferne erkennbar an den schwarzen Dächern des Dörfchens, die er trägt), kommen dem Topographen zwei kegelförmige Spitzen in der Ostbergkette des Plateau's als Signalpunkte sehr zu statten, weil sie von allen Seiten wieder erkennbar sind. Man erblickt die erste jenseits der senkrechten Felsenmauer, und durch ein schief auslaufendes Thal von dieser getrennt; und weiter im Norden von da, die zweite, höhere. Ihre wahre Lage, die erst durch Beobachtungen von allen Seiten zu ermitteln war, sehe man auf der Karte nach. — Die östliche Felsenwand selbst, weil ihr oberer Rand überall gleich hoch und gerade hingezogen ist, bietet dem Topographen wenig Anhaltpunkte dar; nur einige Trachytsäulen ragen etwas höher als andre über den Rand hinaus, und manche Spalten greifen als Kerben in diesen Rand ein.

Um in den nördlichen Theil des Plateau's zu gelangen, schlägt man einen Weg ein, der von Siepierok erst nordostwärts nach Punjaponter hinüberläuft, und von dort im Ganzen nordwärts durch den östlichen Theil der nördlichen Plateauhälfte führt. — Von Siepierok fällt das Terrain sowohl nach N. als nach O. ab, und ist abwechselnd bedeckt mit kleinen Stückchen niedriger Waldung und mit Allanggrasfeldern und Strauchgebüsch, aus welchem letztern überall die schönen rosenrothen Blüthen des sumatran'schen Psidium hervorschimmern. — Durch so bewachsene, nur sanft fallende Räume nordostwärts von Siepierok gelangt man in den waldumgebnen Wiesengrund eines kleinen Thales, durch welches der Hauptbach Siepierok's, Eik Guteh, hinabströmt. Bei hohem Wasser nach anhaltendem Regen ist dieses kleine Thal ganz überschwemmt, und hinterläfst nach dem Abzug des Wassers eine Menge kleiner Moräste, in denen Hunderte von Fröschen quaken.. Der Weg übersetzt zuerst in einer Furth den von Westen her strömenden Eik Guluk, nahe an der Stelle, wo er in den Hauptbach mündet, führt dann am linken Ufer dieses letzteren hin, und durchschreitet bald darauf den Eik Guteh selbst in einer zweiten Furth, welche man bei niedrigem Wasserstande bis an die Brust durchwatet. Bei hohem Wasser ist die Communication zeitlich unterbrochen; sein lehmig trübes Wasser ist dann reifsend und über 7 Fufs tief. Umgerissene hohe Waldbäume, die in und neben dem Bette zerstreut liegen, zeugen von seiner Wuth. — Das rechte Ufer des Flufsthales ist steiler als das linke, sanft ansteigende; das linke Ufer des Baches selbst aber ist als die Sohle dieses Thales ganz flach. Am rechten Ufer sind Schichten von vulkanischem Gereibsel, von Sand, bei weitem vorherrschend aber Thon- und Lehmschichten entblöfst.

Dorf Punjaponter.

Vom obern Rande des rechten Ufers setzt sich das Terrain wieder eben fort bis zum Dorfe Punjaponter, welches gleich hoch mit Siepierok nahe am Ufer der östlichen Grenzgebirge liegt, und zwar da, wo sich das nördliche (nordwestliche) Ende der grofsen, nackten Felsenwand befindet. Am bequemsten kann man daher diese merkwürdige Trachytwand von hier aus besuchen. Viele der Spalten, wodurch sie in einzelne säulenförmig-prismatische Stücke abgesondert ist, sind so breit, dafs bequem ein Mensch in dieselben hineinkriechen kann.

Das Dorf war vor Zeiten stark befestigt. Zu beiden Seiten im N.W. und S.O. ist es von der Kluft kleiner Bäche umgeben, die zum Hauptbache hinabfliefsen; vorn in S.W. befindet sich ein Graben quer von einem Bache zum andern hinübergezogen, und hinten in N.O. ist aufserhalb des Pallisadenraumes, der im Viereck die Häuser umgiebt, noch eine Schanze angebracht; ein schmaler, aus Baumstämmen erbauter und bedeckter Gang bildet auf dieser Seite die Pforte. Hier grünt auf einer Anhöhe aufserhalb des Dorfes, aufser einigen Individuen der Aleurites moluccana, ein hoher Feigenbaum; von dort hat man eine Aussicht über die tiefern Gegenden des Plateau's hinweg nach dessen jenseitigen Räumen von Siepierok bis Weringien. Nur die südlichsten Punkte, Saligundi, Sabatollang, Prausorat und Bangaribuan vermag man in dem Waldgebüsch nicht zu erkennen.

Der Boden in der Nähe des Dorfes besteht unter seiner 2 Fufs dicken Humusdecke aus einer gelb-orangefarbigen Lehmerde, welche ziemlich locker ist. In diesem Lehmboden ausgestochen fand ich auf der Nord- und Ostseite des Dorfes lange, rechtwinklig zusammenstofsende Gräben, 7 Fufs tief und so breit, dafs man sie nicht zu überspringen vermochte;

sie waren offenbar zur erneuerten Befestigung des Dorfes bestimmt, obgleich man sie für Wasserleitungen ausgab!

Nordwärts von Punjaponter nimmt die Oberfläche des Plateau's eine ganz andere Beschaffenheit an: sie wird ganz flach und auf weite Erstreckungen hin wirklich söhlig und horizontal, ohne eine bemerkbare Neigung nach irgend einer Seite hin. Ihr Zusammenhang ist aber oftmals durch weite, tiefe, kanalartige Klüfte unterbrochen. Die Bäche hören nämlich auf, in ziemlich kleinen Flufsbetten oder Thälern zu strömen, und fliefsen nun von der Gegend an, wo die Oberfläche des Plateau's söhlig wird, blofs noch im Grunde tiefer, scharfbegrenzter Kanäle, die sich das Wasser ohne Zweifel selbst allmählig ausgewaschen hat. Aufser dem in nördlicher Richtung verlaufenden Kanale des Hauptbaches (der die Mitte dieser nördlichen Hälfte des Plateau's durchfurcht), finden sich auf der östlichen Seite desselben acht solcher Kanäle, die vom Fufse der östlichen Kette sich quer durch das Plateau zur Hauptkluft hinabziehn. Zwischen Punjaponter und dem nächsten Dorfe Warseh in N.N.W. von da liegen allein 4 von diesen Klüften, und setzen der Communication, welche sonst sehr leicht sein würde, kein geringes Hindernifs entgegen. — Der Rand solcher Klüfte oder Kanäle ist auf beiden Seiten gleich hoch, scharf begrenzt und senkt sich jäh, gleichförmig bis in den tiefsten Grund hinab, doch nicht auf einmal, sondern terrassenförmig in mehren Absätzen und nach oft wiederholten flachen Vorsprüngen. Der von den Bächen durchströmte Grund ist flach und breit, und in der Nähe von Dörfern ganz in Sawa's vereinzelt; — in diesem Falle ist der natürliche Bach gewöhnlich in zwei Wasserleitungen vertheilt, die zu beiden Seiten des Grundes am Fufse der Wände, und keinesweges in dessen Mitte hinströmen. Die Plateauflächen oberhalb der Klüfte, von denen sie 1, 2 ja 300 Fufs tief durchschnitten werden, sind trocken und wasserleer, und bilden da, wo zwei Klüfte zusammenmünden, wirkliche schmale, tafelähnliche Platten, auf denen man lange Zeit bequem dahin wandert, bis auf einmal wieder eine solche verhängnifsvolle Kluft die Continuität unterbricht.

Bei einer Weganlegung können sie dennoch ungeachtet ihrer Tiefe leicht zugänglich gemacht werden. Natürlich wird man die Wege in sie hinab schief an den Wänden hinleiten, und zwar aufwärts in der Richtung der Kluft und möglichst langgedehnt an den beiden Wänden hin, wodurch man einen Theil von der Tiefe abgewinnt, und im Grunde nachher querüber; — so bleiben die Endigungen des Weges am obern Rande der Kluft im Plateau einander gegenüber liegen, der quere Weg in der Thalsohle aber wird etwas höher hinauf gerückt. — In diesen horizontalen Räumen der nördlichen Hälfte des Plateau's fängt wieder der weitverbreitete Allangwuchs mit der ihm eigenthümlichen kleinen Pterisart an vorzuherrschen und alles Andere zu verdrängen. Zwischen den Allangfeldern aber liegen eine Menge kleiner, bald rundlicher, bald streifenförmiger Stückchen Waldung vereinzelt, die durch die besondre Art ihrer Bäumchen diesen Gegenden ein ganz eigenthümliches Ansehn verschaffen. Die Bäume sind niedrig, kaum 30 Fuſs hoch, prangen aber im schönsten, dicht gewebten Grün, und zeichnen sich alle durch einen pyramidalen Wuchs aus, der sie in der Physiognomie von allen andern Wäldern unterscheidet.

Dorf Warseh.

Zwischen solchen Umgebungen liegt einsam in der weiten, völlig flachen Allangsteppe das ringsum offene Dörfchen Warseh (oder Arseh, oder Tuwarseh) in einer Meereshöhe von 2715 Fuſs. Nur noch ein (kleineres) Dorf Tannamnias, am Fuſse der östlichen Kette, liegt in seiner Nähe. — Hier fängt man zuerst an des Abends zur Erleuchtung der Hütten anstatt Dammarharz Kaju tussam zu brennen, das harzreiche, stark nach Terpenthin riechende, fett aussehende, wie mit Oel durchdrungene Holz eines Baumes, der in den östlichen Gebirgen bei Warseh zuerst auftritt, und den wir bald näher kennen lernen werden. Ein ½ Zoll dicker Spahn dieses Holzes, zwischen die Fugen der Wand gesteckt, ist hinreichend, die kleine Hütte eines Batta'ers zu erhellen, wobei man zur Noth sogar lesen und schreiben kann. Die jüngern Bäume enthalten noch kein Harz und brennen nicht.

Von Warseh, um den Weg nach Rodjitan zu verfolgen, durchschneidet man wieder eine kanalartige Kluft, welche — die 5te seit Punjaponter, — sich dicht neben dem Dörfchen hinzieht; der krystallhelle Eik Warseh durchströmt sie und bewässert die Sawa's ihrer Sohle. Auf dem rechten, hohen Rande der 6ten Kluft steht zwischen Bambus und anderm

Gebüsch das Dorf Rodjitan oder Turodjitan. Die 6te Kluft ist eine der breitesten; ihr Grund ist mit Sawa's bedeckt; der Bach Eik Silloh fliefst an ihrer rechten Wand hin und zeichnet sich durch ein weifslich-graues, trübes Wasser aus, das seine Farbe wahrscheinlich einer Vermengung mit Thonerde verdankt; denn die Wände sowohl dieser als der übrigen Klüfte bestehn vorzugsweise aus Schichten von Töpferthon, welcher hier bei Rodjitan eine vorzüglich feine Beschaffenheit und eine blei-graue Farbe hat. Er wechselt mit gelbem Lehmboden und eignet sich vorzugsweise zum Verfertigen von feinen Töpferwaaren, welche die Batta'erinnen auch sehr geschickt zu brennen wissen.

Batu Manjung-gam.

In den Gegenden zwischen Warseh und Rodjitan ist die östliche Bergkette unterbrochen durch einen Zwischenraum, der sich zwar nicht ganz so tief herabsenkt, um mit der Ebene in gleichem Niveau zu liegen, der aber doch eine Kluft, eine Unterbrechung bildet. Südlich nicht weit von da erhebt sich die zweite spitze Kuppe (die wir oben bezeichneten), — nordwärts von da aber nimmt die innere Bergwand eine sehr zerstückelte und zertrümmerte Beschaffenheit an, fast bis in die Gegend von Tuladjat. — Der Abhang erhebt sich besonders in der Nähe der Kluft in eine Menge von sonderbaren, schroffen Kuppen, spitzen Zacken und Pfeilern, die labyrinthisch durch einander geworfen, jedoch mit Waldung bedeckt sind. — Von allen andern Bergmassen aber isolirt, kahl und gigantisch, ragt in der Kluft selbst, thurmähnlich der Felsen Batu Manjung-gam, mehre hundert Fufs hoch empor. Er ist ein cylindrischer Pfeiler von grofsem Umfange, — eine riesenmäfsige Säule mit stumpfem, abgerundeten Scheitel. — Waldbedeckt schaut dieser hoch über die grauen Wolkenzüge herab, die an seinen nackten senkrechten Wänden hinschweben.

Sollte hier vielleicht einst ein vulkanischer Ausbruch Statt gefunden haben, — oder sollte dieser gewaltige Felsenpfeiler und die vielen andern schroffen Zacken und Trümmer um ihn her blofs durch Verwitterung der Zwischenräume zwischen ihnen und durch den theilweisen Zusammensturz der Bergwand entstanden sein? — Der Eik Silloh, der ein trübes, weifslich-graues Wasser hat, entspringt in diesem Zwischenraum der Bergkette. —

Von Rodjitan nordwärts führt die Fortsetzung des Weges gleich wieder in eine Kluft, die 7te, hinab, die aus zwei sich daselbst zusammenmündenden (die südliche mit dem Bache Eik Sialla) entsteht. — Durch die Fläche zwischen der 7ten und 8ten Kluft führt der Weg nordwärts, und liegt hier dem Fufse der hüglig-zerstückelten, zackigen Ostgebirgskette schon sehr nahe. —

Dorf Ladjat.

Wir gelangen nun zu dem Nordende des Plateau's Siepierok. Das letzte Dorf in diesem steht am Rande der 8ten Kluft und heifst Ladjat oder Tuladjat. Diese Kluft ist bei weitem nicht so tief als die vorigen; ihre Tiefe beträgt nicht über 4-5 Fufs; sie hat aber einen sehr breiten und flachen Grund, der wie gewöhnlich ganz in überschwemmte Reisfelder umgeschaffen ist. Er zieht sich nordwestwärts durch's Plateau. Der Bach, welcher am Fufse seiner linken Wand strömt, heifst Eik Manja radja, und der an der rechten Wand Eik Male hōan.

Nördlichste Gegenden des Plateau's.

Ost- und nordwärts von Ladjat hört der Grund auf eine Ebene zu sein, und besteht nur aus flach-ausgebreiteten Rükken der Ostgebirgskette, denen Querrippen sich hier in den nördlichsten Theil des Plateau's herabsenken. Bei Tuladjat ist das Plateau bereits sehr schmal, und endigt sich einige Minuten nordwestwärts vom Dorfe ganz. Dort biegt es sich nach Westen um, und tritt als ein flacher, waldbedeckter Zwischenraum zwischen den Fufs der Bergrücken des Dolok Dsaut im Norden und die letzten Ausläufe der vom Sibulaboalie abstammenden Bergarme im Süden hinein. Diese Züge im S. sind sehr niedrig, verflachen sich immer mehr, und verschwinden, ehe sie den Fufs der von Norden herabfallenden Zweige des D. Dsaut erreicht haben. Die Kluft des Siepierok'schen Hauptstromes Eik Guteh folgt derselben Richtung durch die verschmälerte, westwärts umgebogene Ebene, nimmt den Bach von Silantom, der aus N.O. herabströmt, auf, und bricht dann weiter nach W. durch die Gebirge, deren Fufs nur noch durch eine enge Schlucht geschieden ist. —

Diese nördlichsten Gegenden des Plateau's, im N.W. des Dorfes Ladjat, wo die Hauptbäche sowohl von Siepierok als von Silantom in tief ausgefurchten Klüften zusammenmünden, sind die unzugänglichsten und unbewohntesten von ganz Siepierok und mit düstrer Waldung bedeckt. — Wir haben schon oben bemerkt, dafs der vereinigte Bach, der reifsend durch die Gebirgsschlucht nach Sigopulang hindurchbricht, von den Battaern Batang torru genannt wird; zum Unterschiede aber von dem gröfsern Hauptzuflusse dieses Stromes wollen wir ihn Eik Siepierok nennen.

Von Ladjat führt der einzige Communicationspfad nach den nördlichern Provinzen zuerst nordwärts bis an den Fufs der Berge, und übersetzt in dieser Strecke 4 Bäche, die von Osten her quer in den Bach von Ladjat herabfliefsen. Der erste ist ohne Namen. Der zweite heifst Sibogu. Von seinem rechten Ufer an besteht das nicht mehr horizontale Terrain aus sich ausbreitenden Rücken. Der dritte fliefst in ziemlich tiefer, aber schmaler Kluft, und heifst Eik Paya sulabang-ang. Der vierte ist der Eik Dolok Goleh. Darauf steigt man, das Plateau verlassend, nordostwärts auf eine mit Allang bewachsene Bergrippe hinan, die immer schmäler und steiler wird, bis man den Hauptrücken, wovon diese Rippe ein Nebenzweig ist, erreicht, nämlich den Dolok Goleh, welcher die Grenze zwischen dieser und der Provinz Silantom bildet. Die östliche Gebirgskette oder der Gebirgsrand des Plateau's von Siepierok, der keinen allgemeinen Namen hat, dem wir aber bis hierher ununterbrochen folgen, endigt sich nämlich hier stumpf-kuppenförmig; dieses noch mit Wald bedeckte Ende, das von der Seite erblickt blofs den Absturz einer langen Kette darstellt, und nur in der verlängerten Richtung der Axe dieser Kette gesehn einer Bergkuppe oder Spitze gleicht, heifst Dolok Atjang Gutang. Es schickt fast divergirend west-, nordwest- und nordwärts mehre Nebenrippen hinab, die auch ein Allangkleid haben. Eine der mittleren von diesen Rippen zieht sich, allmählig immer tiefer fallend, nordwestwärts hinüber, nach der jenseitigen Gebirgsmasse des Dolok Dsaut hin, und würde mit dem Fufse dieses Gebirges, dessen nächste Züge Torsi Gamba heifsen, zusammenstofsen, — zöge sich nicht zwischen beiden ein tief-kluftiger Zwischenraum, eine Gebirgspforte hinab. Der Bergrücken ist der Dolok Goleh, diese Kluft aber ist der Abzug der Gewässer von Silantom, deren Hauptbach südostwärts durch sie hinabströmt, um sich, wie wir gesehn haben, mit dem Eik Guteh zu verbinden. — Die weitere Fortsetzung des Weges, nordostwärts über den Goleh bis an's jenseitige Thal, werden wir in der Provinz Silantom kennen lernen. —

Mittlere Reisezeit zu Fufs.

Von Tobing .	bis	Pagger utang	3½	Stunden.
- Pagger utang	-	Saligundi	4	—
- Saligundi	-	Siepierok	1½	—
- Siepierok	-	Warseh	4	—
- Warseh	-	Sumang ampat	6	—

Sibulaboalie. — Solfataren.

Aufser den warmen Quellen am westlichen Fufse des Bergrückens von Paggeran Dolok, und den Conglomeratschichten aus Lava und Trachytbrocken, welche grofse Räume des Plateau's, nur unter oberflächlichen, humusreichen Erdschichten verborgen, bedecken, — finden sich im Sibulaboalie-Gebirge noch einige schlagendere Beweise für die vulkanische Natur der ganzen Landschaft, nämlich zwei noch dampfende Solfataren. —

Sie liegen beide am östlichen Gehänge dieses Gebirges, — nämlich am Ostabhange der mehr vom Lubu Radja entfernten, nordwestlicheren Gegend desselben, und haben zwischen 3000 und 4000 Fufs Meereshöhe. — Die mehr nördlich gelegene von beiden ist die unbedeutendste, und bildet ein offenes Fleckchen in der Waldung, mit einem breiartig erweichten, aufgelockerten, schlammigen Boden, der nur mit völlig zersetzten und in Alaunerde verwandelten Steinen bedeckt ist, und aus dem nur noch an einigen Stellen schwache Dämpfe hervordringen. Dieses sind gröfstentheils Wasserdämpfe, aus welchen sich kein Schwefel sublimirt; diesen sucht man daher hier in reinem Zustande vergebens; ein Bach aber, welcher dieses Fleckchen durchströmt, lös't eine grofse Quantität von den Bestandtheilen des breiartigen, schlammigen Bodens auf, und erhält dadurch eine lehmige, dicke, trübe Beschaffenheit, die er erst in der Mitte vom Plateau Siepierok, wo wir ihn als Eik Mandurana haben kennen lernen, nachdem er sich mit dem reinen Wasser anderer Bäche vermischt hat, verliert. — Diesem Laufe des Mandurana nach, der sich dem Stromgebiete des Batang torru zuwendet, gehört diese Solfatara also wohl recht eigentlich dem Plateau an. — Durch die südlichere von diesen beiden Solfataren aber rieseln Wässer, die, obgleich von den vorigen nur durch einen Längsrücken getrennt, nicht mehr in's Plateau fliefsen, sondern den Bächen angehören, welche südlich an den Grenzbergen von Siepierok vorbei in die Ostfläche hinab dem Kali Biela zuströmen.

Um zu diesen beiden Solfataren zu gelangen, verläfst man den Saligundi-Siepierok'schen Weg an der Stelle, wo er den Eik Mandurana übersetzt, und wandert von da in südlicher Richtung am Westabfalle des Saligundiberges hinan. — Die Ebene tritt hier buchtig zwischen die Berge hinein, und verschmälert sich in eine enge, waldige Kluft, durch welche der Mandurana hinabströmt. Um diesen waldigen Grund zu vermeiden, geht der Weg am grasigen Abhange der Berge, welche dieses Thal im Osten begrenzen, hinan. So erreicht man den Zwischenrücken zwischen dem höheren Sibulaboalie-Gebirge im Westen, und dem niedrigeren Saligundiberge im Osten, — ein Rücken, der in der Mitte flach und ausgebreitet ist, und dort eine Höhe von 3350 Fufs hat. — Von hier steigt man westwärts zur ersten Solfatara hinan. Der Rücken bildet ebene Grasfluren, die an vielen Stellen sumpfig und mit Cyperaceen bewachsen sind, und senkt sich im Norden sanft ins Plateau hinab, während er im Süden steiler und schroffer abfällt. An diesem südlichen Abfalle, wo zwischen sumpfigen Umgebungen viele kleine Bäche entspringen, mufs man hinabsteigen, um südwärts über den Eik Kambiri, Eik Batu hampang, Eik Massarana und noch einen kleinen anonymen Bach, zur tiefen, malerischen Kluft des Eik Situmba (oder Tjitumba) zu gelangen, der waldumdüstert über Trachytgeschiebe und Trachytblöcke von beträchtlicher Gröfse in malerischen kleinen Cascaden herabstürzt! — Im Bette dieses Bergstromes mufs man, bald im Wasser badend, bald von Block zu Block springend, einige Stunden lang westnordwestwärts aufwärts klettern, um die Solfatara zu erreichen. — Zuletzt, fortwährend von hoher Waldung zu beiden Seiten überwölbt, erreicht man eine Stelle, wo ein kleinerer Bach von Nordwest her in den gröfseren, den Tjitumba fällt, der hier von Westnordwest herabbraust, und ehe er sich mit dem andern vereinigt, Eik Nanali heifst. Sein Wasser ist krystallhell und trinkbar, und hatte um 9 Uhr des Morgens (November) eine Temperatur von 67,0° Fahr. Das Wasser des kleinen Baches aber, den meine Siepierok'schen Begleiter Eik Walieran nannten, hatte nahe an der Einmündungsstelle in jenen, eine Wärme von 87,0°, und schmeckte alaunartig adstringirend; — es färbt alle Geschiebe und Felsenstücke, welche im Wasser liegen, röthlich-braun, und theilt diese Eigenschaft, nebst seinem alaunartigen Geschmacke, auch noch dem Tjitumba auf eine beträchtliche Strecke mit, nachdem er sich schon mit dem reineren Nanaliwasser vereinigt hat. — Auch das Lackmuspapier färbt es roth. Es scheint, dafs jene rothe Färbung alle Trachytfelsen, welche dieses Wasser bespült, dessen freier Schwefelsäure zugeschrieben werden mufs, welche sich mit der Alaunerde des Gesteins verbindet, wobei die Färbung von einem Antheil Eisen herrühren mag, das zugleich oxydirt wird. —

Man steigt im Bette des Walieran, der immer breiter wird, hinauf, und gelangt in eine immer flacher werdende Gegend des Waldes. Hier fliefsen zwei kleine Bäche in einander, der eine nördlich von 86, der andere von 105° Fahrenheit Temperatur; letzterer ist der, welcher die Solfatara durchströmt, deren gebleichte, gelbliche Räume nun zwischen den Waldbäumen hervorschimmern.

Sie besteht aus einem mehr offenen, baumentblöfsten Plätzchen, das hier auf abschüssigem Boden am Berggehänge zwischen den Wäldern, die es eng umzingelt, liegen bleibt, von Dämpfen durchwühlt, wie man deren auf Java, z. B. in der Preanger Residenz oder in Diëng, so viele findet.

Die oberen Gegenden dieser Solfatara sind ein nach Osten sehender Abhang, die unteren sind flach. Ihr ganzer Raum ist ein von Dämpfen durchwühlter, breiartiger, weifslich-grauer Boden, dem in der oberen Gegend aus Hunderten von mit sublimirtem Schwefel und Schwefelkrystallen beschlagenen Ritzen und kleinen Löchern heifse Schwefeldämpfe entsteigen, — während die unteren, flacheren Regionen eine Menge von kleinen kochenden uud brodelnden Wasserpfützen enthalten, aus denen sich ein Geruch nach Schwefelwasserstoffgas entwickelt, mit einigen Tümpeln, aus denen das Wasser mit Gewalt in die Höhe sprudelt. Die Dämpfe haben die dieser Erhebung über dem Meere zukommende Siedhitze des Wassers, sind dicht über den Spalten, aus denen sie gelind zischend und brausend hervordringen, durchsichtig, und formen sich dann zu weifslichen Dampfwolken. Ein bedeutender Theil des Dampfes scheint aber Wasserdampf zu sein. —

Nur mit grofser Vorsicht darf man den breiartig durchweichten Boden dieser Solfatara, in welcher kein unzersetztes Stückchen Stein mehr zu finden ist, an den trockenen, oberflächlich erhärteten Stellen zwischen den Pfützen betreten. Die nächsten Umgebungen der Solfatara sind auch hier auf Sumatra wieder jene eigenthümlichen Bäumchen, die man auf Java vorzugsweise nur in und an Krateren findet, und die man im Schatten der Wälder vergebens sucht *). — Hier ist es besonders Thibaudia vulgaris mihi und Vireya retusa Bl., Bäumchen von zierlichem Wuchse, die sich einzeln auch noch auf dem dampfumzischten Boden dieser Solfatara selbst zerstreuen. —

Die Meereshöhe beträgt 3340 Fufs.

Pulo Mario.

Das westliche Gebirgsland von Siepierok.

Das Hochland von Marantjar, welches dem Nordwestabhange des Lubu Radja vorgelagert ist, hört im Norden von diesem Berge auf, ein Flachland zu sein, und macht bereits im Norden vom Dorfe Ayer Nabara langen Gebirgszügen Platz, die sich von da an westwärts in das Stromthal des Batang torru hinabziehen, und auf welche weiter nördlich noch längere Bergzüge folgen, die vom Sibulaboaliegebirge ausgehn, und von denen die meisten nordwestwärts streichend, in schiefer Richtung dem Batang torru-Thale im Westen, und dem Plateau von Siepierok im Osten, zwischengelagert sind. — Wie die Bergrücken streichen, so ziehn sich auch ihre Zwischenthäler anfangs west-, nachher nordwestwärts zu dem Batang torru-Strome hinab, — und nur die östlichsten Züge, die zunächst an das Plateau grenzen, verlaufen in einer fast

*) Siehe meine Beiträge zur Gesch. der Vulkane: Tankubau Prau.

ganz nördlichen Richtung, und verlängern sich in vielfachen Zweigen bis zum Fufse des Dolok Dsaut-Gebirges hin. —

Fast in der Mitte, am westlichen Abhange dieses Gebirgslandes, und im Osten von noch höheren Firsten des Sibulaboalie überragt, nach Westen hin aber in's Batang torru-Thal hinabsehend, liegt 3050 Fufs über dem Meere, und in westlicher Richtung vom südlichen Drittheile Siepierok's, das einzige noch bewohnte Dorf, Pulo Mario. — Die sanften Bergabhänge im Westen und Nordwesten unterhalb dieses Dorfes tragen in ihrer Bedeutung als Allangfluren Zeichen einer ehemaligen gröfseren Cultur, der gröfste Theil der ganzen übrigen Masse des Gebirges aber schlummert noch in unberührter Urwaldung, die Alles, Berg und Thal, überdeckt. — Von Ayer Nabara, das wir bereits haben kennen lernen, führt Nord zum Ost-wärts ein Weg quer am Berggehänge hin nach Pulo Mario; er setzt sich von diesem Dorfe nordostwärts in gleicher querer Richtung über die Gebirgsmasse fort, und dreht sich erst in seiner letzten Hälfte ganz nach Osten um, bis er westwärts, gegenüber dem Hauptdorfe Siepierok's, aus dem Gebirge tretend, das Plateau berührt. —

Um diesen einzigen Communicationsweg zu verfolgen, steigt man vom Ayer Nabara-Bache, der den kleinen Eik Somma schon aufgenommen hat, allmählig immer höher auf einen Bergrücken hinan, und auf diesem Rücken (rechts von einer tiefen Thalkluft begrenzt, in welcher der Bach Sampuran zum Ayer Nabara hinabfliefst), in nördlicher Richtung und horizontaler Fortsetzung weiter, — nachher durch die Klüfte zweier Bäche, Eik Tapus, welche über Trachytgeschieben nordwestwärts weiter strömen, — ferner in dem hügligen, ungleichen, wie bisher von nur selten unterbrochener Waldung bedecktem Terrain, über den Eik Sitandian kitjil und noch 2 anonyme Bäche, — bis zum Rande der gröfseren und tieferen Thalkluft des Eik Sitandian. — Die durchschnittliche Gesammterhebung der Bergmasse von der Gegend an, wo der Dolok Pohi seinen Firstenpunkt (Culminationspunkt) erreicht hat, beträgt, die Klüfte abgerechnet, wenig unter 3000 Fufs, an einigen Stellen des Dolok Pohi, dessen sonderbare Biegung vom Sibulaboaliegebirge herab, erst nordwest-, dann west-, — dann süd- — und zuletzt wieder westlich ich auf der Karte dargestellt habe, — etwas mehr. —

Kleine seitliche Bachklüfte, die sich rinnenförmig hinabziehn, erleichtern das Durchklimmen der Sitandiankluft, welche sich an dieser Stelle westnordwestwärts herabzieht; ehe sie dieser Richtung folgt, macht sie jedoch erst eine halbkreisförmige Biegung, und umschliefst auf diese Art sowohl in Osten, als in Süden und Südwesten einen gerundeten Bergrücken, welcher sich jenseits prallig-steil zum linken oder nördlichen Flufsufer herabsenkt. Auf diesen Rücken steigt man vom ansehnlichen Strome nordostwärts zwischen Ladangfeldern, und aus diesen Ladang's nordwärts hinauf, und erreicht die Hütten des Dorfes Pulo Mario, die in den höheren Gegenden des Rückens in zwei langen Reihen erbauet sind, mit einer Mittelstrafse, die sich südwärts, der Neigung des Rükkens an dieser Stelle gemäfs, sanft herabzieht. —

Die Berge in Westen und Nordwesten von Pulo Mario, bis zu einem etwas höheren und steileren Bergzuge des Sibulaboalie hin, welche sich nordwestwärts lang in's Sigopulangthal herabziehn (und hinter welchen noch andere gleichgerichtete Ketten erscheinen), — fallen äufserst sanft und allmählig in's Batang torru-Thal, das in dieser Gegend von Norden nach Süden gerichtet ist. Sie fallen nicht auf einmal, ununterbrochen, sondern bilden viele geräumige, flache, oder nur wenig geneigte Vorsprünge, und eignen sich durch diese schöne Terrassenform ausnehmend zur Bebauung. Nur in seiner höchsten Region ist der Rücken, der das Dörfchen trägt, sehr schmal und wie eine Leiste zwischen zwei andern höheren Bergrippen hineingeschoben, in der Gegend des Dorfes (3050 Fufs) bereits verflacht, und dann, wie das ganze übrige Gehänge, nordnordwestwärts nach Sigopulang hin, sanft terrassirt, bis zu seinem Fufse hinab. — Dieser Fufs des Berggehänges, welcher das schöne romantische Stromthal des Batang torru zunächst begrenzt, und höher oben an den Thalgrund Sigopulang stöfst, erhebt sich überall zu zahlreichen, anmuthigen und sanftgerundeten Hügeln, deren mehre immer niedriger werdend, auf einander folgen, ehe der Abhang völlig in den flachen Thalgrund übergeht.

Nur zerstückelte Waldreste und einzelne Baumgruppen erheben sich auf dem Allangüberzuge dieses Berggehänges, das sich dem entfernteren Auge als eine hier und da etwas dunkler betüpfelte Grasmatte von schönem, lichtem Grün darstellt, und das durch dieses lichtere, offene Vorkommen, obgleich jetzt menschenleer, im Contraste mit dem düsteren Waldgebirge gegenüber, unzweifelbar auf eine vormalige gröſsere Kultur hindeuten würde, auch wenn nicht die Kokospalmen, die sich unten auf einem Hügel erheben, und andere verwilderte Fruchtbäume, die Stellen anzeigten, wo vormals Dörfer standen. — Diese Kokospalmen gehörten dem Dorfe Pulo Payong in N. 33° W. von hier an, und nur weiter nordwärts nach Sigopulang zu, steht am Abhange eines Hügels das noch bewohnte Dorf Gudarim baru. —

Von einer Anhöhe, 2000 Fuſs hoch, nordwärts vom Dorfe, wo ich ein Signal errichten lieſs, um vom Stromthale des Batang torru und von Sigopulang hinauf nach diesem Punkte zu visiren, genieſst man eine belehrende Aussicht, nicht nur über alle diese sanften, schönen Berggehänge, und in das Batang torru-Tkal hinab, sondern südwärts weit bis zum Lubu Radja, — und etwas nordwestwärts über das weite Hochland von Tapanulie hin bis zum fernen Kegelberge Mertimpang; — welches Hochland, auch von hier gesehn, sich in einer überall gleichmäſsigen Erhebung darstellt, ohne alle ausgezeichneten Kuppen und höheren Spitzen. Es ist aber so ununterbrochen mit düstrer Waldung bedeckt, und aus so vielen einzelnen Ketten mit labyrinthischen, zwischen diesen hineingeschobenen tiefen Thälern, daſs man an der Möglichkeit zweifeln muſs, seine einzelnen Localitäten unter den jetzigen Umständen kennen zu lernen, und kartographisch zu projiciren.

Drei kleine Bäche ziehn sich zwischen diesen Anhöhen und Pulo Mario herab, von denen der nächste beim Dorfe mit diesem gleichen Namen führt, und ihm sein Trinkwasser liefert.

Von Pulo Mario bis Siepierok ist das Gebirge mit ununterbrochener, nirgends gelichteter Waldung bedeckt, in deren Schatten der Weg anfangs nordostwärts über ein ungleiches, hüglig gehobenes und gesenktes Terrain hinführt, — oftmals auf morastigem Boden, in den mehr geebneten, flacheren Gegenden des Gebirges; vier Bäche, die alle nordwestwärts zum Batang torru strömen, werden in dieser Erstreckung überschritten. Der erste ist anonym; der zweite, Eik Tjihé, flieſst zwischen Lehmwänden in wenig vertieftem Bette mit einigen Geschieben; der dritte, Ponnot, und der vierte, Rotang, sind noch unbedeutender. Von diesem durchschreitet man ostnordostwärts einige Minuten weit ein verflachtes, jedoch nicht ebenes, sondern wellenförmig ungleiches Gebirgsterrain, das zuweilen stellenweise etwas hüglig emporsteigt, und zwischen den Hügeln sich klüftig senkt, dann aber wieder auf weite Erstreckungen hin flach ausläuft, und in den vertieften Stellen dieser Fläche, deren sich unzählige finden, eine morastige Beschaffenheit annimmt. — Der Waldboden ist ein schwarzer Humus, in den Vertiefungen moorartig, und an vielen Stellen sumpfig.

Die Meereshöhe dieses verflachten Hochgebirges beträgt im Mittel 3300 Fuſs. — Die Wälder sind zwar dicht, aber niedrig, klein, und Hunderte von verfaulten Baumstämmen liegen überall zerstreut. — Fast mitten durch diese sonderbare Waldgegend strömt nordwestwärts in einem sumpfigen Graben, mit nur sehr geringem Fall, der Eik Tjulum, dessen Wasser sich durch eine kaffeebraune Farbe auszeichnet.

Nachher nimmt der Weg eine östliche Richtung an, — das Terrain wird unebener, — der Pfad führt auf und ab, — man übersetzt zwei Bäche, Masarat *a.* und *b.*, die sich bereits nordnordostwärts dem Siepierok-Plateau zuwenden, — trifft noch drei kleinere, nordwärts, und später nordostwärts in's Plateau strömende Bäche an, — und erkennt an den Ladangfeldern, welche die Seitenwände des kleinen Thales vom letzten Bache bekleiden, die endliche Nähe von bewohnten Gegenden. — Noch etwas weiter ostwärts von da sieht man sich an den westlichen Rand des Plateau's von Siepierok, gegenüber dem Hauptdorfe, versetzt, ein Rand, der hier nicht höher, als höchstens 150 Fuſs hoch ist, — und erblickt die schöne Fläche ausgebreitet vor sich. —

Man tritt aus den Wäldern, die von Pulo Mario bis hierher alles bedecken, gleichsam an's Tageslicht, und labt sich an dem lichten Schmelze der Grasfluren, und den mit Hunderten von Hütten bedeckten Reisfeldern der bewohnten Landschaft. —

Könnte man das auch an keinem andern Zeichen erkennen, so würde man doch auf den ersten Blick in ihr das Plateau Siepierok errathen, — daran, daſs man aus der Waldung tretend, gerade vor sich jene Felsenmauer sieht, die sich ostwärts vom Plateau hinzieht, und deren schroffe

Wände, von der Abendsonne schief bestrahlt, in einem Silberlichte schimmern, und weit in die Ferne blinken.

§. 9.

Neunte Provinz.

S i g o p u l a n g.

Areal 166 Quadrat-Minuten.

Flachland 60	Kultur	37	Gebirge 106	Kultur	00
	Allang	00		Allang	00
	Wald	23		Wald	106

Die Grenzen der Provinz, die, wie überall, behufs der Arealberechnung scharf gezogen werden mufsten, sind:

In Südwest die Firste einer langen Bergkette, deren nördliches (nordwestliches) Ende vom Südende der Tjitandehkette durch den Querdurchbruch des Panoadjihbaches geschieden ist. Von da streicht sie von Nordnordwest nach Südsüdost: 25 Minuten weit, und endigt sich dem Theile des Siepierok'schen Gebirges gegenüber, an dessen Abhange das leere Dörfchen Pulo Payong liegt, noch erkennbar an einigen Kokospalmen. — Sie trennt die Provinz vom Hochlande Tapanulie's.

Die Ost- (Südost-) Grenze der Provinz fängt im Stromthale des Batang torru da an, wo die vorige Bergkette, Pulo Payong gegenüber sich endigt, und wird durch den Westfufs des Siepierok'schen Gebirges gebildet, nordwärts bis zum Eik Siepierok.

Die Nordostgrenze ist, vom linken Ufer des Siepierok an, die lange Bergkette Simaninkir, welche parallel mit der gegenüber liegenden von Hoch-Tapanulie nordwestlich streicht, bis zu dem Punkte, wo sie sich in zwei Arme, die Silindong- und Sikottamkette theilt. Von hier läuft eine Querrippe südwestwärts herab, bis zum Fufse der südwestlichen Kette am Einsturz des Baches von Panoadjih in den Batang torru, um auf dieser Nordwestseite Sigopulang zu begrenzen.

Mitten zwischen zwei parallelen Bergketten, der nordöstlichen und der südwestlichen eingeschlossen, bleibt ein flacher, muldenartiger Thalgrund liegen, von 17 Minuten Länge in der Richtung N. 30° W. und 4¼ Minuten gewöhnlicher Breite in der Mitte in entgegengesetzter Richtung zur Längenaxe, und dieser Grund bildet den bewohnten Theil der Provinz. An beiden Enden, in Nordwest und in Südost, nähert sich der Fuſs der beiderseitigen Bergketten, den Thalgrund schlieſsend, und so erscheint dieser als eine Erweiterung des Stromthales von Batang torru, welcher Fluſs Sigopulang der Länge nach durchströmt.

Die Höhe des Thales beträgt in der Mitte 2400 Fuſs. Die Abhänge der beiderseitigen Bergketten sind sanft geneigt, und gehn mit gerundeten, sanft verflachten Vorhügeln in den eigentlichen Thalboden über, welcher nur in seiner südlichen Gegend wirklich horizontal und söhlig ist, — weiter nordwärts aber eine sanfte, muldenförmige Senkung nach der Mitte hat. Dadurch weicht er von dem wirklich vollkommen söhligen, übrigens sehr ähnlichen Thalgrunde Silindong ab, zu dem sich dasselbe Stromthal weiter in Nordwest von hier erweitert, und welcher ebenso wie die südliche Hälfte von Sigopulang Spuren vormaliger Wasserbedeckung trägt. An seinem südlichen Ende bis Kampong Sossor ist dieses alte Seebecken noch ziemlich breit, verschmälert sich dann aber schnell, und geht in das schmale Stromthal des Batang torru über, welches hier im Ganzen südwärts gerichtet ist, ehe es sich weiter unten am Fuſse des Hochlandes von Marantjar südwestwärts umbiegt nach der Porta Hurabae zu.

Während der südlichste verschmälerte Theil von Sigopulang äuſserst morastig ist, und stellenweise einen wahren Moorgrund bildet, in welchem man, auf dem Pulo Mario'schen Pfade, der von dem leeren Dörfchen Pulo Payong in diesem Theile des Stromthales aufwärts nach Sossor leitet, oftmals bis an die Achseln *) einsinkt, — so ist der mittlere und nördliche Theil trocken, und vorzüglich mit Wald bedeckt, in welchem

*) Dies ist durchaus nicht übertrieben. Ich habe sehr oft in den Battaländern meine Uhren, meinen Sextanten und mein Schreibzeug über den Kopf halten müssen, während ich in dem Wasser oder in dem Morastboden bis an die Schultern, ja bis an die Ohren stand. — Wer daran zweifelt, der gehe hin, und möge dann glücklicher sein, wie ich, wenn er auf einem solchen Zuge mit 75 Blutegelstichen frei kommt, oder nicht in den ersten 14 Tagen an Dysenterie gestorben ist.

jedoch viele Räume gelichtet und in Felder verwandelt sind, welche die Dorfschaften umringen. Dieses sind, — aufser dem am südlichsten gelegenen Sossor, am linken Stromufer, wo eine Brücke aus einem einzigen Rotangstrange über den Batang torru hängt, und Sigopulang, mehr nach der Mitte des ganzen Thales zu, welches die Residenz des titulären Oberradja über den ganzen Thalgrund, Tjura Mangolup, und gleich den meisten der folgenden Dörfer am rechten Stromufer erbaut ist:

Dörfer.

Lumpen Turuan, — Lobo Rappan, — Simaninkir, — Simarpinjang, — Banjer udotang, — Simangonting, — Lumpen gaul, — Sipa ganting, — Sima tang marie, — Simanampang, — Tapărat, — Pulo wadŏnang, — Perkalu angang, — Siparpar (blofs 2 Häuser) — und Oneng Kossang *), zusammen 17 Ortschaften. — Einige von diesen liegen auf den Vorhügeln des nordöstlichen Gebirges.

Aufser seiner Zugänglichkeit von Huraba aus über Pulo Mario auf dem bereits angegebenen Pfade, führt noch ein anderer direct von Siepierok westwärts über ein kleines Dorf, Ayer Ladong, durch das Gebirge nach Pulo Pagong, wo er mit dem Pfade von Pulo Mario zusammentrifft. — Beide sind durch Moräste, durch dichte Wildnifs und schroffe Klüfte abwechselnd sehr romantisch, aber für Communication sehr unpraktikabel, und sicher für die gröfste Anzahl von Europäern ganz unzugänglich. Aufserdem kann man von Sigopulang, das schmale Stromthal des Batang torru zwischen den beiderseigen Bergketten (Tjitondeh und Simaninkir) im Ganzen nordnordwestwärts verfolgend, in einem Tagemarsche nach Silindong kommen, welches 500 Fufs höher liegt.

Eine dritte Communication, noch unwegsamer und schwieriger, wegen unaufhörlicher Gebirge und weit und breit ausgedehnter Waldungen, führt von Tapollong, und auch von Simanossor durch das Hochland von Tapanulie, über die kleinen Dorfschaften Pulo laga, — Pagger gunong — und Dorna hapal in dieses Thal; — und ein vierter, in seiner Beschaffenheit dem dritten ganz ähnlich, in querer Richtung über alle

*) Dieses wurde jedoch in einem Kriege mit Bangaribuan verbrannt und zerstört.

Bergketten von Ober-Tapanulie hinweg, unaufhörlich schroff auf und ab, von Sibuluan über die kleinen Weiler, die einsam in der Waldung liegen: Huta rassa, Sibatuan, Praluangan und Pulo sommo, — hinab in's Thal; ein Nebenweg von Praluangan kann auch über Sipong eingeschlagen werden. — Ein fünfter leitet aus dem Sigopulangthale nordwärts über das Gebirge nach Sikottam in Tobah.

Die leichteste Communication in dieses, nach Verhältnifs zur allgemeinen Leere der Battalande reich bevölkerte Thal, das von 1050 Einwohnern 1000 Waffenfähige liefern kann, und in dessen bewässerten Gründen oder sanften grasigen Berggehängen zahlreiche Kühe (300) und Karibauen (150) weiden, — dürfte noch die von Huraba über Pulo Mario und Pulo Payong sein; welche wenigstens mit geringerem Kraftaufwande, als die andern praktikabel gemacht werden kann. Von Pulo Mario führt er schräg nordwestwärts am hügligen Gebirgsabhange hinab, und wird erst jenseits und unterhalb des verlassenen Dorfes Pulo Payong, wo er sich dem linken Stromufer entlang nach Norden zieht, durch den anhaltend tiefen Morastboden dieses Thalgrundes sehr schlecht. Erst jenseits Sossor wird der Boden trockener. —

Sehr eigenthümlich ist der Anblick dieses Thalkessels, wenn man ihn von einer Anhöhe, z. B. von den Bergen bei Pulo Mario aus Südsüdosten her, überschaut. Er erinnert einigermafsen an Ambarawa auf Java; aber die gelichteten und bebauten Stellen, wo die Dörfer liegen, sind wegen grofser Schiefe der Gesichtslinie hinter dem Waldstreifen unsichtbar, und der ganze Thalboden scheint überall mit Wald bedeckt zu sein. Während dort in Ambarawa Hunderte von Dorfwäldchen wie eben so viele dunkle Oasen in den lichtgrünen Reisfeldern zerstreut sind und den freundlichsten Anblick gewähren, so düstert hier alles in Waldesnacht. Die seitlichen Gebirge überzieht ein gleichmäfsiges dunkles Grün, und auch der muldenförmige Thalgrund zwischen ihnen liegt in gleichem, düstern Waldkleide da. Ein gewisser nebliger Dunst über dem Thale macht das Colorit noch finstrer; durch die hohe Belaubung, welche die Dörfer verbirgt, entzieht sich auch der Strom, der das Thal durchschlängelt, dem ferneren Blick, und nur an einer einzigen Stelle, im Süden von Sossor, zieht sich ein kleiner Silberstreifen, der Batang torru, da wo er eine Krümmung macht, durch das Grün der Waldung. —

Dennoch beherbergt dieser Thalboden, wie Ambarawa und Silindong, einst das Becken eines Sees, — eine Anzahl von 17 Dörfern und mehren Tausenden von Menschen zwischen seinen Wäldern, in denen man glauben sollte, dafs nur Rhinozerosse hausen könnten. —

§. 10.

Zehnte Provinz.

O b e r - T a p a n u l i e.

Areal $406\frac{1}{4}$ Quadrat-Minuten.

Gebirge $401\frac{1}{4}$	Kultur	20
	Allang	00
	Wald	$386\frac{1}{4}$

Sie umfafst den gröfsten Theil der Gebirgsmassen, welche zwischen Nieder-Tapanulie und dem Stromthale des Batang torru gelagert sind, und hat folgende Grenzen:

Die Nordgrenze ist vom Nordwestende der zweiten Bergkette von Tapanulie an, der Eik Sobohuhom, bis zur Einmündung des Eik Batu bussur in denselben, und von hier an die Firste des Kindjanggebirges, bis wo sich diese zum Eik Naromampeh hinabsenkt (96° 50′ östl. L.). Von hier an wird die Grenze durch diesen Bach, und später durch den in entgegengesetzter Richtung (ostwärts) strömenden Bach von Panoadjih, welcher vom ersteren nur durch eine flache Wasserscheide getrennt ist, weiter fortgesetzt, bis wo dieser Bach nahe bei Sigopulang den nördlichen Fufs der innersten Bergkette bespült.

Die Ost- (Nordost-) Grenze ist anfangs die Firste dieser innersten Bergkette, welche die Provinz vom Sigopulangthale trennt, und nachher, nachdem im Süden von Sigopulang sich diese Kette herabgesenkt hat, wird die Ost- (und Südost-) grenze durch den Batang torru-Strom dargestellt, der im Allgemeinen südostwärts fliefst, bis zur Porta Hurabae.

Die Südwestgrenze von dieser Porta Hurabae an ist die Bergkette von Tapanulie No. II., welche nordwestwärts streicht, und die Provinz von Nieder-Tapanulie trennt.

Communicationswege durch diese Provinz.

Von Siboga nach Silindong: über Bonnong dolok, Lubu Sikkam, Godding, Hutà tinggi und Panoadjih.

Von Tapanulie nach Silindong: über Sibunga bunga, Nagatimbul, Paggera lampong, Paggera pisang und Huta tinggi, von wo an der Weg derselbe wie der von Siboga ist.

Von Sibuluan nach Sigopulang: über Huta rassa, Sibatuan, Praluangan und Pulo sommo, — oder auch über Sipang.

Von Tapollong nach Sigopulang: über Pulo laga, Pagger gunong und Dornahapal.

Auch führt ein Pfad von Marantjar quer über Sihitang und Randjang batu nach Simanossor in Nieder-Tapanulie hinüber.

Zwanzig kleine Dörfer, wovon einige nur aus 3 Hütten bestehn, sind es, welche in der Waldung dieser Provinz weitläufig zerstreut liegen: Tsi haru haru, Huta tinggi, Adien godìng, Paggera lampong, Paggera pisang (zwei neben einander), Godding (zwei neben einander), Dornakinjang, Lubu sikkam (drei neben einander), Huta rassa, Sibatuan, Praluangan, Pulo somo, Sipang, Pulo laga, Pagger gunong, Dornahapal, und ein verlassenes Dorf Sihitang.

Allgemeine Naturbeschaffenheit.

Diese Provinz ist eine der wildesten, unwegsamsten, am schwierigsten zugänglichen, und deſshalb auch in ihrem Innern (topographisch wenigstens) unbekanntesten Gegenden der Battalande; — und besteht auſser der Bergkette von Tapanulie No. II. (ihrer Westgrenze), aus nicht weniger, als mindestens vier neben einander gelagerten parallelen Bergketten, welche von Südost nach Nordwest streichen, und durch eben so gerichtete Zwischenthäler von einander getrennt sind.

Man hat also von der Südwestküste an der Tapanuliebai, z. B. von Siboga an, bis in das Centralthal Sigopulang nicht weniger als sechs Bergketten in querer Richtung, auſser den Nebenzweigen dieser Ketten zu überklettern, muſs also, an meistens schroffen Berggehängen, wenigstens sechsmal auf- und sechsmal absteigen, um in das Innere jenseits der Berge zu gelangen. Manche dieser Thäler sind 700 bis 1300 Fuſs tief, und manche Flanken senken sich schroff, felsig und wandähnlich in sie hinab. — Dabei ist alles, Berg und Thal, von undurchdringlicher Waldung bedeckt, die nur in den nächsten Umgebungen der einsamen Gehöfte kleinen Feldern Platz machet, welche zwischen gekappten Waldbäumen angelegt sind. Es sind diese zerstreuten, in finsterster Wildnifs verborgenen Dörfchen meistens durch Flüchtlinge entstanden, die beim Ueberfalle der Padries aus den Centralebenen entflohen, und, vor Nachstellungen besorgt, die unwegsamsten Waldgebirge zu ihrem neuen Aufenthalte wählten.

In der Mitte des Hochlandes, so wollen wir das Ganze nennen, wo die queren oder schiefen Verbindungsjoche zwischen den einzelnen Ketten liegen, durch welche Joche die Gewässer der Zwischenthäler genöthigt sind, nach zwei verschiedenen Richtungen, auf der einen Seite nach Nordwest, und auf der andern nach Nordost zu strömen, ist die Tiefe der Zwischenthäler am geringsten, und beträgt im Mittel nicht mehr als 300 bis 500 Fufs, während die Ketten selbst eine Meereshöhe von 3500 bis 3700 Fufs haben. Dort scheinen auch die Firsten weniger schmal und scharf, und die Gebirgsmassen zwischen den Thälern mehr ausgebreitet zu sein. Weiter entfernt aber von ihrem Ursprunge in der mittleren Gegend des Hochlandes nimmt die Tiefe der Thäler von 700 bis 1000 Fufs zu. *)

Doch sind diese mittleren Gegenden nicht genug bekannt. — Aus der Ferne gesehen, stellen sie sich allerdings täuschend als ein Flachland dar. Diese Täuschung entsteht durch die Gleichheit der Höhe der Bergrücken (oder Ketten) untereinander, und durch ihr gemeinsames Kleid von dunkler Waldung, — welche beiden Umstände die Erkennung der Zwischenthäler aus der Ferne nur bei seitlicher Beleuchtung, und wenn Wolken oder Nebelmassen in den Thälern schweben, möglich machen. —

*) In den nördlichsten Gegenden des Hochlandes, ostwärts vom Eik Sobohuhom, und südwärts vom Mertimpangberge, hört der Parallelismus der Bergketten ganz auf. Die Firsten der Ketten haben sich dort zu einem wirklich plateau-ähnlichen Hochlande ausgebreitet, das nur von schmalen Thälern durchschnitten ist, und wo die Masse der Höhen die der Thalgründe weit überwiegt. Wie weit sich diese Bildung nach Süden erstreckt, ist nicht bekannt. —

Nach Verhältnifs am meisten bevölkert ist noch der nördlichste Theil dieses weiten Waldgebirges, besonders der südöstliche Abfall des Kindjanggebirges daselbst. Er verdankt dieses gröfsere Bewohntsein keinem andern Umstande, als dem Vorhandensein eines Communicationsweges, welcher durch diese Gegend von der Tapanuliebai nach dem reich bevölkerten innern Silindongthale führt. Zwei Pfade führen von dieser Bai in's Innere, einer von Siboga, gegenüber von der kleinen Pontjang-Insel, der andre vom nördlichsten Ende der Bai von Tapanulie, und beide stofsen bei Godding 1½ Tagemärsche weit von der Bai zusammen. Wir wollen den ersten von diesen beiden mühevollen Wegen näher in Augenschein nehmen.

Die Gegenden von Siboga bis auf die Firste der zweiten Bergkette jenseits Bonnong dolok sind uns bei Nieder-Tapanulie bereits bekannt geworden. — Da wo der Wegpafs über diese Firste führt, spaltet sie sich in zwei Arme, welche durch den Anfang eines nordwestwärts hingezogenen Thales getrennt sind. — Auf dem diesseitigen Arme steht die, von Pontjang aus sichtbare Hütte in 2270 Fufs H., und auf dem mehr östlichen Arme beträgt die Pafshöhe 2440 Fufs. —

Von hier zieht sich am jenseitigen Gehänge die Kluft eines kleinen Baches, Eik Pulo badak, nordostwärts hinab, in deren geschlängeltem Bette selbst (wegen unwegsamer Waldung zu beiden Seiten) der Pfad hinableitet. — Granitgeschiebe und Granitblöcke *) von grofsem Umfange erfüllen dieses Bette, und verdämmen es oft so, dafs der Bach in malerischen Cascaden darüber hinabdonnert. — Bald treten Ladang's auf an den beiderseitigen Gehängen, so schroff diese auch sind, und verkündigen die Nähe eines Dörfchens. Dieses liegt auf dem sanft geebneten Vorsprunge einer Nebenrippe der Bergkette, in der unteren Hälfte ihrer Höhe auf der linken Seite des Baches. Es sind drei Dörfchen nebeneinander, die, obgleich sie nur jedes aus drei oder vier Häusern bestehn, doch mit Pallisaden von Baumstämmen umzäunt sind, und deren jedes einen besondern Radja hat. Sie heifsen alle drei Lubu Sikkam, und liegen so einsam im wilden Waldgebirge auf der kleinen Platte ihres Bergrückens, sind

*) S. g. schwarzer Granit mit Hornblende.

dabei rundum auf allen Seiten so hoch von Gebirgsmassen umdüstert, dafs ihr Anblick die lebhafteste Theilnahme des Reisenden erweckt. Hang nach Unabhängigkeit und Freiheit trieb ihre Bewohner in diese ausgedehnten Wälder, wohin sich gewifs niemals Kriegerschaaren verirren werden. —

Man steigt von dem schrägen Berggehänge auf der Verlängerung des Nebenrückens, worauf die Dörfchen stehn, nordnordwestwärts in's Thal hinab, dessen schmalen Grund der Eik Lubu Sikkam durchströmt. Es ist das Parallelthal zwischen der IIten und IIIten Bergkette von Tapanulie, und hier nach Westnordwest gerichtet. Seine Meereshöhe, da wo es der Weg durchsetzt, beträgt 1220 Fufs, seine Tiefe unter den Dörfern 300, und unter den beiderseitigen Bergketten in querer Richtung, namentlich unter der IIIten (auf welcher ich nachher Barometerbeobachtungen nahm) 1000 Fufs unter dem genannten Pafse, aber unter der IIten 1250 Fufs.

Dritte Bergkette.

In der Sohle dieses Thales, namentlich im Bette des Eik Lubu Sikkam, der es durchströmt, findet man zuerst eine merkwürdige geognostische Erscheinung: Während die Ite und IIte Bergkette von Tapanulie Granitgebirge sind, nur an einzelnen Stellen von gebrochenen Lagern eines Sandsteins bedeckt, — und während uns Granitblöcke im Bache Pulo badak bis zu den Dörfern hinab begleiten, und Granitfelsen noch unten an der Thalwand dicht beim Bache zu Tage gehn, — besteht die Thalsohle selbst aus Platten, aus tafelartigen, abgesonderten Schichten von Basalt, von schwarzblauem, dichtem Basalt, der hier in der Kluft des tiefen Eik Lubu Sikkam-Thales hervorgebrochen ist, und mit dem granitischen Urgestein zu beiden Seiten in unmittelbarer, sichtbarer Berührung steht: — eine dem Geologen höchst merkwürdige, wichtige Stelle! — Als ich den Basalt zuerst sah, so glaubte ich, Steinkohlen vor mir zu haben, die, wie ich vermuthe, auch wirklich im Hochlande von Tapanulie vorkommen müssen. Seine Farbe ist schwarz, schwach ins Bläuliche spielend, und seine Structur so dicht, dafs man mit einer mäfsig starken Loupe kein Gemengtheil unterscheiden kann. — Die Platten, in welche er abgesondert ist, sind hier einige Zoll dick, und ragen schief gebrochen etwa in einem Winkel von 45° aufwärts aus dem Flufsbette hervor.

Undurchbrochene Hochwaldung bedeckt die dichte Bergkette, an deren Flanken man vom Ufer des Lubu Sikkam hinanklettert, um sie nordostwärts zu überschreiten, und jenseits wieder hinabzusteigen in ein eben so tiefes Thal, das parallel mit dem vorigen zwischen der dritten und vierten Bergkette liegen bleibt, und welches der Bach Batu bussur, der doppelt so grofs ist, als der vorige, westnordwestwärts durchströmt.

Wie in den vorigen, so ragen auch in der Thalsohle dieses Thales plattenförmig abgesonderte, schiefliegende Basaltfelsen hervor; sie sind hier und da bedeckt von losen Granitblöcken, die das Bette verdämmen, und zwischen denen der grofse, schöne Bergstrom laut hinabdonnert. Ueppige Waldung strebt links und rechts an den Thalwänden empor.

Nicht ohne Gefahr, bis an die Brust im Wasser, durchwatet man den reifsend schnellen Strom, und steigt auf eine

Vierte Bergkette,

oder genauer, auf einen der nordwestlichen Zweige dieser Kette hinauf, um auch diese nordostwärts zu überschreiten.

Während die erste und zweite Kette auf ihren Höhen nur schmale Firsten bilden, ist diese vierte Kette (wie auch schon die dritte) oben ausgebreitet und verflacht, dabei aber nicht eben, sondern hüglig gehoben und gesenkt. — Man trifft auf ihr eine kleine Nebenkluft an, deren Abhang an einer Stelle aus einer schroffen, doch nicht ganz senkrechten Felsenwand besteht, an welcher sich ein einfacher kleiner Bach herabstürzt; am Fufse dieser Wand sammelt sich das Wasser zu einem kleinen Becken an, und fliefst nachher in das Thal des Batu bussur. In diesem überall so hoch mit Erdschichten bedeckten, und so üppig mit Vegetabilien überwucherten Lande sind nackte Felsenwände eine dem Geologen höchst willkommene Erscheinung; wie ich schon aus den losen Blöcken, die auf dem Basalte zerstreut liegen, geschlossen hatte, — so ist auch diese vierte Bergkette noch ein Granitgebirge.

Indem man auf diesem Gebirge, dessen höchster Punkt in dieser vom Wege überschrittenen Richtung 2220 Fufs ist, später in einer mehr nördlichen Richtung weiter wandert, trifft man zuletzt, wo sich das Ganze etwas senkt, kleine Thäler an, die sich zwischen den Hügeln, in welche diese Oberfläche der ausgebreiteten Bergketten vertheilt ist, in wahrhaft labyrinthischen Krümmungen hinschlängeln, und die von krystallnen Bächen reich bewässert sind. An einem dieser Thäler tritt man aus dem Walde (der bis hieher alles überzog), und trifft auf dem unebenen, hügligen Boden kleine Ladangfelder zwischen frischgekappten Bäumen an, die dem Dorfe Dornakinjang angehören. Auch eine Wachthütte stand hier am Ufer des kleinen Baches, der aus dem Walde zwischen Granitwänden hervorbricht, und dessen Bette ganz mit einem goldgelben, glitzernden, schönen, feinen Sande erfüllt ist; die Untersuchung zeigte, dafs es Glimmerblättchen, also Bestandtheile von Granit oder Glimmerschiefer waren *). — Es nähert sich dieser Bach nachher nordwestwärts dem Rande des gröfseren Stromthales Eik Sobohuhom, an dessen linker Wand er in Cascaden hinabstürzt.

Man steigt von da, den Pfad verfolgend, nordwärts in ein neues, tiefes Stromthal hinab, — vom Eik Lubu Sikkam an das dritte, — dessen schmalen Grund in der Richtung von Ost nach West der Eik Sobohuhom durchströmt. Der Parallelismus der Bergketten hört hier auf, und die Gebirge, welche ostwärts von hier, vom Eik Sobohuhom und vom Fufse des Kindjanggebirges, dem wir uns nähern, liegen, sind ein wirkliches Hochland von ausgebreiteten und verflachten Bergmassen, die nur von schmalen und tiefen Thälern durchschnitten werden. — Hier ist also die oberste Bergmasse, die Höhe oder die Firste der Bergkette, überwiegend über die Thalbildung, und die Thäler sind nur schmale Klüfte, zwischen jenen hingezogen **). — Doch ist es mir unbekannt ge-

---

*) Meine Mandaheling'schen Begleiter, denen ich nicht ausreden konnte, dafs sie Goldstaub gefunden hätten, füllten alle ihre Reisetaschen hiermit an. Sie behaupten, dafs wirklich Gold darin enthalten sei. — Ich habe von diesem Sande etwas mitgebracht, aber noch nicht untersucht. — Sonderbar dafs aller Granit, den ich in den Battalanden fand, Syenit-artig mit Hornblende versehen, aber ohne Glimmer war, und dafs mir auch kein Glimmerschiefer begegnete. —

**) Eine ähnliche Bildung, wie im H u n d s r ü c k e n, um ein Beispiel zu nennen.

blieben, wie weit diese eigenthümliche Gebirgsconfiguration, — welche der Anbauung und Bewohnung viel günstiger, als die schmale, parallele Bergketten- und Thalbildung ist, — nach Süden sich in das Hochland hinein erstreckt.

Nach Barometermessungen beträgt die Tiefe des Flussbettes von Sobohuhom unter der vierten Kette 850 Fuſs, — unter dem Rande der Wände aber, welche der Kluft beiderseits zunächst liegen, nur etwa 500 Fuſs. — Auch hier wieder, wie in den beiden vorigen Thälern, ragen Basaltfelsen in Platten abgesondert aus der Thalsohle hervor, und bilden einen Theil der rechten Thalwand selbst, wo die gewöhnlich 2 bis 3 Zoll dicken Platten, eng an einander gebunden und nur mit dem Hammer trennbar, aufrecht stehen, und in fast senkrechter Lage mehre hundert Fuſs hoch neben einander emporstarren. Nur dadurch, daſs die äuſseren, stromnäheren Schichten dieser Basaltfelsen gebrochen sind, und kleine Vorsprünge, Gesimse oder Terrassen bilden, die abwechselnd, je nachdem sich bloſs einzelne oder nur ein Paar, oder viele Platten zugleich (abgebrochen), endigen, bald nur ein paar Zoll, bald $\frac{1}{2}$ Fuſs breit und breiter sind, nur dadurch wird es möglich, diese Wände zu erklettern. — Manche Vorsprünge sind kaum so breit, um festen Fuſs auf ihnen fassen zu können, und zuweilen liegt dann der Vorsprung der zunächst darauf folgenden Platte, die, wie alle, senkrecht steht, 3 bis 4 Fuſs höher, so daſs man sich eng an die Felsenwand anschmiegen und hohe Tritte machen muſs, um diese gefährlichen Treppen zu übersteigen.

Dieses ist die gefährlichste, schwierigste Stelle des Communicationsweges zwischen der Westküste und den Binnenlanden. — An andern Stellen neben den Wegdurchschnitten sind die Thalwände ganz senkrecht und unerklimmbar.

Groſsartig und höchst pittoresk ist der Anblick dieses tief eingeschnittenen Stromthales, dieser Gebirgskluft, die sich eng und düster zwischen den steilen Wänden hinzieht. Der Grund ist so schmal, daſs er ganz vom Strome eingenommen wird. — An einigen Stellen ragen schwarze Basaltklippen aus dem Wasser hervor, und an andern liegen Granitblöcke zerstreut, die hoch oben von der linken Thalwand herabgestürzt sind. Ja, an einer Stelle, wo tief zwischen hohen und senkrechten Wänden der Strom einen kleinen Kessel bildet, erhebt sich, mitten im Flufsbette, wie eine Insel, thurmähnlich steil, ein gigantischer Granitfelsen, dessen abgestutzter Scheitel mit Waldgebüsch gekrönt ist.

So steil die Wände zu beiden Seiten auch emporstreben, so erhebt sich doch auf ihnen eine majestätisch üppige Waldung von Casuarinen, die hier in Gesellschaft von Baumfarrn grünen, deren Wedel wie Kokospalmen aus dem Dickicht hervorgucken, mit Rotangarten, die das Ganze durchflechten, und mit einer Pandanusart, deren Stämme sich so hoch und schlank wie Palmen erheben. —

Hoch oben wölben sich diese Wäldchen über das enge Thal hinüber und werfen einen ewigen Schatten auf den schmalen Grund der Kluft, wo der Eik Sobohuhom über die Basaltklippen, die aus seinem Bette hervorragen, und über die Granitblöcke, die seinen Lauf verdämmen, laut donnernd hinabschäumt. —

Granit, in unmittelbarer Berührung mit Basalt und Trachyt.

Wir haben also auch hier wieder eine unmittelbare Berührung von Granit und Basalt, Bergketten, die aus Hornblende-Granit *) bestehn, und Basalt, der aus den engen Thalklüften zwischen ihnen, wahrscheinlich aus gangähnlichen Spalten hervorgestiegen ist. — Das Vorkommen dieses Basalts ist sehr beschränkt; denn in geringer Entfernung von diesem Flufsbette werden wir auch jenseits wieder Granit antreffen, das ganze Kindjanggebirge besteht aus Granit, und erst der Kegelberg Mertimpang wieder (ein alter Vulkan) ist ein vulkanischer Berg, an dessen süd- und südsüdwestlichem Fufse der Trachyt, — woraus er besteht, — mit dem Granit der Nordwestfirsten vom Kindjanggebirge in eben so unmittelbare Berührung tritt, wie hier in den drei Flufsklüften, die wir betrachtet haben, der Granit mit dem Basalt; — fürwahr, eine für den Geologen höchst wichtige Landschaft! — Eine vierte Formation gesellt sich zu diesen dreien, und ist

*) In diesem Granit des Kindjanggebirges und Ober-Tapanulie's ist der Glimmer ganz verschwunden. — Bedeutend grofse Krystalle von Quarz und Feldspath in ziemlich gleicher Anzahl bilden die Hauptmasse, welcher in untergeordnetem Verhältnifs, doch zahlreich genug schwarze Hornblendekrystalle zwischengemengt sind. —

in einzelnen gebrochenen Bänken dem Granit im nördlichsten Theile des Hochlandes aufgelagert, nämlich Sandstein.

Vom linken Rande des Sobohuhom führt der Weg nur wenig aufwärts, aber durch ein sehr unebenes Terrain über labyrinthisch durcheinander ziehende Rücken und kleine Zwischenthäler hin, im Ganzen nordnordostwärts, bis zum nächsten Dorfe Godding. Man durchschreitet auf diesem Wege zwei kleine Bäche, die zwischen Granitgeschieben vom Kindjanggebirge südostwärts in den Sobohuhom herabströmen, und trifft in den Wäldern, die diesen granitischen Gebirgsabhang bedecken, aufser mehren Eichenarten, die im ganzen Hochlande von Tapanulie häufig wachsen, und einer schön grünen, wenn sie ausgewachsen ist, fast schirm- oder pinienartigen, im jungen Zustande aber pyramidalischen Casuarina, — besonders eine Pandanusart, die in andern Gegenden nicht vorkommt, die sicher eine neue Art, wo nicht eine neue Gattung ist, und die durch ihre sonderbare Physiognomie das Auge des Botanikers auf sich zieht. Unten ruht ihr Stamm auf vielen divergirend auslaufenden, aber geraden Wurzel-Stützen, und steigt dann, in der Regel etwas überhängend, aber schnurgerade, so hoch wie eine Kokospalme, 60 bis 70 Fufs empor, um sich oben in die sparrigen kurzen Aeste, die den Pandanusarten so eigen sind, zu zertheilen, und am Ende dieser Aeste jene aloëartigen Blätterbüschel zu tragen. — Sie trägt viel dazu bei, den Eindruck des Fremdartigen, Bizarren dieser Gegend zu vermehren. Dort Basalt zwischen Granitwänden; — hier Eichen und Casuarinen mit Benzoëbäumen und Baumfarrn in Gesellschaft, — und einzelne Pandanusarten dazwischen, so hoch wie Kokospalmen! —

Godding. — Kindjang-Gebirge.

Das Dörfchen Godding, — bis zu welchem man von Siboga wegen höchst gebirgigen Terrains 1½ Tagemärsche nöthig hat, liegt 2160 Fufs hoch auf dem Südostabhange des Kindjanggebirges, auf dem südwestlichen Theile desselben. Der Vorsprung, auf dem das Dorf erbaut ist, stürzt auf den meisten Seiten, besonders in Ost und Südost, steil in die umgebenden Thalgründe hinab. Den Namen Dolok Kindjang führt eigentlich nur der nordöstliche Theil dieses Gebirges, welcher dem Südwestabhange des Mertimpangkegels gegenüber von Südost nach Nordwest streicht; — ich habe ihm jedoch beim Mangel eines allgemeinen Namens *) auch auf den Theil ausgedehnt, welcher sich südwestwärts bis oberhalb Godding hinzieht, und an dessen Abhange nicht weniger als 14 Bäche hinabfliefsen, theils von Nord nach Süd, theils von Nordwest nach Südost, um sich unten sämmtlich in den gröfseren, quer vor dem Fufse des Gebirges hinabströmenden Eik Adien Goding zu stürzen. Fast in eben der Richtung, wie dieser letztere, von Nordost nach Südwest, strömt hier der Eik Sobohuhom, — und ist von jenem nur durch einen lang hingezogenen und in seinen oberen Gegenden sonderbar gekrümmten Bergrücken getrennt. Bei seinem Ursprunge am Nordostfufse des Kindjang hängt dieser Rücken ununterbrochen mit einer Seitenrippe dieses Berges zusammen. Sein Kamm ist jedoch unregelmäfsig, uneben, — Ein ähnlich langer Rücken, oder, wenn man will, eine Kette ist die, welche sich auf der Südseite des Sobohuhom hinzieht, und welche etwas höher als die vorige ist; hoch oben auf ihrer Firste stehn die Hütten, welche das Dörfchen Dornakindjang bilden. —

Aufser den beiden Dörfchen Godding liegen noch 5 Dörfchen auf diesem Südostabhange des Kindjang, welche daher ein mehr bebautes, von Wald gelichtetes Ansehn hat, als die südlicheren und östlicheren Landschaften.

Dörfer.

Etwas oberhalb Godding steht noch ein kleineres Dorf, das denselben Namen führt, und wie gewöhnlich von Pallisaden umgeben ist. Diese Dörfer sind, wie auch die übrigen, auf kleinen, vorspringenden Platten der Bergrippen erbaut, da wo diese sich etwas ebenen, und auf jeder Seite von einer der Klüfte begrenzt, in denen die genannten kleinen Ströme hinabfliefsen.

Die nächsten Dörfer, welche nordostwärts auf Godding folgen, sind die beiden Paggera Pisang, noch ein drittes, nachher Adien goding, und Huta tinggi.

---

*) Gewöhnlich sind in den Battalanden alle einzelnen Kuppen mit besonderen Namen versehen, die oft von den benachbarten Dörfern entlehnt sind, während allgemeine Namen für das ganze Gebirge fehlen.

Unterhalb dieser Dörfer am Fuſse des Berges hin, über alle jene 14 Bäche hinweg, in geringer Entfernung von ihrer Mündung in den Hauptbach, führt nordostwärts der Weg von Godding nach Huta tinggi, durch dieses anmuthige, jedoch gröſstentheils waldbedeckte Thal. —

Sowohl das Wasser des Hauptbaches, als aller Nebenflüsse, rieselt über Hornblende-Granitgeschiebe und Granitblöcke hin, die überall in dem Fluſsbette zerstreut liegen, und deren einige eine warzige Oberfläche haben, von groſsen, oft zolldicken Quarzknoten, die daraus hervorragen und der Verwitterung trotzen.

Zuletzt steigt ostnordostwärts der Thalgrund steil in die Höhe, und erhebt sich in dem seitlichen Nebenrücken des Kindjang, auf dem das Dorf

Huta tinggi

liegt. — Durch eine sonderbare Krümmung des auf seiner Firste horizontal fortlaufenden, aber schmalen Bergrückens, und durch eine gleiche Krümmung der Stromthäler, oder besser Stromklüfte, die diesen Rücken einfassen, ist das Dörfchen fast auf allen Seiten von schroffen Gebirgen umgeben, und überblickt von seiner Höhe wie ein kleines Raubnest ringsum das weite Gebirgsland. — Zehn von halbverfaulten Pallisaden umgebene Häuser bilden das ganze Dorf, dessen Bewohner im Jahre 1834 (?) die geistigen Lehren von zwei Missionären die zur Verkündigung von „Gottes Wort" bis in diese Wälder vorgedrungen waren, unschmackhaft fanden, weshalb sie sich als echte Cannibalen durch die körperliche Substanz dieser beiden Propheten schadlos hielten, und deren Fleisch mit Appetit verzehrten.

Von der Höhe dieses berüchtigten Dorfes Huta tinggi genieſst man eine weite Aus- und Umsicht fast über das ganze Hochland von Tapanulie. — Die nächsten Umgebungen sind ein Labyrinth von waldigen Bergketten, und von oben waldigen, tief eingeschnittenen Zwischenthälern, deren allgemeines Verhältniſs man besser auf der Karte übersieht, als sie sich in einer Beschreibung anschaulich machen lassen.

In Süd und Südost ruht der Blick auf dem weiten, waldbedeckten Hochlande von Tapanulie, dessen Gesammtmasse, wegen gleicher Höhe der Gebirge, die es bilden, sich von hier trügerisch, wie eine Ebene darstellt. — Tiefe, schmale Thäler, labyrinthisch in einander mündend, und beiderseits hoch und steil von waldigen Bergrücken begrenzt, durchschneiden es aber in allen Richtungen, und trennen die einzelnen Platten oder die ausgebreiteten Bergjoche von einander, welche die gröfste Masse des Hochlandes in ihrer mittleren Höhe von 3000 Fuſs zusammensetzen.

Auf der Ostseite erhebt sich eine Bergkette, nämlich die, die das Sigopulangthal begrenzt, etwas höher, und bezeichnet auf dieser Seite die Marke dieses Landes, — während auf der andern, südwestlichen Seite nur an einzelnen Stellen eine Bergkette die mittlere Höhe des Hochlandes überragt, und sich so als Grenze desselben darstellt; — dieses ist die zweite Bergkette von Tapanulie, erkennbar an ihren fensterartigen Ausschnitten, die wir von hier in Süd 5° West erblicken. — Zwischen beiden Grenzen aber im Süden und Südsüdosten steht die scheinbare Fläche des Hochlandes völlig offen.

Unsichtbar südwestwärts unter dem Gebirge liegt die Tapanuliebai; aber aus bläulicher Ferne schimmert die Mensular-Insel herauf, deren Mitte man in Süd 60° West erblickt, und ein schmaler, spiegelnder Streifen des Meeres zieht sich zwischen ihr und dem düstern, nahen Waldgebirge hin.

Von Huta tinggi ostwärts, steil hinab in die Thalkluft, setzt sich nun der Weg im Thalgewirre fort, und hat ein paar Stunden weit keinen andern Boden, als das Bette eines Baches (Eik Huta tinggi), zwischen dessen Granitgeschieben man, hoch zu beiden Seiten von Waldung überwölbt, erst nord-, nachher ostwärts hinaufwaten muſs, bis man am Südostfuſse des Kindjang wieder trocknen Boden gewinnt. — Man setzt über einen kleinen Bach, in welchem Granitblöcke mit eben solch knotiger, rauher Oberfläche, wie wir dergleichen schon westwärts von Huta tinggi antrafen, über einander gehäuft liegen, — und gelangt in den Thalgrund des Eik Pittubossi, der ein Zufluſs des Sobohuhom ist, und auch den vorigen Bach aufnimmt. — Dieser kleine Thalgrund, in dem der Weg, ehe er über den ansehnlichen Bach setzt, eine Strecke weit hinführt, ist flach und ganz mit losem Granitsand bedeckt; hier strömt der Bach (der Spuren von Ueberschwemmungen zurückgelassen hat) von Nord nach Süd, ist aber am Nordostgehänge des Kindjang entsprungen. — Darauf führt der Weg anfangs von Südwest nach Nordost, auf der schmalen Firste eines quer zu beiden Seiten von Klüften begrenzten Bergrückens, und nachher über mehr ausgebreitetes flaches Land in den Waldungen, die hier immer noch alles bedecken, weiter zu einem neuen Bache, Eik Naromampeh, der ebenfalls noch ein Zuflufs des Sobohuhom ist, also hier südlich (anfangs südöstlich), fliefst, aber in keiner Kluft mehr hinströmt, sondern nur in einem kleinen, felsigen Bette, in einer Rinne, die er in Sandstein ausgewaschen hat.

Die Granitmassen sind nämlich hier im nördlichsten Theile des Hochlandes von Sandsteinlagern bedeckt; und überall, wo diese Formation auftritt (welche die Thäler und Klüfte des Gebirges ausfüllt), fängt jederzeit das Terrain an sich zu ebenen und mehr den Typus von Plateau's der Hochplatten anzunehmen. — Zwischen dem Pittubossi und Naromampeh also tritt hier das Sandsteinlager zuerst auf. Mit dem Sandstein nimmt auch die Vegetation eine veränderte Physiognomie an, und neue Pflanzengestalten, die wir sogleich werden kennen lernen, treten auf. —

Den Weg nordwestwärts verfolgend trifft man auch wieder auf ein Beispiel der merkwürdigen hydrographischen Erscheinung, dafs die Wasserscheiden zwischen ganz entgegengesetzten Stromgebieten oft durch ganz flache Gegenden dargestellt werden. Ein Bach nämlich, der ebenfalls Eik Naromampeh heifst (1 Minute vom vorigen), fliefst nordwestwärts, also in ganz entgegengesetzter Richtung, um nördlich um den Kindjang herum in die Fläche von Baros zu strömen. Seine Kluft ist etwas tiefer, und sein Bett mit Sand erfüllt, welcher viele silberglänzende Glimmerblättchen enthält.

Noch ein Bach, der nordwestwärts fliefst, folgt auf diesen zweiten Naromampeh, ehe man über ein flaches, wellenförmig unebenes Land, durch welches wir die Grenzen der Provinz gezogen haben, nordostwärts 1½ Minuten weiter den Bach von Panoadjih erreicht, der sein Wasser zum Batang torru ostwärts herabwälzt. — Thon und Lehmschichten bedecken in diesen Gegenden den Sand, sind aber auch wieder mit einer oft morastigen Schicht von schwarzem Humus überzogen. Nur in den Flufsklüften stehen sie an.

Physiognomische Gewächse.

Der Pflanzenwuchs dieser Gegenden vom nordöstlichsten Naromampeh bis zum Thale des Panoadjihbaches hat eine Physiognomie, die wir schon in Nord-Siepierok haben kennen lernen, und die wir auch in Silantom wieder antreffen werden. — Die hohen Urwälder sind verschwunden, — das Terrain wird offener, — es fängt an, sich mehr und mehr mit Allanggras zu überziehn, in welchem man seinen treuen Begleiter, die kleine Pterisart nicht vermifst; — aber kleine Gebüsche des sumatran'schen Psidium treten auf, mit Melastomen vermengt, und wechseln ab mit einzelnen Stückchen niedriger Waldung, um der Grasflur das liebliche Ansehn eines Parkes zu geben. — In den kleinen Waldstückchen erkennt man an ihrem frischeren Grün und der pyramidalen Gestalt ihrer jüngeren Individuen die Casuarina Andur Mangan. — Zwischen den beiden Naromampehströmen aber herrscht noch Hochwaldung vor, und hier ist es, wo ich so glücklich war, eine der gröfsten botanischen Merkwürdigkeiten zu entdecken, die wahrscheinlich auf der ganzen Welt etwas Gleiches nicht findet, und hier allein vorkommt! —

Sambinur der Battaer.
Ein baumartiges Lycopodium, so hoch als eine Tanne!

Ehe wir weiter gehn, sei es mir vergönnt, hier die prophetischen Worte des ersten Naturforschers unsrer Zeit einzuschalten:

— „Wie, wenn man einmal ein Land entdeckte, in dem holzige Schwämme, z. B. Clavarien oder Moose hohe Bäume bildeten? — Neckera dendroides, ein deutsches Laubmoos, ist in der That baumartig, und die tropischen Farrnkräuter, oft höher als unsre Linden und Erlen, sind für den Europäer noch jetzt ein eben so überraschender Anblick, als dem ersten Entdecker ein Wald hoher Laubmoose sein würde." — *)

Diese Worte stiegen lebhaft in meiner Erinnerung auf, als ich mit Erstaunen vor dem fremdartigen Anblicke eines Baumes stille stand, dessen unterste Zweige sich wie Ranken eines Lycopodium durch das Dickicht der übrigen Bäume

---

*) A. v. Humboldt, Ansichten der Natur. 1826. II. Bd. pag. 25.

hinschlängelten, während seine Spitze sich pyramidenförmig, wie eine Tanne erhob. — Ob ich ihn gleich — es war im Monate December — nicht im Zustande der Fructification fand, so kündigte er sich doch offenbar durch den Habitus seiner Aeste, und. durch die dichtgedrängten, dachziegelförmigen Schuppen seiner cylindrischen, harzreichen Endzweige, und durch die Schuppen, die auch noch seinen Hauptästen zerstreut ansitzen, als eine wahre Lycopodiacea an, die wahrscheinlich eine neue Gattung bilden wird. *)

Die Battaer haben einen besondern Namen für diesen Baum, Sambinur, woraus man schliefsen darf, dafs er auch noch in andern Gegenden dieses Hochlandes vorkommt. Die Höhe der Gegend, wo ich ihn fand, beträgt 3000 Fufs. — Im Habitus gleicht er einer Tanne (Pinus Abies) am meisten, ist aber viel schlanker und schwärzer. Die dicksten Stämme, die ich sah, hatten an der Basis im Durchmesser einen Fufs, und erreichten eine Höhe von 500 Fufs, die mittlere Höhe aber betrug 30 bis 35 Fufs. So strebt er, sehr schlank und mit wirtelförmig gestellten Aesten, pyramidalisch empor; seine oberen Aeste sind schief aufwärts gerichtet, die untersten hängen herab und sind sehr lang, schlank und mehrfach verästelt, sich so im Gebüsche oder auf dem Boden hinschlängelnd. Sein Holz riecht terpenthinartig und brennt wie Kaju tussam.

§. 11.

Eilfte Provinz.

S i l i n d o n g.

Areal $193\frac{3}{4}$ Quadrat-Minuten.

Flachland $56\frac{1}{4}$	Kultur	$56\frac{1}{4}$	Gebirge $137\frac{1}{2}$	Kultur	$30\frac{1}{4}$
	Allang	00		Allang	67
	Wald	00		Wald	$40\frac{1}{4}$

Sie umfafst die söhlige Thalfläche dieses Namens, nebst den sie zunächst umgebenden Gebirgen.

Ihre Südgrenze bildet die bereits ihres Ortes angegebene Nordgrenze der Provinzen Sigopulang und Ober-Tapanulie,

*) Ich habe Anstalt getroffen, mir einen fructificirenden Zweig des Sambinur zu verschaffen.

die der letzteren Provinz jedoch nur bis zur Länge des Dorfes Panoadjih.

Ihre West- (oder Südwest-) Grenze zieht sich auf der Längsrippe, worauf Panoadjih steht, nordwärts hinauf, zum Gipfel des Mertimpang, und setzt sich von da in der Firste der langen, norwestwärts streichenden Bergkette bis an die Grenzen von Tobah unter 2° 15′ Breite fort.

Die Nordgrenze bildet anfangs eine Querrippe, welche sich von diesem Punkte der Südwestkette nordostwärts in die Ebene hinabsenkt, und, indem sie sich verflacht, den nordwestlichen Rand dieses Thales bildet; — dieser Thalrand bildet, im Norden von Bergen unbegrenzt, die Marke mit den Hochebenen Tobah's; er zieht sich in einem Halbkreise um das Thal herum, bis sich unter 2° 15′ in Nordosten von dem Centrum der nördlichen Thalhälfte wieder eine Bergkette, Simaninkir, erhebt.

Die Ostgrenze wird durch die Firste dieser Bergkette Simaninkir gebildet, welche, Silindong von Tobah scheidend, sich bis Sigopulang hinabzieht. —

Der eigentliche Thalgrund von Silindong (oder Silindong im engeren Sinne) bleibt zwischen den beiderseitigen, parallelen, nordwestwärts streichenden Bergketten scharf begrenzt liegen, und ist als ein vollkommen horizontaler, söhliger Boden durch eine genau bezeichnete Linie vom prallig ansteigenden Fufse dieser Berge getrennt. — Im nordnordwestlichsten Ende sind diese Bergketten am weitesten von einander entfernt, der Thalboden ist hier 5 Minuten breit; in Südosten aber nähern sie sich immer mehr, und so wird der Thalgrund immer schmäler, und geht zuletzt in den scharf zulaufenden Grund einer engen Schlucht über, der vom Batang torru durchströmt wird, und von diesem Strome ganz ausgefüllt, sich fast 8 Minuten weit Süd 15° ostwärts, bis an die Grenzen von Sigopulang zwischen der Bergkette Tjitondeh in Südwest, und der von Simaninkir in Nordost hinabzieht, um sich dort zu einem neuen, sehr ähnlichen, nur etwas tiefer gelegenen Thalgrund, dem von Sigopulang, zu erweitern. — Die Länge des eigentlichen Thalgrundes in der Richtung nach Nord 30° Ost beträgt 15 Minuten, — die Breite in entgegengesetzter Richtung, in den mittleren und nördlichen Gegenden wechselnd von 3½ bis 4, in den südlicheren aber nur 2 Minuten. —

Ehe wir jedoch diesen Thalgrund betrachten, wollen wir erst den südlichen gebirgigen Theil der Provinz näher in's Auge fassen.

Berg Mertimpang.

Hier erhebt sich, als der zweite in den Battaländern seiner Höhe nach, ein Kegelberg, von dessen stumpf-glockenförmiger Kuppe, besonders nach Süd und Südwest hin, sich lange, divergirende Rippen hinabziehn; Dolok Mertimpang ist sein Name. — Während diese Rippen durch fortschreitende Kultur gröfstentheils ihres Waldwuchses beraubt sind, und lichtgrüne Grasfluren bilden, erheben sich auf der höchsten Kuppe noch schattige Wälder und blicken düster in das Thal von Silindong hinab. — Auch die lange Kette, die von dem Nordwestabhange des Kegels ausgeht, ist noch mit Wäldern bedeckt. — Auf einer der südlichen Rippen des Mertimpang, da, wo sich dieser schon erweitert und verflacht hat, — liegen dicht unter einander die beiden Dörfchen Panoadjih, von denen das obere eine Höhe von 3260 Fufs hat. Ein drittes steht tiefer, südwestlich von den vorigen an dem Rande des Thales, in welchem westlich von dem Bergrücken der Dörfer sich der gleichnamige Bach hinabschlängelt. — Der Thalgrund dieses kleinen Baches erweitert sich nach unten immer mehr, und zieht sich als ein flacher, vollkommen söhliger Streifen zwischen den Abhängen des Bergrückens hin, die ihn beiderseits begrenzen, und die, je flacher das obere Terrain wird um so steiler werden, und endlich senkrechte, 20 bis 30 Fufs hohe Wände von weifsen Thon- und Mergelschichten bilden. — Während der Grund zwischen ihnen oben in der Dorfnähe in Reisfelder, Sawa's, umgewandelt ist, so bildet er später, wo er sich westwärts in der Richtung nach Sigopulang hinwendet, kleine Moräste, die mit Gräsern und Cyperaceen bewuchert sind. — Wir werden solche kanalartige Thäler noch schöner in Tobah kennen lernen; sie treten überall auf, wo sich der Boden zu Hochflächen ebnet, und wo von nahen Berggehängen die Bäche mit starkem Falle auf sie herabstofsen. —

Den nördlichsten Theil des Hochlandes von Tapanulie, —

Ebenen von wellenförmig ungleicher Oberfläche, — haben wir bereits bei der vorigen Provinz kennen lernen. Der Weg führt durch sie in einer fast nördlichen (N. z. O.) Richtung von dem letzten Bache, welcher nordwestlich strömt, zur Thalkluft des Eik Panoadjih hinauf, — nachher in dem Bachthale selbst, dem rechten Ufer des Baches entlang (wo man stellenweise tief in sumpfigem Boden waten mufs), — und in der Nähe des unteren Dorfes quer durch das Thal zum Bergrücken hinan.

Wenn man von der Westküste, von der Tapanuliebai bis hierher nur Granitgebirge antrifft, an einigen Stellen von Basaltgängen durchbrochen, und hier und da mit gebrochenen Lagern einer Sandsteinformation bedeckt, wenn das Bette vom letzteren Eik Naromampeh noch mit granitischen Bestandtheilen, mit Glimmersand erfüllt war, — so verschwindet diese Steinart nun für die ganze Breite der Insel von hier an auf immer, und Trachyt tritt an ihre Stelle.

Der Granitfufs des Kindjanggebirges tritt südwestwärts von Panoadjih in unmittelbare Berührung mit dem Fufse des Mertimpang, welcher ein Trachytkegel ist. Es ist der nordöstliche Fufs des Kindjang und der südwestliche des Mertimpang, die hier an einander stofsen. Nur die Kluft des Naromampehbaches windet sich eng zwischen beiden hindurch.

Ansicht des Hochlandes von Tapanulie.

Die Aussicht von Panoadjih über das Hochland von Tapanulie ist noch freier und weiter, als von Huta tinggi. Auch von hier gesehen ist die zweite Hauptbergkette von Tapanulie an ihren Fenstern erkennbar, und unterscheidet sich ebenso wie die zunächst an Sigopulang grenzende Kette durch eine etwas gröfsere Höhe, als die der zwischen ihnen liegenden und von ihnen begrenzten Bergmassen, welche sich daher zwischen beiden Grenzen weniger als gesonderte Ketten, vielmehr als ein Hochland von ziemlich gleicher Oberfläche darstellen. — Der nördliche Abfall der innersten, an Sigopulang grenzenden Kette, die hier in mehre Zweige gesplitzt ist, führt den Namen Dsahur; an ihrem Nordfufse windet sich der vereinigte Bach der Gewässer hinab, welche dieser Süd- und Südostseite des Mertimpang entströmen; er heifst Sibobau (Sibobahu) und fliefst ostwärts in's Sigopulangthal. An seinem linken Ufer erhebt sich die durchbrochene Bergkette (Dsahur- oder Sigopulangkette) von neuem, und setzt sich nordnordwestwärts in einer Kette fort, welche Tjitondeh heifst, und sich durch eine etwas gröfsere Höhe von den Bergrippen des Mertimpang unterscheidet. Die gegenüberliegende Kette an der linken Seite des Batang torru-Thales ist jedoch höher und blickt über sie hinweg. —

Der Verbindungsrücken zwischen diesem Dolok Tjitondeh und dem ostnordöstlichen Abhange des Mertimpang ist der höchste Punkt des Weges, welcher von Panoadjih nach Silindong führt. Er geht von Panoadjih erst ostwärts am Gehänge hin über drei Bäche, und wendet sich dann nordwärts zu jenem Rücken hinauf, auf welchem Wege er noch vier Bäche übersetzt. Nur der erste von diesen vieren hat einen Namen, Eik Naroran. — Von dem Pafspunkte ostnordostwärts vom Mertimpang, zwischen diesem und dem Tjitondeh, führt der Weg in einer anfangs nördlichen Richtung, am Berggehänge sanft abwärts, übersetzt 2 Bäche, welche den Namen Tjilakalakahang führen, und nimmt dann eine nordnordwestliche Richtung an, über die sanft geneigten Anhöhen, welche das Silindongthal zunächst begrenzen. Diese gehören einem lang hingezogenen Bergrücken an, der als eine Rippe des Mertimpang entspringt, und sich nachher kettenartig, in gleicher Höhe eben auslaufend, weiter nach Norden zieht. Ein schmales Zwischenthal, das nordwärts in Silindong ausläuft, trennt ihn von der mehr westlich liegenden, hohen und waldigen Hauptbergkette. Denn wie alle mittleren und unteren Gehänge des Gebirges, welche Silindong umgeben, ist auch er nur mit Allanggras bekleidet. Die sanft verflachten Vorsprünge, die seinen innern Abhang bilden, sind es, auf denen der Weg in ziemlich ebener Richtung nordnordwestwärts hinleitet, ehe er sich nordwärts in eine Gegend des südlichen Drittheiles des Silindongthales hinabzieht.

Wenn man von einer kahlen Anhöhe dieser Bergwand, nach langem Wandern durch wüste Gebirge, durch Wälder oder menschenleere Graswildnisse, seinen Blick zum ersten Male in dieses Thal hinabschickt, so fühlt man sich von Verwunderung fast an die Stelle gebannt, und durch den neuen, in den Battalanden so ungewohnten Anblick von einem namenlosen Entzücken durchdrungen. Da glänzen unten in der

Tiefe Hunderte von spiegelnden Reisfeldern, und Hunderte von Dörfchen, umringt von grünen Bambusbüschen, liegen zwischen ihnen zerstreut. Im nördlichsten Theile des Thales erglänzt spiegelnd die ruhige Oberfläche von kleinen Seen, zu denen sich der Strom erweitert hat, und in denen grofse grüne Inseln liegen bleiben; — in mannigfaltig zertheilten und wieder zusammenmündenden Armen, rund um die flachen Inseln, die er einschliefst, schlängelt sich in einem silbernen Streifen der breite Strom durch die Thalfläche, die zwischen den hohen Gebüschen, die sie zu beiden Seiten einfassen, völlig horizontal und söhlig daliegt. Ihr ganzer Boden ist gleichsam nur in ein Reisfeld, in eine einzige Sawa verwandelt, also gröfstentheils mit Wasser bedeckt, auf dessen Spiegel die Dörfchen mit ihren spitzen schwarzen Giebeldächern und dem ringförmigen Bambusgebüsch, das sie umschliefst, wie eben so viele Inseln zu schwimmen scheinen. — Fürwahr, ein sonderbar lebendiger, frischer Anblick, der freundlich-schön, lachend sein würde, wenn nicht die schwarzen, mit Arengfasern gedeckten Dächer der Dörfer sich so düster in den ruhigen Gewässern spiegelten! —

So lieblich der Anblick des reich bewässerten Thalgrundes mit seinen Seen und Stromerweiterungen von der Höhe ist, so unangenehm ist der Aufenthalt im Thale selbst für einen Europäer, der an trocknen Boden und trockne Füfse gewöhnt ist, denn alle Kampongs sind von Morästen, nämlich von künstlichen Morästen, Sawa's, umgeben, und es ist ganz unmöglich, von einem Dorfe zum andern, das oft nur einen Büchsenschufs davon entfernt ist, oder nur 50 Schritt weit aufserhalb des Dorfes zu gelangen, ohne bis an die Knie im Wasser oder erweichten Schlamm baden zu müssen. — Nur einige Dörfer sind durch künstlich aufgeworfene, schmale Dämme mit einander verbunden. Alle aber sind von solchen Dämmen umringt, um zur Zeit des hohen Wassers, Banjer, vor Ueberströmungen sicher zu sein. Die Eingänge in diese Wälle, die bei niedrigem Wasser offen stehn, werden dann schnell verstopft. —

Der Batang torru, der diesen Thalgrund in mannigfaltigen Windungen durchströmt, führt hier den Namen Eik Batu Manti, und fliefst zwischen flachen Ufern in einem sandigen, mit vulkanischem, besonders Bimsteingereibsel erfülltem Bette, welches durchwatend man auch bei niedrigem Wasserstande bis an die Brust im Wasser steht. — Kleine Stücke (Brocken) von weifslichem Bimstein liegen in grofser Menge überall in dem Schlammboden der Thalfläche zerstreut, und sprechen für die vulkanische Natur dieser Landschaft. — Aufser den wirklichen Seen, die er in dem nördlichsten, breitesten Theile des Thales bildet, ist er überall sehr breit, und schliefst mit seinen zahlreichen Armen grofse und kleine Inseln ein, von denen einige mit Schilf und Klaga bewachsen, andere aber bebaut und bewohnt sind. —

In der mittleren und unteren Hälfte des Thalgrundes ist der Strom in seinem Laufe dem westlichen Bergfufse sehr genähert, die östlichen Gegenden der Fläche sind deshalb dort von drei grofsen Wasserleitungen durchschnitten, die von einem quer gerichteten Theile des Stromes in der oberen Hälfte von Silindong ausgehn, und sich im Ganzen südsüdostwärts durch das Thal ziehn. — Sie bilden zwischen sehr regelmäfsigen und dauerhaft gebauten, erhöhten Wällen, 5 Fufs breite Kanäle, von denen der östlichste, längste 5 Minuten lang ist, und dem besten Baumeister zur Ehre gereichen würde. Ihre Wälle dienen daher zu gleicher Zeit als Hauptcommunicationswege zwischen den Dörfern.

Es scheint dieser Thalgrund ausnehmend zur Reiskultur in überschwemmten Feldern geeignet zu sein, und eben dieser Leichtigkeit der Bebauung seine grofse Kultur und starke Bevölkerung zu verdanken. Denn ein natürlicher Morast, der überall von durchsickerndem Wasser durchdrungen ist, braucht gar nicht durch die Kunst überschwemmt, sein Boden braucht nur durchwühlt und besäet zu werden, um fruchtbar zu sein. Kaum in den trockensten Monaten, zur Zeit der Reife des Korns, wird seine Oberfläche völlig trokken. Die grofse Hitze, die sich in diesem von Bergen eng umschlossenen Thalkessel entwickelt (ungeachtet seiner Höhe von beinahe 3000 Fufs), verbunden mit der grofsen Feuchtigkeit und dem sandig-morastigen Boden, scheint dem Gedeihen des Reises sehr günstig zu sein, und den Ertrag äufserst ergiebig zu machen. — Kahl, nur von dürftigen Bambus umgeben, ohne alle Fruchtbäume, liegen die Dörfer zwischen solchen Umgebungen. Eine Menge von grofsen Reihern oder Störchen, die ganz schneeweifs sind, waten in seinen Reisfeldern umher. Das letzte Drittheil ihrer Flügel ist schwarz. — Nur an ein paar Stellen in der Thalsohle, — an vielen Stellen aber am Fufse der umgebenden Berge (gleichsam am hohen Ufer des Thales, das unstreitig vormals ein See war, und ja zum Theil dieses noch ist), — erheben sich einzeln, oder in Gruppen zu 3 oder 4, alte Feigenbäume, Weringien von der Art, die keine Luftwurzeln hat (F. religiosa). Dieses sind die Orte, wo abwechselnd jeden Tag an einem andern Platze, und so der Reihe in festgesetzter Ordnung nach, den ganzen Thalgrund herum, Markt gehalten wird, und wo Tausende von Menschen jedes Alters und Geschlechts mit ihren Waaren, gröfstentheils Efswaaren, zusammenströmen. —

Der Strom und seine seeartigen Erweiterungen sind reich an Fischen, worunter sich sehr schmackhafte und grofse, bis 3 Fufs lange befinden. — Am Fufse des südwestlichen Bergabhanges (der dem Mertimpang angehört), im südlichen Drittheile des Thales, gerade da, wo dieser Fufs in die söhlige Fläche überläuft, sprudelt eine warme Quelle von 100° Fahrenheit hervor, die nach Schwefelwasserstoffgas schmeckt und riecht. Aus ihrem kleinen Becken strömt ein Bächlein zu einem nahen Zweige des Eik Batu manti hinab. —

Einige der Hauptdörfer sind; Sossor, Huta galong, Lumpen tjantjang, deren Lage in den Verästelungen und Inseln des Eik Batu manti man auf der Karte nachsehn möge. Die Anzahl der Dörfer im Thalboden und an dessen Ufer (nämlich dem zunächst angrenzenden Bergfufse rundum) beträgt 56. Nur die am Gebirge liegenden sind von einigen Fruchtbäumen, besonders Parkotpalmen, beschattet, und gewähren, wegen trocknerer, grasbewachsener Umgebungen, einen etwas angenehmeren Aufenthalt.

Denn nicht nur, dafs in der Thalsohle selbst, aufser den künstlich erhöhten Dämmen und Plätzen in den Dörfern, kaum ein Flächenraum von 100 Qdr.Fufs gefunden werden kann, der nicht vom Wasser überschwemmt oder durchdrungen wäre, — so ist jeden Morgen auch der Thalgrund von dicken, weifsen Nebelmassen bedeckt, die eine in der Regel 30 bis 50 Fufs dicke Schicht bilden, auf deren Oberfläche man von oben wie auf einen See hinabsieht. — Unter dieser Nebeldecke liegt nach heitern Nächten das ganze Thal mit allen seinen Dörfern verborgen, und kaum ragen hier und da die höchsten Zweige einiger Weringienbäume dunkel daraus hervor. — Erst wenn die Morgensonne eine Höhe von 15° erreicht hat, fängt die Oberfläche dieser Nebeldecke an zu wogen, sie wird wellenförmig, und lös't sich höher steigend allmählig auf. — Zuweilen aber hat das Tagsgestirn schon eine Höhe von 45° erreicht, es ist 9 Uhr, und noch ist Silindong in Nebel gehüllt, — deren Feuchtigkeit und Kühle, gewöhnlich 62,0° jeden Mittag jedoch mit einem bedeutenden Hitzegrade, 78,0 bis 81,5° wechselnd, — nur die Eingebornen ohne Nachtheil ertragen, während sie bei Europäern und andern Fremden leicht Fieber und Dysenterie erzeugt. — Ueber Tag wehen gewöhnlich nur sehr leise, sanfte Nordwestwinde, aber jeden Abend, sobald die Sonne gesunken ist, fängt ein Südsüdostwind an zu blasen, und sehr regelmäfsig aus der schmalen Schlucht zwischen den Bergketten (in welche der Thalgrund südsüdostwärts übergeht) Wolkenmassen vor sich hintreibend, über den Thalgrund zu streichen, — bis er in der Stille der Mitternacht sich wieder legt. —

Die nordöstliche, das Thal begrenzende Kette, an deren Flanke der Verbindungspfad mit Tobah südostwärts schief hinansteigt, über 4 kleine Bäche, die ins Thal hinabfliefsen, ist ein Trachytgebirge, ebenso wie die südwestliche, jenseitige Kette, die sich in jenen, uns schon bekannten kegelförmigen Eckpfeiler, Dolok Mertimpang, südostwärts endigt. — Auf und an den Flanken der nordöstlichen Kette sowohl diesseits, aber noch mehr jenseits an ihrem nach Tobah hinsehenden Gehänge, findet man sehr mächtige Schichten eines äufserst feinen Thones, der in den lebhaftesten Farben, an einigen Stellen goldgelb, an andern schwefelgelb, an noch andern wirklich indigoblau auftritt. —

Von der Pafshöhe bietet sich über das reichbewässerte Sawathal mit seinen breiten Stromarmen und den vielen, gleichsam inselförmigen Dörfchen eine Aussicht dar, die noch schöner und freier ist, als die von der jenseitigen Höhe. —

Die Höhe des Thalbodens, die in verschiedenen Gegenden nach den nördlichen und südlichen Gegenden hin, wahrscheinlich nur so unbedeutend (ein oder ein paar Fufs) steigt und fällt, dafs diese Verschiedenheiten mit dem Barometer nicht mefsbar sind, beträgt nach Beobachtungen im Dorfe Lumpen tjantjang 2950 Fufs.

Das Plateau von Tobah, das nord- und ostwärts zunächst an ihn grenzt, ist, wie wir sehen werden, 3740 Fufs hoch, also 790 Fufs höher. — Von diesem Plateau ist der nördlichste und nordöstlichste Theil des Thalgrundes durch keine Berge, noch auch durch hüglige Erhobenheiten geschieden, (— die Bergketten sind, wie wir gesehn haben, schon ausgelaufen —) sondern nur durch einen flachen Rand, der sich im Halbkreise rings um die nördliche, breiteste Hälfte des Thales herumzieht. — Treppenförmig steil, fast nur in einer wenig geneigten Terrassenwand, mit nur schmalen Vorsprüngen, — senkt sich von diesem Rande das Plateau 790 Fufs tief in den Thalgrund Silindong's hinab, der sich unter jener Platte wie ein plötzlich entstandener Einsturz, wie eine Erdsenkung darstellt.

Die vollkommen horizontale Beschaffenheit seiner Sohle, der einzige Abzug seiner Gewässer durch eine schmale Bergschlucht in Südsüdost (zwischen den zusammentretendeu Abhängen der Tjitondeh und Simaninkirkette), die man nur zu verstopfen braucht, um das Thal von neuem in einen See umzuschaffen, — das Nochvorhandensein von Seen, — die langsame Strömung und der geringe Fall seines ausgebreiteten Flusses, — die moorige Beschaffenheit seines Bodens, — die steile, scharfe, uferähnliche Begrenzung vom Fufse der umgebenden Gebirge, wo die Erdlagen in horizontalen Schichten (besonders von Sand, — vulkanischem Gereibsel, mit kleinen Süfswassermuscheln vermengt, — oder auch von mehr thonartigem Boden und mit Humus oberflächlich bedeckt), — wechselnd vorkommen, — dieses Alles sind Umstände, welche Silindong als einen ehemaligen Seeboden darstellen, ebenso wie die mehr südlich gelegene Erweiterung desselben Batang torru-Thales in Sigopulang, die wir schon kennen lernten. —

Die vulkanische Natur dieser Landschaft, — abgesehen von der Steinart der Ringgebirge, die überall Trachyt ist, und von den zerriebenen Lavabrocken, besonders den Bimsteingeschieben, die man in grofser Menge im Flufsbette sowohl, als überall dem Boden eingemengt findet, — geht auch aus dem Vorhandensein der oben angeführten schwefligen Quelle hervor, die wahrscheinlich der letzte Ueberrest von der Wirkung des alten Vulkan's Mertimpang ist, an dessen Fufse sie hervorbricht. —

Auch weiter südwärts, nämlich im Osten von Sigopulang, also an den Westgehängen der zum Dolok Dsaut gehörigen Bergzüge, sollen noch dampfende (?) Solfataren vorkommen, oder wenigstens Stellen, wo die Einwohner unreinen Schwefel sammeln, den sie auf dem Markte von Silindong verkaufen. — Diese Plätze habe ich nicht besucht; und nur in den südlichen Gegenden der Battaländer, nämlich im Sibulaboaliegebirge habe ich noch dampfende Solfataren gefunden, nämlich zwei am Ostgehänge, und eine auf der Westseite dieser Bergmasse bei Ayer Nabara. —

Verlassen wir dieses unter allen Provinzen am reichsten bevölkerte Thal, das, die Thalsohle allein, 10,300 Einwohner zählt, und dessen Dörfchen, beim Ueberfalle der Padries, durch eine schnelle, frühzeitige Unterwerfung gröfstentheils der Vernichtung entgingen, aber doch nur der Ueberrest sind von einer früheren, noch stärkeren Population *), und schreiten wir zur Betrachtung der Berggegenden fort, die es südostwärts begrenzen. —

Seit der Zeit streiten sich einige der vornehmsten Radja's, eifersüchtig auf einander, um den Titel des Oberherrn. Ihre Eifersucht ist in wirkliche Absonderung von einander übergegangen; Einige von ihnen um ihre Rivalen zu contrariiren, boten ihre Unterwerfung der Regierung zu Tapanulie an, — Andre zu Pitja koling. Sie waren sehr unzufrieden, als ich sie überzeugte, dafs die Befehlshaber an beiden Plätzen nur Repräsentanten einer und derselben Flagge seien. — Diesen Zwiespalt aus Eifersucht über die Macht oder wechselseitige Vorzüge, diesen ihnen angebornen trotzigen Stolz, der zum Widerspruch reizt, — der Fluch der armen Battaer seit den ältesten Zeiten (wo nicht das einzige ursprüngliche Uebel der ganzen Menschheit! —) dieses abgerechnet, kamen mir die

*) Einige Dörfchen wurden bei jenem Ueberfalle dennoch verbrannt, namentlich auch das Hauptdorf, auf einer Insel in erwähnten Stromsee, wo der tituläre Oberradja von ganz Silindong wohnte, — welcher der Süfsigkeit (!) des Alleinherrschers (obgleich nur dem Namen nach) nicht entsagen wollte. — Die Andern bekehrten sich schnell zum Koran, nämlich so lange die Gefahr währte; Einige von diesen stellten sich bei meinem Besuche, als wenn sie wirklich Mohamedaner wären, es kostete mir jedoch nur eine geringe Ueberredung, um sie zum Genusse ihres geliebten Schweinefleisches zurückkehren zu machen.

Bewohner Silindong's unter allen Battaern als die liebenswürdigsten vor. Ihr enges Zusammenwohnen, die Nothwendigkeit von festen, unverletzbaren Gesetzen, um sich gegenseitig bei grofser Volkszahl wohl zu vertragen, und den ungestörten Genufs ihrer wechselseitigen Rechte zu erhalten, hat ihnen mildere Sitten zugetheilt, und dies unterscheidet sie sehr von dem rohen, mifstrauischen und wilden Naturell der Bewohner jener einsamen Dörfer, die in den Gebirgen zerstreut liegen. Sie sind fröhlich, offenherzig und zutraulich von Natur; — sie empfingen mich mit ungeheuchelter Gastfreundschaft; ihre Radja's liefen mir aus ihren Dörfern entgegen, und führten mich Arm in Arm wie im Triumphe in ihr Dorf! — Ihre Art, mit einander umzugehn, hat sie an die Idee von Unverbrüchlichkeit eines gegebenen Wortes gewöhnt; hat man daher erst einen Freundschaftsbund mit ihnen geschlossen, so kann man auf ihre feste Treue rechnen, und ganz unbesorgt unter ihnen leben. Ein Schwurbrüchiger wird bei ihnen lebendig verzehrt! — Aber man mufs nur nicht wähnen, auch nur Ein Viertelstündchen unter ihnen allein und ungestört sein zu können! Sie sind äufserst neugierig, und wollten die Bedeutung und den Gebrauch von allen Instrumenten erklärt wissen; man kann keinen Federzug, keinen Pinselstrich thun, ohne von hunderten Neugieriger eng umringt zu sein. — Dabei hält es schwer, aus diesem Thale wieder heraus zu kommen, wenn man es einmal betreten hat; der Radja eines jeden Dorfes (die sich alle für unabhängig halten) verlangt einen Besuch wenigstens für eine Nacht, und fühlt sich tief beleidigt, und hält sich vor seinen Nachbaren und Rivalen zurückgesetzt, wenn ihm dieses geweigert wird; — so kann man, ihrem Drängen nachgebend, in Einem Tage keinen gröfseren Marsch, als einen Spaziergang von einer halben Stunde oder einem Stündchen von Dorf zu Dorf zurücklegen, und wird in jedem Dorfe, dessen Radja dem andern nicht nachstehn will, mit neuen Feierlichkeiten empfangen.

Bei meiner ersten Ankunft in Lumpen tjantjang wurde ich mit grofsem Ceremoniell bewillkommnet, dessen Gebräuche ich bereits an einem andern Orte versucht habe zu beschreiben. —

§. 12.

Zwölfte Provinz.

D o l o k - D s a u t.

Areal 193¾ Quadrat-Minuten.

Gebirgsland 193¾	Kultur	00
	Allang	00
	Wald	193¾

Diese Provinz ist das Bergrevier des Dolok Dsaut, und umfaſst alle die vom flach kegelförmigen Mittelpunkte dieses ausgebreiteten Gebirges in einer fast divergirenden Richtung ausgehenden Längsrippen, die sich wie kleine Bergketten darstellen, bis dahin, wo sie entweder ganz flach in Hochebenen auslaufen oder durch Querströme begrenzt werden. In diesen Querströmen vereinigen sich die Bäche dieses Reviers, welche in den parallelen Längsthälern oder Klüften zwischen den Rücken hinabströmen.

Die Südgrenze ist hiernach der Eik Siepierok, in seinem Laufe von der nördlichsten Ecke des Plateau's Siepierok bis Sigopulang.

Die Westgrenze ist die Firste der Bergkette Dolok Simaninkir, vom Bette des Eik Siepierok an bis 2° N. Br. Sie trennt den Dolok Dsaut von Sigopulang.

Die Ostgrenze ist das Hochland Silantom, welches dort durch den Fuſs einiger zum Dolok Dsaut gehörigen Längsrücken (Torsi gamba) ziemlich scharf begrenzt ist.

Die Nordgrenze ist der südlichste Theil des Tobahplateau's (Bangaribuan), in dessen Ebenen der äuſserst sanfte Abhang des Dolok Dsaut ganz allmählig und unbegrenzt übergeht. — Deshalb habe ich zwischen den Grasebenen Tobah's und den Waldungen des Dsaut die Grenze dieser Wälder vorläufig als Mark beider Provinzen angenommen. Sie stöſst westwärts hinüberlaufend unter 2° N. Br. mit der Westgrenze zusammen. —

Obgleich das ganze Innere dieser Provinz, wie schon die Angabe des Areals lehrt, eine von Menschen unbetretene Wildniſs ist, — nämlich ein ununterbrochener, Gebirgsboden bekleidender, Berg und Thal ausfüllender Urwald, so habe ich doch keinen Anstand genommen, sie als eine besondere

Provinz aufzuführen, weil sie dazu, ihrer Gröfse nach, dasselbe Recht als Ober-Ankola hat, und weil in der fortschreitenden Kultur mit der Zeit zu erwarten steht, dafs sich ihre fruchtbaren, humusreichen Berggehänge, eben so wie die des Lubu Radja, mit Menschen bevölkern werden.

Es ist ein einziger Berg, Dolok Dsaut, der mit seinen auslaufenden Rippen die ganze Provinz ausfüllt. Diese Rippen aber sind keine schmalen, und schroff gesenkten Leisten, wie bei gewöhnlichen Kegelbergen, sondern erheben sich, nach einem gemeinschaftlichen Centrum zu, von allen Seiten her so sanft und gleichmäfsig, und sind so lang hingezogen, dafs sie Bergketten gleichen. — Doch ist ihre Richtung wirklich convergirend nach diesem Centrum zu, welches sich äufserst sanft, doch in Kegelform erhebt, und mit der Horizontallinie kaum einen Winkel von 12 Graden bildet. Von dieser höchsten, kegelförmigen Mitte, die man, ungeachtet ihrer geringen Erhebung, weit und breit in den Battalanden sehn und erkennen kann, senkt sich der Umfang nach allen Seiten hin noch sanfter, und weicht nur durch die Neigung von wenigen (3 bis 4) Graden von der Horizontallinie ab, — ist aber dabei so gleichmäfsig ausgestreckt, und so frei von allen Unebenheiten, dafs man kaum eine schärfere und geradere Linie mit dem Lineal ziehen kann. So läuft er nord- und nordwestwärts in die Hochebenen von Tobah und Silantom über, ohne dafs man eine Grenze anzugeben vermag, und nur im Süden haben die von ihm auslaufenden Rücken einen weniger gleichförmigen Saum.

So stellt er sich dar, wie eine Ebene, die durch eine in der Mitte ansteigende Masse sanft emporgehoben, und dann in dem am höchsten aufgetriebenen Centrum durchbrochen wurde. — Von welcher Seite man den Dolok Dsaut auch sieht, bleibt zwischen der linken und rechten obersten Ecke des Kegels immer ein gebrochener und ausgezackter Zwischenraum liegen, der nach Winkelmessungen fast nach allen Seiten hin einen gleichen Durchmesser hat, nämlich von Ost nach West 1½, und von Süd nach Nord 1 bis 1¼ Minuten, der also einen zackig eingebrochenen Kraterrand um eine Centralöffnung herum beschreibt. Er stellt sich, von Bander Nahor in Tobah gesehn, in dem (Fig. 15.) mitgetheilten Profile dar.

Dieser Krater erhebt sich so recht im Centrum der Battaländer und ist mitten in der Centralebene ausgebrochen, die, wäre er mit seinen Bergrippen nicht in die Mitte geschoben, ein zusammenhängendes Ganze (nämlich Tobah mit Siepierok) bilden würde.

Er liegt direct in Norden vom Lubu Radja, und ist derjenige Vulkan, der zunächst auf diesen, in einem geradlinigen Abstande von 35 Minuten, folgt.

Von warmen Quellen und andern Resten vulkanischer Wirkung habe ich in seinem Umfange keine Spuren entdecken können. —

§. 13.

Dreizehnte Provinz.

S i l a n t o m.

Areal 125 Quadrat-Minuten.

Flachland 87½	Kultur	1½	Gebirge 37½	Kultur	00
	Allang	70		Allang	20
	Wald	16		Wald	17½

Grenzen.

Ihre Westgrenze ist der Fuſs des zum Dolok Dsaut gehörigen, unter dem Namen Dolok Torsi gamba bekannten Bergrückens.

Ihre Süd-, Ost- und Nordgrenze wird durch den Rand zusammenhängender Gebirgsmassen dargestellt, welche im Süden mit der nordwestlichen Kuppe der Siepierok'schen Kette, dem Dolok Atjang Gutang anfangen und sich von da nach Osten in einem Halbkreise (mit mehren schroff und steil vorspringenden Felsenkuppen) herumziehn, bis zum Dolok Kadjorang im Norden.

Im Nordwesten geht dieses so umschlossene Land, ganz allmählig ansteigend, in Tobah über, scheinbar unbegrenzt und ganz flach, — doch von Tobah geschieden, durch die Wasserscheide zwischen Eik Borotan und Eik Gondipabiat, von denen der erstere zum Stromgebiete des Eik Biela gehört und der Ostküste zuflieſst, während der letztere sich nachher südwärts wendet, um seinen Wasservorrath durch den Batang torru der Westküste zuzusenden.

Die Süd- und Westgrenzen sind durch den Bergrücken

Dolok Goleh, welcher vor der Kuppe Atjang Gutang nordwestwärts herüberstreicht, bis auf eine schmale Kluft verbunden, aus welcher der Silantomstrom südwestlich herabströmt.

Wir blieben bei der Beschreibung von Silantom auf dem Dolok Goleh stehn; und setzen nun unsre Reise nordostwärts quer über diese von Atjang Gutang herabstreichenden Bergrücken fort, um in das jenseitige Thal zu gelangen. Sobald man den jenseitigen nordöstlichen Rand des Bergrückens erreicht hat, wird man durch eine weite, höchst merkwürdige Aussicht überrascht. Siepierok liegt unsichtbar im Rücken, — aber ein neues Hochland breitet sich vor uns aus! —

Der Anblick von Ländermassen aus gröfseren Höhen ist nicht nur genufsreich, sondern für den Topographen vorzugsweise belehrend. Denn die Einzelnheiten, die man nach Monate langem, mühsamem Umherwandern hat kennen gelernt, erblickt man hier in ihrem Zusammenhange, und hier erhält man oft Aufschlüsse über die Richtung und Verbindung von Bergen und Terrainformen, nach deren wahrer Kenntnifs man in den waldbedeckten Niederungen lange vergebens forschte. —

Labyrinthisch von Tausenden von Klüften durchschlängelt, breitet sich, vom Dolok Goleh aus gesehen, dieses Hochland nach Norden aus; es stellt sich in der Form von verflachten und ausgebreiteten Bergrücken dar, die sanft nach der Mitte des Landes hin fallen, wo alle Klüfte in eine Hauptkluft zusammenstofsen, die sich von Norden herabschlängelt; — nur im Norden von hier, wo es allmählig höher ansteigend in Tobah übergeht, wird es zur wirklich horizontalen Hochebene. — Hunderte von kleinen Stückchen Waldung und Gebüsch zerstreuen sich auf der einförmigen öden Allangdecke dieses Landes, deren gelbliches Grau Alles, Höhen sowohl als Tiefen, überzieht. Lebhaft wird bei diesem Anblicke der Reisende an das Hochland von Karang kobar auf Java erinnert, welches eben so von Klüften durchfurcht, und ebenso kahl, nur mit Allang bekleidet, aber von vielen Dörfchen bedeckt, daliegt; — aber vergebens sucht man hier nach Dörfern, vergebens späht das Auge, mit dem Fernrohre bewaffnet, nach einer Hütte, oder nach einer aufsteigenden Rauchwolke, oder nach andern Spuren menschlichen Treibens; — nichts von alle Dem: — menschenleer und öde liegt die weit ausgedehnte Landschaft da, und drohend-düster blickt aus Osten die waldige Felsenkuppe Dolok Suwanon hinein, die das ganze Hochland trotzig überschaut. — Dies ist einer von den stumpf geendigten Gebirgspfeilern, die das Land im Südosten und Osten umzingeln, bis zu einer kegelförmigen steilen Kuppe, die sich ebenso räthselhaft und von sonderbarer Form, wie diese, weiter nordwärts erhebt.

Nur ein einziges Dörfchen, Sumang ampat, liegt in einem der südlichsten Thäler dieses Hochlandes, zu dem der Verbindungsweg mit Siepierok nordostwärts über das Grenzgebirge hinabführt. —

Sumang ampat.

Nachdem man den kleinen Bach Eik Tjitomman übersetzt, und noch einen Rücken, welcher durch diesen Bach vom Dolok Goleh geschieden ist, überschritten hat, steigt man in einen kleinen flachen Thalgrund hinab, der sich zwischen Bergen nordnordwestwärts, hinzieht. — Am jenseitigen rechten Rande des Thalgrundes strömt der ansehnliche Eik Siboddu ziemlich reifsend herab. Er bewässert die Reisfelder, Sawa's, welche hier die ganze etwa $\frac{1}{4}$ Minute breite Thalsohle bedecken, und deren herrliches lichtes Grün in dieser Einöde doppelt schön erscheint. Sie sind Eigenthum des genannten Dörfchens, welches auf dem rechten Rücken des Thales erbaut ist, da wo sich dieser vom Ufer des Siboddu 30 Fufs hoch steil und senkrecht erhebt. Es besteht aus auf einander liegenden Lagen von Geschieben. —

Nur auf einer Leiter, die aus nichts Anderem, als aus einem eingekerbten Baumstamme besteht, kann man zur schmalen, überdeckten Pforte des Dorfes gelangen. Ein doppelter Zaun von Pallisaden, deren Zwischenräume mit Dornen und Erde nebst Steinen ausgefüllt sind, umzieht die Hütten des Dörfchens, welches auf der Nord- und Nordostseite durch kleine natürliche Gräben gedeckt, auf der Ost- und Südostseite aber, wo der Grund (als rechte Thalwand) ziemlich eben ausläuft, durch die Natur am wenigsten geschützt ist.

Der Grund, auf dem das Dorf steht, ist der innere Abhang eines verflachten Bergrückens, welcher auf einer hohen Bergkuppe im Osten von Sumang ampat entspringt, und das Thal auf dieser Seite einfassend, sich nachher nordwestwärts hinabzieht. Auf der andern Seite in Südwest ist es ein ähnlicher Rücken, welcher neben dem Dolok Goleh von der hohen Kuppe D. Atjang Gutang herabstreicht. — Zwischen diesem Bergrücken zieht sich der Thalgrund, anfangs mit Feldern bedeckt, nachher unbebaut, erst nordnordwestwärts hinab, und biegt sich dann westwärts um den Fufs des Dolok Goleh herum. Dort mündet der Siboddu in den Hauptbach dieses Landes.

Aufser dem Atjang Gutang erhebt sich, in Osten vom Dorfe, eine zweite, ähnliche Kuppe, Dolok Tussam, und im Nordosten (genauer in Nord $57\frac{1}{2}^{\circ}$ Ost) eine dritte, Dolok Suwanon, denen sich weiter nordostwärts noch ein vierter anreiht. Den Dolok Atjang Gutang haben wir als letztes Ende der Siepierok'schen Ostkette bereits kennen lernen. Er hängt mit der nächsten Kuppe, und alle diese Kuppen unter einander durch weniger hohe Zwischenjoche zusammen. Zwischen diesen halbkreisförmig eingebogenen Querjöchen stehn aber die Kuppen weit hervor, und sind nichts weiter, als die letzten Endigungen der Bergketten der 6ten Provinz, welche von Südost nach Nordwest streichen, — in dieser Richtung allmählig immer höher steigen, — dann aber auf Einmal, plötzlich abgebrochen, sich prallig steil in's Land hinabstürzen und gigantische Felsenpfeiler bilden, von 700 bis 1000 Fufs Höhe, deren schroffe Wände unbeklimmbar sind, von deren hohen Scheiteln aber noch dunkles Waldgebüsch in's Hochland hinabschaut. — Eben so sonderbar und fremdartig, als diese vier Gebirgspfeiler, blickt den Reisenden ein fünfter Berg, nordwärts von dem vorigen, an, der sich spitz, vollkommen wie ein Zuckerhut erhebt, oder wie eine Glocke, mit noch bewaldeter Spitze, während sein Fufs wie das ganze Land nur mit Allang überzogen ist.

Stumm und düster sehn diese Gebirgspfeiler über das verödete Land, von dessen wechselnden Schicksalen sie Zeuge waren. Mancherlei Kriege mit blutigen Scenen müssen hier vorgefallen sein, deren Geschichte aber, bei dem Mangel aller schriftlichen Urkunden, für ewig verloren bleibt. — Nur die Namen von Dörfern, die vormals hier blühten, haben sich erhalten; — unter diesen waren Bangurian und Silantom die gröfsten, und nach dem letzteren, dessen Radja einst eine gewisse Oberherrschaft über die andern ausgeübt zu haben scheint, habe ich bei dem Mangel eines allgemeinen Namens das ganze Hochland benannt, das ein in sich geschlossenes Ganzes bildet, und weder zu Siepierok noch zu Tobah gerechnet werden kann.

Alle seine Battaer sind verschwunden, und alle seine Dörfer vergangen bis auf eines, das aus 15 Hütten besteht! — *)

Auf die höchst sonderbare und merkwürdige Gebirgsconfiguration, wo zahlreiche, parallel neben einanderliegende Bergketten sich allmählig höher heben, und dann plötzlich wie die divergirenden Rippen eines Vulkans, abgebrochen sind, und jäh in ein ziemlich ebenes Hochland, — wie eine vulkanische Ringmauer in den Kratergrund, — hinabstürzen, — werden wir im geologischen Abschnitte noch einmal zurückkommen. — Dafs sich weiter einwärts westnordwestwärts von diesen so gehobenen Bergketten ein wirklich alter Vulkan, der Dolok Dsaut, erhebt, haben wir schon gesehn.

Nordwärts von der vierten Kuppe setzt sich der Gebirgsrand hinter dem Zuckerhute, der durch ein kleines Zwischenjoch mit diesem Rande zusammenhängt, fort, und geht in weniger hohe, sanft ausgebreitete Hügelzüge über, die sich westwärts umbiegen, und das Hochland, das dort am höchsten ist und in die ganze ebene Fläche Tobah's übergeht, im Norden begrenzen. Ihre höchste Kuppe, die sich dort erhebt, ist der Dolok Kadjorang.

So ist dieses merkwürdige, grofse Hochland ganz von Gebirgen umschlossen, deren innere Abhänge und von da sich herabschlängelnde Rücken von allen Seiten her convergiren, aber sanft nach der Mitte zu fallen. —

Die Meereshöhe bei dem Dorfe beträgt 2660 Fufs. — Seine mittleren Gegenden sind 3000 bis 3600 Fufs hoch, und erheben sich nordwestwärts allmählig zu 3750 Fufs hohen Flächen.

Zwei Wege führen aus diesem Hochlande. Der eine fast nordwärts nach Tobah durchschneidet meistens nur flache Allangfelder und bietet wenig Abwechslung dar; da die Klüfte nicht tief sind, und die Ränder dieser Klüfte in den unteren und mittleren Gegenden von Silantom nur sanft und allmählig fal-

*) Zur Zeit als ich mich demselben auf meiner Reise näherte (25. November 1840).

len, so kann er leicht in einen guten brauchbaren Zustand versetzt werden. — Der zweite, nordostwärts in das Land Hurung, führt nahe am Fuſse der Gebirge entlang, den wir von hier aus kennen lernen können, weshalb wir ihn näher betrachten wollen.

Von Sumang ampat bis zum Fuſse des Suwanon strömen, den Eik Siboddu mitgerechnet, fünf Bäche aus den südöstlichen Gebirgen herab, und schlieſsen vier lang hingezogene, sanft verflachte Bergrücken zwischen sich ein. Ueber diese führt der Weg quer, hinüber. — Der zweite ist anonym, — der dritte heiſst Si- oder Tjibohung, — der vierte, der Kimenosso, flieſst in einem schönen, breiten und flachen Thalgrunde, in dem man noch Spuren früheren Bewohntseins entdeckt, und der sich zwischen den beiderseitigen flachen Rücken westnordwestwärts hinzieht. — Der fünfte ist der ansehnliche Eik Suwanon, welcher im Gebirge, südlich von der gleichnamigen Kuppe, entspringt, und nachher in einer ziemlich tiefen Kluft in fast querer Richtung am Westfuſse dieser Kuppe hinströmt. Er läuft hier eine Strecke weit von Süd nach Nord, und stöſst mit einem anderen Bache, dem Eik Gorsik, zusammen, welcher in entgegengesetzter Richtung von Nord nach Süd herabflieſst. Dadurch wird der Fuſs der Kuppe ganz umzogen, doch bleibt noch ein geräumiger, aber abschüssiger Zwischenraum zwischen der Bachkluft und dem Fuſse des Felsens übrig. Der vereinigte Bach strömt westnordwestwärts weiter. — Am westlichen Fuſse des Dolok Suwanon sind die Trachytfelsen stellenweis säulenförmig abgesondert, und bilden zwar unregelmäſsige, doch deutlich unterscheidbare vierkantige Säulen von nicht weniger als 6 Fuſs Dicke, die sich ungegliedert 50 Fuſs hoch und höher über einander erheben. Imposant ist der Anblick des Felsenpfeilers Suwanon, der in gewissen Abständen über einander schmale, vorspringende Treppen oder Terrassen bildet, auf denen sich, während die Wände zwischen diesen Vorsprüngen starr und nackt nur im öden Grau des Gesteins selbst aufwärts streben, die schönsten grünen Räume erheben, und sich zu ganzen Gruppen waldähnlich an der Felsenwand hinziehn. So strebt die Felsenmasse 1000 Fuſs hoch in die Luft *). Die Pyramidenform dieser

*) Nach Winkelmessungen, deren Resultat jedoch nur annähernd ist. —

Bäume zieht das Auge des Reisenden schon aus der Ferne an. — Mühsam erklettert man einige der untersten, zugänglichsten Terrassen, und sieht sich erstaunt in einen Fichtenwald versetzt, hier, nahe unter dem Aequator in einen Wald von echten Fichten, durch deren Nadeln der Wind, die lebhafteste Erinnerung an vaterländische Scenen erweckend, mit jenem eigenthümlichen Säuseln dahinrauscht, das man in seiner Echtheit nur in Fichten- und Tannenwäldern hört, und wovon man etwas Aehnliches nur in Casuarinenwäldern findet. — Die langen Nadeln mit Tannzapfen untermischt liegen auf dem geglätteten Boden, dem es, — eine seltene Erscheinung unter den Tropen, wenigstens hier auf den Sundainseln! — an Unterholz gebricht, ein terpenthinartiger Geruch erfüllt den Wald, und an der Basis der Stämme findet man das halbflüssige weifsliche Harz ausschwitzend.

Nur ein Solcher, der im Norden zwischen Fichtenwäldern geboren, 6 Jahre lang in der Pflanzenfülle der grofsen glänzenden Blätter und des dicht und schattig gewebten Laubes der Tropen zubrachte, — kann sich einen Begriff von der Freude und dem Entzücken machen, die ich empfand, als ich diese Pinusart zum ersten Male erblickte, hier auf den Bergen Sumatra's „diese Repräsentanten der höchsten Zusammenziehung der Theile," — wie sie v. Humboldt nennt, — „in der sich gleichsam der Einflufs der nahen Erdpole ausspricht"! —

Es ist eine der wichtigsten Entdeckungen, die ich so glücklich war, im Gebiete der Pflanzengeographie zu machen. Fehlt doch in ganz Südamerika, trotz der Höhe der Andenkette, die Fichtenform, — und ist noch nirgends unter den Tropen eine eigentliche Pinus entdeckt! — Die südlichsten Länder, wo Fichten wachsen, sind, wie bekannt, Japan, Fokieng in China, das Himalayagebirge und Mexico, aber alle diese Länder liegen aufserhalb der Tropici, und nur auf den Hochebenen Mexico's steigen sie bis zu 16° nördlicher Breite herab. Ob in Cochinchina, nach Loureiro (Flora Coch.), echte Fichten wachsen, ist zweifelhaft. — Auf den Sundainseln, so wie auf den Anden von Quindiu kommt nur eine den Fichten verwandte Form, nämlich die Gattung Podocarpus vor; — in Brasilien ersetzt Araucaria imbricata die Form der Nadelhölzer; — auf Amboina kommt keine Fichte vor, denn die Pinus Dammara, Rumpf. (Agathis loranthifolia Salib.) weicht eben so sehr durch ihr Fructificationsorgan von Pinus ab, als ihre eiförmigen, lederartigen Blätter himmelweit von den feinen Nadeln der Abietiven verschieden sind. Deshalb findet sich, meines Wissens, hier in den Battaländern das einzige Beispiel auf der ganzen Welt, einer echten Fichtenart Pinus Sp., nahe unter dem Aequator (Dolok Suwanon, 1° 52′ nördl. Breite).

Ich nannte sie vorläufig Pinus sumatrana. Ihr Stamm wird an der Basis 2 bis 3 Fufs dick, und erreicht in den ältesten Individuen eine Höhe von 100 Fufs. — Ihr Wuchs ist schlank und ganz pyramidalisch, nach oben immer mehr und mehr zugespitzt. Ihre sehr langen Nadeln hängen büschelförmig an den Enden der Zweige, und geben ihr eine Physiognomie, welche den Lerchenbäumen am nächsten steht. — Ihr Holz, Kaju tussam, und dessen Nutzanwendung hahen wir schon oben kennen lernen. Ihre südlichen Grenzen sind die Gebirge, welche die nördlichste Hälfte vom Plateau Siepierok ostwärts begrenzen, gegenüber Warseh; südöstlicher fehlt sie auf Sumatra. Ihre Westgrenzen sind die westlichen Grenzgebirge vom Plateau Tobah (auf den Bergen von Silindong fehlt sie schon wieder), ihre Nordgrenze ist unbekannt. — Ihre Region liegt zwischen 3000 und 4500 Fufs, und ihr Verbreitungsbezirk scheint sehr klein zu sein; — am liebsten wächst sie auf felsigen Gebirgen. —

Es verdient hier noch als eine geographische Besonderheit eines Pilzes gedacht zu werden, welcher in nördlichen Ländern ausschliefslich und allein in Fichten- und Tannenwäldern vorkommt.

Dieser Pilz ist Agaricus alutaceus Pers. *). Ich fand ihn auch hier in den Fichtenwäldern Sumatra's, aber nicht allein in diesen, sondern auch in solchen, wo Casuarina Andur Mangan häufig wächst, und wo der Waldboden, von Unterholz entblöfst, eine sehr trockene Beschaffenheit hat und mit den abgefallenen Nadeln bedeckt ist.

Rund um den Fufs des Dolok Suwanon wächst eine den Fichten verwandte, ebenfalls neue Baumart, welche gleichsam in diesem merkwürdigen Lande, wo alles, was man sieht, neu ist, und ein bizarres, fremdartiges Kleid trägt, von den

*) Der mir bekannt genug ist, um ihn für identisch zu halten.

Menschen bis zu den Pflanzengestalten und Gebirgsformen! — das Gegenstück zu unserer Pinus sumatrana liefert. — Ihr Laub ist nur bei jungen Individuen pyramidal, später fast schirmartig ausgebreitet, aber oben fein zertheilt. Es ist eine Casuarina n. Sp., welche die Battaer Kaju Andur Mangan nennen, verschieden sowohl von der Strand- (C. equisetifolia L.) als der Bergcasuarina auf Java, die ich C. montana genannt habe. Dünne Bäumchen, höchstens 1 Fuſs dick, mit grauer, etwas rissiger Rinde, erheben sich höchstens 30 Fuſs hoch, zertheilen sich in schlanke, geschlängelte Aeste, und breiten sich dann in einer schön grünen, rundlich schirmförmigen, fast pinienartigen Laubkrone aus. — Sie kommt nicht an Berggehängen, sondern auf Ebenen vor, und ist den Centralflächen und Hochländern der Battaländer zwischen 2700 bis 4000 Fuſs eigenthümlich. Sie tritt bereits im nördlichsten Theile von Siepierok auf, und findet sich auch hier wieder.

Das kleine Thal, durch dessen sanft verflachten breiten Grund sich der Eik Gorsik am westlichen Fuſse des Dolok Suwanon herabschlängelt, ist eine Grasflur von frischem Ansehn, in der Nähe des Baches etwas sumpfig. — Hier erheben sich vereinzelt etwa ein Dutzend Individuen einer Pandanusart, deren bizarre Gestalten bei Abwesenheit aller andern Bäume dem Thale eine sonderbare Physiognomie verleihen. Auf zahlreichen geradlinigten Stützen erheben sich die kurzen Stämme (caudices) dieser Bäume, um sich dann sogleich wieder in eine Menge von sparrigen Aesten zu zertheilen, deren Enden in einer Höhe von höchstens 25 Fuſs über dem Boden, die aloëartigen Blüthenbüschel tragen.

Mittlere Temperatur der Region, worin die Fichte wächst:
(Lauter von ausgedehnten Hochebenen umgebene Berge.)

3000′	—	70,5° F,
3740′	—	68,0° —
4500′	—	66,5° —

Oestliche Gegenden von Silantom.

Von der Anhöhe jenseits des kleinen Gorsikthales (auf einem Rücken, welcher sich vom Nordfuſse des Suwanon halbkreisförmig herumzieht), führt der Weg in nördlicher Richtung durch einen Thalgrund am Westfuſse des vierten Bergpfeilers von Silantom, über mehre Bäche (Eik Tjitjandiang), welche sich quer vom Gebirge herabziehn, und steigt vom rechten Ufer des letzten Baches, Tjikortang, auf das Grenzgebirge hinauf. —

Dieser Thalgrund, in dem sich zahlreiche kleine Nebenthäler herabschlängeln, ist wie viele solcher zwischen Bergrücken eingeschlossenen Thäler, in Süd- und Mittel-Silantom hüglig-wellenförmig, mit kleinen, reich bewässerten, oftmals sumpfigen Zwischenräumen zwischen diesen Hügeln. Wirklich labyrinthisch in mannigfaltigen Krümmungen schlängeln sich diese zusammenmündenden Thalgründe zwischen den ausgebreiteten Bergrücken hin; ihr Grund liegt 40, 50 bis 100 Fufs tiefer, als die Oberfläche dieser Rücken (woraus der gröfste Theil vom Areal dieser Landschaft besteht), so dafs sie völlig unsichtbar zwischen diesen Platten ganze Dorfschaften mit ihren Fruchtbäumen beherbergen können. Die Wände der Thäler sind sanft geneigt. Erst in Nord-Silantom, wo sie sich zwischen horizontalen Ebenen hinziehen, wird ihr Grund (Sohle) ganz flach und sumpfig, und ihre Wände senkrecht abgeschnitten.

Der Weg nach Hurung (ein überwucherter Pfad, den man ohne Führer nicht auffinden kann) führt jenseits des Tjikortangbaches auf einen Allangrücken hinan, südostwärts nahe bei jenem glockenförmigen Berge, — und erreicht auf dem immer schmäler und steiler zulaufenden Nebenrücken den höchsten Punkt der östlichen Grenzgebirge in einer Richtung, nordostwärts hinter dem genannten Kegel. — Dieser Punkt liegt 3870 Fufs über dem Meere. — Etwa ¾ Minuten im Süden von hier ist der Bergrand (der Silantom in Osten umzieht), von einer Querkluft durchbrochen, um mehren zusammenströmenden Bächen aus den mehr östlich gelegenen Bezirken des ausgebreiteten Gebirges, welche sich zu dem bereits genannten Ttjkortang vereinigen, den Ausgang zu gestatten. Südwärts von diesem Querdurchbruch erhebt sich der vierte (anonyme) Bergpfeiler Silantom's.

Von diesem Punkte geniefst man eine weite, belehrende Aussicht über das ganze Hochland mit allen seinen östlichen und südlichen Grenz-Bergkuppen, bis zum fernen Dolok Dsaut hinüber, und nordwestwärts in's Plateau von Tobah hinein, das sich mit seinen Grenzgebirgen in blauer Ferne verliert.

Im Osten aber breitet sich nahe ein weites Hochgebirge

aus, zwischen dessen kahlen Höhen sich labyrinthische Klüfte hinziehn — dessen Betrachtung wir jedoch zur Provinz Hurung verschieben.

Nördliche Gegenden Silantom's.

Die schönsten Gegenden Silantom's sind seine nördlichsten, am höchsten gelegenen, welche sich am südlichen Fufse des Kadjorangberges west-, nachher nordwestwärts nach Tobah hinüberziehn. Hier tritt zuerst eine Sandsteinformation auf, die wir in Hurung und Tobah wieder finden werden, und die in den ganzen nördlichen Battaländern weit verbreitet ist. — In den Hochgebirgen zwischen Hurung und Silantom stehn ihre Felsen überall zu Tage an, in den Plateauebenen aber kann man sie nur in den Flufsklüften erkennen.

Vom südlichen Fufse des Kadjorang, einer fast kegelförmigen, doch stumpfen und breiten Kuppe, und von den Bergzügen, womit er ostwärts zusammenhängt, ziehn sich mehre solcher Klüfte herab, — und von Westen sind es die noch grösseren Klüfte Gondipabiat und Suha, welche diese nördlichste Fläche Silantom's durchschneiden. Da, wo in einiger Entfernung vom Fufse der Berge die Ebenen zu beiden Seiten flach und horizontal werden, senken sich die Wände dieser Flufsthäler senkrecht, oder doch in einer von der senkrechten Lage nur wenig abweichenden Richtung, schroff hinab, bei den kleinsten 20, in der Regel 30 bis 40, öfters 50 und bei einigen wenigen selbst 100 Fufs tief, und breiten sich dann unten zu einer horizontalen Sohle aus. Sie ähneln denen von Nord-Siepierok, sind aber nicht so tief; ihre Wände sind nicht terrassenförmig, sondern senkrecht, mauerähnlich, und ihr Grund ist ganz flach und söhlig. Sie sind also wirkliche Kanäle, und ihre Wände so scharf begrenzt zu beiden Seiten, als wenn sie von Menschenhänden ausgestochen wären. Ihr Grund ist fast immer morastig, zuweilen sind es Grasmoräste mit Grasarten, die in noch etwas fliessenden Wasser schwimmen, zuweilen ist das untiefe Wasser mit Xyrisarten bewachsen, zuweilen aber ist ihr Grund ein okergelber Moor, und das stinkende Wasser ist mit schillernden Häutchen bedeckt. Beim Durchwaten einiger dieser Moräste sinkt man bis an die Schultern ein, und würde Gefahr laufen, ganz zu versinken, wenn sich nicht Rohrgebüsch (von einer Klagagrasart) hier und da in diesen Sümpfen erhöbe, an deren Stengeln man sich anhalten kann. — Sie sind es, die der Weganlegung durch diese Hochebenen die mehrsten Schwierigkeiten entgegenstellen. Halbschwimmende Brücken von Baumstämmen dürften noch das einfachste Mittel sein, um sie zu übersetzen. — An den Wänden um diese Klüfte steht der Sandstein von weifser Farbe an. Er ist grob, weich, leicht zu zertrümmern, und ist fast ganz aus grofsen Quarzkörnern gebildet, die durch ein feldspathiges, halbverwittertes, in Thonerde verwandeltes Cement nur locker zusammengehalten werden. — Die Mächtigkeit dieser Sandlagen ist sehr bedeutend; keine Kluft ist so tief, um ihren Boden (ihr Liegendes) zu erreichen, und nur in Hurung, wo das ganze Gebirge nach Osten abgeschnitten ist, erkennt man die Mächtigkeit dieser Formation, die von 50 bis zu mehren hundert Fufsen reicht! —

Hier in den Ebenen Silantom's, so wie in Tobah, ist sie bedeckt von einer Schicht weifsen, feinen Thones, dessen Mächtigkeit von 10 bis 30 Fufs wechselt, und der das Land sehr unfruchtbar machen würde, wäre auch er nicht noch bedeckt von einer sehr dicken Lage fruchtbarer, lockerer, dunkelbrauner, humusreicher Erde, welche abwechselnd wenigstens 2, gewöhnlich 3, ja 5 Fufs dick ist, und welche auf das vormalige, Jahrhunderte lange Bedecktsein dieser Centralebenen von Urwaldungen hindeutet; denn nur in solchen und durch solche könnte sich diese dicke Humusschicht auf dem Thone bilden. —

Wenn auf dem nahen Grenzgebirge (besser Grenzhügeln, denn der höchste Berg, Kadjorang, erhebt sich nur 1000 Fufs über die Fläche) der Wind durch Fichtenwälder (P. sumatr.) säuselt, so hat der weit verbreitete Allangwuchs hier in der Ebene alle andern Pflanzen verdrängt. — Nur einzelne Stückchen, kleine Oasen von Wald liegen in den Allangfluren zerstreut; — in einigen von ihnen erkennt man noch an verwilderten Fruchtbäumen oder ringförmigen Bambusgebüschen die Stellen, wo vormals Dörfer standen. Jetzt durchstreifen nur Hirsche, aber diese sehr zahlreich, die Steppe. Elephanten fehlen in diesen Hochebenen.

Da wo sich das Waldgebüsch in die kleinen Flufsthäler hinabzieht, besonders da, wo sich an den Gehängen junge pyramidenförmige Casuarinen (Andur 'mangan) erheben, entsteht durch das blendende Weiſs der Sandstein- und Thonwände mit dem schönen Grün dieser Bäumchen der malerisch'ste Contrast.

Die gröſste von den kanalartigen Klüften ist die, in welcher der Eik Suha strömt. Auf dem Dolok Dsaut entsprungen, flieſst er von West nach Ost, nimmt den eben so gerichteten mehr nördlichen Gondipabiat auf, und wendet sich in der Gegend südlich vom Dolok Kadjorang nach Süden um, um in dieser Richtung seinen Lauf weiter fortzusetzen.

Nordwestlicher Theil Silantom's.

Unmerklich geht hier der nordöstliche Fuſs des Dolok Dsaut in die Ebene über, am linken Ufer des Gondipabiat hat die Ebene, welche hier ganz horizontal ist, bereits eine Höhe von 3750 Fuſs erreicht. — In den Hügelzügen, welche sie nord- und nordostwärts begrenzt, bemerkt man vom westlichen Fuſse des Kadjorang aus eine Unterbrechung, eine Lücke; — jenseits dieser Lücke aber (in welcher also das Plateau unbegrenzt ist) erhebt sich der Hügelzug von Neuem und zieht sich westnordwestwärts als Ostgrenze von Tobah weit in die Ferne.

Diese Lücke ist der Durchbruch eines Baches, welcher die vereinigten Wässer von Süd-Tobah (Bangaribuan) dem Plateau entführt, um sie jenseits dieser Berge im inneren Bielathale dem Eik Biela zuzuführen. Der nächste Bach nämlich, welcher nordwestwärts auf den Gondipabiat folgt, ist der Eik Borotan, der sich diesem Zuflusse des Biela zuwendet, um in ihm zur Ostküste zu strömen. Der Gondipabiat aber wendet sich nach Siepierok, ergieſst sich dort in den Batang torru, und flieſst demnach der Westküste zu. — Zwischen beiden also, obgleich der Zwischenraum so flach und eben, wie eine Tafel ist, liegt die Wasserscheide, die wir die Erste zwischen dem oberen Stromgebiete des Biela und Batang torru in Tobah nennen wollen. Sie ist die Grenze unserer Provinz auf dieser Seite, und schlieſst demnach unsre Betrachtungen.

Doch müssen wir hier noch Einmal des Vorkommens von Quarzsand in verschiedenen Gegenden gedenken. — Zerstreute Quarzkörner auf dem Boden fanden wir bereits in den Gegenden zwischen Tapollong und der Porta Hurabae; — nachher wieder auf den Bergzügen zwischen Batana tua und Pagger utang; — ferner sehr häufig im Ptateau Siepierok, —

und hin und wieder auf den Bergrücken von Silantom; — auch die Gebirge ostwärts von Silantom bis Hurung sind damit bestreut. —

Wenn man in den andern Gegenden, wo alle Gebirge umher aus Trachyt bestehn (eine Gesteinart, welche bekanntlich keinen Quarz enthält), vergebens nach der Auflösung dieser Räthsel sucht, — so finden wir es hier in Nord-Silantom, und noch mehr in den Gebirgen zwischen Silantom und Hurung erklärt. Dort steht die Sandsteinformation, deren Hauptbestandtheile jene Quarzkörner sind, überall zu Tage. — Wir nehmen also an, dafs in allen den Gegenden in Trachytgebirgen, wo man Quarzsand zerstreut findet, kleine Lagen und abgebrochene Schichten dieser Formation auf dem Trachyt aufgelagert vorkommen, durch den Einflufs des Regenwassers und der übrigen Atmosphärilien aber zerstört wurden; — ihr feldspathiger Cement verwitterte dann, wurde zu Thon und Lehmerde, und ihre Quarzkrystalle (die wie bekannt schwer verwittern) zerstreuten sich nach allen Winden umher. —

§. 14.

Vierzehnte Provinz.

H u r u n g.

Areal 200 Quadrat-Minuten.

Flachland 14	Kultur	7	Gebirge 186	Kultur	3
	Allang	7		Allang	103
	Wald	0		Wald	80

Die Südost- und Südgrenze dieser Provinz ist die Nordgrenze der siebenten Provinz, welche wir dort (Ostgebirge von Siepierok und Silantom) bereits kennen lernten. Sie wird hauptsächlich durch die Kalkgebirgskette gebildet, welche nordostwärts streichend, sich in der stumpfen Kuppe Dolok Batu Goreng endigt.

Die Westgrenze trennt sie von Silantom, und läuft von dem vierten Bergpfeiler Silantom's, der Firste des Hügelzuges entlang, bis zum Dolok Kadjorang.

Die Nordgrenze fängt vom westlichen Fufse dieses Dolok Kadjorang an, und wird durch den Bach der vereinigten

Wasser Süd-Tobah's gebildet, der oben Eik Borotan heifst, und den wir nun Eik Hurung nennen wollen. Er fliefst vom Kadjorang an im Ganzen östlich, und schlängelt sich dicht am nördlichen Fufse aller Bergfirsten Hurung's hin, die er von der Sohle des Binnenthals von Biela trennt, bis er mit dem Eik Sigalagala ostwärts von der letzten Spitze der Hurungberge, zusammenstöfst.

Die Ostgrenze folgt von da an dem Laufe des Sigalagala, und stöfst dann auf den Dolok Batu Goreng hinaufsteigend, mit der südöstlichen zusammen.

Dieses merkwürdige, und unter allen Provinzen der Battaländer (sowohl in topographischer, als geologischer, als naturhistorischer Hinsicht überhaupt) merkwürdigste Land besteht fast blofs aus schmalen, gewöhnlich nur 1 Fufs breiten Firsten, und aus schaudervoll tiefen Klüften zwischen den Firsten, an deren schroffen Gehängen die kleinen Reis- und Jagonfelder wie angeklebt erscheinen. Auf den kleinen Platten, zu welchen sich die Firsten der Berge hier und da erweitern, liegen wie Adlersnester die Dörfer, nur von Wäldchen schlanker Fichten umweht, und auch wirklich von Adlern *) umschwebt, die in weiten Kreisen um die schroffen Höhen herumziehn. —

Es ist fast nur ein einziges breites, in mehre Rücken mit Zwischenthälern zerspaltenes, dem nördlichen Thale von Silantom und dem eigentlichen Hurung zwischengelagertes, von Südost nach Nordwest streichendes Gebirge, welches sich ostwärts in einem scharfen von Südsüdost nach Nordnordwest gerichteten Rande endigt, und welches mit mehren langen Gebirgszweigen, die es unterhalb dieses Randes nach Nordost in die Fläche ausschickt, diese ganze Provinz zusammensetzt.

Jener hohe, ostwärts scharf begrenzte Rand führt in seiner nördlichen Hälfte den Namen Dolok Simmurwoasos; — der gröfste von da ostnordostwärts auslaufende, in viele Nebenäste vertheilte und 12 bis 13 Minuten lange Gebirgsarm heifst Dolok Hurung; ein zweiter, weniger grofser Zweig, südostwärts vom vorigen, ist unter dem Namen Dolok Siallang bekannt, und ein dritter noch mehr südostwärts gelegener, der ebenfalls, wie die vorigen, nordostwärts streicht, ist die Grenz-

*) Falco n. Sp.

gebirgskette, welche sich in dem kuppenförmigen Dolok Batu Goreng endigt, und sich dann ebenso wie der Dolok Hurung und der Dolok Siallang in das Binnenthal von Biela hinabsenkt. —

In den gleichgerichteten Zwischenthälern zwischen diesen langhingezogenen Gebirgsmassen, die wir Bergketten nennen können, schieben sich oben noch kleine Nebenbergzweige herab, — und mannigfach zersplitzt sind die Seitenrippen, welche von den Hauptzweigen, besonders dem Dolok Hurung, auslaufen; — die Hauptthäler aber sind, zwischen dem Dolok Hurung und dem Dolok Siallang, das Thal, in welchem der Eik Siallang, — und zwischen dem Dolok Siallang und der Batu Gorengkette, das gleichgerichtete Parallelthal, in welchem der Eik Sigalagala herabfliefst, — zwischen dem Dolok Hurung aber und einem noch nördlicheren Seitenarme des Simmurwoasos, das Thal, welches der Eik Tjitoger bewässert.

Westgebirge von Hurung.

Betrachten wir von diesen Hurunggebirgen zuerst die westlichen, welche diese Provinz von Nord-Silantom trennen. Von diesen unterscheidet man besonders zwei entgegengesetzte Ränder, die nach ihren Endigungen zu als Bergketten auslaufen. Der westliche Rand ist der, welcher Silantom zunächst begrenzt, und welcher von dem vierten Bergpfeiler Silantom's erst nordwärts streicht, sich dann, seine Randnatur verlierend und zur gesonderten Kette werdend, westwärts umbiegt, und sich in der halbkegelförmigen Kuppe Dolok Kadjorang endigt; — ihn haben wir schon kennen lernen. Der andere, östliche Rand, als eine wirkliche Hochgebirgs*wand*, und nur auf der *einen*, der Nordostseite, durch einen Abgrund begrenzt, streicht zuerst von Südost nach Nordwest, und biegt sich dann, indem er aufhört, ein blofser, nur auf der einen Seite begrenzter Rand zu sein, und sich zu einer wirklich zu beiden Seiten begrenzten Bergkette sondert, sanft nach N. z. W. um, führt nun den Namen Simmurwoasos, und endigt sich dann mit einem ziemlich steilen Abfall. Die ganze Länge dieses sanft gebogenen nordwest- und nordnordwestwärts hingezogenen Randes beträgt gegen 12 Minuten. Wir wollen die erste westliche, die Kadjorangkette, und diese östliche, die Simmurwoasoskette nennen.

Zwischen diesen beiden randförmigen Ketten bleibt aber keineswegs nur ein Zwischenthal übrig, sondern der ganze 3 bis 4½ Minuten breite Zwischenraum zwischen ihnen ist meistens in der südlichen Hälfte ganz und gar durch Bergmassen ausgefüllt, deren Höhe mit der der Ränder selbst im Allgemeinen gleich ist. — Nur in der nördlichen Hälfte senkt sich die Zwischenbergmasse immer mehr zu einer Mittelvertiefung herab, und bildet zuletzt, — die beiderseitigen Ketten deutlich sondernd, — einen schmal zulaufenden Thalgrund, der sich nordwestwärts in's Binnenthal von Biela hinabzieht. Die Wasserscheide zwischen diesen nordwärts ziehenden Bächen und denen der südlichen Hälfte, die in entgegengesetzter Richtung hinabfliefsen, wird durch mannigfache, mit einander anastomosirende, verflachte Rücken und Zwischenjoche dargestellt, deren wahre Lage und Verbindung man erst nach mühsamem Durchkreuzen des ganzen Gebirges deutlich zu erkennen vermag. (Man sehe diese Verhältnisse auf der Karte nach.)

Nach diesem allgemeinen Ueberblick schreiten wir zur Betrachtung der besondern Localitäten fort.

Den höchsten Punkt des Bergrandes auf der Seite von Silantom, nordostwärts hinter dem isolirten Kegelberge, 3870 Fufs über dem Meere, erreichten wir schon einmal bei Betrachtung der Provinz Silantom. — Von diesem Punkte sehen wir das weite Hochgebirge ost- und nordostwärts ausgebreitet vor uns liegen. Einförmiger, gelblichgrauer Allangwuchs überzieht seine Thäler und Höhen, die sich labyrinthisch in einander schieben. Eine menschenleere Einöde, dehnen sie sich aus, — und vielleicht würde man auch keinen thierischen Laut in ihnen vernehmen, lägen nicht noch einzelne Stückchen Waldung in den öden Räumen zerstreut, in denen einige Vögel nisten. (Nur die Gebirgsketten im Süden von hier, die östlichen von Silantom, sind ununterbrochen bewaldet).

Zuerst in nordöstlicher Richtung, bald hinab durch tiefe Klüfte, bald wieder über Rücken und Kuppen hinweg, — bald über ausgedehnte platte Räume hin mit kleinen Bachthälern, durch welche die Gewässer sanft hinfliefsen, — dann über neue, an manchen Stellen sehr steile Bergrücken und durch neue tiefe Thäler, die unaufhörlich mit flacheren Gegenden wechseln, — führt der äufserst beschwerliche Weg durch dieses Gebirge und nimmt nachher eine mehr nördliche Richtung an. — Die westlicheren Bäche, die kesselförmig zwischen den sonderbar gekrümmten Rücken zusammenmünden, fliefsen noch nach Silantom, wo sie den Eik Sikortang bilden; die darauf folgenden aber wenden sich östlich, und stürzen sich nachher durch eine Kluft des östlichen Gebirgsrandes in malerischen Cascaden hinab, um unten im schmalen Thale den Eik Sigalagala zu bilden. Die Bodenart dieses Gebirges ist unfruchtbar, und besteht aus einer in der Regel bolusrothen, thonig lehmigen Erde, die nur hier und da, wo vormals Wälder gestanden haben oder wo sie noch stehn, mit fruchtbaren, humusreichen Schichten bedeckt ist; an vielen Stellen ist diese Erde von der Steinart, welche dieses Gebirge componirt, durchbrochen, nämlich von der uns bereits bekannten Sandsteinformation Silantom's, welche zertrümmert auch als Quarzsand die Wege bedeckt. — Sie wechselt zuweilen ab mit einem andern, halbvulkanischen, gröberen Conglomerat, in welchem zwischen bald feldspathigen, bald thonigen Cement- und kleinen Quarzkörnern auch viele grofse Stücke Feldspath sowohl, als Quarz, und kleine Trachytbrocken eingeknetet sind. — Auf den hervorstehenden Knoten dieser Gesteine mufs man hier und da fufsen, um die Seitenwände der kleinen Flufsbetten, an denen dieses Trümmergestein 30 bis 40 Fufs hoch emporsteht, zu überklettern.

Zuletzt steigt man in nördlicher Richtung aus einem Thale dieses Sandsteingebirges immer höher hinan, und kommt endlich an einen scharf begrenzten Rand, wo sich das Gebirge auf Einmal endigt, und sich mit senkrechten Wänden in eine schwindelnde Tiefe hinabstürzt. Man steht hier am Rande des Simmurwoasos 4500 Fufs über dem Meere, und sieht das Gebirgsland Tanna Hurung und jenseits desselben die östliche Fläche Sumatra's zu seinen Füfsen. Senkrecht mehre hundert Fufs tief läfst sich die Wand hinab, und bildet dann schmale Vorsprünge, Terrassen, worauf wieder neue Felsenwände folgen bis zu einer Tiefe von etwa 1000 Fufs von dem höchsten Rande, — und dann erst, in der Höhe von 3000 bis 3500 Fufs, gehen in querer Richtung zu diesen Sandsteinwänden die Bergfirsten Hurung's aus, und ziehn sich als schmale, steile Felsenkämme, sich bald in spitze Kuppen erhebend, bald wieder senkend, weiter nach Ostnordost hin, ehe sie sich in das flachere Land hinablassen. Furchtbar schroffe und tiefe Schluchten, wahre Gebirgsspalten, ziehn sich zwischen diesen Bergjochen hinab, und durch diese Spalten herauf schimmern die schönen fruchtbaren Flächen von Tanna Rampeh, deren lieblicher Sonnenschein sonderbar mit dem düstern Schatten dieser Klüfte contrastirt. — Hoch oben auf den schmalen Kämmen dieser Gebirge, doch immer noch viel tiefer, wie dieser höchste Rand der Felsenmauer (deren Front nach Ostnordost gerichtet ist), — erblickt man die schwärzlich spitzen Gipfel von den Häusern einiger Dörfchen, die, wie Nadjukang und Dornakinjang sich auf ihren schroffen und düstern Höhen gleichsam drohend erheben, um weit die östlichen Flächen zu überschauen, welche in einer lichteren Färbung schimmern. —

Die plötzliche Senkung dieser östlichen Flanke der Sumatran'schen Gebirge, — die ungeheuren Felsenwände des wie auf Einmal abgeschnittenen Gebirges, — die tiefe Zerspaltung der schroffen Bergkämme, — und der jähe Absturz aller dieser Massen in die Fläche, — verbunden mit einer gewissen Kahlheit und Baumentblöfsung der häufig zu Tage stehenden Felsenmassen, gewähren einen düstern, bangen Eindruck, der nicht leicht zu beschreiben ist, — und der durch das verdächtige Vorkommen der rauchigen Dörfer, die alle wohl befestigt sind, nicht vermindert wird. —

Dorf Gudarim baru.

An einem Punkte, wo die Sandsteinwand von einer Kluft durchbrochen ist, — der einzig zugänglichen Stelle in dieser Gegend, — führt im Zickzack ein halsbrechender Pfad hinab, zum Dorfe Gudarim baru, welches nicht weniger als 1420 Fufs tief unter diesem Rande liegt. Sobald dieser Pfad den eigentlichen Fufs der Sandsteinwände erreicht hat, führt er schräg nordnordostwärts am Gehänge hin über noch einige Bachklüfte bis zum Ursprunge des Bergjoches, worauf das Dörfchen steht, da wo dieses Joch als Trachytgebirge aus dem Sandstein hervortritt. Auf der Firste dieses Joches selbst, das an den mehrsten Stellen nur 2 oder 3, ja manchmal nur fufsbreit ist, also eine recht eigentliche Felsengräte bildet, leitet dann der Weg südostwärts herab bis zu dem Punkte, wo sich die Firste etwas erweitert und breiter wird, und zwischen einer doppelten Verrammelung von Pallisaden das genannte Dörfchen trägt. — Die Meereshöhe dieses Gudarim baru ist 3080 Fuſs. Die Hütten des Dörfchens sind in zwei langen parallelen Reihen erbaut, und lassen einen straſsenähnlichen, langen Raum zwischen sich übrig, welcher in der Richtung der Bergfirste sich nach Südost abwärts neigt. — Dort sind die Pallisaden von einer zweiten Pforte durchbrochen, von welcher ein Pfad in die Thalkluft des Eik Siallang leitet, die von unten herauf aber unzugänglich ist. — Der einzige Zugang ist der schmale Felsenkamm über der nordöstlichen Pforte. — Man werfe einen Blick auf die beigefügte pittoreske Ansicht Taf. X.

Schauerlich einsam liegt es da auf seiner schmalen unzugänglichen Felsenfirste, links und rechts von steilen Abgründen begrenzt, ringsum auf allen Seiten noch hoch überragt von höheren Gebirgsmassen, die alle Fernsicht verhindern, und doch auch selbst in einer Schlucht verborgen, deren schroffe Höhen drohend düster in das Thal herabblicken. Der Vorsprung der steilsten und höchsten Felsenwand, deren scharf begrenzten höchsten Rand wir überschritten haben, erhebt sich in S. 28° O. vom Dorfe. In der Richtung O. 12° S. jenseits des langen Rückens Dolok Siallang, auf dessen Ursprunge nahe unter der Felsenwand in S. 43° O. von hier die Hütten des kleinen Dorfes Dornakinjang rauchen, — erblickt man eine abgerissene, schroffe Felsenwand von weiſser Farbe. Sie gehört einer Bergkette an, die anfangs waldbedeckt, durch zwei tief eingeschnittene Thäler von ihr geschieden, und durch den dazwischen eingeschobenen Dolok Siallang von hier getrennt, sich nordostwärts hinzieht, und dann eine flach abgestutzte Kuppe bildend, sich prallig endigt. Sie führt den Namen Dolok Batu Goreng. Ihre Felsenwände, an einigen Stellen nackt und abgerissen, sind es, die weiſslich herüberschimmern. Es sind dies die Kalkfelsen, aus denen die Hurunger ihren Sirikalk brennen.

Alle diese Hurung'schen Bergketten, die oben von Sandstein bedeckt sind, und unter den quer gebrochenen, viele hundert Fuſs mächtigen Lagern dieser Formation hervortreten, sind Trachyt. Der Sandstein ist derselbe, wie er schon in Silantom auftrat; er ist parallel geschichtet; die Ränder, welche die einzelnen Schichten trennen, ziehn sich horizontal an den Wänden hin. Die Schichten selbst aber steigen in einem Winkel von einigen Graden schief aufwärts, ehe sie (gebrochen) zu Tage stehn. Die einzelnen Wände, in die er sich vom höchsten, scharf begrenzten Rande des Simmunwoasos herabsenkt, sind in der Regel völlig senkrecht und wechseln in der Höhe von 50 bis 100, ja 300 Fufs; sie sind durch schmale terrassenartige Vorsprünge von einander getrennt, von denen nur wenige zugänglich sind, und auf denen sich in malerischem Contraste mit dem nackten, weifslich — oder gelblich-grauen Gestein die pyramidalen Gestalten von Fichten in einzelnen Gruppen oder ganzen Wäldchen (Pinus sumatrana) erheben. So steigt eine Wand senkrecht hinter der andern empor, nur die untersten, unter denen die Trachytbergfirsten hevorbrechen, sind verschüttet, und gehn durch sanftere Neigung und durch kleine Querrippen von losem Gereibsel in die Thalwand über. — (Vergleiche die Ansicht Taf. IX. Fig. 18.)

Die Vegetation auf diesen Gebirgen ist karg, theils wegen des trocknen Sandsteinbodens, theils wegen der grofsen Steilheit der Flanken von den Trachytjochen; — Gras und Strauchgewächs überzieht die untersten Räume, und nur hier und da an einzelnen Flanken oder auf einzelnen Kuppen erheben sich noch höhere Wäldchen, in denen Pinus sumatrana die Hauptrolle spielt. — Auf eine manchmal bewundernswürdige und jederzeit sehr malerische Art haben die einsamen Bewohner dieses wilden Gebirges die zugänglichsten Stellen an den Gehängen aufgesucht, wo die Neigung stellenweis sanfter ist, und haben dort ihre kleinen Reisfelder in schmalen Terrassen angelegt, die den Wänden wie angeklebt erscheinen. Sie bauen nur Reis, einige Bataten und Jagon. Baumfrüchte sind ihnen unbekannt. Oel kennen sie eben so wenig. — Spähne von Kaju tussam beleuchten des Abends ihre Hütten.

Dolok Hurung.

Es würde vergebens sein, eine in den Einzelnheiten genaue Beschreibung des Dolok Hurung zu versuchen. Eine schmale, von steilen Seitenfirsten begrenzte Bergfirste, die sich geschlängelt in der Region von 3200 bis 3500 Fufs, bald in geraden, horizontalen Erstreckungen, bald zu Kuppen und Zacken gehoben und gesenkt, lang nach Osten hinzieht, die aber setwärts in anfangs gleich hohe und ebenso schmale, später steil herabfallende Nebenjoche gespalten ist, — die sich, je weiter sie sich hinzieht, immer mehr, zuletzt fast divergirend, in zahlreiche Joche verästelt, welche anfangs alle von gleicher Höhe, gleich schmal und kaum einige Fufs breit sind, und durch 500 bis 1000 Fufs tief eingesenkte, enge Schluchten von einander geschieden werden, — welche aber zulezt alle zusammen auf einmal in Osten sich prallig hinabsenken, und dort von unten, vom Thalboden Biela's aus angeschaut, sich wie die Strahlen eines schräg geneigten Regenschirms darstellen. Dieses Bild würde einigermafsen passen. — Man werfe einen Blick auf die Karte, wo alle diese Zweige des merkwürdig gebildeten Dolok Hurung sowohl ihrer Zahl, als ihrer Richtung und Verästelung nach getreu dargestellt sind.

Nadjukang.

Von Gudarim baru bis zu der Firste (der Hauptfirste von Hurung), worauf Nadjukang steht, beträgt die geradlinige Entfernung nicht viel über ½ Minute; eine einzige Kluft trennt beide Firsten, aber diese ist so tief, und die Wände sind so steil, dafs man nicht daran denken darf, sie zu beklimmen, und einen weiten Umweg nehmen mufs, zuerst die Gudarim baru - Firste nordwestwärts hinauf bis zu dem Punkte, wo die Zwiespaltung anfängt, dann auf die Nadjukangfirste hinüber, und ostwärts auf dieser hin, — auf welchem Umwege drei Stunden verloren gehn.

Das Dorf Nadjukang liegt 500 Fufs höher als Gudarim baru, wie gewöhnlich auf einer plattenförmig erweiterten Stelle der übrigens schmalen Firste. Die östliche Wand derselben ist die tiefste, und senkt sich furchtbar steil in die Schlucht des Eik Tjitogor hinab, welche nordnordostwärts zum Binnenthale von Biela hin ausläuft. — In ihrer untersten Gegend, die nordnordostwärts, sanfter geneigt, in die Kluft von Hurung mündet, schimmern die schmalen Terrassen von Sawa's herauf. — In diesen Gegenden liegen tief unten im Thale, von Cocospalmen beschattet, doch bereits jenseits des Baches von Hurung, also auf dem Grunde des Binnenthales von Biela, die beiden Dörfer Tolang. Es ist jedoch unmöglich, wegen der fast senkrechten Wände der Thalspalte in gerader Richtung zu ihnen zu gelangen; — man mufs einen weiten Umweg nach dem oberen Ursprunge dieser queren Bergjoche nehmen, da wo ihre Zwischenthäler am Fufse des Sandsteingebirges erst anfangen und weniger tief sind. Auf solchem Wege gelangt man erst nach Padang madindi, welches wohl befestigt, sowohl mit Pallisaden, als durch ausgestochene Gräben aufserhalb derselben, noch diesseits im Süden des Hurungbaches auf dem unteren Vorsprunge einer der nördlichsten Querrippen des Simmurwoasos liegt, — westlich von dort, ostnordostwärts nach Tolang auf einer Anhöhe an dem linken Rande der Thalkluft, worin der Eik Hurung fliefst. —

Um von Nadjukang zum Hauptdorfe Hurung zu gelangen, verfolgt man die schmale Firste des fortgesetzten Hauptbergjoches im Ganzen ostnordostwärts (genauer O. 30° N.), indem man die Seitenrippen, die anfangs gleich hoch, aber kürzer sind, und sich schneller in den Thalgrund hinablassen, liegen läfst.

Diese Hauptfirste läuft nur bis Nadjukang ziemlich horizontal oder nur sanft ansteigend fort, von hier aber senkt sie sich, und hebt sich dann wieder zu kleinen, spitzen Kuppen, und ist dabei so schmal und so steil, beiderseits von Abgründen begrenzt, dafs man an manchen Stellen die obersten Zweige der Fichten mit den Händen greifen und ihre Zapfen pflücken kann, obgleich die Basis ihrer Stämme 50 bis 60 Fufs tiefer an der Bergwand wurzelt. — Man mufs nicht zum Schwindel geneigt sein, um über diese Felsengräten, stellenweis kaum einen Fufs breit, sicheren Schrittes hinzuklettern. — Hier, auf diesem eigentlich sogenannten Dolok Hurung, liegen grofse Massen von dichtem Feldstein (von weifslicher, zuweilen ins Rosenrothe spielender Farbe), sowohl anstehend in schroffen kuppigen Felsen, als in losen Stücken von verschiedener, oft sehr beträchtlicher Gröfse umhergestreut. — Dieses Gestein scheint der Verwitterung sehr unterworfen zu sein, und sehr leicht in eine graue oder rothe Thonerde überzugehn. Man findet solche weichgewordene Felsen, die man zerschneiden kann, die aber noch ganz die Form von Felsenblöcken behalten haben.

Zwischen Nadjukang und Hurung unterscheidet man nur zwei ausgezeichnet spitze Zacken, zu denen der Felsenkamm anstrebt; sie scheinen beide gleich hoch zu liegen, und bieten kaum so viel ebenen Raum dar, als zur Erbauung eines Häuschens nöthig sein würde. Luftig leicht erhebt sich die schlanke Gestalt der Fichte auf diesen schroffen Höhen, die sie vorzugsweise zu lieben scheint; ihre Stämme sind, im Verhältnifse zur Höhe, dünn, mit rissiger grauer Rinde; die langen Nadelbüschel kommen nur an den Enden der Zweige vor; — an den Seiten der Aeste stehn die Büschel offen, an den Spitzen aber zusammengefaltet und gerade. Die alten Bäume verlieren ihre Pyramidenform; sie sind ihrer Seitenäste beraubt, und mit Usneen bedeckt. — Die Meereshöhe der zweiten (östlichen) Kuppe beträgt nach Barometermessungen 3500 Fufs.

Die Tiefe der Thalspalte, in welcher südostwärts von dieser Kuppe der Siallangbach hinabrauscht, beträgt nach gleichen Messungen, an der Stelle, wo der Weg von Mananti das Flufsbett verlassend wieder auf das Nebenjoch emporsteigt, das von dieser Firste ostwärts ausgeht, 2100 Fufs. Auf der andern, nördlichen Seite ist die Tiefe nicht geringer als hier. Dieses giebt also eine senkrechte Tiefe von 1400 Fufs für diese Schluchten; und von diesen 1400 sind die oberen 700 Fufs wirklich fast senkrechte Wände, die schwindlicht steil sich über den Thalgrund erheben. Höchst pittoresk stellen sich die Fichtenwäldchen dar, welche diese Höhen umsäumen, wenn man sie von der Tiefe der Schlucht aus erblickt; — ist dann eine Anzahl Menschen oben auf den schroffen Kuppen versammelt, so kann man ihre dunkeln Gestalten, obgleich dem horizontalen Abstande nach so nahe, kaum mit dem Fernrohre unterscheiden. Noch malerischer aber ist der Anblick dieser Schlucht, wenn man oben von der Kuppe in sie hinabblickt. 1400 Fufs tief sieht man dann fast senkrecht zu seinen Füfsen die Schlangenlinie des Eik Sikolang, der wie ein silberner Streifen den schmalen Thalgrund durchbricht, anfangs zwischen düsteren, unzugänglichen Wäldern, nachher aber zwischen dem lichteren Grün von bewässerten Reisfeldchen, deren kleine Terrassen sich seinem Ufer entlang ziehn. — Hoch schwebt hier und da ein einzelner Falke über der Kluft, dessen weifses Gefieder sich grell an den Firstenwänden abmalt. — Vom Winde in den Fichtenwäldchen umsäuselt, verweilt man gern, auch noch nach geendigten Beobachtungen, auf dieser Höhe, — von wo man das ganze Hurungsche Land mit seinen schroffen Berggestalten übersieht, und sogar noch weit jenseits des Fuſses dieser Berge seinen Blick über das Binnenthal von Biela, ja noch weiter jenseits der Grenzberge dieses Thales, (die der Bielastrom in einer schmalen Kluft, Porta Tobae, durchbricht), über die Ostfläche Sumatra's hinschweifen läſst.

Von dieser zweiten Kuppe senkt sich die Fortsetzung der Firste allmählig etwas tiefer, und spaltet sich nun in immer mehr, leistenförmig schmale Joche, mit tiefen Klüften, die sich gleich von den ersten Spaltungen an steil hinabziehn. — Auf einer solchen Leiste, die sich jählings endigt, liegt, nur von einer Seite her, auf der schmalen Felsengräte zugänglich, und auf allen andern Seiten von schroffen Wänden begrenzt, fast ganz versteckt zwischen seinen Schluchten, ein rechtes Felsennest, das Dorf Hurung, wo der Hauptradja dieser Landschaft, Tjabung Arang, und dessen Sohn Tjilangit im J. 1840 residirte.

Von dieser Gegend an, im ostnordöstlichsten Theile der Bergkette, senkt sich die ganze Bergmasse, mit allen ihren Jochen oder Leisten, die von diesem östlichsten Theile fast divergirend ausgehn, prallig steil in den Thalgrund von Biela herab. — Um diesen zu erreichen, läſst man Hurung nordwärts liegen, und verfolgt den obersten Kamm einer der zugänglichsten Leisten, — welche ebenso wie diese ganze östliche Seite des Gebirges, ungeachtet ihrer Schroffheit, und wahrscheinlich eben wegen dieser Schroffheit (wodurch Menschenhände von der Vernichtung zurückgehalten werden), noch gröſstentheils mit Waldung bedeckt ist. — Läſst man sich durch die abgeschlagenen Köpfe nicht schrecken, welche auf dieser Bergleiste hier und da auf beschriebenen Bambusstäben aufgesteckt sind, — noch durch die Drohung, die hier geschrieben steht, und die allen Feinden Hurung's ein gleiches Schicksal droht, — und erreicht man auf halsbrechenden Pfaden den Fuſs des Gebirges, so kommt man in einem kleinen verflachten Thalgrunde an, durch welchen sich der Eik Sikolang hindurchschlängelt, um sich bald darauf mit dem Eik Hurung zu vereinigen, und dann, den scharf begrenzten, prallig gesenkten Ostfuſs des Gebirges verlassend, ostwärts durch das Binnenthal von Biela weiter zu strömen.

Ober-Biela.

An der rechten Seite des kleinen Flufsthales, doch immer noch dicht am Fufse der Hurung'schen Berge liegt das Dorf Mananti. — Von hier breitet sich der Thalgrund von Ober-Biela aus, und zieht sich zwar nicht söhlig-eben, doch im Allgemeinen als eine Fläche und nur in weiten Abständen zu sanften Hügeln und Terrainwellen gehoben und gesenkt, und nur von sanft vertieften Flufsthälern durchschnitten, noch 10 Minuten weit nach Osten hin, bis zu einer niedrigen Hügelkette, die O. z. N. von hier von einer Querkluft, der Porta Tobae, durchbrochen ist. — Einen Theil von diesem Thalgrunde Oberbiela's, nämlich im Süden vom Hurungbache und ostwärts bis zum Sigalagala, rechnet der Radja Tjabung Arang noch zu seinem Gebiete, während das übrige Stück südwärts von Hurung und dem Bielabache, und ostwärts von Sigalagala, dem Radja von Tanna Rampeh gehört.

Der Boden dieser Ebene ist äufserst fruchtbar, locker und humusreich; er ist von Wald entblöfst, und aufser Allanggras hier nur mit kleinem Gebüsch bewachsen. — Schroff steigt man von Mananti gegen das östliche Ende des Dolok Hurung an, das sich von hier täuschend wie der Abhang eines isolirten, aber breiten Kegelberges, in divergirende Leisten gespalten, darstellt. — Nur das Thal des Sikolang, das zwischen flach geneigten Rücken einige 100 Fufs breit und etwa 50 bis 60 Fufs tief ist, trennt seinen pralligen Fufs von den Flächen, die sich ostwärts ausbreiten.

In zwei langen parallelen Reihen liegen die Häuser Mananti's auf einem Boden, welcher sich westwärts sanft zum Flufsthale des Sikolang herabsenkt; — in dieser Richtung nach Westen hin ist daher auch der lange Mittelraum des schönen Dörfchens geneigt, und hoch aus seinem Herrschersitze blickt in diesen Dorfplatz der Dolok Hurung hinab. — Das Dorf ist wohl befestigt, mit doppelten Pallisaden umgeben, und an der inneren Seite mit Observatorien, theils zur fernen Uebersicht, theils zum Feuern auf den sich nahenden Feind versehen. — Durenbäume, die sich aufserhalb der Pallisaden in waldähnlichen Gruppen ostwärts vom Dorfe (wo das Terrain bereits flach ausläuft), erheben, sind die einzigen Fruchtbäume, die man hier antrifft. Nur in Sigalagala, das weiter südostwärts von da in der Nähe des gleichnamigen Baches liegt, unweit vom Fuſse des Kalkgebirges Batu Goreng, trifft man Cocospalmen und Areng's an. Hier öffnen sich die langen Schluchten zwischen den Hurungbergen, die eine, worin der Sikolang, die andre, südöstliche, worin der Sigalagala herabflieſst, — und erlauben den Blicken die Aussicht bis hinauf auf die querhingezogenen Sandsteinwände des Simmurwoasos. — Die Meereshöhe von Mananti in der östlichen, höchsten Gegend des Dorfes, beträgt 1830 Fuſs. —

Leider konnte ich von da, einen Ausflug auf den Fuſs des Batu Goreng abgerechnet, nicht weiter gelangen. Die beiden Hauptradja's von Tanna Hurung und Rampeh waren in Krieg verwickelt, ich muſste überall für eine bewaffnete Begleitung sorgen, und selbst die Bebauer der kleinen Felder in der Umgegend von Mananti wagten es nur in gröſserer Anzahl zusammen und wohl bewaffnet, ihre Arbeit zu verrichten. — Mit dem Radja von Hurung befreundet, würde ich, in die Hände seines Feindes gefallen, nach ihren Gesetzen kein andres Schicksal erlitten haben, als lebendig verzehrt zu werden! — Zuletzt nach meiner Rückkehr nach Gudarim baru erzeigte mir auch der Radja von Hurung die Ehre, mich für einen Spion zu halten; er schloſs die Pforten, setzte Wachen aus, und erklärte mich zu seinem Gefangenen. *)

*) Nur eine gewagte Flucht mit bewaffnetem Widerstande gegen den Radja, der mich festzuhalten kam, befreite mich aus diesem Verhältniſse; — ohne Waffen würde ich verloren gewesen sein. (Ich hatte 10 Gewehre bei mir, womit meine angelernten Bedienten wohl umzugehen wuſsten.)

Ich entfloh mit meinen zwei getreuen Radja's von Ankola und meinen javanischen und nias'schen Bedienten, und nahm meinen Curs auf das Sandsteingebirge zu, da wo dieses im Westen von Gudarim baru von einer tiefen Spalte durchbrochen ist. — Diese Spalte (über Sandsteintrümmer aufwärts) durchkletterten wir, und gelangten jenseits, wo das Gebirge einen gewöhnlich sanften Bergabhang und keine senkrechte Wände mehr bildet, in eine Wildniſs von bald mit Allang, bald mit Klaga, bald mit zerstückelter Waldung besetzten Thalgründen, aus denen wir schwerlich so bald wieder einen Ausweg würden gefunden haben, hätte uns der mir schon bekannte Gunong Kadjorang nicht zum Wegweiser gedient. Wir bahnten uns also einen Weg durch diese Wildniſs, um in den nördlichsten Theil von Silantom zu gelangen. Viele Agarici wuchsen in den Wäldern, unter diesen Ag. laterituis, und einer der wie Ag. circinalis in Kreislinien wächst. Weiter westwärts nahm der Allangwuchs überhand. — Wir überschritten zahlreiche, sanftge-

§. 15.

Funfzehnte Provinz.

Tanna Rampeh.

Areal 26½ Quadrat-Minuten.

Flachland 37½	Kultur 6		Gebirge 25	Kultur	0
	Allang 27			Allang	15
	Wald 4½			Wald	10

Sie begreift den südöstlichsten, buchtartigen Theil des Binnenthales von Biela, welcher in einem Halbkreise von Bergen umgeben ist.

Ihre Nordgrenze von der Porta Tobae an ist der Eik Biela und nachher der Sigalagala.

Ihre Westgrenze bildet derselbe Eik Sigalagala von seinem Einfluſs in den Eik Hurung bis zum Fuſse des Dolok Batu Goreng, nachher dieser Berg selbst, und die von ihm südostwärts ausgehenden Rücken.

Ihre Süd- und Ostgrenzen sind die vom Dolok Batu Goreng auslaufenden Bergrücken, die, immer niedriger werdend, zuletzt nur den Namen von Hügelzügen verdienen, und sich nordwärts bis zur Porta Tobae hinziehn.

Diese Provinz hat ganz dieselbe Naturbeschaffenheit wie der südliche Theil des Binnenthales von Biela und der flache

---

rundete Bergrücken, und zwischen ihnen kleine sumpfige, grasbewachsene Thäler, deren Bäche, sich zuletzt alle in einen vereinigend, in's Bielathal fast nordwärts hinabflieſsen. — Die Sandsteinformation begleitete uns bis an den Dolok Kadjorang, dessen Trachytkuppe aus dem Sandstein hervorragt. —

Daſs auf dieser Flucht — im bahnlosen Dickicht der üppigsten Tropenvegetation, von Lebensmitteln entblöſst, — an keine botanischen, kaum an die nothwendigsten topographischen Untersuchungen zu denken war, wird der billige Leser wohl einsehn. Ein Glück noch, daſs ich meine Instrumente, (ein Barometer, einen Sextanten und mehrere Aufnahme-Boussolen etc.) gerettet hatte! — Die erste Nacht, welche auf diese Flucht folgte, war ein Bivouac am Ufer des Eik Suha, mit leerem Magen an einem verglimmenden Wachtfeuer von Allang und Casuarinenzweigen. — Am zweiten Abend, wo ich glücklich Bander Nahor erreicht hatte, bot man mir Hungrigen — Menschenfleisch an, von zwei Gefangenen, die man den Tag vorher geschlachtet hatte! —

Theil von Tanna Hurung, und wird hier als eine besondre Provinz aufgeführt, weil sie ein natürlich umschlossenes Ganze bildet, und eine Landschaft enthält, deren 5 Dörfer, — Tapus, zwei unter diesem Namen, — Pangihit, — Pagger adjaba, — Sitongaling, — unter einem Oberradja (Simarsik) stehn, welcher im Dorfe Tapus residirt, und eine bedeutende Rolle in diesen Gegenden der Battaländer spielt. — Ihre Dörfer sind, was eine seltene Erscheinung in diesen Ländern ist, von mannigfaltigen Fruchtbäumen beschattet, und die Gebirgskette, die das Land im Osten einfafst, ist ein Kalkgebirge jüngerer Formation. —

§. 16.

Sechszehnte Provinz.

T o b a h.

Areal 637½ Quadrat-Minuten.

Flachland 507½	Kultur	100	Gebirgsland 130	Kultur	00
	Allang	407½		Allang	60
	Wald	00		Wald	70

Die Südgrenze der Hochebene von Tobah ist zuerst die Waldgrenze am nördlichen Fufse des Dolok Dsaut, und nachher die Wasserscheide zwischen dem Eik Borotan und Gondipabiat, durch welche letztere sie von Silantom geschieden wird, und deren bei dieser Provinz bereits gedacht wurde.

Die Nordost- und Ostgrenze ist die Firste der niedrigen, aber lang hingezogenen Bergkette, welche sie von Ober-Biela trennt, und welche von der Kluft unter der Kuppe Kadjorang an zuerst westnordwest-, dann nordwestwärts streicht (hier führen Theile derselben den Namen Dolok Gadjagadja und Sitatuan), und sich zuletzt nordwärts umbiegt, die Landschaft Sipahuter in Osten begrenzend, bis sie unter 1° 25 bis 30′ ganz eben ausläuft und im Plateau, welches dort unmerklich in den Thalgrund von Ober-Obiela hin abläuft, verschwindet. —

Ihre West- (und Südwest-) grenze ist die Firste von der nördlichen Hälfte der langen Bergkette, welche vom südlichsten Theile Sigopulang's nordwestwärts streichend, bis fast zum nördlichen Ende Silindongs reicht. — Einige Minuten nördlich von der Gegend an, wo sie mit den westlichen Rippen des Dolok Dsaut in Verbindung steht, splitzt sie sich in zwei Ketten, eine innere, die Kette von Nadjukang, welche zu Tobah gehört, und eine äufsere, mehr westliche, welche Simaninkir heifst. — Diese letztere scheidet Tobah von Silindong und läuft im nordöstlichsten Rande des Silindongthales verschwindend aus. — Die weitere Fortsetzung der Grenze bildet dann diese Thalwand selbst, und nachher die Fortsetzung der südöstlichen Bergkette von Silindong, welche das, seiner Breite nach nun im Norden von Silindong sehr erweiterte Plateau einfassend, nordwestwärts streicht, bis etwa zum Breitenparallel von 2° 25′ (in 98° 40′ Länge).

Die Nordgrenze bildet eine Linie von dem Punkte, wo die Westgrenze endigt, O. 7° N.wärts herübergezogen, bis sie die Ostgrenze unter 2° 30′ und 99° 20′, da, wo die Ostgebirge flach auslaufen, schneidet. Diese Linie bezeichnet wahrscheinlich die übrigens flache Wasserscheide zwischen den nord- und südwärts strömenden Bächen, und also zugleich die höchste Gegend des ganzen Plateau's. Zwischen diesen Grenzen breitet sich eine geräumige Ebene aus, die, nur in weiten Erstreckungen sanft und gleichmäfsig gehoben oder gesenkt, dem äufseren Anblicke nach aber völlig flach und horizontal, in ihren südlichen und mittleren Gegenden 3740 Fufs hoch ist, und von dort nach ihren nördlichsten Gegenden hin bis zu einer Meereshöhe von 4500 Fufs emporsteigt. —

Sie ist also eine Hochebene, ein Tafelland, Plateau, — und als der älteste Sitz der Menschheit in diesem Theile Sumatra's, als das eigentliche Centrum der Battaländer, von wo die Bevölkerung nach allen Seiten hin ausging, und wo die Kultur sowohl des Bodens, als auch die Civilisation und Industrie ihrer Bewohner sich am vollkommensten entwickelte, — unter dem Namen Tobah bekannt und weit und breit berühmt. —

Das Bestreben, sich zu Hochebenen zu entwickeln, die Neigung der Gebirge im nördlichen Sumatra, sich in gröfserer Höhe als 2500 Fufs über der Meeresfläche, zu verflachen, das schon in Siepierok und Silantom, ja selbst in manchen Gegenden des Hochlandes von Tapanulie unverkennbar auftrat, — nimmt nordwärts vom Dolok Dsaut immer mehr überhand: alle hohen Piks verschwinden, — die Plateaubildung tritt entschieden und vorherrschend auf, die ganze Gebirgsmasse ebnet sich zu einer Fläche, und die anfangs so schroff gesenkten Bergketten werden nun zu niedrigen, sanft gerundeten Hügelzügen, zu Randgebirgen des Plateau's von kaum 500 Fufs Höhe, und gehn, zuletzt sich völlig ebnend und auslaufend, gänzlich verschwindend über in die Oberfläche des weit und breit sich ausdehnenden Tafellandes. —

So stellen sich zwischen im Mittel nur 400 Fufs, an vielen Stellen kaum 200 Fufs hohen Randgebirgen die südlichen und mittleren Gegenden von Tobah, Bangaribuan und Sikottam genannt, dar als ein Plateau, — und so erscheint die weitere, allmählig höher ansteigende Fortsetzung dieses Plateau's im Norden von Silindong und Sipahuter, da wo wahrscheinlich in der gröfsten Höhe, die das Land erreicht, eine Wasserscheide liegt, deren nördlich abfliefsende Gewässer sich zu dem See Eik Daho sammeln, — mit ganz verschwundenen Randgebirgen (zu deren anfänglicher Höhe nun die Fläche selbst emporgestiegen ist) — als ein Tafelland. —

Jenes Plateau hat nach Barometermessungen an verschiedenen Punkten (Padjurna, Bander Nahor, Sikottam,) eine überall ziemlich gleiche Höhe, deren Verschiedenheiten so gering sind, dafs die Differenzen mit dem Barometer nicht mefsbar sind, und zwar eine Höhe von 3740 Fufs. Ihre Randgebirge in Osten von Bander Nahor sind abwechselnd 300, 200 Fufs hoch. Etwas höher ist die westliche Kette; sie wechselt von 400 bis 660 Fufs, und nur ihr Eckpfeiler Dolok Sikottam steigt 710 Fufs über die Ebene empor, und hat eine Meereshöhe von 4450 Fufs.

Dieses Tafelland aber, wo keine unmittelbare Messungen veranstaltet wurden, liegt nach höchst wahrscheinlichen Schätzungen in seiner wasserscheidenden Mitte 4500 Fufs über dem Meere; sicher höher als 4000, weil alle Bäche von dort 10 bis 13 Minuten weit in Gegenden hinabströmen, welche bereits eine Meereshöhe von 3700 bis 3800 Fufs haben, — aber niedriger als 5000 Fufs, weil die südwestliche Bergkette, deren Firste sich in gleicher Höhe fortsetzt, zuletzt in die Fläche übergeht, diese Firste aber einige hundert Fufs niedriger als der Kegelberg Mertimpang ist, an dem sie entspringt, und dessen gemessene Höhe 5000 Fufs beträgt.

Die Länge dieser Hochebene von ihrer südöstlichen Grenze

am Zusammenflufse der 2 Bäche Eik Borotan an bis zur Wasserscheide in der Richtung einer von dort nordwest- (N. 45° W.) wärts gezogenen Linie beträgt 35, — und in gerade nördlicher Richtung, nämlich im Meridian von 99° 10′ Oestl. L., — vom Fufse des Dolok Dsaut an durch die Mitte des Plateau's, durch Sipahuter, bis zu jener Wasserscheide, — 30 Minuten oder ½ Grad, nämlich von 2° bis 2° 30′ nördl. Breite.*)

Die Breite der Hochebene jedoch, — weil die erste westliche Grenzbergkette in Zwischenarme gespalten ist, von denen der eine Arm sich bald endigt, und weil der ganze Raum, den anfangs das Silindongthal einnahm, nachher vom Nordende dieses Thales an auch noch vom Plateau eingenommen wird, bis zum Fufse der zweiten östlichen Grenzbergkette hin, — ist dieser Positionsverhältnifse der Grenzgebirge wegen, in den verschiedenen Gegenden sehr ungleich, und wird nach Norden und Nordwesten zu immer gröfser. —

Die Bergkette zwischen Tobah und Silindong nämlich theilt sich, wie oben bereits bemerkt wurde, in der südlichsten Ecke des Plateau's (westnordwestwärts vom Dolok Dsaut) in zwei Arme, von denen der westliche Arm, Simaninkir, zunächst an Silindong stöfst, und nordnordwestwärts streicht, der östlichere innere aber, beinahe nach Norden verläuft. Er endigt sich nach einem Laufe von fast 10 Minuten in dem stumpfen, kegelförmigen Dolok Sikottam, welcher sich prallig als letzter Eckpfeiler dieser Kette in's Plateau hinabsenkt. Eine zweite, etwas kleinere, kegelförmige Kuppe springt etwa in dem mittleren Laufe, doch etwas weiter nach Süden, vor und heifst Dolok Nadjukang. Nach dieser wollen wir die ganze Kette die Nadjukangkette nennen; ihr Kamm ist ziemlich gleichmäfsig.

Zwischen ihr und der Simaninkirkette im Westen bleibt ein geräumiges, gröfstentheils mit Wald bedecktes Zwischenthal liegen, das Nord z. West streicht, und noch ehe sich die Kette in dem Sikottamkegel geendigt hat, flach in den Plateaugrund ausläuft. — In den mittleren Gegenden oder querüber

*) Alles, so genau ich es nach meiner geodätischen Aufnahme zu zu ermitteln vermochte. Die Fehlergrenze in den Gröfsenverhältnifsen kann, wie ich mich überzeugt habe, (siehe 1. Abth. d. Chorogr.) auf einen Grad höchstens 2 Minuten, oder auf 30 Minuten Abstand 1 Minute betragen. —

beträgt die Breite des Plateau's bis zum Fuſse der Nadjukangkette bei Bander Nahor 10 Minuten; weiter südwärts mehr, zwischen dem vorspringenden Fuſse des Sikottam und dem gegenüberliegenden Fuſse des Dolok Sitatuan aber nur 5 bis 6 Minuten. —

Durch die Endigung jener inneren Kette aber, deren letzte Ecke der Dolok Sikottam ist, nimmt das Plateau nun auf einmal sehr an Breite zu, und dehnt sich bis zum östlichen Fuſse der Simaninkirkette aus; hier beträgt seine Breite von Ost nach West 10 bis 12 Minuten; aber auch diese Kette, die das Plateau anfangs vom Silindongthale trennt, endigt sich, indem sie immer niedriger wird und zuletzt ganz verschwindet, obgleich sie sich länger als die Nadjukangkette fortsetzt, — und nun ist das noch mehr erweiterte Plateau nur noch durch einen flachen, aber scharf begrenzten Rand vom nordöst- und nördlichsten Theile des Silindongkessels begrenzt, und zieht sich um diesen Thalgrund herum, bis zum Fuſse der westlichsten Grenzbergkette von Silindong hin, die am Mertimpangkegel ihren Ursprung nahm. Hier vom Fuſse dieser Kette am Nordrande Silindongs vorbei, ostwärts quer bis zu dem Fuſse der östlichen Kette hinüber (wo die Landschaft Sipahuter liegt), ist die Breite schon bis zu 20 bis 22 Minuten angewachsen, und nimmt nun nordwärts noch mehr zu, bis sie an der Wasserscheide der nördlichen Grenze ebensoviel beträgt, als die oben angegebene Länge vom Eik Borotan an. —

Nach dieser allgemeinen Uebersicht der Lage, der Erhebung und der Gröſsenverhältniſse des Plateau's von Tobah, schreiten wir zur Betrachtung seiner speciellen Eigenthümlichkeiten fort. — Wir müssen uns vor allen Dingen über die Beschaffenheit der Oberfläche des Plateau's, die Durchschneidung dieser Oberfläche oder Durchfurchung von Fluſscanälen, über ihre hydrographischen Verhältniſse, über den Lauf ihrer Bäche und der Wasserscheide zwischen den einzelnen Stromsystemen, dann über das Kerngestein der Ebene, und die Erdlagen, welche dieses bedecken, die vegetabilische Bekleidung des Plateau's, die allgemeine Physiognomie desselben und seine allgemeinsten klimatographischen Verhältnisse — zu unterrichten suchen, und setzen daher unsre Wanderschaft aus den nördlichsten Gegenden von Silantom west- und westnordwestwärts weiter fort.

Der ersten Wasserscheide zwischen den Stromgebieten des Eik Batang torru und Biela wurde in der 13ten Provinz bereits gedacht. Es sind völlig flache Räume, die sich hier, wo Silantom unmerklich in Tobah übergeht, zwischen dem Gondi pabiat und Borotanbache hinziehn. Während der erstere sich ostwärts nach Silantom hinabzieht (als Zuflufs zum Batang torru), schlängelt sich letzterer ostnordostwärts bis dicht an den Fufs der Hügelkette hin, und fällt dort in den Hauptbach Süd-Tobah's, der sich am Fufse dieser Hügelkette ostsüdostwärts herabzieht, um durch den Zwischenraum zwischen dieser Kette und dem Kadjorang hindurchzubrechen, und unten im Binnenthale Biela's den Eik Hurung zu bilden. — Der Borotan fliefst in einer Kluft, welche tiefer als die der übrigen Bäche und 150 Fufs tief zwischen halbverwitterten Felsen von Sandstein ausgefurcht ist; — an ihren Wänden, so scharf sie auch sind, erhebt sich Waldgebüsch, aus dessen Dickicht die frappanten Gestalten der Casuarine und der Pandanusart von Suwanon hervorblicken. — Aehnliche kleine Waldung bedeckt den flachen Grund des Thales, wo sich der Bach eine kleine Rinne in Sandstein ausgewaschen hat, die sein Wasser ganz erfüllt und die man bis an den Nabel im Wasser durchwatet. Der Weg durchsetzt diese Kluft an einer Stelle, wo ein anderer, mehr nördlich liegender, fast in einem rechten Winkel mit ihm zusammenstöfst, und führt dann jenseits am linken Rande des letzteren westwärts weiter durch die Grasflur. — Hier erheben sich, fast in der Mitte des Plateau's zwischen dem Fufse des Dolok Dsaut und der nordöstlichen Grenzkette, einige kleine rundliche Hügel, von denen sich in der Richtung von Ost nach West einige aneinander reihen, von denen der höchste jedoch kaum 50 Fufs über die Ebene emporsteigt. —

Noch einige Minuten W. z. N. von diesen Hügeln trifft man auf die Stelle, wo vormals das grofse feste Dorf Padjurnah Doloh stand, von dem nichts als ein viereckiger, theils von Rollsteinen, theils von Erde erbauter, 7 Fufs hoher Wall und einige Fruchtbäume zurückgeblieben sind, die nun einsam in der weiten Grasebene stehn. — Von hier bis Bander Nahor übersetzt man 7 Bäche, die sämmtlich in den Wäldern des Dolok Dsaut entspringen, und sich nordostwärts, jedoch nur vier in eigentlichen kanalartigen Furchen, die anderen drei in gewöhnlichen Flufsbetten, durch das Plateau hinziehn, um am Fufse der nordöstlichen Hügelkette in den erwähnten Hauptbach zu münden. Bis dorthin, ostnordostwärts also, bis zum Fufse dieser Hügelkette, die westnordwestwärts streicht, hat dieser südöstliche Theil von Tobah einen sanften, vom Fufse des Dolok Dsaut anhebenden, aber kaum bemerkbaren Fall.

Der nächste Bach in Westen von Padjurnah doloh ist sehr unbedeutend, und durchfliefst die sumpfigen, moorartigen, mit Scirpeen, Cypereen, Xyrisarten und Restiaceen *) bewachsenen Grund eines kleinen Thales, in dessen Wassertümpeln man auch Chara(!)-Arten findet. — Noch ein ähnliches sumpfiges Thal durchschreitet man westnordwestwärts von da, ehe man über vollkommen horizontale, grasbewachsene Räume zum Eik Raru, und nordwestwärts weiter zum gröfseren Eik Nahoto gelangt, welche beide Bäche in schmalen und etwa nur 30 Fufs tiefen, aber noch von Waldung umsäumten, sanft gesenkten Klüften strömen, und welche sich beide durch die dunkel kaffeebraune Farbe ihres Wassers auszeichnen. Man durchwatet ihr Bette, dessen Sohle ebenfalls, wie die aller andern, aus Sandsteinfelsen besteht, bis an die Schultern im Wasser. — Im Flufsbette selbst, von der Waldung beschattet, sieht ihr Wasser sehr dunkel aus, gesättigt kaffeebraun, geschöpft aber erscheint es in einem durchsichtigen Gefäfse goldgelb; — es erinnert den Reisenden an die stehenden Wässer in den Wäldern des Ankolathales, bei Pitjakoling, an den Eik Tjulum, in der Waldeberfe des westlichen Berglandes von Siepierok, und an den Kali Lumut bei Jago, die sämmtlich, (nur der letztere Strom in geringerem Grade) eine gleiche, kaffeebraune Farbe haben. — Es tritt diese Färbung in den Binnenländern Sumatra's überall, doch am liebsten in Hochebenen auf, wo bei geringem Fall des Bodens dunkle Urwälder den Lauf der Bäche bezeichnen, — wo also häufige Ueberschwemmungen statt finden, und aufser vegetabilischen Substanzen, die auf dem moorigen Boden verfaulen, eine Menge

*) Unter andern das schöne Pflänzchen aus dieser Familie, welches auf Java blofs im Dienggebirge, 6200 Fufs hoch über dem Meere, vorkommt und dort Sudamella heifst. Hier wächst dasselbe in einer Höhe von 3700 Fufs.

Wurzeln und Wurzelfasern vom Wasser bespült werden, das, von den extractivfähigen, gerbstoffreichen Bestandtheilen dieser Wurzeln getränkt, gleichsam einen kalten Aufguſs bildet. — Jedoch ist das Wasser, wenigstens dieser Bäche Raru und Nahoto, die in den Waldflächen des Dolok Dsaut entspringen, ohne Nachtheil trinkbar, auch geruch- und geschmacklos. In einem Glase gleicht das Wasser einem schwach infimirten Caffee. — Eine chemische Analyse wäre wünschenswerth.*)

In den Wäldchen am Ufer des Nahoto fand ich, ganz identisch mit den europäischen Arten, Boletus luridus, und Fistulina hepatica: Pilzgestalten, die mir an andern Orten unter den Tropen noch nicht begegnet sind. —

Der nächste Bach, nordwestwärts von da, durchflieſst den moorigen Grund eines sanft vertieften Thales, der fast ganz unter Wasser steht, und in welchem man tief einsinken würde, wäre er nicht mit schwimmenden Grasdecken belegt, die stark genug sind, um einen Menschen zu tragen. — Von hier nimmt der Weg eine nördliche Richtung an, um zum Dorfe Bander Nahor zu gelangen. —

Süd- und Mittel-Tobah.

Die Gleichförmigkeit der Hochebene ist nun durch keinen Hügel, durch keinen Stein, ja kaum durch einen Strauch unterbrochen; aus weiter Ferne erkennt man daher schon die Stelle, wo Bander Nahor steht, an einigen hohen Bäumen, die sich neben dem Dorfe erheben. — Noch eine kleine Bachkluft mit sumpfigem, moorigem Boden, und weiter nordwärts ein breiteres Thal mit dem Eik Kumbang durchwatet man, und erreicht in Norden vom letzteren Bache das Dorf, um dessen wohlgebaute Häuser sich die Reste einer Bambushecke und eines verfallenen Erdwalles herumziehn. —

*) Der Leser erinnere sich hier an den Fluſs Atabapo und die übrigen s. g. schwarzen Wässer im oberen Stromgebiete des Orenoko (Südamerika), dessen kaffeebraune Farbe A. v. Humboldt einer Auflösung von gekohltem Wasserstoff zuschreibt; — das Wasser dieser Bäche ist so dunkel, daſs es diesem berühmten Reisenden an solchen Stellen, wo es ruhig hinfloſs, zum künstlichen Horizonte dienen konnte. Auch die ausgedehnten Gewässer von Guayaquil an der Küste des stillen Meeres nehmen allmählig eine ähnliche Färbung an. (Vergl. v. Humboldt's Reisen in die Aequin. Gegenden)

Heerden von weidenden Kühen und halbwilden Pferden, die fröhlich auf der Grasmatte herumspringen, — grofse Bretterhäuser mit ihren zierlichen Eckpfeilern, — und Bewohner, welche den Reisenden Milch in Bambusröhren anbieten, und welche, alt und jung, der Häuptling und die Gemeinen, in langen Messingpfeifen Taback schmauchen, — blicken den Fremden als eben so viele neue Gegenstände an, welche die Eigenthümlichkeit des Hochlandes bezeichnen. —

Bangaribuan.

Es führt diese Landschaft den besondern Namen Bangaribuan, und umfafst die östliche Hälfte von Süd-Tobah, dessen westliche Hälfte, die an die Nadjukangkette grenzt, die Landschaft Sikottam bildet. — Nur noch wenige Dörfer sind von der vormaligen grofsen Bevölkerung, die in dem Ueberfalle der Padries umkam, übrig; — nur noch zwei Dörfer aufser Bander Nahor liegen auf dieser Seite, nämlich Pinanga und Lumpen tjinaga, neben Bander Nahor und dessen Radja unterthan; — Kiriandja und Sitatuan in NNW. und Lumpen Tjermen und Lumpen Tanjong in N. und NO. von erstgenanntem; — während die Landschaft Sikottam, westwärts von hier, am Fufse der jenseitigen Bergkette aus vier Dörfern, Sikottam, Sossor, Sibadolok und Gunong Porotang besteht. —

Fast alle Flufsbetten oder Flufsthäler, von denen diese Gegenden der Hochebene durchschnitten sind, treten unter jener Kanalform auf, wovon wir bereits in Nord-Silantom einige Beispiele kennen gelernt haben. Sie unterbrechen den Zusammenhang der ebenen Fläche des Bodens plötzlich, und senken sich wie ein scharf begrenzter Rand im Mittel 30, einige nur 10, 20, und noch wenigere 50 bis 70 Fufs tief hinab, und bilden zwischen in der Regel senkrecht abgeschnittenen Seitenwänden einen völlig flachen, in der Regel sumpfigen, mit Gras und Klaga bewachsenen und oftmals moorig schwarzen Grund, zu dessen sehr beträchtlicher Breite von 200 bis 500, ja zuweilen von 1000 Fufs die Höhe der Seitenwände nur sehr gering erscheint. So stellen sich diese Flufsthäler wie wirklich breite Kanäle dar, oftmals so regelmäfsig, dafs man glauben sollte, sie seien durch Menschenhände ausgestochen; in der Nähe der Dörfer sind die Bäche, die ihren söhligen Grund durchfliefsen, in Wasserleitungen verwandelt, und meistens dicht am Fuſse der beiden Wände fortgeleitet, während der übrige Grund des Kanals ganz in Sawa's umgeschaffen ist, in denen der Reis äuſserst üppig gedeiht und eine reiche Ernte liefert.

So ziehen sich diese sumpfigen, wasserreichen, fast ohne Kunst überschwemmten, fruchtbaren Reisthäler, wie ebenso viele Kanäle, scharf begrenzt und aus der Ferne völlig unsichtbar durch das Plateau 30 bis 50' tiefer als die eigentliche Oberfläche desselben hin, die eine Grasflur bildet, trocken und wasserleer. — Die Bodenart in der Thalsohle ist in der Regel dunkelbraun oder schwarz, moorartig, ja zuweilen torfig.

Da, wo die Tiefe dieser Fluſsthäler mehr als 70, und die Breite ihres Grundes weniger als 200 Fuſs beträgt, wie bei den Fluſsrinnen nordwärts von Sikottam, sind es nicht mehr solche eigenthümliche kanalartige Thalgründe, sondern gewöhnliche Fluſsklüfte, deren Wände dann auch weniger steil und weniger regelmäſsig sind, und deren Sohle dann auch einen stärkeren Fall hat. In ihrer reinen Form scheinen jene Thäler nur in dem mittleren Theile des Plateau's vorzukommen, deren Oberfläche völlig horizontal ist. —

Dorf Bander Nahor.

Fast in der Mitte zwischen zwei solchen Bachthälern, die sich nordostwärts in einer nur wenig geschlängelten Richtung durch das Plateau ziehn, und an ihren Enden nicht tiefer als 25 bis 30 Fuſs sind, liegt Bander Nahor. Der südliche von diesen Thalgründen ist sehr breit und flach, und von dem Eik Kumbang durchströmt; — das nördliche Thal, in welchem der Eik Sampean in eine tiefe Wasserleitung verwandelt, am Fuſse der linken 20 Fuſs hohen Wand herabflieſst, dreht sich fast kreisförmig rings um das Dorf herum, begrenzt dieses auch noch im Osten, und vereinigt sich dann im Süden mit dem vorigen, um den Anfang jenes Hauptbaches zu bilden, der, die andern quer aufnehmend, sich am Fuſse der östlichen Kette herabschmiegt. — In südöstlicher Richtung von Bander Nahor springt eine Querrippe der Grenzhügelkette, sich verlängernd, weit in die Fläche vor, wodurch der Theil dieser Ebene ostwärts vom Dorfe fast buchtartig umschlossen wird; — aber auch hier ziehn sich noch einige kleinere Nebenkanäle in einander mündend in den Hauptkanal herab, —

vom Fuſse der östlichen Kette, da wo sich diese sehr erniedrigt hat, und in N. 65° O. vom Dorfe von einer Kluft durchbrochen ist, welche jedoch nicht ganz bis auf die Ebene herab einschneidet. Durch diesen Zwischenraum hindurch reicht der Blick bis auf die ferne Kette, welche das Binnenthal von Biela in Norden begrenzt. Der Theil der Kette rechts von dieser Kluft führt den Namen Dolok Gadjagadja, der links heiſst Dolok Sitatuan, und ist in N. 15° O. vom Dorfe, von einer zweiten Kluft durchbrochen, durch welche man hindurch sieht auf den ostwärts in's Binnenthal herabstreichenden langen Rücken (Dolok Lobo Sonak). —

Von der ersten Kluft (im Nordosten von Bander Nahor) schlängelt sich ostnordostwärts ein kleines Thal nach Ober-Biela hinab, in welchem Thale einer der besten und bequemsten Wege bis nach Mananti am östlichen Fuſse der Hurung'schen Berge hingeführt ist. — Der östliche Abhang der Bergkette ist äuſserst sanft und bildet, indem er sich immer tiefer herabläſst, die obersten Regionen des Thalgrundes von Ober-Biela; seine Querrippen breiten sich immer mehr aus und gehn, nur durch schmale, aber anfangs tiefe Zwischenthäler oder Klüfte von einander getrennt, in die eigentliche geneigte Ebene dieses Thales über. — Bloſs Graswuchs bekleidet sie, und nur der oberste Kamm der Kette, von der sie herablaufen, ist abwechselnd mit Waldung, besonders mit Fichtenwäldchen bedeckt. — Nur Eine der östlichen Rippen unterscheidet sich durch ihre Höhe und durch ihren Waldwuchs von den übrigen; sie stellt sich wie ein querer Arm des Gebirges dar, und setzt sich kettenartig verlängert nach Osten fort, ehe sie in den Thalgrund übergeht. Ihr Name ist Dolok Lobo Sonak; sie theilt diese obersten Gegenden des Binnenthales von Biela gleichsam in zwei Hälften, die sich sowohl zwischen dieser Kette und den diesseitigen Abhängen, als auch zwischen ihrem nördlichen Fuſse und der jenseitigen Bergkette von Ober-Biela verschmälert nach Tobah hinaufziehn. —

In nordnordwestlicher Richtung von Bander Nahor bis zum Dorfe Sitatuan (oder Hutatuan) trifft man auſser dem Thale des Eik Sampean, welches Bander Nahor zunächst begrenzt, noch drei kanalartige Furchen an, von denen die nächste vom Eik Natumonang durchflossen ist. — Auf diesen folgt das Thal, welches der Eik Galagala durchflieſst, und dessen weifse Thonwände blofs 10 Fufs hoch, aber vollkommen senkrecht sind, während der flache Grund der echten kanalartigen (!) Kluft, eben so wie die aller der vorigen ganz mit Sawa's bedeckt ist. Der Eik Galagala fliefst nach Westen, ebenso wie der nordwärts auf ihn folgende Bach, welcher mit dem Dorfe Sitatuan, das von ein paar alten hohen Weringiem- und andern Bäumen beschattet an seinem nördlichen Ufer steht, gleichen Namen führt; — der Natumonang aber fliefst in ganz entgegengesetzter Richtung östlich, und dreht sich nachher südwärts um, um in die Bäche Bander Nahor zu münden. Er gehört dem Stromgebiete des K. Biela an; der Eik Galagala aber, welcher sich nachher mit den andern vereinigt und nordwestlich wendet, fliefst nach Silindong und gehört zu dem Stromgebiete des Batang torru. Zwischen beiden, und zwischen dem weiter westwärts gelegenen von Süd nach Nord durch das Plateau strömenden Eik Tonga, liegt die zweite Tobah'sche Wasserscheide zwischen den Stromgebieten des Biela und Batang torru, die ebenso flach und horizontal wie die erste zwischen den Bächen Gondipabiat und Borotan ist. —

Westwärts von Sitatuan und Kiriandja münden die Kanalthäler des Galagala und Sitatuan in einander, und nehmen noch andre Kanalöffnungen, die sich aus Nord herabschlängeln, in den Hauptkanal auf, dessen flacher Boden zwischen senkrechten 30 Fufs hohen Wänden auch hier ganz in Reisfelder verwandelt ist, — und ziehn sich dann unter dem Namen Eik Tapanulie nordwestwärts weiter durch das Plateau. Da wo mehrere solcher 300 bis 500 Fufs breiter flacher Thalgründe von verschiedenen Seiten her in einander münden, und sich in eine Tiefe von 30 bis 50 Fufs durch das Plateau hinschlängeln, wie im Westen von Sitatuan, bilden sie ein wahres Labyrinth von Thälern und sind die einzige Schwierigkeit, die sich in diesen Hochebenen der Anlegung guter Wege darbietet. Dieses würde sonst bei der Horizontalität der Oberfläche, die eine Grasflur ist, sehr leicht sein. —

In der Richtung westwärts, zwischen Bander Nahor und Sikottam, ist das Plateau noch von drei solchen kanalartigen Klüften, und zwar in der Richtung von Süd nach Nord, durchfurcht. Die nächste Kluft ist die, worin der Eik Tonga fliefst; ihr Grund ist mit Sawa's bedeckt. Auf diese folgt eine unbebaute Kluft, deren mit Gebüsch umwucherte Wände 100 Fufs tief zu einem schmalen Grunde abstürzen, in welchem der Eik Sibanuban hinabrauscht. Der Communicationsweg zwischen Sitatuan und Sikottam durchschneidet sie an einer Stelle, wo eine Nebenkluft, in welcher der Eik Tsetaladang fliefst südostwärts in sie mündet. — Eben, unbebaut, tief und unten schmal zulaufend ist die Kluft des Eik Sikottam, die westwärts auf jene folgt, und in deren Grunde sich der Bach eine tiefe Rinne in Sandstein, gleichsam ein kleines Flufsbett in dem gröfseren, ausgewaschen hat. —

Landschaft Sikottam.

Hier in der Nähe der westlichen Bergkette, deren Fufs sich sanft und grasig erhebt, liegen die vier Dörfer der Landschaft Sikottam zerstreut. Das Hauptdorf Sossor enthält zwar nur 25 Häuser, zeichnet sich aber, wie alle Dörfer dieses Plateau's, dieser Centralprovinz der Battaländer, wo sich die ursprünglichen Sitten der Nation am unvermischtesten erhalten haben (vergl. hierüber die Völkerkunde), durch die Gröfse und den äufserst massiven Bau seiner Häuser aus, deren ungeheure Eckpfähle, schön bearbeitet, die Bewunderung des Reisenden erregen. — Sie sind in 2 Reihen von Süd nach Nord gruppirt, von wohl ineinander gefügten Pallisaden umgeben, und aufser diesen Pallisaden noch von einem 7 Fufs tiefen und 9 bis 10 Fufs breiten Graben umzogen, und im Umkreise von 100 Fufs, rund um diesen Graben, noch mit Randjus (Bambusspitzen), die zwischen dem Grase verborgen liegen, umsteckt, — also nach Batta-Art wohl befestigt. —

Die Meereshöhe und mittlere Temperatur dieses Ortes ist, nach meinen Beobachtungen, gleich mit Bander Nahor, 3740' und 68° Fahrenheit. —

Unmittelbar westwärts von Sossor fängt die Ebene an sanft in den hügligen Fufs der Berge emporzusteigen; ihre Thonlagen sind hier bereits in die einer lockeren, gelben Lehmerde übergegangen. —

Aus dieser Gegend des Plateau's von Sossor führt der Weg quer über die doppelte Bergkette, zuerst über die Nadjukangkette, durch das Zwischenthal, und dann über die Simaninkirkette im Ganzen westnordwestwärts, zum Thale Silindong's. — Quer durch ein mit nassen Reisfeldern bedecktes

Thal, in welchem sich der Sikottambach zwischen der Hauptkette und einem Nebenzweige südostwärts hinabschlängelt (ehe er sich unten im Plateau ost- und nordwärts umbiegt), steigt man auf die Bergkette hinan, und nordwestwärts auf ihrer verflachten, nur mit Allang bewachsenen Firste hin. Nur einzelne Stückchen Wald bedecken hier und da dieses Gebirge. — In der Richtung S. 20° W. vom Dolok Sikottam, diesem stumpfen Kegel, mit welchem sich die ganze Kette endigt, erreicht man den höchsten Punkt, die Pafshöhe des Weges, 4400 Fufs über dem Meere, — von wo man anfangs nur durch Allanggras, nachher durch kleine Gebüsche, in welchen das sumatr. Psidium vorherrscht, nordwestwärts über ein kleines Nebenthal mit einem nach Norden strömenden Bache hinabsteigt, ehe man den Grund des Hauptthales zwischen den beiden Ketten erreicht. — Noch ehe sich die westliche Kette in dem Berge Sikottam geendigt, hat sich der Grund dieses Zwischenthales schon verflacht; er läuft hier in den Theil des Plateau's von Tobah über, welcher sich zwischen der westlichen Bergkette und dem Sikottamberge in Osten buchtartig zum Zwischenthale heraufzieht. Quer nach Westen führt der Weg durch diesen flachen Theil des Thales, abwechselnd zwischen kurzem Grase, Klaga und kleinem Gebüsch, — bis zum Fufse der westlichen Kette, die nur auf ihrem obersten Rande mit Waldung begrünt ist. — Dicht an diesem Fufse fliefst in einer 50 bis 70 Fufs tiefen Spalte der Hauptbach des Thales, Eik Tjitonkapa, herab, der sich im Grunde seiner Kluft noch eine kleinere Rinne in Sandstein, welche ganz vom Wasser erfüllt ist, ausgewaschen hat. Er vereinigt sich nachher mit dem Hauptbache Bangaribuan's und Sikottam's, welcher nordwestwärts durch das Plateau, und dann westwärts in einer tiefen schroffen Kluft in's Thal Silindong hinabströmt. — In den Rinnen und Furchen, welche das Regenwasser in die schroffen Thonwände des Tjitonkapa gewaschen hat, durchklimmt man seine Kluft und steigt an der jenseitigen Bergflanke zwischen Allang und einzelnen Stückchen Waldung hinauf, um bald darauf von dem höchsten Punkte, dem Pafspuncte dieses Weges aus, in das schöne Silindongthal hinabzublicken. — Dort hat die Leichtigkeit, Sawa's anzulegen, fast 13000 Menschen in einen kleinen Thalgrund zusammengedrängt, und ein halbes Hundert Dörfer liegt dicht nebeneinander, während die weit ausgedehnten Räume Tobah's, über die man in Nord und Nordost von da seine Blicke schweifen läfst, nur in weiten Abständen mit einzelnen Dörfern bedeckt sind. —

Auf dieser Bergkette und ihrem Ostabhange, wo man viele äufserst schön gefärbte, blaue, gold- und schwefelgelbe Schichten von Thon antrifft, begegnet man zuerst Trachytfelsen wieder, die ostwärts von da überall unter Sandsteinfelsen verborgen liegen.

Landschaft Sipahuter.

Nordwärts von Sikottam, in den dort allmählig immer höher ansteigenden Räumen des Plateau's, doch nahe an der östlichen Hügelkette, liegen die 15 Dörfer zerstreut, aus denen die Landschaft Sipahuter, die reich an Pferden und Rindern ist, besteht. Aufser diesen sind, Berichten zufolge, bis an die von uns angenommene nördliche Grenze noch an 70 andere Dörfer in Tobah zerstreut, mit in Summa 19000 Bewohnern, fürwahr nur eine geringe Zahl für dieses ausgedehnte, schöne und fruchtbare Land, dessen gemäfsigtes Klima so einladend für Europäer winkt, und das auch in der That vormals mehr als 10fach stärker bevölkert war, ehe (1830) die ausgesandten Kriegesbanden der fanatischen Padriesecte unter ihrem tyrannischen Oberhaupte (Tuanku Iman) auch in diesen grasreichen Matten Tobah's mit Feuer und Schwerdt ihr Vertilgungsgeschäft verrichteten.

Keines von den kanalartigen Flufsthälern, welche die Hochebene Tobah durchfurchen, ist so tief eingeschnitten, um bis auf das Grundgestein zu reichen, auf welchem die höheren Formationen ruhn, deren geebnete Oberfläche jene Plateaubildung erzeugt hat, — obgleich der Bach von Sikottam 100 Fufs, und die vereinigten Südtobah'schen Gewässer in der Nähe vom nördlichsten Theile Silindong's 300 Fufs tief unter der Plateaufläche strömen. Und nur aus der Beschaffenheit der angrenzenden Gebirge, der westlichen Bergkette Simaninkir, des Dolok Dsaut in Süden, des Kadjoran in Osten, — kann man vermuthen, dafs jenes Grundgestein, worauf Tobah ruht, aus Trachyt bestehe. Fast zur Gewifsheit aber wird diese Vermuthung durch die Betrachtung der queren Bergzüge von Hurung, welche als Trachytrippen unter den 500 bis 700 Fufs mächtigen, dort gebrochenen Lagern der oberen Formation hervortreten, und sich dann — unbedeckt von höheren Massen — nach Osten hinziehn.

Diese oberste Formation nun, deren geebnete und nur mit Schichten solcher Erdarten, die aus ihrer eigenen Zersetzung hervorgingen, bedeckte Oberfläche das weite Plateau von Tobah bildet, ist jene Conglutinat-Formation, die wir als quarzreichen, grobkörnigen und weichen Sandstein bereits in den nördlichen Gegenden von Silantom, wo sie zuerst auftrat, haben kennen lernen, die wir bis Hurung verfolgt, und von der wir Spuren angetroffen haben, nicht nur in dem Hochlande von Tapanulie, zwischen Panoadjih und Huta tinggi, sondern sogar in der zweiten Tapanulie Bergkette, wo sie auf Granit liegt, ja im tiefen Becken der Tapanuliebai selbst, wo die Inseln Baccar, Pontjang kitjil und das Kap Batu borro aus gebrochenen Stücken dieser Schicht bestehn. Hier im Centralplateau ist sie am zusammenhängendsten, mächtigsten, und noch weit nordwärts, vielleicht bis tief in Atjin hinein verbreitet. — Sie ist unter allen Formationen die oberflächlichste, sie bedeckt alle anderen, ist selbst nirgends, selbst nicht von den Lavaströmen des Dolok Dsaut, auf denen sie ruht, bedeckt, also ohne Zweifel die jüngste und erst nach der Periode noch thätiger feuriger Wirkung dieser Nord-Sumatranischen Vulkane entstanden. — Glimmer, Feldspath und Quarz, letzterer bei weitem vorherrschend, in mäfsigen, zuweilen aber bedeutend grofsen Körnern sind ihre Bestandtheile, durch einen feldspathigen, in der Regel schon halb zersetzten und in Thonerde verwandelten Cement mit einander verbacken. —

Auf diesem weit verbreiteten Sandsteinlager in Tobah, das in den tieferen Klüften überall zu Tage steht, von solchen Klüften aber, die blos 10 bis 15 Fufs tief sind, nicht erreicht wird, — ruht eine Schicht von zuweilen mergelartigem, nur halb zersetztem und in Thon verwandeltem Sandstein, in der Regel aber von feinem, fettem, blendend weifsem Töpferthon, dessen Mächtigkeit in den verschiedenen Gegenden bald 10, bald 20, ja 50 Fufs beträgt, — der aber nur an den Seitenwänden der kleinen Flufskanäle, welche senkrecht durch das Thonlager durchgeschnitten sind, zu Tage steht, und oberflächlich überall von einer 2, meistens 3, oft 5 Fufs dicken

Schicht fruchtbarer, dunkelbrauner, leichter, humusreicher Erde bedeckt ist.

Diese echt vegetabilische Erde, die in vielen Gegenden wahrer unvermengter Humus ist, und die überall die oberste Plateaudecke darstellt, — ebenso wie in den sehr ähnlichen Hochflächen von Silantom und Nord-Siepierok, — kann unmöglich aus der fortschreitenden Zersetzung und ferneren Umwandlung des unter ihr liegenden Thones, ohne Mitwirkung von organisch-pflanzlichen Kräften entstanden sein, sondern sich nur durch Vermoderung von vegetabilischen Substanzen, von Wurzeln und Holztheilen, in ruhiger Aufeinanderfolge von Jahrhunderten, gebildet haben, — und deutet deshalb durch ihr Vorhandensein auf das vormalige Bestehn von Wäldern in diesen jetzt kahlen und baumleeren Grasebenen, von Wäldern, unter deren Decke vielleicht Jahrtausende lang das Plateau beschattet lag, ehe ihnen die alles umschaffende Hand des Menschen den Untergang bereitete. —

Jetzt ist das Plateau eine Grasflur und stellt sich, weil die Flufskanäle, die es durchschneiden, aus der Ferne unsichtbar sind, wie eine vollkommen flache Ebene dar, deren Gleichförmigkeit durch nichts gestört ist. —

Höchst eigenthümlich ist die Physiognomie dieser Thalfurchen oder kanalartigen Flufsthäler, die das Plateau durchschlängeln und die oft labyrinthisch in einander münden, — mit ihren kahlen, senkrechten Wänden von weifsem Töpferthon, — mit ihren Gebüschen von Farrn, von pyramidalen Casuarinen und sparrigen Pandanen, die sich an solchen Stellen der Wände erheben, wo diese eingerissen sind, oder nach ihrem oberen Rande zu weniger senkrecht fallen, — mit ihrem breiten, flachen, ganz in Sawa's umgeschaffenen Grunde, bedeckt von Reispflänzchen, deren schönes lichtes Grün eben so wie das jener Gebüsche, in grellem Contraste zu dem blendendem Weifs der Thalwände steht, — und mit den Hunderten von vereinzelten Wachthütten, kleinen Bambushäuschen, die überall zwischen den Reisfeldern erbaut sind, und welche diesen Thalfurchen — gleichsam, als einer Landschaft für sich, einem Lande unter dem Lande! — ein äufserst belebtes, fröhliches Ansehn geben. — Die 30 bis 50 Fufs höhere Ebene des Plateaus über ihnen ist dagegen kahl und menschenleer; — eine Grasflur, in der Regel nur mit kurzem Futtergras bewachsen, ein Weideland, von mehr nordischem kahlen Ansehn, von kühler Luft beweht, ziehet es sich in die Ferne. — Heerden von Kühen und Pferden springen zu Hunderten im halb wilden Zustande auf den Grastriften umher, die kaum hier und da mit etwas niedrigem Gebüsch von sumatran'schem Psidium und von kleinen wohlriechenden Elaeagnusträuchern bewachsen sind. — Dieser Graswuchs macht das Plateau ganz vorzüglich zur Viehzucht geschickt, verleiht ihm aber, wenn man es aus der Ferne sieht, ein gelblich grünes oder grünlich graues, einförmiges Colorit. Kein Hügel, kein Baum, keine Unebenheit, kein zerstreuter Stein stört die kahle Gleichförmigkeit der Hochebene, die sich nach Norden und Nordwesten hin unabsehbar weit in die Ferne zieht! Unbegrenzt von Bergen, steigt ihr Saum nach dieser Richtung an und zieht sich in einer geraden Linie hin, auf welcher, wie der Horizont zur See, der blaue Himmel ruht.

Einsam in dem weiten Plateau liegen die Dörfer zerstreut; ihre spitz zulaufenden schwarzen Giebel, die nur aus der Ferne sichtbar sind, contrastiren grell mit dem Lichtgrün der Ebene, und gewähren einen düstern Anblick. — Ein bläulicher Rauch schwebt über ihren Hütten. Kein Baum beschattet sie. Keine Cocos-, keine Arengpalme erhebt hier ihren Wipfel. Keine Pisangblätter umrauschen ihre Gehöfte. Kein bebautes Feld umgrünt ihren Zaun. — Kahl, in schwarzem Colorit der Arengfaser (Hidju), die ihre Dächer deckt, und öde, wie die Hochebene selbst, liegen sie da. — Nur von Pallisaden umrammelt und von Gräben umzogen, halten sich ihre Bewohner gesichert; und nur bewaffnet wagen sie es, ihre Felder zu betreten, die sich fast einzig und allein im Grunde jener Flufsthäler befinden. —

So hausen die Bewohner Tobah's einsam und stets gesondert von einander, ohne Verkehr; die Kultur, die sie treiben, beschränkt sich auf Reisbau und wird in Sawa's, fast ausschliefslich nur innerhalb jener vertieften Flufskanäle betrieben; die Grasmatten des Plateau's selbst, ein kleines Obi- (Convolvulus Batatas) Feld hier und da ausgenommen, läfst der Tobaher unbebaut liegen, als einen freien Tummelplatz für seine Pferde und Rinder, deren Milch er trinkt und die er nur des Nachts zwischen die Pallisaden in's Dorf zusammentreibt, die dann verrammelt werden. — Seine Genüsse sind gering; er ist sehr arm, und bringt den gröfsten Theil des Tages zu mit dem Schmauchen von selbsterzieltem grünen Taback in seiner langen kupfernen Pfeife, und hält sich für glücklich, wenn er in diesem geliebten Geschäfte nicht gestört wird. —

Nur wenn sich die Eifersucht zwischen den Häuptlingen zu offener Fehde gesteigert hat, kommt er mit seinem Nachbar in Berührung; dann ist Krieg, dann lodert die Flamme über verbrannte Dörfer (deren so wenige sind!) in die Luft, und die Schläge seiner Cymbeln (Gonggongs) erschallen bei den cannibalischen Festen, wenn ein armer Gefangener geschlachtet und verzehrt wird. — Und doch ist die Gemüthsanlage dieser Menschen gut; sie sind treu, dankbar, offenherzig, wahrheitsliebend, gastfrei gegen verbündete Freunde, und brechen niemals ihr Wort! —

Die beste Uebersicht des Plateau's verschafft man sich von einem Punkte der östlichen Kette in Nordost von Bander Nahor, von wo man südwärts das Waldterrain des Dolok Dsaut überblickt, das sich von dem centralen, etwas steiler gehobenen Kegel in einer schnurgeraden Linie, kaum 5° zum Horizont geneigt, nach allen Seiten hinzieht, und nord- und nordostwärts die obere Gegend des Binnenthales von Biela bis zum Kamm seiner nördlichen Bergketten, jenseits welcher das Land Tanna Hualu (oder Qualu) liegt; — in dieser Kette, da wo sie an der Grenze Tobah's anfängt emporzusteigen, erhebt sich in N. 30° O. ein schroffer, pfeilerförmiger Felsenpik, der sich vorzüglich zu einem Signalpunkte eignet. —

Am wichtigsten aber für den Topographen ist die stumpfe kegelförmige Kuppe Dolok Sikottam (Fig. 16.), die oben mit Wald bedeckt, an ihrem Gehänge eine Grasflur tragend, als letzte nördliche Ecke der Nadjukangkette, prallig steil in's Plateau herabstürzt; scharf begrenzt zieht sich die Ebene um ihren Fufs herum. — Ihr Scheitel erhebt sich 710 Fufs hoch über das Plateau und gewährt eine weite Aussicht, nicht nur südwärts über den Dolok Dsaut und ostsüdostwärts nach dem Signalberge Kadjorang, sondern auch westsüdwestlich über die andre Kette hinweg nach dem Mertimpang, und über die nördlichsten, immer höher ansteigenden Gegenden des Plateau's, die von der Stelle an, wo sich in N. 60° W. die Silindongkette verflachend endigt, bis N. 30° O., also ¼ Kreis von keinem Berge mehr begrenzt sind, und sich innerhalb dieser Richtung in einer ebenen Linie am Horizonte hinziehn, deren Breite nicht weniger als 37 Minuten beträgt.

Ehe das Plateau sich zu dieser höchsten Gegend erhebt, zu diesem mittelsten, wahrscheinlich wasserscheidenden Wulste (jenseits dessen der See Eik Daho liegen mufs), kommt einsam und ganz isolirt in der Ebene ein kleiner spitzer Kegelberg vor in N. 40° W., der als Signalpunkt in diesen so einförmigen Flächen wichtig ist, und dessen Lage ich nach den Winkeln vom Dolok Sikottam und von den Anhöhen ostwärts von Bander Nahor, sowie vom Silindongpasse aus (nach welchen auch die Breite jener Linie berechnet wurde) bestimmt und auf der Karte angegeben habe. —

Sehr ähnlich seiner Form und Höhe, sowie seiner Bekleidung nach, unten mit lichten Grasfluren, oben mit einem gleichsam aufgesetzten, in Zipfeln herabhängenden (nämlich in den Zwischenthälern zwischen den divergirenden Rippen herab verlängerten) Waldkuppe bedeckt, — ist dem Sikottam eine mehr südlich in der Kette, fast in der Mitte ihrer Länge gelegene, ebenfalls weit in's Plateau vorspringende Kuppe, Dolok Nadjukang, die als Erkennberg, bei der Seltenheit aller ausgezeichnet hohen Kuppen, in dieser Gegend der Battaländer von gleicher topographischer Wichtigkeit ist. —

So bedeutend im Verhältnifs zur Höhe von fast 4000 Fufs die Wärme ist, welche sich bei heiterem Wetter am Tage über dem Plateau von Süd-Tobah entwickelt (76—78° im Schatten), eine Wärme, die gerade das Gedeihen des Reises in dieser Höhe fast eben so befördert, wie in den Tiefländern, und die selbst die Anbauung von Zuckerrohr hier sehr begünstigen würde, *) so empfindlich ist die Kälte der Nacht

*) Auf allen Hochebenen, die den Sonnenstrahlen viele horizontale, ausgedehnte Räume bieten, sie also mehr oder weniger senkrecht auffangen, entwickelt sich, wie bekannt, ein höherer Wärmegrad, als auf steilen Bergwänden oder schmalen Pik's in gleicher Höhe. Man denke nur an das reichbebaute Plateau von Mexico, welches 6—7000 Fufs hoch ist, und noch Zuckerpalntagen hat, und an die Tafelländer in Ladakh, wo 10000 Fufs hoch über dem Meere noch bebaute Felder vorkommen.

(vor der Nebelbildung bis 58,0° herab), welche bei windstillem und wolkenfreiem Himmel durch Ausstrahlung sehr vermehrt wird und die Bildung von Nebelschichten zur Folge hat, die in der Regel schon von Mitternacht anfangen sich niederzuschlagen, und nach den heitersten und kältesten Nächten am dichtesten sind.

Betrachtet man dann an einem solchen frischen Morgen das Plateau von einer Anhöhe aus, z. B. vom Dolok Sikottam, so kann man nichts von der Ebene sehn; — man blickt auf ein weifsliches Nebeltuch hinab, das über das ganze Plateau ausgebreitet liegt und das zuweilen der Oberfläche eines Sees täuschend ähnlich sieht. — Vielleicht dafs der „Tobah Lake" auf Raffles Karte durch eine solche optische Täuschung des Reisenden entstanden ist, der dieses Nebeltuch aus grofser Ferne erblickte; denn da, wo dieser See bei Raffles angegeben ist, von 1° 55′ bis 2° 20′ nördl. Breite, dehnen sich in der That die von mir bereis'ten Grasfluren Nord-Silantom's und Süd-Tobah's aus, — und ein wirklich vorhandener, aber kleiner See, Eik Daho, liegt viel weiter gegen N. —

Die Dicke dieser Nebelschichten beträgt gewöhnlich 50′, die Temperatur in ihnen 60° Fahr. — Man braucht von Bander Nahor nur die Anhöhen der östlichen Hügel zu erklimmen, um dem feuchten Nebelhauche dieses Tuches zu entsteigen und in heitern Sonnenschein zu gelangen. — Erst nach Sonnenaufgang fängt die Decke an zu wogen, um sich gegen 7½ oder auch erst gegen 8 Uhr aufzulösen. —

Wir können Tobah nicht verlassen, ohne noch einen Rückblick auf seine kanalartigen Flufsthäler zu werfen. — Wir haben solche Thäler mit breitem, flachem Grunde und steilen Seitenwänden (die mehr oder weniger senkrecht sind), schon kennen lernen in Siepierok und im Hochlande von Marantjar, und fanden auch bei Panoadjih eine Annäherung an dieselben. Dort bemerkten wir schon, dafs sie überall auftreten, wo Hochländer sich ebnen, horizontal werden, und wo aus nahen Gebirgen die Bäche mit einem starken Falle in diese Hochebenen hinabfliefsen; — wir können hier noch hinzufügen, dafs unter dieser Bedingung sich jederzeit tief eingeschnittene Bachklüfte bilden, wenn die Hochebenen nicht aus festem Gestein, sondern entweder aus Conglomeraten, wie Siepierok und Marantjar, aus Conglutinatmassen vulkanischen Ursprungs, oder, wie Tobah, aus weichem Sandstein oder weichen Thonerdeschichten bestehn. *) —

Die regelmäfsigsten dieser Klüfte, aber die am wenigsten tiefen, sind die zwischen Thonschichten- und Sandstein ausgeschnittenen in Tobah: ihr Grund ist ganz söhlig flach und ihre Wände senkrecht, ihr Durchschnitt gleicht einem Rechteck; die in Nord-Siepierok sind viel tiefer, bis zu 300 Fufs, und haben terrassenförmige Wände, die sich nicht auf einmal, sondern in mehreren Absätzen senken; — die tiefste von allen aber, die ich angetroffen habe, ist die romantische Kluft des Malakkut im Hochlande von Marantjar, das sie 700 Fufs tief durchschneidet. Ihre, sowie die Eigenthümlichkeit aller übrigen, ist, dafs sie den Zusammenhang der Fläche plötzlich unterbrechen, und sich von einem flachen Rande auf einmal und scharf begrenzt herablassen, und sich dann unten wieder ausbreiten; aber hierin, in dieser steilen Beschaffenheit der Wände und der flachen Söhligkeit ihres breiten Grundes, liegt gerade das Merkwürdige und Eigenthümliche dieser „Plateau-Flufskanäle", — deren Entstehung doch auf keine andre Art, als durch allmählige Auswaschung oder Ausfurchung durch den Flufs selbst erklärt werden kann.

Nehmen wir, um uns die Möglichkeit einer solchen mehrere 100 Fufs breiten Ausfurchung durch einen kaum 10 Fufs breiten Strom anschaulich zu machen, an, dafs *x* und *u* (Fig. 19) die Oberfläche des Plateau's vorstelle, welches bei *u* in viel tiefere Gegenden übergeht, und dafs *a* die anfängliche Tiefe der vom Bache ausgewaschenen Furche ist. Schreitet diese Firste fort bis *b*, so können die Wände nicht länger halten und werden herabstürzen bis *c* und *d*, also schon einen ziemlich breiten Kanal bilden; ihr Schutt erfüllt dann das anfangs schmale Bett

*) Wir haben in dem allgemeinen Theile der Chorographie bemerkt, dafs die Flufsbetten im Plateau Agam (Bovenlande von Padang) ebenfalls aus etwa 100 Fufs tief eingeschnittenen Klüften bestehn. Sie scheinen denen von Marantjar und Siepierok am meisten zu ähneln, und sind durch ein Bimstein-Conglomerat ausgefurcht.

zu einem breiten Grunde, durch den sich der Bach von neuem Bahn bricht; hat er dann ferner eine Tiefe erreicht bis *e*, so wird wieder ein neuer Theil der Wand hinabstürzen, die obere Kluftöffnung bei *f* und *g* noch mehr erweitert, und der untere Grund durch den Schutt der eingestürzten Seiten noch breiter werden; — und so fort der Tiefe nach bis *h* und der Breite nach bis *i* — *k*. — Auf diese Art scheint es möglich, daſs diese Klüfte durch allmählige Auswaschung in Zeit von Jahrhunderten die Gröſse erreichen, die den Wandrer jetzt erstaunen macht. Ueberschwemmungen des ausgetretenen Baches mögen zur Ausweitung des Thales das Ihrige beigetragen haben. Doch bleibt das Senkrechte und so äuſserst scharf Begrenzte der Thalwände in Tobah immer noch räthselhaft. —

Wir haben nun fast alle Gebirge der Battaländer (bis Tobah) durchwandert und überall Trachyt vorherrschend gefunden. Nur die westlicheren, zunächst an die Südwestküste grenzenden Gebirge der Battaländer, namentlich die nördliche Hälfte der Bergkette von Tapanulie No. I., die Bergketten No. II. und III. und das Kindjanggebirge sind schwarzer Granit*); an einigen Stellen ist durch diesen Granit, wie wir gesehn haben, auf eine merkwürdige Art in spaltenartigen Gängen Basalt ausgebrochen, an andern liegen einige gebrochene Stücke der Sandsteinformation auf ihm; nordostwärts und südwärts vom Hochlande von Tapanulie bis an den Fuſs der östlichsten Ketten ist in den Battaländern Alles Trachyt, der mit dem Urgebirgsgestein an vielen Stellen in unmittelbare Berührung tritt, und dieses wahrscheinlich an den meisten Stellen, wo man keinen Granit findet, bedeckt; und auch an der Südwestküste ist der Granit, auſser von Basalt, auch noch von Trachyt durchbrochen, namentlich in den Gebirgen von Saidnahuta**) und Biobio, wohin auch die trachytischen Inseln

*) Granit mit Hornblende, ohne Glimmer.

**) Merkwürdig ist dort das dichte Aneinanderliegen zweier Bergketten, von denen die westliche, Gigger Ringgiring, die an Tuka grenzt, und welcher der Eik Sigalagala zwischen Granitblöcken entströmt, aus Granit, und die östliche, Adien Warangang, die an Saidnahuta grenzt, mit allen südostwärts darauf folgenden Bergarmen bis Tarrik di Bata hin, aus Trachyt besteht. Offenbar ist hier aus dem ursprünglichen Granitgebirge, — es ist die südliche Hälfte der Bergkette von Tapanulie No. I., — Trachyt ausgebrochen, (vielleicht daſs der Dolok Nagala Guin der Tapanuliebai, namentlich der schroffe Pik des Zuckerbrodes gehören. — Auch die Bergzüge von Lumut und Tapollong, von Persariran und Ankola sind Trachyt! Und nirgends wird ostwärts von dem genannten Hochlande noch eine andre Spur von Granit gefunden, als einige Stücke im Flufsbette des K. Ankola. Dort sind alle Bergzüge trachytisch, — drei Vulkane, Mertimpang, Dolok Dsaut und Lubu Radja, sind hervorgebrochen, und ihren Spalten sind wahrscheinlich die Massen entströmt, welche das tiefere, nirgends hervortretende Urgestein (das auch auf Java nirgends sichtbar ist) bedecken. In der nördlichen Hälfte der Hochfläche, die sie einschliefsen, liegt auf den Trachyt-Grundlagen weit verbreitet eine sedimentäre Formation, nämlich Sandstein, dessen Bestandtheile (Quarz) auf eine Zertrümmerung granitischer Gebirge schliefsen lassen. Sie bedeckt die Lavarippen des Dolok Dsaut und beweist, dafs alle diese Vulkane einst submarinisch waren. —

Das Vorkommen von Granit im Kali P. Ankola, dessen Zweige alle aus Trachytgebirgen entspringen, kann von einzelnen eingeschlossenen Stücken Granit herrühren, welche jene plutonische Steinart, nachdem sie die erstere zertrümmert hatte, nicht emporhob; — oder der Granit kann die Unterlage bilden, aber nur durch einige von den tiefst-eingeschnittenen Bachklüften erreicht und in einzelnen Stücken abgespült worden sein.

Arm an Mineralien überhaupt, haben die Battaländer keine Erze. Spuren von Steinkohlen und Marmor in Ober-Tapanulie; — tertiären Kalkstein nur an den östlichen Grenzen der Gebirge, in der obersten Region der östlichen Fläche. — In den Trachytgebirgen kommen noch eine Menge anderer, ihm verwandter Steinarten, doch nie vorherrschend und nie ganze Gebirge allein bildend vor. —

---

nong in der Mitte der Kette ein Vulkan war) — oder ohne sichtbare Hervorhebung des Feuers auf der Oberfläche, blofs durch Hervorquellen des geschmolzenen Trachyts, — und hat die Granitformation überschwemmt, die dann nur noch an den äufsersten Enden des Gebirges, wie an ihrer nordöstlichen, Gigger Ringgiring genannten Seite zu Tage steht, in ihren höheren Gegenden aber überall von Trachyt bedeckt und unsichtbar ist. —

Die vorherrschende Masse in den plutonischen Bildungen ist jederzeit ein graues (licht- oder mäfsig dunkel-graues) Gestein, das keine andern Bestandtheile hat, als eine Grundmasse von Feldspath und eingestreute glasige Feldspath-Krystalle; zuweilen finden sich Hornblende-Krystalle darin, ohne dafs die übrige Structur verändert wäre. Zuweilen nimmt aber die Hornblende so überhand, dafs das Gestein ganz schwarz wird und bei fast ganz verschwundnem Feldspath in wirklichen Hornblendefels übergeht. — Hiermit wechseln Gesteine ab, die in ziemlich gleichen Antheilen aus Hornblende und Feldspath gemischt sind, und sich als eigentliche Diorite darstellen, — wovon man von grobkörnigen bis zum scheinbar dichten eine grofse Verschiedenheit (z. B. in den Gebirgen östlich von Siepierok) antrifft, die nach allen Seiten hin in verwandte Gesteine, z. B. Trachyt, Phonolith, Aphanit, Basalt und eigentliche neuere Laven übergehen.

Wir werden jedoch die geologischen Verhältnifse der Battaländer im VI. Abschnitte des zweiten Buches genauer entwickeln, und begnügen uns hier in dem der Topographie gewidmeten Buche mit diesen allgemeinen, übersichtlichen Bemerkungen.

§. 17.

Siebenzehnte Provinz.

Ober-Biela.

Areal 581¼ Quadrat-Minuten.

Flachland 381¼	Kultur 75		Gebirge 200	Kultur	25
	Allang 176¼			Allang	75
	Wald 130			Wald	100

Sie umfafst das mittlere Stromgebiet des Eik Biela und wird begrenzt:

Im Süden von der Porta Tobae an, durch den Eik Biela, und später durch den Eik Hurung, bis an den Westfufs des Kadjorang.

In Südwest und West von der Firste der östlichen Bergkette des Plateau's von Tobah, welche sich gegenüber vom Gunong Kadjorang erhebt, anfangs nordwestwärts streicht und sich zuletzt nördlich umbiegt.

In Nord, Nordost und Ost von einer langhingezogenen und ziemlich hohen Gebirgskette, die wir die Bergkette von Biela nennen wollen. Anfangs ist sie mit dem nördlichsten Ende der Ost-Tobah-Kette verschmolzen, oder vielmehr beide Ketten sind, weil sie die Ebene selbst bis zur Region ihrer Firsten erhöht haben, dort ganz verflacht und ausgeebnet. Etwa unter 2° 27′ nördl. Br. und 99° 20′ östl. Länge aber erhebt sich die Kette merklich, und zieht sich anfangs ostsüdost-, nachher südostwärts herum, und streicht so bis zur Ostgebirgskette von Rampeh hin, mit der sie als ein Ganzes zusammenhangen würde, wäre das Gebirge nicht dort durch eine schmale Kluft quer durchbrochen, um in der Porta Tobae dem Bielaflufse den Ausgang zu gestatten.

Man kann die Provinz auch das innere oder Binnenthal von Biela nennen, weil es der Strom von Biela ist, der diesen Thalgrund durchfliefst, und der die obere Hälfte seines Laufes in diesem Thalgrunde zurücklegt. —

Im Norden und Nordosten von der genannten lang, hingezogenen Bergkette von Biela begrenzt, im Westen von den Bergketten Tobah's, und im Süden von den schroffen Gebirgen Silantom's und Hurung's umschlossen, — zieht sich ein weiter, nicht weniger als 10 bis 12 Minuten breiter, von Oberfläche ziemlich ebener Thalgrund herab, der von seinen höchsten Gegenden westnordwestwärts, wo er mit dem Tobahplateau in einer Region von 4000 Fufs Höhe verschmolzen ist, gleichmäfsig und anhaltend, aber sehr sanft und in kurzen Abständen ganz unmerklich, nach Ostsüdost (O. 20° gen. S.) immer tiefer fällt, bis er bei der Porta Tobae seinen tiefsten Punkt erreicht hat, und dort etwa noch 1500 Fufs Meereshöhe hat. — In dieser Richtung beträgt seine Länge etwa 40 Minuten, doch kann die Grenze in Westnordwest nicht genau angegeben werden, weil sich die Thalsohle dort ganz allmählig immer höher hebt und unmerklich in die Hochfläche von Tobah überläuft, an einer Stelle, wo etwa 5 bis 6 Minuten weit die Gebirge verschwunden sind, und der Thalgrund deshalb ganz unbegrenzt erscheint. In der angegebenen Richtung fliefst fast durch die Mitte des Thalgrundes der Hauptstrom Eik Biela, welcher von den östlichen Grenzbergen Tobah's noch mehre Zuflüfse erhält, die ostwärts strömen und sich im oberen Drittheile des Thales mit dem Biela vereinigen. Aufserdem strömen von der nördlichen Bergkette, der Bielakette, in schiefer Richtung mehre Nebenbäche herab; — südwärts aber, — weil sich alle Bäche, die von den südlichen Grenzbergen herabfliefsen, in einen Hauptbach, den Eik Hurung, vereinigen, und weil sich dieser dicht am Fufse dieser Grenzberge selbst hinkrümmt, ehe er sich, mit dem Sigalagala vereinigt, nicht weit von der Porta Tobae in den Biela stürzt, — erhält der Biela keinen Zuflufs, und hier bleibt also der Thalgrund von Querbächen oder Querklüften ganz undurchschnitten, und bildet einen langen, zwischen 3 und 4½ Minuten breiten, flachen Streifen Land, der sich zwischen dem Eik Biela und Hurung in der Richtung von West nach Ost herabzieht, und durch diese ununterbrochene Continuität seiner Oberfläche sowohl, als durch die allmählige gleichmäfsige Art seines Ansteigens von 1500 Fufs bei der Porta Tobae bis zu 2500 Fufs in seinen mittleren, und bis zu 3700 Fufs in seinen höchsten Gegenden ostwärts von Bander Nahor, eine vorzüglich günstige Gelegenheit zur Anlegung eines bequemen Weges darbietet, welcher ohne grofse Kunst und Aufopferung selbst so angelegt werden kann, dafs er von der Porta Tobae an ununterbrochen bis nach Tobah für Wagen brauchbar ist, — wobei wahrscheinlich nur eine einzige Brücke über den Eik Hurung nahe an seiner Einmündung in den Biela geschlagen zu werden braucht. Da nun der Kali Biela von seiner Mündung an der Nordostküste an, zwischen Tanjong Ledong und Tanjong Bangsie, selbst für gröfsere Schiffe (die 10 Fufs tief gehn können) bis in geringer Entfernung von der Aufsenseite der Berge bei der Porta Tobae schiffbar ist, — so ist dieser Weg ohne Zweifel der bequemste und kürzeste Zugang zu Tobah, und der besondern Betrachtung jener Beamten, die einst mit der Organisation dieses Landes beauftragt werden möchten, zu empfehlen. — Die Betten oder kleinen Klüfte (Flufsthäler), in denen die Bäche diesen Thalgrund durchströmen, sind keineswegs so tief, noch so schroff, wie in Hochebenen, sondern bilden zu beiden Seiten sanft geneigte Rinnen, wovon die des Biela die tiefste, und in ihrem untern Drittheil etwa 50 bis 60 Fufs tief ist. —

Ich habe diesen weiten Thalgrund nur in seinen oberen, Tobah nahen Gegenden, und in seinen unteren, ost- und nordostwärts von Hurung besucht, jene Breite aber durch Winkelmessungen nach den Erkennkuppen der gegenüberliegenden Bergkette, — die ihn vom Lande Tanna Hualu (oder Qualu) scheidet — bestimmt. — Diese Bergkette ist waldig und hat besonders in der Richtung nördlich des Dolok Kadjorang eine schroffe Felsenkuppe, einen wirklich spitz zulaufenden Pfeiler, den man aus weiter Ferne, aus Tobah und Silantom erblicken kann. Die mittlere Höhe der Kette scheint in ihrem oberen Drittheil 4500 Fufs zu betragen, nach der Porta Tobae senkt sie sich immer mehr, — zu einem blofsen Hügelzuge werdend, — hinab. — Die grofsen Querrippen, die von ihren südlichen Flanken auslaufen, und die sich zwischen buchtigen Theilen der Fläche weit in den Thalgrund verschieben, sind in ihrer unteren Hälfte von Wald gelichtet, und stellen sich im lichtgrünen Kleide von Allangallangfluren, welche auch in der nördlichen Hälfte des Thalgrundes selbst, nur mit einzelnen Stückchen Waldung betüpfelt, vorherrschen. Diese jenseitige, zum Südabhange der Bielakette emporsteigende Hälfte des Thales ist auch die am stärksten bevölkerte und bebaute, und trägt eine Anzahl von etwa 50 Dörfern, die in mehren Landschaften (Sukus) unter tituläre Oberradja's vertheilt sind. — Die mittleren Gegenden und die südlicheren aber stellen sich in dem zusammenhängenden Kleide dunkelgrüner, zwar dichter, aber nicht hoher Waldung dar, aus welcher nur einzelne Allangfeldchen hervorschimmern, und die wahrscheinlich aus ähnlichem Gebüsch, oder nur aus niedrigen Waldbäumen, Casuarinen u. a. gebildet wird, wie die in Nord-Siepierok und Silantom, die wir bereits haben kennen lernen.

Ich habe durch Winkelmessungen nur einige fern sichtbare Dörfer bestimmen können, nämlich das Hauptdorf der Landschaft:

S i a m p a, in der unteren Hälfte des Thales, wo ein Radja, Silaus, über 5 Dörfer die Oberherrschaft führt; und

S u l a m p u, nordwestlich vom vorigen, wo unter dem Oberradja Sodopaun sich 6 Dörfer dem südlichen Fufse der Bielakette anschmiegen, da wo sich eines der bedeutendsten, fast ganz bebauten Querthäler aus dieser Kette herabzieht.

Für eine dereinstige Unterwerfung und Organisation der Battaländer bemerken wir, dafs dieses Binnenthal von Biela, nächst Tobah die schönste und reichste Provinz des ganzen Landes ist, und sich, — sowohl wegen grofser Ausdehnung ihrer Flächen, und wegen des gemäfsigten, höchst angenehmen Klima's, das ihrer Region von 1500 bis 3500 Fufs eigen ist, als wegen der allmählig-sanften Ansteigung ihres Thalgrundes, das die Anlegung von Wasserleitungen nach allen Richtungen hin begünstigt, — und der fruchtbaren Beschaffenheit ihres (überall, wo ich ihn untersuchte) mit dicken dunkelbraunen, lockeren und humusreichen Erdschichten bedeckten Bodens, und der leichten Communication mit der Ostküste, wie auch mit Tobah — zur allgemeinen Anbauung von fast allen Culturgewächsen, (Zucker, Cochenillekaktus, Kaffee, Thee etc.) und reichen Bevölkerung empfiehlt. — Sie ist denn auch jetzt schon nach Verhältnifs am reichsten bevölkert und zählt 10400 Bewohner, von einer grofsen Anzahl kleiner Radja's regiert. Feindseligkeiten unter einander und widerwärtige Gesinnung gegen Fremde machten aber leider zur Zeit meines Aufenthalts in den Battaländern ein weiteres Wandern nach Norden zu ganz unmöglich.

Der östlichste Theil der Grenzgebirge, — wo die Bergkette von Biela von Norden her, und die Ostbergkette von Tanna Rampeh von Süden her, sich einander nähern, um durch einen Kranz von Bergzügen den Thalgrund zu schliefsen, — hat nur eine geringe Höhe und verräth durch die kuppige, ungleiche Beschaffenheit seiner Firste, besonders in Süden von der Porta die Natur seines Kerngesteins, welches auch nach der Aussage der Battaer, die Sirikalk daraus brennen, Kalkgestein ist. — Der Hügelzug ist jedoch nicht wirklich geschlossen, sondern in dieser östlichen Gegend von einer schmalen, beiderseits ziemlich steil begrenzten Kluft durchbrochen, durch welche, als durch ihren einzigen Ausgang, die Gewässer des Thals in die östliche Fläche hinaus treten. Man erblickt diesen Querdurchbruch, diese Pforte, die ich (wie ich glaube, nicht unpassend) Porta Tobae genannt habe, von dem Dorfe Nadjukang im Hurunggebirge O. 13° N. und von Dornakinjang O. 27° N., nach welchen, und nach einigen andern Winkeln von bereits bekannten Punkten aus, ich ihre Lage und Entfernung bestimmt habe. In der östlichen Fläche jenseits dieser Pforte sind keine Hügel und Unebenheiten mehr zu erkennen.

Von der höchsten Kuppe des Dolok Hurung, als einer Höhe von 3500 Fufs, geniefst man den weitesten und belehrendsten Anblick, nicht nur über das ganze Binnenthal von Biela (Ober-Biela), sondern auch über die Waldebenen Nieder-Biela's hin bis weit zum fernen Meere. *) Nur an einer einzigen Stelle jenseit der Pforte erblickt man, da wo er eine grofse Biegung macht, ein Stückchen, gleich einem silbernen Streifen, vom Strome Biela, der in allen andern Gegenden den Blicken verborgen bleibend, in seinem tief ausgewaschenen Thale, oder zwischen hohem Waldgebüsch versteckt dahinfliefst. Von dieser Stelle aus, 5 Minuten von der Porta ostnordostwärts entfernt, ist er befahrbar.

Von dieser Höhe aus gesehen, stellt sich der Thalgrund als keine eigentliche Fläche dar, sondern als zusammengesetzt aus den verlängerten Bergrücken, welche von den Grenzketten her in den Thalgrund überlaufen, und welche in ihrer oberen Gegend eine convexe Oberfläche haben und sich erst nachher zu dem eigentlichen Thalgrunde ausbreiten und verflachen. In mannigfaltigen Krümmungen schlängeln sich, an ihrem tiefen Waldesgrün erkennbar, die Thalklüfte zwischen den verflachten Rücken hin. —

§. 18.

Achtzehnte Provinz.

N i e d e r - B i e l a.

Areal 337½ Quadrat-Minuten.

Flachland 293½	Kultur	35	Gebirgsland 44	Kultur	0
	Allang	228½		Allang	0
	Wald	30		Wald	44

Sie umfafst das untere Stromgebiet des Eik Biela, von der Porta Tobae an bis zu seiner mit dem Eik Burumon gemeinschaftlichen Mündung in's Meer an der Nordostküste Sumatra's. — Da die Richtung aller Bergrücken und Zwischen-

*) In der Angabe der Entfernungen mufs man sich wohl hüten, den Battaern unbedingt zu glauben. Sie suchen den Fremden absichtlich zu mifsleiten, besonders um durch Uebertreibung der Schwierigkeiten ihn von weiterem Vordringen abzuhalten. So z. B. gab mir der Radja von Hurung wohl die Entfernung der Porta und des Punktes jenseits dieser Porta, von wo der Flufs befahren wird, richtig an, zu 1½ Tagen Zeit von Hurung, weil

thäler im Ostgebirge von Siepierok und Silantom eine südöstliche, der Lauf des Burumon aber zur Nordostküste eine anfangs nordöstliche, dann völlig nördliche ist, so folgt hieraus, dafs alle in den Gebirgen von Pertiebie an bis Tanna Kampeh herabströmenden Bäche sich in den Burumon ergiefsen müssen; weshalb wir zum Gebiete dieser Provinz das ganze von beiden Strömen eingeschlossene Land gerechnet haben. Der Lauf des Eik Biela von der Porta Tobae an bis zu seiner Mündung ist ebenfalls ein nordöstlicher, so dafs alle von den äufsern Flanken der Bergkette von Biela (welche das Binnenthal von Biela von Tanna Hualu scheidet) herabfliefsenden Bäche sich dem linken Ufer des Eik Biela zuwenden müssen, während sich kein einziger Bach in das rechte Ufer dieses Stromes mündet.

Das rechte Ufer des Eik Biela ist daher die Südost- und Ostgrenze der Provinz.

Ihre Südwestgrenze von der Porta Tobae an ist ein Theil der Firste von der Biela'schen Bergkette;

ihre Nordostgrenze ein Stück der Nordostküste selbst, und

ihre Nordwestgrenze dehnt sich wahrscheinlich bis zum Eik Hualu aus, und ist von uns vorläufig in einer geraden Linie angenommen, welche sich von Tanjong Ledong (an der Mündung des Eik Biela) in einer Entfernung von 6 bis 10 Minuten vom linken Flufsufer südwestwärts hinzieht, bis sie mit der Firste der Bergkette von Biela oberhalb Sulampu zusammenstöfst (unter 2° 20′ Nördl. Br. und 99° 45′ Oestl. Länge).

Dies giebt ein Areal von 337½ Quadrat Minuten. So weit erstreckt sich wahrscheinlich die Titularherrschaft des Oberradja von Biela, Tonkorintam, welcher im grofsen Kampong Bander Biela am linken Stromufer, 2 Tagereisen weit von Hurung, oder 20 Minuten geradlinigt von der Zusammenmündung des Biela und Burumon entfernt, residirt. —

---

er wohl einsah, dafs ich diese Entfernung berechnen konnte. Die Entfernung von da aber bis zum Kampong Bander Biela, etwa in der Mitte zwischen der Porta und der Küste, übertrieb er, und vergröfserte sie zu 3 Tagemärschen, während sie in Wahrheit nur ½ Tagemarsch, oder von Hurung aus 2 betragen kann.

In ihrer Naturbeschaffenheit stimmt die Provinz ganz mit Burumon überein: sie ist eine Alluvialebene, gröfstentheils mit Wald bedeckt, aber noch weniger als jene bekannt. — Nach eingezogenen Berichten wird der Kali Biela von einer Stelle an, welche etwa 5 Minuten von der Porta Tobae ostnordostwärts entfernt liegt, für grofse Prauen befahrbar. Diese Stelle, wo der Flufs eine grofse Biegung macht, kann man von den Hurungbergen sehn. Nach Aussage der Hurunger hat man bis dahin einen Marsch von 1½ Tagen, obgleich der geradlinigte Abstand von der Hurungbergkuppe nicht mehr als 23 Minuten betragen kann. Wenigstens legt man hier zu Lande auch selten mehr als höchstens drei geographische Meilen (12 Minuten) in einem Tage zurück. — Leider war es mir wegen Feindseligkeiten der Radja's, die in diesen Gegenden untereinander nicht nur in Spannung, sondern in offenem Kriege mit einander lebten, wodurch ich schon in Hurung in die gefahrvollste Lage verwickelt wurde, — nicht möglich, Bander Biela zu besuchen, und mufs dieses forschbegierigen künftigen Reisenden überlassen.

Zu Bander Biela wird viel Reis in Sawa's gebaut, dessen Ertrag so ergiebig ist, dafs jährlich eine Anzahl mit Reis beladener Prauen nach Malacca ausgeführt wird. —

Auf jeden Fall, wenn Tobah in Besitz genommen werden soll, ist hier der bequemste und leichteste Zugang, nämlich zu Wasser, z. B. in Dampfschiffen, aufwärts bis nahe an die Porta Tobae, von wo, wie ich gezeigt habe, ein sehr bequemer Weg durch das Binnenthal von Biela angelegt werden kann.

§. 19.

Neunzehnte Provinz.

Westgebirge von Silindong und Tobah.

Areal 231½ Quadrat-Minuten.

Gebirgsland 231½	Kultur	21½
	Allang	00
	Wald	210

Ihre Südgrenze ist das Kindjanggebirge, und nachher der Eik Naromampeh; — dadurch wird sie von Ober-Tapanulie geschieden, während der Bergrücken von Panoadjih sie von Silindong trennt.

Ihre Ost- und Nordostgrenze ist die Firste der Bergkette, welche vom Dolok Mertimpang an nach Nordwest, bis in die Bovenlande von Singkel 2° 25′ Nördl. Br., streicht, und welche sie von den im O. gelegenen Provinzen Silindong und Tobah trennt.

Ihre West- (Südwest-) grenze mufs der Fufs dieses Gebirges sein und ist nach Wahrscheinlichkeitsgründen vorläufig im Mittel zu 6 Minuten Entfernung von der Firste angenommen. Wird ihre Nordgrenze dann in die Breite von 2° 25′ (Binnenlande von Singkel) gesetzt, so erhält man das angegebene Areal.

Unter diesem Namen mögen vorläufig die äufsern oder südwestlichen Abhänge der Bergketten eine Erwähnung verdienen, welche sich vom Kindjanggebirge bis Singkel hinziehn, und welche ebensowenig zu Silindong oder Tobah gerechnet werden können, als zu der weiten Alluvialebene, welche ihren Fufs von der Meeresküste trennt. —

Nach eingezogenen Berichten liegen wahrscheinlich eben solche einzelne Ortschaften, wie im Kindjanggebirge und im Hochlande von Tapanulie, in diesem Berglande zerstreut, das zur Zeit, wo ich die Battaländer besuchte, wegen erklärter offener *) Feindseligkeit der Radja's verschiedener Districte, namentlich der südlichen Landschaften Nieh Bos-bos zwischen Silindong und Baros unzugänglich war.

Die unteren Berggehänge, die an die Ebene grenzen, sollen reich an Benzoë und Kampfer sein, und der Tauschhandel mit dem Harze dieser Bäume gegen europäische Waaren (Linnengut), die dann weiter in den Binnenlanden umgesetzt werden, giebt dieser Provinz ein bedeutendes Gewicht. — Nach Versicherung der Battaer sollen die Gebirge zwischen Silindong und der Strandfläche ebenso unwegsam und schwierig zu überschreiten sein, als die des Hochlandes von Tapanulie. —

*) Feindselig und den Fremden abgeneigt fand ich die Battaer fast überall gesinnt. Da wo diese Feindseligkeiten aber nicht zu offenem Kriege oder zur bestimmten Gegenwehr gesteigert waren (aus Furcht vor dem Gouvernement), konnte man es wagen und wagte ich es, auch gegen ihren Willen ihr Land zu betreten. —

§. 20.

Zwanzigste Provinz.

B a r o s.

Die westliche Strandfläche von Sumatra von Tapanulie bis Singkel.

Areal 900 Quadrat-Minuten.

Flachland 870	Kultur	20	Gebirgsland 30	Kultur	00
	Allang	00		Allang	00
	Wald	850		Wald	30

Ihre Grenzen, die wegen der Arealbestimmung scharf gezogen werden mufsten, sind folgende.

Ihre Südgrenze läuft von der Küste nordwestwärts von der Tapanuliebai unter 1° 45′ Br. und 98° 35′ Länge in der Richtung der kleinen isolirten Hügelzüge, welche der Tapanuliebai in Norden vorgelagert sind, — nordostwärts bis zum Eik Sobohuhom, und nachher diesen Strom entlang bis zum Fufse des Kindjanggebirges. Die Firste dieses Kindjanggebirges bildet dann die weitere Grenze, die es von Ober-Tapanulie scheidet, bis zum Eik Naromampeh.

Ihre innere Ost- und Nordostgrenze ist der Fufs der Gebirge, welche das Gebiet der vorigen (19ten) Provinz ausmachen, und welche sie von Silindong und Tobah trennen.

Ihre Nordgrenze wird durch eine Linie dargestellt, von der Mündung des Kali Singkel in der Richtung O. 10° N. bis zum Fufse der Berge (der vorigen Provinz) gezogen.

Ihre Südwestgrenze aber ist überall das Gestade des Meeres. —

Das Gebirgsland (30 Quadrat-Minuten) ist der Theil des Kindjanggebirges, der, fester Grenzen halber, mit zu dieser Provinz gerechnet werden mufste. —

Sie umfafst die grofse Alluvialebene, welche sich zwischen der Südwestküste und den Gebirgen von der Tapanuliebai bis Singkel hinzieht, und ist gröfstentheils mit Wald bedeckt, und oftmals, besonders in den meeresnahen Gegenden, sumpfig. — Eben, weil ihr Inneres wegen sumpfiger, ununterbrochen bewaldeter Beschaffenheit sehr unzugänglich ist, und weil sie der Einförmigkeit ihrer Bildung wegen für den Topographen von eben so geringem Interesse als für den Naturforscher ist, wurde sie von mir nicht besucht. — Nur ihr Reichthum an Kampfer- und Benzoëbäumen, und der Handel, der zu Baros mit Benzoëharz getrieben wird, giebt ihr eine gewisse commerzielle Wichtigkeit. Ich habe jedoch schon an einem andern Orte gezeigt, dafs der erhandelte Benzoë nicht in der Alluvialebene gewonnen wird, sondern auf den Berghängen, und dafs er eben so leicht nach der Tapanuliebai verführt werden könnte, um ihn europäischen Handelsschiffen zugänglich zu machen, stände dem nicht das persönliche Interesse einiger Radja's in jener Provinz entgegen. *) — Ein Theil des Weges von Tapanulie nach Godding führt durch diese Provinz über die Dörfer Sibungabunga und Nagatimbul.

Ihr waldiges Innere scheint unbewohnt. — Die bekannten Dörfer liegen am Seestrande, und jedesmal an der Mündung von Flüssen. Es sind folgende: — Sorkum, ½ Tagemarsch von Tapanulie. — Baros, weiter nordwestwärts; es besteht aus 2 Dörfern, das Kampong Ihler liegt dicht am Meere, das Kampong Udik ein Stück höher oben am Flufse, der nur bis dahin für Kähne fahrbar ist. Hier liegt eine kleine Gouvernements-Besatzung. — Zwei Meilen südwärts von Baros soll das Dorf Kotta tenga liegen, worin blofs Abkömmlinge aus der Landschaft Korinchi zwischen Padang und Benkulen wohnen, die auf ihrer beabsichtigten Pilgerschaft nach Mecca hier sitzen geblieben sind. — Tapus, weiter nordwestwärts vom vorigen, am linken Ufer eines befahrbaren Flufses, nahe an dessen Mündung in's Meer. Er soll mit Prauen zwei Tage aufwärts befahren werden können (?). Die Fläche kann aber nicht breiter als 20 Minuten sein. — Singkel, an der Mündung eines schiffbaren Flufses in's Meer, dessen südlicher Arm aus dem Eik Daho, und dessen nördlicher aus dem Dahaliegebirge im Atjinischen Gebiete entspringen, und in dem man zwei Monate lang (???) aufwärts soll rudern können. **) Das Wahrscheinliche von der Sache ist, dafs er 4 Tagereisen weit oder viermal so weit von der Küste entfernt, als Lumut, also 36 Minuten, aufwärts mit grofsen Prauen, und wirklich 8 Tage mit Kähnen, befahren werden kann. —

*) Siehe das Kapitel: Handel u. Industrie, in der Völkerkunde.
**) Tydschr. Neerl. Indie. Jaarg. I. pag. 456 nach C. Ritter.

Zu Singkel befindet sich die nördlichste der Gouvernements-Besatzungen an Sumatra's Südwestküste, in einem Fort an der innern Mündung des Kali Singkel unter 2° 16′ nördl. Br. und 97° 53′ Oestl. Länge. — Das trübe lehmige Wasser des Kali, welcher dort 450 Mêtres breit ist, hat durch allmähliche Anspühlung zahlreiche, langhingezogene Inseln und Halbinseln gebildet, welche dieser inneren Mündung vorgelagert sind, und aus einem theils sandigen, theils morastigen Boden bestehn, der kaum 1 Fuſs über den mittleren Wasserstand erhaben ist und bei jedem hohen Wasser, so wie die meeresnahe Gegend der Alluvialebene selbst, regelmäſsig überschwemmt wird. — Die innere Mündung bricht südsüdwestlich durch die Flächen, während die äuſsere zwischen den vorgespülten Halbinseln und der eigentlichen Küste südostwärts gerichtet ist. Man sehe die Lage und Verbindung dieser Inseln auf der Skizze, welche der Karte VI. beigefügt ist, und welche sich auf die Aufnahme gründet vom ersten Ingenieur-Lieutenant van Hamel. — Das Fort liegt auf der innersten östlichen Ecke einer langen Halbinsel am rechten Ufer des Fluſses. Ein Kampong mit Kokospalmen und einigen Reisfeldern reiht sich ihm mehr westwärts an. — Uebrigens ist alles umher unbewohnt und unbewohnbar, wegen der morastigen Rhizophoren- und Nipagebüsche, die alles umher überziehn, und die diesen mosquiten-reichen Ort durch die endemischen Sumpffieber, die sie erzeugen, zu einem der ungesundesten und verderblichsten des ganzen Archipels machen. —

§. 21.

Der nördlichste, nicht bereiste Theil der Battaländer.

In den vorigen 20 Paragraphen ist die südliche, gröſsere Hälfte der Battaländer von 7813 Quadrat-Minuten Areal beschrieben, so weit diese von mir bereist und untersucht wurden. — In der ersten Hälfte (A.) des zweiten Abschnittes dieser Chorographie wurde bereits angegeben, daſs sich die Battaländer, so weit nämlich die Battasprache gesprochen wird, noch weiter nach Norden ausdehnen. Dort wurden auch bereits die Grenzen der von mir bereisten Battaländer, nebst der wahrscheinlichen Ausdehnung des noch unbekannten nördlichen Theiles derselben angedeutet, dessen Areal wir zu 1200 Quadrat-Minuten angaben.

Dieser nördliche Theil der Battaländer grenzt an Atjin; — ja es scheint, dafs der König von Atjin in frühern Zeiten, zur Zeit der Blüthe dieses Reiches, einen gewissen oberherrlichen Einflufs auf die am nördlichsten wohnenden der Batta-Radja's ausgeübt hat, welche ihm Tribut bezahlten. — Auch scheint an dieser Nordgrenze der Battaländer eine ähnliche Vermischung und Verschmelzung des Battastammes mit der maleiischen Sippschaft der Atjiner Statt zu haben, wie an der südlichen Grenze mit den echten Maleiern.

Die Nachrichten, welche ich mir über diesen nördlichsten Theil der Battaländer verschaffen konnte, sind sehr dürftig und beziehen sich blofs auf zwei Provinzen: Tanna Hualu und Eik Daho (sprich Eik Dau).

Die erstere liegt nordwärts von Oberbiela, von welcher Provinz sie blofs durch die Bergkette von Biela geschieden ist. Sie zieht sich zwischen den beiden Flüssen Hualu (oder Zualu) und Ledong bis zur N. O. Küste herab. Ihre Bewohner sind als tapfere Soldaten berühmt.

Zweitens. Eik Daho *), auch Laut Mankara genannt, eigentlich ein See, nach welchem aber auch die ganze umliegende Landschaft benannt ist. — Bis zu 2° 25' und resp. 2° 30' reichen mit Bestimmtheit meine Peilungen. Es kann daher dieser See nicht südlicher liegen als 2° 30', und er liegt wahrscheinlich in der Richtung N. W. von Silindong, nordwärts von dem höchsten wasserscheidenden Wulste des Plateau's von Tobah. — (Der Tobah Lake auf Raffles Karte von Sumatra existirt nicht.) —

Man hat viel fabelhafte Nachrichten von diesem See verbreitet; unter andern, dafs man aus ihm in einer ununterbrochenen Fahrt nicht nur in den Flufs von Assahan und durch diesen zur Ostküste, sondern auch durch den Flufs von Singkel zur Westküste kommen könne; und dafs hier eine ähnliche Unterbrechung der Gebirge, und eine ähnliche An-

*) Daho: ein See (s. pag. 9 Anm.) — Eik heifst sowohl Wasser überhaupt, als eine Ansammlung von Wasser, Bach etc.

näherung zweier befahrbaren Ströme wie in dem Isthmus Kraw auf der maleiischen Halbinsel Statt finde. Der Kali von Singkel soll zwei Monate aufwärts befahren werden können, was wir bereits oben bezweifelten. — Gesetzt auch, dafs eine solche Unterbrechung der Gebirge vorhanden sei (was ich Ursache habe nicht zu glauben), so kann sie doch nie durch den See Eik Daho Statt finden, weil nach Berichten von glaubwürdigen inländischen Augenzeugen der Spiegel des Sees wenigstens 4000 Fufs hoch liegen mufs. — Nach noch andern Fabeln soll er so breit sein, dafs man, um quer von einem Ufer zum andern hinüberzustechen, bei gutem Winde doch einen ganzen Tag braucht (?) — er soll Klippen mit efsbaren Vogelnestern enthalten, aber grofse Räuberprauen (!), die auf Menschenfang ausgehen, sollen ihn unsicher machen; u. s. w. —

Nach den Beschreibungen eines Radja von Ober-Ankola *), der mit einer Kriegsbande der Padries bis dahin vordrang, und dessen Aussagen ich genau prüfte, ist die Wahrheit wahrscheinlich folgende.

Es ist ein Plateau-See, 12 bis 15 Minuten lang und 4 bis 5 Minuten breit. Er liegt in einer muldenförmigen Senkung des Plateaus, ähnlich wie Silindong (wo jener Radja mit mir war), und ist von höhern, oben verflachten Bergen, die also wahrscheinlich die eigentliche Oberfläche des Plateau's sind, umgeben. Sowohl oben als unten an seinem Ufer stehn Dörfer, und der Uferstreifen zwischen dem See und den Anhöhen ist ganz mit Sawa's bedeckt. Kein Fleckchen ist unbebaut. Vier bis fünf flache Inseln im See. Viel Fische und kleine Schildkröten. — Alle Wälder umher ausgerodet. — Nur Allanggras, dessen Blätter bei Mangel an Holz zur Feuerung dienen. — Es ist dort sehr kalt. Bei gleich heitrer Luft in derselben Jahreszeit ist es des Abends kälter als in Bander Nahor (64,0 Fahr.), welches 3740′ hoch liegt. Der See liegt also höher, wahrscheinlich 4000 oder 4200, und die Plateau-Anhöhen, welche ihn umgeben, 4500 oder 4700′. —

Aufser jener Kriegsbande der Padries, die von den sehr zahlreichen Bewohnern der Landschaft, welche eng in einander gedrängt wohnen, sehr tapfer empfangen wurden und ab-

*) Radja Kali Slamat von Napa.

ziehn mufsten, hat noch kein Fremder, selbst kein Battaer aus andern Provinzen, viel weniger ein Europäer, den See gesehen, der übrigens, wegen der ganz kahlen Beschaffenheit seiner Umgebungen und der Kultur, die allen Waldwuchs vernichtet hat, keinen sehr pittoresken Anblick gewähren kann.

Darin stimmen alle Nachrichten überein, dafs der nördlichste Theil der Battaländer (sowohl Eik Daho als Tanna Hualu), der von der Invasion der Padries verschont blieb, eben aus diesem Grunde am stärksten und mehr als doppelt so stark wie ein gleich grofses Areal in den südlichern Provinzen bevölkert ist. Seine Bewohner sind aber auch ängstlich bemüht, alle Fremden *) abzuhalten, und gebrauchen dazu die abschreckendsten Mafsregeln und Gesetze, nach welchen jeder Fremde, der ungerufen die Grenzen überschreitet, ohne Procefs gepackt und lebendig verzehrt wird. — Die im Süden zunächst an Eik Daho grenzenden Landschaften Silindong und Sipahuter haben auch die Verpflichtung auf sich genommen, keinen Fremden hindurchzulassen, und geniefsen unter dieser Bedingung Frieden. — Alle Mühe, die ich anwandte, um von Silindong noch weiter nach Norden vorzudringen, war daher vergebens: ich konnte keine Begleiter erhalten; — als ich meinen Entschlufs zu erkennen gab, allein, blofs mit meinen mitgebrachten Bedienten weiter zu reisen, setzte ich mich der Gefahr aus, auch von den Bewohnern Silindongs für einen Feind gehalten zu werden und in die Kategorie eines Landesverräthers zu fallen! Nur mit vieler Mühe gelang es mir, dieser Gefahr zu entgehn und das freundschaftliche Verhältnifs, das ich so glücklich gewesen war, mit den Radja's von Silindong einzuleiten, wieder herzustellen.

---

*) Von der Ostküste her scheint der Reisende Anderson diesen Gegenden nahe gekommen zu sein. — Nach seinen Mittheilungen scheint der Ostabfall der Gebirge von Tanna Hualu auf eine ähnliche Art wie die Hurungberge zerstückelt zu sein. Er besuchte die Binnenlande von Assahan, die er als ein schönes, hügliges, romantisches und stark bevölkertes Land beschreibt. Die Dörfer lagen auf Bergspitzen (wie in Hurung?). — Er kam bis zum Pafse Batu di Kikir, wo der Assahanflufs zwischen 2 senkrechten Wänden aus den Gebirgen hervortritt. (Ob Kalkfelsen, ähnlich der Porta Tobae, durch welche der Bielaflufs herausbricht?) Er schreibt von Granitbergen und Zinnerz (in den Binnenlanden von Assahan?)

Wann aber werden diese Verhältnisse sich ändern? — Wann wird dieser See Eik Daho und das Innere des ganzen nördlichen Sumatra aus dem völligen Dunkel hervortreten, in welchem es schon seit Jahrtausenden ruht? — Möge bald der Tag anbrechen, welcher durch die völlige Unterwerfung der Battaländer an die Regierung dem schönen Lande eine neue Blüthe und dessen von Natur vortrefflichen, aber durch rohe Gebräuche entarteten Bewohnern ein neues, humaneres und genufsreicheres Leben verschafft! —

Botanische Beilage.

Die vom Verfasser im Text erwähnten neuen Gewächse waren dem Msc. in Originalexemplaren beigelegt, um Herrn Prof. v. Schlechtendahl's Gutachten über dieselben einzuholen; derselbe hatte die Güte, Nachstehendes über jene Gewächse den Herausgebern mitzutheilen.

Die, Seite 158 als Erica erwähnte Pflanze ist eine neue, der in China wachsenden Baeckea frutescens L. höchst ähnliche Art, von dieser aber verschieden durch dicklichere, stärker mit Drüsen versehene Blätter, durch kürzer gestielte Blumen mit mehr glockigem Kelch, dessen Rand in breite, stumpfe Lappen getheilt ist und nur wenig von den ebenfalls breiten Blumenblättern überragt wird; ferner durch kürzere, an der Basis des aus der Blattachsel hervortretenden Blüthenstieles sitzende Bracteen, und durch fünf Staubgefäſse.

Der, Seite 207 von Junghuhn für ein Lycopodium genommene Baum ist ein Dacrydium, das schon Blume (amtl. Bericht über die Versamml. der Naturf. zu Bremen S. 89.) für eine dem Dacr. elatum Wallich (vergl. Hooker im Lond. Bot. Journ. II. 144. Tb. II.) zunächst verwandte Art erklärt hat. Der übersandte Zweig war ein jüngerer, unfruchtbarer, mit verlängerten Blättern. Da die andere Blattform der ältern und fruchttragenden Aeste nicht beigelegt ist, so bleibt die Bestimmung zweifelhaft. Ein von Walker (Nr. 7) aus Penang ohne Namen erhaltener, ebenfalls steriler Zweig stimmt mit dem sumatra'schen überein.

Die, Seite 228 erwähnte neue Pinusart, welche von Junghuhn P. Sumatrana genannt wird, ist von De Vriese (l. c. S. 5. u. Tab. II.) zu Ehren des verstorbenen Hrn. General-gouverneurs als P. Merkusii Jungh. et De Vr. beschrieben worden, weil der Name Pinus oder vielmehr Abies Sumatrana sich bereits im Verzeichnifs des Gartens zu Belvedere bei Weimar angewendet findet.

Der Andur Mangan (S. 230) ist Casuarina Sumatrana Jungh., eine jetzt in De Vriese's Plantae novae Ind. Bat. or. S. 2. und Tab. I. beschriebene und abgebildete Art.

Die Strand-Casuarina von Sumatra (Seite 230) ist wohl gewifs die von Rumph Amb. 3. t. 57. Cas. litorea genannte Art, welche man jetzt zu C. muricata Roxb. zu ziehen pflegt, von welcher Ansicht jedoch De Vriese in seinem oben citirten Werke abgeht, indem er die Rumphsche C. litorea zur C. equisetifolia Forst. bringt, die auf Java bis zu einer Höhe von 4200' ü. M. vorkommen soll, was wenig innere Wahrscheinlichkeit hat.

Ferner lag noch der Zweig eines Gewächses mit der Etiquette Pohon Pladju Sumatr. bei; er ist wahrscheinlich von einem Baum aus der Familie der Terebinthaceae. Die Blumen der vorliegenden Exemplare waren nur männliche, fünftheilig, aber von Insekten sehr zerstört.

Namen- und Sachregister.

Die mit Dolok, Eik, Gunong, Kali, Tanna und ähnlichen Wörtern zusammengesetzten Eigennamen sind in der Regel nicht unter diesen Artikeln, sondern selbstständig aufgeführt. Ueber manche Artikel, wie z. B. Reiscultur, Viehzucht u. dergl., findet sich das Ausführlichere im zweiten Theil des Werks.

C.

D.

---

* Wohl javanisch! S. Theil II. S. 267.

N.

O.

P.

Q.

R.

S.

Druckfehler.

Seite 3 Zeile 14 und 13 v. u. statt 69¼ und 4946 lies 69⅛ und 4953.

-- 5 - 3 v. u. statt Lamponpspitze l. Lampongspitze.

-- 8 - 17 v. o. - Ophis l. Ophir.

-- 8 - 17 v. u. - Maudaheling l. Mandaheling.

-- 13 - 5 und 6 v. o. statt a und b l. 7a und 7b.

-- 16 - 12 v. u. statt zwischen l. inzwischen.

-- 20 - 18 - - Karte III. l. Tafel VI.

-- 22 - 3 v. o. - kalten l. kahlen.

-- 25 - 3 - - Karte III. l. Tafel VI.

-- 25 - 3 v. u. - Indrogiri l. Indragiri.

-- 35 - 13 - - Taf. I. l. Taf. VI.

-- 37 - 17 - - Seliggi l. Teliggi.

-- 46 - 7 - - Karte II. l. Taf. III.

-- 48 - 18 v. o. - auf l. aus.

-- 48 - 9 v. u. - dieser l. diesen.

-- 55 - 11 - - Liboga l. Siboga.

-- 63 - 11 v. o. - borroc l. borroo.

-- 63 - 4 - - Fig. 14 l. Fig. 6a.

-- 90 - 8 - - Lmnu l. Lumut.

-- 107 - 9 - - Tobae l. Hurabae.

-- 119 - 1 v. u. - Zusicht l. Aufsicht.

-- 120 - 20 - - Saudiandi l. Sandiandi.

-- 146 - 6 - - vorgenommenen l. angenommenen.

-- 153 - 17 v. o. - Tjirimamba l. Tjirimambu.

-- 153 - 21 - - den Weg der l. der Weg die.

-- 153 - 2 v. u. - fliessen l. fliesst.

-- 158 - 13 - hinter oben schalte ein: S. 143.

-- 229 - 3 v. o. statt Abietiven l. Abietinen.

Ansicht des Dorfes Gudarim be

in den Battaländern

und der umgebenden Gebirge

lschaft Harung.

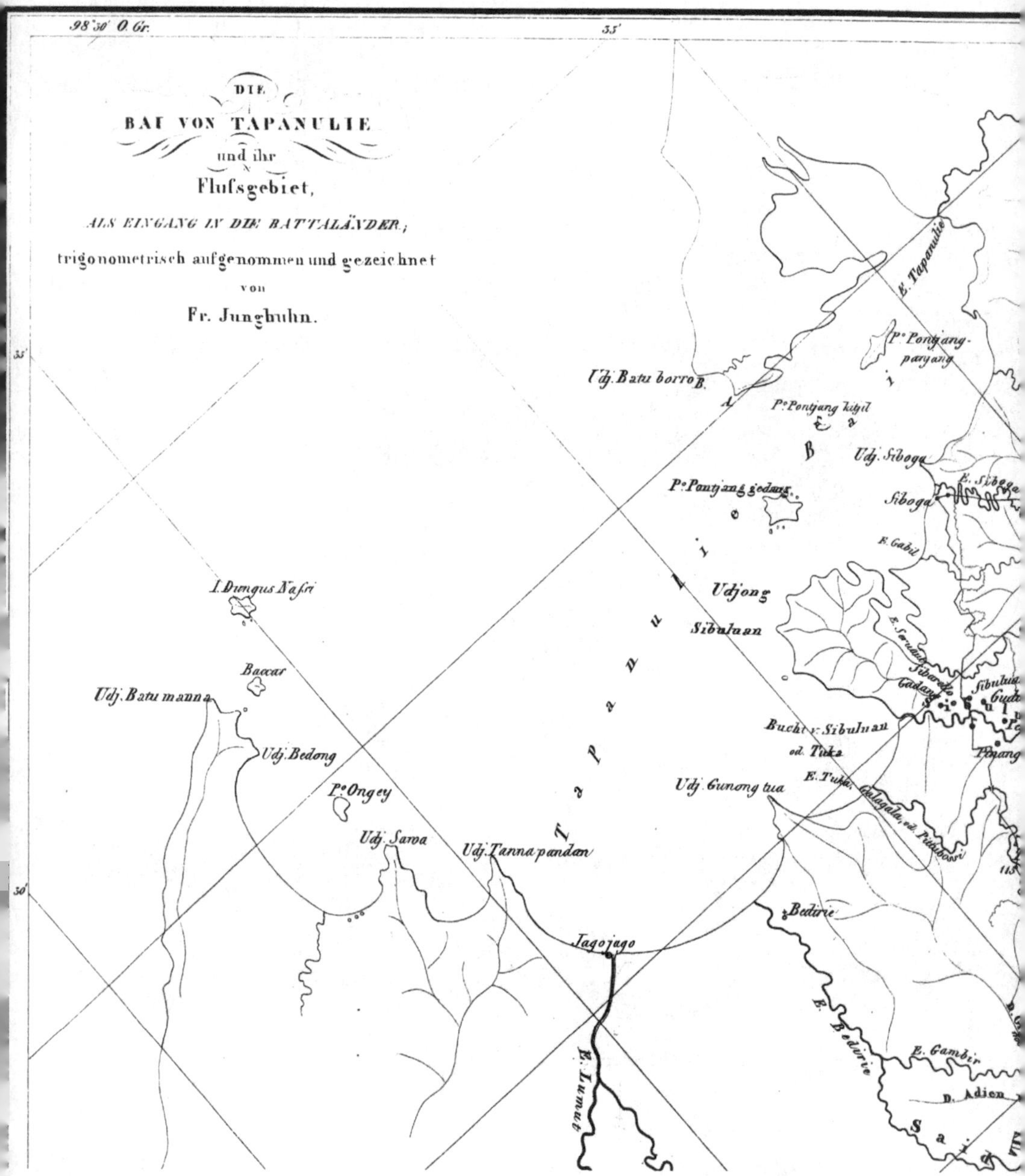
98°30′ O. Gr.
35′
DIE
BAI VON TAPANULIE
und ihr
Flufsgebiet,
ALS EINGANG IN DIE BATTALÄNDER;
trigonometrisch aufgenommen und gezeichnet
von
Fr. Junghuhn.
35′
30′
E. Tapanulie
P° Pontjang-panjang
Udj. Batu borro
P° Pontjang kitjil
Udj. Siboga
E. Siboga
Siboga
P° Pontjang gedang
E. Gabil
Udjong
Sibuluan
I. Dungus Nafsri
Baccar
Udj. Batu manna
Udj. Bedong
P° Ongey
Udj. Sarva
Udj. Tanna pandan
Tapanulie
Bai
Bucht v. Sibuluan
od. Tuka
E. Tuka
Udj. Gunong tua
Galagala, od. Pitiubossi
Sibarello
Gadang
Sibulua
Pinang
Bedirie
Jagojago
E. Lumut
E. Bedirie
E. Gambir
D. Adien

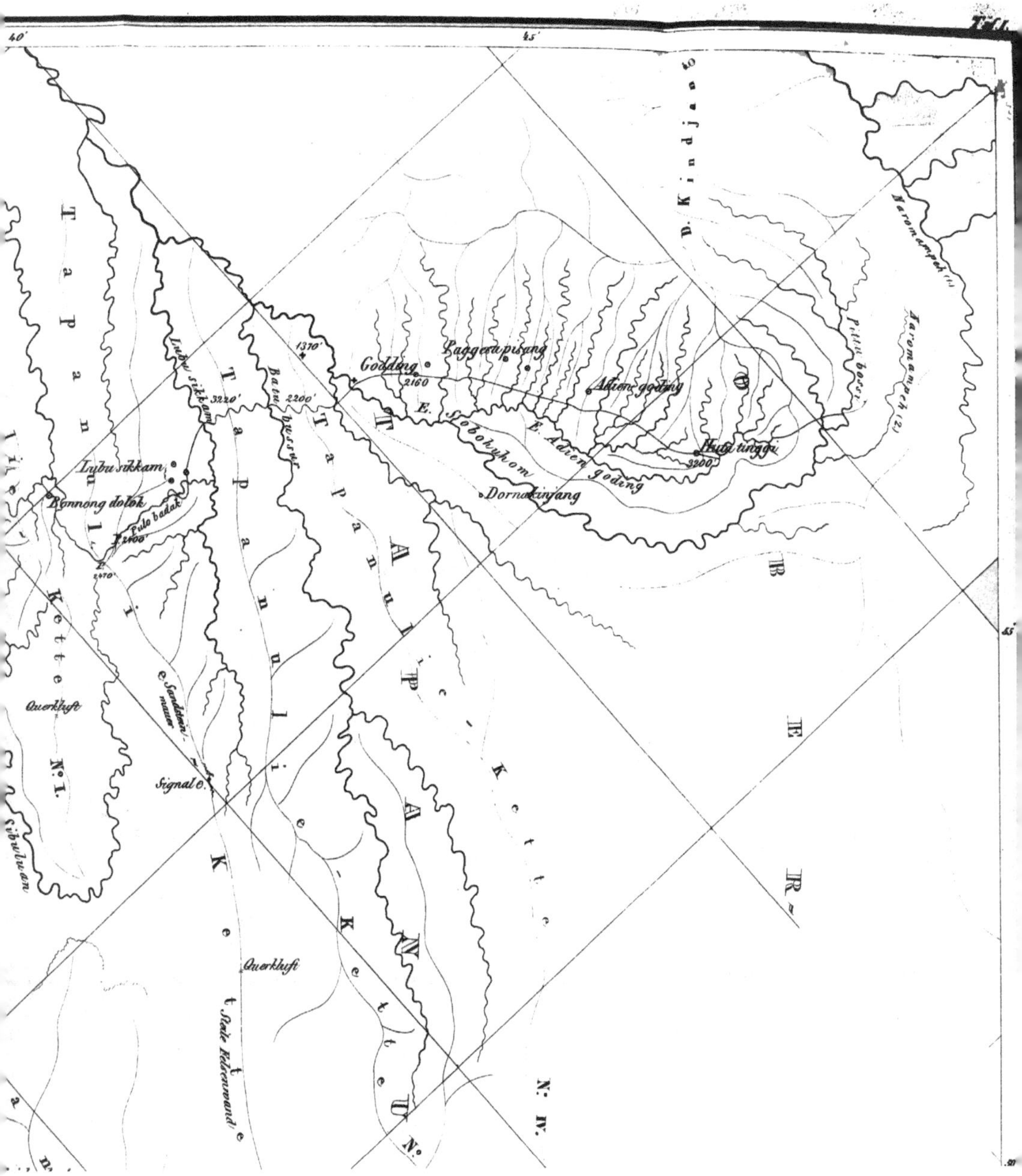
40'
45'
Godding
2160
Laggeraupisang
Adien goding
Huta tinggi
3200'
E. Siobohuhom
E. Adien goding
Dornakinjang
1370'
Batu bessur
2200'
Lubu sikkam
3220'
Lubu sikkam
Ronnong dolok
Pulo badak
2100'
2470'
T a p a n u l i
K e t t e
N°. 1.
Querkluft
Sandstein-mauer
Signal
Querkluft
Stale Felsenwand
N°. IV.

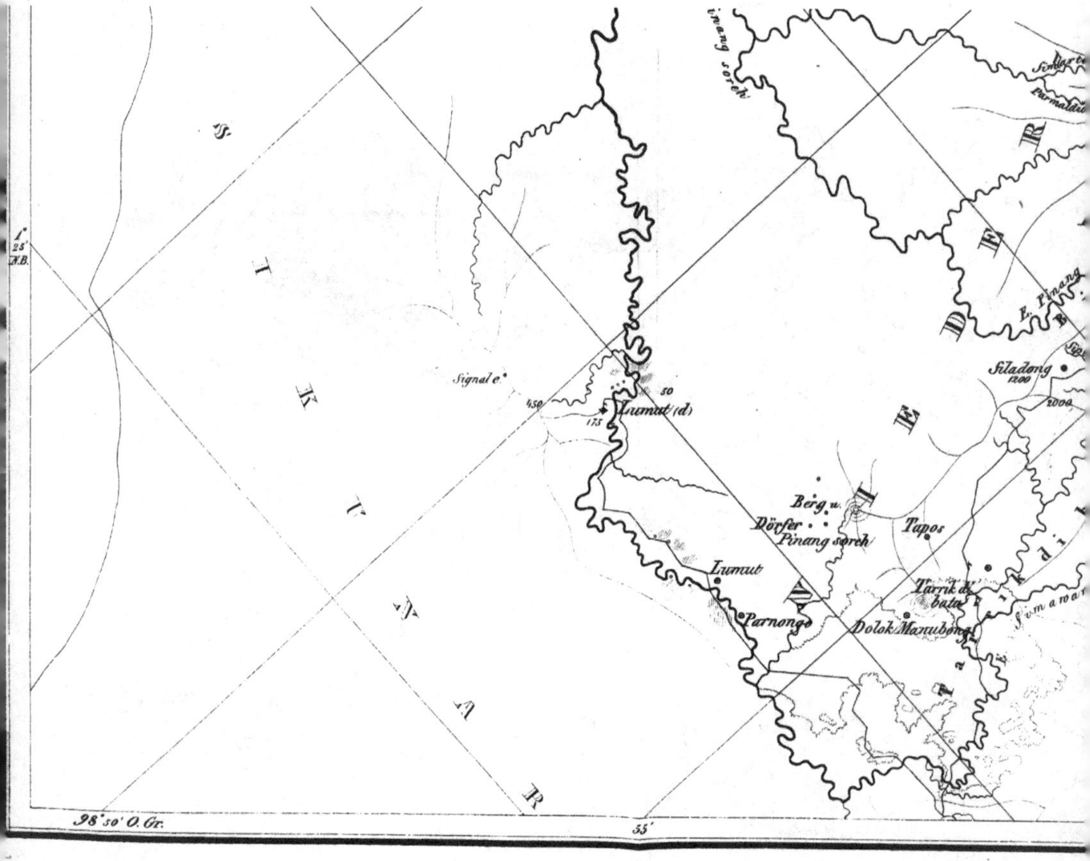

Signal e.
450
50
Lumut (d)
175
Berg u.
Dörfer
Pinang sorch
Tapos
Lumut
Parnongo
Dolok Manubong
Tarrik di bata
Siladong
1200
2000
E. Pinang
1° 25' N.B.
98° 50' O. Gr.
55'

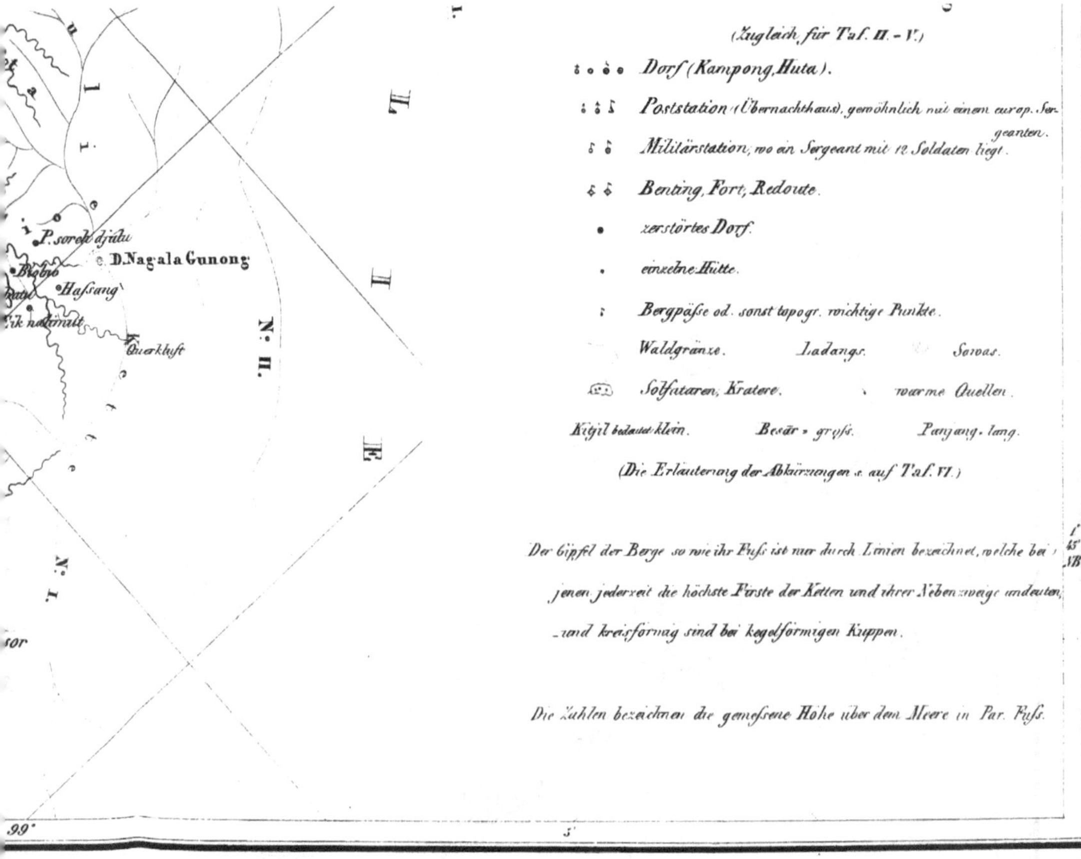
P. soreh djulu
D. Nagala Gunong
Hassang
Querkluft
N° II.
N° I.
(Zugleich für Taf. II. – V.)
Dorf (Kampong, Huta).
Poststation (Übernachthaus), gewöhnlich mit einem europ. Sergeanten.
Militärstation, wo ein Sergeant mit 12 Soldaten liegt.
Benting, Fort, Redoute.
zerstörtes Dorf.
einzelne Hütte.
Bergpäße od. sonst topogr. wichtige Punkte.
Waldgränze.
Ladangs.
Sawas.
Solfataren, Kratere.
warme Quellen.
Kitjil bedeutet klein.
Besär " groß.
Panjang " lang.
(Die Erläuterung der Abkürzungen s. auf Taf. VI.)
Der Gipfel der Berge so wie ihr Fuß ist nur durch Linien bezeichnet, welche bei jenen jederzeit die höchste Firste der Ketten und ihrer Nebenzweige andeuten, und kreisförmig sind bei kegelförmigen Kuppen.
Die Zahlen bezeichnen die gemessene Höhe über dem Meere in Par. Fuß.
1° 45' NB
99°

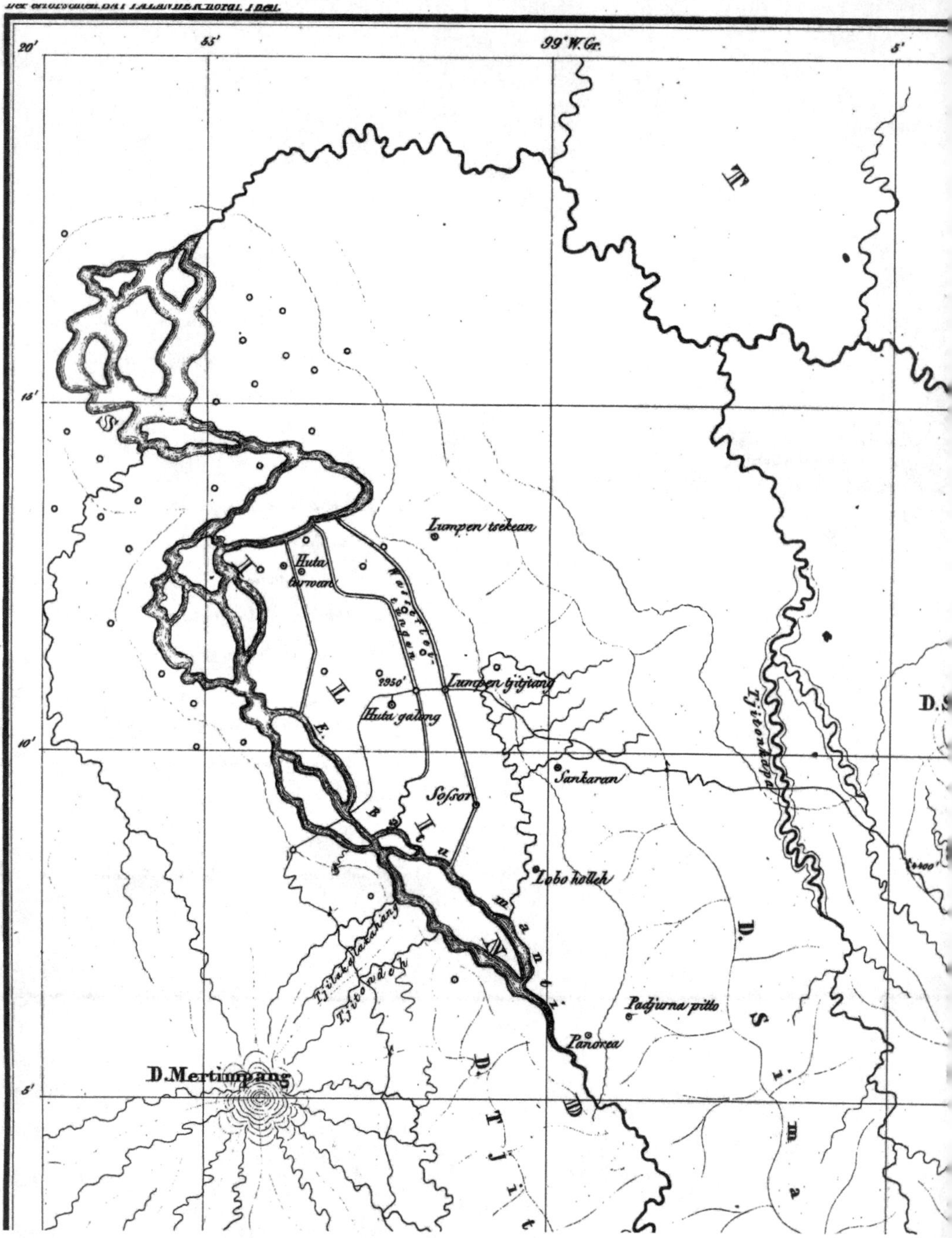
20'
55'
99° W. Gr.
5'
15'
10'
5'
T.
S.
Lumpen tsekean
Huta tarware
Huta galung
2950'
Lumpen tjitjang
Sankaran
Sossor
Lobo holleh
Padjurna pitto
Panorea
Tjitako
Tjitondoh
D. Mertimpang
D.
D. S
Tjivonkapa
D. S i m a
T j i t

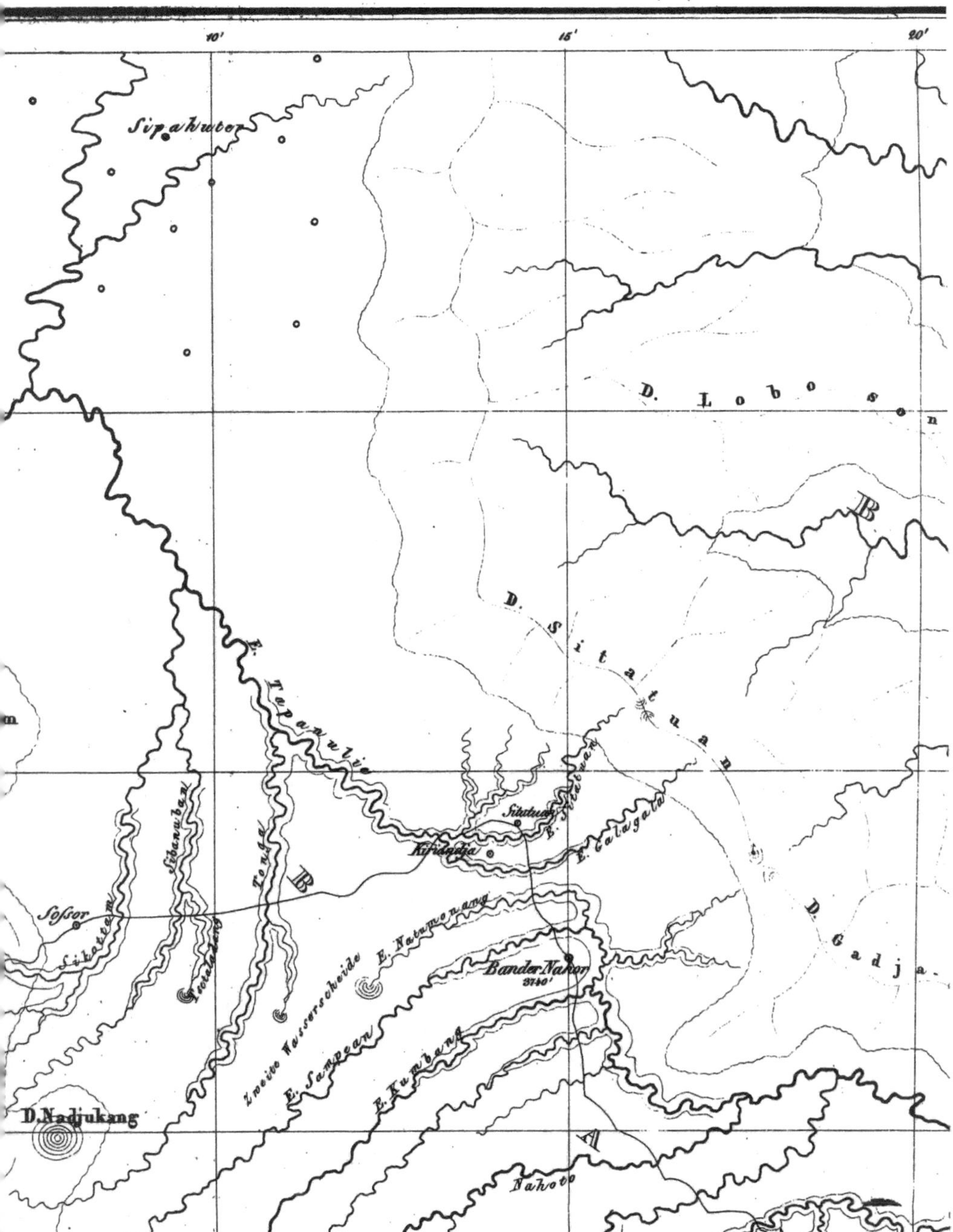

10'
15'
20'
Sipahutar
D. Lobo son
B
D. Sitatuan
E. Tapanulie
Situtuan
E. Situtuan
Kiridaaja
E. Galagala
Sibanuban
Tonga
B
Sofsor
Sitattem
E. Natumonang
Zweite Wasserscheide
Bander Nahor
3740'
D. Gadja
E. Sampean
E. Kumbang
D. Nadjukang
A
Nahoto
Padjurna doloh

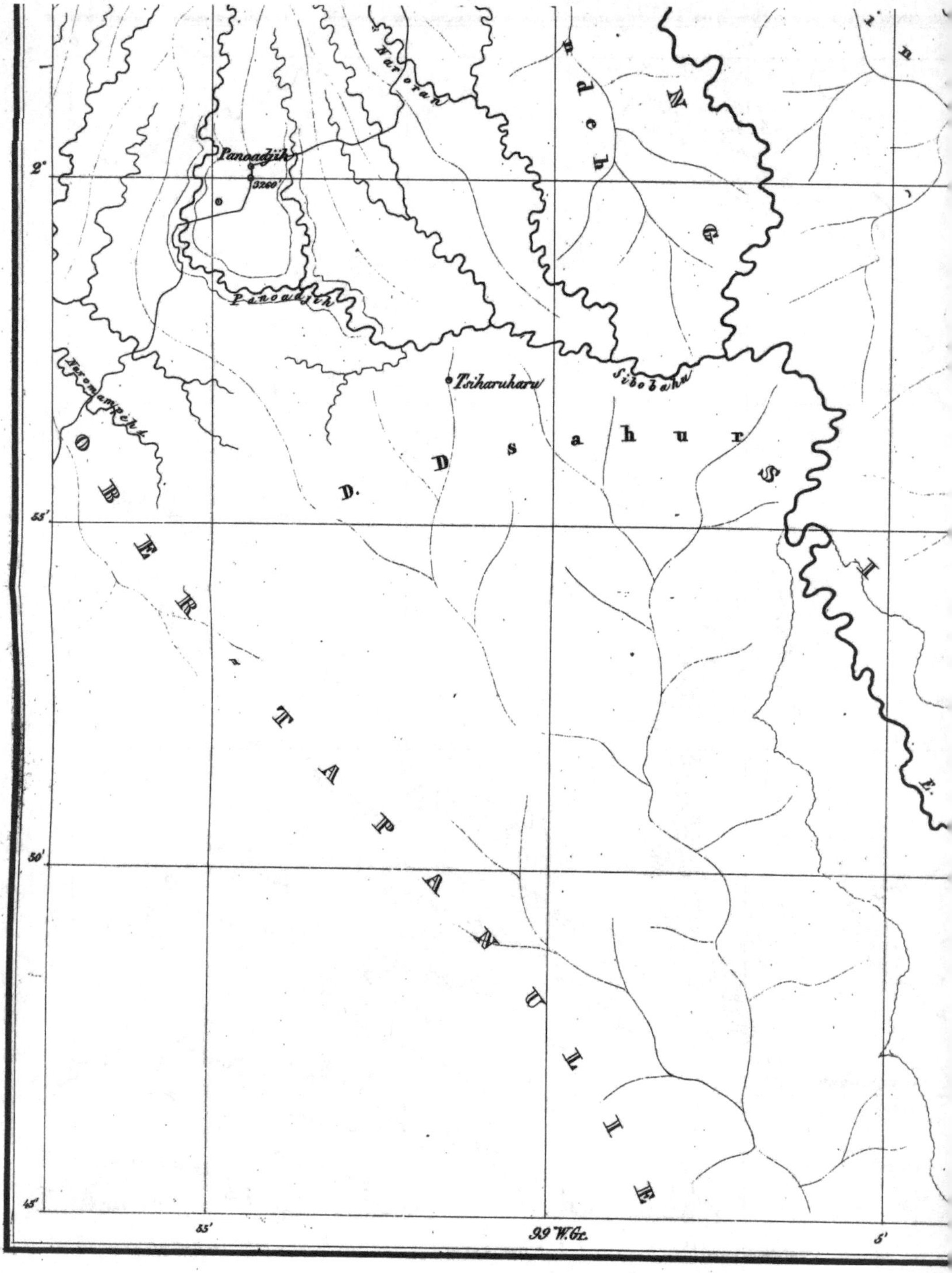

Panoadjih
3260'
Panoadjih
Tsiharuharu
Sibobahu
D. Dsahur
OBER TAPANULIE
2°
55'
50'
45'
55'
99° W.Gr.
5'

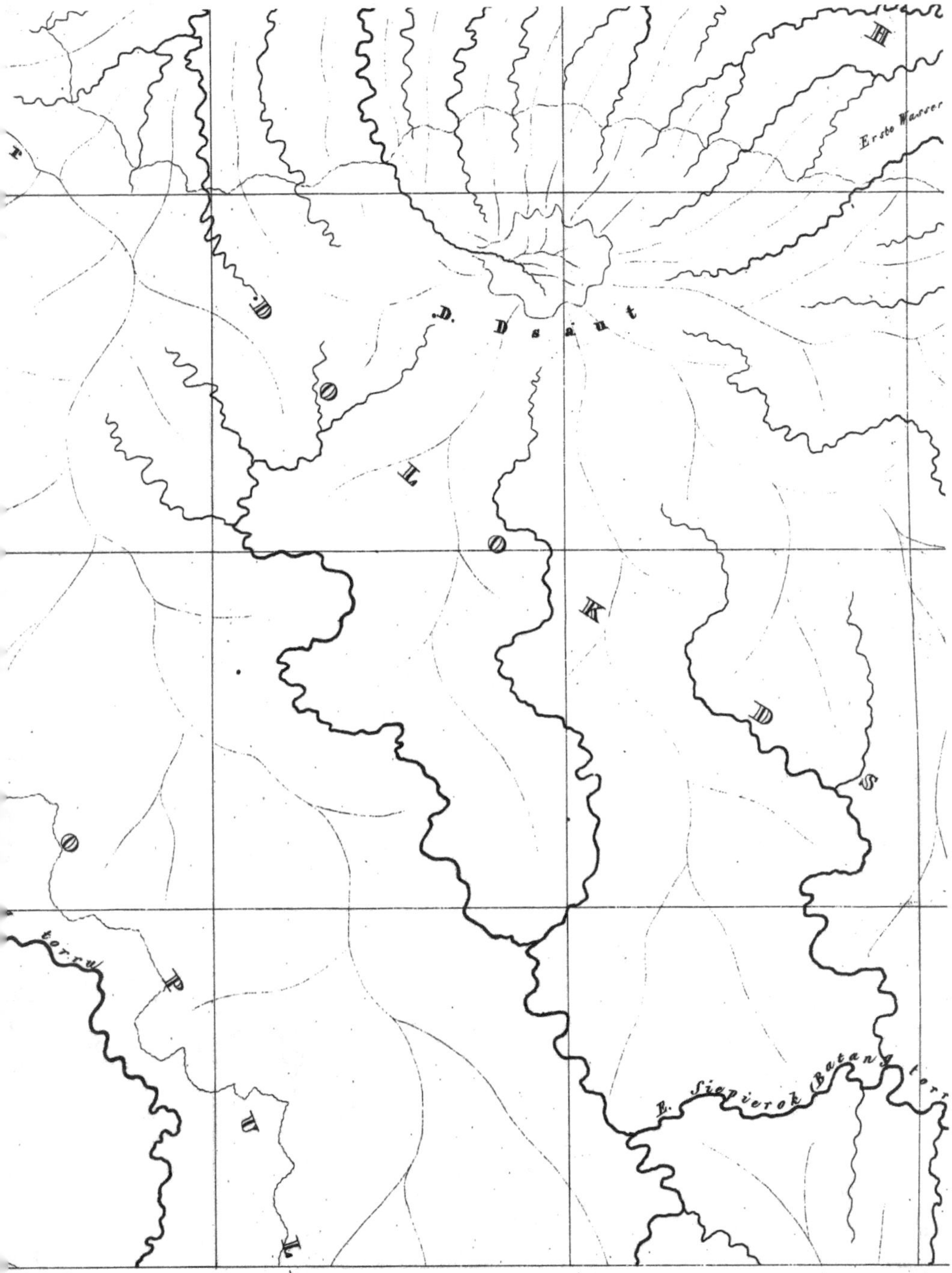

Erste Wasser
D. Dsaut
D O L O K
D S
E. Siepierok (Batang
torru
P U
10'
15'
20'

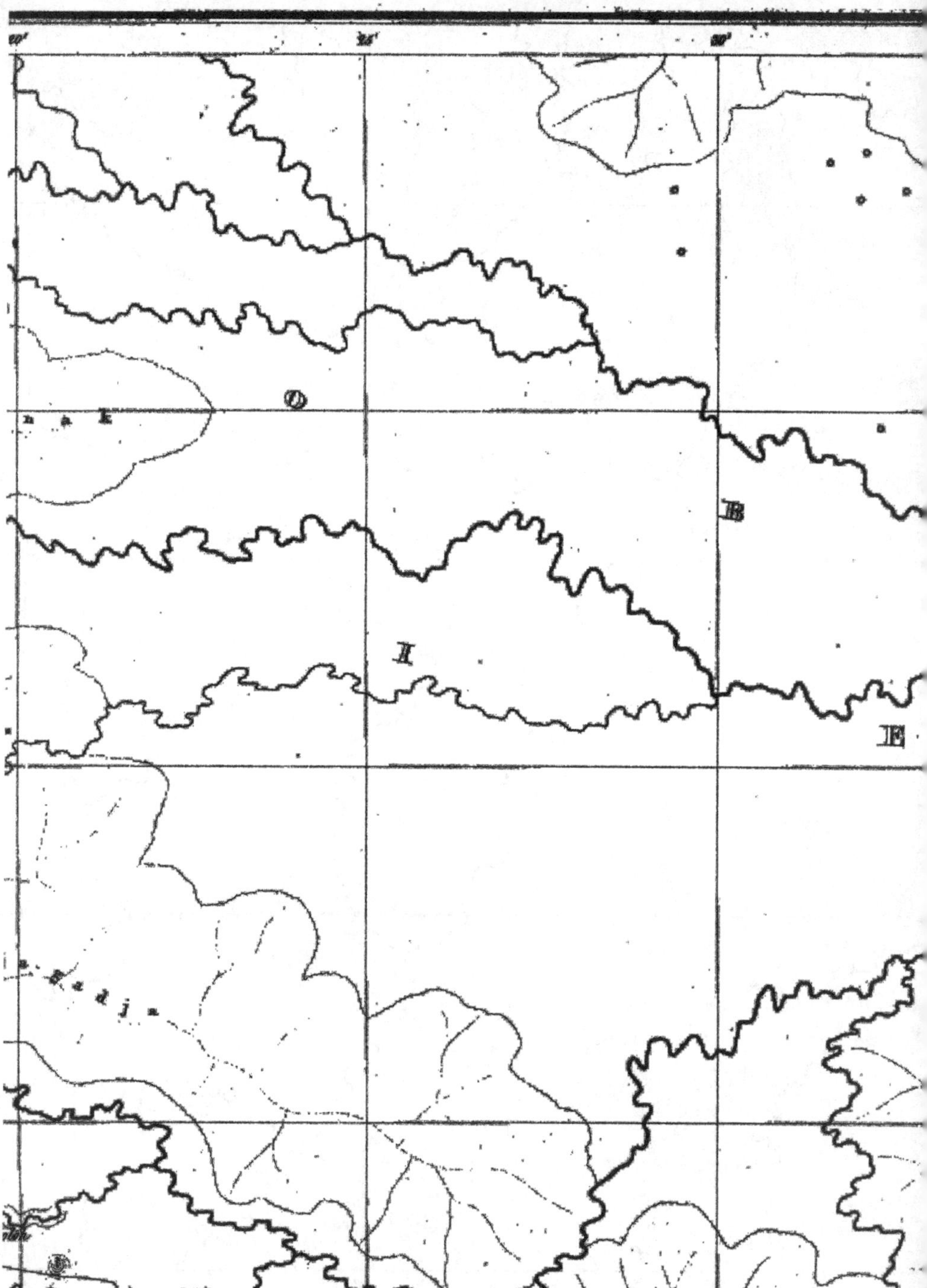
n a k
B
I
E
Borobon

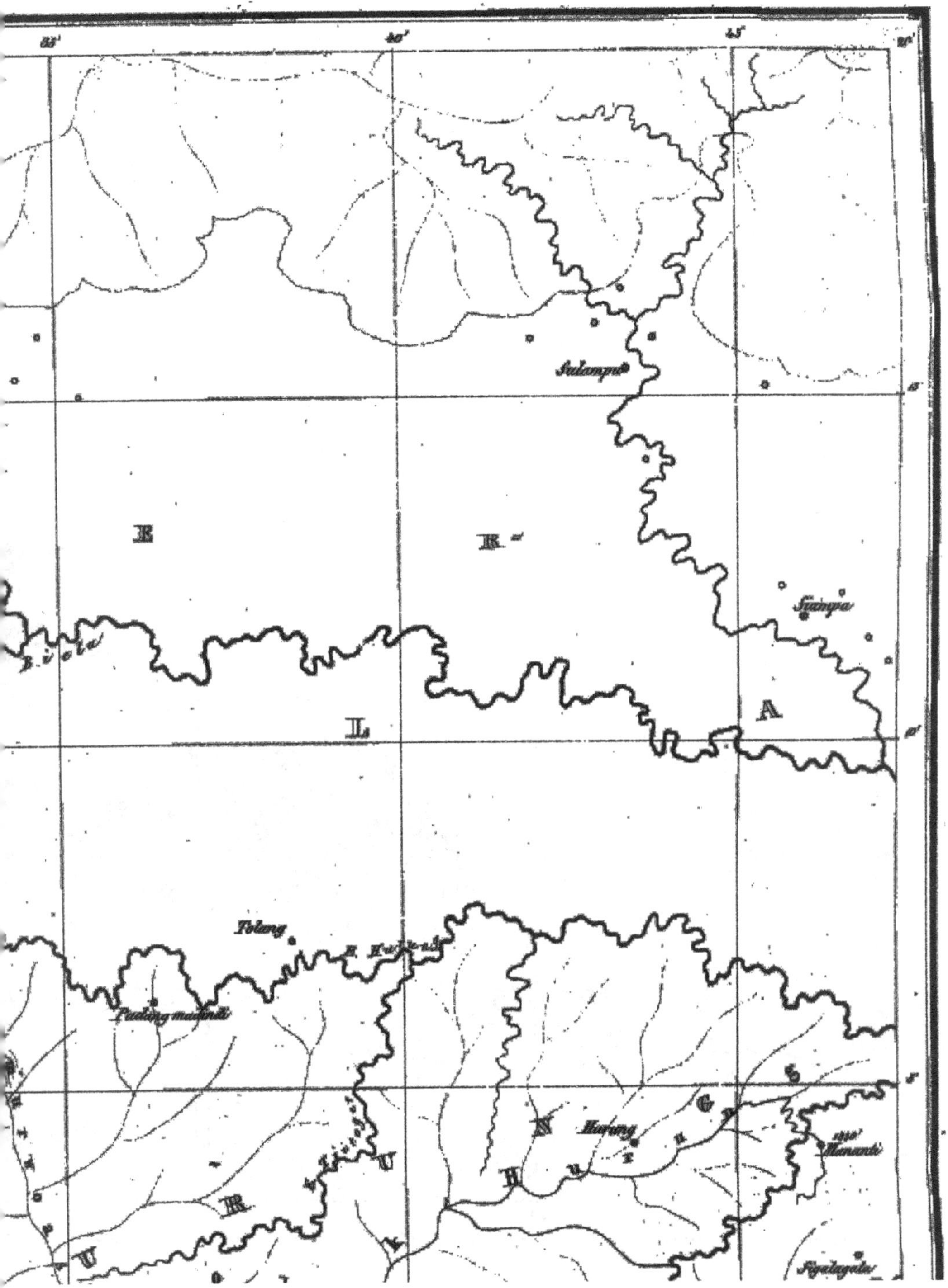

35'
40'
45'
Salampu
E
R
Siampa
L
A
Tolang
Hurung
Manauti
Sigalagala

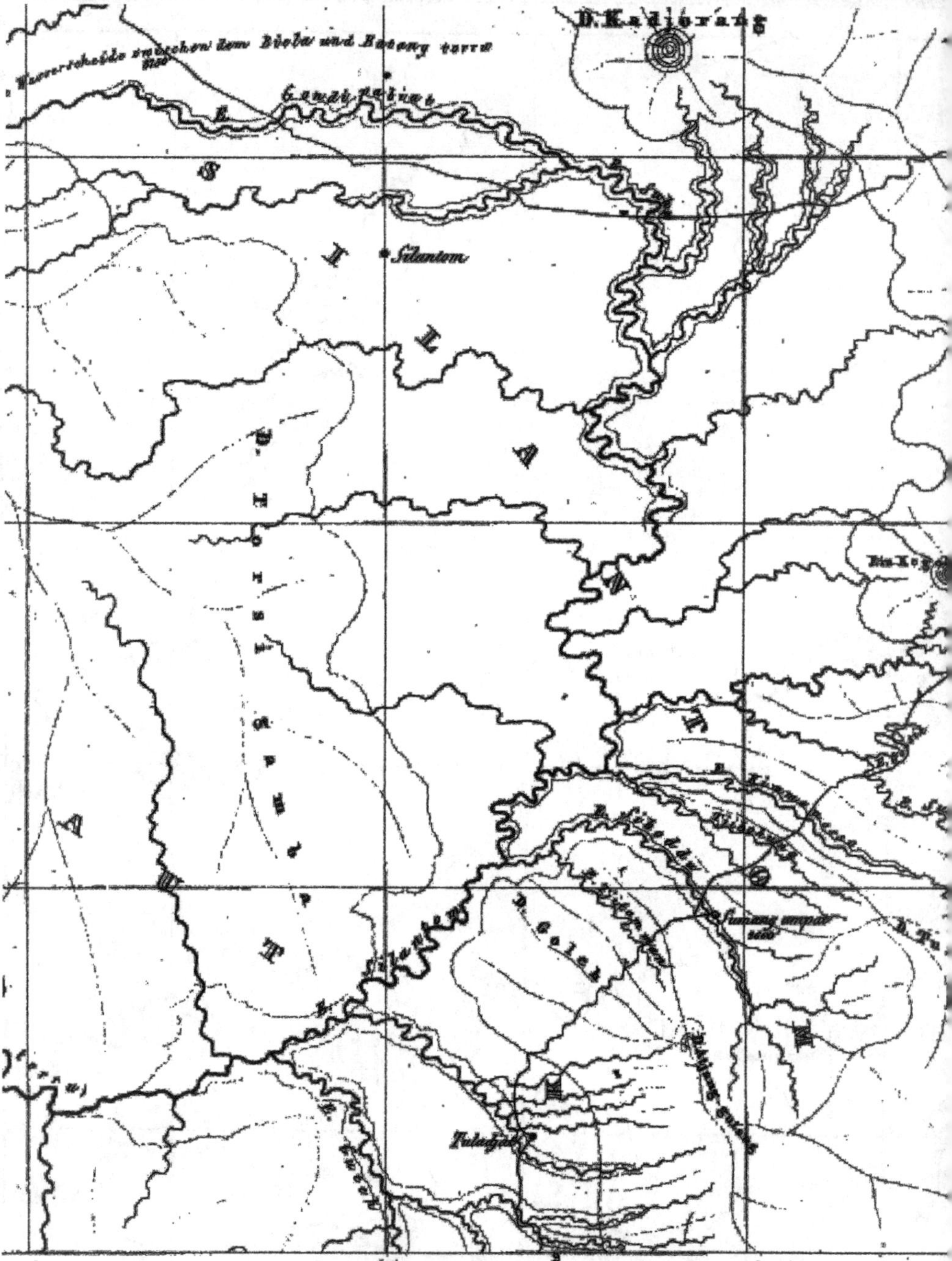

D. Kadjorang
Wasserscheide zwischen dem Bòela und Batang terra
Silantom
Sumang umpar
D. Golek
Tulagat
20'
25'
30'

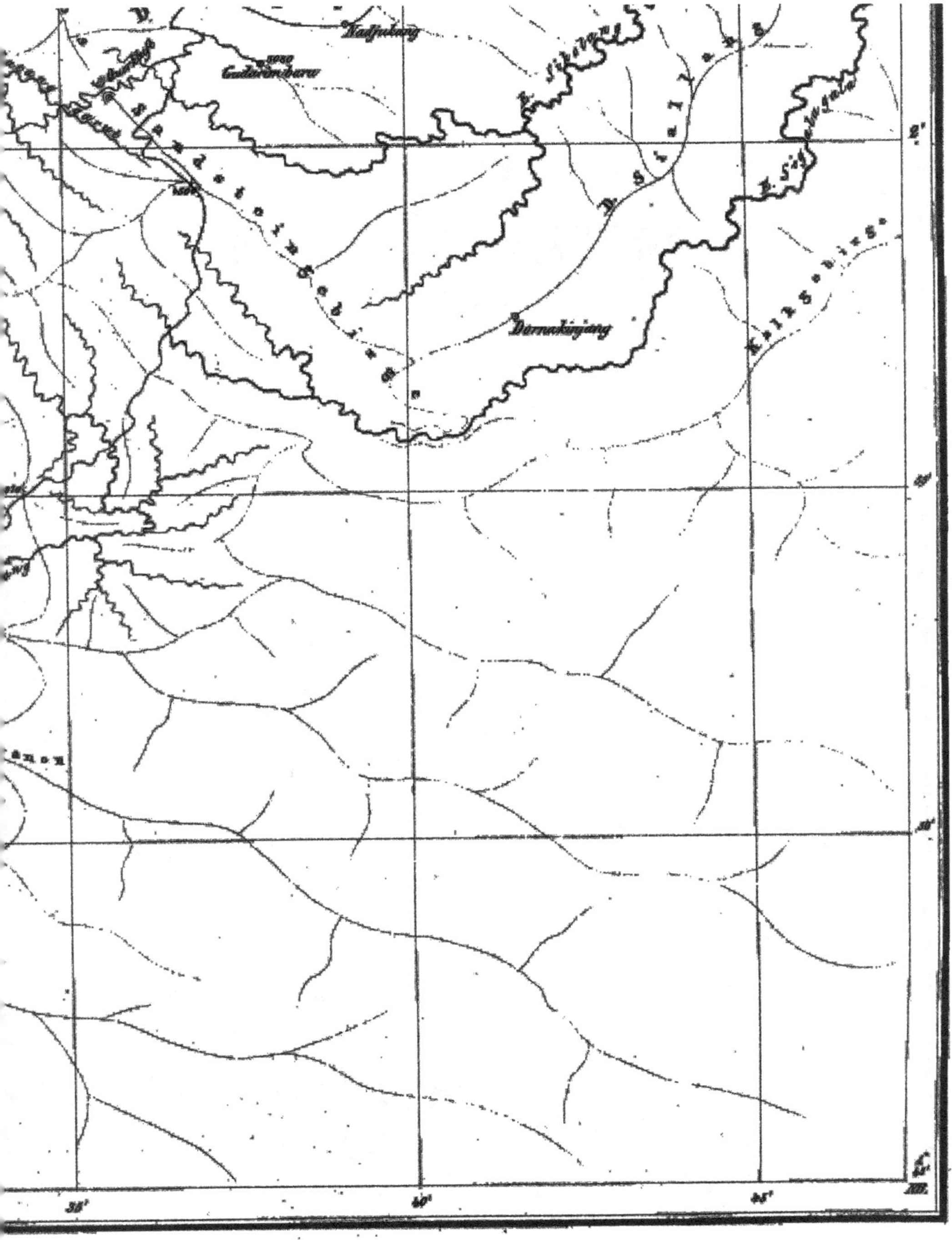

Nadjukang
Dornakinjang
Sandsteingebirge
Kalkgebirge
2°
35°
40°
45°
XIII.

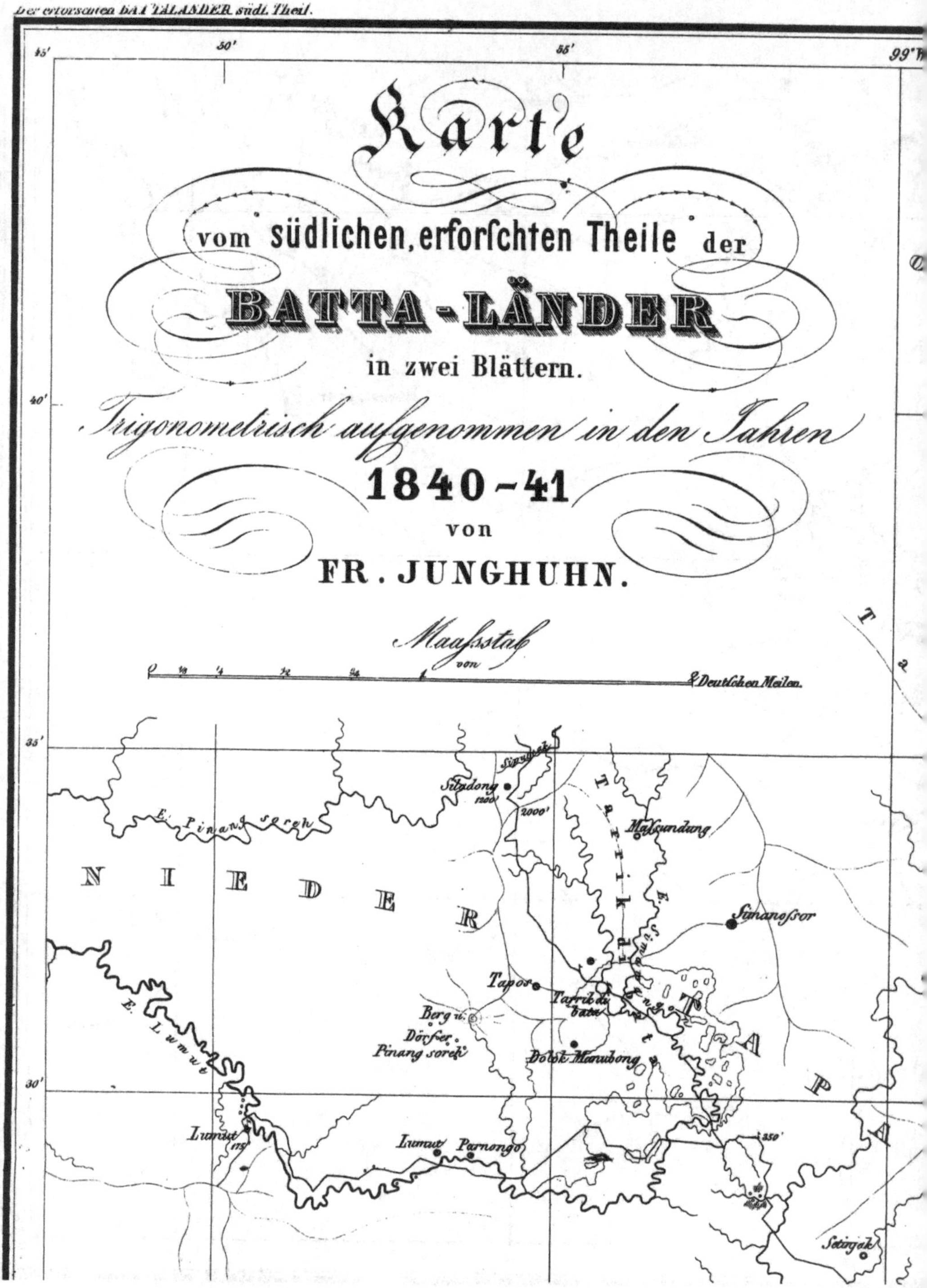
Karte
vom südlichen, erforschten Theile der
BATTA-LÄNDER
in zwei Blättern.
Trigonometrisch aufgenommen in den Jahren
1840-41
von
FR. JUNGHUHN.
Maassstab von
2 Deutschen Meilen.
45'
50'
55'
40'
35'
30'
E. Pinang soreh
NIEDER
Siadong
1200'
2000'
Marsundung
Simanossor
Tapos
Tarrik di batu
Berg u. Dörfer Pinang soreh
Dolok Manubong
TAPA
E. Lumut
Lumut
175'
Lumut
Parnongo
350'

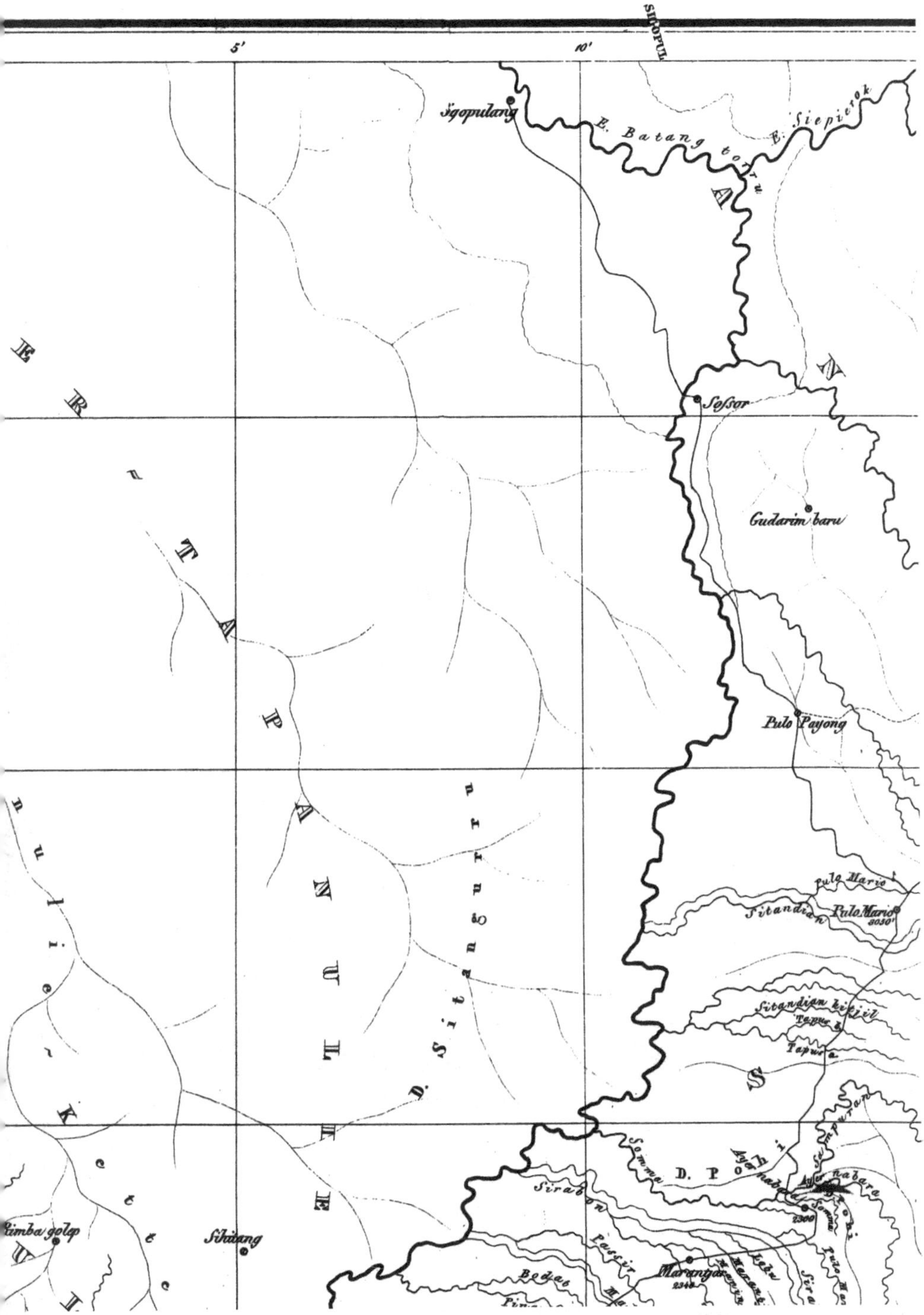

5'
10'
S'gopulang
E. Batang toru
E. Siepierok
Sossor
Gudarim baru
Pulo Payong
Pulo Mario
Sitandiah
Pulo Mario
3050'
Sitandian kitjil
Tapus
D. Sitangurun
D. Pohi
Ayer nabara
Sempuran
Somma
Sirabon
Passir
Bodab
Marangas
2348
2300
Sihitang
Rimba golep

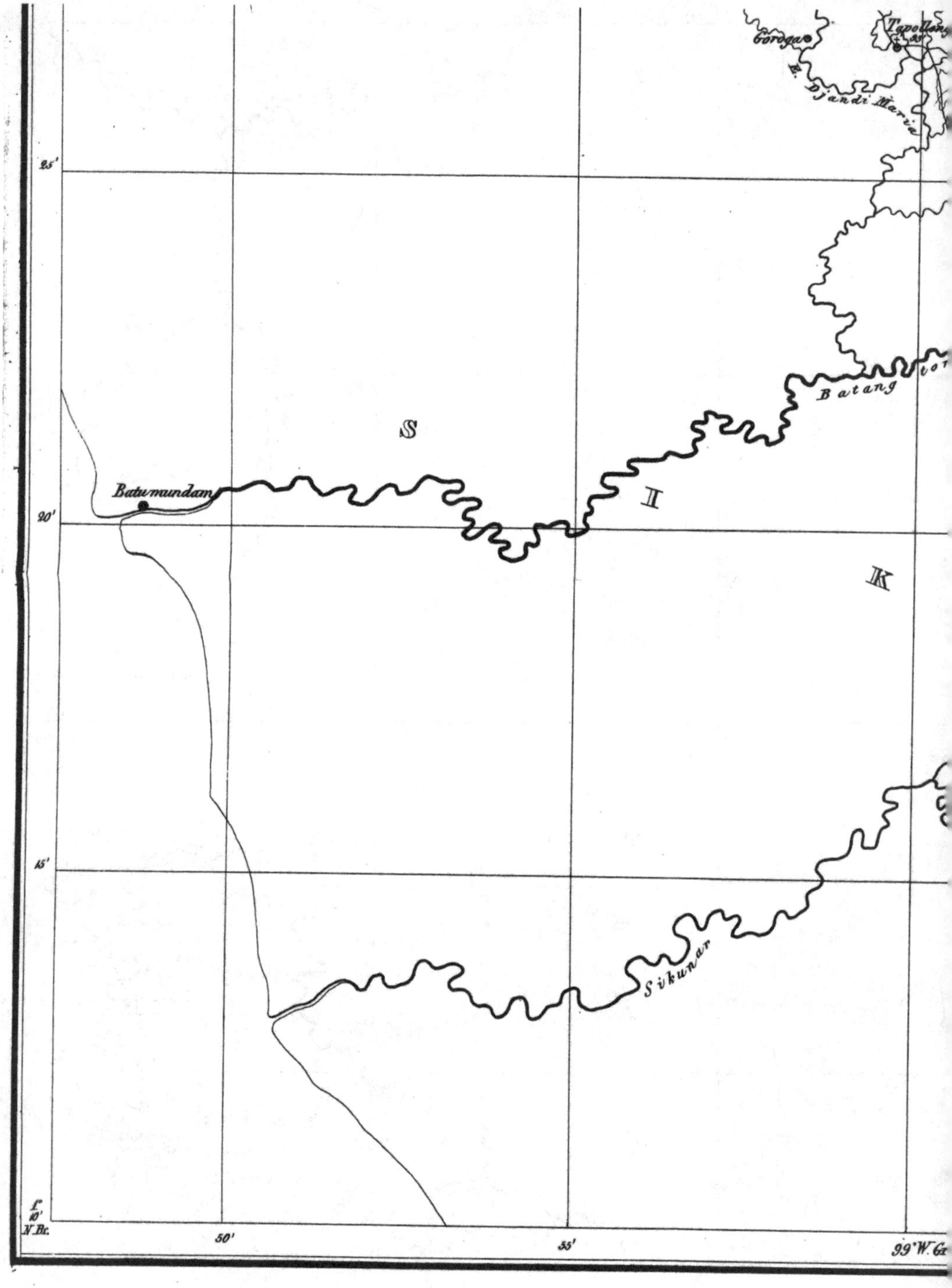
Goroga
R. Djandi Maria
25'
Batang
S
I
K
Batumundam
20'
15'
Sikunar
1°
10'
N.Br.
50'
55'
99° W.Gr

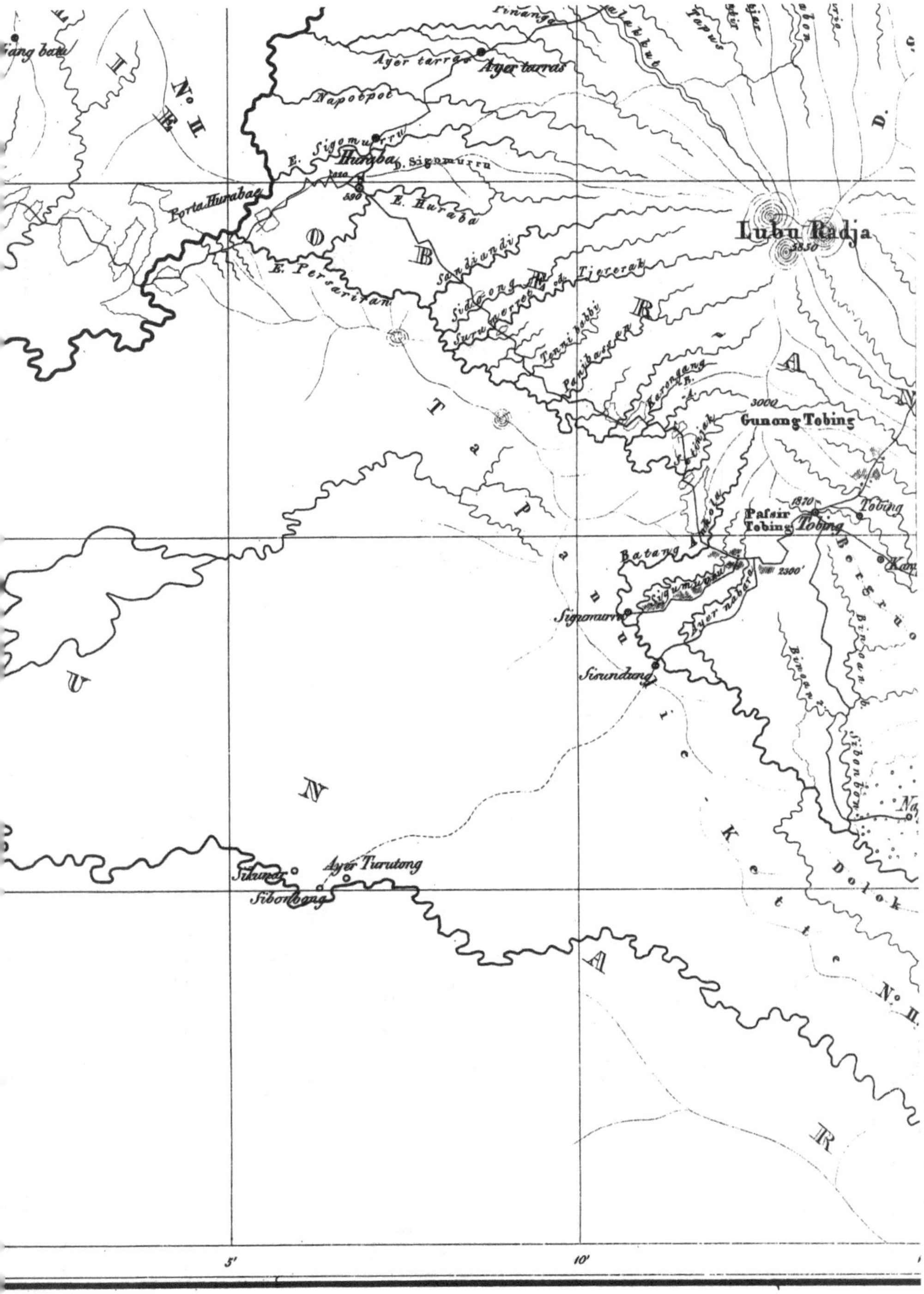

Ayer tarras
Napobpot
E. Sigomurru
Huraba
D. Signmurru
E. Huraba
Porta Huraba
E. Persarifan
Sendiandi
Sidogong
Suruwerrot
Tjererak
Tenni Dabbi
Panjbassan
Lubu Radja
3850
Kerongang R.
3000
Gunong Tobing
Pafsir Tobing
Tobing
1870
Batang
Sigumuruhuy
Ayer nabara
2300'
Sigomurru
Sirundang
Bingaan
Sibonbon
Dolok
Siburar
Ayer Turutong
Sibonbang
No II.
D.
5'
10'

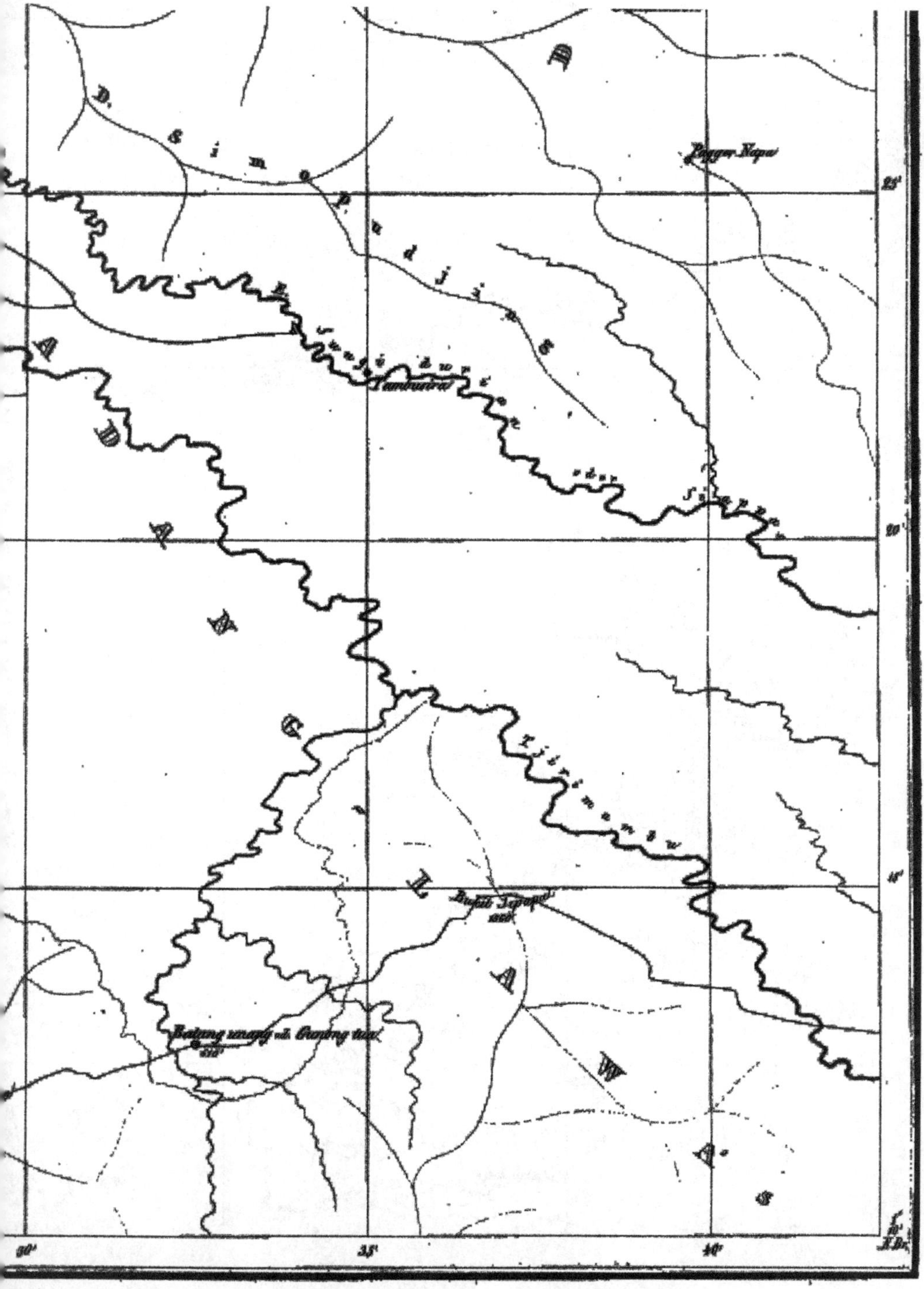
D. Simopudjipe
Tamburira
Pogger Napa
Batang unang u. Gunung tua
Bukit Tapaqui
1660
25'
20'
15'
30'
35'
40'

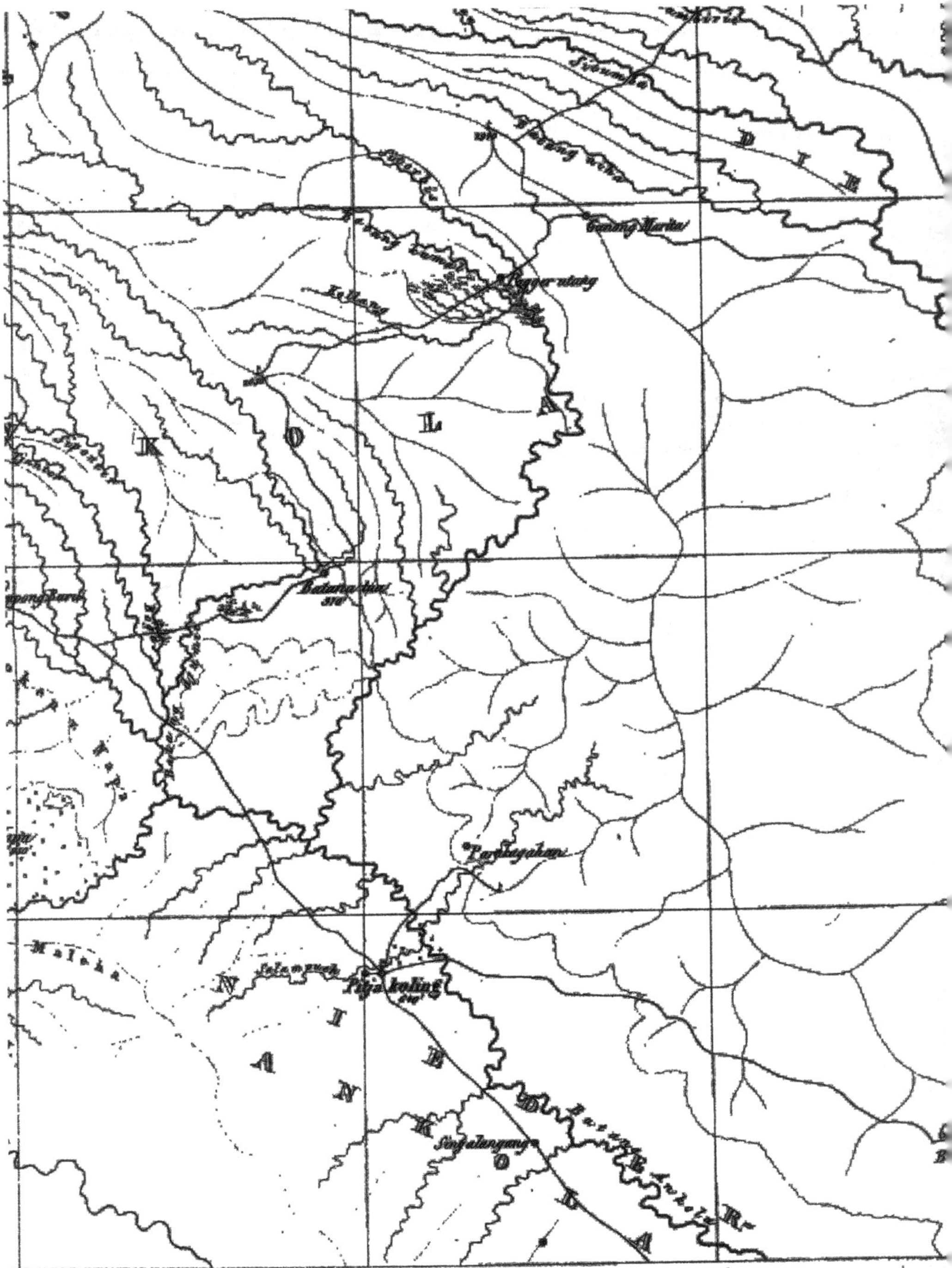

Gunung Mariti
Pagger utang
Kellang
L
A
K
O
Batana tuat
310
Partagahan
Malcha
N
Pija koling
I
A
E
N
D
K
Sinfalangang
O
Batang Antola R.
L
A
D
I
E
30'
45'

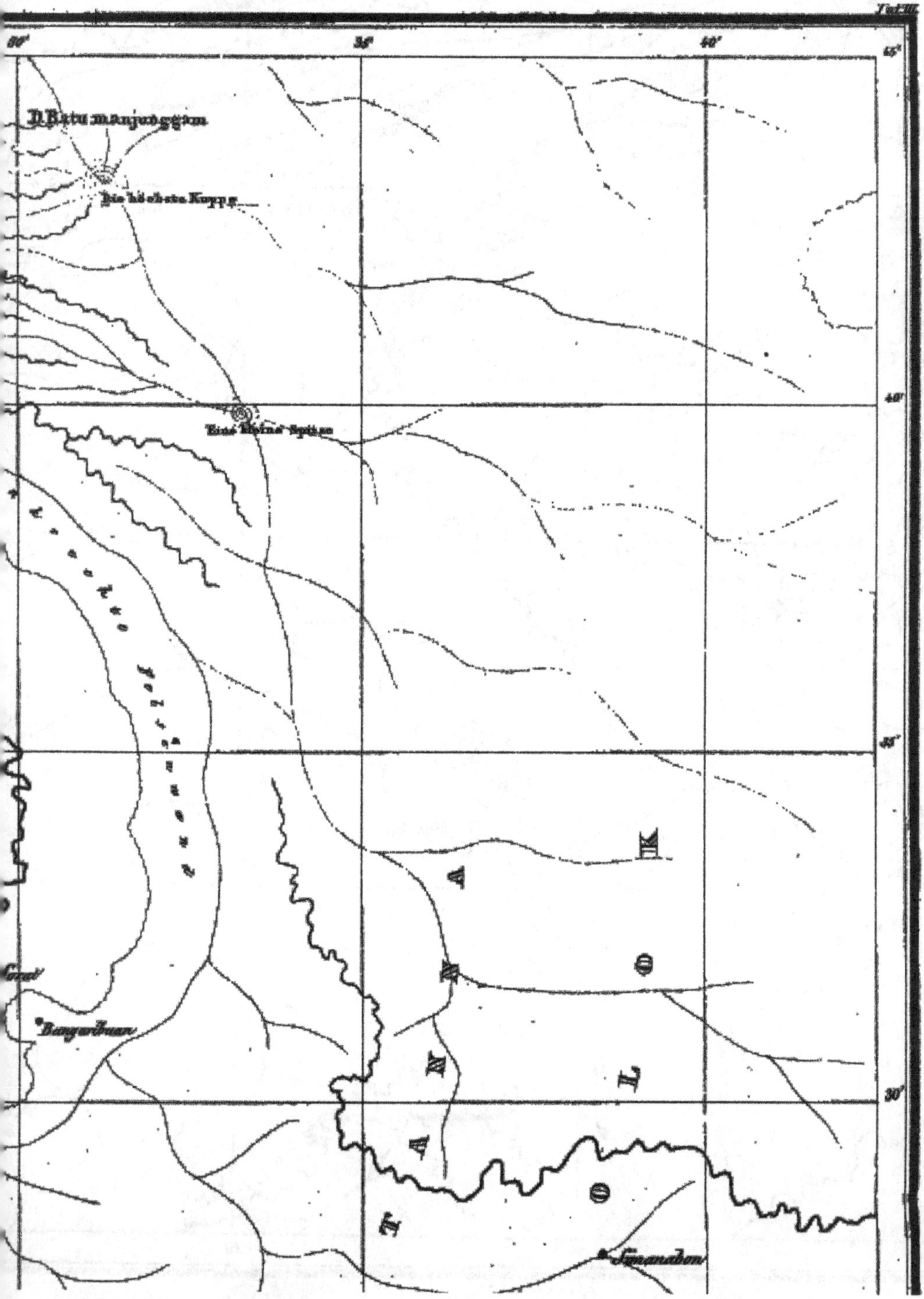
30'
35'
40'
45'
D. Batu manjunggam
Die höchste Kuppe
Eine kleine Spitze
40'
35'
30'
Bangarbuan
Simanabon
T A N A
K O L O

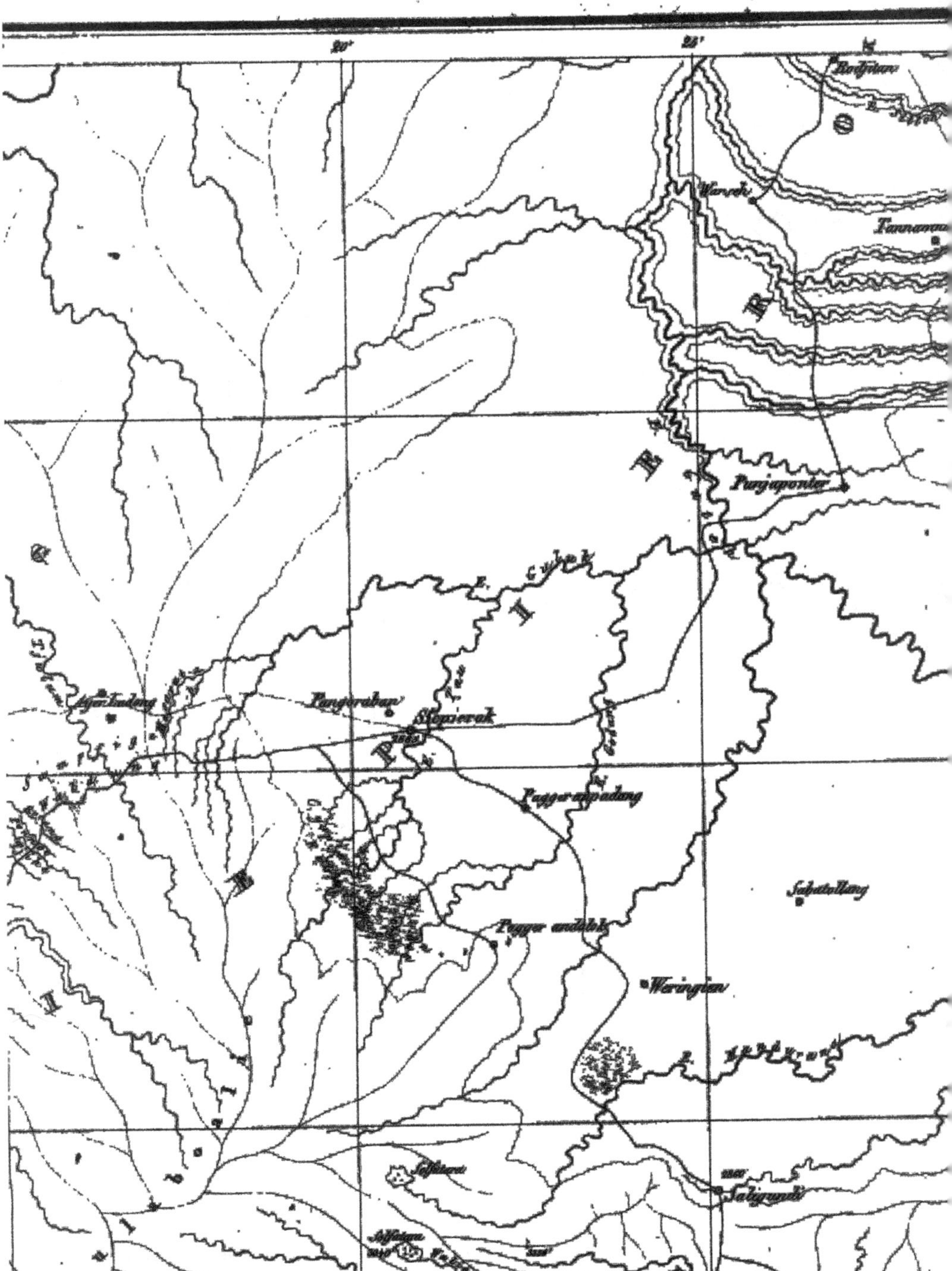
20'
25'
Pangeraban
Pagger anpadang
Pagger andalok
Waringin
Sahatolling
Saligundi
Punjaponter

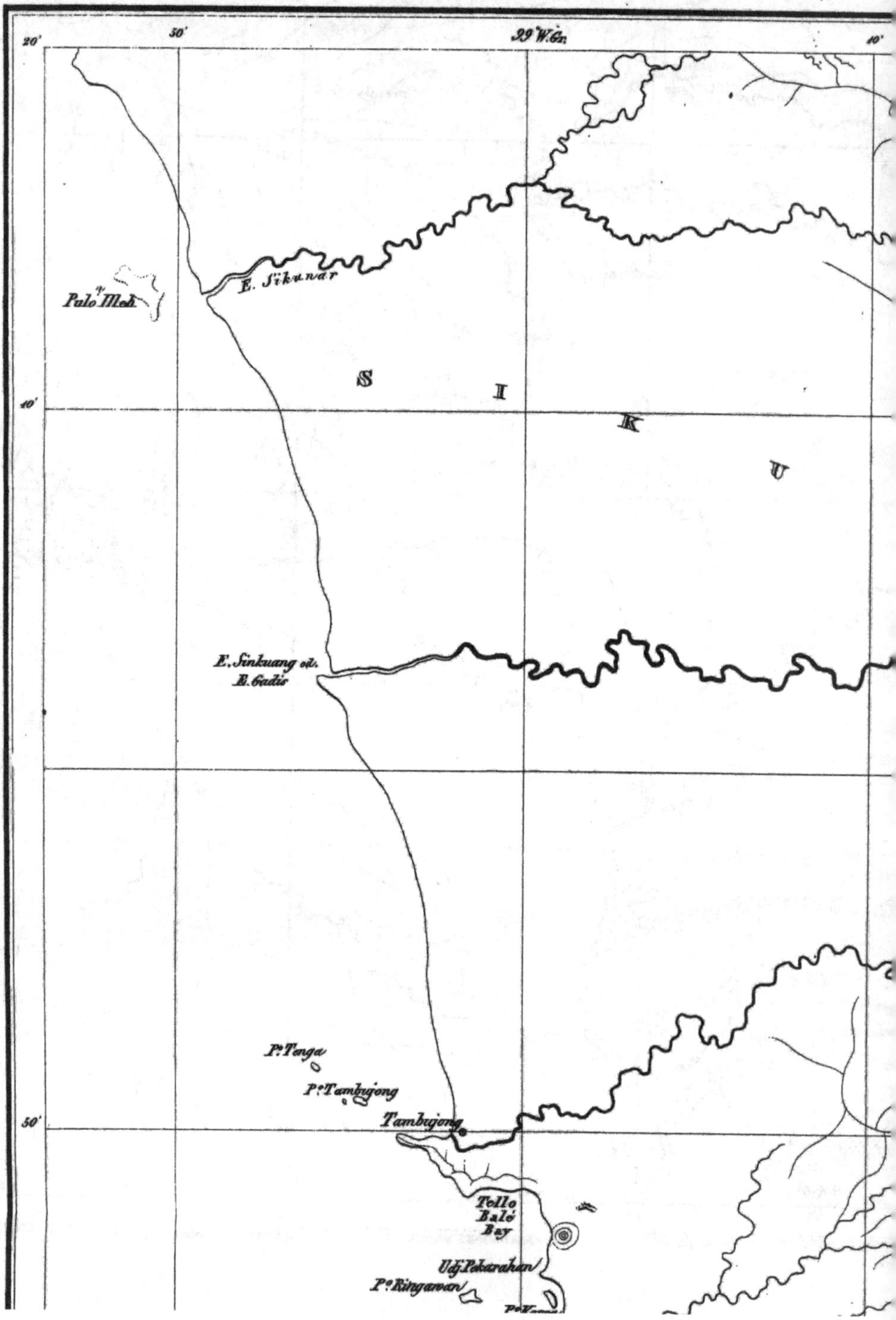
20'
30'
99° W. Gr.
10'
E. Sikunar
Palo Meh
S
I
K
U
10'
E. Sinkuang od.
E. Gadis
P° Tenga
P° Tambigong
Tambigong
50'
Tello
Balé
Bay
Udj. Pekarahan
P° Ringawan

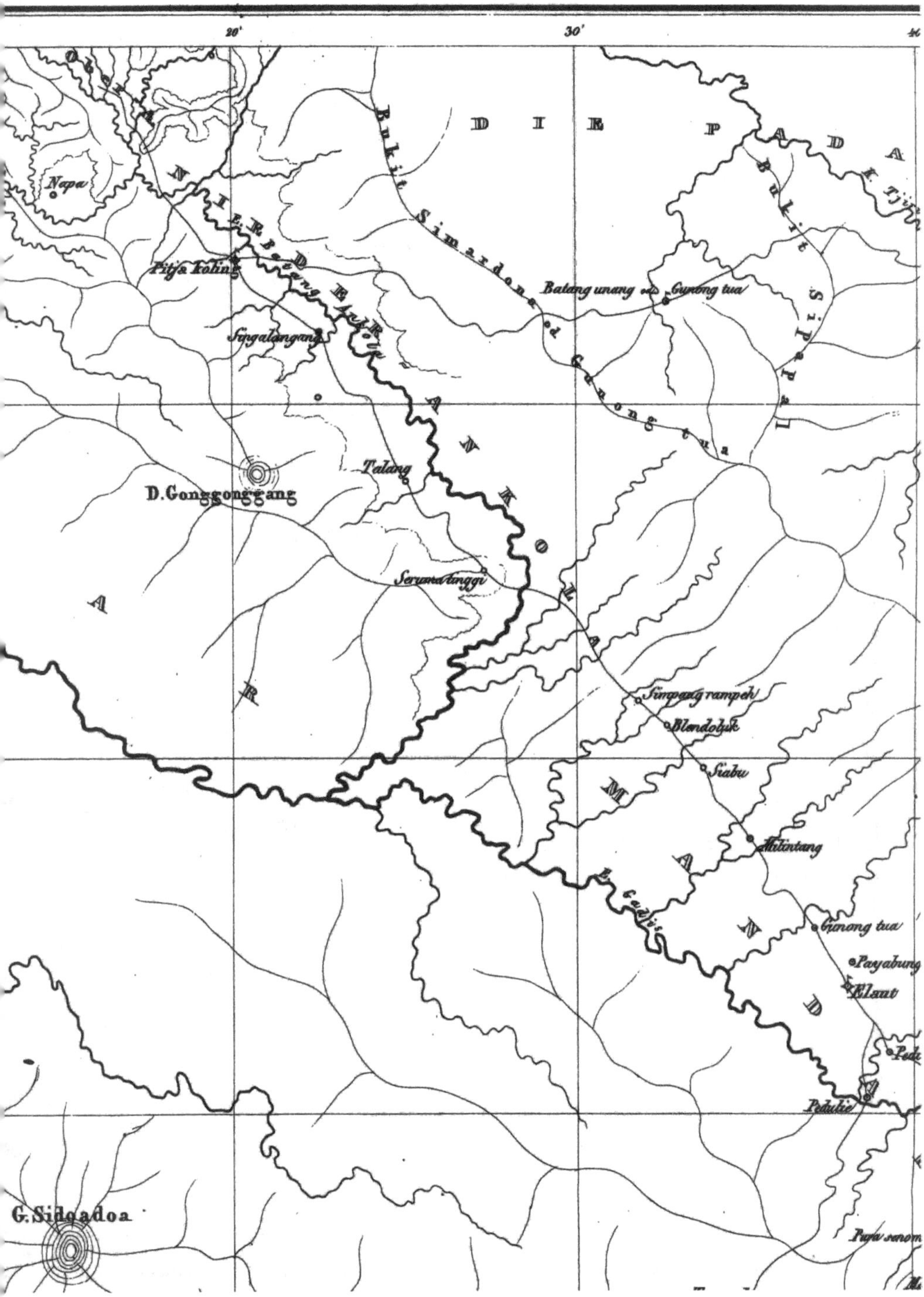

20'
30'
D I E P A D A
Bukit Simardona
Bukit Sipapal
Napa
Pitja Koling
Singalangang
Batang unang
Gunong tua
Gunong tua
D. Gonggonggang
Talang
Serunna tinggi
A
R
A N K O L A
M A N D
Simpang rampeh
Blendolok
Siabu
Mitintang
Gunong tua
Payabung
Pedulie
G. Sidoadoa

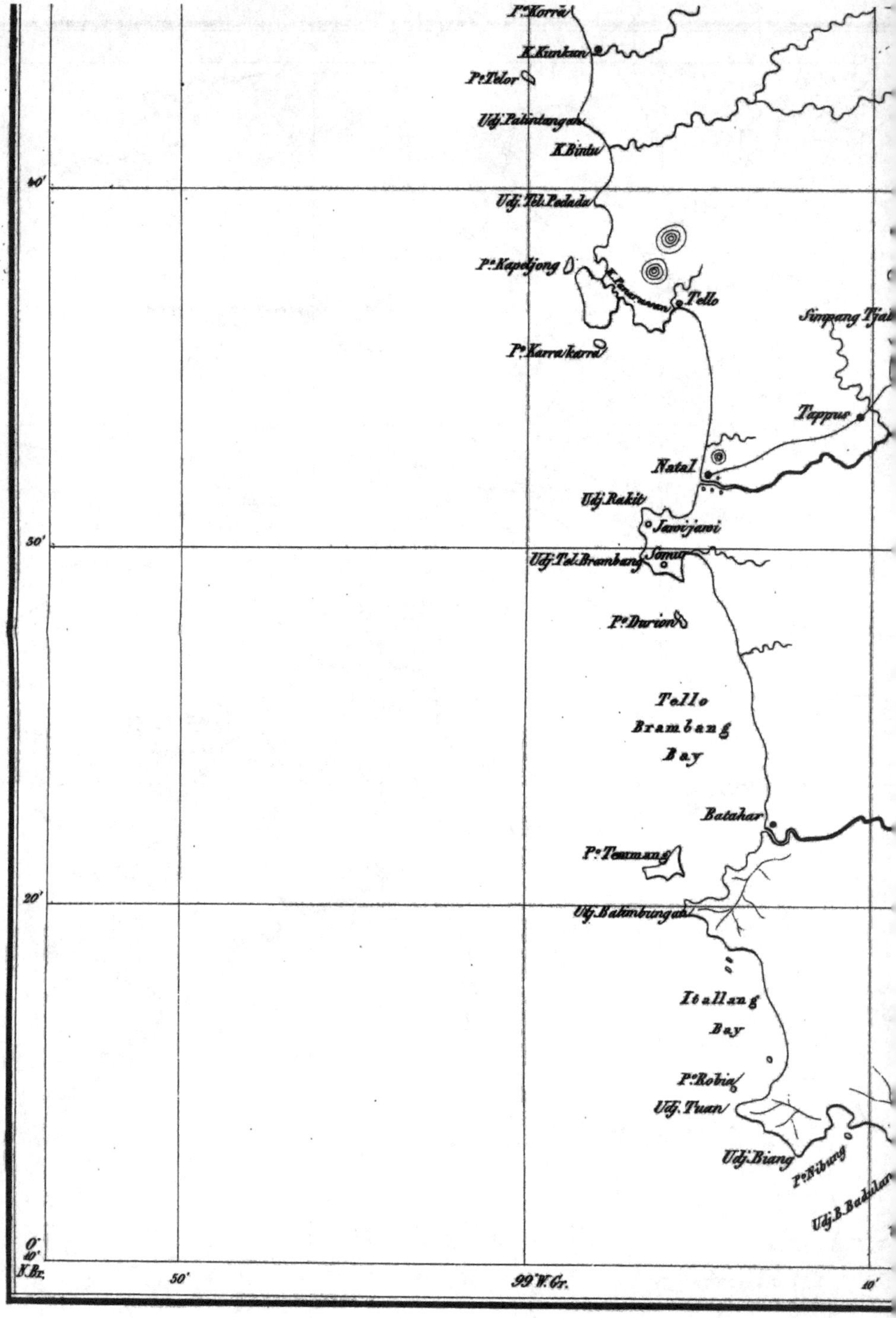

P^o Korra
K. Kunkun
P^o Telor
Udj. Palintangan
K. Bintu
40'
Udj. Tel. Padada
P^o Kapeljong
Tello
Simpang Tjai
P^o Karra karra
Tappur
Natal
Udj. Rakit
Jawi jawi
30'
Udj. Tel. Brambang
Somia
P^o Durion
Tello Brambang Bay
Batahar
P^o Temmang
20'
Udj. Balimbungan
Itallang Bay
P^o Robia
Udj. Tuan
Udj. Biang
P^o Nibung
Udj. B. Badulan
0°
40'
N. Br.
50'
99° W. Gr.
10'

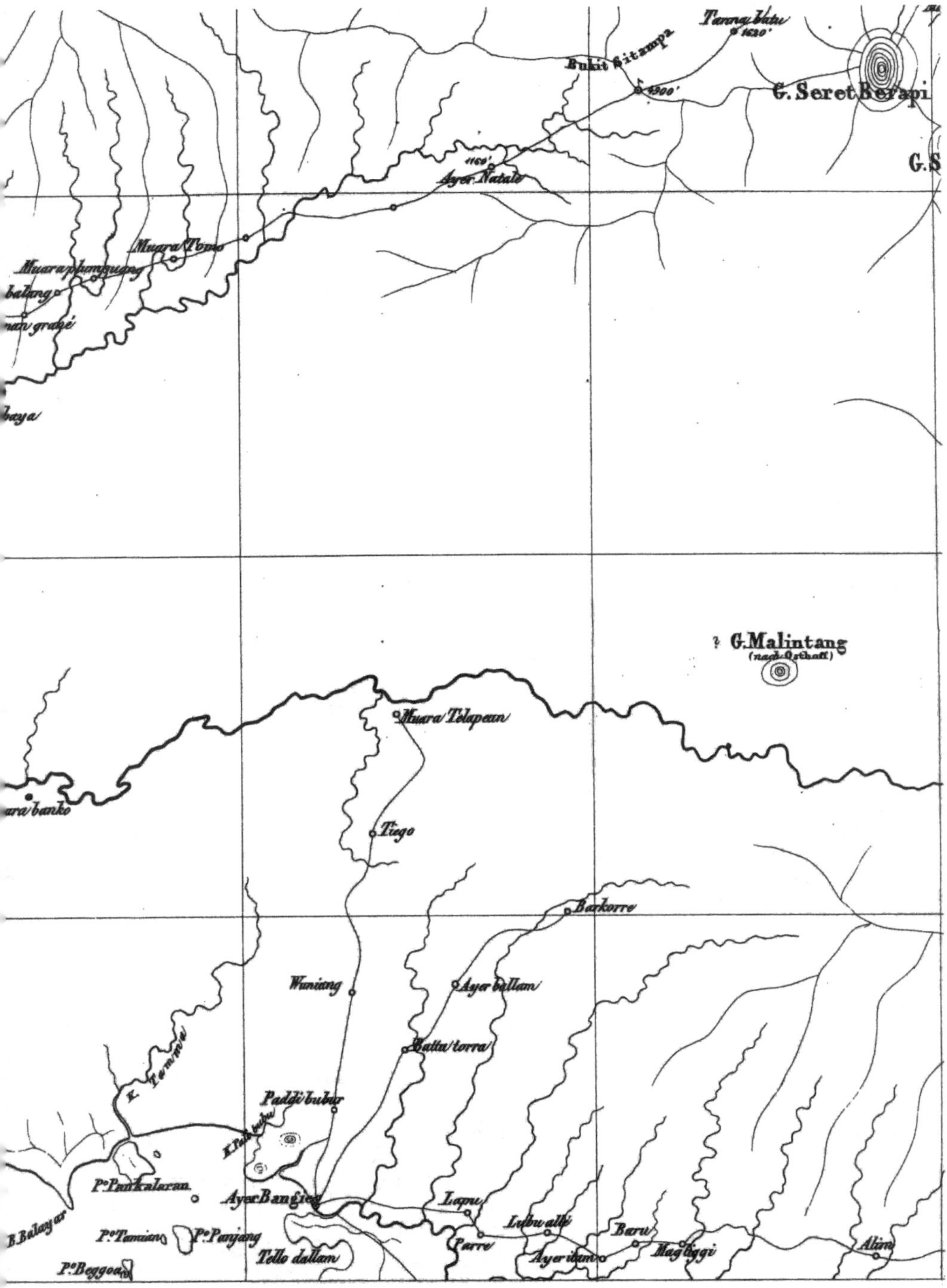

Tarrumg batu
1620'
Bukit Sitampa
1900'
G. Seret Berapi
G.S
1160'
Ayer Natale
Muara Tomo
Muara plumguang
balang
baya
G. Malintang
(nach Osthoff)
Muara Telapean
ara banko
Tiego
Barkorre
Wuniang
Ayer ballam
Batta torra
K. Tamma
Paddi bubur
Pº Pankalaran
Ayer Bangies
Lapu
B. Balayar
Pº Tamian
Pº Panjang
Tello dallam
Pº Beggoa
Parre
Lubu alli
Ayer itam
Baru
Maggigi
Alim
20'
30'

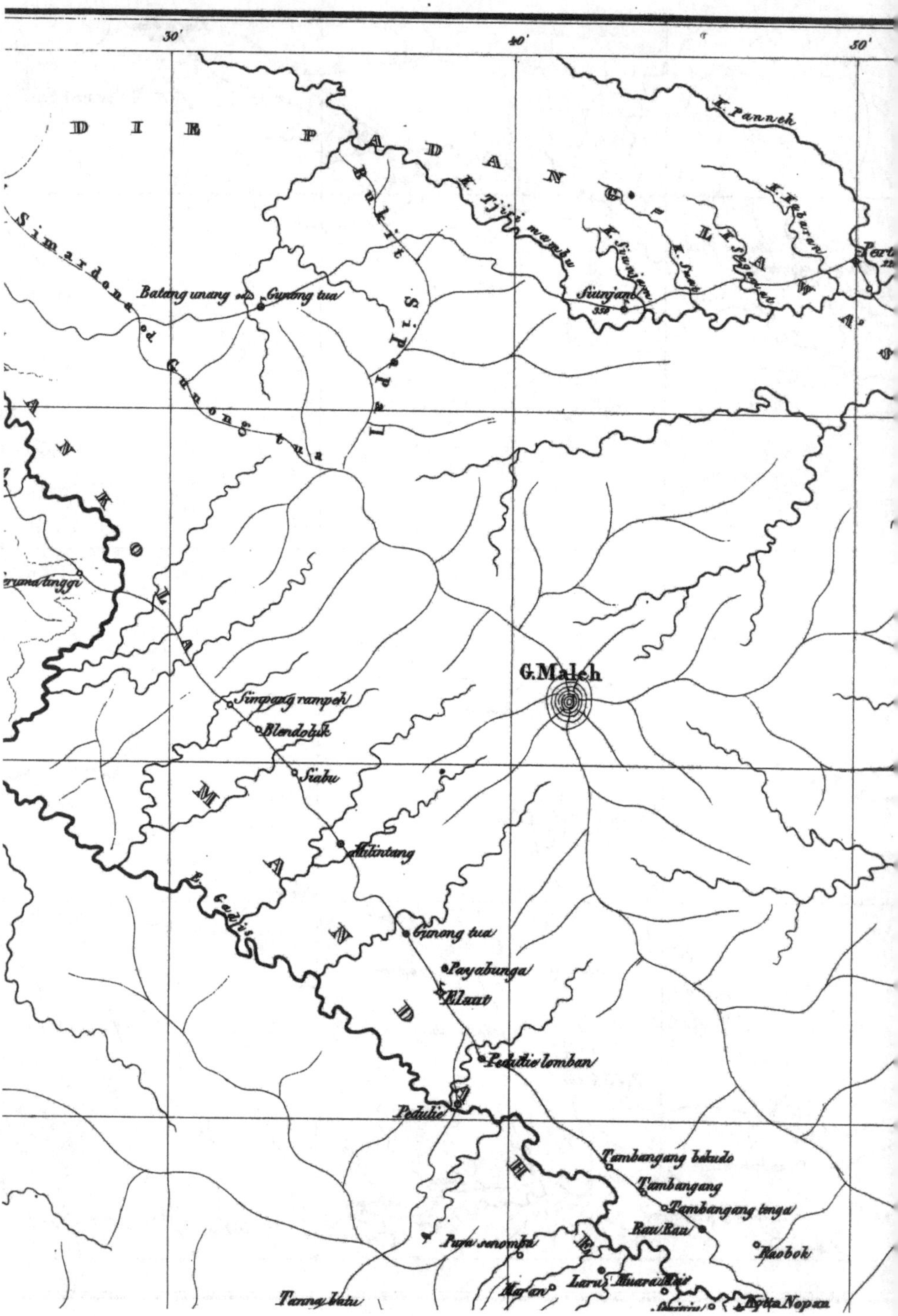
30'
40'
50'
D I E
P A D A N G
L A W A S
Bukit Sipapal
K. Panneh
K. Tjiri mambu
K. Siunjem
K. Sunt
K. Segaleu
K. Kaburan
Simardona od. Gunong tua
Batang unang od. Gunong tua
Siunjam
350
A N K O L A
M A N D A H E L
G. Maleh
Simpang rampeh
Blendoluk
Siabu
Militang
K. Gadis
Gunong tua
Payabunga
Elaut
Pedulie lomban
Pedulie
Tambangang bakudo
Tambangang
Tambangang tenga
Rau Rau
Raobok
Puju senomba
Maran
Larus
Muara Mair
Kotta Nopan
Tanng batu

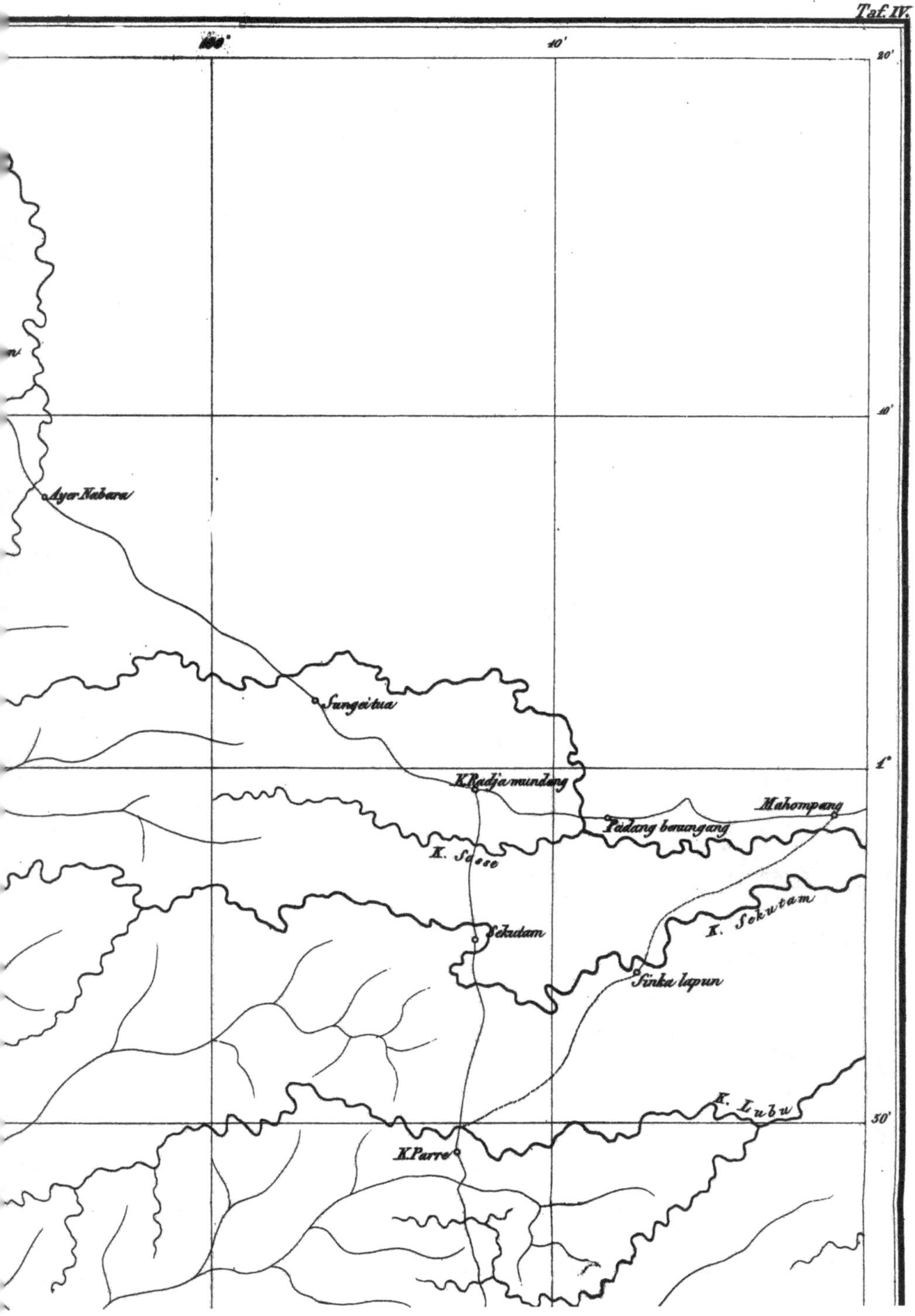
10'
20'
10'
1°
50'
Ayer Nabara
Sungeitua
K.Radja maindang
Mahompang
Padang beruangang
K. Sesse
Sekutam
K. Sekutam
Sinka lapun
K. Lubu
K.Parre

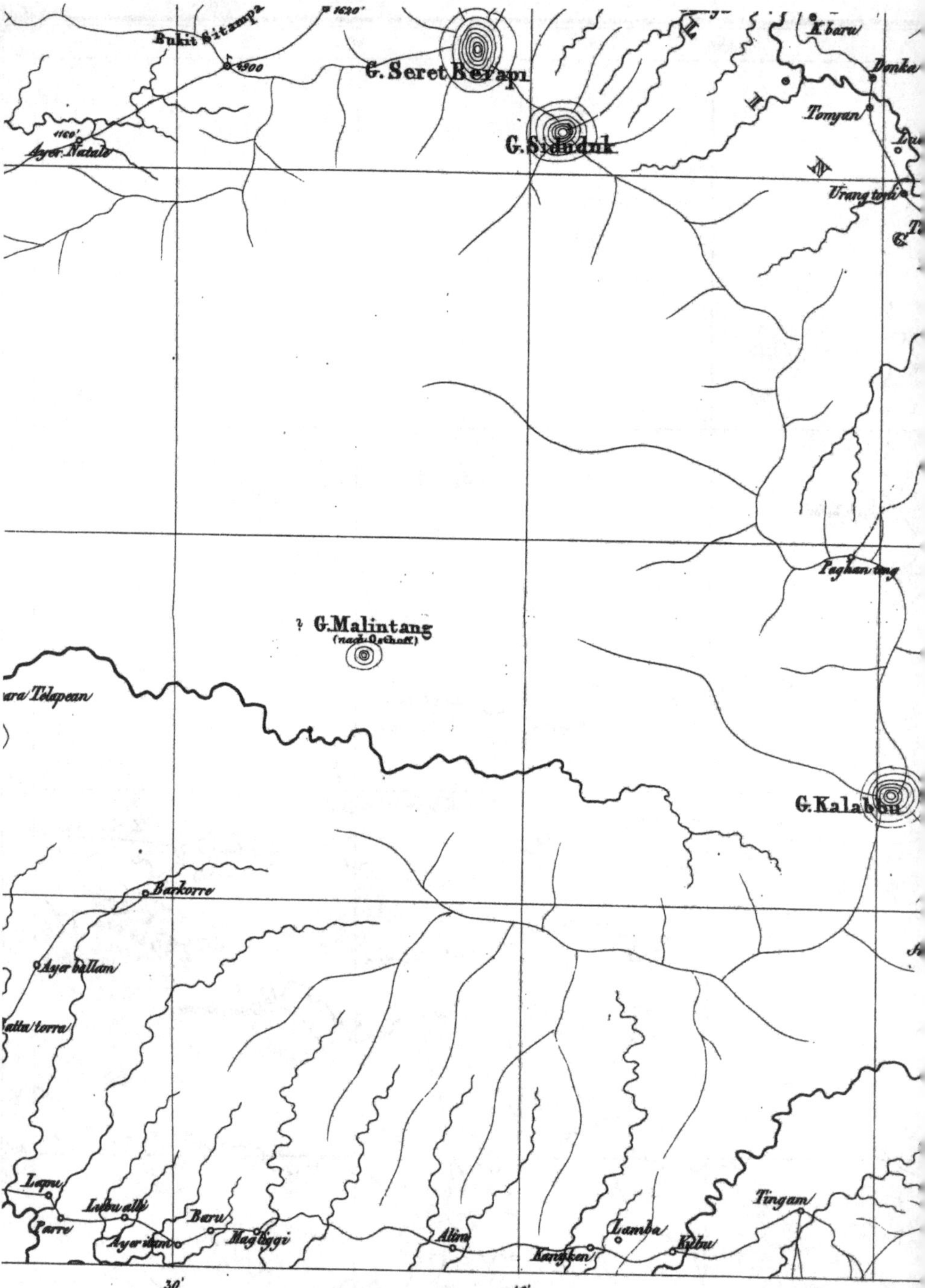
Bukit Sitampa
4900
1620'
G. Seret Berapi
G. Sidudnk
1160'
Ayer Natale
K baru
Denka
Tomyan
Urang tori
G. Malintang
(nach Osthoff)
Paghan tang
G. Kalabbu
ara Telapean
Barkorre
Ayer ballam
atta torra
Lapu
Parre
Lubu alli
Ayer iikam
Baru
Maggiggi
Alim
Kangken
Lamba
Kubu
Tingam
30'
40'
50'

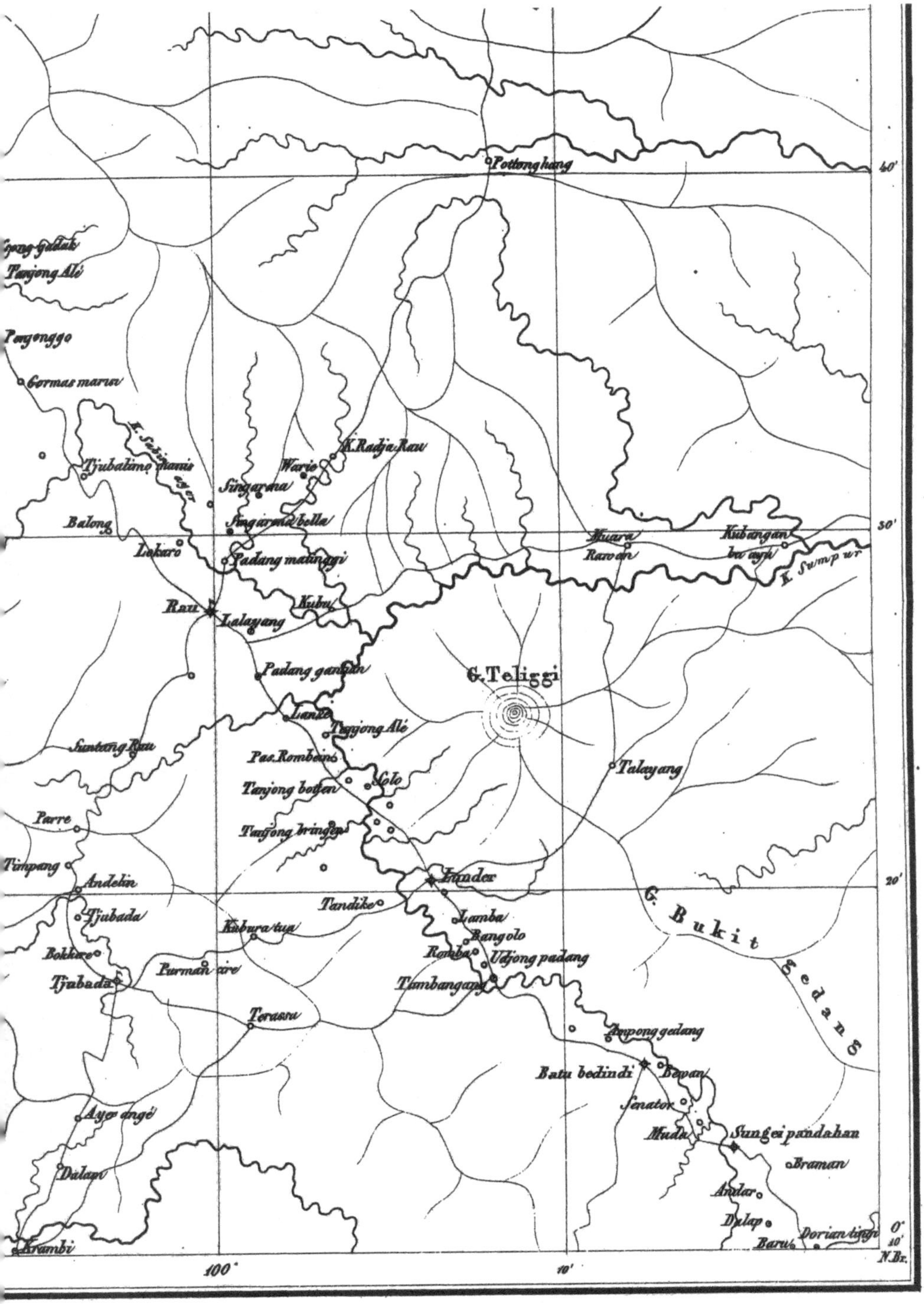

Pottong hang
40'
Tanjong Alé
Balong
Lekaro
K. Radja Rau
Warie
Singarana
Padang matinggi
Rau
Lalayang
Kubu
Padang ganțan
Muara
Rawan
K. Sumpur
G. Teliggi
Tanjong Alé
Solo
Talayang
Suntang Rau
Parre
Timpang
Andelin
Tjubada
Tjabada
Tandike
Lamba
Bangolo
Romba
Udjong padang
Tambangang
G. Bukit gedang
Terasu
Batu bedindi
Bewan
Senator
Muda
Sungei pandahan
Braman
Andar
Dulap
Baru
Dorian tinggi
Ayer angé
Dalam
Krambi
30'
20'
0°
10'
N.Br.
100°
10'

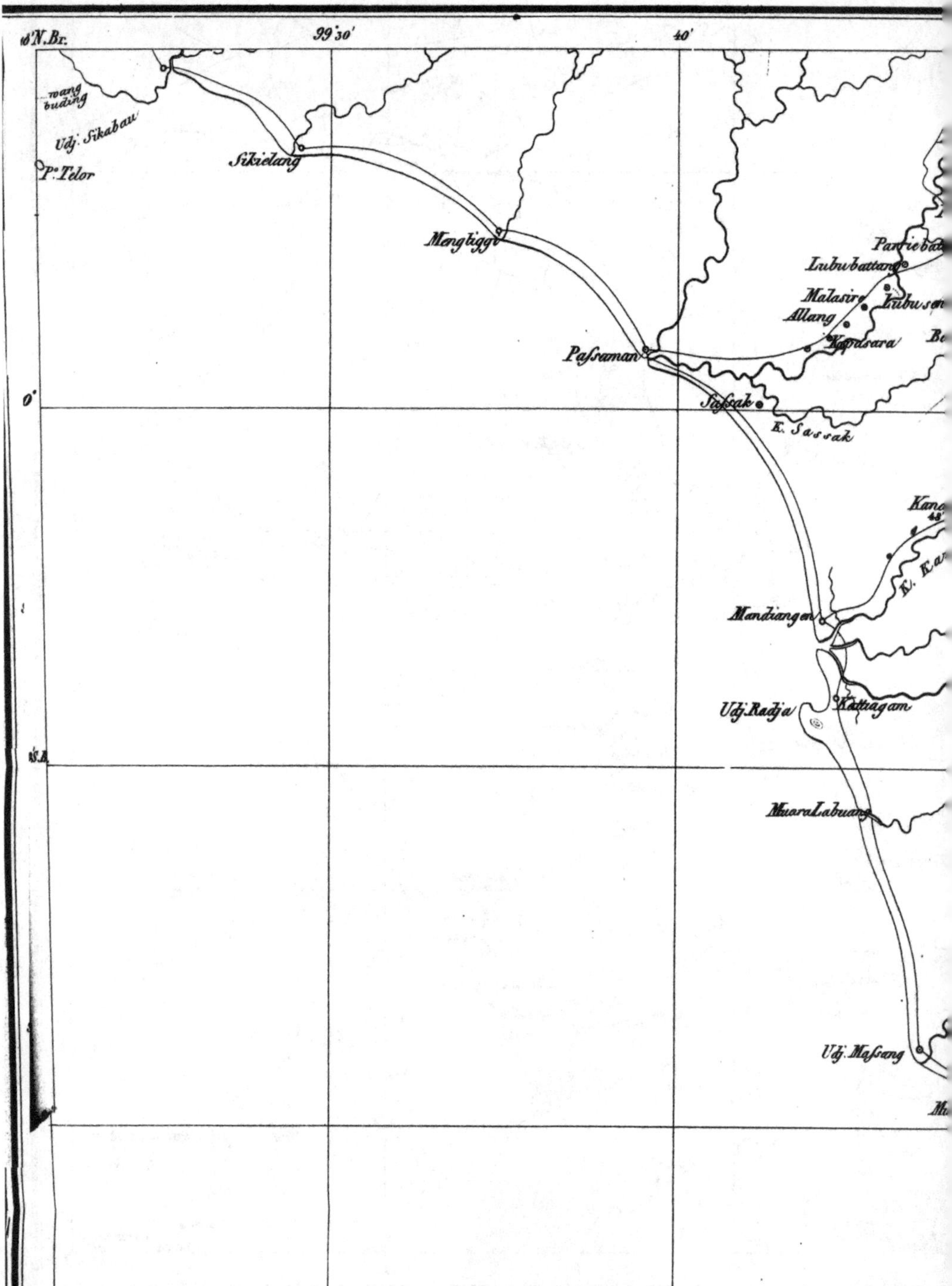

0°N.Br.
99°30'
40'
Udj. Sikabau
P. Telor
Sikielang
Mengtiggi
Lububattang
Malasir
Allang
Pafsaman
Sassak
K. Sassak
Mandiangen
Udj. Radja
Kattiagam
Muara Labuang
Udj. Massang
0°

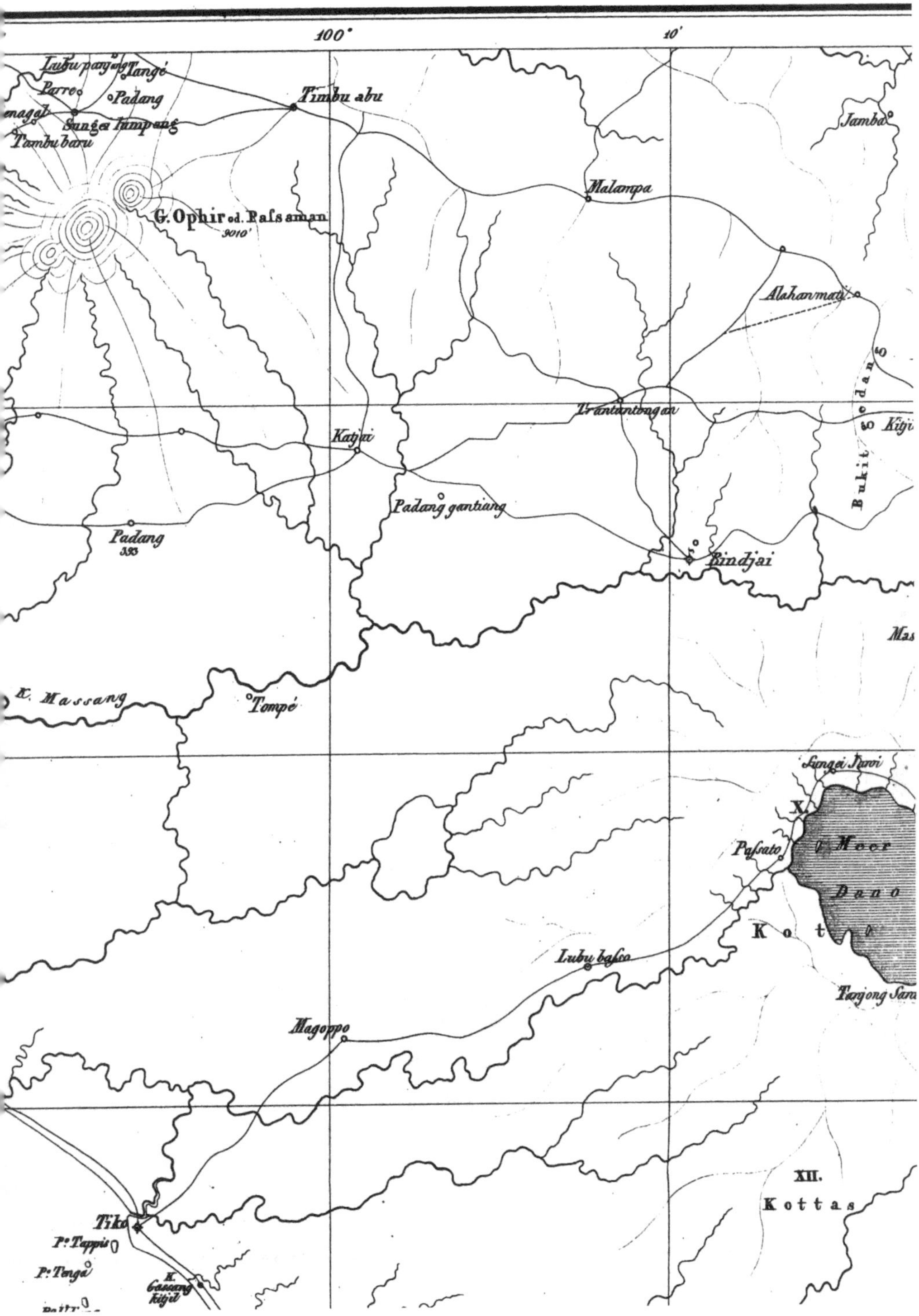

100°
10'
Lubu panjang
Tangé
Parre
Padang
Sungei Timpang
Tambu baru
Timbu abu
Jamba
Malampa
G. Ophir od. Pafsaman
9010'
Alahanmati
Bukit gedang
Trantantongan
Kitji
Katjai
Padang gantiang
Padang
393
Bindjai
K. Massang
Tompé
Sungei Jaroi
Pafsato
Moer
Dano
K o t
Lubu bafso
Tanjong Sara
Magoppo
XII.
Kottas
Tiko
P. Tappis
P. Tenga
K. Gassang kitjil

30'
40'
50'
1°S.B.
39°30' W. Gr.
40'

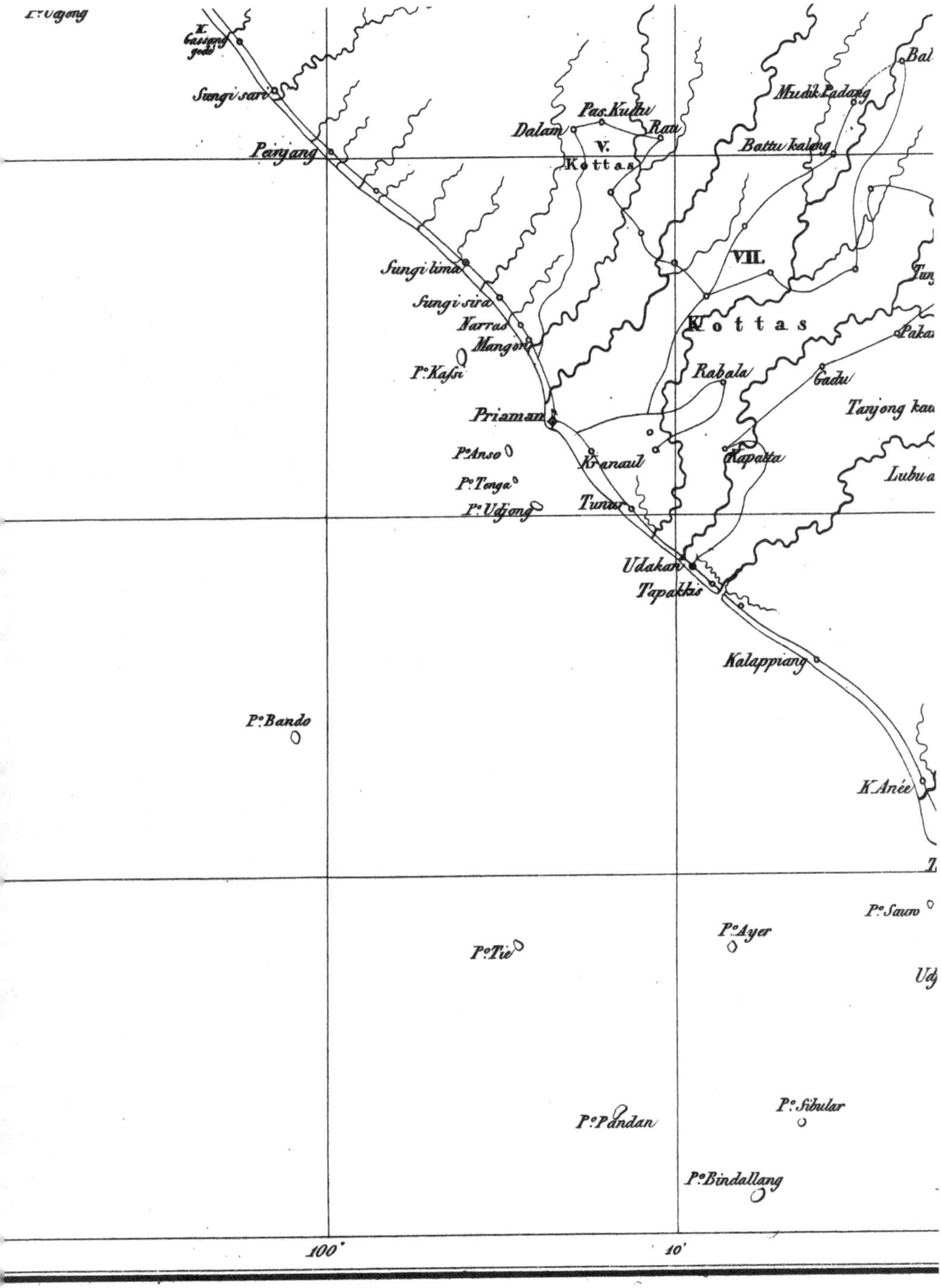
P. Udjong
K. Gasiang gedé
Sungi sari
Panjang
Pas. Kuthu
Dalam
Rau
V.
Kottas
Mudik Padang
Battu kalang
VII.
Kottas
Sungi lima
Sungi sira
Narras
Mangon
P. Kassi
Rabala
Gadu
Tanjong kau
Priaman
P. Anso
Kranaal
Kapatta
Lubua
P. Tenga
P. Udjong
Tunar
Udakan
Tapakkis
Kalappiang
P. Bando
K. Anée
P. Sauro
P. Ayer
P. Tie
P. Pandan
P. Sibular
P. Bindallang
100°
10'

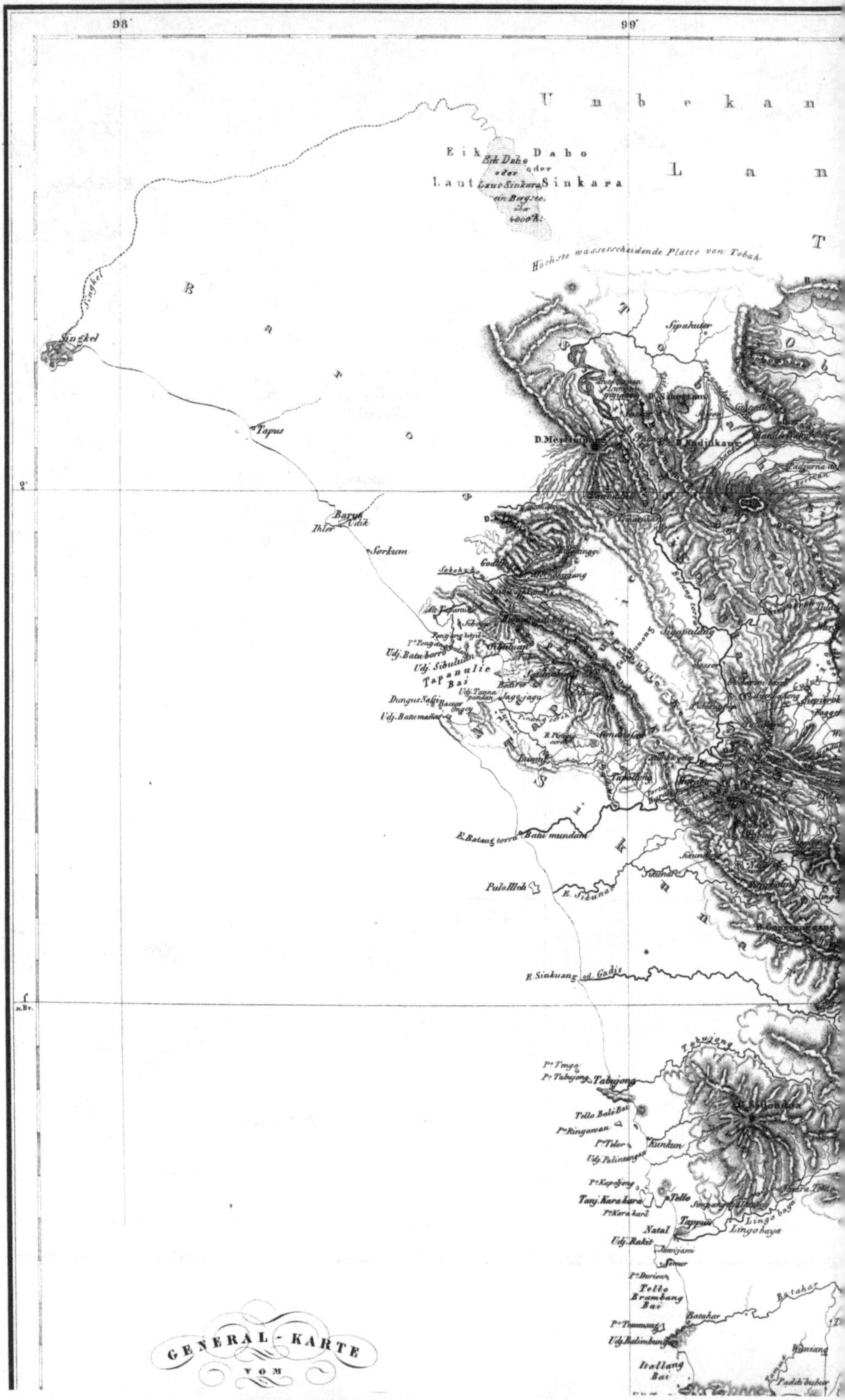
98°
99°
Unbekan
Land
Eik Daho oder Laut Sinkara
Eik Daho oder Laut Sinkara ein Bergsee, über 4000 F.
Höchste wasserscheidende Platte von Tobah
Singkel
Singkel
Barros
Tapus
2°
Barus
Ihler
Udik
Sorkum
Sipahuter
D. Merimpang
Tapanulie Bai
Udj. Batuborro
Udj. Sibuluan
Dungus Nassi
Udj. Batumaňal
Jaga jaga
Sigopalang
Tapolling
E. Batang torra
Batu mundam
Pulo Illoh
E. Sikunar
Sikunar
E. Sinkuang od. Gadis
1°
n. Br.
Tabujong
Pᵉ Tenga
Pᵉ Tabujong
Tabujong
Tello Bale Bai
Pᵉ Ringawan
Pᵉ Telor
Kunkun
Udj. Palintangan
Pᵉ Kapotjong
Tanj. Karakara
Pᵉ Karakara
pTello
Tappus
Natal
Lingo baya
Udj. Rakit
Samur
Pᵉ Durian
Tello Brambang Bai
Batahar
Batahar
Pᵉ Temmang
Udj. Balimbungan
Itallang Bai
Paddi bubur
GENERAL-KARTE
VOM

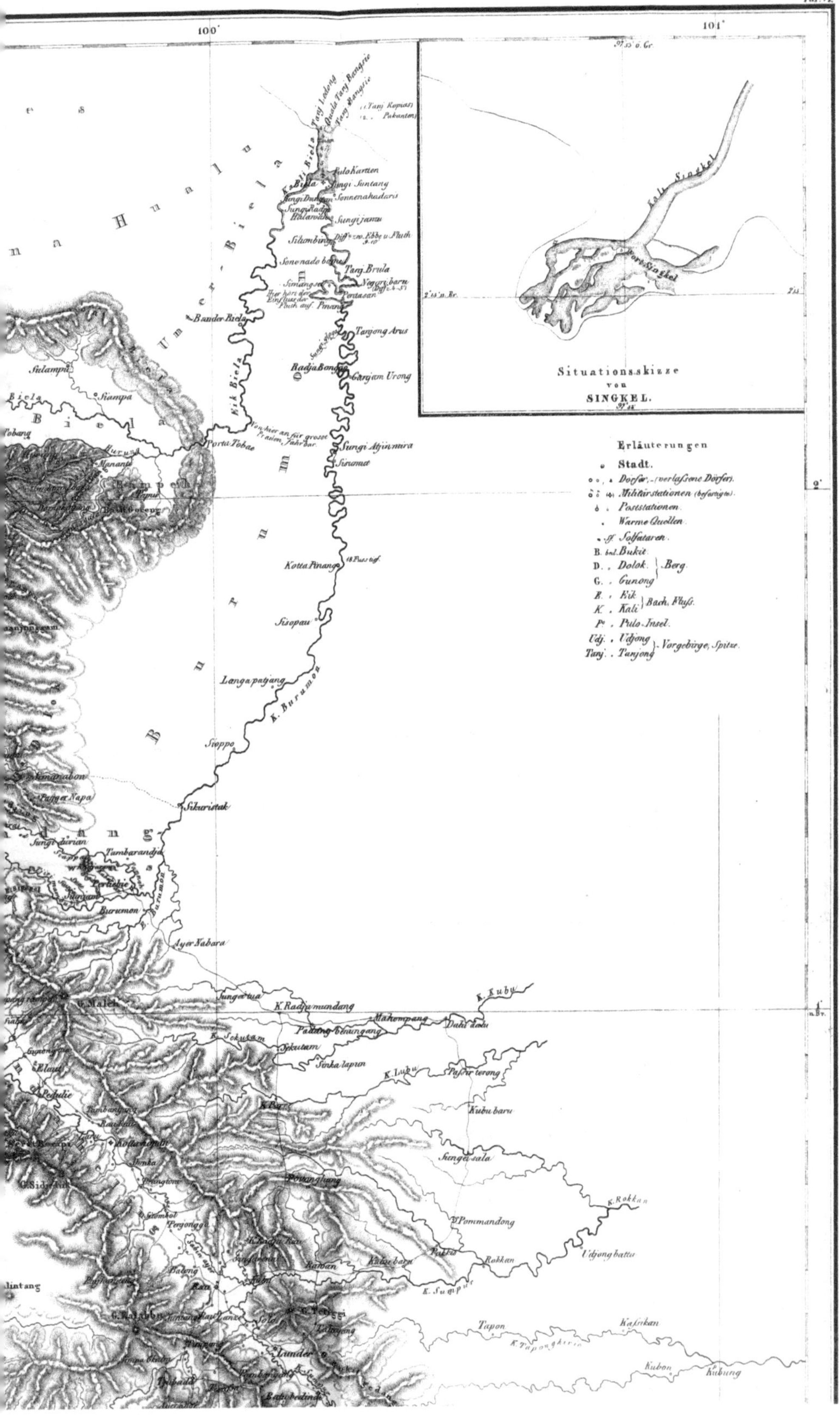

100°
101°
Situationsskizze
von
SINGKEL.
Kali Singkel
Port Singkel
Erläuterungen
Stadt.
Dörfer, (verlassene Dörfer).
Militärstationen (befestigte).
Poststationen.
Warme Quellen.
Solfataren.
B. Bukit
D. Dolok
G. Gunong
Berg.
E. Eik
K. Kali
Bach, Fluss.
P. Pulo. Insel.
Udj. Udjong
Tanj. Tanjong
Vorgebirge, Spitze.
Bander Biela
Tanjong Arus
Radja Bongga
Gargam Urong
Sungi Atjin mira
Kotta Pinang
Sisopau
Langa patjang
K. Burumon
Sioppo
Sikuristak
Porta Tobae
Eik Biela
Silampu
Siampa
Tambarandja
Burumon
Ayer Nabara
G. Maleh
K. Radja mundang
Mahompang
K. Kubu
K. Sokutam
Sokutam
K. Lubu
Pasar terong
Kubu baru
Singei sala
K. Rokkan
Pommandong
Rokkan
Udjong batta
K. Sumpur
Tapon
Kubon
Kubung
G. Sidi Adi
Lunder

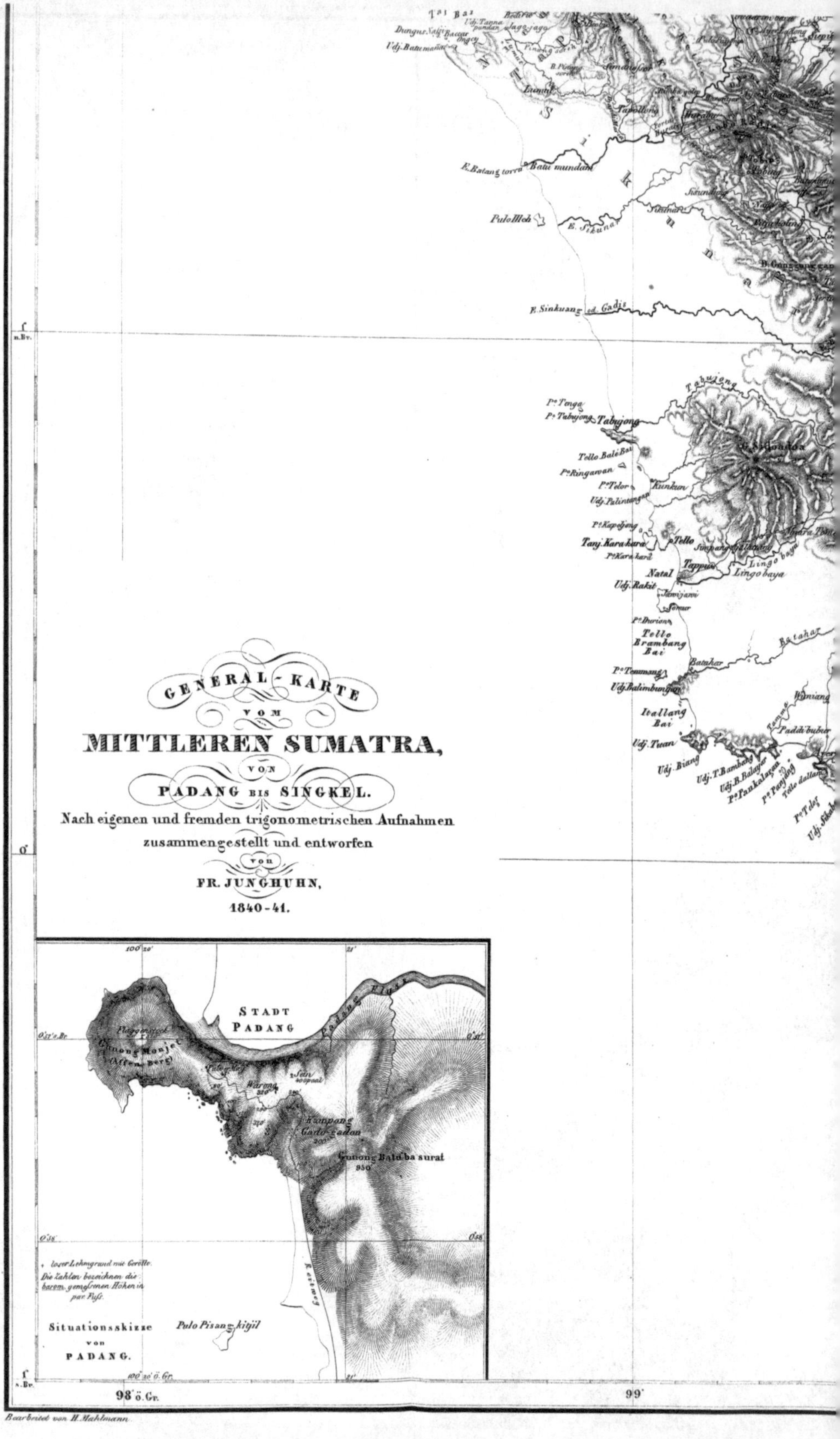

Bearbeitet von H. Mahlmann

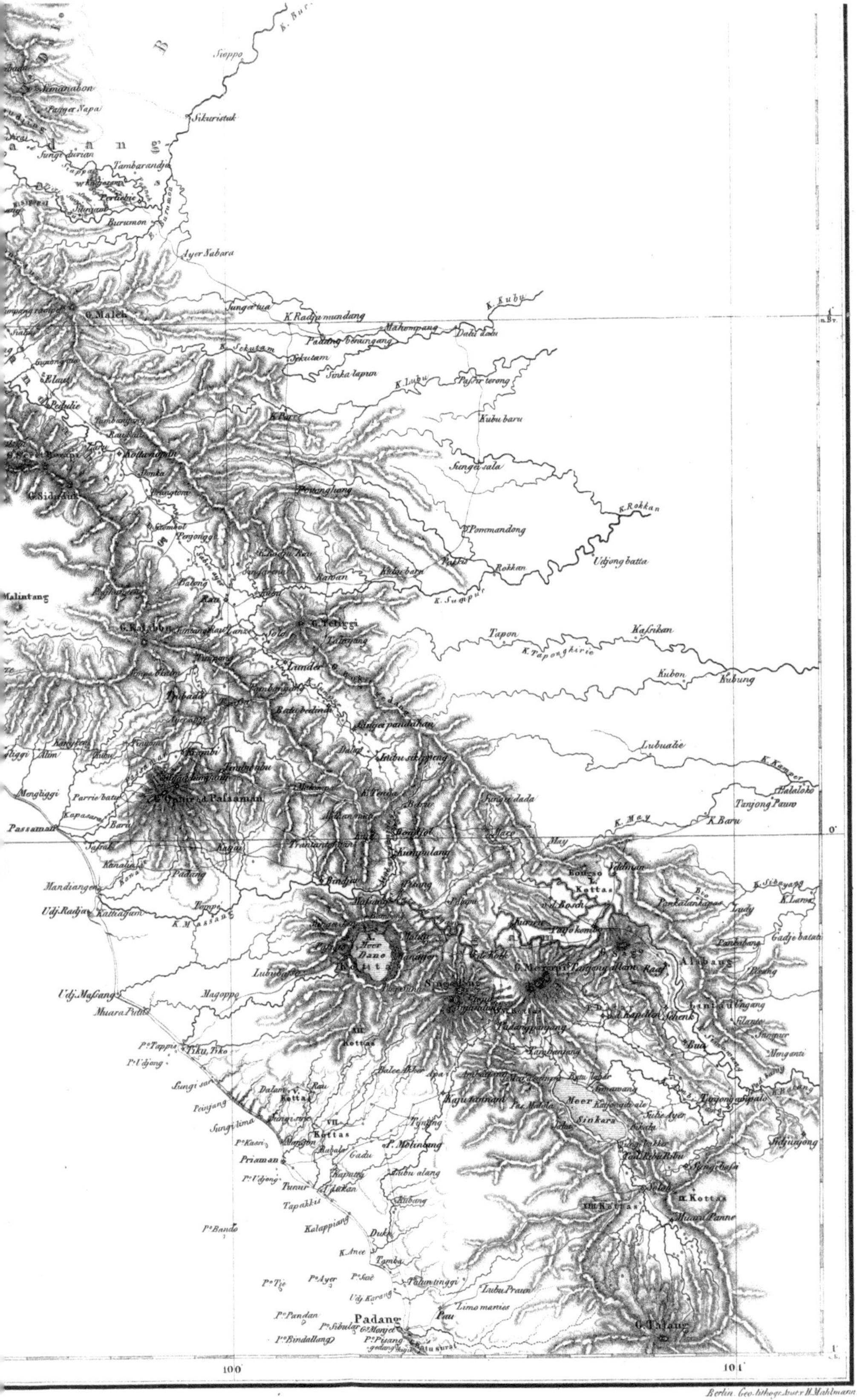

Berlin. Geo. lithogr. Anst. v. H. Mahlmann.

Fig. 7.

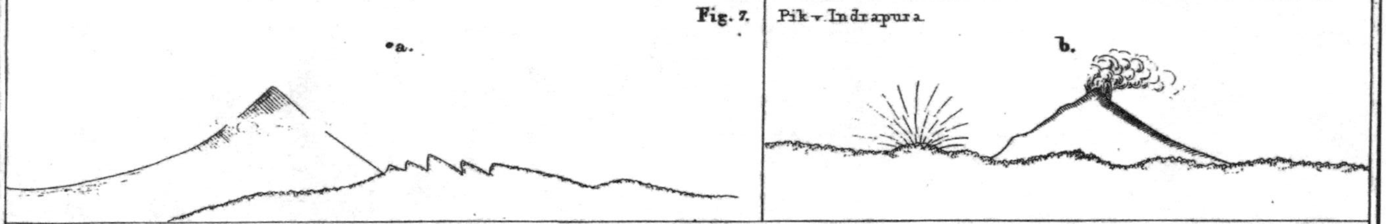

Fig. 8.

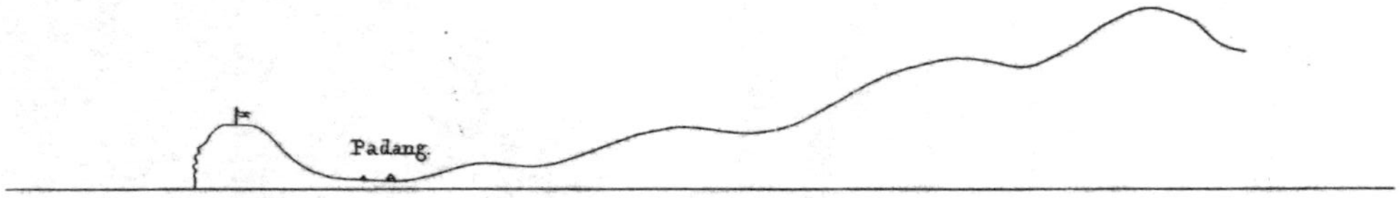

Fig. 9.

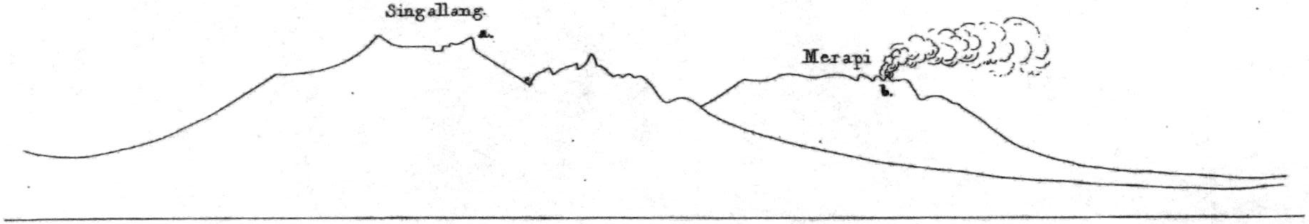

Fig. 10.

Randgebirge des Dano (See's).

Fig. 11.

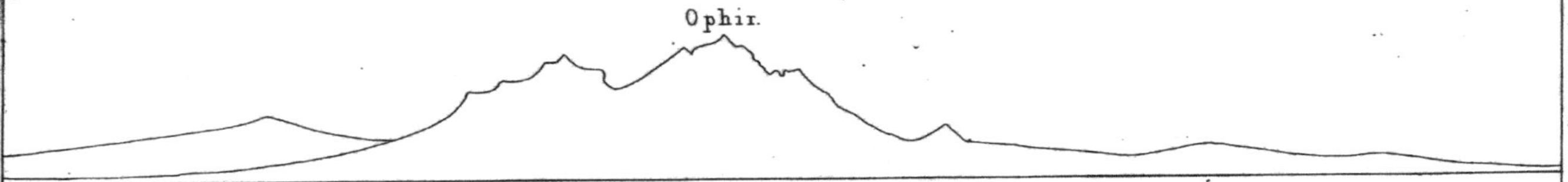

Fig. 12.

Fig. 13.

Taf. II.

Fig. 14.

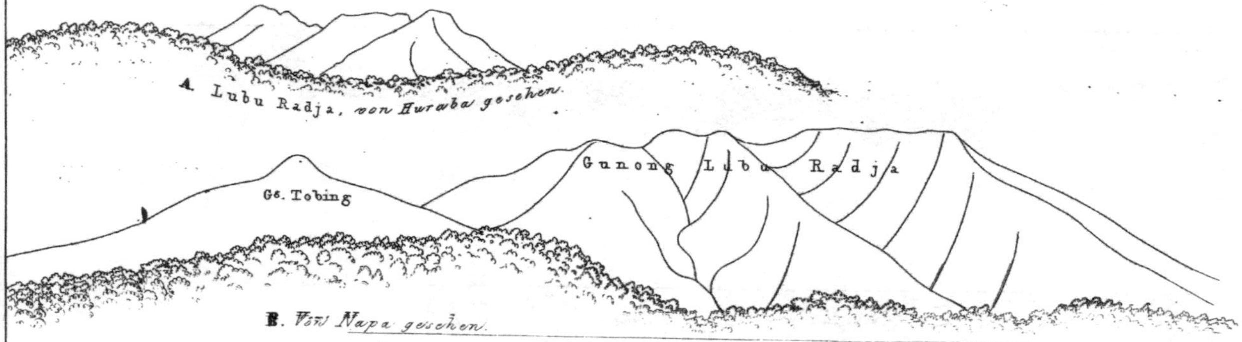

A. Lubu Radja, von Huraba gesehen.

B. Von Napa gesehen.

Fig. 15. Dolok Dsaut.

Fig. 16. Dolok Sikottam.

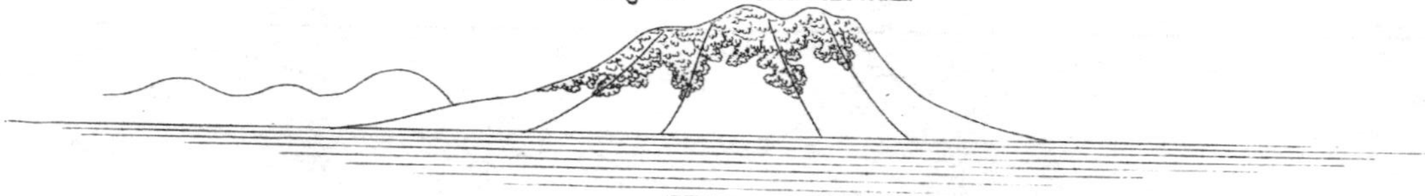

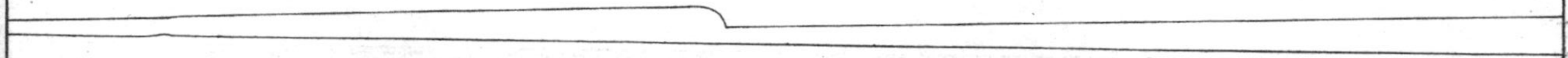

Fig. 17.

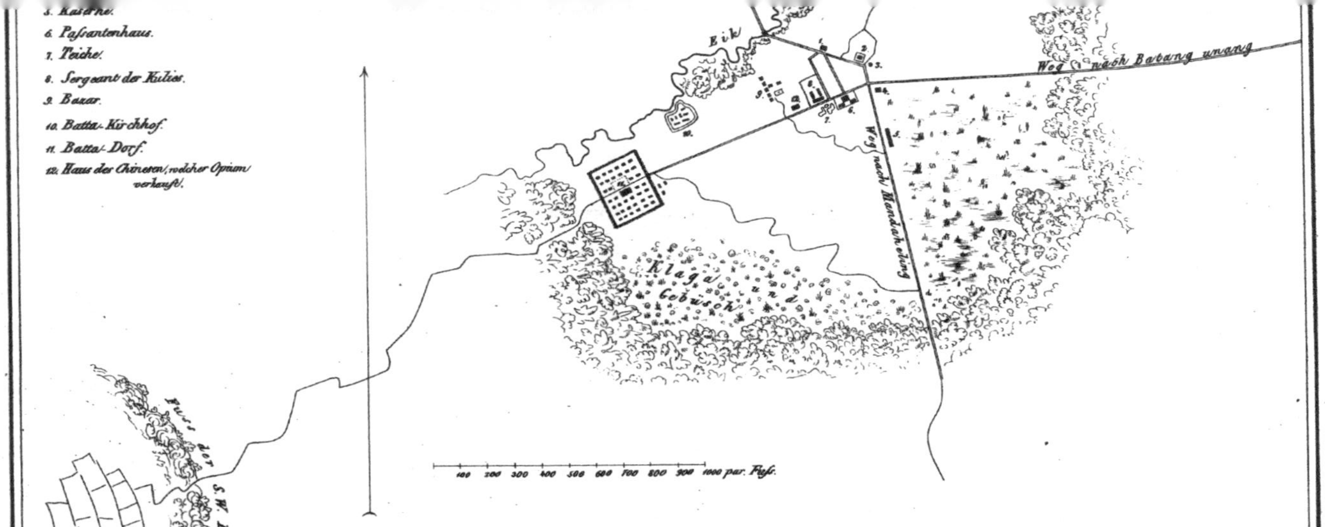
5. Kaserne.
6. Passantenhaus.
7. Teiche.
8. Sergeant der Kulies.
9. Bazar.
10. Batta-Kirchhof.
11. Batta-Dorf.
12. Haus des Chinesen, welcher Opium verkauft.
Eik
Weg nach Batang unang
Weg nach Mandaheling
Klaga und Gebüsch
Fuss der S.W. Bergkette.
Neu angelegter Kaffeegarten.
100 200 300 400 500 600 700 800 900 1000 par. Fuss.

Fig. 18.

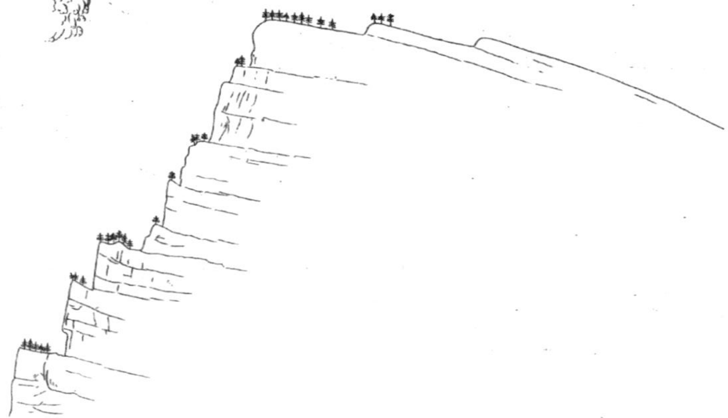

Fig. 19.

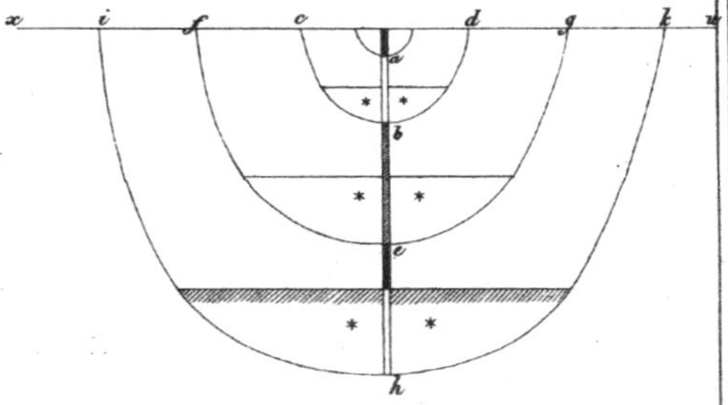
x
i
f
c
d
g
k
u
a
b
e
h

Taf. VII

Fig. 1.

Fig. 2.

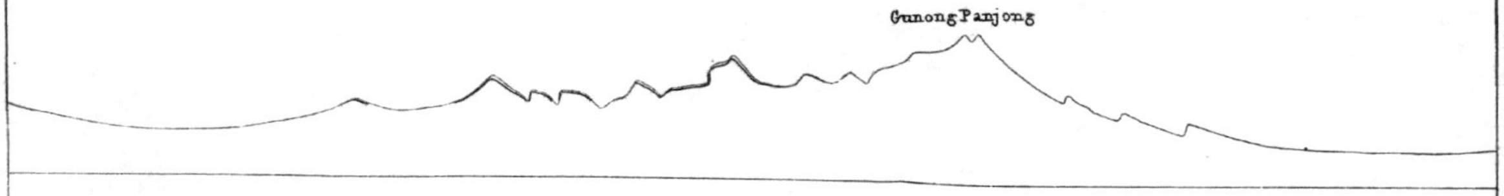

Fig. 3.

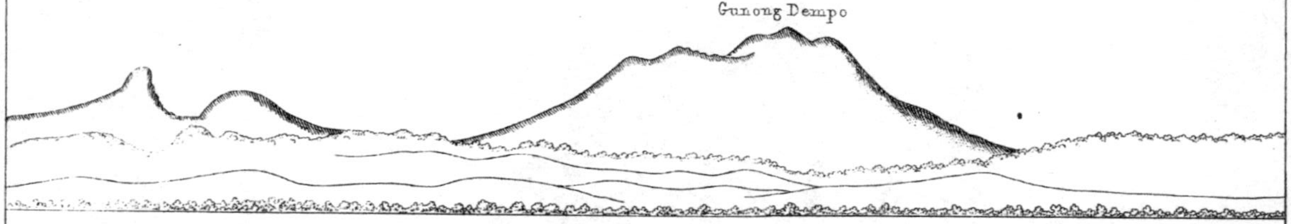

Fig. 4.

Fig. 5.

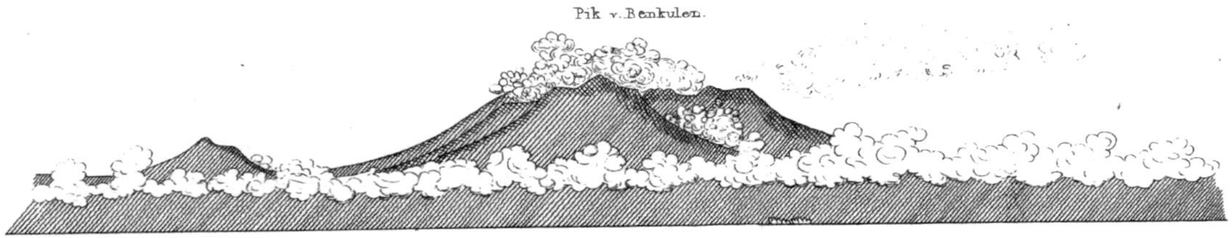

Fig. 6.

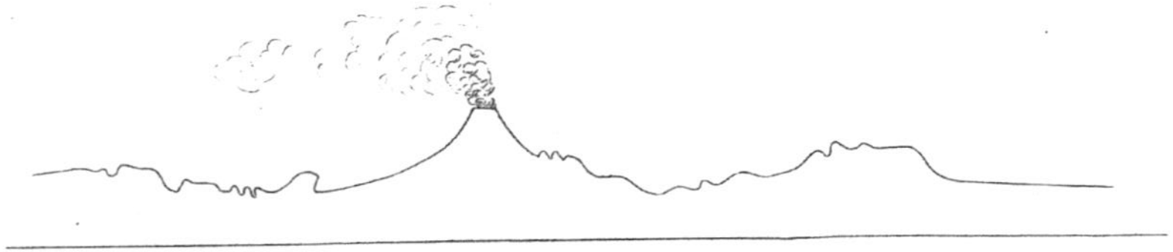

Fig. 6 a.

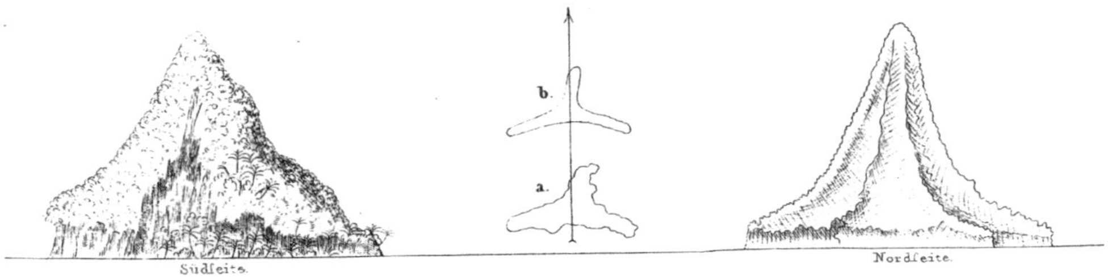

Die

Battaländer auf Sumatra.

Im Auftrage
Sr. Excellenz des General-Gouverneurs von Niederländisch-Indien Hrn. P. Merkus in den Jahren 1840 und 1841

untersucht und beschrieben

von

Franz Junghuhn.

Aus dem holländischen Original übersetzt vom Verfasser.

Zweiter Theil.
Völkerkunde.

Mit neun Tafeln.

Berlin,
Druck und Verlag von G. Reimer.
1847.

Inhaltsverzeichniss.

Zu diesem Theile gehören die Tafeln:

Zweiter Theil.

Völkerkunde.

Die Bewohner der Battaländer, ihre Lebensart und ihre Civilisationsstufe.

Erstes Kapitel.

Race, Ursprung und Abstammung der Battaër.

Bei der Betrachtung eines Volkes, dessen Sprache, Sitten und Gebräuche von denen aller übrigen Nationen Sumatra's fast eben so sehr verschieden und in ihrer Art eigenthümlich sind, wie etwa die Naturproducte Neuhollands im Vergleich zu denen der übrigen Continente, ist sicher die Frage, woher dieses Volk gekommen, und ob es irgend woher gekommen, d. h. eingewandert sei, oder ob es als ursprünglicher Sprofs des Landes, in welchem es gegenwärtig wohnt, angesehen werden müsse, eine der ersten und wichtigsten.

Besonders vier Punkte sind es, welche uns in diesen Untersuchungen (bei der Abwesenheit aller Geschichte und selbst von nur einigermafsen wahrscheinlichen Angaben) zu glaubhaften Vermuthungen, wenn auch nicht zu sicheren Schlüssen berechtigen; nämlich:

1) Körper, Schädelbau und Gesichtsbildung.
2) Sitten, Gebräuche und Religionskultus.
3) Nahrungs- und Erwerbszweige, in Beziehung auf klimatische Eigenthümlichkeiten des Landes, und
4) die Sprache des Volkes.

So eigenthümlich auch die Sprache der Battaër und ihr Alphabet erscheint, so dürfen wir doch auf diesen Punkt keinen zu grofsen Werth legen, um daraus einige Verschiedenheit der Battaër von den übrigen, benachbarten Völkerstämmen abzuleiten, wenn wir nämlich Marsden's Annahme einer vormaligen allgemeinen polynesischen Sprache beitreten wollen, aus welcher alle die vielen neuen, gegenwärtig im südlichen Archipel vertheilten Idiome hervorgegangen sind, und in welcher Marsden auch wirklich eine grofse Zahl gemeinschaftlicher Stammwörter nachgewiesen hat.

Was den dritten Punkt betrifft, so ist der Haupt- und Centralsitz der Battaër, da wo die Bevölkerung stets am zahlreichsten war und noch gegenwärtig ist, eine kühle Bergebene, ein Weideplan von 68° bis herab auf 65,5° mittlerer Temperatur, deren Bewohner vorzugsweise Viehzucht treiben, viel Rinder und Schweine pflegen und Milch zum Trinken lieben. Aber kein maleiischer Stamm im ganzen Archipel treibt ausschliefslich Viehzucht; der Gebrauch von Milch wird von den meisten Stämmen des maleiischen Volkes verachtet. — Ich sage von den meisten Stämmen, denn auch in den Bovenlanden von Padang wird Milch getrunken. Und vollends die Nähe von Schweinen verabscheut jeder rechtschaffene Islamite. Diese Zucht der Schweine bietet schon einen Vergleichungspunkt dar mit den Chinesen im ostindischen Archipel, und zwar aufser den Bewohnern von Menado, allein mit diesen, welche den grunzenden Vierfüfser ebenso zu ihrem geliebten Hausgenossen gemacht haben, wie er unzertrennlich ist von den Dörfern der Battaër.

Hinsichtlich des zweiten Punktes läfst uns die so höchst merkwürdige gänzliche Abwesenheit alles religiösen Kultus und aller hierauf Bezug habenden Gebräuche und Denkmäler der Battaer im Dunkeln. Nur bei ihren Leichenbegängnissen finden einige Ceremonien und feierliche Gebräuche statt, die ihnen auch wieder ganz eigenthümlich zu sein scheinen, ohne deutliche Vergleichungspuncte mit anderen Völkern darzubieten. Zu dem Mangel aller Denkmäler der plastischen Kunst, aller Statuen, aller Sculptur und Tempelgebäude, welche auf einen vormaligen gewissen Kultus hinzudeuten vermöchten, stehen den Battaländern allein die Sundalandschaften (Preanger) auf Java zur Seite, wo vor der Einführung des Islamismus auch kein bestimmt ausgesprochener Religionskultus geherrscht zu haben scheint. *) Auch bei Vergleichung der Gebräuche und Gewohnheiten der Battaër mit denen anderer Völker, um darnach ihre Abstammung zu bestimmen (wobei ihre Neigung zum Cannibalismus nicht sehr in Anschlag gebracht werden darf, da dieser keineswegs ursprünglich unter ihnen herrschend war, sondern erst später in Tobah seine Ausbildung fand) finden wir nur wenig Anhaltpunkte und müssen bekennen, dafs sie auch in dieser Beziehung eigenthümlich dastehen. Aufmerksamkeit verdient jedoch die Bauart ihrer Häuser, welche mit ihrer schmalen, nach vorn gewendeten Giebelseite, mit der concav-vertieften Mitte ihrer Dachfirste, mit den spitz hervorragenden, durch Arengfaser, Hidju (Batt.), verzierten beiden Ecken des Daches und den 4 Eckpfählen, auf denen sie ruhen, eine auffallende Aehnlichkeit mit den Häusern der meisten Bergbewohner der Sunda- (Preanger-) Landschaften besitzen; sowie ferner auch die Aehnlichkeit ihrer kupfernen Spielinstrumente und die Uebereinstimmung ihrer Gesticulationen beim Spiel mit denen der Sunda's; — so dafs man beinahe glauben sollte, sie hätten die Art, ihre Wohnungen zu bauen und nach den Schlägen des Gonggong zu tanzen (tantakken), von den Sundaresen gelernt, während ihre Clarinette und ihre kleine Geige mit 2 Seiten eine grofse Uebereinstimmung mit denen der Chinesen haben.

Doch sind dies blofs vorläufige Andeutungen, weit entfernt, Aufschlufs über das wichtige Problem ihrer Abstammung zu gewähren und blofs geeignet, auf die Aehnlichkeit in gewissen Erscheinungen zwischen benachbarten Völkern aufmerksam zu machen.

---

*) Denn die seltenen (und ganz rohen) Denkmäler, welche man in diesen Ländern findet und in diese Kategorie zu rechnen pfegt, [z. B. *a*) gewisse Steine zu Batu tulis bei Buitenzorg, *b*) am N. W. Abhange der Panggerongo zwischen Tapos und Bedjongketon (Artja oder Artjo), *c*) beim Dorfe Tugu, neben Sikaradja (District Sukabumie), *d*) auf der Spitze Gajak des Salakbergs, — und *e*) nördlich auf einer Hügelspitze bei Tjanjor] — sind von der Natur gebildete prismatische oder säulenförmige Steine (Trachytsäulen), die an den Gräbern von Häuptlingen aufgerichtet oder zusammengehäuft wurden, um die Kenntnifs von der Stelle dieser Gräber zu bewahren. — Seltner sieht man diese Steine auf rohe Art behauen, um eine entfernte Aehnlichkeit mit der menschlichen Gestalt auszudrücken.

Nehmen wir endlich unsere Zuflucht zum Körper- und Schädelbau und zur Gesichtsbildung, so scheint es anfangs auch hier, als ob wir zu keinen bestimmten Resultaten geführt würden, weil die Verschiedenheit, die zwischen den einzelnen Battaërn nicht nur in verschiedenen (Littoral- und Berg-) Gegenden, sondern in einer und derselben Gegend, ja in demselben Orte hinsichtlich dieses Punktes herrscht, und die wahrscheinlich aus der Vermischung vieler Individuen (namentlich solcher, welche zum Islamismus übertraten) mit echten Maleien, mit Atjinesen, mit Javanen, Buginesen, selbst Kalinganesen und andern Nationen hervorging, — sehr grofs und mannigfaltig ist. — Sehen wir jedoch ab von den Küstendistrikten und den südlichen Landschaften der Battaër (Ankola und Mandaheling), wo eine solche Vermischung zwischen verschiedenen Stämmen vorzugsweise Statt gefunden hat, und beschränken uns auf die Centralländer derselben, namentlich auf Tobah (wo seit den ältesten Zeiten das System der Ausschliefsung vorherrschend war und allen Fremden den Zutritt versagte), so finden wir zwar auch da noch (merkwürdig genug!) oft in einem und demselben Kampong eine so grofse Mannigfaltigkeit der Gesichtsbildung, dafs wir beinahe geneigt sein möchten, zu glauben, eine Vereinigung ganz verschiedener Stämme und Racen vor uns zu haben. — Untersuchen wir aber eine gröfsere und möglichst grofse Mafse von Individuen, so nehmen wir bald eine vorherrschende Bildung wahr, die sich in der Mehrzahl der Bevölkerung ausspricht, und die wir daher als den eigenthümlichen Typus des Battastammes, sei er nun abgeleitet von einer Urnation, oder ursprünglich, anzuerkennen berechtigt sind.

Dieser Typus, in flüchtigen Zügen entworfen, ist folgender: die tiefe Glabella, die kurze, eingedrückte, sattelförmige Nase, die breiten Nasenflügel, die hervorstehenden Backenknochen, der grofse breite Mund mit dicken wulstigen Lippen, wodurch sich die Javanen und die mehrsten maleiischen Stämme charakterisiren, verschwinden und gehen über: — in ein weniger breites, mehr ovalgerundetes Gesicht, mit höherer, freierer Stirn, grofsen Augen, deren Spalte nicht, wie bei den Chinesen, schief nach aufsen und oben, sondern horizontal gerichtet ist, mit längerer, mehr gerader und griechischer Nase und mäfsig dicken, keineswegs wulstigen Lippen des wohlproporionirten Mundes. — Dabei verbleicht der braune Teint der Haut immer mehr, besonders bei den Frauen, deren Haut im Allgemeinen sehr zart ist, so dafs selbst ein schwaches Rosenroth der Backen hindurch schimmert. Diese rosigen Wangen sind bei den jugendlichen Schönen in Tobah wirklich eine sehr gewöhnliche Erscheinung, die den Reisenden manchmal sehnsüchtig an sein Vaterland erinnert! Dabei sind die Haare nicht schwarz, sondern gewöhnlich, und bei den Frauen vorzugsweise, dunkelbraun und viel zarter, seidenartiger, als bei den Maleien und Javanen. Der Körper ist wohlgebaut, stark muskulös, bei dem vollkommensten Ebenmaafs aller Glieder; doch ihre Statur ist im Allgemeinen etwas untersetzt. Die Körperlänge beträgt im Mittel wahrscheinlich 4′ 11″ paris. Maafs. *) Ja die Tobaher sind vorzugsweise mit einem stark entwickelten Muskelsysteme begabt und zeigen eine dickfleischige, derbe Beschaffenheit ihrer Arme und Beine, die sehr vortheilhaft absticht mit dem elenden, schwächlichen Gliederbau und mit den dünnen, magern Waden der Küstenmaleien. Die Frauen sind in der Regel ziemlich corpulent und dick, keineswegs schlank, aber doch, nach unserm europäischen Geschmack, der in der That wirklich mit dem der Battaer übereinstimmt, schön zu nennen. Unter den männlichen Gestalten sieht man viele, die anatomisch schön sind und sich nicht zu schämen brauchen, einem Praxiteles zum Modell seiner Statuen zu dienen.

Dieser Typus ist der vorherrschende in Tobah, wobei der merkwürdigen Thatsache Erwähnung geschehen mufs, dafs bei dem schönen Geschlechte die Ausnahmen hiervon seltener sind, dafs letzteres die ovale, wenn ich mich dieses Ausdrucks bedienen darf, sub-griechische Gesichtsbildung viel treuer bewahrt als das männliche, bei welchem der Uebergang ins häfsliche maleiische Affengesicht mit breiten vorstehenden Oberbackenknochen, mit Sattelnase und breitem Munde, unverhältnifsmäfsig viel häufiger vorkommt. —

Die nächsten Nachbaren der Battaer sind besonders 1) Javanen und 2) Maleien. Zählen wir die Atjinesen mit zu

*) Doch habe ich in Tobah Keinen dazu bringen können, eine wirkliche Messung an sich bewerkstelligen zu lassen; sie gaben einen entschiedenen Widerwillen gegen Proceduren der Art zu erkennen und fühlten sich dadurch selbst beleidigt.

diesem letztern Stamme, so sind die Battaländer ringum von maleiischen Bewohnern umgeben. Auch die Bewohner des sumatraschen Binnenlandes Korinchi (mittlere Br. 2° Süd.) scheinen echte Maleien zu sein und aus dem alten Menangkabau abzustammen, so dafs wir aufser den javanschen Kolonisten aus Modjopahiet in Palembang und in den Pissumahländern zwischen Palembang und Benkulen, deren Bewohner mit dem Palembangschen Reiche stets im engsten Freundschaftsbündnisse standen, es nur noch 3) mit den wenig bekannten, halbwilden Bewohnern der südlichen Spitze Sumatra's, den Lampongs, und 4) mit den s. g. Orang Jakong oder Orang Benúa zu thun haben, welche fern von den Küsten als Jägervolk in den innern Waldflächen des Staats Rumbo (auf der Südspitze der maleiischen Halbinsel) umherschweifen, jedoch nach Crawfurd wahrscheinlich ein verwilderter, entarteter Zweig der Maleien sind. (Die eigentlichen Bewohner des Rumbostaats sind landbauende Maleien). — Vermuthlich sind die Bewohner der Lampong's mit diesen Orang Jakong's in eine Kategorie zu stellen, wobei es merkwürdig bleibt, dafs auch im Innern der Lampongs Spuren von jener 5ten sonderbaren negerartigen Race mit krausem Haupthaar vorkommen sollen, welche auf der maleiischen Halbinsel (im Staate Queda) unter dem Namen Orang Samang (auch Orang Udai) bekannt sind. Doch besitze ich über das Vorkommen dieser Negritenrace in dem Innern Sumatra's keine sicheren Nachrichten. — Indem wir uns so nach den nächsten Nachbaren der Battaër umsehen, dürfen wir 6) des kleinen Volksstammes welcher unter dem Namen Orang Kubu bekannt ist und in den Waldflächen zwischen dem Palembang und Janbistrome Sumatra's wohnt, nicht unerwähnt lassen. Er besteht aus nicht mehr als 360, in Suku's (Familienstämme, wie bei den Battaërn) eingetheilten Familien, die keinem Religionskultus huldigen und sich von allen benachbarten Völkern maleiischen und javanschen Ursprungs streng abgesondert halten. *)

*) Sie sind mir blofs bekannt nach der Beschreibung von Hrn. Boers, welcher Resident zu Palembang war und Nachrichten davon mittheilt, in einem Journale, das in Europa wohl wenig bekannt ist, und aufser vielen gleichgültigen und werthlosen Aufsätzen doch auch manche wichtige Nachrichten enthält. Tydschrift voor Neerlands-Indië. Batavia, Jaargang IV. pag. 497 und I. pag. 286.

Aufserdem finden sich Nachrichten von einem maleiischen Volksstamm Orang Abung, welcher zehn Dörfer in den Samangkagebirgen der Lampongs bewohnte,*) und unter dem derselbe Gebrauch, wie bei den Dayaks auf Borneo herrschend war, dafs junge Männer nicht eher ihre Braut heimführen konnten, bis sie erst einigen ihrer Feinde oder Nachbarbewohner die Köpfe abgeschnitten hatten. — Dieser Gebrauch machte sie bei den mohamedanischen Bewohnern der umliegenden Flächen von Samangka verhafst und man beschlofs ihre Vertilgung. Ihre Dörfer wurden überfallen und verbrannt; sie selbst aber entflohen in die Flächen am Palembangstrome; — wann dies geschah, wird nicht genau angegeben und blofs gesagt, dafs es sich zur Zeit ereignete, als die Lampongs unter den Sultanen von Bantam standen. Seit der Zeit hat man nichts mehr von den Abungs gehört. Sollte aus diesen flüchtigen Abungs vielleicht der oben genannte Stamm der Orang Kubu entstanden und beide daher identisch sein?

Auf Sumatra selbst hätten wir es also eigentlich nur mit drei verschiedenen Nationen zu thun, mit den Battaërn, den Maleien, wenn wir nämlich diesen Letztern auch die Atjinesen, die Bewohner von Korinchi, die Lampongs und die Orang Kubu's beizählen dürfen, und mit den javanschen Abkömmlingen.

Gehen wir in unserer Vergleichung weiter, so stofsen wir zunächst 7) auf die Bewohner der Nias- und der Batu-Inseln, die man als Auswanderer oder Sclaven auch auf Sumatra selbst, besonders in Padang, antrifft. Nach L. Horner **) ist auch der Archipel der 55 kleinen, gröfstentheils aus Kalkfelsen bestehenden Batu-Inseln von Niassern bevölkert, deren Anzahl daselbst nach ihm 2774 Seelen (bei nur 265 Maleien) beträgt. Diese Niasser sind die einzige benachbarte Nation, bei welcher wir nicht nur Aehnlichkeit mit den Battaërn, sondern selbst die allergröfste Uebereinstimmung und Gleichheit in den wesentlichsten Verhältnissen antreffen, so dafs wir berechtigt sind, die Niasser für battaschen Ursprungs und für battasche Kolonisten zu halten, obgleich dies erst dann zur Gewifsheit wird erhoben werden, wenn durch eine genaue

*) Tydschrift voor Neerl. Indië, Jahrg. IV. pag. 35—41.
**) In derselben Zeitschrift.

Untersuchung der Bewohner von Nias selbst (deren Binnenlande noch kein Europäer betreten hat) die Uebereinstimmung beider im Einzelnen nachgewiesen ist. Das Uebereinstimmende beider Völker liegt in Folgendem:

a) Ihre Schädelform hat nicht das Cylindrische der Mongolen, und ihr Hinterhaupt ist nicht so vierkantig abgeplattet wie bei den Maleien, sondern mehr gerundet wie bei den Europäern.

b) Ihre Gesichtszüge sind regelmäfsiger, ihre Stirn höher und ihre Backenknochen weniger hervorstehend und ihre Lippen dünner, als bei den Maleien.

c) Ihr Haar ist feiner, bei den Battaërn öfters braun.

d) Ihre Hautfarbe ist lichter, hellbrauner, als bei den Maleien. *)

e) Ihrer Statur nach sind sie länger als die Maleien. Horner schätzte 4′ 9″ par. Maafs für die Niasser; die Tobaher schätze ich auf 4′ 11″. — Sie sind schlanker gebaut als die Maleien, mit kleineren Händen und Füfsen, und stehen der genannten Eigenschaften wegen der hindu-kaukasischen Race bei weitem näher als der mongolischen oder maleiischen, obgleich sie den Charakter des kaukasischen Völkerschlages nicht unverwischt an sich tragen.

f) Beide, Battaer und Niasser, tragen die eigenthümliche Radjazier, die Armringe von Bima (Kima).

g) Die Bauart ihrer Häuser auf Pfählen und mit vier grofsen Eckpfeilern, die mit Schnitzwerk verziert sind, und mit sehr steilen Dächern, ist einander gleich. Bei beiden Völkern sind diese Häuser zu einem länglich viereckigen Kampong gruppirt, mit einem freien Mittelplatze.

h) Bei den Niassern und Battaern ist bei Begräbnifsfeiern der Gebrauch von schamlosen, aus Holz geschnitzten Bildern mit sehr grofsen Genitalien, die an den Lingamdienst erinnern, eigenthümlich.

i) Das Sclavenwesen, die Hadats, welche es schützen, und die Ursachen, die zu seiner Entstehung wirken, sind bei beiden gleich.

---

*) Interessant war es mir zu lesen, dafs Horner bei den Niasser Mädchen dasselbe bemerkte, was ich oben von den Frauen in Tobah anführte: die Röthe der Backen durchschimmernd.

k) Publike Frauen sind bei beiden unbekannt.

l) Beide sind keinem bestimmten Religionskultus zugethan und glauben nur an böse Geister, die Krankheiten erzeugen und bei beiden Begu heifsen. — Beide haben der Einführung des Islamismus einen beharrlichen Widerstand geboten.

m) Ihre demokratisch-patriarchalische Verfassung ist einander sehr ähnlich.

n) Die mehrsten ihrer Hadats stimmen überein.

o) Ihre Sprachen sind einander sehr verwandt; ja drei Viertel der niassesehen Worte scheinen ganz battaisch zu sein.

p) Durch ihre Vorliebe zur Zucht von Schweinen zeichnen sich beide vor allen maleiischen Völkern aus. Die Art, diese Schweine in Ställen unter den Häusern zu bewahren, ist bei beiden gleich. —

Nachdem wir die nächsten Nachbaren der Battaër flüchtig durchmustert haben, ist es nöthig, unsern Blick auch auf einige entfernter wohnende Nationen schweifen zu lassen, weil wir erst durch Vergleichung mit andern ihre Eigenthümlichkeit zu erkennen, oder ihre Verwandtschaft mit andern zu entdecken und uns dadurch einiges Licht über ihren Ursprung zu verschaffen vermögen.

Von den Maleien und Javanen, die beide offenbar zu einem und demselben physischen Schlage gehören, haben wir schon gesprochen. — Das Charakteristische der Maleien, nämlich ihre transversale Gesichtsbreite, ihre platte Nase, ihr eingedrücktes Glabellum, die weite Ausbreitung ihrer Nasenflügel, das Vorspringen des sehr breiten Unterkiefers, ihr grofser Mund, ihre dicken Lippen, — passen nicht auf den unvermischten Typus unter den Battaërn, nämlich nicht auf die Tobaher, welche sich in den genannten Eigenschaften überall gerade zum Gegentheil hinneigen.

Wenden wir uns von der maleiischen Race zu der eigentlich mongolischen, welche, der vorigen am nächsten verwandt, sich jedoch vorzugsweise auszeichnet: durch eine sehr stämmige, untersetzte Körperstatur der mehrsten Individuen, durch Cylinderform des Schädels, durch weit vorstehende breite Oberbackenknochen, durch plattes Gesicht, durch ein weniger vertieftes, sondern mehr breites, flaches Glabellum, durch kleine Augen, durch ein kreisrundes Gesicht (dessen querer dem senkrechten Durchmesser gleich ist) mit vier abgerundeten Ecken und schwarzem dicken Haar, — so haben wir unsere Aufmerksamkeit besonders zu richten 8) auf Chinesen (die sich bekanntlich vor allen andern durch ihre nach aufsen schief aufwärts gerichteten Augenspalten auszeichnen), von denen an drei Millionen (Fukianlang und Kuantung aus den Provinzen Fukien und Kanton) in diesem Archipel verbreitet sein sollen (nach Raffles), — ferner auf 9) Cochinchinesen; 10) Siamesen (mit ausgezeichneter Cylinderform des Schädels, sehr breitem Gesicht und weit in dasselbe herabgewachsenem Haupthaar); 11) Anamesen, ein sehr kleiner Schlag der Mongolen mit kugelrundem Schädel; 12) Birmanen, die mehr von der maleiischen als von der eigentlichen mongolischen Race an sich haben. — Aufmerksamkeit verdienen in dem Birmanenreiche die freien, wilden Bergbewohner Khyen zwischen Ava und Aracan, die ebenso wie die Battaër ein politisches Ausschliefsungssystem befolgen, kein Oberhaupt haben, sondern unter einer patriarchalischen Regierungsform stehen, ohne bestimmten Religionskultus (wie die Battaër). Sie tättowiren ihren Körper. *) 13) Aracanesen, die sich von den Birmanen nicht unterscheiden.

Von allen diesen genannten mongolischen Völkern sind die Battaër ihrem Körperstamme **) nach, offenbar verschieden; — wie sie hinsichtlich eines gemeinschaftlichen Sprachstammes sich zu ihnen verhalten, liegt aufser dem Bereiche unserer Beurtheilungsfähigkeit, da die Erforschung der Battasprache und ihrer Wurzeln leider noch ein Desideratum ist; so viel ist sicher, dafs ihre Sprache mit der maleiischen wenig gemein hat, und dafs der Körperbau und die Gesichtsbildung der Battaër sich mehr der hindu-kaukasischen Race nähert, aus welcher wir, behufs der vergleichenden Uebersicht, noch einige Nationen hervorheben wollen; — als: 14) die Hindus. Diese zeichnen sich überhaupt aus durch eine mittlere Statur, durch einen vorzugsweise schlanken Bau mit sehr biegsamen gelenkigen Gliedern, durch einen sehr länglichen Kopf, durch ein ovales Gesicht mit Habichtsnase und regelmäfsiger schöner Physiognomie, schwarzen Augen und schwarzen Haaren,

*) T. A. Trant, in Asiat. Research. Calcutta 1828. 4. F. 16. pag. 26.

**) In diesen und andern Termen für ethnographische Verhältnisse bin ich dem in jeder Hinsicht musterhaften C. Ritter in seiner Erdkunde gefolgt.

durch kleine Hände und Füfse. Besonders ihre Frauen werden schlank und schmächtig genannt. So werden die Hindu in Malabar, in Dekan und Hindostan beschrieben, so sieht man sie als Emigranten auf den Sundainseln, und ebenso werden die Singhalesen auf Ceylon geschildert, in welche Insel sie vor 2386 Jahren! aus dem Lande der Rajputen einwanderten. — Ihr Haupthaar findet sich ebenso oft braun als schwarz.

So wie die Battaër auf Sumatra eine kleine Nation für sich bilden, welche in der Mitte von maleiischen Völkerstämmen, von denen sie rings umgeben ist, ganz fremd und eigenthümlich dasteht, so finden wir auch in Hindostan manche und noch viel auffallendere Beispiele von kleinen Völkern, die einzelne Gebirgsgegenden bewohnen und in Körper- und Gesichtsbildung, in Sitte, Sprache und Religion ganz von den Millionen der anderen Völkerschaften abweichen, die ihr kleines Häufein rings umgeben, ohne dafs bis jetzt die Ethnographen im Stande gewesen wären, dessen Ursprung zu erklären. Dahin gehören 15) die Puharris in den Rajarnahalbergen im mittleren Gangeslaufe, auf dessen Südseite, die keine Hindus, sondern von diesen ganz verschieden sind, und 16) die Tudas in den s. g. blauen Bergen von Malabar (Nilgherry), die als schöne, herkulisch starke Menschen mit kaukasischer Gesichtsbildung, ovalem (griechischem) Profil, Römernase, grofsen Augen, Lockenköpfen, gravitätischer Haltung und stets heiterer Stimmung geschildert werden, mit einer Kleidung, ähnlich der der Battaër, — Kopf und Oberleib blofs, mit einer grofsen Masse von metallenen Ringen um Arme und Hals, wie die Battaër, — die ein Hirtenvolk sind, und (wie die Battaër ebenfalls) eine patriarchalische Verfassung haben, aber eben so wenig wie diese irgend einem Religionskultus huldigen. — Ihre Sprache hat (wie die der Battaër) viele Gutturallaute und tönt aus der Tiefe der Brust hervor. Sie verbrennen ihre Todten, wobei (wie bei den Leichenbegängnissen der Battaër) viele Büffel geschlachtet werden. Ihr kleines Land wird wie ein Elysium geschildert und sie selbst, die Tudas, wie irdische Engel, (von den Engländern nämlich, die sie vor etwa 40 Jahren zuerst besuchten). Sie selbst und Niemand weifs etwas von ihrem Ursprung, so dafs sie wie ein von allen Nachbaren und andern tropischen Asiaten ganz verschiedenes Urvolk erscheinen. —

17) Noch erwähnen wir der Gonds oder der Bewohner des Hochlands Gondwana (in Dekan), welche der dunkelfarbigen (schwarzen), negerartigen Urbevölkerung Indiens, der äthiopischen Race angehören sollen. Wir rufen uns bei dieser Gelegenheit die Orang Samang (oder Udai) in der maleüschen Halbinsel (oben unter Nr. 5. angeführt) ins Gedächtnifs zurück, ob wir gleich dieser Gonds blofs deswegen Erwähnung thun, weil sie unsers Wissens der einzige Volksstamm auf dem Festlande Indiens und Asiens überhaupt sind, bei denen man (wie bei den Battaern auf der Insel Sumatra) Spuren von Cannibalismus antrifft. Bei verschiedenen Stämmen unter ihnen soll es Gebrauch sein, solche Mitglieder ihrer Familie, die krank oder alterschwach sind, zu schlachten und zu verzehren. — Ich zweifle aber an der Wahrheit solcher Berichte, weil sie mit der menschlichen Natur streitig sind. Von den Battaërn erzählte man mir dasselbe; ich fand aber, dafs man die gute Nation arg verläumdet habe; sie essen zwar Menschenfleisch, aber blofs in Kriegszeiten, wenn die Wuth und Rachsucht sie zu Hyänen gemacht hat, nie bei ruhigem Blute.

Von den erwähnten Völkern sind mir folgende Gröfsenverhältnisse bekannt, nach altfranzösischem Maafs.

	Körperlänge.			Umfang d. Brustkast.			Schulterbreite.			Gesichtsbreite.			Gesichtslänge.		
	Fſs.	Zoll.	Lin.	F.	Z.	L.	F.	Z.	L.	F.	Z.	L.	F.	Z.	L.
Singhalesen															
von	5	0	0												
bis	5	1	0												
Chinesen	5	0	0												
Siamesen	4	11	1												
Battaër	4	11	0												
Maleien	4	10	2												
Anamesen	4	10	2	2	6	11									
Sundanesen *)	4	9	7	2	6	0	1	2	6	0	4	8	0	6	2
Niasser **)	4	9	0												

*) Die Messung der Sundanesen ist zu Tjanjor (etwa im Mittelpunkte der Sundalandschaften Java's) nach folgender Methode vollbracht. Es wurden aus einem Volkshaufen 10 Erwachsene gewählt, welche nach dem Augenschein von gewöhnlicher mitt-

**) So giebt sie L. Horner l. c. an, obgleich er sagt, dafs sie gröfser als die Maleien sind. — Die Messungen der übrigen Nationen sind gröfstentheils von Crawfurd und Finlayson.

Wenn wir mit Berücksichtigung des oben (sub Nr. 1. bis 4.) Angeführten mit diesen Nachbarvölkern der Battaer Vergleichungen anstellen und unsere Aufmerksamkeit besonders und zunächst auf die Javanen (Sandanesen) und die Maleien richten, so finden wir des Uebereinstimmenden oder Aehnlichen sehr wenig im Vergleich mit dem ganz Abweichenden und höchst Eigenthümlichen der Battaër, und sehen uns, um bei dem Mangel wirklicher Geschichte in keine unhaltbaren Hypothesen zu verfallen, und indem wir nach dem Ursprunge der Battaër suchen, uns nicht in die weit entfernten Länder der Hindu's oder der Araber zu verirren (obgleich der Körperbau und die Gesichtsbildung der Battaër auf die hindu-kaukasische Race hinweist) deshalb zu dem Resultat gebracht, die Battaër für eine Urnation zu halten, über deren Abstammung von einem anderen Volke und deren Einwanderung von aufsen es an allen geschichtlichen Beweisen, selbst an allen nur einigermafsen wahrscheinlichen Sagen fehlt, und die daher für das Land, das sie gegenwärtig noch bewohnen, namentlich für die Centraltheile desselben, für Tobah, als eigenthümlich und ursprünglich erklärt werden müssen.

Doch dürfte es hier nicht am unrechten Orte sein, auf das wahrscheinliche Bestehen alter Hindukolonien, sowohl auf der Insel Singapure, als auch auf der Westküste der maleiischen Halbinsel bei Malacca, ja auf der Ost- (N.O.-) Küste von Sumatra zwischen den Mündungen der Flüsse Siak und Assahan, also etwa in der mittleren Breite von Malacca (2° N.)

---

lerer Gröfse zu sein schienen, und gemessen. Das Medium von ihnen betrug 4' 9'' 11'''. Ferner wurden fünfe gemessen, die nach dem Augenschein vom allerkleinsten Schlage waren, also das Minimum der Gröfse dieser Nation darstellten, und deren Medium 4' 1'' 1''' war, desgleichen ebenso fünf von den allergröfsten Sundanesen, welche ein Medium lieferten von 5' 5'' 6''.

Das Medium dieser beiden Extreme ist also 4' 9'' 3''' und entfernt sich blofs um 8 Linien von dem Medium der 10 erstgenannten von mittlerer Gröfse, so dafs das wahre Mittel (zwischen 4' 9'' 3''' und 4' 9'' 11''') gleich 4' 9'' 7''' ist.

Ebenso wurde mit den Gröfsen der übrigen Körpertheile verfahren und der Brustkasten an seiner breitesten Stelle gemessen. — Es war der Director der dortigen Stuterei, Graf von Bentheim, der die Gefälligkeit hatte, diese Messung auf mein Ersuchen auszuführen, und der dafür meinen verbindlichsten Dank empfangen möge.

und vielleicht selbst im Innern der östlichen Flächen Sumatra's, an den Ufern der grofsen Ströme, z. B. des Burumon bei Pertiebie, aufmerksam zu machen, zu einer Zeit, lange bevor diese Gegenden, nämlich Singapure im Jahre 1160 durch Auswanderer aus Menangkabau (Maleien der Bovenlande von Padang) und Malacca 1252 durch eben diese neuen maleiischen Kolonisten (welche durch Javanen von Modjopahit aus ihrem neuen Wohnort Singapure vertrieben wurden), bevölkert waren. *) Auf Singapure sind es Inscriptionen in buddhistischer Schrift, Ruinen aus Backstein, die von Buddhatempeln herzurühren scheinen und bei der Anlage der neuern Stadt ausgegraben wurden. — Auf einem Berge bei Malacca fand Albuquerque 1511, als er nach Bausteinen zu einer Festung suchte, eine grofse Menge von bereits behauenen Steinen („von Hindugräbern"), die, weil die Maleien nie Steingräber zu errichten pflegen, wahrscheinlich von alten Hindugräbern einer Ansiedelung, die lange vor 1160 bestand, herrühren. —

Im Innern der östlichen Flächen Sumatra's, nicht weit vom Ostgehänge der Bergkette, beim Flufse Burumon bei Pertiebie finden sich gut erhaltene Fundamente und Mauerreste von Tempeln, ähnlich denen auf Singapure aus Backstein erbaut. Diese Gegend (Pertiebie) liegt an der Südostgrenze der Battaländer, weit (beinahe 2 Breitengrade) vom alten Reiche Menangkabau entfernt, dessen Bewohner, wie Raffles aus der Gleichheit daselbst gefundener Monumente mit denen in den östlichen Provinzen Java's, wo Buddhakultus herrschte, bewiesen hat, allerdings vor ihrer Annahme des Korans im 15ten Jahrhundert, Buddhisten waren, deren Einflufs sich aber schwerlich bis Pertiebie erstreckt hat. (In den Battalanden selbst habe ich nirgends Spuren antiker Monumente entdecken können.)

Nach den gründlichen historischen Forschungen von Marsden **) im Territorium von Padang und dessen Boven-

*) Dafs schon in den ältesten Zeiten von Ormus im persischen Meerbusen aus Schifffahrt nach dem Westgestade der maleiischen Halbinsel (Malacca) betrieben wurde, die damals unter dem Namen Zyrbad („das Land unter dem Winde") bekannt war, ist bereits oben angeführt worden.

**) Man vergleiche über diese geschichtlichen Mittheilungen: Marsden, History of Sumatra, 3. ed. 3 Bd. pag. 327 u. f. Crawfurd, Ind. Archipel, holl. Uebersetz., vol. 3, pag. 371 — 377 u. a. a. O. Raffles in den Asiat. Research. T. XII. p. III. tr.

landen (dem ehemaligen Menangkabau), dessen Centralgegend das 3000 Fuſs hohe Plateau des jetzigen Agam (nordwärts vom Berge Merapi) ist, veranlaſste die Uebervölkerung daselbst im Jahre 1160 zur Auswanderung nach Osten, wahrscheinlich auf den Flüſsen Siak *) und Indragiri hinab, unter dem Anführer Sri Turi Buwana, der sich mit seinen Kolonisten auf Tanna Udjong niederlieſs und daselbst eine Stadt erbaute, welche Löwenstadt, „Singha pura", genannt wurde. Es war die Insel, welche gegenwärtig unter diesem Namen bekannt ist, und welche seit jener Zeit mit allen benachbarten Theilen der Halbinsel Tanna maleio genannt wurde. — Diese Maleien auf Singapure sollen durch Javanen aus Modjopahit (welche eifersüchtig auf die Gröſse und den wachsenden Reichthum derselben waren) im Jahre 1252 von da vertrieben worden sein und sich unter ihrem König Sri Iskander Shah, welcher ihr fünfter war, nach der Westküste der Halbinsel geflüchtet und daselbst 1253 Malacca gegründet haben, — wo sie 1276 (also viel früher als ihre Stammväter in Menangkabau, die sich erst im 15ten Jahrhundert zum Koran bekannten) zum mohamedanischen Glauben übertraten und seit der Zeit den Titel Radja in den des Sultans verwandelten. — Von dort, von Malacca aus, verbreitete sich die maleiische Nation (deren Ursitz hiernach das alte Menangkabau oder das heutige Agam auf Sumatra ist) durch den ganzen Archipel und wurde berühmt. — Von Malacca selbst wurden sie erst durch Albuquerque 1511 vertrieben; sie flohen unter ihrem Sultan Mahmud Shah östlich in die Halbinsel und gründeten den Staat Djohor (Johore).

Die Geschichte schweigt darüber, ob die von Singapure

*) Noch im Jahre 1810 soll auf diesem Wege aus den Bovenländern von Padang, nämlich den Siakfluſs abwärts, die Malaccastraſse hinüber und durch das Stromthal des Linggi in der maleiischen Halbinsel hinauf, eine Communication bestanden haben mit den Bewohnern des Rumbostaats (im Innern der Südspitze der Maleia peninsula), welche directe Abkömmlinge aus Menangkabau sind und (teste Marsden) damals noch wirklich Orang Menankabau genannt wurden. — Man vergleiche über diese historische Mittheilungen: Marsden: Hist. of. Sumatra. Vol. III. pag. 327 ff. Crawford, Ind. Archipel. Holl. Uebersetz. Vol. III. p. 371—377 u. a. a. O. Raffles, in den Asiat. Research. T. XII. p. 3 ff.

vertriebenen Maleien oder die ihnen daselbst nachfolgenden Javanen (1252) bei dieser Störung auch die Ostküste Sumatra's berührt haben, und mit den Battaërn in Berührung gekommen sind. — Dies ist jedoch wegen der Unwirthbarkeit der Ostküste Sumatra's zwischen den Flüssen Siak und Biela, wo sich weit verbreitete unzugängliche Sumpfwaldungen ausdehnen, so dafs eine Communication nur zu Wasser auf den grofsen Flüssen statthaben kann, und wegen der grofsen Breite dieser sob eschaffenen Alluvialflächen daselbst, unwahrscheinlich.

Es kann jedoch eine andere wichtige Folgerung aus diesem historischen Factum gezogen werden, nämlich die, dafs zur Zeit der Auswanderung der Maleien aus Menangkabau um's Jahr 1160 sich die Battaländer schon auf einer hohen Stufe von Cultur und Civilisation befanden, und dafs die Landschaften Ankola und Mandaheling damals schon durch Auswanderer aus Tobah bevölkert waren. —

Denn, wie kann man annehmen, dafs eine der Agrikultur ergebene Nation, wie die Bewohner von Menangkabau (nach Marsden) waren, dafs eine solche Nation aus der Heimath ihrer kühlen, hohen Centralflächen und Centralthäler nach den heifsen Niederungen und nach den glühenden Meeresküsten auswanderte und seefahrend wurde, und dafs diese Nation, sobald sie sich durch Uebervölkerung zu weiterer Ausbreitung und zur Auswanderung veranlafst fand, nicht vielmehr auf ihrem Cursus solche central gelegene Thäler und Ebenen verfolgte, die eben so hoch als ihre Heimath lagen und sich eines ebenso temperirten Klima's erfreuten, nämlich von ihrem Hochlande Menangkabau (Agam) aus durch das Thal von Bonjol nach dem Thale von Lubu sikeppeng, Lunder und Rau, und von dort auf ununterbrochenem, mit den beiden Bergketten, zwischen denen er hinläuft, parallelen, ebenen Wege nordwestwärts weiter nach den hohen Thalgründen von Mandaheling, von Ankola und von da in das schöne Plateau von Siepierok, dann nach Silantom und von da in die herrliche Hochebene von Tobah! — auf welchem Wege sich ihnen nur einmal ein unbedeutendes Hindernifs in den Weg gestellt haben würde, nämlich die queeren nicht sehr hohen Zweige des Sibulaboaliegebirges zwischen Ankola und Siepierok, wo sich die Gewässer scheiden. —

Wie kann man dies annehmen, wenn man nicht eine bereits in den genannten Thalgründen vorhandene starke Bevölkerung voraussetzt, welche den Fortschritten der Auswanderer aus Menangkabau hemmend in den Weg trat?

Wenn wir nun auch annehmen, dafs die südlichern von den genannten Thälern (bis Mittelmandaheling) bereits durch eben solche maleiische Auswanderer von Süden her bevölkert waren, so besteht doch wieder kein Grund zu glauben, warum diese Kolonisten (beim Auswandern aus Süden) auf der Verlängerung der Binnenthäler in der Richtung nach N.W. nicht weiter vorrückten (warum namentlich nicht nach Ankola, Sipirok und weiter), wenn sie nicht durch bereits vorhandene Battabewohner davon abgehalten wurden, die allem weitern Vordringen ihre Speere entgegenhielten, und die wahrscheinlich damals, eben noch wie jetzt, das Ausschliefsungssystem befolgten, wonach sie alle Fremden, die unberufen in ihr Land kommen, für gute Prise halten, schlachten und verzehren? —

Dafs diese Provinzen Ankola und Mandaheling wirklich durch aus Tobah ausgewanderte Battaër bevölkert wurden, erzählt die Mythe (siehe weiter unten), — und dafs die gegenwärtige Population daselbst ächt battasch ist, und in allen ihren Sitten und Institutionen wie in ihrer Sprache mit den Centralbewohnern Tobah's vollkommen übereinstimmt, diefs beweist die Kenntnifs derselben aus ihrer modernen Betrachtung gezogen.

So dürfte es also wahrscheinlich sein, dafs um's Jahr 1160 die Auswanderungen aus Tobah bereits statt gefunden hatten, und dafs um diese Zeit Ankola und Mandaheling schon lange von Battaërn bevölkert waren. —

Vergebens erkundigt man sich in Tobah nach der Herkunft oder ursprünglichen Heimath der Battaër. Sie wissen blofs, dafs sie da sind, nicht, woher sie gekommen sind, (und wie wenige Menschen wissen mehr?!*)) Nur einige Häuptlinge in den südlicheren Theilen der Battaländer, namentlich in Ankola, die mit Mohamedanern in Berührung traten und zum Theil bereits selbst Islamiten sind, behaupten, dafs sie aus dem Lande „Rum" (holl. roem) abstammen, welches

*) Ausgenommen die, welche lange Stammbäume haben.

Land nach ihrer Beschreibung kein anderes sein kann, als Arabien, das Vaterland des Propheten! — Diefs klingt etwas pfäffisch und eben darum sehr verdächtig; — auch ist es mehr als wahrscheinlich, dafs die mohamedanischen Pfaffen, die in List unseren römischen in nichts weichen, aus keinem andern als dem menschenfreundlichen Grunde Mecca zum Vaterlande der Battaër machten, weil sie dann hoffen konnten, die Landsleute des grofsen Propheten um so leichter zu sener allein seligmachenden Kirche zu bekehren. *) Doch darf hier nicht aufser Acht gelassen werden, dafs an den Küsten von Malabar schon zu Ende des 8ten Jahrhunderts Araber angesiedelt waren und den Islam daselbst ausbreiteten. Anno 812 p. Ch. n. regierte dort zu Calicut ein König Sarama Perimal, welcher die Araber, die, weil sie aus Westen kamen, „Rumis" genannt wurden **), hoch in Ehren hielt. — So nennen auch die Battaër das Land, von dem sie ihre Abstammung herleiten: „Rum." — Die Araber gingen mit ihren eignen Schiffen nur bis zur Küste von Malabar, wo sie mit chinesischen Junken zusammen trafen, und diesen folgend den bengal. Meerbusen bis zu den Nicobarischen Inseln überschifften, und von dort weiter durch die Sundagewässer bis China gelangten. — Auf solchen Wegen wäre es wohl möglich gewesen, dafs sich

*) Von der Wuth zum Proselytenmachen und ihrem deshalb geheuchelten fanatischen Religionseifer kann man sich einen Begriff machen, wenn man vernimmt, dafs noch im Jahre 1841 maleiische Priester, die von Pilgerfahrten aus Mecca zurückkamen, in Ankola und Mandaheling umherreisten, mit ellenlangen Briefen, welche der Prophet eigenhändig geschrieben und aus dem siebenten Himmel herabgeworfen hatte, um das Volk zur Annahme des Korans binnen spätestens drei Jahren zu bewegen, im Unterlassungsfalle seine göttliche Strafe verheifsend, und wie dadurch beinahe in den genannten Landschaften ein Volksaufruhr ausgebrochen wäre. Es war bereits ein Interdict auf alle Heiden und Ungläubigen gelegt, und die Todten wurden nicht mehr beerdigt. (Haben dies die Moslems von den Päpsten gelernt?) Soviel ist sicher, dafs alle Bekehrungsversuche mohamedanischer Pfaffen mit politischen Absichten vereinigt sind, und dafs ihren Bemühungen, unter den Battaërn die Fackel des Islamismus zu entzünden, von Seiten der Regierung nur dadurch entgegen gearbeitet werden kann, dafs diese die Sonne des Christenthums über sie ausstrahlen läfst! —

**) C. Ritter's Erdkunde, Bd. V. pag. 585 (nach Renaudot's anciennes relations).

auch in den Battaländern Araber niedergesetzt hätten; die völlige Unbekanntschaft der Battaër mit dem Koran, von dessen Gesetzen sich in dem Innersten des Landes auch keine Spur findet, macht jedoch eine solche Annahme ungereimt. — Ganz anders verhält es sich mit der Frage, ob auf dem angeführten Wege nicht Araber vor der genannten Zeit, vor Entstehung der mohamedanschen Lehre, vor Ausbreitung des Korans in Mecca, also heidnische Araber, zu den Battaländern gelangen konnten? — Dafs sie in die Sundagewässer überhaupt vor dieser Zeit gekommen sind, ist historisch zwar nicht beweisbar, aber doch sehr wahrscheinlich. — Denn bei den ältesten arabischen Autoren wird die maleiische Halbinsel schon „Zyrbad" *) genannt, und Handel von Ormus (Hormuz) im Persischen Meerbusen, sowie von Calicut aus, wurde dorthin getrieben. — Auch stammen nach Raffles, dessen Urtheil im Felde maleiischer Literatur gewifs als gültig zu betrachten ist, die Romanzen, Sagen und Erzählungen der Maleien fast alle aus dem Arabischen ab. — Könnte ein solcher arabischer Ursprung bewiesen werden, so würden in dem physischen Schlage der Battaër keine Gegenbeweise zu finden sein, da sie sich in der That sehr von der mongolischen Raçe entfernen und sich mehr zur hindu-kaukasischen (oceanischen) hinneigen. Ich mache jedoch hier, wie überall, nur auf die Aehnlichkeit aufmerksam, ohne einen bestimmten Ausspruch über die etwaige Abstammung der Battaër zu wagen, ein Ausspruch, der erst durch die Nachweisung von Wurzelwörtern u. s. w. sichere Stützen erhalten kann. — Doch darin stimmen die Aussagen aller batta'schen Häuptlinge, die von den Verhältnissen ihres Volkes unterrichtet sind oder doch wenigstens für unterrichtet darin gelten, überein, dafs die innersten Centralgegenden dieses Landes, nämlich das schöne Plateau von Tobah am ersten bewohnt und bevölkert war, und schon zahlreiche Bewohner zählte, während alle andern Landschaften umher noch in Wildnifs lagen, und dafs dieses Tobah daher als der eigentliche Heerd oder als Brutnest betrachtet werden mufs, von wo aus sich alle batta'sche Popu-

---

*) W. Ouseley, Travels in Persia. London 1819, I. pag. 323. Man vergleiche ferner hierüber M. Chr. Sprengels Geschichte der geographischen Entdeckungen, S. 156 u. s. w.

lation verbreitete, und von wo aus durch Kolonisten nach allen Richtungen hin die übrigen Landschaften bevölkert wurden. —

Es war einmal, nämlich im Anfange (so erzählen sie) ein König, der residirte in Tobah und hatte neun Söhne, deren jedem er (als er zum Sterben kam) ein Dorf (Kampong) zur Erbschaft vermachte. — Diese Söhne wurden dadurch neun Könige und zeugten wieder Kinder, deren jedem sie ihrerseits, nachdem sich die Bevölkerung vermehrt hatte und die Zahl der Dörfer gewachsen war, wieder zur Beherrschung ein Dorf überliefsen, wodurch allmählig durch Zunahme der Population die Gemeinden getheilt und die Dörfer vervielfältigt werden mufsten, so dafs endlich die jetzige patriarchalisch-republicanische Verfassung dieses sonderbaren Landes entstand, wo ein König (Radja) gewöhnlich blofs über ein Kampong, aber über dieses als unabhängiger, unumschränkter Herr und Czar zu gebieten hat. —

Dies ging so lange Zeit gut; sie lebten von Reis und Jagon und kannten den abscheulichen Gebrauch des Menschenschlachtens nicht. Jahrhunderte lang lebten sie glücklich in tiefem Frieden und kannten keinen Krieg. Mittlerweile nahm unter diesen günstigen Umständen die Bevölkernng immer mehr zu und häufte sich zuletzt in Tobah dermafsen an, dafs nothgedrungen ein Theil derselben auswandern mufste. Diefs geschah angeblich (nach der Erzählung tobahscher Häuptlinge) vor zehn Menschenaltern *), nämlich, wenn wir das mittlere Alter eines Battaërs zu 70 Jahren annehmen, vor nicht länger als 700 Jahren oder um das Jahr n. Chr. 1140. Zuerst durch diese Auswanderung wurde Silantom und Siepierok bevölkert, nachher Ankola, und zuletzt, indem die Bewohnerzahl immer mehr anwuchs, auch Nord-Mandaheling. Hierin finden wir eine befriedigende Uebereinstimmung mit obiger Betrachtung, wodurch wir wahrscheinlich zu machen suchten, dafs

---

*) Hiermit bezeichneten die Battaër ausdrücklich das höchste natürliche Alter, welches sie erreichen können, wenn das Ende ihres Lebens durch einen natürlichen Tod begrenzt wird. Diefs Alter glaube ich bei ihnen im Mittel auf 70 Jahre annehmen zu können. Diese Zahl mufs natürlich viel geringer ausfallen, wenn man von der Länge des menschlichen Lebens überhaupt spricht, nach allen Sterbefällen von Kindern und Erwachsenen zusammen berechnet.

Auswanderer aus Menangkabau Anno 1160 in Ankola und Mandaheling bereits auf eine battasche Bevölkerung stiefsen.

Doch auch über das Meer, bis zu den benachbarten Inseln verbreitete sich der Menschenstrom, namentlich zu den Inseln Nias, welche dadurch ihre ersten Kolonisten, nämlich Battaër empfingen. (Siehe unten.) Noch blieb der Friede einige (fast fünf) Jahrhunderte lang bestehen, die Stämme vertrugen sich brüderlich unter einander, die Wälder wurden immer mehr ausgerottet und die Reiskultur in Sawas und Ladangs nahm überhand. — Da entbrannte aber die Zwietracht, — der böse Geist Begu Nanalain ging im Lande um, er theilte die Interessen der Häuptlinge, entzündete Eifersucht und Neid und der Krieg (der Bürgerkrieg) brach los. Diefs geschah angeblich vor drei Menschenaltern, also vor nicht mehr als 210 Jahren *); und es war um so gefährlicher, da kein Oberhaupt vorhanden war, das die getheilten Interessen hätte vereinigen können, da vielmehr jedes Dörfchen frei war und einen eigenen Staat für sich selbst bildete, so dafs völlige Anarchie überhand nahm und die gegenseitige Erbitterung zu einem solchen Wüthen ausartete, dafs man das Blut der ermordeten Feinde trank und das Fleisch ihrer noch zuckenden Körper halb roh verzehrte. Der Teufel Nanalain jauchzte. — So entstand der Antropophagismus, der zuletzt in Gewohnheit ausartete und endlich zu gesetzlicher Strafe für gewisse Vergehungen erhoben wurde. — In diesem Zustande, nämlich durch innere Kriege bereits sehr entvölkert und von seinem früheren Wohlstande herabgebracht, trafen das Land die Kriegsbanden des Tuanku Tambosi, die es vor 13 Jahren überströmten.

So lautet die Sage! — und diese erhält in der That einen hohen Grad von Wahrscheinlichkeit durch die Betrachtung der gegenwärtigen physischen Beschaffenheit des Landes und dessen pflanzlichen Ueberzugs. — Denn so unläugbar es im Allgemeinen ist, dafs durch die zunehmende Kultur des Menschengeschlechts der Oberfläche unseres Planeten allmählig ihr ursprünglicher Pflanzenschmuck geraubt wird, so ist es auch im Besondern erweisbar von den Battaländern, und zwar, um bei dessen Centralthälern stehen zu bleiben, von Ankola,

*) Diese Bemerkung wurde im Jahre 1840 geschrieben.

welches als die am weitesten vom Centrum derseben entfernte Landschaft in Beziehung auf Bewohntsein durch Menschen jünger ist als Siepierok, Siepierok jünger als Silantom, Silantom jünger als Südtobah und Silindong, und dieses wieder jünger als Nordtobah, wo die Sage den frühesten Sitz der Battaër hinverlegt, und wo jetzt, nämlich an den Ufern des hohen Sees Eik Daho, das Brennholz so selten ist, dafs man getrocknetes Allanggras zum Kochen des Reises verwendet. Kein wilder Baum, kein Strauch ist dort mehr zu finden; selbst die Berge, welche den See umgeben, da wo sie nicht mit bebauten Feldern bedeckt sind, sind blofs mit Allanggras bewachsen. — Durchwandern wir von dort in südlicher (und südöstlicher) Richtung das Plateau von Tobah und begeben uns durch die Flächen der Thäler immer weiter südwärts, zuerst nach Silantom, dann nach Siepierok und nach Ankda, so sehen wir, dafs je weiter wir uns vom hohen Centralpuncte der Battaër entfernen, der Waldwuchs immer mehr zunimmt, und dafs die Waldung, welche in Südtobah auf de Spitzen weniger Berge und auf den Grund einiger unzugänglichen Klüfte beschränkt war, zuletzt, namentlich in Ankda, bis zu den untersten Tiefen der Berge herabsteigt und den Grund der Thalfläche selbst überzieht. Und dieses Ankola war, nach der erwähnten historischen Mythe, die Landschaft, welche durch Auswanderer aus Norden zuletzt bevölkert wurde.

Auf ganz ähnliche Art sehen wir die Zunahme der Wälder sich zu der Entfernung von Tobah verhalten, wenn wir unsere Blicke nach O. und O.S.O. werfen, in welcher Richtung sich das schöne breite Binnenland von Biela hinabzieht; weniger sehen wir dies in der Richtung nach W. und S.W., wo gegen die Bai von Tapanulie hin durch schmale, schroffe Bergketten mit klüftigen Thälern, und gegen Tapus und Singkel hin durch den Sumpfboden der Alluvialfläche, welche sich dort zwischen dem Gebirge und der Westküste ausdehnt, der Zug der Bevölkerung aufgehalten zu sein scheint. Frappant ist die Kahlheit der Flächen in Silantom und Tobah. Zwar wurden diese Gegenden später zuerst durch innere Kriege und nachher durch die Invasionen räuberischer mohamedanischer Häuptlinge aus Süden (Tambosi, Rau) wieder

*) Arten der Gattungen Imperata.

entvölkert und in den Zustand der Wildnifs zurückgebracht, allein diese Wildnifs trägt an sich selbst schon die unverkennbaren Zeichen ihrer Jugend; sie besteht aus üppig aufgeschossenem Gras, nämlich aus Klaga und Allang *), zwischen dem sich nur junges Gebüsch von Bambus und manchen Sträuchern und verwilderten Fruchtbäumen angesiedelt hat, so dafs wir der geschichtlichen Data zur richtigen Deutung des Ursprungs und Alters dieser Vegetation selbst entbehren könnten! — Die weiten Flächen in Nordtobah gleichen, soweit man sehen kann, einer Grastrift oder Wiese, deren Einförmigkeit kein Baum unterbricht. Nur auf den Kuppen der seitlichen Berge und an den schroffen Wänden einiger tiefen Klüfte wölben sich Wälder.

Der Grund ist fruchtbar und humusreich und dennoch in diesem üppigen tropischen Klima (wo sich selbst nackte Felswände mit Waldesschatten überziehen) nur mit Futtergras (Poa, Festuca, Panicum-Arten) und mit Allang-allang bedeckt.

Diese Kahlheit ist ein Beweis für das hohe Alter der Kultur, welche in diesen Gegenden blühte. Dafs eine solche gänzliche und bleibende Ausrodung alles Holzwuchses nur durch eine viele Jahrhunderte lang bestandene Kultur hervorgebracht werden kann, und dafs ein kurzjähriges Kappen und Verbrennen der Wälder in so fruchtbaren Gegenden, wie die Regionen von 2 bis 4000′ H. unter dem Aequator nicht hinreichend ist, den Keim von allem Waldwuchs zu vertilgen, diefs beweisen uns (um bei einem Beispiele dieser Battaländer selbst stehen zu bleiben) die Felder und bebauten Umgebungen von Dörfern, welche zur Kriegszeit mitten in den Waldungen angelegt und nachher wieder verlassen wurden, und welche sich so schnell wieder mit Waldwuchs erfüllten, dafs man nach kaum 10 Jahren ihre Stelle nicht mehr aufzufinden im Stande ist.

So liefert uns der gegenwärtige Zustand des Bodens der Battaländer und der Grad seiner Bewaldung oder pflanzlichen Entblöfsung selbst die Beweise für die Wahrheit dieser Sage aus dunkler Vorzeit seiner Bewohner.

Sehr merkwürdig erscheinen diese Verhältnisse des Ursprungs der Battaër, wenn wir sie mit denen der Maleien, nach Marsden, aus den hohen Binnenländern von Padang (dem alten Menangkabau) vergleichen.

Beide, die Battaër sowohl als die Maleien (Menangkabauer), sind ursprünglich Ackerbauer, doch die Battaër auch zugleich Hirten. Beide wohnen ursprünglich auf Hochebenen der Binnenländer *), die Maleien auf ihrem 3000′ hohen Plateau von Agam (Menangkabau olim) und die Battaër auf ihrer 4000′ hohen Platte von Tobah, — beide zeichnen sich aus durch eine kräftige Bevölkerung, welche in dem fruchtbaren, hohen, gemäfsigten Klima schnell zunahm und eine viel höhere Stufe von Kultur und Civilisation, als die benachbarten Völker der heifsen Niederungen erreichte, — und beide dadurch, dafs sie eben durch diese schnelle Zunahme der Bevölkerung zu Auswanderungen genöthigt wurden, die (wie wir oben versucht

*) Freilich nicht auf 8000′ hohen Plateau's, wie Marsden meint, und wie Berghaus, nach den Angaben der Engländer, auf seinem der Karte von Sumatra beigefügten Profile irrig dargestellt hat, — denn die höchste Centralebene des alten Menangkabau, welches seit jenen Zeiten als „Bovenlande von Padang" unter das Gouvernement der Niederländer gekommen und mit zahlreichen Forts bebaut und besetzt worden ist, hat nur 3000 bis 3250 Fufs Höhe; — freilich erheben sich die Berggipfel, welche dies Plateau begrenzen, nicht zu 14000′ (wie Marsden vom Ophir sagt), sondern der Ophir, nach genauen Messungen durch den zu früh verstorbenen L. Horner (dessen vortrefflicher Barometer sich nebst seinen Beobachtungen gegenwärtig in meinem Besitz befindet), blofs 9010 paris. Fufs, der Singallang 9040 und der Merapi 9000; auch sind Höhen von 8000 Fufs auf den Inseln Java und Sumatra nicht mehr bewohnbar, und die Abnahme der Temperatur ist daselbst wegen der engen Umsäumung vom Meer und wegen der Abwesenheit von wärmestrahlenden Ebenen von nur einigermafsen bedeutender Ausdehnung eine ganz andere, als auf weiten continentalen Ländermassen, so dafs auf diesen Inseln die Region von 8000′ schon so rauh und unwirthbar ist, dafs sie keinen einzigen Fruchtbaum, keinen Reis, keine Kartoffeln und kaum noch einige europäische Gemüse, z. B. Kohl, hervorzubringen vermag; aber beide Völker wohnen doch im gemäfsigten Klima von 70,5 bis herab zu 67° Fahrh. mittler Temperatur. (Siehe Abschnitt IV., Klimatologie). Was Marsden von dem hohen Berge Mahameru und dem daselbst entspringenden Kali Maleio sagt, welcher sich in den Palembangschen Flufs ergiefsen soll, obgleich zwischen diesem und Menangkabau der Raum von zwei Breitegraden mit zwei Stromgebieten (Jambi u. Indragiri) mitten inneliegt, die sich apart zur Ostküste münden, scheint mehr der Fabellehre der alten Menangkabauer entnommen zu sein, weil der Name eines solchen Berges auf Sumatra gar nicht bekannt ist; (wohl aber auf Java, in dessen östlichem Ende, in der Residenz Passuruan sich der famöse Vulkan Mahamiru oder Smiru erhebt).

haben wahrscheinlich zu machen) sich bei den Battaërn noch früher eeigneten, als bei den Maleien.

Die Maleien, nachdem wahrscheinlich die südlichen Provinzen Korinchi u. a. bereits von ihnen bevölkert waren, an ihrer weitern Ausbreitung im Innern der Gebirgsthäler gen Norden (wo die beiden Menschenfluthen der Battaër und Maleien — wahrscheinlich in Süd- oder Mittelmandaheling — zusammenstiefsen) durch Battaër gehemmt, strömten nach Osten, wo die grofsen Flufsthäler des Siak und Indragiri, die in ihrem Hochlande entspringen, ihnen den bequemsten Ausgang darboten, und bevölkerten zuerst die Gestade von Singapure und Malacca.

Sie wurden berühmt, verdanken aber diese Berühmtheit blofs ihrem Uebertritt zum Mohamedanismus im Jahre 1276, dessen fanatische Fackel damals zu leuchten begann und die frühere Geistesruhe und Indolenz der Völker daselbst zerstörte. — Von dieser Fackel vorgeleuchtet, wurden sie Seefahrer, Handelsleute, vermehrten sich schnell und überschwemmten alle benachbarten Gestade.

Die Battaër wandten sich nach Westen und bevölkerten die Insel Nias, deren kokosumsäumte, einladende Küsten sie von ihren Bergen an der schönen Bai von Tapanulie aus sehen konnten. Sie blieben dem negativen Glauben ihrer Väter getreu: der Islamismus fand keinen Eingang unter ihnen. Sie blieben unbekannt, keinen Einflufs auf fremde Nationen ausübend und allen Einflufs fremder Nationen auf sich abwehrend, — beschränkt und in sich geschlossen. — So sind sie geblieben, haben alle Bemühungen der mohamedanischen Priester zur Annahme des Korans abgewiesen, und hassen und verabscheuen die Pfaffen bis auf den heutigen Tag.*)

Dafs der Archipel der Niasser Inseln (auf alten Karten irrig als eine grofse Insel Pulo Nias dargestellt) von battaschen Kolonisten (sowie nachher die zahlreichen, noch südlicher gelegenen Batu-Inseln von Nias aus) bevölkert sei, habe ich bereits oben zu beweisen gesucht.

Wenn (wie wir hoffen) die vorstehenden Betrachtungen nicht von allem Grade der Wahrscheinlichkeit entblöfst sind, so liegen, um uns dieses Ausdrucks zu bedienen, zwei „Pa-

---

*) Jauuar 1841.

radiese" auf der Insel Sumatra oder zwei Ursitze von zwei verschiedenen Menschenstämmen. Merkwürdig ist es, dafs alle philosophirenden Geographen seit jeher den Ursitz der Menschheit in Hochebenen verlegt haben, bald in die Hochebene von Armenien, bald in das noch höhere Thal von Kaschmir (wo die Rosen ewig blühen), und dafs wir auch auf Sumatra, sowohl durch Volkssage, als durch direkte Forschungen (theils in der physischen Beschaffenheit des Landes, theils in der Oekonomie seiner Bewohner) auf Hochebenen verwiesen werden, nämlich auf die Plateau's von Agam und von Tobah, von wo die Menschheit herabstieg, um die kokosreichen Gestade zu bevölkern! —

Zweites Kapitel.

Statistischer Ueberblick.

Bei dem Versuche einer Ausmittelung, ja selbst nur einer annähernden Zählung der Bewohner der Battaländer stöfst man auf grofse Schwierigkeiten. Zuerst sind die Grenzen derselben keinesweges bestimmt und müssen bei unserer Unbekanntschaft mit dem nördlichen Theile derselben, der sich bis zum Territorium von Atjin ausdehnt, vorerst willkürlich gezogen werden; dann ist uns die Anzahl der Dörfer auch in den untersuchten und unterworfenen Theilen des Landes noch nicht genau bekannt, und es mögen noch manche Dörfer und kleinere Versammlungen von Hütten in den Gebirgen versteckt liegen, deren Bewohner, weit entfernt, einen Ruhm oder ein Glück in der Bekanntschaft mit der Welt, nämlich der europäischen Welt (die sie aufsucht), zu finden, vielmehr ihre friedliche Einsamkeit zu bewahren ängstlich bemüht sind; ferner ist die Häuser- und Bewohnerzahl auch in den bekannten Dörfern (bei der Unmöglichkeit, von dem Reisenden alle gezählt zu werden) nicht genau bestimmt, — die Häuptlinge wissen sie gewöhnlich selbst nicht, (Register über Geburts- und Sterbefälle werden nie gehalten), oder geben sie absichtlich falsch an, öfters zu gering (aus begreiflichen Gründen), zuweilen aber auch zu hoch (aus Ruhmsucht, um sich recht grofs darzustellen), — und endlich ist die Gröfse der Häuser und ihr Bewohntsein durch eine oder mehrere Familien (Tjatja's*)), und die Gröfse dieser Familien selbst in den verschiedenen Landschaften sehr verschieden und bietet Verhältnisse dar, die in den Grenzdörfern verschiedener Provinzen ohne scharfe Grenzen in einander übergehn.

In Ankola und Siepierok befindet sich in einem Hause, nämlich in den vorderen Ecken desselben, bald nur ein Feuerplatz (wo gekocht wird), — bald zwei Feuerplätze oder Küchen, und also auch entweder nur eine Familie und Kindern) zu 4 angenommen werden kann. Dies gilt je- (Tjatja-angih, Hausgesinde) oder zwei; die Anzahl der Häuser mit zwei verhält sich zu denen mit einer Familie, so viel ich

*) Das Wort Tjatja ist überall in den Battaländern im Gebrauch (auch in den Centralprovinzen), — und zwar fast in derselben Bedeutung, wie es auch in den Sundalanden auf Java üblich ist.

habe ermitteln können, wie 1 zu 2, während die mittlere Anzahl der Köpſe, woraus eine Tjatja besteht (mit Mann, Frau doch nur von den Wohnungen der gemeinen Battaër; denn in dem Hauseeines Radja, von denen jedes Kampong gewöhnlich nur eins enthält, zählt man mit Weibern, Sclaven und Kindern bei einem Feuerplatze 8, und bei zweien 16, also im Mittel 12 Bewohner.

In Tobah sind die Familien, welche ein Haus bewohnen, und die Glieder dieser Familien zahlreicher und die Häuser gröſser. Weil jedoch die Radja's dort nicht soviel Sclaven besitzen, so fällt der Unterschied in der Gröſse der Familien zwischen Gemeinen und Radja's gröſstentheils weg. Das Haus eines Gemeinen enthält daselbst wenigstens 2, gewöhnlich 3 Feuerplätze, welche sich wie 1 zu 3 verhalten. Die mittlere Zahl der Glieder einer Familie ist in Tobah 5.

Nach diesen Grundsätzen habe ich die Population berechnet und die Resultate davon in der zweiten Tabelle mitgetheilt. Damit man im Stande sei, diese Rechnungen zu prüfen, und im Fall sich Irrthümer ergeben sollten, diese zu verbessern, so theile ich die Grundsätze derselben im Einzelnen mit.

1) Das Verhältniſs der Familien zu den Häusern und der Anzahl Glieder zu den Familien, welches ich in Hoch-Ankola und Siepierok (3te und 8te Provinz) herrschend fand, kann auſserdem noch (meinen Erfahrungen zufolge) auf folgende Provinzen: 1, 2, 3, 4, 5, 6, 7, 8, 9, 10, 18, 19 und 20 unverändert angewandt werden. Es ist:

Ein Radjahaus mit 1 Tjatja	= 8	Medium 12 Bewohner.
- - - - 2 -	= 16	
Ein Unterthanh. mit 1 -	= 4	Medium $5\frac{1}{3}$ Bewohner.
- - - - 2 -	= 8	
Im Verhältniſs derselben von 2 zu 1		

Wenn sich das Verhältniſs der Unterthanenhäuser von 1 zu denen mit 2 Tjatjas gleich stände, so würde das Medium 6 sein. Da dieſs aber nicht der Fall ist, sondern sich ein Haus mit 4 Bewohnern zu denen mit 8 wie 2 zu 1 verhält, nämlich unter 3 Häusern zwei, jedes 4 (zusammen 8) Bewohner und nur eines 8 enthält, alle drei also 16, so ist das wahre Mittel der Bewohner für ein Unterthanenhaus $5\frac{1}{3}$. — Beispiel: Das Dorf Sigumurru hat 30 Häuser, wovon ein Radjahaus mit 12, die übrigen 29 jedes mit $5\frac{1}{3}$ Mann, giebt 167 Köpſe, wovon der 4. Theil aus wehrhaften Männern besteht. — Für die Anzahl der Schweine (das wichtigste Hausthier der Battaër) habe ich folgendes Verhältnifs gefunden, nämlich im Mittel: der 4. Theil der Häuser eines Kampongs ist arm und entbehrt dieser Thiere, — von den übrigen ¾ Häusern besitzt ⅓ im Durchschnitt jedes Haus 2, ⅔ aber jedes Haus 4 Schweine; diefs giebt für das angeführte Dorf Sigumurru mit 30 Häusern eine Anzahl von 75 Schweinen (nämlich kleine und grofse), die auch wirklich vorhanden sind. — So kann man im Allgemeinen 2½mal soviel Schweine rechnen als Häuser im Dorfe sind.

2) Ein ganz anderes Verhältnifs ist in der 16ten Provinz, in Tobah (dem hohen Plateau, wo die Häuser viel göfser sind) herrschend.

Ein Radjahaus mit 4 Tjatjas à 5 Mann mit wenigen Ausnahmen = 20 . . . . Med. 20 Bew.

Ein Unterthanenh. mit 2 Tjadjas à 5 Mann = 10
\- - - - 3 - - 5 - = 15
Im Verhältnifs derselben von 1 zu 3.
} Med. 13¾ Bew.

Wenn sich das Verhältnifs der Unterthanenhäuser von 2 zu denen mit 3 gleich stände, so würde das Medium 12½ sein. Da diefs aber nicht der Fall ist, sondern sich ein Haus mit 10 Bewohnern (zwei Tjatjas) zu denen mit 15 (drei Tjatjas) wie 1 zu 3 verhält (nämlich überhaupt, im Mittel), so dafs unter vier Häusern nur eines mit 10, drei aber jedes mit 15, zusammen 45, und alle vier also mit 55 Bewohnern versehen sind; so ist das wahre Medium der Bewohner für ein Unterthanhaus 13¾. Beispiel: Das Dorf Sossor hat 25 Häuser, ein Radjahaus enthält 20, die übrigen 24 jedes 13¾, zusammen 330 Köpfe; dies giebt eine Bevölkerung von in Summa 350, wovon nur der 5. Theil (in den vorigen Provinzen der 4te) aus wehrhaften Männern besteht. *) — Schweine für diese Provinz sind im Mittel 3½mal soviel als Häuser zu rechnen.

3) Für die 11, 12, 13, 14, 15te und 17te Provinz, wo Uebergänge zwischen den beiden vorigen Verhältnissen statt finden, sind im Mittel für jedes Radjahaus 18, und für jedes Unterthanenhaus 10 Köpfe gerechnet. — Wehrhafte Männer der 5. Theil. — Schweine 3mal so viel als Häuser.

---

*) Unter wehrhaften Männern werden überhaupt die verstanden, deren reiferes Alter (über 16 Jahr) sie zu härtern Arbeiten, zum Tragen von Lasten, fähig macht.

Erste statistische Tabelle

Nr. d. Provinz.	Namen der Provinz.	Flachland.	Gebirgsland.	Gesammt-Areal.	Verhältniſs des Kulturlandes zur Wildniſs. Kulturland.	Ehemal. Kulturland, jetzt Allangwildn.	Urwald.	Wildniſs überhpt.
1.	Sikunar.	481	131	612	12	0	600	600
2.	Niedertapanulie.	115	216	331	28	30	273	303
3.	Ober-Ankola.	37¾	169½	207	25¼	59¼	122½	181¾
4.	Nieder-Ankola.	83	91	174	16	42	116	158
5.	Padang Lawas.	283⅓	116⅔	400	20	305	75	380
6.	Burumon.	1135	0	1135	20	0	1115	1115
7.	Ostgebirge v. Siepierok u. Silantom.	0	487½	487½	40	0	447½	447½
8.	Siepierok.	175	256¼	431¼	40	135	246¼	391¼
9.	Sigopulang.	60	106	166	37	0	129	129
10.	Obertapanulie.	0	406¼	406¼	20	0	386	386
11.	Silindong.	56¼	137½	193¾	86½	67	40¼	107¼
12.	Dolok Dsaut.	0	193¾	193¾	0	0	139¾	193¾
13.	Silantom.	87½	37½	125	1½	90	33½	123½
14.	Hurung.	10	190	200	10	110	80	190
15.	Rampeh.	37½	25	62½	6	42	14½	56½
16.	Tobah.	507½	130	637½	100	467½	70	537½
17.	Ober-Biela.	381¼	200	581¼	100	251¼	230	481¾
18.	Nieder-Biela.	293½	44	337½	35	30	272½	302½
19.	Westgebirge von Silindg. u. Tobah.	0	231½	231½	21½	0	210	210
20.	Baros.	870	30	900	20	0	880	880
	Summa	4614½	3198½	7813	638½	1635	5539¾	7174¾
	Nördlicher, noch unbekannter Theil d. Battaländer bis Tumon und Assahan.			4200				
General-Summe.				12013				

der Bataländer für 1840.

Vertheilung des Kulturbodens zwischen		Vertheilung der Allangwildn. (ehemal. Kulturland) zwisch.		Vertheilung des Urwaldes zwischen		Anmerkungen.
Flachland.	Gebirgsland.	Flachland.	Gebirgsland.	Flachland.	Gebirgsland.	
12	[illegible]	0	0	468	132	Die Zahlen bedeuten solche englische Quadratmeilen, von denen 60 auf einen Grad des Aequators gehen, die also gleichbedeutend sind mit geographischen Minuten, jede zu 5710 par. Fufs. Dieses Maafs ist ohne Ausnahme in der Beschreibung der Battaländer und den dazu gehörigen Karten gebraucht, sodafs wenn von Meilen die Rede ist, immer solche verstanden werden. Von den gewöhnlichen englisch. Meilen, von denen $69\frac{1}{4}$ auf einen Grad kommen und deren jede 1942 par. F. lang ist, gehen 15 auf 13 von den unsrigen.
14	1[illegible]	14	16	86	187	
$10\frac{1}{4}$	$1\frac{3}{4}$	$27\frac{1}{4}$	32	0	$122\frac{1}{2}$	
12	[illegible]	26	16	45	71	
20	[illegible]	$263\frac{1}{3}$	$41\frac{2}{3}$	0	75	
20	[illegible]	0	0	1115	0	
0	4[illegible]	0	0	0	$447\frac{1}{2}$	
37	[illegible]	113	22	25	$231\frac{1}{4}$	
37	[illegible]	0	0	23	106	
0	2[illegible]	0	0	0	386	
$56\frac{1}{4}$	3[illegible]	0	67	0	$40\frac{1}{4}$	
0	[illegible]	0	0	0	$193\frac{3}{4}$	
$1\frac{1}{2}$	[illegible]	70	20	16	$17\frac{1}{2}$	
7	[illegible]	7	103	0	80	
6	[illegible]	27	15	$4\frac{1}{2}$	10	
100	[illegible]	$407\frac{1}{2}$	60	0	70	
75	25	$176\frac{1}{4}$	75	130	100	
35	0	30	0	44	$228\frac{1}{2}$	Die Provinz Kubu von 2440 Quadratm. (oder die grofse östl. Waldfläche zwischen den Strömen Kubu und Burumon) ist bei dieser Angabe des Areals nicht mit zu den Battaländern gerechnet.
0	21[illegible]	0	0	0	210	
20	0	0	0	850	30	
463	175[illegible]	$1167\frac{1}{3}$	467^{2}	$2801\frac{1}{3}$	$2738\frac{1}{4}$	

Anmerkungen und Erläuterungen zu dieser ersten Tabelle.

Es würde zu weitläufig sein, hier die Grenzen der aufgestellten 20 Provinzen anzugeben; diefs ist ausführlich im Abschnitte Topographie (und zwar im 1sten Kapitel daselbst, wo von Begrenzung des Landes und Eintheilung desselben in Provinzen die Rede ist) geschehen.

Auf den ersten Blick wird man in dieser Tabelle das ungeheure Uebergewicht der Wälder und Wildnisse überhaupt über den Kulturboden erkennen, indem der gegenwärtig bebaute Grund nur 638, der vormals bebaute, nun in Allangwildnifs verwandelte Grund 1635, und die Urwälder sogar 5540 Q. M. von dem Areale (7813 Q. M.) einnehmen, — so dafs also 2½mal so viel Allangwildnifs und 8⅝mal so viel Urwälder, oder überhaupt 11¼mal so viel unbebaute Wildnifs als Kulturboden vorhanden sind.

Stellen wir vergleichungsweise diese Verhältnisse mit andern Ländern zusammen und nehmen den Flächenraum überhaupt gleich 1,0 an, so erhalten wir für Wald- und Kultur-Areal folgende Zahlen:

	Bebauter Grund.	Allangwildnifs.	Waldung.
England	0,96	—	0,04
Frankreich	0,91	—	0,09
Preufsen	0,75	—	0,25
Nassau	0,60	—	0,40
Rufsland	0,35	—	0,65
Schweden	0,09	—	0,91
Battaländer	0,08	0,21	0,71.

Die am meisten bewaldete Provinz der Battaländer ist Ober-Tapanulie, wo sich die Kultur zur Urwaldung wie 1 zu 19 verhält! — und die waldärmste ist Tobah, wo sich die kahlen (nicht bewaldeten, aber keinesweges überall bebauten) Gegenden zur Waldung verhalten wie 9 zu 1. —

Provinz 2. (Erste Tabelle.) Von den 115 Quadratmeilen Flachland dieser Provinz kommen auf die Hyläa von Lumut (eine alte Seebucht) allein 72, so dafs für die übrigen 259 Quadratmeilen der Provinz nur 43 ebenes Land übrig bleiben

Pr. 3. Hat nur vier flache Thalböden, als 1) Napa mit 5, — 2) Pagger utang mit 10½, — 3) Batana tua mit 4, und 4) der nördliche Theil von Ankola 26¼, — zusammen 45¾ Q. M. — Das Hochland im N. W. vom Lubu Radja, welches aus verflachten Rücken besteht, ist nicht mit zum Flachlande gerechnet.

Pr. 4. Das Flachland dieser Provinz umfafst einzig und

allein den horizontalen Thalgrund von Ankola, der im Medium $2\frac{1}{2}$ M. breit, und von dem Einflufse des Baches Selampuéh in den Ankoastrom bei Pitja koling bis zu seiner Grenze in südöstlicher Richtung 15 M. lang ist.

Pr. [illegible]. Die Wälder dieser Provinz beschränken sich fast ausschliefslich auf die höhern östlichen Gehänge der Ankolaschen Hauptbergkette. — Auch macht diese Provinz zum Theil eine Ausnahme von der Regel, dafs Allangwildnisse ehemaliger Kulturboden sind. Ihr ungeheures Vorherrschen in dieser Provinz, wo sie mit baumartigen Heiden geschmückt, sich zu einer ganz eigenthümlichen Physiognomie gestalten, scheint mehr aus der dürren Beschaffenheit des thon- und mergelreichen Bodens hervorzugehen.

Pr. 8. Die 175 Q. M. Flachland dieser Provinz umfassen den eigenlichen Plateaugrund von Siepierok ausschliefslich. — Die für's Gebirge angegebenen 3 Q. M. Kulturland und 22 Q. M. Allangwildnifs betreffen die Berggehänge gegen Sigopulang hin. Alle anderen Gebirge sind mit Urwald bedeckt.

Pr. 1[illegible]. Die $56\frac{1}{2}$ Q. M. Flachland dieser Provinz sind einzig und allein der söhlige Boden des Silindongthales. — Die Wälder in dieser Provinz beschränken sich auf die höchsten Rücken und Kuppen der Berge.

Pr. [illegible]. und 15. Die in diesen beiden Provinzen für Allangwildnifs angegebenen ungemein grofsen Zahlen von 110 und 42 scheinen hier nicht sowohl einen alten, verwilderten Kulturgrund anzudeuten, als vielmehr (zum Theil sicher) ursprüngliche Kahlheit und Baumentblöfsung des Terrains. — In Hurung scheint sie eine Folge der überaus schroffen, felsigen Berggehänge und des dürren steinigen Bodens überhaupt zu sein. — In allen andern Provinzen aber ist es selbst historisch erweisbar, dafs gegenwärtig von Wald entblöfste, nur mit 2 bis 3′ hohem Allanggras (und abwechselnd hier und da mit 6—10′ hoher Klaga und einzelnem Gesträuch) bewachsene Gegenden ehedem bebaut waren; dafs auf solchem ehemaligen (vielleicht viele Jahrhunderte lang bebaut gewesenen) Kulturboden keine Wälder emporsprossen, sondern nur jenes gesellige, allverbreitete, tropische Allanggras, das am passendsten mit dem nordischen Heidekraute verglichen werden kann, ist in der That sehr bemerkenswerth.

Pr. 2[illegible]. Die 30 Q. M. Gebirgsland dieser Provinz fallen dem Kindanggebirge an der Südgrenze der Provinz anheim.

Zweite statistische Tabelle

Nr. d. Provinz.	Name der Provinz.	Name der Landschaft oder des Districtes.	Namen oder Anzahl der Dörfer.	Namen der Radjas.	Anzahl d. Häuser.	Anz. d. wehrb. Männ. (s.p.30)
1.	Sikunar.	Innere Landschaft am obern Laufe des Sikunarflusses.	Sikunar. Ayer turutong. Sibombong.		90	120
		Küstenlandschaft an Muara Batt. torru	Bata mundam		65	87
		? (Vermuthet.)	Zwei Dörfer.		36	50
2.	Nieder - Tapanulie.	Inseln und Küsten der Bai von Tapanulie.	Pulo Pontjang panjang.		10	15
			Pulo Pontjang kitjil.		50	68
			P. Pontjang gedang.		12	18
			Pulo Ongey.		5	8
			Udjong Sawa.		4	7
			Kamp. Jago-jago		6	10
			Kamp. Bediri.		30	42
			Kamp. Siboga 1.		10	15
			Kamp. Siboga 2.		30	42
			Kamp. Tapanulie.		35	48
		Bonnong dolok Thal.	Bonnong dolok Thal.		40	55
		Sibuluan, Ebene hinter der Bai zwischen den Vorgebirgen und den Hauptgebirgen.	Gadang. Pinanga. Sibuluan. Gudim baru. Pertja jangang. Sibarollo.		210	292
		Tuka, Ebene, dito.	Sechs Dörfer.		190	250
		Saidnahuta.	Vier Dörfer.	Gurru mandiah, Hptradj	100	140
		Bor-bor oder Biobio (nach einem verlassenen Kampong.)	Pinang soreh djulu. Hassang. Eik nalimut. Prabasiangang.		100	140
		Simanossor.	Simanossor.	Bonnong Dol	40	55
			Tarrikdu bata.		20	28
			Massundung.		15	22
			Dolok Manubong.	Sibohéhen.	10	15
		Pinang soreh.	Sechs Dörfer.		180	250
		Lumut.	Kamp. Lumut.		40	55
			Kamp. Parnongo.		20	28
			Neben Benting Lumut.		8	12
			Am Kali Lumut.		6	10

der Battaländer für 1840.

Bewohnerzahl überhaupt.	Zahl der Hausthiere. Rinder.	Kari-bauen.	Pferde.	Schweine.	Summa der Population d. Provinzen.	Areal der Provinzen.
500					1050	612
350						
200						
60					8279	331
273						
70						
34						
28						
39	0	0	0	10		
167	0	0	0	40		
59	5	0	0	10		
167	15	0	0	40		
193	0	0	0	30		
220	0	0	0	60		
1167	50	100	0	400		
1000	30	60	0	300		
560	5	15	0	200		
560	0	25	0	200		
220	10	10	0	75		
113	0	5	0	40		
87	0	5	0	30		
60	0	0	0	15		
1000	25	50	0	360		
220	0	15	0	70		
113	0	0	0	30		
49	0	0	0	10		
39	0	0	0	10		

Nr. d. Provinz.	Name der Provinz.	Name der Landschaft oder des Districtes.	Namen oder Anzahl der Dörfer.	Namen der Radjas.	Anzahl d. Häuser.	Anz. d. wehrb. Männ. (s. p. 30)
2.	Nieder-Tapanulie.	Tapollong.	Goroga.	Hochem.	30	42
			Angoleh.	Gurru Maniscah.	20	28
			Setinjak.	Mandocha.	5	8
			Sumurang.	Gondoang.	12	18
			Rimpagolep.	Bastong.	20	28
			Paralo goang.	Langit.	15	22
			Eik sibaadi utang.	Tennambahau.	10	15
			Rangsang batu.	Datu assar.	15	18
		Summa				2069
3.	Ober-Ankola.	Huraba.	Huraba.	Siallang.	60	81
			Ayer tarras.	1. Taulet. 2. Tjaliang.	50	68
			Marantjar.	Boromang.	30	42
		Tobing.	Ayer Nabara.	Simoppir.	20	28
			Sigumurru.	Ondak of Nabing.	30	42
			Kotorar.	Saringgonang.	15	22
			Sisundung.	1. Naga. 2. Rumahot.	35	48
			Tobing.	1. Bielie. 2. Anda. 3. Morabang.	60	81
			Baru.	Majunker.	15	22
			Napa.	Kali Slamat.	100	135
			Tombang.	Bilalu.	20	28
			Batana tua.	1. Kalio lubelang. 2. Brani. 3. Diompu.	125	168
		Pagger utang.	Pagger utang.	1. Jalomonka. 2. Jahranie.	35	48
		Summa				
4.	Nieder-Ankola.	Nieder-Ankola oder Süd-Ankola.	Pitja Koling.		100	135
			Singalangang.		50	68
			Talang.		20	42
			Seruma tinggi.		35	48
			Noch ein Kampong.		20	28
			Ladanghütten.		100	135
		Summa				

Bewohnerzal überhaupt.	Zahl der Hausthiere. Rinder.	Kari-bauen.	Pferde.	Schweine.	Summa der Population. d. Provinzen.	Areal der Provinzen.
167	0	0	0	60		
113	0	0	0	40		
34	0	0	0	0		
70	0	0	0	10		
113	0	0	0	40		
87	0	0	0	25		
60	0	0	0	0		
87	0	0	0	25		
8279	140	285	0	2130		
326	0	0	0	150		
273	0	0	0	125		
167	0	0	0	75		
113	0	0	0	50		
167	0	0	0	75		
87	0	0	0	45		
193	5	0	0	87	3258	207
326	0	0	0	150		
87	0	0	0	45		
540	10	10	0	50		
113	0	0	0	50		
673	10	20	0	300		
193	0	0	0	87		
3258						
540	20	25	0	250		
273	5	10	0	125		
167	0	0	0	75	1826	174
193	5	5	0	87		
113	0	0	0	50		
540	0	0	0	250		
1826						

Nr. d. Provinz.	Name der Provinz.	Name der Landschaft oder des Districtes.	Namen oder Anzahl der Dörfer.	Namen der Radjas	Anzahl d. Häuser.	Anz. d. wehrb. Männ. (s. p. 30)
5.	Padang Lawa.		Batang unang. Siunjam. Pertiebie. Burumon. Tambarandja. Kadjaran. Sungi Durian. Sikuristak.		320	440
			Ladanghütten am Kali Burumon zerstreut.		20	28
		Summa				
6.	Burumon.		Sieben kleine Dörfer à 20 Häuser im Mittel.		140	198
			14 Versammlungen von Ladanghütten à 3.		42	58
		Summa				
7.	Ostgebirge von Siepierok und Silantom.	Tanna Dolok.	Simanabon. Pagger Napa. Noch 4 andere Dörfer.	Horlang. 1. Jatingi. 2. Jamanulc.	205	283
		In Osten von Siepierok.	Tapus, Tugadu, Siallang, Simantiangin.		80	113
		? Uebrige Theile der Provinz.	Nordwärts von Dolok bis Tanna Rampeh.		475	635
		Summa				
8.	Siepierok.	Pulo Mario.	Pulo Mario.	Hindo.	30	42
		Plateau von Siepierok.	Saligundi.	1. Kali Permatto. 2. Kali Mudo.	70	95
			Weringien.	1. Tapinanjungang. 2. Sudan palin dungang.	80	108
			Bangaribuan.	Tahuha.	10	15
			Prau Sorat.	Toltollang.	50	68
			Sabba tollang.	1. Siontom, 2. Tjimannorang.	6	10
			Paggeran dolok.	Kali uhutang.	30	42
			Paggeran padang.	1. Djaunang, 2 Tjipalutang.	70	95

Bewohnerzahl überhaupt.	Zahl der Hausthiere. Rinder.	Kari-bauen.	Pferde.	Schweine.	Summa der Population d. Provinzen.	Areal der Provinzen.
1759	25	50	0	900	1869	400
110	0	0	0	50		
1869						
791	0	0	0	350	1021	1135
230	0	0	0	105		
1021						
1133	0	30	0	511		
454						
2539						
4126						
167					3931	431¼
380						
433						
60						
273						
40						
167						
380						

Nr. d. Provinz	Name der Provinz.	Name der Landschaft oder des Districtes.	Namen oder Anzahl der Dörfer.	Namen der Radjas.	Anzahl d. Häuser.	Anz. d. wehrb. Männ. (s. p.30)
8.	Siepierok.	Plateau von Siepierok.	Siepierok.	1. Kali Mangampat. 2. Sudan muda.	125	168
			Pangoraban.	1. Djasuara 2. Diapanie	50	68
			Punjaponter.	1. Simarsik 2. Gading.	60	80
			Tannamnias.		20	28
			Warseh.	Gandoan.	20	28
			Rodjitan.	Djanniandji	20	28
			Tuladjat.	Sumandak.	40	55
		Westliche Gebirge.	Ayer ladang.		15	22
			Gudarim baru.		20	28
		Summa			716	980
9.	Sigopulang.	Thalgrund Sigopulang.	Sechszehn Dörfer (4 à 100 — 4 à 50, 4 à 25 — 4 à 10 Häuser.)	Gurru Mangolup, Hauptradja.	740	1000
10.	Ober-Tapanulie.	Sechs aus Autopsie bekannte Dörfer, im Mittel à 108 Mann in 21 Häusern.	Lubu sikkam. (3)		16	23
			Dorna kinjang.		20	28
			Goding. (2)		30	42
			Paggera pisang. (3)		30	42
			Adien godding.		20	28
			Huta tinggi.		10	15
		Dem Namen nach bekannt.	Eilf Dörfer.		231	330
		? (Vermuthet.)	Noch fünf Dörfer.		105	150
		Summa				
11.	Silindong.	Mertimpangberg.	Panoadjih (3)		50	100
		Silindongthal und angrenzender Fufs der Berge.	Kampongs. (56)		1008	2100
		? Im Westgebirge.	Noch 10 Dörfer.		180	372
		Summa				
12.	Dolok Dsaut.	Gebirge.	Ist ganz unbewohnt.		0	0
13.	Silantom.	Flufsthal Sumang ampat.	Sumang ampat.	Binoreh.	20	42

Bewohnerzahl überhaupt.	Zahl der Hausthiere. Rinder.	Kari-bauen.	Pferde.	Schweine.	Summa der Population. d. Provinzen.	Areal der Provinzen.
673						
273						
326					3931	431¼
113						
113						
113						
22						
87						
113						
3931	300	200	50	1627		
4050	300	150	0	1850	4050	166
87	0	0	0	45		
113	0	0	0	50		
167	0	0	0	75		
167	0	0	0	75		
113	0	0	0	50	2375	406¼
60	0	0	0	25		
1188	0	0	0	550		
540	0	0	0	250		
2375						
508	0	0	0	150		
10500	200	100	0	800	12888	193¾
1880	0	30	0	540		
12880						
0	0	0	0	0	0	193¾
208	0	0	0	60	208	125

Nr. d. Provinz.	Name der Provinz.	Name der Landschaft oder des Districtes.	Namen oder Anzahl der Dörfer.	Namen der Radjas.	Anzahl d. Häuser.	Anz. d. wehrb. Männ. (s. p.30)
14.	Tanna Hurung.	Tanna Hurung.	Zehn Dörfer, à im Durchschnitt 30 Häuser und 300 Mann.	Tjabung Arang, Hauptradja, und Tjilangit, sein Sohn.	300	600
15.	Rampéh.	Tanna Rampéh.	Fünf Dörfer à im Durchschnitt 39 Häuser und 400 M.	Simarik, Hauptradja.	200	400
16.	Tobah-Plateau.	Bangaribuan.	Bander Nahor.	Nimartambus, Hauptradja.	50	138
			Lumpen tjinaga.		4	14
			Pinanga.		10	30
			Huta tuan.		45	125
			Lumpen tanjong.	Kali Allam.	20	56
			Lumpen tjermin.	Neguru Guttam.		
			Kiri andja.	Ompun Nimarogara.	10	30
		Sikottam.	Sikottam. (Amandji Sitarundjol.)	Amani Hindjam, Hauptradja.	20	58
			Siladolok.		15	42
			Gunong Porotung oder Barita.		10	30
			Sossor.	Ompun Nimarga Lumpok.	25	70
		Sipahuter.	Sipahuter mit 15 Kampongs à 26 H und 358 M.	Gurruta huan, Hauptradja. Gurru Pabiat, 2ter Radja.	395	1074
		? Im übrigen nördlichen Tobah bis zur Grenze vom Eik Daho.	Dreifsig Dörfer à 358 M.		780	2148
		Summa				
17.	Ober-Biela.	Siampah.	Fünf Kampongs à 20 H. und 208 M.	Silaus, Hauptradja	100	208
		Sulampu.	Sechs Kampongs.	Sodopaum, Hauptradja.	120	250
		? Die übrigen Landschaften im Thale.	Neun und dreifsig Kampongs.		780	1622
		Summa				

Bewohnerzahl überhaupt.	Zahl der Hausthiere. Rinder.	Kari-bauen.	Pferde.	Schweine.	Summa der Population d. Provinzen.	Areal der Provinzen.
3000	30	0	0	900	3000	200
2000	20	30	0	600	2000	$62\frac{1}{2}$
690	150	20	50	175		
68	10	0	0	14		
146	20	0	10	35		
625	100	20	30	112		
280	40	0	10	70		
146	20	0	0	35	(2955)	
292	50	0	10	70		
212	30	0	0	52		
146	10	0	0	35		
250	100	30	20	87		
3370	1500	0	700	1500	(3370)	
10740	3000	0	1400	2700	(10740)	
19065					19065	$637\frac{1}{2}$
1040	22	8	0	200		
1248	30	10	0	360	10400	$581\frac{1}{4}$
8112	188	62	0	2340		
10400						

Nr. d. Provinz.	Name der Provinz.	Name der Landschaft oder des Districtes.	Namen oder Anzahl der Dörfer	Namen der Radjas.	Anzahl d. Häuser.	Anz. d. wehrb. Männ. (s. p. 30)
18.	Nieder-Biela.	Bander Biela.	Bander Biela am Kali Biela.	Tonkorintum, Hauptradja.	100	135
		? Nach Berichten am Flufsufer zerstreut, zu Bander Biela gehörig.	Zehn Dörfer à 30 Häuser.		300	420
			In Ladangs 40 Häuser.		40	55
		Summa				
19.	Westgeb. v. Tobah u. Silindong.	Nieh-Bos-Bos u. a. Landschaften.	Achtzehn Dörfer, in Durchschnitt à 35 Häuser.		630	860
20.	Baros.	Sorkum.	Sorkum.		60	81
		Baros.	Baros, zwei Dörfer.		112	150
		Tapus.	Tapus.		40	55
		Singkel.	Singkel.		112	150
		Für die Binnenlande von Sorkum, Baros und Tapus.	Zerstreute Häuser längs der Ufer der Flüsse.		280	375
		Summa				
I.	Summa dieser 20 Provinzen der bekannten Battaländer.					

II. Der nördlichste noch unbekannte Theil der Battaländer. (Siehe die

Wahrscheinliche Summe der gegenwärtigen Population für die Batta-

Provinz Kubu, oder die grofse östliche Waldfläche zwischen den zu den Battaländern gerechnet werden kann, von deren Population

Bewohnerzahl überhaupt.	Zahl der Hausthiere. Rinder.	Kari-bauen.	Pferde.	Schweine.	Summa der Population d. Provinzen.	Areal der Provinzen.
540	0	20	0	250		
1670	0	25	0	750	2430	337½
220	0	0	0	100		
2430						
3200	0	0	0	1570	3200	231½
326	0	15	0	50		
600	0	20	0	70		
200	0	10	0	40	2226	900
600	0	0	0	70		
1500	0	50	0	250		
2226						
87 205					87205	7813
beigefügte Erläuterung.)					62533	4200
länder überhaupt.					149738	12013
Flüssen Kubu und Burumon, die noch mit jedoch nur die Hälfte echte Battaër sind.					2000	2440

Anmerkungen und Erläuterungen zur zweiten Tabelle.

Die nachgewiesene Bevölkerung in diesen 20 Provinzen, welche die bekannten (von mir nämlich gröfstentheils durchreisten) Battaländer umfassen, beträgt also nach dieser Tabelle 87205 Köpfe auf 7813 Quadratm. Areal, oder 11⅛ Köpfe auf eine Quadratm. — Wenn der nördliche, noch unbekannte Theil der Battaländer (mit den Provinzen Eik Daho und Tanna Hualu), nördlich von Tobah und dem Binnenthale von Biela bis Turumon an der West- und Assahan an der Osküste, dessen wahrscheinliche Grenzen im Abschnitte Topographie näher angegeben sind, und dessen Areal auf 4200 Quadratm. berechnet ist, in demselben Verhältnifs bevölkert wäre, so würde seine Population 46900 Mäuler betragen. — Nach allen Berichten jedoch, die mir geworden sind, ist dieser zweite, nördliche Theil der Battaländer viel stärker bevölkert als der südliche bekannte Theil derselben, ja einzelne Landschaften enthalten dreimal mehr Volk als die bestbevökerten Gegenden im Süden, so dafs ich seine Population im Durchschnitt (nach Wahrscheinlichkeitsgründen) um ein Drittheil habe vergröfsern und also zu (46900 + 15633) = 62533 habe annehmen müssen, was 14⅞ Köpfe auf eine Quadratm. beträgt und mit jenen 87205 vereinigt eine Totalbevölkerung für die sämmtlichen Battaländer von 149738 Mann auf das vereinigte Areal von 12013 Quadratm. oder durchschnittlich 12½ Köpfe auf eine Quadratm. ausmacht.

Zu Ende mancher Provinzen in der Tabelle wird man mit ? bezeichnete Angaben finden; dies sind nur vermuthete, nicht bestimmt nachgewiesene, doch nach Wahrscheinlichkeitsgründen vorhandene Dörfer und Bewohner, deren Anzahl ich nach dem Verhältnifs anderer Dörfer in derselben Provinz geschätzt habe.

1. Provinz. Die unter ? vermutheten Häuser dieser Provinz sind wahrscheinlich in Ladangfeldern zerstreut in den Mündungen der Flüsse Sinkuang und Sikunar, welchen letztern die Insel Pulo Illé vorliegen soll.

3. Pr. Das Dorf Napa ist eigentlich ein grofses Ladangfeld, in welchem die Häuser weitläuftig zerstreut liegen. Der Häuptling desselben hat schon längst den Koran angenommen und deshalb jene grunzenden Vierfüfsler aus seiner

nächsten Umgebung verscheucht, deren Zahl deshalb bei diesem Dorfe viel geringer als bei den übrigen ist.

6. Pr. Die Namen der Dörfer und Ladangs in dieser Provinz sind folgende. Sie finden sich nur längs dem Ufer des befahrbaren Flufses Burumon (L. bedeutet Ladang, — K. Kampong — l. am linken, — r. am rechten Ufer), der Reihe nach von Sikuristak bis Biela auf einander folgend in dieser Ordnung: — K. l. Sioppo, — K. l. Langa Patjang, — K. l. Sisopau, — K. l. Kotta Pinang, — L. r. Susumat, — L. r. Sungi ayer mera, — L. l. Ganja marong, — K. r. Kamp. Radja Bongso, — K. l. Kamp. Pinang, — L. r. Simangsu, — L. l. Gintasan, — K. r. Negora baru, — L. r. Tanjong brula, — L. l. Sonné nadaboméh, — L. l. Silumbing, — L. r. Sungi jamu, — L. l. Sungi Radja Galawan, — L. r. Sungi dungan, — L. r. Sonen achadaris, — L. r. Sungi Suntang, — K. und Benting Tanjong Topias oder Biela an der Vereinigung des K. Biela und Burumon auf der Landspitze zwischen beiden.

7. Pr. Da der Raum, innerhalb dessen die genannten 10 Dörfer mit der Bevölkerung von 1587 Ew. liegen, noch nicht den vierten Theil vom Areal ($= 487\frac{1}{2}$) der ganzen Provinz einnimmt, so müfste, angenommen, dafs die ganze Provinz in demselben Verhältnifs wie dieser bekannte Theil bevölkert sei, die Summe der Population, durch die Vergröfserung der genannten Zahl um $3\frac{1}{5}$, $1587 + 5075 = 6665$ Ew. betragen. Allen eingezogenen Erkundigungen zufolge ist jedoch jener nördliche Theil viel sparsamer bevölkert, weshalb wir diese Summe wenigstens um die Hälfte verkleinern und zu 2539 annehmen müssen, wodurch die Totalbevölkerung der Provinz von 4126 gegeben wird.

9. Pr. Die 16 Dörfer dieser Provinz, welche sämmtlich in dem muldenförmig-flachen und zwischen den Dörfern stark bewaldeten Thalgrunde liegen, heifsen: Lumpen turuan, Lobo Roppau, Simaninkir, Simarpinjang, Banjer udotang, Simangonting, Sigopulang, Lumpen gaul, Sipaganding, Simatang niarie, Simanampang, Taparat, Pulo wadonang, Siparpar, Perkalu angang und Sossor, und stehen unter dem titulären Oberhaupte Gurru Mangolup, welcher in dem Dorfe Sigopulang selbst wohnt. — Wie unabhängig die übrigen Häuptlinge übrigens sind, und wie sie sich hinlänglich befähigt halten, nach eigenem Belieben Krieg und Frieden zu schliefsen, ersah man im No-

vember 1840, wo der Radja Kali bonnar aus Sigopulang in Verbindung mit einigen Häuptlingen aus Bangaribuai (Huta tuan, Kiriandja) das zwischen Sigopulang und Tobah gelegene Kampong Oneng kassan überfiel und in Brand steckte. Zwei Gefangene wurden bei dieser Gelegenheit geschlachtet und verschmaust. Der Radja jedoch (Djung-ak) entkam und entfloh nach Siepierok. —

10. Pr. Von den Dörfern dieser Provinz sind mir aus Autopsie nur sechs bekannt: Lubu sikkam (eigentich drei kleine Kampongs), Dornakinjang, Goding (zwei Kanpongs), Paggera pisang (drei), Adien godding und Huta tinggi, mit durchschnittlich 108 Bewohnern, 30 Waffenfähigen und 21 Häusern jedes. Nach diesem Verhältnifs habe ich die übrigen 11, mir blofs dem Namen nach bekannten, nebst den 5 von mir vermutheten berechnet und die in der Tabelle angegebenen Zahlen erhalten, die sich von der Wirklichkeit nicht weit entfernen werden. — Durch ausgedehnte Waldungen, durch Berg und Thal geschieden, liegen in dieser unzugänglichsten aller Provinzen die kleinen Dörfer. Auf einen Pfade von Tapollong nach Sigopulang liegen: Pulu laga, Pagger gunong und Dornahapal; — von Tapanulie nach Goding: Sibunga bunga, Nagatimbul, Paggera lampong; — und von Sibuluan nach Sigopulang: Pulu sommo, Praluangang, Sibatuan und Huta rassa.

11. Pr. Wegen des Uebertritts mehrerer Häuptlinge zum Islamismus (seit den Kriegen mit Tuanku Rau) ist diese Provinz arm an Schweinen. Im Jahre 1840 stritten sich verschiedene Radjas um die Oberhoheit, aber keiner übte sie aus. Der alte Ober-Radja war in den genannten Kriegen umgekommen. Der Thalboden ist gleichsam nur eine einzige Sawa und enthält 56 Dörfer, jedes im Mittel mit 18 Häusern und 187 Bewohnern.

14. Pr. Die zehn Dörfer von Hurung, von denen die meisten auf schroffen Bergfirsten liegen, heifsen Hurung, Gudarim baru, Nadjukang, Dornakinjang, Sigalagala, Mananti, Siparkot, Paggera lampong, Tolang a. und Tolang b.

15. Pr. Die fünf Dörfer, die meistens in der Ebene liegen und gröfser sind als die der vorigen Provinz, heifsen: Tapus (zwei), Pangihit, Paggera djaba und Sitongaling.

16. Pr. Wenn die 15 Dörfer von Sipahuter in gleichem

Maafse bevölkert wären, wie die in Südtobah, wo auf jedes Dorf im Durchschnitt 269 Köpfe kommen, so erhielten wir eine Bevölkerung von 4035. Alle Berichte aber stimmen darin überein, dafs die Bevölkerung viel stärker ist und die Kampongs gröfser sind. Nehmen wir nur ein Dritttheil mehr an (was wahrscheinlich noch etwas zu gering ist), also im Mittel 358 für jedes Dorf, so giebt dies die Population von 5370. — Die unter ? vermutheten Dörfer kommen auf einen Raum, der 6mal gröfser ist als die Landschaft Sipahuter mit 15 Dörfern (welche nur 50 bis 60 Quadratm. einnimmt), so dafs ihre angenommene Zahl von 30 und ihre, in dem Verhältnifs von Sipahuter berechnete Bevölkerung von 10740 Köpfen sicher nicht zu grofs ist.

19. Pr. Da die Gröfse der Bevölkerung dieser von mir nicht bereisten Provinz unbekannt ist, obgleich, namentlich in ihrem südlichen Theile (in den Binnenländern von Baros) nach Berichten zahlreiche Dörfer liegen, so habe ich dieselbe nach der ziemlich genau bekannten Bevölkerung der 7ten Provinz geschätzt, weil sich beide Provinzen ihrer Natur nach als Gebirgsabfälle sehr ähnlich verhalten; — angenommen, dafs die Bevölkerung überall so sei, wie im südlichen Theile der 7ten Provinz von 14 Köpfen auf eine (oder 6665 auf alle 487 Quadratm. der ganzen Provinz), so bekommen wir für die 19te Provinz 3200 Mann.

20. Pr. Hier verdient bemerkt zu werden, dafs die Anzahl der geliebten Hausthiere der Battaër, nämlich der Schweine, am Meeresstrande überhaupt geringer ist, als in den Binnenländern; — dies fällt bereits bei der 2ten Provinz ins Auge. — Die Ufer des Kali Singkel in seinem mittlern und obern Laufe sollen sehr reich bevölkert sein; — die Gegenden jedoch, durch die er läuft, gehören nach den von mir angenommenen Begrenzungen zu dem 2ten, nördlichen (noch unbekannten) Theile der Battaländer.

Als Anhang zur zweiten Tabelle möge hier die Dichtigkeit der Population der Battaländer in vergleichender Uebersicht mit einigen andern Ländern folgen.

Land.	Areal. (Q. Minuten.)	Population.	Wie viel Köpfe auf eine Q. Mte. — Min.	Köpfe.	Anmerkungen.
Geringste Dichtigkeit der Population in d. Battaländern, 6. Prov Burumon.	1135	1021	$1\frac{1}{9}$	1	In der 12. Prov. (von 193 Q.M.) wohnen gar keine Menschen.
Gröfste Dichtigkeit d. Population in d. Battaländern, *a*) 11. Prov. Silindong überhaupt.	194	9350	1	$155\frac{5}{6}$	In dem söhligen Thalboden von Silindong liegen wirklich 50 Dörfer mit der angegebenen Volksmenge.
b) Thalboden v. Silindong, nebst dem zunächst angrenzenden Fufse der Berge.	60	12880	1	$66\frac{1}{2}$	
Battaländer überhaupt.	12013	149738	1	$12\frac{1}{2}$	
Mandaheling, wovon nur d. Hälfte Bat.-Abkömmlge.	126500	30000	—	—	Die Battaländer werden gewöhnlich zu einer Million Ew. angegeben, viel zu hoch! Ebenso die Atjinesen zu 600000 und die Lampongs zu 150000, zu hoch. Das Areal von Sumatra ist nur approximativ bestimmt. Hiernach ist es $3\frac{2}{3}$ Mal gröfser als Java.
Provinz Kubu (2440 Q. M.), wovon nur ein Viertel echte Battaër.		2000			
Atjinesen.		500000			
Maleien.		2000000			
Redjangs und Passumah's		600000			
Lampongs.		80000			
Sumatra überhpt. (1840)	138500	3361738	1	$24\frac{1}{3}$	
Java. (1838)	39627	7500000	1	$189\frac{1}{3}$	Population v. Java, 1830: 4600000, 1835: 6950000. Die Arealbestimmung Javas nach Raffles zu 45724 engl. Q. Meilen, wovon $69\frac{1}{4}$ auf einen Grad gehen, machen 39627 Q. Minuten (60 auf einen Grad). Darin ist jedoch die kleine Insel Madura mit begriffen.
Ceylon. (1831)	24664	959917	1	39	
Siam, n. Crawfurd.	—	—	1	$14\frac{1}{2}$	
Aracan, n. dems.	—	—	1	7	
Ava, n. dems.	—	—	1	22	
Hindostan, n. d	—	—	1	100	
Europa, in den bevölkertsten Länd.	—	—	1	125	

NB. Das Maafs ist in dieser Beschreibung der Battaländer überall dasselbe: Minuten, jede zu 5710 par. F. und 60 auf 1 Grad des Aequators.

Vergleichen wir das erhaltene Resultat von 149738 Seelen Population für die sämmtlichen Battaländer mit der Bevölkerung einiger anderer verwandten Länder, so müssen wir allerdings gestehen, dafs dies eine sehr geringe Gröfse ist; — so ist z. B. die Insel Ceylon, die nur wenige Breitegrade nördlicher liegt, 3mal stärker bevölkert als die Battaländer, und über $\frac{3}{4}$mal stärker als Sumatra überhaupt. — Ungleich gröfser aber wird der Unterschied, wenn wir unsere Blicke auf Hindostan werfen oder auf die Nachbar-Insel Java, welche über 7½ Millionen Einwohner nährt! — An Ausdehnung sind die Battaländer fast der ganzen westlichen Hälfte Javas bis Cheribon, oder dem eigentlichen Sunda gleich, und dieses Sunda hat etwa 2 Millionen Einwohner, die Battaländer aber noch nicht volle 150000, also noch nicht den 13ten Theil dieser erstgenannten Gröfse! —

Werfen wir einen Blick auf die beiden Tabellen zurück, so sehen wir, dafs sich in dem Areal von 7823 Quadratmin. der bekannten Battaländer eine Population von 87205 Köpfen, also etwa von 11⅛ Köpfen in einer Quadratm. findet, dafs von diesen 7813 Quadratm. jedoch nur 638 Quadratm. bebaut sind, während das Uebrige Wildnifsist. — Diese 638 Quadratm. bebauter Grund eigentlich sind es, auf denen die 87205 Mäuler leben und sich ernähren, und von denen 137 auf eine Quadratm. dieses Grundes kommen. — Da nun eine Minute unter dem Aequator 5710 par. Fufs oder 952 Toisen lang ist, so kommt auf einen Kopf immer noch der bedeutende Raum von 6615 Quadrat-Toisen. — Man sieht jedoch leicht, dafs in einem so fruchtbaren Lande unter den Tropen, wie die Battalande, der angegebene Raum, wenn er zur Kultur, namentlich des Reises verwendet wird, unendlich mehr als einen Mann zu ernähren im Stande ist, und dafs ein Ladangfeld von 50 Quadrat-Toisen (1800 Q. F.) schon viel mehr Product liefert, als ein Mann in einem Jahre zu verzehren vermag. Bleiben wir aber bei 50 Toisen stehen, so können hiernach wenigstens 132 Mann auf dem bebauten Grunde von 6615 Q. Toisen ihre Nahrung finden. Da nun dieser Raum nur den $\frac{1}{137}$ Theil einer Quadratm. ausmacht, so würden hiernach 137 × 132 = 18084 Menschen Platz und Nahrung innerhalb einer Q. M., und 217 Millionen 243092 Köpfe innerhalb der 12013 Q. M. des ganzen Landes zu finden vermögen! —

Diese ungeheure Zahl bezeichnet allerdings die Summe der gröfsten Möglichkeit der Production! — Lassen wir jedoch das, was sein könnte, auf dem schwankenden Kahne des Schicksals der Zukunft zuschwimmen, — und kehren zur Gegenwart zurück, um das zu betrachten, was wirklich ist.

Wir sahen also in den Battaländern 638 Q. M. Kulturland die Population von 87205 Köpfen, oder eine Q. M. 137 Köpfe, oder 6615 Q. Toisen einen Kopf wirklich ernähren. — Hierbei mufs ausdrücklich bemerkt werden, dafs das, was in der Tabelle unter Kulturboden begriffen steht, keinesweges seiner ganzen Ausdehnung nach zu gleicher Zeit bebaut ist, sondern dafs dadurch der von der Waldung gelichtete Raum rund um ein Dorf bezeichnet wird, innerhalb welches Raumes die Dorfbewohner mit der Anlegung ihrer Felder jährlich wechseln. So sind z. B. für das Dorf Sigumurru in Ober-Ankola (mit 167 Mann Bevölkerung) 1¼ Q. M. gerechnet (oder 1,132880 Q. Toisen), welche Gröfse auch in der Wirklichkeit dem Oberflächenraume gleich kommt, welcher durch die zu Ladangs gebrauchten gelichteten Wälder occupirt wird (rund um das Dorf zerstreut). Hiervon ist jedoch noch lange nicht der achte Theil auf einmal zu gleicher Zeit besäet, und dieser achte Theil würde bereits für einen Kopf 848 Q. Toisen betragen.

Dafs also die Zahlen, welche ich für Kulturboden (wirklich bebauten Grund) angegeben habe, eher viel zu grofs als zu klein sind, unterliegt keinem Zweifel, und wird auch wirklich durch das Beispiel vom Silindongthale bewiesen, wo mehr als 137, nämlich 156 Köpfe auf eine Q. M. Kulturgrund kommen, obgleich auch diese 156 nur ein übrig gebliebener Rest der vormals, vor dem Kriege, viel stärkeren Bevölkerung sind.

Bleiben wir aber bei der mittlern Zahl von 137 Mann gegenwärtiger Population auf eine Q. M. Kulturgrund stehen, so sehen wir uns dadurch in den Stand gesetzt, nach dem bekannten Areal des ehemaligen Kulturbodens, der jetzt in Allangwildnifs verwandelt ist, und den ich in der ersten Tabelle zu 1635 Q. M. berechnet habe, — die vormalige Gröfse der Population ungefähr zu erkennen. Nach dem Verhältnifs von 137 zu 1 kann diese ehemalige Bevölkerung auf ihrem (nunmehr verwilderten) Kulturgrunde von 1635 Q. M. nicht weniger als 232995 Mann betragen haben, was mit dem gegenwärtig noch vorhandenen Völkerreste (87205) zusammen 320200 Köpfe ehemaliger Population für die bekannten Battaländer (mit dem Areal von 7813 Q. M.) ausmacht. — Dies giebt schon ein ganz anderes Verhältnifs der Dichtigkeit, nämlich anstatt 11⅛ wie jetzt, 41 Köpfe auf eine Q. M. — Wollten wir nun nach diesem Verhältnifs (41 zu 1) die Population auch von jenem nördlichen Theile der Battaländer mit 4200 Q. M. Areal (die wir oben nach Wahrscheinlichkeitsgründen auf 62533 oder 14⅞ Köpfe auf eine Q. M. schätzten) berechnen, so würden wir für diesen Theil eine Gröfse von 172200 erhalten, die dort, wo nach allen Berichten die Kriegsfurie weniger gewüthet hat, vielleicht, ja wahrscheinlich, noch existirt, und die mit der jetzt vorhandenen Population des südlichern Theils der Battaländer (à 87205) eine Totalsumme von 259405 für die jetzt lebende Population und für die ehemalige Population der ganzen Battaländer vor den Kriegen (87205 + 232955 = 320200 + 172200) eine Summe von 492400 Mann geben würde, also beinahe eine halbe Million. — Diese halbe Million betrachte ich übrigens auch als das Maximum eines möglich vorhanden gewesenen Population, so dafs die gewöhnliche Schätzung auf eine Million immer noch um die Hälfte zu grofs ist. —

Weil aber die Summe von 172200 für den nördlichen Theil der Battaländer nur auf der Voraussetzung beruht, dafs das Verhältnifs des Kultur- und verwilderten Kulturbodens dort dasselbe sei, wie in den südlichen bekannten Battaländern, so ist diese Summe in die Tabelle nicht aufgenommen, sondern daselbst die Zahl von 62533 beibehalten, welches mit der nachgewiesenen Population in dem südlichen Theile der Battaländer (= 87205) die Totalbevölkerung von 149738 darstellte. Dies ist denn in der That eine kleine Summe für eine so eigenthümliche, in sich geschlossene, von allen Nachbarvölkern schroff getrennte, originell gebildete Nation! —

Nach der obigen Berechnung der Völkermasse für das ehemalige Kulturland von 1635 Q. M. in dem bekannten südlichen Theile der Battaländer wären also volle 232995 Mann untergegangen, und wahrscheinlich in den Vertilgungskriegen mit den fanatischen Priesterhäuptlingen aus den südlicher gelegenen Gegenden der Insel (aus Rau, Tambosi) umgekommen. — Die Geschichte bestätigt es. — Auch ist es unter den Völkern dieses Archipels selbst nicht ohne Beispiel und darf uns nicht verwundern, wenn wir z. B. hören, dafs auf Java (nach officiellen Berichten und nach Zählungen, welche die Regierung veranstalten liefs und deren Genauigkeit keinen Zweifel zuläfst) in der Residenz (Provinz) Djocjokarta Anno 1824 vor dem Kriege die Population 405680 Seelen, — Anno 1831 aber, nach dem Kriege, der fünf Jahre lang wüthete und unter dem Namen des javan'schen hinlänglich bekannt ist, nur 198156 Seelen betrug, so dafs 207524 in diesen Kriegsjahren (in der einzigen Provinz Djocjo) umgenommen sind.

Wie ungleichmäfsig die Bevölkerung auf dem Terrain der Battaländer vertheilt ist, leuchtet genugsam aus der Tabelle hervor; man sieht jedoch deutlich, dafs flache Gegenden, wenn diese hoch liegen, aber keinesweges die tiefen, heifsen, mit Urwaldung bedeckten Alluvialflächen, vorzugsweise bevölkert sind, dabei sehr oft durch menschenleere Gebirge und ausgedehnte Waldungen von andern bewohnten Landschaften getrennt.

Eine jährliche Vermehrung oder Verminderung der Bevölkerung zu erkennen, liegt bei den jetzigen Verhältnissen der Battaländer aufser dem Bereiche der Möglichkeit.

Aufser dem Kriege, welcher mit den Greueln, die ihn begleiten (Gesetzlosigkeit, Anarchie, unbebaut bleibende Felder, Mangel, Hungersnoth) als Hauptursache der gegenwärtigen geringen Bevölkerung der Battaländer zu betrachten ist, — kommen auch noch epidemische Krankheiten in Anrechnung. Zwar habe ich von den anderwärts so gefürchteten Blattern (Kinderpocken) hier weniger Spuren gefunden, mehr aber von einer Art von Tetanus, der in den südlichen Provinzen noch im J. 1841 heftig grassirte und viele Menschen hinwegraffte. (Vielleicht war es nur eine Form der Cholera!) — Wenn man die Battaër selbst fragt, wohin denn die vormalige grofse Bevölkerung gekommen sei, z. B. in dem Ankolathale, in dessen nördlichster Bucht einst viele Tausende von Menschen in mehr als 50 Dörfern wohnten, die aber jetzt eine menschenleere Grasflur ist, — so sagen sie sehr ernsthaft: „der Teufel habe sie geholt." — Dies ist nach ihrer Art, alle Uebel dem unmittelbaren Einflusse böser Geister zu zuschreiben, auch buchstäblich wahr, indem sie unter Teufel sowohl epidemische Krankheiten als auch Krieg verstehn. — Den Krankheiten kommt jedoch der bei weitem geringste Antheil an der Volksvertilgung zu, und die Hauptschuld davon trägt der Krieg, nämlich der Vertilgungskrieg ihrer äufsern Feinde (aus Rau etc.) in neuern Zeiten; während in ihren unablässigen, innern kleinen Fehden unter einander, also in ihren Bürgerkriegen, die Ursache einer nicht verhältnifsmäfsig fortschreitenden Zunahme der Population zu suchen ist.

Da diese letztere Ursache (kleine Kriege zwischen einzelnen Dörfern und einzelnen Landschaften) jetzt immer noch fortwirkt, und Unsicherheit der Wege, getrennter Verkehr, vernachlässigte Kultur und hundert andere Uebel, die unmittelbare Folge davon sind, als ein Pesthauch auf dem so schönen Lande schweben und die Bevölkerung hemmen, so ist eine baldige Unterwerfung an die Regierung und Einrichtung einer regelmäfsigen, europäischen Verwaltung des Ganzen das einzige Mittel, von dem man eine Heilung der genannten Uebel, einen wiederkehrenden Wohlstand und mit ihm Zunahme der Population zu hoffen hat.

Andern Ursachen einer geringen Population oder einer gehemmten Zunahme derselben kommt nach meinen Erfahrungen in den Battaländern nur ein sehr untergeordneter Einflufs zu; z. B. einer sorglosen, nachlässigen oder rohen Behandlung neugeborner oder junger Kinder überhaupt, wodurch die Sterblichkeit unter denselben vermehrt werden kann. Zwar schleppen die batta'schen Mütter ihre Kleinen auf dem Rücken überall mit und legen sie bei keinen Arbeiten ab, selbst nicht beim Reisstampfen, ungeachtet der heftigen Erschütterungen, welche die Kinder dadurch erleiden; — doch scheint den Battakindern eine gröfsere Zähigkeit (Aneignungsfähigkeit) angeboren, wenigstens habe ich mich nie von einer auffallenden Sterblichkeit unter den jungen Kindern überzeugen können. — Kindermord ist so gut wie unbekannt. Doch ist den battа'schen Jungfrauen der Gebrauch abtreibender Mittel (*Emmenagoga*) nicht ganz fremd; sie gebrauchen dazu in den südlichen Provinzen (Ankola, Padang Lawa) die baumartige Heide die dort wächst, und die ihre Berühmtheit blofs dieser Eigenschaft verdankt, — und in den nördlichen Battaländern (Tobah etc.) junge Sprossen der *Pinus sumatrana mihi.*

Drittes Kapitel.

Wohnungen der Battaër.

(Häuser. Hausgeräth. Dörfer.)

So verschieden die Klimate sind, welche die Battaër vom heifsen Seestrande an bis hinauf in 4000′ hohe, kühle Gebirge bewohnen, so gleichmäfsig und nach einem Modell verfertigt ist die Bauart ihrer Häuser, wovon nur die der Häuptlinge in Tobah durch ihren gröfsern Umfang, Dauerhaftigkeit und Pracht eine Ausnahme machen.

Sie sind sämmtlich von Holz oder von Bambus und Allanggras, nie von Stein gebaut, und bilden alle, das schmal zulaufende Dach abgerechnet, ein längliches Viereck, dessen innerer Raum jederzeit einfach und in kleine Nebenfächer abgetheilt ist; — ihre Wände sind nur von einer Thüröffnung, von keinen Fenstern durchbrochen, und ihre Breite ist so eingerichtet, dafs 2 Personen auf dem Boden des Hauses in querer Richtung so ausgestreckt liegen können, dafs zwischen ihren einander gegenüberstehenden Füfsen noch ein Zwischenraum von etwa 2 Fufs übrig bleibt. Ihre Länge beträgt in der Regel das Doppelte, und ihre Höhe blos 5 Fufs, so dafs ein Mensch, der länger als 5 Fufs ist, unfehlbar gebückt gehn oder oben anstofsen müfste, wenn eine Decke vorhanden wäre. Eine solche Decke des Zimmers fehlt aber gänzlich, und der Raum desselben ist ein und derselbe ununterbrochene Raum mit demjenigen, welchen die beiden steil anstrebenden Seitenwände des Daches bilden. — Die mittlere Breite der Häuser ist hiernach bei den gemeinen Battaërn 10 bis 12 Fufs, die Länge 20 bis 24, und die Höhe der Seitenwände bis dahin, wo ihnen der Rand des Daches aufliegt, 5 Fufs. — In den südlichen Provinzen weichen die Häuser der Radjas selten von den angegebenen Dimensionen ab, nur die vorzüglich reicher Häuptlinge sind etwas gröfser. In Tobah aber, vo die Zahl der Familien, welche unter einem Dache zusamnenwohnen, gröfser ist, als in den südlichen Provinzen, sind sowohl die Häuser der Gemeinen etwas gröfser, als auch besonders die der Häuptlinge, deren Häuser fast das Doppelte von den so eben angegebenen Dimensionen haben. Schon in Sieperok zeichnen sich die Radjahäuser durch zunehmende Gröfse und Schönheit aus.

Alle Häuser, sowohl die der Radjas (Reguli) als der Gemeinen, sind mit vier Haupt- und Eckpfeilern von Holz versehen, an denen der Boden (oder der Flur) des Hauses so angebracht ist, dafs er nie auf dem Grunde ruht, sondern wenigstens 4, gewöhnlich 6, und sehr häufig 8 Fufs hoch vom Grunde absteht, und dafs bei den niedrigsten Häusern wenigstens Schweine, bei den höhern aber auch Rinder und Pferde, ohne mit den Köpfen oben anzustofsen, bequem darunter logieren können. Auch wird dieser Unterhausraum wirklich überall in den Battaländern (so wie auf Nias) zu Stätten für das Vieh benutzt, und ist deshalb durch ein hölzernes oder bambusenes Gitterwerk oder durch roh-behauene Baumstämme von dem umgebenden freien Raume des Dorfes abgesteckt. — Nur bei ganz kleinen, ärmlichen Hütten bestehn auch die 4 Eckpfeiler, auf denen das Haus ruht, aus Bambusrohr.

Das Dach der Häuser besteht durchgehends aus blofs zwei Seitenwänden, deren Form (den Seitenumrissen eines Kahnes oder Schiffleins nahe kommend) für alle Battaër sehr bezeichnend ist. *) Die obere, concav ausgeschweifte Linie ist die Firste des Daches, in welcher sich die beiden Seitenwände vereinigen, und welche mit der Längenaxe des Hauses parallel läuft, dabei aber bedeutend länger ist als das Haus und der untere Rand des Daches, so dafs die beiden schmalen dreieckigen Giebel des Daches nach oben zu weit vorstehen und sich mit der concaven Dachfirste zu einer spitzen

*) Man vergleiche die beim ersten Bande befindliche Ansicht des Dorfes Gudarimbaru.

Ecke vereinigen. Diese beiden spitzen Ecken der Dächer sind gewöhnlich mit Hidju in Gestalt von zwei, in einer ovalen Linie zusammenstofsenden Hörnern verziert.

In ihrer Zusammengruppirung zu Dörfern sind diese Häuser jederzeit so gestellt, dafs sie zwei lange Hauptreihen bilden, zwischen denen ein langer, strafsenähnlicher Dorfplatz (Markt oder Forum) übrig bleibt, und dafs ihre schmale, mit der Thür versehene Giebelfront diesem Platz zugekehrt ist, während die länglichen, nirgends von Fenstern durchbrochenen Seitenflanken der Häuser — nur durch schmale Zwischengänge von 4 bis 6 Fufs Breite von einander getrennt — einander eng gegenüberstehen. Bei gröfsern Dörfern sind aufser den zwei Hauptreihen auch noch kleine Nebenreihen hinter den erstern vorhanden; seltner finden sie sich, und nur da, wo die Localität des Bodens, z. B. auf einer kleinen, runden Bergplatte, der Längenausdehnung engegenstand, in einem Viereck, oder unregelmäfsig rund um einen Mittelpunkt gruppirt. — In dieser schmalen, vorderen, dem Dorfplatze oder der Strafse zugekehrten (oben von den dreieckigen, schmalen, spitz zulaufenden und weit hervorragenden Dachgiebeln gekrönten) Front der Häuser ist es, in welcher sich ihre einzige Oeffnung, die Thür befindet, die nie hoch genug ist, um ungebückt hineinschlüpfen zu können, und die gewöhnlich blos 3½ bis 4 Fufs Höhe hat.

Zwei Baumzweige, vom Boden des Dorfes schief gegen das Haus angelehnt und durch Quersparren, die ebenfalls aus Baumzweigen bestehen, mit einander verbunden (nämlich gewöhnlich blofs mit Stricken aus Baumbast daran befestigt) bilden die Leiter, auf deren weit von einander abstehenden Sparren man zur Thüre hinaufsteigt. Selten besteht diese Leiter aus behauenen, viereckigen Sparren, nie aus Brettern, nach Art unserer Treppen. Nur die grofsen Häuser der Radjas in Tobah machen hinsichtlich ihres Eingangs eine Ausnahme von dem Gesagten, und enthalten diesen Eingang nicht in einer ihrer Seiten, sondern in ihrem Boden (ihrem Flur), welcher in der Nähe der vordern Giebelfront von einer viereckigen Oeffnung durchbrochen ist, die man von innen und oben mit einer Fall- oder Klappthüre verschliefsen kann. Das Material der Häuser richtet sich zum Theil nach dem Klima und dem dadurch bedingten häufigern oder seltnern Vorkommen von Bambusrohr und Arengpalmen. Die Dächer der Häuser sind vorzugsweise, und in Gebirgsgegenden fast immer, mit dem schwarzen, grobfasrigen Stoff gedeckt, welcher die Blattscheiden der Arengpalme (*Arenga saccharifera*) umgiebt und Hidju genannt wird. Nachdem das Gerüst oder Gitter der beiden Dachblätter aus behauenen oder unbehauenen Baumästen, selten (selbst in bambusreichen Gegenden) aus halbirten oder ganzen Bambusstäben verfertigt ist, so wird der Hidju in ½ bis 1 Fuſs dicken Schichten darauf befestigt, auf gleiche Art wie europäische Dorfhütten mit Stroh gedeckt zu werden pflegen. Nur in weniger hoch gelegenen und daher wärmern (besonders in flachen) Gegenden, wo die Arengpalme selten ist und wo dagegen die Grasart Imperata Allang häufig wächst, werden die Dächer mit den 2 Fuſs langen, geraden und breiten Blättern (dem Stroh) dieses Grases gedeckt. Wo aber auch der Allang-allang fehlt, z. B. zunächst an sumpfigen Küsten, da werden die gefiederten Blätter (Wedel) der Palmen, namentlich der Sagopalme und der Nipa fruticans (Atap) zum Decken der Dächer verwendet. Aber auch in beiden letztern Fällen findet man doch wenigstens den obern Rand (die Firste) des Daches mit einer Hidjulage überzogen, und die beiden Ecken desselben gewöhnlich mit diesem Stoffe in Hörnerform verziert. — Die vier Eckpfeiler und die Quer- und Längebalken, womit sie verbunden sind, bestehn nur bei ganz kleinen und ärmlichen Hütten aus Bambus, und sind gewöhnlich aus Baumstämmen und Aesten gebildet, von denen bei den Häusern der Gemeinen nur die 4 Eckpfeiler etwas behauen und die übrigen so geblieben sind, wie sie der Wald geliefert hat, während bei den Häusern der Radjas, namentlich in Siepierok und Tobah, alles Holzwerk der Häuser (nämlich das ganze Gerüst derselben) aus dicken und regelmäſsig bearbeiteten, gewöhnlich viereckigen Balken besteht, die ohne alles Eisenwerk und ohne Nägel sehr zweckmäſsig und dauerhaft ineinander gefügt, und nur bei kleinern Häusern mit Stricken aus Baumbast aneinander befestigt sind. Auch aus Hidju werden solche Stricke gedreht oder dürre Rotangstränge (rotang tali) dazu verwandt.

Die Wände der Häuser und der Boden (der Flur) derselben besteht nur selten, nämlich in holzarmen, dürren Ebnen, z. B. den Padang lawa's, wo vorzugsweise viel Bambus wächst, aus Flechtwerk von Bambusrohr (Sassak), das der Länge nach in etwa zollbreite Streifen geschlitzt und nach Art von Stroh und Rohrgeflecht mit einander verbunden wurde. In allen Gebirgsgegenden aber und überall in der Nähe von Urwäldern sind sie von Baumrinde gebildet, die von den kolossalen Stämmen verschiedener Bäume in 10 Fufs langen, 2 bis 3 F. breiten unverletzten Streifen abgeschält, dann durch das Auflegen von schweren Körpern zum Trocknen in eine ebene Fläche gebracht, — dünne (nämlich 2 bis 3½ Linien dicke) Bretter von rothbrauner Farbe darstellt, jedoch wegen der häufigen, beim Trocknen entstandenen Risse dem durchdringenden Winde in den Wandungen der Häuser keinen hinlänglichen Widerstand zu leisten vermag. Die Baumarten, von denen diese Rinde genommen wird, sind vorzugsweise drei, nämlich 1) der 200′ hohe Marantibaum, dessen colossale Stämme auch zu Eckpfeilern dienen; 2) der Longiang und 3) in den küstennahen Gegenden der Kampferbaum (*Dryobalanops camphora*), welcher unter den Colossen Sumatra's den ersten Rang einnimmt. — Nur die Radjahäuser in Tobah sind, ihr Hidjudach ausgenommen, ganz von Holz gebaut, und (nämlich in allen ansehnlichen Dörfern) als Palläste bei den Battaërn der übrigen Provinzen, namentlich der Niederungen, berühmt; in ihnen sind auch die Wände und der Boden aus wohlgearbeiteten und geglätteten Brettern von 1 bis 1½ Fufs Breite zusammengesetzt, und ihr Eingang ist eine Fallthür unter dem Hause. — Der Raum des Hauses (oder eigentlichen Zimmers) ist bei ihnen von dem Dachraume (dem Speicher, Zolder) sehr oft, wenigstens theilweise, durch eine Bretterdecke getrennt, in welchem Fall dann das Haus gleichsam aus 2 Etagen besteht, in deren oberer Vorräthe aller Art aufbewahrt werden. — Aufserdem zeichnen sie sich aus durch einen B a l c o n, welcher in der Höhe dieser Decke, vorn an der Giebelfront des Hauses angebracht, auf einer Seite von innen zugänglich, und durch eine 3 F. hohe Balustrade von Brettern, über welche man frei ins Dorf hineinschauen kann, geschützt wird. Dieser Balcon ist 4 F. breit, während seine Länge durch die Breite des Hauses bestimmt wird und demnach gewöhnlich 20 F. beträgt. Weil die obere Firste und auch bereits der untere Rand des Daches viel länger ist als der Hausraum selbst, und weil der Giebel des Daches nach oben immer weiter vorspringt, so ist dieser Balconraum, obgleich oberhalb seiner 3′ hohen Balustrade nach dem Dorfe zu gänzlich offen, doch hinlänglich vor Wind und Wetter geschützt. In ihm spricht sich die Gastfreiheit der Tobaher aus, denn er ist der Ehrenplatz, die Logierkammer des Hauses, wo fremde Gäste einquartirt werden, und wo auch ich auf meinen Reisen gewöhnlich residiren mufste.

Ausgezeichnet sind diese Radjahäuser in Tobah durch ihre Eckpfeiler, in denen sich der Stolz, der Reichthum und der Luxus seiner Bewohner ausspricht, und die kein Häuptling, der nur einigermafsen auf Ansehen Ansprüche macht, von weniger als 2 Fufs Dicke haben mag. Man findet deren von 3 bis 3½ Fufs Diameter. Es sind regelmäfsig bearbeitete, gewöhnlich sechseckige Säulen, oben, wo die Dachbalken auf ihnen ruhen, mit vorspringenden kreisförmigen Leisten und wohlgearbeitetem Schnitzwerk mancherlei Art verziert. Ihre Höhe vom Boden des Dorfes bis an das Dach beträgt gewöhnlich 12 Fufs. Die hohen Waldbäume, welche das Material dazu liefern, sind vorzugsweise zwei, nämlich Haju batu bora und Haju maranti, welcher letztere eine Podocarpus-Art ist. Die mittlere Länge eines Radjahauses beträgt 40, die Breite 20, die Höhe des Hausflurs über dem Boden 5½, die Höhe des Zimmers bis zum Dachrande 6½, und die Höhe des Daches von dessen untern Rande bis zur Giebelspitze 12 F.

Der Flur des Hauses ist in der Regel ganz flach und eben, ohne alle Erhöhungen und Sitzplätze, und besteht in den Häusern der Gemeinen, eben so wie die Seitenwände derselben, gewöhnlich aus einer Lage von Baumrinde, bei den Radjas in Tobah aber aus Brettern, über welche nur einige aus Pandanusblättern geflochtene Matten ausgebreitet sind, die dem genügsamen Battaër (ohne weitere Matrazen oder Kopfkissen) zum Nachtlager dienen. Nur zuweilen in den Häusern einiger Häuptlinge von Gebirgsdörfern ist der Flur des Hauses auf beiden Seiten zu einer 2 F. hohen Pritsche (brits oder bank) erhöht, welche 5 bis 6 F. breit ist, und, die ganze Länge des Hauses durchlaufend, einen 3 bis 4 F. breiten (der Längenaxe des Hauses parallelen) Zwischengang in der Mitte übrig läfst.

Die Küchen oder Kochplätze befinden sich ebenfalls im Hause selbst, nämlich in den Ecken desselben, und ihre

Zahl richtet sich nach der Zahl der Familien (Tjatja's), welche in demselben Hause zusammenwohnen; es sind ihrer also höchstens (und dies blofs in Tobah) vier, gewöhnlich blofs eine oder zwei in den vordern Ecken des Hauses. Sie bestehn in nichts Anderm, als in einem, durch untergelegte Steine und darüber ausgebreitete Erdmassen um ½ bis ¾ Fufs erhöhten, 9 bis 12 Q. F. grofsen Raume, mit einigen grofsen Steinen zum Feststellen der Töpfe belegt, deren man selten mehr als 2 (einen mit Reis, den andern mit Sayor) zugleich dampfen sieht. — Ueber diesem höchst einfachen Heerde ist in der Höhe von 4 bis 5 F. ein oder mehrere Geflechte von Bambus oder dünnen Baumzweigen angebracht, die von Rauch ganz geschwärzt und mit Rufs überzogen sind, und auf denen die Töpfe bewahrt und mancherlei Gegenstände, z. B. Fleischschnittchen, getrocknet (oder besser geräuchert) werden. Der Rauch zieht zu den theilweis offen stehenden Giebeln hinaus, verbreitet sich aber gewöhnlich überall im Hause, dessen Balcon und Dachsparren dadurch allmählich ganz geschwärzt und mit Rufs überzogen werden.

Aufser diesen beschriebenen Wohnhäusern der Gemeinen und der Häuptlinge findet man noch zwei andere Arten von Gebäuden in den Battadörfern, nämlich 1) Vorrathshäuser oder Magazine (Scheunen), in denen ihr Vorrath an Paddi (Reisähren, mit einem fufslangen Theile des Strohes in Bündel gebunden) bewahrt wird, und deren Bauart nichts Abweichendes von den Häusern der Gemeinen hat; — 2) Gemeindehäuser (Stadthäuser, Sprechhäuser, Rumah bitjara), Soppo's der Battaër, deren gewöhnlich in der Mitte eines jeden Dorfes eines, und zuweilen, wenn das Dorf grofs und reich ist und den Sitz eines Oberradja's enthält, noch aufserhalb des Dorfes, in der Nähe desselben, ein zweites vorhanden ist. — Diese Soppo's oder Versammlungs- und Berathungshäuser der Battaër, in denen alle ihre öffentlichen Angelegenheiten verhandelt werden (ihre Kapitole oder Parlamentshäuser), stehen den Wohnhäusern der Radja's an Gröfse und Pracht nicht nur gleich, sondern übertreffen sie noch in ihrem massiven Bau überhaupt, und in der Dicke ihrer zierlich gearbeiteten und mit Sculptur verzierten Eckpfeiler ins besondere. Auch die Balken der Decke sind mit Schnitzwerk, mit symmetrischen Blätter- und Blumenverzierungen versehen. — Sie unterscheiden sich von den

Wohnhäusern der Häuptlinge dadurch, dafs alle ihre 4 Seitenwände offen stehen, und dafs ihr Flur ringsum nur mit einer niedrigen, 3 bis 3½ F. hohen Bretterwand oder Brustwehr umgeben ist, über welche man frei den Dorfplatz, dessen Mitte sie gewöhnlich einnehmen, überschauen kann. — Zu beiden Seiten des Eingangs, der von keiner Thür verschlossen ist und wie gewöhnlich auf einer Leiter erstiegen wird, sind in den Soppo's erhöhte Sitzplätze (breite Bänke), geräumig genug, um zu Schlafstellen für mehre Personen zu dienen, angebracht, während in der Mitte zwischen ihnen auf einer Unterlage von Steinen ein gastliches Feuer unterhalten wird. Ihr Dachraum (Söller) ist gewöhnlich durch eine bretterne Zwischendecke vom untern, freien Raume des Soppo getrennt, und dient entweder zum Beherbergen von Fremden, die, wenn sie Kaufleute oder Speculanten sind, einen Miethzins dafür bezahlen, oder er wird als Speicher zur Bewahrung von Paddivorräthen verwendet. Diesen beiden letztern Zwecken werden die Soppo's jedoch nur dann bestimmt, wenn sich, wie dies in Tobah der Fall ist, deren mehrere in einem und demselben Kampong befinden. — In den Dörfern, welche nur Ein Soppo enthalten, ist dieses, und in denen, welche deren mehrere enthalten, ist wenigstens eins von diesen, jederzeit ein Heiligthum, in welchem die Mysterien, Reliquien und Reichskleinodien des Dorfes bewahrt zu werden pflegen. Diese bestehen in dem Schädel eines erschlagenen Feindes, in dem Kinnbacken eines Karibauen, von einem alten Grabe genommen, das damit geziert war, — in der Asche eines verbrannten Knaben, welche in kleinen Köchern von Bambusrohr bewahrt wird, — in alten Denkschriften und Briefen, auf Bambus mit der Spitze eines Messers gekritzelt, — in ihren heiligen Büchern Astaha, welche auf dem papierähnlichen Bast eines Baumes geschrieben sind, — und in ihren merkwürdigen Kriegspanieren, die unveräufserlich sind, an deren Erhaltung sich das Wohlsein des ganzen Landes knüpft, und in denen die batta'sche Sculptur den höchsten Grad ihrer Kunst erreicht hat *) Diese verehrten Gegenstände werden gewöhnlich in dem obern, verschlossenen Söller der Soppo's niedergelegt, während in dem untern, offenen Raume derselben, in dem Saale (der Nationalversamm-

*) Siehe unten Kap. 11.

lung), die Spielinstrumente bewahrt werden, namentlich die Pauken, die man selbst in den ärmsten und kleinsten Dörfern antrifft.

Die Soppo's, welche sich in manchen Gegenden, namentlich in Siepierok und Tobah aufserhalb solcher Dörfer befinden, in denen Oberhäuptlinge wohnen (oder doch solche Radjas, die früher in Kriegszeiten einen Oberbefehl ausübten), sind zu Verhandlungen von auswärtigen Angelegenheiten bestimmt, und zum Audienzsaale von Gesandten fremder Dörfer, mit denen man auf einem gespannten Fufse steht, und die man entweder nicht ins Innere der Dörfer (welche in den Battaländern fast jederzeit Festungen sind) einzulassen wünscht, oder die es aus Furcht oder Mifstrauen selbst vorziehn, das Freie zu halten. In Friedenszeiten jedoch dienen diese äufseren sowohl als jene inneren Soppo's zu Spiel und geselligem Vergnügen, und zu zufälligen Zusammenkünften aller Art.

Die Dauer der Häuser richtet sich besonders nach dem Material, aus dem das Dach derselben besteht. Ist dies aus Hidju, welcher dem Wasser und der Zersetzung einen 3 bis 4mal längeren Widerstand zu leisten vermag als Allang und Atap, und besteht das Gerüst des Hauses zugleich aus Balken von Holz, wie dies stets bei den Radjawohnungen in Tobah der Fall ist, so wird die mittlere Dauer eines Hauses zu 30 Jahren angenommen. Besteht das Dach aber aus Allangstroh oder Atap von Palmblättern und ist dabei von Bambus gebaut, so ist seine Dauer höchstens 6 Jahre. Dabei ist jedoch auch das Klima von Einflufs, so dafs in dem trocknen Klima weiter Flächen, z. B. in den Padang Lawa's, Mandaheling, ein Haus von ein Viertel längerer Dauer ist, als ein gleich gutes Haus in dem feuchten und regnerischen Klima von waldigen Hochgebirgen, wie in Hoch-Tapanulie und Sigopulang.

Was den Werth eines Hauses betrifft, so kann dieser, weil die Häuser nie verkauft werden und auch nie Arbeitslohn in Geld bezahlt wird, nur nach der Anzahl und dem Werthe der Schweine, der Kühe oder der Büffel berechnet werden, welche man während des Bauens der Häuser von Zeit zu Zeit zu schlachten pflegt, um die zahlreichen Arbeitsleute, welche dabei mit dem Kappen der Bäume und dem Herbeischleppen derselben, mit dem Suchen von Hidju, mit dem Zimmerwerke u. s. w. beschäftigt sind, zu regaliren. Hiernach wird ein grofses Radjahaus in Tobah zu 100 Piastern berechnet (ein Piaster zu 400 Cents oder 4 Fl. holl. Kupferwerth) und ein gewöhnliches, mäfsig grofses Haus eines Gemeinen zu 30 bis 60 Gulden. — Die Soppo's (nach ihrer Gröfse 25 bis 100 Piaster werth) sind, obgleich sie zu Volksversammlungen dienen, doch jederzeit Eigenthum des Radja und nicht der Gemeinde, weil es der Radja ist, der die Schweine, Kühe und Karibauen liefert, welche während des Bauens zur Verschmausung der Arbeiter geschlachtet werden.

In Siepierok sind alle diejenigen Radjahäuser und Soppo's, welche sich durch elegante Bearbeitung ihres Holzwerkes, besonders ihrer Eckpfeiler auszeichnen, durch Zimmerleute aus Tobah gebaut, die zu diesem Zwecke gewöhnlich 2 an der Zahl entboten werden. Sie erhalten für das Fällen der Bäume in den Wäldern und für die Bearbeitung des hölzernen Gerüstes des Hauses (das Uebrige wird von den Siepierokern selbst in Stand gesetzt) aufser ihrer Kost jeder bei seiner Zurückreise die Belohnung von 10 Piastern, die Karibauen nicht gerechnet, welche während des Bauens geschlachtet werden. — Andere Gebäude als die beschriebenen sind nicht vorhanden. An Kirchen und an Anstalten, um auf eine bequeme Art sich des Residuums von bereits verdaueten Speisen zu entledigen (zur Erleichterung des *Intestinum colon* und *rectum*) fehlt es in den Battaländern gänzlich, ebenso an allen unter- und oberirdischen Bewahrungsräumen dieses Residuums, von dem man merkwürdig genug nirgends, weder innerhalb noch aufserhalb der Dörfer, eine Spur entdecken kann. — Erst eine genaue Untersuchung giebt Aufschlüsse über den Weg, auf dem es verschwindet, auf welchem Wege man nirgends anders hingelangt als direct — in den Magen der Schweine. — Diese unermüdeten Thierchen sind unablässig bemüht, den Stoff, den ihre Herrn nicht länger zu bewahren wünschten, zum zweiten Male zu assimiliren und ihn nochmaliger Metamorphose zu unterwerfen, damit allen Excretis, welche sich im Kampong finden, ihr Stempel aufgedrückt sei. Ihre Reinlichkeitsliebe und ihr Eifer in diesem Umwandlungsgeschäft ist so grofs, dafs anderer Koth als der von Schweinen, in den Battadörfern zu den gröfsten Seltenheiten gehört. — Sie scheinen sogar wirklich eine Vorliebe für warme Kost zu haben, und deuten den Zweck aller einsamen Spaziergänge nach ihrem Assimilationstriebe, weshalb man sich vorsehen mufs, um von ihnen nicht verfolgt zu werden.

Hausgeräth.

A. Küchengeräthschaften sind: 1) Irdene Töpfe (Priok) von halbkugliger, oben abgekürzt-krugförmiger Gestalt (eine Form, die der Botaniker *Urceolatus* nennt), deren jede Familie etwa 3 bis 6 besitzt. Sie sind aus Thonerde, die sich besonders in Tobah in grofser Feinheit findet, geformt, und von den Frauen, welche dies Geschäft verrichten, in kleinen, ebenfalls aus Thonerde bereiteten Oefen gebrannt. Ihr kuglichrunder Boden hindert ihre feste Stellung auf ebener Fläche, ihr sehr kurzer Hals ist nur wenig eingeschnürt und erweitert sich gleich wieder zur weiten Oeffnung, die ebenfalls durch einen irdenen Deckel geschlossen werden kann; ihr Werth ist nach ihrer Gröfse verschieden, von $\frac{1}{2}$ bis 1 F. im Durchmesser zu 5 bis 10 Centen. Beim Kochen des Reises werden sie zwischen drei im △ zusammengerückte Steine gestellt, in gewisser Höhe über dem Boden, so dafs Feuer unter ihnen angebracht werden kann. — 2) Hohle Bambusröhre von 3 bis 4 F. Länge, in denen das Trinkwasser aufbewahrt wird und die (sehr einfach!) auch zugleich zu Pokalen dienen. Es möchte übrigens wohl noch manchem Reisenden in den Batländern beschwerlich fallen, solche 5' lange, schwere Wasserröhren an den Mund zu setzen und zu trinken, ohne sich das Gesicht zu benetzen. — 3) Kleine Messer mit einem Handgriff von Holz, deren Klinge in hölzerne, zweiklappige, mit Bindfaden befestigte Scheiden pafst. — 4) Kleine umgekehrt conische Körbe, aus feingesplitztem Bambusrohr geflochten, zur Aufbewahrung des gekochten Reises (mal. nassi, batt. intahan). — 5) Lossung's oder grofse, länglich viereckige Klötze, aus Baumstämmen bereitet, mit einem oder häufig zwei cylindrischen, unten kegelförmig zulaufenden Löchern, in denen mit langen Stäben von Holz (geglätteten Baumzweigen) der Paddi gestampft und dadurch von seinen Hülsen entblöfst in Bras verwandelt wird. Auch zu Mehl, Itak, wird der Bras darin gestampft.

B. Die Stallgeräthschaften beschränken sich auf eine oder zwei hölzerne, ganz roh aus einem Stück Baumstamm bearbeitete Tröge, in denen den Schweinen ihr Futter aus ſein geſtampftem Mais (Jagon) und Waſſer gerácht wird. Dieſe Tröge und die Loſſung's werden unter dem Hauſe, alle übrigen Geräthſchaften im Hauſe bewahrt. — Die Hühner wohnen, oder brüten wenigſtens, im Hauſe ſelbſt, in kleinen umgekehrt-coniſchen Körben aus Bambus geflochten.

C. Ackergeräthſchaften und ſolche, die zu verſchiedenen Gewerbzweigen dienen. — 1) Zum Ackerbau, nämlich in den Gegenden, wo der Reis in Sawa's gebaut wird, benutzen die Battaër zum Umwühlen und Ebenmachen des unter Waſſer geſetzten ſchlammigen Grundes eine Art von Hacke, deren unterer, breiter, ſchaufelförmiger Theil in einem ſpitzen Winkel aufwärts am Stiele anſitzt, und gewöhnlich auch aus Holz bereitet, zuweilen mit Eiſenblech beſchlagen iſt. — Bei der Anlegung von Ladangs braucht der Battaër, auſser einem zugeſpitzten Baumaſte, faſt gar keine Werkzeuge. 2) Ihre Werkzeuge zum Kappen von Bäumen ſind ſehr unvollkommen. Sie gebrauchen zu dieſem Zweck gewöhnlich bloſs Hackmeſſer, höchſtens 1½ F. lang und auf dem Rücken drei Linien dick. Nur in Tobah benutzen ſie eine Art von Axt, die jedoch zum Kappen der Bäume viel zu leicht iſt. 3) Zum Fiſchen in Flüſſen haben ſie ſehr gut gemachte lang-pyramidaliſche Netze, auch Angeln aus einfachen, krummgebogenen eiſernen Spitzen. Die Bewohner der Küſten bedienen ſich langer, flacher Netze, wohl 100 F. lang, die mit Hülfe von an ihren Rändern angebrachten Steinen ins untiefe Meer getaucht und, wenn die Führer der auf der Lauer ſchwimmenden Kähne glauben, daſs ſich eine hinlängliche Menge von Waſſerbewohnern auf ihnen möchte angeſammelt haben, mit Stricken, die an den Rändern befeſtigt ſind, heraufgezogen werden. Die Bindfäden, woraus dieſe zum Fiſchen im Seewaſſer beſtimmten groſsen Netze beſtehen, ſind aus Hidju gedreht, welcher ſchwarze Faſerſtoff der Arengpalme dem Waſſer ſehr langen Widerſtand leiſtet. 4) Zum Drehen ihrer ſelbſterzielten Baumwolle in Fäden, und zum Aufhaſpeln dieſer Fäden, beſitzen ſie ein ganz einfaches kleines Spinnrad, deſſen nähere Beſchreibung, da es dem der Javanen *) bis auf eine noch gröſsere Einfachheit völlig ähnlich iſt, ich glaube übergehen zu können, ebenſo wie die Beſchreibung 5) ihrer Weberſtühle oder ihrer

*) Durch Raffles in ſeiner „History of Java" abgebildet.

Vorrichtungen zum Weben ihrer selbstverfertigten Baumwollenfäden zu Zeugen. Dieser Vorrichtungen sind zwei. Zuerst, ganz einfache, schräg an ein Haus oder an eine Wand gestellte und an ihren Enden in querer Richtung mit einander verbundene Balken oder Latten; an den Querlatten sind die Längefäden dicht nebeneinander ausgespannt, die Hälfte aller dieser Fäden wird einzeln, nämlich alternirend mit der andern Hälfte, durch die Hand der Arbeiterin herausgelesen, und durch ein Querholz von der andern Hälfte abgesondert, um einen Querfaden zwischen beiden Reihen durchzuziehen, nach dessen Einwebung dasselbe Geschäft mit der Absonderung der Hälfte der Längefäden wiederholt wird, so oft (soviel hundert Mal) als Querfäden ins Gewebe kommen sollen, — eine unendlich mühsame Arbeit! — Zweitens, eine künstlichere und mehr complicirte Maschine, wo diese Kreuzverbindung der Längefäden und die dadurch bewirkte Umfassung und Einwebung der Querfäden auf einen Schlag geschieht, und wo das Schifflein, mit dem auch die batta'schen Frauen sehr behende umzugehen wissen, lustig herüber und hinüberfliegt. Diesen letztern Weberstuhl trifft man nur in Tobah und Siepierok, wo er gewöhnlich in den Versammlungshäusern aufgestellt ist. — Alle Geschäfte des Spinnens und Webens werden von Frauen verrichtet.

D. Ihre Kriegsgeräthe sind selbstbereitete Lanzen mit ebenfalls hölzerner oder eiserner Spitze, und maleiische Gewehre ohne Schlofs, mit Aufdrückung von Lunten abzubrennen, die sie käuflich von ihren maleiischen und atjinesischen Nachbarn an sich gebracht haben. —

Andere Geräthschaften als die genannten (aufser kupfernen Tabakspfeifen) hat der Battaër nicht! — Hausmöbel, Betten, Kopfkissen, Stühle, Tische, Teller, Löffel, Wasserkrüge, Gabeln, Lampen, sind ihm gänzlich unbekannt. —

Dörfer.

Die so beschaffenen Häuser, zu 3 bis 3 zusammengruppirt, führen bereits den Namen eines Dorfes, Kampong oder Huta; sehr oft besteht ihre Zahl blofs aus 10 oder 12, am häufigsten jedoch aus 40 bis 50, und dann bilden sie jederzeit zwei Längenreihen, in denen sie mit ihrer schmalen Giebelfront, welche die Thüröffnung enthält, einander gegenüberstehen, während sie in derselben Reihe nur durch schmale (5′ breite, selten breitere) Zwischenräume getrennt, ihre Seitenflanken einander zukehren; — in diesem Falle bildet das Dorf ein längliches Viereck mit einer breiten Hauptstrafse in der Mitte der beiden Häuserreihen. Selten steigt ihre Zahl in demselben Dorfe zu 80 und 100, in welchen Fällen sich dann hinter den beiden Hauptreihen der Häuser noch einige weniger regelmäfsig angelegte Nebenreihen befinden. Alle Dörfer aber, grofs oder klein, sind befestigt, nämlich ohne Ausnahme erstens mit einer 6 bis 7 Fufs hohen Verschanzung, einem Zaune von Pallisaden umgeben, und aufser diesen Pallisaden (gewöhnlich durch einen vertieften Graben von ihnen getrennt) zweitens noch mit einer Hecke von stachligtem Bambus (Bambu turi), der da, wo er gut unterhalten und üppig aufgeschossen ist, durch sein 30 bis 40′ hohes Gebüsch allen Späheraugen den Anblick des Dorfes selbst verbirgt. — Die Pallisaden sind entweder roh behauene Stöcke von Bambusstämmen, oder unbehauene Aeste und junge Baumstämme, so wie sie der Wald liefert, gewöhnlich ½, auch bis ¾ Fufs dick, welche bis 2 F. tief in die Erde getrieben und an diesem untern Theile angebrannt und verkohlt werden, um der Fäulnifs einen längern Widerstand leisten zu können; ihr oberes Ende ist zugespitzt. Sie stehen, ohne Schiefsscharten zwischen sich zu lassen, dicht gedrängt neben einander, und sind gewöhnlich noch durch eine obere und untere Reihe von Querhölzern mit Hülfe von Rotangstricken aneinander befestigt. Sie sind jederzeit bei allen Dörfern ohne Ausnahme mit zwei Oeffnungen, einem Eingang und einem Ausgang, versehen, die sich an beiden entgegengesetzten Enden des Dorfes befinden, und die daher gewöhnlich bei regelmäfsig gebauten Dörfern einander in der Richtung der Mittelstrafse zwischen den beiden Haupthäuserreihen gegenüberstehen. Sie werden selten durch eine Art von Thür verschlossen, häufiger durch Querbalken, 5 bis 6 an der Zahl, welche in ebenso viele Oeffnungen der Thürpfeiler passen, und vorgeschoben oder zur Seite gezogen werden können. — Bei einigen Dörfern, namentlich in den Landschaften Hurung und Tobah, ist die Reihe der Pallisaden verdoppelt, und der Zwischenraum zwischen ihnen theils mit Dornen, theils mit Steinen erfüllt, so dafs sie eine wirkliche Mauer rund um das Kampong bilden; oder wenn die

Verschanzung auch, wie in den übrigen Gegenden, einfach ist, so ist sie doch in der Nähe der beiden Eingänge (Dorfthore), doppelt, da wo der Hauptangriff des Feindes erwartet werden kann, während die übrigen Seiten des Dorfes sehr häufig durch unwegsame Wildnifs geschützt sind. Diese Eingänge oder Thore bilden dann (in Siepierok, Sumang ampat, Hurung, Tobah, Obertapanulie etc.) einen 3 bis 5 F. langen, überdeckten, portalähnlichen Gang, welcher so schmal ist, dafs sich die Kühe des Dorfes nur mit Mühe hindurchdrängen können, und der daher, wenn er inwendig durch seine Querbalken geschlossen ist, leicht vertheidigt werden kann. — Da die Pallisaden zu hoch sind, um von einem Battaër überschauet zu werden, so hat man an verschiedenen Stellen, besonders zu beiden Seiten der Thore, erhöhte Gerüste, Observatorien (gleichsam Batterien), angebracht, von denen man über die Pallisaden hinweg die Umgegend übersehen kann, und auf denen sich in Kriegszeiten stets ein oder zwei Mann Wache befinden, um bei feindlichen Annäherungen die waffenfähige Mannschaft des Dorfes zu wecken und die Gewehre von dort auf den Feind abzufeuern. — Einige Dörfer, welche in weiten, ebenen Flächen liegen, und nur kümmerliche oder gar keine Bambus-turihecken besitzen, z. B. Punjaponter in Siepierok, Sossor in Tobah, haben sich aufser den Pallisaden noch mit Gräben umzogen, die in dem thonartigen Erdreich regelmäfsig ausgestochen sind, bei der bedeutenden Breite von 7—8 F. eine eben so grofse Tiefe haben, und nur an den beiden Portalen, auf schmalen Brettern, die man wegziehen kann, überschritten werden können. Aufserdem werden in Tobah rings um die Dörfer, etwa in einer Breite von 20 bis 30 F. aufserhalb der Gräben noch Randju's (kleine Bambusstückchen) ausgesteckt, deren scharfe Spitzen im Grase unsichtbar zerstreut, den nackten Füfsen annähernder Feinde sehr gefährlich sind.

Man ersieht aus dieser Uebersicht, dafs es keineswegs das Bedürfnifs war, ihre Hausthiere, ihre Hühner und Schweine, Kühe und Pferde, welche jederzeit dasselbe Dorf, ja dasselbe Haus mit ihren Herren bewohnen, zusammenzuhalten, und sich und diese ihre Genossen vor den Anfällen der Tiger zu schützen oder vor den Besuchen von Rhinocerossen und Elephanten (welche letztere aus Versehen schon manches einsam in den Ladang's stehende Battahaus umgestofsen haben), die aber alle drei in den hohen Flächen Tobah's gänzlich fehlen, — sondern dafs es die Nothwendigkeit war, sich vor räuberischen Ueberfällen ihrer menschlichen Landsgenossen zu bewahren, welche die Battaër zur Befestigung ihrer Dörfer und Hütten veranlafste. Dies wird bestätigt durch die Betrachtung, dafs man in den Gegenden, welche sich jetzt durch den Schutz der niederländischen Regierung eines anhaltenden Friedens erfreuen, und welche nahe an unsern Posten liegen, die Pallisaden hat verfallen und verfaulen und zahlreiche Lücken in den Bambuturihecken sich hat bilden lassen, durch welche das Vieh in das auf allen Seiten offene Dörflein ein- und ausgeht; — dies wird ferner bestätigt durch die unzugängliche Lage vieler Kampongs auf hohen Felsen oder auf schmalen Bergfirsten, die kaum so viel Raum darbieten, um ein kleines Feld anzulegen, während am Fufse solcher Berge die schönsten ebenen Thäler und Fluren lächeln. Diese Fluren waren auch wirklich früher bevölkert und bebaut, aber ihre Bewohner, durch geld- und blutgierige Feinde verfolgt, nahmen die Flucht in die unwirthbarern, aber sicherern Gebirge, deren Schlupfwinkel sie lieb gewannen und nun nicht mehr zu verlassen wünschten. — Da sich in den Battaländern fast nirgends kleine Kegelberge oder conische Hügel befinden, sondern alle Gebirge aus lang hingezogenen Ketten bestehn, so hat man die Dörfer auf der Firste dieser Ketten an solchen Stellen erbaut, wo dieselbe zu kleinen Platten erweitert ist. Links und rechts vom Dorfe senken sich die Abhänge (Seitenflanken der Kette) oft unbeklimmbar steil hinab, und an den beiden Enden des Dorfes, wo sich die Thüren befinden (in der Richtung der Längenaxe der Kette), sind die Firsten aufserhalb der Dorfplatte in der Regel so schmal, dafs nur Mann hinter Mann auf ihnen marschiren kann. Senkt sich nun noch, wie dies oft der Fall ist, auch die Firste des Dorfes auf der einen Seite steil hinab, so braucht nur der obere Eingang des Dorfes, die schmale Firste, über die der Pafs führt, und die gewöhnlich noch durch einen queren Graben ganz abgestochen ist, vertheidigt zu werden. Solche natürliche Festungen sind z. B. die Dörfer Domakinjang, Goding und Huta tinggi in Obertapanulie, — Simanossor*)

*) An der natürlichen Stärke dieses Dorfes zerschellte die Tapferkeit der sonst so kühnen Krieger des Tuanku aus Rau, die es drei Monate lang vergebens belagerten und bestürmten.

und Rimba golep in der Gegend von Tapollong, — Dornakinjang, Gudarim baru, Nadjukang und Hurung im Lande Hurung, und im Lande Dolok das Dorf Simanabon, welches letztere (von mir nicht selbst gesehen) wie eine Felsenburg auf hohen schroffen Klippen liegen soll, die nur auf Leitern zugänglich sind. — In Tanna Hurung sind die Firsten so schmal, dafs sie zuweilen zwischen 700′ tiefen, schwindlichtsteilen Abgründen Felsengräten von kaum 1 F. Breite bilden, auf denen man stundenlang hinklettern mufs, bald steil anstrebend zu kleinen Kuppen, bald wieder niedersteigend, ehe man in die Gegend gelangt, wo sich die Firste divergirend in mehrere spaltet, und sich hier und da zu kleinen Platten erweitert; auf diesen Platten und auf einigen ihrer Gehänge, welche sanfter sind als die übrigen, grünen wie angeklebt die Reisfelder (Ladang's) des Dorfes Hurung. Dann aber jenseit dieser Spaltung senkt sich das Gebirge mit allen seinen Nebenfirsten aus Höhen von 3500′ schroff und unzugänglich hinab in das Binnenthal von Biela, welches daselbst nicht mehr als 1830 Fufs Höhe hat. Auf die lachenden Ebnen dieses Thales schaut Hurung, nur von Adlern umschwebt, aus seinem Felsensitz hinab! — Wenn auf dem Signalpunkte der Firste (s. meine Karte), wo sie sich zu einer kleinen Kuppe erhebt, nur ein einziges Geschütz aufgestellt wäre, so würde dieses, da der schwindelnde Steg über die Firste der einzige Zugang zu Hurung ist, im Stande sein, die ganze Fortsetzung des Gebirges, in welcher Hurung liegt, gegen die Kriegsmacht der ganzen Welt zu vertheidigen!

Da wo der Wunsch nach Sicherheit und ungestörtem Besitz ihres Eigenthums die Battaër nicht in solche schwer zugängliche Gegenden brachte, ist es besonders die Nähe von Bächen und von Trinkwasser, welche ihre Wahl der Plätze zum Erbauen von Dörfern geleitet hat; — alle Dörfer sind daher auch wirklich entweder am Ufer oder doch in der Nähe von Bächen, und die in Felsgebirgen (wie Hurung) doch wenigstens in der Nähe von Quellen angelegt. — Das Innere der Battadörfer ist völlig kahl und von aller Vegetation entblöfst. Wenn man am Meeresgestade die Hütten von Kokospalmen und Pisang umschattet sieht, da kann man sicher annehmen, dafs sie von M a l e i e n bewohnt sind. Der Battaër duldet kein Grün, selbst keinen Grashalm in seinem Dorfe.

Auch die vielen Schweine, Hühner und Hunde, die überall frei umherlaufen, tragen das Ihrige zur Ausrottung aller vegetabilischen Keime bei. Dabei ist der Boden des Dorfes stets eine umgewühlte, frisch durchtrappte, schmutzige, mit Thierexcrementen vermengte, bräunliche Erde. — Die Kahlheit dieser Dörfer ist in der That frappant. Man betrachte nur ein solches Dorf, das einsam im wildzerklüfteten Gebirge auf steiler Firste hängt, wie Gudarim baru *), oder das in der weiten Grasebene von Tobah zerstreut liegt, so bilden die kleinen, schwarzen Hidjudächer und ihre spitzen Giebel, welche über die Dorfhecke hervorragend allein sichtbar sind, jederzeit einen sonderbaren, einsam düstern Contrast mit dem umgebenden Grün der Gegend. Besonders das schwarze Aussehn der Dörfer in Tobah, die nur wie dunkle Fleckchen hier und da einzeln in der Ebene hervortreten, erregen mit dem bläulichen Rauche, der über ihnen schwebt, und bei der Stille, die über das weite, einförmige, von keinem Baum beschattete Plateau verbreitet liegt, ein schauerlich ödes Gefühl in der Brust des Reisenden, wenn er bedenkt, wie diese wenigen einsamen Dörfer nur dann regsam werden, wenn sie Krieg mit einander führen! —

Aufser den Häusern, welche innerhalb der Hecken und Pallisaden zu dem Ganzen eines Dorfes vereinigt sind, findet man noch zahlreiche Wohnungen, die aufserhalb der Dörfer einzeln und zerstreut vorkommen. — Diese sind gewönlich von trocknen Reisfeldern, Ladang's, umgeben, und danken ihre Entstehung dem Bedürfnifs, jedes Jahr ein neues Stück Grund zur Anpflanzung des Reises zu wählen, und daher in waldreichen Gegenden ein neues Stückchen Waldung zu kappen. Da sich hierdurch bei stark bevölkerten Dörfern der Bezirk des vereinzelten Dorfes immer weiter ausdehnt, und solche Ladang's oft stundenweit vom Dorfe entfernt sind, so haben es ihre Besitzer, um den weiten Weg nicht jeden Tag von Neuem zurückzulegen, vorgezogen, ihre Hütten in dem Ladangfelde selbst aufzuschlagen. Solche einzelne Hütten am Rande oder in der Mitte eines kleinen, mit Reis bepflanzten Stückchen Grundes, auf dem die frischgekappten Baumstämme

*) Auf der beigefügten pittoresken Ansicht, in dem Lande Tanna Hurung.

noch regellos umherliegen, findet man daher oft mitten in der Urwaldung, wo sie kleine, offene Plätzchen bilden, die den Wandrer freundlich ansprechen, mit den Gruppen ihrer Pisangs, ihrer Papayans, ihrer Nanka- und Duriobäume, die sich zugleich mit ihnen angesiedelt haben. Auch die treuen Begleiter der Battaër, Hühner, Hunde und Schweine, stellen sich allmählich in ihnen ein und bilden eine belebte kleine Kolonie in der Wildnifs. — Auch besitzen die wohlhabenderen der Dorfbewohner, die Radjas, jederzeit aufser ihrem Hause im Dorfe selbst gewöhnlich noch eine Hütte in ihrem Ladangfelde, auf welches sich alle Kultur von Fruchtbäumen, die in den Dörfern und deren unmittelbarer Nähe selbst nie erzielt werden, beschränkt. Diese Ladangs sind daher gleichsam ihre Landhäuser, ihre Villen (oder Buitenplaatsen), die sie gern besuchen, und in denen sie öfters zu übernachten pflegen. Nur in Tobah sieht man sich vergebens nach solchen einzeln liegenden, in den Feldern zerstreuten Häusern um; — es ist der Krieg, der dort im Kleinen unablässig geführt wird, und der sich besonders durch Strafsenraub und Cannibalismus ausspricht, welcher die Menschen von den Feldern verscheucht und sie nöthigt, hinter Pallisaden zusammengedrängt in Dörfern zu wohnen.

Besonders aber der waldige Thalgrund von Ankola, den der grofse, an Goramifischen reiche Eik Batang Ankola durchströmt, ist reich an solchen vereinzelten Ladanghäusern. Zu Hunderten liegen sie dort im Walde zerstreut, der in allen Richtungen von den kleinen Fufspfaden durchkreuzt ist, welche die einzelnen Häuser mit einander verbinden, und in dem sich ursprüngliches, antikes Laubgewölbe mit Kulturbäumen zu einem der romantischsten Lusthaine verbindet. Die im nördlichen Theile dieses Thales zerstreuten gehören gröfstentheils dem Dorfe Pitjakoling an, dessen weitläufige Vorstadt sie bilden. — Den unwillkommenen Besuch von Elephanten pflegt man mit langen spitzen Bambusstäben abzuwehren, die man schief mit ihrer Spitze nach aufsen gerichtet, in geringen Entfernungen von einander in die Erde steckt und damit das bebaute Feld und dessen Hütten rings umgiebt. — Zuweilen entfernen sich solche Wohnungen sehr weit von der ursprünglichen Heimath ihres Dörfchens, besonders längs der Ufer solcher Flüsse, auf denen einiger Verkehr mit Kähnen stattfindet. Theils wegen der wilden Thiere, namentlich der Elephanten, theils wegen der Ueberschwemmungen, die im Stromthale solcher Flüsse, z. B. des E. Lumut, Burumon, oft einzutreten pflegen, sind dann diese Häuser (die verlassen in der Mitte weiter Urwaldungen liegen) sehr oft auf Bäumen erbaut, nämlich auf der Gabel- oder Quirltheilung eines Baumstammes, dessen Mitteläste man gekappt hat, während man die Aeste des Umfanges hat stehen lassen, um das Häuschen in seiner Mitte zu umgrünen und zu beschatten. Auf 25 bis 30′ hohen Leitern steigt man zu diesen grünen Luftschlöſschen hinauf, von deren Höhe herab der Battaër sein kleines Paddi- und Jagonfeld zufrieden überschaut. Wenn einige Hähne darin krähen, so ist er reich. In seiner Nähe auf Baumzweigen, die im Bogen fast bis in den Strom hinab hängen, schaukeln sich die geselligen Affen. Er sieht gern ihrem harmlosen Spiele zu und ist befreundet mit allen Thieren der Wildniſs; Stenopsarten und langgeschwänzte Sciuri kriechen und springen vor seinen Augen in den Bäumen umher, Elephanten baden sich ungestört im Flusse, Galeopitheci umfliegen des Abends seine Hütte, Schaaren von Kalongs (*Pteropus edulis*) ziehen über sein Haupt, Rudel von Hirschen durchstreifen den Wald, und sein einziger Feind, den er zu tödten sucht, ist der Leguan (*Crocodilus Leguanus*), der seine Hühner stiehlt, und der im Klagaschilfe und im Gebüsche lauschend am Ufer liegt.

Viertes Kapitel.

Täglicher Lebens- und Wirkungskreis der Battaër.

So unbedeutend auch die täglichen Verrichtungen eines Battaërs in Beziehung auf das Menschthum überhaupt sein mögen, da dieselben einzig und allein seine persönliche Erhaltung bezwecken, so dürfte es doch nicht uninteressant sein, sondern für die Kenntnifs der Battanation selbst vielmehr von Wichtigkeit, einen Blick in sein häusliches Leben zu werfen.

So einfach auch die Lebensart des Battaërs ist, so sind seine Verrichtungen doch einer gewissen Regel unterworfen, aber keineswegs gleichmäfsig unter beide Geschlechter vertheilt, auch nicht in allen Provinzen des Landes in demselben Verhältnifs auftretend. — Die Battaërinnen stehen früher auf als ihre männlichen Hausgenossen, und zwar jederzeit noch vor Sonnenaufgang. Ihr erstes Geschäft ist dann, nach dem Wasserplatze, der sich jederzeit aufserhalb des Kampongs befindet (dem Kali, der Quelle oder dem Pandjoran) zu gehen, nicht nur, um die leeren Bambusröhre mit frischem Trinkwasser zu füllen, sondern sich auch selbst zu waschen und zu baden. Sind sie dann mit den gefüllten Bambusröhren, die sie bündelweis unter dem Arme tragen, zurückgekehrt, so fängt das Geschäft des Reisstampfens an: Menduda (maleiisch Mannompu) Paddi, um die Reiskörner von ihren Hülsen zu entblöfsen, oder zum Kochen geschickt zu machen (in Bras zu verwandeln), wobei selten eine gröfsere Quantität als zum Bedarfe eines Tages hinreicht, gestampft wird. In reisarmen Gegenden wird zur Hälfte Jagon beigemengt, der zu diesem Behufe ebenfalls fein gestampft wird; in solchen Gegenden jedoch, welche Ueberflufs an Reis haben, werden die Maiskörner blofs mit Wasser vermengt, verwendet. — Dieses Reisstampfen ist nach dem Wasserholen ihr zweites Geschäft und begleitet den Aufgang der Sonne. Wenn das „Tagsgespann durch der Nacht Gesicht lächelt und das Ostgewölk mit Streifen von Licht färbt" *), dann fängt auch das Morgenroth an, sich in den Dörfern der Battaër zu färben; wenn der müde Wandrer, erschöpft von den Anstrengungen des vorigen Tages, noch in der Hütte auf seiner Matte ausgestreckt liegt, neben seinem cannibalischen Freunde, nur durch den gezogenen Degen von ihm getrennt, dann erschallt schon ein reges Leben im Dorfe. Die Hähne krähen mit Morgenlust, die Schweine rumoren grunzend unter den Häusern und drohen aus ihren Ställen zu brechen, aber aller Lärm wird übertäubt von den tactmäfsigen Tönen der Reisstampfer, deren einige Dutzend, von den kräftigen Armen der Battaërinnen auf- und abgeführt, in den Höhlungen der Lossungklötze aufschlagend einen Klang hervorbringen, ähnlich dem Klange zahlreicher entfernter Glocken, der weit im Gebirge wiederhallt und selbst in ebenen Gegenden meilenweit gehört wird! — Diese Frühstunden des Reisstampfens, diese Zeit, zu welcher das animalische Leben von Neuem rege wird, sie ist die Morgenröthe im Leben der Battaër, angelächelt von der wirklichen Aurora am Himmelsgezelt, und vergleichbar dem Lenze nordischer Fluren, wenn die Natur von ihrem Winterschlafe erwacht! —

Während des Reisstampfens haben sich auch die trägen männlichen Bewohner von ihren Matten erhoben und sind nun auch ihrerseits gewöhnlich nach dem Badeplatze geeilt. — Die Sonne ist so eben aufgegangen, das Enthülsen des Paddi's ist vollbracht, die Priok's sind gefüllt mit dem frischgestampften Bras und Wasser und werden auf die Kochplätze gestellt. Nun wird mit Stahl, Stein und Lulluk- (Kaul der Sundanesen, ein sehr reicher Zunder aus den Blattstielen der Parkot, maleiisch onno, nämlich Areng-) palme Feuer angezündet, wobei die Männer weiter nichts verrichten, als, sobald das Feuer brennt, ihre Pfeifen anzuzünden, ihre Kleider auf dem Arm im Dorfe auf und ab spazieren zu gehen und sich zum

*) Shakespeare.

Plaudern vor dem Radjahause zu versammeln. Später nehmen sie einen Schluck Tuak oder trinken (dies Letztere jedoch blofs in Tobah) ein Bambus mit Milch. Dies ist ihr erster Genufs. Das Tabackrauchen vertritt in Tobah das Sirikauen, welches nur am Seestrande, wo Siri- oder Betelblätter häufig wachsen und auch Gambir im Ueberflufs zu kaufen ist, die erste Verrichtung nach dem Aufstehen bildet. — Nun, gegen 7½ Uhr fangen die eigentlichen Arbeiten des Tages an, die in beinah allen Landschaften, aufser Tobah, fast gleichmäfsig unter beide Geschlechter vertheilt sind, doch so, dafs die Feldarbeiten mehr dem Manne anheim fallen, während die Frauen gröfstentheils im Dorfe selbst beschäftigt sind.

In Tobah aber werden alle, sowohl häusliche als Feldarbeiten von den Frauen verrichtet, deren Fleifs, Arbeitsamkeit und Unverdrossenheit zu bewundern, deren sclavisches Loos aber nicht zu beneiden ist. Sie sind die eigentlichen Lastthiere des Hauses, auf deren Betriebsamkeit die Erhaltung des Ganzen ruht. Die Männer rauchen Taback aus ihren langen messingenen Pfeifen, warten der Kinder (nämlich spielen mit ihnen), halten Berathschlagungen in ihren Soppo's und — führen Krieg. Das Bauen der Häuser und das dazu nöthige Kappen von Bäumen ist fast die einzige Arbeit, die sie in Friedenszeiten zuweilen verrichten.

In den übrigen Provinzen geht daher gewöhnlich der Mann um die genannte Zeit in seine Ladang, um die nöthigen Arbeiten daselbst zu verrichten, besonders die gröbern Arbeiten bei der Anlegung des Feldes, als: Kappen der Bäume, Aufräumen des gekappten Holzes oder wenigstens der Baumäste (während die Stämme liegen bleiben), Umhacken des Grundes, Verbrennen des Unkrautes, Bauen von Hütten etc.

Während dieser Geschäfte der Männer in den Ladangs beschäftigen sich die Frauen (in Tobah nur ein Theil derselben, der zu Hause geblieben ist) mit häuslichen Arbeiten verschiedener Art, mit dem Weben von Zeugen, mit dem Flechten von Säcken (Karong's) oder Matten (Tika's) aus Padanusblättern, mit dem Abkochen von Färbestoffen, oder in Kriegszeiten mit dem Bereiten von Pulver, welche letztere Kunst jedoch blofs von alten erfahrenen Weibern practicirt wird. Nebenbei ist ihre Sorge auf das Garkochen ihres Reises und ihres Sayors gerichtet, der schon seit 7 Uhr auf dem Feuer steht. Alle Thiere, namentlich Hühner und Schweine sind ebenfalls schon um 7 Uhr mit Jagon gefüttert und laufen frei in der Umgebung des Dorfes umher.

Um 12 Uhr ist Mittagszeit; dies ist gewöhnlich die erste Mahlzeit des gemeinen und armen Battaërs, der höchstens des Morgens früh, wenn er es so haben konnte, einen Schluck Tuak genommen, oder (in Tobah) einen Bambus mit Milch getrunken und Taback geraucht hat. Der wohlhabende Battaër, namentlich der Radja, hat gewöhnlich auch schon am Morgen, ehe er seine Ladang besuchte, eine Hand voll Reis verzehrt. Um 12 Uhr kehren alle Arbeiter, männliche sowohl als weibliche, welche kein Haus in der Ladang selbst besitzen, in das Dorf zurück, um, jeder Tjatja apart, aber gemeinschaftlich mit ihren Frauen und Kindern, ihr einfaches Mahl aus Reis mit etwas Sayor und spanischem Pfeffer zu geniefsen. Dann strecken sie sich eben so gern ein Stündchen auf ihren Tikar's aus, um den Digestionsorganen hinlängliche Ruhe zu gönnen, wie die europäischen Gourmands auf ihren Ottomanen, nachdem sie einige Perdrix aux truffes verzehrt. Um 1 oder 1½ Uhr begiebt sich dann der Battaër, wenn die Arbeit dies erheischt, von Neuem in seine Ladang, während die im Dorfe bleibenden Frauen sich denselben Geschäften von Neuem widmen, die sie schon am Vormittag verrichtet hatten. Um 4 oder 4½, spätestens 5 Uhr aber ist Feierabend, und alle Arbeiter, ausgenommen die, welche für beständig in den Ladangs wohnen, und sich daselbst mit allen ihren Lebensbedürfnissen umgeben haben (was nie in Tobah, häufig aber in Ankola und Niedertapanulie der Fall ist), kehren nach dem Dorfe zurück, nachdem sie zuvor einen Schluck Tuak genommen. Um diese Zeit nämlich (4—5) pflegen sich die Wolken zu senken, zu schwärzen und in zahlreiche Nimbis aufzulösen. Der Himmel ist trübe und wirft trübe Schatten auf die Erde. Einige Donnerschläge rollen, es droht Regen, es ist unfreundlich im Freien, daher eilen Thiere und Menschen unter das gastliche Dach. Die Hausthiere stellen sich wieder ein, die Hühner fliegen herbei und die Schweine dringen von allen Seiten ins Dorf; sie umlagern, wie die Hunde auf ihre Hinterbeine gestellt, die Hausthüren, in denen oben ihre Wohlthäterinnen sitzen, und geben durch ihr Grunzen und durch das bittende Aufwerfen ihrer Schnauzen deutlich genug zu erkennen, dafs der Wald kein

Horn des Ueberflusses für sie war und daher ihr Magen noch einiger freigebigen Beisteuer bedürfe. Diese wird ihnen denn auch; sie kriegen Jagon zu fressen und kriechen, während es dunkel am Himmel dräut, zufrieden in ihre Ställe. Und der Mensch setzt sich ans knisternde Feuer, denn dies wird nun angezündet, und die Reistöpfe werden aufgestellt, um die zweite Mahlzeit zu bereiten. Alt und Jung findet sich nun heimisch am Heerde und überläfst sich seiner Bequemlichkeit ohne Sorge für den folgenden Tag. Nun fängt das geistige Leben der Battaër an, und wenn die lodernde Kriegsfackel die Ruhe der Gemüther nicht stört, so werden nun Mährchen erzählt, von guten und bösen Geistern (Sumangot's und Begu's) und manche alte Geschichte. Die zweite Mahlzeit, das Abendbrod der Battaër (ebenso wie das Mittagbrod aus Reis und einem Schluck Wasser bestehend), wird um 7, spätestens 8 Uhr genossen, und dann gewöhnlich bald darauf der Gott des Schlafes umarmt. — Der Gebrauch des Sirikauens findet zu allen Zeiten statt, besonders kurz nach den Mahlzeiten, ist jedoch bei den Bewohnern der eigentlichen Centralländer, namentlich Tobah's, wegen Mangel an Gambir oder Catechu und auch zum Theil wegen Mangel an Kalk selten. Er wird dort durch das Tabackrauchen ersetzt. — Das Füttern der Hausthiere und das Reisstampfen fällt überall blofs den Frauen anheim und wird nie von Männern verrichtet. Auch verrichten solche Radja's, die nur einigermafsen angesehen sind, nebst ihren Frauen keinerlei Feldarbeiten, deren Besorgung sie allein ihren Sclaven überlassen.

Während bei solcher Vertheilung der Arbeiten unter beide Geschlechter alle häuslichen Geschäfte überall den Weibern ausschliefslich anheim fallen, nehmen sie doch auch bei weitem in der Mehrzahl der Provinzen und Landschaften einen thätigen Antheil an den Feldarbeiten, namentlich an den leichtern Feldarbeiten, nachdem die Ladang bereits angelegt und eingerichtet ist. Diese bestehen in dem Reinhalten der Felder, in dem Jäten des Unkrautes, in dem Einsammeln von Brennholz und in dem Aufsuchen der Früchte, welche zur Reife gekommen sind. Weil nämlich der Battaër in seinem Dorfe selbst keine Früchte erzielt, so sind alle seine Fruchtbäume in seinen Reisfeldern oder in deren Umgebung angepflanzt, und diese seine Ladang ist daher für ihn der Ort, wo die Göttinn Pomona für ihn ihr Füllhorn öffnet. Psang, Pohon bodik (*Carica Papaya*), Lasïak (Lombok der Malaier, ***Capsicum annuum***) sind aufser Reis und Mais fast die einzigen Früchte, welche er erzielt, namentlich die, welche von den Frauen eingesammelt werden. Aufser denselben grünen in der Umgebung der Ladang's noch Duriobäume und Arengpalmen, die blofs von Männern besucht werden, und von deren letztern blofs der aus den Blüthenscheiden strömende Saft zu Palmwein (Tuak) benutzt wird.

Mit Früchten dieser Art, Pisang-, Papayanfrüchten, mit Maisähren (Jagon), mit Knollen der Convolvolus Batatas (Gadong, maleiisch Obi), mit Bündeln von Brennholz u. a. Gegenständen beladen, und mit ihren Kindern auf den Rücken sieht man die armen gedrückten Frauen jeden Abend gegen 4½ oder 5 Uhr aus den Ladang's zurückkehren, truppweise, namentlich da, wo viele Ladang's in der Umgebung eines stark bevölkerten Kampongs liegen, keuchend unter ihrer vielfachen Last und kaum mit den nöthigen Lumpen zur Deckung ihrer Blöfsen versehen, aber begleitet jederzeit von ihrem Gefährten, dem Hunde, der auch hier seinen Ehrennamen fidelis verdient.

Was die unverheiratheten oder besser heirathsfähigen Mädchen betrifft, die Jungfrauen des Dorfes, so findet bei ihnen hinsichtlich der Verrichtung dieser Arbeiten nur die Ausnahme statt, dafs sie in der Regel nicht mit in die Ladang gehen, und an den Feldarbeiten nur dann Antheil nehmen, wenn der Paddi geschnitten wird. —

Wenn es schon in den südlichern und in den Gestadeprovinzen der Battaër unerfreulich für einen Europäer ist zu sehen, dafs so viele harte Arbeiten dem schwächern Geschlechte aufgebürdet sind, obgleich sie sich dort noch ziemlich gleichmäfsig unter männliche und weibliche Bewohner vertheilt befinden, so ist es wirklich empörend für sein Gefühl, in Tobah wahrzunehmen, dafs die Frauen daselbst nicht nur alle häuslichen, sondern auch fast alle Feldarbeiten verrichten müssen, und dafs daselbst, in umgekehrter Ordnung der Natur, die Männer anstatt der Frauen die Kinder warten! Die Männer faullenzen dort und rauchen Taback, während die Frauen in den Reisfeldern unter der Arbeit schwitzen. Die Macht der Gewohnheit läfst sie das Drückende ihrer Lage nicht fühlen, sie scheinen zufrieden zu sein und sind gesund und stark. — Vielleicht ist bei den unaufhörlichen kleinen Kriegen der tobahschen Dorfschaften unter einander diese Verkehrung der Naturordnung aus dem alten Hadat hervorgegangen, dafs Frauen nie zu Kriegsgefangenen oder Sclaven gemacht werden können. —

Die Speisen der Battaër, welche, wie wir so eben gesehen haben, zweimal täglich, um 12 Uhr Mittags und 7 Uhr Abends, genossen werden, und wozu nur zuweilen noch bei Häuptlingen und Wohlhabenden eine dritte Mahlzeit à la fourchette, nämlich eine Hand voll Reis um 7 Uhr als Frühstück, kommt, bestehen in der Regel blofs aus weichgekochtem Reis (*Intahan*, maleiisch *Nassi*), welcher, während sie auf dem Boden kauern, mit der Hand von einem Stück Pisang- oder einem andern Blatte abgespeist wird. Wie bei allen reisessenden Nationen äquatorischer Länder, ist er ohne Salz und sonstige Zuthaten blofs mit Wasser gekocht, dessen Quantität so eingerichtet wird, dafs, sobald alles Wasser verdampft ist, die Reiskörner ihre gehörige Weichheit erlangt haben, übrigens einzeln noch alle getrennt sind. — Als Gewürz wird gewöhnlich spanischer Pfeffer (Lasiak) dazu genossen, entweder die Schoten roh oder mit verschiedenen säuerlichen und adstringirenden Blättern (Gemüse, Sayor) zusammengekocht. Es ist beinahe kein Blatt in der Wildnifs, welches von dem Battaër nicht zu solchen Arten von Sayor benutzt wird; am häufigsten wird jedoch dazu das Kraut Daun boga und Daun randi gebraucht, die als Unkraut im Felde wachsen, Daun papaga, welcher zwischen Allang-allang vorkommt, die Blätter von Pohon bodik (dem Melonenbaume *Carica Papaya*), nebst Robung (den jungen Schöfslingen des Bambusrohres) u. s. w.

Ihre zweite Hauptnahrung ist Jagon (Zea Mays), deren ganze Aehren entweder am Feuer geröstet oder in Wasser gesotten, oder deren einzelne Körner feingestampft und wie Reis gekocht genossen werden. In Gegenden, welche viel Reis produciren, pflegt man jedoch blofs Hühner und Schweine damit zu füttern, und pflegt den Jagon überhaupt für eine geringere Speise für die ärmere Klasse zu halten. — Ihre dritte Speise ist Gadong (mal. Obi-obi), die jedoch in Wasser gesotten in reisreichen Landschaften auch nur von den ärmeren Bewohnern, und von den wohlhabenderen nur zur

Abwechselung genossen wird. Diese Knollen sind viel süfser als unsere Kartoffeln, doch weniger mehlreich und daher für den europäischen Gaumen weniger schmackhaft. Nur in sehr abgelegenen, wilden Gebirgsgegenden und in ganz neuen Ansiedelungen bilden sie den Hauptnahrungsstoff. Ihre Kultur erheischt weniger Sorge, sie kommen an den steilsten Gehängen fort und werden besonders in Hurung und Tobah angebaut, wo sie auch sehr grofs und schmackhaft sind. Am geringsten geschätzt ist 4) Kaladi oder Talas (Dsohat) bira, der Wurzelknollen von *Caladium esculentum*, dessen grofse pfeilförmige Blätter man in allen Gebirgsgegenden in der Nähe der Ladang's und ihrer Hütten sehr häufig erblickt. Die Knollen, welche oft die Gröfse eines Menschenkopfes erreichen, mit Wasser abgekocht und in Scheiben oder stückweis verzehrt, liefern eine mehlreiche, aber fade Kost, die weniger süfs und schmackhaft als Gadong ist, und deshalb auch nur von Armen genossen wird. —

Salz als Digestiv und Zuthat zu den genannten Speisen ist nur in den gestadenahen Gegenden im Gebrauch; in den Centralländern, namentlich in Tobah, wird es durch Lasiak ersetzt. Hier ist es selten und theuer, und nur in den Häusern der angesehensten Häuptlinge findet man zuweilen geringe Quantitäten desselben, die in getrockneten Blättern bewahrt werden. Die Getränke während oder nach der Mahlzeit sind Wasser, oder, in Gegenden, wo die Parkot- (Areng-) Palme häufig wächst, Tuak. Fleisch und Fisch werden von den Battaërn in der gewöhnlichen Ordnung der Dinge nicht gebraucht; nur wenn er so glücklich war, einen kleinen Kalifisch zu fangen, oder ein Eichhorn, eine Ratte, eine Fledermaus zu erhaschen, oder wohl gar eine grofse Eidechse (Leguan), dann geht er mit seinem Fang zufrieden nach Hause und verzehrt ihn heimlich als Leckerbissen mit seiner Familie; der Fisch wird dann gewöhnlich in Wasser gekocht, und das Fleisch der übrigen Thiere ganz einfach am Feuer ohne Fett und Gewürz geröstet. Eier werden selten und von dem gemeinen Battaër fast nie genossen, und Hühnerfleisch gewöhnlich blofs von den Kampfhähnen, welche im Streite geblieben sind, und welche auf dem Schlachtfelde selbst getheilt werden. Der arme Battaër ist bei solchen Gelegenheiten schon froh, wenn er einen Flügel oder ein Bein erhalten kann.

Blofs bei besonderen Gelegenheiten, bei wichtigen Vorfällen im gesellschaftlichen Leben der Battaër, werden Hühner, Hunde, Schweine, Rinder oder Büffel (Karibauen) geschlachtet. Solche Vorfälle sind: das Einführen einer Braut in das Haus ihres künftigen Gatten, Veränderung des Wohnplatzes, Vollendung eines neu gebauten Hauses, Besuch von Fremden, besonders wenn dies angesehene Häuptlinge sind, grofse Versammlungen und Berathungen in ihren Soppo's, um z. B. Krieg und Frieden zu beschliefsen, Begräbnifstage von Häuptlingen u. s. w., wo dann bei den weniger bedeutenden Veranlassungen blofs Hühner und Hunde, bei den wichtigsten aber Schweine und Rinder geschlachtet werden.

Alle diese Gelegenheiten sind Volksfeste, und das Fleisch der geschlachteten Thiere wird unter alle Anwesende vertheilt. Jeder erhält ein Stück, freilich die Aermsten zuweilen blofs ein Ohr, einen Schwanz, eine Schnauze oder das letzte Glied eines Beines. Verkauft aber, oder bewahrt zu ausschliefslichem Gebrauche von Wenigen wird es nie. Auch die Gedärme, von ihrem Unrathe befreit und in Wasser gekocht, werden gegessen. Menschenfleisch wird bei fröhlichen Veranlassungen nie verzehrt, und es ist offenbare Verläumdung der ehrlichen Battaër, wenn man sagt, dafs sie Menschenfleisch auf den Märkten verkaufen, und dafs sie ihre Alten schlachten, sobald diese nicht mehr arbeiten können. Das Alter ist vielmehr geehrt unter den Battaërn: eine alte Frau ist oft eine Prophetin, und graues Haar, besonders grauer Bart, ist ein so respectirtes Privilegium, dafs sein Besitzer im ganzen Lande ohne Pafs und Empfehlung freie Kost und Wohnung findet. Sie essen blofs Menschenfleisch im Kriege, wenn sie in Wuth sind, und in einigen gesetzlichen Fällen.

Uebrigens giebt es keine Thierart, wenn sie nur Fleisch auf den Knochen trägt, die nicht von dem Battaër gegessen würde; selbst vor halb verfaultem Fleisch ekeln sie sich nicht, und Hunde, die den Aussatz haben und nicht mehr laufen können, werden von ihnen noch geschlachtet und mit Appetit verschmaust.

In den Küstenprovinzen, wo Kokospalmen wachsen, trifft man aufser einfach gekochtem Reis noch folgende Speisen:

Dsantan dsohat. Dies ist Kaladimehl (von den Knollen des *Caladium esculentum*) mit Zwiebeln und geschabtem Kokoskern in Form von Klösen zusammengeballt und in Wasser gekocht.

Dsantan masak und Itak, ebenfalls grosse Klöse, welche aus Reismehl und Kokoskern bestehen.

Gewürze, Zucker, Thee, Kaffee, geistige Getränke aller Art (ausser Tuak), Brod, nahrhafte Gemüse etc. sind ihnen unbekannt. Auch das Opiumrauchen kennen sie nicht. Desto mehr war mir ihre Neigung zu geistigen Getränken, namentlich zu Branntwein und Genever auffallend, die sie in grossen Quantitäten zu sich nahmen, ohne trunken zu werden, obgleich sie dergleichen vorher nie gekostet hatten. *)

Als Beleuchtungsmaterial ihrer Hütten des Abends dient in allen gestadenahen Provinzen Kokosöl und damit getränkte Dochte, welche bei den reichern Häuptlingen in eisernen Lampen, bei den Gemeinen aber in halbirten Kokosschalen angezündet werden. In allen Bovenländern aber ist jede Art von Oel unbekannt, und dort wird theils Dammarharz, theils Tussamholz zur Beleuchtung verwandt; nämlich Dammarharz in allen den südlichen und peripherischen Ländern, wo keine Tussam wächst, in Ankola, Ober-Tapanulie, Siepierok etc. Dieses Harz (von *Agathis loranthifolia*) wird fein gestossen, in hohle Cylinder gefüllt, welche aus getrockneten Pisang- oder andern (Scitamineen-, z. B. Elettarien-) Blättern geformt und 1 bis 1½ Zoll dick sind, und oben angezündet. Es flackert und spritzt leicht beim Brennen, indem die Oberfläche schmilzt, und verbreitet einen zum Husten reizenden Geruch. Solche, etwa einen Fuss lange Dammarkerzen werden zwischen einer Klammer aus geschlitztem Bambus festgehalten, und diese Klammer horizontal an ein kleines Gestell (z. B. an ein dickes, ungetheiltes Stück Bambus, oder an einen Dreifuss) angebunden, wodurch der einfache Leuchter der Battaër gebildet wird.

---

*) Ihre Begierde danach war z. B. in Silindong so stark, dass, als ich keinen Branntwein mehr an sie zu verschenken hatte, sie mir ein paar Flaschen Alkohol austranken, den ich zum Brennen mit einer Glasblaselampe bei mir führte, um Barometerröhren zuzuschmelzen und auszuziehen, und der ihnen keinen Nachtheil brachte.

Solche Leuchter sind in Tobah, Hurung und Oberbiela nicht nöthig, denn dort wächst die sumatra'sche Fichte, von deren terpentinreichem Holze, Haju tussam, einige Splitter, ¼ Zoll dick und 1½—2 Fuſs lang, zwischen die Ritzen der Wände gesteckt, hinreichend sind, das Innere der Häuser zu erleuchten. —

Fünftes Kapitel.

Kleidung und Schmuck der Battaër.

Die gemeinen Battaër, welche keine Häuptlinge sind, tragen folgende Kleider: 1) Jederzeit ein Kopftuch, Bungus, welches zusammengefaltet und in Form eines Turbans geschlungen, den behaarten Theil des Hauptes bedeckt. Es besteht entweder aus selbstgewebten Baumwollenstoffen, oder aus europäischer Leinwand, die sie seit dem Handel der Küstenbewohner mit den Europäern kennen gelernt haben. Ihre Ausfuhrartikel, Benzoë, Pfeffer, Kampfer, werden gewöhnlich mit Leinwand und andern europäischen Zeugen bezahlt. 2) Als Unterkleid tragen sie gewöhnlich eine weite Hose, Serrŏar, die nur bis über das Knie reicht und entweder ebenfalls aus selbstgewebten Stoffen oder aus europäischem Linnenzeuge verfertigt ist. Die Frauen jedoch und fast auch jederzeit die Radja's tragen statt der Serroar einen selbstverfertigten Koppo-Koppo (mal. Sarong) oder ein weites Kleid, ähnlich einem weiblichen Unterrocke, welches von dem untern Theile der Brust frei bis an die Knöchel hinabreicht. Nur in den Grenzprovinzen sieht man auch Sarong's von maleiischer und javanischer Abkunft. Eine Abart des Koppo-Koppo ist der Horri, reicht nur bis auf die Waden, und wird besonders von Frauen getragen. —

Oberleib, Brust, Hals und Arme bleiben sowohl bei Männern als Frauen bloſs und unbedeckt. Deſshalb dient auch mehr zur Zierde als zur Bedeckung: 3) Kain djellimut, eine Art Tunica oder Shawl aus selbstgewebten Stoffen, 2½ bis 3 Fuſs breit und 6 bis 7 par. Fuſs lang, welche um die Schultern geschlagen wird. Wenn es kalt ist, so umwickeln sie damit ihren Oberleib und ihre Arme, wie mit einem Mantel, und die Frauen tragen damit ihre Kinder oder andere Lasten, z. B. Brennholz, Maisähren, wie in einem Sacke auf dem Rücken. Eine zierlichere Abänderung davon, doch übrigens dem Djellimut ganz ähnlich, ist der Hatik tollang, dessen Preis im Mittel 4½ Fl. ist, während das erstere blofs 1½ Fl. kostet. Das Unterkleid Koppo-koppo oder Horri pflegt um den Leib in der Gegend der kurzen Rippen befestigt zu werden mit 4) einem Bauchbande, wozu die armen Battaër den ersten besten Strick nehmen, die wohlhabendern aber eine Art Schärpe, Hohos (½ Fufs breit und ¾ bis 1 Gulden werth), und junge Leute, welche sich gern zierlich kleiden, einen Gürtel, Pamonting, der 1½ Fl. kostet.

Aufser diesen genannten Kleidungsstücken, die Jeder, ohne Unterschied des Ranges, zu tragen berechtigt ist, haben die Radja's als eine besondere Auszeichnung noch 5) die Djukia sampa, welche weiter nichts ist, als eine besonders schön gearbeitete Tunica (oder Kain djellimut), 3 Fufs breit und 7 F. lang, deren beide Ränder auf der schmalen Seite mit einem Rande von kleinen Glaskorallen besetzt sind. Dieser Korallenrand ist das eigentliche distinctive Zeichen, der Orden der Könige; seine Breite richtet sich nach dem Range derselben oder nach ihrem Reichthum, und nimmt von 1¾ oder 2 Zoll bis zu 4 Zoll Breite zu, wonach sich auch der Werth der Tunica von 14 Fl. bis zu 30 Fl. bestimmt. Die Korallen sind weifs und sehr dicht an einander gereiht, doch so, dafs in ihrer Mitte regelmäfsig abwechselnd zur Zierde einige rothe oder purpurne angebracht sind. Ueber diesen Korallenrand hinaus endigt sich die Tunica in einen Rand von Fasern oder Franzen, welcher auch bei den gewöhnlichen Djellimuts, wo die Fasern troddelähnlich zusammengedreht sind, nicht fehlt.

Alle ihre Zeuge (Djellimut, Djukia sampa, Koppo-koppo, Hatik tollang, Horri etc.) sind aus Baumwolle (Hapas, maleiisch Kapas) verfertigt, von Gossypiumarten, die sie selbst erzielen, deren Fäden sie selbst drehen und verweben. So schwer und hart diese Zeuge auch sind, und von etwas rauher Oberfläche, so kann man ihnen doch das Zeugnifs ausnehmender Zierlichkeit nicht versagen; es verdient selbst, bei der grofsen Einfachheit ihrer Werkzeuge und Webestühle, die Art, wie verschieden gefärbte Fäden mit einander zu regelmäfsig abwechselnden Streifen, und nach den schmalen Rändern der Tunica hin, zu Quarrés und allerhand symmetrischen Figuren verwebt sind, alle Bewunderung, während ihre Stärke und Dauer nur wenig den europäischen Stoffen nachsteht. (Auch hat nur die Wohlfeilheit dieser letztern in den Augen der Battaër den Vorzug.) Gewöhnlich wechseln in ihnen schwarzblaue, 1½ bis 2 Zoll breite Streifen mit schmälern, bloſs ½ Zoll (aber auch zuweilen 2 Zoll) breiten bolusrothen Streifen ab, in welchen als Einfassung noch ganz schmale, weiſse Streifen vorhanden sind. Andere Farben haben sie nicht; — nach den Rändern hin erhalten die bolusrothen Streifen und die rothe Farbe überhaupt die Oberhand.

Der Gürtel, Pamonting, ist 1½ bis 2 Zoll breit und besteht aus einem zierlichen Geflecht von sehr feinen Rotangstreifen, die schwarz gefärbt wie Pferdehaare aussehen, und zwischen denen in regelmäſsiger Abwechselung kleine viereckige Stückchen eines rothen Zeuges, nebst viereckigen, glänzenden Blättchen von Zinkblech mit eingeflochten sind, während der Rand mit einer Reihe kleiner weiſser, rother und blauer Glaskorallen besetzt ist, die nie mehr als eine Linie im Durchmesser haben. Dieses, inwendig mit einem Stück Leinwand oder anderm Zeuge gefütterte Flechtwerk trägt an dem einen Ende eine Holzplatte mit 3 oder 4 in einer Linie stehenden Höckern oder Nasen, an denen das schlingenförmige andere Ende des Gürtels nach der Dicke des Leibes beliebig enger oder weiter angehakt werden kann.

Zeuge von Baumrinde tragen nur die ärmsten Bergbewohner. Auſser einem kurzen Gürtel um die Lenden ist es gewöhnlich bloſs eine die Brust bedeckende Jacke, zu welcher die Rinde verschiedener Baumarten (z. B. Torrop, Korodang, Harras tadji, Sanné-sanné, Katopul, Takki saiju) durch wiederholtes Klopfen und Kochen in Wasser verarbeitet wird. Sie erhält dann eine lichtbraune Farbe und eine lederartige, sammtartige, wirklich sehr weiche Beschaffenheit, so daſs solche Jacken keinesweges so unzweckmäſsig und unbequem sind, als man glaubt.

Die Stoffe, womit die Battaër ihre gewebten Zeuge (d. i. ihre Baumwolle) färben, sind 1) eine schwarzblaue Farbe von Tarrum (*Indigofera tinctoria*), welche sie selbst erzielen, und deren Blätter sie 2 Tage lang mit kaltem Wasser maceriren, unter häufigem Umrühren, bis das Wasser genugsam ausgezogen hat. Eine ganz gleiche Farbe giebt Djal-laun (maleiisch Tarrum akkar, *Marsdenia tinctoria*), die perennirend, während jene nur einjährig ist, und deren Blätter auf ähnliche Art behandelt werden. Beabsichtigt der Battaër nun blofs eine schwärzlich-blaue Färbung, so wird das Zeug nur Einmal, — oder eine bläulich-schwarze Färbung, so wird es mehrmals damit getränkt. —

2) Eine rothe, nämlich bolusrothe Farbe von der Wurzelrinde des Baumes Pamarei.*) Diese wird in Stücke geschnitten oder gestampft, mit kaltem Wasser und Asche (Lauge, Kali) behandelt und dann die Baumwolle (Hapas) damit getränkt. Ehe diese jedoch in das Absud getaucht wird, wird sie vorher zu wiederholten Malen entweder mit Kokos- oder mit Kambiriöl (von *Aleurites moluccana*), oder in den Binnenländern, wo Oel jeder Art unbekannt ist, mit Schweinefett getränkt, und dann erst in das laugenartige Extract des Pamarei gethan. Diese rothe Farbe, den Baumwollenzeugen mitgetheilt, obgleich weniger lebhaft und grell, und mehr ins Rothbräunliche, Bolusrothe spielend, ist doch sehr dauerhaft und geht nicht aus. — Andere Farben als diese zwei, und andere Färbestoffe als vegetabilische, sind unbekannt; nur in den Küstenländern kennt der Battaër noch den gelben Farbstoff aus den Knollen der Scitaminee Kuning (*Curcuma longa*), derselben, welche zur Bereitung der maleiischen Kerrisuppe dient und dieser ihre gelbe Farbe mittheilt. Die gestampfte Wurzel wird mit kaltem Wasser und mit Kalk behandelt, die Farbe aber in den damit getränkten Zeugen ist von sehr kurzer Dauer und wird schon beim ersten Male des Waschens gröfstentheils wieder ausgezogen.

Mehr zum Zierath oder zum Schmuck, als zur Kleidung der Battaër, sind zu rechnen:

1) Armringe, Hoppas, welche mit der Djukia sampa das zweite Attribut der Radja's (Könige) sind. Da jedoch viele Häuptlinge existiren, die in Kriegszeiten ihr Land und Volk verloren haben, damit aber nicht zugleich ihre Würde, sondern die als permanente Gäste in den Dörfern anderer Radja's

---

*) Alle batta'schen Pflanzennamen sollen später in einem Index durch botanische berichtigt werden, sobald ich mein Herbarium werde bearbeitet haben. — Diese Pamarei jedoch war mir bereits von Java bekannt und ist *Morinda citrifolia*.

(welche ihnen Schutz gewähren) wohnen, und da überhaupt diese Würde vom Vater auf den Sohn vererbt, so sieht man eine grofse Anzahl Menschen in den Battaländern mit Hoppas geschmückt, die oft nicht einen Fufs breit Land besitzen und es zuweilen nicht unter ihrer Würde achten, kleine Lasten der Reisenden für ein Geschenk zu transportiren. Sie tragen um jeden Oberarm einen solchen Ring, öfters auch, wenn es besonders angesehene Häuptlinge sind, zwei. Die Ringe sind entweder aus Hima (maleiisch Bima), von der bekannten Riesenmuschel (*Tridacna gigas*), oder aus Gading (Elfenbein) verfertigt; erstere sind das Stück 2½ Fl., letztere 4 Fl. werth. Sie werden sowohl in Tobah als längs der Küsten, z. B. in der Bai von Tapanulie, verfertigt, sind vortrefflich gearbeitet und äufserst glatt polirt. Sie sind vollkommen zirkelförmig, der Durchschnitt ihrer Masse jedoch (nämlich des Reifes, welcher die Zirkellinie beschreibt) ist nicht rund, sondern etwas abgeplattet, bandartig. — Auch die Radja's auf den Niasser- und Batuinseln, nach Ludw. Horner *), schmücken sich mit solchen Armringen.

2) Messingdrähte in Form von Ringen um den Hals, den Vorderarm über dem Handgelenk, und den Unterfufs über den Knöcheln getragen. Sie sind ein Zeichen der Jungferschaft. Alte Frauen, nämlich in dem (seltenen?) Fall, dafs sie keine Jungfern mehr sind, dürfen sie nicht tragen. Defshalb sieht man gewöhnlich nur junge Gesichter damit geziert. Doch scheint dieser Gebrauch in einigen Gegenden ausgeartet zu sein. Wenigstens deuteten meine batta'schen Begleiter zuweilen auf Frauen mit sehr runzlichen Gesichtern und machten dabei ihre Anmerkungen über die zahlreichen Messingdrähte, mit denen der Hals solcher Frauen verziert war. Sie frugen mich dann gewöhnlich, ob auch in Holland (Europa) die (äufserlichen) Jungfernkränze so alt werden könnten? — worauf ich ihnen ein für allemal zu erkennen gab **), dafs die Keuschheit europäischer Damen jederzeit sehr musterhaft sei, und dafs diese Keuschheit selbst mit dem Alter zunähme (besonders in Klöstern und ähnlichen weiblichen Anstalten). Die ehrlichen Battaër sahen mich dann gewöhnlich sehr ernsthaft an und sagten: Ollo-ollo! —

*) In dessen bereits oben citirter Beschreibung der Batuinseln.
**) Wie bekannt, der Wahrheit gemäfs.

An solchen um den Hals geschlungenen Messingdrähten kann man die unverheiratheten Frauen (nämlich Jungfern) in den Battaländern sogleich erkennen. Je reicher und angesehener die Eltern der Jungfern sind, um so gröſser ist die Anzahl der Messingringe, die sie tragen, und die vom allerdicksten Drahte verfertigt werden. Je gröſser die Anzahl und je schwerer die Last dieser Drähte ist, die zu 20 bis 30 mit einander als ein dickes Bündel um den Hals herumhängen, um so stolzer ist die Jungfrau, welche übrigens bis auf die Hüften bloſs geht, und um so höher wird ihr Preis für die heirathslustigen Liebhaber bestimmt, welche sie als Ehegemahl zu umarmen wünschen. Wenn die Jungfer 10 Ringe am Halse trägt, so wird sie ungefähr fünf Karibauen gleich geachtet und selten unter diesem Preise losgeschlagen. (Heirath per Mangoli.) — Nur Kinder, und zwar auch männliche Kinder, dürfen auſser unverheiratheten Frauen mit Ohrringen und Kupferdrähten um den Hals geschmückt gehn. Sobald die Battaërinnen heirathen, werden sie dieser ihrer Zierathen beraubt, und dürfen sich fortan, wenige Gegenden ausgenommen, wo nur Miſsbrauch als Ausnahme von dieser allgemeinen Regel zuweilen auftritt, nicht mehr damit schmücken. Sie werden nun an den Pflug gespannt und müssen arbeiten; denn

„Ach, des Lebens schönste Feier
Endigt auch den Lebensmai!"

Tättowiren des Körpers ist dem Battaër unbekannt, und wird meines Wissens bei keiner Nation auf Sumatra angetroffen, eben so wenig wie auf Nias und den Batuinseln. Nur die wenig bekannten Bewohner der Insel Enghano sollen sich tättowiren. Eben so unbekannt ist dem Battaër das bei den Maleien und Javanen so übliche Schwarzfärben der Zähne, die beim Battaër vielmehr von blendender Weiſse sind.

Sechstes Kapitel.

Regierungsform der Battaër.

Verfassung und politische Verhältnisse ihres Landes.

Die Verfassung der Battaër ist eine demokratisch-patriarchalische, auf die Art, dafs jedes einzelne Dorf einen freien, unabhängigen Staat für sich selbst bildet, und von einem erblichen Dorfvorsteher regiert wird, der sich Radja (König) nennt, in dem sich jedoch, ohne eigne absolute Gewalt, nur der Gesammtwille der ganzen Gemeinde ausspricht. Jedes Dorf bildet auf diese Art eine constitutionelle Monarchie, das ganze Land aber, weil alle einzelnen Dörfer unabhängig und selbstständig sind, ohne ein gemeinsames Oberhaupt zu haben, eine Demokratie, oder eigentlich eine Anarchie.

Ungeachtet die Würde eines Dorfhäuptlings erblich ist von Vater auf Sohn, und bei Abwesenheit von Söhnen auf den ältesten Bruder, und ungeachtet sich die Häuptlinge Könige (Radja's) nennen, so ist die Verfassung doch rein demokratisch, weil sie, die Radja's, keine absolute Gewalt ausüben können, ihre Befehle vielmehr nur dann Gültigkeit haben, wenn sie von allen Mitgliedern der Dorfgemeinde berathen und von der Mehrzahl derselben genehmigt sind. Zu solchen Berathungen versammelt sich die Gemeinde in und um ihre Soppo's, wo jeder Dörfler, der über die Kinderjahre hinaus ist, Stimmrecht hat, und wo nach Stimmenmehrheit entschieden wird. Dies alte Hadat wird jedoch nicht streng befolgt, vielmehr trifft man Ausnahmen davon und willkürliche Handlungen der Radja's, wobei die Gemeinde gar nicht befragt wurde, in Menge. Vielleicht würden die Häuptlinge noch willkürlicher handeln, wenn sie durch die Furcht, ihre Unterthanen zu verlieren, nicht zu einer sanften, väterlichen Behandlung derselben und zur Beherzigung ihrer Interessen gezwungen würden. Wenn sich nämlich ein Dörfler von seinem Radja gedrückt und ungerecht behandelt glaubt, so verläfst er ihn, sobald ihm dieser Druck unerträglich wird, und begiebt sich in den Schutz von andern, benachbarten Radja's, die solche Flüchtlinge, durch welche die Anzahl ihrer Gemeindeglieder erhöht und also ihre Macht verstärkt wird, jederzeit mit offenen Armen empfangen. Wenn diese Flüchtlinge dann zurückverlangt werden, ihre Auslieferung aber verweigert wird, so ist gegenseitige Feindschaft der Häuptlinge und ihrer Dörfer die sichere Folge davon. Eben dieser Umstand ist eine der Hauptursachen von den ewigen Streitigkeiten und Bürgerkriegen zwischen den einzelnen Dörfern, wodurch die armen Battaländer so sehr entvölkert wurden.

Das weibliche Geschlecht ist von allen öffentlichen Berathungen ausgeschlossen; doch wird auch dieses Hadat nicht streng befolgt. Oftmals kreischen die Weiber ihre Meinungen und Advisė in die Berathungshäuser hinein, und werden nicht nur gehört, sondern, besonders dann, wenn es alte Sibyllen sind, auch beherzigt. In Hurung waren es alte Weiber, welche leidenschaftlich riethen, mich als einen Spion zu schlachten und zu verzehren! — Wieviel Stimmen die Häuptlinge in den Berathungen haben, ist nicht genau bestimmt; nach dem Hadat eigentlich nur eine, ihre Stimme gilt aber in der That viel mehr, besonders in Kriegszeiten, wo sie als Oberbefehlshaber sehr respectirt sind und ihr Wille fast pünktlich befolgt wird. In Friedenszeiten jedoch ist ihr Ansehen bei der Dorfgemeinde und ihre Macht über die einzelnen Glieder derselben sehr gering. Ihre Befehle werden dann, besonders wenn dieselben nicht das Gemeinwohl bezwecken, sehr lässig, oft gar nicht befolgt. Sie sprechen oft in den Wind, und werden, wenn sie sich darüber erzürnen, nur ausgelacht. Das ganz gemeinsame, familiäre Leben der Radja's in der Mitte ihrer Unterthanen, vor denen sie keins ihrer Geheimnisse, keine ihrer Schwächen verbergen, ist vielleicht die Ursache der geringen Achtung und Furcht, welche ihnen der gemeine Dörfler bezeigt. Die Liebe zur Bequemlichkeit und Faulheit bei diesem leztern ist wenigstens gröfser als seine Furcht; defshalb besinnt er sich erst sehr bedächtig, ob er den ihm zugekommenen Befehl vollbringen soll oder nicht. Sehr oft ist das letztere der Fall; die Radja's nehmen dann ihre Zuflucht zu guten Worten, und stellen sich nur in Gegenwart von Fremden über den ihnen bezeigten Ungehorsam erzürnt. Sie müssen deſshalb sehr oft stundenlang in ihrem Dorfe von Haus zu Haus herumlaufen, und sich erst einige Dutzendmal erboſsen und dann wieder schmeicheln, ehe es ihnen gelingt, aus der Schaar ihrer indolenten Unterthanen eine Anzahl von 10 Kulie's (Lastträgern) zusammenzubringen. In Tobah und Silindong, den bevölkertsten Provinzen des Landes, hat dieser Mangel an Respect und Gehorsam den höchsten Grad erreicht; dort thut fast ein Jeder, was er will und hört auf keine Befehle. *) Dieser gänzliche Mangel an allem Gehorsam und aller Subordination unter den Battaërn ist sicher ein ungünstiger Umstand, wenn es sich um die Ausführung einer groſsen Unternehmung und Arbeit handelt, wobei (z. B. bei der Anlegung eines Weges oder der Erbauung einer Brücke) viele Hände in Bewegung gesetzt werden müssen. Diese können nur mit der gröſsten Mühe, und in Tobah bei dem gegenwärtigen Zustande der Sachen gar nicht ohne militairische Gewalt zusammengebracht werden. Auch wird dieser Mangel an Gehorsam vor der Obrigkeit keinesweges durch republicanische

*) Zur Bestätigung hiervon möge beispielsweise angeführt werden, daſs ich einst in Silindong einer Versammlung von mehr als 30 Radja's beiwohnte, die, von einigen Hunderten gemeiner Battaër umringt, im Kreise saſsen und Taback rauchten. Einer der angesehensten davon hatte seine Pfeife vergessen und befahl seinen Unterthanen, welche ihn truppweise umringten, ihm die Pfeife aus seinem etwa 1000 Schritte entfernten Dorfe zu holen; jedoch vergebens, keiner rührte sich. Dann bat er, aber alle blieben stumm wie Klötze; dann erzürnte er sich und — wurde ausgelacht, und muſste sich zuletzt selbst bequemen, seine Pfeife zu holen. — Zu Bander Nahor in Tobah wünschte ich einst eine benachbarte Anhöhe, die kaum eine halbe englische Meile entfernt war, zu ersteigen, und bat den Raja Nimartambus, mir aus der groſsen Menge des anwesenden Volkes Einen zur Begleitung mitzugeben, um meinen Kompaſs etc. zu tragen. Dazu war jedoch sein Ansehen nicht hinreichend. Ich bot einem Jeden, der mich begleiten wolle, einen halben Gulden, doch fand sich nur ein junger, stämmiger Kerl, der sich entschloſs, die angenehme Gesellschaft, wo sich die Pfeife so behaglich schmauchen lieſs, zu verlassen, und sich erbot, gegen die Belohnung von einem Piaster (drei Gulden!) mitzugehen.

Tugenden ersetzt; die Battaër sind vielmehr blofs ungehorsam, um faullenzen zu können. Sie sind allerdings Demokraten (oder Demagogen), aber in keiner höhern Bedeutung als aus Hang zum Nichtsthun, nicht aus Liebe zur echten Freiheit, — und stehen daher in diesem Punkte auf keiner höhern Stufe als ihre Nachbarn, die Tiger und Affen, die auch Demagogen sind.

Nur in Kriegszeiten, wenn gemeinsame Gefahr droht, ist das Ansehn der Häuptlinge und der Gehorsam, den dann die Gemeinen ihren Befehlen zollen, gröfser. Uebrigens ist auch nicht zu läugnen, dafs manche Radja's eine gröfsere Gewalt über ihre Dörfler ausüben und mehr respectirt werden, als andere, und dafs diese ersteren dann solche sind, welche sich durch vorzügliche persönliche Eigenschaften, durch Rechtschaffenheit, gute Sitten und Muth, geachtet machen. Doch sind diese Verhältnisse nicht in allen Provinzen dieselben; es zeichnen sich vielmehr hinsichtlich des Ansehens der Häuptlinge und des gröfsern Gehorsams, den ihnen die Gemeinen zollen, vor den Centrallandschaften, vor Tobah und Silindong, die mehr südlich gelegenen Provinzen Siepierok und Ankola vortheilhaft aus; übrigens ist nicht aufser Acht zu lassen, dafs die gröfsere Folgsamkeit der Dörfler in den letztgenannten Provinzen zum Theil wenigstens dem europäischen Einflusse, nämlich der Nähe des Militairs, welches in Mandaheling und Ankola stationirt liegt, zugeschrieben werden mufs, also eigentlich der Furcht, durch das Militair zum Gehorsam gezwungen zu werden.

Obgleich es an bestimmten geschichtlichen Nachrichten darüber fehlt, so machen es doch andere Umstände (deren bereits im 1sten Kapitel erwähnt wurde) sehr wahrscheinlich, dafs diese Verfassung der Battaër, wonach jedes Dorf einen aparten, halb monarchischen, halb democratischen Staat bildet, sehr alt bei ihnen ist, und vielleicht von Anfang an unter ihnen so bestand. Die ersten vorhandenen Dörfer in Tobah nahmen schnell an Bevölkerung zu, und errichteten aus ihrem Ueberschufs neue Dörfer, deren jedes sich aus den Söhnen oder Verwandten des Radja ihres ursprünglichen Dorfes auch wieder seinen eignen Häuptling oder Radja wählte. Auf diese Art entstanden, indem die abgeleiteten, neuen Dörfer aufser ihrem neugeschaffenen Namen noch zur Bezeichnung ihrer gemeinschaftlichen Abstammung den Namen des alten Dorfes oder des alten Radja's bewahrten, die Suku's oder Dorfstämme. Die neuen Dörfer schieden sich dann wieder und vervielfältigten sich wieder in neue Dörfer, die, sich in mehrere theilend, auch wieder neue Suku's oder Untesuku's nach sich benannten. Es ist offenbar, dafs eine solche schnelle Zunahme der Bevölkerung nur in glücklichen, friedlichen Zeiten vor sich gehen konnte; ein altes Gesetz scheint selbst anzudeuten, dafs man bemüht war, diesen Frieden im ganzen Lande zu erhalten und die Einigkeit zwischen verschiedenen Suku's zu bewahren. Dies ist nämlich das Hadat, dafs Personen aus demselben Suku keine Heirathen schliesen können, sondern dafs die Weiber aus einem andern Suku geholt werden müssen, ein Gesetz, welches jetzt wenig mehr beachtet wird, womit man aber damals, wie es scheint, bezweckte, ein befreundetes Verhältnifs unter den verschiedenen Dorfstämmen zu erhalten, und die Absonderung der Suku's und Schliefsung derselben zu besonderen Reichen, welche das Mittel zu ihrer Erhaltung und Vermehrung in sich selbst finden könnten, zu verhindern. Eine solche Absonderung fand aber später dennoch statt; verschiedene Suku's traten feindlich gegen einander auf, und nur zu früh brach der Bürgerkrieg los.

Beispielsweise mögen hier die Namen einiger dieser Suku's Platz finden, als: Suku Rahab, wozu die Dörfer Napa, Sigumurru, Bantaran, Baru, Batana tua (in Hoch-Ankola) gehören. Suku Hassibuan, welcher nur noch in dem einzigen Kampong Tobing (in Hoch-Ankola) übrig ist. Suku Panné, von dem nur noch zwei kleine Dörfer Pangoraban und Warseh (im Plateau von Siepierok) ihre Abstammung herleiten, während sich alle übrigen Dörfer dieses Plateau's, namentlich Siepierok selbst, Weringien, Saligundi etc. nebst Pulo Mario zum Suku Sereger zählen. — Suku Paomi, wozu sich Huraba, Ayer Tarras und Marantjar rechnen. Suku Huta Suhut, wozu das einzige Dorf Ayer Nabara, mitten in den Wäldern am N.W.-Fufse des Lubu Radja, gehört, welches aufser diesem Namen über seine Herkunft weiter keine Auskunft zu geben vermag. Alle Dörfer in der Umgegend von Tapollong behaupten, von einem Suku, den sie Sormin nennen, abzustammen; sie schliefsen blofs den Radja Gandoang des Dorfes Sumurang aus, der sich vom Suku Pollungang herleitet. Die Dörfer Lumut, Simanossor, Parnongo leiten sich vom Suku Bazaar Ribu ab, das ganz nahe Dorf Angoleh aber vom Suku Pohan; — u. s. w.

Es ist diese Eintheilung in Suku's gegenwärtig nur noch von geschichtlichem Interesse, und übrigens in Bezug auf Verfassung und Regierungssystem ohne allen Werth; denn nicht nur haben die Suku's (mehrere zu einem Stamm gehörende Dörfer) gegenwärtig keine eigenen Oberhäupter, sondern in den Gegenden, wo wirklich (tituläre) Oberhäupter sind, haben diese Einflufs über Dörfer, die zu ganz verschiedenen Suku's gehören, und in andern Gegenden stehen Dörfer desselben Suku's nicht nur ganz unabhängig und ohne befreundeten Verkehr, sondern zuweilen offenbar in feindlichem Verhältnifs neben einander. Ein Beispiel hiervon liefern die Landschaften Hurung und Rampeh, die Krieg mit einander führen, obgleich ihre Häuptlinge Kinder desselben Vaters sind.

Ursprünglich, so lange Frieden im Lande herrschte, scheinen keine Oberhäupter, sondern nur solche Häuptlinge vorhanden gewesen zu sein, deren Einflufs sich auf ein einzelnes Dorf beschränkte, und alle Dörfer scheinen unabhängig, doch einig neben einander bestanden zu haben. Sobald aber Krieg ausbrach, verbanden sich solche Dörfer, die in enger Verwandtschaft desselben Suku's, oder die durch natürliche Begrenzung zu einem Ganzen gruppirt waren, mit einander, und wählten aus der Mitte ihrer Radja's einen Feldherrn, um ihre bewaffnete Macht gegen die feindlichen Dörfer, die sich auf gleiche Art zusammenschaarten, anzuführen. Auf diese Art entstanden allmählich Oberhäupter, die, wenn sie siegreich waren, allmählig immer mehr Dörfer unter ihre Paniere lockten, und die nachher auch noch im Frieden einen gewissen Einflufs auf die Radja's ihrer Dörfer, als honoräre Oberherrn, auszuüben fortfuhren. Indem ihre Macht zunahm, schufen sie sich neue Titel wie Ompun, Sudan, Jantipertuan u. a. *), welche sämmtlich einen höhern Rang, als den eines blofsen Radja ausdrücken, und eine Obergewalt bezeichnen, analog der Oberhoheit, welche einst römische Kaiser über deutsche Reichsfürsten ausübten. Wie damals in Germanien, so herrschte auch

*) Die, ähnliche Würden bezeichnenden Titel Datu, Tuanku, die bei den mohamedanischen Maleien auf Sumatra häufig sind, kommen in den Battaländern nicht vor.

hier das Faustrecht. Die Fehden wurden jedoch durch die Wahl von Oberhäuptern keinesweges beendigt; es wurde vielmehr das Uebel dadurch verschlimmert, und es wurde nun der Krieg durch diese Oberhäupter, welche Neid und Eifersucht gegen einander anspornte, mehr im Grofsen getrieben. Ein einziges gemeinsames Oberhaupt über alle andern, wodurch das arme Land allein vor Entvölkerung hätte gerettet werden können, hat in den Battaländern niemals seinen Scepter erhoben, und ewig wiederholte Kriege einzelner Dörfer und Landschaften gegen einander sind in Wirkung geblieben bis auf den heutigen Tag. Die Macht der Oberhäupter nach dem wechselnden Glück, das sie hatten, verschwand nachher wieder entweder ganz, oder nahm doch sehr ab, in dem Maafse, in dem die Bevölkerung sank und das bebaute Land wieder in Wildnifs überging. Am längsten erhielt sich ein Oberkönig in der Provinz Silindong, der noch beim Einfalle des Tuanku aus Rau viel Ansehn besafs, doch bei dieser Invasion umkam. Seit dieser Zeit ist auch in dieser am reichsten bevölkerten Provinz des ganzen Landes die Gewalt unter mehrere Häuptlinge vertheilt, die in steter Eifersucht und Zwietracht auf einander blicken; sie verlangen zwar von den Radja's der Dörfer, die zu ihrem Suku gehören, Gehorsam, werden jedoch wie alle andern in Friedenszeiten wenig respectirt. Besonders seitdem durch zunehmenden Einflufs der niederländischen Regierung der Frieden sich wieder mehr im Lande verbreitet, nimmt das Ansehn der Oberhäupter immer mehr ab, während sich die einzelnen Dorfhäuptlinge freier und unabhängiger benehmen. Spuren von Oberhäuptern findet man aufser denen in Silindong zwar auch in andern Provinzen noch, nur ist ihr Rang wenig mehr als titulär und kann sich in Friedenszeiten keiner Vorrechte über andere, gewöhnliche Dorfhäuptlinge rühmen. Tituläre Oberhäupter der Art sind z. B. der Radja von Sossor, der über noch drei andere Dörfer in der Landschaft Sikottam (in Tobah) den Oberbefehl führt, — der Radja von Bander Nahor (in Tobah) über zwei, — der von Hurung über neun, — der von Tapus (in Tanna Rampeh) über fünf, — und viele andere im Binnenthale von Biela über eine von 2 bis zu 10 wechselnde Anzahl von untergeordneten Dörfern. In Siepierok mafsen sich alle drei Häuptlinge der Dörfer Siepierok, Weringien und Punjaponter den Titel oder die Ehre eines Oberherrn an, und keiner will dem andern nachstehn, weſshalb auch (wie überall) alle Dörfer dieses Plateau's ganz frei und unabhängig sind. Im Lande Tanna Dolok streiten sich ebenfalls zwei (Pagger Napa und Simanabon) um den Oberbefehl. In Ober-Ankola ist erst durch die niederländische Regierung, welche in dieser Provinz, als der nördlichsten ihrer Besitzungen auf Sumatra, vor etwa 6 Jahren ihre Flagge aufsteckte, der Radja des Dorfes Napa (Kalie Slamat) zum Oberhäuptling ernannt, der über noch 7 Dörfer gebietet, von denen einige (Batana tua, Tobing, Sigumurru) nur gezwungen gehorchen. In der Landschaft Lumut stehen die Radja's der Dörfer Simanossor und Lumut einander feindlich gegenüber, und in den kleinen Landschaften Bio-bio, Saidnahuta und Tuka finden sich nur Schatten von Oberhäuptern, während alle übrigen Dörfer in den sämmtlichen Battaländern (jedes einzeln für sich) frei und unabhängig sind und keine Macht über sich anerkennen. Den Oberhäuptern, da, wo solche noch bestehen, gehört also jederzeit (eigenthümlich) nur ein Dorf, nämlich dasjenige, dessen Radja sie sind, und nur über die Population dieses ihres Dorfes können sie zur Verrichtung von allgemeinen Arbeiten (z. B. zur Anlegung von Wegen) verfügen, während sie nur in Kriegszeiten auf die Radja's der übrigen Dörfer (über die sie den Titel „Oberhaupt" führen) Einfluſs ausüben, und über die waffenfähige Mannschaft derselben disponiren können. Sie werden auch auf ganz gleichem Fuſse von den übrigen Radja's behandelt, so daſs man in den Battaländern eigentlich nur mit zwei Ständen zu thun hat, nämlich mit den arbeitenden Dorfbewohnern und mit ihren nicht arbeitenden Häuptlingen (Radja's). Wegen des Mangels an allem Rangunterschied ist es auch ganz unmöglich, daſs die Radja's je Miſsbrauch von ihrer Gewalt machen und zu Despoten werden können; sie würden dazu 1) keine thätigen Hände finden, weil das ganze Volk eins ist und ganz gleiche Interessen hat, und 2) würden sie ihre Pläne und Maſsregeln zur Erringung einer absoluten Gewalt nicht verheimlichen können; denn in einem Lande, wo Alles offen, vor den Augen des Volkes geschieht, und wo nie zwei Personen zusammen sprechen können, ohne daſs sich die Menge berechtigt hält, sich um die Sprechenden zu versammeln und ihr Gespräch zu hören, können unmöglich Intriguen entstehen, ja nicht einmal kleine häusliche Geheimnisse bewahrt bleiben.

Die völlige Publicität aller Handlungen, Gespräche und Berathungen sichert die Freiheit des Volkes und bewahrt es vor Unterdrückung. Jemand, der etwas verheimlichen will, ist nach dem Hadat ex eo ipso ein Spion und wird vorläufig gefangen genommen, nämlich in den Block gesetzt. Bestimmte Gesetze übrigens zur Sicherung der Rechte des Volkes sowohl als der Häuptlinge bestehen nicht.

Auch haben die Radja's aufser der Erblichkeit ihrer Würde und der Auszeichnung einiger Kleidungsstücke, nämlich der Armringe und des Korallenrandes ihrer Tunica, durchaus kein Vorrecht vor dem Volke, und geniefsen weder Gehalt noch irgend ein festes Einkommen. Abgaben sind unbekannt, und eine allgemeine Kasse (Staatskasse) besteht nicht. Sie leben von dem Ertrage ihrer Felder und wissen sich nur durch (freiwillige?) Arbeiten, welche nach dem Hadat die Dörfler beim Erbauen ihrer Häuser und auch zum Theil bei der Bearbeitung ihrer Felder für sie verrichten, vor allem aber durch Handel (besonders mit Vieh) in einen etwas gröfsern Wohstand als die übrigen Dorfbewohner zu versetzen. Sobald sie im Besitze einiges Werthes sind, so wenden sie diesen am liebsten dazu an, um sich entweder durch direkten Ankauf, oder durch Geldvorschüsse, die sie Bedürftigen leihen (S. Kap. 9.) Sclaven zu verschaffen, die dann ihre Felder bearbeiten müssen. Der Ertrag dieser Felder ist ihr einziges festes Einkommen, und defshalb, weil sie sich selbst durch Verrichtung von Handarbeiten für entehrt halten, sind Sclaven für sie ein Bedürfnifs und sehr oft ihr einziger Reichthum. Viele Radja's sind übrigens so arm, wie die ärmsten ihrer Unterthanen, und nur eine bessere und gröfsere Wohnung zeichnet sie aus; nur wenige haben unter Obwaltung besonderer Verhältnisse, namentlich durch Handel, welcher in den Battaländern fast ausschliefslich durch die Hände der Radja's geht (S. Kap. 14.), wirkliche Schätze aufgehäuft.

Beim Tode eines Radja beerben den Verstorbenen alle männlichen Kinder in gleichem Antheil, ebenso wie dies beim Absterben eines gemeinen Battaërs der Fall ist; die Radjawürde erbt jedoch nur der älteste Sohn, der, wenn er noch zu jung ist und das Alter von etwa 18 bis 20 Jahren *)

*) Eine bestimmte Zeit der Minderjährigkeit ist nicht festgesetzt, auch wissen die Battaër, weil sie keine Zeitrechnung halten, nie genau, wie alt sie sind.

noch nicht erreicht hat, in einem der Brüder des Verstorbenen, und zwar dem ältesten, einen Vormund erhält, durch welchen in seinem Namen alle Geschäfte geleitet werden. Sehr oft geschieht es, dafs solche Vormünder, nachdem sie Jahre lang zur Zufriedenheit der Dörfler das Scepter geführt haben, auch nach erlangter Volljährigkeit des Radja ein bleibendes Ansehn behalten, so dafs dieser Radja dann nur den Titel und die Ehre des Häuptlings geniefst, während die vollziehende Gewalt von Jenem bleibend ausgeübt wird. Solche Doppelkönige trifft man in sehr vielen Dörfern an.

Die eigentlichen Staatsgeschäfte werden jederzeit in den Soppo's vor dem versammelten Volke betrieben, und bestehen aufser den seltenen Berathschlagungen mit fremden Radja's oder mit deren Abgesandten (zur Erörterung von Grenzangelegenheiten, zur Auslieferung von entflohenen Dorfbewohnern oder festgesetzten Dieben, zur Schliefsung von Frieden, von Handelstractaten, oder von Bündnissen gegen einen gemeinschaftlichen Feind, — die auswärtigen Angelegenheiten! —) gewöhnlich in Untersuchung und Schlichtung von allerhand Streitsachen der Dorfbewohner selbst, in Bekanntmachung der Urtheilssprüche und Strafen, seien es nun, wie gewöhnlich, Geldstrafen, oder, was seltner der Fall ist, Todesstrafen, über deren Vollziehung der Radja zu wachen hat. Zuerst hält bei solchen Sitzungen jederzeit der Radja des Dorfes eine Anrede; er sitzt mit untergeschlagenen Beinen in der Mitte des Rathhauses (Soppo) auf einer Matte, innerhalb eines freien Plätzchens von kaum ein paar Fufs im Durchmesser, welches zunächst die fremden etwa anwesenden Häuptlinge, oder die Brüder und Söhne des Radja umringen, und welches dann dichtgedrängt die Haufen des Volkes (welche stehen) ohne Ordnung umgeben. Defshalb ist bei Berathungen über Gegenstände, welche viel Theilnahme erregen, oder bei der Ankunft von (seltnen) Fremden, z. B. Europäern, auch oftmals noch der Platz rund um das Soppohaus, von Menschen vollgepfropft. Niemandem, selbst nicht Kindern, kann der Zutritt zum Soppo verweigert werden. Bei solchen Gelegenheiten entfalten die Battaër ihre Beredsamkeit; sie sprechen lange, mit vielem Ausdruck und oft mit Leidenschaft; ihre Stimme ist dabei so laut, dafs sie zuweilen in heftiges Geschrei übergeht. Dafs sie gut und mit Nachdruck sprechen, und dafs die Gründe, die sie entwickeln, überzeugend sind, kann man an der Wrkung ihrer Rede sehen, und an der Sensation, die sie bei den Umstehenden erweckt; — das Volk hört aufmerksam zu und unterbricht den Redner nie. Dieser scheint ein ungenein starkes Gedächtnifs zu haben und eine noch stärkere Lunge; denn stundenlang, alle seine Gründe pro und contra der Reihe nach abhaspelnd, läfst der Sprecher seine Rede fliefsen, ohne auch nur eine einzige Pause zu machen. Ich verlor dabei zuweilen die Geduld und fragte meine Dollmetscher nach dem Inhalt der Rede, von der ich nur weniges begriffen hatte, erhielt jedoch gewöhnlich den Bescheid: „warte noch, Herr, er ist noch nicht fertig." — Wenn dann endlich der Radja seine Anrede beendigt hat, dann fangen auch die übrigen Häuptlinge an, ihre Meinung in nicht minder langen Reden zu entfalten, wobei der Gebrauch zu herrschen scheint, jedesmal sehr weit auszuholen und erst eine Uebersicht ganz allgemeiner politischer oder geschichtlicher Verhältnisse des Landes vorauszuschicken und überhaupt mit grofser Feierlichkeit und Wichtigkeit zu beginnen, ehe zur Sache selbst geschritten wird, die öfters eine nichtsbedeutende Kleinigkeit, z. B. die Frage ist: ob man einem Reisenden zehn Kulie's zum Tragen seines Gepäckes bewilligen könne, oder nicht. Die Sprecher gerathen zuweilen im Flufse ihrer Rede so sehr in Feuer, dafs sie ihre Worte nicht blofs einfach aussprechen, sondern diese mit der gröfsten Kraftanstrengung ausschreien und dabei wüthend mit den Fäusten auf den Boden schlagen, so dafs man jeden Augenblick befürchtet, ihre Lungen möchten bersten, oder sie möchten in wirkliche Wuth verfallen. Man beruhigt sich jedoch beim Anblick der Zuschauer bald wieder, welche sich nicht rühren und ganz gelassen zuhören. — Besonders in Silindong und Tobah ist solches überlaute Schreien aus vollem Halse in Gebrauch.

Alle Battaër, sowohl Häuptlinge als Gemeine, haben das Recht, als Sprecher aufzutreten und Vorträge in den Soppo's zu halten; doch machen die letztern nur selten davon Gebrauch, sondern lassen ihre Anliegen gewöhnlich durch Vermittelung ihrer Radja's betreiben.

Sind die Vorträge dann beendigt, so fängt das umstehende Volk an, seine Meinung zu sagen; sich überschreiende und durchschreiende Stimmen erheben sich von allen Seiten und dringen selbst von entferntern Häusern und Strafsen herbei, wo alte Weiber, die von dem verhandelten Gegenstande Kenntnifs bekamen, nicht unterlassen können, ihr Advis auszuschrillen! Ein jeder beruft sich dabei auf die Hadat's und legt diese nach seiner Meinung aus, was alles sehr tumultuarisch geschieht. Nach der vorherrschenden Meinung des Volkes und der übrigen Häuptlinge modificirt und verändert dann der Radja seine Meinung und richtet demgemäfs seine zweite Rede ein, die in der Regel kürzer, aber noch energischer als die erste ist und den Vorschlag zur Ausgleichung der Streitachse oder des Urtheils enthält, worauf neue tumultuarische Advise des Volkes und neue Diskussionen des Radja's folgen, bis der betreffende Gegenstand zur allgemeinen Zufriedenheit des Publicums abgehandelt ist, was oftmals erst nach einer zweiten und wiederholten Sitzung geschieht. Denn erst dann, wenn ihn die grofse Mehrzahl des Volkes genehmigt hat, ist der Ausspruch, der Befehl oder das Urtheil, welches erlassen wird, und welches der Radja in einer dritten Rede publicirt, von Gültigkeit und kann vollzogen werden. Wenn dann noch Opponenten auftreten, welche nicht nachlassen, Einwendungen dagegen zu machen, so werden diese von dem übrigen Volke selbst zur Nachgiebigkeit überredet, und wenn sie hartnäckig bleiben, als Friedensstörer mit Vorwürfen überhäuft, so dafs sie endlich doch nachgeben müssen und murrend den Kampfplatz verlassen. Dabei werden niemals schriftliche Protocolle oder Documente verfafst; Alles wird mündlich verhandelt, und blofs solche Angelegenheiten zwischen den Radja's verschiedener Dörfer, die (wie z. B. Friedenstractate) von besonderer Wichtigkeit sind, werden durch einen wechselseitigen Eid sanctionirt. (S. Kap. 8.)

Wenn bei sehr interessanten oder wichtigen Veranlassungen zu erwarten steht, dafs die Volksmenge dabei in grofser Anzahl zusammenströmen werde, so werden die Sitzungen oftmals unter freiem Himmel aufserhalb der Dörfer gehalten, im offenen Felde. Dies geschieht namentlich dann, wenn viele Radja's aus verschiedenen Dorfschaften zur Berathung gemeinschaftlicher Angelegenheiten (Belangen) zusammenkommen. In der Mitte des weiten Volkshaufens kauern sie sich dann nieder und bilden einen Kreis, welcher zunächst von Bewaffneten (namentlich Lanzenträgern) umgeben ist, deren jeder Radja eine Anzahl mitbrachte. Zu diesem Gebrauche jedoch, sich auf freiem Felde zu versammeln und zu berathen, scheint Mangel an Platz in den Dörfern (zur Aufnahme einer allzu grofsen Volksmenge) nicht die alleinige Veranlassung gegeben zu haben; es scheint vielmehr der gegenseitigen Furcht der Radja's, sich in fremde Dörfer zu begeben oder fremde Radja's mit ihrem Volke in ihren Dörfern aufzunehmen, ein eben so grofser Antheil daran zugeschrieben werden zu müssen. Diesem Grunde verdanken auch diejenigen Soppo's, welche sich aufserhalb mancher (grofser) Dörfer befinden, ihre Entstehung. In einem dritten Falle geschehen solche Zusammenkünfte in offenem Felde auch ehrenhalber, wenn die Radja's einen Besuch erwarten, den sie mit einiger Auszeichnung zu empfangen wünschen. —

Staatsgeschäfte anderer Art, als die oben beschriebenen Versammlungen und Berathungen zur Schlichtung von Streitsachen etc., liegen, bei der niedrigen Civilisationsstufe, auf welcher die Battaër noch stehen, und bei der so höchst einfachen, ungekünstelten Organisation ihrer kleinen Dorfmonarchien, den Radja's nicht ob. Sprechen und aus vollem Halse schreien (für das Vaterland), das ist ihre eigentliche Arbeit, aber auch ihre Lust; und der Soppo ist ihr Parlamentshaus. Bei keiner andern Nation Sumatra's, noch eines andern Landes des indischen Archipels, werden so lange, feierliche Reden gehalten, bei keiner wird mit der Zunge so viel gefochten, als hier; ja die Ausdauer der Battaër in öffentlichen Vorträgen und die Beredsamkeit, die sie dabei entwickeln, verdient als ein charakteristischer Zug derselben hervorgehoben zu werden.

Schon dieses flüchtige Bild, das ich von der Verfassung der Battaër und ihrem Regierungssystem zu entwerfen versuchte, wird hinreichend sein, den Zustand zu erkennen, in welchem sich das Land hinsichtlich der Beförderungsmittel zum wechselseitigen Verkehr und zum Handel befindet. Ein jedes Dorf, wie wir gesehen haben, ist frei; die Gemeinde selbst, vorgestanden von einem Radja, bildet die Regierung, welche weder Beamten irgend einer Art, noch Polizeidiener, noch stehendes Militär besitzt. Blofs auf das Dorf selbst und dessen nächste Umgebung, soweit sich die bebauten (zur Unterhaltung des Dorfes nöthigen) Felder erstrecken, richtet sich die Sorge der Regierung. Aber auch innerhalb dieses engen

Kreises sind polizeiliche Einrichtungen und Personen, welche darüber zu wachen haben (Polizeidiener), völlig unbekannt. Die einzelnen Dörfer sind gewöhnlich meilenweit, sehr oft Tagereisen weit von einander entfernt, und der gröfste Theil des zwischen ihnen gelegenen Terrains ist Wildnifs, entweder hohe Graswildnifs (von Allang und Klaga mit untermengtem Gesträuch), oder in der Mehrzahl der Fälle Urwaldung. Die Dörfer stehen in keinem regelmäfsigen Verkehr mit einander, und sind durch kein gemeinsames Band, durch keinen Oberherrn, mit einander verknüpft. — Gänzlicher Mangel an Wegen und Brücken, Pfadlosigkeit, Unsicherheit der Reisenden, Erpressungen, Beraubungen und Strafsenmord sind die natürlichen Folgen davon! In Tobah, wo die einzelnen Dörfer aufserdem noch in immerwährenden Fehden mit einander leben und sich häufig bekriegen, ist daher die Beraubung und Ermordung von Reisenden an der Tagesordnung, wefshalb es niemand dort wagt, aufser in ganzen Gesellschaften und bewaffnet zu reisen. Durch abschreckende, traurige Verhältnisse dieser Art, die sich auch aufser Tobah in den übrigen Provinzen der Battaländer in minderem Grade wiederholen, ist die Communication sowohl zwischen den einzelnen Landschaften der Binnenlande, als auch zwischen den Binnenlanden und der Küste sehr erschwert, wefshalb man sich auch vergebens nach wandernden Kaufleuten umsieht, und in den Binnenlanden oft Mangel an den unentbehrlichsten Bedürfnissen, z. B. an Salz, antrifft.

Aber nicht nur der Mangel an Sorge für die öffentliche Sicherheit, die Abwesenheit aller Polizei, bringt indirekt (in negativer Folge) diese Uebel hervor; es ist vielmehr leider nur allzuwahr, dafs sie von einzelnen Dörfern sowohl, als von ganzen Landschaften, wo mehrere Dörfer mit einander zusammenhalten, auf eine directe Art befördert werden. Der Wunsch derselben ist nämlich, unbekannt und unbesucht zu bleiben, und alles Eindringen fremder Nationen abzuhalten. Defshalb lassen sie die kleinen Fufspfade zwischen den Dörfern gern verwildern und mit Gebüsch überziehn, so dafs kein Fremder im Stande ist, sie aufzufinden; defswegen bauen sie auch nie Brücken und legen ihre Wohnplätze und ihre Dörfer gern in den unwegsamsten Gegenden, auf den schroffsten Bergrücken an, um den Zugang zu denselben soviel als möglich zu erschweren oder zu verbergen. Wenn man bedenkt dafs sie alle Berührungen mit andern Völkern oder Stämmer bis jetzt nur von der Nachtseite kennen lernten, und dafs die Völker, von denen sie Besuche erhielten, nur kamen, um sie zu berauben (Atjinesen), oder um sie zu berauben und zu vertilgen (die maleiischen Priestersekten der Padrie's unter Tunku von Rau), so scheint es natürlich, dafs sie in ihrem alten Ausschliefsungssysteme gegen alle Nicht-Battaër nur noch bestärkt wurden, wonach ein jeder Fremder, der, ohne eingeladen zu sein, ihr Land betritt, vogelfrei erklärt wird und als Spion oder Landesverräther dem Hadat, lebendig verzehrt zu werden, anheim fällt. Nach ihrer Meinung kommen die Fremden nie, um sie zu beglücken, sondern stets, um sie zu berauben, oder wenigstens um Nutzen von ihnen oder ihrem Lande zu ziehen, also im befsten Falle, um ihnen lästig zu werden und sie in ihrer Ruhe zu stören. In wie fern sie in dieser Meinung Recht haben, will ich Andern zur Beurtheilung überlassen. Ihr Mifstrauen und ihre Furcht vor dem Eindringen von Fremden ist so weit gegangen, dafs selbst die einzelnen Provinzen (und Landschaften) das System der Ausschliefsung gegenseitig unter einander selbst beobachten, so dafs z. B. kein Bewohner von Silindong oder von Nord-Tobah sich in die angrenzende Landschat Eik Daho begeben kann, ohne sich der Gefahr auszusetzen, daselbst ergriffen, an den Pfahl gebunden und verzehrt zu werden. Sie sind gewohnt, Alles, was von aufsen in ihr Land kommt, als ein gutes Stück Wild zu betrachten, und Fremder und Feind ist ihnen fast gleichbedeutend. Die Grausamkeit, mit der sie Fremde, die das Unglück haben, in ihre Hände zu fallen, behandeln, scheint daher nicht blofs ein roher Ausdruck ihrer Wuth und Rachsucht zu sein, sondern in ihrem Plane zu liegen, Fremdlinge von ihrem Lande abzuschrecken, und von sich selbst daher den Ruf einer ungemeinen Grausamkeit und entsetzlichen Wildheit zu verbreiten. Dies ist ihnen auch so gut gelungen, dafs ihre maleiischen Nachbarn nur mit Entsetzen von ihrem Lande sprechen, und die Battaër selbst in manchen Provinzen vor dem Gedanken zusammenschaudern, das Territorium ihrer nächsten batta'schen Nachbarn zu betreten. Und doch findet man Diese, ihre Vorurtheile und ihre Anfälle von wirklicher Wuth abgerechnet, eben so sanft und selbst zutraulich von Charakter als sie selbst. — Ich hatte mehrmals Gelegenheit, mich von ihrer Sucht, sowohl sich selbst schrecklich auszumalen, als auch ihr Land in einem recht abschreckenden Lichte darzustellen, zu überzeugen. So handelte z. B. der Ober-Radja von Sipahuter, den ich in Bander Nahor traf, seinem Systeme nach völlig consequent, als er mir den Weg zu seinem Lande als ungemein beschwerlich und mühevoll, über ungeheuer hohe, steile Bergketten hinführend, durch reifsende Ströme setzend, öfters tiefen Sumpfboden, in den man bis an die Brust einsinkt, durchschneidend, beschrieb; den andern Tag aber bekam ich schon seine Landschaft von einem Berge aus zu Gesicht, als eine schöne, gröfstentheils bebaute, e b e n e F l u r, die sich von Bander Nahor ununterbrochen hinzog. Aus derselben Ursache entspringt die grofse Abneigung der Battaër, dem Reisenden Aufschlüsse über topographische oder statistische Verhältnisse ihres Landes zu geben. In Silindong z. B. gaben Einige den See Eik Daho zu 10 Tagereisen Entfernung an, wufsten aber sehr wohl, dafs man ihn in 2 Tagen erreichen konnte. Anfangs konnte ich nicht einmal die Namen der Dörfer in Silindong erfahren; fand sich zuweilen ein thörichter Knabe, der mir's sagen wollte, so zupfte ihn geschwind ein Aelterer am Arme und flüsterte ihm in's Ohr: „Sag's ihm nicht!" —

Eben so consequent und ihrem Ausschliefsungssystem gemäfs handelten die Bewohner von Adien Goding und Huta tinggi, als sie vor 6 Jahren zwei Missionäre mordeten und auffrafsen, die mit Mefsgewändern, Monstranzen und andern geistlichen Geräthschaften ihr Territorium betraten, um die Herrlichkeit Christi zu verkündigen. Da nach dem Hadat den Fremden alles Reisen im Lande bei Todesstrafe verboten ist, so wurde diese denn auch ohne Mitleid an den armen Pfaffen vollzogen; sie wurden auf dem Wege von Adien goding nach Huta tinggi mit Lanzenstichen getödtet, dann ins Dorf geschleppt und verzehrt. Dafs sie G e i s t l i c h e waren, vermehrte wahrscheinlich die Erbitterung der unwissenden Battaër, welche früher von den Raubzügen einer geistlichen, maleiischen Sekte (den fanatischen, intoleranten Padrie's) viel gelitten hatten und nun ihre blinde Wuth an diesen unschuldigen Christuspriestern kühlten. Um das Strafgericht der niederländischen Regierung abzuwenden, hat der damalige Sudan (Oberhäuptling) von Tapanulie zur Entschuldigung dieser That angeführt, dafs die beiden Dörfer, in deren Mitte die Sendlinge den Tod fanden, in Krieg mit einander verwickelt gewesen wären, und dafs die Missionäre, nachdem sie ungeachtet aller Warnungen von dem einen Dorfe zum andern zogen, nur das gewöhnliche Schicksal von Kriegsgefangenen nach dem Gesetz erduldet hätten. Nach den Erkundigungen jedoch, welche ich an Ort und Stelle einzog, waren die Missionäre von den beiden genannten Dörfern nicht eingeladen, vielmehr gebeten, ihren Besuch zu unterlassen; ihre Ermordung aber, im Fall sie doch kämen, war vorher von den beiden Dörfern, zwischen denen vollkommner Frieden herrschte, verabredet und von dem genannten Sudan selbst gebilligt. Dieser zog aus seinem Handel mit dem Binnenlande nicht unbedeutende Vortheile, die er nach Bekanntwerdung des Landes und Unterwerfung desselben unter eine europäische Macht zu verlieren befürchtete; eine solche Bekanntwerdung suchte er defshalb so lange wie möglich zu verhindern. Die Häuptlinge von Godding, Adien goding und Huta tinggi waren auch bei ihrer Zusammenkunft, welche mit den Priestern im Thale (etwa in der Mitte zwischen den Dörfern) statt fand, so vollkommen einverstanden, dafs sie gegenseitig ihre Seitenwaffen, die unsern Hirschfängern gleichen, wechselten, was bei den Battaërn jederzeit ein Zeichen intimster Freundschaft ist. Kurz darauf, nachdem die Häuptlinge aus Godding zurückgekehrt waren, geschah die verabredete That. *)

Ein ähnliches Schicksal, als das der Missionäre, hatten dieselben Dörfer vielleicht auch mir zugedacht. Sie standen (1840) in Silindong noch in dem Rufe von grofsen Raubnestern, so dafs es mir viele Mühe kostete, einen Häuptling in Silindong nebst einigen Kulie's zur Mitreise zu bewegen, obgleich zehn meiner festen Begleiter aus Ankola und Nias mit Gewehren bewaffnet waren. Erst nachdem ich sie von der Möglichkeit, „ohne Feuer", wie sie sich ausdrückten, (nämlich à percussion) zu schiefsen, und von der Sicherheit des Schusses mit europäischen Gewehren überzeugt hatte, verstanden sie sich dazu. Das Dorf Huta tinggi, worin jene cannibalische Mahlzeit, zu welcher die Leichen der zwei römischen Märtyrer

*) Die Mörder sind ungestraft geblieben.

den Hauptbraten lieferten, gehalten worden war, bestand nur noch aus 10 armseligen Hütten. Diese Hütten lagen, weit und breit von unwegsamen Gebirgswäldern umringt, auf der Höhe eines jähen Absturzes und waren nur noch von halbverfaulten Palisaden umgeben. Meine silindongschen Begleiter *) erzählten mir, wie früher dieses Dorf viel gröfser und reicher gewesen sei, seit jener cannibalischen That aber sei es immer mehr herabgekommen und verarmt, was sie mit ängstlichen Blicken der Strafe des Himmels zuschrieben. Sie selbst betrachteten jenen Mord also als eine verdammenswerthe That und weigerten sich, das Innere des Dorfes, als einen Ort, auf dem ein Fluch ruhe, zu betreten. Nur ein paar meiner bewaffneten Niasser folgten mir hinein; der Radja desselben, Pulitong (dieser Erzkannibal!), trug nebst seinen männlichen Unterthanen als Mütze die abgezogene Kopfhaut eines Tigers, wovon das Fell dunkelbraun mit schwarzen Flecken war, das also nicht zum Königstiger gehörte. Er war sehr brutal und verweigerte mir alle Unterstützung von Kulie's, ein paar tüchtige Kolbenstöfse machten ihn jedoch bald geschmeidig und liefsen ihn den Unterschied zwischen den materiellen Gründen eines Kolbens und den spirituellen Beweisen des heil. Evangeliums, das er vor 6 Jahren nicht begreifen wollte, sehr deutlich einsehen, so dafs, von der Stärke dieser Beweisgründe überzeugt, sich zuletzt seine eigne Person bequemte, einen Theil meines Gepäcks zu tragen. Ich verliefs dieses Dorf voll Verdrufs, es nicht in einen Aschenhaufen verwandeln zu dürfen.

Von Huta tinggi führt abwärts ein Weg ins Thal, und in diesem Thale am rechten Ufer des Eik Adien goding weiter. Dieser Weg ist wegen Unzugänglichkeit des wildzerklüfteten Gebirges umher die einzig praktikable Passage zwischen Tapanulie und Silindong; er wird beherrscht rechts von den Abhängen des Kindjanggebirges, auf dessen schroff gesenktem Rücken 5 bis 6 Dörfer liegen, deren Radja's (wie einst im Mittelalter die deutschen Ritter aus ihren Raubschlössern) gewöhnt sind, Kaufleute und andere Reisende anzufallen, die dieses Weges ziehen. Sie erpressen dann einen gewissen Tribut, einen Zoll oder ein Wegegeld, das, wie sie meinen, ihnen von rechtswegen als Herrn des Landes zukommt. Wird

*) Radja Gurru Sembilan, sein Gefolge und eine Anzahl Kulie's.

es ihnen freiwillig gegeben, so können die Reisenden in der Regel ohne Störung weiterziehen; wird es ihnen aber verweigert, so ist Raub und Mord die gewöhnliche Folge davon. An mir glaubte der Radja des Dorfes Adien goding wahrscheinlich einen guten Fang zu thun; denn als sich mein Zug der Gegend des Thales näherte, auf welche oben das Dorf von seiner Höhe herabschaut, kam eine Anzahl Bewaffneter eilig den Berg herab. Es war der Häuptling mit etwa 15 Mann, welche aufser 2 Gewehren blofs Lanzen trugen. Er selbst war auch mit einem Gewehr bewaffnet und setzte sich, die brennende Lunte in der Hand, mitten in den Weg, seine Genossen hinter ihm. Er fing an, mir zu erklären, dafs das, worauf ich stand, sein Land wäre, und erkundigte sich dann sehr naiv nach dem Inhalt meines Gepäckes, wovon er sich vorläufig blofs einen ledernen Koffer und eine Doppelflinte ausbat. Ich glaube wohl, dafs ich ihn hätte befriedigen können; ich hielt es aber nicht für rathsam, seinen brutalen Forderungen nachzugeben, weil mich diefs offenbar in der Meinung der übrigen Battaër würde herabgesetzt haben; ich sagte ihm daher, dafs ihm zwar nicht die Gewehre, wohl aber die Kugeln darin zu Diensten ständen, wenn er nicht aus dem Wege gehen wolle. Darauf sah er mich mit etwas cannibalischen Augen an, machte aber nicht eher Platz, als bis meine Begleiter die Hähne spannten, was verabredetermafsen vorläufig nur zum Schein geschah, übrigens hinreichend war, die armen Buschklepper mit ihren Lanzen das Hasenpanier ergreifen zu machen. Sie rissen aus und machten ihrem Aerger erst nachher dadurch Luft, dafs sie uns Verwünschungen nachschrieen und ihre Flinten losbrannten, doch nicht eher, bis sie eine gehörige Entfernung erreicht hatten. — Ein ähnliches Rencontre hatte ich auch bei Panoadjih, dessen Radja mich aufzuhalten suchte, und sich mir neben dem untern Dorfe bewaffnet in den Weg legte.

Diese Beispiele mögen hinreichen, um anschaulich zu machen, auf welche Art von einzeln liegenden Dörfern Erpressungen an Reisenden in den Battaländern verübt zu werden pflegen, wodurch das Reisen daselbst überhaupt so unsicher, die Communication zwischen Binnenlanden und Küsten so schwierig und der Handelsverkehr so unbedeutend ist.

Anhang zum sechsten Kapitel.

Einiges über die politischen Verhältnisse und die politischen Maximen der Battaër in Beziehung zur niederländischen Regierung.

Das System von Ausschliefsung, welches die Battaër sowohl gegen ihre eignen Landesgenossen aus andern Provinzen, als auch gegen fremde Nationen, besonders gegen Europäer, beobachten, die Aengstlichkeit, mit der sie (auf fast chinesische Art) bis jetzt alle Europäer von ihrem Lande abzuhalten suchten, und die Grausamkeit, mit welcher sie zufällig in ihre Hände gefallene Fremde behandelten, haben wir bereits im Obigen besprochen.

Das Interesse und die Vortheile (Belangen) eines battaschen Radja sind mit sehr wenigen Ausnahmen nie von denen seiner Gemeinde getrennt; beide sind eins, oder hängen doch sehr innig mit einander zusammen. Auch sind die Häuptlinge (nach patriarchalischer Sitte) gleichsam nur ein Brennspiegel, der die vereinigten Wünsche des Volkes zurückstrahlt. Weil aber ihre Belangen *) und die eines europäischen Gouvernements sehr auseinanderlaufen, so sind sie natürlich auch gegen das Eindringen einer europäischen Macht in ihr Territorium und gegen die Organisation einer Oberherrschaft gestimmt.

Ihr Wunsch ist, frei und bequem zu leben, und ihre Zeit so viel wie möglich im sorgenlosen, süfsen Nichtsthun zuzubringen; ihre Bedürfnisse sind gering, sie brauchen keinen Kaffee, und lieben die Ruhe mehr als Reichthum und Luxus. Der Wunsch einer europäischen Regierung aber ist, Nutzen und Gewinn aus dem Lande zu ziehen, also das Land zu bebauen, die Kultur des Kaffeestrauches einzuführen, Communicationswege und Brücken anzulegen, und zu allen diesen Verrichtungen die Hände der Eingebornen in Activität zu setzen.

Obgleich man dieser auseinanderlaufenden Belangen wegen nichts anders erwarten kann, als dafs sich die Battaër dem Einflufse der niederländischen Regierung so lange als möglich zu entziehen suchen werden, und sich jederzeit nur dann

*) Belangen (holl.) wird durch Angelegenheit, Vortheil, Eigennutz (deutsch) nicht ganz ausgedrückt, besser durch interêt (franz.).

freiwillig unterwerfen oder zur Unterwerfung anbieten werden, wenn sie die Furcht einer herannahenden Expedition dazubewegt, oder die Kunde von den Siegen, welche die niederlindische Armee über ihre Nachbarn erfochten hat, deren Schicksal sie am besten durch eine schnelle Unterwerfung zu entgehen wähnen, so ist doch nicht aufser Acht zu lassen:

1) Dafs die Battaër kein Vorurtheil gegen Europäer haben, namentlich keine Spur jenes aus religiösem Fanatismus entsprungenen Abscheus der padang'schen Maleien; — dafs sie, die geistige sowohl als physische Ueberlegenheit der Europäer anerkennend, denselben vielmehr eine innere, aufrichtige Achtung zollen, die bei sanfter Behandlung durch Europäer bald in wirkliche Zuneigung übergeht;

2) Dafs sie, ihre physische Schwäche als Nation fühlend (wovon sie auch durch die Einfälle des Tuanku von Rau und Tambosi die schmerzlichsten Beweise erhalten haben), sich gern einer stärkern Macht anschliefsen, um durch den Schutz derselben vor den Ueberfällen benachbarter eingeborner Nationen sicher zu sein.

3) Der Hafs, den sie allen mohamedanischen Maleien (die in den genannten Kriegen beinahe alle ihre Schweine tödteten) nicht ganz ungerechter Weise zuwenden, macht ihnen ihre Unterwerfung an eine Macht, die der Religion des Betrügers Mohamed nicht huldigt, leichter.

4) Die Verständigern unter ihnen begreifen die Unmöglichkeit eines dauernden Friedens und eines sich verbreitenden Wohlstandes, so lange das Land sich selbst überlassen bleibt, befürchten mit Recht, dafs die Eifersucht und der Neid der einzelnen Radja's eine sich stets wieder öffnende Quelle zum Bürgerkrieg und zur Verödung des Landes sein werde, und glauben daher, bei ihrer eignen Unfähigkeit, sich ein Oberhaupt zu wählen, allein in ihrer Vereinigung unter eine (europäische) Macht das Mittel zu erkennen, welches ihre ewigen Zwiste zu beendigen und erneuten Wohlstand in die Battaländer zurückzuführen vermöge. —

Im Jahre 1841 war bei vielen Häuptlingen die Neigung deutlich zu erkennen, sich der niederländischen Regierung zu unterwerfen; zugleich schien sich jedoch in ihren Aeufserungen und Benehmen das Verlangen auszusprechen, dafs die Regierung einigen Werth auf ihre Unterwerfung lege und defshalb nicht nur eine regelmäfsige Verwaltung durch Civilbeamten einführe, sondern zu ihrem Schutze eine Militairmacht im Lande vertheile; es war selbst unverkennbar, dafs viele Radja's nur auf eine solche Mafsregel warteten, um sich der Regierung bleibend anzuschliefsen, auf ihre vorsichtige Art aber so lange noch zögerten, weil sie sich so lange noch (nach ihrem Ausdrucke) selbst beschützen müfsten. — Es steht zu erwarten, dafs nach einmal geschehener Unterwerfung die gute Ordnung bleibend sei, weil der Charakter der Battaër, der gern an Demjenigen hängt, was er einmal ergriffen hat, von Aufstand und Empörung durchaus abgeneigt zu sein scheint.

Die wenigen Radja's, die es vielleicht wagen, sich der Einführung einer Ober-Regierung mit bewaffneter Hand zu widersetzen, sind namentlich solche, die jetzt noch, so lange sie unabhängig sind, bedeutende Vortheile aus dem Handel zwischen der Küste und den Binnenlanden ziehen, zwischen denen sie (in der Mitte liegend) keinen Verkehr, als durch ihre unmittelbare Zwischenkunft gestatten, und alle direkte Verbindung von Centrum und Küste abschneidend, sich und ihr Land zum unentbehrlichsten Emporium stempeln. Dies gilt besonders von den Häuptlingen der Landschaften zwischen Silindong und Baros, an den Westgehängen der Berge, die viele Vortheile aus dem Handel mit Benzoë, Kampfer und mit Salz und europäischen Producten (namentlich Leinwand) ziehen, welche letztere nur durch ihre Hände nach Tobah und Silindong gelangen. Auch der Radja von Bander-Biela, der mit Schiffen nach Malacca handelt, dürfte zu den Widersetzlichen gehören. Man sieht aber aus Dem, was oben beiläufig von ihrer Feigheit und ihrer schlechten Bewaffnung gesagt ist, leicht, dafs kein grofser Heldenmuth zu ihrer Besiegung gehört, und dafs an der Anzahl Patronen, die dazu nöthig sind, sich ein Kind nicht müde zu tragen braucht! —

Uebrigens, wenn es den Zwecken der Regierung entspricht, ein regelmäfsiges Verwaltungssystem in den Battaländern herzustellen, oder mit andern Worten, diese Länder zu ihrem unmittelbaren Besitzthum zu ziehen, so stehe ich, Alles berücksichtigt, nicht an, dies für ein Glück der Battaër zu halten, dessen baldige Realisirung ein jeder Menschenfreund eifrig wünschen mufs! Es werden dadurch allerdings die Battaër zunächst aus ihrer Bequemlichkeit gestört werden, sie werden mehr arbeiten müssen als früher, sie werden Wege anlegen, Brücken bauen, Wasserleitungen graben und später Kaffeebäume nebst andern nützlichen Gewächsen anpflanzen müssen, deren Producte als Gewinn allerdings hauptsächlich der Regierung anheimfallen werden; ist aber eine solche Beschäftigung eines von Natur starken, kräftigen Menschenschlages nicht unendlich besser als sein gegenwärtiger Müſsiggang? Ist es nicht besser, daſs sie, anstatt von früh bis spät müſsig zu gehn und Taback zu rauchen, oder anstatt ihre Kräfte, wenn ihre Thatenlosigkeit einmal unterbrochen wird, dann nur zu ihrem eignen gegenseitigen Verderben anzuwenden, nämlich Krieg zu führen und zu morden, daſs sie vielmehr zur Bebauung ihres Landes, zur Urbarmachung desselben und zur Wegbahnung angehalten werden, welches, wenn auch die Regierung den Hauptvortheil davon zieht, doch gewiſs und unausbleiblich auch einen gröſsern Wohlstand unter ihnen selbst hervorbringen, und mit gröſserer Betriebsamkeit auch vermehrten Reichthum, mit höherer Ausbildung ihrer Fähigkeiten auch erhöhtes bürgerliches Glück, bei einer nothwendig fortschreitenden Zunahme der Bevölkerung zur Folge haben muſs, besonders wenn der Handel frei gegeben wird. — Solche Veränderungen haben sich in manchen Residenzen der Nachbarinsel Java, obgleich diese durch das System der Monopole beengt ist, in Zeit von wenigen Jahren ereignet, z. B. in Madiun, wo weite Allangwildniſse in schöne Reisfelder und herrliche Kaffeegärten, mit Dörfern, Bazars und regelmäſsigen Wegen, die von Karibauen und wohlgekleideten Bewohnern wimmeln, da wo früher nur Tiger hausten, schnell umgeschaffen, und wo alle diese Veränderungen nur durch eine zweckmäſsige Lenkung der Thätigkeit der Eingebornen hervorgerufen wurden. Wenn diese Thätigkeit sich selbst überlassen geblieben wäre, ohne einen nothwendigen, derselben aufgelegten sanften Zwang, sollten dann jene Gegenden Madiun's nicht eine Wildniſs mit nur wenigen ärmlichen Bewohnern geblieben sein, wie es die Battaländer noch jetzt sind? —

In der angebornen Indolenz und Trägheit aller Raçen dieses Archipels findet eine systematische Leitung derselben zu Arbeiten, die ihren Kräften angemessen sind, eine nicht ganz zu verwerfende Entschuldigung; auch ist die Frage, ob ein solcher Zwang das eigne Glück der regierten Völker befördert, eine solche, die wenigstens in dem Fall mit Ja beantwortet werden kann, wenn wir das Gefühl von Glück dieser Völker nach dem unsrigen abschätzen. Auf Sumatra läfst die Eigenthümlichkeit der in Betracht kommenden Verhältnisse nur zu sehr die traurige Gewifsheit entstehn, dafs ohne Einflufs europäischer Kraft diese schöne Insel eine ewige Wildnifs bleiben wird, und dafs ihre Bewohner fortfahren werden, sich selbst als Cannibalen zu vertilgen. Die guten Eigenschaften, welche im Charakter des Battaërs schlummern, die schöne Natur, welche ihn umgiebt, und welche bald pittoresk-erhaben und furchtbar-schön ist in den Gebirgen, bald friedlich und sanftlächelnd in den Grasfluren von Tobah, machen es vor Allem wünschenswerth, dafs bald eine humane Hand sich schöpferisch ausstrecken und Kultur und Civilisation über die Battaländer verbreiten möge, um das schönste Land des Archipels in ein Paradies zu verwandeln! —

Bei der Einrichtung eines Verwaltungssystems von Seiten der Regierung scheinen vorläufig besonders drei Punkte berücksichtigt werden zu müssen. Erstens die Wahl der Kapitale im Centrum des Landes zum Sitz des obersten Beamten, zweitens die Ernennung zahlreicher europäischer Unterbeamten in allen einzelnen Provinzen, und drittens die Nothwendigkeit der Einführung einer contraislamitischen Religion. —

1) Bei der Wahl einer Kapitale darf nicht aufser Acht gelassen werden, dafs die Entwickelung der Battaër nie nach aufsen, nie nach den Küsten hin gerichtet war, sondern dafs sie stets am kräftigsten im Centrum des Landes emporblühte, und dafs sie auch dort, hinsichtlich der Kultur des Bodens sowohl als humaner Ausbildung, am leichtesten wieder erweckt werden kann, — dafs daher die Hauptstadt oder der Sitz der obersten Behörde (des Residenten) nicht an der Küste, sondern im Centrum des Landes angelegt werden mufs, wozu sich seiner Lage wegen Bander Nahor in Tobah am vorzüglichsten eignet. Alle Küstenplätze, die des Handels und der Schifffahrt wegen besetzt sind, müssen diesem centralen Hauptsitze der Regierung untergeordnet sein, und durch directe Communicationswege mit ihm verbunden bleiben. Dadurch allein kann der Verkehr zwischen Binnenland und Küste auf einmal und schnell befördert werden; die Unsicherheit der Wege wird aufgehoben werden, eine gröfsere Menschenmasse wird nach

innen strömen und sich ansiedeln; viele Communicationen werden sich von selbst eröffnen und eine gröfsere Betriebsamkeit überhaupt wird überhand nehmen. — Dieselben Folgen müssen offenbar viel langsamer und unvollkommener eintreten, wenn der Hauptsitz der Regierung auf die Küste beschränkt bleibt, von wo der oberste Beamte keinen direkten Einflufs auf die Binnenprovinzen auszuüben vermag, welche doch gerade die reichsten und am meisten bevölkerten sind, deren Häuptlinge aber einem Rufe nach der heifsen Seeküste nur höchst ungern folgen, während die Strandbewohner stets gern und willig in die Binnenlande hinaufsteigen.

Bander Nahor aber bietet, in der Mitte der Battaländer gelegen, in der schönen Hochebene von Tobah, die passendste Gelegenheit zu einem Hauptplatze. Auf drei Seiten von Flufsthälern umgeben, die ihrer eigenthümlichen Bildung nach regelmäfsig ausgestochenen Gräben gleichen, kann es leicht zu einer starken Festung erhoben werden; die flache Beschaffenheit des Landes erlaubt die Anlegung vortrefflicher Wege, die sich von dort nach 4 Richtungen ausstrecken können, nach N.W. in die nördlichste Gegend des Plateau's gegen Eik Daho, nach S.S.O. gegen Siepierok und Ankola, nach W. durch Silindong zur S.W.-Küste der Insel bei Baros oder Tapanulie, nach O.S.O. im Binnenthale von Biela herab zum fahrbaren Strome Biela und auf diesem zur N.O.-Küste bei Biela, auf welchen 4 Hauptwegen sowohl regelmäfsige Poststationen angelegt, als auch die Landesproducte verführt werden können.

Zu diesen Vortheilen kommen noch die Vorzüge eines fruchtbaren Bodens, der Reichthum an Hornvieh und Pferden und das gesunde, gemäfsigte Klima dieser Hochebene, die sich einst (nach erfolgter Besitznahme der Battaländer) gewifs zur Hauptkulturebene des Landes erheben wird.

2) Was den zweiten Punct betrifft, so ist die so eigenthümliche Absonderung aller einzelnen Dörfer der Battaër und die Unabhängigkeit ihrer Häuptlinge auf den ersten Blick ein Umstand, welcher die Verwaltung des Ganzen durch eine europäische Macht zu erschweren scheint, weil die Unterhandlungen nicht mit einem Staate, sondern mit Hunderten, die in keinem Verbande zu einander stehen, gepflogen werden müssen. Dadurch entsteht natürlich die Frage, ob es zweckmäfsig sei, einen inländischen Oberhäuptling, einen Battakönig

oder obersten Regenten zu creiren, der über das ganze Land gleichmäfsig befehle, und dem alle andern Dorfhäuptlinge untergeordnet seien? —

Auf diese Frage glaube ich nicht nur mit Nein antworten und die Ernennung eines Oberhäuptlings für sehr unzweckmäfsig, sondern selbst die gegenwärtige Absonderung aller einzelnen Dörfer oder kleinen Landschaften der Battaër für einen Umstand erklären zu müssen, welcher für die bleibende Unterwerfung unter die Regierung günstig und mehr als Alles geeignet ist, die Battaër zu gehorsamen Unterthanen zu machen. Sie haben nie ein Oberhaupt gehabt und sind an ein solches nicht gewöhnt; wollte man daher ein solches aus der Mitte der Häuptlinge, die sich alle am Range gleich sind, ernennen, so würde dies nur Neid und Hafs der andern zur Folge haben, und Widersetzlichkeit, Aufruhr erzeugen, oder, wenn es einem solchen Häuptlinge gelingen sollte, sich wirklich Einflufs über alle andern zu verschaffen, so hätte man dadurch dem Volke das beste Mittel in die Hand gegeben, sich bei der ersten Gelegenheit unabhängig zu machen *), sich als Nation zu erheben, die vereint dem Europäer die Stirn bieten darf, während in ihrer jetzigen Verfassung und Absonderung von einander (ohne Verband zu einem nationellen Ganzen) bereits die besten Mittel zu ihrer Unterwerfung unter eine europäische Macht und zur beständigen Dauer einer solchen Unterwerfung liegen. — „Divide et imperabis!"

Defshalb mufs das Oberhaupt, das ihnen gesetzt wird, das Gouvernement selbst sein, repräsentirt durch den europäischen Residenten, neben dem kein andrer Oberhäuptling bestehen darf, und defshalb ist auch die Ernennung aller andern nur einigermafsen bedeutenden Häuptlinge über einzelne Provinzen unzweckmäfsig. Dagegen ist eine gröfsere Anzahl von untergeordneten, europäischen Beamten (Controleuren) nöthig, die in den verschiedenen Provinzen vertheilt werden müssen, deren anfängliche Anzahl aber (von etwa 20) wahrscheinlich später, nachdem das Verwaltungssystem erst gehörig geregelt ist und bessere Wege angelegt sind, auf die Hälfte reducirt werden kann. Von solchen europäischen Unterbeamten, je

*) Eine Bestätigung dieser Meinung liegt in dem neulichen, glücklich in seiner Entstehung noch gedämpften Aufstand des Jantipertuan von Mandaheling.

einem in den 20, theils natürlich umgrenzten, theils herkömmlich umschriebenen Provinzen, müfsten dann die Radja's der verschiedenen in den Provinzen liegenden Dörfer die Befehle unmittelbar empfangen, wobei wohl die Zwischenkunft eines Dollmetschers, aber kein Einflufs eines provincialischen Oberhauptes gestattet werden dürfte. — Die Abneigung der Battaër, von ihres Gleichen (wie sie sich ausdrücken) Befehle zu empfangen, ist wirklich unverkennbar; einem europäischen Provinzialoberhaupte (z. B. einem Controleur) gehorchen sie, wenn sie mit vollkommener Unpartheilichkeit und Gleichheit behandelt werden, gern und willig, während sie nur mit Eifersucht und Neid auf einen aus ihrer Mitte gewählten Oberradja blicken, und dessen Befehle nur unwillig und verdriefslich vollziehen. Dafs jeder Provinz ein europäischer Beamter zugeführt werde, scheint nicht nur zur schnellern Förderung des Verkehrs und der Einrichtung von Wegen nöthig zu sein, sondern ist zur Schlichtung der Streitigkeiten der einzelnen Radja's und zur Behandlung aller ihrer andern Angelegenheiten an Ort und Stelle selbst erforderlich, ja unerläfslich, um die Radja's, welche solche örtlichen Befehlshaber ausdrücklich wünschen, zufrieden zu stellen und ihre bleibende Unterwerfung zu sichern So z. B. beklagten sich die Häuptlinge von Tapollong sehr oft, dafs sie keinen Commandeur hätten, und dafs sie, um den europäischen Befehlshaber zu sprechen, erst den weiten Weg nach der Insel Pontjang zurücklegen und also sogar über See fahren müfsten, was sie nur mit Furcht und Widerwillen thäten! Auch war offenbar der Mangel an Gehorsam und an Verkehr in Niedertapanulie und die Langsamkeit, womit die Anlegung von Wegen vor sich ging, dem Umstande zuzuschreiben, dafs der Befehlshaber (Commandeur) nicht bei ihnen am festen Lande wohnte, sondern, durch das Meer von ihnen getrennt, auf der Insel Pontjang. —

Defshalb dürfte vielleicht folgender Vorschlag zur Organisation einer Regierung in den Battaländern einige Beachtung verdienen, ob ich gleich damit nur auf einige Verhältnisse aufmerksam zu machen wünsche, ohne den hellern Einsichten von Staatsmännern vorgreifen zu wollen.

Ein Resident der Battaländer residirt in der Hauptstadt derselben Bander Nahor; ihm sind 1 Secretair, 2 Commis und 3 Schreiber zugefügt. Dem Residenten sind folgende Provinzialbeamten untergeordnet: 1) einer zu Siboga, welcher über die Bai von Tapanulie und über die nördliche Hälfte der 2ten Provinz (Niedertapanulie) bis nach Pinang sorei befiehlt; 2) Einer zu Tapollong, der über die südliche Hälfte der 2ten Provinz und über die 1ste Provinz (Sikunar) befiehlt; 3) Einer zu Tobing über die 3te Provinz (Ober-Ankola); 4) Einer zu Pitja koling über die 4te Provinz (Nieder-Ankola); 5) Einer zu Pertiebie über die 5te und 7te Provinz (Padang Lawa und Tanna Dolok); 6) Einer zu Biela über die 6te und 18te Provinz (Burumon und Nieder-Biela); 7) Einer zu Siepierok über die 8te, 12te und 13te Provinz (Siepierok, Dolok Dsaut und Silantom); 8) Einer zu Sigopulang über die 9te und 10te Provinz (Sigopulang und Obertapanulie); 9) Einer in Silindong über die 11te und 19te Provinz (Silindong und Westgebirge von Silindong); 10) Einer in Singkel über die nördliche Hälfte der 20sten Provinz; 11) Einer in Baros über die südliche Hälfte der 20sten Provinz; 12) Einer in Bander Nahor neben dem Residenten, über die 16te Provinz (Tobah); 13) Einer in Sulampu über die 17te Provinz (Ober-Biela); 14) Einer in Mananti über die 14te und 15te Provinz (Hurung und Rampeh); 15) u. 16) Einer über den nördlichsten Theil von Tobah, Eik Daho etc.

Die Militärmacht möchte in Bentings oder Verpallisadirungen, welche gegen Battaër, die nie Verschanzungen anfallen, ausreichend sind, folgendermafsen zu vertheilen sein. Längs der S.W.-Küste an drei Stationen: 1) zu Singkel, an der Mündung des schiffbaren Flusses, zwei Compagnien; 2) zu Baros 50 Mann; 3) zu Siboga eine Comp. Längs der N.O.-Küste an der Vereinigung des Kali Burumon und Biela eine Comp. In den Binnenlanden in der Kapitale Bander Nahor eine Comp., und auf allen folgenden 7 Posten oder Bentings, welche von dem Militär mit Hülfe der Bevölkerung selbst zu erbauen sind, 50 Mann. Pertiebie, Tobing, Siepierok, Sulampu, Sigopulang, Silindong und auf den 2 Posten Tapollong und Panoadjih, auf jeder 25 Mann. Also zusammen (eine Compagnie zu 100 Mann gerechnet) 900 Mann, ohne die Officiere.

An Communicationswegen möchten zuvörderst angelegt werden müssen: 1) Die Hauptstrafse, der Länge nach N.W.wärts durch das Innere von Sumatra, mufs durch die Centralthäler oder Centralplateaus von Pitja koling über

Batana tua, Pagger utang, Siepierok, durch das Hochland Silantom bis Bander Nahor, und über Bander Nahor hinaus bis Eik Daho fortgesetzt werden. Auf diesem Wege sind nur 2 Gebirgsrücken zu überschreiten, nämlich die Bergrücken zwischen Ankola und Siepierok, die flach sind, mit nur einigen tiefen Klüften (der Bäche Batang nika, Situmba und Kambiri), die jedoch auch leicht durch Abtragung ihrer Ränder zugänglich gemacht werden können, und zweitens der Rücken Dolok Goleh zwischen Siepierok und Silantom, der ebenfalls keine grofsen Schwierigkeiten darbietet. Das übrige Terrain ist gröfstentheils flach, ohne andre Schwierigkeiten als die der Flufsthäler, welche in Siepierok 100 und mehr Fufs tief sind, und terrassenartig abfallen, in Tobah aber bei sehr steiler Senkung eine geringere Tiefe (von durchschnittlich 20′) haben, und in ihrem Grunde flach und sumpfig sind. Ungeachtet dieser zahlreichen Flufsklüfte, deren Anzahl sich von Pitja koling bis Bander Nahor, die ganz kleinen Bäche nicht mit gerechnet, auf 28 bis 30 beläuft, und ungeachtet der zahlreichen Brücken, die defshalb angelegt werden müssen, ist diese Route im Verhältnifs zu den andern doch immer noch die beste und leichteste, welche selbst so eingerichtet werden kann, dafs (mit Hülfe von Karibauen an den schwierigen Stellen) Wagen darauf transportabel sind.*)

2) Von Bander Nahor im Binnenthale von Biela herab nach Sulampu und weiter durch die Porta Tobae bis zu der Stelle, wo der Flufs Biela schiffbar wird, um von da bis zur Mündung desselben an der N.O.-Küste (Benting Biela) zu gelangen. Diese Route bietet nicht den 4ten Theil der Schwierigkeiten dar, welche der Anlegung eines guten Weges nach der Westküste entgegenstehen. Das Plateau von Tobah fällt vielmehr durch das Binnenthal von Biela so sanft ab, dafs höchst wahrscheinlich ein selbst für Karren und Wagen brauchbarer Weg aus Tobah ununterbrochen bis zu dem Punkte der Einschiffung auf dem Kali Biela angelegt werden kann, und dafs diese Route die Aufmerksamkeit der Regierung vor allen

*) Ich verweise jedoch defshalb auf den zweiten Abschnitt (Topographie), wo sich die Eigenthümlichkeiten des Terrains beschrieben finden, und wo überall auf die Anlegung von Wegen und Brücken Rücksicht genommen ist.

andern verdient, weil sie von der Küste aus die bequemste, und wegen ihres Zusammentreffens mit einem schiffbaren Flufse die wichtigste für Tobah ist.

3) Ein Communicationsweg von Bander Nahor mit der S.W.-Küste bietet wegen der zahlreichen, parallel streichenden Bergjoche, die mit ihren tiefen Zwischenthälern in querer Richtung überschritten werden müssen, sei dies nun in der Richtung nach Baros oder nach Tapanulie (Siboga) an der Bai gleiches Namens, überall ungleich gröfsere Schwierigkeiten dar, so dafs schon sehr viel Arbeit erforderlich sein wird, um den gegenwärtigen Fufspfad von Tapanulie nach Silindong für Pferde und Reiter practicabel zu machen. Da die Schwierigkeiten zur Weganlegung in der Richtung von Silindong nach Baros eben so grofs, ja wegen gröfserer Höhe der Gebirge (nach eingezogenen Berichten) wahrscheinlich noch gröfser sind, und sich nirgends eine bessere Communication zwischen dem mittlern Theile von Tobah, Silindong und der Küste findet, so verdient diese Querroute, weil sie die einzige ist, dennoch eine baldige Bearbeitung. Auch ist es aus andern Gründen wünschenswerth, dafs der Handel von Baros nach Tapanulie gezogen werde. (S. Kap. 14.)

4) Eine mehr südliche Querroute von der S.W.- bis zur N.O.-Küste ist zum Theil bereits dargestellt, von Siboga über Tapollong, Tobing, Pitjakoling in das Centralthal Ankola, von da über Battang unang und Siunjam nach Pertiebie am östlichen Fufse der Gebirge, und von dort bei hohem Wasserstande auf dem K. Burumon, bei tiefem Wasserstande aber erst von Sikuristak an (zwei Etappen weiter abwärts), auf diesem Flufse hinab bis zu dessen Vereinigung mit dem K. Biela nahe an der N.O.-Küste, wo auf der Landzunge zwischen beiden Strömen die Benting Biela (Tanjong Pakanten) liegt. Nur der Theil dieses Weges zwischen Siboga und Tapollong mufs verändert und von seiner jetzigen Richtung über die hohen Bergketten hinweg etwas südlicher verlegt werden, indem er von Tuka an über Bediri und Pinang sorei am südlichen Fufse dieser Berge entlang geführt wird.

An Neben- und Querwegen, besonders zur Communication der Militärposten, dürften zunächst folgende angelegt werden müssen: 5) Von Sikottam im Plateau Tobah nach Sigopulang, auf welchem Wege das Thal Silindong rechts und der Berg

Dolok Dsaut links liegen bleibt. Ein sehr gebirgiger Fuſspfad ist bereits vorhanden. 6) Ein Nebenweg von Panoadjih, nämlich von der Hauptquerroute, welche von der Küste nach Silindong durch diesen Ort führt, durch die Thaleinschnitte hinab nach Sigopulang; ist nicht sehr schwierig. Auf diese Art wird Sigopulang sowohl mit Tobah als auch mit der Westroute in Verbindung gesetzt. Eine Communication zwischen Sigopulang und Siepierok bietet wegen Unzugänglichkeit des Terrains zu groſse Schwierigkeiten dar. Auch ist Alles im Süden von Sigopulang bis nach Tapollong gröſstentheils Gebirgswaldung. Doch bestehen folgende Fuſspfade: 7) von Siboga quer durchs Hochland von Tapanulie nach dem Thale von Sigopulang. Ist sehr gebirgig und mühsam. 8) Von Tapollong (der südlichen Querroute) nach Sigopulang über die Dörfer Sumurang, Rimpa golep, Pulu laga, Pagger gunong und Doma hapal. Ist äuſserst gebirgig und beschwerlich. 9) Eine directe Verbindung zwischen Pertiebie und Siepierok kann auf dem sanft ansteigenden Terrain über Kadjaran und Tambusira mit Leichtigkeit dargestellt werden. 10) Ein Weg von Tapollong nach Sikunar wird am besten von der Hängebrücke über den Batang torru an abgeleitet und kann ohne bedeutende Schwierigkeiten durch die Waldfläche fortgeführt werden. Ein Fuſsweg zwischen Sikunar und Tobing ist vorhanden, aber sehr gebirgig. —

Bei der fraglichen Unterwerfung der Battaër unter die Regierung ist nun noch eines Umstandes zu erwähnen, nämlich d r i t t e n s, der Nothwendigkeit, der Ausbreitung des Islamismus entgegen zu arbeiten, was am besten durch Einführung einer andern Religion geschehen kann. Die Erörterung dieses Punctes, welcher streng genommen nicht hierher gehört, scheint allerdings die Aufmerksamkeit der Regierung in einem hohen Grade zu verdienen, aus dem natürlichen Grunde, weil der zeitherige, totale Unglaube der Battaër, die k e i n e m Religionssystem huldigen, und deſshalb auch kein fanatisches Vorurtheil gegen irgend einen Kultus haben, sie zu neuen Eindrücken besonders fähig und zur Annahme einer Religionslehre höchst empfänglich macht. Daſs der Islamismus bis jetzt keinen Eingang unter ihnen fand, ungeachtet der listigsten, mit politischen Vorspiegelungen verbundenen Bemühungen mohamedanischer Priester, davon war die Ursache der

Hafs, den sie diesen nachtrugen, weil Priesterhäuptlinge (aus Rau und Tambosi) es vorzugsweise waren, welche ihr Land mit Krieg und Raub überzogen. Dies scheint ein Umstand zu sein, welcher zur Hemmung der Weiterverbreitung des Islamismus, wenigstens unter den bis jetzt von den Irrlehren Mahomeds noch nicht angesteckten Battaërn, mit Vortheil benutzt werden könnte. Denn dafs der eigentliche Stein des Anstofses, der bis jetzt immer noch eine freundliche Annäherung zwischen den Sumatranen und deren europäischen Herrschern hinderte, der die Ruhe auf dieser Insel so oft störte, und der einer regelmäfsig zunehmenden Kultur des Landes immer wieder von Neuem entgegentrat, nichts anders war als der Koran, welcher Unduldsamkeit und Hafs gegen die Christen predigt, und dessen Irrlehren der zum Fanatismus geneigte Sumatran nur zu schnell erfafste, ohne dessen gute Moral zu begreifen, — dies ist eine Wahrheit, welche Derjenige, dem die neuere Geschichte der Bovenländer von Padang nicht unbekannt ist, wohl schwerlich bezweifeln wird. —

Hier, wo über die Verfassung und Politik der Battaër gesprochen wird, dürfte es nicht am unrechten Orte sein, zu erzählen, wie es mir unter den angegebenen politischen Verhältnissen und bei dem Ausschliefsungssystem, dem die Battaër huldigen, dennoch möglich war, einen grofsen Theil des Landes zu bereisen, und wie verschieden und nach den Gesinnungen einzelner Häuptlinge wechselnd, der Empfang war, der mir in verschiedenen Gegenden wurde; wie man sich mir bald feindlich in den Weg stellte, mein Weiterdringen hemmend, so dafs ich nur meiner guten Bewaffnung meine Erhaltung zu danken hatte, und bald wieder mich freundlich und ehrenvoll empfing. Die Erzählung davon könnte hier als Beitrag zur Charakteristik der Battaër wohl ein Plätzchen finden, soll jedoch lieber für einen Anhang oder ein letztes Kapitel bewahrt bleiben, welches das wenige Geschichtliche, das mir von den Battaländern bekannt ist, nebst einer kurzen Beschreibung meiner Reise enthalten wird.

Siebentes Kapitel.

Sitten, Gebräuche, Einrichtungen und Gesetze im Leben der Battaër überhaupt.

Wenn wir hier von solchen Gebräuchen der Bataër zu sprechen beabsichtigen, womit alle diejenigen Ereignisse begleitet werden, welche in einer nothwendigen oder abhängigen Folge zur graduellen Evolution im natürlichen Cydus des Menschenlebens stehen, so beginnen wir diese Betrachtungen wohl am natürlichsten mit der Schwangerschaft, als dem ersten Zeichen des werdenden Individuums.

§. 1.

Besondere Gebräuche, Lebensregeln u. dergl. während der Schwangerschaft finden nicht statt. Ihr gewöhnliches Regimen wird ohne Abänderung beibehalten, und die Weiber der Gemeinen müssen sowohl ihre Haus- als ihre Feld-Arbeiten bis zur letzten Epoche verrichten. Nur den Frauen angesehener Radja's wird in der Regel vergönnt, während der zwei letzten Monate zu Hause zu bleiben und sich der härtern Arbeiten, z. B. des Reisstampfens, zu enthalten.

§. 2.

Auch bei der Geburt der Kinder wird nichts Eigenthümliches verrichtet, das Erwähnung verdiente. Die Frauen der Gemeinen werden in ihrem Geburtsgeschäft von der ersten besten Nachbarin unterstützt, übrigens weiter in nichts beachtet. Hebammen oder weibliche Accoucheurs sind unbekannt. Die Nachgeburt wird aufserhalb des Dorfes irgendwo ohne Ceremoniell begraben. Der Mord eines neugebornen Kindes wird für keine Sünde gehalten; er kommt jedoch selten vor, weil der Battaër die Kinder liebt und bei der schwachen Bevölkerung des Landes viel Werth auf seine Sprößlinge legt. Officielle Anzeigen von der Geburt der Kinder geschehen übrigens nicht, viel weniger werden Geburts- oder Sterbelisten gehalten.

Nur wenn die Frau eines angesehenen Radja die Annäherung ihrer Wehen fühlt, dann werden gewöhnlich ein paar alte erfahrene Weiber zur Assistenz gerufen. Ist die Geburt gut abgelaufen, was, wie bei allen Völkern dieses Himmelsstriches, fast immer schnell und leicht geschieht, so erhalten diese Frauen ein Geschenk von 2 bis 3 Piastern; auch werden bei solcher Veranlassung zuweilen an gute Nachbarn und Freunde, übrigens ohne alles Ceremoniell, kleine Geschenke (Reis, Hühner u. dergl.) vertheilt.

§. 3.

Nur die Namengebung des Kindes wird als eine einigermaßen festliche Handlung betrachtet, wobei die gemeinen Battaër übrigens an keine Zeit gebunden sind, und frei zwischen dem 2ten und 14ten Tage nach der Geburt wählen können. Aber bei den Radja's findet diese Namengebung oder Hadat tu-ekkong jederzeit am vierten Tage statt; das Kind wird unter Begleitung der Anverwandten und Nachbarn nebst einer Anzahl Neugieriger zum nächsten Bache getragen und daselbst in kaltem Wasser gebadet, während der Vater den selbstgewählten Namen, den das Kind fortan tragen soll, ausspricht. Besondere Gebräuche finden nicht statt. Darauf begiebt sich die Truppe wieder nach Haus; es werden, wenn die Familie arm ist, einige Hühner geschlachtet, oder, wenn der Vater ein Radja ist, ein Schwein oder ein Büffel, um damit die Dorfbewohner zu bewirthen. In den Versammlungshäusern (Soppo's) werden die Mamongang's und Gontang's geschlagen, und Liebhaber können tanzen. Beschneidung (Sunat) der Kinder ist dem Battaër unbekannt, mit Ausnahme einiger Häuptlinge in den Grenzprovinzen, die zum Islamismus übergetreten sind.

§. 4.

Was die Behandlung der Battaër während ihres Kindes- und Jünglingsalters betrifft, so findet im eigentlichen Sinne des Wortes weder Erziehung noch Belehrung derselben statt.

Sie lernen blofs ex usu, was sie von ihren Umgebungen hören und sehen, und werden bald vertraut mit den Einrichtungen im Dorfe, mit den täglichen Arbeiten, die sie zu verrichten, und mit den Hausthieren, die sie zu verpflegen haben. Ihre alleinige Erzieherin ist die Natur, und die Triebe und geistigen Fähigkeiten, welche diese ursprünglich in sie legte, entwickeln sich ohne alle Grundsätze von Moral und Religion. Ihre Leidenschaften, durch keine moralische Fesseln gezähmt, durch keine Stimme des Gewissens in Schranken gehalten, sind daher wild und abstofsend, ihre Neigungen roh, ihre Rache blutig. Aber wie eine aus einem edlen Garten stammende Blume, in die tiefste Wildnifs verpflanzt, nie ganz entartet, so gewährt es dem Menschenfreunde auch Genufs, unter diesen rohen Kindern der Natur, die mit ihren Hausthieren unter einem Dache aufwuchsen, unter diesen Kannibalen dennoch Spuren von edlern Eigenschaften anzutreffen, deren Erscheinung um so rührender ist, je ungestümer und rauher sie sich offenbaren. Dahin gehören Züge von Gastfreundschaft, Dankbarkeit, Anhänglichkeit und Treue, die man oftmals unter ihnen antrifft.

Schulen und Lehrer ex professo fehlen in ihrer Staatsverfassung gänzlich. Die Kinder werden in Nichts unterrichtet, und das Einzige, was sie durch Nachahmung lernen, ist Schreiben, nämlich eigene Charaktere mit der Spitze ihres Messers auf Bambusrohr graviren, und so Geschriebenes Lesen. Diese Kunst der schriftlichen Mittheilung ist die einzige wissenschaftliche, die sie haben; sie ist aber auch allgemein unter ihnen verbreitet, besonders in Tobah, wo Jünglinge, die kaum das Alter von 14 Jahren erreicht haben, gewöhnlich ihre ersten schriftstellerischen Versuche damit anfangen, dafs sie jungen Mädchen Liebesbriefe schicken, welche auf Stücke Bambus, 1½ Zoll breit und ½ bis 1 Fufs lang, gekritzelt sind, und worin sie die vollen Busen ihrer Schönen, ihr glänzendes Haar, ihre kräftigen Arme beim Reisstampfen loben, und schliefslich um einige, meist gern bewilligte Gunstbeweise bitten.

Die Kinder, sowohl männliche als weibliche, bewohnen, so lange sie nicht verheirathet sind, das Haus mit ihren Eltern gemeinschaftlich, und werden von diesen ernährt, bis sie sich in den Ehestand begeben, wofür sie aber auch an allen, sowohl Feld- als häuslichen Arbeiten, gleichen Antheil nehmen müssen. Sobald sie in den Ehestand treten, ist es Gebrauch, dafs sie ihre Ladangs auf eigene Rechnung anlegen, und ihre Haushaltung entweder ganz absondern, ein eigenes Haus bauen, oder wenigstens einen aparten Kochplatz in der elterlichen Wohnung erhalten.

Nur die Kinder der angesehenern Radja's halten es, ebenso wie ihre Eltern, unter ihrer Würde, an Feldarbeiten thätigen Antheil zu nehmen, und lassen diese ausschliefslich von Sclaven verrichten, in deren Anzahl der vorzüglichste Reichthum der Häuptlinge in den meisten Provinzen besteht. Uebrigens ist es für Radjakinder eine Ehrensache, lesen und schreiben zu können, wefshalb die Erlernung dieser Kunst nie so ganz dem Zufall oder ihrer persönlichen Neigung überlassen bleibt, wie bei den gemeinen Dörflern; sie werden vielmehr, wenn sie das Alter von etwa acht bis zehn Jahren erreicht haben, entweder in ihrem heimathlichen Dorfe oder in einem benachbarten zu Jemandem in die Lehre geschickt, der im Rufe steht, die Sprach- und Schreibkunst besonders gründlich zu verstehen. Solche Personen bilden jedoch keinen besondern Stand, und üben ihr Lehreramt nur zufällig und vorübergehend aus. Der Schulcursus dauert gewöhnlich einen Monat, welche Zeit hinreichend ist, um die Charaktere des Batta-Alphabetes und ihre Bedeutung zu erlernen. Hat dann der Zögling Beweise seiner erworbenen Kenntnisse abgelegt, so kehrt er in sein elterliches Haus zurück, und sein Mentor erhält als Geschenk gewöhnlich nicht mehr als ein 12 Fufs langes Stück Leinwand. Dieser Tag ist aber ein kleines Fest; der gewesene Lehrer wird zu einer Mahlzeit eingeladen, es wird ein Schwein oder wenigstens einige Hühner geschlachtet, deren Fleisch unter die Dorfbewohner vertheilt wird. — In andern Gegenständen besteht kein Unterricht; Wissenschaften sowohl als religiöse Lehrsätze sind dem Battaër fremd.

§. 5.

Zwei durch den Hadat geheiligte Arten ehelicher Verbindungen bringen Wohlstand und Fruchtbarkeit in das Leben der Battaër. Sie sind: 1) die Heirath Mangoli, wobei der Bräutigam die Frau kauft und den Eltern derselben einen Werth von 5 bis 10 Büffeln, entweder in natura oder öfters in Silber, jeden Büffel zu 6 Piastern geschätzt, also etwa zwischen 90 bis 180 Gulden, entrichtet Eine so angetraute Frau kann sich nicht mehr vom Manne trennen, und ist, obgleich nicht eigentlich seine Sclavin, doch seinen Befehlen ziemlich unbedingt unterworfen. Hierbei verdient ausdrücklich bemerkt zu werden, dafs die Zustimmung der Braut zu solchen Heirathen keinesweges als eine Sache betrachtet wird, welche unwesentlich und unnöthig ist; denn in den Fällen, dafs sich die Braut weigert, einen Freier (z. B. einen alten und häfslichen, der ihr nicht gefällt) zu heirathen, geschieht es sehr selten, dafs sie dazu gezwungen wird; nur durch einen sehr hohen Preis, den der Freier bezahlt, lassen sich die Eltern zuweilen bewegen, ihrer Tochter Gewalt anzuthun; der Befehl der Eltern entscheidet dann über das Loos der Tochter, die durch keinen Hadat gegen Mifsbrauch elterlicher Gewalt geschützt ist. 2) Die Heirath Sumondo; wenn der Bräutigam arm ist, und doch gern heirathen will, so wird er ein Hausgenosse der Eltern seiner Braut und zieht in ihr Haus ein, ohne einen Heirathspreis zu entrichten. Er tritt dann aber gewissermafsen in das umgekehrte Verhältnifs zwischen Mann und Frau bei Mangoli, und mufs, ohne eigentlich ihr Sclave zu sein, für die Eltern der Braut arbeiten und ihre Felder bestellen. Diese Art der Verbindung kommt übrigens im Allgemeinen viel seltner vor als die erste. — Eine dritte Art von Vereinigung zwischen jungen Battaërn verschiedenen Geschlechts ist durch keinen Hadat sanctionirt, und wird zwar als kein Verbrechen, worauf Strafe steht, betrachtet, wohl aber als ein Mifsbrauch. Dies ist nämlich die Entführung, wenn die Braut ohne Zustimmung und Vorwissen ihrer Eltern und Verwandten mit ihrem Bräutigam in eine entfernte Landschaft (gewöhnlich die Heimath desselben) entflieht. — Bei allen diesen Heirathen werden durchaus keine besonderen Gebräuche beobachtet; von Ceremonien, schriftlichen Verträgen oder Priestern findet man keine Spur. Nur beim Eintritt der Braut in das Haus ihres nunmehrigen Herrn wird, wenn dieser reich oder ein Radja ist, ein kleines Fest gegeben; es wird ein Karibau oder ein Schwein geschlachtet und die Dorfbewohner werden bewirthet.

Schon aus der Art des Hadats bei Mangoli, wo die Frau im eigentlichen Sinne des Wortes angekauft wird, erhellet, dafs sie nicht in gleichem Rechte mit dem Manne stehen kann;

auch haben wir bei Betrachtung der täglichen Lebensweise der Battaër Gelegenheit gehabt, zu sehen, wie dies wirklich nicht der Fall ist, und wie vielmehr der gröfste Theil der Last aller häuslichen sowohl als Feldarbeiten auf dem weiblichen Geschlechte (der Frau, potusi) ruht, und wie dieses von allen öffentlichen Festen, Berathungen, Spielen, Hahnengefechten und dergleichen jederzeit ausgeschlossen ist. Dennoch ist mir kein Beispiel bekannt geworden, dafs eine Frau in den Battaländern von ihrem Manne gemifshandelt wäre; vielmehr habe ich immer gesehen, dafs sie ihre Frauen mit Sanftmuth behandeln, welches ihnen ebenso zur Ehre gereicht, als es den Frauen zum Lobe dient, dafs sie alle ihnen aufgebürdeten Arbeiten nicht nur mit Fleifs und Emsigkeit, sondern, indem sie kein anderes Loos kennen, selbst mit Zufriedenheit verrichten.

Das gewöhnliche Alter, in welchem Heirathen geschlossen werden, ist bei Jünglingen etwa das 18te und bei Mädchen das 15te Jahr; die letztern werden jedoch öfters schon viel früher, zuweilen schon im 10ten Jahre verheirathet.

Kein Gesetz schreibt dem Battaër die Zahl der Frauen vor, und Polygamie ist erlaubt; da die Frauen jedoch theuer sind und das Stück im Durchschnitt etwa 7 Karibauen oder 45 Piaster kostet, so geschieht es, dafs ein gemeiner Dorfbewohner fast nie mehr als eine Frau besitzt, und dafs Monogamie im Lande vorherrschend ist. Hiervon machen nur die Radja's, welche fast die einzig Begüterten unter diesem Volke sind, eine Ausnahme; sie haben jederzeit mehr als eine Frau, gewöhnlich drei, oft fünf, doch selten mehr, und nie über acht, die alle unter sich in gleichen Rechten stehn, nur dafs die älteste, d. h. die zuerst angetraute, eine gewisse Herrschaft über die andern ausübt.

Es scheint, dafs die genannten zwei Arten ehelicher Verbindungen ziemlich allgemein nicht nur bei den übrigen Volksstämmen Sumatra's, sondern fast bei allen Nationen des ganzen ostindischen Archipels, mit mehr oder weniger Abänderungen, vorkommen; bei den Bewohnern Benkulen's findet man für die zweite Art der Heirath sogar denselben Namen (Semando, batta'sch Sumando). Die Benkulesen verheirathen sich nämlich 1) auf Djudjur, wobei der Bräutigam etwa 150 Piaster bezahlt, und dadurch die Braut als sein Eigenthum erwirbt; oder 2) auf Semando, dann bezahlt er eine viel geringere

Summme (etwa 15 bis 30 Piaster), und die Frau ist weniger abhängig. Auch bei den Bewohnern des Gebirgslanles Passumah zwischen Benkulen und Palembang und des ganzen palembang'schen Reiches (einer alt-javanischen Koloni von Modjopahit) findet man ähnliche Institutionen, welche daselbst mit den Namen Djudjur und Ambil anak belegt werden und ganz ähnliche Bedingungen einschliefsen, wie die der Herathen auf Mangoli und Sumando der Battaër etc.

Ehescheidungen sind selten unter den Bataërn; dafs sie aber zuweilen vorkommen, beweist das Vorhanlensein eines besondern Hadat's (Gesetzes), welcher Sei-sei heifst. Der Fall kann ein doppelter sein; will nämlich der Mann seine Frau nicht mehr haben, so kann er sie ohne Weiteres wegjagen, dafür hat er sie nach seiner Meinung bezahlt. Die Frau hat in diesem Falle weiter Nichts zu reclamiren; die Kinder aber gehören dem Manne und bleiben bei ihm. Wünscht aber die Frau sich vom Manne zu trennen, dann tritt der Hadat Sei-sei in Wirkung, wonach die Eltern der Frau verpflichtet sind: 1) den Heirathspreis zurückzuzahlen, den der Mann beim Abschliefsen der Heirath erlegt hatte, entweder in Karibauen, Silbergeld oder anderm Werthe; 2) dem Manne aufserdem sechs Ellen Leinwand zu entrichten, und zwar gewöhnlich in natura; und 3) einen Karibau zu schlachten, damit der Mann im Stande sei, die Dorfbewohner zu regaliren und sich gleichsam durch die kleine Schmauserei, die dann angestellt wird, über den Verlust seiner Frau zu trösten. Die Kinder gehören wie immer dem Manne und bleiben bei ihm. Durch diese Einrichtungen ist, wie man sieht, der Frau eine Trennung vom Manne sehr erschwert, ja fast unmöglich gemacht, weil es nur sehr selten, in besonderen Fällen und unter eigenthümlichen Verwickelungen, geschieht, dafs sich die Eltern der Frau zur Zurückzahlung des Heirathspreises, nebst den anderen erwähnten Extrasporteln verstehn. Auch noch nicht durch den Tod ihres Mannes wird die Frau in Freiheit gesetzt, sondern sie wird dadurch das Eigenthum vom Bruder des Verstorbenen, oder, wenn keine Brüder vorhanden sind, vom Sohne des Verstorbenen, also von ihrem eigenen Kinde! Sie hat keineswegs das Recht, wieder zu heirathen. Wenn die erwachsenen Söhne ihre Mutter (die Wittwe) auch nicht als ihre Sclavin behandeln, so ist sie doch verpflichtet, in der

Familie und in dem Hause ihres verstorbenen Mannes zu bleiben, und sowohl Haus- als Feldarbeiten vor wie nach zu verrichten. In Tobah geschehen diese Arbeiten sogar durch die Frauen allein, und die männlichen Kinder halten es daselbst für unbequem und ihrer unwürdig, zu arbeiten; sie nehmen blofs an Berathschlagungen und an kriegerischen Unternehmungen Theil, und werden dort öfters von ihren eigenen Müttern, die nach dem Tode des Vaters ihren Befehlen gehorchen müssen, bedient.

Auch beerbt die Wittwe keinesweges ihren verstorbenen Mann; sie hat eigentlich auf Nichts Ansprüche. Die Erben sind bloſs die männlichen Kinder, oder, wenn diese fehlen, die Brüder, und wenn auch kein Bruder vorhanden ist, die entferntern männlichen Verwandten des Verstorbenen.

Eine Frau hat daher in den Battaländern nie Eigenthum und befindet sich gleichsam aufser allem Rechte; stirbt daher eine, so bleibt Alles beim Alten, der Mann nimmt eine andere, und nichts wird verändert. Der Battaër betrachtet das weibliche Geschlecht gleichsam nur als ein nützliches Hausthier, dem er nicht einmal gleiches Bürgerrecht mit dem männlichen einräumt, und das er von allem Besitzthum, von allen seinen Berathungen, Ergötzungen, Spielen u. s. w. ausschliefst und dadurch hinlänglich die niedrige Stufe der Civilisationan andeutet, auf welcher er sich noch befindet.

§. 6.

Wenn wir bei der Geburt der Battaër und bei ihren Heirathsverbindungen wenig Stoff zur Betrachtung fanden, wenn wir vielmehr sahen, wie alle diese Vorfälle des Lebens von ihnen mit grofser Gleichgültigkeit, ohne alle Feier behandelt werden, so sehen wir uns auf einmal überrascht, wenn wir zum Schlufs des Schauspiels gelangen, wenn der Vorhang gefallen ist und Alles aufgehört zu haben scheint. Jetzt erst erwacht der Battaër aus seiner Stumpfheit; sein Gefühl wird rege, nachdenkend steht er still bei der Leiche seines Vaters oder seines Verwandten, und wenn er den ersten Act des Lebens als etwas Alltägliches ansah, was keine weitere Beachtung verdient, so blickt er mit Ernst und Ehrfurcht auf die erloschene Fackel des Lebens, und behandelt dessen letzten Act mit bedeutsamem Ceremoniell.

Doch findet man in den Leichenbegängnissen der Battaër einen grofsen Unterschied, je nachdem der Verstorbene ein gemeiner Dorfbewohner oder ein Häuptling war. Wenn bei dem erstern gar keine, oder nur sehr wenig feierliche Gebräuche beobachtet werden, so findet dies in einem um so höhern Grade bei dem letztern statt, und nimmt mit dem Ansehn und dem Reichthum der Häuptlinge (Radja's) zu. Gemeine und arme Battaër werden daher gewöhnlich noch an demselben oder spätestens am folgenden Tage nach ihrem Tode begraben, und blofs Hühner, Hunde und Schweine werden geschlachtet, um damit den Verwandten, den Trägern der Leiche und Denen, die das Grab machten, einen kleinen Schmaus zu geben.

Ihre Todtenäcker befinden sich meistens in der Nähe des Dorfes, auf ebenem Boden, und nicht vorzugsweise auf Bergen oder Hügeln, wie man wohl behauptet hat. Auf ihre Reinhaltung wird wenig Sorge verwandt; sie sind höchstens mit einem Zaun oder Bambusgeflecht umgeben, zuweilen ganz offen und mit Klagagras und Gesträuch überwuchert. Da es dem Battaër freisteht, seine Todten zu begraben, wo er will, so findet man aufserhalb dieser Todtenäcker noch viele einzelne, zerstreute Gräber in der Nähe der Dörfer. Gewöhnlich liegen diese in der Nähe eines schattigen Baumes und sind oftmals an ihren 4 Ecken mit Bambusstäben umsteckt, auf deren Spitze kleine weifse Wimpel von blofsen Leinwandstückchen wehen. Dies ist ein Zeichen, dafs der Verstorbene nicht ganz ohne Ansehen war, sondern zur Familie eines Radja gehörte. Die Gräber gemeiner Battaër, so wie die Gräber der Frauen, bleiben ohne alle Verzierung. Sieht man aber an einem Grabe hölzerne Stangen mit Knochen behangen, nämlich mit Hörnern und Kinnbacken von Karibauen, so kann man sicher annehmen, dafs der Begrabene ein regierender Radja war.

In ihren Häuptlingen spiegelt sich das Volksleben der Battaër getreu ab. Die Häuptlinge sind nur Repräsentanten des Volkes, gleichsam Patriarchen, in und mit denen sich jederzeit das Volk geehrt und gekränkt fühlt, so dafs man die Gebräuche und den Leichenritus beim Begräbnifs grofser Häuptlinge als Norm für das ganze Volk annehmen kann, das dieselben überall getreu wiedergiebt, nämlich abnehmend an Feierlichkeit und Aufwand, je mehr das Ansehen und der Reichthum des Verstorbenen abnimmt, bis zuletzt bei den geringsten der Dorfbewohner, bei Sclaven, gar kein Ceremoniell mehr beobachtet wird.

Ein kleiner Radja, der nur über ein kleines Kampong zu gebieten hat und arm ist, wird, wenn er stirbt, nur einen Monat in der Todtenkiste innerhalb seines Hauses bewahrt und dann begraben.

Ein grofser Radja aber, der über ein grofses und reiches Kampong befiehlt, besonders wenn er eine tituläre Oberhoheit über noch andere Dörfer besitzt, oder wenigstens vormals eine solche ausübte, wird nach seinem Tode noch so lange im Hause bewahrt, bis der Reis, den man an seinem Sterbetage aussäete, zur Reife gediehen ist, also einen Mussin.

Sobald ein solcher Kranker den letzten Athem ausgehaucht hat, so fangen seine Weiber an zu heulen und zu jammern. Ihr Geschrei ist das Signal für alle Verwandten und Bekannten im Dorfe, herbeizueilen und ihre Theilnahme zu bezeugen. Das Sterbehaus und dessen Umgebung füllt sich bald mit Müfsigem und Leidtragenden, deren Trübsal jedoch selten grofs genug ist, um auch ihren Appetit zu unterdrücken. Dies scheint die Familie des Verstorbenen auch nicht zu erwarten; daher schlachtet sie einen Karibau, um einem alten Gebrauche zufolge dessen Fleisch unter die Menge zu vertheilen. Das zweite Geschäft nun, welches am Sterbetage dem Sohne oder dem Bruder des Verstorbenen obliegt, besteht darin, ein kleines umzäuntes Stück Feld in der Nähe des Dorfes mit Reis zu bepflanzen; — das dritte, Arbeiter zum Fällen des Holzes für den Sarg in den Wald zu schicken, wozu nur drei Holzarten genommen zu werden pflegen, Sinkam, Godi, am häufigsten aber Durian. Diesen letztern Baum (*Durio zibethinus L.*) findet man fast überall in den Battaländern in Menge und bewundert die grofse Dicke seiner Stämme. Diese Stämme werden ausgehöhlt und zum Sarge verarbeitet, der jedesmal bei grofsen Häuptlingen aus einem Stücke besteht. Vorräthig sind solche Särge nie.

So lange noch am Sarge gearbeitet wird, wird die Leiche gewöhnlich auf einer Unterlage von gestampftem Jagon und geröstetem Reis, welcher die Feuchtigkeit begierig einsaugt, offen im Hause bewahrt, und zur Vertreibung des üblen Geruchs täglich zu wiederholten Malen mit Kampfer bestreut, ein Geschäft, das, mit von Zeit zu Zeit erhobenem Klagegeschrei, stets von den Frauen des Verstorbenen verrichtet wird. Es scheint, dafs der Kampfer von Sumatra nicht blofs zur Vertreibung des Gestanks wirke, sondern dafs er auf die Conservation der Leiche und auf die schnellere Austrocknung derselben noch eine eigenthümliche Wirkung ausübe. Denn ungeachtet der Feuchtigkeit des Klima's sind die äufseren Formen der Leiche noch vollkommen bewahrt, wenn der Sarg (gewöhnlich am 14ten Tage) fertig geworden ist. Der Boden der Kiste wird dann ebenfalls mit einer Schicht von gebranntem Reis und Jagon belegt, und die Leiche wird, ganz angekleidet und mit Armringen, Djukia sampa und alle dem Schmuck, den der Verstorbene im Leben zu tragen pflegte, versehen, hineingethan und mit einer grofsen Menge Kampfer *) bestreut, worauf der Deckel geschlossen und die Fugen mit Dammarharz verpicht werden.

Die so geschlossene Kiste bleibt nun auf einem kleinen Gerüst im Hause stehen, bis der Reis, welcher am Sterbetage gesäet wurde, zur Reife gelangt ist. Hat man die fast vollendete Reife des Reises erkannt, so wird ein Büffel geschlachtet, und die Knochen dieses Büffels werden nach allen Richtungen, an alle benachbarte verwandte oder befreundete Häuptlinge im Lande herum verschickt. Dadurch sind diese Häuptlinge eingeladen, sich 10 Tage nach dem Empfange der Knochen im Hause des Verstorbenen zur Begräbnifsfeier einzufinden, denn nun erst, und zwar an demselben Tage, an welchem der zur Reife gelangte Reis, der am Sterbetage gepflanzt wurde, geschnitten wird, also etwa 6 Monate nach dem Tode, wird die Leiche beerdigt. Ein jeder Häuptling, der eingeladen wurde, ist, wenn er dies angenommen hat, nach dem Hadat verpflichtet, einen Karibau mitzubringen.

Der Sarg wird vor dem Hause auf ein Gestell gesetzt, das theils von Holz, theils von Bambus verfertigt, auf allen

*) Da von diesem sumatranschen Kampfer das Pfund wenigstens 25 Gulden kostet, so besteht in dessen Anschaffung bei dem Sterbefalle und dem Begräbnifs eines Radja die Hauptausgabe, die nicht nur den geringen Geldvorrath der Familie aufwiegt, sondern gewöhnlich auch noch den Verkauf ihres Viehes (oder wenigstens eines Theils davon) nöthig macht. Der Nutzen also, den man aus dem Verkauf dieses Kampfers nach auswärts ziehen könnte, geht für das Land verloren.

Seiten mit Zeug oder Vorhängen umhangen ist, und einem kleinen Hause oder sogenannten Himmelbett nicht unähnlich sieht. Wenn sich nun die eingeladenen Häuptlinge, deren Anzahl sich nach dem Ansehen des Verstorbenen und der dadurch bedingten Menge seiner Freunde richtet, mit ihren Büffeln eingestellt haben, so werden diese letztern, die demgemäfs von einigen wenigen zu 20 bis 30 ansteigen können, in einer Reihe vor dem Hause aufgestellt. Vormals, als in Silindong noch ein Oberhäuptling herrschte, dem mehr als hundert andere Dörfer untergeordnet waren, soll beim Tode eines solchen Oberradja sich auch die Anzahl der geschlachteten Karibauen oder Kühe zuweilen über hundert belaufen haben; gegenwärtig sind jedoch solche Begräbnisse von Radja's, wobei 10 Büffel geschlachtet werden, im Lande schon ein grofses Ereignifs.

Die Karibauen sind an eingerammten Pfählen vor dem Hause festgebunden, ihre Hörner nebst den Pfählen sind mit Idju verziert, und ihre Augen, damit sie nicht scheu werden, mit Tüchern umwunden. Die hinterlassenen Frauen des Verstorbenen, seine Söhne und alle seine nähern Anverwandten gehen nun dem Gebrauch zufolge unter lautem Wehklagen siebenmal um die Büffel herum; darauf wird von der ersten oder ältesten Frau ein Topf mit gekochtem Reis, welcher von der Ernte der am Sterbetage gepflanzten Saat sein mufs, auf der Stirn eines der Büffel zerbrochen, welches das Zeichen für die übrigen leidtragenden Weiber *) ist, nun ein noch lauteres Gejammer zu erheben, sich unsinnig zu geberden, sich zu zerkratzen, sich wie in Verzweiflung die Haare auszuraufen und trostlos umherzuspringen. Dabei werden in dem Soppo ohne Unterlafs alle Trommeln und kupfernen Kessel geschlagen, so dafs bei dem ohrbetäubenden Lärm sich die Büffel von ihren Pfählen loszureifsen drohen. Die heulenden Weiber sind jedoch bald erschöpft, oder stellen sich wenigstens so, als ob sie es wären, und begeben sich mit den Sclaven des Verstorbenen zum Badeplatz, um sich zu baden, zu waschen und rein anzukleiden: Mit dem Schmutz haben sie zugleich auch alle Traurigkeit abgewaschen; denn diese hört jetzt auf, und ihr Geschäft ist es nun, vom Fleische der inzwischen geschlachteten Büffel einen Leichenschmaus anzurichten.

*) Unter denen sich, aufser den Frauen des Verstorbenen selbst, auch die seiner nächsten Verwandten und Freunde befinden.

Die Büffel werden ein jeder von demjenigen Häuptlinge getödtet, der ihn gebracht hat; wie nämlich vorhin die heulenden Weiber, so halten nun auch diese fremden Häuptlinge einen Umgang siebenmal rund um ihre Büffel, worauf ein Jeder seinem Büffel einen Lanzenstich beibringt. Während die Thiere zusammenstürzen, schneiden ihnen die Umstehenden vollends die Kehle ab.

Nun wird, während die getödteten Büffel liegen bleiben, das Gestell mit dem Sarge aufgehoben und zum Grabe getragen. Bei der Schwere des Sarges und seines Gestelles sind zuweilen 50 Träger nöthig, und ebenso viele zum Ablösen, an denen übrigens kein Mangel ist, weil sich die Menge des versammelten Volkes bei solchen Gelegenheiten jederzeit sehr hoch beläuft, und in bevölkerten Gegenden, wie in Silindong etc., zu Tausenden anwächst. Enggeschaart begleitet diese Volksmasse den langsamen Zug, während häufige Gewehrschüsse gelöst werden. Das Sarggestell ist an seiner vordern Seite, besonders an den zwei vordern Ecken, öters auch an allen vieren, mit aus Holz geschnitzten rohen Figuren von 2 bis 3 Fuſs Höhe verziert, welche menschliche Gestalten mit monströs-groſsen Geschlechtstheilen vorstellen. Gewöhnlich ist die Stellung dieser Figuren so, daſs ein enormer Phallus im Zustande der Erection einer ungeheuern Yoni gegenübersteht, oder daſs die männliche und weibliche Figur einander genähert und als ein im Acte des Coitus begriffenes Paar dargestellt sind. Je gröſser der Bildhauer die Genitalien und je schaamloser er die ganze Gruppirung darzustellen gewuſst hat, für um so schöner und gelungener wird seine Arbeit gehalten.

Diese Verzierung der Särge und nachher der Gräber mit unkeuschen Holzstatuen, die sich hauptsächlich durch unverhältniſsmäſsig groſse Genitalien auszeichnen, ist eine von den zahlreichen Eigenthümlichkeiten, welche den Battaërn und den Niassern gemeinschaftlich sind, während man bei Malaien, Javanen und andern benachbarten Nationen keine Spur davon antrifft.*) Er erinnert offenbar an den Lingamkultus, von dem

*) Nur in dem gänzlichen Nichtbegraben ihrer Todten, die auf den Nias- und Batu-Inseln sammt den Särgen der Verfaulung in freier Luft überlassen werden, nachdem man sie auf beschattete Felsen, besonders auf Felsen im Meere, gesetzt hat, weichen die Niasser von den Battaërn ab, welche letztern die Leichen doch höchstens nur 6 Monate lang über der Erde bewahren.

man auf Java, soviel mir bekannt, nur einen einzigen Beweis seines ehemaligen Bestehens findet, nämlich an dem Westabhange des hohen Berges Lawu in den Ruinen von Suku, wo alle Denkmäler und Sculpturwerke Zeichen des blutigen Sivadienstes tragen, während in allen andern Gegenden von Java, sowie auch, nach Raffles, in den Bovenlanden von Padang auf Sumatra, die sanftere Lehre des Budha, oder doch der reine Brahmakultus, geherrscht zu haben scheint.

Aus dieser einzigen Aehnlichkeit jedoch, bei dem gänzlichen Mangel aller andern Beweise, schliefsen zu wollen, dafs diese Schaustellung unzüchtiger Bilder ein Ueberbleibsel des ehemaligen Lingamkultus unter den Battaërn sei, dürfte zu voreilig sein. Ich glaube vielmehr, dafs unabhängig von allem Verkehr mit Brahmanen ein solcher Gebrauch sich eben so gut ursprünglich unter den Battaërn ausbilden konnte, als unter den Hindus, und in der That, welch' ein natürlicheres Trostmittel, wodurch die Sinnlichkeit mehr in Anspruch genommen würde, und welches daher für ein rohes Volk leichter fafslich sei, könnte man wohl beim Tode und Begräbnifse aufstellen, als in den Geschlechtstheilen das Symbol der sich ewig erneuernden Fortpflanzung, wodurch der Verlust, den die Bevölkerung durch den Tod eines einzelnen Individuums erlitt, bald wieder durch die Erzeugung und Geburt Anderer ersetzt wird? —

Sobald der Sarg am offenen Grabe angelangt ist, hört aller Lärm auf; das versammelte Volk kauert sich nieder, und es entsteht eine feierliche Stille. Der Deckel des Sarges wird geöffnet und der Sarg so gestellt, dafs das Antlitz des Todten nach der Sonne gerichtet ist. Darauf tritt der Sohn des Verstorbenen vor, wendet sich zur Leiche und spricht mit zum Himmel erhobener Hand:

„Jetzt siehst Du, Vater, zum letztenmal die Sonne*), die Du nun nie mehr sehen wirst!"

Nach dieser kurzen Leichenrede wird der Deckel wieder geschlossen, und die Kiste in das Grab gesenkt. Das Grab wird dann mit der aufgeworfenen Erde gefüllt und an seinen Ecken mit denselben unzüchtigen Holzbildern geziert, die vorher am Sarggerüste zur Schau getragen wurden. Alles kehrt nun fröhlich und guter Dinge zum Dorfe zurück, wo in der Zwi-

*) Madahari (maleiisch: Matahari), das Auge des Tages.

schenzeit die geschlachteten Büffel ausgeweidet wurden, deren Fleisch nun zur Verschmausung der versammelten Menge gekocht und am Feuer geröstet wird. Die Hörner mit dem vordersten Theile des Schädels, so wie die Kinnbacken der Büffel, dienen zur Verzierung des Grabes; man befestigt sie der Reihe nach übereinander an hölzernen Stangen, die rings um das Grab herum aufgesteckt werden. Die hölzernen Bilder waren entweder schon ursprünglich so eingerichtet, mit ihrem untern Ende in einen Pfahl zulaufend, damit sie leicht eingerammt werden können, oder sie werden auf besondern hölzernen Stangen neben dem Grabe festgemacht. Zweimal pflegt man nun noch Speisen auf das Grab zu setzen (die den Hunden eine willkommene Beute sind), dann aber keine weitere Sorge dafür zu tragen. Inscriptionen und Denkmäler von Stein sind nicht gebräuchlich. *)

Sehr eigenthümlich sowohl als bedeutungsvoll erscheint der Gebrauch der Battaër, ihre Todten nicht eher zu beerdigen, als bis der am Sterbetage gepflanzte Reis gereift ist. Ist dies eine Anspielung auf die fortschreitende Verwesung des todten Körpers, der nicht eher begraben oder der Erde, dem Staube, anvertraut werden darf, als bis er selbst zu Staub geworden, d. h. reif zur Vermählung mit der Erde geworden ist, und der bis zu dieser Epoche noch über der Erde, im Reiche des Organischen, des mit Form Versehenen, bewahrt werden mufs? — Denn es ist deutlich, dafs die Battaër an keine Seele und also auch an keine Fortdauer einer Seele glauben; dies drückt sich in den letzten Worten aus, welche der Sohn, oder bei Mangel eines Sohnes, der Bruder oder nächste Verwandte an die Leiche des Verstorbenen richtet, bevor dieser für immer in die Erde gesenkt wird, und nachdem der Sargdeckel noch einmal geöffnet ist, damit der Todte nun noch einmal und zum letztenmal die Sonne sehe, die er fortan nie mehr erblicken werde. So kurz diese Leichenrede ist, so drückt sie doch bei dem Unglauben an ein Leben nach dem Tode die

*) In der „Tydschrift voor Neerlandsch Indie", Batavia, Jaarjang 2, pag. 209 etc. findet man aus den Berichten verschiedener Beamten zusammengetragene Nachrichten aus dem Leben der Battaër, worin viele allgemeine Züge der Battaër richtig dargestellt sind, worin jedoch auch Vieles vorkommt, was nach meinen Erfahrungen entweder unrichtig, oder dem Leben der Battaër und ihren Institutionen gänzlich fremd ist.

tiefste Trauer aus und ist nicht ohne erhabene Poesie. Es ist überraschend, einen solchen Ausdruck des Gefühles bei einem Volke zu finden, das sich bei allen andern Ereignissen des Lebens sehr gefühllos zeigt, und dem viele rohe Gebräuche eigen sind, so dafs man auf die Vermuthung kommen sollte, als hätten die Battaër früher mit gebildeten Völkern in Verbindung gestanden und von diesen jene Gebräuche überkommen. Bedenkt man jedoch, dafs die Battaër, welche die Zeit nicht nach Stunden zählen, sondern nach der Höhe der Sonne abmessen, und demnach die Tageszeit sowohl als auch den Gröfsenabstand zwischen zwei Orten durch den Winkel ausdrücken, den ihr ausgestreckter Arm mit dem Horizonte macht; dafs sie also von Jugend auf gewöhnt sind, die Sonne zu unzähligen Malen jeden Tag anzuschauen und vermittelst dieser beständigen Uebung die Fertigkeit erlangt haben, blofs durch den Winkel ihres Armes die wahre Zeit auf eine halbe Stunde genau angeben zu können; dafs der Anblick der Sonne also zu ihren täglichen, ja stündlichen Verrichtungen gehört und einer der ersten Ausdrücke ihres Lebens ist: so wird es weniger auffallen, wenn der Sohn seinem verstorbenen Vater noch einmal die Sonne, als das Emblem der Zeit, die für ihn aufgehört hat zu sein, sehen läfst, ehe er ihn für immer in die dunkle Erde begräbt. So natürlich denn auch dies Gleichnifs entstanden sein mag, so findet man doch darin die Spuren eines bessern Gefühls, so wie das mystische Aussäen von Reis an dem Sterbetage eine dunkle religiöse Ahnung auszudrücken scheint, und einen Beitrag zur Bestätigung des Satzes liefert, dafs keine Nation, so roh sie auch sei, auf Erden besteht, bei welcher sich nicht wenigstens die Spur eines göttlichen Glaubens fände, und in welcher sich nicht der Beweis einer höhern als der blofs thierischen Bestimmung auf irgend eine, wenn auch noch so versteckte Art offenbarte. *) —

*) Die unter den Battaërn gebräuchliche Bewahrung der Todten, bis der Reis gereift ist, einen Mussin lang, erinnerte mich an jenes schöne Gleichnifs, welches den Sänger der Glocke begeisterte, und welches man, merkwürdig genug, als Hadat bei einem cannibalischen Volke unter dem Aequator antrifft:

„Dem treuen Schoofs der heil'gen Erde
Vertrauen wir der Hände That,
Vertraut der Sä'mann seine Saat," u. s. w.

Achtes Kapitel.

Ueber einige Gesetze und Institutionen der Battaër insbesondere.

Es ist wohl keinem Zweifel unterworfen, dafs die Gesetze einer Nation mehr als alles Andere geeignet sind, die Civilisationsstufe, welche dieselbe einnimmt, zu bezeichnen, und dafs wir schon aus ihren Gesetzen, ohne sonst im Geringsten etwas von ihnen zu wissen, im Stande sein würden zu erkennen, z. B. dafs die Engländer höher civilisirt sind als die Spanier, oder die Javanen höher als die Neuholländer, welche letzteren ohne alle bürgerliche Einrichtungen in ihren Wildnissen umherschwärmen.

Was die Battaër mit dem maleiischen Namen Hadat bezeichnen, würde jedoch weit besser mit „herkömmlicher Gebrauch" als mit Gesetz bezeichnet werden können; denn weder ihrer Art nach sind diese Hadats so bestimmt, dafs sie nicht einer mannigfaltigen Auslegung und Deutung fähig wären, noch so umfassend, dafs nicht eine Menge Vorfälle im bürgerlichen Leben und Rechtshändel übrig bleiben, für welche kein passendes Hadat gefunden werden kann, so dafs der Willkür der batta'schen Gewalthaber ein geräumiges Feld übrig bleibt. Dieser Umstand ist auch mit eine der Ursachen ihrer häufigen Debatten und Versammlungen in den Soppo's, wo fast tagtäglich weitläufige Bidjara's (Bitjara's maleiisch, Berathungen) gehalten werden. Ohne solche vorhergehende Berathungen kann kein Streit geschlichtet werden und kann kein Ausspruch geschehen, weder in auswärtigen Sachen mit fremden Radja's, noch in Händeln der Dorfbewohnern selbst. Dafs, und die Art wie diefs durch die Radja's geschieht, ist bereits oben in den Betrachtungen über die Regierungsform der Battaër erörtert. Neue Gesetze werden nicht gegeben; fände ein Radja einmal ein solches nöthig, so würde seine Vorschrift doch unbeachtet bleiben, weil nur das Alterthum bei den Battaërn die Gebräuche heiligt und sie zu Gesetzen stempelt. Sie erhalten sich, ohne in Büchern aufgezeichnet zu stehen, nur durch mündliche Tradition. Allerdings verfertigten die Battaër ehedem auch Bücher, die auf zusammengefaltete Baumrinde geschrieben und in Quartformat eingebunden waren; diese wurden jedoch durch die Mohamedaner in den Raubzügen des Tuanku Rau gröfstentheils vernichtet, bis auf wenige Ueberbleibsel, die man sehr sparsam noch in Tobah findet. Sie sind unter dem Namen Pustaha bekannt, und sind nach den Uebersetzungen, die ich theilweis zu Tobing davon machen liefs, keine Gesetzbücher, sondern mehr ein Quodlibet von allem batta'schen Wissenswerthen, von geschichtlichen Ereignissen, aber ohne Chronologie, von Arzneimitteln, von Beschwörungsformeln zur Vertreibung von Krankheiten u. dergl. Diese Bücher wurden von keiner besondern Sekte, sondern von den Radja's selbst geschrieben, von denen diejenigen, welche diese Kunst besafsen, als Gelehrte eine hohe Achtung genossen.

Als eines der ersten Gesetze steht oben an, dafs alle Strafen, für alle Vergehungen beinahe ohne Ausnahme, selbst die Todesstrafe und die Strafe aufgegessen zu werden, mit Geld oder Geldeswerth abgekauft werden können, wodurch die niedrige Stufe ihrer Moral hinlänglich bezeichnet wird, die ihnen übrigens mit den Malaien und vielen andern Nationen des Archipels gemein ist, z. B. auch mit den Bewohnern der Binnenlande von Benkulen, wo die Abkaufbarkeit der Strafen ebenfalls gesetzlich besteht.

Ferner geht schon hieraus auch hervor, dafs bei weitem die Mehrzahl ihrer Strafen in Geldbufsen bestehen müssen, oder, wenn das Hadat ursprünglich auch anders lautet, doch jederzeit in eine Geldbufse verwandelt werden können. Beispiele davon sind folgende:

1) Diebstahl von Geld, Vieh, Kleidern, von Früchten und Producten ist verboten: bei Strafe von 30 Piastern (etwa 90 Gulden) nebst einem Büffel oder einer Kuh. Ist der Dieb ein gemeiner, armer Battaër und kann das Geld nicht bezahlen, so hat der Bestohlene das Recht, ihn als seinen Sclaven

festzuhalten. Gewöhnlich aber tritt dann der Defhäuptling für ihn in die Bresche, und leiht dem Diebe das Geld, der dann bis zu dessen Rückzahlung als Sclave, oder eigentlich als Candidat der Sclaverei, bei dem Radja und für diesen arbeiten mufs. Wenn aber der Diebstahl in einen fremden Kampong vollführt worden ist, so wird der Dieb gewöhnlich von dem Radja dieses Dorfes in den Block gesett, nämlich mit seinen Beinen in die Oeffnung zwischen zwei zusammenklappende Balken geschlossen, bis das Geld von dem Radja des Dorfes, zu dem er gehört, zurück bezahlt ist Eine natürliche Folge des Mangels aller Polizei ist es, dafs wenn der Bestohlene sein Recht nicht selbst betreibt, sich sonst niemand um den Dieb bekümmert.

2) Strafsenraub, d. h. Diebstahl mit persönlichen Anfällen und Mifshandlungen, wird um die Hälfte theurer als Diebstahl ohne erschwerende Umstände bestraft. In beiden Fällen wird natürlich aufser der Strafe die Zurückgabe des Gestohlenen erheischt.

3) Mord, nämlich Meuchelmord, ohne dafs der Ermordete Veranlassung zur That gab, und ohne dafs ihn die Möglichkeit einer Vertheidigung gelassen wurde, ist bei Strafe von zehn Karibauen oder einem entsprechenden Geldwerthe verboten. Blofs wenn der Mörder diefs nicht bezahlen kann und auch keine Bürgen für ihn einstehen, erleidet er die Todesstrafe und wird auf dem Dorfplatze von dem nächsten Verwandten des Ermordeten entweder erdolcht oder mit Lanzen erstochen.

4) Die gezahlten Strafgelder kommen jederzeit Dem, welchem Unrecht geschah, oder den Anverwandten desselben zu gute; ein Büffel wird jedoch in der Regel geschlachtet, um die Gemeinde des Dorfes zu regaliren. An diesem Schmause nimmt der Verbrecher oder Bestrafte in der Regel Theil, als gleichsam an einem Versöhnungsfeste auf seine Kosten.

5) Wenn ein Häuptling einen andern thätlich beleidigt, d. h. schlägt, so verfällt er in die Strafe, diesem einen Büffel zu bezahlen. Alle befreundeten Häuptlinge der Landschaft sprechen dann in einer allgemeinen Versammlung sein Urtheil, und weigert er sich zu zahlen, so überziehen sie ihn gemeinschaftlich mit Krieg.

6) Wenn ein gemeiner Battaër einen Häuptling thätlich

beleidigt oder schlägt, so wird er dadurch Sclave des Radja, darf jedoch nicht mehr in demselben Kampong mit ihm bleiben, sondern wird zugleich exilirt, nämlich als Sclave verkauft. Den Kaufpreis empfängt der beleidigte Radja.

7) Vollzogener Beischlaf unter noch nicht verheiratheten Personen ist keine Sünde (nämlich in den Battaländern).

8) Ehebruch aber ist ein so schweres Verbrechen, dafs einfache Todesstrafe dafür nicht als genügend erkannt, sondern durch das Gesetz befohlen ist, dafs Verbrecher dieser Art getödtet und dann aufgegessen werden. (Siehe Kap. 10.) Doch findet hier, ausgenommen den Fall, dafs der Ehebruch von einem gemeinen Battaër mit der Frau eines Radja gepflogen war, die Möglichkeit der Abkaufung durch 30 Piaster und einen Büffel statt.

9) Landesverräther, Spione, Ueberläufer zum Feinde, werden ebenfalls getödtet und verzehrt. Nur durch 60 Piaster und einen Büffel findet die Möglichkeit der Abkaufung von dieser Strafe statt.

10) Wird in Kriegszeiten ein Feind mit den Waffen in der Hand ergriffen, so erheischt das Gesetz, dafs er lebendig aufgegessen werde, wobei weder Gnade noch Abkauf statt finden kann. (S. Kap. 10.)

11) Kein Battaër, weder Häuptling noch Gemeiner, hat das Recht, seine Länder oder Felder zu verschenken oder zu verkaufen. Dies ist durch die Hadat's bestimmt untersagt, und es ist geboten, dafs die Kinder oder Verwandten eines Eigenthümers dessen Grund nach seinem Tode erben müssen. Der älteste Sohn hat das erste Erbrecht, dann die übrigen Söhne, dann die Brüder des Verstorbenen und so fort. Wegen dieses Gesetzes sind die Radja's verpflichtet, ihr Land, dessen sie sich in keinem Falle entäufsern dürfen, für ihre Erben zu bewahren, wenn nur irgend ein, selbst noch so entfernter, Blutsverwandter vorhanden ist.

12) Dagegen ist der Erbe verpflichtet, die Schulden des Verstorbenen, wenn dieser dergleichen sollte hinterlassen haben, auf sich zu nehmen und zu bezahlen.

13) Es ist Gesetz, dafs die Gemeinde eines Kampongs für die Handlungen aller ihrer einzelnen Mitglieder, in Beziehung auf ein anderes Kampong, einstehen mufs. Ereignet sich daher ein Diebstahl, und kann auf irgend eine Art bewiesen

werden, aus welchem Dorfe der Dieb war, so muſs dieses Dorf, selbst wenn die Person des Diebes unbekannt bleibt oder er entflohen ist, den Diebstahl ersetzen und noch obendrein die Strafe bezahlen.

Dieses weise Gesetz ist wahrscheinlich die Ursache, daſs Diebstahl unter den Battaërn zu den gröſsten Seltenheiten gehört. Auch in Beziehung auf andere Handlungen, auf Mord, Ehebruch u. dgl., bleibt die Gemeinde verantwortlich für alle ihre einzelnen Mitglieder.

Aus dem Gesagten geht hervor, daſs es eigentlich keine andere Strafen bei den Battaërn giebt, als Geldbuſse und Todesstrafe, welche letztere selten vorkommt, und jederzeit von der beleidigten Partei, entweder dem Beleidigten selbst oder dessen nächsten Verwandten, auf dem freien Platze des Dorfes vollzogen wird, wo der Delinquent an einen Pfahl gebunden und durch einen langsam beigebrachten Dolch- oder Lanzenstich in die linke Brustseite getödtet wird. Das Fleisch der Delinquenten darf gesetzlich nur in drei Fällen verzehrt, und nur in einem Falle darf der Delinquent lebendig gegessen werden. (Kap. 10.)

Nur nach der Mehrheit der Stimmen und vorhandenen Zeugen werden Verbrechen überwiesen und abgeurtelt. Schwüre sind bei gewöhnlichen Rechtshändeln nicht zulässig, und nur zwischen Häuptlingen bei den allerwichtigsten Angelegenheiten, bei gemeinschaftlichen Bündnissen, bei Friedensschlüssen und andern feierlichen Uebereinkünften, im Gebrauch. Es wird dann ein Schwein oder eine Kuh herbeigebracht, die Radja's setzen sich herum in einen Kreis, ihre Lanzen um sich her in die Erde gesteckt, die Ogungs und Gontongs werden geschlagen, der vornehmste oder der älteste Radja zieht sein Messer und durchschneidet damit dem gebundenen Thiere feierlich den Hals. Einige Feuer brennen in der Umgebung des Kreises, von dem versammelten Volke unterhalten. Darauf wird das noch zuckende Thier geöffnet, das Herz ihm ausgerissen und in so viele Stücke zerschnitten, als Häuptlinge anwesend sind. Ein jeder nimmt ein Stück, das er auf einen kleinen Bambusstab spiefst und an dem Feuer etwas röstet oder erwärmt. Der vornehmste oder älteste Radja hält dann sein Stückchen Herz zuerst empor und spricht die Worte aus: „dafs, wenn er jemals seinen Schwur brechen sollte, er dann geschlachtet sein will, wie das blutende Thier, das da vor ihm liegt, und ebenso verschlungen wie das Herz, das er gegenwärtig verzehrt." Seinem Beispiele folgt dann der ihm zunächst Sitzende, und so in der Runde Einer nach dem Andern, worauf das noch dampfende Thier unter das anwesende Volk vertheilt und verschmaust wird. Einem solchen Schwur habe ich selbst ein paar Mal beiwohnen müssen.

Bricht in der Folge einer der Radja's seinen Schwur und können die andern seiner habhaft werden, so wird die Verwünschung, die er selbst auf sich herabbeschworen, buchstäblich an ihm vollzogen: er wird wie jenes Thier auf die Erde geworfen, gebunden, geschlachtet und verzehrt. Er ist dann in den Term eines Verräthers gefallen, an welchem das Hadat befiehlt eine solche Strafe zu vollziehen. Selten bleibt dann ein Stückchen Fleisch von ihm übrig, die fernsten Bewohner strömen herbei, um sich einen frischen Menschenbraten zu verschaffen.

Neuntes Kapitel.

Ueber die Sclaverei unter den Battaërn insbesondere.

Bestehende Hadat's in den Battaländern über das Sclavenwesen sind: 1) Der Sclave ist den Befehlen seines Herrn unbedingt unterworfen und muſs für ihn arbeiten, ohne sich von seiner Person entfernen zu können. 2) Der Radja braucht dem Sclaven auſser Reis und der nothdürftigsten Kleidung keine andere Belohnung zu geben. 3) Er hat das Recht, seinen Sclaven nach Belieben zu verkaufen. 4) Seine Gewalt über den Sclaven ist jedoch keinesweges unbeschränkt und willkürlich; er darf ihn nicht nach Belieben strafen, viel weniger ihn tödten oder schlachten, wie man wohl gefabelt hat, sondern er ist gehalten, den Sclaven, wenn dieser sich Vergehungen zu Schulden kommen läſst, nach den bestehenden Hadat's zu bestrafen. 5) Ein Sclave, wenn er ein Verbrechen begangen hat, worüber das Gesetz die Todesstrafe verhängt, kann sich nicht wie ein freier Mensch davon abkaufen, selbst nicht in dem Falle, daſs er sich Geld zu verschaffen wüſste. Dieses Gesetz ist allerdings Ursache, daſs die Todesstrafe und die Strafe, aufgegessen zu werden, in den Battaländern häufiger an Sclaven vollzogen wird, als an freien Menschen. —

Dessenungeachtet würde man sich sehr weit von der Wahrheit entfernen, wenn man glauben wollte, daſs die Battahäuptlinge *) ihre Sclaven wie Thiere in ihrem Hause halten. Man wird vielmehr gar keinen Unterschied zwischen ihnen und den freien Dorfbewohnern wahrnehmen, und finden, daſs die Sclaven wie Mitglieder der Familie behandelt werden. Es

*) Nur Radja's haben Sclaven.

unterscheidet sich der Sclave auch in nichts von dem freien Dorfbewohner, nur dafs er die Felder seines Herrn bestellen mufs, während der Freie seine eignen bestellt; dafs er ferner keinen Zutritt und keine Stimme in den Gemeindeberathungen hat, und dafs er dem oben unter 5) angeführten Hadat unterworfen ist. War der Sclave früher ein angesehener Mann, der wegen Schulden in diesen Stand gerieth, so ist der Radja in der Regel stolz auf seinen Besitz, kleidet ihn gut und führt ihn überall mit sich. Sehr oft sieht man in den Battaländern solche Sclaven ihren Herrn folgen, wie einst die Schildknappen ihren Rittern. Auch ist ein Radja, der nicht wenigstens ein paar solcher Schildknappen besitzt, in den Battaländern nicht sehr geachtet.

Diese gute Behandlung, welche den Sclaven widerfährt, ist die Ursache, dafs sie sich nicht gern von ihrem Radja und von dem Dorfe trennen, mit dessen Bewohnern sie vertraut sind, und mit denen sie, nur dem Namen nach von ihnen unterschieden, die meisten Genüsse theilen; weshalb auch Beispiele, wo Sclaven weggelaufen und in ferne Gegenden entflohen sind, sehr selten vorkommen. Sie tragen ihr Haupt eben so frei wie die übrigen Dorfbewohner, und sind dem Radja nur etwas gehorsamer als diese, übrigens ohne ihm irgend eine Spur von knechtischer Unterwürfigkeit zu beweisen.

Ursachen dieser Sclaverei in den Battaländern sind folgende: 1) die Abkaufbarkeit aller Strafen für vergangene Verbrechen. Da auch die Todesstrafe abgekauft werden kann, so ist es natürlich, dafs die Delinquenten selbst auf die Gefahr hin, Sclaven zu werden, von diesem Mittel Gebrauch machen, um ihr Leben zu retten. Sind sie nun unfähig, die ihnen aufgelegte Geldstrafe zu bezahlen, so sprechen sie ihren Radja an, welcher in der Regel der Einzige im Dorfe ist, der Geld (Piaster) oder Geldeswerth (Karibauen, Kühe) besitzt, oder der Kredit bei andern Radja's hat, und leihen von ihm die erforderliche Summe. Gleich von diesem Augenblicke an erhält der Radja ein gewisses Recht über seinen Schuldner, der noch keinesweges sein Sclave ist, aber doch einige Feldarbeiten für ihn, gleichsam zur Bezahlung der Interessen, verrichten mufs. Wird das Geld nach Ablauf eines Jahres zurückgezahlt, so ist der Schuldner frei; wenn nicht, so wird dem Hadat zufolge die Summe verdoppelt, und der Radja erhält ein noch höheres

Anrecht auf die Person des Schuldners, welcher fortfährt zum Theil für ihn zu arbeiten. Wird nun die Schuld nach Ablauf des zweiten Jahres noch nicht bezahlt, so wird sie wiederum verdoppelt; kommt ihr Betrag dann dem Werthe eines Sclaven gleich, so zieht der Schuldner in das Haus des Radja und wird von nun an sein fester Sclave, ohne sich wieder von ihm loskaufen zu können.

Man sieht leicht, wie für den armen Battaër die Schwierigkeit oder Unmöglichkeit der Zahlung mit der Vergröſserung der Summe zunimmt, und wie für ihn daher das Geldleihen (selbst einer anfangs geringen Summe) ein unfehlbares Mittel ist, in den Sclavenstand zu gerathen. Der geldlche Werth eines Sclaven ist gering; man kann deren zu 15 bis 30 Piastern kaufen. Nehmen wir den geringen Werth von 20 Piastern für eine Person an, welche von einem Radja 5 span. Matten leiht, so wird diese im Nichtbezahlungsfalle nach Ablauf des dritten Jahres Sclave dieses Radja. Zuwelen, jedoch selten und begreiflich nur in dem nothgedrungenen Falle, um sich von schweren Strafen loszukaufen, geschieht es, daſs der Schuldner gleich von Anfang an als Sclave in das Haus seines Gläubigers zieht, der ihm dann eine seinem geschätzten Werthe gleiche Summe vorstreckt.

2) Auſser nach solchen aufgelegten Geldstrafen geschieht es auch zuweilen, daſs ein Battaër von seinem Radja freiwillig Geld leiht, um irgend etwas zu unternehmen, gewöhnlich aber um zu heirathen*), wobei im Nichtzahlungsfalle zu den festgesetzten Terminen er in dasselbe Verhältniſs entritt, wie oben angegeben.

Es ist unverkennbar, daſs die Radja's der Aussicht wegen, sich dadurch Sclaven zu verschaffen, sehr geneigt zu solchen Geldvorschüssen sind; denn Sclaven sind ihnen zur Bearbeitung ihrer Reisfelder, die sie ihres Ranges wegen nicht selbst besorgen können, ein Bedürfniſs, und in manchen Gegenden besteht in Sclaven ihr gröſster Reichthum, so daſs dieser Umstand wohl hauptsächlich die Entstehung der Sclaverei in den

*) Auch den armen Battaër führt Gott Amor oft ins Verderben. Ist seine Braut schön und er arm, und ihre Eltern wollen sie nicht ohne Geld losschlagen, was soll er thun, als eine Anleihe bei seinem Radja machen? Zuweilen sind jedoch auch Battaërinnen heroisch genug, mit ihrem Geliebten zu entfliehen.

Battaländern veranlafst und zur Ausbildung des Hadat, nach welchem unfähige Zahler Sclaven werden, mitgewirkt hat. Man wird sich über ein solches Gesetz bei einem noch halbbarbarischen Volke, wie die Battaër, um so weniger wundern, wenn man bedenkt, dafs civilisirte Völker in diesem Punkte nicht weiter sind. Wenn in England u. a. L. ein Gläubiger das Recht hat, seinen Schuldner ins Gefängnifs zu setzen, ist in diesem Fall der freie Britte wohl besser daran, als der Battaër, welcher letztere doch als Schuldner, wenn er für seinen Gläubiger auch arbeiten mufs, wenigstens die freie Luft geniefsen darf? —

Eine grofse Uebereinstimmung des Sclavenwesens und besonders der Ursachen, welche zu dessen Entstehung mitwirken, finden wir bei den Battaërn und (nach den Berichten von L. Horner*) u. a.) auf den Batu-Inseln und auf Pulo Nias. Dies darf uns nicht befremden, wenn wir der Annahme folgen, dafs die Bewohner der Niasser-Inseln, wie ich oben versucht habe, wahrscheinlich zu machen, wirkliche Battaër sind, welche sich als Kolonisten dorthin begaben. Nach Horner soll sich in Nias das Recht der Häuptlinge, wenn ihre Forderungen über 100 Gulden betragen, auch auf die Kinder und Verwandten ihres Schuldners ausdehnen, die, wenn die Schuld grofs genug ist, dann ebenfalls zu Sclaven gemacht werden können, was in den Battaländern nicht in dem Maafse der Fall ist. Die Frau folgt daselbst, wenn die Heirath auf Mangoli stattfand, allerdings ihrem Manne in die Sclaverei, sie ist nämlich Eigenthum ihres Mannes, nicht aber, wenigstens nicht nach dem Hadat, Eigenthum des Herrn ihres Mannes. Ueber diese Verhältnisse bestehen jedoch keine recht genauen Bestimmungen, und man sieht oft ganze Sclavenfamilien mit Weib und Kind in oder neben den Häusern des Radja wohnen, obgleich nach dem Buchstaben des Gesetzes eigentlich nur der Mann in diesen Familien ein Sclave ist.

Anmerkung. Ich kann nicht unterlassen, hier auf die grofse Uebereinstimmung mancher Gebräuche bei Völkern aufmerksam zu machen, welche sonst weit von einander entfernt stehen.

---

*) In seiner bereits angeführten „Beschryving der Batoe-Eilanden."

So findet man bei den Singhalesen auf Ceylon, nach John Davy (in dessen bekanntem Account of the Interior of Ceylon etc.), beinahe dieselben Einrichtungen hinsichtlich des Sclavenwesens, wie bei den Battaërn. Ein unvermögender Schuldner wird nämlich dort, und nach Umständen mit seiner ganzen Familie (wie auf Nias nach L. Horner), Sclave seines Gläubigers, bis die Schuld bezahlt ist. Stirbt er, ehe die Schuld abgethan ist, so kann seine ganze Famlie verkauft werden. Uebrigens werden auch dort solche Sclaven so sanft behandelt, dafs ihnen der Verlust ihrer Freiheit wenig fühlbar ist.

Zehntes Kapitel.

Ueber den Cannibalismus der Battaër insbesondere.

Ohne Zweifel verdanken die Battaër ihr Berüchtigtsein hauptsächlich derjenigen Eigenschaft, welche diesem Kapitel vorgeschrieben steht. Und sicher ist es auch eine sehr befremdende Erscheinung, dafs ein Volk, welches zum Theil ein ackerbauendes ist, zum Theil Viehzucht treibt, welches in festen, schön gebauten Häusern wohnt, eine bestimmte Verfassung hat und nach Gesetzen regiert wird, von denen manche sehr weise und human sind, welches künstliche Zeuge webt und die Kunst versteht, nach eignen Schriftzügen zu lesen und zu schreiben, welches also auf keiner ganz niedrigen Stufe der Civilisation steht, und das einen von Natur gutmüthigen Charakter und manche bürgerliche Tugenden besitzt; dafs ein solches Volk dennoch dem Anthropophagismus ergeben ist und seine Mitbrüder schlachtet und verzehrt!

Um sich dieses Widerstreitende zu reimen, und um zu begreifen, wie es möglich war, dafs einander so entgegengesetzte Eigenschaften entstehen und dauernd bestehen konnten, müssen wir einen Blick in die Geschichte der Battaër werfen, ob uns gleich auf diesem Gebiete mehr dunkle Sage als bestimmte Wahrheit entgegen tritt.

In dieser Beziehung habe ich jedoch schon im ersten Kapitel wahrscheinlich zu machen gesucht, dafs der Cannibalismus unter ihnen keinesweges ursprünglich herrschend war, sondern dafs sie bereits einen hohen Grad ihrer eigenthümlichen Civilisation erreicht hatten, und durch Uebervölkerung längst zur Colonisation genöthigt gewesen waren, ehe Krieg unter ihnen ausbrach, und sich mit den Greueln dieses Krieges auch Anthropophagie entwickelte. Sie schreiben dies nach ihrer Art, alle Krankheiten, sowohl des Körpers als des Geistes, sowie heftige Leidenschaften, Zorn, Wuth, Rachsucht, von bösen Geistern herzuleiten, dem Einflufse des Teufels Nanalain zu, der, wie sie sagen, die Gemüther entzündend und zu nie vorher gekannter Mordsucht antreibend, im Lande umherschlich. Dies soll nach ihrer Behauptung erst vor kurzer Zeit, etwa um 1630 (?) geschehen sein, nämlich vor drei Menschenaltern (vor 1840), worunter sie das höchste Alter verstehen, das bei ihnen erreicht werden kann, und das man im Mittel etwa zu 70 Jahren annehmen darf. Wenn diese Epoche auch als zu neu in Zweifel gezogen und weiter zurückgeschoben werden mufs, so darf sie vermuthlich doch nicht vor 1160 versetzt werden, weil, wie ich bereits an einem frühern Orte wahrscheinlich zu machen suchte, um diese Zeit unter ihnen noch Frieden herrschte, und weil die Bewohner von Nias, die sich in allen ihren Verhältnissen als Abkömmlinge der Bataër darstellen, und die nach zwar dunkeln, aber doch nicht ganz verklungenen Sagen vermuthlich nur wenige Decennien vor 1160 nach Nias auswanderten, keine cannibalischen Gebräuche haben.

Also im Kriege bildete sich zuerst der Gebrauch, Menschenfleisch zu essen; er war anfangs nur ein Ausflufs von Wuth, eine Handlung der Rachgier, die später zur Gewohnheit wurde, sich auch in Friedenszeiten aufrecht erhielt, und endlich zur Strafe für einige sehr schwere Verbrechen gesetzlich festgestellt wurde. Zu welcher Zeit diese Aufnahme des Cannibalismus unter ihre Hadat's geschah, die denselben nunmehr als Gesetz sanctionirten, ist unmöglich zu bestimmen. Vielleicht, dafs hierauf ihre Angabe: „vor drei Menschenaltern" Beziehung hat, und die Zeit ausdrückt, in welcher die Anthropophagie zuerst gesetzlich wurde, während ihre frühere Ausübung vor dieser Zeit, nur eine Kriegsscene war, ein temporärer Ausbruch entzügelter Leidenschaft.

Die Fälle, in denen sie gegenwärtig noch gesetzlich stattfindet, sind:

1) Wenn ein Gemeiner mit der Frau eines Radja Ehebruch getrieben hat; ein solcher kann sich nicht loskaufen, sondern mufs sterben und verzehrt werden. War aber der Verbrecher ein Radja, so findet die Möglichkeit der Abkaufung

statt. Auffallend erscheint bei einem Volke, das sonst gerade nicht als Muster der Moralität dasteht, *) das Gesetz, welches Ehebrecher ohne Gnade verurtheilt, aufgegessen zu werden, während sonst von fast allen übrigen, selbst den schwersten Vergehen, Abkaufbarkeit möglich ist. Auch ist es mir nicht gelungen, über die Ursache, welche die Entstehung dieses Hadat's veranlafste, genügende Aufschlüsse zu erhalten; denn, dafs die Frau eines Battaërs, wenn die Heirath auf Mangoli geschlossen wurde, nebst den Kindern, die in dieser Ehe gezeugt werden, sein Eigenthum und alleiniges Besitzthum sind, kann noch nicht als ein hinreichender Grund zu der Härte des angegebenen Gesetzes betrachtet werden. Dafs dieses Gesetz übrigens eine gewisse Keuschheit in den Battaländern zur Folge hat, erleidet keinen Zweifel. **)

2) Landesverräther, Spione, Ueberläufer zum Feinde fallen dieser Strafe anheim, wenn sie die Geldbufse von 60 Piastern und einem Büffel nicht zu entrichten vermögen.

In beiden Fällen soll nach dem Hadat der Verbrecher erst getödtet werden, was durch Lanzenstiche geschehen mufs, ehe die Umstehenden sich seines Fleisches bemächtigen dürfen. Da jedoch in der Regel die beleidigte Partei Kläger und Richter zugleich ist, und auch selbst die Todesstrafe zu vollziehen hat, so geschieht es oft, dafs sie durch Wuth getrieben vom Fleische des Verbrechers ifst und von seinem Blute trinkt, ehe er den Gnadenstich erhalten hat.

3) Lebendig verzehrt aber müssen nach dem Hadat diejenigen Feinde werden, die aufserhalb des Dorfes im offenen Felde mit den Waffen in der Hand ergriffen wurden, und die sich ihrer Waffen zum Verderben ihrer Gegner bedient hatten. Werden sie in ihrem Felde bei einer friedlichen Beschäftigung ergriffen, oder im Kampong bei dessen Bestürmung gefangen genommen, dann ist Gnade zulässig, d. h. dann bleibt es der Willkür oder dem Appetit des Siegers überlassen, sie entweder zu schlachten, oder sie blofs zu Sclaven zu machen und

*) Und bei dem z. B. das Laster der Sodomie allgemein verbreitet und unbestraft ist.

**) Ja, ich kann mit Grund versichern, dafs diese Keuschheit beinahe der der Nonnen gleichkommt, also eine negative ist, obgleich in etwas verändertem Verhältnifs, und zwar in den Battaländern wegen Mangel an Verführung.

zu verkaufen. In Tobah findet jedoch das letztere wegen der Erbitterung der Parteien selten statt. Weiber und Kinder aber werden in der Regel geschont, wenigstens nicht gegessen, wenn auch getödtet. Hat nun entweder der Hadat in den so eben genannten Fällen, oder die Willkür (wenn ein gehafster Feind zufällig in die Hände seines Gegners gerieth welcher letztere dann der rohen Lust der Rache nicht zu widerstehen vermag) ein Schlachtopfer erlesen, so wird der Tag bestimmt, an dem es verzehrt werden soll; es werden Boten an alle befreundete oder verbündete Häuptlinge zur Einladung geschickt, und alle Anstalten wie zu einem Feste werden getroffen. Hunderte von Menschen strömen herbei. Der Delinquent wird gewöhnlich aufserhalb des Dorfes, zuweilen aber auch im Dorfe, wenn dieses geräumig genug ist, um alle Zuschauer zu fassen, an einen Pfahl in aufrechter Stellung gebunden, eine Anzahl Feuer werden umher angezündet, sämmtliche Spiel-Instrumente werden geschlagen, und überhaupt werden alle bei festlichen Gelegenheiten gebräuchlichen Ceremonien beobachtet. Der Gegner des Verurtheilten oder Derjenige, welcher von ihm beleidigt war, und der in der Regel der Häuptling des Dorfes selbst ist, in welchem die Scene stattfindet, tritt vor (entweder als Rächer einer eigenen persönlichen Schmach, oder als gesetzlicher Sachführer und Sprecher für seine Gemeinde), zieht sein Messer *) und hält eine kurze Anrede an das Volk; denn der Battaër verrichtet nie etwas, ohne vorher zu sprechen und der Handlung eine rhetorische Einleitung vorauszuschicken.

Er entwickelt in dieser Rede kürzlich noch einmal die Ursachen des gegenwärtigen Ereignisses und stellt der Versammlung vor, dafs nun der Moment gekommen sei, wo der Delinquent, den er als einen höllischen Bösewicht, als einen Satan (Begu) in menschlicher Gestalt, den zu vertilgen verdienstlich sei, schildert, für seine Uebelthaten büfsen werde. Bei dieser Anrede läuft allen Anwesenden das Wasser im Munde zusammen, und sie empfinden ein unwiderstehliches Verlangen, ein Stück vom Fleische des Bösewichts in ihren Magen aufzunehmen, weil sie dann sicher zu sein wähnen, dafs er ihnen nie mehr schaden könne. Dies sind ihre eignen Ausdrücke, womit sie mir die Stärke ihres cannibalischen Trie-

*) Raut, kleines Seitenmesser, unserm Taschenmesser vergleichbar.

bes begreiflich zu machen suchten. Nach ihrer Beschreibung ist der Genufs, den sie bei dieser Art, ihre Rache zu befriedigen, empfinden, und die tröstende Beruhigung, die ihnen diese gewährt, mit nichts Anderm zu vergleichen. Alle, von diesem Triebe gespornt, zücken ihre Messer. Der Radja oder der Beleidigte schneidet nun, dies ist sein Vorrecht, dem Verurtheilten das erste Stück ab, das er nach seinem individuellen Appetite gewöhnlich von der innern Seite des Vorderarmes *), auch von der Wange, wenn diese gehörig fett ist, wählt, hält es jubelnd empor und trinkt mit vor Wollust funkelnden Augen etwas von dem strömenden Blute. Darauf eilt er an eines der Feuer, um sein Stück Fleisch, ehe er es verschlingt, ein wenig zu rösten, und nun fallen alle Anwesenden über das blutende Opfer her, dem sie das Fleisch von den Knochen ablösen, am Feuer rösten **) und mit Schauder erregendem Appetite verzehren, wobei sie das Jammergeschrei des Unglücklichen, der mit noch nicht gebrochenen Augen Stücke seines eigenen Körpers braten sieht, nicht zu rühren scheint. Sie klopfen sich mit entsetzlicher Lust auf den Magen, und meinen, dafs es ihnen gut geschmeckt habe, während die schmerzlichen Klagetöne des zerschnittenen Opfers, das an Verblutung stirbt, immer schwächer erschallen.

Wie es möglich ist, dafs sie bei den Jammerlauten dieser Art, die, um Erbarmen wimmernd, in der Sprache ihres eigenen Landes zu ihren Ohren dringen, den Appetit nicht verlieren, und dafs die brechenden Augen des Unglücklichen, der doch einer ihrer eigenen Landsleute ist, sie nicht zum Mitleid bewegen, ist mir von Allem, was die Leidenschaften der Menschen Räthselhaftes bieten, um so unbegreiflicher, als die Erfahrung zeigt, dafs dieselben Menschen in andern Fällen wohl der zarten Theilnahme fähig sind. ***)

Gewöhnlich schon nach 8 bis 10 Minuten läfst der hundertfach Verwundete sein Haupt sinken, und nach einer Viertelstunde ist er in der Regel verschieden. Das wenige Mus-

*) Das zarte Muskelfleisch daselbst soll nach dem Geschmacke der Meisten am delicatesten sein.

**) Viele von ihnen, um ihre Bravour zu zeigen, essen es auch roh oder halb roh.

***) „Das Schrecklichste der Schrecken, das ist der Mensch in seinem Wahn." (Schiller.)

kelfleisch, was dann noch an seinen Knochen sitzt, wird vollends abgeschnitten, und das Skelet bald nachher aufserhalb des Dorfes begraben. Andere Zuthaten zum Fleische, als ein wenig Salz (wenn sie dieses haben) oder spanischer Pfeffer, werden nicht gebraucht; aber dennoch, weil die Anzahl der Zuschauer sehr grofs ist und gern ein Jeder etwas haben will, bleibt selten etwas vom Fleische übrig.

Ist nun die Hinrichtung beendigt, so zerstreut sich die Menge allmählig wieder; nur Einige bleiben noch und bilden Gruppen, um ihre Zeit mit Jagonspiel zu vertreiben oder um Hähne kämpfen zu lassen.

Aus diesen, vom Hadat erlaubten, ja vorgeschriebenen Hinrichtungen machen die Battaër nirgend ein Geheimnifs, zumal nicht vom Schlachten und Verzehren der Kriegsgefangenen, das ihnen als eine gerechte Rache erscheint. Auch waren die Bewohner der Centralprovinzen (Hurung, Tebah) zum gröfsten Theil noch unbekannt (nämlich 1840—41) mit dem Abscheu, welcher andere, namentlich europäische Völker vor cannibalischen Gebräuchen erfüllt, und gaben mir daher überall ohne Bedenken ausführlichen Bericht über die Verhältnisse ihres Cannibalismus und dessen Vollziehung, sowohl im Allgemeinen als auch über die einzelnen Fälle und deren besondere Umstände, die sie erlebt hatten. Nur die Häuptlinge der Grenzprovinzen, zumal Ankola's, welche seit etwa einem Decennium mit Christen und Mohamedanern in nähere Berührung gekommen sind, schämten sich ihres Gebrauchs und läugneten anfangs hartnäckig ihre cannibalische Neigung, so dafs es langes Zuredens von meiner Seite bedurfte, ehe ich sie zu aufrichtigem Geständnifs bringen konnte, wie oft sie Menschenfleisch gegessen hatten. Leider gelangte ich bei solchen Nachfragen auch zu der Gewifsheit, dafs, obgleich ihnen eigentlich nur das Gesetz in wenigen seltenen Fällen Gelegenheit dazu verschafft, und obgleich sie zunächst nur durch einen Ausbruch von Wuth oder Rache, und ursprünglich nur in Kriegszeiten dazu getrieben wurden, sie dem Menschenfleisch doch auch einen absoluten Wohlgeschmack, der nach ihrer Meinung selbst den des Schweinefleisches übertrifft, zuerkennen und es der Mehrzahl nach gern essen. Zu dieser betrübenden Ueberzeugung gelangte ich jedoch erst spät, weil selbst die Bewohner des Innern, wenigstens die Bessern unter denselben, obgleich ihnen unser Abscheu vor dem Cannibalismus gröfstentheils noch unbekannt war, das Unnatürliche der Verspeisung von Menschenfleisch bei ruhigem Blute wohl zu fühlen schienen, und daher stets bemüht waren, den Gebrauch blofs und ausschliefslich als eine Ausübung von Rache an Ort und Stelle der Hinrichtung selbst, wo sie nach dem Hadat allein erlaubt sein soll, darzustellen. Solcher Rache rühmten sie sich. Ich fand es leider aber auch vollkommen bestätigt, dafs sie von allen Gelegenheiten einer solchen Hinrichtung (im Geheimen selbst dann, wenn das Gesetz blofs eine einfache Todesstrafe gebietet) Gebrauch machen, um ein Stückchen Menschenfleisch mit nach Hause zu nehmen und es daselbst, ebenso wie anderes Fleisch, geröstet oder gesotten und nach ihrem Geschmacke mit Salz oder spanischem Pfeffer zubereitet, in Ruhe zu verschmausen. Mir selbst wurde sogar in Bander Nahor, als ich nach einem zweitägigen Marsche, während dessen ich von Lebensmitteln entblöfst war, einst daselbst ankam und im Hause des Radja, freilich etwas stürmisch, nach Speisen verlangte, eine Sayorsuppe mit Boulli darin präsentirt, das ich anfangs für Schweinefleisch hielt, und das mir der Radja, der eben nichts anders gahr hatte, mit besondern Geberden empfahl. Meine Begleiter aber, denen ich einige Minuten vorausgeeilt war, verwiesen es ihm sehr heftig, und schienen sich der Rohheit ihres Landsmanns sehr zu schämen, der mir in seiner Arglosigkeit die Ueberbleibsel von zwei Gefangenen anbot, welche man bei der Bestürmung eines Kampongs gefangen und am vorigen Tage geschlachtet hatte. Meine Battabegleiter, zwei Radja's mit ihrem Volke, waren über diesen Vorfall den ganzen Tag sehr mifsvergnügt.

Doch sind mir während meines 1½jährigen Aufenthaltes in den Battaländern nur drei Fälle bekannt geworden, bei denen Menschenfleisch öffentlich verspeist wurde; nämlich aufser dem soeben genannten in Tobah, noch ein zweiter ähnlicher Fall mit Kriegsgefangenen in Oberbiela, und ein dritter in der Landschaft Sigopulang, welcher letztere die Hinrichtung eines Ehebrechers betraf, der mit der Frau eines Radja gesündigt hatte und seine Strafe am Pfahl erlitt. Ungegründet ist die Meinung, welche behauptet, dafs die Battaër alte oder hülflose Personen, ja sogar Mitglieder ihrer eigenen Familie, tödten, um ihr Fleisch zu verzehren. Dies ist nirgend erlaubt und gilt, wenn es, was gewifs sehr selten geschieht, mifsbäuchlich geübt wird, ebenso gut für ein strafbares Verbrechen, als ein Mord bei andern Völkern. Nur eine Ausnahme ist mir davon bekannt, an deren Wirklichkeit ich auch lange gezweifelt habe, der ich jedoch nach der allgemein wiederholen Versicherung der Battaër selbst beizutreten genöthigt bir. Diese betrifft den Radja Bantam lombu, Häuptling von de kleinen Landschaft Sihidjuk, in den wilden Gebirgen ostwirts von Siepierok, zwischen Tanna Dolok und Tanna Rameh. Es soll dieser Radja ein Cannibal im eigentlichsten Sinne sein, der Menschenfleisch des Wohlgeschmacks wegen ifst, und der nach Willkür, wenn er keine fremden Wandrer auffangen kann, von Zeit zu Zeit einen seiner Sclaven schlachtet und verzehrt, ohne dafs ein solcher Sclave vorher ein Verbrechen begangen hat. Kann er sich käuflich einen solchen Sclaven verschaffen, so soll er, dies erzählten mir die Häuptlinge, in seiner Nachbarprovinz Siepierok, wenn er fett ist, wohl hundert spanische Matten dafür bezahlen. Uebrigens ist dieser Radja von Sihidjuk von allen Häuptlingen der Nachbarschaft gehafst, steht mit keinem derselben im Freundschaftsbunde und ist in den Battaländern selbst als ein roher Tyrann berüchtigt.

Wenn die Nachbarhäuptlinge den Schandthaten des Sihidjuk, den sie fürchten, unthätig zusehen, so geschieht dies vielleicht nach demselben Prinzip der Neutralität, wonach Fürsten civilisirter Völker oft genug arge Greuel in Nachbarländern geschehen liefsen, ohne thätig einzugreifen, ja vielleicht noch jetzt hie und da unbeachtet lassen.

Anmerkung. Interessant wäre es, in Beziehung auf die erwähnte, von den Battaërn etwa um d. J. 1630 anzunehmende Epoche der Entstehung d. Cannibalismus unter ihnen, zu untersuchen, ob sich in den Werken und Reisebeschreibungen der ersten Europäer, welche, wenn nicht Sumatra selbst, doch die benachbarten Länder besuchten, vor 1630 Nachrichten über Sumatra und über die Battaër finden. Wird in diesen Werken der Battaër erwähnt, und wird ihrer Gewohnheit, Menschenfleisch zu essen, dabei nicht gedacht, so kann man mit vieler Wahrscheinlichkeit annehmen, dafs sie dann damals auch noch keine Cannibalen waren, und dafs die angegebene Epoche (1630) für die Ausbildung des Cannibalismus richtig ist, weil es doch fast unglaublich scheint, dafs, wenn überhaupt von Battaërn gesprochen wird, die allerauffallendste Eigenschaft derselben, wodurch sie gerade so berüchtigt sind, das Verzehren von Menschenfleisch, ungemeldet bleiben sollte.

Nun ist bekannt, dafs z. B. Albuquerque schon 1511 auf Malacca (vis-à-vis der Battaländer) war, dafs 1505 die Portugiesen sich bereits auf Ceylon befanden, und noch früher (1498) Vasco de Gama schon an der malabar'schen Küste (zu Calicut.) Ferner, dafs 1½ Jahrhunderte früher, nämlich 1349, sich Johannes de Marignola, nachdem er bei seiner Zurückreise aus China auch Java etc. sich angesehen hatte, auf Ceylon befand, ja Marco Polo, der aus China kam, schon 1293, also fast 3½ Jahrhunderte vor 1630 *) in jenen Gegenden reiste; noch früherer Nachrichten aus dem achten und neunten Jahrhundert nicht zu gedenken, als einer Zeit, wo zwischen Ceylon, Arabien und China schon ein sehr lebhafter Handel auf chinesischen und arabischen Schiffen, die an Java und Sumatra anlegten, betrieben wurde **) Sollten sich in den Werken der angeführten Seefahrer und Reisenden, vielleicht auch später bei Valentyn, nicht einige Nachrichten über die Battaër finden?

Vielleicht könnte man die Forschung nach Nachrichten über die Battaër in eine der frühesten Perioden verfolgen, nämlich bis zu Christi Geburt und zu den Zeitgenossen Alexanders. Die alten Könige der Maleien in Menangkabau nannten sich ja (nach Marsden) Iskander, und wenn sie sich auch nur aus Eitelkeit für Abkömmlinge des grofsen Macedoniers er-

*) Wenn ich nicht irre, kamen die Niederländer erst 10 Jahre später (1640) nach Malacca.

**) In diese Zeit fallen die Reisen des Ibn Batuta, welcher aufser China auch die sunda'schen Inseln besuchte, und des gelehrten Arabers Abul-Hasan Ali Ben el-Hosein Ben Ali el-Hodeli, der im Jahre 303 (der Hedschira) die Länder der indischen und javan'schen Meere durchkreuzte, und dessen geographische Werke zum Theil von Klaproth u. A. in europäische Sprachen übersetzt sind. Siehe: Dr. Wüstenfeld, über Geographie und Literatur der Araber, (Zeitschrift für Erdkunde von Lüdde. Magdeb. 1842. Bd. 1. pag. 30). Cf. W. v. Humboldt l. c. — Vielleicht finden sich auch Nachrichten hierüber in der Reise des chinesischen Buddhapriesters Hiüan thsang (630—660 nach Chr.) Siehe J. Klaproth, Vorlesungen in der Berliner geograph. Gesellsch. 1834.

klärten *), so beweist dies doch, dafs sie sehr früh ehe sie mit Arabern in Berührung kamen, und lange bevor der Koran in ihrem Lande gepredigt wurde, schon Kenntnifs von Alexanders Zügen hatten, und dafs also eine alte Communication mit mehr westlichen Ländern, vielleicht schon durch plönizisch-griechische Schiffer, stattgefunden haben mufs.

Dafs eine mit Sumatra unter gleicher geogr. Breite liegende Insel, nämlich Ceylon, schon um Christi Geburt und noch früher unter dem Namen Taprobane bei Aristoteles, Strabo, Plinius und Arrian vorkommt, ist bekannt; ja bei Ptolemaeus (200 n. Chr.) in De Geogr. libr. findet sich bereits eine sehr gute Beschreibung dieser Insel, die damals von ägyptisch-griechischen Schiffern besucht, und von wo die Schifffahrt bis zu den grofsen sunda'schen Inseln, ja bis China hin betrieben wurde. Unter den Nachrichten, die bei Ptolemaeus über die Sundainseln vorkommen, sollte sich da nicht Einiges finden, was auf die Battaër Beziehung hat? Mir ist kein Werk der Alten und auch keine Schrift der oben genannten ältern Reisenden zur Hand. Wenn nun auch ohne Vermeldung des Landes in solchen Werken einer menschenfressenden Nation gedacht würde, so könnte, wenn dabei als Landesproduct Benzoë genannt wird, kein anderes Volk gemeint sein als die Battaër, weil echte Benzoë in keinem andern Lande als in ihrem wild wächst, und weil die Kultur erst in spätern Zeiten einige wenige Kolonien dieser Bäume in benachbarte Länder verpflanzt hat. So kann Benzoë als leuchtender Punkt dienen, um gewisse Stellen in den Werken alter Autoren richtig zu deuten.

*) Dessen rühmte sich Sri Turi Buwana, welcher 1160 nach Singapura zog, und sein vierter Nachfolger, der 1253 Malacca gründete, hiefs Sri Iskander Shah. Siehe Crawfurd, Hist. of the Indian Arch. Vol. II. pag. 374, und W. v. Humboldt, über die Verbindung zwischen Indien und Java. 1. pag. 62.

Eilftes Kapitel.

Ueber die Kriegführung der Battaër insbesondere, nebst deren Ursachen und Folgen.

Die gewöhnliche Ursache der Kriege, welche die Battaër in neuern Zeiten untereinander geführt haben und noch jetzt (nämlich 1841) führen, sind Schuldforderungen.

Sowohl beim Jagonspiel als auch bei ihren Hahnenkämpfen und den Wetten, die sie dabei eingehen, werden häufig Schulden contrahirt, die, wenn sie nach einer gegebenen Zeit nicht abgetragen sind, dem Gläubiger das Recht geben, Beschlag auf die Person seines Schuldners zu legen und ihn zu seinem Sclaven zu machen. Gehört nun der Schuldner zu einem andern Kampong, und weigert der Häuptling dieses Kampongs dessen Auslieferung, oder ist der Schuldner selbst ein Radja und verweigert die Zahlung, so ist der Krieg die gewöhnliche Folge davon. Der beleidigte Radja verbindet sich mit benachbarten Häuptlingen, denen gewöhnlich ein Antheil an der zu machenden Beute versprochen wird, überfällt das Kampong seines Gegners, erbeutet, wenn seine Unternehmung glückt, dessen Vieh, und macht Alles, was dem Blutbade entkommt, zu Sclaven.

Die grofsen Rechte, welche das batta'sche Hadat den Gläubigern zugesteht, begünstigen das Schuldenmachen, so dafs Diejenigen, welche Geldvorrath haben, sich jederzeit sehr leicht bewegen lassen, selbst den ärmsten Gemeinen, und ohne Schwierigkeit andern Häuptlingen, Vorschüsse zu geben; Schuldforderungen, besonders von Spielschulden, die einer an den andern, zuweilen aus ganz entfernten Provinzen, richtet, nebst Klagen und Streitigkeiten darüber, gehören daher in den Battaländern zur Tagesordnung. — So ist der eigennützige

Gott Mammon auch in den Battaländern der Erbfeind des Menschengeschlechts und öffnet die Quelle zu dessen gröfsten Uebeln, zu Sclaverei, Krieg und Cannibalismus.

Auch geben erlittene persönliche Beleidigungen der Radja's *), Grenzstreitigkeiten wegen des Kulturlandes verschiedener Dörfer, Veranlassung zum Krieg, noch öfter aber Diebstahl, namentlich wenn dieser von dem Bewohner eines andern Dorfes begangen würde und wenn sich dieses Dorf weigert den Verlust zu ersetzen, oder wenn der Dieb im fremden Kampong ergriffen und in den Block gesetzt wurde, die That aber läugnet und die Auslieferung des Gefangenen von seiner Gemeinde oder seinem Radja vergebens verlangt wird. Der Ehrgeiz der Häuptlinge verschiedener Dörfer und die Eifersucht zwischen ihnen, die Neid und Hafs in ihrem Gefolge erzeugt, erscheinen nur allzu oft als die einzige Quelle, aus welcher die ewigen Streitigkeiten und Fehden zwischen den einzelnen Dörfern ihren Ursprung nehmen, und bedienen sich der angegebenen Gelegenheitsursachen nur als eines Vorwandes um einem lang verhaltenen Grolle freien Lauf zu lassen. Dafs dieser politische Zustand in den Battaländern, dieser Zustand von Anarchie, von Faustrecht und abwechselnden Fehden zwischen einzelnen Dorfschaften, die sich überrumpeln, die Bewohner schlachten und ihre Hütten verbrennen, kein erst kürzlich entstandener sei, sondern wenigstens schon einige Jahrhunderte lang gedauert habe, dafür spricht, aufser dem Zeugnifs der Battaër selbst, besonders die Betrachtung der physischen Beschaffenheit ihres entvölkerten Landes und des vegetabilischen Ueberzugs desselben; dafür spricht der verwilderte Kulturboden, der sich zum gegenwärtig noch bebauten wie 2½ zu 1 verhält und jetzt in Einöden von Allang-allang verwandelt ist; dafür sprechen die vielen künstlichen Terrassen in manchen ganz wilden, mit Klaga und Strauchholz bedeckten Gegenden, wo jetzt, wie in Nord-Ankola, Marantjar und Tambusira, nur Elephanten und Tiger umherstreifen; und endlich sprechen dafür die verwilderten Fruchtbäume und die Bollwerke ehemaliger Dörfer in Landschaften, die man, (wie Silantom, Süd-Tobah u. a.) jetzt Tagereisen weit durchirren kann, ohne auf ein menschliches Wesen zu stofsen.

---

*) Auf ganz gleiche Art, nur im verjüngten Mafsstab, wie bei den Kaisern und Königen des Abendlandes.

Ich habe bereits bei der Betrachtung der statistischen Verhältnisse des Landes den Krieg, namentlich den innern Bürgerkrieg, der sich in kleinen, ewig wiederholten Fehden einzelner Dörfer ausspricht, als die Hauptursache der so geringen Population der Battaländer überhaupt angenommen, und den Beweis für eine vormals gröfsere Bevölkerung nicht sowohl aus der Geschichte, die uns bei den Battaërn mehr dunkle Sagen als positive Wahrheiten darbietet, als vielmehr aus der Betrachtung des verwilderten Kulturbodens genommen, wonach in den südlichen, bekannten Battaländern die Population vor den Kriegen fast 2¼mal stärker gewesen sein mufs wie jetzt, so dafs während dieser Kriege die Bevölkerung daselbst um 233000 Seelen zurückgekommen ist, wobei jedoch nicht aufser Acht gelassen werden darf, dafs ein Theil der jüngern Population — nach der Behauptung der Battaër blofs 6000 Mann? — seinen Untergang im Kampfe mit auswärtigen Feinden gefunden hat, namentlich mit den Raubbanden der Maleien aus Rau, die, von der verderblichsten Spielart religiöser Fieber, nämlich von jener schrecklichen Manie, welche der Menschheit mehr als Pest und Cholera geschadet hat, von der Manie des Koran inficirt, hier in den Battaländern zur Ehre ihres Aftergottes die Einwohner mordeten.

Man könnte gegen dies Argument zwei Einwürfe machen, die ich mir anfangs auch selbst gemacht, nachher aber auch widerlegt habe, nämlich die: 1) dafs Allangwildnisse nicht immer die Stelle eines früher bebauten Grundes zu bezeichnen brauchen, sondern dafs sie auch ursprünglich sein können; und 2) angenommen auch, Allangwildnisse seien ein früheres Kulturland, dafs dann das Areal dieses Kulturlandes doch noch keinen Mafsstab für die Gröfse der Bevölkerung abgeben könne, weil es möglich ist, dafs die Battaër nicht blofs von Zeit zu Zeit mit dem Grunde zur Anlage ihrer Felder wechselten, sondern ihre Wohnplätze ganz veränderten, ihre Dörfer verlegten und mit Hab und Gut in andere Gegenden zogen, in welchem Falle dann die Population früher gerade nicht gröfser gewesen zu sein brauchte als jetzt, wenn die Umwechselung der Kulturfelder ihrer Gesammtmasse nach zwei- bis dreimal stattfand.

Auf den ersten dieser Punkte werde ich im botanischen Abschnitte zurückkommen; über den zweiten möge hier folgendes fünffache Bedenken Platz finden. Allerdings ist es 1) wahr, dafs die Battaër mit dem Grunde zur Anpflanzung ihres Reises alljährlich wechseln, nämlich in den Ladang's oder trocknen Feldern. Dieser Wechsel ist jedoch auf gewisse Grenzen eingeschränkt und bezeichnet überall ein Kulturgebiet von bestimmter Ausdehnung, ein Gebiet, welches die Dörfer bis auf einen gewissen Abstand umgiebt und nicht überschritten wird; der Wechsel besteht daher blofs darin, dafs, wenn das eine Feld verlassen wird, blofs ein früheres, nachdem dies ein oder einige Jahre brach lag, wieder aufgesucht und von seinen in dieser Zwischenzeit üppig aufgeschossenem Kraut- und Strauchteppich wieder gereinigt und von neuem bepflanzt wird, während nun dieselbe temporäre Verwilderung dem neuverlassenen Felde bevorsteht, so dafs auf diese Art die Raumausdehnung des Kulturgebietes der Ladang's immer dieselbe bleibt. Auch habe ich in der statistischen Tabelle Nr. I. unter Kulturland nicht blofs und ausschliefslich die gleichzeitig mit Kultur bedeckten, sondern alle im jährlichen Wechsel, einer nach dem andern, zu Anpflanzungen verwendeten Räume, wovon mehr als neun Zehntel brach liegen, begriffen, und habe auch den verwilderten Kulturboden in eben dem Verhältnifse seiner Ausdehnung zur Population, die er einst ernährte, genommen. Defshalb steht auch die geringe Gröfse der Bevölkerung eines Dorfes in keinem Verhältnifs zum Areal des Kulturbodens, von dem der fünfzigste Theil *) hinreichend sein würde, seine Bewohner zu ernähren.

2) Bei Sawa's, und überall, wo künstliche Bewässerung möglich ist, wie im Ankolathale, in Siepierok, Tobah, Silindong etc., findet ein solcher Wechsel der Felder gar nicht statt, weil unter der Bedingung hinlänglichen Wasservorrathes das Gedeihen der Reispflanze ganz unabhängig vom Boden, blofs durch klimatische Verhältnisse, besonders durch mittleren Wärmegrad, bedingt wird, so dafs alle eigentlichen Sawa's jederzeit stationär sind, und Jahr aus Jahr ein eine zwei- ja dreifache Ernte liefern.

3) Ist der Battaër nichts weniger als zum Wechseln seiner Wohnung, zum Verziehen (verhuizen) geneigt und entschliefst sich dazu nur im äufsersten Nothfall, wenn er durch

---

*) Ja noch viel weniger. Siehe Kap. 2.

Unterdrückung von Seiten seiner Nachbaren und durch die Geifsel des Krieges dazu genöthigt wird. Er ist dem Boden anhänglich, wo seine Väter begraben liegen, und findet durch die Macht der Gewohnheit nichts schöner als die Gegend, in welcher er seine Jugend verlebt hat, kehrt auch jederzeit gern dahin zurück, wenn die Ursachen, die ihn zur Auswanderung zwangen, verschwunden sind. Eine Bestätigung dessen lieferten die wenigen Flüchtlinge, welche, vor dem Alles vertilgenden Schwerte der Rau'schen Krieger fliehend, Ankola verliefsen und sich in den Wäldern südlich und westlich vom Lubu-Radja-Gebirge niederliefsen, und welche 1841, nachdem unter dem Schutz der Regierung alle Gefahr erneuerter Einfälle mohamedanischer Horden verschwunden war, zu ihren frühern Wohnsitzen im Ankolathale zurückkehrten.

4) Wenn die Bevölkerung des von mir so betrachteten ehemaligen Kulturbodens blofs verzogen (verhuisd) und nicht wirklich vertilgt wäre, so müfste sich doch irgendwo und wohl zunächst in den Bezirken, welche an den Kulturboden grenzen, eine Spur derselben finden. Diefs ist aber durchaus nicht der Fall, und die sparsamen im Gebirge zerstreuten Dörfchen sind sehr klein und stehen in gar keinem Verhältnifs zur Raumextension des verwilderten Kulturlandes.

5) Spricht die Aussage der Battaër, ihre Tradition, für die geschehene Vertilgung, welche Tradition zugleich bezeugt, dafs ihre Dorfplätze unveränderlich und sehr alt sind, und dafs, wenn einmal ein Dorf vernichtet und die Bewohner desselben zerstreut wurden, sich solche Streiflinge doch jederzeit wieder auf der Stelle des alten Dorfes ansiedelten, sobald ihnen nur eine heitrere Sonne lächelte. Als stationär und uralt sind besonders die Dorfschaften in Tobah, Silindong etc. berühmt.

Auch haben sich unter andern noch die Namen von nicht weniger als 36 Dörfern erhalten, die vormals in dem einzigen Thalgrunde von Nord-Ankola lagen, welcher an Schönheit der Natur und Lieblichkeit des Klima's Alles übertrifft, was ich noch in verwandten Gegenden sah, unter dessen Bogengängen von Bambus sich aber jetzt nur Elephanten tummeln, während Fasane und wilde Hähne im Schatten der verwilderten Fruchtbäume krähn, wo früher zahmes Federvieh gehegt wurde.

Die Waffen der Battaër bestehen gröfstentheils aus Lanzen.

Bogen und Pfeile, sowie Mittel zur Vergiftung von Waffen sind ihnen unbekannt. Aufser ihrer gewöhnlichen Lanze mit hölzernem Schafte und blattförmiger, zweischneidiger Spitze von Eisen, haben die ärmsten von ihnen blofse Piken von Bambusrohr oder von einem schlanken Bambusaste, der oben zugespitzt ist, und mit solchen sind auch gewöhnlich die Frauen und Jünglinge bewaffnet. Aufserdem besitzen sie Luntengewehre (ohne Schlofs), die sie durch Handel von den Maleien erhalten haben, und die sie nicht selbst verfertigen können. Die Anzahl solcher Gewehre, die sich fast überall in schlechtem Zustande befinden, beträgt im Mittel nur sechs auf 100 Lanzen. *) Aufser den Radja's und deren Begleitern wissen nur wenige mit diesen Schiefsgewehren umzugehen, zu deren Abbrennen gewöhnlich zwei Mann nöthig sind, von denen der eine mit einem Knie auf der Erde liegt, während der andere die brennende Lunte auf die Pfanne drückt. Defshalb braucht man sich vor ihren Kugeln, die auch stets zu klein im Verhältnifs zum Kaliber sind und ohne Pflaster lose hineingeworfen werden, nicht sehr zu fürchten. Ihr Schufs ist sehr unsicher, auch haben sie keine anderen als nur Kugelformen von Thon zum augenblicklichen Bedürfnifs, und ihre Kugeln, die öfter aus Zinn, das sie von den Maleien erhandeln, als aus Blei bestehen, und zuweilen selbst durch runde Steinchen ersetzt werden, sind nie gehörig rund. Ihr Pulver machen sie selbst; Schwefel ist ein Product ihres Landes, namentlich einiger Solfataren des Lubu Radja, Holzkohlen sind natürlich überall, und Salpeter bereiten sie aus der fetten Erde unter ihren Häusern, unter denen sich die Stallung ihrer Hausthiere befindet, einer Erde, die mit thierischen Excrementen verschiedener Art, besonders mit Schweinemist verunreinigt ist, und die mit Wasser ausgezogen und abgedampft wird. (Mit mehr Vortheil bereiten die Javanen ihren Salpeter aus dem Miste der Fledermäuse, welcher sich auf dem Boden der vielen natürlichen oder künstlichen Höhlen dieser Insel ansammelt: der natürlichen, in Gebirgen von Kalkstein, z. B. bei den Dörfern Derroh, Ngambung, Bedalie, Medaag, Sampong und im Walde Radjek der Provinzen Ngabie und Ponorogo, und der künstlichen, in den kühlen Buddha- und Brahmatempeln, z. B. bei Mundut,

*) In einigen Gegenden nur 4, in andern mehr, 6, 8 bis 10.

Brambanan u. a. O., welche die Fledermäuse ebenfalls gern zu ihrem geliebten Aufenthalt zu wählen pflegen. Solche Höhlen fehlen den Battaländern.) Dafs die Battaër die Kunst der Pulverbereitung erst in neuern Zeiten (vor $1\frac{1}{2}$ bis 2 Decennien?) von den Maleien *) gelernt haben, ist fast gewifs und wird durch ihre eigene Aussage bestätigt, auch bezeichnen sie den Salpeter mit dem allgemeinen maleiischen Worte Garam (Salz), obgleich bei Maleien die eigentliche Benennung des Salpeters Sindawa ist. Ihr Pulver ist eine staubige oder krümliche Masse, der sie keine Körnerform zu geben verstehen, und wird ausschliefslich von alten Frauen (nie von Männern) und stets nur in kleinen Quantitäten bereitet, wobei sie sehr unvorsichtig zu Werke gehn, und sich nicht scheuen, das noch nicht ganz getrocknete Gemenge auf ein gelindes Kohlenfeuer zu setzen.

Jeder männliche, den Knabenjahren entwachsene Bewohner des Dorfes wird als waffenfähig betrachtet und ist verpflichtet, wenn der Kriegsruf aus dem Munde des Radja erschallt, denn Posaunen und andere Blase-Instrumente haben sie nicht, die Lanze zu ergreifen und dem Paniere des Radja zu folgen. Von stehendem Militär findet sich noch keine Spur, ebenso wenig als Uebung in Waffen gehalten wird; der Zufall, oder wenigstens blofs die rohe, regellose Kraft, entscheidet im Gefechte; Reiterei ist unbekannt, selbst in Tobah, wo die zahlreich vorhandenen Pferde von Battaërn selbst nie geritten werden.

Wenn nach langen Berathungen in den Soppo's zum Kriege votirt ist, wozu sich selten der Häuptling eines Kampongs allein versteht, sondern wozu sich in der Regel mehrere nahe liegende vereinigen, so wird eine Kuh oder ein Büffel geschlachtet, und alle abhängigen oder befreundeten Radja's werden zum Schmause eingeladen. Wer dem Rufe folgt und sich zum Feste einstellt, der ist, wenn er auch keinen thätigen Antheil an dem Kriege nimmt und keine Mannschaften zu demselben liefert, doch verpflichtet, allen Umgang mit den

---

*) Ich behalte die Schreibart bei: Maleien (orang maleio); Battaër (orang batta(k)), das a wird kurz gesprochen, doch das k ist nur undeutlich zu hören; Daiaker (orang daiak); Sundaër (orang sunda); Niasser (orang nias); Javanen jedoch für Javaër (orang java), weil ersteres der Sprachgebrauch geheiligt hat.

Bewohnern des feindlichen Dorfes, dem der Krieg gilt, abzubrechen, bei Gefahr, in den Term eines Spions oder Verräthers und in die Strafe, die solchen droht, zu verfallen. Vollkommene Neutralität (der Umgang eines dritten, nicht betheiligten Häuptlings mit beiden Parteien) kann und darf in solchen Fällen niemals stattfinden, weil die Meinung der Battaër, die sie mit Consequenz handhaben, dahin lautet: „wer nicht für mich ist, der ist wider mich." Aus diesem Grunde, wenn auch der eigentliche active Krieg sich nur auf die zwei streitenden Dörfer beschränkt, theilen sich zu solchen Zeiten doch gewöhnlich alle Häuptlinge der benachbarten Dörfer in zwei Parteien, sodafs nicht allein der geringe Verkehr, welcher früher noch stattfand, beinahe gänzlich gehemmt wird, sondern auch dadurch zu verdoppelten und vervielfachten Fehden Anlafs gegeben wird.

Von dem Tage, an dem der Büffel geschlachtet und der Entschlufs zum Kriege officiell ausgesprochen wurde, wird alle Gemeinschaft mit dem feindlichen Kampong abgebrochen; das Dorf wird in Vertheidigungszustand gesetzt, die Pallisaden werden erneuert oder ausgebessert, die Lanzen werden gespitzt und unter das Volk vertheilt, es wird Pulver, welches nie vorräthig ist, gemengt. Eine Wache von 10 bis 15 Mann hält sich nun in dem Soppo, wo die übrigen Waffen bereit gehalten werden, auf; es werden einige erhöhete Observatorien in der Nähe der Pallisadenumzäunung (Gerüste von Holz oder Bambus, gleichsam Batterien) errichtet, um von diesen Standplätzen über den Zaun wegsehen und die Umgegend überspähen zu können, und regelmäfsige Posten werden auf dies Gerüste gestellt, um sich von Zeit zu Zeit abzulösen.

Obgleich niemals eine förmliche Kriegserklärung an den Feind erlassen zu werden pflegt, und eine solche vom Hadat auch nicht vorgeschrieben wird, so ist doch der Battaër in allen seinen Handlungen zu sehr Freund einer gewissen herkömmlichen Ordnung, und es geschieht nie, dafs ein Dorf unerwartet überfallen wird; dies würde kein Krieg, sondern Raub sein und die gesetzliche Strafe nach sich ziehen. Ein gehörig überlegter und öffentlich berathener Krieg aber ist nach dem Hadat mit allen seinen Folgen von Mordbrennerei und cannibalischen Scenen jedem Battaradja erlaubt. Wenn daher der Gegenpartei der Krieg auch nicht förmlich angesagt wird, so sind doch schon so viele Discussionen, anfangs noch mit dieser Gegenpartei selbst, nachher mit fremden und neutralen Radja's vorhergegangen, und der Friedensbruch ist überhaupt so vor aller Augen geschehen, dafs der Feind früh genug hinlängliche Kunde des Geschehenen empfängt und sich ebenfalls in Vertheidigungszustand setzt.

Die nächste Folge des erklärten Kriegsverhältnisses zwischen zwei Dörfern ist nun die, dafs alle Bewohner derselben es nur bewaffnet und in Mehrzahl wagen dürfen, ihr Dorf zu verlassen, sei dies nun, um eine Reise nach benachbarten Orten zu unternehmen, oder um ihre in der Umgebung der Dörfer zerstreuten, zuweilen stundenweit entfernten Reisfelder zu bebauen. Die Kriegsoperationen nämlich, auf welche sich beide Parteien vorläufig beschränken, bestehen zunächst nur in dem Auflauern und Ueberfallen einzelner Feinde, wenn sie deren aufserhalb der Dörfer habhaft werden können. Diese werden dann, wenn sie ihre Gegner nicht durch geleisteten Widerstand zu unmittelbarer, blutiger Rache aufgereizt haben, in das feindliche Kampong geschleppt und in den Block gesetzt. Jede Partei ist bemüht, sich eine möglichst grofse Anzahl solcher Gefangenen zu verschaffen, welche vorläufig als Geifseln in der Hoffnung bewahrt werden, dadurch die Gegenpartei zur Nachgiebigkeit und zum Frieden zu zwingen. Sie werden in den Soppohäusern, die rundum offen stehen, mit einem oder mit allen beiden Füfsen in den Block geschlossen, so dafs ihnen keine andere Stellung, als eine sitzende mit gerade ausgestreckten Beinen oder eine liegende möglich ist. In einem solchen Zustande bringen diese Unglücklichen oft Jahre lang zu, und bieten mit ihren bleichen, aufgedunsenen Gesichtern und geschwollenen ödematösen Füfsen, deren Fesseln man selten oder niemals lüftet, dem Reisenden einen rechten Anblick des Jammers dar. Hält sich nun der Häuptling ihrer Partei still, oder beschränkt sich auf Repressalien, indem er sich begnügt, eine gleiche Zahl von Feinden zu fangen und einzuschliefsen, so geschieht diesen Gefangenen in der Regel weiter kein Leid; ereignet sich aber eine aufserordentliche feindselige Handlung von Seiten des Feindes, wird z. B. Vieh geraubt oder ein Mord begangen, so erwacht die Rache des Häuptlings furchtbar, und die armen Gefangenen werden nun hervorgeschleppt, um in dem Blute dieser Unglücklichen Vergeltung zu üben. Gewöhnlich wird dann Einer von ihnen auf eine Art geschlachtet, welche nur das Gefühl eines Battaërs nicht zu empören scheint, nämlich mittelst Durchscneidung seines Halses getödtet, nachdem er wie ein Thier auf die Erde geworfen wurde; dann wird sein Fleisch verzehrt. Erhält die Gegenpartei Kunde von solcher That, so nimmt sie wieder Vergeltung und übt gleiche Rache an ihren Gefangenen so dafs die gegenseitige Erbitterung immer höher steigt und nun ganze Schaaren mit Lanzen Bewaffneter zum Menschenfang das Land durchstreifen, und mit ihrer Beute jubelnd nach Hause ziehn. Wenn dann endlich dieser Zustand, der zuweilen Jahre lang dauern kann, die höchste Stufe erreicht hat, wenn sich keine Arbeiter mehr in das Feld wagen, von dem immer gröfsere Strecken unbebaut liegen bleiben, wenn die Theuerung und der Mangel an Lebensmitteln immer höher gestiegen, wenn das Elend immer allgemeiner geworden und die Erbitterung in demselben Grade immer noch zugenommen hat, so wird der Untergang des feindlichen Dorfes beschlossen, und Alles, was Waffen tragen kann, rüstet sich zum Vertilgungskriege gegen seine Feinde.

Selten ist, wenn die Feindseligkeiten erst einen solchen Grad der Höhe erreicht haben, noch eine Ausgleichung zwischen den streitenden Parteien möglich. Zuweilen wird sie durch Unterhandlung neutraler Häuptlinge versucht und zur Schliefsung eines Friedens gefördert, welcher dann durch das Schlachten von Büffeln gefeiert wird; in der Regel aber werden die Friedensbedingungen, welche die Parteien an einander richten, z. B. die Auslieferung gewisser gehafster Personen, um diese an einem zu veranstaltenden Festgelage lebendig zu verzehren, und andere mehr, nicht angenommen; ja gewöhnlich finden sich gar keine neutralen Häuptlinge, welche das gefährliche Amt eines Abgeordneten oder Zwischenträgers zwischen den zwei wüthenden Kampongs zu übernehmen wagen.

Der Angriff wird also beschlossen, nachdem das Bündnifs von noch einem oder mehreren benachbarten Häuptlingen nachgesucht, und durch das Versprechen eines Antheiles an der Beute auch gewöhnlich erhalten wurde. Nun werden die Weiber des Dorfes, die als Besatzung zurückbleiben, mit Piken von Bambus bewaffnet, alle männlichen Bewohner aber, die Waffen tragen können, ergreifen ihre Lanzen und folgen ihrem Radja ins Feld, der ihnen das Kriegspanier voranträgt, welches seit Jahrhunderten in dem Heiligthume der Soppo's bewahrt war, und dessen Anblick die regellose Bande nun zu wildem Muthe entflammt.

Nachdem die wenigen Gewehre, die sich unter den Lanzen befinden, abgebrannt sind, wird das feindliche Kampong überfallen und, ungeachtet alle seine Bewohner, sowohl Männer als Weiber, hinter den Pallisaden stehend den Angriff mit Lanzen abzuwehren suchen, in der Regel genommen, weil der Muth oder das rachgierige Toben der Angreifenden, die stets ein wirkliches oder vermeintliches Recht zum Angriff haben, gröfser ist, als der Muth der Vertheidiger. Die Pallisaden werden im Sturm erklettert oder zerstört, und Alles, was sich nicht durch eine zeitige Flucht aus dem Kampong rettet und sein Heil in der nahen Wildnifs sucht, wird mit Lanzen erstochen, und das Dorf selbst, nachdem Alles, was von Werth darin war, erbeutet und die wenigen Lebenden, welche sich in den Häusern verborgen hielten, zu Gefangenen gemacht wurden, den Flammen preisgegeben. Gewöhnlich werden dann Einer oder Einige von den Gefangenen, die nun gesetzliche Sclaven geworden sind, zum Beschlufs der Handlung ausgesucht, geschlachtet und verzehrt.

So enden fast alle die kleinen bürgerlichen Fehden in den Battaländern mit gänzlicher Zerstörung eines der Dörfer, dessen Grund sich bald mit üppiger Strauchwildnifs überzieht, in welchem sich Tiger und Leoparden ansiedeln, da, wo einst der Heerd von Menschen und friedlichen Hausthieren war.

In einigen Landschaften der östlichen Battaländer hatte ich Gelegenheit, Augenzeuge von Kriegsscenen der bezeichneten Art zu sein, deren Erzählung als Beitrag zum Volksgemälde der Battaër ich bei einer andern Gelegenheit mitzutheilen gedenke.

Zwölftes Kapitel.

Ergötzungen, Spiele und Musik der Battaër.

Die musikalischen Instrumente der Battaër haben viel Aehnlichkeit mit denen der Javanen, denen auch ihre Art, nach den Tönen dieser Instrumente zu tanzen, auffallend gleich ist. Die Battaër nennen diese Art sich zu ergötzen: Merkordja. Daran dürfen jedoch Frauen nie Antheil nehmen. So consequent diese Verbannung der Frauen von den Spielpartien der Battaër ist, weil sie nach ihrem System das Weib nur als ein Geschöpf untergeordneter Art betrachten, als ihr Eigenthum, als Hausthier, so ist sie jedoch gerade hier, bei der grofsen Aehnlichkeit ihrer Tänze und ihrer Musik mit denen der Javanen, sehr auffallend, weil beim Tanze der Javanen die Frauen eine Hauptrolle spielen, so dafs Musik und öffentliche Tanzmädchen (Ronging's) bei ihnen unzertrennlich sind. Von solchen Mädchen, Sängerinnen oder Tänzerinnen *), findet man keine Spur bei den Battaërn.

Ihre Instrumente sind:

1) Gontang, Trommeln oder besser Pauken, von sehr roher Arbeit, in Gestalt von Fässern, mehr lang als dick, gewöhnlich mit ganz groben Fellen überspannt. Sie sind die wohlfeilsten von ihren musikalischen Instrumenten und fehlen daher fast nirgends. In den ärmsten Dörfern besteht die ganze Musik blofs aus solchen Pauken, welche man zu 4, 6 bis 8 an der Zahl und an Gröfse (Länge) von 2 bis 4 Fufs zunehmend, in den Gemeindehäusern neben einander aufgehängt sieht. Sie werden mit Hölzern, sehr oft aber blofs mit den Fäusten geschlagen und geben einen rauhen, wenig hellen Klang.

---

*) Die oft auch zugleich Freudenmädchen sind.

2) Ogung, Toal und Mamongang, kupferne Kessel oder tiefe tellerförmige Beckon von verschiedener Form und Gröfse, die denen der Javanen sehr ähnlich sind und mit einem hölzernen Hammer geschlagen werden. Jeder nur einigermafsen begüterte Häuptling besitzt wenigstens einige solcher Ogung's, die auch noch zu andern Zwecken benutzt werden, z. B. zur Vertreibung der wilden Thiere von den einsamen Wohnungen in den Ladang's, oder zur Vertreibung eines bösen Geistes von gefährlich Kranken. Ihr Klang, alle 5 bis 10 Secunden durch das Aufschlagen des Hammers wiederholt, erschallt dann bang und ängstlich in einsamer Nacht.

3) Sordam (maleiisch Serdum), eine Art Klarinette, die kreischende, ohrzerreifsende Töne giebt.

4) Harwab (maleiisch Rabab), eine kleine Geige mit 2 Saiten, die reine, aber sehr grelle Töne giebt. Diese beiden letztern Instrumente habe ich blofs in Tobah gesehen, wo man sehr geschickt darauf zu spielen wufste; die Melodien waren jedoch sehr einförmig (eine ewige Wiederholung Eines und Desselben) und die Töne sehr kreischend, durchdringend, keinesweges angenehm für ein europäisches Ohr, übrigens mit der Klarinetten- und Geigenmusik der Chinesen auffallend übereinstimmend.

Um uns jedoch den Eindruck dieser Musik der Battaër und ihrer Spiele zu versinnlichen, mufs ich meine Leser einladen, mit mir einen kleinen Spaziergang zu machen. Wir wollen uns nach dem Kampong Tobing begeben.

Ein schöner, heiterer Abend lockt uns ins Freie. Der Himmel ist unbewölkt; nur hoch in den Lüften schweben einige weifsliche Cirrhi, mit denen die dunkeln Körper grofser Buceros-Arten contrastiren, welche schnarrend und schnaubend wohl tausend Fufs über unsern Häuptern in der Richtung nach dem Lubu Radja-Berge hinziehen, dessen dunkle Hochwälder die Heimath dieser Vögel sind. Unser Pfad schlängelt sich im Schatten hoher Ficus-, Durio- und Myristicabäume fort und verschwindet zuweilen ganz unter üppigem Gebüsch, das sich eng von beiden Seiten über ihn hinwölbt.

Die Nähe des Dörfchens offenbart sich durch die frisch aufgeworfene, noch nicht begrünte Erde eines Grabes, das den Körper eines Häuptlings zu enthalten scheint; denn dies verkündigen uns die vier weifsen Fähnlein, welche auf langen

Bambusstäben an den vier Ecken des Grabes flatten, und die Kinnbacken und Hörner mehrerer Büffel, welche an hölzernen Stangen oder Baumzweigen neben dem Grabe aufgehängt sind. Denn die Hörner von all' den Büffeln, die zur Ehre des Verstorbenen am Begräbnifstage geschlachtet wurden, werden jederzeit am Grabe aufbewahrt. Ein Ficusbaum wöbt sich über das Grab, still und schweigsam wie dieses; nur das Gurren einer Turteltaube tönt aus seinen Zweigen, und einige langgeschwänzte Sciurus-Arten rauschen leicht hindurch, denn noch wirft die Sonne freundlich ihren Abendstrah durch das Laub.

Aus dem Dorfe aber erschallt lautes Leben. Wir folgen diesem Geräusch und nähern uns dem aus niedrigen Pallisaden gebildeten Zaune, den wir auf einer Leiter von vier Sprossen übersteigen müssen. Diese unbequeme Einrichtung, über den Zaun zu klimmen und nicht zu einer Thür hineintreten zu können, hat das Gute, den zahlreichen Schweinen des Dorfes den Austritt zu verwehren. Die Hunde klimmen bequem darüber hinweg. Hundegebell empfängt uns und begleitet uns durch die engen schmutzigen Strafsen, oder besser, durch die Zwischenräume der Häuser, wo der aufgeweichte lehmige Boden mit den Excrementen der Schweine vermengt, eine breiartige Masse bildet, aus der sich kaum einige trockene Stellen erheben. Ueberall neben den Häusern ist die weibliche Bevölkerung mit Reis- und Jagonstampfen beschäftigt. Der Schall der Reisstampfer, das Hundegebell und Grunzen der Schweine, das Piepen der Hühner und das laute Rufen der menschlichen Bewohner bildet einen Lärm, in welchem die Klänge der Musik, die Schläge der Ogung's und Trommeln, die aus dem Spielhause herausschallen, fast ersticken. Dazu gesellt sich noch das Geschrei der Kinder, denen der Anblick eines Europäers ungewohnt ist, und das Klirren der Kupferdrähte an den Hälsen der Mädchen, welche eiligst weglaufen und die Thüren hinter sich zuwerfen, nachher aber doch durch die Ritzen der Thüren gucken. Nur die Aeltern bleiben, und durch ihr Zureden kommen nachher auch die Jüngern zurück. Einige Männer, die uns erkennen, scheinen sehr erfreut über den Besuch, besonders, da wir ohne Begleitung und ohne Waffen gekommen sind, und führen uns vertraulich zum Spielhause, auf dessen Leiter wir hinansteigen. Das Haus ist vollgepfropft von Männern, jung und alt, die theils stehen, theils auf einer Bambusbank (Balibali) sitzen, so dafs nur ein 5 Fufs breiter, mit Matten belegter Mittelraum übrig bleibt. Auf diesem Raume ist gerade der Radja Bielie beschäftigt, sich zu ergötzen, nämlich zu tanzen. Er läfst sich in seinem Vergnügen nicht stören, blinkt den Neuankommenden nur eben mit den Augen zu, und fährt dann um so enthusiastischer fort, seine Bewegungen zu entfalten. Zwei Dammarfackeln erleuchten sparsam den engen dunsterfüllten Raum. Wir sind gedrängt von Menschen umgeben, die uns jedoch ein Plätzchen auf dem Balibali frei machen und eine Matte darüber ausbreiten, auf der wir in möglichster Stille Platz nehmen, um ihr Spiel nicht zu unterbrechen, was sicher geschehen wäre, wenn wir viel Begleitung mitgebracht hätten. Sie scheinen wirklich erfreut über unsern vertrauten Besuch und bieten uns, während das Spiel fröhlich fortgeht, Alles an, was sie haben, Siri (Betel) zum Kauen, Tuak zum Trinken und Tabak. Es ist offenbar kein Arg in ihnen, und obgleich sie Menschenfresser sind, gelten doch von ihnen des Dichters Worte:

„Wo man singt, da lafs Dich ruhig nieder,
Böse Menschen haben keine Lieder."

Die Musikanten stehen dem freien Mittelraum zunächst und fahren fort, mit ihren Trommeln und Ogung's, die an ihrem Körper hangen, zu schlagen und damit ein unaufhörliches, ohrbetäubendes, wenig melodisches Getöse zu machen, das ohne alle Variationen ungefähr dem im ewigen Einerlei wiederholtem Stampfen einer Walkmühle gleicht. Die Battaër jedoch scheint dies Getöse, wo nicht zu bezaubern und zu erheben, doch zu wilden Wünschen und enthusiastischen Hoffnungen zu entflammen.

Der tanzende Radja Bielie war ganz in Extase. Er schien nichts mehr um sich her zu sehen, sein Auge war aufwärts gekehrt oder zuweilen stier auf einen Punct gerichtet, seine Geberden drückten eine innere Verzückung aus: er war begeistert. Dabei können seine Bewegungen durchaus nicht mit einem europäischen Tanze verglichen werden; er steht entweder ganz still auf einem Puncte, oder er schreitet doch sehr langsam vom Platze, so dafs sein Tanz nur aus einer eigenthümlichen Bewegung und Verdrehung des ganzen Körpers und der Gliedmafsen mit Geberdenspiel besteht. Das Vergnügen für den Tänzer selbst kann blofs in seiner Illusion liegen, und der Genufs der Umstehenden blofs darin, aus dem Geberdenspiel des Tänzers, das höchst ausdrucksvoll ist, und aus seinen Pantomimen auf die Art seiner Illusion und auf den Gang seiner Ideenbilder zu schliefsen. Die Stellung des Körpers ist dabei nie aufrecht, sondern stets, in den untern Gliedmafsen sowohl als im Rumpfe, gekrümmt, und die gröfste Zierde oder Kunst besteht darin, den Rumpf von Zeit zu Zeit dem Erdboden, ohne sich zu setzen oder zu unterstützen, möglichst nahe zu bringen. Das ganze Muskelsystem befindet sich bei dieser Art des Tandak im höchsten Grade der Spannung, jede einzelne Fiber trillt, und das ganze Geschäft ist sehr ermüdend. Die Bewegungen der Arme bestehen in sanften Biegungen und zeichnen sich besonders durch ein Rückwärtsdrehen der Gelenke aus, wobei alle einzelnen Finger noch für sich selbst thätig sind und wie krampfhaft spielen. Eine der gewöhnlichsten Stellungen ist die, wobei sich die Arme von einander abwärts nach aufsen bewegen, so dafs der eine mit rückwärts gewundenen Gelenken dem Boden zugewendet, der andere aber in entgegengesetzter Richtung gedreht, nach oben gekehrt ist, welcher Stellung ein ausdrucksvoller, doch stierer Blick entspricht, nebst einer gekrümmten sehr gespannten Haltung des ganzen Körpers und der untern Glieder, gleichsam als sollte der eine gesenkte Arm Verachtung von Gefahr, der andere aber ein glänzendes Bild von Hoffnung, das dem Tanzenden vor Augen schwebt, bezeichnen. Der Uebergang aus einer Stellung in die andere geschieht in der Regel langsam, abgemessen, zuweilen aber auch plötzlich, zuckend, und drückt dann die schnellen Gedankensprünge des in Verzückung schwebenden Tänzers aus. Zuweilen werden seine Geberden drohend und stier sein Blick; er fährt auf ein eingebildetes Wesen los, das er zu erdolchen scheint, und sinkt dann langsam zurück, worauf seine Bewegungen wieder fröhlicher, ungezwungener werden, um die ganze Vorstellung zu schliefsen.

Der Schweifs stand dem Radja Bielie auf der Stirn, als er seinen ermüdenden Tanz, der fast eine halbe Stunde gedauert hatte, endigte, und nun erst sich mir näherte, um mich zu begrüfsen. Zugleich hörte die ohrbetäubende Musik auf, fing aber bald wieder an, denn es traten nach der Reihe neue Tänzer auf; zuerst Radja's, nachher auch Gemeine, um sich nun auch ihrerseits zu belustigen und ihre Kunstfertigkeit in theatralisch-pantomimischen Vorstellungen zu entfalten.

Dieses Vergnügen ist sehr geachtet bei den Battaërn; die angesehensten Radja's tanzen vor den Augen ihrer Unterthanen, und sehr bewundert wird Derjenige, welcher beim Tanz ohne zu fallen und ohne sich mit den Händen zu unterstützen, seinen Körper dem Erdboden so nahe wie möglich zu bringen vermag. Mit lautem, rohem Beifallsrufen werden solche Bewegungen begleitet. Später traten auch zwei Tänzer auf einmal auf, die sich unter mancherlei Pantomimen wie ein paar Doppelsterne um einander herumbewegten, zuweilen sich einander näherten, dann aber unter Geschrei plötzlich weit von einander abstoben und dadurch das laute Gelächter der Publicums erregten; es erschienen selbst einige Popanze, die einen bösen Geist vorstellten, vor dem sich der Tanzende anfangs entsetzte und weit zurück in eine Ecke flog, dann aber mannhaft den Popanz wieder anfiel und ihn zuletzt erstach. Die gewöhnlich Art jedoch, sich durch Tanz und Spiel zu belustigen, ist mit wenigen Abänderungen durch die ganzen Battaländer die von Radja Bielie dargestellte, welche ich soeben versucht habe zu skizziren, und wobei jeder Tänzer einzeln auftritt.

Radja Bielie fragte mich, ob man in meinem Vaterlande auch zu tanzen pflege, und bat mich, nachdem ich dies bejaht hatte, ihm ein Pröbchen davon zu geben. Alle meine Entschuldigungen waren vergebens; sie schienen es als einen Ehrenpunct zu betrachten, dafs, nachdem alle anwesenden Häuptlinge auf ihre Art getanzt hatten, ich auf meine Art auch ein Tänzchen mache. Um sie nicht mifsmuthig zu machen, hopste ich ihnen eins vor; dies fanden sie über alle Erwartung herrlich und überhäuften mich dafür mit Beweisen ihrer Zufriedenheit, so dafs, als ich endlich die mit Menschen vollgepfropfte und mit Ausdünstungen erfüllte „Grand Opera-Hütte" verliefs, in welcher sie noch bis Mitternacht fortfuhren, sich zu amüsiren, mich eine Menge von ihnen nebst ihrem Radja begleitete, um mir mit Fackeln zu meiner ¼ Stunden entfernten Wohnung vorzuleuchten. *)

*) Seit dieser Zeit (als einen Beitrag zur Kenntnifs des Naturels der Battaër halte ich es nicht für überflüssig, dies zu bemerken) bewiesen mir sowohl der Radja als die Bewohner des Dorfes,

Nicht bloſs aus reinem Vergnügen und ausschlieſslich in dieser Absicht werden die Musik-Instrumente der Battaër in Wirkung gesetzt, sondern bei allen feierlichen Gelegenheiten ihres Lebens, namentlich bei Begräbnissen, bei Ablegung eines Eides, beim Abschluſs von Tractaten, beim Besuch von Fremden etc. werden sie gebraucht. Ein ungewöhnliches Ereigniſs muſs nach der Meinung der Battaër, wie es scheint, auch ein ungewöhnlicher Lärm begleiten, ein Lärm, der in der Regel durch Abfeuern von Gewehren noch erhöht wird. *)

Auſser diesen musikalischen Vergnügungen sind die Battaër noch zwei andern Spielen leidenschaftlich ergeben, die,

---

selbst die Frauen nicht ausgenommen, die sonst sehr zurückhaltend sind, eine solche Zuneigung, daſs es vieler Vorstellungen von meiner Seite bedurfte, um sie zur Annahme einer Bezahlung für Reis, Obi's, Eier, Hühner etc., womit sie mich regelmäſsig versahen, zu bewegen.

*) Bei dem Empfange von Fremden verdient noch eines eigenthümlichen Gebrauches gedacht zu werden, nämlich des feierlichen Ausstreuens von Reiskörnern, während die Musik-Instrumente spielen. Als ich (Ende 1840) in Lumpen Tjatjiang angekommen war, veranstalteten die Häuptlinge dieses Dorfes (Ompun Radja Mardjuranga und Pamunkan Laut), ehe sie sich mit mir in Unterhandlungen einlieſsen, folgendes Fest. Alle befreundeten Häuptlinge wurden eingeladen; diese erschienen dem Gebrauche gemäſs bewaffnet mit ihrem Gefolge. Die Radja's kauerten sich mit untergeschlagenen Beinen auf dem Dorfplatze in einen Kreis, den die Lanzenträger und die Masse des Volkes eng umdrängte. In der Mitte nahm der Ompun Radja (mein Wirth) und ich mit meinen zwei ankola'schen Radja's Platz. Die Spiel-Instrumente wurden nun geschlagen und von Zeit zu Zeit einige Gewehre abgefeuert. Der Ompun Radja fing an im Kreise feierlich und langsam zu tanzen, wobei er mit der Hand eine Schüssel voll Reiskörner (Bras) über die linke Schulter hielt. Aus dieser Schüssel streute er dreimal mit der Rechten eine Hand voll Reiskörner nach den vier Weltgegenden über das umstehende Volk, wobei er einen feierlichen Ausruf hielt, dessen Sinn dieser war: daſs alle bösen Geister (Begu's) und Teufel der Zwietracht sich von diesem geheiligten Platze weg begeben möchten, weil alle Radja's hier zusammengekommen wären, um mich als einen Freund und Bruder friedlich zu bewillkommnen. Dasselbe Mannövre wurde nachher von allen Hauptradja's der Reihe nach, unter stets fortlärmender Musik, wiederholt, und auch ich muſste einige Hände voll Reis unter das Volk ausstreuen. Dadurch werden, dem Battaglauben zufolge, die Begu's, als Urheber alles Unglücks verscheucht.

Nachher wurden Schweine geschlachtet, und zwar an Ort und Stelle, vor den Augen der Versammlung, und vertheilt.

weil dabei um Geld gespielt wird, viel weniger unschuldig sind als jene, und von denen das eine selbst vielen armen Geschöpfen, nämlich Hähnen, das Leben kostet, und die daher auch alle beide gewöhnlich eine Anleitung zu blutigem Streite und Zwiste geben.

Das erste ist ein Glücksspiel um Geld, wobei Jagonkörner die Stelle der Würfel vertreten, und wobei der Ausschlag gewöhnlich nach gleicher oder ungleicher Anzahl der Körner, übrigens auch auf andere Art erfolgt. Tage lang, besonders in Tobah, wo Hahnengefechte wegen geringerer Menge des Federviehes seltner als in den südlichen Provinzen sind, sieht man die Spiellustigen in den Soppo's sitzen und, von vielen andern Müfsigen umgeben, mit Maiskörnern würfeln, und zuweilen zuerst ihr Geld, dann ihre Kleider, dann ihre Büffel oder Kühe, ihre Sclaven und all' ihr Hab und Gut verspielen!

Dem zweiten Spiele, den Hahnengefechten, sind besonders die Bewohner von Mandaheling, Ankola und Siepierok, und überhaupt alle Battaër, ebenso wie ihre Nachbarn, die Maleien, von denen sie diese Sitte wahrscheinlich angenommen haben, leidenschaftlich ergeben. Der Genufs, den sie dabei empfinden, ist sogar noch gröfser, als der des süfsen Nichtsthuns selbst, so dafs, so bequem sie auch auf Matten liegen mögen, sie sich doch jederzeit aufmachen, wenn die Zeit eines verabredeten Hahnenkampfes herannaht. Dann verlassen sie gern ihre Hütten, um mit ihren Hähnen nach dem oft stundenweit entfernten Platze zu wandern, wovon sie weder Sturm noch Regen abzuhalten vermag. Gewöhnlich werden die Kämpfe aufserhalb des Dorfes auf einem freien Platze gehalten. Auf solchen Plätzen finden sich dann alle Häuptlinge aus der Umgegend mit ihren Hähnen ein, zu denen jederzeit besonders grofse und starke gewählt werden, die schon vorher in Scheingefechten ohne Waffen dazu abgerichtet sind. Der Preis eines solchen Hahnes steigt von 1 bis 9 Gulden.

In der Nähe meiner Wohnung beim Dorfe Tobing kamen die Häuptlinge der Provinz fast alle Tage *) zusammen, um unter einem grofsen Duriobaume Hahnengefechte zu halten. Von allen Seiten kamen sie dann anmarschirt, und ein

*) Obgleich die Zahl der Kampftage von Seiten der Regierung, unter deren unmittelbarem Einflusse Ankola steht, wöchentlich auf zwei festgesetzt war.

jeder trug einen Hahn im Arme; auch gemeine Dörfler versammelten sich in ansehnlicher Menge, von denen jedoch nur wenige mit Hähnen versehen waren. Die Hähne wurden dann zuerst geprüft, und solche zum Gefecht erkoren, die von ziemlich gleicher Stärke zu sein schienen; darauf wurden sie bewaffnet. Man band ihnen kleine Messer unten an die Fersen, die, die Schneide nach oben gekehrt, etwas sichelförmig gebogen waren. (Der Stein, auf dem diese Messer gewetzt wurden, war ein schwarzer, feiner, kieselhaltiger Thonschiefer, der nur in einem Gebirgsbache bei Batang unang vorkommen soll.) Bedeutende Wetten von einem bis zu 30 Piastern wurden darangewagt. Nun bildeten die Zuschauer einen Kreis; die zwei Hahnenfechter kauerten sich in die Mitte und hielten die Hähne gegeneinander, die sie streichelten und am Halse krabbelten, um sie gegen einander aufzureizen, wobei die Thiere mit Gewalt festgehalten werden mufsten, um sie nicht voreilig auf einander losschiefsen zu lassen. Ihr Hals war dabei gerade und starr nach vorn gestreckt und die Federn desselben kranzartig gesträubt, in welcher Stellung sich die erbofsten Thiere einander starr ansahen. Wenn ihre Erbitterung nun den höchsten Grad erreicht zu haben schien, so wurden sie plötzlich auf 7 bis 10 Fufs von einander entfernt und dann losgelassen. Mit Wuth schossen sie jetzt im Galopp auf einander zu, übersprangen sich, oder sprangen gegen einander mit Flügelschlag an, wobei der eine zuweilen offenbar einen viel gröfsern Muth und mehr Stärke besafs, als der andere. Alle Bewegungen der Hähne waren von lauten, verwirrten Zurufungen der Zuschauer begleitet, die den lebhaftesten Antheil an dem Kampfe nahmen und gewöhnlich ein Geschrei erhoben, das bei einer Pariser Revolution schwerlich lauter sein kann. Selten dauerte der Kampf länger als eine Minute, in der Regel war er viel schneller beendigt, z. B. wenn dem einen Hahn durch eine zufällige Bewegung mit dem Sporn des andern der Hals durchschnitten ward, sodafs er auf dem Schlachtfelde blieb, oder wenn er blofs verwundet wurde und sich muthlos unter den Flügeln des andern verbarg. Dann scharrte der Sieger mit den Füfsen, und beide wurden aufgenommen. Noch einmal wurde nun der Sieger zu seinem todten oder blutenden Gegner gebracht, pickte er dann nochmals nach diesem, so war dies, auch wenn er selbst verwundet war, ein nicht weiter zu widersprechender

Finalbeweis des errungenen Sieges. In Zeit von wenigen Stunden wurden auf diese Art unter lautem Zudrängen des versammelten Volkes, unter entsetzlichem Geschrei, Lärmen und leidenschaftlichen Geberden der Eigenthümer der Hähne, zuweilen 10 und mehr Kämpfe gehalten, wobei gewöhnlich eben soviel Todte auf dem Schlachtfelde blieben. Ihr Fleisch wurde dann unter anwesende Bekannte vertheilt, der eine erhielt ein Bein, der andere einen Flügel, der dritte Hals und Kopf u. s. w., so dafs alle, mit solcher geringen Beute beladen, sobald es dunkel wurde, zufrieden nach Haus gingen. Dabei erlaubt das Hadlat, dafs aufser den beiden Eigenthümern der kämpfenden Hähne auch jeder Anwesende, ohne Unterschied, Fremder oder Eingeborner, auf einen der Hähne einen beliebigen Preis setzen kann. Verliert dann der Hahn das Gefecht, so ist das Geld verloren und der Herr des siegenden Hahnes streicht es ein; gewinnt er es aber, so mufs der Herr des besiegten Hahnes eben soviel an den Einsetzer entrichten. Dabei werden häufige Schulden gemacht, weil nur wenige ihren Spielverlust jederzeit comptant zu bezahlen vermögen, und diese Schulden geben nachher zu Klagen und Streitigkeiten Anlafs.

Eigentliche Volksspiele und Volksfeste sind in den Battaländern nicht bekannt.

Dreizehntes Kapitel.

Kulturpflanzen und Hausthiere der Battaër.

§. 1.

Kulturpflanzen.*)

Die häufigen Regen, welche fast das ganze Jahr hindurch das südwestliche Gestade und das gebirgige Innere Sunatra's befeuchten, ohne jene Extreme von Hitze und Trockenheit zuzulassen, welche das Klima auf dem nahen Festande von Asien mehrere Monate lang so unerträglich machen bedingen hauptsächlich die grofse Fruchtbarkeit des Bodens und den ewigen Sommer, welcher, mit Ausnahme von blos einigen Theilen der östlichen Fläche, die ganze Insel Sunatra, sowie die meisten übrigen Inseln des Archipels, Javau. a., auszeichnet, und welcher daher auch den Battaländern zukommt.

Doch ist die klimatische Eigenthümlichkeit des Südwestgestades und der Bergketten, die es begrenzen, — eine Eigenthümlichkeit, welche sich in häufigen, schnell wiederholten Temperaturwechseln ausspricht, und in copiösen Hydrometeoren, die selten länger als einige Tage ausbleiben — dem Gedeihen der meisten Fruchtbäume ungünstig, die zu ihrer Reifung eine mehr gleichmäfsig anhaltende, wenigstens einige Monate lang unverändert bleibende Wärme zu erfordern scheinen, und die daher am Nordstrande Java's so üppig gedeihen, hier aber vermifst werden. Hierauf wollen wir jedoch weiter unten zurückkommen, und in unserer Uebersicht von den Kulturpflanzen zuerst handeln von:

---

*) Ueber die durch Menschenhände bewirkten Veränderungen in der pflanzlichen Bekleidung des Landes siehe den botanischen Abschnitt.

A. den Kulturgewächsen, die die gewöhnliche Nahrung des Volkes liefern, also mehlreiche Stoffe enthalten, Cerealien und andere. Unter diesen steht oben an:

1) der Reis, Oryza sativa L., der sowohl in trocknen als in bewässerten Feldern gebaut wird, und in zahlreichen Varietäten vorkommt, die, botanisch, schwer zu unterscheiden sind, welche der Battaër aber sowohl an ihren Körnern, als an den Eigenschaften der Pflanze und ihrer geringsten Kulturnüancen sehr wohl zu erkennen vermag. Es giebt davon hauptsächlich sechszehn, deren batta'sche Namen folgende sind: Bras sitonnong, Siarias, Sipulut oder Sigedang, Sikotang-kotang, Sisuntara, Silaut tjabong, Warangang, Silumut, Siparkot, Stalipuju, Sitjakaun, Siaran, Siampin, Serangsang, Sipaddi poreh und Sihirta, von denen nur der Bras gedang, welcher mehr Pflanzenleim, Kleber, als die übrigen enthält, und vorzugsweise mit Zucker zu klebrig-zähem, brodartigem Gebäck oder Kuchen verwendet wird, seltner und im Handel etwas theurer ist, als die übrigen. Der Marktpreis aller übrigen ist in den meisten Provinzen (an der Westküste, in Ankola, Siepierok) 20 bis 35 Cents oder Deute (am häufigsten 25 oder 30) für das Sukeh- (Sukatong oder Taboh) Maafs, welches ein Stück Bambusrohr ist, dem Gewichte nach 5 Kati's (ein Kati zu 1¼ altniederl. Pfund) Reis haltend. Nur in Tobah, wo der Reis in Sawa's, namentlich in den kleinen sumpfigen Flufsthälern, aufserordentlich gut gedeiht, ist er ungleich wohlfeiler, und wird das Sukéh zu 10, ja zu 6 Deuten verkauft. *)

Die Reispflanze in den Battaländern wird zwar in allen Monaten des Jahres gesäet, ohne dafs die Aussaat an eine bestimmte Zeit gebunden ist; doch geschieht dies nur in einzelnen abgelegenen Niederlassungen, wenn neue Hütten gebaut und neue Felder angelegt werden, während in allen übrigen, volkreichen Gegenden, wo die Wohnungen zu Dörfern ver-

*) Die durch die Kultur erzeugten Varietäten der Reispflanze auf Java scheinen fast ins Unendliche zu gehn. Man vergleiche über die Reisvarietäten Italiens: Römer und Schultes, Syst. vol. VII. pars II. pag. 1362, und über die Spielarten auf Java: K. Hafskarl, in „Tydschr. voor natuurl. geschiedenis en physiol. Amstelod. vol. VI.", welcher zehn in den Sundaländern vorkommende Formen, genannt Pareh djanbang, Rogal, Gundul, Majang putie, Majang burrum, Angsana, Senggul, Salak, Mataram und Landung, beschrieben hat.

einigt sind und schon längst benutzter Kulturgrund vorhanden ist, die Aussaat zu festgesetzten Zeiten stattfindet, sowohl beim Sawa- als Ladangreis, nachdem in den Monaten Juni und Juli, in welchen verhältnifsmäfsig noch die trockensten Tage mit vorherrschenden N.O.-Winden einzutreten pflegen, die Allang- und Klagawildnisse zur Anlegung von Ladangs verbrannt sind und der Grund zu Sawa's umrajolt ist, (gewöhnlich im Anfange des August, in welchem schon vier Fünftel der Tage Regen bringen, oft schon von der Mitte des Juli an), — worauf die Ernte in der Regel im Monat Januar, in welchem wieder N.O.-Winde vorzuherrschen pflegen, in den Gestadeländern etwas früher, gewöhnlich schon Ende December, eingeholt würde. Ungeachtet der Reis nur 5½ bis 6 Monate, in ungünstigem Klima höchstens 7 Monate, zu seiner Reife bedarf, und einige Varietäten sogar in 4 Monaten reifen, so wird in den meisten Gegenden der Battaländer doch nur einmal jährlich Reis geerntet, und zwar aus dem Grunde, weil, unmittelbar nachdem der Reis geschnitten ist, dasselbe Feld gereinigt und zum zweiten Male mit Jagon (Mais) bepflanzt zu werden pflegt. Dies gilt natürlich nur von den Ladang's oder trocknen Feldern, während da, wo Sawa's gebräuchlich sind, allerdings zuweilen zweimal im Jahre gesäet und geerntet wird; ich sage zuweilen, weil es der sorglose Battaër verschmäht, der Natur mehr Product abzulocken, als er zu seinem eigenen unentbehrlichsten Bedarfe nöthig hat.

In Martaban ist die Aussaat im April und Mai.

In Benkulen wird, nachdem die Wildnifs verbrannt ist, der Ladangreis im August und September gepflanzt, also ziemlich gleichzeitig mit den Battaländern.

In Pulo Penang etwa einen Monat später, im September und October, in der Regenzeit, so dafs die Ernte in den Februar bis März fällt.

Auf der Küste von Malabar geschieht die erste Aussaat im Mai und die Ernte in der Mitte des Septembers, die zweite am Ende desselben Monats, und die Ernte Ausgang Januars.

Auf Ceylon, wie in Dekan, werden einige Varietäten, und zwar die besten, im Juli und August, also wie in den Battaländern, andere im September, noch andere im April und Mai gesäet, und demnach auch in verschiedenen Monaten, Februar oder Januar, oder September und October, geerntet.

Auf Java geschieht ebenfalls die Aussaat zu Anfang oder in der Mitte der Regenzeit, und in den trockensten Monaten die Ernte. In den heifsen Niederungen und am Seestrande eilt die Ernte der in höher gelegenen (2 bis 3000′ hohen) Gegenden um einen halben Monat voraus, und ist in der Regel schon geschnitten, während oben noch gar nicht angefangen ist. Uebrigens bringen hierin auch die vielfachen Varietäten des Reises eine vom Klima unabhängige Verschiedenheit hervor.

Im Allgemeinen richtet sich die Zeit der Aussaat, besonders bei der Kultur in trocknen Feldern, nach dem Klima des Landes und nach dem Eintritt seiner periodischen Regen, so dafs, wie man aus den angeführten Beispielen sieht, die Pflanzung am liebsten so eingerichtet wird, dafs die Zeit der Reife mit den trockensten Monaten des Jahres zusammenfällt, nachdem die Aussaat im Anfange oder in der ersten Hälfte der Regenzeit geschah, weshalb man aus den Pflanz- und Erntemonaten des Reises auf die Zeit der periodischen Mussonwechsel des betreffenden Landes zu schliefsen im Stande ist. Nur die Battaländer, und mit ihnen vielleicht der gröfste Theil des gebirgigen Innern von Sumatra, scheinen hiervon eine Ausnahme zu machen, und zeigen in der Vertheilung ihrer Regen- und trocknen Tage eine solche Vertheilung durch das ganze Jahr, dafs man keinen Wechsel der Mussons wahrnehmen kann. Nur die Monate April bis Juli, besonders Juni und Juli sind verhältnifsmäfsig trockner, heiterer als die übrigen, weil in ihnen die trocknen Tage den regnerischen, die in allen übrigen Monaten bei weitem vorherrschen, der Zahl nach wenigstens gleich sind, weshalb in diesen Monaten auch die grofsen Klagabrände angelegt zu werden pflegen. Im Monat August verhalten sich die Regentage zu den trocknen wieder wie 3 zu 1, ja fast wie 4 zu 1, und nun wird in den meisten Gegenden der Reis gepflanzt.*) Dafs übrigens der Sawareis, dessen Gedeihen von künstlicher Ueberströmung abhängt, von den Mussonwechseln überhaupt weniger abhängig als der Ladangreis ist, leuchtet von selbst ein, und ist die Ursache, dafs man in sehr cultivirten Gegenden, z. B. in den Küstenländern auf Java, wo vielen Feldern zwei Ernten jährlich abgewonnen werden, sehr oft reife Reisfelder neben halbreifen und eben erst aufgeschos-

---

*) Vergleiche den Abschnitt Meteorologie.

senen gleichzeitig erblickt. In den Battaländern aber ist dies nicht der Fall, sondern die Aussaat wird von allen Bewohnern und Dorfschaften einer Gegend zu derselben Zeit verrichtet, wie schon oben angeführt wurde, und zwar gröfstentheils durch eine aus den ältesten Zeiten herrührende Gewohnheit bedingt. Auch auf Sumatra, wie auf Java, tritt die Ernte in den kühlern, gebirgigen Gegenden etwas später ein, als in den Gestadeländern oder in den warmen Centralthälern der Insel, wobei nicht aufser Acht zu lassen ist, dafs die Dauer der Reifzeit sich auch nach den verschiedenen Varietäten des Reises ändert, so dafs, wie oben erwähnt, einige schon in 3, ja 4 Monaten reifen, während andere 7 Monate dazu nöthig haben.

Die Vertheilung des Anbaues der Reispflanze zwischen Sawa's und Ladang's in den Battaländern ist fast gleich grofs, sodafs man weder dem einen noch dem andern Kulturreise ein Uebergewicht der Extension zugestehen kann, wohl aber eine grofse Verschiedenheit derselben nach den verschiedenen Provinzen antrifft, von denen einige fast blofs Ladang's anlegen, während in anderen die Sawa's vorherrschen.

Ladang nämlich nennt der Battaër, ebenso wie der Javane, ein trocknes Reisfeld, das nicht unter Wasser gesetzt wird, und das entweder ein schon vor alten Zeiten gebrauchtes, also ein wirklicher Acker, auf dem keine Waldbäume mehr wachsen (Tipar der Sundaër), oder das erst kürzlich angelegt und noch überall mit frisch gefällten, noch nicht vermoderten Baumstämmen bedeckt ist (Gaga der Sundaër). Es sind vorzugsweise die sanftern, humusreichen Berggehänge, welche man mit Ladang's bedeckt findet, und welche in den Battaländern, gleichgültig ob sie ein altes Feld darstellen oder ein kürzlich erst ausgerodetes Fleckchen, doch stets ringsum, oder wenigstens auf einigen Seiten, von Waldung umgeben sind. Der Reis wird in ihnen weitläufig gesäet, ohne, wie in Sawa's, übergepflanzt zu werden. Nur einmal jährlich wird ein solches Feld zur Reiskultur benutzt, und nach der Ernte des Reises in der zweiten Hälfte des Jahres mit Mais bepflanzt; dann bleibt es ein oder ein paar Jahre brach liegen, und überzieht sich während dieser Zeit der Ruhe von neuem mit Wildnifs, gewöhnlich mit dichtgedrängtem Allang- oder Klagagras, welches letztere 10 bis 12 Fufs hoch und höher emporschiefst, und mit gleich hohem oder halb so hohem Gesträuch von Melastoma, Desmodium und Vitex trifoliata etc. durchwuchert ist. Kommt dann die ein- oder zweijährige Reihe der Kultur wieder an diesen Fleck, so wird in den trockensten, dürrsten, also auch wärmsten Monaten des Jahres, welches in dem Innern der Battaländer der Juni und Juli sind, Feuer in die Graswildnifs, in der sich Tiger angesiedelt haben und Elephanten weiden, gesteckt, dessen Rauch, ähnlich dem Dampf aus einem neu ausgebrochenen Vulkan, man zu solchen Zeiten links und rechts emporsteigen sieht, und dessen Gluth man, besonders wenn ein frischer Wind hineinbraust, stundenweit knistern und knallen hört. Des Nachts gewähren solche Feuer, die sich zuweilen wie Lavaströme an Berggehängen emporziehn und von Ort zu Ort wandern, einen herrlichen Anblick; am Tage überzieht ihr Rauch meilenweit das Land, erfüllt die Luft mit einem röthlich-grauen (bräunlichen) Nebel und hemmt die Aussicht, wie der Höhenrauch nach dem Brande europäischer Heiden. Die leichte Brennbarkeit der dürren, rohrartigen Klaga (Glaga) bringt nicht selten den Reisenden in Gefahr, wenn sein Pfad quer an einem Berggehänge hinführt, an dessen Fufse die Klagafelder anfangen zu brennen; weht dann der Wind in der Richtung gegen den Abhang, so steigt der Brand, rasselnd mit Windeseile, schwarze Aschenwolken hoch emporwirbelnd, so schnell am Abhange empor, dafs man eilen mufs, ihm zu entkommen.

Die Asche so verbrannter Wildnifs gewährt den besten Dünger für das neu anzulegende Feld, das in der Regel ein altes, nur wieder neu hervorgesuchtes ist; nur der schwarze, lockere, humusreiche Boden frischgekappter Wälder ist noch fruchtbarer. Die mühevolle Arbeit des Baumkappens ist jedoch die Ursache, dafs die Battaër nur selten, z. B. wenn eine Zunahme der Bevölkerung oder die Bildung neuer Familien sie dazu einladet, zur Einrichtung solcher ganz neuen Felder schreiten, deren grofse Waldbäume dann gekappt und hingestreckt der allmähligen Vermoderung *) überlassen, die kleinern aber

*) Dann übt die Generatio aequivoca der Pilze ihre Kraft, und überzieht das sterbende und gestorbene Holz mit einer Schaar von Telephoren und Polyporen, zu denen sich auch Tremellen und Pezizen gesellen. Siehe meine: Praemissa in floram cryptogamicam Javae, fasc. I. (Verh. Bat. Genoot. T. XVII.) Die hier beschriebenen und abgebildeten fand ich mit mehreren neuen in den Battaländern.

nebst dem Gebüsch und Strauchholz, nachdem es die Sonne etwas ausgetrocknet hat, ebenso wie jene Klagafelder, verbrannt werden. Ist dann der frisch verbrannte und mit Asche bedeckte Boden von den Regengüssen erweicht, so wird er mit hölzernen Hacken umgewühlt und mit den Reiskörnern weitläufig besäet, was gewöhnlich im Monat August geschieht.

Sawa ist der allgemeine maleiische, auch batta'sche Name für künstlich überschwemmte Reisfelder. Diese Kultur findet man besonders in flachen Thalgründen, die von Natur schon sumpfig sind, wie in dem flachen Grunde der kanalförmigen Flufsthäler in Tobah, im horizontalen Boden vom Silindongthale, doch auch in Siepierok, im Ankolathale und am Gestade, selten aber an mehr abschüssigen Berggehängen. An den letztern hat (wenigstens jetzt) die Ladangkultur die Oberhand, obgleich viele mit Wildnifs überzogene, künstlich geebnete Terrassen mit ihren erhöhten Rändern (Rainen), welche das höhere Bassin von dem tiefer liegenden trennen, die man an manchen Berggehängen, z. B. am Lubu Radja, in Silantom, antrifft, ein stummes Zeugnifs geben von einer vormals gröfsern Population sowohl, als von einem allgemeiner verbreiteten Reisbau in überschwemmten Feldern.

Der Sawareis wird ebenfalls gewöhnlich im August gepflanzt, nämlich zuerst in kleinen Beeten sehr dicht gesäet, und aus diesen, wenn nach 14 Tagen die jungen Pflänzchen eine gewisse Höhe erreicht haben, in die eigentlichen Felder übergesteckt, deren Boden breiartig im Wasser erweicht ist und unter Wasser stehen bleibt. Nahet dann die Reife, gewöhnlich nach 4½ bis 5½ Monaten, so wird das Wasser abgelassen und das Feld trocken gelegt, bis die Achren etwa zwei Monate später völlig gelb geworden sind und abgeschnitten werden. Mit diesen Sawafeldern findet kein jährlicher Wechsel statt, sie sind bleibend und dienen jedes Jahr zu erneuter Anpflanzung; doch selten nur, weil die einmalige Ernte zu seinem Bedarfe hinreicht, unterzieht sich der Battaër der Mühe einer zweiten Anpflanzung, sondern läfst die entwässerten Sawa's gewöhnlich sechs Monate lang brach liegen, auch ohne sie, wie jene Ladangäcker, mit Jagon zu bestecken, wenigstens geschieht das Letztere in Sawa's nur ausnahmsweise.

In der Anlegung von Wasserleitungen ist der jetzige Battaër sehr unerfahren; ich habe deren nirgend neuere gesehen, als in den kleinen Flufsthälern von Tobah und in Silindong, aber die in der letztern Landschaft übertrafen dann auch an Regelmäfsigkeit und Gröfse der Ausführung alle javan'schen. In den übrigen Gegenden der Battaländer, wo Sawa's sind, geschieht die Bewässerung allein durch die Natur, oder die Ableitung des Wassers ist doch durch die Localität so erleichtert, dafs sehr wenig Kunst dazu gehört. Nur im söhligen Thalboden von Silindong findet man mehrere gegrabene, 5, ja 10 Fufs breite Kanäle mit erhöheten Wällen, die sich in einer schnurgeraden Linie 3, ja 4 und mehr engl. Meilen hinziehn; in ihnen steht das Wasser gewöhnlich höher, als in den angrenzenden Feldern, welche wegen der Durchsickerung des Wassers durch die Wände der Kanäle den gröfsten Theil des Jahres hindurch ein Morast sind, in dem die Reispflanze gut gedeiht. Auch die meisten Dörfer in diesem Thale haben eine solche Lage, dafs sie nur durch erhöhete Wälle, deren Eingänge gestopft werden können, vor Ueberströmung sicher sind. Dort ist der Battaër wirklich Herr des feuchten Elements.

An der Ernte des Reises nehmen alle Bewohner des Dorfes, Männer und Weiber, gleichmäfsigen Antheil; ja selbst junge unverheirathete Mädchen, welche nach dem Hadat aufserdem von Feldarbeiten ausgeschlossen sind, stellen sich dabei ein. Die Aehren werden etwa 8 Zoll unter der Spitze abgeschnitten, das Stroh wird nicht gebraucht und in der Regel verbrannt. Die Aehren, in einzelne Bündel gebunden, werden sowohl in den Privathäusern jedes einzelnen Individuums, in dem obersten Dachraume derselben, als auch, besonders in Tobah und Silindong, in besondern Vorrathshäusern, die den Soppo's gleich gebaut sind, bewahrt. (Siehe Kap. 3.). Weder bei der Aussaat, noch bei der Ernte finden besondere Hadat's oder sonstige Gebräuche statt, die auf ein Volksfest, wie dies bei den Javanen der Fall ist, deuten könnten; nichts von Dem wird bemerkt, nur werden gewöhnlich, nachdem die Aehrenbündel einige Tage lang in der Sonne getrocknet wurden, an dem Tage, an dem sie ihrem Magazin (den Dachsoldern) einverleibt werden sollen, in jedem Dorfe eine Anzahl von etwa 20 Hühnern geschlachtet, und es wird ein kleiner Schmaus gehalten. Dies findet aber ohne alle Feierlichkeiten und ohne Beobachtung besonderer Ceremonien statt, sowie dergleichen überhaupt bei fast allen Ereignissen des Lebens dieses sonderbaren Volkes bis auf den letzten Act desselben, das Begräbnifs, fast gänzlich vermifst werden. (Vielleicht dafs früher, ehe das Volk als solches zertrümmert wurde, mehr Feierlichkeit bei der Reisernte statt fand?).

Vorräthig gedroschen werden die Körner nie, sondern in ihren Aehren als Paddi bewahrt, dem der Bedarf für jeden Tag einzeln entnommen und in den Lossungklötzen von Paddi zu Dahano (Bras der Maleien) gestampft, nämlich von seiner äufsern Hülse (Pericarpium) entblöfst wird. Die Ackergeräthschaften bestehen in nichts weiter, als in Hackemessern und einer Art sehr leichter Aexte zum Fällen der Wälder, die sie selbst schmieden; zum Umhacken und Umwühlen des Grundes bedient man sich einer hölzernen, schaufelförmigen Hacke, deren vorderer Rand nicht immer mit Eisen beschlagen ist. (Siehe Kap. 3.)

Der Ertrag des Reises in den Battaländern ist in den trockenen Feldern oder Ladang's im Durchschnitt 30 bis 40-fältig und in Sawa's 50fältig, in Tobah aber nach der allgemeinen Versicherung der Häuptlinge daselbst, 70- bis 80fältig und darüber. Dieser Ertrag, mit benachbarten Ländern verglichen, ist vortheilhaft zu nennen, wie es von dem höchst fruchtbaren Boden auch nicht anders zu erwarten ist; man darf selbst hoffen, dafs durch eine gröfsere, auf die Anpflanzung und Umarbeitung des Bodens verwendete Sorgfalt der Ertrag um die Hälfte, vielleicht um das Ganze erhöht werden könnte. Nach Crawfurd *) ist in Ostjava (den Fürstenländern) in Gaga's, oder im fruchtbaren Waldboden nach verbrannter Wildnifs, der Ertrag 25- bis 30fach, in Tipar's oder trocknen Feldern, die nicht bewässert werden können, blofs 15fach, und in Sawa's, die nur zu einer Ernte jährlich benutzt werden, 25fältig, welches letztere Resultat jedoch offenbar zu gering zu sein scheint, da nach meinen Erkundigungen z. B. in der Umgegend von Samarang und Pekalongang der Ertrag 60fältig und wenigstens 50fältig ist; in Siam wird der Ertrag 40fältig angegeben, in Pegu 50- bis 80fältig etc. Nach den Nachforschungen, die ich in Ankola und Siepierok gethan habe (in Tobah war es damals zu solchen Untersuchungen zu unruhig), bringt daselbst ein gutes Ladangfeld, welches zehn

*) Ind. Achip., holl. vertaling, I. pag. 80.

Klafter *) lang und breit und weitläufig bepflanzt ist, 200 bis 250 Pfund Reis, also, bei 200 stehn geblieben, eine Quadrattoise oder 36 Quadratfufs zwei Pfund, ein gleicher Raum von Sawa's aber mehr, in der Regel 300, sehr oft 350 und 400, und im geringsten Falle 250 Pfund hervor, was im letztern Falle des Minimums also 2½ Pfund auf eine Quadrattoise macht. In Tobah, wo der Reis 5- bis 6mal wohlfeiler ist, mufs allen Nachrichten zufolge der Ertrag viel gröfser sein. Bleiben wir aber einmal vorläufig bei diesem Minimum des Sawareises, wie bei dem Maximum des Ladangreises, welches aufser allen Zweifeln liegt, von 2½ Pfd. auf eine Q.-Toise stehen, so liefern 50 solcher Q.-Toisen 125 Pfd. Da nun überall, sobald sich der Battaër nur zu der geringen Arbeit, die dies erheischt, bequemen will, zweimal im Jahre geerntet werden kann, so können von 50 Q.-Toisen 250 Pfd. Reis erzielt werden.

Auf diese Wahrheit gründet sich meine Behauptung (siehe den statistischen Ueberblick), dafs 50 Q.-Toisen mit Reis bepflanzten Feldes mehr Product liefern, als ein Mann im Jahre zu verzehren im Stande ist; er hätte dann nämlich jeden Tag allein an Reis etwa ⅝ Pfund zu verschmausen, und soviel hat ein Battaër nicht nöthig. Defshalb und weil bei dieser Rechnung der ungleich gröfsere Ertrag der Felder in Tobah, sowie die 6fach gröfsere Ernte des Jagon, dessen Ertrag (s. unten) wenigstens 300fältig ist, womit ein Theil der Felder abwechselnd bepflanzt zu werden pflegt, noch gar nicht mit in Anschlag gebracht worden ist, ist obige Rechnung (l. c.), dafs 132 Mann auf einem bebauten Grunde von 6615 Q.-Toisen, auf dem jetzt nur einer lebt, ihre Nahrung finden können, also 18084 auf einer Q.-Minute, weil 6615 Q.-Toisen nur der 137ste Theil einer solchen sind, und dafs demnach auf den 638 Q.-Minuten gegenwärtig benutzten Kulturbodens, welcher jetzt nur 87205 Menschen zählt, 11,537592, und auf dem Areal (12013 Q.-Min.) des ganzen Landes, wenn es gleichmäfsig bebaut wäre, 217,243092 Menschen leben könnten, gar nicht übertrieben.

So weit die Nachrichten reichen, hat die Consumtion des Reises in den Battaländern dem Ertrag stets gleich gestanden, aus dem einfachen Grunde, weil die Battaër nie ein handeltreibendes Volk waren und daher nie mehr angepflanzt

*) Das gewöhnliche Maafs der Battaër, zwischen den ausgestreckten Armspitzen.

haben, als sie zu ihrem eigenen Bedarfe nöthig hatten; daſs dieser Ertrag, ohne selbst den Kulturboden im mindesten zu erweitern, von der gegenwärtigen Population um das 3fache, ja 4ſache, und in jedem Falle zum wenigsten um das Doppelte gesteigert werden könne, erleidet keinen Zweifel, da der Fleiſs der Landbauer dazu nur um ein Geringes verstärkt und in dem letztgenannten Falle die Sawa's anstatt nur einmal, wie jetzt, nur zweimal im Jahre bepflanzt zu werden brauchten. Auch hat in Nordankola und Mandaheling, den südlichen Grenzprovinzen des Innern, die Anwesenheit von einigen Compagnien Soldaten wirklich einen vermehrten Anbau und gröſsern Ertrag zur Folge gehabt, ohne daſs die Population seit dieser Zeit zugenommen hat oder die Preise des Reises erhöht sind. Denn durch eine bessere Umarbeitung des Bodens wird sowohl die Fruchtbarkeit der Reispflanze in der Vervielfältigung ihres Kornes gesteigert, von der oben gemeint wurde, daſs sie um die Hälfte, ja vielleicht um das Ganze erhöht werden könne, als auch der Boden selbst zu gröſsern Spenden fähig gemacht, hinsichtlich der Zeit, in welcher Beziehung der Ertrag um das Drei-, ja Vierfache, und wenigstens um das Doppelte verstärkt werden kann.

Doch würde, weil nie groſse Vorräthe von Reis, dem vornehmsten Lebensmittel der Battaër, vorhanden sind, eine gröſsere, die Zahl von 3000 übersteigende Armee, wenn sie keine Proviantvorräthe mit sich führte, bald durch Entbehrung leiden, doch weniger in den Centralthälern der Insel, als in den westlichen Gestadeländern, wo z. B. an der Bai von Tapanulie, wenn zu Pontjang temporär die Truppenzahl wegen bevorstehender Expeditionen um einige Hunderte vermehrt wird, selbst eine Reiseinfuhr von der sawareichen Insel Nias erheischt wird. Wenn diese Zufuhr auch unbedeutend ist, so führt sie doch, wenn nämlich meine ausgesprochene Vermuthung, die ich mit Beweisen zu unterstützen suchte, daſs Nias eine Battakolonie ist, gegründet sein möchte, zu der interessanten Betrachtung, daſs die angeerbte Industrie und der mitgebrachte Wohlstand in Kolonien zuweilen noch fortdauert, wenn das Mutterland wieder in Verfall gerathen, ja zuweilen noch höher aufblüht, wenn dieses schon längst in alte Barbarei zurückgesunken ist.

In allen Centralthälern und Centralebenen der Battaländer

steht die Kultur auf einer höhern Stufe und liefert einen grössern Ertrag, als am westlichen Gestade; und so wie alles Andere, so deutet auch der Kulturboden, nicht nur das gegenwärtige, sondern mehr noch das alte verlassene Kulturland darauf hin, dafs das Volksleben der Battaër sich vorzugsweise im Innern entwickelte, und dafs es vornehmlich im Innern war, wo Kunstfleifs und Ackerbau in einer zusammenhängenden Linie von Ankola bis zu den Grenzen Atjin's emporblühte, während die Westküste wahrscheinlich erst später, und nur auf einzelnen kleinen, von einander getrennten Puncten von innen her bevölkert wurde. Das alte Kulturland an diesem südwestlichen Gestade ist auch verschwindend klein gegen die grofse Ausdehnung der ehemaligen Felder im Ankolathale und Siepierok-Plateau, im Hochlande Silantom, im Tafellande von Tobah und in Ober-Biela, die man in der statistischen Tabelle einzeln angegeben findet, und steht selbst noch weit zurück hinter den Spuren von alter Kultur, die sich am östlichen Gehänge und Fufse der Gebirge finden, und die man hauptsächlich die grofsen, sanft und terrassenförmig fallenden Stromthäler von Biela u. a. entlang verfolgen kann, woraus unzweifelhaft hervorgeht, dafs die peripherische Entwickelung des Battavolkes, seine Entfaltung nach dem Umfange hin (seine Beziehungspuncte mit der Aufsenwelt), nicht nach der gebirgigen, wilden, schwer zugänglichen Westküste, vor der ein weiter, stürmischer Ocean liegt, sondern nach der sanft fallenden, von grofsen schiffbaren Strömen durchzogenen, also dem Verkehr bequemen Ost- (N.O.) Küste gerichtet war, welche nur durch einen schmalen, friedlichen Kanal, dessen glatte Spiegelfläche nie von heftigen Stürmen beunruhigt wird, von den benachbarten Gestaden Malacca's, Singapure's und anderer Inseln getrennt wird, auf denen schon in den frühesten Zeitaltern, bevor 1160 in Singapure *) Kolonisten aus Menangkabau **) ankamen, und bevor diese, durch Javanen von dort vertrieben, sich 1253 in Malacca niederliefsen, ***) eine antike

*) Cf. Crawfurd, Hist., holl. Uebers. III. pag. 373.

**) Alte chinesische Münzen und Ruinen aus Backstein, die nebst ihrer Inschrift den Stempel des Buddhakultus tragen, daselbst gefunden, deuten darauf hin. Cf. Crawfurd, Journ. of a Residence at the Courts of Siam etc., London 1828 pag. 551.

***) Dort fand Albuquerque 1511 behauene Steine von Gräbern, die auf eine ältere Hindukolonie vor der maleiischen Periode

Menschenkultur blühete, deren Gewässer arabische und chinesische Schiffer schon im 6ten und 7ten Jahrhundert im Handelsverkehr zwischen Arabien (Vorderindien, besonders zwischen Calicut auf der malabar'schen Küste) und zwischen Ceylon und China, durchkreuzten *); — ein Kanal, den der grofse Geograph Carl Ritter „einen uralten Durchgang maritimer Civilisation" nennt **), nämlich die Strafse von Malacca.

Gegen die Vertreibung der Maleien aus Singapure im J. 1252 durch Javanen aus Modjopait wendet Crawfurd ***) ein, dafs die Geschichtsbücher Java's von einer solchen Expedition der Javanen aus Modjopait nichts melden, obgleich auch er diese Sache bald darauf in demselben Werke †) als ein chronologisches Factum anführt. Vielleicht dafs nur Bewohner Palembangs, das schon damals an Modjopait tributär war, damit gemeint sind. Nach einigen javan'schen Ueberleferungen soll der letzte Kaiser aus Modjopait, Bro Widjojo, bei der Zerstörung seiner Hauptstadt durch Radeen Patah im J. 1478, Java verlassen und sich in Singapure festgesetzt haben ††), nach Andern jedoch bei dieser Zerstörung umgekommen sein. †††) Das Letztere dürfte das Wahrscheinlichere sein, weil die von Marsden gesammelten Nachrichten, welche die Vertreibung der Maleien aus Singapure in's Jahr 1252 setzen, Zeichen gröfserer Ausführlichkeit und Klarheit, also auch gröfsere Wahrscheinlichkeit an sich tragen. Alles deutet aber darauf hin, dafs entweder Modjopait selbst, oder doch wenigstens sein tributäres Kolonieland Palembang, mit Singapure damals schon in Beziehung stand.

Eine ungleich gröfsere Beachtung als diese angebliche Flucht des modjopait'schen Kaisers im J. 1478, verdient die An-

---

seit 1253 deuten, weil maleiische Völker nie in Stein zu bauen pflegen. Siehe C. Ritter, Erdkunde V. pag. 42 (nach de Barros, Asia.) und cf. Crawfurd, hist. III. pag. 375.

*) Cf. Renaudot, anciennes relations des Indes. II. pag. 140 etc. v. Bohlen, das alte Indien. I. pag. 370 und II. pag. 132. C. Ritter, Asien, Th. V. pag. 42 und pag. 587. J. G. Lüdde, Zeitschr. vergl. Erdkunde, I. (Geograph. Lit. der Araber von Dr. Wüstenfeld.)

**) Asien. V., pag. 42.

***) Hist. III. 375.

†) l. c. pag. 466.

††) Tydschr. v. Neerl. Indie. I. Nr. 10. pag. 284.

†††) Crawfurd l. c. pag. 308.

gabe in einigen Manuscripten des westlichen Java's, dafs ein Fürst des alten Sundareiches Padjajaran, genannt Ratu Galu, einen Zug nach dem maleiischen Lande (Malacca) unternommen haben soll, zur Zeit als Sri Iskander Shah dort regierte. *) Dieser Ratu Galu söll zwischen 1165 und 1175 der javanschen Zeitrechnung regiert haben. Nun aber ist nach Marsden's Untersuchungen dieser Iskander erst 1253 unserer Zeitrechnung auf Malacca angekommen; setzen wir nun jenen Zug Ratu Galu's in die Mitte seiner Regierung, also 1170 der javan'schen, oder 1243 unserer Zeitrechnung, so kommt er immer noch zu früh, nämlich 10 Jahre vor Iskanders Ankunft, nach Malacca. Oder galt dieser Zug vielmehr der Insel Singhapura, die damals wirklich mit allen Gestaden der maleiischen Halbinsel und allen benachbarten Inseln, seit der Ankunft der Maleien daselbst (1160), unter dem allgemeinen Namen Tanna maleio **) bekannt war, während sie vor dieser Ankunft nur Udjong tanna (Landsende) geheifsen hatte, und wurde durch diesen Zug vielleicht erst jene Auswanderung Iskander's nach Malacca veranlafst? — Auf jeden Fall, weil in Modjopaits Chroniken durchaus keiner Expedition nach Singapure gedacht, hier aber in einigen Manuscripten Westjava's eines Zuges nach dem maleiischen Lande positiv erwähnt wird, ist diese Angabe von der höchsten Wichtigkeit, und verdient einer genauen kritischen Untersuchung unterworfen zu werden.

Durch diese Bedeutung der in Batta's östlicher Nachbarschaft gelegenen Länder und Fahrwasser und ihres alten Völkerverkehrs sollte man auf die Vermuthung kommen, dafs, wenn die Battanation ein abgeleiteter Stamm von einem andern ursprünglichen Volke wäre, ihre Einwanderung wohl von Osten her geschah, und auf einem der grofsen Ströme, entweder auf dem Biela, oder dem Flufse Ledang oder Assahan, statt fand, an deren Ufern und Stromgebieten überhaupt im Lande Biela und Hualu, bis hinauf in's Hochland von Tobah und Eik Daho, gegenwärtig noch die stärkste Population und die am meisten ausgebildete Kultur in Blüthe ist. Auch im Osten ist es, wo sich Ruinen von Backstein an der südlichen Grenze der Bat-

*) Siehe Tydschr. voor Neerl. Indie. Jaarg. I. Nr. 5. pag. 345.

**) J. Crawfurd, Hist. vol. III. (holl. vert.) pag. 373. Cf. Raffles in: Asiat. research. t. XII. on the Maláyu Nation etc.

taländer, nämlich am Flufse Burumon bei Pertiebie finden, die jedoch nur noch aus Mauern und Fundamenten bestehn, und an denen keine Skulptur übrig geblieben ist, um daraus auf ihren Ursprung von Buddhadienern oder Brahmanen (?) *) schliefsen zu können. Alle Tradition schweigt darüber, und sicher wohl rühren sie aus einer sehr frühen Periode her. Besonders in Vergleichung mit den ganz ähnlichen zu Singapure gefundenen **), ebenfalls aus Backstein erbaut gewesenen Tempeln ist ihr Vorkommen tief im Innern sumatra'scher Ebenen von historisch-antiquarischer Wichtigkeit. Solche aus Ziegel- oder Backsteinen ohne sichtbaren Kitt zusammengefügte Tempel finden sich auf Java nur in den östlichsten Gegenden der Inseln, z. B. bei Probolingo, während die übrigen Tempel in den mittleren Provinzen aus Würfelsteinen von trachytischer Lava erbaut sind.

Diese Betrachtungen harmoniren auf eine befriedigende Art mit der Battacolonisation, welche nach Westen hin stattfand, nach Nias von der Tapanuliebai her, und deuten darauf hin, dafs die Zunahme der Bevölkerung von Osten nach Westen gerichtet war, und dafs das Menschenleben im Innern und an den sanften Ostgehängen des Landes schon in Blüthe stand, als, durch Uebervölkerung gezwungen, eine Anzahl Kolonisten zum wilderen Westgestade hinabstieg und ihre Blicke auf die vorliegende Insel Nias wandten. Dafs Kultur und Population auf dem östlichen Berggehänge, dem vorliegenden Fufse der Gebirge und, mit Ausnahme des zunächst an das Meer grenzenden schmalen, sumpfigen Saumes, auch in der östlichen Fläche überhaupt, nordwärts von Burumon und Biela, bis nach Assahan hinauf, eine höhere ist als in der westlichen Hälfte des Landes, ergiebt sich aus der Betrachtung der verschiedensten Verhältnisse, und wird auch durch den Umstand bestätigt, dafs nach unzweifelhaften Berichten hier selbst Spuren von

*) Einige Officiere wollten behaupten, dafs diese Ruinen Ueberreste christlicher, von Portugiesen zur Zeit ihrer Blüthe in Malacca erbauter Kapellen wären! Aber abgesehn von der von europäischer Bauart mit Mörtel ganz verschiedenen Zusammenfügung der Steine, müfste ja die Geschichte von solcher Colonisation der Portugiesen tief im Innern Sumatra's Etwas melden; es müfste sich auch wohl bei den Eingebornen eine Tradition davon während der verflossenen $2\frac{1}{2}$ bis 3 Jahrhunderte erhalten haben.

**) Nach Crawfurd, Journ. pag. 45 und 551.

auswärtigem Handel der Battaër, von Ausfuhr ihrer Producte über die Malaccastrafse hin vorkommen, nämlich von Bander Biela und von Assahan aus, welche beiden Plätze, ähnlich der berühmten Stadt Palembang, im Innern des Ostfläche liegen, am Ufer grofser Ströme, wo diese aufhören schiffbar zu sein, also dem Gebirgsfufse nahe, ersteres ¾ Tagereisen von der Mündung des Biela, letzteres 1 oder 1½ Tagereisen von der des Assahan. Von Assahan findet nach Berichten, die ich von kundigen Battahäuptlingen, besonders zu Hurung, einzog, und die ich, weil mir die kleinsten Specialitäten dabei vermeldet wurden, nicht bezweifeln kann, Ausfuhr von Reis, Rotangmatten, Wachs und selbst von Benzoë, nach Malacca und Pulo Penang statt, sowie auch der Häuptling, der zu Bander Biela regiert, Radja Tonkorintam, auf eignen kleinen Küstenfahrzeugen, bedeckten Praauwen, alljährlich 40 Ladungen Reis nach Malacca führen soll.

Alle diese Gründe deuten darauf hin, dafs eine Besitznahme des Landes von der schwer zugänglichen Westküste her unerspriefslich bleiben und ebenso unzweckmäfsig sein mufs, als eine Occupation Java's von dessen felsiger Südküste her sein würde, und verweisen daher entschieden auf die Ostküste des Landes, wo Zutritt von aufsen und Communication bis tief ins Innere schon von der Natur gegeben und durch die grofsen Ströme Biela, Ledang, Hualu und Assahan erleichtert ist, so dafs ein schnelles Aufblühen des Landes nur dann hervorgerufen und Kultur und Industrie im Innern nur dann bald erweckt werden kann, wenn der Zugang zum Hochlande, dem Hauptsitz der Verwaltung, von der N.O.-Küste her eröffnet, und von dort aus die Hauptcommunication der Binnenlande mit der Aufsenwelt hergestellt wird. —

2) In der Kultur der Nahrungspflanzen nimmt nach dem Reise der Jagon oder Mais (Zea Mays L.) die vornehmste Stelle ein. Er wird durch die ganzen Battaländer in den Ladangs gebaut, nachdem der Reis geschnitten ist. Wie dieser, reift er in 5 bis 6 Monaten, und liefert im Mittel 300fältigen Ertrag, der jedoch in sehr fruchtbarem Grunde, z. B. an den Abhängen des Lubu Radja, bis zu 400-, ja 500fältigem und darüber steigt. Als Speise, entweder in ganzen Aehren gesotten, oder am Feuer geröstet, oder grob gestampft und wie Reis gekocht, theils allein, theils mit diesem vermengt, ist er

weniger geachtet, wird jedoch überall häufig verzehrt, besonders von den Aermeren, und dient vorzugsweise den Schweinen und dem Federvieh zum Futter. Zwei Aehren, die hinreichen zum Frühstück eines Battaërs, kosten in Ankola einen Deut. In sehr gebirgigen Gegenden und an Berggehängen trifft man ihn vorzugsweise an, vermifst ihn dagegen in weiten Flächen, wo er, wie namentlich in Tobah, wenigstens seltner ist. Dort wird er durch die folgende Pflanze gleichsam ersetzt.

3) Convolvulus Batatas L., Gadung, sowohl bei den Battaërn als Maleien und Javanen so genannt, die auf einem etwas sandigen, lockern Grunde am besten gedeiht, und deren Wurzelknollen von der mittlern Gröfse unserer Kartoffel, doch länglicher, unregelmäfsiger und gedrehter von Gestalt, in Wasser gesotten mit etwas Salz auch häufig gegessen werden. Sie ist süfser, aber minder mehlreich als die europäische Kartoffel, möchte jedoch, gebraten, von einem europäischen Gaumen allen übrigen batta'schen Speisen vorgezogen werden. Mir schien sie ein sehr gutes und gesundes Nahrungsmittel; sie ist besonders in Tobah und Oberbiela sehr beliebt und dort wohlfeiler als Jagon. In Ankola ist sie weniger gemein. Seltner als sie kommt in den Battaländern Dioscorea triphylla, die eigentliche Obi-obi der Javanen und Maleien, und Dioscorea alata, Yam-yam der Maleien vor, welche letztere unter diesen drei Wurzelknollen die bei weitem gröfsere ist. *)

4) Caladium esculentum, welches ebenfalls eine efsbare Wurzelknolle von meistens sehr bedeutendem Umfang bis zur Gröfse eines Kopfes liefert, die mehlreicher als Gadung ist, jedoch lange nicht so süfs und schmackhaft, und defshalb auch weniger geachtet. Sie kommt in den Battaländern sowohl unter dem javan'schen Namen Talas, als auch mit dem maleiischen Kaladi vor, und wird nur einzeln in der Umgebung der Ladanghütten oder am Rande der Felder gepflanzt, wo man die

---

*) Bei den Javanen scheint häufige Verwechselung der Arten, welche mit diesen Namen belegt werden, zu herrschen. Zuweilen habe ich Wurzelknollen angetroffen, die Gadung (oder Gadong) genannt wurden, und die keine Batate, sondern Dioscorea triphylla waren, und zuweilen wurden die wirklichen Bataten Yam-yam genannt, obgleich dieser Name eigentlich nur der Dioscorea alata zukommt. Das Wort Obi-obi wird mehr im Allgemeinen für alle efsbaren Wurzelknollen gebraucht.

Pflanze an ihren grofsen, herzförmigen, dunkelgrünen Blättern sogleich erkennt.

Die unter Nr. 1. bis 3. genannten liefern in den Battaländern der Masse nach den gewöhnlichen Nahrungsstoff. Die europäische Kartoffel, Kentang oder Obi wolanda (Solanum tuberosum), ist dem Battaër ebenso wie alle europäische Cerealien unbekannt; doch gedieh sie, nach den Versuchen, welche einige Europäer in den südlichen Grenzprovinzen machten, so gut, dafs sich die Battaër bald darauf selbst auf ihre Anpflanzung legten und bereits i. J. 1842 ganze Kulifrachten, ebenso wie Zwiebeln, Bawang, nach Tapanulie zum Verkauf an Europäer bringen konnten.

B. Von eigentlichen Gartenpflanzen oder Gemüsen besitzen die Battaër nur sehr wenig. Man kann dahin rechnen:

5) Capsicumarten oder spanischen Pfeffer, von ihnen Lasiok, von den Javanen Lombok, von den Maleien Tjabeh genannt, dessen scharfes, beifsendes Aroma in der Regel die Stelle des Salzes vertritt.

Amomum Zingiber kommt in den Gebüschen gebirgiger Gegenden wild vor.

6) Einige Cucumisarten, Timun, auch Cucurbita Citrillus, die Wassermelone (Samangka der Javanen), doch selten. Als Gemüse dienen auch junge Schöfslinge, Robung, von Bambusrohr.

7) Einige Dolichosarten, Katjan (Bohnen). — Doch auf alle diese Pflanzen, den einzigen Lasiok ausgenommen, der als Zuspeise zum Reis allgemein verbreitet ist, legen die Battaër keinen Werth und behandeln sie nur nebenbei.

Mehr als Luxusartikel müssen betrachtet werden:

8) Piper Betel L., der Betelpfeffer, dessen Blatt zum Siri- oder Betelkauen benutzt wird, der als Schlingpflanze in der Umgebung der Dörfer, jedoch nur an den Küsten vorkommt, im Innern gröfstentheils *) unbekannt ist und daselbst

9) vom Taback ersetzt wird. Dieser wird allgemein durch die Battaländer, jedoch nur einzeln in kleinen Pflanzun-

*) In den hoch gelegenen kalten Provinzen wenigstens. In vielen übrigen hat er Eingang gefunden; in diesen wird selbst Kalk gebrannt, nämlich aus Süfswassermuscheln, die sich in Gebirgsbächen finden, und die, in kleine Haufen geworfen, über Kohlenfeuer geglüht werden; ein Geschäft, das die Frauen auf offenen Plätzen vor den Dörfern verrichten.

gen angebaut; seine Blätter werden, so wie sie von dem Gewächse kommen, ohne sie erst einem gewissen Grad von Gährung zu unterwerfen, in der Sonne getrocknet und dann grob geschnitten. Solches grüne Heu (denn viel besser schmeckt es nicht) schmaucht Jung und Alt, Radja und Gemeiner, in dem mittlern und nördlichen Theile der Battaländer, namentlich in Tobah und Silindong, aus seinen messingenen Pfeifen von früh bis spät. In den Gestadeländern und den südlichen Centralprovinzen (Siepierok, Ankola) ist diese Gewohnheit des Tabackrauchens nicht verbreitet; hier hat das Betelkauen mehr Eingang gefunden.

C. Der Färbestoffe der Battaër, der Marsdenia tinctoria (10), Indigofera tinctoria (11) und Morinda citrifolia (12), ist bereits an einem andern Orte (Kap. 5.) gedacht. Die gelbe Farbe des Holzes von Artocarpus integrifolia und die rothe des von Caesalpinia Sappan ist den Battaërn unbekannt. Auch an Arzneistoffen haben sie nichts Nennenswerthes, und einige andere in ihrem Haushalte vorkommende nützliche Producte des Pflanzenreiches sind kein Ergebnifs der Kultur, sondern ein freiwilliges Geschenk der Natur. Dahin gehören Dammarharz, Dammar, ein Exsudat von zwei verschiedenen Bäumen, einer Podocarpusart und Agathis loranthifolia Salisb. *), das in den südlichen Provinzen als Erleuchtungsmittel des Abends in den Häusern gebrannt wird (Kap. 5.), und Splitter oder Stückchen von jenem terpenthinreichen Fichtenholze, Tussam (Pinus sumatrana mihi), das zu demselben Zweck in den nördlichen Provinzen dient.

D. Den Stoff zu ihrer Kleidung liefert, aufser der Rinde mehrerer Bäume (Kap. 5.), die Wolle von einigen Gossypiumarten, hauptsächlich G. herbaceum (13), Kupas der Battaër und Maleien, welches überall, doch vorzugsweise in flachen Gegenden, und in Tobah, angepflanzt wird, und zwar gewöhnlich im August, und dessen Früchte (Kapseln) man im Beginn des Januar anfängt einzusammeln, bis etwa Ende März. Zu Fäden gesponnen und gewebt, liefert es die gewöhnliche, grobe, doch ziemlich dauerhafte Kleidung der Battaër. Kleidung von Fellen, Leder oder Thierwolle ist ihnen fremd.

*) Eine dritte Art von weifsem Dammarharz wird bekanntlich in Dekan u. a. Provinzen Vorder-Indiens von Shorea robusta Roxburgh. gewonnen.

E. Von den Pflanzen, deren Producte im europäischen Handel vorkommen, ist nur eine der Gegenstand des Anbaues, nämlich 14) der Pfeffer, Piper nigrum L. *), der sich auf die heifsen S.W.- und N.O.-Küsten und die diesen Küsten zunächst liegenden, wenig über das Niveau des Meeres erhabenen Flächen beschränkt, der den eigentlichen Battaërn der Binnenlande unbekannt ist, und dessen Anbau überhaupt mehr von Maleien und Atjinesen als von Battaërn betrieben wird, und an der S.W.-Küste eigentlich erst im Norden von Singkel bei Turumon anfängt, von wo er sich am atjinesischen Gebiete entlang bis zur N.W.-Spitze der Insel fortsetzt, während er südlich von Singkel, am Gestade der eigentlichen Battaländer, kaum bemerkenswerth ist, und defshalb unter den Kulturpflanzen der Battaër auch mit Stillschweigen übergangen werden kann.

F. Fruchtbäume.

Wenn man die dichtbelaubten, mit goldnen, weifsen und purpurnen Gaben der Pomona schimmernden Fruchtbaumwälder Java's verlassen hat, in deren Schatten man wie in einem Urwalde hinwandelt, aber auf geebnetem, rein gehaltenem Boden, überall angeblickt von freundlichen Hütten, die aus den Gebüschen hervorgucken, umduftet von den Aromen der Michelia Champaca oder der Unona odoratissima; wenn man den schlanken, im Winde säuselnden Palmengebüschen Batavia's den Rücken gekehrt, und die Alleen schöner Tamarindenbäume durchwandert hat, welche den Scheidenden bis zum äufsersten Rand des Landes begleiten; — wenn man dann nach kurzer Fahrt durch die friedliche Sundastrafse am Westgestade Sumatra's hinsteuert, die düstern, hohen Gebirgsketten zur Rechten, so glaubt man der warmen, blühenden Tropenwelt auf einmal entrückt und in ein ganz fremdes Land versetzt zu sein. Wenn auf der Nordküste Java's, die man eben erst verliefs, eine ewige Ruhe der Natur herrschte, deren tausendfältige Blüthen nur ein leiser Seewind durchfächelte, so wird man hier plötzlich von Stürmen bewillkommnet, die kalte Regenschauer vor sich herpeitschen und dröhnend durch das

*) Denn Benzoë, Kampfer, Rotang und aus diesem geflochtene Matten, sowie Dammar und Zimmt, nämlich die Art von Laurus Cassia L., werden nicht durch die Kultur erzielt, sondern sind freiwillige Naturspenden.

zur Seite geworfene Schiff fahren. Setzt man dann seinen Fufs auf dem schmalen Küstensaume ans Land, etwa am Ufer des tiefen, rings von Bergen umgebenen Kessels der Bai von Tapanulie, so sieht man sich vergebens nach alle dem Herrlichkeiten der Pflanzenwelt um, dieman verlassen hat. Da erblickt man keine Palmenhaine, wie sie, vom Fleifs der Menschen zeugend, sich auf dem Nordgestade Java's bei Batavia und Samarang meilenweit in die Länge ziehn; da sieht man keine Brodfruchtbäume, keine Orangenwälder; keine Mango's mit goldnen Früchten, keine buntfarbigen Nephelien (Rambutan) laden den Wandrer ein, keine Tamarindenalleen führen ihn ins Land, und keine Malatti- oder Champacadüfte umfangen ihn; kaum erblickt er einen einzelnen, verkümmerten Cocosbaum und neben ihm eine Hütte; denn zwischen Casuarinen, die tannenartig im Sumpfboden wachsen, oder zwschen den Wurzeln von Rhizophoren, die einen modernden, fauligen Geruch verbreiten, steigt er ans Land.

Und greift er dann zu seinem Wanderstabe, nicht abgeschreckt von dem wüsten Aussehn der Küste, noch von den Nebelschwaden, die wie lange Schleier bis tief an's Meer herab durch die Wälder ziehn, und wandert auf ungebahnten Wegen, bald in Schlamm einsinkend, bald im üppigsten Dickicht hängen bleibend, durch die Waldung, in der er befremdet die Eichen und Kastanien javanischer Berghöhen neben Benzoë- und Kampferbäumen in tiefen Niederungen antrifft und Rubusarten neben Vitex trifoliata pflückt; läfst er sich nicht abschrecken durch die Blutegel, die hier, kaum 50 Toisen über dem Meere, schon in den Wäldern wimmeln, noch durch die Elephanten, in deren tief eingedrückten, scheibenförmigen Fufstapfen er stolpernd einknickt, und erreicht dann endlich ein einsames Dörflein der Battaër, so steht er da, betroffen von der düstern Oede des Anblicks, die sich seinen Augen darstellt. Wo sind die goldnen Nüsse, die aus den Gipfeln der Palmen herabblinken, wo sind die purpur-funkelnden Jambosen, wo die luftig-zarten Bogen von Bambus, in deren Zweigen sanfte Turteltauben girren; wo schaukelt der Pisang sein schönes, grünes Blatt über der Hütte, und wo ist der höfliche Javane, der ihm entgegen tritt?

Keine Spur von alle Dem. Ein Dutzend schwarzer Hütten mit hohen, rauchigen Giebeln, in zwei Reihen eng zusammengeschaart, von einem halbverfaulten hölzernen Pfahlwerk umzäunt, ohne ein einziges grünes Blatt, ohne einen Grashalm in ihrer Mitte, nur von einigen Schweinen aufsen umweidet, blicken ihn düster an, und rings um sie hin zieht sich der dunkle Wald, nur vom dumpfen Echo der brüllenden Wauwau's und des Inuus nemestrinus belebt.

Die Ursache dieses Mangels an Fruchtbäumen in den Battaländern, deren hundertfache Mannigfaltigkeit Java's Dörfer zu einem so lieblichen Aufenthalte macht, liegt nicht blofs in dem Mangel an Anpflanzung und Pflege, obgleich auch hierauf wenig Sorge verwendet wird, sondern wird durch das Klima bedingt, dessen häufige, regellos und ohne Mussonwechsel strömende Regen, die im ganzen Jahre kaum einen halben Monat anhaltende Trockenheit und gleichmäfsige Wärme zulassen, nebst den kalten, stürmischen N.W.-Winden, mit denen sie sehr oft zu ganz unbestimmten Zeiten, periodenlos, Jahr aus Jahr ein, einzutreten pflegen und das Reifen von zarten, fleischigen und süfsen Früchten nicht begünstigen, sondern zur Folge haben, dafs auch die wenigen, in den Battaländern vorkommenden Kulturbäume nur säuerliche und herbe Früchte tragen, welche nimmer die Schmackhaftigkeit der Mango's, der Decumanen, Ananasse und Jambosen auf Java's Nordgestaden erreichen, wo eine gleichmäfsig anhaltende, 6 Monate lang von keinem Sturm, kaum von einem Seelüftchen unterbrochene Wärme den höchsten Grad der Reife und Süfsigkeit der Früchte erzeugt.

Es mögen jedoch die wenigen Fruchtbäume der Battaër hier aufgezählt stehn:

15) Pisang (Musa paradisiaca und M. sapientium) kommt noch am häufigsten vor und ist, nächst den im Anfange dieses Kapitels aufgezählten drei Nahrungspflanzen, diejenige Frucht, die am meisten genossen wird; doch immer nur als Leckerei oder zur Abwechselung, nie als eigentliches Nahrungsmittel. Wie keine der übrigen (folgenden) Kulturbäume, ebenso wenig findet man den Pisang in der nächsten Umgebung, viel weniger im Innern der Dörfer, die jederzeit kahl und alles Pflanzenwuchses entblöfst sind, sondern nur in oder zunächst um die Ladang's, die stets in einiger Entfernung von den Dörfern, wahrscheinlich zur Abwehrung der Schweine und des Feder-

viehes angelegt sind. Die Ladang's sind daher dem Battaër sein eigentlicher Paradiesgarten.

16) Arenga saccharifera s. Gomutus Rumpfii, Parkot der Battaër, Onno der Maleien, Areng der Javanen. Die Saguere- oder Arengpalme wird in allen gebirgigen Gegenden der Battaländer zwar häufig angetroffen, ist jedoch auch nicht so zahlreich, wie in gleichen Localitäten der Insel Java. Sie liefert den Battaërn drei Stoffe, Tuak, Hidju und Lulluk. Tuak (maleiisch Tju, doch auch Tuak, javanisch Lahang, sunda'sch Legchen) *) ist der Saft, der aus dem abwärts gebogenen Stiele der Blüthentrossen, nachdem diese zur Zeit, wo die Fruchtknoten zu schwellen anfangen, abgeschnitten sind, austräufelt, und in cylindrischen, 2 bis 5' langen Gefäfsen von Bambusrohr aufgefangen wird, und wenn er 4 bis 6 Stunden nach dem Abzapfen anfängt in Gährung überzugehen und viel Kohlensäure zu entwickeln, als Palmwein ein höchst angenehmes, süfses und doch zugleich auch säuerliches, erfrischendes, Durst löschendes und doch auch ermunterndes, sanft erregendes Getränk liefert, welches der Battaër sehr liebt, und welches ich, wenn es überall in diesem Zustande zu haben wäre, nicht anstehen würde, dem besten, feinsten Champagner vorzuziehn. Aber bereits nach kurzer Zeit, nach 12 Stunden, wenn diese erste Epoche der Kohlensäureentbindung vorübergegangen ist, verliert es seinen angenehmen Geschmack, und den andern Tag (nach 24 Stunden) ist es schon mehr oder weniger sauer. Es ist angenehmer und erquickender, wenigstens in den Battaländern, als der zu gleichen Zwecken verwandte Saft der Cocos- und Palmyrapalme (Borassus flabelliformis), und kann fast einen Monat lang von einem und demselben Baume, in einer täglichen Quantität von etwa 1½ bis 2 Maafs gewonnen werden. Die Bereitung von Zucker aus diesem Safte, wie auf Java, ist den Battaërn nicht bekannt.

Hidju (Idju der Maleien) ist der glänzend-schwarze, fasrige, Pferdehaaren ähnliche Stoff, welcher sich zwischen dem scheidenartigen untern Ende der Blattstiele und dem Stamme fin-

*) Tuak ist sein Name auch bei den Niassern und den Daijakern auf Borneo (nach Francis in Neerl. Ind. Tydschr. IV. Nr. 7. pag. 8). Die Angabe bei L. Horner l. c. pag. 348, dafs ihn die Niasser (umgekehrt) nicht Tuak, sondern Tju (Tjuh) nennen, ist offenbar ein Druckfehler.

det, zum Decken der Häuser benutzt wird und zu diesem Behuf sowohl vor dem Allang-Stroh als den Palmblättern den Vorzug hat, weil er der Zersetzung durch Wasser 3 bis 4mal länger widersteht und sich dadurch besonders für sehr gebirgige und regnerische Klimate empfiehlt. Er ist es, der den Battadörfern, von denen man aus der Entfernung nur die Dächer erblickt, jenes schwarze, düstere Ansehn giebt. Auch Stricke und Bindfäden zu Netzen werden daraus geflochten. Lulluk (Rawok der Maleien, Kauwul oder Kaul der Sundaër) heifst der braune, weiche, byssusartige Stoff, welcher in einer dünnen Schicht die innere Seite des unteren scheidenförmigen Endes des Wedelstiele, die den Stamm umfassen, überzieht; er gleicht am meisten dem Feuerschwamm der Bergleute aus Rhacodium, ist jedoch von lichtbrauner Farbe und noch weicher und leichter wie dieser, wird aber zu gleichen Zwecken gebraucht.

17) Cocos nucifera L. Findet sich nur um die Dörfer am südwestlichen Gestade und auch dort nur sparsam, vereinzelt, oder nur in wenig zahlreichen und von einander getrennten Gruppen, weit entfernt, solche prächtige, meilenlange, ja Tagereisen lange Wälder wie auf den nördlichen Ebenen Java's, oder in noch höherem Grade, auf dem S.W.-Gestade Ceylon's zu bilden. Wahrscheinlich ist es nicht der Mangel an Pflege allein, sondern auch die Rauhheit des Klima's und dessen häufiger, mit nordwestlichen Regenstürmen eintretender Temperaturwechsel, die ihre Sparsamkeit auf Sumatra's nordwestlichem schmalem Küstensaume bedingen; auch ist der Saft der Nüsse (die Cocosmilch) nicht so süfs und das Mark nicht so ölreich, als auf Java, selbst dann nicht, wenn die Palme auf gleichem, halbsandigem Boden am Strande wächst. Doch wird auch in den Strandgegenden der Battaländer Oel zum Brennen daraus bereitet. Der geringe Ertrag dieses Oels ist zum Bedarfe der Europäer, obgleich deren Zahl sehr gering ist und sich auf die Küstenplätze und die südlichen Grenzprovinzen beschränkt, nicht zureichend und macht Zufuhr von Nias nöthig.

Im Innern der Battaländer trifft man nur hier und da auf eine einsame Palme, die sich in verwilderten Gebüschen ehemaliger Fruchtbäume, selbst in Hochländern wie Silantom, erhebt, und den Beweis von einer frühern höhern Kultur liefert.

18) Carica Papaya L., Pohn bodik der Battaër, der

Melonenbaum. Dies ist die gemeinste Frucht in den Battaländern, selbst gemeiner als Pisang; der Baum gedeiht überall und ziert mit seinen palmenartigen Stämmchen fast alle Ladang's. Nicht eben so allgemein verbreitet, doch in einigen Gebirgsgegenden aufserordentlich häufig ist:

19) Durio zibethinus L., welcher von den höhern, holzigen Fruchtbäumen den Battaërn fast das einzige Obst liefert. In Nord-Ankola, Siepierok und Südtobah, in Gegenden, die 1000 bis 3000 Fuſs und höher über dem Meere liegen, scheint die Durian ihr eigentliches Lieblingsklima zu haben, denn dort wächst sie in ganzen Wäldern und erreicht eine Höhe, in welcher sie auf Java, in der Umgebung von Dörfern, selten angetroffen wird. Hier in den Battaländern wetteifert sie mit den höchsten und umfangreichsten Waldbäumen — aus ihren dicken Stämmen werden vorzugsweise die schweren Särge der Battakönige verfertigt —, und ihre gewaltigen Aeste steigen 100 Fuſs hoch empor, um, mit Usneen fuſslang behangen, den Stürmen Trotz zu bieten, die von N.W. über's Gebirge blasen und viele andere Bäume zerknikken. Sie ist jetzt nirgends mehr ein Gegenstand der Kultur: sie findet sich ebenso häufig in der Umgebung alter, untergegangener Dörfer, als in Wäldern, wo, soweit die Sage reicht, niemals Menschen wohnten. Unter andern scheinen die Wälder, welche den eine Tagereise weiten Raum zwischen Tobing und Huraba in Hoch-Ankola erfüllen, vorzugsweise aus Duriobäumen zu bestehen. Sie ist auch nicht, gleich den übrigen hier aufgezählten Fruchtbäumen, ein besonderes Eigenthum in den Battaländern, sondern ein jeder Wanderer darf ihre kopfgroſsen Früchte pflücken, um sich an dem breiartigen Fleische, das die Kerne umgiebt, zu laben. Ob sie daher ursprünglich wild hier wächst, wie in den Molucken, oder verwildert ist, möchte schwer mit Gewiſsheit ermittelt werden können; auf Java wächst sie nirgends wild, und auch in den Battaländern möchte ich lieber eine Verwilderung annehmen, nachdem ich in ihren Wäldern sah, wie die abgefallenen, überreifen und aufgeplatzten Früchte überall den feuchten Boden bedeckten und, in Verrottung übergegangen, den Kernen, die sie einschlossen, zugleich die fruchtbarste Erde (oder Mist) zum Keimen darboten, und wie solche keimende Samen und junge aufgeschossene Pflänzchen zu Hunderten sich ringsum erhoben.

20) Areca Catechu, die Pinangpalme, kommt, weil das Betelkauen in den Binnenlanden nicht gebräuchlich ist, selten vor und findet sich nur sparsam in den Dörfern der Gestadeprovinzen.

21) Citrus medica L. Eine Varietät (oder eigene Art?) mit kleinen citronengelben, äufserst wohlriechenden und angenehm säuerlichen Früchten, die viel vorzüglicher sind als die auf Java unter dem Namen Djerok assam (saure Citrus) bekannten, und sich von den europäischen Citronen nur ihrer Gröfse nach unterscheiden; findet sich in einigen 1000′ hohen Gegenden scheinbar wild.

22) Psidium pyriferum (Jambu pitji) findet sich wie die vorige wild, oder verwildert in einigen wärmeren, also tiefer liegenden Gegenden, z. B. im Thal Ankola bei Pitja koling, in Niedertapanulie, im Bielathale bei Mananti, und ist sehr schmackhaft.

23) Mangifera-Arten sind selten in den Strandgegenden und tragen nur saure Früchte, die nie ganz reifen und für den Europäer ungeniefsbar sind.

24) Ricinus communis kommt in den hohen Centralebenen selten und auch in den Strandgegenden sparsam vor, und wird zu keiner Oelbereitung benutzt.

25) Ficus religiosa (Weringien ohne Luftwurzeln) kommt sehr sparsam in den Battaländern angepflanzt vor; doch findet sie sich (ob ein Ueberbleibsel der Kultur aus einer frühern bessern Zeit?) wirklich in Silindong, auch in Tobah, wo unter ihrem Schatten gegenwärtig die Märkte (Bazaars) gehalten werden. Zwei Individuen stehen auch im Plateau Siepierok. Ficus indica, die eigentliche Weringien der Javanen, ausgezeichnet durch ihre vielen Luftwurzeln, ist mir in den Battaländern nicht begegnet.

Es ist bekannt, dafs Ficus religiosa der heilige Baum der Buddhaanhänger ist, während jene, die eigentliche Banjane (Ficus indica), von den Brahmanen verehrt wird, und dafs sich das vielfältige Vorkommen dieser Bäume auf Java aus jener Epoche herleitet, wo Brahma- und Buddhakultus auf dieser Insel blühte, seit welcher Zeit diesen Bäumen bei den Einwohnern immer noch eine gewisse Verehrung geblieben ist, die ihr Uebertritt zum Islam nicht hat vertilgen können. Ich wage es jedoch nicht, aus dem Vorkommen von einigen wenigen Individuen der Ficus religiosa (des Buddhabaumes) in den Battaländern Schlüsse auf das vormalige Bestehen einer Buddhalehre daselbst herzuleiten, da man weder eine Spur von plastischen Denkmälern, noch von Volksgebräuchen findet, welche mit Bestimmtheit auf diese Doctrin gedeutet werden könnten. Auch die Sage schweigt hierüber. *)

Andere Fruchtbäume und Fruchtpflanzen als die genannten kommen in den Battaländern nicht vor; und auch von den genannten ist es eigentlich nur Papayang und Pisang, die allgemein verbreitet sind, und nächst ihnen nur die Arengpalme und der Duriobaum, die häufig vorkommen.

Gänzlich fehlen, mit Ausnahme vielleicht von einigen Individuen, die man in den Stranddörfern antreffen möchte, wo sich Maleien angesiedelt haben, jene herrlichen Fruchtbäume Java's, wie: Jambusarten (Psidium, Eugenia, Jambosaarten), der Nanka- oder Jackbaum (Artocarpus integrifolia), der Brodfruchtbaum (Art. incisa), die Garcinia Mangostana, die Rambutan, Nephelium lappaceum L. (Euphoria DC.), Srikaya (Anona squamosa), Boa nonna (Anona tuberculata) und andere Anonae, die Pompelmus (Citrus Decumana); es fehlen Orangen, Tamarinden, Acacien oder Petehbäume; vergebens sucht man in den Zäunen die Jatropha Curcas, die Justicien oder die Euphorbia Antiquorum und E. Tiracalli, welche der Javan zu lebendigen Hecken seiner Felder benutzt, und vergebens frägt man nach den wohlriechenden Blumen jener Bäume und Sträucher (Unona odorata, Michelia Champaca, Jasminum Sambac u. a.), von deren aromatischen Düften die Kampongwälder der Javanen durchzogen sind, und von denen der Battaër ebenso wenig als von Zierblumen und Ziersträuchern etwas weifs. Die oben unter Nr. 1. bis 25 aufgezählten Vegetabilien sind der Inbegriff des ganzen Reichthums, der ihm aus Ceres' Garben und Pomona's Füllhorne zu Theil wurde. Das kahle Ansehn seiner Dörfer, welches aus diesem Mangel an Fruchtbäumen entspringt, und der Contrast, den es mit den üppigen Fruchthainen Java's bildet, wurde bereits hervorgehoben. Aber nirgends ist diese Kahlheit auffallender als in Tobah, wo man aufser einigen Papayans keinen einzigen Fruchtbaum, auch keinen Pisang und keine Arengbäume antrifft; der Grasteppich-

*) Vergl. über Geschichte und Geographie dieser Bäume C. Ritter's Abhandlung in dessen Asia VI. pag. 656 — 688.

dieser Hochebene, durch nichts unterbrochen, als in weiten Entfernungen durch einen einzelnen Weringienbaum (F. religiosa) und durch den schwarzen Fleck eines Dörfchens, gewährt daher einen zwar einsamen, ja öden Anblick, erweckt aber auch dafür, indem er dem Blicke erlaubt, ungehemmt in duftige Ferne zu schweifen, das Gefühl von Freiheit und Unendlichkeit.

Wir haben im Obigen derjenigen Pflanzen und Bäume gedacht, welche vom Battaër aus eigenem Antriebe angebaut werden, deren Kultur also bereits vorhanden ist. Was die neu einzuführenden Kulturzweige betrifft, so kann hier nicht der Ort sein, davon zu handeln, auch kann die Wahl dieser Kulturzweige und ihre Zweckmäfsigkeit in der Anpassung auf das Land der Battaër nur durch die Berücksichtigung von dessen Klima und Temperaturverhältnissen geleitet werden, weil die Fruchtbarkeit des humusreichen Bodens fast überall gleich grofs und allgemein verbreitet ist, und nur hier und da am östlichen Fufse der Gebirgskette einige locale Ausnahmen erleidet, namentlich in den Padang lawa's, in denen Mergel und ein schwerer Thongrund vorherrscht. Von den klimatologischen Verhältnissen wird in einem besondern Abschnitte gehandelt, und nur im Vorübergehn ist oben bereits der häufigen Hydrometeore und der frequenten, sowohl schnell hinter einander folgenden, als auch dem Grade nach starken Temperaturwechsel gedacht, die das Reifen der zarten Obstarten hindern, und die auch sicherlich allen solchen Kulturarten ungünstig sein werden, zu deren Gedeihen, namentlich zu dem des Zimmtes, des Zuckerrohrs, der Cochenille und des Indigo, eine gröfsere Wärme und Trockenheit, und besonders eine längere Zeit hintereinander gleichmäfsig anhaltende Wärme erheischt wird. Um so üppiger und kräftiger aber würde in diesem Klima der Battaländer und in deren fruchtbaren Waldboden der Kaffee gedeihen, der in allen Gebirgen, vom Seestrande an bis auf 4000′ hohe Rücken hinauf, gepflanzt werden könnte, zu dessen Kultur sich aber vorzugsweise die inneren, vor N.W.-Stürmen mehr geschützten Wände der Bergketten und Bergabhänge, da wo sie sich in die Centralthäler hinabsenken, empfehlen würden; und desto herrlicher würde wahrscheinlich in dem

4000′ hohen Tafellande Tobah's die Theestaude ihr Gedeihen finden. Bei solchen neu einzuführenden Gegenständen des Anbaues darf ein sehr vortheilhafter Umstand nicht unerwähnt gelassen werden, dafs nämlich die Battaër im Allgemeinen ungleich mehr zum Anbau geneigt sind, als ihre Nachbarn in Rau und in den Bovenlanden von Padang, die Maleien, und dafs sie sich schon durch eine geringe Anregung zur Anpflanzung nützlicher Producte willig finden, sowie namentlich ihr freier Glaube, oder wenn man will, Unglaube, der bis jetzt noch keine Ansteckung von der Pest des Korans zuliefs, die wohlthätige Folge hat, dafs sie dem Europäer, dessen gröfsere Kraft sie anerkennen, gehorchen und mit mehr Innigkeit ergeben sind, ohne eine Spur von Fanatismus und Unduldsamkeit zu zeigen, während die mohamedanischen Maleien im Wahnsinn ihres Glaubens den Christen hassen und ihm nur gezwungen folgen. Ueberhaupt stehn die Battaër in der Güte und Treue ihrer moralischen Gesinnung weit über den Maleien, wobei allein zu bedauern ist, dafs grofsen Kulturunternehmungen die schwache Bevölkerung in den Battaländern entgegensteht.

Das Vorkommen von wildem Zimmt in den südlichen Theilen der Battaländer könnte auf die Vermuthung bringen, dafs sich das Klima der Battaländer zur Kultur dieses Gewächses eigne. Ich habe diesen Zimmtbaum, dessen Rinde ziemlich aromatisch ist, jedoch gesammelt und untersucht; es ist nicht der ceylon'sche Zimmt, sondern Laurus Cassia L., welcher auch in Ceylon, in Cochinchina, den Philippinen und, wie man sagt, auf Borneo (?) wild wächst. Zum Anbau des echten Laurus Cinnamomum L. möchten sich die Battaländer schwerlich eignen, wenigstens, wenn man nach dem Beispiele der S.W.-Küste Ceylons urtheilen darf, wo dessen eigentliches Heimathland ist, wo er am besten im magern Sandboden gedeiht, und wo der Reichthum seiner Rinde am feinsten Aroma hauptsächlich nur durch die klimatischen Eigenthümlichkeiten dieser Küste, nämlich durch den hohen Wärmegrad, und mehr noch, als durch diese hohe Temperatur an sich selbst, durch die ungemeine Gleichmäfsigkeit dieser Wärme den gröfsten Theil des Jahres hindurch, ohne je von bedeutenden Wechseln unterbrochen zu werden, hervorgerufen zu sein scheint. Manche Gegenden an der Südküste Java's, wo die Wälle oder

Mauern der Kalkgebirge durch **sandige** Zwischenräume unterbrochen sind, z. B. an den Mündungen und aufwärts an den Ufern der Flüsse Progo und Opak (in der Residenz Djoejokarta), möchten nebst einigen Ebenen der Nordküste bei Passuruan und Besuki diesem ceylon'schen Klima nôch am nächsten kommen. *)

§. 2.

Hausthiere.

Unter den Hausthieren, die bei dem batta'schen Volke Pflege geniefsen, steht aufser dem Huhne (dem Haushahn, welcher wohl in keinem Lande und auf keiner Insel dieses Archipels, so klein sie auch sei, gänzlich fehlt) das **Schwein** obenan, worauf hinsichtlich des Individuenreichthums das Rind, der Büffel, dann das Pferd, und zuletzt die Ziege folgt, welche letztere am seltensten ist. Andere zahme Thiere, aufser Katzen und Hunden, sind dem Battaër unbekannt. Schaafe, Esel etc. fehlen. **) Die annähernde Zahl dieser Hausthiere in den einzelnen Provinzen ist in der 2ten statistischen Tabelle angegeben (Kap. 2.). Wenn wir diese Zahl mit einem sehr cultivirten Lande, z. B. mit Java, vergleichen, so erscheint sie freilich nur gering; mit andern ähnlichen Ländern aber, deren Völkerzahl die der Battaländer nicht eben sehr bedeutend übertrifft, z. B. mit Ceylon in Parallele gestellt, mufs wenigstens die Zahl der Schweine in den Battaländern bedeutend genannt werden.

Land.	Areal.	Menschen.	Pferde.	Rinder.		
Battaländer.					Büffel.	Schweine.
(südl. bekannt.) 1842.	7813 Q.'	87205	2280	6395	1210	25989
Ceylon.					Schaafe.	Ziegen.
(1831—33.)	20000 Q.' ***)	959900 †)	1146 ††)	537200 ††)	29510 ††)	38336 ††)

*) Cf. C. G. et Th. Fr. L. Nees ab Esenbeck, de Cinnamomo disputatio. Bonnae. 4. 1823.

**) Die wenigen Thiere der Battaländer, welche Producte liefern, die im Handel vorkommen (Wachs, Elfenbein), z. B. Holothurien (Tripang), die Riesenschildkröte, Riesenmuschel, sind kein Gegenstand der Zucht, sondern werden eingefangen.

***) Nach Berghaus Berechnung (Atlas v. Asien). Nach J. Davy (Account of the Interior of Ceylon etc.) 20770 engl. Q.-Meilen.

†) Im Jahre 1831. Nach Montgomerry Martin, Hist. of the British Col. Lond. 1834. vol. I. pag. 364.

††) Im Jahre 1833. Nach J. Cordiner's Angabe: Ritter Asia VI. pag. 143.

Wenn wir, weil Ceylon fast dreimal gröfser ist als das angegebene Battaland, die Zahl der Schweine im letzteren mit 3 multipliciren, so erhalten wir eine Summe, welche die vereinigte Zahl von Schaafen und Ziegen in Ceylon noch ansehnlich übertrifft, also in jedem Falle nicht unbedeutend genannt werden kann. Freilich ist dann die Zahl der Kühe auf Ceylon immer noch beinahe siebenmal stärker.

Die Zucht dieser grunzenden Vierfüfsler erheischt wenig Sorge; man läfst sie den Tag über nach Herzenslust den Grund in und um die Dörfer durchwühlen und treibt sie nur des Nachts in die Ställe unter den Häusern. Aufser etwas gestampftem Jagon, den sie nebst dem Abgange anderer Speisen Morgens und Abends in hölzernen Trögen erhalten, und um dessen Genufs sie mit den Hunden Krieg führen, wobei sie, wenn den letztern nicht eine mitleidige Battaërin zu Hülfe kommt, Sieger bleiben, leben sie gröfstentheils — dies wird sehr unappetitlich scheinen, ist aber völlig wahr — von Menschenkoth.

Die Battaër sind wahrscheinlich die einzige Nation Sumatra's, welche ebenso wie die Bewohner der vorliegenden Insel Nias, Schweine halten; alle übrigen Volksstämme bekennen sich, wenn auch oft nur dem Namen nach, zum Islam, der die Zucht dieser Thiere verbietet. Auch auf der Insel Java trifft man sie nur in den Dörfern und Quartieren der Chinesen an, von deren Haushalte sie fast unzertrennlich sind. Aber nirgend trifft man sie bei eigentlichen Maleien im Archipel, wie sie auch auf der maleiischen Halbinsel fehlen; aber in Siam (nach Crawfurd) kommen sie wieder häufig vor, also bei einer Nation, die ebenso wie die Chinesen der Buddhadoctrin, wenn auch mit etwas modificirtem Kultus, anhängt und zur Mongolenrace gehört. Ferner sind sie ein geliebtes Hausthier bei vielen derjenigen Völker im Archipel, welche zu der s. g. oceanischen Race gehören und welche keiner bestimmten Doctrin anhängen, wie bei den Alfuren, den langhaarigen (nicht der Negerrace) auf Menado *), bei den Timoresen auf Timor **) und bei den Dayakern auf Borneo. ***)

Rindvieh und Pferde kommen fast nur, oder doch bei

---

*) Nach mehreren Berichterstattern in Tydschr. Neerl. Indie. III. pag. 134.

**) Nach Francis, Neerl. Ind. Tydschr. I. Nr. 6. pag. 389.

***) Nach M. N., Neerl. Ind. Tydschr. I. Nr. 8. pag. 98.

weitern der Mehrzahl nach, in Tobah vor, auf dessen kühlem Plateau sie das vortrefflichste Weideland finden. Die wenigen Rinder, welche man in den übrigen Provinzen antrifft, sind als Schlachtvieh oder zur Weiterverhandlung gewöhnlich erst aus Tobah eingeführt. Nur in Tobah werden sie zur Fortpflanzung gehegt. Ueber Tag weiden sie mit den Pferden halb wild umher und werden nur des Nachts hinter die Pallisaden der Dörfer getrieben, wo sie entweder frei herumlaufen, oder unter den Häusern Platz nehmen. Alle Rinder und Pferde, die in den mittlern, innern Theilen Sumatra's vorkommen, bis nach Rau etc. hin, stammen aus Tobah ab, von wo auf diesem Wege durch Ankola jährlich etwa 100 Rinder und 50 Pferde ausgeführt werden; eine freilich sehr unbedeutende Zahl.

Die Pferde sind klein, jedoch sehr munter, ziemlich stark und sehr gute Bergkletterer, weshalb sie sich vorzüglich als Lastthiere zum Transport empfehlen. Sie werden in den Battaländern nie geritten und nur zum Verkauf gehalten. Ihre Farbe ist meistentheils dunkelbraun, selten schwarz oder gescheckt. In Tobah selbst sehen sie sehr häfslich und struppig aus, weil sie nie gestriegelt werden, und weil überhaupt, aufser dem Zusammentreiben des Nachts in die Dörfer, nicht die mindeste Sorge auf sie verwendet wird. Dasselbe gilt von den Rindern, die von kleiner, kurzbeiniger, aber sonst starker Race und ohne Buckel sind. Eigentliche Milchwirthschaft findet nicht statt; zwar wird Milch getrunken, aber weder Butter noch Käse bereitet.

Der Büffel, Bos Bubalus, Karbau der Battaër und Maleien (Kebo der Javanen), ist durch die ganzen Battaländer sparsam verbreitet, seltener in den Hochebenen, häufiger in den Tiefthälern und am Strande, wo hingegen die Rinder seltener sind.

Zum Schlachtvieh dienen Rinder und Büffel nur bei seltenen Gelegenheiten; häufiger werden Schweine und Hunde geschlachtet, welche letztern zu derselben häfslichen, langköpfigen und spitzöhrigen, weifsen Race gehören, die man auf Java gewöhnlich Schakals nennt, und welche, obgleich sie die getreuesten Gefährten des Battaërs sind und mit ihm einen Hausraum bewohnen, zu dem sie auf den weiten Sprossen der Leiter sehr geschickt hinaufzuklettern wissen, doch zuweilen geschlachtet und verzehrt werden. Weil sie sehr zahlreich sind, so wird die Nähe eines Dorfes in der Regel durch Hundegebell angekündigt, das, so arg es auch ist, den Battaër gar nicht zu incommodiren scheint. Sie leben zum Theil von rohem Jagon.

Ob die Elephanten, die wild im Lande vorkommen, mit Nutzen als natürliches Transportmittel angewendet werden können, und ob daher Versuche zu ihrer Einfangung und Zähmung anzurathen seien, möchte bei der gebirgigen Beschaffenheit des Landes zu bezweifeln sein. Mehr Nutzen dürfte man sich von einer Ausbreitung der Rinder-, vor allem aber der Pferdezucht auf der herrlichen, kühlen, an Futtergras reichen, 3700 bis 4500 Fufs hohen, weiten Plaine von Tobah versprechen, wo die Pferde schon von Natur in vorzüglicher Race vorkommen, und als solche zu Padang berühmt sind; hier angelegte Stutereien würden ohne Zweifel ganz Niederländisch Indien mit vortrefflichen Füllen versehen. Eine solche Einrichtung würde blofs eine Anpassung öconomischer Zwecke an die Natur sein, ein Einlenken in das Geleise, welches die Natur selbst schon gebahnt hat, und würde daher wahrscheinlich von günstigem Erfolge gekrönt werden. Auch habe ich nur nöthig, daran zu erinnern, dafs alle guten Pferderacen ursprünglich auf Hochländern vorkommen, von wo aus sie abwärts die wärmeren Niederungen bevölkerten; das arabische Rofs auf dem Nedsched, der Heimath des Kaffees, der Persian auf dem 4000 Fufs hohen Plateau von Iran und den Bergplatten Teheran's, die sich von 3000' Höhe bis ins nordwestliche Armenien hineinziehn, das turkestansche Rofs auf 3 bis 4000' hohen Weideländern des westlichen Central-Asiens, das kleine muntere Mongolenpferd auf der hohen Bergplatte der Gobi, auf deren Vorterrassen auch die Chinesen ihre Stutereien haben, und endlich die treffliche tibetanische Race auf den noch höhern, 10 bis 12000' über dem Meere liegenden Tafelländern von Gertope und Ladakh*), wo dies edle Thier sogar noch in seinem ersten Naturzustande ungezähmt und wild umherschweift!

*) Dort fand das wilde Pferd bekanntlich zuerst Moorcroft 1820, auf seiner Reise nach Hoch-Asien (zur Veredlung der britischen Gestüte Hindostans durch die turkestan'sche Race).

Ja auch die Javanen folgen dem Beispiele der Natur und legen ihre Gestüte (im Kleinen) jederzeit auf Berggehängen an, die wenigstens 3- bis 4000′ Höhe haben und reich an Futtergras sind.

Aufser der Pferdezucht auf der Hochplatte Tobah's, die ihres Gleichen im ganzen Archipel *) vielleicht nur im Centrum Borneo's **) wieder findet, dürfte auch die Zucht einer edlen tibetan'schen Race von Schaafen wohl mit Vortheil einzuführen sein.

*) Die geologische Conformation Java's entfernt sich in der Pikgestalt ihrer Höhen am meisten von der Plateaubildung und liefert nur ein kleines Beispiel von der Form des Tafellandes in der 6000′ hohen, aber nur 2 engl. Meilen langen Ebene von Di-eng.

**) Nach klimatologischen Gründen, die jedoch hier nicht weiter entwickelt werden können, möchte das Innerste Borneo's, besonders in der nördlichern Hälfte desselben, aus einem weiten Plateau bestehen, das wenigstens ebenso hoch als Tobah sein mufs.

Vierzehntes Kapitel.

Handel und Industrie.

Ueber die Gegenstände, welche diesem Kapitel überschrieben stehen, bieten die Battaländer nur wenig Stoff zur Betrachtung; doch dürfen wir, unserer Gewohnheit gemäſs, Alles zusammenzustellen, was nur einigermaſsen wissenswerth ist, und was dazu beitragen kann, das Volksgemälde der Battaër zu vervollständigen, auch diese Verhältnisse nicht ganz mit Stillschweigen übergehen. Wir handeln daher zuerst:

§. 1. Von den Gegenständen der Industrie, oder von den Kunstfertigkeiten der Battaër. Wir haben oben in dieser Beziehung bereits über ihre Färbestoffe gesprochen (Kap. 5.); über die Bereitung von Pulver (Kap. 11.), und ihre Kunst zu schreiben und Bücher zu verfertigen soll im 15. Kapitel abgehandelt werden, so daſs hier nur noch einige besondere Gegenstände zu erwähnen übrig bleiben. Auch ihrer Kunst in Elfenbein zu arbeiten, nämlich Armringe aus Elephantenhauern, sowie auch aus der Riesenmuschel (Tridaena Gigas), zu verfertigen, ist im 5. Kapitel bereits gedacht. Diese Armringe (ein Emblem des Radjaranges) sind gut gearbeitet, vollkommen glatt polirt und von regelmäſsiger Rundung, so daſs sie der beste europäische Drechsler nicht schöner verfertigen kann. Die Verfertigung solcher Armringe, sowie kupferner Tabackspfeifen, und ebenso die Kunst in Holz zu schnitzen, wird handwerksmäſsig geübt; doch sind diese 3 Arten von architectonischen Arbeiten auch die einzigen Spuren von gesonderten Handwerken, die mir in den Battaländern vorgekommen sind, während alle die übrigen von uns erwähnten, freilich kaum entknospete Blüthen von Künstlertalent, unter ihnen allgemein verbreitet sind und zu dem häuslichen Treiben eines jeden

Dorfbewohners gehören. Auch findet man diese drei Objecte von Handwerksfleifs keineswegen in allen ihren Provinzen, viel weniger in allen Dörfern. Die Armringe aus der Seemuschel werden vorzugsweise in einigen Dörfern von Tuka und Sibuluan, die aus Elfenbein nur in Tobah verfertigt; die geschickten Zimmerleute und Architekten in Holz findet man nur in Tobah, von wo sie, wie bereits im Kap. 3. erwähnt wurde, bis Siepierok berufen werden, und die kupfernen Pfeifen werden ausschliefslich in den Landschaften am Eik Daho-See verfertigt, von wo sie der Handel durch Tobah, Silindong und Oberbiela verbreitet. Das Metall (Messing oder gelbes Kupfer) zu diesen Pfeifen erhalten sie theils aus den Häfen der Westküste von Europäern, von denen es hauptsächlich als Kupferdraht gegen Benzoë vertauscht wird, theils durch den Handel mit Maleien aus den Häfen der Ostküste von Malacca und Singapure, theils wissen sie es selbst durch Verschmelzung von geprägten Kupfermünzen (Deuten) mit Zink zu componiren, welches letztere sie von Maleien erhandeln, und welches bekanntlich, aufser Banca, von fast allen Küstenplätzen der maleiischen Halbinsel ausgeführt wird.

Diese kupfernen Pfeifen und die Art, den ganzen Tag über ihren grünen, ungebeizten Taback daraus zu schmauchen, sind für den Bewohner der kühlen Hochebene Tobah's so charakteristisch und ebenso unzertrennlich von seiner Person als von dem Javanen sein Kris, oder von dem Mongolen sein Pferd; so dafs sich nur der allerärmste Dorfbewohner mit einem Röhrchen von Bambus und einem Kopfe von Holz begnügt, und alle übrigen wenigstens eine ½ Fufs lange Messingpfeife besitzen; ein Radja aber würde befürchten, nicht für voll angesehen zu werden, oder sicher glauben, dafs ihm eine sehr wesentliche Bedingung zu seinem Lebensglücke abginge, wenn er sich nicht des Besitzes von wenigstens einer ansehnlich langen und einige Pfund schweren, massiven Messingpfeife rühmen könnte, die er auf allen Reisen mit sich schleppt und die selbst des Nachts neben seinem Lager ruht. Das 3, ja zuweilen 4 Fufs lange Rohr dieser Pfeife besteht in der Regel aus mehreren Stücken, die aus einander genommen werden können; der Kopf ist ebenso breit als hoch, halb kugelich, trichterförmig, mit einer umgekehrt trichterförmigen Basis u. s. w. Sowohl auf die Ausarbeitung der Oberfläche des

Rohres als des Kopfes ist alle batta'sche Kunst verschwendet, der man eine gewisse Zierlichkeit nicht absprechen kann. Symmetrische Figuren, Kreise, hervorstehende Leisten und nach verschiedenen Richtungen regelmäfsig gewundene und sich einander durchkreuzende Ringe, die sich fadenförmig um das Rohr schlängeln, ferner schlangenförmige Gestalten, die mäanderartig den Kopf verzieren, sind Beweise batta'schen Kunstsinnes. Aus solchen langen Radjapfeifen darf kein Gemeiner rauchen. Sie sind zu schwer, um sie lange ausgestreckt zu halten und werden beim Rauchen mit dem Kopfe auf die Erde gelegt. Wenn dann bei verabredeten oder zufälligen Zusammenkünften sich eine Anzahl solcher Radja's im Kreise umherkauert, in freier Luft, die Beine auf Orientalenart untergeschlagen, ihre bräunlich-rothe Tunica mit korallengesticktem Rande um die Schulter geworfen und gravitätisch ihre gewaltigen Pfeifen vor sich ausgestreckt, deren Köpfe in der Mitte des Kreises wie kleine Krater dampfen, — wenn darauf einige hundert Lanzen von den Anhängern der Radja's umher in die Erde gesteckt werden, und wie ein Wald von Spiefsen den Kreis umgeben, — wenn einige Musikanten hervortreten und mit den kupfernen Kesseln und Trommeln, die an ihrem eigenen Körper hängen, einen wilden Lärm erheben, den die Diskantstimme einiger Clarinetten und Geigen grell durchdringt, während zur Seite der Versammlung kleine Feuer angezündet werden, um das Fleisch einiger Gefangenen, deren Hinrichtung bevorsteht, zu rösten, — wenn dann einer von den Radja's als Sprecher seine Pfeife aus dem Munde nimmt und sie feierlich queer vor seinen Füfsen ausstreckt, — wenn auf dieses Zeichen die Musik verstummt und der Radja mit ausdrucksvollen wilden Geberden und mit heftigen Bewegungen seiner Arme einen Vortrag hält, — im Hintergrunde links rauchen die schwarzen Hütten eines verheerten Dorfes, und rechts vom Sandsteinfelsen wälzen sich Wolkennebel herab, durch deren grauen Schleier düstere Gruppen der sumatran'schen Fichte schimmern —: so entwickelt sich eine Scene, die des Pinsels eines Vernet und Salvator Rosa wohl würdig ist, die aber mit dem Gejammer eines lebendig Verzehrten endigt, dessen Klagegeschrei sich im hereinrollenden Donner verliert.

Die Kunst in Holz zu arbeiten, die heutiges Tages, besonders auf die Eckpfeiler grofser Radjahäuser und Soppo's und auch auf die Quer- und Mittelbalken der letztern angewendet wird, und sich in Blumenverzierungen mancherlei Art, in arabeskenartigen Zusammenstellungen mit symmetrischen und concentrischen Leisten zwischen den einzelnen Figuren darstellt, und die besonders in Tobah noch geübt wird, scheint früher in einer höhern Blüthe gewesen zu sein als jetzt. Man erkennt dies an den merkwürdigen Kriegspanieren, die sich noch bei einigen wenigen Häuptlingen in Tobah vorfinden, bei denen sie als ein unveräufserliches Staats- oder Dorfheiligthum, das aus alten Zeiten abstammt, bewahrt werden. Sie sind aus sehr schwerem, hartem, schwärzlichem Holze verfertigt, 5 bis 7 Fufs hoch und an ihrem untern Ende zugespitzt, um in den Grund gesteckt zu werden, sind am dicksten (etwa ½ Fufs dick) in dem 3ten Viertel ihrer Höhe, und endigen sich an ihrem obern Ende in die Gestalt eines Menschenkopfes, der von einem langen Zopfe wirklichen schwarzen Menschenhaares, wie die Paniere der Türken von einem Pferdeschweife, gekrönt ist. Dies Menschenhaar ist von einem erschlagenen Feinde. Bereits 1½ Fufs über ihrem untern Ende fängt die Sculpturarbeit dieser Paniere, die in Kriegszeiten die Stelle der Fahnen vertreten, an, und spricht sich in menschlichen Figuren aus, welche in sitzender Stellung dargestellt sind, sodafs die Füfse einer höhern Figur auf den Schultern der untern ruhen, und die oberste Figur die gröfste ist. Dann kommt wieder ein Raum mit hervorspringenden Gesimsen und Blumensculptur (en Basrelief), und über dieser erheben sich, an Gröfse nach oben wachsend, in wechselnder Stellung, doch am häufigsten sitzend und mit den Füfsen auf den Schultern der unteren ruhend, neue menschliche Gestalten, in welche die ganze Masse des Holzes ausgearbeitet ist, so dafs sich die Figuren nicht blofs auf einer Seite des Paniers befinden, sondern, symmetrisch und regelmäfsig einander gegenüberstehend, auf drei oder vier Seiten, und dafs man durch die leeren Zwischenräume zwischen den untersten Gliedern hindurchsehen kann. So wiederholen sich dieselben Darstellungen sehr zierlich und regelmäfsig in verschiedenen Terrassen über einander, bis sich die ganze Dicke des Holzes oben in einen gröfsern Kopf endigt, an welchem der Haarschweif befestigt ist. Eine Aehnlichkeit der Verzierungen und Figuren mit jenen Basreliefs alter buddhistischer Tempel auf Java vermochte ich nicht zu erkennen, wohl aber eine treffende Uebereinstimmung mit einigen der hölzernen Götzenbilder der Niasser, die ich in einigen Sammlungen *) zu vergleichen Gelegenheit hatte; nur dafs diese letztern viel ungestalteter, roher, unregelmäfsiger sind, während jene in Tobah den Stempel einer gröfsern Vollendung an sich tragen.

§. 2. Vom Handel und Verkehr der Battaër.

Es ist bereits im 6ten Kapitel hinlänglich hervorgehoben, dafs der Verkehr in den Binnenländern und hauptsächlich die Communication derselben mit den Strandprovinzen nicht blofs durch die Pfadlosigkeit des gebirgigen, schwierigen Terrains, sondern noch mehr durch die allgemeine Unsicherheit der Wege, in Folge der Anarchie des Landes und der Entzweiung raubsüchtiger Häuptlinge unter einander, zurück gehalten wird und defshalb auf einer sehr niedrigen Stufe steht. Der schlechten Pfade und der unvollkommenen Transportmittel, die bis jetzt nur in Kulie's bestanden und auf der Route zwischen Tapanulie und Tobing (an der südlichen Grenze der Battaländer) kaum zureichend waren, um einige Hospitalgüter und Proviantgegenstände für Gouvernementstruppen in Pertiebie zu transportiren, sowie der neuen Wege, die zunächst mit Vortheil angelegt werden können, wurde ebenfalls in dem genannten Kapitel im Vorbeigehn bereits gedacht. Handel und Communicationswege und Strafsenbau stehen in so innigem Verhältnifs zu einander, dafs ich glaube, auf das im genannten Kapitel bereits Gesagte verweisen zu können. Diese Communicationen können mit Vortheil zu Wasser nur von der Ostküste aus bis tief ins Innere der Ebenen hergestellt werden, weil nur dort das sanfte Gefälle der grofsen Ströme Burumon, Biela, Hualu, Ledang, Assahan eine bequeme Schifffahrt zuläfst (auf dem Burumon mit ansehnlichen Prauen bis Sikuristak, selbst bis Pertiebie, auf dem Biela bis oberhalb Bander Biela etc.), während das starke Gefälle der zur S.W.-Küste gerichteten Ströme, des Eik Lumut, Batang torru etc., die sehr oft plötzliche Anschwellungen erleiden und dann auf ihrem Laufe durch den schmalen Küstensaum reifsend werden, einer vortheilhaften Beschiffung entgegensteht **), in Beziehung worauf

*) Unter andern in einer Sammlung, welche von dem verstorbenen Hydrographen Osthoff herrührte.

**) Den einzigen Kali Singkel vielleicht ausgenommen.

ich von neuem auf dasjenige aufmerksam machen mufs, was ich bei Gelegenheit, wo über Reiskultur die Rede war, im vorigen Kapitel über die physische Entfaltung des Landes und seine Terrassirung nach Osten, also seine bessere Zugänglichkeit von Osten her, angemerkt habe. Ueber das Gefälle der Flüsse und deren Schiffbarkeit wird im topographischen Abschnitte abgehandelt werden. Diese wenigen, von der Natur bereits dargestellten Wasserkanäle ausgenommen, geschieht der Landtransport gegenwärtig nur durch Menschenschultern, und zwar sehr mangelhaft, nicht allein wegen der geringen Menschenzahl, sondern noch mehr wegen der noch nicht überwundenen Abneigung der Häuptlinge einiger Landschaften gegen europäischen Einflufs, namentlich in den Landschaften zwischen der Bai von Tapanulie und Nord-Ankola, Bio-bio, Pinang sorei, Lumut, Simanossor, Angoleh, Tapollong, wefshalb dort aller Transport, wenigstens noch bis 1842, durch niasssiche und korinchi'sche Miethlinge (Schuldner) oder durch javan'sche Sträflinge *) hergestellt wurde, deren auf jeder der

*) Es sind entweder Miethlinge, welche für Vorschüsse ihres Gehaltes, die sie empfingen, sich auf eine Anzahl Jahre verbinden, Kuliearbeit zu verrichten, oder Schuldner von Nias, welche die Regierung von Sumatra's Westküste übernommen hat, und welche jeden Monat durch ihre Kuliedienste 5 bis 6 Gulden von ihrer Schuld abverdienen, oder Sträflinge von Java, welche durch Vergehungen (Diebstähle, Morde) zur Strafarbeit für eine Anzahl von Jahren verurtheilt sind. Unter den letztern finden sich auch zuweilen Häuptlinge, die noch in ihrer Erniedrigung fortfahren, eine gewisse Superiorität über ihre Landesgenossen auszuüben.

Durch die Einspannung der Schuldner von Nias (per utong) in's Kuliejoch huldigt die Regierung von Sumatra's Westküste vollkommen dem batta'schen System der Sclaverei, sowie es nach den Hadat's im 9. Kap. dargestellt ist. Ob der Name die Sache ändert, oder das Mittel den Zweck heiligt, sind Fragen, die nicht hierher gehören. Nach den Beschlüssen vom 31. Juli 1826 und 3. März 1827 ist die Sclaverei der Niasser abgeschafft.

Wenn man das Loos dieser korinchi'schen und niassischen Zwangkulie's mit dem der wirklichen Sclaven der Radja's in den Battaländern vergleicht, so mufs man das Loos der letztern für beneidenswerth halten. Ich halte es nicht für überflüssig, den armen Kulie's von Lumut ein paar Worte zu schenken, denn

„Wenn Dich nicht Menschenleiden rühren,
„Sollst Du den Namen Mensch nicht führen."

Ich habe Sträflinge gesehn in Preufsen und Galeerensclaven in Agier und in den Bagno's zu Toulon; aber ein gröfseres Elend, einen tieferen Jammer, als den dieser armen Kulie's, habe ich vier Stationen: Lumut, Tapollong, Huraba und Tobing, wo europäische Korporäle oder Sergeanten als Kommandanten wohnten, je mit etwa einem halben oder ganzen Dutzend javan'scher Soldaten, sich 10 bis 12 befanden, und welche die Effecten der Militairs von Station zu Station, die zugleich Tagereisen waren, weiter trugen, nachdem diese Effecten und das Militair selbst in kleinen, offenen, lecken, durch je fünf Battaër, besteuerten Kähnen von der Insel Pontjang über die, oftmals von Stürmen bewegte Bai bis zur Mündung des Kali Lumut in 4 bis 6 Stunden, und von dieser Mündung im kleinen Flüfschen bis zur Station Lumut an seinem Ufer aufwärts in 6 bis 8 Stunden gerudert waren. Eine peinlichere und mühseligere Art zu reisen möchte wohl schwerlich in der Welt zu finden sein, als diese Reise von Pontjang nach Lumut, die ich zu meinen Zwecken viermal zurücklegen mufste. Wenn man

---

noch nicht angetroffen. Sie erhalten jeder täglich eine Ration Reis und etwas Salz. Der Reis ist in der Regel (so oft ich ihn sah, war er es immer) verdorben, nämlich schimmlig, weil er in offenen Kähnen vom Regen durchnäfst von Pontjang ankommt und vom Sergeanten ohne Weiteres auf den Boden einer Bambushütte geworfen wird, die er sein Magazin nennt. Von dieser kümmerlichen Nahrung müssen jene Unglücklichen leben, ohne je ein Stückchen Fleisch oder eine Frucht zu sehen, im ungesundesten Klima feuchter Waldung, in halbvermoderten Bambushütten, durch die der Regen träufelt, und müssen alle Tage schwere Lasten durch die Waldung schleppen, hin und her, im Moore von Blutegeln gestochen. Ich habe diese Unglücklichen, Gerippen gleich, von Krankheit, Entbehrung und Kummer ausgemergelt, gesehen, wie sie dastanden, kaum noch im Stande die Last ihres eigenen Körpers aufrecht zu erhalten, und wie ein hartherziger Sergeant ihnen schwere Kisten auf die Schultern lud, so dafs sie zusammenknickten und bittere Thränen weinten. Und dies waren schuldlose Menschen, die nur um ihre Frauen und Kinder zu beglücken, ein Darlehn angenommen hatten, das man ihnen unter dem Vorwande, ihnen aufzuhelfen, anbot.

Ich habe solche Unglückliche angetroffen, die aus ihrem Elend entflohen waren und sich, von wilden Früchten lebend, in verlassenen Ladanghütten aufhielten, und wieder andere, die sich selbst entleibten.

So kämpft die Natur mit den vortrefflichen Absichten des Kolonel Michielsen, unseres humanen Gouverneurs von Padang, der doch Alles so zweckmäfsig einzurichten wünscht, und z. B. in das verpestete Klima von Singkel am liebsten alte Soldaten schickt, die folglich schon an das Klima gewöhnt sind und bald ihre Pension verdient haben.

sich in einem alten, überall lecken Kahne, tief eingepackt unter seinen Sachen, so dafs man sich nicht rühren kann, einen halben Tag lang von seinen geduldigen 4 Battaërn durch die Bai hat rudern lassen, und den Stürmen, die sehr oft aus N.W. in diese Bai hereinblasen, glücklich entkommen ist, — und wenn man dann mit allen seinen Sachen durchnäfst, oder verbrannt von der Sonne, an der Mündung des Kali Lumut ankommt: so sieht man daselbst zwischen dem Meere auf der einen Seite und den Rhizophorasümpfen auf der andern, ein paar Hütten stehen, genannt Jago-jago, auf einem schmalen Streifen trocknen Grundes, der blofs aus angespültem, zertrümmertem, faulem Holze gebildet ist, und mufs, um von den Sumpffiebern dieser Gegend nicht ergriffen zu werden, weiter rudern. So ist man gezwungen in Hitze oder Nässe wenigstens noch 8 Stunden in unveränderter Stellung im Kahne zuzubringen, ohne alle Erquickung und ohne ein menschliches Wesen oder eine Hütte anzutreffen, links und rechts zwischen düsterer Waldung, durch die man in der obern Hälfte des Kali, wo sich das Gebüsch bis in die Mitte des Kahnes wölbt, Mühe hat, hindurchzudringen. Und kommt man dann am späten Abend oder in der Vornacht, von Mosquitenschwärmen geplagt, zu Lumut an, so darf man sich glücklich schätzen, wenn man keinem badenden Elephanten begegnet ist, der, wie es noch i. J. 1842 dem Controleur Jorisson pafsirte, den Reisenden mit dem Rüssel erschlägt und mit den Hauern in die Luft wirft, und wenn man von keinem Hochwasser, Banjer, ergriffen wurde, welches zuweilen plötzlich die ganze Waldung umher überströmt und den Kahn mit Allem, was darin ist, zwischen die Baumstämme schleudert.

Diese Communication war damals die Hauptverbindungsstrafse der Truppen zwischen Tapanulie und Pertiebie, weil der Widerwille der Häuptlinge die Anlegung besserer Wege verhinderte.

Auf welche Art diese Abneigung der Häuptlinge am Besten zu überwinden sei, und ob sie zur Verbesserung der Wege und zur Lieferung von Kulie's durch kein anderes Mittel als durch Pulver und Blei zu bewegen seien, ist kein Gegenstand meiner Betrachtung, findet jedoch seine Auflösung ohne Schwierigkeit, wenn man die Ursachen ihrer Abneigung untersucht, welche theils in der Aufwiegelung mohamedanischer, von Atjin kommender Priester liegen, von denen ich selbst mehreren begegnet bin, theils in einer nicht sehr zweckmäfsigen Begegnung, die manchen Häuptlingen früher von einzelnen Beamten des Gouvernements widerfuhr. Einige Fingerzeige zur Abhülfe dieser ungünstigen Gesinnung mancher Häuptlinge möchte die Erkenntnifs ihres Charakters und ihrer moralischen Eigenschaften liefern. (Kap. 15. §. 1.)

Der inländische Handel, der unter Battaërn allein besteht, beschränkt sich aufser Zuchtthieren (Pferden und Rindern) und aufser Nahrungsmitteln, auf Cocosnüsse, javan'schen Taback, maleiische, javan'sche und batta'sche Zeuge, Ingredienzien zum Betelkauen, Dammarharz, Matten, welche aus abwechselnden Streifen von Baumrinde und Rotang geflochten sind und in vorzüglicher Güte in Sikunar verfertigt werden, ferner auf Salz, Kampfer, kupferne Tabackspfeifen, Elfenbein und aus diesem letztern verfertigte Armringe. Mehr eigentliche Marktartikel für die Küche, die sich überall finden und nie weit transportirt werden, sind: Früchte, Pisang, Tuak, Fleisch von Hirschen und Karibauen, ferner Hunde, Ratten (zum Verspeisen), Hühner, Eier, Schnepfen, die in Schleifen gefangen werden, Reis, Mais, Gadung und Flufsfische, von denen sich in den grofsen Bächen der Gebirgsthäler der Ikan gorami in vorzüglicher Gröfse finden, (solche Fische, ¾ Fufs breit und 2 Fufs lang, sind keine Seltenheiten). Alle Gegenstände dieser Art, die zum täglichen Hausbedarf des Battaërs gehören, werden in volkreichen Gegenden, namentlich in Tobah und Silindong, an bestimmten Marktplätzen, die sich aufserhalb der Dörfer, doch in der Nähe derselben befinden, verhandelt. In Bangaribuan wird zweimal wöchentlich, und in dem volkreichen Silindongthale täglich Markt gehalten. Diese Marktplätze in Silindong befinden sich, aufser einigen trockenen Gegenden der Thalsohle selbst, am häufigsten am Ufer des Thales (um diesen Ausdruck zu gebrauchen) auf dem Bergfufse, und werden daselbst durch alte Feigenbäume (Ficus religiosa) bezeichnet. Für jeden Tag der Woche ist ein anderer Marktplatz bestimmt, und so wechseln diese Plätze, auf denen Tausende von Menschen ohne Unterschied des Geschlechtes, die Männer in der Regel mit Lanzen bewaffnet, die Frauen mit ihren Habseligkeiten, Reis- und Gadungsäcken, Hühnern und selbstverfertigten Kleidungsstoffen beladen, zusammenströmen, um ihre Waaren gegen andere Waaren oder geprägtes Geld zu vertauschen, nach der Reihe, bis sie allmählich den ganzen Umfang von Silindong von Dorf zu Dorf durchwandert haben. So soll es nach der Sage früher überall in den Battaländern gewesen sein. Auf diesen Märkten ist es, wo man, wenn man die Lanzen nicht scheut, das eigentliche Volksleben der Battaër kennen lernen kann und die beste Gelegenheit hat, die Gesichtsbildung des Volkes zu studiren. Auch fallen daselbst viele Späfse vor, und sogar züchtige Scherze mit jungen Mädchen sind erlaubt, werden freundlich aufgenommen und belacht. Artig ist es anzusehen, wenn solche Schönen ein paar todte Mäuse oder ein paar Schnepfen mit Wichtigkeit verhandeln. Ich kaufte einst 6 Schnepfen für ein altes Federmesser, und für ein Bleistift bekam ich ein Stück von einem grofsen Fisch, der wenigstens 4 Fufs lang war; zuweilen gaben sie mir mehr als ich haben wollte, aus purer Billigkeit. Bei allem solchen Handel ist der Battaër sehr ehrlich, auf sein gegebenes Wort kann man sich verlassen und nie fällt Betrug vor. Hier ist es, wo er sich von seiner besten Seite, die einen Anschein von Fröhlichkeit oder doch Heiterkeit hat, darstellt. Der feilgebotene und gekaufte Tuak wird in der Regel an Ort und Stelle selbst ausgetrunken und zwischenein wird tüchtig aus den Pfeifen geschmaucht. — Von geprägtem Gelde wurden 1841 blofs kupferne Deute angenommen, deren doppelte nur für einfache galten, und vom Silbergeld blofs alte s. g. Pilarmatten. Piaster von andern Gepräge und holländische Gulden wurden gar nicht angenommen. Die Pilarmatten standen gleich 400 Cents. Gold ist kein Product der Battaländer. — Ein Jeder ohne Unterschied hat das Recht, seine Waaren an solchen Plätzen feil zu halten und kann soviel dafür fordern, als er will; Marktgeld wird nicht bezahlt. Sclaven werden auf öffentlichem Markte nicht verhandelt *); ich habe es nie gesehen, und nach der Versicherung, die mir Battahäuptlinge gaben, wird ein solcher Handel nur immer zwischen Mann und Mann privatim

*) Die feinen Herrn von Batavia nehmen es nicht so genau als ein ungeschlachter Battaër. Es ist sehr artig und erbaulich anzusehen, wenn sie, dem Hadat zufolge, öffentlich ihre Sclaven auf erhöhete Stühle setzen, die hübschen Sclavinnen durch Lorgnetten begucken und an den Meistbietenden verkaufen. Dafür sind es aber auch keine Anthropophagen!

und mit Zustimmung der Sclaven geschlossen. — Seltei dauern diese Märkte länger als 3 bis 4 Stunden, zuweilen nır eine; dann ist alles verkauft, die Menge zerstiebt, und iı langen Reihen zu Tausenden, jedoch einzeln, Einer hinter dem Andern, zieht auf den schmalen Dämmen und Kanalrändern Siindong's die bunte Menge von Frauen, Kindern und lanzentragenden Männern nach Hause.

Durch den ausländischen Handel, namentlich den Handel mit Europäern, erhalten die Battaër: Messingdralt, Glaskorallen, Salz, Eisenwaaren und vor Allem europäiscie Leinwand und andere in Europa gewebte Zeuge. *) Daür vertauschen sie Wachs von wilden Bienen, die sich häufg in ihren Wäldern finden, Tripang (Holothurien, doch nu wenig, z. B. in der Bai von Tapanulie), Elfenbein, und zwa in der Regel solche Zähne oder Hauer, welche die Elephnten in den Wäldern von selbst verloren haben, Schildpatt von der Riesenschildkröte, Testudo Mydas, nur an einigen Küsteıplätzen, Dammarharz, Rotang, von den Schlingpalmen Calamus, die häufig in dem tiefer gelegenen, wärmern Wäldern vorkommen, Zimmt, nämlich die gröbere, dickere Sorte voı wilden Laurus Cassia; vor Allem aber Pfeffer, Kampfer, und Benzoë, welche letztern drei Artikel es allein sind, die den europäischen Handel mit den Battaërn bedeutend machen. Die jährliche Ausfuhr von Pfeffer beträgt:

Von	Pfeffer, Pikol.	Benzoë, Pikol.	Kampfer, Pikol.	Rotang-bündel.	Kassia-zimmt, ür Gldn.
S.W.-Küste Sumatra's 1841 **)	150000	2955½	7½	3000	12693
N.O.-Küste Sumatra's	60000				
Inseln der Malaccastrafse	27000				
Maleiische Halbinsel	28000				
Siam.	60000				
Borneo.	20000				
Malabarische Küste	30000				

Nach Crawfurd (1827). — Die Angabe der Pfefferausfuhr auf der S.W.-Küste Sumatra's nach demselben.

*) Auch einige englische Gewehre und englisches Pulver werden in die Häfen der Ostküste (Biela, Assahan) von Singapure und Malacca eingeführt,

**) Nach J. van der Vinne (Directeur der middelen en comeinen) in Neerl. Ind. Tydschr. IV, pag. 380. Der Geldwerth der Benzoë beträgt 122408 Fl., also jeder Pikol 41 Fl.; der des Kam-

Nach andern Angaben *) soll allein die Ausfuhr von Kampfer (1837) aus Singkel 8, Sorkum 5, Tapus 3, also zusammen 16 Pikol betragen haben; von Benzoë aus Singkel 4000, Tapus 1500, Sorkum 4000, also zusammen 9500 Pikol (Cntr.), eine Angabe, deren Richtigkeit ich, weil sie viel zu hoch erscheint, bezweifle.

Doch auch der Pfeffer ist mehr ein Gegenstand der Kultur von Malcien und Atjinesen am nächsten Meeresgestade nordwärts von Singkel, und nur Benzoë und Kampfer bleiben vorzugsweise ein Product der Battaländer, und auch von diesen, weil der Kampferbaum auch auf der Westküste Borneo's vorkommt, nur der Benzoë eigenthümlich, durch dessen Besitz die Battaländer, wie China durch seinen Thee und Ceylon durch sein Zimmtmonopol, ein gewisses, wenn auch geringeres, Renommé behaupten. Die Ausfuhr dieser Producte, namentlich des Benzoë, beschränkt sich fast auf den kurzen Raum von Tapanulie unter 1° 42′ N. Lat. bis Singkel unter 2° 57′ N. Lat., und findet hauptsächlich statt aus den Hafenplätzen Pontjang (in der Tapanuliebai), Sorkum, Baros, Tapus und Singkel. Der Benzoë (und gröfstentheils auch der Kampfer) wird nicht in den küstennahen Ebenen gewonnen, sondern eine bis zwei Tagereisen landeinwärts am Fufse der Bergketten, da wo die Ebenen bereits um 300 bis 500 Fufs angestiegen sind, und auf den Gebirgsabhängen bis zu 1000 Fufs Höhe. Da er also kein Product der Küste ist, die das Meer zunächst begrenzt, sondern da immer ein Landtransport von wenigstens einer Tagereise nöthig ist (zuweilen von 3 Tagen, wie z. B. von Huraba nach Tapanulie), so habe ich bereits im 6ten Kapitel, wo von der Anlegung eines guten Transportweges die Rede war, den bereits vorhandenen Fufspfad zwischen Silindong und der Bai von Tapanulie hervorgehoben.

Baros aber liegt zur See nur eine halbe Tagereise von Tapanulie entfernt, und kann durch die Anlegung eines Weges längs des sandigen trockenen Gestades auch über Land mit Tapanulie in directe Verbindung gesetzt werden, sodafs

pfers 22836 Fl., also der Centner über 3000 Gulden. Die Ausfuhr dieser beiden Artikel geschah von Padang; da aber kein anderes Land Benzoë und Kampfer producirt, so waren sie ein Product der Battaländer.

*) Francis in Neerl. Ind. Tydschr. II. pag. 34—36 etc.

alle Producte von Baros auf kleinen Praauwen zur See oder auf dem Landwege mit Leichtigkeit nach Tapanulie geschafft werden können.

Dazu kommt noch, dafs alle die zu Baros verhandelten Producte keineswegs wirklich Erzeugnisse des Landes von Baros sind, sondern erst aus dem Binnenlande, von den Berggehängen oder dem untern Fufse der Berge, nach Baros transportirt werden, und dafs sie auf Binnenwegen ebenso leicht unmittelbar nach Tapanulie als nach Baros geschafft werden können. Dafs dies nicht geschieht, sondern dafs der meiste Handel bis jetzt zu Baros vor sich ging, davon liegt die Ursache in dem Eigennutze der Häuptlinge sowohl in Baros selbst, als auch der Binnenländer von Baros an den Abhängen des Kindjanggebirges, welche diesen Handel nach Pontjang zu hintertreiben suchen, um sich die bedeutenden Vortheile, welche ihnen die Richtung des Handelsverkehrs durch ihr Land, und der Austausch der Producte an die europäischen Kaufleute, nämlich die Agenten der niederl. Handelsmatschappei, durch ihre Hand gewährt, zu sichern. Denn wie überall in den Battaländern, so ist auch hier der Handel fast ausschliefslich in den Händen der Radja's, deren einige dadurch (z. B. der Radja Nimartambus in Bander Nahor durch Verkauf von Kühen und Pferden) wirkliche Schätze (spanische Matten) aufgehäuft haben.

Ich weifs aus Erfahrung, dafs Kampfer, welcher bei Huraba, also noch diesseits der Bai von Tapanulie gesammelt wurde, zu Baros, also jenseits im Norden der Bai verkauft wurde. Ich traf zuweilen in den Wäldern zwischen Tapollong und Huraba und auch am Eik Persariran, ganze Karavanen an, welche dort Hütten aufgeschlagen hatten und Kampferbäume kappten. Es waren Menschen von Baros, von den dortigen Häuptlingen mit Geldvorschüssen versehen und ausgeschickt, um zur Abzahlung ihrer Schuld Kampfer zu suchen. Durch eine Unterwerfung jener Häuptlinge in den Binnenlanden von Baros etc. können diese Verhältnisse leicht geändert werden.

Höchst wünschenswerth erscheint eine solche Verlegung des Handels nach Tapanulie oder Siboga, wenn man bedenkt, wie die Rhede von Baros weit hinter der Bai von Tapanulie zurücksteht, wie dort die Küste völlig offen ist, ohne Bucht und ohne schützende Inseln für die ankernden Schiffe, während die Tapanuliebai mit ihren Inseln den schönsten, gröſsten und sichersten Hafen längs der ganzen S.W.-Küste, mit einem Ueberfluſs von Holz und dem reinsten Trinkwasser, das vom Gebirge beinahe unmittelbar auf's Verdeck geschafft werden kann, darbietet.

Deſshalb verdient diese schöne Bai, wo vor allen Winden gesichert, ganze Geschwader sicher liegen können, zum Hauptemporium des Handels an der ganzen S.W.-Küste erhoben zu werden.

Uebrigens treiben die Battaër mit wenigen Ausnahmen an der N.O.-Küste, die bereits genannt wurden, keinen Handel zur See. Kaum daſs die Bewohner der Küsten es wagen, zu den nächsten Inseln zu rudern; sie haben auch keine anderen Fahrzeuge, als kleine offene Kähne, und zeichnen sich, weit entfernt Neigung, zum Schiffsleben zu haben, vielmehr durch einen unverkennbaren Abscheu vor dem Meere aus.

Funfzehntes Kapitel.

Das psychische Leben der Battaër.

§. 1.

Diesem ersten Paragraphen, worin der moralischen Eigenschaften und der Gemüthsentwickelung der Battaër, oder ihres Charakters, gedacht werden soll, möchte ich Folgendes vorausschicken: 1) Auch bei den Battaërn bestätigt sich der Satz, dafs bei allen Bewohnern orientalischer und wamer Länder eine mehr generelle Uebereinstimmung des Naturels und der Charaktere herrscht, während bei den Abendländern und vorzüglich bei den Völkern der germanisch-caucasischen Race mehr die Individualität sich entwickelt, daher eine gröfsere Verschiedenheit in den moralischen Charakteren gefunden wird. 2) Die richtige wahre Erkennung dieses nationellen Characters der Battaër ist denselben Schwierigkeiten unterworfen, wie die des Charakters aller andern Nationen, weil kein Urtheil hierüber ganz frei von subjectiver Färbung sein kann. Zur Bestätigung hiervon vergleiche man nur die Urtheile über den Charakter der Javanen und Sumatranen von Seiten einiger Engländer, namentlich von Raffles und Marsden, die sie als gute, gemüthliche, in der Anlage vortreffliche Menschen schildern, mit dem Urtheil mancher Niederländer, z. B. von einem Hrn. B....n (in der Neerl. Ind. Tydschrift *)), das sich gerade zum Gegentheil von jenem neigt.

Aus diesen Gründen hatte ich mir anfangs vorgenommen, über diesen Punkt, den Charakter der Battaër, ganz zu schweigen und es dem Leser dieser Zeilen zu überlassen, sich aus meinen Schilderungen ihrer Lebensverhältnisse

*) Jaarg. I. Nr. 11. pag. 352.

selbst ein Urtheil zu bilden. Um sich aber eine solche Ansicht zu verschaffen, müfste das entworfene Gemälde des Volkes ein höchst vollständiges sein und in die feinsten Details von dessen Leben und Wirken treten, ja der Leser müfste gleichsam in dem Gemälde ebenso herumwandeln können, wie dies der Reisende in der Wirklichkeit in den Ländern und unter den Völkern thut, um seinen Gegenstand in allen seinen geringsten Nuancen bei Tag und bei Nacht zu verfolgen. Da ich aber weit entfernt bin, zu glauben, dafs diese Blätter ein solches Gemälde enthalten, und vielmehr sehr wohl weifs, dafs sie blofs eine Skizze sind, oder ein Versuch, und dafs überhaupt vollständige Materialien zur Beurtheilung moralischer Charaktere nur in ausführlichen Reiseerzählungen enthalten sein können, deren Mittheilung ich beschlossen habe, bis zuletzt zu verschieben, so scheint es dennoch nöthig, mein Urtheil über diesen Punct zu entfalten, zu dessen Würdigung ich bemerke:

1) Dafs ein hoher Bamter, wie z. B. ein General-Gouverneur, der gleich als solcher im fremden Lande auftritt, ohne erst von geringem Range zu dieser hohen Würde emporzusteigen, dafs ein solcher die Menschen nie, oder er müfste denn herabsteigen von seiner Höhe und sich in Kuliekleidern unter das Volk mischen, von ihrer wahren Seite kennen lernen kann, weil ⅞ der ganzen Menschheit aus Eigennutz Schmeichler und Heuchler sind, und weil alle Menschen, die sich einem solchen Gouverneur (wie Raffles u. A.), von dem ein Wörtchen hinreicht, Andere glücklich zu machen oder ihr Glück zu zerstören, nahen, sich ihm nur mit einer Maske zeigen und stets bemüht sind, sich ihm von ihrer vortheilhaftesten Seite darzustellen. Nimmer sieht er die Menschheit in ihrer wahren Gestalt und lernt sie nur in ihren Sontagskleidern kennen, ohne je ihr Negligé zu erblicken. Mich hat der Himmel mit keiner übermäfsigen Gröfse belastet und mir manchmal erlaubt, einem sumatran'schen Kulie, der bis auf sein Lendentuch nackt war, meine Cigarre zum Anstecken zu reichen, oder mein Lager in einem javan'schen Waron aufzuschlagen *), zwischen den lieblichsten Gerüchen von Trassi und Peteh, so dafs ich es

*) Worin mir der gegenwärtige Resident der Preanger Regentschaften, der muthige General Cleerens (der die Padaries beinahe besiegt hätte) auch keine Hindernisse in den Weg legte.

ohne Zweifel hauptsächlich diesem Umstande verdanken würde, wenn ich Gesicht von Maske unterscheiden könnte.

2) Dafs auch alle solche Beamten geringerer Art, welche mit der Ausübung von Gewalt (Gezag) durch die Regierung beauftragt sind, welche den Eingebornen also befehlend gegenüberstehn, sich in keiner günstigen Lage befinden, um den wahren Charakter derselben unverfälscht zu erkennen. Das Urtheil solcher Officianten wird durch Aergerlichkeiten, Schwierigkeiten und Hindernisse, auf welche sie in der Ausübung ihrer officiellen Pflicht alle Tage stofsen, getrübt; sie lernen die Eingebornen in der Regel nur von einer Seite, sehr oft von einer widerspenstigen, kennen; sie stofsen auf Resistenz und halten diese für Bosheit; sie befehlen und erwarten Gehorsam auf ihre Befehle, ohne an das grofse Gesetz der Beharrlichkeit zu denken, das seine Macht seit Jahren auf die Eingebornen ausgeübt hat, und an den Conflict ihrer Absichten mit den Wünschen der Inländer; sie erbofsen sich, sie strafen, — sie werden gehafst, verabscheut. Die Entfremdung und der kalte befehlerische Abstand zwischen ihnen und ihren Pflegebefohlenen vergröfsert sich dadurch immer mehr und macht sie ganz unfähig, ein richtiges, unparteiisches Urtheil über die Eingebornen zu fällen, ein Urtheil, das in der Regel zu einseitig und fast immer zu ungünstig ausfällt.

3) Jemand, der den Inländern ex officio nichts zu befehlen hat, der das, was andere mit Befehl ertrotzen, nur als eine freiwillige Assistenz von ihnen erwartet, der auf dem Fufse von Gleichheit mit ihnen umgeht, und dessen Beschäftigungen und Neigungen es mit sich bringen, sich in alle Nuancen des Volkslebens zu mischen, — der dürfte doch, glaube ich, am besten im Stande sein, dieses Volk in einer gröfseren Nähe zu betrachten und dessen wahres Kolorit ungeschminkt und ungetrübt zu erkennen.

Dafs meine Stellung zu den Battaërn eine solche war, ist zur Verständigung des Folgenden nöthig zu bemerken.

Nach dieser langen Einleitung folge nun das kurze Kapitel, nämlich der Charakter des Battaërs in Gegenüberstellung mit dem des Javanen.

Der Battaër ist:	Der Javan ist:
1. Träge, faul, sorglos, wie alle Bewohner der Tropen; er arbeitet freiwillig nur soviel als zu seinem Lebensunterhalte erheischt wird.	1. Träge, faul, sorglos; er arbeitet freiwillig nicht mehr als der Battaër. (S. Anm. 1. *b.*)
2. Freigebig, verschwenderisch, liederlich; die Freigebigkeit des Battaërs ist von mehr edler, patriarchalischer Art als die des Javanen.	2. Freigebig, verschwenderisch, mehr aus Prunksucht und aus Nichtachtung irgend eines Besitzes als aus Theilnahme an Anderen; diese Verschwendung steht in genauem Zusammenhang mit seiner Liederlichkeit und seinem Mangel aller Ordnungsliebe.
3. Spielsüchtig, besonders leidenschaftlich Hahnenkämpfe liebend.	3. Sehr spielsüchtig.
4. Anhänglich an sein Land und seinen Geburtsort; der Battaër zieht vor, wovon ich Beweise sah, ein Sclave seines heimathlichen Radja's zu sein, als frei über das Meer zu schiffen.	4. Anhänglich an Geburtsort und Vaterland; der kleinherzige, ängstliche Javan entfernt sich nicht gern weiter als eine Tagereise von seinem Dorfe.
5. Kinder und Familie liebend, fast ebenso wie der Javan.	5. Kinder und Familie liebend, warm; er sehnt sich beständig nach Haus, nach seinem kleinen Heerde und nach seinen Kindern.
6. Ohne Eifersucht.	6. Ziemlich eifersüchtig.
7. Ohne bedeutende Wollust.	7. Wollüstig; doch der Gemeine weniger als der Häuptling und Fürst. Die Fürsten von Solo und Djocjo sind aller Art von Wollust ergeben und im höchsten Grade demoralisirt und entnervt. (S. Anm. 7 *b.*)
8. Zwar nicht unmäfsig in Essen, aber zu geistigen	8. Sehr mäfsig, nur dem Opiumrauchen mit Leiden-

Der Battaër ist:	Der Javan ist:
Getränken geneigt, nur das Opiumrauchen verabscheuend. Er liebt Brantwein und Genever, obwohl er dergleichen früher nie gesehen hatte.	schaft ergeben.
9. Abergläubisch; glaubt an Geister, die in einer jeden Krankheit sitzen. (Siehe Kap. 15, §. 2.)	9. Abergläubisch; er glaubt an Geister in Kratern, in Brandungen des Meeres, in alten Tempeln, Seen etc.
10. Ungläubig, mifstrauisch, starrköpfig. (S. Anm. 10. *a.*)	10. Aufserordentlich leichtgläubig; leicht zu überreden und zu verführen (S. Anm. 10. *b.*)
11. Rachsüchtig, aber offen, ohne Verstellung und von kurzer Dauer. (S. Anm. 11. *a.*)	11. Rachsüchtig; die Rachsucht sorgfältig unterdrückend und übergleifsend.
12. Blutig, grausam, cannibalisch, namentlich in Kriegen.	12. In Kriegen zwar nicht cannibalisch, aber ebenso grausam, und dann auf eine sehr niederträchtige empörende Art.
13. Muthig, zwar spät, aber alsdann kühn und alle Gefahr verachtend.	13. Immer feig und zaghaft; nie zu wahrem Muthe entflammt, stets den Hinterhalt liebend.
14. Schlicht von Wesen, zierlos, einfach.	14. Sehr eitel und putzsüchtig; seine Fürsten sind in Dummheit und äufserer Pracht den Pfauen vergleichbar.
15. Gastfrei; ein Flüchtling und Verfolgter, der sich dem Radja eines Dorfes freiwillig anvertraut, findet bei diesem ein unverletzliches Asyl und wird gegen alle Welt vertheidigt.	15. Gastfrei, doch ohne Verfolgten Schutz zu verleihen, sondern diese gern verrathend, sobald seine eigene Bequemlichkeit darunter leidet.
16. Gutmüthig, hingebend gegen seine Freunde. — Von allen den unter dieser Nummer gegenüberstehenden Flek-	16. Hartherzig, schadenfroh, hinterlistig, heimtückisch.

Der Battaër ist:	Der Javan ist:
ken der Javanen hat das Gemüth des Battaërs keine Spur. Seine Rache ist grausam, aber kurz. (S. Anm. 16. *a.*)	
17. Gemüthlich, leicht bewegt und theilnehmend.	17. Kalt, gefühllos, unbewegt; ohne Theilnahme sieht er zuweilen das gröfste Unglück seiner Landesgenossen und bleibt fröhlich dabei, lacht vielleicht noch über den Schmerz Anderer.
18. Aufrichtig, Verstellung verschmähend; der Battaër sagt jederzeit die ungeschminkte Wahrheit und nimmt nur in dem äufsersten Nothfalle seine Zuflucht zur Verstellung.	18. Falsch, verstellt; der Javan hält seine Meinung stets zurück, besonders gegen Europäer, denen er nie seine wahre Meinung und Gesinnung enthüllt.
19. Offenherzig; wenn sich der Battaër aus Politik auch einmal vorgenommen hat, verschlossen zu sein, so bedarf es nur einiger zutraulichen Worte, um ihm das Geständnifs von Allem, was er weifs, zu entlocken.	19. Zurückhaltend, verschlossen; der Javan hat ein so verschlossenes Gemüth, dafs es nur selten gelingt, ihn zum Geständnifs der Wahrheit zu bringen.
20. Anhänglich und treu; der Battaër ist ein guter und schätzbarer Freund; selbst Europäern zeigt er, wenn er von diesen gut behandelt wird, eine uneigennützige und unverbrüchliche Anhänglichkeit.	20. Wankelmüthig, treulos, verrätherisch.
21. Dankbar; dies ist eine seiner edelsten Tugenden, die er sicher hat und die ihn hoch über den Javan und den Maleien erhebt.	21. Gänzlich undankbar; dieser Mangel allen Gefühls von Dankbarkeit scheint aus der Nichtachtung allen Besitzes oder eines irdischen Werthes (aus Gleichgültigkeit gegen Güter) hervorzugehen. (S. A. 21. *b.*)

Der Battaër ist:	Der Javan ist:
22. Worthaltend, ehrlich; ein echter Battaër stiehlt nie. Die seltenen Diebstähle, die man in seinem Lande antrifft, rühren mehr von Vagabunden her.	22. Wortbrüchig, betrügerisch, diebisch; alle Javanen stehlen gern.
23. Selbstständig, eigenwillig, aber auch zuverlässig. (S. Anm. 23. *a.*)	23. Abhängig, wankelmüthig; der Javan thut nie etwas aus eigenem Antriebe, sondern nur, was ihm befohlen wird. (S. Anm. 23. *b.*)
24. Stolz, ehrgeizig, edel. (S. Anm. 24. *a.*)	24. Gemein, obschon eitel; die Häuptlinge und Fürsten aufgeblasen, aber ohne Ehre.
25. Unabhängig, frei, die Freiheit liebend und vertheidigend.	25. Niedrig, sclavisch; der Javan ist ein geborner Sclav und weiſs nicht, was Freiheit ist.
26. Anständig, aufrichtig, zwar nicht unehrerbietig, aber weniger höflich als der Javan.	26. Aeuſserst höflich, sehr unterthänig und dienstfertig.
27. Rund heraus (rondborstig), aufgerichtet.	27. Schmeichlerisch, gleiſsnerisch, auf der Erde kriechend, prosternirt.
28. Ungeduldig, kurz angebunden; viel sanguinischer als der Javan.	28. Im höchsten Grade geduldig, langmüthig und phlegmatisch.
29. Unfolgsam, ungehorsam, unbiegsam; dieſs ist eine Folge seiner Freiheit; eine freie republicanische Verfassung bei einer nur halb gebildeten Nation kann keine andere Folgen haben.	29. Aeuſserst gehorsam und unbedingt unterwürfig. Der Gehorsam des Javanen für empfangene Befehle ist blind und unbedingt, jedoch nur eine negative Tugend und ein Erzeugniſs seiner despotischen Regierung.
30. Gesellschaftlich, gesprächig, aber auch zank- und streitsüchtig; seine Radja's sind groſse Redner.	30. Gesellschaftlich zwar, aber weniger gesprächig, und nicht zanksüchtig.

Anmerkungen zu vorstehenden Eigenschaften der Charaktere.

Zu Nr. 1. *b*. Die Battaër sind sorglos, doch die Javanen in viel höherem Grade; sie bekümmern sich nie um den folgenden Tag und thun nie eine Arbeit im Voraus, sondern verschieben Alles bis zu dem Augenblicke, in welchem es erheischt wird.

Zu Nr. 7. *b*. Der Ausdruck, dafs die javan'schen Grofsen allen Arten von Wollust ergeben seien, ist nicht zu stark. Unter allen Ständen in der Gesellschaft hat ein practischer Arzt vielleicht die beste Gelegenheit, hinter die s. g. Kammergeheimnisse der Menschheit zu kommen. Ich wurde zu Djocjokarta (1835) von den zahlreichen Prinzen und Halbprinzen daselbst sehr oft in s. g. morbis secretis zu Rathe gezogen. Dieselben üben ihre Wollust zuweilen auf eine so unnatürliche Art, dafs es an's Unglaubliche grenzt. So war z. B. einer von diesen feinen Herrn unter allen Geschöpfen vorzugsweise in Enten verliebt.

Zu Nr. 10. *a*. Der Javan ist ziemlich dumm und einfältig, der Battaër klüger, scharfsinniger; es giebt selbst sehr schlaue unter ihnen. Ungeachtet sein Geistersystem von grofsem Aberglauben zeugt, so ist er doch in anderer Hinsicht sehr ungläubig, mifstrauisch, und läfst sich nichts auf die Nase binden.

Zu Nr. 10. *b*. Noch aufserordentlicher als der Aberglaube des Javanen ist seine Leichtgläubigkeit, wodurch er dem sehr ungläubigen, starrköpfigen, schwer seine Meinung ändernden Battaër in grellem Contraste gegenübersteht. Diese Leichtgläubigkeit der Javanen ist die Ursache der häufigen kleinen Aufstände auf Java, die eben so schnell entstehen als wieder verschwinden. Ein jeder Phantast oder Betrüger, jedes alte Weib, das etwas geträumt hat, kann das Volk aufwühlen und sich in Zeit von ein paar Tagen einen Anhang von vielen hundert Menschen verschaffen.

Zu Nr. 11. *a*. Der Battaër befriedigt seine Rache nicht im Stillen, sondern öffentlich, und hält erst eine Rede, ehe er zum Messer greift. Der Javanen Rache ist weniger blutig, aber länger, versteckter und unedler. Des Battaërs Rache ist schrecklich, aber kurz und schnell befriedigt; das Uebrige wird dann vergessen und vergeben. Der Javan trägt nach.

Zu Nr. 16. *a*. Die Gutmüthigkeit des Battaërs ist einer seiner am meisten charakteristischen Züge. Wenn er sich z. B. vorgenommen hat, feindselig gegen Jemanden aufzutreten und dessen Absichten alle mögliche Resistenz entgegenzustellen, und man fafst ihn dann nur bei dieser schwachen Seite an und appellirt an seine Gutmüthigkeit, so vermag er selten länger Widerstand zu leisten und wird offenherzig, ja vertraulich, und giebt Alles her, was er hat. Dann ist er „glücklich" und schläft sorglos mit demselben Gegner, den er zu morden beabsichtigte, auf einem Lager. Der Javan besitzt zwar auch einen Schein von Gutmüthigkeit; diese liegt jedoch blofs in seinem äufsern Wesen und ist nicht innig, überhaupt schnell vorübergehend; man würde daher auf Sandgrund baun, wenn man sich auf solche Ergüsse der Herzlichkeit eines Javanen verlassen wollte; auf den Battaër aber, sobald er einmal sein Wort der Freundschaft oder Zuneigung gegeben hat, kann man sicher rechnen. (Ich habe mich wenigstens dabei nie betrogen.)

Zu Nr. 21. *b*. Der Javan ist weder dankbar gegen seine Landesgenossen, noch gegen Europäer. Wenn z. B. ein Bediente von seinem europäischen Herrn Wohlthaten genofs und, krank, Jahre lang von diesem gepflegt wurde, so wird er später, wenn er sich nach Veränderung sehnt (ohne andere Ursachen), keinen Augenblick Bedenken tragen, diesen seinen Herrn, selbst wenn derselbe krank und hülflos ist, zu verlassen. In dieser Beziehung steht der Javan (dies ist eine traurige Wahrheit!) unter demjenigen Geschöpf, das schon Linné mit dem Ehrennamen „fidelis!" belegte.

Zu Nr. 23. *a*. und *b*. Wenn der Battahäuptling Jemandem seine Freundschaft und Beihülfe versprochen hat, so wird er diese zum Trotze der ganzen Welt verleihen, so lange sein Kampong nicht in der Asche liegt. Der Javan richtet sich in allen Stücken schmeichlerisch und kriechend nach der Gesinnung seiner Obern, namentlich des Residenten seiner Provinz, und wagt es nicht, selbst eine Meinung oder einen Willen zu haben; er wird Dich gewiss schnöde verlassen, wenn er hört, dafs er Jenem damit einen Dienst oder ein Vergnügen erzeigen könne *). Er ist daher, mit dem Battaër verglichen, nur eine Maschine, ein willenloser Scheinmensch.

*) Ich habe oft genug diese Erfahrung gemacht! — So richten

Zu Nr. 24. *a*. Dieser Ehrgeiz offenbart sich unter andern auch in den Grenzprovinzen, wo Europäer wohnen, und in dem Innern solcher Landschaften, die keine politischen Feinde sind, wenn diese ein europäischer Reisender besucht, durch die Sucht, diesen in ihren Kampongs zu bewirthen. Wenn eine solche Einladung zum Besuche ausgeschlagen wird, so fühlen sie sich tief gekränkt; ein jeder Häuptling wünscht, dafs man wenigstens eine Nacht in seinem Dorfe zubringe. Gewöhnlich wird bei der Ankunft der Reisenden ein Thier geschlachtet, ein Schwein oder eine Kuh, und zwar dem Gebrauche gemäfs vor seinen Füfsen, während er vorn im Soppo sitzt.

Widersprüche im Charakter der Battaër sind:

16. gutmüthig, gegenüber von: 12. blutig, grausam, cannibalisch.

18. aufrichtig }
19. offenherzig } gegenüber von: 10. ungläubig, mifstrauisch,

was sich Philosophen reimen mögen; ich habe es versucht, sie nach ihren hervorstechenden Zügen so darzustellen, wie sie mir erschienen sind. Ihre hervorstechenden Leidenschaften und Laster sind in Nr. 3. 11. und 12., und ihre vorzüglichsten Tugenden in Nr. 15. 16. und 19. bezeichnet. Ihre Geistesanlagen sind unentwickelt, doch haben sie guten Verstand, in der Regel sehr richtiges, umsichtiges Urtheil, worin sie über den Javanen stehn; auch sind sie leichter von Begriff wie diese.

Beim Vergleich dieser Charaktereigenheiten des Battaërs mit denen des Javanen leuchtet es unwidersprechlich ein, dafs seine Tugenden mehr selbstständige und positive sind, während man die guten Eigenschaften der Javanen nur negative nennen kann; sie verdienen daher um so mehr hervorgehoben zu werden, da sie sich ganz von selbst in dem Battaër entwickelten, nur durch Eindrücke erzeugt, die er als Kind zufällig in seiner Umgebung hörte und sah, während der junge Javan einer gewissen Erziehung unterworfen und in Schulen

---

sie auch den Grad der Assistenz, die sie einem Reisenden verleihen, sorgfältig nach dem Grade der Auszeichnung oder Vernachlässigung ein, die diesem von ihrem Residenten zu Theil wurde.

Sie achten an der Person jederzeit nur den Rang, nie den Menschen.

geschickt wird. Alle die guten Eigenschaften der Javanen sind angelernte, und diejenige seiner Tugenden, welche seine erste (vielleicht seine einzige) ist, sein grofser Gehorsam und seine Unterwürfigkeit gegen Höhere, ist ihm von Kindesbeinen an auf das Nachdrücklichste, wie ein Evangelium, eingetrichtert, und ist weiter nichts als ein Ausdruck von Gewohnheit und abgerichteter Leitsamkeit, die ein gut dressirter Pudel in demselben Maafse besitzt.

So finden wir auch bei der kleinen Batta-Nation jene grofse Wahrheit wieder bestätigt, dafs, während sich unter einem sclavischen Joche die edlern Triebe der Menschen nicht zu entwickeln vermögen, nur eine freie Verfassung ihr Aufblühn befördert. Defshalb wird man jenen Tugenden, die das Menschengeschlecht am meisten zieren, als: aufopfernde Grofsmuth, Treue, Edelsinn und Hochherzigkeit, wohl häufig bei alten Griechen und neuen Nordamerikanern, ja selbst bei Battaërn begegnen, sich aber vergebens bei einem Türken, Spanier, Chinesen oder Javanen danach erkundigen. Wie der Charakter eines Individuums hauptsächlich von seiner Erziehung und von den Eindrücken seiner ersten Jugend abhängt, so hängt der Charakter einer Nation grofsentheils von ihrer Verfassung und ihrer Regierungsweise ab: eine Wahrheit, die man, über das Erdenrund schreitend, von Stadt zu Stadt, von Land zu Land, von Reich zu Reich, in allen Zonen bestätigt findet, und die kein Philosoph (unter dem Monde) zu widerlegen vermag. Defshalb werden diejenigen Kasten (oder Stände) eines Volkes, denen von Kindesbeinen an vorzugsweise Sparsamkeit empfohlen und deren Jugend das Besitzthum und der Reichthum als das erste aller irdischen Güter angepriesen wird, stets das Geld höher achten als die Wissenschaft, und es werden diese Kasten sicher dem Materiellen weit mehr anhängen als andere Volksstände oder ganze Nationen, bei denen schon der frühesten Jugend etwa Dichter oder Uebersetzungen alter Griechen zur Lectüre in Schulen dargeboten werden etc.

Doch darf bei dieser Entwickelung der moralischen Eigenschaften der Völker und ihrer Stimmung ein gewisser Einflufs der physischen Natur nicht aufser Acht gelassen werden. Eine solche unsichtbare Einwirkung des Klima's, der Temperatur, des heitern oder nebligen Himmels, der reinen

Luft hoher, trockner Tafelländer, der feuchten schweren Atmosphäre der Küsten, der dunkeln Urwälder, die alle Aussicht hemmen, oder der freien Gebirgshöhen, auf die moralische Entfaltung der Menschheit, ist zwar von vielen, mehr speculativen Philosophen (die des Menschen Gemüth gern selbstständig und unabhängig von der Aufsenwelt haben möchten) geläugnet, desto mehr aber von wirklichen Kennern der Natur und der Menschheit hervorgehoben, namentlich durch den gröfsten Kenner von Allen, Al. v. Humboldt, der in vielen Stellen seiner Schriften auf die Wechselwirkung zwischen der äufsern Natur und der inneren Gemüthswelt des Menschen auf das Ueberzeugendste hingewiesen hat.

Und in der That ist man geneigt, eine solche tyrannische Macht der Erde über unsern so hoch geträumten! Geist zu erkennen, wenn man den Charakter der Völker mit der Beschaffenheit ihres Landes in Vergleichung stellt; wenn man sieht, wie ein heitrer blauer Himmel und luftige, mit Reben bepflanzte, oder mit Pinien, durch die der Zephyr säuselt, gekrönte Höhen sich auch mit lustigen, leicht bewegten und ewig regsamen Menschen bevölkern und sich ein Völkchen schaffen, von dessen fröhlichen Liedern Berg und Thal erklingt, und wie andere Tiefländer, z. B. Dänemark, Holstein etc., die einförmig, viele Meilen weit, ohne alle Abwechselung hingestreckt liegen, mit Wasser überfüllt, mit einer Nebeldecke bezogen, wie diese auch einen mehr ernsten, bedächtigen, sich schwer bewegenden und weniger melodischen Charakter der Menschen hervorbringen, und wenn man diese Erscheinungen in den Battaländern, gegenübergestellt mit Java, verfolgt.

Wenn die Battaër, wie aus den, andern Orts dargestellten Verhältnissen wahrscheinlich wird, von Tobah aus das Land bevölkerten, so brachten sie auch von dort ihren Charakter mit. Eine 4000 Fufs hohe Hochebne mit kühler, leichter Luft ist ihre Heimath, ihr Blick schweift dort, durch keinen Baumwuchs gehemmt, Tagereisen weit in die Ferne, ihr Gesichtskreis ist offen und — ihre Verfassung ist frei; keine hohen Gebirgskuppen ragen über sie empor und keine Obergewalt erkennen sie an; nur Hügelzüge, mit schlanken, luftigen Fichten besetzt, ziehn sich um sie hin, und wie diese Fichtenstämme stolz und gerade emporstreben, so ist auch ihr Charakter kühn und offen!

Der Javan aber wohnt vorzugsweise nur in Tiefländern, fast stets verborgen im Schatten von Bäumen, die seine Aussicht hemmen, und sein Gemüth ist eng; kleinherzig hängt er sich an seinen Heerd, und ist zaghaft, sein Dorf auf einige Meilen zu verlassen; von West nach Ost, in einer langen Reihe, ragen hohe Kegelberge über ihn empor, deren Riesenhäupter drohend auf ihn herabblicken, und knechtisch erkennt er die Gewalt seiner Gebieter an! So wie er den Rand der Krater, die ihn von Ost und West umdampfen, nur zitternd betritt, mit Weihrauchdampf und Opfern, so naht er auch nur kriechend, prosternirt und halbnackend seinen Despoten, die in ihrem Zorn nicht minder gefährlich sind, als die funfzig Vulkane, die ihre Rauchsäulen von Zeit zu Zeit über seinem Haupte entfalten, und vor deren Verwüstungen er muthlos, wie vor dem Machtspruch seiner Gebieter, zusammensinkt!

§. 2.

Glauben und Krankheiten der Battaër.

Wenn ich hier Glauben und Krankheiten in einem Kapitel abhandle, so geschieht diefs nicht, als ob ich den Glauben für eine Krankheit hielte, sondern weil der Glaube der Battaër in Krankheiten **sitzt**. Ihr Glaubenssystem (ihre Theosophie) nämlich ist zugleich ihre specielle Pathologie, und beide sind unzertrennlich.

Sie unterscheiden mehrere Hauptkrankheiten oder böse Geister, **Begu**, deren Namen und Charaktere folgende sind:

1. **Begu Wiringong**; dieser setzt sich in die Füfse, in denen er Inflammationes, Anschwellungen und Geschwüre hervorbringt.

2. B. **Lumpun**, ist der böse Geist, welcher Krampf in den Fingern und Zehen erzeugt.

3. B. **Oi-jang**, erzeugt Rheumatismus und Lähmung in den Füfsen. Personen, die von ihm besessen sind, können nur hinkend gehn oder mit Krücken.

4. B. **Sari**, sitzt unter den Nägeln und bringt daselbst die Krankheit hervor, die man Panaritium nennt.

5. B. **Puru-hon**, bringt Geschwülste (Drüsenanschwellungen) unter der Achsel hervor.

6. B. **Antu**, macht krank am Halse und erzeugt Angina.

7. B. Hullit, hat seinen Lieblingssitz in der Brust und erzeugt Husten mit Beklemmung (Pleuresie, Asthma).

8. B. Sing-nal, verdirbt den Magen, benimmt alle Eſslust.

9. B. Simporgo-ong, sitzt ebenfalls im Magen, ist jedoch viel bösartiger als der vorige und erzeugt heftiges Magenweh und Cardialgie.

10. B. Barang-munji ist der böse Geist der Kolik, der in den Gedärmen sitzt, Dysenterie erzeugt und vielen Menschen sehr verderblich wird. Bei trocknem Wetter ist er am wenigsten zu fürchten, dann schweift er unstät in der Luft umher, aber bei feuchtem Wetter sucht er Obdach und nistet sich in die Eingeweide der Menschen ein.

11. B. Tokni-ullu, bemächtigt sich des Gehirnes und bringt Kopfschmerzen hervor.

12. B. Nahurapon, ist ein sehr bösartiger Plagegeist; kommt zwar den Menschen selten an das Leben, ist aber desto hartnäckiger und bringt einen herpesartigen Ausschlag der ganzen Haut hervor, mit einer an Lepra grenzenden Abschuppung. Dabei magern die davon Besessenen ab.

13. B. Namarung, ist der Geist der intermittirenden Fieber, der die Menschen ebenfalls sehr ausmergelt, doch selten zu tödten vermag.

14. B. Tjimpallan aber greift das Leben selber an und ist einer der wüthendsten Begu's, der die Menschen, die er sich zu seinem Opfer erkoren, auf das Krankenlager wirft, heftige Fieber hervorbringt, mit rasenden Delirien, auf welche Bewuſstlosigkeit folgt, in welcher die Kranken in der Regel ein Opfer des Bösen werden (Typhus cerebralis).

15. B. Tumungungong. Mit wem dieser Geist sein Wesen treibt, der entfremdet sich seinen Mitbrüdern; er wird menschenscheu und entflieht in die Einsamkeit.

16. B. Solpot ist der Teufel der Manie. Die Unglücklichen, die von ihm besessen sind, sind verrückt, treiben lauter unsinniges Zeug, laufen rasend umher, und wollen sich nur in Wildnissen aufhalten.

Der furchtbarste und gefürchtetste von Allen aber ist:

17. Begu Nalalain! der das Land entvölkert, ganze Provinzen verheert, Dörfer verbrannt, und den Cannibalismus eingeführt hat; dieſs ist der Geist der Zwietracht, des Streites und des Mordes! Zuweilen ergreift er bloſs einen

einzelnen Menschen, zuweilen aber die Bevölkerung ganzer Gemeinden und ganzer Landschaften; wen er aber ergreift, den treibt er an zu unwiderstehlicher Raubsucht, zu Krieg und Mord. Er ist's, der den ursprünglichen Frieden im Lande zerstört hat und der noch nicht aufhören will, die Menschen elend zu machen oder zu vernichten. Wo er hergekommen ist, weiſs Niemand. Die andern Begu's schweifen, ohne irgend einen festen Sitz zu haben, unstät in der Luft herum, als eigentliche Luftgeister, von wo sie sich nur von Zeit zu Zeit in die Menschen einsenken, um diesen zu schaden und sie krank zu machen; dieser aber kriecht unheimlich lauschend zwischen den Dörfern umher, und ist überall und nirgends; Viele behaupten, ihn des Abends, bei Dämmerlicht gesehen zu haben, wie er da mit feurigen Augen, langer rother Zunge und Krallen an den Händen um die Ecke schleicht. (Hörner, Pferdefuſs und Schweif, wie unserm nordischen Satan, werden ihm jedoch nicht beigelegt.)

Auſserdem giebt es noch mehrere weniger bedeutende Begu's, von denen allen aber ein jeder nur eine besondere Krankheit hervorbringen kann, die nach ihm benannt wird, deren äuſserlichen Erscheinungen oben angegeben wurden, und die mit dem Geiste also synonym und völlig identisch ist. Zuweilen befallen einen Menschen mehrere böse Geister auf Einmal, und zuweilen erscheinen ganz neue, die früher noch nicht vorhanden waren, und die dann auch keinen Namen haben. Ein solcher erschien im Monat Juni 1841 plötzlich in Nord-Ankola und Siepierok und bemächtigte sich einer groſsen Anzahl von Menschen zu gleicher Zeit. In jedem Dorfe wurden von ihm täglich 2, 3, 4, ja zuweilen 6 Mann ergriffen, und wurden, wenn sie des Morgens erkrankt waren, in der Regel schon des Abends begraben. Es war eine epidemische Krankheit, welche die Menschen ohne Unterschied von Alter und Geschlecht plötzlich befiel. Sie trat mit Kolik und Magenkrampf ein, brachte zuweilen ein gelindes Erbrechen hervor, äuſserte sich besonders durch Zusammenschnüren des Unterleibes unter den heftigsten Schmerzen, erzeugte dann Trismus, und ging bald in einen völligen allgemeinen Starrkrampf (Tetanus) über, wobei alle Glieder steif wurden und der Tod zuweilen schon nach weniger als 6 Stunden erfolgte.

Von Kinderblattern habe ich Nichts erfahren können, auch

nirgends Pockennarbige gesehn. Andere auffallende Krankheitsformen sind bei den Battaërn nicht bekannt. Von Syphilis waren sie bis 1841 noch gänzlich verschont geblieben. Angeborne Mifsbildungen unter ihnen sind sehr selten. Sie sind im Allgemeinen sehr gesund.

Eigentliche Arzneien gegen die oben aufgezählten Krankheiten giebt's keine, und kann es, nach diesem System, wo jeder Krankheit ein böser Geist einwohnt, auch keine geben; wohl aber werden Talismane und Zaubermittel dagegen gebraucht, um den Begu zu verscheuchen und die Krankheit dadurch zu heilen. Von solchen Talismanen und der Weise ihrer Anwendung sind ihre Bücher „Pustaha" voll; es sind bald Stückchen von besondern Baumrinden, bald Steinchen oder andere Naturproducte, von denen gegen jeden Teufel ein anderes angewendet wird, z. B. gegen Begu Tjimpallan wird dem Kranken ein Stückchen Holz von dem kleinen Strauche Salimpatuk gereicht; er mufs ein wenig daran kauen, dann wird's ihm auf den Nabel gebunden. Vermuthet man nun, dafs der Teufel anfängt zu weichen, so legt man einen abgeschnittenen Pisangstamm, 4 bis 5 Fufs lang, neben den Kranken, und trägt diesen Stamm, wenn sich Spuren von Besserung einstellen, also wenn (um batta'sch zu reden) der Begu aus dem Kranken aus- und in den Stamm eingezogen ist, aus dem Hause, welches jederzeit auf eine feierliche Art durch vier Mann geschieht (obgleich einer hinreichend sein würde, den Pisangstrunk unter dem Arme zu tragen); diese vier Träger laufen dann mit ihrer Last auf das eiligste, so schnell sie nur können, zum nächsten Kali und werfen den Satan in's Wasser. Genest dann ein solcher Kranker (jeder Arzt kennt ja die Kraft der Einbildung, der Hoffnung! und vieler sympathetischer Mittel), so wurzelt der Glaube an die Wirklichkeit des vertriebenen und in den Flufs geworfenen Begu immer tiefer ein.

Aerzte übrigens haben sie ebenso wenig wie Priester, Tempel ebenso wenig wie Hospitäler, und von einer Religionsdoctrin eben so wenig eine Spur, als von einem Kultus oder von einem Idol, das sie verehrten.

Doch glauben die Battaër aufser diesen Krankheitsgeistern noch an einige gute Geister, welche sie Sumangot nennen. Wenn nämlich Jemand durch eine der genannten Krankheiten gestorben ist, so hat ihn ohne Weiteres der Teufel geholt, er ist unrettbar verloren und in die Gewalt eines Begu gefallen, und es bleibt nichts von ihm übrig, als das, was man von ihm in die Erde begräbt, seine Leiche. Wird aber Jemand von einem Tiger gefressen, oder ertrinkt Jemand im Wasser, oder kommt er im Kriege, also in jedem Falle auf eine gewaltsame Art um's Leben (fällt also keinem Begu in die Klaue!), so bleibt noch etwas Andres von ihm übrig, sein Körper wird begraben, aber seine „Dondi" (Seele? maleiisch Djewa) steigt in die Höhe („badu kindjang!") und wohnt nun als Sumangot in „einem unsichtbaren Lande auf der Spitze der Berge."

Solche guten Geister steigen zwar zuweilen herab von ihren Bergen und kehren zurück in ihre frühere Wohnung, besonders wenn Jemand schwer krank ist, um Diesem Gutes zu erzeigen und den Begu, dessen Gewalt geringer ist als die ihrige, zu vertreiben; sie werden jedoch auch als launische Geister gefürchtet, und Niemand wagt es, ihr Gebiet, d. i. die Bergspitze, zu betreten. Ich selbst habe einen solchen Sumangot auf dem Lubu Radja (dem höchsten Berge der Battaländer) angetroffen. Ich hatte anfangs viel Mühe, die Battaër zur Ersteigung dieses Berges zu bewegen, und überwand ihre Abneigung (aufser dafs ich mich selbst für einen metamorphosirten Sumangot erklärte) nur dadurch, dafs ich mich verpflichtete vorauszugehn. Darüber wurde erst eine feierliche Berathung im Soppo gehalten, und beschlossen, dafs man mir folgen wolle. Auf dem Gipfel wurde erst mit Benzoë geräuchert und eine feierliche Anrede an den Geist gehalten. Natürlich, Niemand sah ihn. Er hiefs Porru sampauhonn, und der Donner antwortete an seiner Statt. Nach der Legende ist es der Geist von Ompun Djallak Maribu, welcher vor uralten Zeiten Oberhäuptling des Landes Lobo tammíang*) in Ankola war, und an dessen Begräbnifstage 250 Büffel geschlachtet wurden. Da jedoch nach derselben Sage dieser Ompun an einer Krankheit starb und nicht im Kriege umkam, so geht daraus die Inconsequenz ihres Geistersystems hervor, und diefs beweist wenigstens, dafs ausgezeichnete Häupt-

*) Ein Land, dessen Name selbst erloschen und nur noch in dieser Mythe bekannt ist.

linge der Gewalt der Begu's entrissen und „badu kindjang", aufwärts*) steigen können.

Ihr Glaube an ein immaterielles Etwas im Menschen (an eine Seele) möchte hiernach unzweifelhaft sein. An einen Gott jedoch glauben sie nicht, oder besser gesagt, sie können sich keinen Begriff machen von einem geistig gesonderten Wesen als Ursprung der Welt; alle meine Versuche, ihnen eine Art Idee davon beizubringen, waren fruchtlos; nur die südlichen, islamitisch gewordenen Häuptlinge kennen den Namen Tuan Allah, aber auch blofs den Namen, ohne sich dabei etwas vorzustellen. Der Battaër denkt über solche abstracte Begriffe nie nach, und aus diesem Grunde kennt er keinen Gott; denn blofs Nachdenken kann auf diese Idee leiten. Und alle seine Geister sind recht irdische Geister, Erdgeister, Kobolde oder Luftgeister, welche die Spitzen seiner Berge nicht übersteigen, viel weniger über die Grenzen seiner Atmosphäre hinausgehn. Für den Battaër giebt es keine Oberwelt, für ihn giebt es blofs Das, was ist, nämlich mit Sinnen wahrgenommen werden kann; und auch Dasjenige, was nicht ist, jedoch gedacht werden kann, wird von ihm nur insofern geglaubt, als es sich innerhalb der Grenzen seines Landes bewegt.

Will man die angeführten Krankheitsgeister (Begu's) und die unsterblich gewordenen Dondi's (Seelen) grofser Vorältern (Sumangot's) der Battaër als den Keim einer gewissen religiösen Moral betrachten, so kann man damit ihre Gebräuche beim Begräbnifs grofser Radjas (Vide Kap. 7. §. 6.) in Verbindung bringen. Eine eigentliche Religionsdoctrin jedoch fehlt ihnen gänzlich, und von einem Religionskultus findet sich ebenfalls keine Spur, keine Spur von Idolen, die sie anbeteten, kein Beispiel von Naturgegenständen, von Bergen, Flüssen, Sonnen oder Monden, die sie verehrten, keine An-

*)  badu heifst steigen, aufwärts gehn, und  kindjang heifst hoch, z. B. Dolok kindjang, hoher Berg; also: badu kindjang nach unserer Sprache etwa: gen Himmel fahren.

deutung von heiligen Gebäuden, von Opferplätzen, oder von Priestern, die diese bewachten; sie haben weder Dryaden noch Najaden, und stehn in dieser Abwesenheit von allem Religionskultus ebenfalls, wie in so vielen andern Stücken, eigenthümlich da.

In dem System ihrer Krankheitsgeister spricht sich blofs die, allen Menschen und selbst den rohesten Völkern angeborne Neigung aus, den Wirkungen, die sie sehen (und nicht begreifen), auch eine Ursache zu Grunde zu legen, in welcher Neigung oder Sucht gerade die schönste Poesie dieser Völker liegt, eine Poesie der Natur, welche auf Java alle Kraterschlünde mit Geistern bevölkert, welche die Brandung an der felsigen Südküste toben läfst ohne Sturm, welche in dem Summen unsichtbarer Bienenschwärme (die hoch über den Häusern hinziehn) einen Geist *) hört, welche in der blasenden Höhle von Rankop eine bezauberte Prinzessin **) hausen lässt, und in den Tempel Chandi Bima auf Di-eng den Geist des Werkudoro versetzt, dessen Stimme dort geheimnifsvoll, eine Aeolsharfe, jeden Abend erschallt, und welche auch die Bergspitzen der Battaër mit Sumangot's bevölkert.

Ob ein europäischer Philosoph in der Erklärung mancher Erscheinungen aus Ursachen, glücklicher ist, als der Battaër, der sie seinen Geistern zuschreibt, wage ich nicht zu entscheiden.

Wenn wir einen europäischen Arzt, z. B. einen Wirklichen Geheimen Rath, der, ehe er sich in Consultationen einläfst, erst eine Stunde lang Toilette macht und alle seine Orden aufsteckt, und der nun gravitätisch dasteht, die linke Hand auf Hippocrates Opera omnia (und Meckel's Abhandlung über die Mifsgeburten) gestützt und in der rechten Hand seinen Commandostab (eine T.Spritze oder ein Stethoscop), fragen: quid est Mania? so wird er uns mit grofser Gelehrsamkeit expliciren, dafs Mania aus einigen Dutzend Gründen keine vollkommne Gesundheit des Verstandes sein dürfte, also Mania sei; und fragen wir einen Battaër: was ist Manie? so wird er uns sagen: diefs ist der Begu Solpot in seiner Wirkung. (Wer von beiden weifs nun mehr?)

---

*) Iblis der Sundaër.

**) Z. B. Ratu Loro Kidul, die Herrn Schill zu wirklicher Poesie entflammt hat. Vide Tydschr. Neerl. Indie IV. pag. 568.

Verwandte Erscheinungen übrigens mit den Battaërn, bietet der Glaube der Bewohner der Passumah-Landschaften (im Innern von Benkulen), bei welchen die bösen Geister Djin's und die guten Dewa's heifsen, und welche die Dewa's ebenfalls auf dem Gipfel hoher Berge wohnen lassen, z. B. auf dem Gunong Dempo nicht weniger als zwanzig solcher Dewa's *). Auch die Sundaër nennen eine Hauptklasse der bösen Geister Djin. Uebrigens haben diese Passumaher (Abkömmlinge der javanschen Kolonisten aus Palembang) eben so wenig einen Religionskultus und eben so wenig Priester als die Battaër auf Sumatra, die Daijaker auf Borneo **), und die Einwohner von Timor ***), die ebenfalls an viele böse Geister glauben, die aber Priester und selbst Tempel, einem Gotte Pamilie gewidmet, haben. Einer der timorischen Götter heifst Patuhan (Herr der Erde); einen gleichen Namen hat ein Berg in den Preanger Regentschaften: Patuha, und die alten Bücher der Battaër, worin auch von Geistern (Begu's) gehandelt wird, heifsen: Pustaha. Ebenso glauben die Alfuresen auf Menado †) an vielerlei Geister, genannt Empong's, so dafs man bei allen diesen Völkern des Archipels, die nicht zur maleiischen Race gehören, und bei denen auch die Buddhadoctrin keinen Eingang fand, zwar unter mancherlei Gestaltung, doch immer einen gewissen eigenthümlichen Polytheismus (als ursprünglichen, einheimischen Glauben derselben) wieder findet. Aufser bei den Timoresen kommen noch bei den Niassern Spuren des Priesterstandes, „Ereh" genannt, vor ††).

---

*) Boers, in Neerl. Ind. Tydschr. II. pag. 576.

**) E. A. Francis, Neerl. Ind. Tydschr. V. Nr. 7. pag. 9.

***) J. D. K. in Oosterling, Tydschr. deel 2. pag. 25.

†) Nach der schätzbaren Abhandlung mehrerer Beamten in Neerl. Ind. Tydschr. III. p. 134.

††) L. Horner, Batu-Eilande l. c. pag. 350. — Ferner J. Domis, in Oosterling, Tydschr. deel 2. pag. 128.

§. 3.

Wissenschaftliche Kultur der Battaër; ihre Sprache und Schrift.

Vorbemerkung.

Als ich mich Ende 1840 den Batta-Ländern näherte, hatte ich mir, von der Wichtigkeit des Sprachstudiums überzeugt, schon im voraus ein alphabetisches Verzeichnifs von niederdeutschen und maleiischen Wörtern angelegt, in welchem jedem Worte zwei leere Rubriken gegenüberstanden: eine, um die gleichbedeutenden Batta-Wörter mit unsern Buchstaben einzutragen, die andere, um diese Wörter durch die Battaër selbst mit ihren eigenen Zeichen darstellen zu lassen. Auf diese Art glaubte ich als ein in die Sprachwissenschaften Uneingeweihter den practisch leichtesten Weg eingeschlagen zu haben, um allmählich mit der Batta-Sprache bekannt zu werden. Leider jedoch blieb dieser Vorsatz gröfstentheils ein *bonum desiderium:* theils kamen mir die Sprache der Battaër und ihre Klänge so ganz unverstehbar vor, dafs meine Zunge (die keine Klaproth'sche ist) viele Wörter gar nicht auszusprechen vermochte; theils waren der Gegenstände, die meine Aufmerksamkeit und Thätigkeit weit mehr als die Sprache erregten (die schöne Pflanzenwelt mit ihrer lebendigen Pracht, die atmosphärischen Meteore mit ihrer ewig veränderten Gestaltung, die geognostischen Verhältnisse u. a. m.), so viele, und die wenige Zeit, welche mir die topographische Beschreibung und Aufnahme des Landes übrig liefs, war durch die Betrachtung jener Verhältnisse schon so gänzlich ausgefüllt, dafs, wenn die zum Sprachstudium bestimmten Abende heranrückten, ich durch lange Tagemärsche, während jeglichen Wechsels der Witterung, oft von Blutegeln zerstochen, oder durch andere Arbeiten, durch das Einsammeln von Pflanzen, so wie durch die stete Sorge für persönliche Sicherheit, in der Regel schon so sehr ermüdet war, dafs ich mich begnügen mufste, meine täglichen, mit Bleistift aufgezeichneten Beobachtungen mit Tinte überzutragen, und gründlichere Sprachübungen auf ruhigere Zeiten zu verschieben.

So geschah es, dafs ich das vorgenommene Sprachstudium immer weiter hinausschob, und mich vorläufig begnügte, mir ein blofses Verzeichnifs der nöthigsten, im täglichen Leben vorkommenden Wörter anzulegen: mit dem Vorsatze, mich der Sprachforschung dann zu widmen, wenn die erste Periode des unstäten Reisens würde beendigt sein, das bei dem damaligen politischen Zustande des Landes nur unter steter Sorge und guter Bewaffnung möglich war.

Aber überhand nehmende Krankheit zwang mich nachher, die Battaländer schnell zu verlassen, und so blieb auch dieser Vorsatz unerfüllt.

Mögen diese Andeutungen zur geneigten Entschuldigung der Kürze des folgenden Paragraphen dienen.*)

Wenn in der Geschichte ein einzelnes Datum, oder in der Physik eine isolirte Beobachtung erst durch Combination ihr wissenschaftliches Interesse erlangt, und durch Zusammenstellung mit andern Ereignissen oder durch Vergleichung mit verwandten Erscheinungen erst zu einer praktischen Münze gestempelt wird, deren Werth nachher auf der grofsen Börse der Wissenschaft überall für voll gilt; so möchte diefs auch auf die Sprachforschung anzuwenden sein. Möge dann auch das gröfsere Verdienst in jener Combination liegen, wodurch aus Einzelheiten fruchtbare Resultate gezogen und das oft ganz trockne Wort zu Orakeln erhoben wird, welche über Abstammung und Schicksale der Menschheit entscheiden; so mufs doch einer solchen Combination erst die Sammlung von Thatsachen vorausgehn, und mufs daher diesen Thatsachen oder Baustoffen auch an und für sich (als Einzelheiten) ein gewisser Werth zuerkannt werden.

Möge daher das, was mir an solchen Materialien zum Sprachgebäude der Battaër aus unmittelbarer Erfahrung bekannt geworden ist, hier seine Stelle finden!

1) Die ganze wissenschaftliche Kultur der Battaër beschränkt sich auf die Kunst zu lesen und zu schreiben. Zu welcher Zeit diese Kunst unter ihnen entstand, und ob sich dieselbe eigenthümlich und originell unter ihnen ausbildete,

---

*) [Auf den Wunsch der Herausgeber habe ich diesen Abschnitt über die Sprache und Schrift der Battas im Druck besorgt und mit einigen erläuternden Bemerkungen begleitet, die ich durch B. bezeichne. Der Erlaubnifs zu Veränderungen habe ich mich selten bedient. Buschmann.]

oder ob sie aus einer andern frühern Heimath mitgebracht wurde, von einem vaterländischen Urstamme möglicherweise sich herschreibend, oder endlich, ob sie ein von einer fremden (benachbarten) Nation blofs angenommener, übertragener Bildungszweig ist, der, auf den Urstamm der physich-moralischen Natur des Battaërs gepfropft, nur eine diesem Boden angemessene Modification und eine veränderte äufserliche Gestaltung annahm: ist mir noch unbekannt; auch die Battaër selbst wissen es nicht, und nur die Vergleichung ihrer Sprache und ihrer Schriftzüge mit denen anderer Völker vermag Auskunft darüber zu geben.

2) Nur so viel ist sicher, dafs die Schreibkunst sehr alt unter ihnen ist. Aufser ihrem eignen Zeugnisse für diefs hohe Alter spricht noch das Vorhandensein auf Baumrinde mit einer Tinte geschriebener Bücher, die, im Wasser unauflöslich, wie ein glänzend schwarzer Lack oder Firnifs erscheint; welche Bücher als heilige, aus einer bessern Periode abstammende Reliquien von den gegenwärtigen Battaërn bewahrt werden, übrigens sehr selten sind, und nur in Tobah bei einigen Häuptlingen, die sie von ihren Vätern erbten, vorkommen. Viele dieser Bücher tragen die Zeichen des höchsten Alterthums, und sind ungeachtet der Sorgfalt, welche auf ihre Bewahrung verwandt wird, sehr oft in Staub und Moder zerfallen. Die Kunst, mit solcher firnifsartigen Tinte zu schreiben und dergleichen Bücher zu verfertigen, ist verloren gegangen; die gegenwärtige Schrift der Battaër wird mit der Spitze von Messern auf die glatte äufsere Seite von Bambusrohr gravirt, oder — in den Grenzprovinzen, wo europäischer Einflufs Feld gewonnen hat, — mit Tinte und Feder auf europäisches Papier verzeichnet. Aus einigen solcher Bücher, die ich so glücklich war mir verschaffen zu können, werde ich weiter unten einige Facsimile's mittheilen. Eben so, wie die Kunst auf Rindenpapier mit Tinte zu schreiben nicht mehr bekannt ist, scheint die feinere Sculpturkunst in Holz bei den Battaërn untergegangen zu sein; denn ihre Kriegspaniere, an denen (siehe Kap. 14) sich diese Kunst am schönsten offenbart, und auf denen sich eben solche Schriftzüge gravirt finden, wie man sie in den genannten Büchern antrifft, werden jetzt nicht mehr verfertigt und sind nur in geringer Zahl als altes Erbstück bei wenigen Häuptlingen in Tobah vorhanden.

Man darf wohl mit Gewifsheit annehmen, dafs die Erfindung so schöner Künste, wie die Schreibkunst, die keinesweges von einer gewissen Zierlichkeit entblöfst ist und die selbst in Anfänge der Zeichenkunst übergeht (man vergleiche die Facsimiles vor S. 275), und wie die Sculpturkunst bei einem Volke wie die Battaër nur durch die segensreiche Ruhe eines langen Friedens möglich war; und dafs diese Künste, weit entfernt in einem solchen Lande sich bei unruhigen Kriegszeiten ausbilden zu können, in dem Zustande von Anarchie und Barbarei, welcher gegenwärtig die Battaländer charakterisirt, vielmehr als zarte Blumen des Friedens ihren Untergang finden mufsten.

3) Ich habe es an einem andern Orte wahrscheinlich zu machen gesucht, dafs in einer gewissen Zeit die Malaien zur Auswanderung aus Menangkabau gezwungen wurden, und dafs sie, anstatt die hohen Centralthäler ihres heimathlichen Klima's, auf welche sie von der Natur angewiesen waren, von Agam aus durch Rau und Ankola weiter nach Norden zu verfolgen, vielmehr in die heifsen Niederungen gen Osten hinabstiegen, und sich einem Elemente, das ihrem ackerbauenden Wesen gänzlich fremd war, dem Meere, anvertrauten; dafs sie dazu durch eine in jenem Norden bereits vorhandene Batta-Population gezwungen wurden, und dafs diese schon damals (1160)*) einen hohen Grad von Kultur erreicht haben mufste: nämlich eine Kultur, nicht vergleichbar mit der Entwickelung kaukasischer Völker in kargen, nordischen Klimaten, sondern die eigenthümliche Kultur eines kleinen Völkerstammes, auf dem kleinen Berglande einer Insel, so reich von der Natur begabt wie Sumatra und so herrlich ausgestattet mit Producten, deren reiches Füllhorn kaum der Nachhülfe des Menschen bedarf; die Kultur eines Viehzucht treibenden Volkes, das an der Milch einiger Kühe und an ein paar Maisähren oder Bataten genug hatte, sich zu ernähren, — das nur ein Pisangblatt zu pflücken brauchte, um sich zu decken, — und das dennoch in seiner Ausbildung bis zur Stufe feiner Sculptur in Holz, in Elfenbein und in Kupfer gedieh; das Häuser baute, welche an Schönheit und Dauer die

*) Man vergleiche hierüber die schon oft citirten Werke von Marsden (*Hist. of Sum.*) und Crawfurd (*Ind. Arch.*) l. c.

aller ihrer Nachbarn übertreffen, und das sogar die Kunst, nach eigenen Charakteren zu schreiben, erfand, die allgemein unter ihnen blühete und bis zur Verfertigung zierlicher, eingebundener Bücher emporstieg! — Ich glaube daher mich nicht geirrt zu haben, diesen Grad von Kultur einen hohen zu nennen.

Damals also, zur Zeit wo die Dichtigkeit ihrer Population auf das höchste gestiegen war, und alle fruchtbaren Thäler des Landes schon so sehr bebaut waren, dafs eine Auswanderung nach Nias*) Statt finden mufste: zur Zeit wo noch Einigkeit unter ihnen herrschte; damals war wahrscheinlich die Schreibkunst schon allgemein unter ihnen bekannt: weil alle Erfindungen und Künste an das Wachsthum der Population geknüpft sind, und weil mit der Zunahme der Bevölkerung auch die Vervollkommnung der Künste zunimmt.

Dafs der Krieg, welcher die Population zum Theil wieder vernichtete (und mit ihr den Triumph ihrer Erfindungen), erst viel später unter ihnen entstand, nach ihrer Sage erst vor drei Menschenaltern, ist schon weiter oben berührt worden.

Wenn es bei dem Mangel historischer Sicherheit und aller positiven Beweise für erlaubt gilt, sich in das Feld blofser Vermuthungen zu wagen, so dürfte die Annahme nicht von aller Wahrscheinlichkeit entblöfst sein: dafs, wenn zur Zeit der höchsten Batta-Population und Kolonienbildung derselben (um 1140?) die Schreibkunst bereits allgemein unter ihnen florirte, die Erfindung dieser Kunst doch wenigstens noch 500 Jahre weiter zurück (bis ins VII. Jahrhundert n. Chr.) datirt werden mufs, vielleicht selbst bis zum Anfang unserer Zeitrechnung.

Wie wichtig in Beziehung auf diese Verhältnisse die Untersuchung des Alphabets der Bewohner von Nias und der benachbarten Batu-Inseln sei, und wie gerade die Untersuchung der Charaktere und der Schreibart der Niasser geeignet sein dürfte, einiges Licht über das zu verbreiten, was ich blofs als Vermuthung gewagt habe im Obigen darzustellen; springt von selbst zu sehr in die Augen, als dafs ich nöthig hätte es weitläufiger zu entwickeln. Leider finde ich in den

*) Welche eine dunkle Sage unter ihnen (siehe Kap. 1. etc.) auf 10 Menschenalter zurück verlegt.

wenigen vorhandenen Quellen über Nias *) nichts über diesen Punkt gesagt. Wenn jedoch die Schrift beider Völker eine eben so grofse Uebereinstimmung zeigt, wie diefs mit ihrer Sculpturarbeit in Holz (siehe Kap. 14) und mit ihrer Sprache der Fall ist, welche letztere nach dem Zeugnifs von Individuen beider Völker, die gegenseitig ihr Land besuchten, nur eine geringe Dialectverschiedenheit zeigt und übrigens in fast $\frac{3}{4}$ ihrer Wörter übereinstimmt; so dürfte an der Abstammung der Niasser von den Battaërn und an der ursprünglichen Identität beider Völker nicht zu zweifeln sein.

4) Die Schriftzüge sowohl als die Sprache der gegenwärtigen Battaër sind ganz dieselben als die in den genannten Büchern, so dafs alle in der Schreibkunst bewanderten Battaër diese Bücher lesen und verstehen können. Diese Kunst ist sehr allgemein unter ihnen verbreitet und selbst der Mehrzahl der gemeinen Dorfbewohner bekannt, so dafs in diesem Punkte der Battaër höher als der Javan, ja selbst höher als manche sonst viel civilisirtere Nationen steht.

5) Sie schreiben (ebenso, wie früher, auch jetzt noch) von unten nach oben, stellen nämlich ihre Zeichen in gerader Reihe von unten nach oben über einander, so dafs die zweite Reihe rechts neben die erste zu stehen kommt und wieder von unten angefangen wird u. s. f. Daher ist der Anfang auf jeder Blattseite unten und links, das Ende oben und rechts. Bei ihrer gegenwärtigen Schreibmethode auf Bambus wählen sie am liebsten grünen Bambus, weil diese grüne Färbung nur ganz oberflächlich ist und weil defshalb die, $\frac{1}{5}$ bis $\frac{1}{4}$ Linie tief eingekerbten Charaktere weifslich-hell auf dem dunkeln Grunde deutlicher hervortreten. Die Linien, welche die Charaktere bezeichnen, sind jederzeit, sowohl in der alten Schreibart auf Rindenpapier als in der neuen auf Bambus, wenigstens $\frac{1}{5}$ Linie dick (breit), mit sehr scharfen, in zwei regelmäfsigen Ecken vorspringenden Endungen, die nicht verdünnt sind, noch allmählig zulaufen, z. B. ta (X.

6) Die Schreibart in den südlichen Provinzen (Ankola, Mandaheling) hat geradere Striche mit schärferen Ecken, und

*) In Horner's bereits angeführter Schrift, und in: „Het eiland Nias, door H. J. Domis," in der Zeitschrift der Oosterling, deel 2. pag. 112 et seq.

nähert sich mehr den von Marsden (*Hist. of Sum.*) dargestellten spitzeckigen Zeichen des Rejang-Alphabetes: während die Schrift der Centralprovinzen, namentlich Tobah's, die man als Norm betrachten kann, sich durch gröſsere Rundung und gröſsere Zierlichkeit auszeichnet. Doch in den Büchern (also in den mit Tinte gemalten Charakteren) sind auch dort die Linien in der Regel gerade, und nur auf dem Bambus stets halbmondförmig gekrümmt.

7) Beim Lesen der Schrift haben alle Battaër die sonderbare Gewohnheit, alle Laute sehr langgedehnt, und zwar mit bald etwas gehobener, bald wieder etwas gesenkter Stimme, singend auszusprechen: wobei sie in tiefes Nachdenken versunken scheinen. Es ist ihnen fast unmöglich still vor sich hin und schweigend zu lesen; überhaupt geht ihnen dieſs Geschäft sehr langsam von statten.

8) Von der maleiischen Sprache scheint die der Battaër nicht abzustammen*). Ich lasse hier beispielsweise ein Verzeichniſs von 125 Wörtern zur Vergleichung zwischen beiden folgen, wobei bemerkt zu werden verdient, daſs die batta'schen Wörter in demjenigen Dialecte aufgeführt sind, welcher in Süd-Tobah und in Siepierok, also in den Centralprovinzen, gesprochen wird. Der Dialect in Mandaheling ist etwas verschieden und mehr mit maleiischen Wörtern vermengt; noch verschiedener aber und für den Bewohner Mandaheling's beinahe unverständlich soll der Dialect in dem nördlichsten Theile der Battaländer, nach Atjin zu, sein: wobei ich zweifelhaft bin, ob dieſs einer Vermischung der Nord-Tobah'schen Sprache mit Atjin'schen Wörtern zuzuschreiben ist, oder ob sich dort das Idiom der Battaër als Ursprache (?) am reinsten und unverfälschtesten erhalten hat. Daſs jedoch eine Verständigung zwischen den Bewohnern der zwei entgegengesetzten Grenzen (ohne Dolmetscher) möglich ist, habe ich Gelegenheit gehabt wahrzunehmen.

Das *u*, *au* und *ai* ist in dem folgenden Verzeichniſs überall so genommen, wie es in der lateinischen Sprache ausgesprochen wird (für die Franzosen würde man das *u* durch *ou*, für die Niederländer durch *oe* ausdrücken müssen).

---

*) [Ich verweise auf meine Anmerkung zu S. 268, wo ich auf diese Aeuſserung des Verf. Rücksicht genommen habe. B.]

Die erste Rubrik der sunda'schen und java'schen Wörter (*bidjara kassar*) ist die Alltagssprache, wie sie Gemeine unter einander und Höhere zu Gemeinen sprechen; die zweite Rubrik aber die Höflichkeits- oder *Hormat*-Sprache (*bidjara lemmes*), deren sich Gemeine bedienen, wenn sie zu Höheren sprechen. Da, wo sich ein grader Strich befindet (—), sind für die letztere Sprache keine besondern Wörter vorhanden.

Hoch- u. Nieder-deutsch	Maleiisch	Batta'sch	Sunda'sch 1. kassar	Sunda'sch 2. lemmes	Javanisch 1. kassar	Javanisch 2. lemmes
eins een	satu	sada	hidji	—	sidji	satungal
zwei twee	dua	dua	dua	—	loro	kallih
drei drie	tiga	dolluh	tilu	—	telu	te-tiga
vier vier	ampat	oppat	oppat	—	papat	sekawan
fünf vyf	lima	lima	lima	—	limo	gangsal
sechs zes	anam	annem	gennap	—	annem	na-nem
sieben zeven	tudjuh	wittuh	tudjuh	—	pittuh	pe-pittu
acht acht	delapan	walluh	delapan	—	wolluh	wo-walluh
neun negen	sembilan	sembilan	salapan	—	songo	sanga
zehn tien	sapuluh	sapuluh	sapuluh	—	sapuluh	sadassa
Erde aarde	tanna	tanno	tannö	—	lemmah	sitti
Dampf damp	awap	abū-an	mega	—	mega	—
Wasser water	aijer	aik	tjai	—	banju	toija
Rauch rook	assap	timmus	assok	—	assap	kukus
Feuer vuur	api	api	sonno	—	kni	dahana
Stein steen	batu	batu	batu	—	watu	sella
Oel olie	minjak	mie-ak	minjak	—	minjak	lisa
Holz hout	kaju	haju	kai	—	kaiju	katjang
Pflanze plant	ojot	duhut	djukut aroy	—	soket ojot	—

Hoch- u. Niederdeutsch	Maleiisch	Batta'sch	Sunda'sch 1. kassar	Sunda'sch 2. lemmes	Javanisch 1. kassar	Javanisch 2. lemmes
Blume bloem	kumbang	bun-ga	kumbong	—	kumbang	sekar
Blatt blad	daun	bulung	daun	—	godong	—
Baum boom	pohon	batang	tankal	—	pohon	weit
Blut bloed	darrah	mutter	getigh	—	getigh	rah
Berg berg	gunong	dolok	gunong	—	gunong	arga
Thal, Tiefe, vallei, diepte	lobak, lowong	lowang	löwöng	—	allas	wana
Fluſs rivier	kali	aik	tjai	—	banju	lepen
Haus huis	rumah	bagas	imah	bumih	umah	grija
Regen regen	udjan	udang	hudjang	—	udan	—
Stroh stroo	merang	darrop	sappu	—	kellud	—
Topf pot	priok	priok	pariok	—	kendiel	—
Name naam	nama	isseh gorarr	ngaran	djewengan	aran	nama
Vater vader	bapa	(o)ammang	bapa	rama	bapa	rama
Mutter moeder	mama	inang	indung	ibu	bijang	iboo
Schwester zuster	susi, sudara parampuan	anggih	dulur aweweh	setérek istrih	dulur wadong	sederek istrih
Bruder broeder	sudara laki	anggah	dulur laki	setérek pamegĕt	dulur lanang	sederek djaler
Kopf hoofd	kapala	ulu	hulu	mastaka	endas	mastaka
Auge oog	mata	mada(mo)	panön	sotja	matta	panengal
Ohr oor	kuping	suping	tjolih	djepil	kuping	talingan
Nase neus	idong	igung	irung	pangambung	tjungur	grana
Mund mond	mulut	bawa	bibir	bambeih	lambé	lattie
Arm arm	tangan	tangan	lönggöng	pannangang	tangan	asta

Hoch- u. Nieder-deutsch	Maleiisch	Batta'sch	Sunda'sch 1. kassar	Sunda'sch 2. lemmes	Javanisch 1. kassar	Javanisch 2. lemmes
Finger vinger	djari	djidi mu-duk	ramo	—	epek	—
Bein been	kaki	bat	suku	sampéan	sikil	suku
Bauch buik	prot	boldok	bötöng	padahāran	wötöng	padaharan
Schlag slag	pukol	humbenn	bobbo	tangga-nang	gebng	gietiek
Verkauf verkoop	djuwalan	merkah-diss	didjuwal	diban-tjang	diedol	disadé
Messer mes	piso	raut	peso	abirr	peso	pangot
Löffel lepel	sindok	sondok	sindok	—	sendok	—
Gabel vork	garfu	garbo	garpu	—	garpo	—
Teller bord	piring	pingang	piring	—	piering	—
Stuhl, Bank stoel, bank	karossi	djukūang	korsi	—	korsi	palingie-ban
Flinte snaphaan	snopang, bedil	bodil	bedil	—	bedil	senjattan
Tafel tafel	medja	pandar	medja	—	medja	—
Frau vrouw	param-puan	potosi	awewweh	istrih	wadon	istri
Haar hair	rambut	obu	pu-uk	rambut	rambut	rema
Tag dag	hari	hari	poi-é	—	dina	dinten
Zahn tand	gigi	ningi	hundu	waos	untu	wadja
Cocos cocos	kalappa	krambie	kalappa	—	kelappa	krambiel
Reis, ungekochter rijst, ongekookte	bras	dahano	béas	—	beras	wos
Reis, gekochter rijst, gekookte	nassi	intahan	kedjo	sang-u	sango	sekul
Schwein varken	babi	babi	bagong	bedul	tjelleng	andappan
Monat moond	bulan	bulan	bulan	sassih	wulan	sassie

Hoch- u. Nieder-deutsch	Maleiisch	Batta'sch	Sunda'sch 1. kassar	Sunda'sch 2. lemmes	Javanisch 1. kassar	Javanisch 2. lemmes
weiſs wit	puti	ponterr	bodas	—	pettak	—
schwarz zwart	hitam	lomlom	hidöng	—	tjemeng	—
gelb geel	kuning	korsing	kuneng	—	kuning	djenne
roth rood	meirah	nabara	böröm	—	abang	abriet
kurz kort	pendek	pondok	pondok	—	tjendek	pondok
dick dik	tebal	na-habal	kandel	—	kende	—
dünn dun	tipis	na-nipis	ipis	—	tiepis	—
hart hard	kras	djokal	tewas	—	atos	—
weich week	lembot	lambok	lelles	—	lemes	—
breit breed	leibar	la-bolak	rubak	—	amba	waijar
schmal zmal	korang leibar	horang bolak	kurang rubak	—	kurang amba	kurang waijar
schön mooi	bagus	deng-gan	alus	saëh	bagus	saëh
tief diep	dalam	bakas	djero	—	djero	lebet
mager mager	kurus	madniang	begang	kuru	gering	kera
fett vet	gemok	na-mok-mok	lintuh	ageng	lemme	lemma
kalt koud	tinggin	mengalli	tiris	njen jep-pan	aties	asrep
warm warm	pannas	milas	pannas	—	pannas	gerah
jung jong	muda	budjing	ngora	anom	enom	—
alt oud	tuah	ampong	kollot	seppuh	tua	seppah
schnell spoedig	lakas	tibbu-tibbu	lelengen	gantjang	gantjang	agé agé
langsam langzaam	plan plan	asso-as-sok	laun-lau-nan	—	alun-alun	anter
wohlfeil goedkoop	murra	momo	mŭrrah	—	murrah	—
theuer duur	mahal	maul (mau(a)l)	larang	—	awies	—

Hoch- u. Nieder-deutsch	Maleiisch	Batta'sch	Sunda'sch 1. kassar	Sunda'sch 2. lemmes	Javanisch 1. kassar	Javanisch 2. lemmes
hoch hoog	tinggi	kindjang	luhur	—	duwur	ngil
still stil	diam	sip (kita)	tjitjing	tjalik	menöng	kendel
träge lui	malas	asso-assok	gedul	memulan	wegah	sungka-nan
leer hol	gossong	ngado-adong	gossong	dodiossi	suwung	seppie
nein, nicht neen, niet	trada kaga	ngade-dong	doaija	—	ona nanna	wodden ontenn
ja ja	ija	ollo-ollo	nja	—	ana	wenten
wie viel? hoe veel?	brapa	sadi-a	sabraha	—	sapira	sapinten
wo? waar?	dimana	di dia	dimana	—	ana ngen-die	wonten pundie
woher? van waar?	derri ma-na	tinnong dia	dekka-mana	timana	sengendie	saking pundie
wie? hoe?	bagimana	songon dia	dek sim-pung ka-mana	dek han-kat ka-mana	arependie	adjang pundie
mehr meer	lebeh (lagi)	damba	lebeh	—	luwih	lánkung
weniger minder	korang	horang (dong)	korang	—	kurang	kirang
gehen gaan	pigi	bittis	lempang	angkat	lungen	kessah
kommen komen	datang	robo	datang	sumping	teka	rawuh
stehen bleiben, aufhören staan bly-ven, op-houden	brenti	marradīan	tjitjing	linggih	mönöng	kendel
bringen brengen	bawa	ō-wenn	bawa	—	gava	bakta
holen halen	ambil	bo͡(a)d	tjokot	njandak	djŭput	pendet
geben geven	kassi	lehen	mere	ngaleler	wei	sukanie
schlagen slaan	pukol	hambenn	tengelan	tanganan	gebugie	gitikie
klettern klimmen	naik	ban naik	naik	—	mandjat	—
absteigen dalen	turon	midjur	turun	lungsur	tumurun	—

Hoch- u. Nieder-deutsch	Maleiisch	Batta'sch	Sunda'sch 1. kassar	Sunda'sch 2. lemmes	Javanisch 1. kassar	Javanisch 2. lemmes
tödten dood maken	bunoh	mati baun	kadek	—	perang	—
essen eten	makan	mang-gan	dahar	tjuwang	mangan	dahar
trinken drinken	minom	minom	nginum	ngaleet	njumbé	ngarot
schlafen slapen	tidor	modom	sare	kulem	tiru	kilem
fällen, schneiden snijden	potong	samboli	pottong	—	tugel	—
stehlen steelen	mentjuri	mennanggo	maling	—	tjolong	pandung
wollen willen	mau	giät	daiek	kersa	arep	kersa
kaufen koopen	bli	uto bussi	bli	ngagaleh	tuku	tumbas
verkaufen verkoopen	djuwal	gadis	bantjang	djuwal	ngedol	sade
trocknen droogen	djemur	bahian	dipoi	—	diepö	dipoi
stehen staan	bediri	djongjong	nangtung	ngadeg	djumenang	ngadeg
sprechen spreeken	bidjara	merkobar	ngommong	sassauran	bitjara	witjanten
ziehen trekken	tarik	ella	kandjang	kembing	sered	tarik
spielen speelen	main	merkonjak (Ank.) merkordja (Tob.)	ulin	ameng	doelan	ameng
wissen weten	dau	ubodoh	ngãho	uninga	wörüh	uninga
können kunnen	boleh	tapotan	bönang	—	ollieh	angsal
fallen vallen	djatoh	madaboh	labuh	gebis	tiba	dibuh
suchen zoeken	tjari	djalei	neijangan	—	golati	ngoilarie

[In dem vorstehenden Wortverzeichnisse habe ich mir nur wenige Veränderungen erlaubt, um nicht der Absicht und der Erfahrung des Verf. entgegenzutreten. Gewisse Abweichungen von dem uns aus gediegenen Werken bekannten Stoffe der malayischen und javanischen Sprache, wie sie hier aus dem lebendigen Verkehr geschöpft sind, können vielmehr manchmahl Belehrung für uns enthalten: wo sie nicht allgemein sind, können sie dialektisch gewissen Gegenden eigen seyn. Dafs auch materielle Versehen vorgekommen sind, beweisen des Verf. jav. Wort sepen für Flufs, welches lepen heifsen mufste, das jav. gantjang und hènggal, welche er für hart gab, welche aber schnell bedeuten; und manches andere, was ich unten bemerken werde. Um auf Unterschiede hinzudeuten, theile ich einige Bemerkungen mit, kleinere Abweichungen übergehe ich aber. In der Orthographie folgt der Verf. der holländischen Weise, nur nicht so weit, dafs er den Laut u durch oe ausdrückte (doch doelan spielen); durch ie drückt er langes i aus, durch dj den Laut des englischen j, durch tj den Laut tsch; für den Laut des deutschen j, welchen man in fremden Sprachen gewöhnlich und am besten durch y darstellt, schreibt er ij (z. B. aijer statt ayer), doch auch manchmal j (kaju statt kayu); sein nj ist gleich ny oder dem spanischen ñ. In der javanischen Sprache und ihren Dialekten läfst er unbezeichnet den Unterschied zwischen den Consonanten dh und d, t und th, ng und ngg: er schreibt immer d, t und ng; dagegen bezeichnet er sehr zweckmäfsig, wie Wilhelm von Humboldt und Raffles auch gethan, den der Aussprache angehörenden halben o-Laut, welchen der javanische Vocal a in gewissen Stellungen hat, nicht durch o (wie die Holländer), sondern giebt den Vocal a der Schrift stets durch a wieder (dabei fällt aber limo, fünf, auf, welches lima seyn sollte). Im Anfang der jav. Wörter schreibt er den Consonanten h nicht, sondern nur den Vocal. Von den malayischen Wörtern sind nach unsern classischen Quellen unbekannt das für Pflanze gegebene ojot (das jav. hayodh oder hoyodh bedeutet Wurzel), kali für Flufs (kâlî bedeutet Mahl beim zählen, Flufs heifst gewöhnlich sûngei; gewifs ist aber, dafs kali vielen javanischen Flufsnamen vorgesetzt und von Raffles und Crawfurd als ein jav. Wort für Flufs angegeben wird), garfu Gabel, susi Schwester, kaga nicht, anter langsam, ngarot trinken; für geben fehlt der gewöhnliche Ausdruck brî. Im Javanischen ist mir unbekannt das Wort kellud Stroh (keludh heifst fegen und ist auch Name eines Berges auf Java). Von Abweichungen in der Bedeutung verzeichne ich in der jav. Sprache: suket, welches Gras (nicht Pflanze) bedeutet; paningngal oder paningal Gesicht (visus; der Verf. giebt panengal als Auge); lambê und lathi (eben so die Sunda-Wörter) bedeuten Lippe, Lippen (Mund ist tschangkem, in der höheren Sprache tutuk); hèpèk ist ein Band um den Leib, hèpèk-kèpèk die Handfläche (Finger heifst djari, djaridji); sahê bedeutet gut, nicht schön (im Sunda-Dialekt gelten gelis und alus für schön), gerrah bedeutet Schmerz, Krankheit (besonders fieberartige), krank, aber nicht warm; prang ist Krieg, tödten heifst aber unter andern Formen matènni, medjahhi; — von Abweichungen in der Form im Malayischen folgende: Mutter heifst ama oder ma, roth mêrah, breit lêbar (der Verf. schreibt ei für ê), leer (im Malay. und Javan.) kosong (gosong bedeutet malay.: Untiefe, Sandbank, jav.: brennen, verbrennen, Brand), nicht tiada, gehn pergi, stehn diri oder berdiri, stehn bleiben henti oder berhenti, kaufen bilî, wissen tau, können bulih, langsam perlâhan und pelâhan (wovon des Verf. plan eine Zusammenziehung ist); von Abweichungen der Form in javanischen Wörtern: Feuer heifst gni oder genni (das sanskritische agni), Baum, Stamm wit, Blut getih; Verkauf und trocknen sind in allen vier jav. Columnen vorn mit dem dhi des Passivs begabt, die wirklichen Formen sind für Verkauf djuwal, bantjang, dhôl, sadhè, für trocknen jav. nê, sund. powèken; Flinte heifst sendjata, gekochter Reifs sega (sangu ist: Lebensmittel für die Reise), breit viyar, hoch hinggil, nicht, nein hora und wonten (des Verf. Formen bedeuten es ist nicht, und müfsten lauten hora nana und boten wonten; für ja, welches hiya, hinggih heifst, liefert er seyn, es ist; auch wo? enthält seyn, es heifst ngendhi, pundhi); in wie? steckt das Verbum harep, hadjeng wollen, wünschen; gehn, weggehn heifst lunga, geben wêh und suka, trinken ngumbê, schlafen tilem, fallen dawuh (nicht dibuh), suchen ngulatti und ngularri. Aehnliche Abweichungen könnte ich im Sunda-Dialekte verzeichnen. Buschmann.]

Betrachten wir von diesem Beispiele der 125 Wörter die mit einem ‚ bezeichneten 8 als zweifelhaften Ursprungs, so sind von den übrigen 117 blofs die mit einem * bezeichneten 35 unfehlbar maleiisch, oder wenigstens von gleicher Abstammung mit dem maleiischen, während die 82 anderen, also 2½ Mal so viel, offenbar gänzlich verschieden sind. Namentlich sind die Zeitwörter sehr abweichend von den maleiischen, und nur 3 von den aufgeführten 27 haben mit den maleiischen gleiche Wurzelwörter, während die übrigen 24, also acht mal mehr, ganz fremdartig lauten. *) Hierbei ver-

---

*) [Der Verf. ist zu ängstlich in der Bestimmung des Maafses der Uebereinkunft der Batta-Sprache mit ihren verwandten. In einer früheren Stelle (S. 260) hat er sogar die Bemerkung hingestellt, „von der malayischen Sprache scheine die der Battas nicht abzustammen". Wenn diese Aeufserung nur so viel heifsen soll als: sie sei nicht unmittelbar historisch aus der malayischen geflossen, so berührt sie die Frage der Verwandtschaft der Batta-Sprache mit den Sprachen malayischen Stammes weniger. Eine genaue und hinlängliche Verwandtschaft der Batta-Sprache mit der malayischen, javanischen und anderen Sprachen des grofsen westlichen Zweiges des malayischen Sprachstammes geht aus dem obigen Wortverzeichnisse überzeugend hervor; die Sprache gehört diesem westlichen Zweige, nicht dem östlichen der Südsee-Sprachen an. Worttafeln, welche für bestimmte Begriffe die Ausdrücke in mehreren Sprachen liefern, lassen deren Uebereinstimmung immer nur in einem geringeren Grade erkennen; manche Wörter, welche Einer Sprache eigenthümlich zu seyn scheinen, besitzen die anderen Sprachen in etwas verschiedener Bedeutung (so bedeutet das vom Verf. für battaisch Baum gegebene Wort batang im Mal. und Jav.: Stamm des Baumes, sogar Baum selbst im Mal.; das batt. pingang Teller als pinggan im Mal. und Jav.: irdene Schüssel, Teller; das batt. inang Mutter in der mal. Sprache Amme). Begriff und Form wechseln zwischen verwandten Sprachen bis zur Unkenntlichkeit und Ungewifsheit. Mit diesen Rücksichten schwinden die ungünstigen Verhältnisse, welche der Verf. für die Verwandtschaft der Batta-Sprache stellt, um vieles; es ist

dient bemerkt zu werden, dafs diese Wörter nicht ausgesucht sind, sondern ganz zufällig sich so zusammenfanden, nämlich aus einem kleinen Wörterbuche abstammen, das ich mir zum Behufe des täglichen Umgangs angelegt hatte. (Aus solchen Wörterbüchlein sind auch die sunda'schen und javan'schen Namen.)

Jeder Battaër erhält beim Feste der Namengebung seinen Namen; als Beispiel hiervon mögen hier die Namen von 20 Kulies folgen, die mich einst auf meiner Reise begleiteten: Tjarappak, Sipunjut, Tjamerkes, Parakkallam, Siratjar, Sikittap, Sitjakkeh, Sikara, Tjimakoho, Sisokkit, Sinjârop, Sibago, Sipuka, Siladong, Ang-iell, Silenkang, Sisonkir, Sidjappal, Sisingal, Situnjul. Sowohl bei den Namen von Personen als auch bei andern Eigennamen, besonders von Bächen, kommt die Sylbe si aufserordentlich häufig vor, und wird oft ohne Unterschied (wie es scheint, willkührlich) mit tji vertauscht, welches bekanntlich in der Sunda-Sprache Bach bedeutet. Nicht nur alle Berge und Bäche haben in den Battaländern ihre besondern Namen, sondern auch alle Baumarten und andere Pflanzen, welche die Eingebornen sehr gut (doch nicht in dem Maafse wie die Javanen) zu unterscheiden wissen.

Viele Laute ihrer Sprache tönen aus der Tiefe der Kehle und der Brust hervor, so dafs es meinen Ohren wenigstens sehr oft unmöglich war gewisse Worte zu verstehn, viel weniger sie auszusprechen. Wenn ich in Tobah zuweilen in Versammlungen ihren Discussionen zuhörte, und wenn Einer oder Einige mit Nachdruck sprachen (wobei sie nicht selten sehr hitzig werden und ihre kupfernen Pfeifen auf die Erde schleudern), so kam es mir vor, als wenn ich im Vordergrunde das Klappen von ein paar Dutzend Hämmern, im Mittelgrunde das unharmonische Rammeln einiger Mühlen, und im Hintergrunde den Sturz eines Wasserfalls vernähme. Mir wenigstens

---

aber wahr und für die Sprache bezeichnend, dafs sie einen nicht unbedeutenden Theil nicht so gemeinsamer Wörter besitzt (doch nicht einen so grofsen als die philippinischen Sprachen) und sich an die bis jetzt bekannten Hauptsprachen des westlichen malayischen Zweiges nicht so nahe anschliefst als die malayische und javanische sich zusammenschliefsen. Eine Bezeichnungsart der Batta-Wörter als malayisch oder nicht, wie sie der Verf. oben erwähnt, fand sich übrigens in der zum Druck gelieferten Handschrift nicht. B.]

schien ihre Sprache jederzeit sehr hart und ohrbeleidigend; auch haben sie überall die Gewohnheit, und diese ist für die ganze Nation sehr charakteristisch, mit ungemeiner Hastigkeit und überlauter Heftigkeit selbst über ganz gleichgültige Gegenstände zu sprechen, oder, besser, zu schreien: wobei alles, was sie aussprechen, sehr hart und kurz klingt, und wobei nicht nur Lippen und Zunge, sondern hauptsächlich auch ihre Backen und ihr ganzer Unterkiefer in lebhafte Bewegung gesetzt werden.

9) Ihr Alphabet, welches ich aus ihren Manuscripten herausgesucht habe, mit Hülfe und Zuziehung solcher sprachkundiger Häuptlinge, die auch maleiisch verstanden, besteht erstens aus 19 festen Wurzelcharakteren, genannt Enduknisurat, und zweitens aus 5 Nebenzeichen, Danakni-surat, welche letztern, den erstern beigefügt oder angehängt, deren Vokalklang ändern.

Zu den ersteren 19 gehören zuvörderst (c, f, q, v, x ausgenommen, welche in dem Batta-Alphabete fehlen) alle unsere Consonanten, nämlich: b, d, g, h, j, k, l, m, n, p, r, s, t, w; nebst den zwei Doppelconsonanten dj und ng: die jedoch alle nur am Ende von Sylben und Wörtern, wenn ihnen das privative Zeichen (Pengolet) oben angesetzt ist, selbstständig (als Consonanten) erscheinen, in allen andern Fällen aber, im Anfange oder in der Mitte von Wörtern (wo ihnen nie ein Pengolet zugefügt werden kann), als angehängt zugleich den Vocal a mit ausdrücken, so dafs ihre Aussprache lautet: ba, da u. s. w., wa, dja, nga. Ferner gehören dazu drei selbstständige Vokalzeichen: a, i, u, die für sich, ohne mit einem Consonanten verbunden zu sein, vorkommen. Diese 19 Zeichen haben aufser ihrer Aussprache keine besondern Namen. *)

---

*) [Ich habe mir in der Bestimmung der Buchstaben eine Veränderung erlaubt. Der Verf. führte nämlich einen Vocal ia an, aus welchem ich den Consonanten j (oder unser jod) gemacht habe, welchem ich seine Stelle nach h geben mufste. Die Sache kann nicht zweifelhaft seyn, wenn wir diesen Buchstaben wie andere Consonanten mit andern Vocalzeichen in Verbindung gesetzt sehn: wie der Verf. selbst da, wo er von der Hinzufügung von Vocalzeichen zu Consonanten redet, das Beispiel in (nach meiner Schreibung ju) angiebt. Wenn der Verf. daher 13 Consonanten und 4 sogenannte selbstständige Vocale aufführte, so habe ich diefs in 14 Consonanten und 3 Vocale verändert. — Man sieht auf der Tafel des Alphabets, dafs der Verf. die Reihe

Zu der zweiten Gattung (Danakni) gehören vier positive Vokalzeichen, welche nur in Verbindung oder Zusammenhang mit den oben genannten 14 Consonanten, — nie für sich allein, — vorkommen können, und welche das End-a dieser Consonanten, jedes seiner Bedeutung nach, in e, i, o und u verwandeln; so dafs, mit einem dieser Anhängezeichen versehen, die Consonanten nicht mehr da, nga, sondern de, di, do, du; nge, ngi, ngo, ngu u. s. w. ausgesprochen werden. Diese Zeichen haben aufser ihrem Klange in der Aussprache jedes einen besondern Namen, nämlich e: talingan, i: aölan, o: assiallang, und u: abrietan. Ein fünftes Zeichen, pengolet, hat eine negative oder privative Bedeutung, und raubt den Consonanten, denen es am obern Ende angehängt wird, ihr End-a.

Ich lasse hier am Ende die Zeichen übersichtlich zusammengestellt folgen (vor S. 275).

10) Ferner lasse ich noch ein Facsimile folgen von einigen Blattseiten aus zwei auf Baumrinde geschriebenen Büchern verschiedenen Formats. Diese innere Rinde von Bäumen ist etwa $\frac{1}{8}$, höchstens $\frac{1}{4}$ par. Linien dick, ziemlich glatt, weifslich von Farbe, pergamentartig, die beste Sorte fast lederartig; und bildet nach der Gröfse der Bücher 4 bis 8 Zoll breite Streifen von einer (nach der Dicke der Bücher wechselnden) Länge von 5 bis 10 Fufs, die eben so zusammengefaltet sind wie die hiernach angehängten Facsimiles. Dadurch erhalten sie eine Dicke von 1 bis 2 Zoll, so dafs die kleinsten bequem in der Tasche getragen werden können. Auch ist die Art der fächerartigen Zusammenfaltung durchaus nicht unbequem. Die wirklichen Bücher (oder besser Manuscripte) sind auf

---

der Buchstaben, in europäischer Folge geordnet, nach Batta-Art von unten nach oben lesen läfst; Marsden's Batta-Alphabet (in seinen *miscellaneous works* nach pag. 16) ist so geordnet: a, h, n, m, t, d, l, r, b, p, w, y, dj, s, g, ng, ny, i, u. Bei Marsden vermifst man des Verf. k, bei letzterem Marsden's ny. Die Batta-Schrift theilt die indische Eigenthümlichkeit, dafs jeder Consonant mit (kurzem) a gesprochen wird, sobald ihm kein besonderes Vocalzeichen (keines der vom Verf. als positive Vocalzeichen angeführten) oder kein Zeichen der Vocallosigkeit (pengolet) beigefügt ist. Danach ist der Ausdruck zu verstehn, wenn der Verf. in seinen Bemerkungen zu den Vocalen sagt, ein Vocalzeichen am Consonanten ändere dessen End-a in e u. s. w. um. B.]

beiden Seiten beschrieben, und zwar in einer der Länge der Rinde entgegengesetzten Richtung: so dafs da, wo sich auf der einen Seite in der untern linken Ecke des Blattes der Anfangsbuchstabe befindet, auf der andern Seite desselben Punktes der letzte Buchstabe des Manuscriptes von der andern Seite zu stehen kommt.

Die beiden letzten Enden des langen Rindenstreifens sind auf eine kleine Holzplatte geklebt, welche, als der äufsere Einband des Buches, schwarz gefärbt ist und mit einem aus Rotang geflochtenen Bande (zur Festhaltung) umgeben wird.

Die Tinte ist von Rabenschwärze, von vorziglichem Glanze, und bildet flache Erhöhungen über der Rindenoberfläche, so dafs sie dickflüssig (vielleicht ein natürlicher Firnifs, mit einem schwarzen Färbestoffe vermengt) aufgetragen zu sein scheint. Sie ist im Wasser unauflöslich, und nur die andere, bolusrothe Farbe kann abgewaschen werden. Es geht ferner aus der dicken Beschaffenheit der Striche und ihren unverdünnten Enden hervor, dafs sie mit keiner Feder, sondern mit einer Art von Pinsel, und zwar einem stumpfen und steifhaarigen, aufgetragen wurde. Der allgemeine Name solcher Bücher ist Pustaha *). Diefs scheint ein Eigenname zu sein, wenigstens wufsten mir meine batta'schen Freunde keine Uebersetzung davon zu geben. **) Auch konnte ich sie nie so weit bringen mir eine wörtliche Uebertragung dieser Bücher ins Maleiische zu machen; nach demjenigen jedoch, was ich mir theilweis aus denselben vorsingen liefs, enthalten sie ein Quodlibet von allem einem Battaër Wissenswerthen: besonders Abhandlungen über ihre Geisterlehre, oder (was dasselbe sagen will) über specielle Therapie und Pathologie, über Talismane, Wurzeln, Zaubersprüche, die sie bei gewissen Krank-

---

*) [Man sehe dieses Wort in einheimischen Charakteren geschrieben unten beim Alphabet. B.]

**) [Es ist das Sanskritwort pustaka Schrift, Buch, das noch in vielen neuen Sprachen Indiens und auch in dekkanischen Sprachen (z. B. der tamulischen) gebraucht wird. Auch in der javanischen Sprache wird es in dieser Bedeutung gebraucht, wie ich es in den handschriftlichen Wörterbüchern John Crawfurd's gefunden habe. In dem Kawi-Gedichte Brata-Yuddha (Vers 103, b und d) erscheint es als der Name einer Waffe. In der malayischen Sprache wird dem Worte pustâka von Marsden die Bedeutung von Zauber, Zaubersprüchen (enchantments) gegeben. B.]

heiten zur Vertreibung der Begu's probat gefunden haben; ferner allgemeine Regeln des Ackerbaues in Beziehung auf Witterung und Beschaffenheit des Bodens; merkwürdige Ereignisse in ihrem Lande und ihrem Staatshaushalte, aber ohne Chronologie, nebst Aufzählung alter Hadat's und Gebräuche. Eigentliche systematische Gesetzsammlungen sind in solchen Büchern nicht enthalten, obgleich nach der Behauptung der Battaër solche codices früher, ehe die Raubbanden des Tuanku Rau, der Gewohnheit aller Mohamedaner gemäfs, dasjenige vernichteten, was die Kultur der Battaër Schönes producirt hatte, vorhanden gewesen sein sollen, ja in den nördlichsten Provinzen am Eik Daho, bis wohin fremde Zerstörer nicht vordrangen, vielleicht noch vorhanden sind. Tuanku Rau nennen die Battaër im allgemeinen alle die Häuptlinge aus Rau, welche, dem blutigen Priesterdespoten in Bondjol, dem Tuanku Iman, tributär, durch diesen gezwungen wurden, ihre Waffenfähigen mit seinen Raubbanden zu vereinigen, um unter dem Panier der Religion des Mahomed (1830?) die armen Batta-Lande zu verwüsten, und unter einem Volke zu morden, dessen Schlechteste besser sind als die Besten unter den Maleien. Defshalb wird alle Religion und alles Pfaffenwesen (Padries) von den Battaërn verabscheut.

So viel jedoch habe ich aus den unvollkommenen Uebersetzungen, die mir geliefert wurden, erkannt, dafs unter einem Wust von Unsinn in diesen Manuscripten doch auch viel merkwürdige Sachen aufgezeichnet stehn, so dafs ihr Studium alle Beachtung verdient.

Vom Manuscript A., und zwar nur von der einen Seite der Rinde, folgen hier getreu und in demselben Gröfsenverhältnifs nachgebildet die pagina's 1, 2, 3, 4, 34, 35, 38, 39; von B. von der einen Seite pag. 1, 2, 3, von der andern 10, 11, 12, 13, und von C. die Blattseiten 3 und 4.

[Die Abbildungen vom Manuscripte A. müssen wir schuldig bleiben, da nur die Manuscripte B. und C. an die Herausgeber gelangt sind; auch sind die vom Mscr. B., nach der eignen Anzeichnung des Verf. in der Handschrift, gegebenen Abbildungen nicht von beiden Seiten, sondern von einer und derselben.

Die Universität zu Kiew besitzt seit längerer Zeit ein Batta-Manuscript, über welches vor etwa 7 Jahren ein Bericht und eine Anfrage an Herrn Alexander von Humboldt gesandt wurde; man wufste lange nicht die Bedeutung desselben, hatte aber damahls schon, nach Vergleichung mit Handschriften in England, die Vermuthung, dafs es Batta sei: was ich damahls bestätig habe. Der Graf Johann Potocki hat dieses Mscr. im Jahre 1805 bei seiner Rückkehr aus China mitgebracht und dem Lyceum zu Krzemieniec geschenkt; nach Auflösung dieser Anstalt kam die Handschrift mit andern Gegenständen an die Universität zu Kiew, wo se unter dem Namen eines äthiopischen Manuscripts aufbewahrt wurde. Auf Verlangen Frähn's wurde sie der Petersburger Akademie zur Ansicht geschickt und Köppen (von welchem auch später ene Nachricht über dieselbe im Bulletin scientifique publ. par l'acad. imp. des sciences de St.-Pétersbourg, T. 6. 1840 p. 203—207, eschienen ist) beauftragt über sie zu berichten. Die Handschrift wird ein wahres Liber der Römer genannt, ein auf Bast geschriebenes Werk; es scheine ursprünglich ein ganzes Stück Baumrinde oder besser Bast gewesen zu seyn, das zusammengefalzt ist und 60 Blätter oder 120 Seiten bildet; Fischer von Waldheim fand die Rinde der der Daphne Gardneri aus Nepal ähnlich, und dafs der Holzdeckel (welchen auch die Junghuhn'sche Handschrift B. hat) von einer Meliacea, vielleicht der Toona, sei. Auf einigen Blättern finden sich Zerrbilder mit emporgehobenen Armen, darunter zwei menschliche Figuren. Selbst in dem Aufsatze im Bulletin scientifique ist Köppen noch ungewifs, wie man die Schrift lesen müsse, ob von oben nach unten, ja ob horzontal u. s. w. Mit seiner Aufgabe beschäftigt, las er in öffentlichen Blättern, dafs im März 1838 der asiatischen Gesellschaft zu London ein ähnliches Manuscript vorgelegt sei, welches man für Batta erklärte; dieses war 1777 in den Besitz des Gouverneurs von Fort Marlborough in Sumatra gekommen, Geschenk eines Häuptlings. Auch in London wufste man nicht, wie die Schrift zu lesen sei, ob horizontal oder perpendicular (s. the Athenaeum, journal of english and foreign literature, science etc. 1838 No. 541 p. 186 u. flgd.; und daraus im Ausland, München 1838 April No. 93 S. 371). Köppen erbat sich eine Probe der Batta-Schrift aus England und fand durch sie, dafs sie dieselbe mit der des Kiewer Mscr. sei. Der Prof. Dorn machte ihm einige Mittheilungen über die Batta-Sprache: jedes dritte Wort sei mit dem Malayischen verwandt; die Schrift- und die Hofsprache ständen dem Malayischen näher als die Sprache des Volks; die Sprache enthalte keine arabische Wörter, aber mehr Sanskritwörter als die malayische (in Junghuhn's Verzeichnifs ist nur das einzige Wort hari Tag, das auch malayisch ist, sanskritisch). „Man behauptet", — heifst es dann wörtlich —, „dafs das Batta von der Linken zur Rechten horizontal „(nicht in perpendiculären Columnen, wie Einige glauben), und ohne „die Wörter zu trennen, geschrieben werde (es ist nicht sehr wahr„scheinlich, dafs in horizontalen Linien von unten nach oben ge„schrieben wird)." Dem Aufsatze Köppen's ist eine lithographirte Tafel beigegeben, welche eine Seite der Kiewer Handschrift, einige der oben genannten Figuren und Raffles und das Londoner Alphabet enthält; dieselben Proben waren früher Herrn Alexander von Humboldt zugesandt worden. Köppen erinnert noch in seinem Aufsatze an die Bemerkungen, welche Wilhelm von Humboldt im ersten Bande seines Werkes über die Kawi-Sprache S. 53—54 über die Sprache der Battas gegeben hat, und dafs er im dritten Buche auf ihre Grammatik näher einzugehen beabsichtigte. Buschmann.]

Sechzehntes Kapitel.

Rückblick auf die Batta-er und vergleichende Uebersicht der Nationen des Sunda-Archipels.

§. 1.

Wir haben in den vorhergehenden 15 Kapiteln die Batta-er kennen lernen als ein Volk, welches auf einer sehr eigenthümlichen Stufe der Bildung steht, die man, obgleich sie mit dem Kulturgrade europäischer Nationen nicht zu vergleichen ist, doch nicht niedrig nennen kann, ohne sich sehr weit von der Wahrheit zu entfernen. Wir haben gesehen, dafs sie nach ihrer Schädel- und Gesichtsbildung, so wie sich diese in den unvermischten Zünften in Tobah ausspricht, nicht zu der Maleienrace, noch viel weniger zu der mongolischen gehören können, da sich die Eigenschaften ihres Körperstammes mehr der hindu-caucasischen Race nähern, und indem sie durch mehr ovale, regelmäfsige Gesichtszüge und schönere Formen (als die der Maleier) den Europäer für sich einnehmen.

Sie haben ihre eigne Schrift, sie verfassen Bücher, sie haben feste, zum Theil zweckmäfsige Gesetze, die strenge befolgt werden; sie sind sanft von Charakter, äufserst gutmüthig und dankbar für genossene Wohlthaten, sie sind gute Freunde und unverbrüchlich in ihrer Treue; sie lieben Musik und haben einen gewissen Sinn für stille Beschäftigungen und für friedsame Künste; sie weben hübsche Kleider und bauen grofse starke Häuser mit künstlichem Schnitzwerk an den Balken, sie verstehen Metalle zu bearbeiten und verschiedene Metalle mit einander zu verschmelzen, sie drechseln Elfenbein; sie sind nicht blind-wüthend in ihren Leidenschaften, sondern überlegen alles was sie thun; sie schicken jeder wichtigen Handlung eine wohlgemessene Rede voraus; sie berathen alle ihre Angelegenheiten in öffentlichen Volksversammlungen, und — essen Menschenfleisch!

§. 2.

Nach ihrer Behauptung soll dieser Cannibalismus unter ihnen erst etwa seit dem Jahre 1630 entstanden sein. Obgleich Alles darauf hindeutet, dafs dieser Gebrauch nicht ursprünglich unter ihnen vorhanden, und namentlich zur Zeit ihrer Auswanderung nach Nias (im Anfange des 12. Jahrhunhunderts) noch nicht bekannt war, so bezweifelten wir jedoch schon im Obigen jene Angabe als allzu neu. Diese Zweifel werden durch eine Nachricht verstärkt, welche sich bei Ramusio findet *), wonach Nicol. Conti bereits in der ersten Hälfte des 15. Jahrhunderts die Batta-er als Cannibalen antraf.

§. 3.

Wie wir gesehen haben, war besonders ihr Glaube von einer sehr seltsamen Art, obgleich sich von ähnlichen Dämonologien nicht nur bei allen heidnischen Religionen Spuren finden, sondern selbst bei der jüdischen (welche sie von jenen aufnahm), und selbst bei der christlichen, die zur Zeit des Mittelalters nicht frei vom Glauben an Dämone (böse Geister, Kobolde, Hexen) blieb. Wir haben im Obigen das Vorkommen von Weringienbäumen (Ficus religiosa, dem heiligen Buddhabaume ohne Luftwurzeln) in den hohen Battaländern nicht als hinlänglichen Beweis gelten lassen für das Bestehen eines ehemaligen Buddhakultus, weil sich diese Bäume fast in allen Ländern des Archipels finden, und weil es denkbar ist, dafs viele Völker diesen Baum wegen seiner Schönheit und wegen der schattigen Beschaffenheit seines Laubes anpflanzten, ohne deswegen eine Verehrung oder Heilighaltung damit zu verbinden. Denn überall liefs der Hindukultus steinerne Denkmäler zurück, und diese fehlen in den Battalanden gänzlich. Dennoch blieben die Batta-er nicht frei, und konnten nicht frei bleiben von den Eindrücken der Hindulehre, weil, wie wir sogleich sehen werden, der Hindukultus in Nord-Ost (nämlich längs der Nord-Ostküste Sumatra's), in Süd-Osten und Süden, längs den Ufern des Burumon und

*) Angeführt von Olivier in Tydschr. Oosterling I. n. 2. pag. 131.

in Mandaheling, hart an ihrer Grenze vorüberstreifte! Es scheint daher, dafs sie, nach dem Abwehrungssystem, das sie stets befolgt haben, den Buddhisten den Zugang in ihr Land nicht gestatteten, dafs daher dieser Kultus in ihrem Lande selbst nicht im Schwunge war, wohl aber, dafs sie einige hindu'sche Gebräuche von ihren nächsten Grenznachbarn an der Ostküste und an der Süd-Ostgrenze in den Padanglawa's und Mandaheling (wo der Buddhakultus blühete) angenommen haben. Vielleicht dafs, wie auf Java, verschiedene Hindusecten, Buddhisten und Bramahnen auf einander folgten. Denn wenn das Vorkommen von Ficus religiosa (und nicht von F. indica) für die erstern spricht, so könnte man aus andern Umständen auf den stattgehabten Einflufs gewisser Sivasecten schliefsen; ich meine damit die Verzierung ihrer ungeheuer grofsen Sargstellagen mit Holzfiguren verschiedenen Geschlechtes, deren enorm grofse Genitalien entweder im coitus vereinigt oder doch einander sehr genähert dargestellt werden, auf ähnliche Art wie man dieses Symbol in den Statuen und Reliefs solcher Monumente dargestellt findet, deren Entstehung man den Lingadaries zuschreibt: Sivaanbetern, welche auf Java nur die Ruinen von Suku am Westgehänge der Lawu und die von Jeddo *) nachgelassen haben. Gleich beim Eintritt in die Pforte von Suku ist man genöthigt, über eine Schwelle zu schreiten, mit welcher das Symbol der ewig neu schaffenden Kraft: Phallus und Joni, ebenso wie es die Batta-er in Holz darstellen, in Stein ausgehauen ist, etc. Doch sind dies nur Andeutungen, und es könnte ebenso möglich sein, worauf bereits oben in Kap. 7. §. 6. hingedeutet wurde, dafs dieser Gebrauch sich ursprünglich bei den Batta-ern ausgebildet hat. Das lange Bewahren der Leichen von Battaradjas über der Erde, ehe sie begraben werden, welches gewöhnlich 6 Monate dauert, findet man nach K. **) auf Timor wieder, vor allen aber auf Bali (nach Crawfurd und v. Broek),

*) Jeddo oder Buntén jeddo, so nannten einige Javanen gewisse höchst merkwürdige Ruinen in sieben Terrassen übereinander, mit Altären, Statuen und Inscriptionen, die ich 1838 mitten im Dunkel pfadloser Urwälder zufällig entdeckte. Es ist mir nicht bewufst, ob sie noch andern Europäern auf dieser Insel bekannt sind.

**) Beschryving von Timor. Oosterling II. n. 1.

wo bekanntlich der Hindukultus noch herrscht; es ist aber in Hindostan selbst fremd. Es mögen hier alle die Nachrichten zusammengestellt folgen, die mir über das Vorkommen von Hinduruinen in Sumatra und auf den gegenüberliegenden Küsten bekannt sind, als: 1) Auf Malacca entdeckte Albuquerque bereits 1511 behauene Steine von Monumenten („Heidengräbern"), die er sehr gut zur Anlegung seines Forts la Famosa geeignet fand; Maleien aber bauen nicht in Stein. 2) Der antike Tempel auf der Insel Pulo Varela in der Nähe von Malacca, nach de Barros. 3) Die Monumente in Singhapura, welche nach Crawfurd (Journ.) in Backsteinruinen, Buddhaidolen und Inscriptionen der Palisprache (der heil. Priestersprache auf Ceylon) bestanden. 4) Ruinen von Hindugebäuden bei Delhi an der Nord-Ostküste Sumatra's, nach Anderson. 5) Das sogenannte alte Haus am Batu borro-Flufs, 2 Grade nördlich von Assahan an der Nord-Ostküste Sumatra's, nach Marsden. 6) Fundamente und Mauern eines Tempels aus Backsteinen in der innersten Fläche Sumatra's, am Flufse Burumon, nahe am östlichen Gebirgsfufse bei Pertiebie. 7) Zwei Tempelfundamente und Mauern im Centralthale Mandaheling, beim Dorfe Payabunga. 8) In den Bovenlanden von Padang (dem alten Menangkabau), Tempelruinen von Hindubauart, gleich denen auf Java, und Kawi (?) -Inscriptionen, nach Raffles und Nahuis. 9) Statuen am Jambiflusse an der Ostküste, nach Crook. Da sich an der Süd-Westküste Sumatra's solche Ruinen nicht finden, so geht daraus hervor, dafs der Zug der Hindueinwandrer (aus Telinga?) durch die Malaccastrafse gerichtet war, ein Resultat, welches mit der stärkern Bevölkerung und höhern Kultur dieser Ostküste (besonders nordwärts vom Burumon) in genauem Zusammenhange steht.

§. 4.

Es wurde in verschiedenen Kapiteln des Vorhergehenden darauf aufmerksam gemacht, dafs die östlichen Küsten und Flächen der Battaländer (zwischen Biela und Delhi) stärker bevölkert, und überhaupt blühender und cultivirter sind, als die westlichen. Diefs wird durch einen Besuch Anderson's in Assahan (wo ein Radja herrscht) vollkommen bestätigt. Er beschreibt das „hüglige" Land als romantisch schön und sehr stark bevölkert. Alle Dörfer liegen auf Bergspitzen (wie in Hurung!). Er kam bis zu einem Passe Batu di kikir, wo der Assahan zwischen zwei senkrechten Wänden aus dem Gebirge hervorbraust (wie der Biela durch die Porta tobac!). Wahrscheinlich sind diese Wände Sandstein und bestehen aus der vordersten oder östlichsten Stufe der Landschaft Eik Daho (mal. Dano). Er fand in Assahan Granitberge und Zinnerz.

§. 5.

Das weite, grofse Thal Ankola mit den angrenzenden Berggehängen bildet jetzt eine Allangwüste, wohl mit Elephanten versehen, aber ohne Menschen. Auf Vegetationsgesetze gestützt, nahm ich den Allanggrund für ehemaligen Kulturboden und berechnete danach die frühere starke Population (siehe die Kapp. Statistik und Kulturpflanzen). In Beziehung hierauf ist eine Angabe bei Marsden (Hist. of Sum.) von höchster Wichtigkeit, weil dadurch jener Satz historisch bewiesen wird. Vor 68 Jahren nämlich war Ankola noch keine Allangwildnifs, und seine Verwüstung kann sich erst nach 1772 ereignet haben. Denn in diesem Jahre besuchten zwei Reisende, Halloway und Miller, diese Gegend; sie kamen von der Tapanuliebai, gingen durch die Hyläa von Lumut, überschritten den Battang torru, und fanden das Ankolathal „ganz angefüllt mit Feldern und mit Gärten und überall mit Fruchtbäumen bedeckt, und sahen zahlreiche Heerden, die auf den Berggehängen weideten;" kein wilder Baum war mehr zu erblicken! Ebenso reich bebaut und stark bevölkert schildern sie am Ostgehänge der Bergkette das buchtförmige Thal Battang unang, wo jetzt nur ein kleines, armseliges Dörfchen liegt. Wenn man diefs liest, und sich den jetzigen Zustand dieser schönen Thäler (wo nur noch Fasane krähen und Elephanten umherschweifen) vor Augen stellt, so kann man sich eines namenlos wehmüthigen Gefühles nicht erwehren, und möchte beinahe dem Glauben jenes Batta-ers beistimmen, der mir einst auf meine Frage: wo kamen diese Hunderttausende hin? mit thränenden Augen, aber mit vor Wuth geballten Fäusten antwortete: „der Teufel hat sie geholt!"

§. 6.

Es wurde an verschiedenen Stellen der vorigen Kapitel darauf aufmerksam gemacht, dafs die Civilisationsstufe, auf der die Batta-er früher standen, eine viel höhere, und ihre frühere Volkszahl eine ungemein gröſsere war; wir haben auch gesehen, daſs manche Künste, die sie einst verstanden, wie die feinere Sculptur und die Kunst, mit Tinte auf Rindenpapier zu schreiben, gröſstentheils verloren gegangen sind. Sie sind nur eine Volksruine, vergleichbar einem alten verfallenen Tempel, von dessen Gesimsen aus noch nicht ganz verwitterter Sculptur die alte Schönheit herabblickt, der sich aber, seit Jahrhunderten verwahrlost, mit Moos und Unkraut bedeckt hat. Dies Unkraut ist ihr Cannibalismus, der nach allen Berichten ihnen ursprünglich fremd war. Sie gleichen in ihrem Verfall den Dayakern auf Borneo, einem Volksstamm, der nach Horner vor Zeiten auch in gröſserer Blüthe stand.

Wir haben im ersten Kapitel, nach Verwandtschaften suchend, bei ihren Nachbarvölkern umhergeschweift, bei den Cochinchinesen, Siamesen, Hindustanern, Singhalesen, Arabern und den Nationen der maleiischen Race, Maleien, Atjinern, Javanen, und fanden bei diesen Allen wohl Uebereinstimmung in einzelnen Besonderheiten, aber Gleichheit allein bei den Niasern. Wir erklärten die Batta-er daher für eine Urnation. Wenn wir uns im ersten Kapitel damit begnügten, den nächsten historischen Zweig dieser Nation (Nias) zu betrachten, so wollen wir nun in diesem letzten Kapitel diese Verzweigung weiter verfolgen, und den ganzen Archipel durchmusternd sehen, ob und wo wir noch mehr Trümmer oder Zweige davon antreffen werden.

Wir stoſsen bei dieser Durchwanderung auf sechzehn verschiedene Volksgeschlechter oder Sippschaften, deren einige noch in mehrere Sprachstämme getheilt sind, die bald gröſsere bald kleinere Räume des Archipels bewohnen, die zuweilen auf ganz kleine Inselkuppen, kaum aus dem Oceane emportauchend, beschränkt sind, und die dennoch alle in ihrer Entfaltung etwas Eigenthümliches darbieten. Wir stellen diese sechzehn Völker vergleichend zusammen und betrachten sie in der in §. 10. folgenden Charakteristik unter 30 verschiedenen ethnographischen Momenten.

§. 7.

Die authentischen Quellen, welche mir bei dem Entwurfe dieser Charakteristik dienten, finden sich zu Anfange derselben angegeben, und hinter einer jeden Anführung über eins der Völker ist in Abbreviatur der Name der Quelle bemerkt. Bei den Batta-ern habe ich wegen Mangels anderer Quellen meine eigne Beschreibung benutzt, und so auch sehr oft bei den Maleien, Javanen und Niassern (die mir aus Autopsie bekannt sind) meine eigne Meinung dargelegt, und diefs durch ein * bemerkbar gemacht.

Der Ethnograph wird aus jenen Quellen-Angaben mit Freuden bemerken, wie der wissenschaftliche Geist der Beamten in Niederlands Indien sich fröhlich entfaltet, und wie jeder Beamte aus den entferntesten Ecken des Archipels herein in das Theater der Völkerkunde tritt und Beiträge liefert, die seinem Standpunkte und seinen Kräften angemessen sind, und die, wenn sie zuweilen auch unvollkommen sind, doch von einem achtungswerthen Eifer zeugen. Ich habe alle diese Quellen mit Sorgfalt und nicht ohne Kritik benutzt. Am meisten haben die Beobachter das Moment des Schädelbaus und der Gesichtsbildung übersehen, welches für den Naturforscher doch gerade von der höchsten Wichtigkeit ist. Dieses, das dritte Moment, wird daher in der folgenden Charakteristik oftmals leer ausgehen.

Seitdem Julius Klaproth die Sprachähnlichkeiten und Etymons zum Wahrzeichen der Völkerabstammung erhoben hat, glaubt nur zu oft jeder Philolog aus der Uebereinstimmung von einigen Wörtern die Gleichheit des Ursprungs beweisen zu können, und übersieht in seiner einseitigen Gedankenrichtung nur zu oft die wichtigern Momente des physischen Körperstammes, nicht bedenkend, dafs ein besiegtes Volk (die Weltgeschichte lehrt es!) ganz die Sprache seiner Besieger annehmen kann, dabei aber natürlich noch immer das alte bleibt. Denn wenn auch durch die fleischliche Vereinigung der Geschlechter zweier verschiedener Racen ein Mittelgeschlecht entsteht, so dafs die neue Generation die Merkmale beider mit einander verschmolzen, also keins scharf, sondern alle nur verwischt an sich trägt, so kann doch eine solche Verschmelzung nur zwischen einer gewissen Anzahl von Individuen Statt finden, und nur an den Grenzen, wo die verschiedenen Völkerschaften einander berühren, vor sich gehn, niemals aber die ganze Nation betreffen, indem eine totale, intime und gleichmäfsige gegenseitige Durchdringung zweier zu verschiedener Race gehörenden Nationen undenkbar ist, und weil einer solchen Durchdringung das egoistische Princip sich selbst liebender Integrität entgegensteht, welches Princip die Natur sowohl in die einzelnen Individuen, als in ganze Nationen der Menschheit gelegt hat, sowohl zur Erhaltung des Einzelnen, als auch zur Fortdauer ganzer Racen, die sich während der ungezählten Jahrtausende seit dem ersten Schöpfungstage bis heute unverändert erhalten haben. Auch kann eine solche gänzliche Verschmelzung von Racen durch keine Geschichte bewiesen werden, welche uns, statt einer freundlichen Umarmung zweier Stämme, nur leider zu oft vom Gegentheil Kunde bringt und uns aufs Schlachtfeld führt, wo das Princip der Erhaltung zu dem der Vertilgung wird, und wo eher der gänzliche Untergang der einen Nation, als liebende Verschmelzung beider eintritt. Deſswegen wird der Mongole nach Tausenden von Jahren sein Mongolengesicht noch haben, der Chinese wird sein nach oben geschlitztes Auge nie verlieren, und nach Millionen Jahren, wenn dann die Welt noch steht, wenn vielleicht alle Sprachen schon längst in eine einzige zusammengeschmolzen sind, wird die Farbe des Negers noch nicht gebleicht sein, und sein Wollhaar sich noch nicht entkräuselt haben, auch dann wird der Maleie noch an seinen dicken Backenknochen und an seiner eingedrückten Nase zu erkennen sein!

Das Gesagte gilt unter andern von den Baliern (oder Balinesen), welche Einige nach ihrer Sprache (obgleich nach Crawfurd auch diese eigenthümlich ist) für Javanen halten, welche ich aber nach der Untersuchung von Schädeln für echte Repräsentanten des Battastammes zu halten Ursache habe. Diese Schädel gehörten einer Sammlung von mehreren Hundert an, welche der brave, viel zu früh verstorbene Dr. Fritze angelegt hatte. Manche Bemerkungen der folgenden Tabelle gründen sich auf Vergleichung dieser Schädel, die wir (Dr. Fritze und ich) zu einem craniologischen Werke zu benutzen dachten, die jedoch seit seinem Tode in fremde Hände gekommen und mir unzugänglich geworden sind. Das Vorhandensein dreier verschiedener Racen: 1) der Negritenrace, 2) der Race der Batta-er, Dayaker oder Alfuren, wie man sie nun nennen will, und 3) der Maleien oder Javanen, ging aus der Vergleichung der vielen Schädel jener

Sammlung auf das entschiedenste hervor; denn so grofs auch die Variationen im Einzelnen waren, so konnte man sie doch immer in eine dieser drei Abtheilungen einreihen.

Möge die folgende Charakteristik daher zum weitern Studium der Völker dieses Archipels aufmuntern, dieser Inselwelt, der keine andere auf dem weiten Erdkreise an Reichthum der Natur, an Mannigfaltigkeit der Formen, an Verschiedenheit der Bewohner und an fast unendlicher Theilung der Sprachen vergleichbar ist, deren labyrinthische Irrwege aber mit einer solchen Schönheit, mit einem solchen Zauber der Natur geschmückt sind, dafs der Wandrer, welcher in ihr Gewirr hineingeräth, sich nimmer wieder nach dem Ausgange sehnt.

Manches wird in der Tabelle zu berichtigen sein, und Vieles zu ergänzen bleiben. Von den Bewohnern des Innern von Magindanao, von Ceram, von Booro, von Gilolo, von Flores, von Sumbawa, von Billiton, von Natuna und von den Inseln zwischen Timor, den Molucken und Neuguinea fehlen (mir wenigstens) alle authentischen Quellen; ja selbst die Bewohner der Lampongs und der Landschaft Korintji auf Sumatra sind noch sehr wenig bekannt; und welche Nationen mögen nicht auf dem weiten Borneo, das so grofs wie ganz Deutschland ist, und dessen nördliche Hälfte im Innern wahrscheinlich ein ausgedehntes Hochland trägt, umherschwärmen: Nationen, welche die Fabel mit Schwänzen versieht, welche aber ihren Göttern vielleicht auf schönern Altären opfern, als wir ahnen, und von denen die in den waldigen Niederungen Borneo's beobachteten Dajaer *) vielleicht nur ausgeartete Zweige sind, während der Centralstamm, ein ähnliches Ausschliefsungs- und Abwehrungssystem befolgend, wie die Batta-er, auf der hohen Veste seiner Urheimath vielleicht noch als der älteste Baum, dessen Zweige durch den ganzen Archipel zersplittert sind, unverändert dasteht und alle seine ursprünglichen Sitten am reinsten und unverfälschtesten erhalten hat (?). Nach L. Horner herrscht ja auch unter den Dajaem in den Niederungen von Süd-Borneo die allgemeine

---

*) So nennen sie sich selbst (Daia), die Maleien hängen ein K an (Dajaken), ebenso wie bei den Batta-ern, indem sie aus batta ihr battak machen.

Sage, dafs früher die Schreibkunst unter ihnen bekannt gewesen sei; sollte diese Sage nicht eine Erinnerung sein, die ihnen von ihrer frühern Heimath in dem hohen Innern des Landes blieb? Denn in den sumpfigen Urwäldern von Süd-Borneo, wo jetzt der Dajaer halbnomadisch umherschwärmt, kann sich eine so edle Kunst, wie die Schreibkunst, wohl schwerlich ausbilden. Und sollten jene geschliffenen Edelsteine und jene Goldarbeiten, die man in dem Alluvialboden an den Ufern des Flufses von Banjer-massing (Baritto) ausgräbt und die man hindu'schem Ursprunge zuschreiben will (Horner, Hendriks), nicht vielmehr auf demselben Wege, nämlich aus dem innern Hochlande der Insel, herabgekommen sein, von wo das Wasser dieses gewaltigen Stromes herabfliefst? Denn, dafs im Innern der nördlichen Hälfte von Borneo ein grofses Hochland liegen mufs, geht aus der ungeheuern Wassermasse, welche sich an den Küsten der Insel täglich ins Meer stürzt, hervor; da eine solche in einem Flachland unter dem heifsen Aequator, wo die Verdampfung so grofs ist, sich nicht erzeugen kann: eine Wassermenge, die man aus der angegebnen Zahl, Breite und Tiefe der Flufsmündungen, wie aus der mittlern Geschwindigkeit ihres Stromes hinlänglich erkannt hat, um mit Berücksichtigung der Gröfse des Areal's, der Temperatur und der Verdampfungsgesetze auf eine nicht ganz unwahrscheinliche Art die Höhe und Ausdehnung jenes centralen Hochlandes, für dessen Existenz aufserdem noch einige meteorologische und geologische Gründe sprechen, bestimmen zu können.

Diese Betrachtungen mögen hinreichen, um anzudeuten, dafs der Forschung hier noch ein grofses Feld übrig bleibt, und dafs nachstehende Charakteristik keine andern Ansprüche machen kann, als auf die Grundlinien oder auf das Gerüste zu einem Volksgemälde Ostindiens, das weiter ausgefüllt werden mufs. Doch sollte ich den richtigen Weg auch nur angedeutet haben, um systematisch, nach allen ethnographischen Momenten, die Völker vergleichend einander gegenüber zu stellen: den einzigen Weg, der nach meiner Meinung im Stande ist, über die Gleichheit der Abstammung der Nationen, oder über die Verschiedenheit derselben, über eine stattgehabte Verbindung, oder über permanente Isolirung der Stämme zu entscheiden; und sollte ich diesen richtigen Weg durch andre

Forscher weiter verfolgt und geebnet sehen, so würde ich die Mühe, die ich auf die Ausarbeitung meines Entwurfes verwandte, schon für reichlich belohnt achten.

§. 8.

Aus der folgenden Charakteristik (§. 10), besonders aber aus der Vergleichung der Schädel, geht, wie gesagt, hervor, dafs die Räume des ostindischen Archipels von drei verschiedenen Urnationen bewohnt sind, die sich mannigfach zersplittert haben, und von denen der Battastamm mit seinen neun Sippschaften der vornehmste und ursprünglich am weitesten verbreitete war, obgleich er später von den nachbarlichen Maleienstämmen sehr oft verdrängt wurde.

So lange die Abstammung dieser drei Nationen und ihrer einzelnen Sippschaften von einem andern Volke nicht evident erwiesen ist, was bei der Eigenthümlichkeit ihres Körperstammes unmöglich erscheint, so lange darf man sie ohne Zweifel für Urgebilde ihrer Heimath ansehen, mit eben dem Rechte, mit welchem man diefs z. B. bei Pflanzen thut, deren Saamen in ihrem Keimakt noch nicht beobachtet wurden (Mycetes, Balanaphoreae, Rhizantheae u. a.). Auf gleiche Art, durch Zusammenwirkung von Urkräften zu einer Zeit, als in einer besondern Bildungsepoche unseres Planeten, unter einem besondern Mischungsverhältnifs der Elemente, welches schwerlich jemals wiederkehrt, die epigenesis humana vorherrschend war, entstand ohne Zweifel das vollkommenste der Wesen auf Tausend Punkten der Erdoberfläche zugleich, und wurde durch Urschöpfung (generatio originaria) erzeugt, durch einen Bildungsprocess, welcher dem neuen Produkte (homo) eine gewisse Abhängigkeit von den Punkten seiner Entstehung, einen gewissen Stempel der Localität aufdrückte und dadurch die verschiedenen Racen hervorbrachte. Schöpfungen dieser Art scheinen bei weniger vollkommnen Thieren und Pflanzen, die sich zu keiner Saamenbildung potenziren können, noch jetzt täglich stattzufinden *).

---

*) Fromme Leser mögen mir diese Ansicht zu gute halten. Wer gegen alle Gesetze der Schwere an das Einstürzen von Mauern auf einen Trompetenschall glaubt, oder an das Himmelfahren von Körpern, die schwerer sind als atmosphärische Luft, was

§. 9.

Crawfurd (Ind. Arch.) sagt: „Die braunfarbgen Volksstämme haben unter einander so viel Uebereinstimmendes, dafs die Beschreibung von einem derselben auf alle pafst, und dafs ihre Verschiedenheiten mehr der Gegenstand unterhaltender Betrachtung als nützlicher Untersuchungen sind." Er hat sie denn auch in seiner Beschreibung wirklich alle zusammengeworfen; inwiefern nun dieser verdienstliche Forscher hierin recht gehandelt, oder sich geirrt hat, möge man nach Lesung des hier folgenden §. 10. beurtheilen.

Ueber die Volkszahl habe ich oftmals keine Angaben mittheilen können. Nach den bisherigen Quellen ist es unmöglich, bei allen Sippschaften die Seelenzahl genau anzugeben, da ausgedehnte Ländermassen auf manchen gröfsern Inseln (wie Borneo zum Theil), und viele kleine Inseln in ihrem Innern noch gänzlich unerforscht sind. Crawfurd schätzt die Volkszahl im ganzen Archipel auf 15 Millionen aufser den drei Millionen chinesischer Parasiten (wovon sich z. B. auf Java 100000, in Borneo 100000, in Siam 360000 befinden sollen). Da aber Sumatra allein beinahe 3½ Million und Java 7½ Million Einwohner zählt, so bleiben für das stark bevölkerte Celebes und für das grofse Borneo und für alle andern Inseln zusammengenommen, nur 4 Millionen übrig. Vermehren wir diese 4 Millionen wenigstens noch um 5½, so erhalten wir die wahrscheinliche Volkszahl von 20½ Millionen für den Archipel, von Sumatra's Westgestade bis Neuguinea und von der Rottiinsel an der Südspitze Timors bis zur nördlichsten Spitze Borneo's, die Halbinsel Malacca also mit inbegriffen, die Philippinen und Magindanao aber ausgeschlossen. Alle diese 20½ Millionen Eingeborne und 3 Millionen Chinesen erkennen, mit Ausnahme allein von Malacca, gröfstentheils die Oberhoheit von Niederlands Indien. Auf der Insel Sumatra dürfte nach meiner Berechnung der Batta-er und nach Schäz-

---

allen aërostatischen Gesetzen Hohn spricht; dem kann man mit Recht erwidern, dafs sich seit 2000 Jahren die Rotation der Erde um keine Sekunde geändert und die Erdaxe selbst, nach la Place, in ihrer Lage (in Beziehung auf den Planeten) kein Haar breit geschwankt habe, und dafs seit Aristoteles' und Hipparch's Zeiten noch kein Naturforscher die Natur aus ihrem Gleise treten sah.

zung der übrigen nach Wahrscheinlichkeitsgründen, die Zahl der verschiedenen, zu drei Sprachstämmen gehörenden Sippschaften, folgende sein:

Batta-er	165238	Battastamm 332238
Passumaher	87000	
Lamponger	80000	
Maleien in den Bovenl. v. Padang und zerstreut an der S.-W.küste	1,000000	Eigentliche Maleien 2,029500
Maleien in Benkulen	100000	
Korintjier und Redjanger	513000	
Maleien in Mandaheling und Kubu.	16500	
Maleien an der Ostküste (Indragiri, Siak und angrenzende Inseln) .	400000	
Atjiner	500000	von Maleio-Raçe 1,000000
Javanen in Palembang, Jambi etc.*)	500000	

Für ganz Sumatra von 138500 □ Min. 3,361738, also 24⅓ □ Min. blofs mit einem Kopf. Die geringe Zahl des Battastammes von blofs 332 Tausend gegen mehr als drei Millionen Maleiischen Stammes auf Sumatra ist wohl zu bemerken.

*) Diese 500000 Palembangsche Javanen sind in der Uebersicht in Kap. 2. mit zu den Maleien gerechnet.

§. 10.

Versuch einer Charakteristik der Völker des ostindischen Archipels.

Angabe der benutzten Originalquellen.

A. Jets over de Daijakers (anonym), in: Tydschrift voor Neerlands Indie. 1836. nr. 1.

Ab. Uitroeijing von de orang aboeng (anonym) T. N. I. jaarg. IV. nr. 7.

Bd. Dr. Buddingh, S. A., Gebruiken by de javaansche grooten. T. N. I. III. nr. 8.

— — — Spelen en volksvermaken der Javanen. T. N. I. IV. nr. 10.

— — — het Nederlandsch gouvernement von Makassar. 1843. T. N. I. V. nr. 4. 5.

B-n. B...n, korte aanstippingen over de afdeeling Benkoelen. T. N. I. I. nr. 11.

Brk. van den Broek, verslag nopens het eiland Bali. 1834. Oosterling, Tydschr. dl. I. nr. 2. p. 158.

Brs. J. W. Boers, de Passumahlanden 1839. T. N. I. II. nr. 11.

— — een oud volksgebruik in het ryk van Jambi. T. N. I. II. nr. 11.

— — over de orang koeboe. T. N. I. I. nr. 10.

Bru. J. F. G. Brumond, een reis je door Bantam. 1841. T. N. I. III. nr. 12.

Bt. J. A. Battiſs, naar —; door J. D. K. — — Beschryving van het Sandelhout-eiland. Oosterling Tydschr. II. pag. 63 etc. — Diese Beschreibung ist verfaſst nach dem Berichte von J. A. Battiſs, Kapitain des Schiffes Pamanukan, welches 1820 auf einer Reise von Java nach Makassar an der Nordwestküste von Tjumba in der Landschaft Lambaija patjallang strandete. Er wurde von den Einwohnern gefangen genommen und ins Gebirge geführt. Von dort entfloh er nach einem mehrmonatlichen Aufenthalte mit einem Ende'schen (Flores'schen) Schiffe nach Makassar.

Co. Colebroke, in Asiat. Res. Vol. IV. *cxc.*

Cr. J. Crawfurd, Ind. Arch., und: Journal of an Embassy at the Court of Siam etc. 1828.

Cz. Crozet, Voyage autour du monde.

D. H. J. Domis, het eiland Nias. Oosterling II. nr. 2. p. 113 etc.

— — over Benkoelen. Oosterling I. nr. 4. p. 425 etc. (1834).

Fn. J. Finn, Beschryving der Banda'sche eilanden etc. T. N. I. III. nr. 2.

F. E. A. Francis, Beschryving van het Nederlandsch grondgebied op Sumatra's Westkust 1837. T. N. I. II. nr. 1 etc.

— — Timor in 1831. T. N. I. I. nr. 5. 6. 7.

— — de Westkust von Borneo. T. N. I. IV. nr. 7. 1832.

He. Hendriks, Jets over de wapenfabricatie op Borneo. Batav. Genoot. Verhand. XVIII. p. 1—30.
Ho. L. Horner, de Batueilanden. T. N. I.
— — geologische gesteldheid van L. O. Borneo. Bat. Genoot. Verh. XVII. nr. 6. (1836.)
Hv. W. R. van Hoëvell, Bronnen voor de oude geschiedenis van Java. T. N. I. IV. p. 308.
Indr. Eenige berigten omtrent Indragiri (anonym). T. N. I. IV. nr. 6.
K. J. D. K., Beschryving von Timor. Oosterling II. p. 1—42.
Kn. J. H. Knoerle, Aanteekeningen over Benkoelen en Palembang. 1832. Oosterling I. n. 1 und 3. (War Assistent-Resident auf Benkulen und tadelt l. c. nr. 3 pag. 277 die halben Maſsregeln der Regierung, wurde aber wegen der ganzen, die er nehmen wollte, bald darauf ermordet.)
Lb. Beschryving van het eiland Lombok (anonym). T. N. I. II. nr. 12.
M. M. H. Reizen in de binnenlande von Borneo 1824. T. N. I. I. nr. 6.
Ms. Marsden, History of Sumatra, und Miscellan. works.
P. L. Pietermaat en Lucas, Statistische aanteekeningen over de residentie Menado, durch die Redaction zusammengestellt in Tydschr. N. I. III. nr. 2. pag. 109—167.
Rf. Raffles, History of Java. — on the Malayu nation etc. in Asiat. research. 1816. vol. XII. *exc.* — on the establishment of a malayan College at Singhapure in Asiat. Journ. 1824. t. XVIII. *exc.*
Rn. Renaudot, anciennes relations des Indes.
Rw. W. L. Ritter, korte aanteekeningen over het ryk Atjin in 1837. T. N. I. II. nr. 1 etc.
Rst. J. C. Rynst, het inlandsch bestuur in de binnenlande van Palembang. T. N. I. I. nr. 4.
Sev. J. v. Sevenhoven, Java etc. in T. N. I. I. nr. 4 u. 5.
St. Statistik von Krawang (anonym). T. N. I. II. nr. 6.
— Bevolking von Java en Madura (anonym). T. N. I. II. nr. 3. p. 154 etc.
S. Uittreksel uit een brief uit Sambas (anonym). T. N. I. I. nr. 1. 1836.
Sng. Spanoghe, (nach diesem durch die Redaction mitgetheilt), de heidenen of Baduwinen von Bantam. T. N. I. I. nr. 10. p. 295 etc.
T. Verschillende menschenraçen in den ind. Archipel. T. N. I: (anonym) IV. 497 etc.
W. C. F. Winter, Instellingen en gebrniken der Javanen to Surakarta. T. N. I. V. nr. 4. 5.
— — Oorsprong van het z. g. kalangsvolk, T. N. I. II. nr. 11. p. 578.

[*] *exc.* bedeutet solche Werke, die ich nicht vollständig habe vergleichen können, weil ich sie bloſs in Excerpten besitze, die ich vor meiner Abreise nach Indien gröſstentheils schon in Europa, Quellen sammelnd, auszog.

I.

Streiflinge des Urstammes der Negriten*).

Erste Sippschaft. *Die Orang Samang oder Udai*, in Queda.

Mitglieder der Negritenrace finden sich, sicher, nur an drei Orten im Archipel: 1) auf Luzon, wo sie Aëtas heifsen [Cz.], 2) in den Gebirgen des Staates Queda auf der maleiischen Halbinsel, genannt Samang oder Udai [Cr.] und 3) auf den Andamaninseln [Co., Ms.]; aufserdem nur im nordwestlichen Theile von Neu-Guinea und auf den anliegenden Inseln.

Ihre Zahl beträgt im ganzen Archipel etwa 3500 (?), nämlich auf Luzon 600 (?) [Cz.], in Queda 400 [Cr.], auf den Andamaninseln 2500 [Co. Ms.].

Sie sind von sehr schwächlichem Körperbau; Statur klein, untersetzt, 4′ 9″ engl. [Cr.] — 4′ 8″ engl. [Ms.], doch ziemlich musculös; ihre Stirn ist höher als die der afrikanischen Neger, und ihre Physiognomie gleicht diesen nicht [Cr.]. Sie sind häfslich, die Glabelle liegt tief; die Nase ist sattelförmig, mit der Spitze nach oben hervorstehend, aber stumpf; das Gebifs weit vorragend, mit dicken, wulstigen Lippen, besonders in der Mitte verlängerter, nach oben ragender Oberlippe. Unterkiefer schmal [Cr.], krauses Wollhaar [Cr., Cz.], Hautfarbe schwärzlich-rostfarben, nicht eigentlich schwarz [Cr.].

Ihre Abstammung ist unsicher. Sie kommen als vereinzelte Streiflinge im Archipel vor, und fehlen auf Sumatra, Java, Borneo, Celebes, Timor, Amboina ganz. — Ihre Sprache

*) Das Vorkommen der Negritenrace wird von europäischen Gelehrten in der Regel für viel zu allgemein angenommen. So heifst es bei C. Ritter (Asia III. pag. 1131): „Es scheint die Zahl dieser Samangs auf der malaiischen Halbinsel nur gering zu sein. Desto merkwürdiger ist die ganz im Dunkel liegende Geschichte der Verbreitung dieser australischen Negerrace durch die zerstreute grofse Sunda'sche Inselwelt." — Obgleich von Borneo, Celebes, den Molucken, Timor u. a. Theilen des Archipels Nachrichten von Regierungsbeamten vorhanden sind, so wird doch der Negriten mit keinem Worte gedacht; da es aber undenkbar ist, dafs eine so ausgezeichnete Race mit Wollhaar und schwarzer Hautfarbe sollte übersehen worden sein, so darf eine solche allgemeine Verbreitung der Negriten mit Recht bezweifelt werden.

ist, wenigstens auf den Andamaninseln, eine ihnen eigenthümliche [Co.].

Die Samangs in Queda bilden zwei verschiedene Stämme, genannt Samang und Bila [Cr., Ms.]. Sie sind ein Nomadenvolk, ohne alle Civilisation [Co., Cz.]. Ihr Gemüthscharakter ist roh, wüst [Co., Cz.], grausam, verrätherisch. So schildert sie schon 1293 Marco Polo [Rn.]. — Die Samangs in Queda werden harmlos und schüchtern genannt [Rf., Cr.]. Die in Luzon lieben leidenschaftlich den Taback und sind sehr der Jagd ergeben [Cz.]; die der Andamaninseln sind Cannibalen [Co., Rn.]. Feldbau treiben sie gar nicht; sie bewohnen elende Hütten aus Baumzweigen und Blättern [Co.]. Auf Luzon ist ein Gürtel von Baumrinde ihre Kleidung, Armbänder von Federn sind ihr Schmuck, Bogen mit Pfeil und Köcher ihre Waffen [Cz.]. Auf den Andamaninseln beschmieren sie sich mit Schlamm, dessen erhärtende Kruste sie kleidet und vor dem Stich der Mosquitos bewahrt; sie bewohnen die Küsten dieser Inseln, und nähren sich hauptsächlich von Produkten des Meeres; sie sehen sehr elend und mager aus [Co.]. Die Andaman-Insulaner werden von den benachbarten Nationen (z. B. den Peguanern) wie wilde Thiere verfolgt; deshalb nehmen sie an allen Fremden, die ihre Küsten betreten, Rache. Alles, was in ihre Hände fällt, wird ermordet und verzehrt [Co.].

Die Identität dieser drei im Archipel vorkommenden Streiflingshorden unter einander und mit denen auf Neu-Guinea, sowie mit denen auf den Neu-Hebriden und dem continentalen Australien, ist übrigens noch nicht erwiesen. Auf Gilolo werden sie vermuthet; die Inseln zwischen Neu-Guinea und Timor sind fast ganz unbekannt. Zweifelhaft ist ihr Vorkommen in den Lampongs auf Sumatra, in der Provinz Samangka. Irrig vermuthete sie Rf. auf Sumbawa; überhaupt fehlen von andern als den drei genannten Punkten des Archipels alle authentischen Nachrichten über ihr Vorkommen. — Sie sollen früher allgemeiner im Archipel verbreitet gewesen, durch die anderen Stämme aber vertilgt und vertrieben worden sein. Auf den Molukken ist dies historisch erweisbar [Cr.].

II.
Der Urstamm der Batta-er.

Erste Sippschaft. *Die Batta-er,*
im Ursitz Tobah.

12,013 geogr. □ Minut. bilden das wahrscheinliche Areal, so weit es von Batta-ern bewohnt wird; davon kommen 7813 auf die südliche, untersuchte Hälfte. Von diesen 7813 □ Min. sind 638 bebaut, 1635 Allang (vormals bebaut), und 5539 Urwald.

Die Volkszahl besteht aus 149,738 Köpfen (im Jahre 1840) für das ganze Areal, also 12½ Kopf auf eine □ Min.; davon kommen 87,200 Köpfe auf die 7813 □ Min. der südlichen, untersuchten Hälfte; davon sind nur 638 □ Min. bebaut, was für eine □ Min. bebauten Grund 137 Köpfe giebt. — In den Vertilgungskriegen der Padriesekte kamen wahrscheinlich 233,000 Batta-er um. Aufserdem sind in Mandaheling die Hälfte = 15000, Batta-er, und in Kubu ein Viertheil = 500. Summa 165,238.

Die Schädelform hält die Mitte zwischen der maleiischen und kaukasischen: Hinterhaupt zugerundet, Unterkiefer weniger breit, Oberbackenknochen weniger vorstehend, Glabella nicht vertieft, Nase weniger breit, weniger platt, mehr spitz und gerade, der Mund kleiner, die Lippen proportionirt, Gesicht oval; die Züge regelmäfsiger, schöner; Körperfarbe lichtbräunlich, oftmals rothe Wangen; Busen der Frauen voller, gehobener, Brüste gröfser, mehr hemisphärisch als konisch; Behaarung (wenn die Haare nicht ausgezupft sind) im Gesicht der Männer stärker als bei den Maleien, und ebenso an den bedeckten Theilen der Frauen; Haupthaar feiner als beim Maleienstamm, oftmals braun. — Körperlänge: 4′ 11″ par. Sie sind stark gebaut und muskulös.

Die Batta-er sind offenbar der Theil eines Urstammes, und nebst den Tjumbaërn diejenige Sippschaft des Urstammes, welche ihre Sitten am unvermischtesten erhalten hat. Sie selbst behaupten aus einem Abendlande „Rum" abzustammen (Arabien? Türkei?), was ihnen die mohamedanischen Priester gelehrt zu haben scheinen, weil dort das Vaterland des Propheten liegt. (Vgl. Kap. 1.)

Sie besitzen eine eigenthümliche Sprache und Schrift. Jene hat viele Gutturallaute, endigt oft mit Consonanten, und wird sehr hart mit scharfer Betonung ausgesprochen. Die Kunst auf Bambus zu schreiben ist allgemein. Ihr eigenthümliches Alphabet hat 13 Consonant-Vocale, 4 selbstständige Vocale und 5 Anhängezeichen, die alle besondere Namen haben. Das Scharfeckige der Zeichen ähnelt dem Sanscrit. Vormals schrieben sie mit einer firnifsartigen Tinte auf Rindenpapier; solche Bücher sind noch vorhanden. In der Kultur sind sie zurückgegangen, haben aber noch eine eigenthümliche Zeitrechnung und eigne (keine arabische) Namen für Monate, und selbst eigne Figuren für die 12 Himmelszeichen.

Die Batta-er leben in Suku's oder Familienstämme getheilt. Das ganze Land ist eine Anarchie; nur einzelne Landschaften, und diese auch nur temporär, treten zusammen in eine republikanische Conföderation. Jedes einzelne Dorf aber ist eine unabhängige, constitutionelle (d. i. durch die Hadats beschränkte) Monarchie, repräsentirt durch einen erblichen Häuptling, der sich Radja (auch Ompun, Nguru, Datu) nennt, der aber mehr einen Patriarchen vorstellt und auch die kleinsten Befehle nicht vollziehen kann, ohne erst eine Volksberathung (Nationalversammlung) zu halten, in dem Gemeindehause (Soppo), welches ein jedes Dorf besitzt. Hier hat jeder freie Mann eine Stimme, und nach Stimmenmehrheit wird entschieden. — Jeder Batta-er, selbst der Sclave, geht mit seinem Radja auf dem Fufse der Gleichheit um; sie halten seine Person zwar für unverletzbar, erzeigen ihm aber nicht die geringste Ehrerbietung; diefs finden sie lächerlich. Nur im Kriege leistet man seinen Befehlen einen mehr unbedingten Gehorsam. — Die Radja's haben keine Einkünfte, nur dafs ihre Wohnungen umsonst gebaut und auch ihre Felder zum Theil von der Gemeinde bearbeitet werden.

Ihre Religionsbegriffe sind sehr gering. Es giebt viele böse Geister, Begu (Dämone), die in Krankheiten des menschlichen Körpers (in jeder Krankheit ein besonderer Begu) sitzen, und deren Namen mit denen dieser Krankheiten gleichlauten. Gute Geister (Sumangot) giebt es nur wenige, die, als die unsterblich gewordenen Seelen grofser Vorväter, auf den Gipfeln der Berge wohnen und ebenfalls besondere Namen haben. Unsterblich, nach oben steigend in das unsichtbare Land auf den Bergspitzen, werden nur die Seelen solcher Menschen, die gewaltsam ums Leben kamen. Alle, die an Krankheiten starben, werden betrachtet als in die Gewalt der Begu's gefallen, und als gänzlich umgekommen. — Von einen (alleinigen) Gott haben sie keinen Begriff; sie haben weder Priester, noch Tempel, noch Idole, und verehren Nichts. — Bei feierlichen Gelegenheiten, zur Vertreibung böser Geister, um alles Unglück abzuhalten, streuen sie Reiskörner um sich her nach allen vier Winden.

Der Batta-er ist von Charakter träge, sorglos, freigebig, anhänglich an die Geburtsstätte, misstrauisch, starrköpfig, — blutig-rachsüchtig, aber schnell besänftigt, gastfrei, Fremde, seinem Schutze anvertraut, heilig haltend, gutmüthg, leicht hitzig werdend, aufrichtig, offenherzig, anhänglich, treu, dankbar, worthaltend, selbstständig-eigenwillig, edel-stolz, die Freiheit und Unabhängigkeit über Alles liebend, rund heraus, und weniger höflich als der Javan; ungeduldig, unfolgsam, ungehorsam, unbiegsam, ohne alle Subordination; sehr gesprächig (die Radja's sind grosse Redner und reden lange und heftig), aber auch zanksüchtig. — Vor dem Meere haben sie Scheu. — Sie lieben Hahnengefechte, denen sie sichelförmige Sporen anschnallen, mit Leidenschaft, und verwetten dabei oft ihr Hab und Gut und zuletzt sich selbst; — sie sind zu geistigen Getränken geneigt, hassen aber das Opium. Sie rauchen in Tobah den ganzen Tag Taback aus langen Messingpfeifen; Betelkauen ist an den Küsten gebräuchlich.

Die Gesetze (Hadats) werden zwar in keinen geschriebenen Sammlungen bewahrt, sind aber für die Mehrzahl der Rechtsfälle und Vergehungen dennoch fest und bestimmt. Die meisten Vergehungen werden mit Geldbussen bestraft, die der beleidigten Partei und zum Theil auch dem Radja des Dorfes zu Gute kommen, und selbst die Todesstrafe kann, mit Ausnahme von zwei Fällen, abgekauft werden. — Für jedes einzelne seiner Mitglieder ist das ganze Dorf verantwortlich; wenn daher bewiesen werden kann, dass ein Diebstahl von Einem aus einem gewissen Dorfe begangen wurde, so muss dieses Dorf den Diebstahl ersetzen, selbst wenn die Person des Diebes unbekannt bleibt.

Der erste Erbe ist immer der älteste Sohn, der auch die Würde (als Radja) seines Vaters erbt; darauf folgen die andern Söhne, und dann der Bruder. — Sie haben folgende cannibalische Gesetze: 1) Ein Gemeiner, der mit einer Radjafrau Ehebruch treibt, kann sich nicht loskaufen, und muss aufgegessen werden. 2) Alle mit den Waffen in der Hand, aufserhalb des Dorfes gefangene Feinde müssen lebendig verzehrt werden; die im Dorfe gefangenen können begnadigt werden. 3) Landesverräther und Spione können sich von der Strafe: lebendig verzehrt zu werden, mit 60 Piastern abkaufen. Das Merkwürdige ist, dafs in diesen 3 Fällen vom Gesetz der Genufs des Menschenfleisches geboten ist, und zwar so, dafs das Fleisch dem an einem Pfahl gebundenen Verbrecher, während er noch lebt, vom Leibe geschnitten, am Feuer geröstet und verzehrt wird.

Folternde Mittel zur Abpressung von Geständnissen sind bei keiner Sippschaft des Battastammes bekannt.

Das Schliefsen einer Freundschaft oder eines Einverständnifses wird bekräftigt durch das Auswechseln der Seitenmesser (Hirschfänger).

Der Sclavenstand in den Battaländern entsteht hauptsächlich durch Schulden. Hat ein Gemeiner Verbrechen begangen, wofür Geldbufse zu bezahlen ist, oder will er auf Mangoli heirathen, und hat kein Geld, so leiht er solches vom Radja. Nach dem ersten Jahre wird die Schuld verdoppelt, nach dem zweiten wird dieser verdoppelte Betrag wieder verdoppelt, bis zum Werthe eines Sclaven, der im Innern nicht mehr als 60—75 F. beträgt. Auch Kriegsgefangene sind gesetzlich Sclaven.

Ihre Gebräuche beim Schwur sind folgende: Sie sitzen im Kreise; ein Schwein oder eine Kuh wird in der Mitte des Kreises geschlachtet, das Herz herausgerissen, Jeder nimmt davon ein Stück und spricht: so geschlachtet sein zu wollen wie das Thier, und so verschlungen, wie das Herz, das er jetzt ifst, wenn er sein Wort breche.

Das Kind erhält jederzeit am 4ten Tage seine Namen vom Vater, wobei es im Bache gewaschen wird; nachher wird ein kleiner Schmaus gehalten, ohne weiteres Ceremoniell. — Während der Schwangerschaft und bei der Geburt finden keine besondern Gebräuche Statt.

Die Heirath geschieht auf zwei Arten: 1) Mangoli; die Frau wird für 90—180 Gulden von ihren Eltern gekauft und wird Eigenthum des Mannes, dem auch die zu zeugenden Kinder gehören. Die Einwilligung der Braut (die nie gezwungen wird) ist zuvor erforderlich. Eine solche Frau kann nie etwas erben; sie selbst erbt vielmehr nach dem Tode ihres Mannes auf den ältesten Sohn, oder bei der Abwesenheit von erwachsenen Söhnen auf den Bruder des Verstorbenen! — 2) Sumondo; der Bräutigam ist arm, bezahlt nichts und zieht dafür als Dienstmann in das Haus der Eltern seiner Braut, für die er dann arbeitet. Ungesetzlich und bei Strafe einer Geldbufse verboten, findet auch zuweilen Entführung Statt. — Die Vereinigung des Paares geschieht ohne alles Ceremoniell; bei den Wohlhabendern jedoch wird ein kleiner Schmaus gegeben, ein Schwein, oder wenigstens ½ Dutzend Hühner werden geschlachtet.

Die Ehescheidungsgesetze sind folgende: Ein Mann kann seine auf Mangoli geheirathete Frau, wenn er den Brautschatz verlieren will, nach Belieben fortjagen; wünscht sich aber die Frau vom Manne zu trennen, so müssen nach dem Hadat Seisei ihre Eltern nicht nur den Brautschatz zurückbezahlen, sondern ein Geschenk obendrein geben und noch einen Karibau schlachten. (Daher sehr selten.)

Das Begräbnifs geschieht bei Gemeinen ohne alles Ceremoniell, kurz nachdem sie gestorben sind. Mit desto bedeutsameren und ehrfurchtsvolleren Feierlichkeiten werden die Leichen grofser Radja's behandelt, die nicht eher begraben werden, bis der Reis, der an ihrem Sterbetage gesäet wurde, reif geworden ist. Dann werden aus dem ganzen Lande alle befreundeten Häuptlinge zusammengerufen, indem ihnen der Knochen von einem geschlachteten Büffel zugeschickt wird. Jeder erscheint mit einem Büffel, und alle diese Büffel (zuweilen 100 an der Zahl) werden feierlich geschlachtet. Auf einer ungeheuer grofsen Sargstellage, an den Ecken mit Holzstatuen beiderlei Geschlechts verziert, die sehr grofse Genitalien haben, und einander entweder gegenüberstehn oder im coitus vereinigt sind, wird der Sarg zu Grabe getragen. Im Sarge aus massivem Durioholz liegt, mit vielem Baroskampfer bestreut, völlig bekleidet, seit 6 Monaten die Leiche; am Grabe wird, das Antlitz des Todten zur Sonne gekehrt, der Deckel noch ein Mal geöffnet, unter den Worten des Sohnes oder nächsten Verwandten: „dafs der Todte jetzt zum letzten Mal die Sonne sehe, die er nun nie mehr erblicken werde," worauf er in die Gruft gesenkt wird. Die unzüchtigen hölzernen

Statuen werden neben dem Grabe aufgesteckt und die Hörner und Kinnbacken aller der geschlachteten Büffel neben dem Grabe an hölzernen Stangen aufgehängt. Die Statuen erinnern an den Lingamdienst jener Sivasekte (Lingadaries), und das lange Bewahren der Todten über der Erde, sowie die grofsen Sargstellagen, findet man auf Bali wieder.

Die Häuser der Batta-er sind im Innern, besonders die der Radja's, von Holz, mit einem steilen Dach von Hidju (Arengfaser), dessen Firste in der Mitte ausgeschweift ist und an den 2 Ecken aufwärts weit hervorragt. Die schmale Giebelfront der Häuser mit dem Eingang auf einer Leiter sieht nach vorn; mit den längern Seitenfronten stehn die Häuser in 2 langen Reihen, mit freiem Mittelplatz, nebeneinander und bilden das Dorf (Huta), das von einem einfachen oder doppelten, mit Steinen ausgefülltem Zaune von Pallisaden aus gespaltnen Baumstämmen, und aufserdem noch oft von einer Stachelbambushecke (Bambu turi oder auer) und mit einem Graben umgeben ist. Oft liegen die Dörfer, als natürliche Festungen, auf schroffen Berggräten. Die 4 Eckpfeiler sind grofse Baumstämme, sechsseitig oder rund, mit Schnitzwerk, sowie auch die innern Balken mit Sculptur verziert; der Flur des Hauses 5—7' über dem Boden, unter dem Flur sind die Ställe für's Vieh. Feuerplätze in der Regel 2 (für jede Familie, Tjatja, einer), in den vordern, zuweilen auch noch in den hintern Ecken des Flurs. — Hausrath: irdene Töpfe, einige geflochtene Matten, Körbe, ein Spinnrad, ein sehr einfacher Webestuhl.

Wie die meisten übrigen Sippschaften des Stammes lassen die Batta-er ihre Zähne weifs. Sie tatuiren sich nicht, und das Haar tragen sie lang. Die ärmsten tragen Kleider aus präparirter, sammetartig weicher Baumrinde; die übrigen: 1) ein Kopftuch, Bungus, von Leinwand etc.; 2) eine weite Hose, Serro-ar, — die Radja's ein weites Unterkleid wie die maleiischen Sarongs: Koppo koppo; — 3) ein Schultertuch, worein der obere Theil des Körpers gewickelt werden kann (eine Tunica), Kain djellimut und Hatik tollang, dessen Rand bei den Radja's mit Korallen besetzt ist, als Djukia sampa; 4) eine Schärpe, Hohos, oder einen Gürtel, Pamonting, zur Befestigung des Unterkleides. — Die Frauen tragen Haare, Busen und den ganzen Oberkörper blofs, und haben nur einen Koppo koppo oder einen noch kürzern Unterrock, Horri; zur Zierde oder zu Lasttragen auf dem Rücken: ein Djellimut. — Sie weben diese Kleider selbst, aus selbsterzielter Baumwolle (Hapas). — Zeichen der Jungferschaft sind Ringe von Messingdraht, welche die jungen Mädchen um den Hals tragen, und Insignien des Radjastandes Armringe von Elfenbein oder Riesenmuscheln, die über dem Ellbogen getragen werden.

Wie alle Sippschaften des Stammes essen sie mit der Hand. Hauptnahrung ist theils Reis, theils Jagon (Mais); aufserdem Gadong (Convolv. Batatas); Früchte selten. Sie essen alle Arten Fleisch, selbst Ratten; Kühe sind selten, ihre liebste Kost aber ist Schweinefleisch; Schweine werden oft geschlachtet, und auch die Hähne, welche in den häufigen Hahnenkämpfen geblieben sind, werden verzehrt. — Sie trinken blofs Wasser und Tuak (Palmwein von der Parkotpalme).

Ihre Cultur besteht in: Reis, in trocknen Feldern (Ladangs) mit 35-, in bewässerten (Sawas) mit 50—80 fältigem Ertrag; Jagon, am liebsten an Berggehängen, 300 fältig; Gadong, sehr schmackhaft; Caladium escul.; Parkotpalme (Arenga saccharifera); Pisang; Durio. Andere Fruchtbäume sind sehr selten, und Cocos nur am Gestade. Sie erzielen nicht mehr Reis, als sie zu ihrer eignen Consumtion nöthig haben.

Ihr Viehstand enthählt: Schweine (im südlichen Theile der Battaländer bei 87000 Köpfen Popul.) 26000; Büffel 1200; Kühe 6400, und Pferde 2280 (diese beiden blofs in Tobah häufig); Ziegen wenig; Enten (in dem hohen Innern keine); Hühner und Katzen überall; ebenso Hunde, von der langköpfigen, weifsen, dünnhaarigen Schakalrace mit spitzen Ohren.

Die Vergnügungen des Batta-ers sind aufser den Hahngefechten folgende: Würfelspiel mit Jagonkörnern, und Merkordja. Diefs ist ein theatralischer Tanz mit Musik, den sowohl Radja's als Gemeine, doch stets nur Einer zugleich tanzen. Nie tanzen Frauen, daher auch öffentliche Tänzerinnen fehlen. Langsame, feierliche (niemals hüpfende) Bewegungen, Biegungen der Gelenke, Verdrehungen der Arme und selbst der einzelnen Finger, oft nach hinten, mit begeistertem Ausdruck des Gesichts bezeichnen den Tanz. Auch von theatralischen Vorstellungen, wobei Dämone auftreten und besiegt werden, findet man Spuren. Ihre Musikinstrumente sind: 1) Ogung und Mamongang, metallne Becken oder Kessel aus einer Composition von Kupfer, Zinn oder Zink, von verschiedener Gröfse, wie die javanschen (zum Schlagen); 2) Gontang, längliche, rohe Trommeln oder Pauken; 3) Sordam (Klarinette); 4) Harwab (Geige), welche beiden letztern sehr helle, kreischende Töne geben, aber in Tobah mit grofser Fertigkeit und vielem Geschmack gespielt werden. Der Takt und die Melodien ihrer Musik haben etwas höchst sonderbar Wildes und Kriegerisches!

Die Industrie steht auf verhältnifsmäfsig hoher Stufe bei den Batta-ern. Sie schmelzen Metalle (Messing), drechseln Elfenbein, arbeiten in Eisen und Kupfer, fabriciren Pulver, graviren sehr gut in Holz, spinnen Baumwolle, weben aus verschieden gefärbten Fäden hübsche Kleider, schreiben mit eisernen Spitzen auf Bambus, und verstanden vormals auch mit Tinte auf Rindenpapier zu schreiben und Bücher zu machen. Die Kunst, Holz zu bearbeiten, in Metall zu graviren, und Elfenbein zu Armringen zu drechseln, wird handwerksmäfsig geübt. — Sie kennen folgende Färbestoffe: Indigo, Tarrum (Indigofera Sp.), Djallaun (Marsdenia tinct.) für blaue, Pamarei (Morinda citrif.), Wurzel für rothe, und Kuning (Curcuma longa) für gelbe Farbe.

Der einheimische Handel der Batta-er erstreckt sich auf: Nahrungsstoffe, Hausthiere, Kleider, Damar, Salz, kupferne Tabakspfeifen, Armringe, Glaskorallen und Matten, welche abwechselnd aus Streifen Rotang und Baumrinde geflochten sind, besonders zu Sikunar. — Die Exporten sind: Kassiazimmt, Elfenbein, Dammarharz, Pfeffer von der S.-W.küste (150,000 Centner jährl. [Cr.]), Rotang (100,000 Bündel 1841 [F.]), Benzoë (im J. 1841 2955 Centner [Vinne]), Baroskampfer (1841 nach Vn. 7½ Centner), — Alles von der S.-W.küste. — Die Batta-er selbst handeln nicht zur See, aufser an der N.-O.küste, von wo etwas Reis ausgeführt wird.

Die Waffen, die der Batta-er führt, sind Lanzen mit hölzernem Schaft und eiserner Spitze, oder ganz von Bambus, und maleiische (nicht selbstgemachte) Luntengewehre, etwa 6 auf 100 Lanzen. Wenn nach langen Berathungen Krieg zwischen 2 Dörfern (die stets mit Pallisaden befestigt sind) beschlossen ist, so bestehen die ersten Feindseligkeiten in Gefangennehmung feindlicher Bewohner, die in Block gesetzt werden. Unternimmt der Feind etwas der Gegenpartei Nachtheiliges, so rächt sich diese, und schlachtet und verzehrt einen Gefangenen. Hat die Erbitterung den höchsten Grad erreicht, so wird unter Anführung des Radja das feindliche Kampong erstürmt, verbrannt und alle, die nicht ermordet werden, zu Sclaven gemacht. Von diesen werden zum Schlufs einige geschlachtet und verzehrt.

Bei allen Sippschaften des Battastammes treten von epidemischen Krankheiten auf: Cholera und Kinderpocken. Von den Europäern haben sie Syphilis erhalten, in Tobah aber noch nicht. Die Kinder zahnen ohne Beschwerden, leiden aber an Würmern und Dickbäuchen. Die Batta-er sind nicht zu inflammatorischen Krankheiten geneigt, und ihre Frauen gebären sehr leicht.

Belehrung von Europäern erhielten sie bis jetzt nicht. An den Grenzen offenbart sich der europäische Einflufs nur erst dadurch, dafs sie sich ihres Gebrauches, Menschenfleisch zu essen, schämen.

Charakteristisch sind 1) für die Flora. Am sumpfigen Strande: Rhizophoren und Wälder von Casuarina littor., schlank wie Tannen. Am Bergfufse und an den Berggehängen: Eichen und Kastanien, mit Benzoë- und Kampferbäumen in Einem Walde. Der Kampfer ist der gröfste aller indischen Bäume und höher als Rasamala. Im hohen Innern zwei Casuarinen und Fichtenwälder von Pinus sumatrana J., deren Holzspäne (Tussam) wie Fackeln brennen. Laurus Cassia wild.

2) Für die Fauna. Mehrere Arten Tiger; Rhinocerosse; Elephanten bis 3000′ hoch; viel Hirsche in den Allanfeldern; ungeheure Schaaren von Pteropus edulis; Reichthum an fliegenden Sciuris und Galeopithecis.

Parasiten sind dem Battastamme fremd. Die Batta-er haben stets das Ausschliefsungs- und Abwehrungssystem consequent befolgt; ein jeder Fremder, der (nachdem er vorher gewarnt wurde) dennoch ihr Land betritt, ist vogelfrei und darf nach dem Gesetze gemordet und verzehrt werden. Der Naturzustand des Landes läfst erkennen, dafs die westlichen Gebirgsketten und das westliche Gestade am spätesten bevölkert wurden, und dafs die Population im hohen Innern und an den Ostgehängen schon weit gediehen war, als ein Theil des Volkes zur Westküste herabstieg und wahrscheinlich von der Tapanuliebai aus (im Anfange des 12. Jahrhunderts) nach der vorliegenden Insel Nias zog und diese nebst den Batuinseln bevölkerte. Die stärkere Population und Bebauung der östlichen Hälfte des Landes ist wahrscheinlich eine Folge der sanfteren Bergneigung daselbst, und der terrassenförmigen allmähligen Abdachung des Landes, sowie des Vorkommens von schiffbaren Strömen daselbst. — Die Hinducivilisation strich längs der Ostküste, auf dem Flusse Burumon, durch Pertiebie, Mandaheling nach Menangkabu hart an der Grenze der Battaländer vorbei, ohne einzudringen.

Das Essen von Menschenfleisch war unter ihnen nicht ursprünglich; nach allen Sagen herrschte vordem ein langer, tiefer Frieden, mit allgemeinem grofsem Wohlstand, während dessen Holzsculptur, Schreibekunst und andere Künste blühten; dann kam ein gewisser Teufel Nanalain, der brachte Krieg und Cannibalismus. Ihre Angabe, dafs diefs erst vor 3 Menschenaltern (zu 70 Jahren gerechnet) geschehen sei, ist offenbar zu geringe. Der Einfall der Padries mit gezwungenen Banden aus Mandaheling (1830?), die alles plünderten und 230000 Menschen mordeten, vollendete den Verfall des armen Landes. Jetzt ist diefs schöne Paradies eine Wüste; das gutmüthige, in seiner Anlage vortreffliche Volk ist nur noch eine Ruine, und Anarchie und Zerrüttung sind allgemein.

Zweite Sippschaft. *Die Niasser,*

auf den Nias- und Batu- (auch Pageh-?) Inseln.

Das Areal der Niasinseln beträgt etwa 1800 engl. □ Meilen [D.]; das der Batuinseln etwa 30 geogr. □ Meilen [H.]. Die Bevölkerung von Nias im J. 1834 200,000, wovon jährlich 1500 Sclaven ausgeführt wurden [D.]; die der Batuinseln im J. 1837 3000, worunter 60 Buluaresen von maleiischer Race [H.].

Der Körperbau der Niasser ist echt batta'sch; die Körperlänge: 4′ 9″ par. [H.], —5′ par. [D.] Sie sind heller von Farbe und schöner von Gesicht, als die Maleien; ihre Physiognomie ist mehr kaukasisch, die Nase mehr spitz zulaufend; das Hinterhaupt rund; das Haar feiner als bei den Maleien, schwarz, öfters auch braun. Besonders die Frauen sind hell von Farbe, mit rothen Backen; Hände und Füfse klein.

Sie stammen wahrscheinlich aus den Battalanden, von wo sie, von der Bai von Tapanulie her (im Anfange des

12. Jahrh.) einwanderten. — Die Batuer behaupten alle von Nias abzustammen [H.]; die Niasser selbst aber leiten sich — nach einer Fabel — von den Pagehinseln ab [H].

Ihre Sprache ist ganz verschieden von allen benachbarten, auch von der Pagehsprache; die von Nias ist etwas härter als die der Batuinseln [H]. Mit der Lampong- und Battasprache hat sie viel Aehnlichkeit [D.] und enthält in der That sehr viel Battaworte; Niasser lernen das Batta'sche in unglaublich kurzer Zeit [*]. — Für p wird f ausgesprochen. Ob sie Schrift besitzen, ist unbekannt.

Verfassung. Auf Nias sind etwa 50 Radja's, die fast immer in Streit mit einander liegen. Unter ihnen stehen die Dorfhäuptlinge (Salawa), und unter diesen noch Pangulu's. Die Gewalt der Radja's ist durch die Hadat's beschränkt. Sie wünschen Streit mit einander, um sich durch die gemachten Kriegsgefangenen Sclaven zu besorgen, und durch deren Verkauf sich zu bereichern. Seit 1820 aber sind die Sclaven in Schuldner (Perutong) verwandelt [D.]. Nach Horner ist die Gewalt der Radja's despotisch. — Auf den Batuinseln sind die Häuptlinge (Siulu) ohne Macht und Einfluſs. Ein Siulu, der einiges Ansehn genieſsen will, muſs wenigstens drei Köpfe abgeschlagen haben [H.].

Religion. Es giebt viele böse Geister, Bechu (Begu), die oft mit groſsem Lärm zum Hause hinausgejagt werden [D.], die die Menschen krank machen und ihre Seelen verschlingen, z. B. Lewaka, Saho, Tukeh, Lulueh (welcher im Bauche wohnt) [H.]; auſserdem aber auch gute Schutzgeister gegen die Bösen, die aus den Seelen der Vorväter bestehn und in hölzernen, 1—3' hohen Idolen, meist sitzend, mit Kleidern angethan, dargestellt werden, z. B. Adju nowo, Lawölo Siraha, die beiden letztern auf dem Dorfplatze, der erstere innerhalb kleiner Schränkchen in den Häusern, roh, ohne Ebenmaſs; sie werden nicht angebetet [D., H.]. Die Niasser glauben an einen Gott, Sumban kwist, und an eine Unterwelt, wo sich die Todten aufhalten [D.]; sie haben in jedem Dorfe einen oder zwei Priester, Ereh, welche Beschwörer, Charlatane sind, aus der Familie des Radja [H.]; sie besitzen viel Amulette und Talismane, und halten vor allen wichtigen Unternehmungen ein religiöses Opferfest, Adju-adju [H.]. Ihre Idole sind stets, wie die beim Begräbniſs der Batta-er, mit sehr grofsen Genitalien versehen [H., D.]. — Auf den Batuinseln soll der Glaube an 4 Götter bestehn: 1) einer im Himmel, 2) einer zwischen Himmel und Erde, 3) einer auf, und 4) einer unter der Erde; um diesem letztern nicht anheim zu fallen, werden die Todten nicht begraben [F.]. — Auf den Pagehinseln hat jedes Dorf einen Dukun oder Priester [F.].

Der Niasser ist von Charakter offenherzig, sanftmüthig, unterwürfig, mitleidig; viel ehrlicher und fleifsiger als der Maleie [D.]; desgleichen lebhafter, hitziger und mehr der Civilisation fähig; kühn, unternehmend, aber auch starrköpfig, rachsüchtig, und betrügerisch gegen Fremde [H.] — Die Niasser sollen zum Selbstmord geneigt sein [D], — wohl nur wenn sie unglücklich und in Sclaverei sind. [*] — Betelkauen ist bei ihnen allgemein, Tabackrauchen selten; Opium lieben sie nicht.

Sitten und Gesetze. Auf Mord, Ehebruch und Raub steht die Todesstrafe, die jedoch in Sclaverei verwandelt werden kann [H.]. — Diebstahl wird mit Geld gebüfst [H.], wovon der Kläger die eine und der Siulu die andre Hälfte empfängt; aber auf den Diebstahl eines Huhnes steht die Todesstrafe (auf Diebstahl von andern Thieren nicht!) [H.] — Auf Ehebruch soll (selbst bei noch nicht Verheiratheten [*]) der Tod stehn [F.]. — Die Bewohner der Pagehinseln haben ebenfalls niassische Gebräuche [H.].

Die durchbohrten und mit Zierrathen in ∞ Form ausgefüllten Ohrlappen hängen fast bis auf die Schultern herab [D].

Sclavenhandel ist erlaubt; zu Sclaven werden Kriegsgefangene, Missethäter und Schuldner. Um auf Djudjur zu heirathen oder sich von Todesstrafen abzukaufen, leiht der Gemeine beim Häuptling Geld; nach dem ersten Jahre wird die nicht bezahlte Schuld verdoppelt, nach dem 2ten wieder u. s. f., wodurch ein geliehenes Ei bis zu einer Schuld von 300 F. anwachsen und der Schuldner mit seiner ganzen Familie zu Sclaven gemacht werden kann. Der Werth eines Sclaven ist 100 Fl.

Ihr Schwur besteht darin, dafs sie einem Schweine die Kehle abschneiden, und für den Fall von Untreue, dasselbe Schicksal auf sich herabbeschwören [D.].

Die Bewohner der Pagehinseln baden sich in dem Blute ihrer getödteten Feinde [F.]. — Die Vorfechter auf Nias sind als Kopfsäbler (koppen sneller) berüchtigt, und ebenso die Siulu's der Batuinseln [H.].

Bei der Geburt assistirt eine Art von Hebanme, Ereh maduono [H.]. Der Nabelstrang wird begraben [H.]. Es sollen viel männliche Kinder getödtet werden [D. — ? *].

Monogamie ist allgemein, Ehescheidung unmöglich, und auf Ehebruch steht Todesstrafe. Zweierlei Heirathen inden statt: 1) Djudjur: nachdem die Brautwerbung durch den Vater geschehen ist, wird die Braut für 2—400 Gulden (50—100 Pau Gold, welches zur Hälfte mit Silber vermengt ist, à 4 Fl.) gekauft und die Sclavin des Mannes, der sie als sein Eigenthum wieder verkaufen kann, dann aber ihren Eltern zuerst anbieten mufs. Es wird ein kleiner Schmaus gehalen, wobei Braut und Bräutigam von einer Schüssel essen [H.]. 2) Mengiring djudjur: der Bräutigam hat kein Geld und wird Schuldner der Familie seiner Braut. — Ehescheidung ist nach dem Hadat unmöglich [H.].

Begräbnifs. Nachdem man auf Nias dem Todten einige Menschenköpfe geraubt hat, die in dem Versammlungshause bewahrt werden, wird der Sarg, mit einem Dach und mit einigen Flaggen versehen, unter Gesang und Trommelschlag feierlich zum Kirchhofe gebracht. Diese Kirchhöfe sind von Bäumen beschattete Felsen im Meere, wo die Särge in offner Luft unbeerdigt stehen bleiben, um mit ihren Leichen zugleich zu verfaulen [H.]. — Auf den Pagehinseln werden die Todten in den Wäldern zum Trocknen an die Bäume gehängt [F. — ? *].

Wohnungen. Die regelmäfsig gebauten, länglich-viereckigen, von regelmäfsigen Wegen umgebenen Dörfer stehn in der Regel auf Anhöhen; sie sind umringt von einer Korallensteinmauer mit 2 verschliefsbaren Pforten; neben jedem Dorfe findet man 2 steinerne Badeplätze für beide Geschlechter; auf dem freien Mittelplatze steht das Versammlungshaus, Baleh. Die hölzernen Häuser, mit ihrem 5—10' über dem Boden erhabenen Flur, stehn auf ungeheuren hölzernen Eckpfeilern mit zierlichem Schnitzwerk. Der eine Giebel der steilen Dächer steht offen, und ist blofs mit einem nach aufsen vorstehenden hölzernen Gitterwerk versehen. — Auf den Pagehinseln ist ein Kampong nur ein Haus (wie bei den Daiaern) [F.].

Kleidung. Die ärmsten tragen oft nur ein Kamisol und Lendentuch von Baumrinde; die übrigen, selbstgewebte Stoffe. Zum Schmuck dienen Korallenschnüre um den Hals, ein zusammengerolltes Blatt, oder ein Stück Holz oder Gold in ∞ Form zu Ohrringen, wodurch die Ohrläppchen bis auf die Schultern herabhängen [D.]; und für die Häuptlinge Armringe von Kupfer oder Hima (Riesenmuschel) [H.]. — Die Bewohner der Pagehinseln tatuiren sich, und haben blofs Kleider aus Baumrinde, oder (die Frauen) aus frischen Blättern, die sie täglich erneuern [F.].

Die Hauptnahrung bilden auf Nias: Obie's (Batatenwurzelknollen); (der Reis wird ausgeführt); — auf den Batuinseln das Mark der Sagopalme. Schweinefleisch ist beliebt. Als Getränk dient aufser Wasser nur Tuak (tju).

In der Flora zeichnen sich auf den Batuinseln aus: die Sagopalme, in den Sümpfen, — Cycadeen, und ein Baum, der ein flüssiges, dem Balsamus Copaivae sehr ähnliches Gummiharz, Minjak lagam, liefert [H.]. — Die Fauna hat weder Krokodille, noch Tiger, noch Rhinocerosse [H.].

Kultur und Viehzucht. Auf Nias viel Reis, in Sawa's 100 fältig, in Ladang's 40 fältig. Viel Cocospalmen, woraus Oel gemacht wird, und deren Nüsse aufserdem den Schweinen zum Frafse gegeben werden. Viel Schweine auf Nias und Hühner.

Vergnügungen. Oeffentliche Tänzerinnen fehlen; wohl aber nehmen die Mädchen und Frauen am Tanze Theil, wozu sie sich reich verzieren. Unter Gong- und Trommelschlag wird ein eigenthümlicher Kriegstanz mit gezogenem Schwerdt aufgeführt, wobei sie sich lebhafter als die Maleien bewegen und in Schlangenlinien springend umziehn. Dann wird von den Samui's ein Spiegelgefecht ausgeführt, wüthend gegen einen eingebildeten Feind. Die Mädchen, die daran Theil nehmen, können wohl mit den Daia'schen Biliang's, nicht aber mit den Java'schen Rongeng's verglichen werden [H.].

Die Niasser sind gute Zimmerleute, Goldarbeiter und Eisenschmiede, welche Künste sie handwerksmäfsig betreiben [H.].

Handel. Exporte: Reis 1400 Säcke, Pfeffer 900 Centner jährlich, und viel Cocosöl (wofür Leinwand und Eisenwaaren eingeführt werden); ferner vormals durch atjinesische, maleiische und französische Schiffe jährlich 1500 Sclaven, wovon ¾ auf dem Transport umkamen [D]. — Von den Batuinseln Tripang und Schildpatt; hier ist der Handel in den Händen der Chinesen, auf Nias in den Händen der Maleien und Atjiner.

Krieg. Die Häuptlinge liegen wegen Sclaverraub, Kopfabsäbeln oder Schulden oft in Krieg mit einander: die Ueberfälle geschehen in der Regel des Nachts, ohne vorhergegangene Kriegserklärung; bei der Einnahme eines Dorfes werden dann Frauen und Kinder zu Sclaven gemacht und die Männer ermordet. Auch auf den Batuinseln besteht ihr Krieg aus nächtlichen Ueberfällen mit Raub und Mord. Ihre Vorfechter, Samui, kleiden sich in ein Kamisol von Büffelleder, besetzt mit den haarförmigen schwarzen Arengfasern, und binden ihr Haar in einen Knopf zusammen; sind Kopfschneller. — Ihre Waffen sind: Lanze, Schild und Schwerdt, welches letztere stets horizontal wie bei den Daiaern und Alfuren getragen wird. Keine Pfeile und Bogen [H.] Nur die auf den Pagehinseln haben Pfeil und Bogen und führen häufig blutige Kriege unter einander [F.].

Als fremde Parasiten finden sich: Maleien und Atjiner auf den Nordküsten von Nias, Chinesen auf den Batuinseln. Auf den Batuinseln kommen 60 Köpfe einer maleäschen Race vor: Buluaresen (Bechua), die sich sowohl durch Sprache als Körperbau von den Niassern unterscheiden [H.].

Die Race der Niasser ist weit verbreitet, indem auch die Bewohner der Pageh-, Engano-, Andaman- und Nicobarinseln (nebst einem Theile von Madagaskar) zu derselben gehören [H.].

Der Sclavenhandel geraubter Menschen, den französische Schiffe so sehr begünstigten, ist durch englische Gesetze (seit 1820) und durch niederländische (seit 1827) abgeschafft. Die vorhandnen Sclaven sind geblieben, aber in Schuldner, Perutong, verwandelt, um von ihrer Schuld durch Hand- und Kuliearbeit jährlich etwas abzuverdienen, sind jedoch eben nicht besser daran wie früher.

Dritte Sippschaft. ***Die Passumaher,***
in den Sumatra'schen Centralthälern Passumah uluh manna und Passumah lehbar. — (Vielleicht auch die Lamponger zu dieser Sippschaft gehörig?)

Das Gebiet dieses Stammes ist nicht bekannt. Die Mehrzahl wohnt im Hochthale Passumah lehbar, welches, da keine Cocospalmen dort mehr gedeihen wollen, höher als 2500′ zu sein scheint [Rf.].

Die Seelenzahl betrug im J. 1832: 87000, wovon: 1) in P. lehbar 81000 in 4 Stämmen (Passirah) und noch 9 Dörfern, genannt Mardikas, zusammen in 350 Dörfern à 40 Häuser zu 6 Köpfen [Kn. — 8 Köpfe nach Brs.], — 2) in P. uluh manna 3000, nämlich 3 Stämme mit 19 Dörfern à 24 Häuser zu 6 Köpfen [Kn.]. In den Lampongs 80000.

Ueber Körper- und Schädelbau fehlen die Nachrichten.

Abstammung. Sie betrachten sich als Abkömmlinge der Modjopait'schen Javanen von Palembang, besonders die Mardikas, und bewahren noch einen heiligen Kris und eine Lanze, die ein gewisser Radeen Patah nach dem Untergange des letzten Königs Brodo Djudo zurückliefs [? — Kn. Brs.]. Diefs ist wahrscheinlich eine eben solche Fabel, als die Abstammung der Batta-er aus „Rum". Doch standen sie stets mit dem Sultane von Palembang im Freundschaftsbunde, ohne Tribut zu zahlen.

Ihre Sprache, „Bhasa Serawi", die auch an der nahen S.-W.küste mit etwas veränderter Aussprache herrscht, hat viele Gutturallaute, spricht euh vor O, enthält nur $\frac{1}{8}$ maleiische Wörter, aber viele Lampong'sche, und wird nach dem Redjangalphabete mit der Spitze eines Messers auf Bambus geschrieben. So haben sie auch Gebetformeln, aber andere Urkunden fehlen [Brs.]. — Die Sprache soll viele javan'sche [? *] Wörter enthalten [Kn.].

Sie leben in Suku's oder Familienstämme getheilt. — Jedem der vier Stämme in P. lehbar steht ein Passirah vor, dem der Grund und Boden allein gehört, der aber keine andern Einkünfte hat, aufser dafs ihm die Häuser umsonst gebaut und die Ladangfelder zum Theil umsonst bearbeitet werden. Die Passirah's können nicht willkürlich handeln und müssen sich streng nach den Hadat's richten. Sie berathen sich mit ihren Unterthanen (Anak bua) in dem Versammlungshause

Balei (Baleh auf Nias!), wo die Debatten oft sehr laut und heftig geschehn. Jedes Dorf hat noch einen besondern Häuptling: Pangerang oder Depati. — Sie führen häufig Fehden mit einander. — Die Conföderation der 4 Stämme heifst Pulu Rakan.

Religion. Es giebt viele böse Geister, Djin, die auf Bergspitzen wohnen, und welche die Ursache alles Elends und Unglücks sind [Brs.]. Doch giebt's auch viele gute Geister, Dewa, welches die unsterblich gewordnen Seelen ihrer Vorväter, „Nenek mujang", sind, und die ebenfalls auf Bergspitzen, z. B. auf dem G. Dempo 20, doch auch in Wäldern, Bergen, Strömen und Weringienbäumen (Ficus religiosa vel indica) wohnen, welche sie anbeten (bertarak), und denen sie Opfer bringen von geschlachteten Thieren, besonders wenn Unglücksfälle eingetreten sind; dann fasten sie auch. Zwischen den Djin und Dewa stehn Halbgeister, Orang alus (luftige Menschen). Sie glauben an eine Wanderung der Seele, besonders in Tiger, welche sie niemals tödten. Ihre Gräber halten sie heilig. In der Mitte eines jeden Dorfes steht ein kleiner viereckiger Tempel, aber ohne Idole und ohne Priester [Brs.] — Ihr ursprünglicher Polytheismus ist nicht frei von mohamedanischem Einflufs geblieben, denn sie verwerfen Schweinefleisch und haben die Beschneidung allgemein unter sich eingeführt.

Ihr Benehmen ist ernst und gesetzt; die Gemeinen sind wild, die Vornehmen höflich in ihren Manieren. Sie sind tugendhafter als die Küstenbewohner; sehr gastfrei (ein fremder Gast ist ihnen heilig); offenherzig, edel, ehrliebend. Sie finden es beleidigend, Kuli (Lastträger, Tagelöhner) genannt zu werden. Beleidigungen rächen sie, aber ihre Rache ist offen [Brs.]. — Sie sind keusch, arbeitsam, mäfsig im Essen (fast nie Fleisch geniefsend), kühn, muthig, kriegerisch, aber sehr hitzig und heftig; dazu lügnerisch und unehrlich im Handel [Brs.]. Sie lieben die Freiheit und Unabhängigkeit und hassen alle Neuerungen [Br.].

Sie lieben Hahnengefechte (mit Sporen!); aber Opium hassen sie wie Gift [Brs.].

Gesetze. Ein kleiner Diebstahl wird bestraft mit der Zurückgabe des Fünffachen (Kalimuwit), ein grofser blofs durch doppelte Erstattung (Lipat). Ein Mord kann durch Blutgeld (Bang-on) abgekauft werden; für blofse Verletzungen wird

Schmerzengeld (Tapong bumie) gezahlt [Brs.]. Zu Zeugen in Streitsachen werden nur freie Männer aus einem andern Dorfe, die von unbescholtnem Rufe sind, angenommen [Cr.]. — Die Kinder beerben ihre Eltern in gleichen Antheilen und übernehmen dafür ihre Schuld [Cr.] — Die Verwandten eines Schulldners, der seine Schuld nicht bezahlen will, werden aufgefangen und als Pfand oder Bürgen im Dorfe des Gläubigers bewahrt [Brs.]

Die Passumaher haben zweierlei Heirathen: Djudjur und Ambil anak, wie in Palembang [Brs.].

Die Mehrzahl der Häuser in ihren Dörfern, Dussun (mal. Dessa, jav. Kampong), sind grofs und schön, von Holz, und mit Schnitzwerk an den Eckpfeilern und Balken versehen.

Sie weben selbst ihre Kleider; die Putzkleider jedoch bestelhn aus hübschen Palembang'schen Stoffen.

Zur Nahrung dient ihnen Reis und Jagon; das Fleisch von Karibauen, Ziegen, Pferden, Hühnern, namentlich wenn geopfert wird; Schweinefleisch aber verabscheuen sie. Sie bereiten aus Reis einen gegohrnen Trank, trinken aufserdem blofs Wasser und verabscheuen Milch [Brs.].

Sie bauen viel Reis in Sawas (400 Pfd. = 100 Kulak kostem 3 Gulden); aufser Pisang und Pinang (Areca) keine (!) Früchte [Brs.]. Namentlich wollen Kokospalmen in Pass. lehbar nicht mehr gedeihen oder tragen doch sehr spät Früchte. [Rf.].

Sie cultiviren den Seidenwurm [Boers — ? *].

Die Häuptlinge halten häufige Volksfeste (Bimbang) mit Tanz und Musik, wobei man Hähne fechten läfst und würfelt [Brs.].

Indigo kennen sie als Färbestoff.

Ihre Exporte sind: Cassiazimmt, Dammarharz, welches im Lande statt Oel gebrannt wird, Elfenbein, Pulastau; ihre Importe: Salz 50—60 Koyangs jährlich von Palembang [Brs.].

Die Stämme liegen oft in Krieg mit einander. Ist nach einem Gefecht der Verlust auf beiden Seiten gleich, so wird ein Karibau geschlachtet und gemeinschaftlich verschmaust (Baso lura); ist er aber auf der einen Seite gröfser, so erhält diese verlierende Partei den Baso lura als Entschädigung allein [Brs.].

Die Bewohner des Hochthales Passumah lebhar leiden an Kröpfen! [Raffles.]

Es ist noch zweifelhaft, ob auch die Lamponger (80000) von dieser Sippschaft (wahrscheinlich!) [*], oder vom Maleiostamme sind.

Vierte Sippschaft. *Die Tjumbaer,*
auf der Insel Tjumba.

Ihr Gebiet ist eine rundlich dreieckige Insel von 110 geogr. □Meil. [K.]. (Nach Francis 5347 engl. □Meil.!?)

Die Volkszahl wurde im J. 1831 auf 425,320 Köpfe geschätzt [Francis]; wahrscheinlich aber beträgt sie nur halb so viel [*].

Es sind starke, muskulöse Menschen, gesund, kräftig, kastanienbraun von Farbe mit oftmals rothen Wangen. Ihre Frauen sind sehr hübsch, einnehmend [F.]. Sie sehen aber sehr abschreckend aus, weil sie sich von Kindesbeinen an üben, wüthende Geberden zu machen [Fr.].

Ihre Abkunft ist nicht bekannt. Die zwei Stämme: Lampaya und Manguäa im N.-W.lichen Theile der Insel, die früher die innigsten Freunde waren, hassen einander blutig [F.]

Die Sprache ist in den verschiedenen Landschaften verschieden; manche Dialekte sind für die Nachbarn ganz unverständlich [K.].

Verfassung. Sie sind in Suku's getheilt (?). Ihre Verfassung ist frei, ohne willkürliche Häuptlinge. Sie haben blofs erbliche Volksvorsteher (Meraboo), den Batta-Radja's ganz analog, die in den Volks- oder Nationalversammlungen, welche bei allen Veranlassungen gehalten werden, als Sprecher auftreten; die Sprecher müssen ihre Waffen ablegen (!); sie sprechen leidenschaftlich mit lebhaften Gesticulationen, sind überhaupt grofse Redner und stolz auf ihr rhetorisches Talent. Nichts kann unternommen werden, ohne erst auf solche Art berathen zu sein. Der Häuptling des Dorfes bewirthet bei solchen Versammlungen die anwesenden Fremden [K.].

Religion. Es giebt einen Gott Merappo und einen Teufel Kodok, welcher unter der Erde wohnt, einen Schutzgeist Ubraga und aufserdem viele böse Geister, denen geopfert wird. Das Opfer besteht in Büffeln, Pferden, zuweilen auch in Ziegen, Hunden oder Schweinen, und wird des Abends, nachdem grofse Feuer angezündet sind, auf dem merkwürdigen wiereckigen Begräbnifsplatze in der Mitte des Dorfes dargebracht, wobei ein Opfertanz gehalten, und auf einem heiligen Steine dem Merappo etwas vom geschlachteten Thiere angeboten wird. Die fein gehackten Eingeweide werden sogleich gegessen, das übrige Fleisch vertheilt. Auf den Grabmälern ringsum sitzt das Volk mit den Musikanten. Vorher halten, von den Weibern angereizt, vier Bewaffnete ein Spiegelgefecht; nachher wird von Einem mit gezogenem Messer der Teufelstanz getanzt und der Kodok herausgefordert und besiegt (s. S. 314). Sie haben weder Priester noch Tempel, glauben an ein künftiges Leben in einem schönen Lande voll Cocospalmen und an die Gegenwärtigkeit der Geister von Verstorbenen, denen Jahre lang noch auf kleinen Tellern Speisen angeboten werden! [K.] Wenn sie ihre Götter anbeten, so werfen sie erst einige Reiskörner um sich herum, ebenso wie die Batta-er bei feierlichen Gelegenheiten*) [K].

Charakter. Sehr keusch und enthaltsam vor der Ehe, sehr arbeitsam; die Gastfreundschaft ist ihnen heilig; sehr ehrlich unter einander, sie stehlen nie, sind aber unduldsam gegen Fremde, obgleich sie diese selten, und einen Landesgenossen niemals tödten. Sie sind gutmüthig, aber auch feig, und fürchten sich vor Blut [K.]. — Sie sind sehr gute Reiter, ohne Sattel, und halten viel von Pferden [K.].

Gesetze, Sitten und Gebräuche. Das Gesetz der Gastfreundschaft ist ihnen heilig. Diebstahl, Mord, Ehebruch sind unbekannt. Sie haben drei grofse Volksfeste, welche nach vorhergegangenem Fasten, mit merkwürdigen Gebräuchen,

---

*) Bei einigen friedlich gesinnten Häuptlingen in Tobah wurde ich auf folgende Art bewillkommnet: Nachdem alle befreundeten Radja's eingeladen waren und sich auf dem Dorfplatze im Kreise gesetzt hatten, trat zuerst unter dem Schlagen der Trommeln und Ugong's der Radja des Dorfes in den Kreis mit einer Schüssel voll Reis (Bras), die er auf der linken Schulter festhielt. Nachdem er einige Mal feierlich Tantakend herumgegangen war, streute er aus der Reisschüssel auf seiner Schulter einige Hände voll Körner nach allen vier Winden über das versammelte Volk aus, unter dem Ausruf von feierlichen Worten, um dadurch alle böse Geister und alles Unglück, was mit dem neuen Gaste etwa mitgekommen sein könnte, zu verscheuchen. Dasselbe wurde der Reihe nach von den übrigen Häuptlingen verrichtet etc.

Opfern von Thieren (!) und Anrufung von Göttern (!) auf das feierlichste begangen werden: 1) Reisernte. Ende Juli oder 2 Monate vor der Reisernte beginnen die Fasten; nach geschehener Ernte wird das Fest auf der ganzen Insel an einem Tage gefeiert. Schüsseln mit Reis gefüllt werden den Göttern dankend angeboten, dann wird der heilige Stein mit dem Blute des geopferten Thieres besprengt, und Reis nebst etwas Fleisch als Opfer für die Götter darauf gelegt. Der Palmbaum, an dessen Fuſse sich der Stein befindet, ist mit Lanzen und Schilden wie mit Trophäen behangen. Darauf Tanz und Spiel. 2) Cocosnuſsernte. Fast ebenso. 3) Bundesfest. Aus dem ganzen Lande kommen die Meraboo's an einem Orte zusammen, um ihr Bündniſs zu erneuern, und werfen Fischnetze in einem heiligen Teiche aus. Wenn sie einige Aale fangen, so ist dieſs ein gutes Zeichen; denn als Sinnbild ihres Bundes hängen noch an einem Baume vom vorigen Jahre die Skelette von Aalen, die nun verbrannt und durch frische ersetzt werden. Dann trinken sie, der eine dem andern den Cocosbecher reichend, aus dem heiligen Teiche, zu Pferde sitzend, während die Frauen Glückwünsche über sie ausrufen; worauf sie dann unter herzlichen Begrüſsungen auseinandergehn [K.]. — (O Eldorado!)

Das Merkwürdigste sind ihre Opfertänze auf den Begräbniſsplätzen bei Fackelschein! — Auch befragen sie vor groſsen Unternehmungen erst die Eingeweide von Hühnern, wobei sie mit einem gewissen Hocuspocus eine Lanze in einen Hauspfahl stoſsen etc. — Sie sind stets von einem Hunde begleitet. Den Kopf ihrer Reitpferde verzieren sie mit einem Büschel Hahnenfedern, und ebenso den Hals derselben mit einem Kranze von Pferdehaaren [K].

Der Sclavenstand fehlt bei ihnen (?).

Eidesleistung. Wenn sie einen Freundschaftsbund schlieſsen, so essen sie zusammen die Eingeweide einer den Göttern geopferten Ziege. Sobald ein Fremder mit ihnen so gespeist hat, so hat er Nichts mehr zu befürchten, denn er ist nun einer von ihnen! [K.]

Ihre Heirathen finden ohne Festlichkeit Statt; der Bräutigam giebt seiner Braut bloſs einige Geschenke; er schlachtet ein Schwein und hält unter Tanz und Gesang einen kleinen Schmaus [K.].

Ihre Gräber befinden sich in dem Umfange des viereckigen Centralplatzes von jedem Dorfe und bestehn aus gemauerten, blau angestrichenen Monumenten auf kurzen weifsen Pfeilern. Jedes Grabmal bezeichnet eine Familie, und rund um dasselbe her liegen die Leichen, mit dem Kopf dem Monumente zugekehrt und nur lose mit Steinen bedeckt. In der Mitte der Grabmäler bleibt ein viereckiger offener Platz übrig, zu Opfern und zu Volksversammlungen. — Die Leichen werden unmittelbar nach dem Absterben in ihre besten Kleider gehüllt und vier Tage lang von den Frauen unter Liebkosungen beweint. Es wird dem Todten mitgegeben: ein Pferd, ein Karibau, ein Schwein und ein Hund (die geschlachtet werden); etwas Fleich wird mit ins Grab gesenkt. Nachdem dann ein Jeder von der Leiche Abschied genommen hat, wird sie ins Grab gelassen [K.]

Die Häuser sind zu viereckigen Dörfern vereinigt, mit viereckigem Mittelplatz, worauf die Grabmäler. Von Bambus und Allang erbaut, werden sie von 4 Eckpfeilern gestützt und haben 2 Thüren, eine für die Männer, und eine für die Frauen. Der aus ungetheiltem Bambusrohr bestehende Flur liegt 7 Fufs hoch über dem Erdboden. Das Innere ist in 4 Kammern getheilt, mit dem Feuerplatze in der Mitte, über dem man in Kasten von Bambus die Lebensmittel aufbewahrt. Das Dach ist weit hervorstehend und läuft nach oben sehr spitz zu [K.].

Ihre Bekleidung bildet ein Kopftuch und ein Lendentuch (Kalaba), entweder aus Baumrinde oder aus groben, selbstgewebten Stoffen, sarongartig um die Lenden geschlagen. Der Oberkörper ist in der Regel nackend. Zur Zierde dienen Ringe von Kupferdraht über Fufs und Handgelenk, und Ringe von Marmor oder Elfenbein um den Oberarm [K.].

Die Hauptnahrung ist Reis; demnächst alle Arten von Fleisch, besonders Ratten! Sie trinken blofs Wasser, und weder Spirituosa, noch Tuak [K.].

Im Pflanzenreich zeichnen sich aus: viele Sandelholzwälder, besonders in dem nördlichen Theile der Insel [K.].

Sie bauen Reis, hauptsächlich in trocknen Feldern, doch in den Thälern auch in einzelnen Sawa's; Jagon; Bataten; Baumwolle überall; in den nördlichen Gegenden Cocospalmen und viele Fruchtbäume [K.].

Ihr Viehstand besteht aus Hühnern, Hunden, Schweinen, Ziegen, Karibauen und schönen Pferden, die stärker und gröfser als die Bimanesen sind [K.].

Musik, Tanz. Nachdem das oben erwähnte Opfer abgelaufen ist, wird in der Mitte der Grabmäler bei Fackelschein der Teufelstanz getanzt, durch einen Einzelnen mit gezogenem Messer gegen den Kodok. Die Frauen bewegen sich langsam hüpfend in einem Kreis um ihn herum und schwingen kleine Schwerter mit den Scheiden empor; dann folgt die Nacht hindurch Tanz und Gesang zum Vergnügen. Auf seine Lanze gestützt, sitzt Einer auf dem Grabmal, als Orakel; ein Andrer, von jungen Mädchen umtanzt und accompagnirt, richtet singend allerhand Fragen an ihn, die sogleich beantwortet werden. Solche Spiele schliefsen gewöhnlich den Opfertanz [K.].

Ihre Instrumente sind: 2 Trommeln, eine Cither, eine Querflöte, die durch die Nase geblasen wird, und 8 Metallbecken (Gong) von verschiedener Gröfse [K.].

Sie verstehen marmorne [? ⁰] und elfenbeinerne Armringe zu verfertigen, und bearbeiten auch Kupfer, drehen Taue, flechten Matten, Netze, und weben Kleider [K.].

Sie handeln mit Sandelholz (Santalum album L.), ein Baum, der in den Wäldern häufig vorkommt [K.].

Ihr Krieg ist Kinderspiel; selten fliefst Blut. Wird Einer verwundet, so läuft Alles auseinander; dann wird ein Pferd oder eine Ziege geopfert und verschmaust. — Ihre Waffen sind bambusene oder eiserne Lanzen, womit sie fertig werfen, sich dabei mit einem Schild von Karibauenfell deckend, und ein Schwert [K.].

Fremde Eindringlinge finden sich bei ihnen nicht, da sie das Abwehrungssystem befolgen*) [K.].

*) Im Jahre 1820 erlitt mit dem von Java nach Makassar bestimmten Schiffe Pamanukan der Kapitain J. A. Battifs Schiffbruch an der N.-W.küste der Insel, und wurde mehrere Monate gefangen gehalten, bis er mit einem Schiffe von Flores entfloh. Ihm verdanken wir die Kenntnifs dieses merkwürdigen Volkes, das, wenn seine Beschreibung getreu ist, das beste, unschuldigste, harmloseste und liebenswürdigste des ganzen Archipels ist!

Fünfte Sippschaft. *Die Timorer*,

auf Timor. (Und im Innern von Flores? — Sumbawa?)

Zu Timor werden die kleinen Inseln Samau, Savu, Solor, Adinara, Lomblem, Pantar, Ombai, Rotti und Dau gezählt.

Timor enthält nach K. 960 geogr. □ Meilen; mit der kleinen Insel Samau zusammen hat es, nach F., 11566 engl. □ Meilen, und die übrigen 8 kleinen Inseln 3581, Summa 14147 engl. = 669 geogr. □ Meil.

Im Jahre 1822 lebten unter holl. Flagge 80000 Seelen, wovon 71000 Timorer und 9000 Belloner (in Westtimor) [K.]; im J. 1831 auf der ganzen Insel nebst Samau 640,900, wovon ½ portug., ½ holl.; also auf 1 engl. □ Meile 51 Köpfe. Auf den übrigen 8 kleinen Inseln 231,206, also die Summa für Timor und zugehörige Inseln: 872,100 [Francis].

Körperbau. Sie sind wohlgebaut, stark, von lichtbräunlicher Farbe [K.]; haben regelmäfsige Gesichtszüge, langes Haar; besonders die von Savo sind schön [F.]. Aufser dieser langhaarigen, braunen Race soll noch eine zweite, Papuaähnliche Race von schwarzer Hautfarbe, mit unregelmäfsigen Gesichtszügen und krausem Haar vorkommen [F. ? *]. Die von Daŭ sind schön, kräftig [K].

Die Bewohner von Timor und Rotti behaupten von Ceram abzustammen [K., F.], und die Bellonesen (in Osttimor) von Gilolo. Die von Savo (25000) sollen von Celebes (Bugis) abstammen [K].

Sprache. Aufser noch mehreren abweichenden Dialekten auf den kleinern Inseln existiren auf Timor selbst drei Sprachen: die der Kupanger, der Timorer und der Belloner [F.]. — Die Sprache von Timor (sowie auch die auf Sumbawa, Flores, Butung und den Salayerinseln) soll 1) aus den einheimischen Dialekten, 2) dem Bugis, 3) der alten polynesischen Sprache, 4) dem Sanskrit, und 5) dem Arabischen zusammengesetzt sein [Cr.]. Auf Butung und Sumbawa ist das Celebesalphabet bekannt [Cr.]; auf Timor existirt keine Schrift [F.].

Verfassung. Sie haben viele kleine Radja's, die willkürliche, absolut-monarchische Gewalt haben, von denen sich auch einige Leo Rai (Kaiser) nennen, deren Würde erblich ist, die ihre Befehle durch ihre Reichsverweser oder Minister (Fetter) vollziehn und unter denen noch Tomokkon's oder

Dorfhäuptlinge stehn. Alle diese Würden erben bei der Abwesenheit von Kindern auf die Brüder. Bei Rechtsprüchen und Befehlen werden ihre Unterthanen nicht beratiet. Sie sind zwar gekleidet wie diese; ihre Unterthanen dürfen aber nur in gebeugter Stellung mit ihnen sprechen. Ihr Hauptreichthum besteht in Sclaven, in den Sandelholzbäumen, die ihr Eigenthum sind, und in einer gewissen Abgabe (Poni): $\frac{1}{4}$ von der Erndte. Aufserdem mufs ihnen das Volk hre Felder unentgeltlich bearbeiten [F., K.].

Religion. Ein Gott, Use nenu, wohnt in der Sonne; ein andrer Gott, Patuhan, ist Herr der Erde, und einem dritten, Pamalie, ist ein Tempel (Rumah pamalie, Pamliehaus) geweiht, in welchem von alten Frauen (Priesterinnen) ein ewiges Feuer unterhalten wird, und allerhand Heiligthümer, kleine Säcke mit Talismanen u. dergl. bewahrt werden (wie in den Soppo's der Batta-er!). Ihre Priester heifsen Tobor. Sie glauben an die Fortdauer der Seelen; sie opfern ihren Göttern und besprengen dabei, wie die Tjumbaer, die Erde mit Blut. Sie glauben aufserdem an viele gute und viele böse Geister, welche in Wildnissen wohnen, die Ursache aller Uebel sind und die Menschen sehr oft plagen; zu deren Versöhnung werden auch die Opfer in dem Pamaliehause dargebracht [K., F.]. — Um Unglück abzuwenden und de bösen Geister zu verscheuchen, streuen sie bei feierlichen Gelegenheiten, wie die Batta-er und Tjumbaer, Reiskörner um sich her [F.].

Die Strandbewohner der kleinern Inseln haben die mohamedanische Religion angenommen; einige Tausend in Westtimor das holländische, und in Nord-Osttimor das portugiesische Christenthum [F.].

Von Charakter sind sie gutmüthig, verträglich, leicht zu regieren [K.]; sehr unterwürfig, viel Achtung vor ihren Fürsten hegend, dankbarer als die Javanen und Maleien, Tanz und Gesang liebend [F.]. — Die auf Rotti und Savo sind sehr fleifsig und arbeitsam; die auf Solor roh und furchtsam [F.]. — Vor dem Meere haben sie eine Scheu [K.]

Sie lieben die Hirschjagd leidenschaftlich, ebenso muthige, wilde Pferde [K.]; ferner Arrak und alle geistige Getränke, und bereiten auch einen starken Palmwein aus der Corypha umbr. genannt Laru [F.]. — Auch die von Savo sind leidenschaftliche Reiter [F.].

Ein Diebstahl wird mit der Erstattung des Doppelten und eines Büffels bestraft; die Todesstrafe kann mit Geld (gleich 20 Büffeln) abgekauft werden; Landesverrath kostet einen Tail Gold und einen Büffel; Ehebruch einen Büffel oder ein Schwein [F.].

Die Frauen betragen sich frei; sie müssen aber, wie die Batta-erinnen, nicht nur alle Hausarbeiten, sondern auch noch das Pflanzen und Ernten von Reis und Jagon verrichten [F.]. — Sie baden sich nie (ausgenommen die von Savo) [F.]. — Sie schlagen überwundnen Feinden die Köpfe ab, die als ein Beweis von Muth, in öffentlicher Procession feierlich umhergetragen, und dann auf einen Pfahl gesteckt als Trophäe bewahrt werden [K.]. Die im Innern von Ombai sollen Cannibalen [? *] sein, die Niemanden zulassen [F.]. — Sclavenstand besteht bei ihnen.

Ihre Eidesleistung ist folgende: In ein Weinglas voll Flüssigkeit wird etwas Pulver, eine Gewehrkugel und etwas Erde gethan (die auf der Spitze eines Schwerdtes herbeigetragen wurde), dieses umgerührt und bis auf die Kugel ausgetrunken, mit den Worten — unter Anrufung von Usse nenu! — dafs sie im Fall von Untreue durch Krankheit, Pulver oder Schwerdt umkommen wollen [F.]. — Der Schlufs eines Freundschaftsbundes wird durch das Vertauschen der Betelsäcke bekräftigt [F.], wie bei den Batta-ern durch das der Seitenmesser.

Die Namengebung des Kindes findet am 7ten Tage statt, wobei ein kleiner Schmaus gegeben wird [K., F.].

Zweierlei Heirathen haben sie: 1) Bellies (alibi Djudjur und Mangoli!) wobei der Bräutigam an die Eltern seiner Geliebten einen Brautschatz von 30—80 Fl. bezahlt; 2) wenn diese Summe nicht oder nicht gleich bezahlt wird, so bleibt der Bräutigam im Hause der Eltern seiner Frau [F.]. — Kebsweiber sind erlaubt; doch haben nur die Radja's mehr als Eine Frau [K., F.].

Mit dem Begräbnifs Gemeiner werden keine Umstände gemacht; aber das eines Radja wird feierlich begangen, nachdem die Leiche in einem sehr dicht verschlofsenen Sarge lange Zeit über der Erde bewahrt worden ist, bis dafs, nach der

Erklärung der Priester, ein zur Beerdigung günstiger Moment eingetreten ist [K.]. Die verzierte und völlig angekleidete Leiche paradirt noch vorher 2 Tage lang [F.]. Zum Begräbnifs werden viele Gäste eingeladen, bewirthet und beschenkt; erst wenn diese erklärt haben mit den Geschenken zufrieden zu sein, darf die Leiche begraben werden. Diefs geschicht unter vielem Jammer, während des Abfeuerns von Gewehren, wobei sich die Weiber mit den Trägern der Leiche um deren Besitz streiten und zurückgedrängt werden [F.]. Ueber das Grab wird eine ungeheure Menge von Steinen zusammengehäuft, so dafs die Gräber der Radja's Bastionen gleichen [K.]. Speisen und Betelingredienzen werden aufs Grab gestellt, und das Ganze mit einem fröhlichen Schmause geendigt [F.].

Ihre Häuser sind zerstreut durchs ganze Land, ohne in Dörfer regelmäfsig vereinigt zu sein [F.]. Die Radjahäuser sind mit steinernen Wällen umgeben, und stehen oftmals, gleich Festungen, auf Hügeln [K.]. Die gemeinen Häuser umgiebt ein Zaun, innerhalb dessen Gemüse angepflanzt ist, während aufsen die Pferde und Büffel angebunden werden; die Schweine werden in (wahrscheinlich unter [*]) dem Hause bewahrt [K.]. Der Hausflur steht auf Pfählen über dem Boden [F.]. Das Dach, ohne Thüren und Fenster, bildet fast das ganze Haus und reicht bis auf die Erde hinab. Es besteht aus den Blättern der Bebakpalme (Gabang auf Java genannt, Corypha umbracul.) [F.].

Ihre Kleidung bildet ein Sarong. Sie tragen die gekämmten Haare, in einem Bündel aufgewachsen, lang, unbedeckt; ein über die linke Schulter geworfener Reisesack mit Betel und allerlei Kleinigkeiten fehlt nie; ferner Ringe von Elfenbein und Silber um den Arm, Korallenschnüre und Ohrzierathen, und, wenn sie geputzt sind, einen goldnen oder silbernen Halbmond vor dem mit einem Tuche umwundenen Haupte. Die Frauen halten ihr Haar sehr nett, und die auf Savo feilen ihre vordersten Zähne gänzlich weg [F.]. — Die Bewohner von Savo kleiden sich ganz weifs, und tragen einen Kris (Dolch), die übrigen Timorer nicht [F.].

Jagon ist die Hauptnahrung; aufserdem Reis. Sie essen gern Pferde-, Hunde- und Schweinefleisch (an den Festtagen). Den Saft der Lontarpalme (Borassus flabell.) dicken sie zu Syrup ein, den sie als Nahrung geniefsen. Sie bereiten Salz durch Verdampfung des Seewassers, und die von Solor essen Wallfische, die sie selbst fangen. Auf Rotti ist der Lontarsyrup die Hauptnahrung.

Flora und Fauna. Indigo wächst wild. Das Land ist reich an Sandelholzwäldern (Santalum album), die im 30sten Jahre gekappt werden; an Corypha- und Borassuspalmen, die Areng ersetzend; arm an Cocospalmen; Tectonia fehlt [F.]. — Hirsche, wilde Schweine und viel Papageien finden sich im Lande; dagegen weder Tiger noch Elephanten, Rhinocerosse und Bären [F.].

Reis bauen sie in Ladangs, 10—15fach (Padi air), in Sawas 28—80fach (Padi utjang), säen ihn in der Regenzeit (Febr.) und ernten im Juli und August; ferner Jagon in Kebon jagon; Kapas; Taback, der wie auf Java feingeschnitten wird; gute Zwiebeln; Fruchtbäume nur einige, als: Nanka, Brodfruchtbaum, und anstatt der Arengpalme überall Lontar (Borassus flabellif.) [F.].

Ihre Hausthiere sind aufser Hühnern, Enten, Hunden, Katzen, Karibauen, Ziegen und Schafen, besonders Schweine, die auch der Aermste hat, und gute Pferde, besonders auf Savo, wo Eines 80 Fl. und auf Timor, wo es 15 Fl. kostet. Auch auf Rotti giebt es grofse starke Pferde [F.].

Die Frauen der Timorer nehmen Theil an Tanz und Gesang. Unter den Schlägen einer Trommel und etwa 5 metallner Becken (Gong) tanzen Männer und Frauen, einander am Arm haltend, einen Rundtanz, und singen ziemlich melodisch ihr Tona-tona [F.].

Industrie. Sie schmieden ihre Waffen selbst; die von Dau sind sehr gute Goldarbeiter. Sie spinnen Baumwolle, weben Zeuge, verfertigen Segel von Coryphablättern, machen Töpfe, flechten feine Matten, Körbe von Coryphablättern, Stricke von Kassumbubast, und verfertigen schön geschnitzte Bambusköcher mit Arabesken [F., K.]. Diese Künste werden jedoch nicht handwerksmäfsig betrieben [F.].

Die Exporten gegen Leinwand, Korallen, Eisenwaaren, Arrak, sind: Vogelnester, Kühe, Schweine, Büffel (à 15—18 F.), Gold, Katjan, Wachs (à 30—40 F.) 2000 Centner im J. 1831, Sandelholz (à 10—11 F. im Lande) 1886 Centner im J. 1822, Pferde 160 im Jahre 1823. — Der Werth der Exporten im

J. 1822 betrug 110620 F. Die reine Einnahme der Regierung machte die Ausgabe kaum gut [F., K.] Gold und Kupfer kommen in kleinen Stücken im Lande vor. Chinesische Kleinhändler durchstreifen stets das Land [K.]. — Die von Dau sind kühne Seefahrer. Die von Solor finden oft Ambra im Wallfisch [F.].

Ihre Färbestoffe sind: blaue vom Indigo und rothe von der Wurzel von Morinda citrifolia [F.].

Waffen; Krieg. Die Gemeinen sind mit Gewehr und Lanze bewaffnet; die Vorfechter, Anführer (Orang branie. F. — Meo. K.) aufserdem mit einem Säbel, Espada, dessen Griff mit roth gefärbtem Ziegenhaar behangen ist. Letztere tragen silberne oder elfenbeinerne Ringe um den Oberarm, nebst mehreren in spitzer Kegelform um das Haupt gewickelten Tüchern. In dem östlichen Theile von Timor findet man Pfeil und Bogen nebst einem länglichen Schilde von leichtem Holz. Ihre Kriegführung besteht nur in Hinterhalten, — sie lauern auf Köpfe, die nachher auf Stangen bewahrt werden, und um welche unter Gesang festlich herumgetanzt wird, wobei sie das unglückliche Loos dieser Köpfe und den Friedensbruch, der es herbeigeführt hat, beklagen! [F.]

Krankheiten. Kinderpocken kommen selten vor. Eigenthümliche Hautgeschwüre, Boba, besonders auf Samau [K., F.]. Am ungesundesten ist das Klima während des Mussonwechsels, besonders im October [F.], wo viel heftige S.-O.winde wehn und Temperaturwechsel Statt finden.

Christliche, durch einen von der Regierung besoldeten Missionair dirigirte Schulen befinden sich zu Kupang, Baubau und auf der Insel Rotti; im J. 1822 mit 700 Schülern [K.]. In Westtimor (Kupang) und Rotti etwa 3000 holländische, in Ost- und N.-O.Timor noch mehr portugiesische Christen.

Von Fremden giebt es auf diesen Inseln nur Chinesen, die ihre Waaren, auf Pferde geladen, durch das Land führen [F.]. — Die genannten neun kleinern Inseln sind ohne Zweifel von Menschen der Timor'schen Sippschaft bewohnt. Vielleicht auch das Innere von Flores, welche Insel 6600 engl. □ Meilen grofs ist und 1831 278580 Einwohner gehabt haben soll [F.]. — Die Bewohner des Innern der kleinen Inseln, wie Solor, Ombai etc., werden gewöhnlich Alfuren genannt; die von Ombai sollen Cannibalen sein [F.]. (Die auf der Ostküste von Flores [Ende, besonders zu Larang tuka] sind portugiesische Christen und werden jährlich von einem Priester aus Delli getauft [F.])

Die Portugiesen wurden 1613 von Solor, und demnächst auch von Kupang durch die Holländer vertrieben, setzten sich darauf zu Lisao und nachher zu Dilli fest, wo sie noch jetzt sind. Im Jahre 1817 nahm Niederland die Besitzung von den Engländern zurück; 1818 gerieth es in Streit mit den Portugiesen über Atapupo bei Kupang, und 1822 brach ein Krieg mit dem Radja (Don Luis) von Amanubang aus.

Die Militairmacht in Fort Concordia zu Kupang und in dem nahen Atapupo besteht aus 40 Amboinesen. — Die Einkünfte von 11—12000 Gulden vermögen kaum die Ausgaben zu decken (für die Soldaten, 1 Residenten etc.) *).

Sechste Sippschaft. *Die Alfuren* (Harafuren), in der nordöstlichen Halbinsel von Celebes, Menado, in Central-Celebes und auf den Molucken (Amboina- und Bandainseln), sowie auf den Aru- und Sangirinseln.

Die Seelenzahl der Alfuren beträgt in der Residenz Menado 82650 [P. L.]; in Banda Neira 2600 [Fn.] etc.

Sie sind lichtbraun von Farbe, ins Weifse übergehend, mittelmäfsig grofs, 5 Fufs (rheinländisch? [*]) lang, gut gebaut, stark, muskulös [P. L.]. Der Schädelbau ist batta'sch [*].

Verfassung. Früher bestanden eine Menge unabhängiger Radja's, die nur über wenige Dörfer (zuweilen nur über eins) mit 4—600 Seelen, herrschten, und deren einige im Westen von Menado und in Süd-Celebes noch jetzt existiren. Die von Menado waren früher der Oberherrschaft der maleiischen Fürsten von Ternate unterworfen. Jetzt bilden die Häuptlinge von Menado eine Bundesgenossenschaft, Minahassa, von 286 Dörfern, und sind durch die N. Regierung in Distriktshäuptlinge verwandelt unter dem Namen: Hukum tua besar und major, unter welchen noch Hukum jang kadua, Hukum tua, Kapala djagas und Hukum kitjil (letzterer einem

*) Freycinet (Voyage etc.) hatte den lächerlichen Einfall, die Timorer durch eine Vermischung der Maleien mit der Negritenrace entstehen zu lassen; er erkannte doch also die Verschiedenheit des Battastammes von diesen beiden Racen!

Javamandor gleich) stehn, und die von dem Volke selbst gewählt werden, aber wenig Achtung geniefsen. Sie können kleine Händel schlichten, dürfen aber nicht mehr als höchstens sechs Stockprügel austheilen. Alle gröfsern Angelegenheiten werden unter dem Vorsitz von Regierungsbeamten geschlichtet [P. S.].

Religion. Es giebt einen Gott, Empong, und aufserdem noch viele andere Geister, die denselben Namen tragen, und in Felsen, Bäumen etc. wohnen. Sie haben Priester (Walliang und Tonassen), die viel Einflufs besitzen, und sehr oft listige und habsüchtige Betrüger sind; die erstern werden bei Krankheiten und Festmählern, die letztern bei öffentlichen Arbeiten (Bauten von Häusern, Anlegung von Feldern, Wegen) zu Rathe gezogen. Auch Priesterinnen giebt es; Tempel und Idole fehlen jedoch. Die Seelen gehn nach dem Tode in Schweine über; defshalb essen sie nicht gern Schweinefleisch, wenn kürzlich Jemand in der Nähe gestorben ist. — Sie haben folgende abergläubische Gebräuche: Sie legen die Bewegung des Herzens von einem Schwein zu Glück und Unglück aus; vor allen wichtigen Unternehmungen ziehen sie den eulenartigen Vogel Bakeker zu Rathe und richten sich nach dessen Flöten; wenn sie auf dem Wege oder auf einer Reise eine Schlange antreffen, so gehn sie sogleich zurück; niest jemand in dem Augenblick, indem sie die Gesellschaft verlassen wollen, so kehren sie wieder um, und setzen sich noch ein wenig; sie leeren ihr Reisgefäfs nie gänzlich aus etc. [P. L.].

Auf den Molucken (besonders in Amboina und Neira) findet man aufser Mohamedanern auch Christen [Fn.].

Der Charakter dieses Volkes ist in Menado gutartig, biegsam, dankbar, unterwürfig, arbeitsam, fleifsig, unmäfsig, wollüstig, den sinnlichen Genüssen nachhängend, friedliebend, sehr leichtgläubig, höchst abergläubisch, nicht sehr gehorsam. Sie haben wenig Respect vor ihren Häuptlingen, und sind weit entfernt, so folgsam und dienstfertig als die Javanen zu sein. — Sie lieben den Palmwein Saguwér über Alles; auch halten sie viel von Festen mit Tanz und Gesang, wobei sie tüchtig schmausen und schwelgen [P. L.].

Gebräuche. — Bei der ersten Niederkunft. Ist es ein Sohn, so begiebt sich die Frau zur Reinigung nach dem Bache. In völliger Rüstung folgt ihr der Mann, der bei seiner Rückkehr von allen Dorfbewohnern mit kleinen Stöcken bis an sein Haus geprügelt wird. Daselbst schiefst er unter Glückwünschen für seinen Neugebornen drei Rohrpfeile über das Dach; dann wird ein Fest gehalten, woran der Priester Theil nimmt. Oder (in andern Distrikten): der Neugeborne wird unter das Haus gebracht, ein Priester bringt dessen Füfse in Berührung mit einem Schweine, wäscht dann den Kopf des Kindes, berührt es 3 mal mit einem Huhne, und bestreicht dann Kopf, Herz und Handfläche mit dem Blute eines geschlachteten Schweines, dessen Herz genau betrachtet wird; dann folgt unter gegenseitigen Glückwünschen ein festlicher Schmaus. — Erbrecht. Wenn die Frau stirbt, so erbt der Mann Alles; erst wenn dieser zum 2ten Male heirathet, haben die Kinder $\frac{1}{3}$ vom Gute zu reclamiren. Stirbt der Vater ohne Wittwe, so erben die Kinder Alles; ist aber die Mutter am Leben, dann nur $\frac{2}{3}$ und diese $\frac{1}{3}$; stirbt der Mann, ohne Kinder nachzulassen, so erbt die Wittwe $\frac{1}{3}$ und seine Verwandten $\frac{2}{3}$ [P. L.].

Die Alfuren in Menado, in den übrigen Theilen des Innern von Celebes, wie auch auf den Molucken, sind (so wie die Niasser, Timorer und Daiaer) sogen. Kopfabsäbler (Koppensneller). Wenn die Menado-Alfuren zum Kriege ausziehn, so stehlen sie Köpfe, kochen sie und trinken die Bouillon, um sich unüberwindlich zu machen [P. L.]. Auch beim Begräbnifs angesehener Leichen wurden früher 2 Köpfe geraubt und mit begraben [P. S.].

Eidesleistung. Ein Gewehr wird von einem Priester mit der Mündung nach N. auf die Erde gelegt, im O. desselben ein Stück Linnen, im W. wird ein Bajonett und ein Säbel kreuzweis in die Erde gesteckt — durch diese Waffen will der Schwörende umkommen, wenn er Unwahrheit spricht; — dabei mufs er von 1 bis 9 zählen und mit einem Stabe, den ihm der Priester giebt, ebenso viel Striche auf den Boden machen; dann wird das Gewehr abgefeuert und die Leinwand in Stücken unter die Eidnehmenden vertheilt [Menado. P. L.].

Ueber die Niederkunft ist, aufser dem oben Gesagten, zu bemerken, dafs der Nabelstrang getrocknet zwischen den Dachlatten aufbewahrt wird [P. L.].

Heirath. Mittelst Ueberbringung eines Geschenkes an Leinwand etc. (Sinupan) wird bei der Braut durch die Eltern oder Verwandten des Bräutigams angefragt, und ist die Einwilligung erfolgt, so wird später der Brautschatz (Tumu uruk meherok), auf einer Matte ausgebreitet, ins Haus der Braut gebracht, oder (in manchen Gegenden) öffentlich zur Schau getragen. Die Copulation geschieht durch einen Priester, der beiden Verlobten etwas Betel und Taback giebt und seinen Segen spricht. Nach einigen Tagen wird die Braut mit ihrer ganzen Familie in Procession in das Dorf und die Wohnung des Bräutigams geführt, bei welchem Einzug ihre Eltern neue Geschenke erhalten. Zuweilen (wegen Armuth) vereinigt sich das Paar, ehe der Brautschatz bezahlt und ehe die Copulationsceremonie begangen ist. — Ein Vater trägt übrigens kein Bedenken, seine Tochter an Liebhaber für Geld zu verkaufen [P. L.].

Die Ehen werden (in Menado) oft gebrochen. Giebt der Mann die Veranlassung dazu, so kann er den Brautschatz nicht reclamiren. Geschieht es aber mit beiderseitiger Genehmigung, so erhält er $\frac{2}{3}$, sie $\frac{1}{3}$. Will ein Mann seine geschiedene Frau zurück haben, so mufs er neue Geschenke an deren Eltern geben [P. S.].

Begräbnifs. Arme Leichen werden blofs mit Paddi bestreut und ohne Ceremoniell begraben. Manche Häuptlinge werden auf ihr Verlangen in Särgen bestattet; in der Regel jedoch sind die Gebräuche bei dem Begräbnifs Vornehmer, mit einigen Veränderungen in den verschiedenen Provinzen, folgende: Die Leiche wird, auf das beste geputzt, mit seidenen Bändern (Patolla) umwunden, mit korallenen Halsschnüren verziert etc., mit gekreuzten Armen auf einem Stuhle festgebunden; alle Verwandte werden eingeladen und alle Spielinstrumente geschlagen; unter anhaltendem Schreien und Jammern umarmt die Wittwe die Leiche, so dafs sie mit Gewalt von derselben entfernt werden mufs (sie bleibt nun bis nach beendigtem Begräbnifs in einer Kammer). Auf einer grofsen Tragbahre wird die Leiche dann herumgetragen, unter Wehgeschrei der nachgelassenen Kinder, die ebenfalls auf der Bahre Platz nehmen. Auf dem Begräbnifsplatze wird sie, mit Ausnahme der Todtenkleider, von ihren Zierrathen entblöfst und mit dem Gesicht nach O. in einen grofsen irdnen viereckigen Topf gethan, der mit einem spitzen Deckel, worauf einige kleine Flaggen und allerhand Geräthschaften angebracht sind, verschlossen wird. Nach 5 Tagen wird das Leichenfest Fosso romomak gehalten, wobei Priester und geschlachtete Schweine vorkommen. Später begiebt sich die Wittwe zum Bach und wirft unter Klagen Betel hinein. Sie hat ein Jahr lang in blauen, nachher schwarzen Leinwandstoffen zu trauern, und kann dann wieder heirathen. Früher wurden neben dem Grabtopfe zwei geraubte Menschenköpfe mit in die Erde gesteckt, und die Leiche sowohl als das Grab mit Blut bestrichen, wozu (heimlich noch jetzt) den eigenen Sclaven im Nothfall der Kopf abgeschlagen wurde [P. L.].

Die Häuser, worin 2 bis 10 Familien (nur in manchen Distrikten jede Familie für sich) wohnen, sind durchgängig entweder ganz von Holz, oder theilweise aus Baumrinde auf Pfählen erbaut. Einige Bänke, Tafeln und Schlafpritschen von Bambus, nebst einigen ausgebreiteten Matten, irdnen Töpfen und Tellern von Cocosschaalen, bei den Reichen von Kupfer, sind das Hausgeräth. Die Häuser werden mit vieler Sorgfalt gebaut und dabei folgendes Fest gehalten: die Priester setzen unter die 4 Eck- und den einen Mittelpfeiler Teller mit Korallen und etwas Gold und bitten die Götter, dafs das Haus so dauerhaft sein möge, als das geopferte Metall. (Früher wurden anstatt der Teller abgeschlagene Menschenköpfe genommen!) [P. L.].

Die Kleidung bildet ein blaues oder rothes Kopf- und ein Lendentuch (Tjidakko). Bei festlichen Gelegenheiten tragen sie auch Hosen, Kabaien, korallene Halsschnüre und Federputz auf dem Haupte; die Frauen Sarong und Kabai, und bei feierlichen Vorfällen seidene Bauchbänder, nebst goldnen Ohrzierathen [P. L.].

Ihre Nahrung besteht aus Reis, Jagon, Schweinefleisch; wenig Federvieh (Hühner, Gänse). Sie trinken aufser Wasser Palmwein von Areng (Saguwér), wovon sie auch Zucker machen [P. S.]. In Amboina ist das Mark der Sagopalme die Hauptnahrung; daselbst wird auch zur Bereitung der Speisen von den Kernen der Kanarienbäume (Canarium commune L.) vortreffliches Oel gemacht [Fn.].

Ihr Feldbau besteht auf Menado aus: Reis in trocknen Feldern, im Ueberflufs (aber er hält sich nicht lange gut), Jagon, Cocospalmen, Arengpalmen, Kaffee seit 1822, Cacao seit 1826 (und zwar im J. 1840: 200000 Bäume). Die Reisfelder werden gemeinschaftlich angelegt, wobei keine unzüchtigen

Reden geführt werden dürfen; nach Entfernung des Unkrauts wird unter Erbitten einer glücklichen Erndte von den Göttern ein Gefäfs mit Reis in die Mitte gestellt; ein solches neu angelegtes Feld darf Niemand betreten [P. S]. — Auf den Molucken bauen sie Reis wenig, Sago viel, aufsedem Gewürznelken und Muskatbäume [Fn.].

Von Hausthieren halten sie: sehr viel Schweine in Menado; Kühe seit 1836 [P. L.].

Das Volk von Menado liebt es, häufige Feste (Fosso) unter Gong- und Trommelschlag mit Gesang und Tanz zu halten, wobei geschwelgt und viel Arengpalmvein getrunken wird [P. L.].

Sie weben schöne baumwollne Sarong's und Gingan's, machen Säcke und Segel von Bambus, flechter hübsche Matten von Grasblättern und einer gewissen Silarplanze (ob Pandanus? [*]) [P. L.], und verstehn Salz zu bereten.

Die Exporten sind: 1) von Menado (gegen Leinwand, Arrak, Eisen, Seide, Kupferabeiten): Wachs, Schildpatt, Arengzucker und Cocosöl nach Ternate und Timor, Reis nach Ternate, Cacao im J. 1840 1500—2000 Centner à 50—60 Fl. nach Manila, Areng- (Hidju-) taue, wovon im Lande der Centner 8 Fl. kostet, Kaffee 15000 Centner im J. 1840, welche der Regierung à 15 Fl. kosten, und Gold von Sulamatta u. a. O. Die Regierung bezahlt für die Unze 16 Fl. Kupfer und verkauft sie für 30 Fl. Die freien Reiche im Westen von Menado liefern jährlich 970 Unzen; ferner Gold von der Süd-Ostküste von Totak und Kottabuna bei Belang im Distrikte Ponosakang, 2200 Realen im J. 1840 mit einem Gewinn von 28—29000 Gulden. Die Zölle brachten im J. 1840 ein: netto 7200 Gulden [P. L.]. 2) Von den Molucken: Gewürznelken, Muskatblumen und Muskatnüsse, zusammen jährlich etwa 700000 Pfd. [Fn.]. — Von Java Export: 9947 Centner im J. 1832.

Die Männer sind stets bewaffnet, und zwar auf Menado mit Wurfspiefsen, Bogen und Pfeil (von Eisen, Holz und Bambus), einem Messer: Badé badé, und drei Säbelarten: Parang, Klewang und Pedak, einem Schilde, Salawako, von Holz oder Kupfer, am Rande mit Muscheln besetzt, Harnisch und Helm von Büffelleder oder Hidjustricken [P. L.].

Auf Amboina und den Bandainseln haben epidemische Fieber seit 1820 (in Folge von Witterungswechseln?) ¼ der Population hinweggerafft [Fn.].

In Menado sind 1 europäischer und 16 inländische Schullehrer, welche der Regierung jährlich 2568 Gulden kosten, und im Maleiischschreiben Unterricht geben. Im J. 1840 waren 5 Missionäre in Menado, die etwa 6000 Seelen zu reformirten Christen gemacht haben. Auch auf Banda Neira ist ein von der Regierung besoldeter europäischer und 2 inländische Schullehrer [Fn.]. Das Kopfschnellen vermindert sich und manche Häuptlinge nehmen europäische Gewohnheiten an [P. L.].

Das Land hat keine Tiger, aber wilde Schweine und Babirussa's [P. L.].

Von Fremden finden sich nur Chinesen, als Kleinhändler [P. L.].

Zu Menado gehören die Sangirinseln (nebst den diesen untergeordneten Talantinseln in N.-O. von jenen) mit 6 Radja's und 26000 Köpfen, welche, die kleine Khandarinsel ausgenommen, Christen sind, viel Cocosöl machen, mit Vogelnestern handeln und Palmwein lieben [P. L.].

Zu Banda gehören die in O. davon liegenden Aruinseln, deren Bewohner, obgleich Christen, raub-, mordsüchtig und träge sind und alle ursprünglichen abergläubischen Gebräuche beibehalten haben. Sie handeln mit Vogelnestern, Tripang, Perlen, die sie fischen [Fn.].

Aufserdem sollen Alfuren vorkommen im Innern von Magindanao, auf den Philippinen, wo sie Ygorrotes heifsen, und auf den Nicobarinseln [Ms.]. — Vielleicht auch im Innern von Booro? Gilolo? Ceram? und allen moluckischen Inseln? [*]

Früher pflegten die Kaufleute auf Amboina (nach dem W...princip, dasjenige was man nicht aufessen kann, wenigstens todtzubeifsen) auf s. g. Hongizügen alle Muskat- und Nelkenbäume zu vertilgen, bis auf so viele, als sie zu bewachen im Stande waren. Seit 1821 wurde die Verwaltung Menado's von Ternate getrennt und Menado selbstständige Residenz. Daselbst war 1840 die Ausgabe der Regierung 52000, die Einnahme 259000, also der reine Gewinn 207000 Gulden, wovon jene 2568 Gulden, die zur Belehrung der Inländer verwendet werden, bereits abgezogen sind.

Siebente Sippschaft. *Die Makassaren* (Mangkassara) und *Bugis* (Wugi, Buginesen),

in der südwestlichen Halbinsel von Celebes. — (Makassaren die Westhälfte, Bugis (Boni) die Osthälfte einnehmend.)

Der Schädelbau ist batta'sch (?). — Unter allen Sippschaften des Battastammes sind sie die am meisten civilisirten; sie sind Alfuren mit fast maleiischer Civilisation [*].

Sie sprechen zwei sanfte, wohllautende Sprachen, in denen fast nie ein Wort mit einem Consonanten endigt: 1) Mangkasara, in Makassar; 2) Wugi (Bugis) in Boni, die zwar viele gemeinschaftliche Wörter haben, aber doch keine bloſsen Dialekte sind. — Die Wugi soll auch eine alte todte Sprache besitzen. Ihr Alphabet ist eigenthümlich, mit 18 Consonanten, 5 Vokalen und 4 Ergänzungszeichen. — Ehe sie die Zeitrechnung der Mohamedaner annahmen, hatten sie ein eignes Sonnenjahr mit 365 Tagen und 12 Monaten, jeder mit einem besondern Namen; es fing mit dem 16. Mai an [Cr.]. — Die Bugisprache soll ein Dialekt der Maleiischen sein [Rf.].

Sie bilden viele kleine Reiche, die niemals in eine eigne, einzige Monarchie vereinigt gewesen zu sein scheinen, obgleich Makassar und Boni (unter Königen) ein Uebergewicht über die andern kleinern Staaten ausgeübt haben.

Sie waren vor der Einführung des Islamismus noch hundert Jahre nach der Ankunft der Portugiesen bis 1600 dem Hindukultus zugethan (?). Sie legen noch ihrem ersten König den Namen Batara Nguru (eine Benennung des Siva) bei. Boni wurde noch etwas später im Kriege mit Makassar gewaltsam bekehrt [Cr.].

Sie sind stark von Charakter, mit festem, unbiegsamen Willen; eifersüchtig, höchst ehrgeizig und rachsüchtig. Das Princip der Wiedervergeltung (Tod für Tod) treiben sie bis auf's äuſserste. Deswegen ist bei ihnen das s. g. Amoklaufen aus Eifersucht oder Rachsucht häufiger als bei allen andern indischen Völkern; es ist dies eine durch Opiumgenuſs oftmals noch verstärkte vorsätzliche Raserei, die Alles, was ihr in den Weg tritt, ermordet. — Ihre Hauptfehler sind Eifersucht und Rachsucht. Sie lieben die Hahnengefechte (mit sichelförmigen Sporen) und die Hirschjagd mit Leidenschaft; die Hirsche werden zu Pferde verfolgt, mit einem Speer, woran ein laufender Strick, der dem Thier um das Geweih geworfen wird [Cr.].

Gesetze. Ist ein Mörder von einem andern Stamm, so mufs der ganze Stamm für ihn einstehn. Der Mord eines Mannes wird mit 30, der einer Frau mit 20 Piastern gebüfst; bis dies Blutgeld bezahlt ist, findet der Mörder im Hause des Dorfhäuptlings oder des Priesters ein Asyl; bezahlt er nicht, so kann an jedem Andern von seinem Stamme Vergeltung genommen werden. Ein Amokläufer ist vogelfrei und kann von Jedermann getödtet werden [Cr.].

Sie schwören bei ihrem gezogenen Dolche, wobei ihnen der Koran über das Haupt gehalten wird [Cr.]. — In der Landschaft Wadjo werden so viel Eier in eine Grube gelegt, als Parteien sind; jeder wirft dann einen Stein darauf und schwört: wie diese Eier zernichtet werden zu wollen, wenn er seinen Schwur breche [Bd.].

Von den drei maleiischen Heirathsarten ist die der Gleichheit von Rechten zwischen Mann und Frau die häufigste [Cr.].

In Reis und Jagon besteht ihr Feldbau. — In Süd-Celebes kommt eine kleine, aber starke, muthige Race von Pferden vor, die durch den ganzen Archipel berühmt ist.

Aufser andern Tänzen haben sie einen eigenthümlichen Kriegestanz mit Dolch und Lanze. — Sie sind sehr tapfere Krieger, verstehen Laufgräben, Verschanzungen aller Art und selbst unterirdische Gänge anzulegen [Bd.]. Aufser Lanze und Schwerdt, wifsen sie seit der Ankunft der Portugiesen im J. 1512 auch Pulver und Gewehr, selbst Geschütz zu gebrauchen. — Sie verfertigen aus Eisendraht ein eigenthümliches sehr künstliches Panzerhemd, womit der ganze Körper bekleidet werden kann.

Abkömmlinge aus Süd-Celebes haben auf den Inseln Sumbawa und Flores eigne Reiche unter mohamedanischen Fürsten gebildet.

Im J. 1512, nachdem sie Malacca eingenommen hatten, kamen die Portugiesen nach Celebes. Die Geschichte der Makassaren und Bugis ist voll von Anarchie und von kleinen, nie aufhörenden Kriegen. Am gröfsten wurde ihre Macht (nach dem Uebertritt zum Islam) im J. 1655, wo sie eine Flotte von 700 Schiffen mit 20000 Mann gegen Holland ausrüsteten, auf der Höhe von Butong aber von den tapfern Speelman mit einer geringen Macht geschlagen wurden.

Achte Sippschaft. *Die Daiaer,*

auf Borneo. — Ein Zweig davon sind die Daiastreiflinge auf Sumatra: Orang abung und kubu *).

Die Residenz Borneo's Westkust (Sambas, Pontianak) umfafst etwa 20000 □ Meilen [F.], und enthielt im J. 1832:

*) Mitten in den Wäldern der Provinz Lampong in Sumatra bestanden einst nördlich vom Samangkagebirge mehrere Dörfer, von s. g. Orang abung bewohnt, die wie die Daiaer Kopfabsäbler waren, und deren junge Männer, ehe sie heirathen konnten, erst ein Jahr lang auf die Menschenjagd ausgehn mufsten, was sie gewöhnlich in Truppen zu 10 verrichten. Wenn sie mit den Köpfen ankamen, wurden sie von den Mädchen jauchzend empfangen und unter Ehrenbeweisen zu ihrer Wohnung geleitet (wenn sie leer kamen, wurden sie mit Verachtung behandelt). Die mit etwas Gold gefüllten Schädel wurden dem Vater der Braut zum Geschenk angeboten, und dann trank das junge Paar Palmwein aus denselben.

Als die Lampongs noch unter dem Sultan von Bantam standen und ein Agent desselben, Kiria Mindjam (1790?), in Lampong war, unternahmen die Bewohner von Samangka einen Kriegszug gegen diese Abung mit 80 Gewehren und 400 langen Lanzen. Die Dörfer wurden verbrannt; die Abung selbst aber (4 Mann ausgenommen) entkamen durch die Flucht und wandten sich N.-O.wärts gen Palembang. Diese Abungflüchtlinge (deren Name seitdem verschwunden ist) sind wahrscheinlich die Stammväter der Orang kubu, welche gegenwärtig abgeschieden von allen andern Völkern und halbnomadisch in den Wäldern von Palembang und an den Ufern der grofsen Flüsse daselbst vorkommen. Sie werden beschrieben als hellbraun, mit regelmäfsigen Gesichtszügen und schönen Formen, sanft von Charakter, ohne Leidenschaften, und sind theils Nomaden, den Umgang andrer Menschen fliehend, von der Jagd lebend, und nur durch Niederlegung der Waaren (Rotang, Benzoë, Drachenblut) an einen bestimmten Ort, wo sie vom Käufer nach Entfernung des Verkäufers, durch andere ersetzt werden, Handel treibend, kaum einige Hütten von Baumzweigen bauend; theils in Stämme (Suku's) unter Häuptlingen (Passirah) getheilt, und in Dörfer (Dussun) vereinigt; glauben an viele böse Geister, denen sie alle Krankheiten zuschreiben und die sie durch Weihrauchdampf und durch Bespucken des Kranken vertreiben, und an eine Fortdauer der Seele, wenn sie bei der Leiche ein gewisses Sausen vernehmen. Sie heirathen ohne Ceremoniell, bestrafen Ehebruch mit einer Geldbufse zu 40 Fl. und begraben ihre Leichen auf dem Grabplatze Perantuan, auf einer Bahre völlig gekleidet, mit Lanze, Efstopf und Bambusbecher versehn, sie weben keine Kleider, tragen blofs Baumrinde, bauen ihre Häuser

143000 Daiaer [F.]; die Residenz Banjermassin, niederländische Unterthanen, im J. 1824: 5000 Daiaer und 10000 Maleien [M.].

Der Schädelbau ist der der Battaer [*]. Sie haben schöne, regelmäfsige Gesichtszüge und gehören nicht zu der Maleiorace [H.]. Die elenden Daiaer auf Borneo gehören zu den schönsten Menschen des Archipels [Cr.] *). Sie sind stark und ziemlich grofs [A.]; ihr Blick ist durchdringend, lebendig [S.]. — Im Innern Borneo's sollen nach der Behauptung der Küstenmaleien Menschen mit Schwänzen wohnen [M.].

Ihre Sprache ist eine eigenthümliche, allgemeine, mit verschiedenen Dialekten, die zwischen den entferntesten Stämmen unverständlich sind [F.]. Sie verstanden früher die Kunst zu schreiben [H.]; vielleicht im Innern noch jetzt [*].

Verfassung. Jedes Dorf hat einen erblichen Stammvater, Sama, und unter diesem einen vom Volke gewählten Pangara [F.]. Ihre eigne Verfassung in den Binnenlanden scheint demokratisch oder patriarchalisch zu sein [*]. Aber in den den Küsten nahen Provinzen sind sie politisch-unglücklich und sehr bedrückt; sie stehn nämlich daselbst unter der Herrschaft von Maleienfürsten, die sie mit Grausamkeit und Willkühr behandeln, und deren Herrschaft überall absolut despotisch ist (s. maleiische Kosmopol.) [F.].

Religion. Es giebt einen Gott, Dewa oder Njabatta, der auf der Spitze von Bergen wohnt, und aufserdem viele böse und gute Geister [F., H.]. Diese werden in Holz geschnitzt ziemlich gut dargestellt, in Menschen- (zuweilen auch in Thier- z. B. Tiger-) gestalt [A.]. Einer heifst Pantak, dessen Statue mit Muscheln sehr zierlich eingelegt ist, und der, wenn sie einen Kopf abgesäbelt haben, festlich angekleidet wird.

---

aus Baumstämmen und die Wände aus Baumrinde (wie die Battaer), haben keinen andern Hausrath als einige Matten und Kochtöpfe mit Honig und eingemachtem wilden Schweinefleisch Nangoi, das sie sehr lieben; aufserdem essen sie alle andern Arten von Fleisch. Ihre Haltung wird stolz und ihr Aussehn wild genannt; aus der Beschreibung geht jedoch hervor, dafs sie keine Wilden, sondern als auf der Civilisationsstufe des Battastammes stehend zu betrachten, und wahrscheinlich die Nachkommen jener Daiastreiflinge Orang abung sind (nach Boers).

*) Die Daiaer sind häfslich, schmutzig [Francis].

Sie werden übrigens, ebenso wenig wie andre Gegenstände verehrt. Die Seelen ihrer Vorväter gehn in Hirsche [S.] oder Vögel [A.] und die Seelen der Maleien in Schweine über [S.]. Sie haben weder Tempel noch Priester [F.].

Bei allen wichtigen Unternehmungen ziehen sie Vögel zu Rathe, nach deren Flug sie sich richten; trifft die Richtung des gerufenen Vogels beim Wegfliegen mit dem beabsichtigten Gange ihrer Unternehmung überein, so ist diefs ein günstiges Omen. Sie rufen diese Vögel mit den rührendsten Ausdrücken und streuen Futter aus, um sie zu locken; dadurch gereizt kommen dieselben auch zuweilen [A.].

Von Charakter sind sie sanftmüthig und gutherzig; dabei dumm [F.]. Sie ändern nicht gern ihren Glauben und widerstehen (wie die Batta-er) dem Islamismus [M]. Sie haben ein starkes Gedächtnifs [A.]; sie sind nicht blutdürstig, und ihr Hang zum Kopfabsäbeln gründet sich auf die Macht alter Gewohnheit [F.]. Sie sind feig und fallen, offenes Gefecht fliehend, nur aus dem Hinterhalte an [M]. — Ihre Hauptneigungen sind der Arak und alle Spirituosa [M], Betelkauen und Tabackrauchen [F.]. — Sie sind grofse Redner [A.].

Gesetze, Sitten etc. Kein Daiaer kann heirathen und er wird von allen Mädchen verschmäht, so lange er noch keinen Kopf abgeschlagen hat; kann er aber abgeschagene Köpfe zeigen, so hat er die freie Wahl unter allen Mädchen des Dorfes und ist ein hoch geehrter Held [F.] — Wenn sie ein Schwein schlachten, so wird dieses an einen Strick gebunden und unter Musik und Gesang der Tänzerinnen mit Wurfspiefsen getödtet. Dasselbe geschieht mit Sclaven, die sich beim Begräbnifs ihrer verstorbnen Herrn opfern; Alt und Jung, Männer und Frauen waschen sich dann gierig mit dem Blute, trinken dieses und wühlen mit den Händen in den Wunden herum [A.]. — Um einen europäischen Gast zu ehren, lassen sie diesen sich zwischen 2 Tänzerinnen setzen, stellen ihm Gong's als Schemel unter die Füfse, und erheben ein Tlahap-(Willkommen oder Hurrah-) geschrei [M.].

Am merkwürdigsten ist ihr Gebrauch, Köpfe, gleichgültig ob von Freund oder Feind, aus Hinterhalten abzusäbeln und zu bewahren. Zuweilen hängen 100 bis 150 solcher Köpfe in einem Hause der Reihe nach an den Balken [M.]. Wer einen Kopf mit nach Hause bringt, wird wie ein Held empfangen, und erhält als Ehrenzeichen einen Hut mit Argusfedern (Tjipian). Die Mädchen stellen den Kopf auf eine Erhöhung, und unter den Schlägen der Gong's und dem Choralgesange der Tänzerinnen (Biliangs), tanzt Alt und Jung jauchzend um den Kopf herum. Wer die meisten Köpfe hat, ist am höchsten geehrt [A.].

Ein Eid ist blofs dann von Zuverlässigkeit, wenn der Schwörende (während man Weihrauchdampf aufsteigen läfst) aus freier Hand mit seinem Klewang ein Stück Rotang genau in der Mitte durchhauen kann. Bei verwickelten Streitsachen überlassen sie sich einer Art Gottesurtheil; die Parteien nämlich springen in's Wasser, und Derjenige erhält Recht, der es am längsten unter Wasser aushalten kann [A.].

Heirath. Der Bräutigam zahlt einen Brautschatz, der gewöhnlich aus 2 Tampayang's besteht. Beide setzen sich bei der Copulation zusammen auf ein Gong mit dem Gesicht gegen Morgen, werden mit dem Blute eines geschlachteten Huhnes besprengt, und dann wird ihnen ein Hühnerei erst an ihre Zähne geklopft und darauf unter die Nase gehalten! (etwa als ein Symbol, um ihnen ihre nunmehrige Pflicht der Kinderzeugung unter die Augen zu bringen?) Darauf wird die vollzogene Heirath mit lauter Stimme verkündigt [F.].

Begräbnifs. Bei einigen Stämmen werden die Leichen begraben, bei andern in hohle Baumstämme gethan, am häufigsten aber verbrannt, und die Asche in Töpfe gesammelt und auf Pfählen vor den Häusern bewahrt. War der Todte ein Angesehener, so wird eine hölzerne Statue im Kriegsornate aufgestellt, und diesem Bilde werden einige abgehauene Köpfe geopfert, wobei festliche Mahlzeiten Statt finden [F.]. Oft auch, um der allgemeinen Verachtung nicht anheim zu fallen, müssen sich beim Begräbnifs eines Reichen dessen Sclaven und Sclavinnen opfern; sie werden unter Musik und Chorgesang mit Lanzen erstochen, ihr Blut wird getrunken, und dann werden sie, wie die Leiche ihres Herrn, verbrannt [A.].

Die meisten Dörfer bilden nur ein einziges langes Haus, in welchem (in einzelnen Abtheilungen, Lawang) je 15—25 Familien zusammen wohnen. Der 6—10′ über dem Grunde erhabne Flur ruht auf Pfählen von Eisenholz, das Dach ist von Allang oder Palmblättern, die Wände von Baumrinde, der Flur von Nibung- (Cocos aculeata) latten. Hausrath: einige Matten, Körbe, Töpfe, einige Messer (Parang), ein sehr einfacher Webestuhl, und als Zierrath im Hintergrunde: Menschenschädel! [F.]. Der gröfsere Theil der Dörfer ist von einer gegen 30 Fufs hohen Pallisadirung von Eisenholzpfählen umgeben, an welcher inwendig blofs 4′ unter dem Rande, aus einer zweiten Reihe von Pallisaden und Querbalken gebildet, eine Gallerie (ähnlich den batta'schen Bastionen) zum Abblasen der Pfeile herumläuft [S., F.]. — Die mehrsten Dörfer verändern alle 3 Jahre den Platz, um neuen Boden zu ihren Feldern zu gewinnen [F.].

Die Daiaer sind vom Halse bis zum Fufse tatuirt [A. - ? *]. Ein Lendentuch von Baumrinde oder Baumwollenzeug, zwischen den Schenkeln durchgezogen, und ein linnener Sack, um die linke Schulter hängend, mit Taback und Betel, ist ihre gewöhnliche Kleidung [F.]. Der Gürtel um ihre Hüften ist mit den Zähnen von Tigern und Menschen verziert; Schnüre von den Zähnen erschlagener Menschen, sowie auch Kupferdrähte sind ihr Hals-, Arm- und Handgelenkschmuck. Hörnerne, mit Gold belegte Scheiben stecken in den ungeheuer grofsen Ohrlappen, und eine mit Muscheln besetzte, für Pfeile undurchdringbare, bis auf die Hüften herabreichende Kapuze mit einer Oeffnung für den Kopf, ist ihr Harnisch [A., F.]. — Die Röcke der Frauen sind sehr eng, so dafs sie nur trippelnd gehn können, und der Schmuck derselben besteht in vielen Hals- und Armringen von Messingdraht und Korallen, und in einem von Rotang geflochtenen Hute; den Oberkörper tragen sie nackend, und das Haar lang; die Brüste binden sie mit einem Schultertuche, Selindang, abwärts [A.].

Ihre Nahrung ist: Reis, Jagon etc.; sie sind grofse Liebhaber von Schweinefleisch, das sie bei allen festlichen Gelegenheiten essen; geniefsen auch Schlangen, Ratten und faule Eier, und trinken Tuak (Arengpalmwein) [F.].

Dem Pflanzenreich sind eigenthümlich: auf der Westküste Borneo's der Kampferbaum (ob derselbe wie in den Battaländern, Dryobalanops aromatica?); Eisenholz überall; Strandcasuarine an den sumpfigen Küsten, und Cocos aculeata (Nibung). — Aus dem Thierreich ist der Orang utang bemerkenswerth.

Sie bauen Mais und Reis in trocknen Feldern, die alle Jahr gewechselt werden. Defshalb verändern auch ganze

Dörfer alle 3 Jahr ihren Platz [F.]. — Sie ziehen ferner viel Schweine, die unter den Häusern bewahrt werden [A.].

Jedes Dorf hat einige öffentliche Tänzerinnen (Bilian, Sängerin, Priesterin), die bei vielerlei Gelegenheiten berufen werden, und unter Gong- und Trommelschlag zur Tröstung und Anfeuerung der Gemüther einen Choralgesang anheben. Sie haben viel Einflufs auf wichtige Unternehmungen, indem sie sowohl anzufeuern, als davon abzuschrecken wissen [F., H.].

Industrie. Sie schmelzen und bearbeiten Eisen und schnitzen ihre Götzenbilder in Holz ziemlich gut [A.]. Sie weben auf sehr einfachen Webestühlen Zeuge, die aber nicht breiter als 1½ Fufs sind, und viele ihrer kleinen Arbeiten tragen Spuren von Kunstsinn [F.]. Nach einer Sage verstanden sie vormals die Kunst zu lesen und zu schreiben [H.].

Handelsprodukte sind: Auf der Südküste Borneo's (Banjermassin): Gold, Diamanten, Eisenholz, Bezoar, Wachs, Pfeffer, Rotang, Drachenblut, andere Harze, Eisenerz, Vogelnester, Garuholz, Sintokrinde, Trassi, Matten, Sogabast zu Stricken, Dammar [M.]. — Auf der Westküste Borneo's: Diamanten, Gold, Eisen, Rotang, Ebenholz, Dammar, schwarze Vogelnester [F.]. — Auf der Nord-Westküste (Borneo proper): Wachs, Pfeffer, weifse Vogelnester, Kampfer [F.].

Da ihre verstärkten Dörfer mit Eisenholzpallisaden schwer einzunehmen sind, so besteht ihre Kriegführung im Tirailliren [A.]. — Ihre Waffen sind: 1) ein Schild von Holz; 2) eine Lanze, Saliegie, von Eisen oder Bambus; 3) ein Säbel, Parang, Kambing und Klewang, der an einem Gürtel von Rotang horizontal getragen wird und womit sie auf einen Hieb einen Kopf abhauen, und 4) ein Blasrohr, Sumpietan, das zugleich eine Lanzenspitze hat, und woraus sie vergiftete Pfeile blasen, deren unteres Ende aus einem Tütchen besteht, in das sich die Luft sackt, und die in einer Entfernung von 50 bis 60 Schritten noch gefährliche Wunden beibringen [A.].

Von Fremden befinden sich in diesem Gebiet: auf Borneo's Westküste: 71,180 Maleien, die sich über die Daiaer als Herrscher aufgeworfen haben (siehe Maleio-Kosmop. 1.); 32,920 Chinesen, 2280 Buginesen und 950 Araber [F.]. — Die Arbeiter in den Gold- und Diamantgruben sind meistens Chinesen. — Zu Banjermassin (Borneo's Südküste) 10000 Maleien [M.].

Ueber die Daiaschen Streiflinge auf Sumatra, Orang abung und ihre Nachkommen (?) Orang kubu s. o. die Anmerkung. Ob Mitglieder der Daiasippschaft auch auf Billiton, den Natuna- und Anambasinseln, ist ungewifs.

Die bis jetzt bekannten Daiaer sind blofs Bewohner der waldigen Niederungen, und scheinen ausgeartete, verwilderte Streiflinge zu sein eines höher civilisirten Centralvolkes, in dem vermutheten Hochplateau der nördlichen Hälfte von Borneo. Von dort brachten die Streiflinge vielleicht die Sage von einer Schreibkunst mit, die sie nach Horner einst verstanden haben, und von dort spülten vielleicht die geschliffenen Steine herab, die in dem Alluvialgrunde von Banjermassin ausgegraben worden und die Horner für hindu'schen Ursprunges hält [? *]. — Aus den ungeheuern Wassermassen, die Borneo ins Meer wälzt, kann man die Ausdehnung und die Höhe seines centralen Hochlandes berechnen [*].

Neunte Sippschaft. *Die Balier,*

auf Bali und Lombok.

Sie nehmen, aufser Bali, noch die Insel Lombok ein (mit 1200 engl. □ Meilen), bei den Eingebornen Sassak, bei den Baliern Sali Paran genannt [Lb.].

Die Volkszahl betrug im J. 1817 in den sieben von Fürsten (Gusti's) regierten Reichen von Bali 988000, worunter 184000 Waffenfähige [Br.]; im J. 1840 in Lombok nur 8000 Balier und 170000 Maleien und Bugis, genannt Sassak [Lb.].

Der Schädelbau ist der batta'sche [*]. Sie sind kannibalische Urbattaer, welche die Kultur ihrer Sieger, der Hindujavanen, annahmen und sich mit diesen zum Theil vermischten. Sie werden gelbkupferfarbig, grofs, wohlgebildet, mit regelmäfsigen Gesichtszügen, mit lebhaften Augen, und von flinkem Wesen geschildert. Viele ihrer Vornehmen sind durch den Opiumgebrauch ganz ausgemergelt [Br.].

Ueber ihre Abkunft berichtet die Mythe Folgendes: Flüchtlinge aus Java, die den Islamismus nicht annehmen wollten, kamen (1478?) nach Bali, und besiegten die wilden, kannibalischen Urbewohner, Raxassa, die noch in Wayang und in Statuen mit Tigerköpfen und grofsen Zähnen dargestellt werden (als Riesen), und aus deren Verschmelzung mit den Göttern (Dewa's) sich die Fürsten und Priester ableiten [Br.].

Ihre Sprache ist eigenthümlich und hat, wie die javanische, auch eine Höflichkeitssprache, aber keine andere als javanische Schrift. Manuscripte sind nicht vorhanden, und ihre Priester und Rechtsgelehrten bedienen sich des Kawi [Cr.]. — Nach Br. sind viele Wörter ganz gleich mit den javanischen. — Auf Lombok wird theils bali, theils maleiisch gesprochen [Lb.], und zwar das Maleiische von den mohamedanischen Bewohnern.

Die Zeitrechnung ist gleich der der Javanen von Salivana. Ihr Jahr hat 360 Tage oder 12 Mangsa's von ungleicher Länge [Cr.].

Verfassung. Auf Bali existiren, unter vollkommen willkürlichen und despotischen Herrschern (Gusti), folgende Reiche: Karang assam, Boleling und Djembrana, Badong, Gianjar, Mengoei, Tabanan und Kalonkang, welches das älteste ist, und dessen Fürst Dewa-agong (höchster Gott) heifst. Manche führen auch den Titel Nguru, wie in den Battalanden. Sie allein haben einen Willen und herrschen daher auch willkürlich ebenso wie die ihnen untergeordneten kleinern Fürsten, die ihnen nur in Kriegszeiten ihre Mannschaften zuführen; einzelne Verwandte der Fürsten erhalten einen Theil der Bevölkerung (500—1500 Mann) zu ihrer alleinigen Disposition und bilden das Gefolge von ersteren. Die Dorfhäuptlinge, die nicht von fürstlicher Abkunft sind, heifsen Perbukkel, die übrigen alle Gusti. Der Fürst ist über dem Gesetz erhaben, und alles was er thut, auch die ärgsten Gräuel, sind wohlgethan. Allein für Todesstrafen wird ein Rath aus den vornehmsten Gusti's gehalten, unter Präsidium des Fürsten. Ihre Einkünfte bestehen in Grundgeld von den Landbauern, in einigen Zöllen, in Opiumverkauf an das Volk, in Contribution für Hahnenkämpfe und für jede Heirath, die geschlossen wird, einige Dollars; auch werden ihnen ihre Reisfelder vom Volke bearbeitet, welches dafür $\frac{1}{4}$ vom Produkt erhält. Das Volk ist in vier Kasten getheilt, Gatur galma, — als: Brahmana (Priester), Satrija (Krieger, Fürsten), Wisija (Kaufleute, Mittelkaste) und Sudra (gemeine, dienende Klasse) [Br.].

Auf Lombok herrschen zwei Fürsten (Gusti), unter der Oberhoheit von Karang assam auf Bali [Lb.]. — Die Kriege, welche die einzelnen Fürsten häufig miteinander führen, zeichnen sich durch Verrätherei und Grausamkeit aus [Br.].

Religion. Der Buddhismus, bis 1478, und die Sivalehre, seit dieser Zeit durch Flüchtlinge aus Modjopait eingeführt und nun vorherrschend, haben den ursprünglichen Polytheismus nicht ganz verdrängt. Man glaubt an viele Schutzgeister, Diwa (sonst Dewa), für Dörfer, Berge und Flüsse. Der Tempeldienst wird nicht von Brahmanen, sondern von gemeinen Klassen verrichtet. Ihr Gott (gewöhnlich Prama Siva genannt) ist zu erhaben, um angebetet zu werden; deſshalb beten sie die Diwa's an und opfern diesen Früchte, Reis und Blumen. Wenn Krankheiten herrschen, so muſs, um die Diwa's zu versöhnen, alle Musik schweigen, alle Festgelage werden eingestellt, und kein Gewehr darf losgeschossen werden. Die Fürsten sind sehr bigott, beten (sompah) Morgens und Abends, und unternehmen nichts ohne den Ausspruch der Priester, die sehr viel Einfluſs haben und die günstigen Tage für alle Handlungen bestimmen [Br.]. Der Genuſs von Rindfleisch ist zwar verboten, es wird von den Gemeinen aber ebenso wohl wie Schweinefleisch gegessen [Cr.]. Die Seelen böser Menschen wandern in Rinder und Tiger über [Br.]. Der Hohepriester Sedagadeh mit den vornehmsten übrigen Priestern wohnt in einem Quartiere des Pallastes selbst [Br.].

Die Tempel sind kleine viereckige Kapellen von Stein, mit Nischen und steinernen oder kupfernen Statuen der Diwa's, und mit Vertiefungen daneben zur Aufnahme der Opferspeisen. Sie stehn entweder einzeln an den Wegen unter dem Schatten von Bäumen, oder mehrere vereint innerhalb groſser, von Mauern umgebener Räume. Es giebt auch gröſsere, runde und stumpf pyramidalische Tempel. Das Volk betet bloſs an den 6 monatlichen Festtagen in den Tempeln, nach welchen die Nächte mit Gesang, Tanz, Hahnenkämpfen, Wayang- und Würfelspielen zugebracht werden [Br.]. — Auf Lombok leben 170000 mohamedanische Maleier und Bugis [Lb.].

Charakter. Die Gemeinen sind gutmüthig, arbeitsam, lernbegierig, ehrgeizig; sie wollen lieber sterben, als gescholten oder geschlagen sein, sind sehr unterwürfig und gehorsam, und betrachten sich als bloſse Sclaven ihrer Fürsten, deren härteste Behandlung und selbst die Todesstrafe sie ohne Murren ertragen. Sie lieben ihr Land, das sie für keinen Preis verlassen wollen; sie verachten und foppen Europäer, wahrscheinlich von den Priestern und Fürsten dazu angeregt, welche darüber lachen. Die Behandlung, welche das Volk von seinen verderbten Despoten und von den betrügerischen Pfaffen erleidet, läfst keine guten Eigenschaften bei ihnen aufkommen. Die Frauen sind sehr sanft, biegsam, nachgiebig, arbeitsam, gelehrig, werden aber sehr sclavisch behandelt. Die Fürsten: mifstrauisch, zurückhaltend, eitelstolz, grausam, sittenlos, wollüstig, schurkisch, verbrecherisch, dem Opiumrauchen ergeben; sie verhandeln ihre eignen Unterthanen als Sclaven (an Chinesen); manche sind sehr gut unterrichtet [Br.].

Den Hahnenkämpfen und dem Opiumrauchen sind die Balier, besonders die Fürsten, und sogar die Frauen, mit Leidenschaft ergeben. In der vordersten Terrasse der Paläste findet man stets, in ebenso vielen Körben, einige 100 Kampfhähne, die man jeden Nachmittag von 2—4 Uhr unter vielen Wettschaften fechten läfst, und gegen die auch jeder Unterthan seine Hähne wagen darf [Br.].

Sitten und Gesetze. Die sclavisch gehaltnen Frauen verrichten fast alle Feldarbeiten. Die Ehrenbezeugungen der Gemeinen gegen die Fürsten bestehen, wie auf Java, darin, dafs der Gemeine auf den Knieen liegt und, so oft der Vornehmere spricht, mit seinen zusammengefaltenen Händen sein geneigtes Vorderhaupt berührt; übrigens ist ihr Betragen gegen die Fürsten frei und zwanglos. — Gesetzliche Strafen giebt es blofs zwei: Tod und Kettentragen mit einem schweren Gewichte; Stockschläge sind unbekannt [Br.]. Alle Verbrechen an einer fürstlichen Person oder deren Eigenthum verübt, selbst die kleinsten, z. B. Ehebruch, Diebstahl, werden mit dem Tode bestraft. Die zum Tode Verurtheilten kann der Fürst begnadigen und als Sclaven verkaufen! Ein kleiner Diebstahl, an Gemeinen verübt, wird mit einer doppelten Geldbufse oder mit einem Monat Ketten tragen bestraft; ein grofser mit dem Tode. Zur Bestätigung eines Diebstahls sind zwei, zu einem Morde neun Zeugen nöthig, wozu Frauen, Sclaven, Verstümmelte und Hautkranke nicht zugelassen werden! Kann ein Mörder durch zwei Zeugen beweisen, dafs der Ermordete ihn schimpfte oder thätlich beleidigte, so wird er sogleich freigesprochen! Alle Waisen und die von ihren Männern verstofsenen Frauen werden Sclaven des Fürsten. Geld wird (nach alt-javanischem Gesetz) gegen Pfänder und

Interessen geliehen. Geschriebene Gesetzbücher fehlen [Br.]; aber eine Gesetzsammlung von alt-hinduscher Abkunft, Kuntara, ist vorhanden [Cr.]. Gegen (eingebildete) Zauber- und Hexerei sind darnach die grausamsten Strafen bestimmt; das Sprechen mit einer Frau unter vier Augen ist verboten. Zwei Streitende haben das Recht, auf Leben und Tod mit einander zu fechten, und Niemand darf sich hinein mischen [Cr.]. Ein Mann hat das Recht, einen auf der That ertappten Ehebrecher zu tödten [Br.].

Fünf merkwürdige Gebräuche finden sich bei diesem Volke. 1) Es ist Majestätsverbrechen, den Fürsten oberhalb seiner Hüften anzufühlen, wefshalb sein Puls nur an den Füfsen untersucht werden darf. Auch Gemeine betrachten es als eine (zu rächende!) Beleidigung, wenn man ihnen auf die Schultern klopft. — 2) Sie sind bange vor Pferden, und auch die Fürsten gehn in der Regel zu Fufs. Einige 100 Gusti's mit Lanzen, Schildern und Schwerdtern gehn dann voraus, ein entblöfstes Schwerdt, 4 Lanzen und 1 Schild werden ihnen als Emblem ihrer Macht vorgetragen. und eine Menge ihrer Frauen, mit Beteldosen, Spiegeln, Fächern, Schreibgeräthschaften, folgt ihnen. — 3) Der Palast eines im Krieg besiegten Fürsten wird bis auf die Pforte geschleift, welche als Siegeszeichen stehn bleibt. — 4) Wenn im Beilager mit einer neuen Frau die erste effluxio seminis des Fürsten Statt gefunden hat, so wird diefs durch die wachthabende Kammerfrau der äufsern Thorwache gemeldet, und von dieser durch eine 3malige Gewehrsalve, welche von Dorf zu Dorf wiederholt wird, dem ganzen Lande verkündet! — 5) Das Aufopfern der Frauen beim Begräbnifs fürstlicher Leichen, wobei echte Frauen lebendig in den Scheiterhaufen springen, und die Beischläferinnen erst mit langsamen, feierlichen Dolchstichen getödtet werden [Br., Cr.].

Vielweiberei ist erlaubt, doch hat der Gemeine gewöhnlich nur eine Frau. Zur Heirath ist die Erlaubnifs des Fürsten nöthig, die mit einigen Dollars bezahlt wird, wofür man ein schriftliches Zeugnifs des Priesters erhält, worauf dann die Vereinigung ohne Ceremonie Statt findet. — Die Fürsten können ihre Beischläferinnen aus den gemeinsten Ständen nehmen; gewöhnlich erheben sie dann die Eltern ihrer Erkornen zu der Würde irgend eines Beamten (in den

Grafenstand!); die Braut wird dann in feierlicher Procession unter Musik zum Palaste gebracht. Die Zahl solcher fürstlichen Kebsweiber beträgt 100 und mehr! [Br.].

Zum Behuf der Ehescheidung braucht der Mann blofs den geschriebenen Zettel, den er vom Priester erhalten hat, zurückzugeben; die Knaben bleiben dann beim Vater, und die Mädchen gehn mit der Mutter [Br.]. Verlangt die Frau die Trennung, so mufs sie das Doppelte des Brautschatzes an den Mann zurückzahlen [Cr.].

Begräbnifs. Die Leichen der Priester- und Fürstenklasse werden verbrannt, die der Mittelklasse begraben, die der Gemeinen für Raubthiere hingeworfen [Br.]. — Die Frauen, die sich bei fürstlichen Begräbnissen opfern, werden schon während des Lebens ihrer Herrn dazu erkoren. Fürstliche Leichen, nachdem sie in eine Kiste mit durchlöchertem Boden gelegt sind, werden alle Tage zur Verhütung der Fäulnifs mit Pfeffer und Salz eingerieben, auf jeder der 6—10 Terrassen des Palastes eine Woche bewahrt, und jeden Abend mit Blumenwasser übergossen; die Töpfe worin dieses Wasser bewahrt wurde, werden alle zerbrochen. Alsdann wird auf einer 130′ hohen Bambuspyramide (Badi), mit gelber, blauer und purpurrother Baumwolle behangen, und zwar oben auf einer kleinen Kuppel, die mit ebenso gefärbtem Seidenzeug umhangen ist, die von 4 Frauen befächelte Leiche zu Grabe getragen, unter den Salvo's der Waffenträger die tandakend vorausgehn, und den vesperartigen Gesängen der Priester. Die weifs gekleideten, mit Blumen verzierten Opferfrauen, die Familie des Verstorbnen und die Priester folgen den Tausenden der Träger zum Verbrennungsplatze, wo eine zweite, gleiche Pyramide steht, jede mit einem grofsen brückenartigen Bambusbogen als Zugang versehn. Die Leiche wird herabgebracht und über eine Grube voll dürrer, mit Oel besprengter Zweige gestellt, darauf von den Priestern mit 300 Töpfen voll Blumenwasser begossen und verbrannt. Während dessen haben die echten Frauen des Verstorbnen die Kuppel der zweiten Pyramide erstiegen, der Zugangsbogen wird entfernt, sie machen mit zum Haupte erhobnen, gefalteten Händen ihren feierlichen Grufs an den Thronfolger, und springen, unter wilder Musik aller Instrumente hinab in die mit brennendem Reisig erfüllte Grube; die unechten Frauen werden, nachdem sie den Dolch geküfst und ihre Stirn mit einem Streifen Blut bezeichnet haben, völlig entkleidet durch langsame feierliche Dolchstiche getödtet, dann vom Blute gewaschen und ebenfalls verbrannt. Solcher Frauen opfern sich (sateia oder bela) zuweilen 150 bei einem Begräbnifs*) [Br., Cr.].

Die Häuser sind von Thon, mit Palmblättern (Atap) gedeckt, wegen der vielen Schweine im Umfange sehr schmutzig, morastig und ganz in Wäldern von Fruchtbäumen verborgen; sie bilden vereinigt Dörfer, die stets mit Mauern von Thonerde umgeben sind, und nie weniger als 500, oft 3000 Bewohner haben. Die fürstlichen Wohnungen bestehn aus 6—7 und mehr Terrassen, die treppenförmig nach innen höher werden, einander einschliefsend, jede von einer 12′ hohen Mauer aus ungebrannter Thonerde umgeben, und nur durch sehr schmale Thüren auf Treppen zugänglich. In der innersten Terrasse steht ein kleines, viereckiges, steinernes Haus mit den Kostbarkeiten des Fürsten, und sonst unbewohnt; auf den übrigen Terrassen stehn rundum offene Schuppen, Bali-bali, 20′ lang und 12′ breit, die nur dann, wenn sich der Fürst in denselben zwischen seidnen, dreifarbigen Vorhängen zur Ruhe begiebt, durch zur Seite angehängte Bambusmatten verschlossen werden. In den Ecken der äufsersten, wohl eine Stunde im Umfange messenden Mauer, befinden sich auf Treppen ersteigbare Kuppeln, in denen sich die Fürsten des Nachmittags dem Volke zeigen [Br.]. Auf Lombok sind die Radjahäuser aus Backstein, die der Gemeinen aus ungebranntem Thon erbaut [Lb.].

Die Kleidung bildet ein Lendentuch von Leinwand, oder ein Unterrock, Sabok (wie die javanischen Sarong's),

---

*) Im J. 1633 waren niederländische Gesandte Zeugen des Opferns von 22 Frauen bei einem festlichen Begräbnifs auf Bali. Sie wurden zuerst völlig entkleidet und mit einem Dolchstich getödtet, dann vom Blute rein gewaschen und verbrannt (und weggeworfen). Das halb verbrannte Skelett der fürstlichen Leiche wurde bei dieser Gelegenheit noch einmal zurück in den Palast getragen, daselbst einen Monat und sieben Tage bewahrt und erst nach dieser Zeit ganz zu Asche verbrannt, welche ins Meer geworfen wurde. Diese Zurücktragung der Leiche in den Palast und zweite Verbrennung scheint eine Ausnahme von der Regel gewesen zu sein, weil die Begräbnifsfeierlichkeit der Gesandten wegen, zu früh veranstaltet würde [Cr.].

wobei der Oberkörper auch bei den Frauen bis auf einen lose um die Schultern geworfnen seidnen Shawl nackt bleibt. Frauen halten die bis auf den Boden hängende Schleppe ihres Kleides in der Hand, oder befestigen dieselbe im Gürtel, der bei den fürstlichen Frauen gelb, blau und roth ist. Letztere beschmieren ihren Oberkörper mit einer gelben, wohlriechenden Schminke, tragen Blumen in den Haaren und dicke Rollen vom Lontarblatt in den Ohrlappen, sowie Armringe von bali'schem Silber ($\frac{1}{4}$ Silber und $\frac{3}{4}$ Zinn). Abgesehn von der gröfseren Feinheit und der Goldverbrämung ist die Kleidung der Fürsten dieselbe wie die der Gemeinen; die Scheiden und Griffe ihrer Dolche (Kris) sind von Gold. Das Haar tragen die Brahminen kurz, die übrigen lang, in einen Knopf gebunden. — Als Kriegskleidung dient ein kranzförmig um das Haupt gewundnes Tuch mit einem gelben Bande, eine rothe oder blaue, bei den Fürsten goldne Weste ohne Aermel, und für die Fürsten aufserdem noch eine Brustplatte von geschlagenem Gold oder Silber [Br.]. — Das Tragen eines Dolches (Kris) ist, wie auf Java, auch hier und auf Lombok allgemein [Lb.].

Zur Nahrung dienen: Reis, Jagon, Bataten und fast alle Baumfrüchte Java's; bei allen festlichen Gelegenheiten geniefst man Schweinefleisch; die Gemeinen essen auch Rindfleisch, und zur Zeit einer Hungersnoth Pferde- und Hundefleisch. — Sie trinken Wasser und Palmwein (Tjoak) und sind Liebhaber von Arrak, der mit Anis angesetzt ist [Br.]. — Wegen der Uebervölkerung herrscht oftmals Hungersnoth und dann kommen Viele vor Hunger um [Br.], namentlich seit der Abschaffung des Sclavenhandels.

Landbau. Obgleich der Reis in Sawas jahrausjahrein 2 Mal geerntet wird, so beträgt die Ernte doch nur die Hälfte der Consumtion; beim Säen des Reises im December wird das Fest Galongan und beim Ernten im Juni (sechs Monate später) das Fest Kuningan gefeiert. Aufserdem wird gebaut: Kapas (Baumwolle), Kaffee, so viel zum eignen Bedarf nöthig ist; viel Weringienbäume auf beiden Inseln [Br., Lb.].

Als besondere Merkwürdigkeit wird die ungeheure Menge von Ratten auf Bali hervorgehoben [Br.]. Da diese Thiere auf andern, weniger stark bevölkerten Inseln nicht so häufig sind, so scheint es fast, dafs ihre Vermehrung in einem gewissen Verhältnifs steht zur Vergröfserung der Population.

Die Hausthiere der Balier sind: Hühner; viel Schweine; Rinder, nur als Lastthiere und zum Landbau gebraucht, eine Kuh à 2, ein guter Ochse à 3½ Piaster (Milch wird nicht gebraucht); Pferde, klein aber zäh und von guter Race, zum Transport brauchbar (mit Schellen am Genick) à 5—12 Piaster [Br.].

Musik, Tanz. Sie haben öffentliche Tanzmädchen, Rongings, und halten Puppenspiele, Wayang, mit ledernen, den javan'schen ganz gleichen Figuren; doch haben dies Recht nur die Fürsten, denen es viel einbringt. Ihre Bacchanalien mit Musik, Tanz und Wayang werden besonders des Nachts nach den beiden jährlichen Festen gehalten; die Fürsten aber bringen alle Nächte auf diese Art zu, wobei das Volk freien Zutritt zum Palaste hat; sie legen sich selten vor 3 Uhr Nachts zur Ruh, und stehn vor 11 Uhr Morgens nicht auf [Br.]. — Aufser den javan'schen Spielinstrumenten haben sie noch eine 4 Fufs lange Clarinette [Cr.].

Industrie. Sie arbeiten geschmackvoll in Gold und Silber, schmieden das Eisen ziemlich gut, machen Pulver, bereiten Salz durch Verdampfung des Seewassers in Pfannen, weben (auch die fürstlichen Frauen) baumwollne, seidne und halbseidne, oft mit Golddrath durchzogene, sehr schöne Kleider, und schreiben in schönern Schriftzügen als die Javanen, mit langen, eisernen Stiften auf Lontarblättern, die dann mit einer Schwärze berieben werden; die Kinder der Vornehmen werden in Schulen unterrichtet, und die Fürsten haben Schreiber, denen sie ihre Befehle auf Lontarblätter dictiren, die dann ohne Siegel versandt werden [Br. Cr.]. Auch graben sie gute Wasserleitungen [Br. Lb.].

Färbestoffe: Indigo und Kurkuma (die vermischt grün geben), und Kumbang sapatu (Hibiscus Rosa sinensis), roth.

Der inländische Handel findet an 2 wöchentlichen Markttagen statt, in Baumwollengarn, Kleidern, irdnen Töpfen, Spiegeln, Eisenwaaren, Lebensmitteln und Baumwolle. — Die Importen sind: chinesische Seide, Opium, und früher von Ceram: Muskatnüsse. — Die Exporten von Bali: Kleider, Baumwolle, und früher (besonders mit chinesischen Schiffen, und heimlich noch jetzt) Sclaven, zu 20 Piaster, etwa 4000 jährlich, nämlich: Waisen, verstofsene Frauen, begnadigte Verbrecher, aber auch willkürlich aus starken Familien Ausgehobne und Geraubte. — In den Gebirgen soll Zinn vorkommen [Br.]. — Exporten von Lombok: Reis, im J. 1840 12000 Tonnen, vor der Tomboroeruption 1815 viel mehr, Baumwolle, nebst Kleidlern [Lb.].

Waffen und Krieg. Jeder Erwachsene ist Soldat und hat zur Waffe einen Kris und eine Lanze, die er vom Fürsten erhällt; jeder Dorfhäuptling führt seine Mannschaft unter Oberbefehl der Gusti's herbei. Nur 100 Mann Leibwache haben selbstverfertigte lange Gewehre mit Luntenschlofs, die auf 300 Schritt sicher tragen, aber nur alle $\frac{1}{4}$ Stunde ein Mal gelöst werden können. Zwischen errichteten tiefen Gräben und Bollwerken an der Grenze der Landschaften, bleibt ein neutraler Landstrich, auf dem die Vorfechter tantakend zum Streit herausfordern, worauf die Lanzenträger auf einander eindringen, aber schnell, sobald ein Dutzend gefallen sind, die Flucht ergreifen; die Gefangenen werden sogleich getödtet; die Fürsten bleiben im Nachtrabe, von ihren Frauen umringt, und fliehen zuerst. — Früher war wegen des Sclavenhandels, der Menschenfang aus Hinterhalten sehr allgemeinen. Sie sind sehr bange vor europäischen Soldaten, und besonders vor europäischem Geschütz [Br.].

Krankheiten. Kinderblattern herrschen alle Jahr. — Der grofse Schmutz der Dörfer und der sumpfige, von den Schweinen durchwühlte Boden, der fast in ewigem Schatten der Fruchtbäume liegt, befördert vielleicht das Entstehn epidemischer Krankheiten [Br.].

Als Parasiten sind zu nennen: Chinesen, Maleien und Bugis im Staate Boleling; die Kaufleute sind hauptsächlich Chinesen [Br.]. — Auf Lombok sind nur der dritte Theil Balier, die übrigen $\frac{2}{3}$ Maleien und Bugis von mohamedanischem Glauben [Br.].

Bali verdankt seine Unabhängigkeit und die Erhaltung seiner eignen Verfassung hauptsächlich der Unzugänglichkeit seiner Küsten, die fast keinen einzigen guten Ankerplatz darbieten [Br.].

Im J. 1815 wurden durch einen Ausbruch des Tomboro (auf Sumbawa) 44000 Menschen von der Bevölkerung Lombok's, $\frac{2}{3}$ des Ganzen, theils unter der Asche begraben, theils durch Hungersnoth vernichtet, weil die Felder 2 Fufs hoch mit Asche bedeckt waren. Die übrig gebliebenen 22000 (worunter 7330

Balier) waren 1840 (durch Einwandrer) wieder zu 178000 angewachsen, worunter jedoch blofs 8000 Balier, die Uebrigen Maleien und Bugis [Lb.].

III.

Der Urstamm der Maleien.

Erste Sippschaft. *Die Maleien*

im Ursitz Agam oder in den Bovenlanden von Padang (dem ehemaligen Menangkabau).

Ferner in Benkulen, zerstreut an der S.-W.küste und in andern Theilen Sumatra's. — Ein Zweig dieser Sippschaft sind die Korintjier und Redjanger.

Die Grenzen der Bovenlande von Padang sind nicht bestimmt. — Die Residenz Benkulen enthält 1200 geogr. □ Meilen [Bn.].

Volksmenge. Im Jahre 1840 lebten 1,000000 Maleien im Ursitz des Stammes, und zerstreut an der S.-W.küste und in andern Theilen Sumatra's; 16500 in Mandaheling und Kubu; 100000 in Benkulen [Bn.], also 83⅓ Köpfe auf 1 □ Meile (im J. 1832 nach Kn. 36750! — und 1834 nach D. 200000!!).

Die Körperlänge beträgt 4′ 10″ 2‴ par. Die Hautfarbe ist kupferbräunlich, etwas dunkler als beim Battastamm. Schädel und Gesichtsbildung sind maleiisch, d. h. das Gesicht ist nicht viel länger als breit, Backenknochen sehr entwickelt, vorstehend, Unterkiefer breit, Glabelle tief eingedrückt, Nase platt, sattelförmig, Nasenflügel sehr breit, Mundöffnung sehr grofs, breit, mit wulstigen dicken Lippen, das Gebifs ragt mehr hervor als beim Battastamm, und die Nase ist immer viel kürzer, platter, sattelförnig-breiter; das Hinterhaupt im Viereck verflacht. Die Männer haben keinen Bart, und die Frauen an den bedeckten Theilen wenig Haare; ihr Busen ist platt, wenig entwickelt, die Brüste sind klein, spitz, kegelförmig; die Haare schwarz, grob und dick. — Im Ganzen sind sie schwächer gebaut, weniger muskulös, als der Battastamm.

Sie sind ein Urstamm, und ihr Paradies ist Menangkabau (Padangbovenlande, wovon das Centralplateau Agam 3000′ hoch ist.).

Die Sprache der Urmaleien ist eigenthümlich und wird

jetzt am reinsten in Queda gesprochen. Sie wird Jawi genannt und mit arabischer Schrift geschrieben, hat 20 Consonanten, 5 Vocale, 2 Diphthonge, und noch 6 arabische Zeichen. Ihre Manuscripte sind nur in Prosa geschrieben. Ihre grammatische Construction ist höchst einfach, ohne alle Biegungen (Numerus, Genus, Casus), so dafs auch die Zeiten der Verba nur durch Hülfswörter bezeichnet werden. — Sie ist entstanden aus: 1) 50 Theilen polynesisch, 2) 27 Maleiisch, 3) 16 Sanscrit, 4) 5 Arabisch, und 5) 2 Theilen unbestimmten Ursprungs, und ist zur Lingua franca des Archipels geworden, die man wenigstems an allen Küsten versteht [Cr.].

Die Verfassung ist eine patriarchalische, mit Eintheilung in Suku's und gleichen Rechten für jedes Mitglied der Familie und Gemeinde. Der Titel der Stamm- (Suku) häuptlinge war: Pangulu (Padangbovenlande), Jangti pertuan, Pagawe, Palawan, Radja, Sultan (in Indrapura, Moco-moco), Pangerang (in Benkulen), Pamontja und Tuanku (welcher letztere ursprünglich blofs geistlich war, wie Iman und Chatip für Priester überhaupt). Drei Radja's in Menangkabau übten früher das Supremat über alle übrigen Häuptlinge, und residirten zu Ruma di kudam, di tenga und di bukit; Siak, Indragiri und Palembang und andere Reiche waren ihnen schutzpflichtig; ihre Unterthanen mufsten ihnen das Material zum Bauen ihrer Häuser liefern, auch erhoben sie einige Zölle, hatten aufserdem aber wenig Vorrechte. Nur in den ältesten Zeiten scheint eine grofse Monarchie mit dem Supremat über ganz Sumatra bestanden zu haben, deren Souveraine sich Maha-Radja de Radja (Könige aller Könige) nannten. Jetzt sind die gröfsern Häuptlinge in von der Regierung besoldete Regenten verwandelt, die unter europäischen Residenten stehn. Diese Häuptlinge haben keine despotische Gewalt, sind vielmehr den Hâdâ's unterworfen, hängen von dem Willen ihres Volkes (ihrer Anakbua) ab, und können ohne vorherige Nationalberathungen, worin Jeder eine Stimme hat, Nichts unternehmen. In der Padangbovenlanden sprechen in Rechtssachen die Pangulu buprut's das Urtheil; von ihnen kann zu den gröfsern Pangulu suku appellirt werden, und von diesen zu der allgemeinen Versammlung (Rappat) aller Häuptlinge. — Zu Natal herrscht ein Tuanku mit 6 Datu's, und verschafft sich einige Einkünfte durch Zölle und andere Abgaben [F.]. —

Zu Benkulen herrschen erbliche Häuptlinge: Radja, Pangerang, Datu, Pamangku, Depatti, deren Einkünfte hauptsächlich in Strafen der Verbrecher bestehn [F.]. Der Unterthan geht auf dem Fufse von Gleichheit mit dem Häuptling um und ist weit entfernt, ihm solche Ehrenbeweise zu geben, wie der Javan dem seinigen, viel weniger vor ihm zu kriechen.

Religion. Vor der Einführung des Islamismus war die Brahmanenlehre allgemein, von der noch einige Ruinen herrühren [Rf. — Nahuis]. Priangan ist der Name der Ruinen der alten Hauptstadt Menangkabau's. Nach Rf. soll der Islam erst im XV. Jahrhundert eingeführt sein; nach Andern durch einen Lehrling des Sech Abdullah Arief, der zu Atjin predigte, schon 1177 [F.]. (Vielleicht noch etwas früher, und vielleicht wurde dadurch jene Auswanderung nach Singhapura im J. 1160 bewirkt?) Im J. 1805 veranlafste das Ueberhandnehmen der Sittenverderbnifs und Barbarei das Entstehn einer geistlich-mohamedanischen Sekte Padries, deren Vorsteher sich bald eine despotische weltliche Herrschaft anmafsten. Drei von Mecca zurückkehrende Priester bereiteten die neue Lehre vor, und der fromme Schwärmer Nan Rentja (später Tuanku) drang zuerst auf häufiges Beten, auf die genaue Befolgung des Koran, auf die Abschaffung der Hahnenkämpfe und selbst des Tabackrauchens. In seine Fufstapfen trat Tuanku Passaman und Datu Bandharo, und vor allen dessen junger Begleiter Maliem bassa, welcher nachher unter dem Namen Tuanku muda und Tuanku Imam sich als der gefürchtetste Padriedespot von Bondjol erhob. — Alle Anhänger der neuen Sekte kleideten sich weifs, jedes Dorf erhielt einen Padrie (nachdem die Herrschaft der frühern Pangulus vernichtet war), die geringsten Vergehungen, z. B. die Uebertretung des Verbots des Betelkauens, wurden streng bestraft, und der blutigste Despotismus, den Koran in der einen, das Schwerdt in der andern Hand, trat ein. — Erst 1838 wurde Tuanku Imam besiegt, Bondjol durch niederländische Truppen eingenommen, und der Fanatismus gedämpft.

Charakter. Sie sind träge, arbeitsscheu (nach ihrer Meinung brauchen nur Sclaven zu arbeiten); sind ferner sehr ehrgeizig und wollen den Namen nicht haben, für Geld zu arbeiten oder ihre Freiheit zu verkaufen [D.]. Sie sind rachsüchtig und rächen persönliche Beleidigungen (Schläge) in der Regel auf der Stelle; auch sind sie falsch und nachtragend, und die Mehrzahl von ihnen schlecht von Sitten, moralisch verderbt (Diebstahl, Menschenraub und Vergiftung fallen häufig vor). Die Gutmüthigkeit der Batta-er findet man bei ihnen nicht, sie gleichen mehr den Javanen, sind undankbar, treulos, verrätherisch, kalt, theilnahmlos, aber freisinniger als diese letztern, und sehr anhänglich an ihr Geburtsland; sie wollen gern neben den Gräbern ihrer Väter ruhn, und graben selbst Leichen aus, um sie in ihre Heimath zu verschleppen.

Dem Opiumrauchen sind sie mit Leidenschaft ergeben, außerdem auch zu Spirituosis geneigt. Sie lieben Hahnenkämpfe über Alles, wobei sie den Thieren Sporen anschnallen, und Weiber, Kinder und zuletzt sich selber für 10 Fl. Dienstlohn jährlich, verspielen.

Viele ihrer Hadat's (Gesetze) sind nach dem Koran gemodelt. Im Anfang des gegenwärtigen Jahrhunderts geriethen in den Padangbovenlanden die Gesetze ganz in Verfall; Hasardspiele, Hahnenkämpfe, Opiumrauchen, Trunkenheit, Diebstahl, Mord, Menschenraub und Sittenverderbniſs aller Art nahmen überhand und veranlaſsten das Entstehn der Padriesekte (s. oben).

Ein Gastherr oder Dorfhäuptling ist für die ihm anvertrauten Güter eines Reisenden verantwortlich. — Diebstahl wird mit einfacher oder doppelter Zurückerstattung des Gestohlnen und mit 10—50 Piaster Buſse für die Häuptlinge bestraft [Bn.]. Die Todesstrafe kann abgekauft werden mit Banggon, welches entweder 1—200 Fl. [F.] oder 150—400 Piaster [Bn.] beträgt; nur eine Frau, die ihren Mann ermordet hat, muſs sterben [Bn.]. Früher konnten Missethäter von den Fürsten begnadigt und zu Sclaven gemacht werden. Auch Brudermord ist abkaufbar [Cr.]. Wenn Jemand geschlagen wird, so hat er das Recht seinen Beleidiger todtzustechen. Zwei Streitende haben das Recht, auf Tod und Leben mit einander zu kämpfen [Cr.]. Ehebruch heischt Tod; wird der Ehebrecher auf der That ertappt, so darf er sogleich getödtet werden [Cr.]. Verstümmelung und Gefängniſsstrafe sind ihnen nicht ursprünglich eigen. Folternde Mittel zur Erpressung von Geständniſsen sind bei keiner Sippschaft des Maleiostammes bekannt [Cr.].

Ein unvermögender Schuldner, z. B. auch ein solcher, dem der Häuptling die Strafe für ein Verbrechen vorschofs (oder erliefs), mufs für den Gläubiger arbeiten, bis die Schuld abbezahlt ist, wodurch er mit Frau und Kind in den Sclavenstand gerathen kann [Cr.]. — Jemand kann Geld leihen für seine verpfändete Freiheit; solche Orang berutang erhalten gewöhnlich 100—200 Fl. geliehen und bleiben dann, indem sie von dieser Summe jährlich etwa nur 10 Fl. abverdienen, in der Regel 10—20 Jahre dienstbar, also in der That Sclaven!

Wenn ein nicht verheirathetes Mädchen schwanger wird, so zahlt sie 25—50 Piaster Bufse, oder geräth bei Geldmangel in Sclaverei — ein Gesetz (in Benkulen), welches häufigen Kindermord und Abtreibung der Frucht zur Folge hat [Bn.].

Sie schwören bei ihren Heiligthümern uud den verehrten Reliquien ihrer Vorväter [Cr.]. — Als Erben können nur Schwesterkinder, nicht aber die Kinder direkter Abstammung, eintreten.

Heirath. Die Anfrage der Braut geschieht durch die Eltern mit Ueberreichung eines Geschenkes (Buka suwara). Die Heirathen auf dem Fufse von Gleichheit zwischen Ihm und Ihr sind zwar die häufigsten, doch wird stets ein kleiner Brautschatz (Kassiarta) an die Eltern der Braut gezahlt, namentlich bei 1) Djudjur, wobei die Frau, nach Entrichtung von 100—200 Fl. und mehr, das Eigenthum des Mannes (nebst den erzeugten Kindern) wird, so dafs sie bei seinem Tode, auf die nächsten Blutverwandten übererbt (Ganti tikar). Wenn der Mann 400 Fl. bezahlt hat, so hat er sogar das Recht, die Frau zu verkaufen oder zu verpfänden [Bn.]. — 2) Semando ambil anak (battaisch Sumando), wobei ein armer Mann zu den Eltern seiner Frau zieht und gleichsam deren Sclave wird [F.]. — 3) Die Heirath mit gleichen Rechten Beider, Semando suka sama suka, wobei zur Bestreitung der Unkosten der Heirath doch auch etwas an die Eltern der Braut (40—200 Fl.) bezahlt wird (Antaran), doch so, dafs zum eigentlichen Heirathsschmause (Bimbang) der Mann nur $\frac{1}{3}$, die Frau $\frac{2}{3}$ beiträgt [F.]. — Als eine Abart (?) von Djudjur nennt Bn. eine vierte Art von Heirath, wobei der Bräutigam blofs 15 bis 30 Piaster an die Eltern der Braut zahlt, wenn diese kein Hymen mehr hat. — Auch in Redjang sind Djudjur- und Semando-Heirathen gebräuchlich.

Verlangt eine Frau die Ehescheidung, so mufs sie die Heirathssumme zurückbezahlen. Hat aber eine Frau ihren Mann wegen schlechter Behandlung verlassen, so kann dieser sie nicht zurückerhalten, oder er mufs erst neue Geschenke an ihre Eltern geben, was man Tutop malu (den Schimpf bedecken) nennt.

Das Begräbnifs ist ganz nach dem Koran gemodelt. Die Leiche wird gewaschen, in Leinwand gewickelt und in einem engen Sarge bald nach dem Tode begraben, wie bei den Javanen.

Ihre Wohnungen haben wenig Ausgezeichnetes. Der Flur der Häuser ruht auf Pfählen, höher über dem Grunde, als bei den Javanen, wenigstens 5 Fufs hoch; das Material ist Bambus, bei den Häuptlingen oftmals Bretter; das Dach ist mit Allanggras oder mit Atap (Palmblättern), und in den Gebirgen mit Idju (Arengfaser) gedeckt. — Die Dörfer auf Sumatra heifsen Dussun.

Kleidung. Von allen Sippschaften des Maleienstammes gilt, dafs sie ihre abgefeilten Zähne schwarz färben und sich nie tatuiren. Den Aermsten gewährt ein Stück Baumrinde hinlängliche Kleidung. Die übrigen tragen: 1) in Turbanform ein Kopftuch, bei den Gemeinen von Leinwand oder gefärbtem Baumwollenzeug, bei den Reichen oft mit einem Rande von Gold; 2) einen Sarong, mit einer Leibbinde befestigt, oder eine weite, bis auf die Waden reichende Pumphose, in welchem letztern Fall der Sarong um die Schultern geschlagen wird; 3) ein Badju, oder eine Jacke mit weit ausgeschnittenem Halse und vorn ganz offen, einer langen Reihe von Knöpfen und mit oder ohne Aermel. — Die zur Padriesekte Gehörenden gehn ganz weifs, mit langer Kabaia (Oberkleid) [F.].

Nahrung. Von allen Sippschaften des Maleiostammes gilt: sie essen mit der blofsen Hand. Ihre Bedürfnisse sind gering; Reis ist ihre Hauptnahrung, dagegen verabscheuen sie Schweinefleisch. Die an den Küsten essen viele Fische.

Flora. An dem sumpfigen schmalen Küstensaume Süd-West-Sumatra's tritt die Strandkasuarine auf, die auf Java fehlt. Viele Sträucher und Bäume, die auf Java nur im hohen Gebirge wachsen, steigen dort bis zum Strande herab. — Tectonia grandis fehlt auf Sumatra.

Der Fauna ist die Antilope sumatrana, in den hohen

Gebirgen von Padang's Bovenlanden, eigenthümlich. Elephanten, Rhinocerosse (2 Arten), Königstiger, Leoparden, Stenopsarten und Bären sind in den Wäldern Sumatra's gemein; Orang utang's zweifelhaft.

Ihre Landeskultur und Viehzucht ist die gewöhnliche. In Benkulen Reiskultur, vorzugsweise in trocknen Feldern, die in der Regel nur einmal bepflanzt werden, nämlich im September, nachdem der Wald verbrannt ist (defshalb finden dort die häufigen Wohnungswechsel Statt) [Bn.]. — In der Residenz Benkulen standen im Jahre 1832 21160 Gewürznelkenbäume, 17860 Muskatbäume, 102000 Cocospalmen, 1,311000 Kaffeebäume, 8,071390 Pfefferranken [Kn.]. — In den Bovenlanden von Padang ist die Kaffeekultur eingeführt.

Die Pferdezucht steht auf einer niedrigen Stufe. In Benkulen zählte man im Jahre 1832 8000 Büffel, 1500 Ziegen, 300 Kühe, und blofs 28 Pferde [Kn.].

Musik, Spiele. Sie haben Trommeln und ähnliche Metallbecken (Gong) wie die Javaër, und aufserdem eine Art Flöten (Suling und Serdum), die Flöte Bangsi von hindu'schem Ursprung, eine Laute oder Guitarre, Kachapi, und die kleine Geige mit zwei Saiten, Rabab. Sie stehn jedoch in der Musik weit hinter den Javaërn zurück.

Die Häuptlinge von Benkulen pflegen in der Absicht, sich Geld oder Sclaven zu verschaffen, häufig Feste, Bimbang, zu geben, wobei Hazardspiele und Opiumrauchen die Mittel zur Verführung und zur Erlangung von Geldbufsen sind.

Ihre Industrie ist geringer als die der Javanen, doch bei den Bergbewohnern bedeutender als an den Küsten. Sie weben Baumwollenkleider, arbeiten geschickt in Gold, schmieden Eisen, machen (in den Bovenlanden von Padang) gute Schiefsgewehre, aber ohne Schlofs, und bereiten Pulver. Ihre Priester (Padries) sind als Schriftgelehrte, besonders in der arabischen Sprache, berühmt.

Die Exporten sind: Gold aus Rau und Korintji, Pfeffer, Elfenbein, Kaffee aus den Bovenlanden von Padang (wenig); — von Benkulen Gewürznelken, Muskatnüsse und Kaffee, aber wenig und die Ausgaben der Regierung bei Weitem nicht deckend.

Kriegführung. Sie sind feig im offenen Gefecht, besonders auch aus Furcht, in fremder Erde begraben zu weren, doch jedenfalls muthiger als die Javanen. Bei ihrem indringen in ein feindliches Land wird Alles geplündert, geordet und verbrannt. Die Secte der Padries setzte den iederländischen Waffen einen langen und tapfern Widerstand ntgegen. Ihre befestigten Dörfer sind mit Gräben, Wällen, nd besonders mit Hecken von Dornbambus (Bambu auer) mgeben. Sie verstehn gut mit dem Säbel zu fechten und u pariren (mandja); ihre Hauptwaffe jedoch ist aufser der anze ihre Flinte, mit langem Lauf, weit und sicher tragend, ber nur mit Lunten losbrennbar.

Krankheiten. Unter allen Sippschaften des Maleienstamnes sind die häufigsten Epidemien Cholera und Kinderpoken. Syphilis, welche sie von den Europäern erhalten haben, st sehr allgemein verbreitet. Zu inflammatorischen Krankheien sind sie nicht geneigt und ertragen die gröfsten Verwunungen ohne Entzündung. Die Kinder zahnen leicht, leiden ber an Würmern und Dickbäuchen. Hautkrankheiten sind ei den Küstenbewohnern, die viel Fische essen, häufig. Die rauen gebären sehr leicht.

Als Fremdlinge in den Handelsplätzen der S.-W.küste umatra's sind zu nennen: Chinesen, einige Javanen, Araber, elinganesen etc.

Die Korintjier und Redjanger in den Landschaften es innern Sumatra südlich von Padang, auf 513000 geschätzt, ehören wahrscheinlich zu derselben Sippschaft. Ihre Geetze sind fast ganz dieselben, wie bei den Maleien in den ovenlanden von Padang; ihre Heirathen sind, wie dort, Djudjur und Semando, und der Mord ist mit Geld zu sühnen (der ines Oberhauptes Pambarab mit 500, der Frau eines solchen nit 250, eines Proathin (Beamten) mit 250, der Frau eines olchen mit 150 und eines Gemeinen mit 80 Piastern). Ein rtappter Ehebrecher darf getödtet werden. Die Korintjier ind eifrige Mohamedaner und pilgern oft nach Mecca.

Die im Jahre 1805 erblühte fanatische Secte der Padries vurde erst 1838 durch die Einnahme Bondjols, ihres Hauptitzes, unterdrückt. Das Oberhaupt, Tuanku Imam, dieser ekte befahl den Mordzug in die Battaländer, der gröfstenheils mit Banden aus Rau vollbracht wurde, wobei ganze andschaften verheert wurden und mehrere Hunderttausende on Batta-ern das Leben verloren.

Zweite Sippschaft. *Maleien*
in Tanna maleio (Singhapura, Halbinsel Malacca und benachbarte Inseln).

Ein isolirter Zweig dieser Sippschaft sind die Orang jakoig oder benua im Rumbostaate.

Die Gesammt-Seelenzahl dieses Gebiets ist 1,131000 wovon auf die 11 Staaten der maleiischen Halbinsel bis zur Landenge Kraw nach den Angaben von Cr. 911000 kommen; auf Pulo Pinang 60000 (wovon jedoch im Jahre 1828 nur 15000 echte Maleien), und auf Singhapura 160000 (aus vielerlei Völkern gemischt).

Nach den maleiischen Jahrbüchern wanderten 1160 aus Menangkabau (Padang-Bovenlande) eine Anzahl Maleien aus, unter Sri Turi Buwana, begaben sich nach Tanna udjong wo sie Singhapura stifteten, und verbreiteten sich von da nach Malacca und allen benachbarten Küsten, die seit jener Zeit Tanna maleio genannt wurden; die frühern Hindukolonisten, welche sie auf Singhapura trafen, scheinen nicht zahlreich gewesen zu sein. Von diesem Tanna maleio verbreiteten sie sich über die Küstenländer des ganzen Archipels [Cr., Rf.]

Das reinste Maleiisch wird, wie erwähnt, im Staate Queda gesprochen.

Auf der Halbinsel Malacca giebt es eilf einzelne Staaten unter monarchischen (willkürlichen) Herrschern, als: Patani, Kalantan, Tringano, Pahang, Djohor (Johore, dessen Fürst sich auch Sultan von Linga und Rhio nennt), Queda, Perak, Salangore und Rumbo, welches letztere der einzige centrale Staat der Maleien ist. Die Bewohner von Rumbo nennen sich noch jetzt Orang menangkabau, und behaupten direct von dort hergekommen zu sein, auf einer Wanderung, welche den Siakflufs in Sumatra hinab-, über die Malaccastrafse hinweg, und den Linggiflufs in Malacca hinaufgerichtet war [Cr.].

Unter dem Sultan von Malacca standen: 1) ein Minister der innern Angelegenheiten, Bandahara, 2) ein anderer für die äufsern und Handelsangelegenheiten, Shahbandar, 3) ein Admiral, Laksimana, und 4) ein Polizeiminister, Tomongong [Cr.]

Seit 1276 wurde unter Sultan Mahmud Shah in Malacca der Islamismus aus dem indischen Staate Guzurate eingeführt [Cr.]. Manche ihrer jetzigen Priester sind wegen ihrer Gelehrsamkeit berühmt.

Ihren Charakter anlangend, sind sie nachdenkend, überlegend; thätig, im Handel sehr speculativ, kühn, aber auch gewinnsüchtig, betrügerisch; ferner gelehrig, lernbegierig, fanatisch, voll rastlosen Eifers für die Verbreitung des Koran, ehrliebend, sehr heftig gegen Beleidigungen, und gehn aus Rachsucht oder Eifersucht leicht zur Amokwuth über. Sie kleben sehr am Alten und hassen Neuerungen; sie lieben die Freiheit und sind viel tapferer als die Javanen [Cr., Rf.].

Gesetze. Sie haben geschriebene Institutionen (Undang undang), unter andern einen Codex maritimus, der wahrscheinlich 1276 zu Malacca verfafst wurde [Rf.]. — Geld wird nur auf Pfänder gegen Interessen geliehen. Unvermögende Schuldner müssen für ihre Herrn arbeiten. Alle Strafen sind abkaufbar, und seit der Zeit des europäischen Sclavenhandels auch die Todesstrafe [Cr.]. — Diebstahl wird mit Verstümmelung bestraft; doch scheint dieses Gesetz mohamedanischen Ursprungs zu sein, ebenso wie viele andere nach dem Koran gemodelt sind. — Ehebruch verwirkt Todesstrafe, die aber mit 10 Tail abgekauft werden kann; nur die Verführung der Frau eines Höhern ist ein Verbrechen, das den unvermeidlichen Tod nach sich zieht [Cr.].

Wer einen falschen Eid geschworen hat, bezahlt 2 Tail Bufse, und wird, das Gesicht mit Holzkohle und Curcuma beschmiert, der öffentlichen Verspottung Preis gegeben [Cr.]. — Sclaven, Frauen und Männer von schlechtem Betragen können nicht als Zeugen zugelassen werden [Cr.]. — Sie schwören auf den Koran. — Wenn eine schwierige Rechtssache nicht anders entschieden werden kann, so findet entweder Zweikampf statt, oder es tritt eine Art Gottesurtheil ein, nämlich ein Stückchen Papier mit einem Verse des Koran beschrieben, mufs aus einem Gefäfse mit kochendem Oel herausgegriffen werden. — Das Sclavenwesen ist gesetzlich, und Sclaven können vermiethet werden. — Nicht blofs der Admiral, sondern jeder Anführer eines Schiffes hat auf See das Recht über Leben und Tod [Cr.].

Die Heiraths-Gebräuche sind gleich denen der übrigen Maleien. — Wenn eine Frau die Ehescheidung verlangt, so mufs sie den Brautschatz zurückbezahlen [Cr.].

Im Begräbnifs, in der Wohnungsart, wie in der

Kleidung und Nahrung weichen sie nicht ab von den übrigen Maleien.

Wie am S.-W.gestade von Sumatra, umsäumt die Strandcasuarine auch hier die Küsten. Der Tekbaum (Tectonia) fehlt, ebenso wie auf Sumatra, auch auf der Halbinsel Malacca, und tritt zuerst wieder im Norden des Isthmus, in Martaban auf.

Aufser den Nahrungspflanzen: Reis, Jagon, Cocospalmen etc., wird besonders Pfeffer kultivirt.

Die Hausthiere sind die gewöhnlichen, aufser Schweine. Die Maleien sind wenig zur Viehzucht geneigt; das gemeinste Hausthier ist der Büffel.

Die Schlaginstrumente (metallne Becken, Gong's) bilden wie bei den übrigen Maleien (und Javanen) ihre Musik.

Ihre Kultur soll ehedem, vor der Einführung des Islamismus, höher gestanden haben als jetzt. Die von ihnen geübten Gewerbe sind die der übrigen Maleien; nur dafs ihre maritime Richtung eine gröfsere Vollkommenheit im Schiffsbau und in der Seefahrtkunde als bei den übrigen Ostindiern zur Folge hatte.

Die Exporten aus allen eilf Staaten der maleiischen Halbinsel (mit Singhapura und Pulo Pinang) zusammen, sind aufser Salz, Reis und aus dem Staate Perak Antimon und Steinkohlen, besonders Gold (mehrere Centner jährlich — ?), Zinn 34000 Centner, und Pfeffer 16000 Centner jährlich [nach Angaben von Cr. u. A.].

Seit 1818 ist Malacca der Sitz von evangelischen Missionären, die ein anglo-chinesisches Collegium errichtet haben, nebst einem Seminarium und einer Druckerei.

Von Fremdlingen sind in diesem Gebiet zu erwähnen, in Malacca: Hinduabkömmlinge aus Telinga, — und im Staate Queda (in den Gebirgen): eine Anzahl von etwa 400 Negritenstreiflingen, genannt Orang samang oder udai (s. I. 1.).

Ausbreitung. Von Singhapura und Malacca verbreiteten sich die Maleien zunächst über die Inseln Lingga, Bintang und über Kampar und andere Theile der Ostküste Sumatra's, und so weiter über alle Küstenländer des ganzen Archipels. — Abgesonderte Streiflinge, welche die mohamedanische Religion nicht annahmen und defshalb auf einer niedrigern Stufe der Civilisation stehen blieben, sind die Orang jakong oder benua in dem centralen Rumbostaate, in dessen flachen Gegenden sie umherschwärmen [Cr., Rf.]. Sie sind harmlos, klein von Statur, aber wohlgestaltet, braungelb, mit schlichtem, langem Haar, gehn nakt und leben wild, ohne Civilisation. Sie sprechen eine gemischte Sprache mit vielen maleiischen Wörtern, und ziehn in eine andre Gegend, sobald Einer von ihnen gestorben ist [Rf.]. Blofs 60 Familien (?).

Die unter Sri Turi Buwana im J. 1160 in Singhapura angekommnen Maleien wurden von da durch (Modjopait'sche? Padjajaran'sche? oder Palembang'sche?) Javanen, die auf ihre Handelsblüthe neidisch waren, vertrieben, und stifteten unter Sri Iskander Shah im J. 1253 Malacca. Dort wurde 1276 der Islamismus eingeführt, und seit dieser Zeit nannten sich ihre Radja's: Sultane. Der 12te dieser Herrscher, Sultan Mahmud Shah, wurde 1511 durch Albuquerque vertrieben und gründete Djohor (Johore). Die Portugiesen wurden im J. 1640 durch die Niederländer wieder verjagt, etc. — Im J. 1819 wurde durch Raffles Singhapura gegründet, mit einem Freihafen, der sich seitdem mit der Schnelligkeit eines Meteors erhob.

Achte Sippschaft. *Die maleïischen Kosmopoliten.*

Durch den ganzen Archipel, in den Gestadeländern.

Das Areal ist unbestimmbar. Sie kommen vor: 1) als Meernomaden, Orang salat oder laut; — 2) auf den Suluinseln, wo sie auch meist Piraten sind; — 3) auf den Küsten der Molukken, Banda, Amboina; — 4) auf den Küsten von Magindanao; — 5) auf Ternate unter eignen Sultanen; — 6) auf Borneo's Südküste unter einem Sultane zu Banjermassin; — 7) auf Borneo's Westküste unter einem Sultane zu Sambas und einem zu Pontianak; — 8) auf der Ostküste von Sumatra an den Flüssen Kampar, Siak und auf den vorliegenden Inseln bis Ruppat, etc.

Was die Seelenzahl betrifft, so ist ad 1) die Zahl der Matrosen und Piraten (Orang laut) unbestimmbar; ad 6) war sie im J. 1824 auf Borneo's Südküste zu Banjermassin unter niederl. Flagge = 10000 [M.]; ad 7) im J. 1832 auf Borneo's Westküste = 71180 [F.]; ad 8) auf der Ostküste von Sumatra = 400000.

Abstammung. Von den Bewohnern der Hauptstadt Banjermassin (Südborneo) wird behauptet, dafs sie ursprünglich Daiaer gewesen sind, und maleiische Sitten angenommen haben [M.]. (Vielleicht sind sie eine Vermischung Beider?) — Die Maleien verbreiteten sich seit 1160, von Tanna maleio (Singhapura, Malacca) aus, fast über alle Küstenländer des ganzen Archipels, und als Orang laut fast durch alle seine Gewässer.

Die maleiische Sprache ist durch die maleiischen Kosmopoliten zur allgemeinen Umgangssprache im ganzen Archipel geworden.

Die maleiischen Küstenstaaten stehn unter willkürlichen, despotischen Herrschern, die sämmtlich den Koran anerkennen. Zu Ternate herrscht ein Sultan; zu Banjermassin (Südborneo) ein Sultan; zu Sambas (S.-W.borneo) ein Sultan; zu Pontianak (Westküste von Borneo) ein Sultan (oder Jangti Pertuan), der ganz despotisch regiert, und unter dem Panambahan, Pangeran, Raden, Tommangon (Feldherr), Laxamana (Admiral), Imam (Hohepriester), und als kleinere Würden Kiai, Datu, Lura und Kawum (Priester) stehn [F.].

Seit der Einführung des Islamismus in Malacca im J. 1276 ist dieser die allgemeine Religion aller Maleien geworden, deren Hohepriester (Imam) und Priester (Kawum) sehr fanatisch und intolerant sind. Besonders die, welche die Pilgerfahrt nach Mecca zurückgelegt haben und Hadji (arab.: Heilige) heifsen, behaupten einen bedeutenden Einflufs aufs Volk. Nur in den Küstengegenden der Molukken haben einige den Namen von Christen (aber wenig mehr!) angenommen.

Sie haben im Allgemeinen einen falschen und heimtückischen Charakter, sind eifersüchtig und rachsüchtig, und überlassen sich in solchen Leidenschaften oftmals der Amokwuth. — Die auf Borneo's Westküste werden verrätherisch, treulos, moralisch schlecht, grausam, mitleidslos genannt [F.].

Die heimath- und besitzlosen Orang laut sind raubsüchtig, treulos, blutdürstig, zu Lande indolent, faul, und nur zu Wasser, wenn sie auf Beute ausgehn, regsam, aber dann auch muthig, in der Gefahr wild, grausam und unbarmherzig gegen die Gefangenen, die sie morden oder zu Sclaven machen. Sie weben keine Kleider und gehn bis auf ein Lendentuch in der Regel nackt; — essen mehr Sago als Reis, und aufserdem viel Fische.

Das Opiumrauchen lieben Alle. — Zu Banjermassin sind die Fürsten der Treibhirschjagd leidenschaftlich ergeben; wie die Gaucho's in den Pampas des la Plata-Stroms die Stiere mit einem Lazo fangen, so verfolgen sie die Hirsche zu Pferde, denen sie einen am Zaume befestigten Strick um den Hals werfen [M.].

Vor Einführung des Islamismus sollen die Bewohner von Banjermassin daia'sche Sitten und Waffen gehabt haben [M.]. (Gegenwärtig gelten die Vorschriften der maleiischen Gesetzsammlungen. — Zu Banjermassin ist die Verstümmelungsstrafe gebräuchlich; das Jagen von Hirschen, das sich die Fürsten allein vorbehalten haben, wird mit dem Abhauen der Hände bestraft [M.].

Ebendaselbst herrscht der merkwürdige Gebrauch, dafs ein junger Kronprinz, bevor er zum ersten Mal den Boden betreten darf, erst folgende Ceremonie durchmacht. Nachdem er über ein Bündel Zuckerrohr, über drei Schüsseln mit Geld, Reis und Früchten, und dann über ausgestreutes Backwerk geschritten, mufs er sich zum Flusse begeben, wo er gewaschen und ins Wasser gesetzt wird, worauf der Sultan ein Netz über ihn ausbreitet; das Gebäck und die Früchte werden dann in den Flufs geworfen. In den Palast (Kraton) zurückgebracht, schaaren sich drei Reihen von Frauen um das Kind und lassen 3 Mal einen Spiegel und eine brennende Fackel durch ihre Reihen herumgehn; dann läfst der Sultan das Kind an einem hart gekochten Ei saugen, und bestreicht sein Zahnfleisch mit 2 grofsen Diamanten, worauf mit Festen und Glückwünschen die Feierlichkeit endet [M.].

Die Heirath ist wie bei den übrigen Maleien, und nach dem Koran festgesetzt. — Zu Banjermassin wird bei der Hochzeit das Paar von den eingeladenen Verwandten mit Wasser besprengt; der Mann wird in das Haus seiner Frau geführt, und bleibt daselbst drei Tage. Nachher stattet das Paar bei allen Verwandten Besuche ab [M.].

Die Begräbnisse sind gleichfalls nach dem Koran, wie bei den übrigen mohamed. Maleien (die Priestergebete an bestimmten Tagen nach dem Tode werden nie vergessen).

Die Häuser sind in der Regel von Bambus, oft, besonders die der Häuptlinge, von Holz, auf Eckpfählen mit einem stets 5 Fufs und mehr über den Grund erhabenen Flur. Zu

Banjermassin und in einigen andern, häufigen Ueberschwemmungen ausgesetzten Deltaländern sind die meisten Häuse auf Flotten im Flufse selbst erbaut [M.].

Die Orang laut haben nur selten eine momentane Uferhütte und wohnen mit Frau und Kind auf ihren Schiffen (Prau), die 50′ lang sind, schnell segeln, 6—8 Tonnen Last haben und nur vorn und hinten ein kleines Verdeck besitzen, in der Mitte aber mit Brettern oder Palmblättern dachförmig geschlossen werden können.

Kleidung. Die Frauen tragen die gewöhnlichen Sarong, Kabai und Selindang (Shawl); die Männer häufiger eine Pumphose, die bis an die Kniee reicht, als einen Sarong, — ein Kopftuch und eine vorn offene Jacke; zuweilen auch ein langes, geschlossenes, nur auf der Brust geschlitztes Oberkleid, wie ein Hemd. Die Fürsten in ihren Galakleidern sind mit Gold, und die auf Borneo (Banjermassin) mit Diamanten überladen [M.].

Flora und Fauna. Auf Borneo's Westküste soll derselbe Kampferbaum, der in den südwestlichen Gegenden der Battaländer wächst, vorkommen (Dryobalanops aromatica), Eisenholz, und am sumpfigen Küstensaume Borneo's die Strandkasuarine. — Der Orang utang ist den Wäldern der Niederungen eigenthümlich.

Ihr Landbau besteht aus Reis, Baumwolle, Cocospalmen, von deren Nufsmark sie Oel machen, etwas Zuckerrohr und Pfeffer; — ihre Viehzucht aus den gewöhnlichen Thieren (aufser Schweinen); an den Flufsmündungen, z. B. in Banjermassin, ziehen sie viel Enten.

Musik und Tanz. Die Fürsten auf Banjermassin lieben das Büchsenschiefsen. — Ihre Musikinstrumente sind die gewöhnlichen. Die Rongeng's haben bei ihren gewöhnlichen Tänzen wie bei den Javanen die Freiheit zu extemporiren, und selbst gegen anwesende Personen Pasquille zu singen. Das Pondongspiel ist eine Possenreifserei, wobei auf der Trommel geschlagen wird, und wobei der Spielende seine Gedanken mit unumschränkter Freiheit äufsern darf. Bei den Fürsten von Banjermassin sind folgende Tänze gebräuchlich: 1) Gambo, der von jungen, mit Lanzen bewaffneten Männern ausgeführt wird; — 2) Joget, den Frauen nach dem Tact der Musik tanzen; — 3) Orong orong balang, ein Tanz fürstlicher

Frauen, wobei sie, einen Strick in den Händen haltend und abwechselnd mit den Händen klappend, sich im Kreise bewegen; — 4) Baksa dadap, wird auch nur von Fürsten getanzt und ist eine Art Waffentanz mit sehr lebhaften Bewegungen. Die erstern beiden Tänze scheinen sie von den Javanen angenommen zu haben [M.].

Industrie. Zu Banjermassin werden schöne Kleider gewebt [M.]. Aufser den Künsten und Handwerken der übrigen Maleien ist aber besonders die Kunst der Waffenfabrication auf Banjermassin auf eine hohe Stufe gelangt, indem (besonders im Dorfe Nagara) sowohl Gewehre als Büchsen à filet und à percussion gemacht werden, wovon besonders die Läufe vortrefflich sind [He.]. Daselbst werden auch Bretter gesägt und Flotten gebaut [M.].

Exporte von Banjermassin: Hirschhorn und getrocknetes Hirschfleisch nach China, Harz (Dammar), Drachenblut, Bezoar, Wachs, Eisenerz, Sogabast zu Tauen, Matten, Trassie, Oel, Rotang, Vogelnester, Kleider, Zucker, Eisenholz, Gold und Diamanten [M.].

Die Orang laut sind gröfstentheils Piraten, und verlassen ihre Schlupfwinkel zwischen den felsigen Küsten der kleinen Inseln, wohin sie wegen Untiefe des Wassers und wegen Klippen von europäischen Schiffen nicht verfolgt werden können, nur, um, 20—30 Mann in einem Prau, auf Beute auszugehn.

Die Küstenbewohner und Orang laut leiden wegen ihrer Fischnahrung vorzugsweise an Hautausschlägen.

Der europäische Einflufs hat z. B. zu Banjermassin die Einführung humanerer Gesetze und die Abschaffung der Verstümmelungsstrafen zur Folge gehabt.

Von Fremdlingen finden sich auf der Westküste von Borneo: 2280 Bugis, 950 Araber und 32920 Chinesen. Die Bugis sind Händler, die Araber (Wan) Händler und Beamte, die Chinesen sind vorzugsweise die Bearbeiter der Goldminen und haben ihre eigne Verfassung unter einem Präsidenten in sieben Kongsies [M.]. Aufserdem findet man java'sche Schuldner (Berutang oder Kawan) und javanische Sclaven.

Als Parasiten, d. i. ohne eigne Verfassung und den Eingebornen des Landes eingemengt, kommen die Maleien fast auf allen Küsten des ganzen Archipels vor. Auf der Ostküste von Sumatra, nördlich vom Flusse Rakkan wohnen Batta-er bis Delhi, und nördlich von Delhi Atjiner, so dafs Maleien an der Südostküste nur vom Flusse Kampar an bis Rakkan und auf den vorliegenden Inseln von Rantau bis Ruppat vorherrschen; denn südlich von Kampar längs den Strömen Indragiri, Jambi und Palembang wohnen javanische Abkömmlinge, und noch südlicher, vom Tulangbuangflufse an, Lamponger.

Vierte Sippschaft. *Die Atjiner* und *Pediresen.*

Die Volkszahl betrug um's Jahr 1840, mit Einschlufs aller tributpflichtigen Reiche längs der S.-W. und N.-O.küste, 500000 Seelen [*]. — Sie bewohnen gröfstentheils nur die Küsten; doch ist das Innere von N.-W.-Sumatra unbekannt.

Der Schädelbau ist maleiisch [*]. In ihrer Physiognomie herrscht ein Zug von Schlauheit und Falschheit vor. — Die Pediresen (von Pedir an der N.-O.küste) sind blofs Namensverschiedene.

Sie stammen wahrscheinlich von den Maleien aus Singhapura und Malacca (Tanna maleio) ab. Auch noch heutigen Tags lassen sich Maleien aus Padang und andern Theilen Sumatra's als Vagabonden an der S.-W.küste nieder, wo sie Pfeffer pflanzen und kleine Staaten bilden unter Häuptlingen, die beliebige Titel annehmen und oft nur dem Namen nach an Atjin tributär sind. (Nach Rw. sollen die Atjiner von den Orang kling's [Malabaren?] abstammen. — ??)

Verfassung. Atjin selbst, auf der Nord-Westspitze Sumatra's, steht unter despotischen Fürsten, deren ehemals grofse Macht seit der Ankunft der Europäer in Indien immer mehr herabsank. Jetzt ist der Fürst machtlos; Anarchie und Fehden zwischen den kleinern Staaten und einzelnen Dörfern sind allgemein; die Häuptlinge handeln nach Willkür und bereichern sich durch Erpressungen der Gemeinen. Zu Atjin nimmt ein Sabandhar die Handelsgeschäfte des Sultans wahr. Die eigentlichen Regenten des Landes sind Pangaliema's, für jede (handelnde oder landbauende) Volksklasse, Sagie, zwei, deren jeder jährlich vom Sultan 5 Pfund Gold erhält (für den alleinigen Genufs aller Einkünfte), und von deren Willen der gegenwärtige Sultan sehr abhängig ist. Unter ihnen und an sie rapportirend steht für jedes Dorf, ein Pangulu oder Imam, der bei allen Unternehmungen erst mit dem Volke berathen mufs, ohne absolute Gewalt ausüben zu können. Alle diese Würden, die des Sultans mit inbegriffen, erben auf den ältesten Sohn. — Die Flagge ist roth mit einem weifsen Dolch. Alle Land- und Seemacht ist aber verschwunden [Rw.].

Die kleinern Staaten an der Nordost-, und besonders an der Südwestküste, die aus jüngern maleiischen Kolonisten bestehn und deren Häuptlinge die Titel Pangaliema, Datu, Radja annehmen (an der S.-W.küste ein halbes Dutzend), müssen Tribut, Wasiel, an Atjin bezahlen, sind jedoch sehr oft nur dem Namen nach abhängig und verweigern oft den Tribut. Turumon hat sich ganz unabhängig gemacht; seine Flagge ist blau mit weifsem Dolch [Rw.].

Religion. Nach ihrer Sage waren sie früher von brahman'schem Glauben und gingen 1170 zum Islamismus über, welcher von Sech Abdullah Arief [F.], nach andern von Sech Jumal Alam [Rw.] gepredigt wurde. Sie sind jedoch nicht sehr ängstlich in der Befolgung der Vorschriften des Koran.

Volkscharakter. Sie werden allgemein als moralisch sehr schlecht geschildert: sittenlos, wollüstig, zurückhaltend, verschlossen, falsch, treulos, wortbrüchig, betrügerisch, veränderlich, verrätherisch, stolz, hochmüthig, andere Nationen geringachtend, rach- und mordsüchtig; doch wird ihnen ein gewisser Grad von Muth und Unternehmungsgeist, besonders zur See, beigelegt [Rw.].

Hahnenkämpfe sind ihr Lieblingszeitvertreib, und Opiumrauchen ihr leidenschaftlicher Genufs; aufserdem Betelkauen, wie fast bei allen Nationen des Archipels.

Ihre Gesetze sind die maleiischen. Die Einkünfte des Sultans bestehn (aufser Abgaben auf die Landesprodukte) hauptsächlich in 5 pCt. Zoll für eingeführte Waaren und betragen etwa 15 bis 18000 Piaster jährlich, wovon noch jedem Pangaliema 5 Pfd. Gold (zu 480 Piaster) bezahlt werden müssen [Rw.].

Die Heirathsgebräuche sind wie bei den Maleien; desgl. die des Begräbnisses.

Die Häuser ruhn auf Pfählen und sind fast immer von Brettern erbaut, mit einem Dach von Atap (Palmblättern). Ihr länglicher Raum ist in 2 Schlafkammern getheilt, hinten mit einem Kochplatz und vorn mit einer breiten Vorgallerie.

Dicht an einander gebaut bilden sie lange Reihen, zwischen denen sich als Markt, Passar, des Dorfes eine freie Mittelstrafse befindet. Ein Zaun mit Brettern und oft auch noch ein mit Dornbambus bepflanzter Erdwall umgiebt das Dorf. — Einige Matten und irdne Töpfe sind der ganze Hausrath [Rw.]. — In den Ladang's (trocknen Reisfeldern) findet man einzelne zerstreute Häuser.

Kleidung. Die Männer tragen: 1) ein Kopftuch in Turban- (Destar-) form ums Haupt gewunden, welches bei den Reichen mit einem Goldrande versehen ist; — 2) eine vorn offene Jacke mit weiten Aermeln, die fast bis auf die Hüften reicht. In der Regel jedoch tragen sie den Oberleib nackt; — 3) eine seidne oder halbseidne, farbige weite Hose, Soluar atjeh, die bis unter die Waden reicht, und über dieser oftmals noch einen Sarong. Die Frauen kleiden sich mit einem Sarong und Kamisol; die Haare tragen sie blofs [Rw.].

Ihre Hauptnahrung ist Reis; an den Küsten wird auch viel Fisch genossen.

Aufser den Nahrungspflanzen bauen sie besonders Pfeffer. Ihre Hausthiere sind, mit Ausschlufs der Schweine, die gewöhnlichen.

Musik und Tanz sind die gewöhnlichen maleiischen.

In Künsten und Handwerken (Goldarbeiten, Eisen- und Waffenschmiedung) stehn sie auf gleicher Stufe mit den Maleien. Im Schiffsbau haben sie ziemliche Fortschritte gemacht. Von den ehemaligen zahlreichen Geschützen des Sultans sind nur noch sehr wenige brauchbar. Stehendes Militair ist ganz verschwunden.

Haupt-Handelsprodukt ist Pfeffer. Aus den südlichern Küstenstaaten, die jedoch unabhängig von Atjin geworden sind, (Turumon, Singkel) wird Benzoë und Kampfer ausgeführt.

Ihre Waffen sind: Säbel (Klewang) verschiedener Gröfse, welche sie stets blank, ohne Scheide tragen, Lanzen, kleine runde Schilde von Holz, besonders aber Gewehre und s. g. Donnerbüchsen. Einige Kanonen an den Hafenplätzen. — Sie bekriegen ihre Feinde mehr durch List und aus dem Hinterhalt, als durch offenes Gefecht.

Von Fremden finden sich im Lande: an den nördlichen Küsten von Nias einige Atjiner (Kaufleute) etc.

Der Verfall des Atjinischen Reiches wird der Wortbrüchigkeit und Treulosigkeit, so wie der unbedingten Willkür seiner Fürsten, die kein Eigenthumsrecht respectirten, zugeschrieben. — Die tausend zahmen Elephanten sind jetzt verschwunden bis auf einen; von den 200 Schiffen ist noch eine einzige Prau übrig; vergebens sieht man sich nach den vielen Verschnittenen und Kebsweibern um; von der alten Gröfse st nichts zurückgeblieben als einige Sclaven, die das ganze Gefolge des verarmten Fürsten bilden, welcher hinter seinen ıalbverfallenen Mauern, auf denen kaum noch 4 Sechspfünder orauchbar sind, in einem baufälligen Hause wohnt [Rw.].

Fünfte Sippschaft. *Die Javanen*

auf Java (Javaer und Sundaer) und Madura (Maduraer).

Zwei abgesonderte Sekten: Tingeranen und Beduinen.

Areal. Java hat mit Madura 39627 □ Minuten (45724 engl. Meilen), und zwar: Westjava bis an die Grenzen von Cheribon Sunda) 15840, Ostjava 28264, und Madura 1620 engl. □ Meil.

Die Bevölkerung betrug im Jahre 1816, nach Rf., ,600000, ist aber seit dieser Zeit, unter niederländischem Besitz, in stetem Zunehmen, und stieg im J. 1838 schon auf ,500000, also für eine □ Minute auf 189⅛ Köpfe, wovon Madura 80000, Ostjava 5,670000 und Sunda 1,550000, worunter man edoch 3 Millionen Fremde: Maleien, Makassaren, Bugis, Araer und Chinesen (letztere allein etwa 100000) rechnen kann. Ein Tjajatja hat durchschnittlich 6 Köpfe mit 2 Waffenfähigen.

Der Schädelbau ist ganz maleiisch [*]; die Körperlänge er Sundaer 4′ 9″ 7‴ par.; die transversale Gesichtsbreite ″ 8‴, die longitudinale 6″ 2‴. — Ihrem Körperstamme nach ind sie echte Maleien, obgleich ein geschichtlicher Ursprung icht nachgewiesen werden kann.

In der untergegangenen polynesischen Sprache, deren Existenz man nur noch an den Wurzelwörtern in den so ahlreichen Idiomen bei den verschiedensten Völkern des Arhipels erkennt, sind zwar keine Wörter für Baumwolle, wohl ber für Eisen und eiserne Geräthschaften enthalten; nach rawfurd war Java der Ursitz dieser Sprache, also schon or einigen Jahrtausenden der Sitz eines gebildeten Volkes, elches s Eisen schmiedete.

Dreierlei Sprachen finden sich in diesem Gebiet: Java, bestehend aus der gewöhnlichen Alltagssprache und einer zweiten Ehrfurchtssprache, deren sich Gemeine gegen Vornehme bedienen, und die ebenfalls nach den verschiedenen Rängen wieder Abweichungen hat. Das Alphabet ist eigenthümlich, mit 20 Consonanten und 6 Vokalen, ohne f und v, und o für a; sehr wortreich. Die todte Priestersprache, Kawi, ähnlich dem Pali auf Ceylon, ist mit vielen Sanskritwörtern vermengt und in Sanskrit-Prosa geschrieben. — 2) Sunda, noch einfacher als die vorige mit demselben Alphabete. — 3) Madura, die ganz von dem Java verschieden sein [Cr.], aber viele javanische, maleiische und bali'sche Wörter enthalten soll [A.]. — Ursprünglich hatte das Jahr bei den Javanen 30 Wuku's, und für den Landbau 12 Mangsa's, Saisons, mit 360 Tagen, später wurde die Zeitrechnung von Salivana (78 Jahre vor Chr.) nach Mondjahren, Saka, angenommen und noch später, nach der Einführung des Koran, die Hedjira.

Die Verfassung war vormals despotisch, in vielen kleinen Reichen: Padjajaran, Modjopait, Mataran, Djoyokarta, Surakarta, Bantam, Jacatra, Cheribon, Jonggolo, deren Herrscher sich Susuhunan (Kaiser), Sultan und Radja nannten und früher mit einander oft in Krieg verwickelt waren, aber wovon jetzt nur noch zwei, der Susuhunan von Surakarta oder Solo und der Sultan von Djoyokarta, eine Scheinherrschaft behalten haben und unter Aufsicht des Residenten und des Kommandanten ihrer Leibwache stehn. Sie dürfen ihre Kraton's nicht ohne Erlaubnifs verlassen. Ihren Befehlen waren unbedingt unterworfen eine Menge Würdenträger, die vom Reichsverweser dem Range nach so auf einander folgen: Adipati, Tomonggong, Rongo, Demang, Djamat, Ingebai, Petingi (Dorfhäuptling), bis zu dem Mandor und Priai herab. Die Prinzen vom Herrschergeblüt heifsen Panggerang, und ihre Kinder Raden; weiblich: Raden Ai-o. Fast alle diese Würden erben vom Vater auf den Sohn. Die Adipati's und Tommonggongs sind jetzt von der Regierung besoldete Regenten. Von der ganz willkürlichen, grausamen Herrschaft dieser Fürsten, die kein Eigenthumsrecht achteten, sind die unterdrückten, sclavischen Unterthanen nun durch europäischen Einflufs fast ganz befreit. An den Höfen des Sultan und Susuhunan findet sich das Princip der Zwietracht (divide et imperabis!) eingeführt, in zwei unabhängigen Fürsten, welche neben den eigentlichen Monarchen (als Gegengewicht) bestehn, nämlich zu Djoyokarta der Prinz Paku alam, und zu Solo der Prinz Prang Wedono.

Religion. Der ursprüngliche Polytheismus hat durch die später eingeführten Doctrinen nicht ganz vertilgt werden können, und besonders in abgelegenen Gebirgsgenden besteht noch der Glaube an viele böse Geister, die z. B. in Sunda in 3 Hauptklassen gebracht werden (Iblis, Setan, Radjin). In allen Kratern wohnen mächtige Geister, in Brandungen des Meeres, in blasenden Höhlen, in räthselhaften Seen, in unsichtbaren Bienenschwärmen etc. — Im VI. Jahrhundert wurde durch Auswandrer aus Telinga (Koromandel etc.) die Brahmanenlehre nach Rf. (nach Cr. erst im XIII. Jahrhundert, vielleicht aber schon viel früher, kurz nach Christi Geburt?), und etwas später die Buddhadoctrin eingeführt, und viele Tempel vom Di-enggebirge an ostwärts wurden erbaut. Nur in Westjava (Sunda) von Di-eng an bis zur Westküste finden sich keine Ruinen. Im XV. Jahrhundert wurde der Islamismus eingeführt, nämlich in Bantam und Padjajaran (Sunda) durch Hassan udin 1400, in Cheribon durch Sech Ibn Molana, und in Ostjava erst allgemein seit dem Falle von Modjopait im Jahre 1478. — Nur wenige Individuen entgingen der allgemeinen Glaubensveränderung, nämlich einige aus Padjajaran, wo der Buddhakultus nicht eingedrungen war, und die also dem ursprünglichen Polytheismus zugethan waren und sich bis jetzt, 2400 an der Zahl, in Südbantam unter dem Namen Beduinen*) erhielten, und einige aus Modjopait, welche die

*) Die berühmtesten Ruinen Brahman'scher Tempel sind die im 6000' hohen Plateau von Di-eng, wo 21 verschiedene Tempel zerstreut liegen, und der Loro Djungrang bei Brambanan. Buddhatempel: der Djandi Sebu bei Brambanan, Boro budor und Djandi mundut in Kadu, während der Selogrio und noch 33 andre in derselben Residenz Kadu dem Brahmacultus zugeschrieben werden. Die von Suku am Berge Lawu und Jeddo gehörten dem Sivakultus an. Oestlich vom Längengrade des Vulkans Lamongan kommen keine Hinduruinen mehr vor, und westlich vom Längengrade des Di-engplateaus fehlen sie durch ganz Mittel- und Westjava, namentlich völlig in dem gebirgigen Sunda, und finden sich erst wieder an der äufsersten Westküste Java's (Bantam's; n. Brumund). Es scheint nicht, dafs der Hindukultus in Sunda eindrang, und die roh behauenen Trachytblöcke, die sich daselbst zerstreut finden (s. Kap. 1.), sind Idole des ursprünglichen Polytheismus. Von dort (dem alten Padjajaran) stammen die s. g. Beduinen (Baduwinen,

Brahmanenlehre erkannten, und sich in den kalten Regonen des Gebirges Tinger niederliessen *).

Baduis) ab, die sich, etwa 2000 an der Zahl, in Süd-Bantam erhalten haben, wo sie in 10 Dörfern nahe am Kendonggebirge wohnen. Nach ihrer Sage flüchteten ihre Vorväter aus Padjajaran, als (1400) der Islamismus daselbst durch Hassan Udin eingeführt wurde. Sie sind ihrem alten Glauben treu geblieben und glauben an einen Gott: Pun, den sie sich jedoch unwürdig halten anzuflehn, weſshalb sie nur Schirmgötter und -göttinnen anbeten, deren jedes Dorf einige hat. Sie feiern zwei Feste, denen eintägige Fasten vorausgehn. Den Tag nach dem zweiten Feste, welches Kwalu tutug heiſst, wird in jedem Dorfe ein Götzenbild, etwa einen Fuſs lang, von Reismehl bereitet, und dies wird an einem bestimmten Orte in den Wald gebracht und auf eine ausgebreitete Matte gesetzt. Kleine Stöcke werden um dasselbe in den Grund gesteckt, und auf der einen Seite eine Spinne, auf der andern ein Scorpion zu dessen Bewachung angebunden; ein Gefäſs mit Wasser und eins mit Essig werden daneben aufgehängt und ein Bündel Reisstroh angezündet, womit das s. g. Opferfest beendigt ist und demnächst Mahlzeiten folgen. — Ziegenfleisch ist bei ihnen verboten, aber Schweinefleisch wird gegessen. Der Reis, welcher zum Mehle des Idoles verwandt wird, darf nur auf einem besondern Felde erzielet werden. Sie haben nur Eine Frau und beschneiden ihre männlichen Kinder; dieser letztere Gebrauch, so wie das Begraben ihrer zuvor gewaschenen und in Weiſs gekleideten Leichen, die sie mit den Füſsen gen Osten ins Grab legen, und die Feier bestimmter Tage nach dem Tode (den 3., 7., 14. und 40sten) beweisen, daſs sie nicht frei von islamitischem Einfluſs blieben. Sie haben Anklongmusik, wobei alte Legenden, Pantong's, gesungen werden. Einige alte Gräber in der Nähe ihrer Dörfer, wo längliche Trachytfelsen zusammengestellt sind (wie Statuen), halten sie heilig. Sie werden moralisch gut genannt, und sollen kühner und arbeitsamer sein als die übrigen Javanen. Sie sind kleiner, ihre Farbe ist gelber, und ihre Nase spitzer. Sie haben keine eigne Schrit und sprechen sunda'sch mit einigen fremden Wörtern. Die Strenge ihrer Institutionen hat die Aussonderung einiger Gemeinden zur Folge gehabt, die sich Kaluaran nennen, aber den Koran auch noch nicht angenommen haben.

*) Die Tingeraner sind Abkömmlinge von Flüchtigen aus Modjopait (1478), die den Islamismus nicht annehmen wollten und der Brahmanendoctrin ergeben blieben. Sie bewohnen jezt die kalten Regionen zwischen 3 bis 6000' Höhe auf dem Gebirge Tinger, wo viele Familien gemeinschaftlich sehr groſse, lange Häuser bewohnen. Ihr Kultus hat jedoch viel von seiner ursprünglichen Reinheit verloren und ist verwischt. Sie erkennen die drei Hindugötter Brahma, Visnu, Siva, erhalten ein beständiges Feuer in ihren Wohnungen, und versammeln sich jedes Jahr ein Mal auf dem Kraterboden des Berges Tinger (Sandmeer, Dasar), um ein allgemeines Opferfest zu halten zur

Alfurren in Menado und in den übrigen Theilen von Celebes, wie auch auf den Molukken, — und bei den Daia-ern.

110) Das Essen von Menschenfleisch, mit Bestimmtheit im Archipel allein bei den Batta-ern, bei denen es gesetzlich ist. Aufseerhalb des Archipels bei den Bewohnern der Andaman-Inseln (Negriten) nach Cr. Behauptet wird es, ist aber zweifelhaft von den Bewohnern des Innern von Ombai [F.]. Die Daia-er trinken Blut, und die Alfuren auf Menado die Bouillon von gesottenen Menschenköpfen [P., L.].

Die nach Wahrscheinlichkeitsgründen geschätzte Volkszahl im ganzen Archipel nach den oben angegebenen Grenzen mit der Halbinsel Malacca, die Staaten Patani und Queda mit einbegriffen, dürfte die in folgender Tabelle sein. — Für die Daia-er des gänzlich unbekannten Innern von Borneo habe ich 3 Millionen angenommen. Gewöhnlich hält man es für eine Wildnifs, in der blofs Orang utang's wohnen, und schliefst aus der geringen Menge von Salz, die von den Küsten geholt wird, auf die Sparsamkeit einer centralen Bevölkerung. Allein ganze grofse Volksstämme, wie ich in den Battaländern Gelegenheit hatte wahrzunehmen, haben gar kein Salz nöthig, und essen blos spanischen Pfeffer (Capsicum) zu ihrem Reis. Und weil man in andern Ländern, die von aufsen wie eine undurchdringliche Wildnifs und als eine unwirthbare Einöde erscheinen, so z. B. die S.W.küste der Battaländer, die Lampongs, — dennoch im Innern zahlreiche Menschensitze findet, so ist es sehr unwahrscheinlich, dafs in dem grofsen Borneo eine menschenleere Wüste (!) gelegen sei; — vielmehr könnte sich, zumal dann, wenn die nördliche Hälfte von Borneo aus einem grofsen Plateau besteht, einst die Vermuthung bewähren, dafs die Menschenzahl daselbst doppelt so grofs sei als ich sie angenommen, und sechs Millionen betrage.

Stamm.	Nr. in der Charakteristik.	Sippschaft.	Volkszahl.	Land.
I. Negriten 400	1.	Negriten	400	Im Staate Queda, Orang Samang oder Udai genannt.
II. Battastamm 8,414700	1.	Batta-er	165200	Battaländer Sumatra's.
	2.	Niasser	200000	Nias-Inseln.
		Niasser	3000	Batu-Inseln.
		Niasser	150000	? Vermuthet in den übrigen Räumen der S.W.Vorinselkette Sumatra's { Hoogeiland, Pora, Pageh, Engano.
	3.	Passumaher	87000	In den Centralthälern Passumah Sumatra's.
		Lamponger	80000	Lampongs auf Sumatra.
	4.	Tjumba-er	200000	Insel Tjumba. Nach meiner Schätzung. Nach F. 425320.
	5.	Timorer	872100	Timor und acht kleinere dazu gehörige Inseln. (Wahrscheinlich zu hoch.)
		Timorer	150000	? Vermuthet im Innern von Flores.
		Timorer	150000	? Vermuthet im Innern von Sumbawa.
	6.	Alfuren	62600	Menado.
		Alfuren	300000	Uebrige (centrale) Theile von Celebes, wo keine Makassaren und Bugis sind.
		Alfuren	2600	Banda Neira.
		Alfuren	15000	Die übrigen Bandainseln und Amboina.
		Alfuren	26000	Sangir-Inseln.
		Alfuren	500000	? Vermuthet auf Aru, Booro, Gilolo, Ceram und allen kleinern Molukken zusammen.
	7.	Makassaren u. Bugis	900000	Südwestliche Halbinsel von Celebes. (Makassar, Boni.)
		Makassaren u. Bugis	15000	Inseln rund um Süd-Celebes. (Salayer; Butung.)
		Makassaren u. Bugis	2200	Westküste von Borneo.
		Makassaren u. Bugis	170000	Lombok.
		Makassaren u. Bugis	100000	Küsten von Flores und benachbarte kleine Inseln.
		Makassaren u. Bugis	100000	Küsten von Sumbawa und benachbarte kleine Inseln.

	8.	Daia-er	148000	Unter niederl. Flagge, wovon 5000 in Südborneo und die übrigen auf der Westküste von Borneo.
		Daia-er	3,000000	? Vermuthet im Innern Borneo's. Vielleicht mehr?
		Daia-er?	20000	? Bewohner der Insel Billiton und der Natuna-Inseln?
	9.	Bali-er	988000	Bali.
		Bali-er	8000	Lombok.
III. Maleiostamm 12,121600	1.	Maleien	1,000000	Sumatra: im Ursitz und zerstreut an der S.W.küste.
		Maleien	16500	Sumatra: in Mandaheling und Kubu.
		Maleien	100000	Sumatra: in Benkulen.
		Maleien	513000	Sumatra: Korintji und Redjang.
	2.	Maleien	911000	Die eilf Staaten der maleiischen Halbinsel.
		Maleien	160000	Singhapura. (Gemischtes Volk.)
		Maleien	60000	Pulo Penang. (Gemischtes Volk.)
	3.	Maleio-Kosmopol.	10000	In Südborneo (Banjermassin) unter niederl. Flagge.
		Maleio-Kosmopol.	71100	Westküste Borneo's, unter niederl. Flagge.
		Maleio-Kosmopol.	200000	? Vermuthet: Ost- und übrige Küsten von Borneo.
		Maleio-Kosmopol.	400000	Ostküste von Sumatra (Siak etc.)
		Maleio-Kosmopol.	100000	? Seefahrer Orang Laut.
		Maleio-Kosmopol.	80000	? Vermuthet: Sulu-Inseln, Ternate und Küsten der Molukken.
	4.	Atjiner	500000	Nord-West-Sumatra.
	5.	Java-er	7,500000	Java und Madura.
	6.	Java-er	500000	Palembang (Indragiri, Jambi und Insel Banka.)
		Chinesen	3,000000	Als Parasiten zerstreut durch den ganzen Archipel.
		Summa	23,536700	Im ganzen Archipel.

Hiernach beträgt also die Volkszahl des Battastammes beinahe 8½ Millionen, und die des Maleiostammes 12 Millionen, während von den Negriten (australischen Negern) nur 400 verirrte Streiflinge innerhalb der von uns gezogenen Grenzen des Archipels vorkommen. Es ist also eine Bevölkerung von 20½ Millionen Eingebornen und 3 Millionen Chinesen, zusammen 23½ Millionen Menschen, siebzehn verschiedenen Nationen angehörend, über welche das glorreiche Scepter Niederlands ausgestreckt ist, und ihnen verheifst, immer mehr und mehr die reichen Segnungen des Friedens unter ihnen auszubreiten und sie zu jener hohen Stufe der Wohlfahrt und Bildung zu erheben, zu welcher sie durch die herrliche Natur ihres Landes wie durch die achtungswerthen Anlagen ihres Geistes befähigt und von der Vorsehung bestimmt erscheinen.

Druckfehler.

Seitte	13	Zeile 8	v. o.	statt	Rajarnahalbergen lies Rajamahalbergen.
- ·	24	gehört die Anmerkung zu S. 25.			
- ·	80	Zeile 6	v. u.	statt	reicher l. weicher.
- ·	80	- 5	-	-	onno l. Onno.
- ·	89	- 3	v. o.	-	Haju tussam l. Kaju tussam.
- ·	107	- 11	-	-	Streitachse l. Streitsache.
- ·	110	- 17	v. u.	-	Landschat l. Landschaft.
- ·	295	- 17	-	-	75 F. l. 75 Fl.
- ·	298	- 18	-	-	enthählt l. enthält.
- ·	357	- 20	-	-	Achte l. Dritte.
- ·	366	- 17	v. o.	-	Mataran l. Mataram.
- ·	382	- 14	-	-	*) l. [*]).

neun Schrifttafeln werden vor Seite 275 des zweiten Bandes eingeheftet.

Handschrift B Seite 1.

Taf. 1

Handschrift B. Seite 2.

Taf. II.

Handschrift B. Seite 3.

Ta

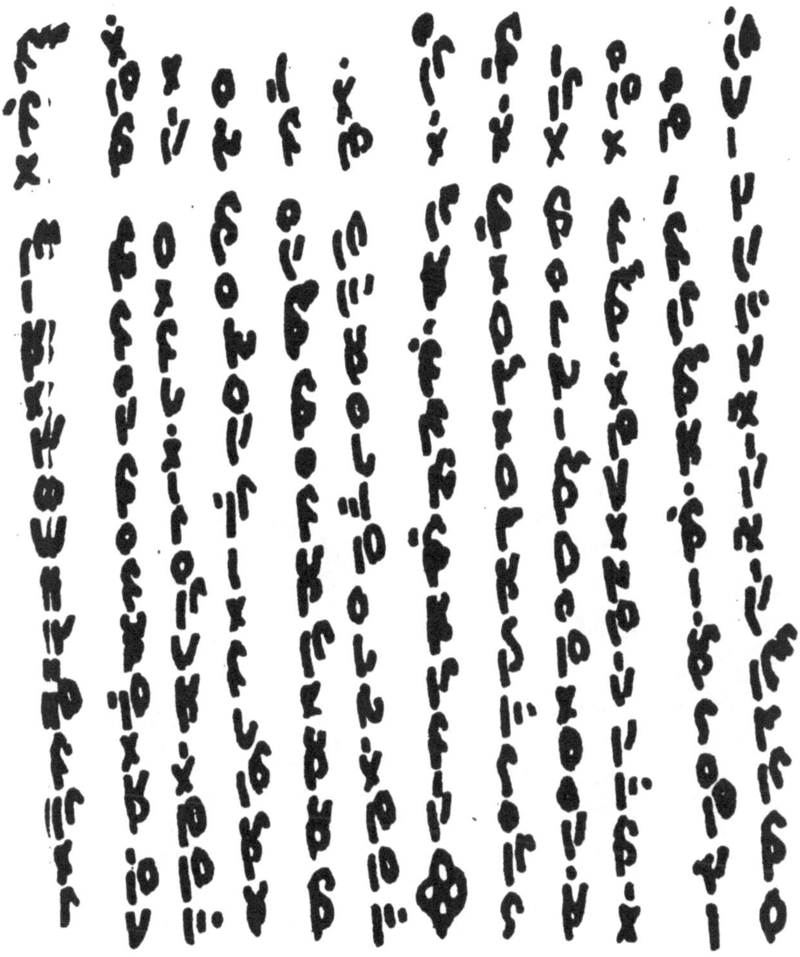

Handschrift B. Seite 10.

Taf. IV.

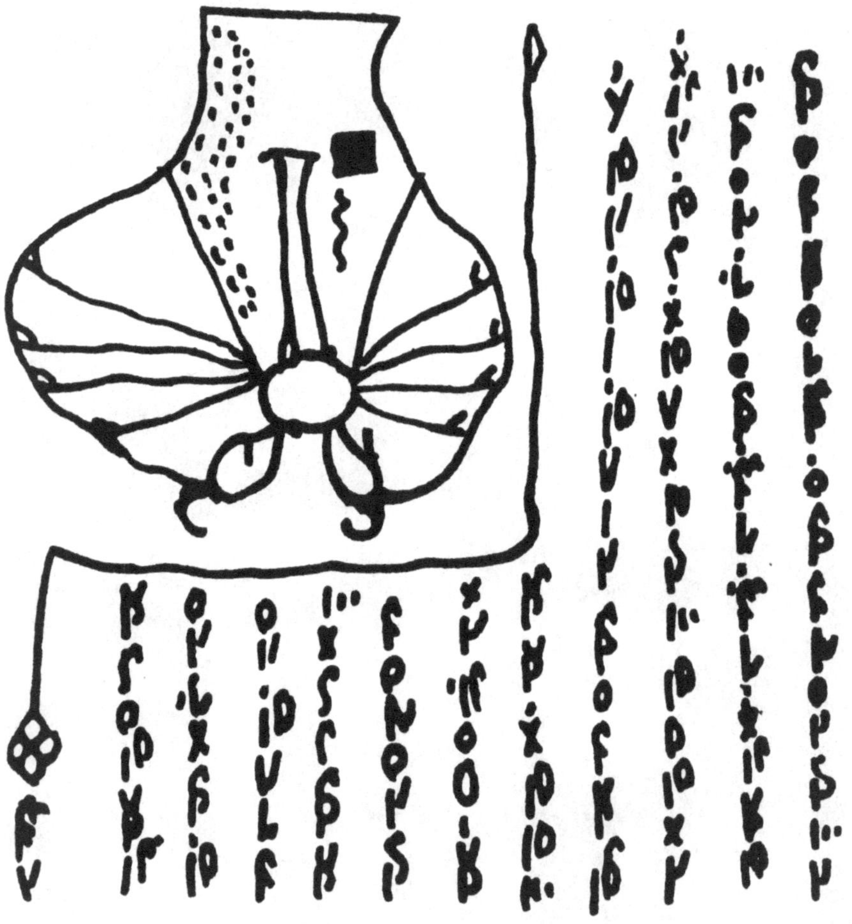

Handschrift B. Seite 11.

Taf. V.

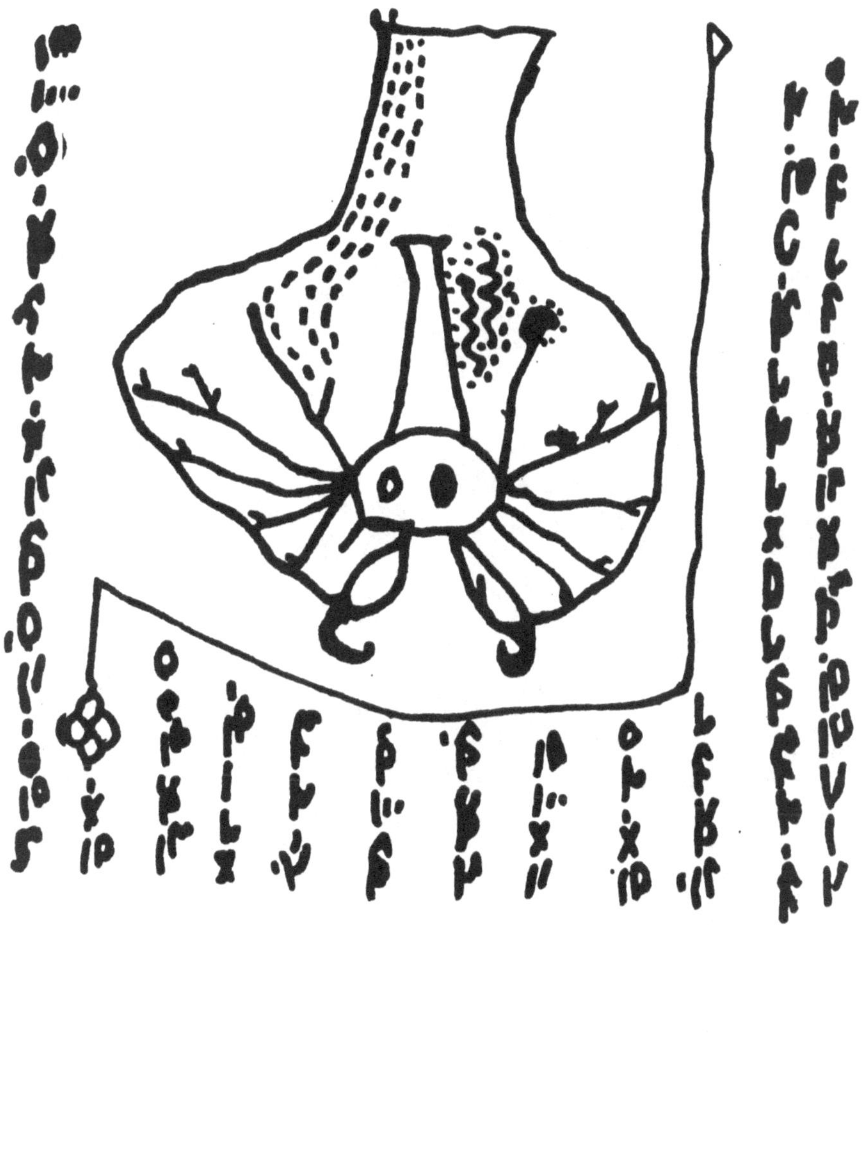

Handschrift B. Seite 12.

Taf. VI.

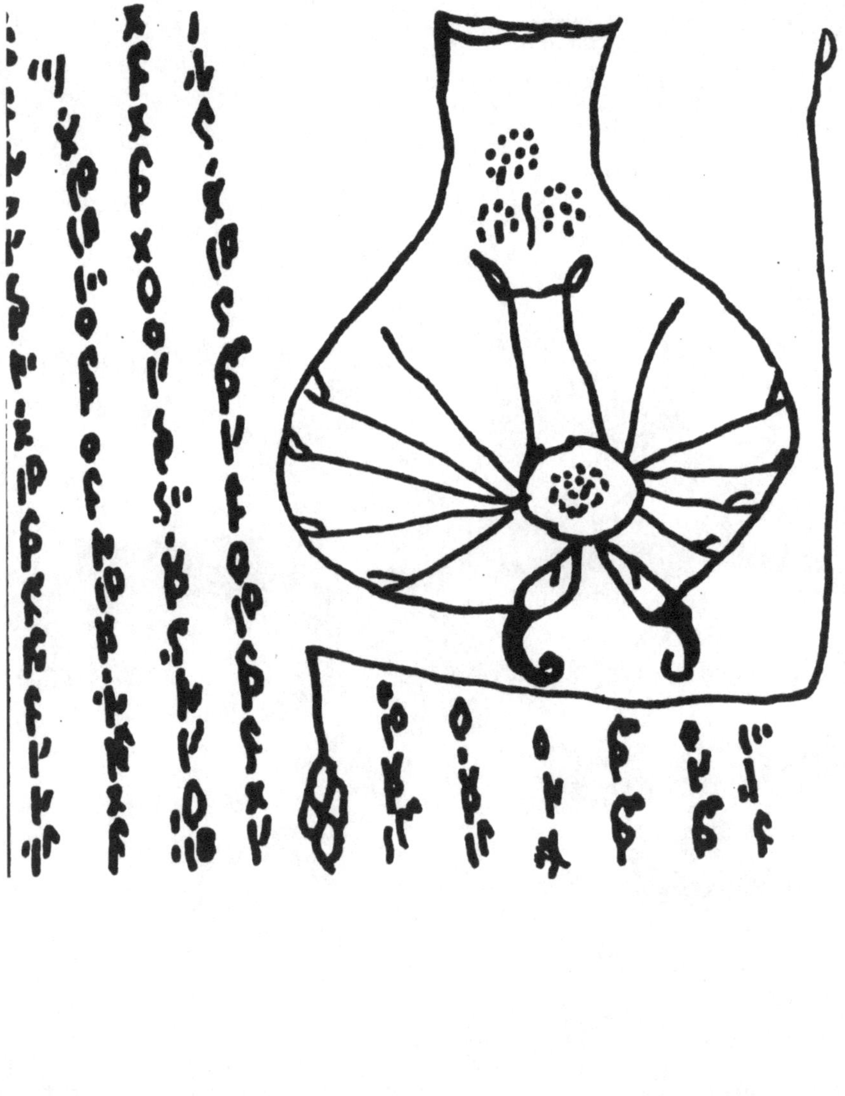

Handschrift B. Seite 13.

Taf. VII.

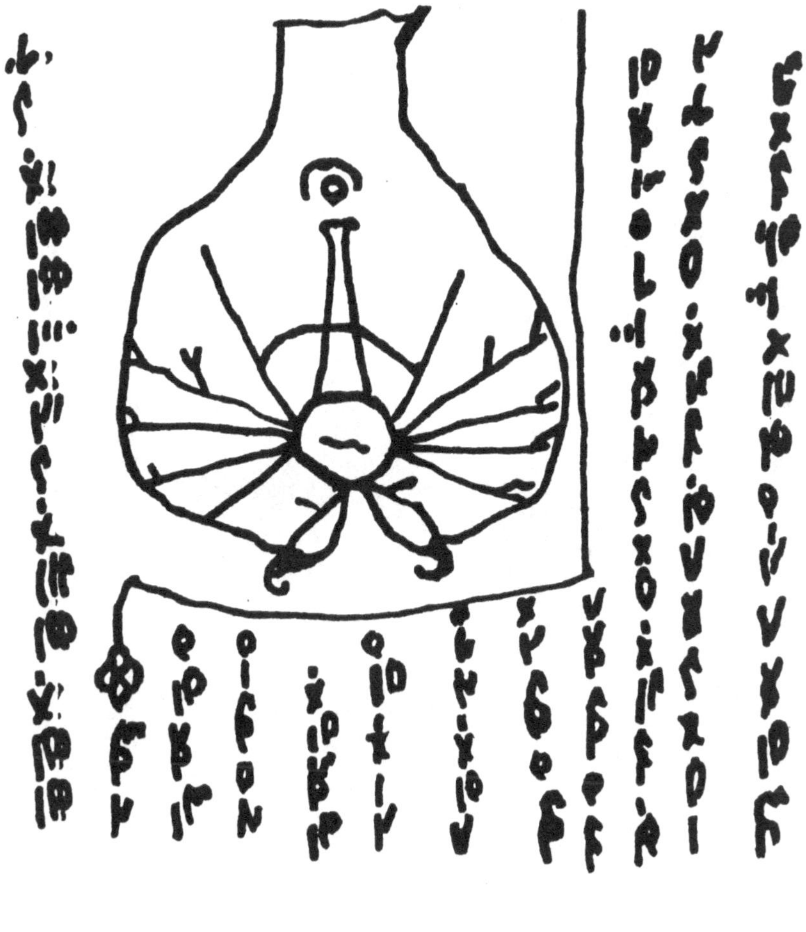

Handschrift C.

Seite 3. Seite VIII.

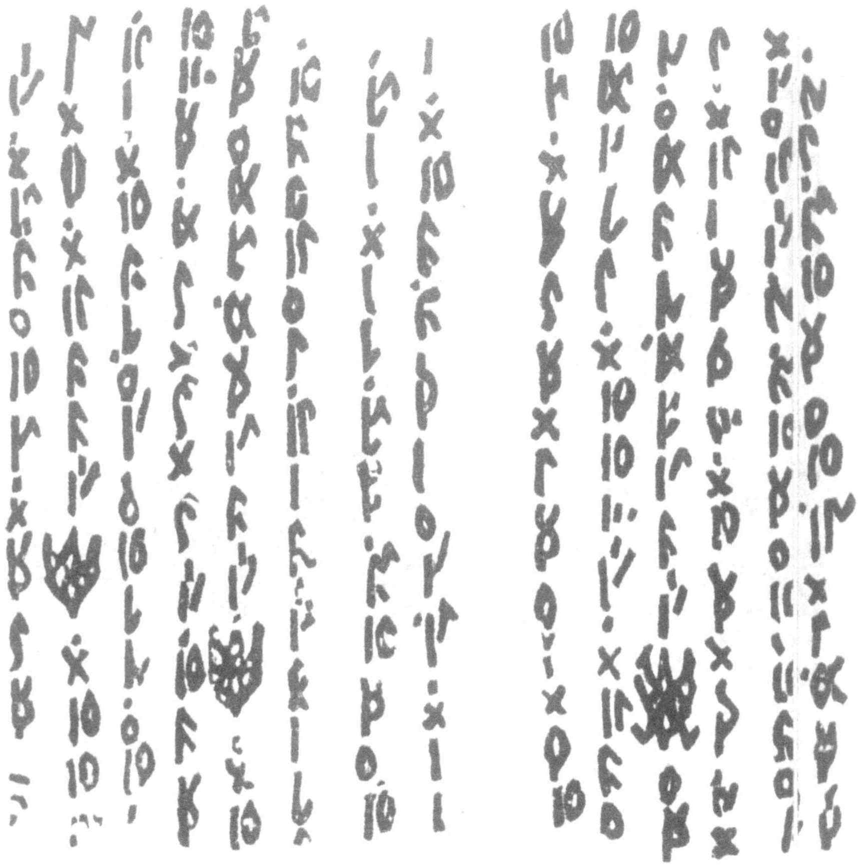

Das Alphab

Bedeutung.	Beste Darstellung		Andere Darstellung		Aussprache.		
ng					nga	Doppel-consonanten 2	Enduhmi = Sprach
dj					dja		
w					wa	Consonanten 14	
t					ta		
s					sa		
r					ra		
p.					pa		
n					na		
m					ma		
l					la		
k					ka		
j					ja		
h					ha		
g					ga		
d					da		
b					ba		

Damahni - Surat.

Bedeu-tung.	Beste Darstellung.		Veränderte Darstellung.		Aus-sprache.	Namen der Zeichen.
u	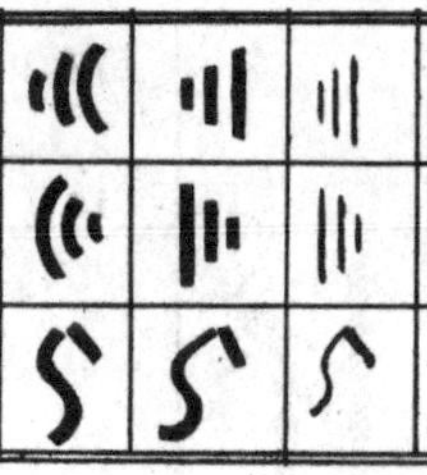				u	Selbstständige Vocale 3.
i					i	
a					a	

Positive Vocalzeichen.

Bedeu-tung.	Beste Darstellung.		Veränderte Darstellung.		Aus-sprache.	Namen der Zeichen.
u	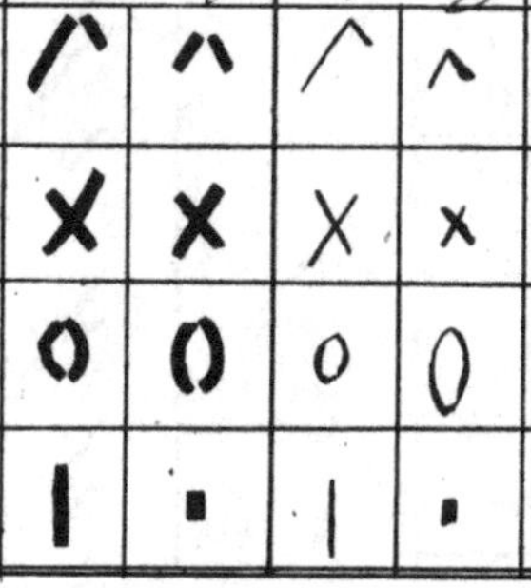				u	abrietan
o					o	awiallang
i					i	aölan
e					e	talingan

Negative Zeichen.

raubt den Sylben ihren Endvocal a	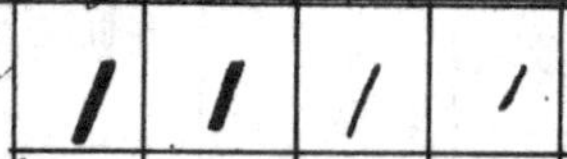					pengolet

Bedeutung der Anhängezeichen (Danaini-surat) u. Erläuterungen.

1. **Talingan**, links an das untere Ende eines Consonantenzeichens gesetzt, ändert dessen End-a in e, das lang gesprochen wird: z.B. ma me.

2. **Aölan**, an das obere Ende eines solchen Zeichens gesetzt, ändert das a in i; z.B. ma mi.

3. **Assiallang**, auf dieselbe Art in o; z.B. ma mo.

4. **Atrietan**, an das obere Ende oder zur Rechten eines solchen Zeichens gesetzt, eben so in u; z.B. ma mu ha hu ra ru la lu ga gu ja od. ju.

5. **Pengolet** kommt blos am Ende der Sylben vor u. raubt dem Consonanten sein End-a; z.B. m statt ma, t statt ta.

6. Das a wird immer kurz ausgesprochen, außer in jā, djā, ngā.

7. Wenn von zwei auf einander folgenden Charakteren der erste sein a durch ein angehängtes Vocalzeichen verändern u. der zweite sein a durch das privative Zeichen (pengolet) ganz verlieren soll, so werden alle beide Anhängezeichen zunächst oder an das Ende des letzten, obersten Charakters gesetzt: und zwar das Pengolet zuletzt oder zu oberst;

z.B. kā k nga ng

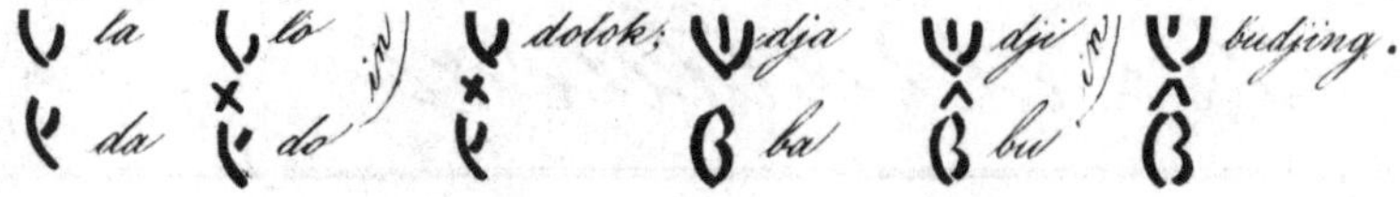

[Vielleicht geschieht diess aber nur am Ende eines Wortes, denn der Verf. schreibt das oben erwähnte Wort **pustaha** so: Marsden führt auch noch ein Zeichen über den Consonanten für **ng** (d. h. anuswara) an, z. B.  lang. — B.]

8. Wenn | zur Linken von zwei Zeichen steht, so ist es blos ein Verbindungszeichen für zwei zusammengehörende, z. B.  laga; steht es aber in der Mitte und allein, so ist es *pa*.

Die grosse Einfachheit der Composition dieser Battaschrift scheint weiter keiner Erklärungen zu bedürfen. Die Sprache scheint eben so einfach zu sein, und in ihrem Mangel an Declination und Conjugation der maleieschen zu ähneln; nur die Aussprache der vielen Gutturallaute ist schwierig.

FSC
www.fsc.org
MIX
Papier | Fördert
gute Waldnutzung
FSC® C083411

Kolibri 360 GmbH
Ferdinand-Jühlke-Straße 7
99095 Erfurt, Deutschland
produktsicherheit@kolibri360.de